Mathematik   Schlüsseltechnologie für die Zukunft

Springer
Berlin
Heidelberg
New York
Barcelona
Budapest
Hongkong
London
Mailand
Paris
Santa Clara
Singapur
Tokio

Karl-Heinz Hoffmann   Willi Jäger
Thomas Lohmann   Hermann Schunck (Hrsg.)

Mathematik

Schlüsseltechnologie für die Zukunft

Verbundprojekte zwischen
Universität und Industrie

Mit 245 Abbildungen,
davon 58 in Farbe,
und 33 Tabellen

Springer

Karl-Heinz Hoffmann
Technische Universität München
Arcisstraße 21
D-80290 München
e-mail: hoffmann@appl-math.tu-muenchen.de

Willi Jäger
Universität Heidelberg
Im Neuenheimer Feld 368
D-69120 Heidelberg
e-mail: jaeger@iwr.uni-heidelberg.de

Thomas Lohmann
Technische Universität München
Arcisstraße 21
D-80290 München
e-mail: lohmann@appl-math.tu-muenchen.de

Hermann Schunck
Bundesministerium für Bildung, Wissenschaft, Forschung
und Technologie
Heinemannstraße 2
D-53175 Bonn

Mathematics Subject Classification (1991):
46-XX, 55-XX, 34-XX, 35-XX, 05-XX, 45-XX, 65-XX, 93-XX, 80-XX

Die Deutsche Bibliothek – CIP-Einheitsaufnahme

Mathematik: Schlüsseltechnologie für die Zukunft; Verbundprojekte zwischen Universität und
Industrie; mit 33 Tabellen / Karl-Heinz Hoffmann… (Hrsg.). – Berlin; Heidelberg; New York;
Barcelona; Budapest; Hongkong; London; Mailand; Paris; Santa Clara; Singapur; Tokio:
Springer, 1997
ISBN 3-540-61677-2
NE: Hoffmann, Karl-Heinz [Hrsg.]

ISBN-13: 978-3-642-64453-5   e-ISBN-13: 978-3-642-60550-5
DOI: 10.1007/978-3-642-60550-5

Einbandgestaltung: Design & Concept, Heidelberg
Satz: Reproduktionsfertige Vorlage von den Herausgebern
SPIN: 10529797   44/3143 - 5 4 3 2 1 0 – Gedruckt auf säurefreiem Papier

Vorwort

Die besondere Rolle der Mathematik als grundlegende Wissenschaft ist allgemein anerkannt. Ihre Bedeutung für Naturwissenschaften, Technik und Gesellschaft ist durch die Entwicklungen in Forschung und Technologie in den letzten Jahrzehnten weiter gestiegen. Computer immer höherer Leistungsfähigkeit machen es möglich, riesige Datenmengen zu speichern, zu verarbeiten und aus ihnen bislang nicht zugängliche Informationen mit mathematischen Methoden zu gewinnen. Reale Situationen und Vorgänge werden in mathematischen Modellen so abgebildet, daß sie auf Rechnern simulierbar werden. Mathematische Modelle ergänzen Experimente bzw. ermöglichen es, Phänomene zu berechnen, die durch Experimente kaum zu studieren sind. Überdies ist das Studium mathematischer Modelle in vielen Fällen billiger, vielseitiger und hat häufig auch den erforderlichen Grad an Sicherheit erreicht.

Mathematik wird benötigt bei der quantitativen Fassung von Problemen und bei der Entwicklung effizienter Rechenverfahren (Algorithmen) und deren Einsatz zur Lösung der Anwendungsprobleme. Schon die Sondierung von Bereichen in Industrie und Wirtschaft, in denen sich mathematische Methoden zur Bewältigung von Problemstellungen und Verbesserung von bestehenden Verfahren anbieten, erfordert die Mitarbeit von Fachleuten, die auf dem modernsten Wissensstand der Mathematik sind. Hier liegen sicherlich noch viele ungenutzte Ressourcen. Zwar ist allgemein bekannt, daß der Fortschritt in Hardwareentwicklungen nach wie vor enorm ist, jedoch kommt dem Fortschritt in der Softwareentwicklung insgesamt mindest gleichwertige Bedeutung zu. Die Vorstellung, es reiche, Maschinen mit ständig wachsender Leistungsfähigkeit zu bauen und zu erwerben, ist vielfach nicht richtig und häufig ökonomisch falsch. Es läßt sich an vielen Beispielen belegen, wie entscheidend der Beitrag neuer Algorithmen ist, Rechnungen schneller und exakter durchzuführen und immer mehr Probleme lösbar zu machen, die wegen ihrer Komplexität unlösbar schienen. Mathematische Theorie und daraus entstehende Verfahren bieten eine Schlüsseltechnologie für die Zukunft an, die allerdings verstärkt genutzt werden sollte.

Die rasante Entwicklung der Computertechnologie hat aber auch unmittelbare Rückwirkungen auf die Mathematik. Mathematische Modellbildung, die mathematische Analyse der Modelle, die Entwicklung von Verfahren zu deren Simulation und die Implementierung auf moderner Hardware sind Forschungsgebiete, auf denen Mathematiker mit Natur- und Ingenieurwissenschaftlern und Informatikern verstärkt gemeinsam arbeiten. Neue Fachrichtungen wie Technomathematik, Wirtschaftsmathematik und Wissenschaftliches Rechnen haben sich entwickelt und an vielen Universitäten Strukturen verändert. Die Mathematik hat sich nach einer längeren Periode der teilweisen Isolation stärker rückorientiert zu den Bereichen der Anwendungen aber auch den Quellen mathematischer Ideen und Methoden, ohne den Verlust mathematischer Substanz zu riskieren. Die Wechselwirkung zwischen Mathematik einerseits und Industrie und Wirtschaft andererseits entspricht jedoch bisher noch nicht der Bedeutung der Mathematik für diese Bereiche. Auch die Chancen, welche technologische oder ökonomische Fragestellungen für die mathematische Grundlagenforschung bieten, werden zu wenig genutzt.

Der Bundesminister für Bildung, Wissenschaft, Forschung und Technologie (BMBF) der Bundesrepublik Deutschland finanziert seit Oktober 1993 anwendungsorientierte Verbundprojekte auf dem Gebiet der Mathematik mit dem Ziel, diesen Transfer zu fördern. Das Förderprogramm soll der Mathematik in Deutschland die Möglichkeit geben, sich wie die Informatik an Lösungen industrierelevanter Problemstellungen zu beteiligen. Die Chance, aus der raschen Fortentwicklung der mathematischen Theorie und Methoden Vorteile zu ziehen, soll genutzt werden.

Vom 25. bis 27. Oktober 1995 wurden im Forschung- und Ingenieur-Zentrum der BMW AG, München, die bis dahin erzielten Ergebnisse der an den Projekten beteiligten Forschergruppen in Vorträgen, Postern und Demonstrationen vorgestellt. Der große Erfolg dieser Veranstaltung läßt es sinnvoll erscheinen, die Ergebnisse auch zu publizieren. In dem vorliegenden Band sind die Berichte nahezu aller am Verbund beteiligten Projekte enthalten. Sie sind nicht im üblichen Stile mathematischer Publikationen geschrieben. Vorrangig verfolgen sie das Ziel, den möglichen Transfer neuer mathematischer Methoden in Problemstellungen der Industrie und Wirtschaft an konkreten Fällen aufzuzeigen. Dabei kann natürlich auf mathematische Formulierungen nicht völlig verzichtet werden. Es wurde jedoch darauf geachtet, daß die behandelten Problemstellungen und der Bezug zu industriellen Partnern, die sich am Projekt beteiligten, allgemein verständlich dargestellt werden. Alle Beiträge wurden von Gutachtern referiert. Die Reihenfolge der aufgelisteten Autoren stellt keine Wertung des jeweiligen Anteils an der geleisteten Arbeit dar. Grundsätzlich wurde der Projektleiter an erster Stelle genannt.

Folgende Bereiche werden vom BMBF gefördert:

- Algorithmen und Lösungsmethoden für komplexe Systeme nichtlinearer Differentialgleichungen;
- Mathematische Methoden in der geometrischen Datenverarbeitung;
- Mathematische Optimierung und Steuerung technischer Systeme.

Dieser methodisch vorgenommenen Gliederung folgend sind auch die Beiträge dieses Buches in drei entsprechende Kapitel eingeordnet. Jedem Kapitel ist ein kurzer Überblick vorangeschickt. Das breite Spektrum der hier behandelten Anwendungen umfaßt Modellrechnungen für Gasbrenner; Simulation von chemischen Reaktoren; Modellierung von Materialien und deren technologischen Einsatz; Behandlung von Strömungen, Stofftransport und chemischen Reaktionen in porösen Medien, Reinigung von Schadstoff belasteten Böden; Problemstellungen der Mikroelektronik und der Halbleitertechnologie; Simulation von Fahrzeugen; graphische Methoden zum Design; Beschreibung und Visualisierung molekularer Strukturen; Computertomographie, deren Auswertung und Einsatz in der Operationsplanung und Therapie; Verfahren zur Qualitätskontrolle von technischen Produkten; Optimierung von Industrieöfen, von Kühlprozessen, Optimierung der Einsatzplanung von Kraftwerken; Optimierung und Regelung von technischen Systemen und Anlagen, von Industrierobotern; optimale Verkehrsführung.

Die hier vorliegenden Beiträge wollen das Interesse derjenigen wecken, die an wichtigen Schnittstellen Verantwortung für Forschung und ihre Umsetzung tragen. Sie sollen aber auch Studenten und junge Wissenschaftler anregen, sich auf Themen einzulassen, die sich mit interessanten Anwendungen der Mathematik befassen. Der Erfolg der Verbundprojekte besteht nicht nur in der Lösung von Einzelproblemen. Entscheidender erscheint, daß es gelingt, das Umfeld so zu entwickeln, daß direkte Kooperationen mit industriellen Partnern selbstverständlich werden. Dazu möchte dieses Buch beitragen. Aus diesem Grund wurde auch die deutsche Sprache gewählt. Es ist jedoch davon auszugehen, daß internationales Interesse an den Ergebnissen dieser Verbundforschung besteht.

An dieser Stelle sei dem BMBF für die Einrichtung und Förderung der Verbundprojekte und die Möglichkeit der Publikation ihrer Ergebnisse besonders gedankt. Der Firma BMW gilt Dank für die großzügige Gastfreundschaft im Oktober 1995. Herrn Dr. H.-J. Krebs, Forschungszentrum Jülich, danken wir für die stete Betreuung der Projekte und die Hilfe bei der Vorbereitung des Statusseminars und der Entstehung dieses Buches. Ein ganz besonderer Dank gilt Herrn cand. Ing. B. Kuhn für seinen Einsatz bei der Erstellung der endgültigen Manuskripte sowie dem Springer-Verlag für die vorbildliche Kooperation.

München, Heidelberg, Bonn, September 1996

Karl-Heinz Hoffmann
Willi Jäger
Thomas Lohmann
Hermann Schunck

Inhaltsverzeichnis

1 Nichtlineare Differentialgleichungen

1.1 Strömungen

1.2 Reaktoren und Chemische Prozesse

1.3 Verhalten und Bearbeitung von Materialien

1.4 Elastisches Verhalten von Maschinenteilen

1.5 Poröse Medien

1.6 Mikroelektronik und Halbleiter

1.7 Fahrzeugdynamik

2 Geometrische Datenverarbeitung und Visualisierung

2.1 Visualisierung und Bilddatenkompression

2.2 Tomographie und Anwendungen

2.3 Bildverarbeitung und Qualitätskontrolle

3 Optimierung und Steuerung

3.1 Regelungstheorie und Prozeßsteuerung

3.2 Automatisches Entwerfen

3.3 Roboter in der industriellen Praxis

3.4 Einsatzplanung

1 Nichtlineare Differentialgleichungen

Industrielle Problemstellungen führen sehr häufig auf Modelle, welche die Analyse und numerische Lösung nichtlinearer Systeme von gewöhnlichen oder partiellen Differentialgleichungen erfordern. Beispiele dafür sind die Verbrennung in einem Motor, der Transport und die Reaktionen von Chemikalien in einem Katalysator oder im Boden, die Produktion von Polymeren, das Verhalten komplexer Materialien sowie Prozesse in Halbleitern. Berücksichtigt man alle Aspekte, so hat man u.a. folgende Schwierigkeiten bei der numerischen Problemlösung zu beachten:

- die Größe der Systeme, die selbst leistungsfähige Computer überfordern kann;
- die auftretenden Nichtlinearitäten, die weder theoretisch noch numerisch hinreichend gut beherrscht werden;
- die räumliche Heterogenität und die komplexe Geometrie;
- die fehlende Information über Systemdaten.

Aufgrund dieser Probleme müssen die in technischen Anwendungen zum Einsatz kommenden, in kommerziell vertriebenen Softwarepaketen eingebauten Verfahren weiterentwickelt werden. Neueste Ergebnisse der mathematischen Forschung im Bereich der Methoden der Finiten Elemente, der Randelementmethoden, der Mehrskalenmethoden, insbesondere Mehrgitterverfahren, werden in den vorliegenden Beiträgen an typischen industriellen Problemstellungen eingesetzt. Durch Ausnützen der vorhandenen Strukturen und der verschiedenen Skalen in den Systemen, durch (dynamische) Wahl von dem Problem und der Geometrie angepaßten Rechengittern gelingt es, den Rechenaufwand erheblich zu reduzieren und die Genauigkeit zu erhöhen. Dabei werden zum Teil parallele Rechner bzw. Workstation-Cluster und speziell angepaßte Algorithmen benutzt. Ziel ist es letztlich, dem industriellen Anwender effiziente Software zu liefern, die er auf der ihm zur Verfügung stehenden Hardware einsetzen kann.

Techniken der Modellierung sind sehr wesentlich sowohl für die adäquate Beschreibung als auch für die numerische Simulation. Verfahren der Modellreduktion oder des Übergangs zwischen verschiedenen Skalen bedeuten häufig eine entscheidende Vereinfachung der Rechenverfahren. Bei Systemen von Differentialgleichungen bieten sich dafür Techniken der asymptotischen Analysis, z.B. der Homogenisierung, an. In einigen der Problemstellungen dieses Kapitels ist die Modellierung und die Analyse der Modellgleichungen zentraler als deren numerische Simulation, so beispielsweise bei der Untersuchung der Metallpulverherstellung, bei der Modellierung von Materialermüdung oder von adaptiven, intelligenten Materialien, bei der mathematischen Behandlung des Schneidens von Materialien mit Lasern oder bei der Modellierung von Prozessen in der Halbleitertechnik.

Grundsätzlich ist die Bestimmung der Systemparameter, z.B. der Reaktionsgeschwindigkeiten, der Permeabilitäten oder der mechanischen Moduln, zentral für den konkreten Einsatz der Modelle. Mathematisch führt sie in der Regel auf Optimierungsprobleme, wie sie teilweise in Kapitel 3 behandelt werden. Dazu ist es notwendig, die Abhängigkeit der Lösungen der Modellgleichungen von den Systemdaten zu untersuchen (Sensitivitätsanalyse). Sehr schnelle Verfahren zur Lösung der jeweiligen Differentialgleichungssysteme sind nötig bei der Anpassung von parameterabhängigen Lösungskurven an Meßdaten oder bei der optimalen Steuerung eines Prozesses mittels geeigneter Steuervariablen. Während in den letzten Jahren für die Schätzung von Reaktionsgeschwindigkeiten in der chemischen Kinetik bei räumlich homogenen Reaktionen leistungsfähige Verfahren entwickelt worden sind, besteht für Prozesse an Oberflächen oder in räumlich heterogenen Situationen noch erheblicher Forschungsbedarf. Dies gilt insbesondere für die in diesem Kapitel behandelten Prozesse in porösen Medien und deren Anwendungen auf Fragen der Umwelt- und Verfahrenstechnik.

In den folgenden Unterkapiteln werden Anwendungen aus den Bereichen Strömungen, Reaktoren und Chemische Prozesse, Verhalten und Bearbeitung von Materialien, elastisches Verhalten von Maschinenteilen, poröse Medien, Mikroelektronik und Halbleiter sowie Fahrzeugdynamik behandelt. Trotz der zunächst auffallenden Vielfalt der Anwendungen besteht ein methodischer Zusammenhang, beispielsweise zwischen den Projekten für die Fahrzeugdynamik und der Dynamik chemischer Reaktionen. In beiden Fällen beschreiben Systeme von nichtlinearen gewöhnlichen Differentialgleichungen mit Nebenbedingungen, die durch algebraische Gleichungen beschrieben werden, die jeweiligen Prozesse.

1.1 Strömungen

Numerische Modellierung von Gasbrennern – Berechnung schwachkompressibler Gasströmungen
R. Rannacher, P. Schreiber und S. Turek

Numerische Modellierung eines Gasbrenners – Laminare, vorgemischte Flammen
G. Bader und D. Eggers

Finite–Elemente–Lösung inkompressibler und nichtisothermer Innenströmungen
G. Lube, A. Auge und A. Kapurkin

Entwicklung eines Partikelverfahrens für reaktive Strömungen in verdünnten Gasen
H. Neunzert, W. Sack und G. Koppenwallner

Zur numerischen Simulation des Ladungswechsels im Verbrennungsmotor
P. Rentrop, Th. Neumeyer und K.A. Görg

Modellbildung für Grenzflächeninstabilitäten zwischen strömenden Medien zur Prozeßoptimierung bei der Metallpulverherstellung
A. Schatz, K. Kirchgässner, E. v. Berg, M. Bürger, G. Pohlner, X.-N. Chen, R. Gerling, G. Reif und H. Meinhardt

Numerische Modellierung von Gasbrennern - Berechnung schwachkompressibler Gasströmungen

R. Rannacher, P. Schreiber und S. Turek

Institut für Angewandte Mathematik, Universität Heidelberg, Im Neuenheimer Feld 293, 69120 Heidelberg, e–mail: rannacher@gaia.iwr.uni-heidelberg.de, URL: http://www.mathi.uni-heidelberg.de

Abstract. This project is carried out jointly with Prof. G. Bader at the TU Cottbus and with the support of Joh. Vaillant Company at Remscheid. The goal is a complete numerical modelling of a gas burner, as used in the products of the industrial partner, mainly to reduce the formation of pollutants (NO_x). To this end, the Heidelberg group develops a method for the computation of the weakly compressible methane/air mixture in the mixing chamber of the burner, while the Cottbus group studies the combustion of the premixed gas at the burner head. The interest is in the dependence of the gas exit, the combustion process and the resulting temperature distribution on the geometry of the mixing chamber and the other flow conditions at varying load. The result of this project shall be a flexible and efficient method by which future problems of this type may be treated routinely on workstations.

1 Problemstellung

Aufgabe dieses Teilprojektes ist die Berechnung der Methan/Luft–Strömung in der Vormischkammer eines Gasbrenners. Dabei interessiert vor allem die Abhängigkeit der Ausströmungsverteilung am Brennerkopf von der Einströmgeschwindigkeit, der Mischkammergeometrie und dem Mischungsverhältnis Methan/Luft. Die Ausströmverteilung wird benötigt als Randbedingung für die Simulation der anschließenden Methanverbrennung und der daraus resultierenden Temperaturverteilung. Diese wiederum ist entscheidend für die Entwicklung von Schadstoffen, vor allem NO_x. Das bessere Verständnis und die Reduktion dieser Schadstoffentstehung beim Gasbrenner ist das Hauptanliegen des Industriepartners.

Die Arbeitsziele dieses Teilprojekts zur Lösung dieser Fragen sind dabei folgendermaßen definiert:

- Entwicklung und Implementierung eines Lösungsverfahrens für schwach kompressible Gasströmungen in Innenräumen mit den Ansprüchen:
  - Verwendung neuester numerischer Techniken,
  - weitgehende mathematische Absicherung der Methoden,
  - geeignet für allgemeine Geometrien insbesondere in 3D,
  - eingebettet in eine offene Programmierumgebung,
  - effizient für Arbeitsplatzrechner,
  - validiert anhand von realitätsnahen Testproblemen.
- Modellierung der Strömung bei komplexer Geometrie unter Einbeziehung von Turbulenz– und Homogenisierungsansätzen.
- Einsetzbarkeit des Programms zur Verbesserung der Geometrieauslegung der Vormischkammer von Hausgasbrennern.

1.1 Strömungskonfiguration

Die Geometrie des Brenners ist durch ihre echte 3-Dimensionalität und die verschiedenen Einbauten (Prellplatte, Lochplatte, Keramikplatte) sehr komplex (siehe Bild 1).

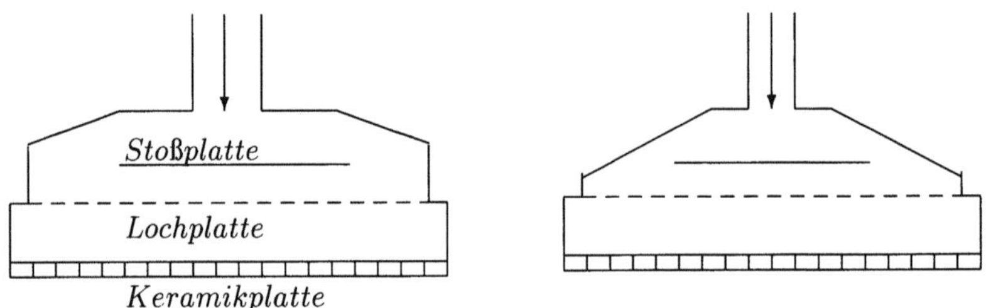

Abb. 1. Geometrie des Brenners von zwei Seitenansichten

Im Einströmkanal wird die Strömung durch ein Mischrad (hier nicht modelliert) beschleunigt und durch die starke Turbulenz eine nahezu vollständige Vermischung erreicht. Durch die Stoßplatte wird die Strömung abgebremst, während die Lochplatte (20 × 20 Löcher) eine Homogenisierung bewirkt. Schließlich hängt an der abschließenden Keramikplatte (Dicke ca. 1.5cm, 40 × 40 Kanäle) die Flamme.

Die Temperaturverteilung in der Mischkammer variiert zwischen 18–50 Grad Celsius (vom Einströmkanal bis zum Brennerkopf), so daß eine isotherme Approximation möglich erscheint. Die Einströmgeschwindigkeit beträgt 5 m/s. Mit der charakteristischen Länge von $0.02m$ und der kinematischen

Viskosität des Gemisches $\nu = 18.6 \cdot 10^{-6} m^2/s$ ergibt dies eine Reynoldszahl von ca. $Re = 5400$. Da die Maximalgeschwindigkeit nur im Bereich von $Ma \leq 0.1$ liegt, wird zunächst eine inkompressible Approximation verwendet.

Die zuverlässige Berechnung der Gasströmung in der Mischkammer erfordert wegen deren komplexer Geometrie eine vollständig 3-dimensionale Modellierung. Die Verfahrensentwicklung erfolgt in Stufen: Zunächst ist ein Verfahren zur Lösung der instationären Navier-Stokes-Gleichungen in 2–D und 3–D bei inkompressibler, isothermer und laminarer Approximation für Workstations implementiert worden. Anhand dieses Modells werden erste Untersuchungen zur Geometrieabhängigkeit der vollständig gemischten Gasströmung durchgeführt. Im nächsten Schritt werden Temperaturabhängigkeit und schwache Kompressibilität (Boussinesq-Modell) einbezogen, sowie anschließend Tests mit einem Zweikomponentenmodell für Methan-Luft zur Überprüfung der Vormischungsannahme durchgeführt. Die schwierigsten Schritte werden die Modellierung des Gasstroms durch die feinporige Abschlußplatte des Brennraumes mit Hilfe eines noch zu entwerfenden Homogenisierungsansatzes und die Einbeziehung eines geeigneten Turbulenzmodells (voraussichtlich modifiziertes k–ε–Modell) sein. Die damit berechneten Ausströmdaten werden schließlich als Randbedingungen für die Simulation der Verbrennung dienen.

1.2 Mathematisches Modell

Als Modell dienen für den zunächst laminaren Ansatz die **Navier–Stokes–Gleichungen** in der Form

$$\partial_t \mathbf{u} + \mathbf{u} \cdot \nabla \mathbf{u} = \nu \Delta \mathbf{u} - \nabla p \quad \text{in } \Omega \times I,$$

$$\nabla \cdot \mathbf{u} = 0 \quad \text{in } \Omega \times I,$$

mit den Unbekannten $\mathbf{u}$ (Geschwindigkeit) und p (Druck) in dem Strömungsgebiet $\Omega \in \mathbf{R}^d$ ($d=2$ oder 3) über das Zeitintervall $I = [0, T]$. Das System wird vervollständigt durch eine Anfangsbedingung sowie Randbedingungen auf dem Rand $\partial\Omega = \Gamma_{fest} \cup \Gamma_{ein} \cup \Gamma_{aus}$

$$\mathbf{u}_{|t=0} = \mathbf{u}^0, \ \mathbf{u}_{|\Gamma_{fest}} = 0, \ \mathbf{u}_{|\Gamma_{ein}} = \mathbf{u}_{ein}, \ (\nu\partial_n\mathbf{u} - p\mathbf{n})_{|\Gamma_{aus}} = 0.$$

Bei der numerischen Lösung dieses Problems treten (insbesondere in 3D) die folgenden Schwierigkeiten auf:

- Komplexe Lösungsstrukturen $\rightarrow$ Viele Gitterpunkte erforderlich;
- Re=LU/$\nu \gg 1$ $\rightarrow$ Verwendung ungleichförmiger und anisotroper Gitter;
- Nichtlineare Effekte $\rightarrow$ Zeitintensive Iterationsprozesse;
- $\nabla \cdot \mathbf{u} = 0$ $\rightarrow$ Implizite Druck-Geschwindigkeitskopplung.

Für die vorliegende komplexe Konfiguration war die numerische Simulation bisher mit den vorhandenen algorithmischen und technischen Mitteln nicht möglich, so daß der Anwender ausschließlich auf langwierige und teure Experimente angewiesen war. Erst durch die Entwicklung von neuartigen, mathematisch fundierten numerischen Methoden, wie unstrukturierte Gitter, Mehrgitterverfahren und Operator–Splitting–Techniken, rückte die Lösung derartiger Probleme in den Bereich des Machbaren. Insbesondere können damit die für eine quantitativ sinnvolle 3–d Rechnung erforderlichen Gitterpunktmengen in vertretbaren Rechenzeiten verarbeitet werden. Der so erzielbare "Quantensprung" in der numerischen Effizienz wird anhand von Benchmark–Rechnungen deutlich. Als Beispiel sei auf den Benchmark "Zylinderumströmung" des DFG–Schwerpunkts "Strömungssimulation auf Hochleistungsrechnern" verwiesen (siehe [ST2]). Hier wird demonstriert, daß mit den neuartigen Methoden Rechnungen mit mehreren Millionen Unbekannten selbst auf Arbeitsplatzrechnern durchgeführt werden können, wofür mit den traditionellen Methoden, wenn überhaupt machbar, große Hochleistungsrechner erforderlich sind. Dies läßt erwarten, daß auch bei dem vorliegendem Problem eine entsprechende Leistungssteigerung der numerischen Simulation erreichbar ist.

2 Numerische Simulation

2.1 Methodischer Ansatz

Es wird eine Finite–Elemente–Methode basierend auf dem nichtkonformen $\tilde{Q}_1/P_0$-Stokes-Element verwendet: stückweise (rotiert) bilineare Approximation für die Geschwindigkeit, konstante für den Druck (siehe [RT]). Die Freiheitsgrade für die Geschwindigkeiten liegen dabei auf den Seiten– bzw. Flächenmitten. Dieser Ansatz liefert eine stabile Diskretisierung, d.h. erfüllt die sogenannte *Babuška–Brezzi–Bedingung*, und bei Verwendung einer nichtparametrischen Version erhält man auch auf anisotropen Gittern die volle $O(h^2)$ und $O(h)$ Approximationsgenauigkeit für Geschwindigkeiten bzw. Druck. Zur stabilen Erfassung der Konvektionsterme wird eine adaptive Upwind–Diskretisierung oder auch die Stromliniendiffusionsmethode verwendet.

Im instationären Fall wird die Zeitableitung mit dem bewährten Zwischenschritt–θ–Verfahren diskretisiert (siehe [MPR]). Dieses Verfahren ist von 2.Ordnung und robust gegenüber Datenstörungen. Ferner wird eine vollimplizite Druckankopplung und eine adaptive Zeitschrittsteuerung verwendet.

Die Lösung der inneren (linearen) Teilprobleme erfolgt schließlich mit Hilfe von Mehrgittertechniken (siehe [H]) unter Verwendung eines Vanka–Glätters (siehe [V]) im stationären und eines Druckkorrektur–Glätters (siehe [T]) im instationären Fall.

Der Schwerpunkt der bisher geleisteten Arbeit liegt bei der Übertragung der erwähnten Lösungsmethoden von zwei auf drei Raumdimensionen, vgl. dazu [BHM] und [HST]. Das resultierende Verfahren (vgl.[ST1]) arbeitet
– auf anisotropen Gittern (Streckung bis 1:100),
– über den ganzen laminaren Bereich $0 < Re < 10^3 - 10^4$,
– für alle relevanten Zeitschrittweiten.
Der Speicherplatzbedarf beträgt dabei sowohl in 2–D als auch in 3–D ungefähr 1 KByte/Zelle. Exemplarische Rechenzeiten sind:

2–D: 75000 Zellen, 10^2 Zeitschritte: < 8 Std. auf SUN Sparc 10/51 (15 MFlops, 0.5 GByte)

3–D: 600000 Zellen, 10^2 Zeitschritte: < 10 Std. auf IBM RS6000/590 (90 MFlops, 1 GByte).

Hierbei sind zur Ermittlung der Gesamtzahl der Unbekannten die Anzahl der Zellen in 2–D mit dem Faktor 5 und in 3–D mit dem Faktor 10 zu multiplizieren.

2.2 Numerische Ergebnisse

Wir beginnen mit einer ersten 2–D Simulation. Das aus dem in Bild 2 (links) gezeigten Grobgitter durch regelmäßige Verfeinerung (d.h. Verbinden der Seitenmitten in 2–D bzw. Flächenmitten in 3–D) erzeugte Rechengitter besteht aus ca. 80000 Zellen. Sowohl die Stoßplatte wie auch die Lochplatte (in Form von 20 Löchern) und die Keramikplatte (in Form von 40 Kanälen) sind bereits im Grobgitter eingebaut.

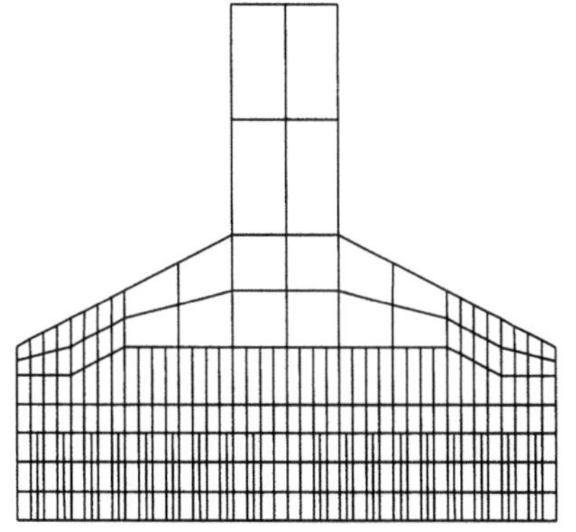
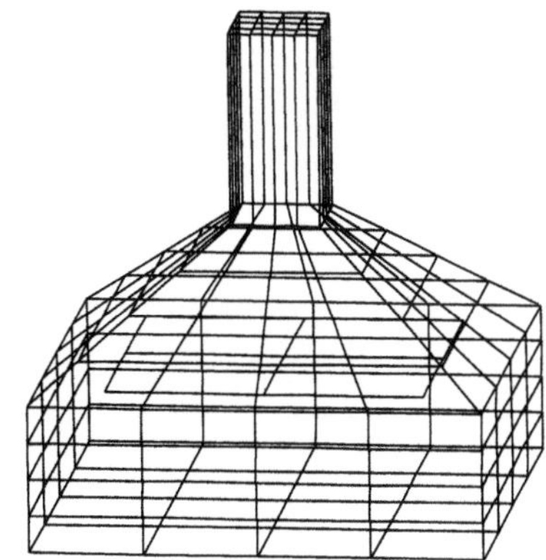

Abb. 2. 2–D und 3–D Grobgitter für Brennermodell

Für die 3–D Simulation wird das rechte in Bild 2 gezeigte Grobgitter verwendet. In dieses Gitter ist zunächst nur die Stoßplatte eingebaut; die Loch–, bzw. Keramikplatte werden durch entsprechende Randbedingungen definiert (siehe dazu [HRT]). Das Rechengitter in 3–D besteht aus ca. 400000

Zellen. Dieses Gitter erfaßt die exakten Geometriedaten, die von der Firma Joh. Vaillant zur Verfügung gestellt wurden.

In den numerischen Testrechnungen wird zunächst die Abhängigkeit der Strömung gegenüber Veränderungen von Positionierung und Größe der Stoß– und Lochplatte, sowie der Einströmgeschwindigkeit, die abhängig von der Betriebsart (Voll– oder Teillast) schwanken kann, untersucht. Dazu werden die lokalen Durchflußmengen (Flux) am Ausströmrand an den 40 Kanälen der Keramikplatte berechnet. Anhand von Strömungsbildern (Geschwindigkeits– und Druckisolinien) erhält man einen ersten qualitativen Eindruck von der Ausströmung (siehe Bild 3).

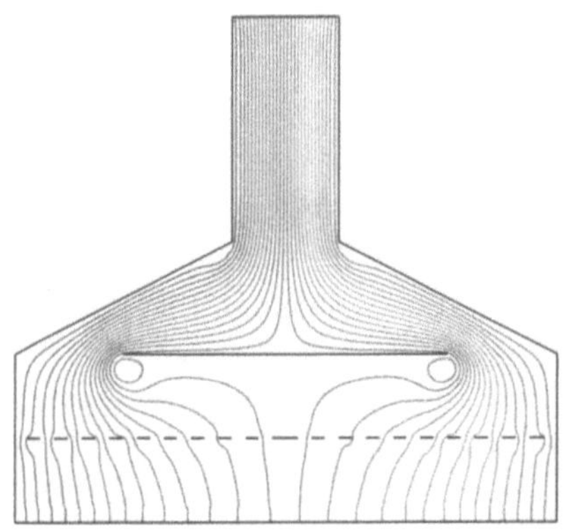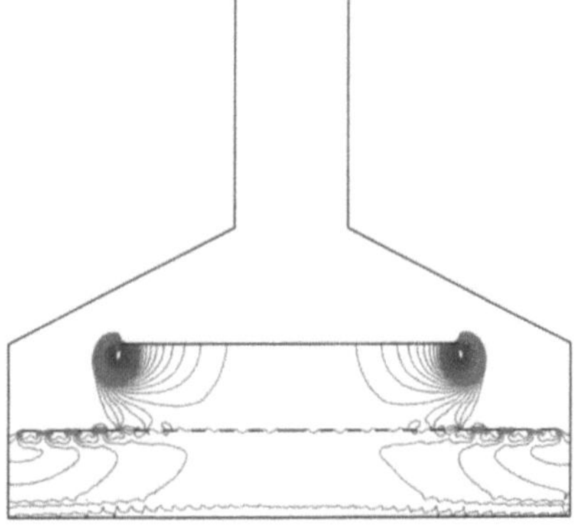

Abb. 3. 2–D Geschwindigkeiten und Druck

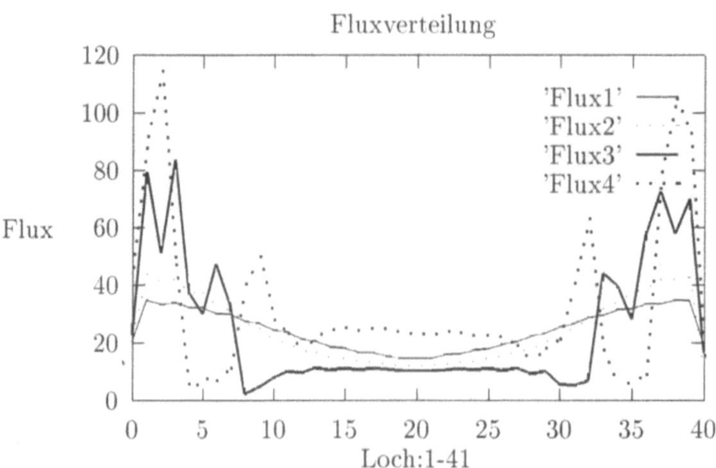

Abb. 4. Flux zu verschiedenen Zeitpunkten

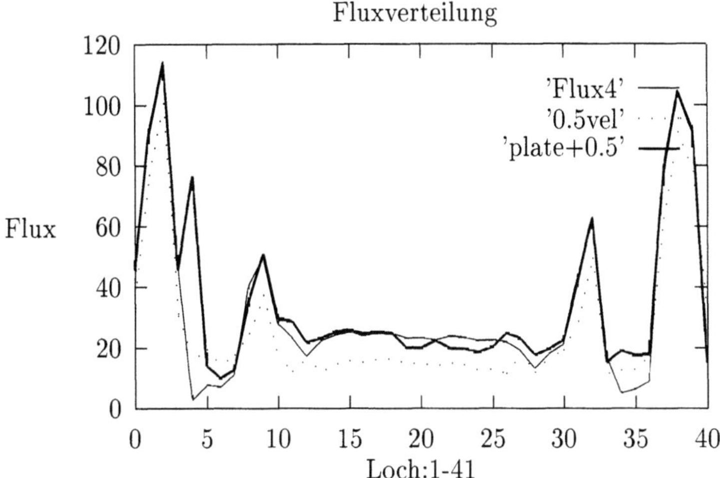

Abb. 5. Flux zu verschiedenen Konfigurationen

Man erkennt schon hier, daß die Ausflußmenge starke örtliche Schwankungen aufweist, was durch die graphische Darstellung der Flux-Verteilung untermauert wird. Bild 4 zeigt Ergebnisse für dieselbe Geometrie zu unterschiedlichen Zeitpunkten ("Flux 1" zu Beginn, ... , "Flux 4" am Ende der instationären Rechnung). Bild 5 zeigt entsprechende Ergebnisse, diesmal zum selben Zeitpunkt aber für unterschiedliche Konfigurationen ("Flux 1" im ersten Bild, "0.5vel" bei halber Einströmgeschwindigkeit und "plate+0.5" mit um 0.5cm nach vorne gerückter Stoßplatte).

Diese Ergebnisse in 2D lassen erste Rückschlüsse auf die Struktur der Strömung zu. Durch den Einfluß der Stoßplatte entstehen starke Verwirbelungen, die teilweise durch die Lochplatte wieder weggedämpft werden. Dies zeigen auch numerische Tests, die ohne die Lochplatte durchgeführt wurden und bei denen die Verwirbelung hinter der Stoßplatte so stark war, daß der instationäre Löser nach wenigen Zeitschritten nicht mehr konvergierte. Den Verlauf der instationären Rechnung zu obigen Graphiken sieht man in den nächsten Bildern, auf denen normalisierte Geschwindigkeitsvektoren (d.h. Betrag der Geschwindigkeit wird durch Einfärbung dargestellt) zu zwei verschiedenen Zeitpunkten (entsprechend zu "Flux1" und "Flux4") abgebildet sind.

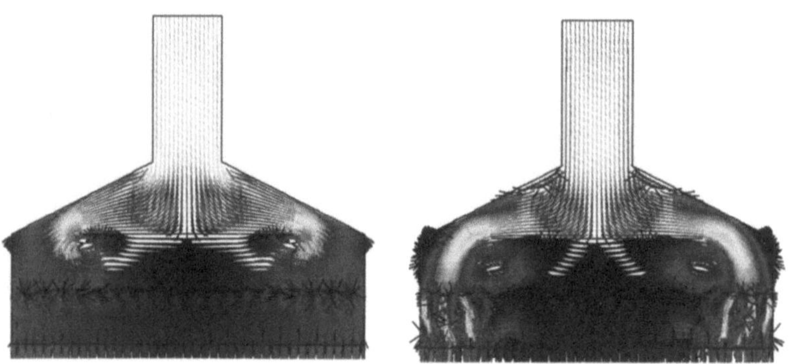

Abb. 6. 2–D Geschwindigkeiten

Die Ergebnisse der bisherigen 3–D Rechnungen (siehe Bild 7) lassen qualitativ die gleichen Verhältnisse erkennen wie in 2D, d.h. an den Rändern stark ausgeprägte Spitzen und in der Mitte dagegen verhältnismäßig geringe Ausströmung.

Abb. 7. 3–D Fluxdarstellung

In der Darstellung mit normalisierten Geschwindigkeitsvektoren erhalten wir folgendes Bild:

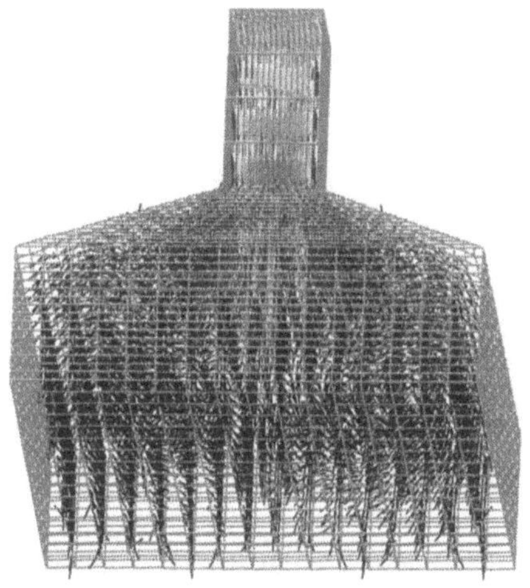

Abb. 8. 3–D Geschwindigkeitsvektoren

3 Ausblick

Für die verbleibende Laufzeit des Projektes liegen die Schwerpunkte in der Optimierung des instationären 3–D Navier–Stokes–Lösers (inkompressibel, isotherm), wobei hier noch besonderes Augenmerk auf die Modellierung der Ausströmung durch die Keramikplatte mit Hilfe von Homogenisierungstechniken unter Einbeziehung von Turbulenzeffekten zu richten ist. Die Ergebnisse der "laminaren" Rechnungen zeigen bereits einen Trend an, der auch bei Einbeziehung von Turbulenzmodellierung erhalten bleiben dürfte. Zur Erzielung einer flächig gleichförmigen Ausströmung durch die Keramikplatte ist eine weitere Geometrieanpassung der Einbauten in der Mischkammer angeraten.

Zunächst soll das Verfahren noch dahingehend erweitert werden, daß auch der schwach–kompressible Fall (in Boussinesq-Approximation) mit einer Mach–Zahl von $0 < Ma < 0.1$ über einen Defektkorrekturansatz mit dem "inkompressiblen Löser" als Vorkonditionierung einbezogen wird. Weitere Tests sind mit einem einfachen 2-Komponenten-Strömungsmodell zur Überpüfung der Annahme einer vollständiger Vormischung vorgesehen. Diese weiteren Arbeiten erfordern im wesentlichen nur eine leichte Modifikation und Ergänzung des bereits entwickelten Lösungsverfahrens.

Am Schluß wird dann das hier entwickelte numerische Strömungsmodell an die von der Cottbusser Gruppe durchgeführte Verbrennungssimulation angekoppelt werden.

Es sei an dieser Stelle betont, daß das Ziel dieses Projektes nicht die Optimierung **eines** speziellen Brennertyps (im Laufe dieses Projektes wurde tatsächlich bereits der Typ von der Firma Joh. Vaillant völlig verändert), sondern die Bereitstellung eines numerischen Verfahrens, das flexibel, modular und für alle praxis-relevanten Geometrien und Ausgangsdaten in der Lage ist, eine ganze Klasse von Problemen zu behandeln.

Literatur

[BHM] Blum, H., Harig, J., Müller, S.: **FEAT** . *Finite element analysis tools. Release 1.3. User Manual*, Technischer Report Nr. 554, SFB 123, Universität Heidelberg, 1992.

[H] Hackbusch, W.: *Multi–Grid Methods and Applications*, Springer, Berlin–Heidelberg 1985.

[HST] Harig, J.,Schreiber, P., Turek, S.: **FEAT3D** . *Finite element analysis tools in 3 Dimensions. Release 1.2. User Manual*, Technischer Report Nr. 94–19, SFB 359, Universität Heidelberg, 1994.

[HRT] Heywood, J.G., Rannacher, R., Turek, S.: *Artificial Boundaries and Flux and Pressure Conditions for the Incompressible Navier–Stokes Equations*, erscheint in Int. J. Numer. Meth. Fluids. 1996.

[MPR] Müller, S., Prohl, A., Rannacher, R., Turek, S.: *Implicit time–discretization of the nonstationary incompressible Navier–Stokes equations*, Proc. 10th GAMM–Seminar, Kiel, January 14–16, 1994 (Her.: G. Wittum, W.Hackbusch), Vieweg 1995.

[RT] Rannacher, R., Turek, S.: *A simple nonconforming quadrilateral Stokes element*, Numer. Meth. Part. Diff. Equ., 8, 97–111 (1992).

[ST1] Schreiber, P., Turek, S.: *An efficient finite element solver for the nonstationary incompressible Navier–Stokes equations in two and three dimensions*, Proc. Workshop "Numerical Methods for the Navier–Stokes Equations", Heidelberg, Oct. 25–28, 1993, (Her.: F.K. Hebeker, R. Rannacher, G. Wittum), Vieweg 1994.

[ST2] Schäfer, M., Turek, S.: *Benchmark Computations of Laminar Flow around a Cylinder*, erscheint in: Notes on Numerical Fluid and Mechanics, (Her.: E.Hirschel et.al.) Vieweg 1996

[T] Turek, S.: *On discrete projection methods for the incompressible Navier–Stokes equations: An algorithmical approach*, Preprint 94–70 SFB 359, Heidelberg 1994, eingereicht bei Computer Methods in Applied Mechanics and Engineering.

[V] Vanka, S.P.: *Implicit Multigrid Solutions of Navier–Stokes Equations in Primitive Variables*, J. of Comp. Phys., 65, 138–158 (1985).

Numerische Modellierung eines Gasbrenners – Laminare, vorgemischte Flammen

G. Bader und D. Eggers

Institut für Mathematik, BTU Cottbus, Karl-Marx-Str. 17, 03044 Cottbus, e-mail: bader@math.tu-cottbus.de, URL: http://www.math.tu-cottbus.de

Abstract. We describe a project which is carried out jointly with Prof. R. Rannacher at Heidelberg University and cooperation with Joh. Vaillant Company at Remscheid. The project aims at a complete numerical modelling of a gas burner, as developed by the industrial partner. Of major concern is the reduction of polutant formation, NO_x and CO, for heating devices on the basis of towngas-air combustion. While the Heidelberg group is mainly concerned with the mixing process, we are involved with the modelling and simulation of the combustion zone of this device. In this context the development and numerical simulation of a simplified 2D-axisymmetric model is described. In particular the thermal interaction of the flame with the burner plate is considered. The reaction model is presently based on a global, irreversible one step reaction. A detailed mechanism is under development.

1 Problemstellung

Die Arbeit beschreibt die Modellierung und Simulation eines Erdgasbrenners. Für diesen soll in Kooperation mit der Fa. Vaillant eine Reduktion der Schadstoffbildung, CO und NO_x, untersucht werden. Insbesondere soll das Verhalten des Brenners unter wechselnden Lastverhältnissen vorhergesagt werden. Hierzu ist eine mathemathische Modellbildung und numerische Simulation der resultierenden Erhaltungsgleichungen notwendig. Den schematischen Aufbau des Brenners zeigt Abbildung 1. Beim Betrieb wird Erdgas, im wesentlichen Methan mit Verunreinigungen, und Luft eingeblasen. In der Vormischkammer wird ein annähernd homogenes Gemisch erzeugt, siehe [RS], das dann unter geringem Überdruck aus den Löchern der Brennerplatte austritt und in Form kleiner Flammen verbrennt. Der Vormischprozeß findet bei Umgebungstemperatur statt, ca. $300-330°K$, und läßt sich somit als kalte Strömung modellieren. Das System Brennerplatte und Flamme, $300-2000°K$, ist dagegen thermisch gekoppelt und bedingt eine starke Interaktion zwischen Strömung und Verbrennung des Gemisches. Für die Zustandsgrößen Strömungsgeschwindigkeiten, Temperatur und Massenverteilung der beteiligten chemischen Spezies ist deshalb ein komplexes System kompressibler

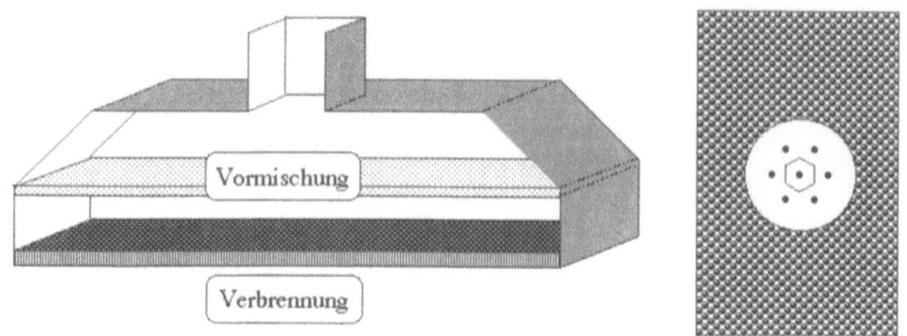

Abb. 1. Gasbrenner: Querschnitt und Brennerplatte

Erhaltungsgleichungen zu lösen. Im gegenwärtigen Stand wird ein vereinfachtes Reaktionsmodell analysiert. Für eine quantitativ zuverlässige Vorhersage der Stickoxid Produktion ist ein detaillierter Reaktionsmechanismus notwendig, siehe [BG]. Diese erweiterte Problemstellung wird im zweiten Schritt des Projektes untersucht, führt allerdings zu einer drastischen Erhöhung der Komplexität bei der Simulation. Als Alternative zur Simulation bietet sich die Messung ausgewählter Zustandsgrößen an. Dies bedingt jedoch einen extrem großen zeitlichen, sowie meßtechnischen Aufwand und bietet nur begrenzten Einblick in die komplexen Wirkungsmechanismen bei der Schadstoffbildung. Daher ist die Modellbildung und die Simulation ein wichtiger Bestandteil beim Entwurf und der Verbesserung von Brennersystemen.

2 Modellbildung

Verbrennungsprozesse lassen sich durch hohe Wärmefreisetzung, stark nichtlineare Kopplung von Strömung und chemischer Reaktion, sowie einen weiten Bereich aktiver Längenskalen in der Lösung charakterisieren. Daher ist die Simulation eines detaillierten Reaktionsmodells über die gesamte Brennplatte mit gegenwärtig verfügbaren Rechnern nicht realisierbar. Möglichkeiten einer vereinfachten Modellbildung und Simulation des Verbrennungsprozesses bieten sich bei der Formulierung der Erhaltungsgleichungen und geometrischer Symmetrieannahmen an.

Eine Herleitung des vollständigen Systems von Erhaltungsgleichungen, für Gesamtmasse, Impuls und Energie des Gemisches, sowie für die Massenanteile der an der Verbrennung beteiligten Spezies findet sich etwa in [BSL, W]. Dort finden sich auch mögliche Ansätze für sinnvolle Vereinfachungen dieser Gleichungen. Für die betrachtete Problemstellung folgen wir im Wesentlichen den von Shvab und Zel'dovich vorgeschlagenen Vereinfachungen für die Erhaltung von Energie und Massenanteilen der Spezies. Damit läßt sich das resultierende System partieller Differentialgleichungen formulieren. Hierzu bezeichne ρ die Gesamtdichte, $\mathbf{v}$ den Geschwindigkeitsvektor und p den

Druck des Gemisches. Im Falle der quasi-stationären, im Folgenden kurz stationären, Strömung wird die Erhaltung von Gesamtmasse und Impuls gegeben durch

$$\operatorname{div}(\rho\mathbf{v}) = 0 \tag{1}$$

$$\operatorname{div}(\rho\mathbf{v}\mathbf{v}) + \operatorname{div}\Pi = 0 \ , \tag{2}$$

wobei Π den Drucktensor in Abhängigkeit von der Viskosität μ beschreibt. Die ortsabhängige Zusammensetzung des Gasgemisches wird durch die Massenbrüche $Y_k, 1 \le k \le K$ der Spezies beschrieben. Hierfür gilt nach Definition $\sum_{k=1}^{K} Y_k = 1$. Die Massenbilanz der Spezies wird bestimmt durch K Erhaltungsgleichungen der Form

$$\operatorname{div}(\rho\mathbf{v}Y_k) - \operatorname{div}(\rho D\nabla Y_k) = W_k\dot{\omega}_k \qquad k = 1,\dots,K \ . \tag{3}$$

Dabei bezeichnen W_k die Atomgewichte und $\dot{\omega}_k$ die chemischen Produktionsraten. Siehe [BG, W] für eine explizite Darstellung der Arrhenius Kinetik. Die Konstante D beschreibt Diffusion aufgrund von Dichtegradienten der Spezies innerhalb des Gemisches. Aus der Kontinuitätsgleichung (1) und der Massenerhaltung bei der chemischen Reaktion resultiert die Bedingung

$$\sum_{k=1}^{K} W_k\dot{\omega}_k = 0 \ . \tag{4}$$

Zur Vereinfachung der Energiebilanz werden nach Shvab und Zel'dovich folgende Annahmen getroffen. Die Maximalgeschwindigkeiten im Brenner sind relativ gering, $Ma \ll 1$, daher lassen sich viskose Effekte in der Energiegleichung vernachlässigen. Da in Verbrennungsproblemen typischerweise sehr geringe Druckgradienten auftreten werden diese ebenso vernachlässigt. Damit gestatten stationäre Problemstellungen die Formulierung der Energiegleichung durch die Bilanz der spezifischen Enthalpie. Die kalorische Zustandsgleichung für Gase

$$h_k = h_k^o + \int_{T^o}^{T} c_{p,k}(T) \, dT \ , \qquad k = 1,\dots,K \tag{5}$$

beschreibt die Relation zwischen den spezifischen Enthalpien h_k, den Bildungsenthalpien h_k^o und den spezifischen Wärmekapazitäten $c_{p,k}(T)$ bei konstantem Druck für die Spezies. Hieraus bestimmen sich die Bildungs- und die thermische Enthalpie, sowie die Wärmekapazität c_p des Gemisches durch

$$h^o = \sum_{k=1}^{K} Y_k h_k^o \ , \quad h = \int_{T^o}^{T} c_p(T) \, dT \ , \quad c_p = \sum_{k=1}^{K} c_{p,k} \ . \tag{6}$$

Setzt man schließlich mit der Wärmeleitfähigkeit λ des Gemisches, dessen Lewis-Zahl Le

$$Le = \frac{\lambda}{\rho D c_p} \tag{7}$$

zu Eins, so ergibt sich die Energiebilanz

$$\operatorname{div}(\rho \mathbf{v} h) - \operatorname{div}(\rho D \nabla h) = -\sum_{k=1}^{K} W_k h_k^o \dot{\omega}_k \ . \tag{8}$$

Abgeschlossen wird die Spezifikation der gasdynamischen Gleichungen durch das ideale Gasgesetz für Gemische

$$p = \rho R T \sum_{k=1}^{K} \frac{Y_k}{W_k} \ . \tag{9}$$

In die Energiebilanz ist die Brennerplatte mit einzubeziehen. Da diese keine eigene Wärmequelle besitzt wird die Bilanz beschrieben durch

$$-\operatorname{div}(\lambda_P \nabla T_P) = 0 \ . \tag{10}$$

Dabei bezeichet λ_P die Wärmeleitfähigkeit der Brennerplatte. Energieaustausch zwischen Platte und Gasströmung erfolgen ausschließlich durch Konvektion. Somit ist die stationäre Wärmeverteilung an der Grenzschicht gegeben durch

$$\lambda_P \nabla T_P \cdot n = \lambda \nabla T \cdot n \ , \tag{11}$$

wobei n eine äußere Normale bezeichnet. Festzuhalten bleibt, daß die Erhaltungsgleichungen (1), (2), (3) und (8) ein komplexes, nichtlineares System von $K+5$ partiellen Differentialgleichungen darstellen, deren Simulation abhängig von der Komplexität des Reaktionsmodells, hohen numerischen Aufwand implizieren. Zu bemerken ist, daß die Gleichungen (1) und (3) linear abhängig sind.

Nach der Spezifikation der Modellgleichungen verbleibt die Möglichkeit, das Problem durch geometrische Überlegungen weiter zu reduzieren. Wir nehmen an, daß die Variation der Austrittsbedingungen des Gasgemisches, also Geschwindigkeit und Vormischung, relativ zur Größe der Öffnungen der Brennerplatte langsam variieren. Hierzu ist zu bemerken, daß die Resultate der Simulation des Mischprozesses, siehe [RS], diese Annahme nur teilweise stützen. Dies könnte jedoch in den hierbei verwandten "do nothing"Ausflußbedingungen begründet sein, welche die homogenisierende Wirkung des starken Druckabfalls innerhalb der Öffnungen der Brennerplatte nur teilweise wiederspiegelt. Treffen wir also die genannte Annahme, so läßt sich die Berechnung des Verbrennungsvorganges aus Symmetrieüberlegungen auf Einzelflammen mit periodischen Randbedingungen reduzieren. Die resultierende Konfiguration ist ein 3D-Gebiet mit hexagonalem Grundriß auf der Brennerplatte, siehe Abbildung 1. In Durchflußrichtung dehnt sich dieses Gebiet über die Plattendicke und die Flammenhöhe aus. Schließlich legt die näherungsweise Rotationssymmetrie eine Formulierung der Erhaltungsgleichungen in Zylinderkoordinaten nahe.

Wegen der hohen Komplexität der Erhaltungsgleichungen, insbesondere im Hinblick auf detaillierte Reaktionsmodelle, betrachten wir im Folgenden unter der Annahme von Rotationssymmetrie einen 2-dimensionalen Schnitt durch eine Einzelflamme. Das resultierende Gebiet in der axialen und radialen (z, r)-Ebene ist in Abbildung 2 dargestellt. Die tatsächliche Größe des Gebietes umfaßt 1 mm in radialer und 10 mm in axialer Richtung. Hierbei wird in axialer Richtung nur der Ausflußanteil der Brennerplatte von 2 mm überdeckt. Unter der Annahme, daß das Einflußprofil des Gemisches einer

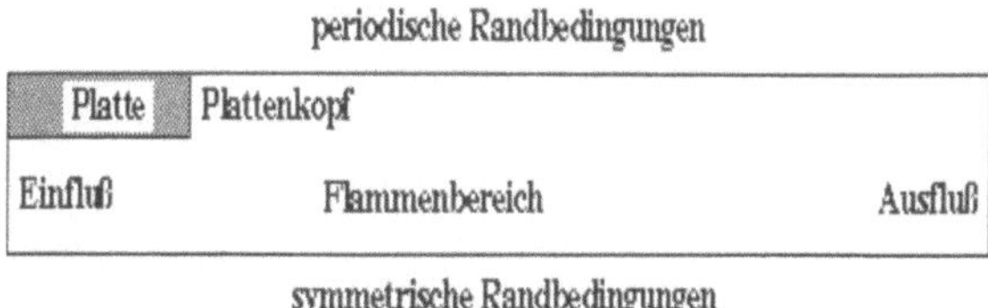

Abb. 2. Gebiet: Platte–Flamme System

stationären Kanalströmung entspricht, ergeben sich am Einflußrand für den Geschwindigkeitsvektor $\mathbf{v} = (v_z, v_r)$ und die Temperatur die Bedingungen

$$v_r = 0, \quad v_z = v_{in}, \quad T = 300\,^\circ\text{K} \ . \tag{12}$$

Die Zusammensetzung des einströmenden Gases ist durch die Massenverhältnisse $\varphi(\lambda)$ der Mischung gegeben, siehe (18). Es gelten die Bedingungen

$$Y_k = 0, \qquad k \neq \text{CH}_4,\ \text{O}_2,\ \text{N}_2, \tag{13}$$

$$Y_{\text{CH}_4} = \varphi(\lambda), \quad Y_{\text{O}_2} = 0.232(1 - \varphi(\lambda)), \quad Y_{\text{N}_2} = 0.768(1 - \varphi(\lambda)) \ . \tag{14}$$

Für die Platte wird am Einfluß eine Temperatur von $300\,^\circ\text{K}$ angesetzt. Entlang der Grenzschicht zwischen Platte und Gas werden Haftrandbedingungen $(v_z, v_r) = (0, 0)$ angenommen. Für die Temperatur gilt die Beziehung (11). Am periodischen Rand, sowie am Symmetrierand sind die Bedingungen gegeben durch

$$v_r = 0, \quad \frac{\partial v_z}{\partial r} = 0, \quad \frac{\partial T}{\partial r} = 0, \quad \frac{\partial Y_k}{\partial r} = 0, \quad k = 1, \ldots, K \ . \tag{15}$$

Schließlich wird am Ausfluß eine stationäre Parallelströmung im chemischen Gleichgewicht,

$$v_r = 0, \quad \frac{\partial v_z}{\partial z} = 0, \quad \frac{\partial T}{\partial z} = 0, \quad \frac{\partial Y_k}{\partial z} = 0, \quad k = 1, \ldots, K \ , \tag{16}$$

vorausgesetzt. Insgesamt ist damit die Spezifikation des Modells vollständig.

3 Numerische Simulation

Die numerische Simulation der Erhaltungsgleichungen für reaktive Strömungen ist durch starke Kopplung zwischen Strömungsgrößen und chemischer Reaktion gekennzeichnet. Diese zeigt sich in der Form hoher Sensitivität der Energiegleichung gegenüber Änderungen der Strömungsbedingungen einerseits und Variationen der Zusammensetzung des Gasgemisches andererseits. Verstärkt wird diese Störungsempfindlichkeit durch die starke Streckung des Lösungsgebietes und der Tatsache, daß abgesehen vom Einfluß und der Brennerplatte Neumenn Randbedingungen gelten.

3.1 Lösungsansatz

In dem beschriebenen Modell lassen sich alle Erhaltungsgleichungen in der allgemeinen Form

$$\mathrm{div}(\rho \mathbf{v}\Phi) - \mathrm{div}(\rho D \nabla \Phi) = S(\Phi) \tag{17}$$

schreiben. Hierbei bezeichnet Φ jeweils eine der zu bestimmenden Zustandsgrößen v_z, v_r, h oder Y_k, sowie $S(\Phi)$ den entsprechenden Quellterm. Für die Linearisierung der nichtlinearen Quellen, insbesondere bei der Massenerhaltung und Energiegleichung, ist darauf zu achten, daß die Positivität des Differentialoperators erhalten bleibt, siehe [P].

Zur Diskretisierung der Gleichungen wird ein *collocated grid* Finite Volumen Verfahren verwandt, siehe [GDN, P, PKS]. Das Verfahren basiert auf zellzentrierten Zustandsgrößen, sowie speziellen Interpolationsformeln zur Berechnung der Flüsse an den Kanten der Kontrollvolumen. Damit wird die Stabilität ähnlich wie bei *staggered grid* Diskretisierungen erreicht. Der Zugang operiert auf lösungsangepaßten, regulären Gittern und besitzt die, für die behandelte Problemstellung wichtige, exakte Erhaltungseigenschaft. Zur iterativen Lösung der Kontinuitäts- und Impulsgleichungen wird ein SIMPLE Verfahren, siehe [P], eingesetzt. Um die Konvergenz zu beschleunigen, wird ein FAS Mehrgitterverfahren nach [B] verwendet. Die Energie- und Massenbilanz werden durch einen Operatorsplitting Ansatz behandelt. Dazu werden die, durch das SIMPLE Verfahren berechneten Geschwindigkeits- und Druckfelder, in die Spezies–Massenbilanzen und Energiegleichung eingesetzt und iterativ gelöst. Das Temperaturprofil wird durch Fixpunktitration aus der spezifischen Enthalpie bestimmt.

Die genannten Verfahren sind auf der Basis eines objektorientierten Programmpaketes in C++ implementiert und verifiziert worden. Der wesentliche Vorzug dieses Ansatzes besteht in der Möglichkeit, nach Aufbau einer Programmbibliothek aus Daten- und Funktionsklassen, diese beliebig einzusetzen und mit anderen Lösungsverfahren oder Diskretisierungen auszutauschen. Dies gilt insbesondere in Anbetracht der für alle Zustandsgrößen angewandten allgemeinen Gleichung (17) und der Simulation eines komplexen chemischen Reaktionsmodells. Eine problemorientierte, interaktive Graphik erlaubt eine einfache Verifikation und Auswertung der Resultate. Damit stehen die notwendigen Komponenten zur Verfügung, die eine direkte Verwendung dieses Simulationsprogrammes nicht nur durch Wissenschaftler, sondern auch durch Entwicklungsingenieure des Kooperationspartners ermöglichen.

3.2 Ergebnisse

Die erzielten Resultate beziehen sich derzeit auf ein System von Gleichungen auf der Basis einer irreversiblen, globalen chemischen Einschritt-Reaktion

$$CH_4 + 2\lambda(O_2 + 3.76N_2) \rightarrow CO_2 + 2H_2O + (2\lambda - 1)O_2 + 2\lambda 3.76N_2 . \quad (18)$$

Dabei bezeichnet λ das Volumen–Mischverhältnis, die sog. *Luftzahl* der einströmenden Gase. Für $\lambda = 1$ beschreibt diese Reaktionsgleichung eine stöchiometrische Verbrennung in der Flamme. In diesem Fall impliziert das Verhältnis Sauerstoff zu Brennstoff eine vollständige Reaktion. Beim praktischen Betrieb des Brenners liegt das Verhältnis im Bereich $1.1 \leq \lambda \leq 1.25$, es liegen somit sog. *magere Flammen* vor. Für dieses einfache Reaktionsmodell ist lediglich eine Gleichung für die Massenbilanz für den Brennstoff CH_4 zu berechnen. Der chemische Produktionsterm ist hierbei gegeben durch

$$\dot{w}_{CH_4} = -\frac{A\rho^{\alpha+\beta}}{W_{CH_4}^{\alpha} W_{O_2}^{\beta}} Y_{CH_4}^{\alpha} Y_{O_2}^{\beta} \exp(-E/RT) . \quad (19)$$

Die Reaktion wird durch die empirisch bestimmten Ordnungsparameter $\alpha = 1.3$ und $\beta = -0.3$, sowie die Aktivierungsenergie $E = 40\,kJ/K$. beschrieben. Bei der Modellierung detaillierter Reaktionsmechanismen durch globale Modelle werden diese so angepaßt, daß das Gesamtverhalten möglichst gut wiedergegeben wird. Die Untersuchung der Qualität vereinfachter Modelle ist ein umfangreiches, eigenständiges Arbeitsgebiet, siehe etwa [S].

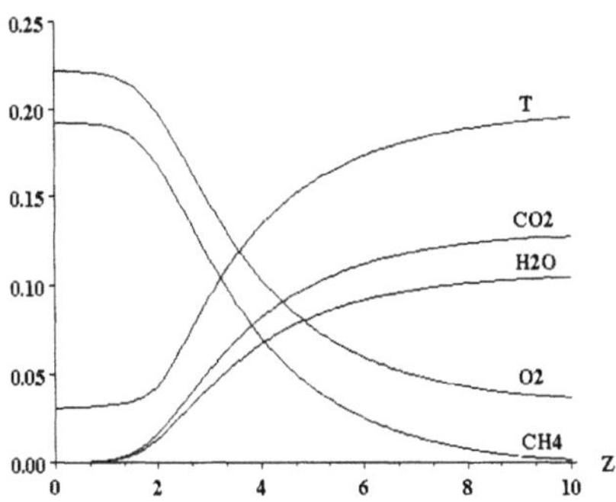

Abb. 3. Reaktionsverlauf entlang der Symmtetrieachse

Abbildung 3 zeigt den Reaktionsverlauf entlang der Symmetrieachse durch die Flamme. Temperatur und Brennstoff sind hierbei mit den Faktoren 10^{-4}

bzw. 4 skaliert. Die Simulation zeigt eine bemerkenswerte Interaktion zwischen Temperaturentwicklung, chemischer Reaktion und dem Geschwindigkeitsfeld. Im Einflußkanal wird das Gasgemisch durch Wärmeleitung erhitzt.

Abb. 4. Geschwindigkeits– und Druckverlauf

Die chemische Umsetzung des Brennstoffes beginnt im Austrittsbereich des Einströmkanals. Hierbei spielt der thermische Ausgleich zwischen Gas und Brennerplatte, die auf etwa 400°K aufgeheizt wird, eine wesentliche Rolle. Die räumliche Variation von Temperatur– und Geschwindigkeitsprofil zeigen die Abbildungen 4 und 5. Für eine Einflußgeschwindigkeit von 50 cm/s stellen sie das berechnete Strömungsfeld, typische Massenbrüche, sowie das Temperaturprofil dar. Durch die Temperaturerhöhung des Gases reduziert sich dessen Dichte und es wird beschleunigt. Die Erweiterung des Strömungsquerschnittes am Austritt des Kanals bewirkt Rückfluß am Plattenkopf und

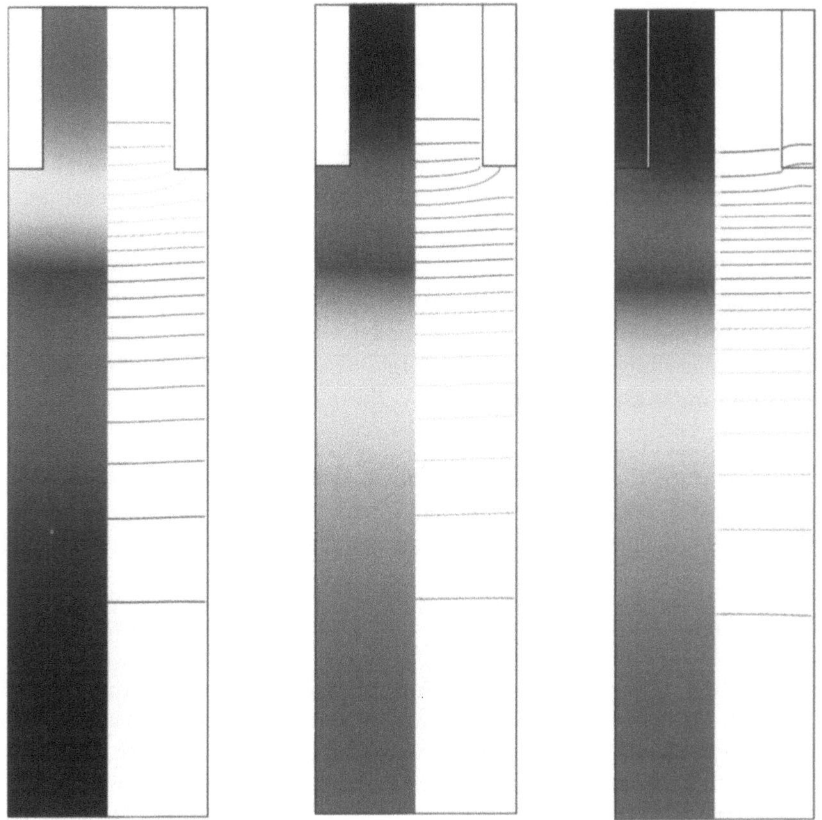

Abb. 5. CH4–CO2 Massenbrüche und Temperaturverlauf

dadurch eine deutliche Reduktion der mittleren axialen Geschwindigkeit. Die Verbrennungszone ist an dieser Stelle konzentriert. Die starke Wärmefreisctzung der Verbrennung führt zu einer deutlichen Temperaturerhöhung und dadurch zu einer starken Beschleunigung der verbrannten Gase. Die beschriebene Interaktion zwischen Temperatur– und Geschwindigkeitsverhalten und der Rückstrom des aufgeheizten Gases stabilisiert die Verbrennung. Unter beschränkten Fluktuationen der Einflußgeschwindigkeiten findet somit weder ein *Zurückschlagen* noch ein *Wegblasen* der Flamme statt.

4 Ausblick

In der Folge soll auf der Basis der entstandenen Konstrukte in C++ ein erweitertes Reaktionsmodell in das Simulationsverfahren integriert werden. Dieses wird dann eine quantitative Vorhersage über die Produktion von Stickoxiden liefern. Als Reaktionsmechanismus ist hierbei das bereits in [BG] verwandte Modell mit 46 chemischen Elementarreaktionen und 16 Spezies vorgesehen. Zur Auswertung der detaillierten Reaktion innerhalb der Simulation wird das mittlerweile portierte Programm CHEMKIN, sowie thermochemische Datenbanken verwendet. Daneben soll das hier vorgestellte reduzierte Modell auf die Berechnungen einer 3-dimensionalen Konfiguration von Einzelflammen erweitert werden. Hierdurch wird eine Abschätzung der 3D Effekte auf das Strömungs– und Temperaturprofil, sowie die Schadstoffentwicklung möglich sein. Weiterhin wird der hier entwickelte Zugang mit strukturierten Gittern mit Verfahren für unstrukturierte Gitter zusammengeführt, um auf diese Weise auch Problemstellungen mit komplexer Geometrie berechnen zu können. Schließlich ist eine Verwendung der Ergebnisse der Vormischsimulation, siehe [RS], als Eingangsparameter für die Verbrennungssimulation geplant.

Danksagungen. Die Autoren bedanken sich für die Unterstützung bei der Durchführung des Projektes bei der Firma Vaillant, Remscheid. Weiterhin gilt unser Dank Herrn Dr. Krannich für den Aufbau der interaktiven Graphik.

Literatur

[BG]   Bader, G., Gehrke, E.: Simulation of Detailed Chemistry Stationary Diffusion Flames on Parallel Computers. in Notes on Numerical Fluid Mechanics, Flow Simulation with High-Performance Computers II, DFG Priority Research Programme Results 1993-1995, E. Hirschel (Hrsg.), Vieweg, to appear, 1996.

[BSL]   Bird, R. B., Stewart, W. E., Lightfoot, E. N.: Transport Phenomena. John Wiley & Sons (1960)

[B]   Brandt, A.: Multiy Level Adaptive Solutions to Boundary-Value Problems. Mathematics of Computation, **31**, (1977) (333-390)

[GDN]   Griebel, G., Dornseifer, Th., Neunhoeffer, T.: Numerische Simulation in der Strömungsmechanik. Scientific Computing, Vieweg (1995)

[P]   Pantankar, S. V.: Numerical Heat Transfer and Fluid Flow. Series in Computational Methods in Mechanics and Thermal Sciences, McGraw-Hill (1980)

[PKS]   Peric, M., Kessler, R., Scheurer, G.: Comparison of finite Volumne numerical methods with staggered and collocated grids. Computers & Fluids, **16**, (1988) (389-403)

[RS]   Rannacher, R., Schreiber, P.: Numerische Modellierung eines Gasbrenners – Berechnung schwachkompressible Strömungen. Universität Heidelberg, Jan. (1996)

[S]   Smooke, M. D.: Reduced Kinetic Mechanisms and Asymptotic Approximations for Methane-Air Flames. Lecture Notes in Physics, **384** , Springer (1991)

[W]   Williams, F. A.: Combustion Theory. Addison-Wesley Publishing, second edition (1988)

Finite–Elemente–Lösung inkompressibler und nichtisothermer Innenströmungen

G. Lube[1], A. Auge[1] und A. Kapurkin[2]

[1] Georg-August-Universität Göttingen, NAM, Lotzestr. 16-18,
D–37083 Göttingen, e–mail: lube@math.uni-goettingen.de,
URL: http://www.num.math.uni-goettingen.de/math/nam/institut.html
[2] Otto-von-Guericke-Universität Magdeburg, IAN, PSF 4120, D–39016 Magdeburg

Abstract. The aim of the ongoing project is to estimate possibilities of distributed computation in the numerical simulation of room air flows. The basic model of a stationary, incompressible, non-isothermal flow is the system of the energy and Navier-Stokes equation (with Boussinesq approximation). We present results obtained by now with an overlapping Schwarz method on a transputer system and with a non-overlapping domain decomposition method on a workstation cluster.

1 Zielstellung

Langfristiges Ziel ist die Entwicklung eines parallelen 3D Finite-Elemente Codes zur Berechnung inkompressibler, nichtisothermer Raumluftströmungen. Dazu werden zunächst Möglichkeiten des verteilten Rechnens bei der numerischen Simulation von Raumluftströmungen in Gebieten mit praxisrelevanter Geometrie abgeschätzt. Verbundpartner ist die Firma Rud. Otto Meyer Hamburg. Kooperation besteht ferner mit den Instituten für Strömungsmechanik der TU Dresden sowie für Analysis und Numerik der Universität Magdeburg.

Maßstab bei der Entwicklung paralleler Verfahren ist unter anderem die Leistungsfähigkeit kommerzieller Codes für derartige Aufgaben. In [Sp] wurden mit dem Finite-Volumen Code FLUENT/UNS [FU] numerische Studien zur Luftführung im Gebäude des Deutschen Bundestages in Berlin, d.h. bei einer komplexen 3D-Geometrie durchgeführt. Zur Berechnung eines Lastfalles mit ca. 134 000 Knoten (d.h. bei Verwendung des $k - \epsilon$ Turbulenzmodells mit nahezu 10^6 Unbekannten) auf einer Workstation HP 9000 735/125 ergaben sich eine Rechenzeit von ca. 150 Stunden und ein RAM-Bedarf von 166 MB.

In der Literatur gibt es relativ wenig Arbeiten zu Gebietszerlegungsverfahren für dieses komplexe Problem. Lediglich für sehr vereinfachte Aufgaben wie das Poisson-Problem gibt es überzeugende theoretische und numerische Resultate. Bereits für die im betrachteten Modell auftretende Energiegleichung sind im Fall dominanter Konvektion die theoretischen Ergebnisse nicht anwendbar. Dieser Fall ist aber für die betrachtete Problemstellung von zentraler Bedeutung, da bei Raumluftströmungen i. allg. auch große Reynolds- bzw. Péclet-Zahlen auftreten.

2 Mathematisches Modell

Stationäre, inkompressible und nichtisotherme Raumluftströmungen werden durch Bilanzgleichungen für Impuls, Masse und Energie beschrieben. Ein vereinfachtes Modell zur Ermittlung von Geschwindigkeit u, Temperatur T und Druck p in einem beschränkten Gebiet $\Omega \subset \mathbf{R}^d, d \leq 3$ bildet dabei das folgende System aus

Navier-Stokes-Gleichung mit Boussinesq-Approximation

$$N(u)(u,p) := -\nu\Delta u + u \cdot \nabla u + \nabla p = f(T) \qquad \text{in } \Omega, \tag{1}$$

Kontinuitätsgleichung

$$\nabla \cdot u = 0 \qquad \text{in } \Omega \tag{2}$$

und *Energiegleichung*

$$L(u)T := -\kappa\Delta T + u \cdot \nabla T = q \qquad \text{in } \Omega. \tag{3}$$

Vereinfachend untersuchen wir vorerst Dirichletsche Randbedingungen:

$$u = g \ ; \quad T = T_D \ \text{auf } \partial\Omega. \tag{4}$$

Ein Turbulenzmodell wurde bei den bisherigen Untersuchungen noch nicht berücksichtigt.

Das betrachtete nichtlineare System wird mit einem Defektkorrektur-Verfahren linearisiert. Dabei wird Gleichung (3) vom System (1),(2) entkoppelt. Der Defekt von (1)-(3) wird im diskreten Fall mit einem stabilen und genauen Verfahren berechnet. Für die Iterationsmatrix wird hingegen ein Verfahren mit günstigeren algebraischen Eigenschaften (z.B. mit erhöhter numerischer Diffusion) benutzt.

Die bisherigen Untersuchungen beziehen sich noch auf die entkoppelte Behandlung von Energiegleichung (3) und Navier-Stokes Problem (1),(2). Im Hinblick auf 3D-Anwendungen und komplexe Geometrien werden Gebietszerlegungsverfahren mit minimaler Überlappung (vgl. Kap. 3) sowie ohne Überlappung der Teilgebiete (vgl. Kap. 4) studiert.

3 Ein überlappendes Gebietszerlegungsverfahren

Zur Orientierung über Möglichkeiten verteilten Rechnens wurde eine Fallstudie zur Lösung der entkoppelten Probleme (3) bzw. (1),(2) auf den Transputersystemen GCel 128 und GCPower Plus der Firma Parsytec durchgeführt, die z.T. exklusiv genutzt werden konnten. Die Prozessoren des GC Power Plus verfügen jeweils über eine Taktfrequenz von 80 MHz. Zur Parallelisierung wurde das Betriebssystem PARIX benutzt.

Ausgehend von [K] wurde ein Schwarzsches Verfahren mit möglichst geringer Überlappung der Teilgebiete studiert. Seien $\overline{\Omega} = \bigcup_m \overline{\Omega_m}$ eine nichtüberlappende Zerlegung und $\mathcal{O}_{mj}$ schmale Interface-Gebiete, die die Kanten bzw. Flächen $\partial\Omega_m \cap \partial\Omega_j$ zwischen benachbarten Teilgebieten mit einer Breite von $\eta \approx kh$ überdecken. Analog werden Kreuzungsgebiete mit Durchmesser kh um jeden Gitterpunkt der Makrozerlegung definiert.

3.1 Energiegleichung

Für die Energiegleichung (3) wird im 2D–Fall folgende Iteration über $i \in \mathbf{N}_0$ beginnend mit einer Startlösung $T_h^{(0)}$ durchgeführt:

1. Löse Problem (3) parallel auf jedem Teilgebiet für $T_h^{(i+1)}$ mit Dirichlet-Randwerten $T_h^{(i+1)} = T_h^{(i)}$ auf $\partial \Omega_m$.
2. Löse Problem (3) parallel (redundant) auf jedem Interface-Gebiet $\mathcal{O}_{mj}$ mit Dirichlet-Randwerten aus Schritt 1. Korrigiere dann $T_h^{(i+1)}$ auf dem $\mathcal{O}_{mj}$ erzeugenden Interface.
3. Löse Problem (3) parallel (redundant) auf jedem Kreuzungsgebiet mit Dirichlet-Randwerten aus Schritt 2. Korrigiere dann $T_h^{(i+1)}$ auf dem Schnitt zwischen Kreuzungsgebiet und Interface.
4. Setze $i \mapsto i + 1$ und gehe zu Schritt 1.

Die Konvergenz der Methode für das stetige Problem (3) wird bei einfachem Verlauf des Strömungsfeldes u in [K] untersucht. TOL sei eine gegebene Toleranz, bis zu der ein Teilproblem pro Iterationszyklus gelöst wird. m sei die maximale Zahl von Teilgebieten, die von Charakteristiken des hyperbolischen Grenzproblems ($\kappa = 0$) in Ω durchlaufen werden. Dann verbessert sich die Lösung "stromab" von Teilgebiet zu Teilgebiet. Man erhält modifizierte lineare Konvergenzabschätzungen vom Typ

$$\|T^{(i+m)} - T\|_{L^\infty(\Omega)} \le C(TOL)^{i+1}. \tag{5}$$

Für die erforderliche Überlappungsbreite erhält man $\eta \le C\kappa^\alpha |\ln TOL|, \alpha > 0$. Im diskreten, singulär gestörten Fall $0 < \kappa \le (h/(C|\ln TOL|))^{1/\alpha}$ kann man dann mit minimaler Überlappungsbreite $\eta \sim h$ arbeiten.

Der beschriebene downwind-Charakter der Informationsausbreitung wird auch in numerischen Experimenten beobachtet. Zur Sicherung der Effizienz des parallelisierten Codes ist eine inexakte Lösung der Teilgebietsaufgaben je Iteration wesentlich. Praktisch ist die Ausführung weniger Schritte eines iterativen Solvers (evtl. ein Mehrgitterzyklus) mit Reduktion des Residuums um 1 oder 2 Ordnungen ausreichend. In Testrechnungen mit bis zu 10^6 Gitterpunkten wurde für den konvektionsdominanten Fall eine parallele Effizienz $\frac{T_1}{pT_p}$ nahe bei 1 erzielt. T_p ist dabei die Rechenzeit bei Verwendung von p Prozessoren. Bei einfachem Verlauf des Strömungsfeldes wurde eine Konvergenzrate von 0.25 bis 0.30 bzw. ca. 0.50 bei bis zu 16 bzw. 64 Prozessoren ermittelt. Die angegebene Effizienz der Methode wird im singulär gestörten Fall auch durch die vernachlässigbare Rechenzeit für die Probleme auf den Überlappungsgebieten erreicht.

3.2 Inkompressibles Navier-Stokes-Problem

Die Erweiterung auf das nichtlineare Navier-Stokes-Problem (1),(2) wurde so konzipiert, daß die Linearisierung nicht auf Ebene des Gesamtproblems, sondern der Teilprobleme erfolgt. Dies hat einen geringeren Datentransfer zwischen den Teilgebieten zur Folge. Zur Diskretisierung wurde ein upwind-Differenzen–Verfahren 2. Ordnung auf versetzten Gittern verwendet, daß zu einer $Q1(rotiert)/P0$-FEM äquivalent ist. Für jedes der entstehenden Teilgebiete wird nach dem inexakten Lösungsprinzip jeweils eine feste Zahl von Schritten eines Block-SOR Verfahrens (vom Vanka-Typ) ausgeführt. Für die Breite der Interface- und Kreuzungsgebiete erwies sich die Wahl $\eta \approx 2h$ als ausreichend. Dies führt zu sehr·schnell zu lösenden Teilaufgaben auf den Übergangsgebieten. Tabelle 1 zeigt für die 2D-Hohlraumströmung die Rechenzeit für einige isotrope Makrozerlegungen von Ω. Für die Teilprobleme wurden jeweils 5 Schritte pro Defektkorrektur-Zyklus ausgeführt. Interessant ist eine relative Unabhängigkeit der Rechenzeiten von der Reynolds-Zahl Re. Die durchschnittliche Effizienz liegt bei 0.7 - 0.8.

Reynolds-Zahl	1000	3000	5000	7500	10000
Makrozerlegung 1x1	3822"	–	–	–	–
Makrozerlegung 2x2	934"	2368"	2385"	2446"	2518"
Makrozerlegung 3x3	533"	1222"	1313"	1368"	1452"
Makrozerlegung 4x4	342"	825"	896"	933"	974"

Tabelle 1. Rechenzeiten für das 2D driven cavity Problem mit verschiedenen Reynolds-Zahlen, $h = 1/120$ und $\eta = 2h$

Abb. 1 zeigt für die 3D-Hohlraumströmung mit $Re = 1000$, einer Makrozerlegung in $4 \times 4 \times 1$ Teilgebiete und $h = \frac{1}{120}$ Details der Konvergenzgeschichte für den Druck. Man erkennt auch hier an der Veränderung des zentralen Wirbels und der Ausbildung der Sekundärwirbel einen gewissen downwind-Charakter der Informationsausbreitung. Die Dimension des nichtlinearen diskreten Problems ist ca. 6×10^6. Das größte in diesem Zusammenhang betrachtete Problem führte bei $h = \frac{1}{200}$ auf ca. 3×10^7 Unbekannte und erforderte bei $Re = 10^3$ und 64 Prozessoren des GCPower Plus ca. 12 Stunden Rechenzeit. Eine erhebliche Verbesserung wird durch bessere iterative Löser für die Teilgebiete (z.B. Mehrgitter-Verfahren) erwartet.

4 Ein nichtüberlappendes Gebietszerlegungsverfahren

Die Hauptuntersuchungen beziehen sich auf überlappungsfreie Gebietszerlegungsverfahren und ihre parallelisierte Realisierung auf einem Workstation Cluster unter Verwendung des Message-passing Systems PVM. Solche Verfahren sind aus Gründen der Datenverwaltung vorteilhaft für den 3D-Fall. Hauptproblem ist hier jedoch die Gestaltung der Kopplungsbedingungen zwischen den Teilgebieten.

4.1 Energiegleichung

Ausgangspunkt ist eine Lagrange-Formulierung von Aufgabe (3) nach [BM]. Vereinfachend sei $T_D = 0$. Bei nichtüberlappender Zerlegung $\overline{\Omega} = \bigcup_m \overline{\Omega_m}$ bezeichne $\Gamma_m := \partial \Omega_m$ sowie $\Sigma := \bigcup_m \Gamma_m$. Mit

$$a_m(T,S) := \int_{\Omega_m} (\kappa \nabla T \cdot \nabla S + u \cdot \nabla T) dx, \quad f_m(S) := \int_{\Omega_m} qS dx$$

definieren wir für $T, S \in V_m := \{v \in H^1(\Omega_m) : v = 0 \text{ auf } \Gamma_m \cap \partial \Omega\}$

$$a(T,S) := \sum_m a_m(T,S), \quad f(S) := \sum_m f_m(S).$$

Ferner sind $(\cdot, \cdot)_m$ bzw. $< \cdot, \cdot >_m$ das L^2–Skalarprodukt auf Ω_m bzw. Γ_m (oder ggf. das Dualitätsprodukt zwischen $M_m := H^{-1/2}(\Gamma_m)$ und $H^{1/2}(\Gamma_m)$). Mit $V := \prod_m V_m$, $M := \prod_m M_m$ und $\Phi := H_0^1(\Omega)|_\Sigma$ sind die Aufgaben

$$\text{Finde } \theta \in H_0^1(\Omega): \quad a(\theta, S) = f(S) \ \forall S \in H_0^1(\Omega) \tag{6}$$

und

$$\text{Finde } (T, \lambda, \psi) \in V \times M \times \Phi:$$

$$\text{(i)} \quad a(T,S) - \sum_m < \lambda^m, S^m >_m = f(S), \forall S \in V$$

$$\text{(ii)} \quad \sum_m < \mu^m, \psi - T^m >_m = 0, \qquad \forall \mu \in M \tag{7}$$

$$\text{(iii)} \quad \sum_m < \lambda^m, \phi >_m = 0, \qquad \forall \phi \in \Phi$$

eindeutig lösbar und äquivalent im Sinne von [BBM]

$$T^m = \theta \text{ in } \Omega_m, \quad \lambda^m = \frac{\partial \theta}{\partial n_m} \text{ auf } \Gamma_m, \quad \psi = \theta \text{ auf } \Sigma.$$

Bei bekannten Werten von ψ zerfällt (7) in unabhängige Probleme vom Typ (3) auf den Teilgebieten Ω_m.

Eine diskrete Formulierung von (7) in Unterräumen $V_h \times M_h \times \Phi_h$ ist nicht notwendig stabil. Es gibt jedoch verschiedene Varianten der Stabilisierung der Methode. In der *Augmented-Lagrange* Formulierung in [LS] addiert man die Frechet-Ableitung des Funktionals

$$J_1(S, \mu, \phi) := \frac{1}{2} \rho \|S - \phi\|_{H^{1/2}(\Sigma)}^2, \quad \rho \geq 0 \tag{8}$$

an der Stelle (T, λ, ψ). Zur iterativen Bestimmung von (T, λ, ψ) in der aus (7),(8) entstehenden diskreten Aufgabe wird in [LS] der Algorithmus *ALG 3* analysiert. Im symmetrischen Fall, d.h. $u = 0$, erhält man für zwei Teilgebiete eine von h unabhängige lineare Konvergenz der Methode. Das Verfahren ist aber durch die globale Kopplung auf Σ nicht parallelisierbar.

Eine vollständig parallelisierbare Variante von *ALG 3* entsteht mit

$$\tilde{J}_1(S,\mu,\phi) := \frac{1}{2}\sum_m \rho_m \|S^m - \phi\|^2_{L^2(\Gamma_m)}, \quad \rho_m \geq 0, \tag{9}$$

die zu einem in [L] vorgeschlagenen Verfahren äquivalent ist. Für $i = 1,...,I$ löst man parallel in Ω_m:

$$-\kappa\Delta T_m^{(i)} + \mathbf{u}\cdot\nabla T_m^{(i)} = q \quad \text{in } \Omega_m; \qquad T_m^{(i)} = 0 \quad \text{auf } \partial\Omega_m \cap \partial\Omega, \tag{10}$$

$$\kappa\frac{\partial T_m^{(i)}}{\partial n_m} + \rho_m T_m^{(i)} = \kappa\frac{\partial T_j^{(i)}}{\partial n_m} + \rho_m T_j^{(i)}, \quad \text{auf } \partial\Omega_m \cap \partial\Omega_j, \; j \neq m \tag{11}$$

In [L] wurden für das Verfahren im kontinuierlichen Fall die starke Konvergenz der Lösungsfolge $T^{(i)} \to T$ in $L_2(G)$ $G \subset\subset \Omega_m$ und die schwache Konvergenz $T^{(i)} \to T$ in $L_2(\Sigma)$ bewiesen.

Die Analyse in [LS] zeigt, daß im symmetrischen Fall die Konvergenzrate von h abhängt. Das Ergebnis bedarf jedoch eines praktisch relevanten Kommentars. Numerische Ergebnisse [LS] für das 3D-Elastizitätsproblem zeigen, daß bei moderater Anzahl von Teilgebieten ($M \leq 6$) die Rechenzeiten für den vereinfachten Fall nicht erheblich über den Rechenzeiten für ein optimales Verfahren liegen. Dies wird vor allem durch die vollständige Parallelisierbarkeit des Verfahrens und die vereinfachte Interface-Behandlung bedingt.

In [BBM] wird bei konformer Triangulierung mit finiten Elementen ω in Ω_m bzw. deren Einschränkungen σ auf Γ_m die Frechet-Ableitung der *Least-squares*-Stabilisierung

$$J_2(S,\mu,\phi) := \gamma_1 \sum_m \sum_{\omega\subset\Omega_m} \frac{1}{2}h_\omega^2 \|LS^m - q\|^2_{L^2(\omega)}$$

$$+ \sum_m \sum_{\sigma\subset\Gamma_m} \left(\gamma_2\frac{h_\sigma}{2}\|\mu_m - \frac{\partial S^m}{\partial n_m}\|^2_{L^2(\sigma)} + \gamma_3\frac{h_\sigma}{2}\|S^m - \phi\|^2_{H^1(\sigma)} \right) \tag{12}$$

addiert. Für $\gamma_1 > 0$, $\gamma_2 = \gamma_3 = 0$ erhält man die Galerkin/ Least-squares Stabilisierung für den singulär gestörten Fall $\kappa/\|u\| \ll 1$. Für die aus (7),(12) entstehende Galerkin/ Least-squares Formulierung wird in [BBM] die Konvergenz gegen die Lösung von (3) bewiesen.

Bisher wurde eine Kombination der Funktionale (9) und (12) mit $\gamma_1 > 0, \gamma_2 = \gamma_3 = 0$ implementiert. Die Ergebnisse für die Energiegleichung (3) im konvektionsdominanten Fall zeigen ein analoges Konvergenzverhalten zum im Kap. 3 beschriebenen überlappenden Verfahren. Die für den symmetrischen Fall verwendete Analysis in [LS] ist im singulär gestörten Fall $\kappa/\|u\| \ll 1$ nicht nutzbar. Zur Zeit wird die Frage untersucht, ob die Wahl $\gamma_2, \gamma_3 > 0$ in (12) eine Verbesserung der Konvergenzgeschwindigkeit des Verfahrens bewirkt. Dabei ist nach [St] noch eine starke Vereinfachung des Terms für die Normalenableitungen in $J_2(\cdot)$ möglich.

4.2 Inkompressibles Navier-Stokes Problem

In [H] wird die für die Energiegleichung (3) vorgeschlagene Methode nach [L] exemplarisch auf ein spezielles 3D-Navier-Stokes Problem übertragen. Theoretische Aussagen findet man hier nicht.

Für das Navier-Stokes Problem (1),(2) wird von uns zur Stabilisierung der Galerkin-Formulierung eine zur Kombination der Funktionale (9) und (12) mit $\gamma_2 = \gamma_3 = 0$ analoge Formulierung verwendet. Dabei werden wie bei (3) gewichtete Residuen von (1),(2) zur Galerkin-Formulierung addiert. Bei geeigneter Wahl der Wichtungsparameter erhält man bei stückweise linearen Ansatzfunktionen für Geschwindigkeit und Druck ein stabiles Verfahren. Außerdem paßt sich das Verfahren (ggf. lokal) an den Fall dominanter Konvektion bzw. Diffusion an [FF], [LA].

Ferner wurde das (10),(11) entsprechende Iterationsverfahren für Problem (1),(2) im 2D- und 3D-Fall implementiert. Sowohl für das Stokes-Problem als auch das Navier-Stokes-Problem bei kleinen und mittleren Reynolds-Zahlen ist allerdings bislang die Konvergenzgeschwindigkeit nicht befriedigend. Exemplarisch zeigen wir in Abb. 2 die Entwicklung der diskreten Lösung für die 2D-Hohlraumströmung bei $Re = 400$, $h = \frac{1}{64}$ und einer $4 \times 4-$Makrozerlegung des Gebietes im letzten Schritt des Defektkorrektur-Verfahrens nach 5 und 20 Iterationen. Die Konvergenzrate verbessert sich tendenziell etwas bei größeren Reynolds-Zahlen. Details der Lösung für das 3D-driven cavity Problem mit $Re = 1000$ sowie $h = \frac{1}{32}$ zeigen in Abb. 3 den 3D-Charakter der Strömung.

Laufende Untersuchungen beziehen sich auf die Verbesserung der Interface-Behandlung und der zur Lösung der linearen Gleichungssysteme auf den Teilgebieten eingesetzten Solver.

5 Zusammenfassung und Ausblick

Im Rahmen des vorliegenden Projektes werden Möglichkeiten des verteilten Rechnens zur numerischen Simulation von Raumluftströmungen untersucht. Die bisherigen Ergebnisse geben bereits einen Hinweis darauf, daß durch parallele Implementierung von Gebietszerlegungsverfahren eine effiziente Lösung von 3D-Strömungsproblemen mit großer Zahl von Unbekannten möglich ist.

Exemplarisch wird eine Schwarzsche Methode mit geringer Überlappung für die Energiegleichung sowie das isotherme Navier-Stokes Problem untersucht. Dabei werden auf Transputersystemen Probleme mit teilweise $10^6 - 10^7$ Unbekannten bei vertretbarer Rechenzeit und brauchbarem speed-up berechnet. Die Methode ist insbesondere für den Fall großer Péclet- bzw. Reynolds-Zahlen geeignet.

Von größerer praktischer Relevanz sind Entwicklungen paralleler Codes für Workstation Cluster. Exemplarisch wird eine nichtüberlappende Gebietszerlegungsmethode für die Energiegleichung und das Navier-Stokes Problem unter dem Message passing System PVM entwickelt. Bei vereinfachter Wahl des Interface-Operators ist die Methode vollständig parallelisierbar. Die Konvergenzeigenschaften des Verfahrens sind für die Energiegleichung bei großen Péclet-Zahlen ähnlich wie bei der überlappenden Methode. Bei (ggf. lokaler) Dominanz von Diffusionseffekten bedarf es einer geeigneten Anpassung des Interface-Operators. Diese Methode zeigt jedoch potentiell eine bessere Anpassung an Probleme mit lokal unterschiedlichem Verhältnis von diffusivem und konvektivem Transport als das überlappende Verfahren. Insbesondere für das Navier-Stokes Problem sind jedoch noch weitergehende theoretische und praktische Untersuchungen erforderlich.

Weitere Schritte während der Laufzeit des Projektes beziehen sich auf die Erweiterung und Austestung des 3D-Codes im nichtisothermen Fall, Vergleichsberechnungen mit dem Verbundpartner für definierte Beispiele und eine exemplarische Betrachtung des turbulenten Falles. Darüber hinaus sind die theoretische Analyse nichtüberlappender Verfahren für Konvektion-Diffusions Probleme und inkompressible Strömungsprobleme sowie die Übertragung auf instationäre Probleme erforderlich.

Literatur

[A] A. Auge : Numerische Untersuchungen einer Galerkin/Least-squares FEM zur Simulation inkompressibler Strömungen, PhD Thesis, TU Dresden 1994

[BBM] C. Baiocchi, F. Brezzi, L.D. Marini : Stabilization of Galerkin methods and applications to domain decomposition, in: Proc. Intern. Conf. Comp. Sc. and Control, INRIA 1992

[BM] F. Brezzi, L.D. Marini : A three-field domain decomposition method, Contemporary Mathematics, vol. 157, AMS 1994, 27-34

[FU] FLUENT/UNS: Tutorial Guide, Release 1.0, New Hampshire, USA, April 1994

[FF] L.P. Franca, S.L. Frey : Stabilized finite element methods: II. The incompressible Navier-Stokes equations, Comp. Meths. Appl. Mech. Engrg. 99 (1992), 209-233

[H] W.G. Habashi, M. Robichaud, V.N. Nguyen, W.S. Ghaly, M. Fortin, J.W.H. Liu: Large-scale computational fluid dynamics by the FEM, IJNME 18 (1994), 1083–1105

[K] A. Kapurkin : Eine Gebietsdekompositionsmethode für singulär gestörte elliptische Randwertaufgaben, Dissertation, Universität Magdeburg, Fakultät für Mathematik, 1996

[L] P.L. Lions : On the Schwarz alternating method - III. A variant for nonoverlapping domains, in: Proc. 3. Int. Symp. Domain Decomposition Methods for Partial Differential Equations, SIAM 1990

[LR] P. Le Tallec, J.A. Sousa Rodriguez : Domain decomposition with nonmatching grids applied to fluid dynamics, in: Proc. Intern. Conf. Finite Elements in Fluids, CIMNE, Pineridge Press 1993

[LS] P. Le Tallec, T. Sassi : Domain decomposition with nonmatching grids: Augmented Lagrangian approach, Math. Comp. 64 (1995) 212, 1367-1396

[LA] G. Lube, A.Auge : Regularized mixed finite element approximations of nonisothermal incompressible flow problems, ZAMM 73 (1993), T 908 - T 911

[Sp] K. Spengler: Numerische Studien zur Luftführung im Gebäude des Deutschen Bundestages in Berlin, Diplomarbeit, TU Dresden, Institut für Strömungsmechanik 1995

[St] R. Stenberg : On some techniques for approximating boundary conditions in the finite element method, J. Comp. Appl. Math. 63 (1995), 139-148

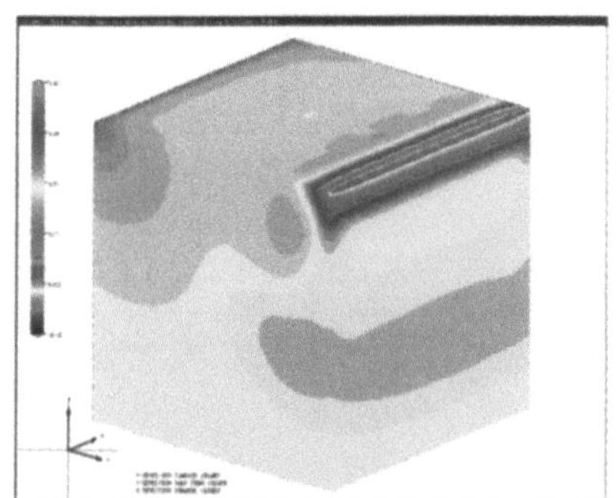
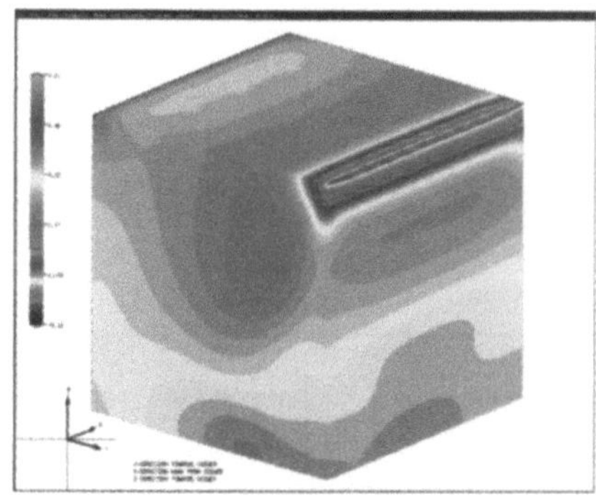
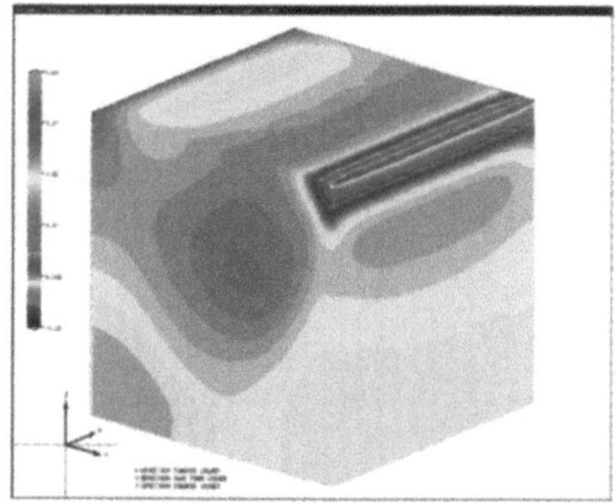
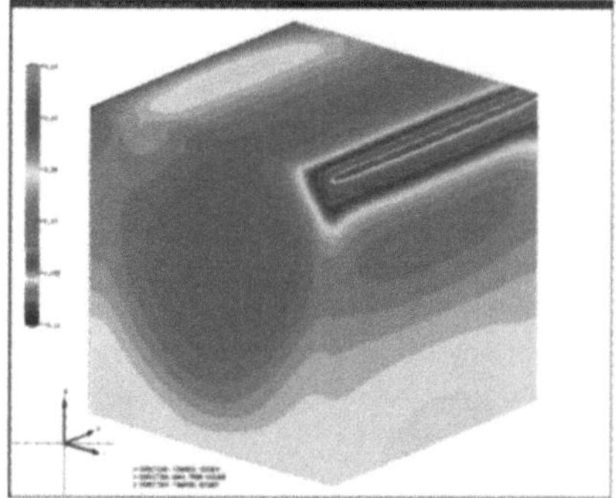

Abb. 1: Darstellung von p beim 3D-driven cavity Problem nach 50, 100, 150 und 500 Defektkorrektur-Zyklen ($Re = 10^3$, $h = \frac{1}{120}$, $4 \times 4 \times 1$ Makroelemente)

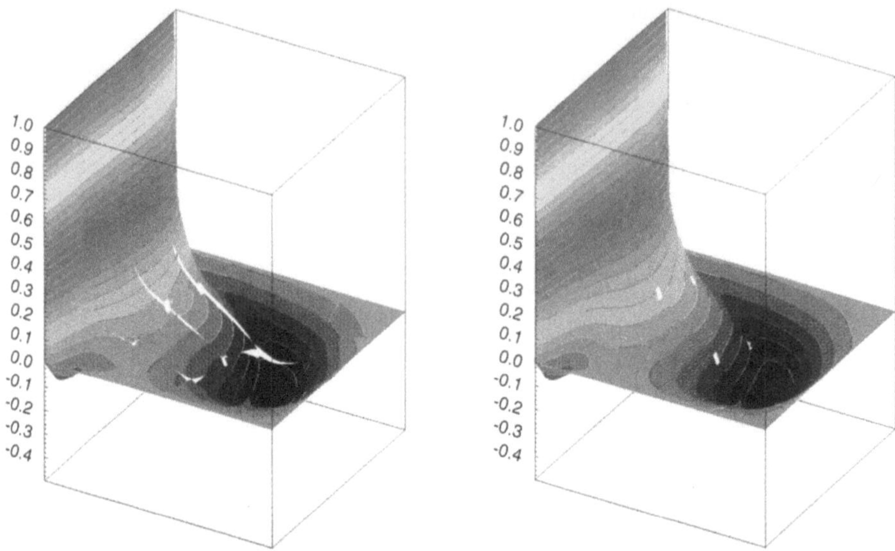

Abb. 2: Darstellung von u_1 beim 2D-driven cavity Problem im letzten Defektkorrektur-Zyklus nach 5 und 20 DD-Iterationen ($Re = 10^3, h = \frac{1}{64}, 4 \times 4$ Makroelemente)

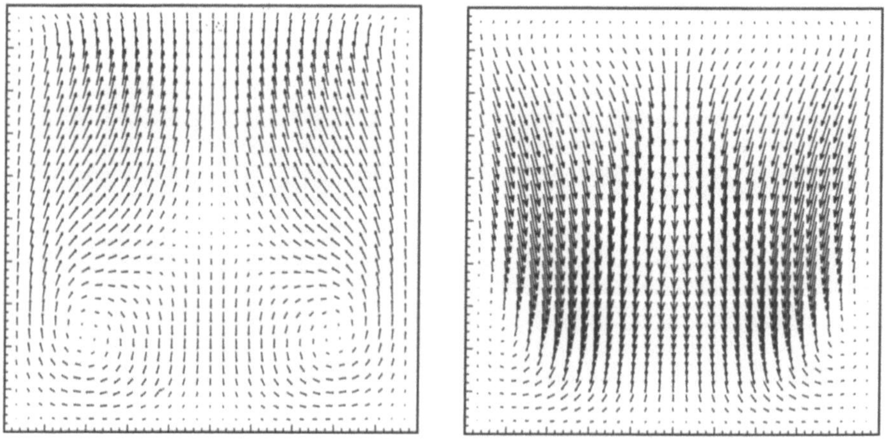

Abb. 3: Darstellung von u_1 in den Ebenen $x_1 = 0.5$ und $x_1 = 0.75$ (senkrecht zur
Anströmungsrichtung) beim 3D-driven cavity Problem im letzten Defektkorrektur-
Zyklus ($Re = 10^3, h = \frac{1}{33}$)

Entwicklung eines Partikelverfahrens für reaktive Strömungen in verdünnten Gasen

H. Neunzert[1], W. Sack[2] und G. Koppenwallner[3]

[1] Institut für Techno– und Wirtschaftsmathematik (ITWM) e.V., Erwin–Schrödinger–Straße, 67653 Kaiserslautern, e-mail: neunzert@mathematik.uni-kl.de, URL: http://www.itwm.uni-kl.de

[2] Hilti AG, Technisches Zentrum, Feldkircher Straße, FL-9494 Schaan, Liechtenstein, e-mail: sackwer@hag.hilti.com

[3] Hyperschall Technologie Göttingen, Max–Planck–Straße 1, 37191 Katlenburg–Lindau

Abstract: A particle method for reactive rarefied gas flows is developed in order to solve the so-called *Ludwig Heil equations*, a system of generalized Boltzmann equations. They have to be taken into account to describe the re-entry of a space vehicle in the transition regime, intermediate between free molecular and continuum flow. The unknowns of these equations – the differential cross sections for various types of collisions – are modelled and related to measurable macroscopic quantities. This leads to an efficient simulation tool which is applied to calculate the flow inside a pitot pressure probe.

1 Einleitung

Die Berechnung des Strömungsverhaltens verdünnter Gase erfordert die numerische Lösung der sogenannten *Boltzmanngleichung*, einer hochdimensionalen, nichtlinearen Integrodifferentialgleichung. Sie hat in den letzten Jahren insbesondere durch Probleme aus der Raumfahrt, aber auch aus der Vakuumtechnologie neue Impulse erhalten. In diesem Zusammenhang ist auch das deutsch-japanische Weltraumprojekt *EXPRESS* zu nennen, in dessen Rahmen das in diesem Projekt zu bearbeitende Anwenderproblem entstand.

Die in der vorliegenden Arbeit entwickelte Partikelmethode läßt sich einer bestimmten Klasse von numerischen Methoden zuordnen, die in den letzten Jahren allgemein als Verfahren des *Wissenschftlichen Rechnens* bezeichnet werden. Deren wesentliches Hilfsmittel ist der Computer, der als Auswertungsmethode das klassische Experiment ersetzt. Diesbezüglich wird auch oft vom *Computerexperiment* gesprochen. Die Voraussetzung für ein anwendungsrelevantes Computerexperiment ist eine realitätsnahe *Modellierung* der in der numerischen Methode enthaltenen Parameter. Die Kombination aus Modellierung und Wissenschaftlichem Rechnen – der Modellauswertung mittels leistungsfähiger Computer – tritt praktisch in allen der mathematischen Beschreibung zugängigen Wissenschaften mehr und mehr in den Vordergrund.

Das Ziel dieses Projektes ist es, für den Bereich *reaktiver Strömungen in verdünnten Gasen* die mathematische Modellierung im Rahmen einer geeigneten numerischen Methode so zu gestalten, daß realistische Computerexperimente ermöglicht werden.

Im Laufe der Wiedereintrittstrajektorie durchfliegt ein Raumkörper drei Strömungsbereiche, die im allgemeinen als

- freie Molekülströmung $(10 < Kn)$
- Übergangsströmung $(0.01 < Kn < 10)$
- Kontinuumsströmung $(Kn < 0.01)$

bezeichnet werden. Hierbei steht Kn für die sogenannte Knudsenzahl, die das Verhältnis zwischen mittlerer freier Weglänge der Gasteilchen und charakteristischer Länge des Flugkörpers angibt. Das Einsatzgebiet der Boltzmanngleichung liegt im Bereich der Übergangsströmung, wo die klassischen strömungsdynamischen Euler- und Navier-Stokes-Gleichungen aufgrund zu großer räumlicher Gradienten versagen. Die numerische Lösung realistischer dreidimensionaler Probleme ist heutzutage nur mittels sogenannter *Partikelmethoden* möglich, die ursprünglich der Idee entsprangen, die Stoßprozesse zwischen Molekülen mit einer repräsentativen Auswahl von Simulationsteilchen nachzuspielen.

Im wesentlichen existieren zwei Verfahren die dies für *monoatomige Strömungen* gleichermaßen leisten. Zum einen die heuristische *DSMC-Methode* ("Direct Simulation Monte Carlo Method") von *Bird* [Bi], bei der die Stoßprozesse *direkt* simuliert werden, zum anderen die in der Arbeitsgruppe Technomathematik der Universität Kaiserslautern entwickelte, mathematisch fundierte Methode der finiten Punktmengen (FPM: „Finite Pointset Method") [NSt], die auf der schwachen Form der diskretisierten Boltzmanngleichung beruht.

Anders ist es, wenn man reaktive Molekülströmungen in Betracht ziehen muß – und dies ist eigentlich in allen hypersonischen Situationen so, also insbesondere beim Wiedereintritt eines Raumkörpers. Dann spielen sogenannte Realgaseffekte wie inelastische Stoßprozesse und chemische Reaktionen eine besondere Rolle.

Während diese Effekte im Laufe der Zeit im DSMC-Code berücksichtigt wurden, beschränkte man sich bei der Weiterentwicklung der FP-Methode auf deren mathematischen Verallgemeinerung und Effizienzsteigerung. Allerdings erfolgt die Modellierung im Rahmen der DSMC-Methode auf rein heuristischer Basis: Um möglichst viele Stoßprozesse berücksichtigen zu können, werden aus weiten Gebieten der Physik und Chemie Ergebnisse gesammelt, die so adaptiert werden, daß keine numerische Schwierigkeiten auftreten. Desweiteren sind die Modelle zum Teil in sich nicht konsistent und verletzen physikalische Grundprinzipien.

Die vorliegende Arbeit soll diese Lücke schließen und die im Rahmen der FP-Methode freien Parameter so modellieren, daß das makroskopische

Verhalten des betrachteten Gases korrekt wiedergegeben wird. In diesem Zusammenhang müssen natürlich zunächst die für die jeweilige Problemstellung relevanten Gleichungen formuliert und auf diese die entsprechend zu verallgemeinernde Partikelmethode angewandt werden.

Die zur Beschreibung der Realgaseffekte benötigten Gleichungen sind Verallgemeinerungen der Boltzmanngleichung, die von *Ludwig* und *Heil* [LH] schon 1960 vorgeschlagen, dann aber wegen ihrer Komplexität kaum beachtet wurden. Diese enthalten zunächst noch unbekannte Größen, nämlich die *differentiellen Wirkungsquerschnitte* der verschiedenen Stoßprozesse, die so modelliert werden müssen, daß das ganze System einer numerischen Behandlung zugänig bleibt.

Die vorliegende Arbeit ist wie folgt gegliedert: Im zweiten Kapitel werden zunächst die Modellgleichungen vorgestellt und anschließend die zu deren Lösung entwickelte Partikelmethode skizziert. Das dritte Kapitel beschäftigt sich mit der Modellierung der differentiellen Wirkungsquerschnitte für die verschiedenen Stoßprozesse. Zunächst wird das allgemeine Modellierungsprinzip erläutert, anschließend werden einige Beispiele angegeben. Im vierten Kapitel wird schließlich das vom Kooperationspartner vorgeschlagene Anwendungsproblem – die Berechnung der Innenströmung einer Staudrucksonde – vorgestellt. Desweiteren werden einige typische Resultate präsentiert. Zum Schluß werden die Ergebnisse des vorliegenden Projektes zusammengefaßt.

2 Die Modellgleichungen und ihre numerische Behandlung

Um die weiteren Ausführungen möglichst übersichtlich zu halten, erfolgt eine Beschränkung auf rein bimolekulare Reaktionen. Im folgenden werden Stoßprozesse

$$s + s_1 \rightleftharpoons s' + s_1'$$

in einem N-komponentigen Gasgemisch $K_1, ..., K_N$ betrachtet, bei denen zwei Spezies $s, s_1 \in \mathcal{K} := \{K_1, ..., K_N\}$ mit Geschwindigkeiten $v. v_1 \in \mathbb{R}^3$ und inneren Energien $\varepsilon, \varepsilon_1 \in \mathbb{R}_+$ in zwei Spezies $s', s_1' \in \mathcal{K}$ überführt werden. Für die zugehörigen reduzierten Massen wird die Notation μ_{ss_1}, bzw. $\mu_{s's_1'}$ verwendet, während $e, e' \in S^2$ die Richtung der Relativgeschwindigkeiten und $E, E' \in \mathbb{R}_+$ die Gesamtenergien vor respektive nach dem Stoß bezeichnen. Die diese Prozesse beschreibenden differentiellen Wirkungsquerschnitte werden mit

$$\sigma_{ss_1}^{s's_1'}(E; e, \varepsilon, \varepsilon_1 \to e', \varepsilon', \varepsilon_1'),$$

die entsprechenden Dichtefunktionen mit $f(t, x, s, v, \varepsilon)$ bezeichnet, wobei $s \in \mathcal{K}$ die Komponente des Gasgemisches angibt. Bezüglich einer Verallgemeinerung auf trimolekulare Stoßprozesse, die z.B. für eine Rekombinationsreaktion erforderlich sind, sowie mehrerer, unter Umständen auch diskreter innerer Freiheitsgrade, wird der Leser auf [Sa] verwiesen. Unter den oben genannten

Vereinfachungen lassen sich die Ludwig-Heil-Gleichungen in kompakter Form folgendermaßen schreiben:

$$(\partial_t + \boldsymbol{v} \cdot \nabla_{\boldsymbol{x}}) f = \mathcal{Q}(f) \quad \text{mit} \tag{1}$$

$$\mathcal{Q}(f) = \sum_{s_1} \int_{\mathbb{R}^3} \int_{\mathbb{R}_+} \sum_{s's_1'} \underbrace{\iint}_{\varepsilon'+\varepsilon_1' \leq E'} \int_{S^2} v_{ss_1} \sigma_{ss_1}^{s's_1'}(E; \boldsymbol{e}, \varepsilon, \varepsilon_1 \to \boldsymbol{e}', \varepsilon', \varepsilon_1')$$

$$\left[\left(\frac{\mu_{ss_1}}{\mu_{s's_1'}}\right)^3 f' f_1' - f f_1\right] d\boldsymbol{v}_1 d\varepsilon_1 d\varepsilon' d\varepsilon_1' d\boldsymbol{e}',$$

wobei v_{ss_1} den Betrag der Relativgeschwindigkeit der Teilchen s und s_1 bezeichnet.

Die prinzipielle Idee der Partikelmethode besteht darin, die durch die verallgemeinerte Boltzmanngleichung (1) beschriebene Funktion $f(t, \boldsymbol{x}, s, \boldsymbol{v}, \varepsilon)$ als Dichte eines absolut stetigen Maßes μ_t auf dem zugehörigen Phasenraum $\mathbb{R}_+ \times \Lambda \times \mathcal{K} \times \mathbb{R}^3 \times \mathbb{R}_+$ zu interpretieren und das Maß μ_t zu jedem Zeitpunkt durch eine schwach konvergente Folge diskreter Maße („Partikel")

$$\delta_{\omega_N} := \sum_{j=1}^{N} \underbrace{\alpha_j}_{1/N} \, \delta_{(\boldsymbol{x}_j(t), s_j(t), \boldsymbol{v}_j(t), \varepsilon_j(t))}$$

zu approximieren. Hierbei ist $\boldsymbol{x}_j \in \Lambda$ der Ort, $s_j \in \mathcal{K}$ die Teilchensorte, $\boldsymbol{v}_j \in \mathbb{R}^3$ die Geschwindigkeit, $\varepsilon_j \in \mathbb{R}_+$ die innere Energie und α_j das Gewicht[1] eines Partikels.

Schwache Konvergenz bedeutet, daß für alle Testfunktionen $\Phi \in C_b$ gilt:

$$\int_{\mathbb{R}^3} \sum_{s} \int_{\mathbb{R}^3} \int_{\mathbb{R}_+} \Phi \, d\delta_{\omega_N} = \sum_{j=1}^{N} \alpha_j \, \Phi(\boldsymbol{x}_j(t), s_j(t), \boldsymbol{v}_j(t), \varepsilon_j(t))$$

$$\xrightarrow{N \to \infty} \int_{\mathbb{R}^3} \sum_{s} \int_{\mathbb{R}^3} \int_{\mathbb{R}_+} \Phi \, f \, d\boldsymbol{x} \, d\boldsymbol{v} \, d\varepsilon.$$

Kurz: $\delta_{\omega_N} \xrightarrow{w} f \, d\boldsymbol{x} \, d\boldsymbol{v} \, d\varepsilon$, w: „weak".

Die Partikelmethode muß nun eine Dynamik für das diskrete Maß angeben, die gewährleistet, daß dieses zu jedem Zeitpunkt das exakte Maß im Sinne der schwachen Konvergenz von Maßen approximiert. Dazu betrachtet man eine zeit- und ortsdiskretisierte Form der verallgemeinerten Boltzmanngleichung. Die Zeitdiskretisierung ist explizit und entspricht einem einfachen

---

[1] Für gleichgewichtete Teilchen gilt $\alpha_j = 1/N$.

Eulerschritt, während die räumliche Diskretisierung auf Treppenfunktionen eines Zellensystems basiert, welches den Bereich Λ unterteilt.

Die Transformation des diskreten Maßes erfolgt in jedem Zeitschritt in zwei aufeinanderfolgenden Phasen [NSt]:

1. Freier Fluß und Randwechselwirkung: Hierbei werden die Orte x der Partikel um das Produkt aus Geschwindigkeit v und Zeitschritt Δt verschoben. Schneidet diese Trajektorie den Rand des Gebietes nach einer Zeit Δt_0, so werden die Partikel in der verbleibenden Zeit $\Delta t - \Delta t_0$ gemäß der neuen, durch die Randbedingung vorgeschriebenen Geschwindigkeiten weiterbewegt.

2. Stoßprozeß: Die (paarweisen) Interaktionen der Teilchen werden gemäß der modellierten differentiellen Wirkungsquerschnitte (siehe Kapitel 3) auf der Grundlage des gewählten Zellensystems durchgeführt. Man betrachtet in jeder Gitterzelle die räumlich homogene Gleichung, d.h. nur Teilchen innerhalb einer Zelle können miteinander stoßen. Anschließend wird wieder die erste Phase mit den entsprechenden Nachstoßgrößen der Teilchen durchgeführt.

Die soeben beschriebene Partikelmethode läßt sich mathematisch fundiert herleiten und Konvergenzaussagen für $N \to \infty$ sind für den Fall eines monoatomigen Gases in [Ba, Bl, Str] angegeben. Im hier betrachteten Fall ergeben sich Unterschiede im Stoßprozeß aufgrund der zusätzlichen Molekülvariablen *innere Energie*, welche nun auch inelastische Kollisionen, d.h. Energietransfer zwischen verschiedenen Freiheitsgraden ermöglicht. Desweiteren können sich durch chemische Reaktionen auch die Sorten der stoßenden Teilchen ändern. Einzelheiten über die gegenüber den vorhandenen Konvergenzaussagen vorzunehmenden Änderungen findet man in [Sa].

Bei der Ausdehnung des FPM-Codes auf die Ludwig-Heil-Gleichungen muß man neben den bereits erwähnten Erweiterungen auch neue numerische Konzepte einführen. Da in reaktiven Strömungen verdünnter Gase einige Spezies in sehr niedriger Konzentration vorliegen können, würde ein Konzept gleichgewichteter Simulationsteilchen sehr große Gesamtteilchenzahlen erfordern, um auch diese angemessen zu repräsentieren. Das Einführen variabler Teilchengewichte erfordert aber auch neue Approximationsmethoden und neue Stoßalgorithmen, um z.B. Energie- und Impulserhaltung nach wie vor zu gewährleisten. Details hierzu findet man in den Arbeiten [Ste, Str].

3 Modellierung der differentiellen Wirkungsquerschnitte

Im folgenden wird erläutert, wie man zu einer effizienten Modellierung der Wirkungsquerschnitte gelangt, so daß einerseits das Gleichungssystem einer numerischen Behandlung zugängig bleibt, andererseits aber auch Meßdaten reproduziert werden können. In diesem Sinne folgt man somit den Modellierungsprinzipien des Physikers *Heinrich Hertz*, wie er sie bereits 1897 in den *Prinzipien der Mechanik* beschrieben hat [He]:

- Die Modelle müssen *richtig* sein.
- Sie müssen in sich *widerspruchsfrei* sein („logisch zulässig").
- Modelle sind *nicht eindeutig*, im allgemeinen existieren mehrere richtige und widerspruchsfreie Modelle des gleichen Problems.
- Von diesen wähle man das *ökonomischste* aus, d.h. jenes, welches den geringsten Aufwand erfordert.

Kurz gesagt: Ein Modell sollte *so einfach wie möglich, jedoch so kompliziert wie nötig* sein.

Angewandt auf die zu modellierenden differentiellen Querschnitte bedeutet dies, daß diese zum einen keine physikalischen Grundprinzipien verletzen dürfen, zum anderen sollte eine Validierung anhand gemessener (makroskopischer) Größen möglich sein. Im Sinne der „Ökonomie" ist darauf zu achten, daß die Modellquerschnitte eine für numerische Zwecke einfache Form besitzen und möglichst wenig Anpassungsparameter enthalten.

Die folgenden Ausführungen beziehen sich auf die in [Sa] dargestellte Modellierungsmethode, die im vorliegenden Projekt ausschließlich Verwendung findet. Eine explizite Darstellung der Modellquerschnitte würde den Rahmen dieses Artikels sprengen, so daß diese in der Folge nur verbal charakterisiert werden. Für Details wird der Leser auf [Sa] verwiesen, wo phänomenologische Querschnitte sowohl für nichtreaktive als auch für reaktive Stoßprozesse angegeben werden. Diese erfüllen physikalische Grundprinzipien, haben eine für numerische Zwecke einfache Form und enthalten eine geeignete Anzahl von Anpassungsparametern. Die Modelle sind flexibel, es können sowohl kontinuierliche als auch diskrete innere Freiheitsgrade betrachtet werden. Ebenso ist deren Anzahl nicht beschränkt, die Modelle lassen sich für beliebig viele Freiheitsgrade formulieren, wenn auch für die Praxis nur Molekülrotationen und -schwingungen eine Rolle spielen. Bei den Modellparametern handelt es sich genauer gesagt um *Parameterfunktionen*, die allerdings nur von der *Gesamtenergie* eines Stoßprozesses[2], der für Modellierungszwecke einzig „freien" Kollisionsinvarianten, abhängen dürfen. Wird dies nicht beachtet, so erfüllen die differentiellen Querschnitte nicht das Prinzip des detaillierten Gleichgewichts.

Es wird auch eine Methode zur *Parameterbestimmung* angegeben: Hierzu werden diejenigen *meßbaren* makroskopischen Größen verwendet, die sich mit dem jeweiligen, den mikroskopischen Prozeß steuernden Querschnitt möglichst einfach in Beziehung setzen lassen. Während in einem nichtreaktiven Gas die Transportkoeffizienten (z.B. Viskosität, Volmuenviskosität) zur Parameterbestimmung genügen, werden im reaktiven Fall zusätzlich die chemischen Ratenkoeffizienten benötigt. Die Idee der Methode besteht darin, die Zusammenhänge zwischen den makroskopischen und den mikroskopischen Größen als Laplace-Transformationen darzustellen, so daß sich nach Spezifizierung der Modellquerschnitte die Parameter über *inverse Laplace-Transformationen* bestimmen lassen. Die Zusammenhänge sind dann im Sin-

---

[2] Im jeweiligen Schwerpunktsystem.

ne der Laplace-Transformation eindeutig. Anders ausgedrückt: Hat man sich für ein makroskopisches Modell, d.h. für eine explizite Form der makroskopischen Größe entschieden, so liegt auch das mikroskopische Modell fest. Findet man ein „besseres" makroskopisches Modell, so werden automatisch die mikroskopischen Größen adaptiert, denn an den grundlegenden Zusammenhängen ändert sich nichts.

Im folgenden werden zwei Beispiele für die formelmäßige Verknüpfung zwischen (mikroskopischen) Modellparametern und gemessenen makroskopischen Größen angegeben. Es wird jeweils der Zusammenhang zwischen den *totalen* Streu- bzw. Reaktionsquerschnitten[3] $\sigma_{ss_1}^{s's_1'\,tot}(E)$ und den Meßgrößen Vikosität $\eta(T)$ respektive chemischer Ratenkoeffizient $k_{ss_1}^{s's_1'}(T)$ angegeben, wobei $E \in \mathbb{R}_+$ die Stoßenergie und $T \in \mathbb{R}_+$ die Temperatur bezeichnet.

Für den nichtreaktiven Fall ($s = s'$ und $s_1 = s_1'$) gilt

$$\sigma_{ss_1}^{ss_1\,tot}(E) = \frac{1575}{E^7}\,\sqrt{2\pi\mu_{ss_1}}\,\mathcal{L}^{-1}\left\{\frac{(k_BT)^{\frac{17}{2}}}{\eta}\right\}\{E\} \qquad (2)$$

und für den reaktiven Fall

$$\sigma_{ss_1}^{s's_1'\,tot}(E) = \frac{30}{E^5}\,\sqrt{2\pi\mu_{ss_1}}\,\mathcal{L}^{-1}\left\{(k_BT)^{\frac{11}{2}}\,k_{ss_1}^{s's_1'}\right\}\{E\}\,. \qquad (3)$$

Hierbei bezeichnet $\mathcal{L}$ bzw. $\mathcal{L}^{-1}$ den Laplace-Operator respektive dessen Inverse, k_B die Boltzmannkonstante und μ_{ss_1} die reduzierte Masse der stoßenden Moleküle. Neben den totalen Querschnitten existieren noch weitere Modellparameter, die den Inelastizitätsgrad eines (nichtreaktiven) Stoßes sowie dessen Winkelabhängigkeit beschreiben. Auch diese lassen sich mit makroskopischen Meßgrößen verknüpfen (siehe hierzu [Sa]).

Der Übergang von der makroskopischen zur mikroskopischen Sichtweise ist mit einem Variablenwechsel verbunden. Die *Temperaturabhängigkeit* der Transport- und Ratenkoeffizienten überträgt sich auf eine *Energieabhängigkeit* der entsprechenden differentiellen Wirkungsquerschnitte. Zur Hervorhebung dieser strukturellen Beziehung wird der Begriff *konjugierte Variable* eingeführt.

Das Verfahren mittels Laplace-Transformationen läßt sich immer dann anwenden, wenn der Mittelungsprozeß, über den man die makroskopische Größe aus der mikroskopischen erhält, durch Maxwell-Boltzmann-Verteilungen erfolgt. Die mikroskopischen Parameter werden also aus einem makroskopischen Gleichgewichtszustand abgeleitet, falls die Zusammenhänge exakt gelten, bzw. aus einem Zustand in der Nähe des Gleichgewichts, falls die Beziehungen nur approximativ gelten.

Die dargestellten Zusammenhänge zwischen den mikroskopischen Modellparametern und den makroskopischen Modellen gelten allgemein, d.h. für beliebige Temperaturabhängigkeit der Transport- und Ratenkoeffizienten.

---

[3] Diese bestimmen im wesentlichen die Wahrscheinlichkeit eines Stoßes.

4 Das Staudrucksondenproblem

Das Anwenderproblem, das im folgenden erläutert wird, hat seinen Ursprung im deutsch-japanischen Weltraumprojekt *EXPRESS*. In dessen Rahmen sollten bzw. sollen[4] u.a. Staudruckmessungen an einer Reentry-Kapsel durchgeführt werden, um Aufschluß über reale Flugbedingungen zu bekommen. Der Kooperationspartner Hyperschall Technologie Göttingen übernahm hierbei die Auslegung der dazu benötigten Staudrucksonde (siehe Abb. 1). Diese

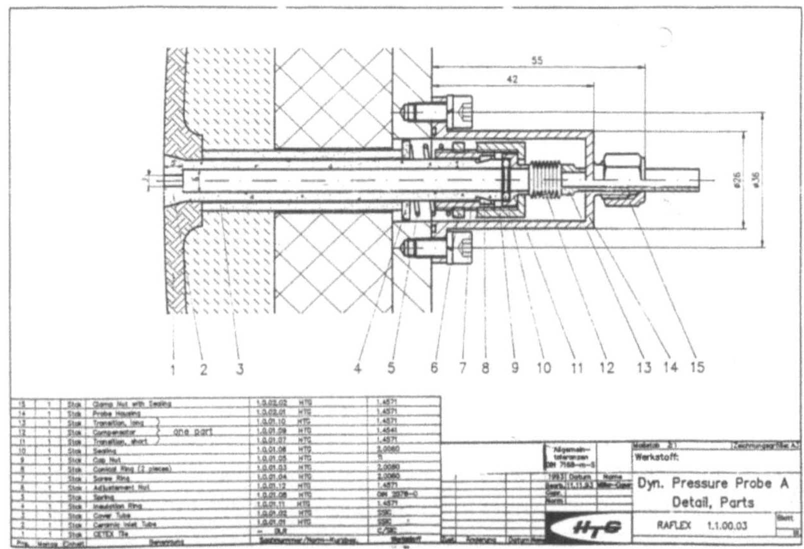

Abb. 1. Die Staudrucksonde.

befindet sich in einem 3mm großen Loch auf der Zylinderachse der 1.3m langen rotationssymmetrischen Kapsel.

Die Frage ist nun, welcher Druck herrscht „vorne" am Staupunkt, wenn innen am Druckaufnehmer ein gewisser Druck gemessen wird ? Einfache Beziehungen zwischen diesen Größen bestehen nur für die freimolekulare (*Hughes-Theorie*) bzw. die Kontinuumsströmung, jedoch nicht im Übergangsbereich zwischen beiden. Dazu ist die numerische Lösung der Boltzmanngleichung bzw. der Ludwig-Heil-Gleichungen erforderlich.

Um obige Frage zu beantworten, muß man das Gesamtproblem in Teile zerlegen. Aufgrund der Größenverhältnisse kann man natürlich die Außen-

---

[4] Der erste Startversuch scheiterte Mitte Januar '95 an einem Steuerfehler der japanischen Trägerrakete. Ein weiterer Versuch ist in Planung.

und Innenströmung nicht simultan berechnen. Folgender Iterationsprozeß ist geplant:

1. Man bestimmt zunächst, wieviele Teilchen pro Zeiteinheit auf das Loch treffen sowie deren Verteilungsfunktion im Orts- und Geschwindigkeitsraum.
2. Anschließend verwendet man dieses Ergebnis als Ausgangspunkt zur Berechnung der Innenströmung und berechnet diese bis zum stationären Zustand.
3. Man benützt den austretenden Fluß als Randbedingung für die Außenströmung und iteriert, falls nötig, bis der Gesamtzustand stationär ist.

An dieser Stelle sei bemerkt, daß im Falle einer Innenströmung zwei prinzipielle Schwierigkeiten auftreten:

1. Bedingt durch die nichtkonvexe Geometrie sind Mehrfachreflexionen an den Wänden möglich; Teilchen können in Ecken gefangen werden.
2. Die makroskopische Geschwindigkeit ist nicht mehr hypersonisch, sondern es liegt im wesentlichen thermische Bewegung vor. Dies erhöht die Fluktuationen und der stationäre Zustand stellt sich nur langsam ein.

Bisher wurden folgende Voruntersuchungen durchgeführt (vgl. dazu auch [NSa]):

1. Um sich einen Gesamtüberblick über die Strömungsverhältnisse zu verschaffen, wurde zunächst die Umströmung der Gesamtkapsel für den Fall einer monoatomigen Strömung berechnet. Abbildung 2 zeigt als typische Größe die Temperatur im Strömungsfeld. Typische Rechenzeiten lagen je nach Testfall bei 2-3 Tagen auf 64 Prozessoren eines nCube2s-Parallelrechners.
2. Da man sich eigentlich nur für die Staudrucksonde interessiert, wurde anschließend räumlich feiner diskretisiert und kleinere Geometrieteile berechnet. Hierbei wurde getestet, wieviel von der Geometrie vernachlässigt werden darf, ohne die Strömungsverhältnisse in der Nähe des Staupunktes zu ändern.
3. Nachdem somit eine „minimale" Geometrie festlag, wurden nun die auf das $3mm$ breite Loch auftreffenden Teilchen gezählt und deren Verteilungsfunktion mittels einer Kleinste-Quadrate-Methode bestimmt. Dies wurde für verschiedene Testfälle berechnet, die unterschiedlichen Flughöhen der Kapsel entsprechen. Ein Vergleich mit den entsprechenden Gleichgewichtsverteilungen zeigt, daß bis zu einer Flughöhe von 80km die Verteilungen durch Gaußkurven beschrieben werden können, während oberhalb deutliche Abweichungen vorhanden sind.

Die numerischen Ergebnisse zeigen, daß die auf das Loch treffenden Teilchen homogen über der Eintrittsöffnung der Staudrucksonde verteilt sind. In

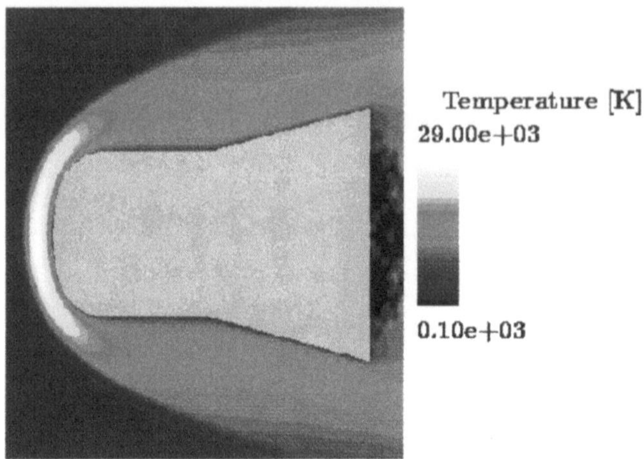

Abb. 2. Temperaturverteilung bei der Umströmung der EXPRESS–Raumkapsel.

Abbildung 3 sind die numerisch erhaltenen Verteilungsdichten für zwei verschiedene Flughöhen (80 und 100km) dargestellt. Bei den Geschwindigkeitsverteilungen sind jeweils zwei verschiedene Anpassungskurven eingezeichnet: zum einen eine bestmögliche Anpassung mit freiem Exponenten der Exponentialfunktion und zum anderen diejenige an eine potentielle Gaußverteilung. Bei den v_x-Verteilungen – die Zylinderachse sei mit der x-Richtung identifiziert – ist zu beachten, daß es sich hierbei um einen Fluß mit $v_x > 0$ handelt, da nur die auf das Loch treffenden Teilchen gezählt werden.

Mittels dieser numerischen Ergebnisse kann man nun die Randbedingungen für das Innenraumproblem angeben. Parallel zu den Voruntersuchungen wurden im Rahmen von Diplomarbeiten [Ha, P] detaillierte Studien bezüglich zweier Teilprobleme durchgeführt. Eine Arbeit beschäftigt sich mit der freimolekularen Anströmung der Staudrucksonde, wofür als Lösungsverfahren eine Kollokationsmethode zur Berechnung der zu lösenden Integralgleichungen verwendet wurde [P]. In diesem Zusammenhang konnte auch die anfangs erwähnte Hughes-Theorie überprüft werden. Es stellte sich heraus, daß deren Gültigkeit an gewisse Forderungen an die geometrische Abmessung der Staudrucksonde geknüpft ist. Aus dieser Analyse lassen sich wertvolle Schlüsse bezüglich der praktischen Auslegung einer Staudrucksonde ziehen.

In einer weiteren Arbeit wurde mittels der in Kapitel 2 erläuterten Partikelmethode die Abhängigkeit der Innenströmung im kinetisch relevanten Bereich untersucht [Ha]. Die Einströmung wurde hierbei als Gleichgewichtsströmung (Maxwell-Boltzmann-Verteilung) angenommen. Abbildung 4 zeigt die Dichte- und Druckverteilung in der Staudrucksonde für unterschiedlich dichtes Gas – ausgedrückt durch die mittlere freie Weglänge λ.

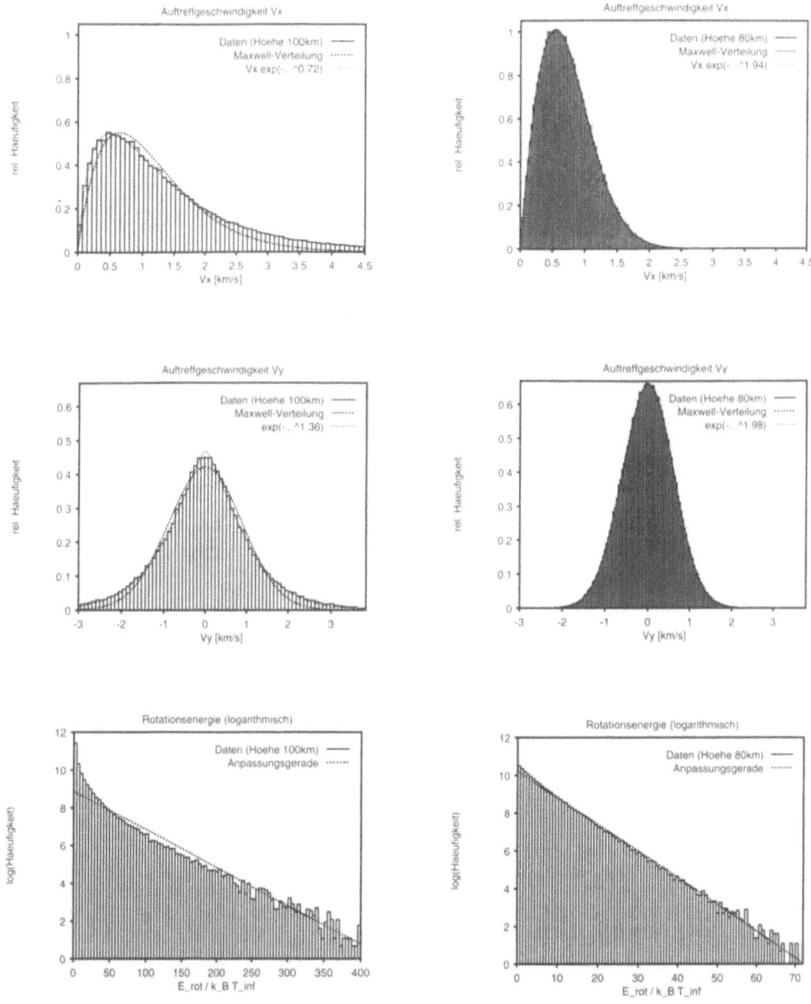

Abb. 3. Numerisch bestimmte innere Energie- und Geschwindigkeitsverteilungsdichten für verschiedene Testfälle.

5 Zusammenfassung

Das vorliegende Projekt hat die Entwicklung eines leistungsfähigen Codes zur Berechnung *reaktiver verdünnter Gasströmungen unter realistischen Bedingungen* ermöglicht. Die Notwendigkeit dieses Simulationstools wird u.a. dadurch belegt, daß es mittlerweile auch von der europäischen Raumfahrtindustrie (z.B. der französischen Firma Aerospatiale) verwendet wird. Im Rahmen des Projektes konnten Lösungen bezüglich des Anwenderproblems des Kooperationspartners bereitgestellt werden. Die Simulation der Staudrucksondenströmung ergab dringend notwendige Korrekturen bei den Auslegungsparametern der Sonde.

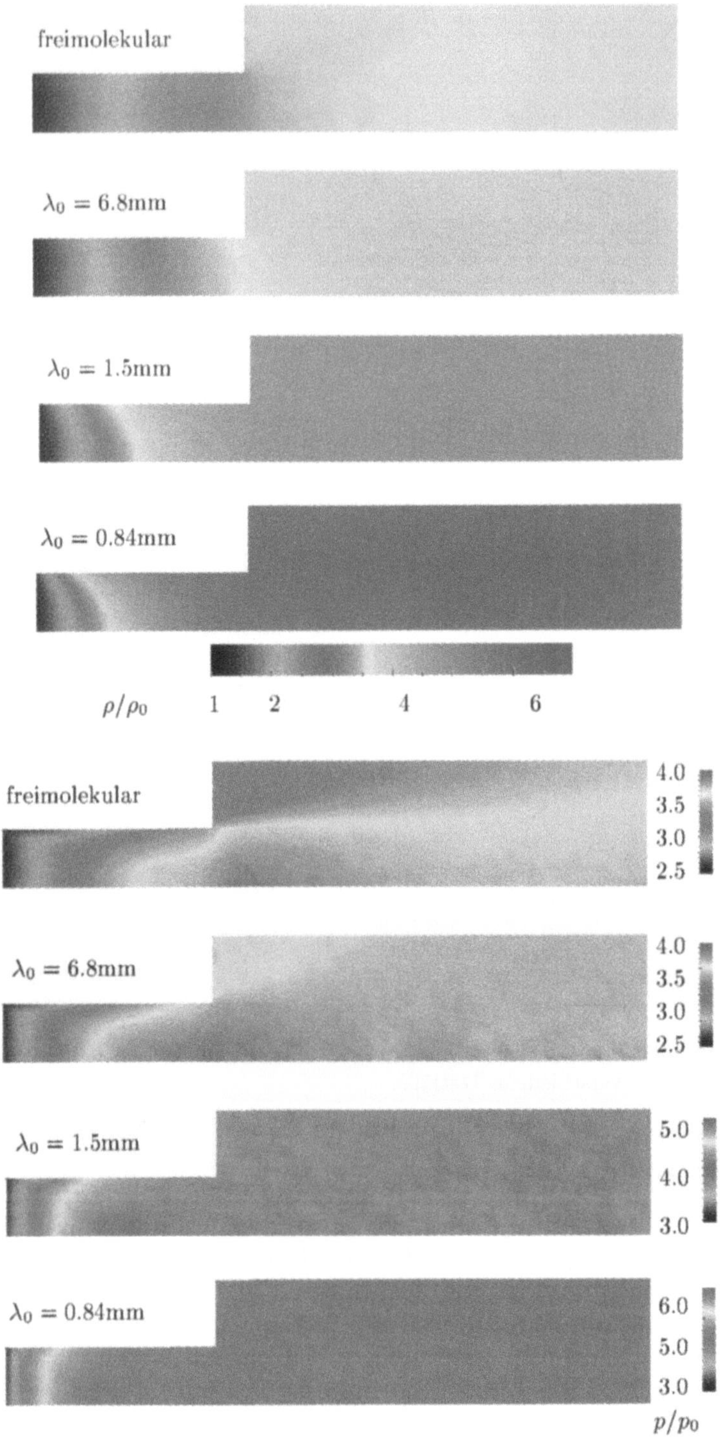

Abb. 4. Dichte- (oben) und Druckverteilung (unten) im Innenraum. (Der Index „0" bezieht sich auf die jeweiligen Einströmgrößen).

Literatur

[Ba] Babovsky, H.: *A Convergence Proof for Nanbu's Boltzmann Simulation Scheme*, European J. Mech., B/Fluids, 8, No. 1, 41-55 (1989).

[BI] Babovsky, H.; Illner, R.: *A Convergence Proof for Nanbu's Simulation Method for the Full Boltzmann Equation*, SIAM J. Num. Anal., 26, 45-65 (1989).

[Bi] Bird, G.A.: *Molecular Gas Dynamics and the Direct Simulation of Gas Flows*, Oxford University Press, Oxford (1994).

[Ha] Hartmaier, A.: *Kinetische Simulation der Innenraumströmung einer Staudrucksonde*, Diplomarbeit, Kaiserslautern (1995).

[He] Hertz, H.:*Die Prinzipien der Mechanik*, Nachdr. d. Ausgabe Leipzig 1894, Wiss. Buchges., Darmstadt (1963).

[LH] Ludwig, G.; Heil, M.: *Boundary-Layer Theory with Dissociation and Ionization*, in: Advances of Applied Mechanics, vol. 6, Academic Press New York (1960).

[NSa] Neunzert, H., Sack, W.: *BMBF-Projekt 03-NE7KAI, Zwischenbericht für das Jahr 1994*, Kaiserslautern (1995).

[NSt] Neunzert, H.; Struckmeier, J.: *Particle Methods for the Boltzmann Equation*, Acta Numerica, Cambridge (1995).

[P] Popken, L.: *Mathematical Modelling of a Space-Flight Experiment*, Diplomarbeit, Kaiserslautern (1995).

[Sa] Sack, W.: *Modellierung und numerische Berechnung von reaktiven Strömungen in verdünnten Gasen*, Dissertation, Kaiserslautern (1995).

[Ste] Steiner, K.: *Kinetische Gleichungen zur Beschreibung verdünnter ionisierter Gase und ihre numerische Behandlung mittels gewichteter Partikelmethoden*, Dissertation, Kaiserslautern (1995).

[Str] Struckmeier, J.: *Die Methode der finiten Punktmengen – Neue Ideen und Anregungen –*, Dissertation, Kaiserslautern (1994).

Zur numerischen Simulation des Ladungswechsels im Verbrennungsmotor

P. Rentrop[1], *Th. Neumeyer*[1] *und K. A. Görg*[2]

[1] TH Darmstadt, FB Mathematik, Schloßgartenstr. 7, D-64289 Darmstadt,
e-mail: neumeyer@mathematik.tu-muenchen.de,
http://www-home.mathemtik.tu-muenchen.de/~neumeyer/,
[2] BMW AG, EA-20, Hufelandstr. 8a , D-80788 München

Abstract. The gas exchange in the cylinders is essential for the overall performance of an internal combustion engine. A CAE approach leads to technically improved and less polluting engines. Its base is a network formulation of the engine. The mathematical modell describes the gas flow in the various parts of the engine. A system of ordinary differential equations in time represents conservation of mass and energy in the cylinder. For the cylinder and its connections a semi–empirical approach is used. Considering the gas flow in pipes yields an hyperbolic system of partial differential equations, the unsteady one–dimensional Euler equations. In contrast to classical difference schemes the numerical treatment with an ENO scheme prevents spurious numerical oscillations. The implementation of the new scheme in an industrial simulation package shows that even large–scale problems can be solved without needing more cpu-time in comparision with the same relative error.

1 Ladungswechselsimulation im industriellen Einsatz

In der Automobilindustrie galten lange Zeit die Leistungsdaten eines Motors als wichtige Verkaufsargumente gegenüber den Kunden. Um Kenndaten, wie Drehmoment, Leistung oder Beschleunigungswerte zu verbessern, setzte man Experimente an. Mit fortschreitendem Entwicklungsstand war durch diese versuchsorientierte Vorgehensweise kaum noch eine Verbesserung zu erzielen. Da die starke Konkurrenz auf dem Automobilsektor es zudem erforderlich macht, in möchlichst kurzen Abständen neue, technisch verbesserte Modelle auf dem Markt anbieten zu können, war die Hinwendung zur Simulation eine logische Konsequenz. Auf Computern implementierte Berechnungsmethoden ermöglichen es heute den Entwicklungsingenieuren und Konstrukteuren die Eigenschaften eines noch nicht real existierenden Motors zu verändern und zu beeinflussen. Fehlentwicklungen können so vermieden werden, wodurch Zeit gespart wird und die Kosten reduziert werden.

Bei der BMW AG wird dazu das Simulationspaket PROMO eingesetzt, dessen Ursprünge über 25 Jahre zurückreichen. Die fortgesetzte Weiterentwicklung von PROMO hat ein Programmpaket entstehen lassen, das vielfältige Anwenderwünsche bei BMW berücksichtigt. Aufgrund beständig steigender Genauigkeitsanforderungen treten nun in der täglichen Entwicklungsarbeit immer wieder Fälle auf, wo die implementierten Verfahren nicht mehr ausreichen.

Von besonderer Bedeutung für die Motorenentwicklung ist die Güte des Ladungswechsels, d.h. der erfolgreiche Austausch der Verbrennungsrückstände im Zylinder durch ein frisches Brennstoff–Sauerstoff–Gemisch. Dieses Entwicklungsziel berücksichtigt sowohl Forderungen des Umweltschutzes, als auch das Erreichen eines hohen Wirkungsgrades der Energieumwandlung. Die Steuerung des Ladungswechsel erfolgt dabei durch Öffnen und Schließen der Ein- und Auslaßventile. Die Ventilsteuerung ist so zu gestalten, daß eine vollständige Verbrennung des zugeführten Brennstoffes im Zylinder gewährleistet ist. Zusätzlich ist das Rohrleitungssystem des Motors so zu konstruieren, daß der Ladungswechsel durch Druck- und Saugwellen in den Rohren unterstützt wird. Um einen hohen Wirkungsgrad des Motors nicht nur für eine bestimmte Drehzahl zu erhalten, paßt man die Steuerzeiten der Ventile der Motordrehzahl an. Ist ein Motor für eine bestimmte Drehzahl ausgelegt, so sind die Rohrabmessungen so gestaltet, daß eine frischgasseitige Druckwelle den Zylinder kurz vor Schließen des Einlaßventiles erreicht und somit eine zusätzliche Aufladung bewirkt. Bei veränderter Drehzahl kann es bei gleicher Rohrgeometrie zum gegenteiligen Effekt kommen. Eine Saugwelle entzieht dem Zylinder bereits zugeführtes Frischgas wieder, bzw. eine Druckwelle auf der Abgasseite bewirkt eine Abgasrückführung in den Zylinder. Um das zu vermeiden, kann bei veränderter Drehzahl und Nockensteuerung das strömende Gas durch alternativ vorhandene, zusätzliche Rohre geleitet werden.

Abbildung 1: Gesamtansicht eines 4–Zylinder–Ottomotors

Neben der Optimierung des Ladungswechsels ist es von großer Bedeutung, die Lärmbelästigung möglichst klein zu halten. Zur Verminderung der an die Umgebung übertragenen Schallwellen werden konstruktive Maßnahmen im Katalysator und in den Schalldämpfern durchgeführt. Dabei ist aber zu beachten, daß eine bauliche Maßnahme, die positiven Einfluß auf das Abgasgeräusch besitzt, möglicherweise den Ladungswechsel negativ beeinflußt. Die numerische Simulation muß also einander zum Teil widersprechende Entwicklungsziele berücksichtigen. Abbildung 1 zeigt im Überblick einen 4–Zylinder–Ottomotor.

2 Netzwerkformulierung

Wie bereits einleitend angedeutet, setzt sich der Verbrennungsmotor aus einer Vielzahl unterschiedlicher Komponenten zusammen. Zur Bildung eines mathematischen Modells als Grundlage einer numerischen Simulation ist es daher notwendig, die verschiedenen Einzelteile aufgrund ihrer Eigenschaften zu vier Klassen zusammenzufassen. So stellen z.B. ein Zylinder oder ein Luftfilter, aber auch Schalldämpfer oder Katalysator ein Behältnis mit mehreren Rohreingängen bzw. -ausgängen dar. Jeder dieser **Behälter** besitzt ein vorgegebenes Volumen, bzw. beim Zylinder ein Volumen, das abhängt vom Kurbelwinkel. Aus der Sicht der Mathematik wird der Strömungszustand in allen Behältern durch dieselbe Form von Gleichungen beschrieben.

Neben der Klasse der Behälter hat man vor allem eine Vielzahl **gerader Rohrstücke** zu betrachten. Der Verbrennungsmotor stellt ein System von Rohrleitungen dar, die durch unterschiedliche Motorbauteile miteinander verbunden sind. Insbesondere kann eine geeignete Rohrgeometrie, d.h. die Abstimmung von Rohrlängen und -durchmessern, einen Aufladungseffekt beim Ladungswechsel erzielen. Der in Abb. 3 vereinfacht dargestellte 6–Zylinder–Motor stellt dafür ca. 50 gerade Rohrstücke mit einer Gesamtlänge von knapp 13 Metern zur Verfügung.

Trifft das strömende Gas auf eine Rohrverzweigung oder einen Knick im Rohr, so bilden sich, im Gegensatz zur Strömung in geraden Rohren, Wirbel aus. Der gleiche Effekt tritt ein, wenn Blenden oder Düsen im Rohr eingebaut sind oder das Rohr an einen Behälter angeschlossen ist. Aus diesem Grund wird eine dritte Klasse von Motorkomponenten eingeführt, die **Verbindungsstücke** oder Kopplungsbauteile. Ein Knick im Rohr kann also erfolgreich modelliert werden, indem man das Rohr in zwei gerade Rohrstücke aufteilt und eine Kopplungskomponente neu einführt.

Auf der Saugseite des Motors wird Umgebungsluft in das Netzwerk eingesaugt, während die verbrannten Restgase auf der Abgasseite wieder an die Atmosphäre abgegeben werden. Die als **konstanter Zustand** angenommene Atmosphäre vervollständigt das Netzwerkmodell [E].

In der folgenden Tabelle erfolgt eine Zusammenstellung der zu unterscheiden-
den Netzwerkkomponenten:

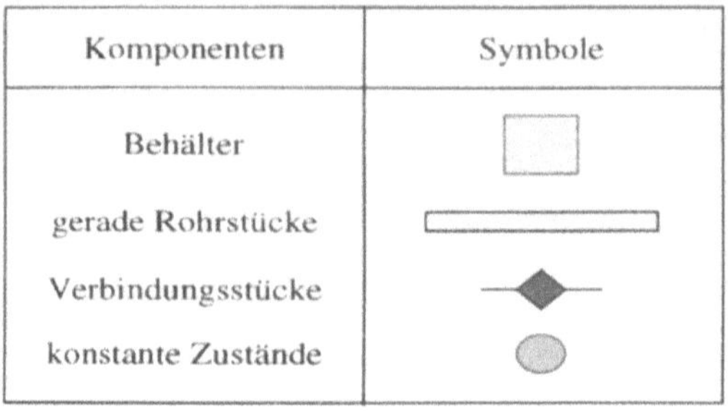

Komponenten	Symbole
Behälter	
gerade Rohrstücke	
Verbindungsstücke	
konstante Zustände	

Abbildung 2: Netzwerkkomponenten

Diese Komponenten lassen sich so kombinieren, daß jeder Verbrennungsmotor
sich als Netzwerk beschreiben läßt. In Abb. 3 ist das am Beispiel eines Otto–
Motors für die 5er Baureihe veranschaulicht.

3 Mathematisches Modell

Durch die Einführung einer Netzwerkformulierung läßt sich das komplizierte
System Verbrennungsmotor durch lediglich vier verschiedene Komponenten beschreiben. Die Erstellung eines mathematischen Modells erfordert nun die Formulierung von Gleichungen, die das Strömungsverhalten des Gases in den verschiedenen Netzbauteilen beschreiben. Wegen der Komplexität des Simulations-
problems sind vereinfachende Modellannahmen zu treffen, sofern sie die globale
Wiedergabe des Strömungsverhaltens nicht beeinträchtigen. Man ist bei der La-
dungswechselsimulation nicht an der Erfassung von Detailströmung oder einzelnen Wirbeln interessiert, sondern an quantitativen Vorhersagen für den Erfolg
des Ladungswechsels, sowie an Druckverläufen in den Rohrleitungen.

Behälter

Für einströmendes Gas in einen Behälter nimmt man die sofortige Umwandlung
der kinetischen Energie des Gases in innere Energie des Gases an. Dadurch verschwindet der Impuls. Da Strömungsvorgänge im Innern nicht entscheidend für
das Gesamtverhalten des Verbrennungsmotors sind, wird lediglich der Gesamt-
inhalt an Masse und Energie betrachtet. Durch diese ortsunabhängige Betrachtungsweise erhält man zwei gewöhnliche Differentialgleichungen in der Zeit t für
die Gesamtmasse $m = \rho V$ und die Gesamtenergie eV im Behälter mit Volumen V. Aufgrund der Energiebeziehung $eV = eV(T) = c_v mT$ (T bezeichnet die
mittlere Temperatur, c_v die spez. Wärmekapazität bei konst. Volumen) ergibt
sich also:

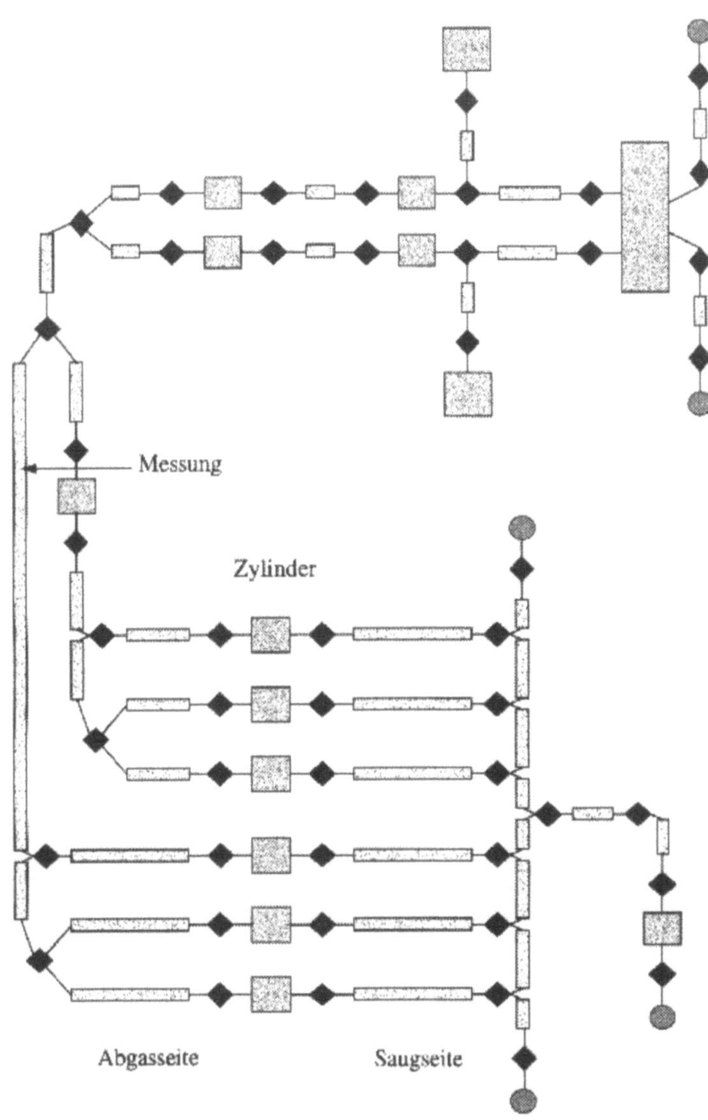

Abbildung 3: Netzwerkmodell eines 6–Zylinder–Motors

$$\dot{m} = \dot{m}_{\mathrm{ein}} - \dot{m}_{\mathrm{aus}} + \dot{m}_{\mathrm{B}}$$

$$\dot{T} = \frac{1}{c_{\mathrm{v}}\, m}\left(-p\,\dot{V} + \dot{m}_{\mathrm{ein}}\, H_{\mathrm{ein}} - \dot{m}_{\mathrm{aus}}\, H_{\mathrm{ein}} + \dot{Q}_{\mathrm{B}} - \dot{Q}_{\mathrm{W}} - c_{\mathrm{v}}\, T\, \dot{m}\right).$$

Der mittlere Druck p wird aus der Zustandsgleichung für ideale Gase bestimmt (mit der Gaskonstanten R und der mittlerern Massendichte ρ):

$$p = R\,\rho\, T.$$

Wärmeverluste $\dot{Q}_{\mathrm{W}}$ an der Zylinderoberfläche, bzw. freigesetzte Brennwärme $\dot{Q}_{\mathrm{B}}$, gehen in die rechte Seite der Differentialgleichungen maßgeblich mit ein.

Gerade Rohrstücke

Aufgrund der Achsensymmetrie der Rohre zur Längsachse (x-Achse) wird ein homogenes Strömungsverhalten mit der Teilchengeschwindigkeit u über dem Rohrquerschnitt angenommen. Strömungskomponenten in andere Raumrichtungen werden vernachlässigt. Die Zustandsvariablen im Querschnitt $A(x)$ sind also konstant. Diese eindimensionale Betrachtungsweise führt mit den Erhaltungssätzen für Masse, Impuls und Energie auf ein System partieller, hyperbolischer Differentialgleichungen, die Eulergleichungen der Gasdynamik:

$$\frac{\partial}{\partial t}\begin{pmatrix}\rho \\ \rho\,u \\ e\end{pmatrix} + \frac{\partial}{\partial x}\begin{pmatrix}\rho\,u \\ \rho\,u^2 + p \\ u(e+p)\end{pmatrix} = -\frac{A_x}{A}\begin{pmatrix}\rho\,u \\ \rho\,u^2 + \kappa_{\mathrm{R}}\rho\frac{A}{A_x} \\ u(e+p) - q\frac{A}{A_x}\end{pmatrix}.$$

Wärmeaustausch q des Gases mit der Rohrwand, sowie Reibung κ_{R} an der Rohrwand werden berücksichtigt. Die dabei entstehenden Terme finden sich auf der rechten Seite des Gleichungssystems als Quellterme wieder.

Verbindungsstücke

Die verschiedenen Behälter im Motor und die geraden Rohrstücke, aber auch der als konstant angenommene Außenzustand, werden durch Verbindungsstücke gekoppelt. In den Verbindungsstücken treten Strömungsverluste auf. Wegen dieser drosselnden Eigenschaft spricht man auch von Drosselstellen.

Wie bei der Rohrströmung geht man von der eindimensionalen Vorstellung aus. Zudem wird die Strömung im Berechnungsintervall als stationär angenommen. Aus den statinonären Eulergleichungen läßt sich der verlustfreie theoretisch mögliche Massenstrom $\dot{m}_{\mathrm{th}}$ ermitteln (Durchflußgleichnung von Saint–Venant). Auftretende Strömungsverluste werden durch die Durchflußzahl α ausgedrückt, dem Verhältnis aus wahrem und theoretisch möglichem Massenstrom. Der wahre oder gedrosselte Massenstrom ist somit

$$\dot{m} = \alpha\,\dot{m}_{\mathrm{th}} \quad \text{mit} \quad 0 \leq \alpha \leq 1.$$

Für jede interessierende Rohrgeometrie muß die Durchflußzahl experimentell
bestimmt werden. Dabei gilt es, die notwendigen Messungen für alle möglichen
Strömungsfälle am jeweiligen Bauteil durchzuführen. Obwohl die Durchflußzahl
außer von der Geometrie des Verbindungsstückes auch von Druck und Temperatur der benachbarten Zustände abhängt, zeigt die Erfahrung, daß letztere
Abhängigkeiten vernachlässigt werden können. Die an sogenannten Blasprüf-
ständen ermittelten Werte sind in Form von Datenbankeinträgen der Simulation
zugänglich.

4 ENO–Verfahren

Das Ladungswechselverhalten der Zylinder eines Verbrennungsmotores soll durch
Druck- und Saugwellen in den angeschlossenen Rohrleitungen unterstützt werden. In der numerischen Simulation ist daher die Lösung der Rohrgleichungen
von besonderer Bedeutung. Bisher wurde hierzu ein Differenzenverfahren vom
Lax–Wendroff–Typ verwendet. Das Verfahren ist einfach zu implementieren, verursacht jedoch numerische, d.h. physikalisch falsche Oszillationen im Bereich von
Unstetigkeitsstellen. Unstetigkeiten treten beim Verbrennungsmotor nun sehr
häufig auf: jedes Öffnen der Auslaßventile verursacht einen steilen Temperaturgradienten, da heißes Abgas auf kühle Luft in den Abgasleitungen trifft. Die Situation wird in Abb. 4 durch ein Riemann–Problem nachgebildet. Eine Membran
trennt dabei unterschiedliche Gaszustände zweier benachbarter Rohre. Durch
Entfernen der Membran stellt sich eine Gasbewegung ein. Der auftretende Gas-
stoß gibt dem Versuch auch den Namen Stoßwellenrohr.

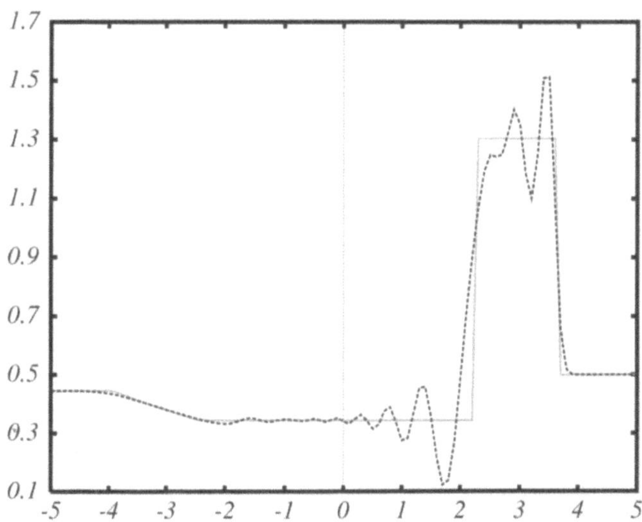

Abbildung 4: Stoßwellenrohr - Dichteverlauf - Lax–Wendroff–Verfahren

Der direkte Vergleich der exakt bestimmbaren Lösung mit der numerischen
Näherungslösung durch ein Lax–Wendroff–Verfahren veranschaulicht die Problematik der oszillatorischen Lösung. Die erzeugten physikalisch falschen Amplituden können sich überlagern und weiter aufschaukeln, so daß eine Optimierung
des Ladungswechsels durch eine Anpassung der Rohrgeometrie stark behindert
wird.

Durch Einbeziehung bekannter physikalischer Eigenschaften in ein numerisches Näherungsverfahren kann diese Problematik vermieden werden. Dies gelingt z.B. mit einem ENO–Verfahren (**E**ssentially **N**on–**O**scillatory).

Die physikalische Herleitung der Erhaltungssätze führt auf eine Integralfor-
mulierung der Eulergleichungen. Durch zusätzliche Glattheitsannahmen an die
Lösung erhält man die für klassische Differenzenverfahren bekannte Formulierung in Differentialform, die erst eine effiziente numerische Behandlung gestat-
tet. Gleichzeitig reduziert man dadurch jedoch die Menge der zulässigen Lösungen um Unstetigkeiten, da diese die partiellen Differentialgleichungen nicht mehr
erfüllen. Das klassische Lax–Wendroff–Verfahren approximiert die exakte Lösung
der Differentialgleichungen an diskreten Punkten in der Orts- und Zeitebene. Der
dabei verwendete Differenzenstern ist zentral im Ort und berücksichtigt keine
Information über auftretende Unstetigkeitsstellen. Dies führt zu dem erwähnten
oszillatorischen Verhalten.

Die Berücksichtigung von Unstetigkeiten gelingt durch eine schwache Formulierung der Eulergleichungen. Diese enthält wiederum Integrale. Das zusätzliche Erfülltsein einer Entropiebedingung garantiert die physikalische Relevanz
der Unstetigkeit. Ein daran angepaßtes numerisches Verfahren stellt die ENO–
Methode dar. Sie approximiert nun nicht mehr diskrete Punktwerte, sondern die
Durchschnittslösung in Ortsintervallen zu diskreten Zeitpunkten.

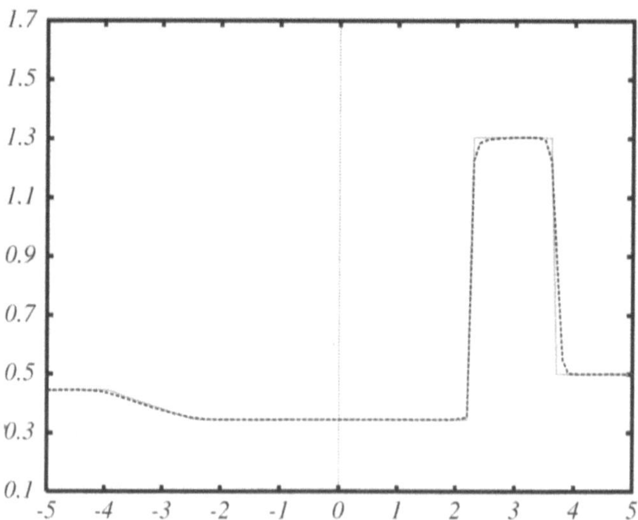

Abbildung 5: Stoßwellenrohr - Dichteverlauf - ENO–Verfahren

Das im wesentlichen nicht–oszillierende Verfahren umfaßt dabei drei Schritte. Aus der Durchschnittslösung zum alten Zeitpunkt rekonstruiert man zuerst eine stückweise lineare Lösung in den Rohren. Dazu bedient man sich bekannter Interpolationstechniken. Um Oszillationen zu verhindern und zur Erfüllung der ENO–Eigenschaft, ist die Interpolation über Unstetigkeiten zu vermeiden. Die Zelldurchschnittslösungen enthalten Information über die Lage von Unstetigkeitsstellen, so daß das Interpolationsgebiet im Bereich der glatten Lösung gewählt werden kann. Durch die Rekonstruktion entstehen lokale Riemann–Probleme, die man näherungsweise im Zeitschritt lösen kann. Die Zelldurchschnittslösung zum neuen Zeitpunkt erhält man schließlich durch Mittelung.

Ein Vergleich der exakten Lösung mit der numerischen ENO–Lösung für ein Riemann–Problem ist in Abb. 5 zu sehen.

5 Testlauf 6–Zylinder

Ein ENO–Verfahren, wie es von Harten [Ha1],[Ha2] vorgeschlagen wird, wurde implementiert und in das Programmpaket PROMO integriert. Als Testbeispiel für einen Rechnungs–Messungsvergleich soll der bereits vorgestellte 6-Zylinder–Motor dienen. Um die Simulationswerte mit dem tatsächlichen Motorverhalten vergleichen zu können, wurden Meßdaten an mehreren Meßpunkten im Rohrsystem ermittelt.

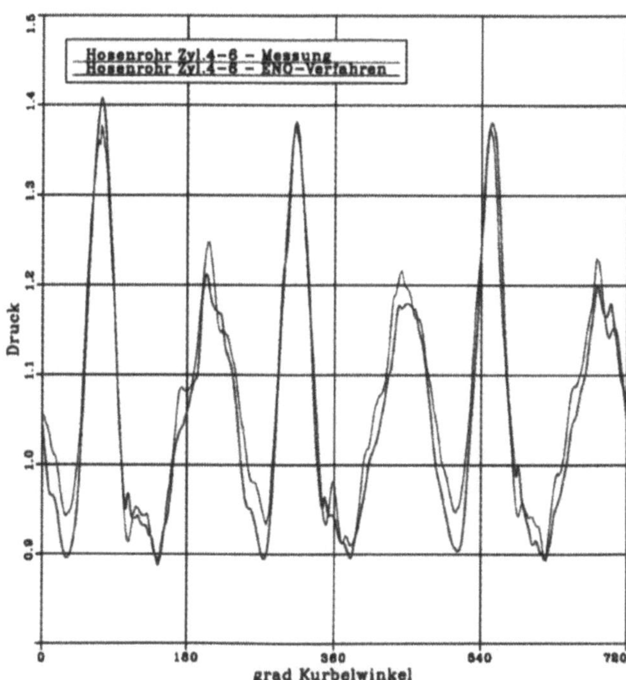

Abbildung 6: Rechnungs–Messungs-Vergleich: Druckverlauf bei 2000 U/min

Nach Anlaufen des Motors vergeht etwas Zeit, bis sich das strömende Gas eingeschwungen hat. Der Vergleich von gerechneten Daten mit der Messung erfolgt daher erst nach sechs Arbeitsspielen. Der Testlauf wird mit einer Umdrehungszahl von 2000 U/min durchgeführt. Als Meßpunkt sei eine Stelle auf der Abgasseite gewählt (vgl. Abb. 3). Der Druckverlauf an der ausgewählten Meßstelle wird über 720° Kurbelwinkel, d.h. über die volle Länge eines Arbeitsspiels aufgetragen.

Von allen sechs Zylindern sind beim Ladungswechsel Druckwellen zu erwarten, die wegen unterschiedlicher Zündungszeiten und daher auch unterschiedlicher Steuerzeitpunkte der Ventile, zeitlich versetzt am Meßpunkt ankommen. Drei der Druckwellen werden durch einen vorgeschalteten Behälter gedämpft. Dadurch erklären sich die unterschiedlichen Amplituden der ankommenden Druckwellen in Abb. 6.

Man erkennt eine sehr gute qualitative und quantitative Übereinstimmung von Rechnung und Messung. Im Vergleich zum Lax–Wendroff–Verfahren zeigt sich in der Regel nur eine geringfügige Verbesserung. Die erreichte Genauigkeit ist jedoch für den Einsatz in der Entwicklung ausreichend.

Literatur

[E]   G. Engl: *A fast solver for gas flow networks*, Proc. of the Tenth Gamm-Seminar Kiel, Notes on Numerical Fluid Mechanics (Eds. W. Hackbusch, G. Wittum), Vieweg, Braunschweig/Wiesbaden (1994)

[ER]   G. Engl, P. Rentrop: *Gas flow in a single cylinder internal combustion engine: A model and its numerical treatment*, Int. J. Num. Meth. Heat Fluid Flow 2 (1992) 63–78

[G]   K. A. Görg: *Berechnung instationärer Strömungsvorgänge in Rohrleitungen an Verbrennungsmotoren unter besonderer Berücksichtigung der Mehrfachverzweigung*, Dissertation, Institut für Konstruktionstechnik, Ruhr–Universität Bochum (1982)

[GBF]   K. A. Görg, Th. Brüner, D. E. Franzke, H. R. Polke: *Ladungswechselrechnung im CAE-Konzept*, MTZ 51 (1990) 380–387

[Ha1]   A. Harten: *Uniformly high order accurate essentially non-oscillatory schemes, III*, J. Comp. Phys. 71 (1987) 231–303

[Ha2]   A. Harten: *ENO schemes with subcell resolution*, J. Comp. Phys. 83 (1989) 148–184

[Hi]   Ch. Hirsch: *Numerical Computation of Internal and External Flows, Vol. 1*, John Wiley & Sons, Chichester (1988)

[LV]   R. J. LeVeque: *Numerical Methods for Conservation Laws*, Birkhäuser, Basel (1992)

[N]   Th. Neumeyer: *ENO Schemes for the Simulation of the Charge Cycle in a Combustion Engine*, Proc. of the Ninth International Conference on Finite Elements in Fluids (1995) 829–840

[NER]   Th. Neumeyer, G. Engl, P. Rentrop: *Numerical Benchmark for the Charge Cycle in a Combustion Engine*, J. of Appl. Numer. Math. 18 (1995) 293–305

[U]   A. Urlaub: *Verbrennungsmotoren, Band 1*, Springer, Berlin (1990)

Modellbildung für Grenzflächeninstabilitäten zwischen strömenden Medien zur Prozeß-optimierung bei der Metallpulverherstellung

A. Schatz[1], K. Kirchgässner[2], E. v. Berg[1], M. Bürger[1], G. Pohlner[1], X.-N. Chen[2], R. Gerling[3], G. Reif[4] und H. Meinhardt[5]

[1] Institut für Kernenergetik und Energiesysteme (IKE), Universität Stuttgart,
  e-mail: buerger@ike.uni-stuttgart.de,
  URL: http://www.ike.uni-stuttgart.de/www/rsu/sc7stu.html
[2] Mathematisches Institut A, Universität Stuttgart,
  e-mail: kirchg@mathematik.uni-stuttgart.de,
  URL: http://www.mathematik.uni-stuttgart.de/mathA/lst1/lehrsta1.html
[3] GKSS Forschungszentrum, Geesthacht
[4] Eckart-Werke, Velden
[5] Fa. H.C. Starck, Laufenburg

Abstract. The aim of the project has been a process modelling and optimization of metal powder production by gas atomization of molten metal jets, especially for fine particles and narrow particle size distributions. From a fundamental analysis of the flow configuration stability a new mechanism of the jet disintegration based on a resonance phenomenon has been identified. It is concluded that this mechanism should be more effective than those known up to now. However, the disintegration process must be analyzed within the frame of the overall particle loaden flow field of the atomization device. This has been done using the PHOENICS CFD-code after the models of the molten metal jet dynamics and disintegration had been built in. In this modelling the basic feedbacks between near jet flow field and disintegration process are already involved. Despite of some crude simplifications still kept it allows first conclusions on an improved design.

1 Einleitung

Die physikalischen Grundprozesse bei der Herstellung metallischer Sinterpulver durch Zerstäubung eines Schmelzestrahls in einem parallel dazu geführten Gasstrom sind noch weitgehend unverstanden. Daher erfolgt die Einstellung der Anlagenbetriebsparameter aufgrund von Erfahrungswerten und, wenn neuartige Pulvereigenschaften erzielt werden sollen, durch langwierige Versuche. Die Prozeßsimulation kann hierbei als Hilfsmittel für die Einstellung und Optimierung von Betriebsbedingungen sowie zur verbesserten Anlagen- und Düsenkonstruktion dienen, indem die Folgen von Änderungen in Geometrie und Betriebsbedingungen der Zerstäubungsdüsen zumindest in ihren Tendenzen rechnerisch vorweggenommen werden. Der experimentelle Aufwand soll dadurch erheblich reduziert und auf die Feineinstellung begrenzt werden.

Spezielle Optimierungsziele sind dabei die Vergrößerung der Pulverausbeute im gewünschten Kornband, die Erhöhung der Pulverfeinheit, ein sicherer Anlagenbetrieb und die Senkung des Gas- und Energieverbrauchs.

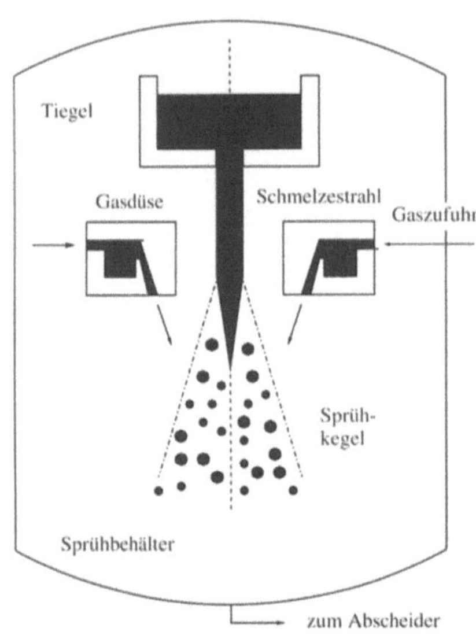

Abb. 1. Schematischer Anlagenaufbau

Abb. 1 zeigt schematisch den Anlagenaufbau, für den im Rahmen des Vorhabens bislang schwerpunktmäßig untersuchten Anlagentyp mit geführtem Strahl. Hierin tritt die Metallschmelze in Form eines Strahls aus dem Boden eines Tiegels aus und gelangt durch eine Bohrung der Zerstäubungsdüse in das Gebiet unterhalb der Düse, wo sie in einem Gasstrom zerstäubt wird, der mit Schallgeschwindigkeit unter einem Druck von ca. 1 MPa aus der Unterseite der Düse austritt.

Die mathematische und physikalische Problemstellung hierbei besteht darin, den Zerteilungsprozeß des Strahls eingebettet in das Mehrphasenströmungsfeld in der Zerstäubungszone und gekoppelt an die Schmelzedynamik zu modellieren. Die strömungsmechanische Analyse der Zerstäubungsanlage sowie ein elementares Modell für die Strahlfragmentation wird am Institut für Kernenergetik und Energiesysteme der Universität Stuttgart (IKE) erstellt. Die fortgeschrittenen mathematischen Modelle für das Störwellenwachstum und die Partikelbildung werden am Mathematischen Institut A der Universität Stuttgart entwickelt. Die Teilmodelle werden durch Experimente am IKE und in den Anlagen der beteiligten Industriefirmen überprüft.

2 Grundprozesse und Wirkungsmechanismen der Strahlzerteilung

Als entscheidender Grundprozeß für die Strahlzerteilung wird die Entstehung instabiler Kapillarwellen auf der Strahloberfläche angesehen. Hierbei wirken Druckkräfte über zufälligen Auslenkungen der Strahloberfläche destabilisierend (Ansaugwirkung über den Wellenbergen, Druckerhöhung über den Wellentälern), während die Oberflächenspannungskraft stabilisierend wirkt. Mit zunehmender Relativgeschwindigkeit werden die angeregten Störungen immer kurzwelliger. Es werden sowohl achsensymmetrische als auch helikale Wellensysteme angeregt, die rechts- oder linksdrehend um den Strahl laufen können, wobei sie miteinander interferieren und ein entlang dem Strahl laufendes zweidimensionales Muster bilden. Die Wellen wachsen dabei solange an, bis ihre Kronen durch Reibungskräfte aus der Gasströmung und Druckdifferenzen abgeschert werden. Danach formen sich die abgescherten Teile idealerweise zur Kugelform ein und erstarren während des Fluges gekühlt vom relativ dazu strömenden Gas.

Zur Beschreibung von Störwellenbildung und -wachstum an der Oberfläche von Flüssigkeitsstrahlen in einer Relativströmung liegen in der Literatur bereits Ansätze vor (z.B. [Y], [RB] und [LG]). Diese sind jedoch in verschiedener Hinsicht begrenzt. So wird oftmals lediglich das *zeitliche* Wachstum *einzelner* Wellen betrachtet, wobei außerdem einheitliche Geschwindigkeiten in den beiden Medien (Strahl und Umgebung) angenommen werden. Der experimentellen Situation ist dagegen eher eine *räumlich* entlang des Strahls anwachsende Instabilität sowie die Betrachtung von *Wellengruppen* mit Wechselwirkungen zwischen den Einzelwellen angemessen. Außerdem bildet sich an der Grenzfläche zwischen den Medien eine Grenzschicht mit entsprechenden Geschwindigkeitsprofilen aus, wodurch die Heftigkeit der Instabilität reduziert wird.

Für die Analyse wird in der Regel eine lineare Störungsrechnung für die strömungsmechanischen Grundgleichungen in Parallelströmungskonfiguration verwendet. Daraus ergibt sich ein Eigenwertproblem, wodurch bei zeitlicher Analyse als Eigenwerte die Wellenwanderungs- und Wellenwachstumsgeschwindigkeit abhängig von der Wellenzahl auftreten. Bei der räumlichen Analyse sind dagegen die räumliche Wachstumsrate und die Wellenzahl in Abhängigkeit von der Störfrequenz zu bestimmen.

Eine detaillierte Modellbildung, die letztlich quantitative Aussagen erlauben soll, muß jedoch auch die Wechselwirkung zwischen verschiedenen Wellenzügen berücksichtigen. Hierfür ist die Eigenwertanalyse nicht ausreichend, vielmehr muß das Anfangswertproblem für die Gesamtheit der am Strahleintrittsquerschnitt entstehenden Störungen gelöst werden. Dieses Problem wird am Mathematischen Institut A behandelt (s. Kap. 4). Daraus ergab sich im bisherigen Projektverlauf neben einem vertieften Verständnis der Instabilität auch ein neuartiges Wirkungsprinzip für den Zerfallsprozeß. Dieses beruht auf einem Resonanzmechanismus, der an derjenigen Stelle auftritt, wo die Gruppengeschwindigkeit der Wellenzüge verschwindet. Dadurch können die Wellenpakete nicht mehr auseinanderlaufen, sondern akkumulieren sich in diesem Bereich, wodurch die Amplitude durch Superposition der Einzelwellen immer mehr anwächst.

Dieses Wirkungsprinzip zur Festlegung der dominanten Wellenlänge steht in Konkurrenz zum klassischen Mechanismus der Bestimmung aus dem Spektrum der wachsenden Wellen, der bei der Eigenwertanalyse verwendet wird. Der neue Mechanismus sollte jedoch wegen seiner Natur als Resonanzphänomen prinzipiell effektiver sein.

3 Elementare Modellbildung für den Zerteilungsprozeß

Hierzu werden zunächst halbunendlich ausgedehnte Medien (Schmelze/Gas) und ein Geschwindigkeitssprung an der Grenzfläche mit jeweils einheitlichen Geschwindigkeiten in den beiden Gebieten angenommen (Kelvin-Helmholtz-Instabilität). Mit einer linearen Stabilitätsuntersuchung der strömungsmechanischen Grundgleichungen auf der Basis einer Eigenwertanalyse für zeitlich wachsende Wellen auf der Strahloberfläche wird das Spektrum der wachsenden Wellen bestimmt und daraus als dominante Wellenlänge diejenige mit maximaler Wachstumsrate ermittelt. Diese Welle wird als achsensymmetrische Ringwelle angesetzt. Sie läuft entlang der Strahloberfläche und wächst dabei durch die Rückwirkung mit den von ihr verursachten Druckstörungen an. (vgl. Abb. 2). Durch Reibungskräfte aus der Strömung, die an den Wellenkronen angreifen, unterstützt durch die im Wellenwachstum enthaltene kinetische Energie werden die Kronen der Ringwellen schließlich abgeschert. Dazu muß die Energie für die neu zu schaffende Oberfläche bereitgestellt werden. Die Abstreifamplitude wird hierbei im Modell durch eine Energiebilanz an der Wellenkrone bestimmt. Die nach der obigen Idealisierung entstehenden torusförmigen Fragmente zerfallen schließlich in Tropfen von etwa dem doppelten Schlauchdurchmesser des Kreisringes.

Durch den Abstreifvorgang wird die Wellenamplitude auf einen empirisch festgelegten Wert, die sogenannte Basisamplitude, reduziert, von der aus erneutes Wellenwachstum erfolgt. Daraus ergibt sich ein stationäres Abstreifmuster für die über den Strahl laufenden Ringwellen, wodurch der Strahl sukzessive verdünnt wird. Es bildet sich ein kohärenter Strahlkern, der vom Sprühkegel der entstehenden Tröpfchen umgeben ist. Die Kernlänge und Kernform sowie die Strahlbewegung werden aus Massen- und Energiebilanz an schichtförmigen Elementen des Schmelzestrahls berechnet (s. Abb. 3). Mit den lokal entlang des Strahls veränderlichen Einflußgrößen auf Zerteilung und Tropfenbildung werden die lokalen Partikeldurchmesser und die zugehörige Abstreifrate berechnet. Durch Gewichtung der Korngröße mit ihrer Produktionsrate erhält man daraus die Korngrößenverteilung, soweit sie durch Änderungen der Einflußgrößen innerhalb der Zerstäubungszone bedingt ist. Statistische Schwankungen, die eine weitere Verbreiterung der Verteilung bewirken, sind darin nicht berücksichtigt.

Die Berechnung der Strahlform und des vom Strahl abgehenden Massenstroms liefert zugleich den Quellterm und den geometrischen Ort für die Einbringung der Partikelphase in die zweiphasige Strömungsfeldberechnung, die mit dem CFD-Programm PHOENICS durchgeführt wird (s. Kap. 5). Weiter wurden am IKE die Effekte des strahlnahen Geschwindigkeitsprofils und der endlichen Strahldicke auf die Strahlzerteilung untersucht. Dies geschah ebenfalls im Rahmen der linearen Theorie mit einer Eigenwertanalyse bei zeitlichem Störungswachstum. Hieraus ergaben sich Übergänge zwischen den Zerfallsformen des Zertropfens und des Zerstäubens mit charakteristischen Haupteinflußgrößen in den verschiedenen Zerfallsbereichen. So ist im

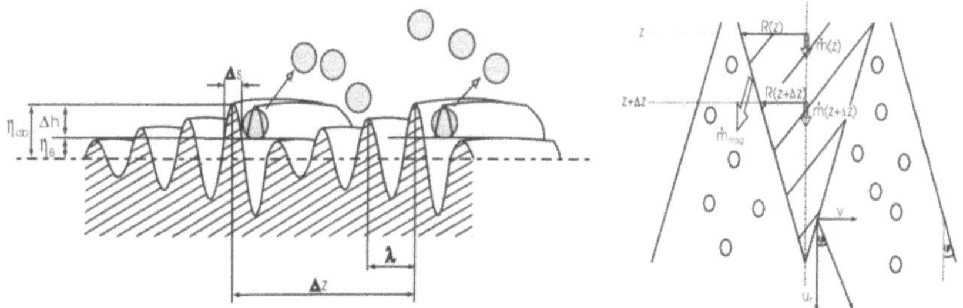

Abb. 2. Skizze zur Idealisierung des Abstreifvorgangs

Abb. 3. Strahlkern- und Sprühkegelbildung

Zertropfungsbereich die Wellenlänge vor allem durch den Strahlradius bestimmt, bei der Zerstäubung dagegen durch die Strömungsgrenzschicht. Insbesondere erfolgt eine Zunahme der Störwellenlänge und Abschwächung der Instabilität mit zunehmender Grenzschichtausbildung (vgl. [BBC]).

Die Begrenzungen dieser vereinfachten Modelle liegen vor allem in der Linearisierung der Störungsrechnung und in der Vernachlässigung von Resonanzeffekten. Hier setzen die im nächsten Kapitel beschriebenen Arbeiten des Mathematischen Instituts A an, die in [CK] ausführlicher beschrieben sind.

4 Erweiterte Modellbildung für den Zerteilungsmechanismus auf der Grundlage der Resonanztheorie

4.1 Die Resonanz zur Bestimmung der Korngrößen mittels der Wiener-Hopf Technik

Das Phänomen der Strahlzerstäubung wird wesentlich bestimmt durch eine starke Resonanz, welche die Kapillareffekte erzeugen. Die unter Zerstäubungsbedingungen angeregten Wellen sind sehr kurz. Daher ist der Effekt der Oberflächenspannung dominant. Um diese Resonanz zu ermitteln, müssen wir das dynamische Problem bei vorgegebenen Druckschwankungen am Innenrand der Düse und den Interface-Bedingungen am Freistrahl lösen. Diese Druckschwankungen kann man als Wirkungen der Turbulenz der viskosen Grenzschicht ansehen. Die Ergebnisse dieser Theorie werden mit Experimenten am IKE verglichen und geeicht.

Als mathematische Vorbereitung entwickeln wir ein Theorem zur asymptotischen Approximation für die Wiener-Hopf Technik, das es uns ermöglicht das Problem der Zerstäubung eines Strahls aus einer Düse mit der Wiener-Hopf Technik zu lösen. Dann formulieren wir das linearisierte Problem der Potentialströmung, indem wir die Kapillareffekte an der freien Oberfläche zwischen zwei Medien und die Druckschwankungen an der Düsenwand betrachten. Wir erhalten zwei simultane Wiener-Hopf Gleichungen entsprechend dem

physikalischen Problem, das zwei verschiedene Medien beinhaltet. Um diese
zu lösen, greifen wir auf eine Lösungstechnik für zwei simultane Gleichungen
und auf asymptotische Approximation der Koeffizienten für große Wellenzahlen, die gerade dann vorliegen, wenn Zerstäubung auftritt, zurück.

Bei der numerischen Berechnung von Amplituden erregter Wellen hat man
herausgefunden, daß doppelte Wurzeln, die in einem bestimmten Parameterbereich und bei gewissen reellen Frequenzen paarweise auftreten, Resonanzen
verursachen. Die zwei doppelten Wurzeln können bei bestimmten Parameterwerten ineinander übergreifen, wodurch noch stärkere Resonanzen entstehen.
Somit werden dominante Moden, d.h. entsprechende Wellenzahlen und Azimutalzahlen, durch diese Resonanzen bestimmt. Eicht man einen Parameter,
das Geschwindigkeitsverhältnis U, anhand von Experimenten, so kann das
auf der Potentialtheorie basierende theoretische Modell die Zerstäubung des
Strahls gut charakterisieren.

4.2 Formulierung des Problems

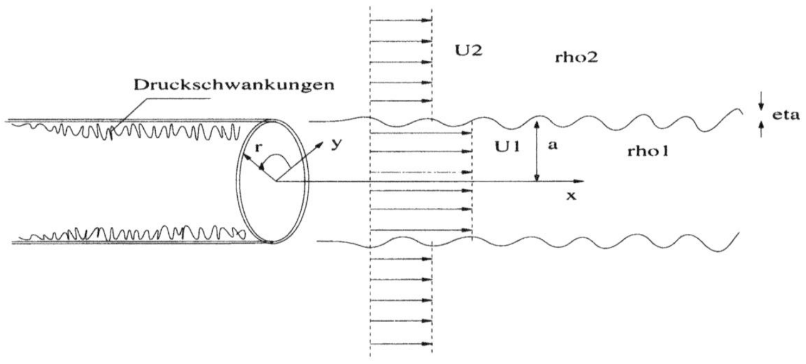

Abb. 4. Skizze des Problems und der geometrischen Anordnung

Die geometrische Konfiguration und das gewählte Koordinatensystem gehen aus Abb. 4 hervor. Für beide Strömungen nimmt man an, daß sie inkompressibel, wirbelfrei und die ungestörten Grundströmungen gleichmäßig
sind. Jedoch hat man jeweils unterschiedliche konstante Geschwindigkeiten
im Flüssigkeitstrahl und im Umgebungsgas. Der Flüssigkeitstrahl tritt aus
einer Düse heraus. Als Störungen wirken Druckschwankungen auf der zylindrischen Rohrwand innerhalb der Düse, die durch äußere Turbulenzen der
viskosen Grenzschicht erzeugt werden. Zudem nimmt man an, daß zwischen
den beiden Flüssigkeiten außerhalb der Düse kapillare Wellen ebenfalls durch
obige Störung erzeugt werden. Dann haben wir Feldgleichungen (Laplacesche
Gleichungen) in den zwei Medien, kinematische und dynamische Randbedingungen an der gemeinsamen freien Oberfläche, Druckdifferenzausdruck aufgrund des Oberflächenspannungseffektes, Druckschwankungsrandbedingung

auf dem Rohrrand innerhalb der Düse sowie eine Randbedingung auf dem äußeren Rohrrand der Düse. Außerdem müssen die Lösungen die Kutta Bedingung am Ende der Düse bei $x = 0$ und die Anfangsbedingungen bei $t = 0$ erfüllen.

Durch Skalierung mit a, a/U_1, aU_1 und $\rho_1 U_1^2$ für Länge, Zeit, Potential und Druck bringt man die Gleichungen in dimensionlose Form und bekommt als wesentliche physikalische Parameter: Weberzahl, Geschwindigkeitverhältnis, Dichteverhältnis und Strouhalzahl (dimensionlose Frequenz),

$$\beta = \frac{a\rho_1 U_1^2}{\sigma}, \quad U = \frac{U_2}{U_1}, \quad Q = \frac{\rho_2}{\rho_1}, \quad \Omega = \omega_r a/U_1.$$

Von den linearisierten Gleichungen erhält man

$$(\frac{\partial}{r\partial r}r\frac{\partial r}{\partial r} + \frac{\partial^2}{\partial x^2} + \frac{\partial^2}{r^2\partial\theta^2})\Phi_i = 0, \quad i = 1 \text{ für } r < 1, \quad i = 2 \text{ für } r > 1,$$

$$L_1^2\Phi_1 - QL_1L_2\Phi_2 = \frac{1}{\beta}(1 + \frac{\partial^2}{\partial x^2} + \frac{\partial^2}{\partial\theta^2})\frac{\partial\Phi_1}{\partial r}, \quad r = 1^-, \quad x > 0,$$

$$L_1L_2\Phi_1 - QL_2^2\Phi_2 = \frac{1}{\beta}(1 + \frac{\partial^2}{\partial x^2} + \frac{\partial^2}{\partial\theta^2})\frac{\partial\Phi_2}{\partial r}, \quad r = 1^+, \quad x > 0,$$

$$L_1\Phi_1 = -P, \quad r = 1^-, \quad x < 0, \quad \text{und} \quad \frac{\partial\Phi_2}{\partial r} = 0, \quad r = 1^+, \quad x < 0,$$

$$\text{wobei} \quad L_1 = \frac{\partial}{\partial t} + \frac{\partial}{\partial x}, \quad L_2 = \frac{\partial}{\partial t} + U\frac{\partial}{\partial x}.$$

4.3 Lösung des linearen Anfangswertproblems durch die Wiener-Hopf-Technik und ihre asymptotische Approximation

Das Problem hat unterschiedliche Randbedingungen auf den Oberflächen in zwei halb-unendlichen Räumen. Dies ist ein typisches Problem, das man im Prinzip durch die Wiener-Hopf-Technik [N] lösen kann. Die Schwierigkeit ist hier, daß nicht wie im Normalfall eine einzige Gleichung für zwei unbekannte Funktionen, sondern zwei Wiener-Hopf Gleichungen für vier unbekannte Funktionen vorkommen, die vom entsprechenden physikalischen Problem mit zwei Schichten erzeugt wurden. Dafür gibt es keine allgemeine Lösungsmethode. Eine weitere Schwierigkeit ist, daß die Koeffizienten modifizierte Bessel-Funktionen enthalten. Damit ist es sehr schwer, die Koeffizienten zu faktorisieren, d.h. mit der W-H Technik ist es technisch unlösbar.

Wir interessieren uns nur für die Zerstäubung des Strahls, bei der feines Metallpulver entsteht, d.h. für die instabilen Wellen mit sehr kleiner Wellenlänge λ und folglich großer Wellenzahl $k_r = \frac{2\pi}{\lambda}$. Die Koeffizienten lassen sich für große k so vereinfachen, daß sie leichter faktorisiert werden können. Um zu zeigen, daß diese Vereinfachung zulässig ist, entwickeln wir einen Satz zur asymptotischen Approximation der Wiener-Hopf Technik (siehe [CK]). Dieser Satz erweitert den Anwendungsbereich der Wiener-Hopf Technik.

4.4 Instabilitätsdiagramm und Resonanzauswahlprinzip

Betrachtet man einen Strahl aus Woodschem Metall mit $U = 0,78$ und $Q = 0,1042$, so erhält man ein Instabilitätsdiagramm im Parameterunterraum $\beta - \Omega$, wie in Abb. 5 gezeigt. Abb. 7 zeigt für $m = 9$ die Amplituden A der erregten Wellen, die durch die Wiener-Hopf Technik bestimmt wurden.

Für jede Mode m erhält man eine Parabel (Abb. 5). Die doppelten Wurzeln treten genau auf den beiden Zweigen der Parabel auf, auf denen Resonanz entsteht (Abb. 7d). An den Scheitelpunkten der Parabeln treffen zwei doppelte Wurzeln aufeinander, weshalb dort noch stärkere Resonanz auftritt (Abb. 7c). Durch analytische Fortsetzung der inversen Fouriertransformierten wurde einem Konzept von Briggs [Br] für konvektive und absolute Instabilitäten folgend festgestellt, daß die Wellen jeder Mode m innerhalb der entsprechenden Parabel konvektiv instabil, und außerhalb der Parabel stabil sind. Gemäß dem Auswahlkriterium für stärkere Resonanzen bestimmen wir die ausgewählten Wellen- und Azimutalzahlen anhand der Resonanz (Abb. 6). Vergleichend mit experimentellen Daten erkennt man in Abb. 6, daß die vorausgesagte Tendenz der Wellenzahlen mit der des Experiments übereinstimmt. Die ausgewählten Werte von β sind diskret und spielen eine entscheidende Rolle im Problem. Die nichtlineare Analyse muß um diese Punkte durchgeführt werden und wird die gesamte Parameterebene überdecken.

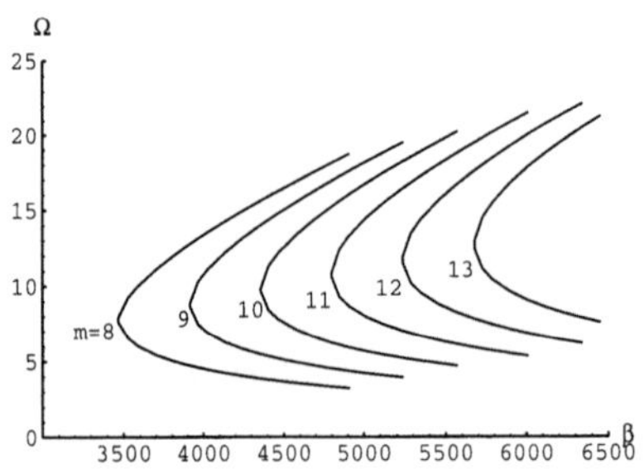

Abb. 5. Instabilitätsdiagramm.

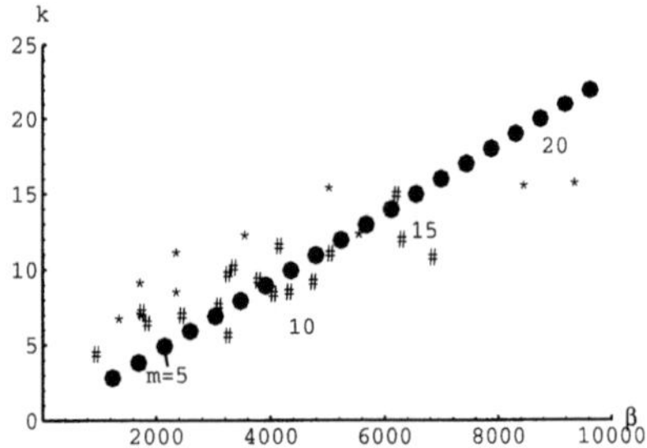

Abb. 6. Die ausgewählten Wellenzahlen und Werte aus Experimenten des IKE (∗: Strahldurchmesser 2 mm, ♯: 4 mm.)

4.5 Diskussionen

Weil die Potentialtheorie, die nur konstante Geschwindigkeiten in beiden Medien erlaubt, zu große Instabilitätswirkung hat, muß man für das Geschwindigkeitverhältnis U einen effektiven Wert bestimmen, damit man die theoretischen Resultate an die Experimente anpassen kann. Deshalb braucht man die Eichung mit Experimenten. Das ist ein Nachteil der Theorie. Aber das

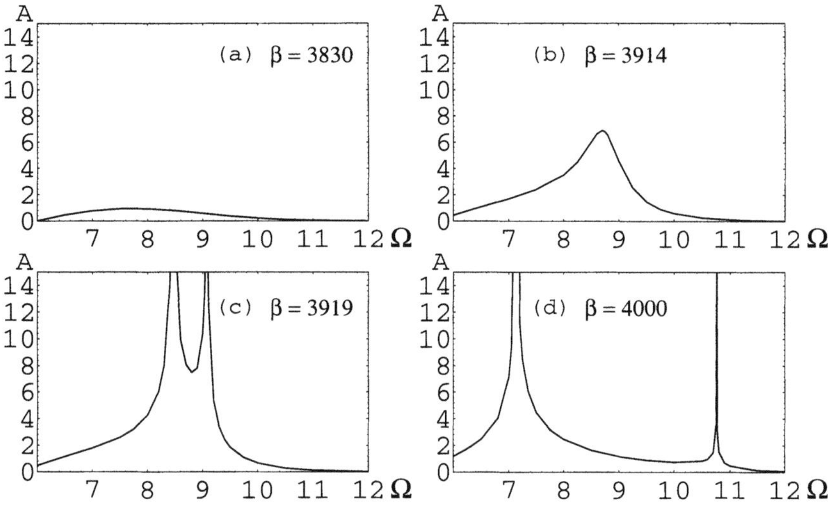

Abb. 7. Amplituden A der erregten Wellen für verschiedene Weberzahlen $\beta = 3830, 3914, 3919, 4000$ und Azimutalzahl $m = 9$.

Resonanzauswahlprinzip, das hier begründet wurde, scheint allgemein zu gelten. Damit können wir anhand der praktischen Dispersionsrelationsanalyse [BBC] eine weitere Methode entwickeln, um die Resonanz mit Verwendung der Geschwindigkeitsprofile im Sprühkegel unter realitätsnäheren Bedingungen genauer zu ermitteln.

5 Gesamtmodell

Zur Berechnung der Strömung in der Gesamtanlage (vgl. Abb. 1) wird das strömungsmechanische Programm PHOENICS verwendet. Dabei handelt es sich um ein Finite-Volumen-Verfahren zur Lösung der Navier-Stokes Gleichungen, das mit dem SIMPLER-Algorithmus arbeitet [S]. Das Programm erlaubt es, dreidimensionale Berechnungen durchzuführen, und kann auch eine zweite strömende Phase, hier die Partikel, behandeln. Außerdem können Einbauten im Rechengebiet, wie z.B. die Gasdüse, oder diejenigen Teilbereiche, wo sich der Schmelzestrahl befindet, durch Verwendung von körperangepaßten Koordinaten oder durch Blockade der betreffenden Zellen berücksichtigt werden. Für die zweiphasige Behandlung werden die Partikel über das Volumenelement verschmiert betrachtet. Die Austauschterme zwischen den Phasen werden dabei über die jeweiligen Austauschflächen aus dem Partikeldurchmesser und dem Phasenanteil sowie mit Korrelationen für Reibungs- und Wärmeübergangskoeffizienten berechnet. Die im Vorhaben

entwickelten Modelle für den Massenquellterm am Schmelzestrahl und für
die Lage und Dynamik des Schmelzestrahls im Strömungsfeld können über
eine FORTRAN-Schnittstelle an den Basis-Strömungscode angekoppelt werden.

Die Modellbildung für die Gesamtanlage orientierte sich zunächst am
Düsentyp, wie er bei GKSS verwendet wird (vgl. Abb. 1) Einphasige Rechnungen zeigten dabei prinzipiell den gleichen Druckverlauf in der Düsenmit-
telachse, wie er auch im Experiment auftrat. Quantitativ konnten die Resultate durch Berücksichtigung des Dralls der Gasströmung (3D-Rechnung)
noch deutlich verbessert werden.

Um den komplexen Gesamtvorgang der Zerstäubung mit seinen Rückwirkungen mit dem partikelbeladenen Strömungsfeld zunächst einmal prinzipiell
zu erfassen, wurde in einem ersten Schritt ein vereinfachtes Gesamtmodell erstellt. Dieses ist durch folgende Merkmale gekennzeichnet:

- Beschränkung auf ein strahlnahes Gebiet in zweidimensionaler zy-
  lindrischer Geometrie mit vereinfachten Einströmbedingungen des
  Zerstäubungsgases parallel zum Schmelzestrahl.
- Beschreibung der Strahlfragmentation durch die Kelvin-Helmholtz-
  Instabilität (s. Kap. 3).
- Iterative Berechnung der Strahlform und der kohärenten Kernlänge sowie
  der Partikelgröße in Wechselwirkung mit dem strahlnahen Strömungsfeld
  unter Verwendung eines adaptiven Gitters.
- Berechnung der kohärenten Kernlänge aus Strahlgeschwindigkeit und Ab-
  streifrate durch eine Massen- und Impulsbilanz am Strahl.
- Verwendung einer einheitlichen Partikelgröße im Strömungsfeld durch
  Mittelung über die entlang des Strahls variierenden Werte
- Berücksichtigung der Effekte von Partikelgröße und -dichte auf den Im-
  pulsaustausch zwischen Gas- und Partikelphase.
- Vernachlässigung des Strahlungswärmeaustausches.

In Abb. 8 und 9 ist ein Rechenbeispiel für einen Strahldurchmesser von
1 cm und einen Schmelzedurchsatz von 1 kg/s dargestellt. Das Gas strömt
parallel zum Schmelzestrahl am linken Bildrand mit einer einheitlichen Geschwindigkeit von 100 m/s ins Integrationsgebiet ein. Abb. 8 zeigt die Druck-
und Geschwindigkeitsverteilung in der Gasphase, Abb. 9 die Phasenanteile
und Geschwindigkeiten der Partikelphase jeweils im Halbschnitt. Der Knick
in der Strahlkontur bezeichnet den Beginn der Zerstäubungszone, die nach einer derzeit noch parametrisch festgelegten Anlauflänge beginnt. Im Zuge der
Zerstäubung wird der Strahl sukzessive unter kontinuierlicher Durchmesser-
abnahme abgearbeitet, während sich um den Strahl der Sprühkegel ausbildet,
wie aus den Isolinien des Phasenanteils der Partikel in Abb. 9 hervorgeht.

Entlang des Strahles werden die Tropfenabstreifraten und Tropfengrößen
in jeder Randzelle in Abhängigkeit von den lokalen Strömungsbedingungen
berechnet. Daraus wird die Korngrößenverteilung ermittelt und der mittlere Tropfendurchmesser sowie die mittlere Abstreifrate zur Bestimmung des

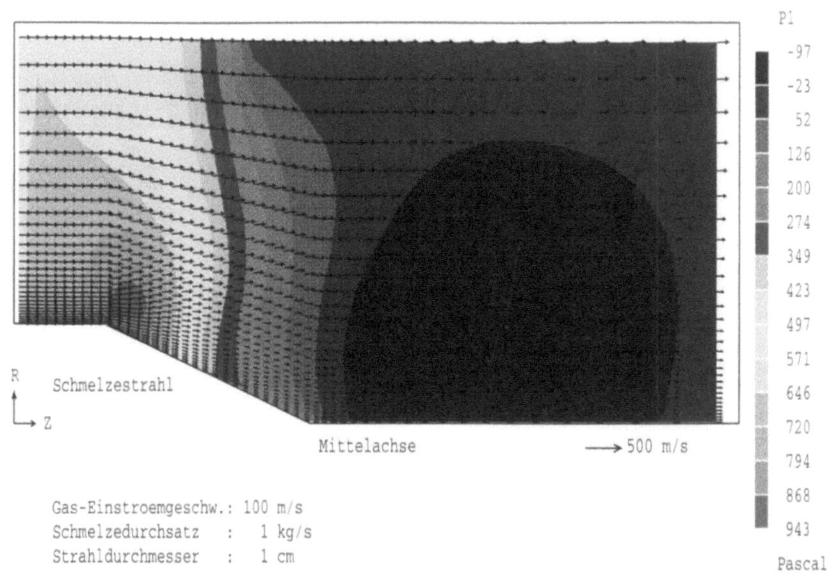

Abb. 8. Geschwindigkeitsvektoren und Druckverteilung in der Gasphase

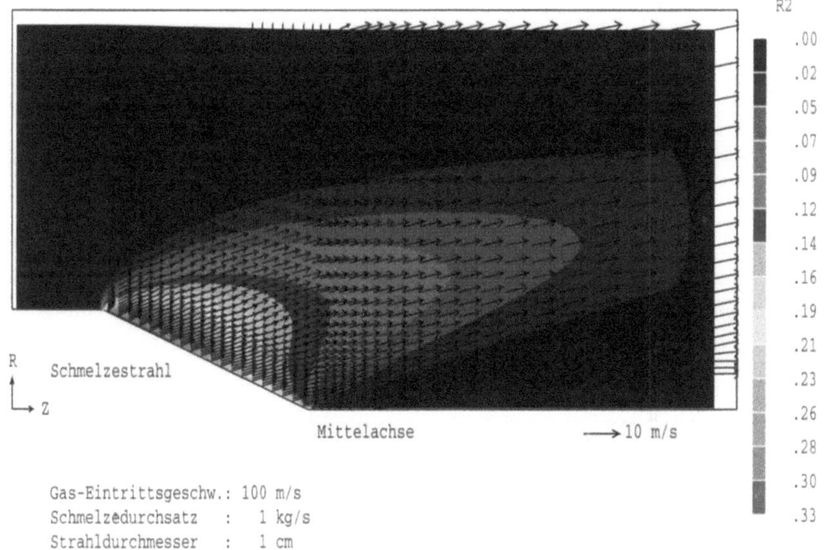

Abb. 9. Geschwindigkeitsvektoren und Phasenanteile der Partikel

Massenquellterms entlang der fragmentierenden Strahloberfläche berechnet.
Da dieser über die gesamte Zerstäubungszone konstant gesetzt wird, bildet
sich eine einfache Konusform für den kohärenten Strahlkern aus.

Abb. 10 zeigt die Veränderung der Partikelgröße und der Abstreifrate
entlang des Strahls für verschiedene Gas-Einströmgeschwindigkeiten. Mit zunehmender Einströmgeschwindigkeit werden die Partikelgrößen kleiner, die
Abstreifraten größer und der kohärente Strahlkern immer kürzer. Abb. 11
zeigt die zugehörigen Korngrößenverteilungen, die mit zunehmender Gas-
Einströmgeschwindigkeit immer schmalbandiger und feiner werden.

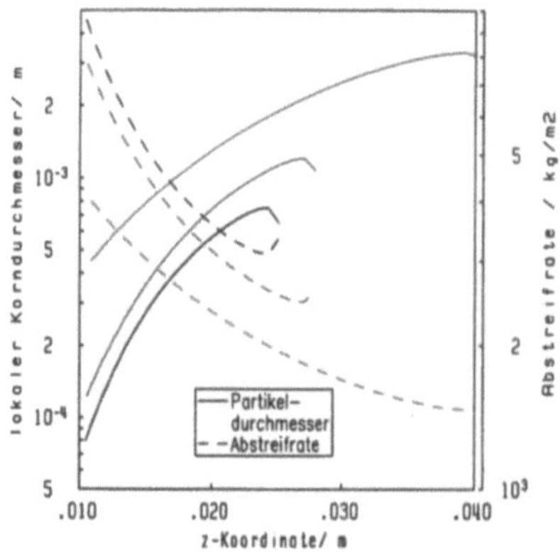

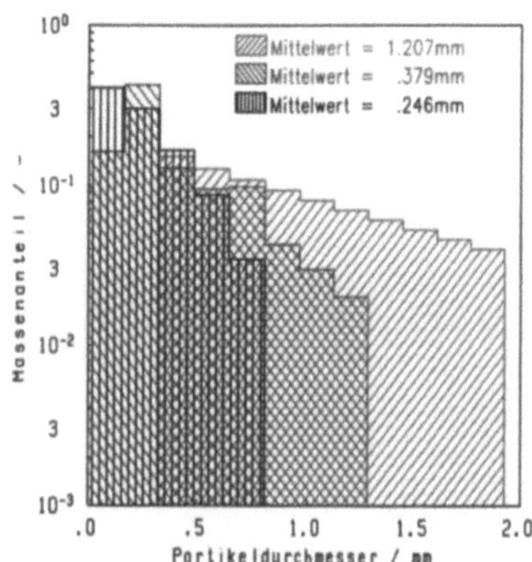

Abb. 10. Lokale Partikelgrößen und
Abstreifraten entlang dem Schmelzestrahl für Gas-Einströmgeschwindigkeiten von 100, 200 und 250 m/s (rote,
grüne und blaue Kurven)

Abb. 11. Fragmentgrößenverteilungen
für Gas-Einströmgeschwindigkeiten
von 100, 200 und 250 m/s (rote, grüne
und blaue Kurven)

Durch den Impulsaustausch zwischen Gas und Partikeln in Strahlnähe
erhält man eine deutliche Geschwindigkeitsabsenkung im Gas in der Nähe
der Strahloberfläche. Diese wird mit zunehmender Lauflänge entlang des
Strahls immer stärker, wobei sich das Profil auch abflacht und immer tiefer
ins Strömungsfeld hineinreicht. Durch die Abnahme der Gasgeschwindigkeit
entlang dem Strahl wird auch die Fragmentation, die wesentlich von Höhe
und Verlauf der strahlnahen Gasgeschwindigkeit bestimmt wird, verringert.
Das bedeutet insbesondere daß die Störwellenlängen und Partikelgrößen mit
zunehmender Lauflänge am Strahl größer werden und die Korngrößenverteilung gröber und inhomogener wird (vgl. Abb. 10).

Demnach sollte die Zerteilung, wenn feinkörnige und schmalbandige Korngrößenverteilungen erwünscht sind, möglichst bei hohem Gasgeschwindig-
keitsniveau und unter einheitlichen Bedingungen stattfinden. Letzteres kann
z.B. erreicht werden, indem der Geschwindigkeitsabfall durch zusätzliche Gas-

einblasung entlang der Zerstäubungszone kompensiert wird. Weitere Variationsrechnungen zu Effekten von Anlagenbetriebsbedingungen zeigten, daß auch eine zunehmende Schmelzestrahldicke und zunehmende Schmelzestrahlgeschwindigkeit, also höherer Schmelzedurchsatz, zu einer Vergröberung und Verbreiterung der Korngrößenverteilung führt. Daraus kann man ableiten, daß eine Anlage mit mehreren dünnen Strahlen in dieser Hinsicht gegenüber einer Anordnung mit nur einem dicken Strahl vorteilhafter sein dürfte. Allerdings muß dann ein höherer konstruktiver Aufwand getrieben werden. Außerdem besteht die Gefahr des Einfrierens der dünnen Strahlen durch die Einwirkung des kalten Zerstäubungsgases. Ähnliche Verhältnisse sind in einer bei den Eckart-Werken verwendete Düse bereits realisiert, bei der nach der bisherigen Analyse der Schmelzestrahl in einen schlauchförmigen dünnen Film umgewandelt wird, der durch vorgewärmtes Gas zerstäubt wird.

6 Zusammenfassung

Zur Beschreibung der Strahlzerteilung wurden verschiedene Fragmentationsmodelle mit zunehmendem Detaillierungsgrad entwickelt. Als einfachste Variante wurde zunächst ein auf der Kelvin-Helmholtz-Instabilität in ebener Geometrie beruhendes Modell erstellt. Dieses konnte bereits an das Gesamtmodell für die Zerstäubungsanlage gekoppelt werden, wobei es als Testmodell für die Lösung prinzipieller Fragen der Kopplung und zur Ableitung erster Tendenzen von Betriebsbedingungen auf die zu optimierende Fragmentgrößenverteilung diente. Die Effekte des strahlnahen Geschwindigkeitsprofils wurden in einem separaten Modell untersucht.

Eine neuartige umfassendere Modellbildung auf der Basis einer Lösung des Anfangswertproblems mittels Wiener-Hopf Technik ergab ein Resonanzphänomen, das bei verschwindender Gruppengeschwindigkeit der Wellen auftritt und den entscheidenden Auswahlmechanismus zur Bestimmung der lokal dominanten Wellenlänge liefert. Dieses Modell enthält als freien Parameter das Geschwindigkeitsverhältnis zwischen Strahl und Außenströmung. Dieser wurde durch Eichung anhand von Simulationsexperimenten bestimmt, die am IKE mittels Einspritzung von Woodschem Metall in Wasser durchgeführt wurden. Damit konnten dann die experimentellen Tendenzen sowie auch die Größenordnungen für die Störwellenlängen bestätigt werden.

Mit dem Strömungsmodell, das auf der Basis des CFD-Programms PHOENICS erstellt wurde, wurden ein- und zweiphasige Strömungsfeldberechnung orientiert an den Düsen der Industriepartner durchgeführt. Das partikelbeladene Strömungsfeld wurde in Rückkopplung mit Fragmentation und Formbildung des Schmelzestrahls exemplarisch für eine vereinfachte Konfiguration bestimmt. Hierzu wurden das Kelvin-Helmholtz-Fragmentationsmodell und eine eindimensionale Beschreibung der Schmelzedynamik an den Strömungscode gekoppelt. Mit diesem Modell ist die Fragmentgrößenverteilung in Abhängigkeit von den Betriebsbedingungen der

Zerstäubungsanlage bestimmbar, wobei Rückkopplungen zwischen dem Zerteilungsprozeß und dem partikelbeladenen Strömungsfeld bereits berücksichtigt sind. Damit wurde ein wichtiger Meilenstein in der Abwicklung des Vorhabens erreicht. Dieses Gesamtmodell kann nun durch sukzessive Verfeinerung der Teilmodelle und deren experimentelle Überprüfung ausgebaut werden. Erste Effektstudien im Hinblick auf die Prozeßoptimierung wurden bereits durchgeführt und ergaben Hinweise auf eine verbesserte Gestaltung des Zerstäubungsprozesses.

Als nächste Arbeitsschritte auf dem Gebiet der Fragmentationsmodellierung ist die nichtlineare Analyse zur Berechnung der Amplitudenentwicklung an der Resonanzstelle vorzunehmen. Nach Einbau der weiterentwickelten Fragmentationsmodelle und der unterschiedlichen Gasdüsengeometrien in die zweiphasige Beschreibung der Gesamtanlage sollen wiederum Rechnungen für die Anlagen und Düsen der Industriepartner durchgeführt werden, nachdem durch Vergleich mit experimentellen Resultaten die noch freien Modellparameter geeicht wurden. Damit können schließlich weitergehende Optimierungsschritte abgeleitet werden, die zur Einstellung von Betriebsbedingungen und Düsengeometrien für die Erzeugung feinkörniger Pulver mit schmalbandiger Korngrößenverteilung und geringem Gas- und Energieverbrauch führen.

Literatur

[BBC] v. Berg E., Bürger M., Cho S.H., Schatz A.: Analysis of Atomization of a Liquid Jet Taking into Account Effects of the Near Surface Boundary Layer. Proceedings of the 11th European Conference of ILASS-Europe on Atomizations and Sprays, Nürnberg, Germany, March 21-23 1995

[Br] Briggs, R.J.: Electron Stream Interaction with Plasmas. MIT Press, 1964

[CK] Chen, X.-N., Kirchgässner, K.: The Wiener-Hopf technique as applied to jet atomization. In manuscript, 1995

[LG] Leib S.J., Goldstein M.E.: The generation of capillary instabilities on a liquid jet. J. Fluid Mech., Vol.168 (1985) 479-500

[N] Noble, B.: The Wiener-Hopf Technique–Methods Based on the Wiener-Hopf Technique for the Solution of Partial Differential Equations. Pergamon Press, 1958

[RB] Reitz R.D., Bracco F.V.: Mechanism of atomization of a liquid jet. Phys. Fluids, 25 (1982) 1730-1743

[S] Spalding D.B.: Numerical Computation of Multi-Phase Fluid Flow and Heat Transfer. Recent Advances in Numerical Methods in Fluids, Vol.1, Pineridge Press, Swansea U.K., 1980

[Y] Yang H.Q.: Asymmetric instability of a liquid jet. Phys. Fluids, A4 (1992) 681-689

1.2 Reaktoren und Chemische Prozesse

Projektionsverfahren zur Simulation von Copolymerisationsprozessen

I. Bremer und R. Antonova [*]

Weierstraß-Institut für Angewandte Analysis und Stochastik (WIAS)
im Forschungsverbund Berlin e.V., Mohrenstraße 39, 10117 Berlin,
e-mail: bremero@wias-berlin.de, URL: http://hyperg.wias-berlin.de/wias-bmbf-tp4

Abstract. Modelling copolymerization reactions by using formal kinetics between species of different chain length leads to a system of some algebraic and infinitly many ordinary differential equations.

We will treat mass distributions over chain length as basic objects instead of considering single species. This will reduce the number of objects to simulate. In case of two and more monomers we get distributions in higher space dimension.

We use statistical moments of such distributions or their time-derivative's for the direct approximation or to obtain weight functions for simulation with discrete weighted residual methods such as Galerkin's method.

We give a short overview on how to generate program-code with the appropriate right hand side for standard DAE or ODE solver.

1 Einleitung

Der Projektpartner bei der Bayer AG arbeitet an der Modellierung und Simulation von Copolymerisationsprozessen, d.h. Polymerisationsprozesse mit mehreren beteiligen Monomeren. Das Ziel des Projektes besteht darin, die Zeit von der Modellformulierung bis zum Erhalt der Simulationsergebnisse wesentlich zu verkürzen. Dabei spielt sowohl der Aufwand für die Modell- und Simulatorimplementierung als auch der Aufwand für die Simulation selber eine wichtige Rolle. Die bisher durch den Projektpartner gemachten Erfahrungen und verwendeten Methoden sollen berücksichtigt und erweitert werden, gleichzeitig soll die Korrektheit der Simulationsergebnisse mathematisch abgesichert werden. Diese Aufgabenstellung läßt sich in Form eines Compilers verwirklichen, der aus der Problemformulierung in einer dem Verfahrenstechniker zugänglichen Art Gleichungen in Modulform für bereits vorhandene und erprobte Simulatoren generiert und dabei Toleranzanforderungen bei der Dimensionierung des Gleichungssystems berücksichtigt.

---

[*] Das Projekt wird mit Unterstützung durch Dr. U. Pallaske von der Bayer AG Leverkusen bearbeitet.

2 Mathematisches Modell

Die Modellierung von Copolymerisationsprozessen auf Basis der formalen Reaktionskinetik zwischen Spezies unterschiedlicher Kettenlänge (siehe Tabelle 1) führt auf ein Gleichungssystem, das unter anderem abzählbar unendlich viele gewöhnliche Differentialgleichungen enthält.

Anstelle einer direkten Simulation der zeitabhängigen Veränderung der Masseanteile der einzelnen Spezies einer gegebenen Kettenlänge simulieren wir das Verhalten der Masseverteilungen über den Kettenlängen und versuchen, diese Verteilungen mit endlich vielen Parametern zu charakterisieren. Die Komplexität solcher Verteilungen wird durch Abb. 3 und 4 veranschaulicht[1].

Die Grundlage für das Projekt bildet das System von elementaren chemischen Reaktionen in Tabelle 1.

Radikalbildung:
$$I \quad \xrightarrow{k_d} \quad 2 \cdot f R_0$$

Start:
$$R_0 + M^{(j)} \quad \xrightarrow{k_{s.j}} \quad R^{(j)}$$

Wachstum:
$$R^{(j)}_{n_1,\ldots,n_m} + M^{(i)} \quad \xrightarrow{k_{p\,ji}} \quad R^{(i)}_{n_1,\ldots,n_i+1,\ldots,n_m}$$

Abbruch durch Kombination:
$$R^{(j)}_{n_1,\ldots,n_m} + R^{(i)}_{n'_1,\ldots,n'_m} \quad \xrightarrow{k_{t.c}} \quad P_{n_1+n'_1,\ldots,n_m+n'_m}$$

Abbruch durch Disproportion:
$$R^{(j)}_{n_1,\ldots,n_m} + R^{(i)}_{n'_1,\ldots,n'_m} \quad \xrightarrow{k_{t.d}} \quad P_{n_1,\ldots,n_m} + P_{n'_1,\ldots,n'_m}$$

Langkettenverzweigung:
$$R^{(j)}_{n_1,\ldots,n_m} + P_{n'_1,\ldots,n'_m} \quad \xrightarrow{n'_i \cdot k_{ü.j}} \quad P_{n_1,\ldots,n_m} + R^{(i)}_{n'_1,\ldots,n'_m}$$

Reglerübertragung:
$$R^{(j)}_{n_1,\ldots,n_m} + TA \quad \xrightarrow{k_{tr}} \quad P_{n_1,\ldots,n_m} + R_0$$

Tabelle 1. Beispiel für Reaktionskinetik mit m Monomeren

---

[1] Die Daten zu den Abbildungen 3 und 4 sind mit dem Simulator COPOLUMP berechnet worden, der von der Bayer AG mit freundlicher Genehmigung zu Vergleichszwecken zur Verfügung gestellt wurde.

Bei der mathematischen Modellierung benutzen wir Projektionsverfahren in Form eines (diskreten) Galerkinansatzes ([CR, DW1]). Sei λ ein zeitabhängiger Parametervektor und $\phi_{\bar{n}} = \phi_{\bar{n}}(\lambda)$ eine Gewichtsfunktion über dem Gitter $\mathcal{G} := \{\bar{n} = (n_1, \ldots, n_m) |\ n_i = 1, \ldots \infty,\ i = 1, \ldots, m\}$. Wir benutzen folgendes Skalarprodukt

$$< x, y > := \sum_{\bar{n} \in \mathcal{G}} \phi_{\bar{n}} x_{\bar{n}} y_{\bar{n}}.$$

$l_{\bar{s}} : \mathcal{G} \longrightarrow \mathbb{R}$, $\bar{s} = (s_1, \ldots, s_m)$ sei ein System von bzgl. $< \cdot, \cdot >$ orthogonalen Verteilungen, d.h.

$$< l_{\bar{s}_1}, l_{\bar{s}_2} > = \gamma_{\bar{s}_1} \prod_{i=1}^{m} \delta_{s_{1.i}, s_{2.i}}.$$

Eine Verteilung x über $\mathcal{G}$ stellen wir wie folgt dar

$$x_{\bar{n}} = \phi_{\bar{n}} \sum_{\bar{s} \in \mathcal{S}} \alpha_{\bar{s}} l_{\bar{s}}(\bar{n}). \tag{1}$$

Aus der Orthogonalität folgt

$$\alpha_{\bar{s}} \gamma_{\bar{s}} = < x, l_{\bar{s}} > .$$

Für die numerische Simulation benutzen wir eine endliche Partialsumme von (1) als Approximation. Die Wahl der Gewichtsfunktion wirkt sich dabei entscheidend auf die Anzahl der zu berücksichtigenden Terme aus. Die Momentemethode benutzt ausschließlich die Gewichtsfunktion ϕ zur Darstellung der gesuchten Verteilungen, wobei die Parameter λ auf der Grundlage von numerisch ermittelten Momenten der Verteilungen berechnet werden. In [DW1, DW2] wird die Schulz-Flory-Verteilung bzw. eine konstante Gleichverteilung als Gewicht benutzt.

Um eine komplexe Struktur wie in Abb. 4 aufzulösen, bedarf es einer relativ hohen Anzahl von Basisfunktionen. Unter der Annahme, daß die Verteilung der zeitlichen Ableitungen eine einfachere Struktur besitzt, wenden wir den obigen Ansatz nicht für die Masseverteilungen sondern für deren zeitliche Ableitung an.

3 Gewichtsfunktion für ein Monomer

Im Fall $m = 1$ gehen wir von dem Ansatz aus, mit dem der Projektpartner bereits positive Erfahrungen gesammelt hat.

$$\phi_n(\lambda_1, \lambda_2, \lambda_3) = \frac{\lambda_2}{\Gamma(\lambda_3)} (\lambda_1 n)^{\lambda_3 - 1} e^{-\lambda_1 n}$$

(λ_i sind zeitabhängige Größen). Die statistischen Momente für ϕ erhalten wir aus

$$\mu_p \phi = \sum_n n^p \phi_n.$$

Für kleine λ_1 können wir die unendliche Summe auf der rechten Seite durch ein Integral ersetzen und erhalten folgende Näherungen für die Momente μ_p

$$\mu_p \phi \approx \frac{\lambda_2}{\lambda_1^{p+1}} \frac{\Gamma(\lambda_3 + p)}{\Gamma(\lambda_3)} \tag{2}$$

und daraus

$$\begin{aligned}
\lambda_1 &= \left(\frac{\mu_2}{\mu_1} - \frac{\mu_1}{\mu_0}\right)^{-1} \\
\lambda_2 &= \lambda_1 \mu_0 \\
\lambda_3 &= \lambda_1 \frac{\mu_1}{\mu_0}.
\end{aligned} \tag{3}$$

Der Fall $\lambda_1 = 0$ führt auf die Schulz-Flory-Verteilung. Im Grenzfall $\lambda_2 = 0$ erhalten wir eine degenerierte Verteilung $\phi_n = \delta_{n,1}$ (s. [DW1]).

Die Größen μ_i werden durch numerische Simulation gewonnen, dabei kommt er im konkreten Fall häufig zu Singularitäten in (3). Aus diesem Grund und unter Beachtung des Umstandes, daß bei der Simulation die Werte für λ_3 im obigen Beispiel fast immer kleiner als 2 waren, verwenden wir eine etwas andere Gewichtsfunktion:

$$\bar{\phi}_n(\lambda_1, \lambda_2, \lambda_3) = (\lambda_1 + \lambda_2 n)\lambda_3^n.$$

Anstelle der Näherung der Momente über Integrale, kann man diese jetzt direkt berechnen. So ist z.B. $\mu_0 = -\lambda_1/(\lambda_3 - 1) + \lambda_2\lambda_3/(\lambda_3 - 1)^2$

4 Generierung des Gleichungssystems

Die numerische Simulation des dynamischen Verhaltens der Masseverteilungen setzt ein Gleichungssystem für die Momente bzw. für die Koeffizienten des Galerkinansatzes voraus. Das Gleichungssystem für die statistischen Momente einer Verteilung erhält man unter Benutzung von partiellen Ableitungen der Z-Transformation dieser Verteilung. Für die Berechnung der Koeffizienten im Galerkinansatz benötigen wir ein Orthogonalsystem zur jeweiligen Gewichtsfunktion, das sich wie in [DW1] berechnen läßt. Für die Generierung des Gleichungssystems für die Koeffizienten $\alpha_{\bar{s}}$ in (1) benutzen wir außerdem

$$\begin{aligned}
\mu_{\bar{p}}(x) &= \sum_{\bar{n} \in \mathcal{G}} n_1^{p_1} \cdots n_m^{p_m} x_{\bar{n}} \\
&= \sum_{\bar{s} \in \mathcal{S}} \alpha_{\bar{s}} \left\langle (\bar{n}^{\bar{p}}), l_{\bar{s}} \right\rangle
\end{aligned}$$

in dem Gleichungssystem für $\mu_{\bar{p}}$.

Die Auswahl von endlich vielen Gleichungen führt i.a. auf ein unterbestimmtes (nicht abgeschlossenes) Gleichungssystem für die Momente. Wir benötigen deshalb noch zusätzlich Approximationen für die überzähligen Momente. Nach Wahl der Ansatzfunktion für die Verteilung kann man gegebenenfalls die Momente dieser Verteilung dafür benutzen. Das gegebene Reaktionsschema (Abb. 1) führt über die Langkettenverzweigung auf ein Momentesystem, in dem die zeitliche Ableitung von $\mu R_{\bar{p}}^{(i)}$ eine Funktion von $\mu P_{\bar{p}_i}$ ist $(\bar{p}_i = (p_1, \ldots, p_{i-1}, p_i + 1, p_{i+1}, \ldots, p_m))$.

5 Implementierung

Der Schwerpunkt der Implementierung liegt auf einem Compiler (Abb. 1), der die formale Beschreibung des chemischen Prozesses in ein Gleichungssystem übersetzt, das an den jeweils bevorzugten Simulator angepaßt ist. Als Muster dienen Simulatoren wie LSODI oder EULSIM. Über den Compiler können sowohl Gleichungen entsprechend den Regeln der formalen Reaktionskinetik als auch Gleichungen für die Momentemethode bzw. für ein Galerkinverfahren generiert werden.

Die Komplexität der Datenstrukturen für Gitter, Abbildungen zwischen Gittern, Modulbeschreibungen, das Netz der chemischen Reaktionsterme usw. legten eine C++-Klassenhierarchie nahe. Der objektorientierte Entwurf ermöglicht außerdem eine unkomplizierte Erweiterung entsprechend des Bedarfs potentieller Anwender.

Die Gleichungsgenerierung und eine anschließende Simulation kann entweder von einer plattformunabhängigen graphischen Oberfläche aus (Abb. 2.) oder im Kommandozeilenmodus erfolgen. Die Portierbarkeit von COPOSIM wird durch die Verwendung diverser Standardentwicklungswerkzeuge wie XVT -Power++ [2] LEX, YACC und C++ erreicht. Die Entwicklung wird gegenwärtig auf UNIX- und OS/2-Plattformen durchgeführt.

6 Ausblick

Neben der Fertigstellung und Vervollkommnung der Implementierung sind weitere mathematische Untersuchungen vorgesehen. Die Ziele bestehen zum einen in einer geeigneten Verallgemeinerung der Gewichtsfunktion auf den höherdimensionalen Fall und zum anderen in der Ableitung von Fehlerschranken, die die automatische Bestimmung der Größe des zu generierenden endlichdimensionalen Systems ermöglichen. Weiterhin soll untersucht werden, in wieweit die Modellierung der Reaktionskinetik mit Hilfe von Banachalgebren über diskreten Folgenräume allgemeine Aussagen über die Approximierbarkeit durch spezielle Klassen von Verteilungen ermöglichen. Die Simulationsumgebung mit dem Chemiecompiler soll so ausgebaut werden, daß sie auch

---

[2] Ein GUI-Tool der Precison Software GmbH

in anderen Projekten mit abweichenden Modellen für die Reaktionskinetik
und anderen Lösern für die dynamischen Systeme eingesetzt werden kann.

Bezeichnungen

f	= Radikalausbeutefaktor,
I	= Initiatorkonzentration,
$k_{...}$	= Reaktionsraten,
m	= Anzahl der Monomere,
n_i	= Anzahl der eingebauten Monomere vom Typ i, Kettenlänge $= \sum_i n_i$,
$M^{(j)}$	= Konzentration der Monomere vom Typ j, $j = 1, \ldots, m$,
$\mu_{\bar{p}}$	= $\bar{p}$-te statistische Momente einer gegebenen Polymerverteilung, $\bar{p} = (p_1, \ldots, p_m)$
$R^{(j)}_{n_1,\ldots,n_m}$	= Konzentration radikalischer Polymere mit n_i eingebauten Monomeren vom Typ i, $i = 1, \ldots, m$ und einem aktiven Monomer vom Typ j,
$P_{n_1,\ldots,n_m}$	= Konzentration „toter" Polymere mit n_i eingebauten Monomeren vom Typ i, $i = 1, \ldots, m$,
ψ	= Gewichtsfunktion,
TA	= Reglerkonzentration (Transfer agent)
R_0	= Konzentration freier Radikale

Literatur

[CR] Canu, P., Ray, W.H.: Discrete weighted residual methods applied to polymerization reactions. Computers chem. Engng. **15** (1991) 549–564

[DW1] Deuflhard P., Wulkow M.: Computational treatment of polyreaction kinetics by orthogonal polynomials of a discret variable. Impact **1** (1989)

[DW2] Deuflhard P., Wulkow M.: Simulationsverfahren für Polymerchemie. In Bachem A., Jünger M., Schrader, R.: *Mathematik in der Praxis*, 117–136. Springer Verlag, 1995.

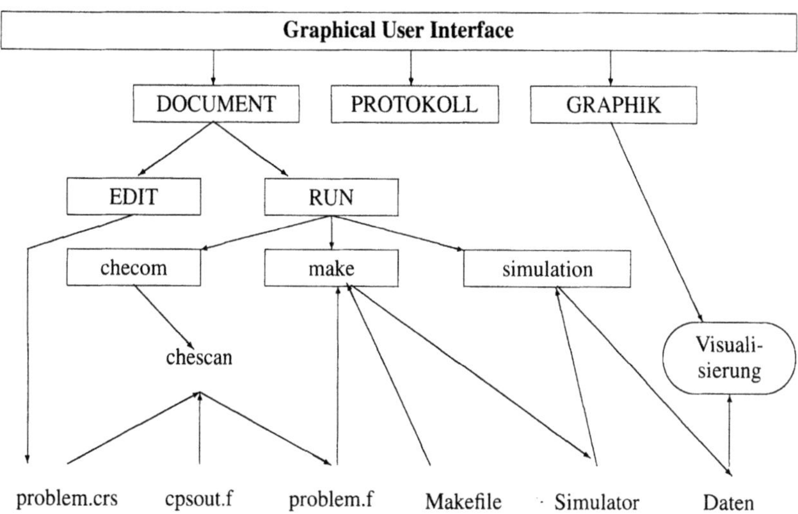

Abb. 1. Programmstruktur COPOSIM

Abb. 2. Eingabe für COPOSIM und generierter Fortran-Code

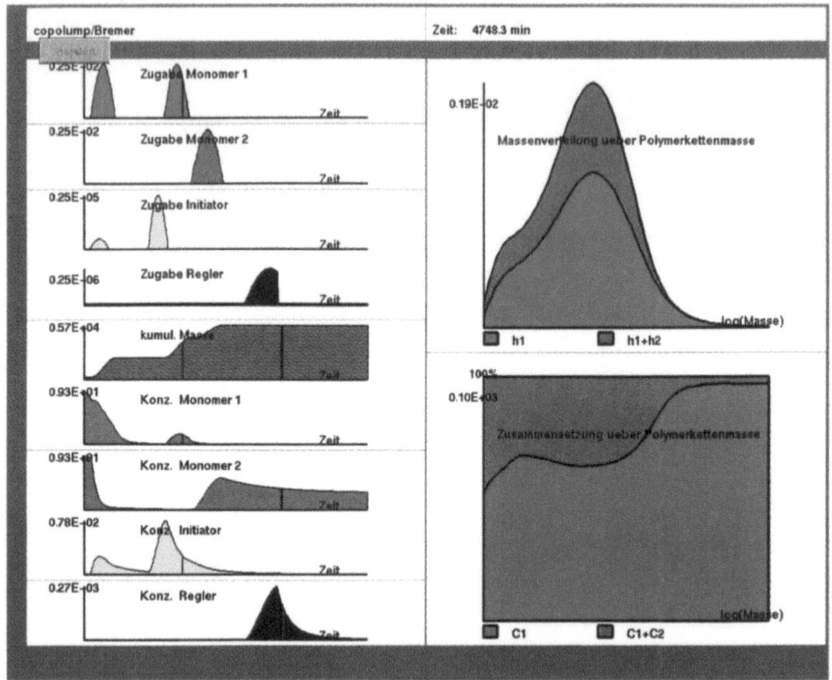

Abb. 3. Zugabestrategie und Masseverteilungen nach Ablauf eines Copolymerisationsprozesses unter Beteiligung von 2 Monomeren

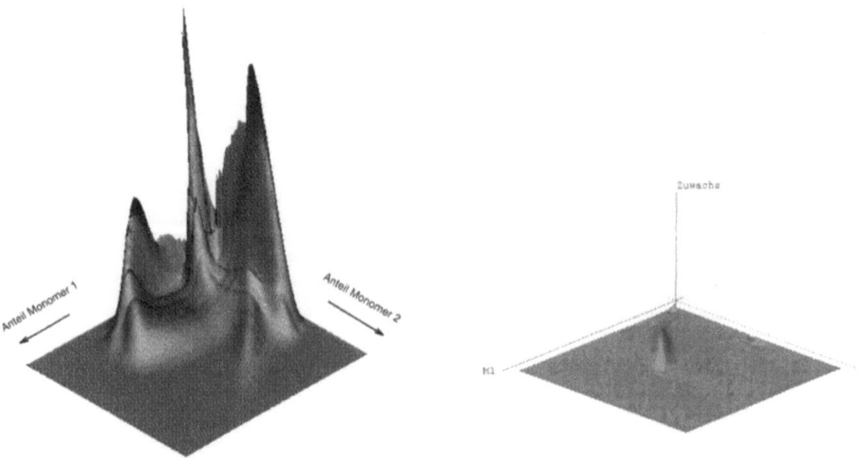

Abb. 4. Masseverteilung nach Ablauf eines Copolymerisationsprozesses unter Beteiligung von 2 Monomeren (links) und typisches Bild der zeitlichen Ableitung der Masseverteilung während des Copolymerisationsprozesses mit Zugabestrategie aus Abb. 3 (rechts)

Thermisch stabiles Upscaling einer exothermen Modellreaktion

B. Fiedler[1], *M. Efendiev*[1] *und A. Schuppert*[2]

[1] Institut für Mathematik I, Freie Universität Berlin, Arnimallee 2-6,
D-14195 Berlin, e–mail: fiedler@math.fu-berlin.de,
URL: http://www.math.fu-berlin.de/rd/we-01
[2] Hoechst AG, ZFI-WIA-Scientific Computing, G864, 65926 Frankfurt/Main

Abstract. We consider a model exothermic radical reaction in a continuous flow stirred tank reactor, which converts an educt into a product via a starter radical. Optimal conversion rate is achieved in the limit of small starter concentration. Thermal stability requirements limit the maximal production rate. Specifically we consider upscaling of a miniplant by a factor $\sigma > 1$ of length scale. Then the maximally thermally admissible volumetric production rate which avoids hot spots scales by the same factor σ, only, rather than a naively expected factor σ^3. This constraint is due to the nonlinearity of chemical mass action kinetics, thermal diffusion limitations, and the Arrhenius law. It is independent of the particular numerical values of the reaction rates.

1 Modellreaktor

Als Paradigma zum thermisch stabilen Upscaling betrachten wir die folgende radikalische Modellreaktion einer Umsetzung mit einem Radikalstarter S, Edukt E, Produkt P und zugehörigen Radikalen $S^\bullet$, $E^\bullet$ und $P^\bullet$:

$$S \to 2S^\bullet$$
$$S^\bullet + E \to E^\bullet + D_1 \tag{1}$$

$$E^\bullet + E \to P^\bullet$$
$$P^\bullet + E \to P + E^\bullet \tag{2}$$

$$2E^\bullet \to D_2$$
$$E^\bullet + S^\bullet \to D_3 \tag{3}$$

Dabei bezeichnen D_1 bis D_3 Nebenprodukte. Der Radikalstarter S, beispielsweise Wasserstoffperoxid oder UV-Licht bewirkt in der Kette (2) die Umwandlung des Eduktes E in ein Produkt P. Dieses Reaktionsschema ist grundlegend für radikalische Dimerisationen. Varianten treten auch im Cracking der Kohlenwasserstoffe und in radikalischen Polymerisationen auf (siehe [L]). Die Starterreaktionen (1) bereiten die Kette vor; die Rekombinationen (3), schließen die Kette ab.

Als mathematisches Modell des entsprechenden Rührkessel-Reaktors ergibt sich das folgende System partieller Differentialgleichungen

$$
\begin{aligned}
\partial_t S &= d_1 \Delta S + (v \cdot \nabla)S + S_0 - k_1 S \\
\partial_t E &= d_2 \Delta E + (v \cdot \nabla)E + E_0 - k_2 sE - k_3 eE - k_4 pE \\
\partial_t s &= d_3 \Delta s + (v \cdot \nabla)s + 2k_1 S - k_2 sE - k_6 es \\
\partial_t e &= d_4 \Delta e + (v \cdot \nabla)e + k_2 sE - k_3 eE + k_4 pE - 2k_5 e^2 - k_6 es \qquad (4) \\
\partial_t p &= d_5 \Delta p + (v \cdot \nabla)p + k_3 eE - k_4 pE \\
\partial_t T &= d_6 \Delta T + (v \cdot \nabla)T + h_1 k_1 S + h_2 k_2 sE + h_3 k_3 eE + \\
&\quad\ h_4 k_4 pE + h_5 k_5 e^2 + h_6 k_6 es
\end{aligned}
$$

Dabei stehen S, E für die Konzentrationen von Starter und Edukt; die entsprechenden Radikalkonzentrationen sind s, e, und p für das Produktradikal. Die Temperatur bezeichnet T; die h_i sind die Reaktionsenthalpien und $k_i = k_i(T)$ die Reaktionsraten, die selbst noch von der Temperatur abhängen, etwa nach dem Arrheniusgesetz

$$
k_i = k_i(T) = k_i^* \exp(-\gamma_i/T). \qquad (5)
$$

Die Strömungsgeschwindigkeit $v = v(x)$ ist an jedem Ort im Reaktor gegeben, im einfachsten Fall als stationäre Lösung der Navier-Stokes-Gleichung. Schließlich bezeichnet t die Zeit und E_0, S_0 sind feed-Konzentrationen. Das Modell muß noch durch geeignete Randbedingungen ergänzt werden, die z.B. externe Zufuhr von Starter und Edukt und externe Kühlung beschreiben. Die Herleitung von System 4 folgt den Darstellungen in ([A1]), ([A2]).

Wesentlich für unsere Untersuchung ist vor allem die Produktionsrate

$$
\rho = \int_G k_4(T)pE \, dx, \qquad (6)
$$

wobei das Integral über das Reaktionsvolumen G zu erstrecken ist.

Wir wollen hier vor allem thermische Instabilitäten untersuchen, die dadurch entstehen, daß die Durchmischung im Rührkesselreaktor unvollständig ist. Bei vollkommener Turbulenz gehen wir davon aus, daß Konzentrationen und Temperatur praktisch homogen sind. Wir dürfen dann zur Vereinfachung die partiellen Ortsableitungen weglassen und betrachten den ideal durchmischten Reaktor

$$
\begin{aligned}
\dot{S} &= S_0 - k_1 S \\
\dot{E} &= E_0 - k_2 sE - k_3 eE - k_4 pE \\
\dot{s} &= 2k_1 S - k_2 sE - k_6 es \\
\dot{e} &= k_2 sE - k_3 eE + k_4 pE - 2k_5 e^2 - k_6 es \qquad (7) \\
\dot{p} &= k_3 eE - k_4 pE \\
\dot{T} &= h_1 k_1 S + h_2 k_2 sE + h_3 k_3 eE + h_4 k_4 pE + h_5 k_5 e^2 + h_6 k_6 es - \\
&\quad\ \kappa(T - T_0)
\end{aligned}
$$

Wir erhalten also eine gewöhnliche Differentialgleichung; die Zufuhr ist durch E_0, S_0 gegeben, T_o bezeichnet eine externe Kühltemperatur und κ

die Kühlungsrate. Die Auswaschung der Reaktanden wird durch die Rate D berücksichtigt.

In der Praxis wird die Durchmischung aber unvollständig sein. Wir unterscheiden dann *turbulente*, also gut durchmischte Zonen, von Bereichen Ω mit *laminarer* Strömung $v(x)$, also mit besonders schlechter Durchmischung. Im turbulenten Bereich ist (7) eine gute Näherung für den reaktiven Anteil. Im laminaren Bereich Ω hingegen müssen wir die partielle Differentialgleichung (4) betrachen.

In Abschnitt 2 untersuchen wir räumlich homogene Gleichgewichte im ideal durchmischten Rührkessel-Reaktor. Es stellt sich heraus, daß sich die optimale Produktionsrate ρ aus (6) im Limes verschwindender Starterkonzentrationen $S_0 \searrow 0$ einstellt. Abschnitt 3 ist der thermischen Stabilität im laminaren Gebiet Ω gewidmet. Abschnitt 4 enthält eine kurze Diskussion unseres Ergebnisses zum Upscaling.

2 Optimale Starterkonzentrationen

In diesem Abschnitt betrachten wir Gleichgewichte des ideal durchmischten Rührkessel-Reaktors wie er durch (7) modelliert wird. Bei gegebener Temperatur T wird gezeigt, daß sich maximale Produktionsrate

$$\rho = \mathrm{vol}(G)k_4(T)pE \tag{8}$$

im Limes $S_0 \searrow 0$ verschwindender Starterkonzentration einstellt. Wir betonen, daß es sich um einen notwendigerweise singulären Limes handelt; selbstverständlich folgt aus $S_0 = 0$ auch $\rho = 0$: kein Starter, kein Produkt.

Mit den Abkürzungen

$$\begin{aligned}
x^2 &:= \tfrac{k_5}{S_0}e^2 \\
a &:= E_0/S_0 \\
q &:= \tfrac{k_2 k_5}{2k_3 k_6}
\end{aligned} \tag{9}$$

erhalten wir die explizite Gleichgewichtslösung x, alias e, von (7) aus der bi-quadratischen Gleichung

$$Q(x) := (1 - q)x^4 + (1 + aq)x^2 + q(1 - a) = 0. \tag{10}$$

Diese Gleichung erhält man wie folgt. Zunächst bewirkt $\dot{S} = 0$, daß $S = k_1^{-1}S_0$. Aus $\dot{p} = 0$ können wir p eliminieren, also $k_4 p = k_3 e$. Aus $\dot{s} + \dot{e} = 0$ erhalten wir es durch e^2. In $\dot{E} = 0$, können wir $E_0 e/E$ durch es und e^2, ausdrücken, also kurz durch e^2. Mit diesen Substitutionen liefert die Gleichung $(E_0 e/E)\dot{s} = 0$ schließlich (10) nach einigen leichten Umformungen.

Aus der Lösung x, alias e, von (10) können wir die übrigen Gleichgewichtskonzentrationen umgekehrt durch sukzessive Substitutionen erhalten:

$$\begin{aligned}
S &= k_1^{-1}S_0 \\
p &= k_3 k_4^{-1}e \\
s &= k_6^{-1}(S_0 e^{-1} - k_5 e) \\
E &= E_0(k_2 s + 2k_3 e)^{-1}
\end{aligned} \tag{11}$$

Für die Gesamt-Produktionsrate ρ, ausgedrückt durch x, erhalten wir

$$\rho = \text{vol}(G)\frac{E_0}{2}(1 - q + qx^{-2})^{-1}. \tag{12}$$

Wir bemerken, daß die Bedingungen $\rho > 0$ zusammen mit $a, q > 0$ eine eindeutige Lösung $x > 0$ der bi-quadratischen Gleichung (10) auswählen; insbesondere muß $(q - 1)(a - 1)$ positiv sein.

Wir betrachten nun die Optimalitätsfrage (Maximalität) von ρ in Abhängigkeit von der Starterkonzentration S_0. Wir haben also, mit anderen Worten, x^2 zu maximieren unter der Nebenbedingung $Q(x) = 0$, bei variierendem Parameter a. Falls $q > 1$, muß die Nebenbedingung $\rho \geq 0$ ebenfalls befriedigt werden. Löst man nun (10), also $Q(x) = 0$, nach a auf, so ergibt sich die *optimale Produktionsrate* ρ in den äquivalenten Grenzfällen

$$x_{\text{opt}}^2 \nearrow 1, \quad a \nearrow \infty, \quad S_0 \searrow 0. \tag{13}$$

Um den Grenzwert $S_0 \searrow 0$ zu studieren, führen wir

$$\epsilon := S_0 \tag{14}$$

ein und betrachten im folgenden den Limes $\epsilon \searrow 0$. Die führenden Terme in den Entwicklungen der Gleichgewichtskomponenten nach ϵ sind explizit gegeben durch

$$
\begin{aligned}
S &= k_1^{-1}\,\epsilon \\
E &= E_0 \frac{\sqrt{k_5}}{2k_3}\epsilon^{-1/2} + \ldots \\
s &= E_0^{-1}\frac{4k_3}{\sqrt{k_5}k_2}\epsilon^{3/2} + \ldots \\
e &= \frac{1}{\sqrt{k_5}}(\epsilon^{1/2} - 2E_0^{-1}\frac{k_3 k_6}{k_2 k_5}\epsilon^{3/2} + \ldots) \\
p &= \frac{k_3}{k_4\sqrt{k_5}}\epsilon^{1/2} + \ldots
\end{aligned}
\tag{15}
$$

Die Entwicklung von e, alias x, folgt aus (9), weil (10) mit $a = E_0\epsilon^{-1}$ die Analytizität von x^2 nach sich zieht; genauer

$$x^2 = 1 - 2E_0^{-1}q^{-1}\epsilon + \ldots. \tag{16}$$

Die Terme führender Ordnung in den Gleichgewichtskomponenten E, S, p folgen direkt aus der Approximation nullter Ordnung, $x = 1$. Lediglich die Entwicklung von s benutzt beide Terme aus (16). Wir weisen ausdrücklich auf die Singularität in der Entwicklung von E hin. Die weggelassenen Terme höherer Ordnung haben um mindestens 1 erhöhte ϵ-Exponenten. Mit Blick auf (12) and (16) erhalten wir eine Entwicklung der optimalen Produktionsrate nach ϵ,

$$\rho = \text{vol}(G)\frac{E_0}{2}(1 - 2E_0^{-1}\epsilon + \ldots). \tag{17}$$

Im Limes $\epsilon \searrow 0$ kleiner Starterkonzentrationen liefert (15) eine ϵ-Entwicklung

$$\kappa(T - T_0) = (h_3 + h_4)\frac{E_0}{2} + \ldots \tag{18}$$

Die Terme höherer Ordnung sind dabei mindestens von der Ordnung ϵ. Die Entwicklung (18) liefert ein besonders einfaches Rezept zur Dimensionierung der Kühlung unseres Reaktors im Limes $\epsilon \searrow 0$. Wir können ja sofort ablesen, daß eine vorgeschriebene Produktionsrate ρ im Reaktorvolumen G bei ebenfalls vorgeschriebener Reaktionstemperatur T solche Kühlungsparameter κ, T_0 erfordert, daß

$$\kappa(T - T_0) = (h_3 + h_4)\frac{\rho}{\text{vol}(G)}. \tag{19}$$

Der Term $\frac{\rho}{\text{vol}(G)}$ bezeichnet hier die optimale Reaktionsrate pro Reaktionsvolumen. Natürlich gelten die Formeln (18), (19) nur unter der Annahme eines ideal durchmischten Reaktors. Thermische Instabilitäten, die durch räumliche Heterogenität hervorgerufen werden (hot spots) werden im nächsten Abschnitt untersucht.

3 Thermische Stabilität

Um das Upscaling-Problem für räumlich heterogene Rührkessel-Reaktoren (1)–(3) zu lösen, haben wir nun die partielle Differentialgleichung (4) bei Temperatur T im Gebiet Ω mit gegebenem, laminaren Navier-Stokes Geschwindigkeitsfeld $v = v(x)$ zu betrachten. Wir nehmen an, daß der überwiegende Teil des Reaktors gut durchmischt ist. Wie in Abschnitt 2 betrachten wir den Limes

$$\epsilon := S_0 \searrow 0, \tag{20}$$

um optimale Produktion ρ wenigstens im gut durchmischten Bereich zu erzielen.

Im ersten Schritt unseres Upscaling-Verfahrens gruppieren wir die Reaktionsterme entsprechend ihrer führenden Ordnung in ϵ. Die Entwicklungen (15) liefern

$$\begin{aligned}
\epsilon^0 : \quad & k_3 eE, \ k_4 pE \\
\epsilon^1 : \quad & k_1 S, \ k_2 sE, k_5 e^2 \\
\epsilon^2 : \quad & k_6 es
\end{aligned} \tag{21}$$

Dieselbe Skalierung geht in die partiellen Differentialgleichungen (4) auf Ω über die Randbedingungen zum gut durchmischten Teil des Reaktors ein. Wir bemerken, daß die exothermen Reaktionsanteile $h_3 k_3 Ee, h_4 k_4 Ep$ den Hauptbeitrag zur Temperaturgleichung (4) liefern; nur dieser Beitrag ist von der Ordnung ϵ^0. Die homogenen Konzentrationen von E, e, p im wohldurchmischten Teil des Reaktors liefern sichere, konservative Abschätzungen für diese Terme. Insbesondere wird termische Stabilität im wesentlichen von einer einzigen Reaktions-Drift-Diffusions-Gleichung regiert werden, nämlich

$$\frac{\partial T}{\partial t} = d_6 \Delta T + (v \cdot \nabla)T + \frac{E_0}{2} \, \Phi(T). \tag{22}$$

Die Terme höherer Ordnung sind hier mindestens von der Ordnung ϵ; wir haben bereits die Entwicklungen (15) für die Haupt-Reaktionsterme $k_3\,Ee$, $k_4\,Ep$ eingesetzt. Bezeichnet T_0 diesmal die homogene Konzentration im gut durchmischten Teil, so ist die nichtlineare Temperaturabhängigkeit $\Phi(T)$ explizit als Arrhenius-Summe

$$\Phi(T) = h_3 \frac{k_3(T)}{k_3(T_0)} + h_4 \frac{k_4(T)}{k_4(T_0)} \tag{23}$$

gegeben.

Die Formulierung (22), (23) enthält nichtlineare Wachstumsterme der Temperatur, die zu hot spots führen können. Der rasche Abbau der Reaktanden, den ein erhebliches Ansteigen der Temperatur bewirkt, und der schließlich die überschießende Temperatur wiederum begrenzt, ist nicht berücksichtigt. Auch in diesem Sinne liefert unser reduziertes Modell (22), (23) eine vorsichtige, konservative Abschätzung für die Entstehung von hot spots im Rührkessel-Reaktor. Wir werden also auf der sicheren Seite bleiben, wenn wir Stabilität auf der Grundlage dieses reduzierten Modells voraussagen.

Um das *Upscaling* durchzuführen, betrachten wir einen Längenfaktor $\sigma \geq 1$, der das Gebiet Ω auf ein vergrößertes Laminaritätsgebiet $\tilde{\Omega} := \sigma\Omega$ hochskaliert. Es werden also alle Längen um den Skalenfaktor σ gestreckt. Wir betrachten nun die skalierten Variablen

$$\begin{aligned}
\tilde{E}_0 &:= \sigma^{-2} E_0 \\
\tilde{v}(x) &:= \sigma^{-1} v(x/\sigma) \\
\tilde{T}(t,x) &:= T(\sigma^{-2}t, x/\sigma)
\end{aligned} \tag{24}$$

Offensichtlich löst $T(t,x)$ die partielle Differentialgleichung (22) mit Geschwindigkeitsprofil $v = v(x)$ und gegebenem E_0 auf Ω genau dann, wenn die skalierte Temperatur $\tilde{T}$ die skalierte partielle Differentialgleichung

$$\frac{\partial \tilde{T}}{\partial t} = d_6 \Delta\tilde{T} + (\tilde{v} \cdot \nabla)\tilde{T} + \frac{\tilde{E}_0}{2}\Phi(\tilde{T}) \tag{25}$$

auf $\tilde{\Omega}$ löst. Der Beweis folgt einfach aus der Kettenregel. Randbedingungen $T = T_0$ auf $\partial\Omega$ bleiben erhalten: $\tilde{T} = T_0$ auf $\partial\tilde{\Omega}$. Übrigens bleibt die Navier-Stokes Gleichung für die Geschwindigkeiten unter der Skalierung von $\tilde{v}, v$ ebenfalls erhalten.

Die Skalierung (24) liefert die Lösung unseres Upscaling-Problems (1)–(3): Wenn wir die Edukt-Zufuhr E_0 auf $\tilde{E}_0 = \sigma^{-2} E_0$ reduzieren, dann erhöht eine Vergrößerung des Reaktors um den Skalenfaktor σ die maximal entstehende Temperatur nicht. Nicht einmal in den Gebieten mit laminarem, nicht mischenden Fluß erhöht sich die entstehende Maximaltemperatur. Das liegt einfach daran, daß die Skalierung (24) die maximale Temperatur nicht ändert:

$$\max \tilde{T} = \max T \tag{26}$$

Wenn wir annehmen, daß das Reaktorvolumen G außerhalb kleiner Laminaritätszonen immer noch gut durchmischt ist, erhalten wir die gesamte Produktionsrate ρ nach wie vor im wesentlichen als

$$\rho = \mathrm{vol}(G) \cdot E_0/2 \qquad (27)$$

im Limes $\epsilon \searrow 0$, genau wie in (17). Deshalb erhalten wir für die skalierte Version $\tilde{G} = \sigma G$ des Reaktors eine gesamte Produktionsrate von

$$\tilde{\rho} = \mathrm{vol}(\tilde{G}) \cdot \tilde{E}_0/2 = \sigma \cdot \rho \qquad (28)$$

unter dem thermisch stabilen Upscaling (24). *Insbesondere wächst die optimal erzielbare Ausbeute des Rührkessel-Reaktors nur linear mit dem Skalenfaktor σ.* Da es sich bei σ um eine Längenskala handelt, hätte man naiverweise für eine volumentrische Produktionsrate natürlich kubisches Wachstum erwartet. Hält man E_0 fest, kann ein Wachstum entsprechend σ^3 in thermisch unkritischen Reaktionen auch tatsächlich erreicht werden. Das ist beispielsweise der Fall, wenn die Enthalpien $h_3 + h_4$ negativ sind, wenn also die Kette (2) endotherm ist. Die Ursache für die Begrenzung der optimal erzielbaren Ausbeute, proportional nur zu σ, ist genau die Exothermie der Kette, $h_3 + h_4 > 0$, wenn thermische Stabilität erzielt werden soll.

4 Diskussion

Für ein spezielles industriell relevantes, exothermes, radikalisches Reaktionsschema wurde das Problem thermisch stabilen Upscalings um einen Längenfaktor $\sigma \geq 1$ betrachtet. Optimale volumetrische Ausbeute ρ wird im Limes verschwindender Starterkonzentrationen erzielt. Die Forderung nach thermischer Stabilität begrenzt das maximal mögliche Wachstum der Produktionsrate ρ auf Proportionalität zu σ statt σ^3.

Dieses Resultat hängt nicht von speziellen Werten der beteiligten Reaktionskonstanten ab. Es ist unabhängig von den (exothermen) Reaktionswärmen, von den Arrheniusschen Aktivierungsenergien, der Diffusionsgeschwindigkeit für Stoff bzw. Temperatur und sogar unabhängig vom speziellen Strömungsverhalten im Reaktor. Das Arrhenius Gesetz kann leicht durch andere Temperaturabhängigkeiten ersetzt werden. Zeitabhängigkeit des zugrundeliegenden Strömungsmusters ist ebenfalls zulässig. Unser Resultat zum Upscaling beruht lediglich auf dem speziellen Mechanismus des Massenwirkungsgesetzes, zusammen mit der Kenntnis des zugrundeliegenden Reaktionsmechanismus. Upscaling für kompliziertere exotherme, radikalische Starterreaktionen wird derzeit untersucht.

Literatur

[A1] Aris, R.: The Mathematical Theory of Diffusion and Reaction in Permeable Catalysts. Volume I, The Theory of the Steady State. Clarendon Press, Oxford, 1975

[A2] Aris, R.: The Mathematical Theory of Diffusion and Reaction in Permeable Catalysts. Volume II, Questions of Uniqueness. Stability, and Transient Behaviour. Clarendon Press, Oxford, 1975

[L]   Laidler, K.J.: Chemical kinetics. Harper Collins Publishers, 1987

Numerische Lösung großer strukturierter DAE–Systeme der chemischen Prozeßsimulation

*F. Grund[1], T. Michael[1], L. Brüll[2], F. Hubbuch[2] und R. Zeller[3] **

[1] Weierstraß–Institut für Angewandte Analysis und Stochastik, Mohrenstraße 39,
D – 10117 Berlin, e–mail: grund@wias–berlin.de,
URL: http://hyperg.wias–berlin.de/WIAS
[2] Bayer AG, Zentrale Forschung, ZF–T2 MathVT, Geb. E41, D – 51368 Leverkusen
[3] Cray Research GmbH, Riesstraße 25, D – 80992 München

Abstract. Parallelizable numerical methods for solving large scale DAE systems are developed at the level of differential, nonlinear and linear equations. For this the subsystem–wise structure of the DAE systems based on unit–oriented modelling is explored. Partitionings are used to parallelize waveform relaxation and structured Newton methods. To solve large sparse systems of linear equations special Gaussian elimination methods are used. The algorithms were implemented on CRAY C90 vector computers, as well as on both, moderately parallel CRAY J90 vector computers and massively parallel CRAY T3D machines. The methods were tested using several real life examples.

1 Einleitung

Um den ständig steigenden Anforderungen an die Qualität von Produkten der Chemischen Industrie und immer größer werdenden Erwartungen im Bereich des Umweltschutzes gerecht werden zu können, reicht es nicht mehr aus, Entwicklungs- und Produktionsverfahren schrittweise zu beschleunigen und zu verbessern: Quantensprünge zur Reduktion der Entwicklungszeiten und bei der Optimierung komplexer Chemie–Anlagen sind erforderlich. Um dieses Vorhaben zu verwirklichen, ist es notwendig, durch verfahrenstechnische Simulationen die verschiedenen Aufgaben in der Anlagenplanung und -optimierung zu unterstützen. Die Vernetzung chemischer Anlagen zur Energie- und Rohstoffreduktion, zur Reduktion der Nebenprodukte oder zum Erzielen geringerer Anlageninvestitionskosten führt zu höheren Komplexitäten der Gesamtanlagen (vgl. Abb. 1, Seite 92), die isolierte Betrachtungen einzelner Verfahrenseinheiten zur Optimierung nicht mehr ausreichen lassen. Um die hohen Dimensionen von Simulationsmodellen von Gesamtanlagen auch bei wachsender Modelltiefe weiterhin numerisch im Griff zu haben, ist es

---

* Weitere Autoren: J. Borchardt[1], D. Horn[1] und H. Sandmann[1]

notwendig, über den Einsatz von sequentiellen Höchstleistungsrechnern hinaus Konzepte zur Parallelisierung der mathematischen Lösungsverfahren zu entwickeln. Die mathematische Modellierung verfahrenstechnischer Prozes-

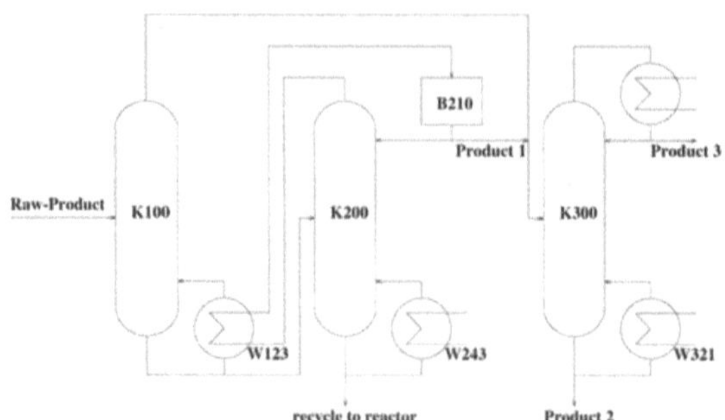

Abb. 1. Flowsheet einer wärme- und stromverkoppelten Destillationsanlage

se in chemischen Anlagen, etwa bei der dynamischen Simulation komplexer chemischer und physikalischer Vorgänge in wärme– und stromverkoppelten Destillationskolonnen, führt auf Anfangswertprobleme für große Systeme von Algebro–Differentialgleichungen (DAE)

$$F(t, y(t), \dot{y}(t), u(t)) = 0, \quad y(t_0) = y_0, \tag{1}$$

$$F : \mathrm{R} \times \mathrm{R}^n \times \mathrm{R}^n \times \mathrm{R}^q \to \mathrm{R}^n, t \in [t_0, t_{END}],$$

wobei die Parameterfunktion $u(t)$ gegeben und $y(t) = (x_1(t), ..., x_n(t))^T$ gesucht ist.

Durch eine geeignete Modellierung kann in der Regel gesichert werden, daß das System (1) den differentiellen Index 1 hat. Es ist i. allg. ein System mit steifen Differentialgleichungen, dessen Diskretisierung und Linearisierung zu Gleichungssystemen mit schwach besetzter und nicht symmetrischer Jacobi–Matrix führt. Die Systeme können mehrere 10 000 Gleichungen umfassen und sind entsprechend der Modellierung der Gesamtanlage nach Funktionsblöcken in Teilsysteme strukturiert:

$$F_i(t, y_i, \dot{y}_i, v_i, \dot{v}_i, u) = 0, \quad y_i(t_0) = y_{i,0}, \tag{2}$$

$$F_i : \mathrm{R} \times \mathrm{R}^{n_i} \times \mathrm{R}^{n_i} \times \mathrm{R}^{(n-n_i)} \times \mathrm{R}^{(n-n_i)} \times \mathrm{R}^q \to \mathrm{R}^{n_i}, \quad \sum_{i=1}^m n_i = n,$$

$$v_i = (y_1, \ldots, y_{i-1}, y_{i+1}, \ldots, y_m)^T, \quad i = 1(1)m.$$

Für die Lösung des Anfangswertproblems entwickeln wir numerische Verfahren und Algorithmen, die diese Struktureigenschaften der DAE–Systeme ausnutzen und für die Implementierung auf Parallelrechnern geeignet sind.

Parallelisierbare numerische Verfahren zur Lösung des Systems (1) werden auf drei Stufen des Lösungsprozesses – Differentialgleichungen, nichtlineare Gleichungen und lineare Gleichungen – erstellt. Dabei wird von einer entsprechend der Struktur (2) des DAE–Systems verteilten Auswertung der Gleichungen ausgegangen.

Block–Waveform–Iterationsverfahren [BG] weisen günstige Voraussetzungen für eine Parallelisierung auf der Ebene der DAE–Systeme auf (Kapitel 2). Sie sind jedoch nur für DAE–Systeme geeignet, für die eine geeignete Blockzerlegung bestimmt werden kann. Falls aufgrund starker Kopplungen zwischen den Teilsystemen keine solche Blockzerlegungen existieren, können parallelisierbare strukturierte Newton–Verfahren eingesetzt werden (Kapitel 3). Für die Lösung der schwach besetzten linearen Gleichungssysteme wurden spezielle Gaußsche Eliminationsverfahren entwickelt (Kapitel 4).

Die numerischen Verfahren wurden an Modellproblemen des Prozeßsimulators SPEEDUP [A] und an Modellen aktueller Anlagen der Bayer AG getestet. Alle Modelle werden in der Eingabesprache von SPEEDUP formuliert. Die Größe der DAE–Systeme macht eine automatische Aufbereitung der mathematischen Modelle für unsere parallelen Löser notwendig. Hierzu wurde von uns ein System entwickelt, welches aus den von SPEEDUP aufbereiteten Informationen eine Datenschnittstelle für unsere Verfahren erzeugt. Diese Schnittstelle beschreibt das DAE–System in einer nach Teilsystemen strukturierten Darstellung. Dadurch wurden die Grundlagen für die Parallelisierungsansätze in den Kapiteln 2 und 3 geschaffen.

Durch Unterstützung von Cray Research konnte der lineare Solver in SPEEDUP eingebunden werden, womit Simulationen für große Produktionsanlagen durchgeführt wurden.

2 DAE–Systeme

Wie eingangs beschrieben, setzt sich das DAE–System (1) entsprechend (2) aus m Teilsystemen zusammen. Unsere Schnittstelle ermöglicht die separate Berechnung der Teilvektoren $F_i(t, y(t), \dot{y}(t), u(t))$ sowie der Hyperzeilen $\frac{\partial \tilde{F}_i}{\partial y} = \frac{\partial F_i}{\partial y} + c_i * \frac{\partial F_i}{\partial \dot{y}}$ der Jacobi–Matrix des diskretisierten Systems.

Durch eine eineindeutige Zuordnung von Variablen $y_i = (x_{i1}, ..., x_{in_i})^T$ zu den Teilsystemen $F_i = (f_{i1}, ..., f_{in_i})^T$ und durch Zusammenfassung von stark miteinander gekoppelten Teilsystemen zu Blöcken $\mathcal{F}_j = (F_{j_1}, ..., F_{j_{m_j}})^T$ mit $Y_j = (y_{j_1}, ..., y_{j_{m_j}})^T$ und $V_j = (v_{j_1}, ..., v_{j_{m_j}})$ erhalten wir eine Blockzerlegung des Problems (1) in

$$\mathcal{F}_j(t, Y_j(t), \dot{Y}_j(t), U_j(t), u(t)) = 0, \quad Y_j(t_0) = Y_{j,0}, \quad j = 1(1)M. \qquad (3)$$

Der folgende Algorithmus eines [BG] Block–Waveform–Iterationsverfahrens nutzt geeignete Prädiktorwerte für die Koppelfunktionen $U_j = (V_j, \dot{V}_j)^T$

im jeweiligen Zeitfenster. Dadurch können in jedem Iterationsschritt die einzelnen Teilsystem–Blöcke unabhängig voneinander über sukzessiv fortschreitenden Teilintervallen [B] des Zeitintervalls mit bekannten Verfahren, z.B. BDF, gelöst werden.

1. Setze Startfunktionen Y_j^0, $j = 1(1)M$ im aktuellen Zeitfenster $[t_a, t_e]$

2. Löse parallel für $j = 1(1)M$ im Zeitfenster

$$\mathcal{F}_j(t, Y_j^k(t), \dot{Y}_j^k(t), U_j^{k-1}(t), u(t)) = 0$$

$$Y_j^k(t_a) = Y_j(t_a)$$

Block–Waveform–Iterationsverfahren lassen sich günstig parallelisieren. Die Konvergenzeigenschaften hängen jedoch wesentlich von der zugrundeliegenden Blockzerlegung ab [BB].

Es wurden Algorithmen zur Blockzerlegung von strukturierten DAE–Systemen entwickelt und implementiert. Dabei werden sowohl bei der erforderlichen Zuordnung von Variablen zu Gleichungen als auch bei der Zusammenfassung von Teilsystemen zu Blöcken "Gewichte" für die Kopplung zwischen den Variablen, Gleichungen bzw. Teilsystemen definiert, die aus der Jacobi–Matrix $A := \frac{\partial \tilde{F}(y)}{\partial y}\big|_{y=\tilde{y}}$, $A = (a_{pq}) \in \mathrm{R}^{n \times n}$ des nichtlinearen Systems $\tilde{F}(y) = 0$, $\tilde{F} : \mathrm{R}^n \to \mathrm{R}^n$ gewonnen werden, das durch Diskretisierung des DAE–Systems im Zeitpunkt $t = \tilde{t}$, $\tilde{y} \sim y(\tilde{t})$ entsteht.

Das Ziel des Zuordnungsprozesses ist, jeder Variablen x_q eineindeutig eine Gleichung f_p zuzuordnen, so daß die für die Teilsysteme $i = 1(1)m$ mit $y_i, F_i \in \mathrm{R}^{n_i}$ resultierende Zuordnung $y_i \to F_i$ konsistent bezüglich der Zustandsvariablen ist und die $n_i \times n_i$ Teilmatrizen $\frac{\partial \tilde{F}_i}{\partial y_i}$ regulär sind.

Hierzu formulieren wir das lineare gewichtete Zuordnungsproblem

$$\sum_{p=1}^{n}\sum_{q=1}^{n} w_{pq}s_{pq} \longrightarrow max, \quad \sum_{k=1}^{n} s_{pk} = 1, \quad \sum_{k=1}^{n} s_{kq} = 1,$$

$$s_{pq} = \begin{cases} 1 : \text{Variable } x_q \text{ ist Gleichung } f_p \text{ zugeordnet,} \\ 0 : \text{sonst,} \end{cases}$$

$$w_{pq} = \begin{cases} 0 & : f_p \text{ hängt weder von } x_q \text{ noch von } \dot{x}_q \text{ ab,} \\[2ex] 1 + \dfrac{|a_{pq}|}{\sum_{r=1}^{n} |a_{pr}|} & : f_p \text{ hängt von } x_q, \text{ nicht aber von } \dot{x}_q \text{ ab,} \\[2ex] 3 + \dfrac{|a_{pq}|}{\sum_{r=1}^{n} |a_{pr}|} & : f_p \text{ hängt von } \dot{x}_q \text{ ab.} \end{cases}$$

Ausgehend von der Jacobi–Matrix des Gesamtsystems erzeugen wir einen parametrisierten gerichteten Graphen und lösen das Zuordnungsproblem mittels Graphenalgorithmen aus LEDA [N] .

Bei der Zusammenfassung von Teilsystemen zu Blöcken definieren wir zunächst, was wir unter einer "starken" Kopplung zwischen Gleichungen bzw. Teilsystemen verstehen wollen. Wir nennen eine **Zeile** p der Jacobi–Matrix A mit $f_p \in F_i$ **dominant bezüglich Teilsystem i**, wenn

$$\sum_{q \notin K_i} |a_{pq}|/|a_{pp}| < 1, \quad K_i = \{r \mid f_r \in F_i\}$$

gilt. Das **Teilsystem i** wird dann als **starker Input des Teilsystems j** bezeichnet, wenn ein $p_j \in \{p \mid f_p \in F_j$, Zeile p ist <u>nicht</u> dominant bezüglich Teilsystem j$\}$ existiert, so daß

$$\frac{\sum_{k \in K_i} |a_{p_j k}|}{|a_{p_j p_j}|} \geq \beta_{p_j}, \quad 0 < \beta_{p_j} \leq 1$$

erfüllt ist.

Nachdem wir die starken Inputs der Teilsysteme bestimmt haben, initialisieren wir die Blöcke mit jeweils einem Teilsystem und fassen dann sukzessiv Blöcke mit starken Input–Teilsystemen zusammen. Im allgemeinen wird diese Blockzerlegung nur einmal vor Beginn des Integrationsprozesses für $t = t_0$ durchgeführt, sie kann aber für $t > t_0$ wiederholt werden, falls Konvergenzprobleme auftreten.

Die Modellierung chemischer Anlagen basiert auf der Bilanzierung der Erhaltungsgrößen Masse, Energie und Impuls der am chemischen Prozeß beteiligten Komponenten. Dies führt zu einem System partieller Differentialgleichungen. Durch Modellierungseinschränkungen und –vereinfachungen, wie z.B. die Vergrößerung des differentiellen Bilanzraumes auf einen ganzen Kolonnenboden und die Annahme einer totalen Vermischung der Flüssigkeitsphase, erhält man ein DAE–System.

Es existieren chemische Anlagen mit relativ schwach gekoppelten Funktionsblöcken, wie etwa mehrere zusammengeschaltete Destillationskolonnen, deren mathematische Modellierung auf Aufgabenklassen führt, die sich für die Block–Waveform–Iterationsverfahren eignen. Die Anzahl der Blöcke wird sich dabei in der Regel auf $\mathcal{O}(10)$ belaufen, was eine moderate Parallelität ermöglicht. Für das Erlangen von massiver Parallelität bei der Simulation von Destillationsanlagen reichen die Modellierungsvoraussetzungen von Wozny [W] aus, um eine Konvergenz des Block–Waveform–Iterationsverfahrens zu erzielen. Hier wird neben anderen Modellvereinfachungen insbesondere ein konstanter Flüssigkeitsstand (Holdup) in den einzelnen Böden der Kolonne angenommen. Die gewonnenen Teilsysteme der Böden bilden jeweils die Blocksysteme, welche semiexplizit sind und den Index 1 besitzen. Es wurde gezeigt, daß die Jacobi–Matrix des gesamten diskretisierten DAE–Systems Blockdiagonaldominanz bzgl. der gebildeten Blöcke besitzt.

Gegenwärtig benutzt das Block–Waveform–Iterationsverfahren zur Integration der Blocksysteme eine Modifikation des Programms DASSL [BCP].

Für die Beispiele DYNEVAP (Doppel–Effekt–Verdampfer mit 13 Teilsystemen) und BTX (Destillationskolonne mit 52 Teilsystemen) wurden Blockzerlegungen bestimmt, für die das Block–Waveform–Iterationsverfahren konvergiert. In BTX wird jedoch kein konstanter Flüssigkeitsstand in den Böden vorausgesetzt, so daß sich zwangsläufig alle Teilsysteme der Böden in einem Blocksystem befinden.

3 Nichtlineare Gleichungen

Eine starke Kopplung der Teilsysteme (2) des DAE–Systems verhindert somit eine geeignete Blockpartitionierung für ein Block–Waveform–Iterationsverfahren. Zur Behandlung solcher DAE–Systeme wird von uns eine Parallelisierung auf dem Niveau der nichtlinearen Gleichungen vorgenommen.

Zur Lösung der nach Diskretisierung aus (2) entstehenden nichtlinearen Gleichungssyteme werden strukturierte Newton–Verfahren [BGHU, EP, HS] eingesetzt. Diese Verfahren eignen sich sehr gut für die chemische Prozeßsimulation, weil die mathematische Modellierung im allg. auf DAE–Systeme führt, deren diskretisierte Systeme schwachbesetzte Jacobi–Matrizen besitzen.

Bei einstufig strukturierten Verfahren wird von Systemen der Form

$$F(x, y) = 0 \qquad (4)$$
$$G(y) = 0$$

mit $F : \mathrm{R}^k \times \mathrm{R}^l \to \mathrm{R}^n$, $G : \mathrm{R}^l \to \mathrm{R}^p$, $k + l = p + n$, ausgegangen.

Während in [HS] vorausgesetzt wird, daß sich $y = (y_1, y_2)^T$ so wählen läßt, daß $[\partial_x F \; \partial_{y_1} F]$ regulär ist, partitionieren wir in Anlehnung an [BGHU, EP] F so in $F = (F_1, F_2)^T$, daß nur die Regularität von $\partial_x F_1$ gefordert ist. Die Auswahl der Gleichungen F_1 erfolgt mit Hilfe eines Algorithmus zur Pivotwahl in der überbestimmten Teilmatrix $\partial_x F$.

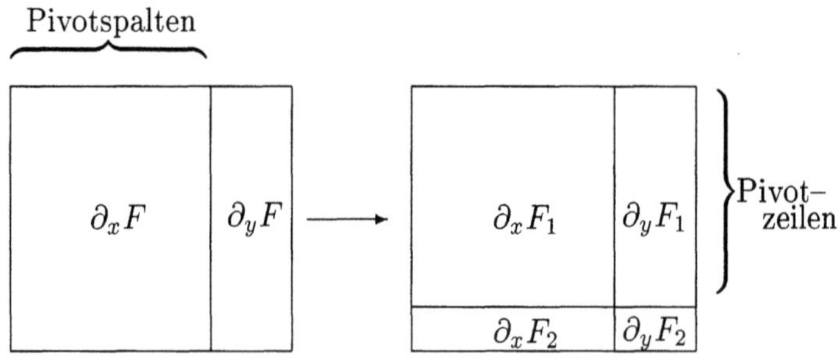

Der Newton–Ansatz für (4) mit $F = (F_1, F_2)^T$ liefert

$$0 = F_1 + \partial_x F_1 \Delta x + \partial_y F_1 \Delta y$$
$$0 = F_2 + \partial_x F_2 \Delta x + \partial_y F_2 \Delta y$$
$$0 = G + \partial_y G \Delta y.$$

Aus den beiden ersten Gleichungen erhält man

$$\Delta x = \Delta \hat{x} + B \Delta y \tag{5}$$
$$0 = \hat{F}_2 + C \Delta y$$

mit den Vektoren $\Delta \hat{x} = -(\partial_x F_1)^{-1} F_1$ und $\hat{F}_2 = F_2 + \partial_x F_2 \Delta \hat{x}$ sowie den Matrizen $B = -(\partial_x F_1)^{-1} \partial_y F_1$ und $C = \partial_x F_2 B + \partial_y F_2$. Somit kann die Berechnung der Δx und Δy eines Newton–Iterationsschrittes in drei Teilschritten erfolgen:

(i) bestimme $\Delta \hat{x}, \hat{F}_2, B$ und C aus

$$\begin{bmatrix} \partial_x F_1 & \emptyset \\ \partial_x F_2 & I \end{bmatrix} \begin{pmatrix} \Delta \hat{x} \\ \hat{F}_2 \end{pmatrix} = - \begin{pmatrix} F_1 \\ F_2 \end{pmatrix}$$
$$\begin{bmatrix} \partial_x F_1 & \emptyset \\ \partial_x F_2 & I \end{bmatrix} \begin{bmatrix} B \\ C \end{bmatrix} = - \begin{bmatrix} \partial_y F_1 \\ \partial_y F_2 \end{bmatrix},$$

(ii) bestimme Δy aus

$$\begin{bmatrix} C \\ \partial_y G \end{bmatrix} \Delta y = - \begin{pmatrix} \hat{F}_2 \\ G \end{pmatrix},$$

(iii) berechne Δx aus

$$\Delta x = \Delta \hat{x} + B \Delta y.$$

Besitzt das Gleichungssystem (4) mit $x = (x_1, ..., x_m)^T$, $y = (y_1, ..., y_m)^T$, $F = (F_1, ..., F_m)^T$ die Struktur

$$F_i(x_i, y_i) = 0, \qquad i = 1(1)m \tag{6}$$
$$G(y) = 0$$

und sind die Argumente unterschiedlicher F_i disjunkt, so können die Schritte **(i)** und **(iii)** für alle $i = 1(1)m$ unabhängig voneinander und damit parallel ausgeführt werden.

Bei der Lösung der linearen Gleichungssysteme in Schritt **(i)** kann man ihre spezielle Struktur ausnutzen. Bei ihrer LU–Faktorisierung

$$\begin{bmatrix} \partial_x F_1 & \emptyset \\ \partial_x F_2 & I \end{bmatrix} = \begin{bmatrix} L_{1,1} & \emptyset \\ L_{2,1} & I \end{bmatrix} \begin{bmatrix} U_{1,1} & \emptyset \\ \emptyset & I \end{bmatrix}$$

sind nur $L_{1,1}, L_{2,1}$ und $U_{1,1}$ zu berechnen.

Zur Reduzierung des Aufwandes bei der Lösung des Hauptsystems als wesentlichem Bestandteil des sequentiellen Anteils des Algorithmus kann man den Schritt **(ii)** im Wechsel mit einem Schritt ausführen, bei dem der den Teilsystemen entsprechende Anteil $C \Delta y^{k+1} = -\hat{F}_2$ durch

$$C_0 \Delta y^{k+1} = -(C - C_0)\Delta y^k - \hat{F}_2$$

ersetzt wird, während der Anteil $\partial_y G \Delta y^{k+1} = -G$ unverändert bleibt, da G linear ist. Dabei bezeichnet C_0 die im letzten Schritt (ii) berechnete und bereits faktorisierte Matrix C. Somit kann in (i) die Berechnung der Matrix C durch die Berechnung des Vektors $(C - C_0)\Delta y^k$ mittels

$$\begin{bmatrix} \partial_x F_1 & \emptyset \\ \partial_x F_2 & I \end{bmatrix} \begin{pmatrix} B\Delta y^k \\ (C - C_0)\Delta y^k \end{pmatrix} = - \begin{pmatrix} \partial_y F_1 \Delta y^k \\ (\partial_y F_2 + C_0)\Delta y^k \end{pmatrix}$$

ersetzt werden. Damit erhält man auch den Vektor $B\Delta y^{k+1}$ für (iii).

Zur Erzeugung des erweiterten nichtlinearen Systems (6) für ein strukturiertes DAE–System (2) werden für die Teilsysteme F_i die inneren Variablen x_i, die nur in F_i vorkommen, und die äußeren Variablen y_i, die mindestens in zwei Teilsystemen vorkommen, bestimmt. Für die mehrfach auftretenden äußeren Variablen werden Hilfsvariablen eingefügt, so daß die Argumente verschiedener F_i disjunkt sind. Entsprechend diesen zusätzlichen Variablen werden Identitätsgleichungen $G(y) = 0$ hinzugefügt. Zur Steigerung der Effektivität der Parallelisierung können Teilsysteme so zu Blöcken in etwa gleicher Dimension zusammengefaßt (load balancing) werden, daß das Hauptsystem von möglichst geringer Dimension ist.

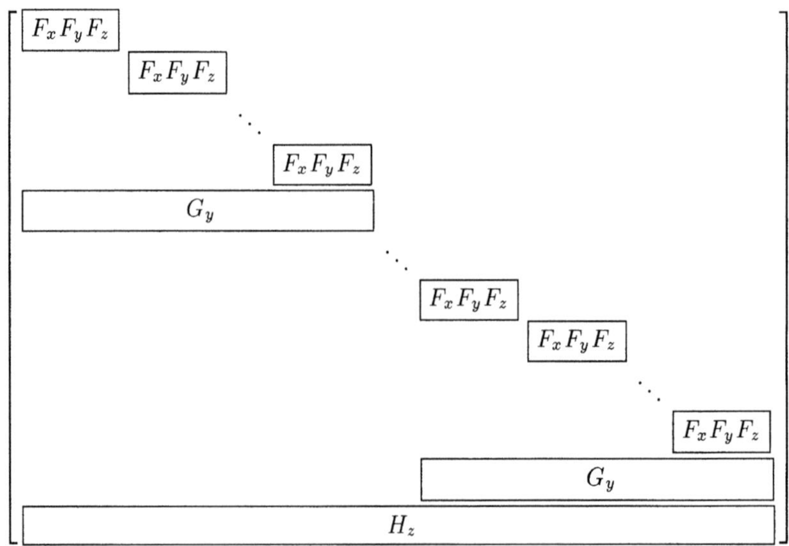

Abb. 2. Struktur der Jacobi–Matrix

Ein zweistufiges Newton–Verfahren für nichtlineare Gleichungssysteme

$$F_{ij}(x_{ij}, y_{ij}, z_{ij}) = 0$$
$$G_i(y_i) = 0, \qquad j = 1(1)m_i, \; i = 1(1)M \tag{7}$$
$$H(z) = 0$$

mit $x_i = (x_{i1}, ..., x_{im_i})^T$, $x = (x_1, ..., x_M)$ und entsprechenden Vektoren y, z, F und G kann analog formuliert werden. Hierbei hat die Jacobi–Matrix die in Abb. 2 auf Seite 98 gezeigte prinzipielle Struktur.

In diesem Fall können die auftretenden Gleichungssysteme jeweils in der F– und in der G–Ebene parallel gelöst werden, dadurch kann einerseits der sequentielle Anteil des Algorithmus reduziert werden und andererseits lassen sich mehr Prozessoren einsetzen.

Gegenwärtig ist ein einstufig strukturiertes Newton–Verfahren im DAE–Löser implementiert. Die Tabelle 1 zeigt die durch das strukturierte Newton–Verfahren erzielbaren Speedup–Faktoren bezogen auf die gesamte dynamische Simulation der Anlage BTX (52 Teilsysteme, 1089 Gleichungen). Da mit der Anzahl der parallel behandelbaren Blöcke auch die Anzahl der äußeren Variablen und damit der Aufwand zur Lösung des Haupsystems (sequentieller Anteil des Algorithmus) steigt, ergibt sich eine maximale Beschleunigung bei 8 Blöcken und ebensovielen Prozessoren.

Tabelle 1. BTX: Beschleunigungsfaktoren auf CRAY J90

Blöcke = Prozessoren	**1**	**2**	**4**	**8**
äußere Variablen	0	12	37	73
innere Variablen	1089	1077	1052	1016
Speedup–Faktor[*]	**1**	**1.2**	**2.5**	**3.9**

[*] bestimmt mit **atexpert**

4 Lineare Gleichungen

Das lineare Gleichungssystem

$$Ax = b, \quad A \in \mathbf{R}^{n \times n}, \quad x, b \in \mathbf{R}^n \tag{8}$$

mit einer nicht symmetrischen und im allgemeinen sehr schwach besetzten Matrix A wird mit dem Gaußschen Eliminationsverfahren

$$PAQ = LU, \qquad Ly = Pb, \qquad UQ^{-1}x = y$$

gelöst. Das Verfahren wird für die Entwicklung von Methoden sowohl bei Vektorrechnern als auch bei Parallelrechnern verwendet.

Von der Matrix A werden nur die Nichtnull-Elemente (NNE) gespeichert. Eines der kompliziertesten Probleme beim Gaußschen Eliminationsverfahren für schwach besetzte Matrizen ist die Auffindung einer Pivotreihenfolge, also die Bestimmung der Permutationsmatrizen P und Q. Hierbei sind verschiedene, sich teilweise widersprechende Bedingungen zu erfüllen. Die Pivotreihenfolge muß so sein, daß das Verfahren numerisch stabil und das Fill-in während der Elimination gering ist.

Bei der Auswahl der Pivotelemente werden nur Elemente zugelassen, die die sogenannte β-Bedingung erfüllen. Es sei $I = \{1, 2, ..., n\}$, und es bezeichne

$$\hat{a}_j = \max_{i \in I} |a_{ij}|, \qquad \forall j \in I.$$

Ein Nichtnull-Element erfüllt die β-Bedingung für ein $\beta \in [0, 1]$, wenn

$$\hat{a}_j \cdot \beta \leq |a_{ij}|$$

gilt. Bei praktischen Rechnungen wurden mit $\beta = 0.01$ bzw. $\beta = 0.001$ gute Resultate erzielt. Für die Bestimmung der Pivotelemente wird eine der nachfolgend genannten vier Strategien verwendet. Pivot wird ein Element mit minimalen Markowitz-Kosten

1. in dem noch nicht faktorisierten Teil der Matrix oder
2. in der ersten Zeile mit einer minimalen Anzahl von NNE oder
3. in der ersten Spalte mit einer minimalen Anzahl von NNE oder
4. in allen Spalten mit einer minimalen Anzahl von NNE.

Falls mehrere Elemente die Bedingungen erfüllen, wird als Pivot immer das betragsgrößte Element genommen. Die 1. Methode liefert im allgemeinen die besten Ergebnisse, sie ist aber sehr aufwendig und wird nur für kleinere Probleme (weniger als 1 000 Gleichungen) benutzt. Mit der 3. Methode wurden bei größeren Problemen (mehrere 10 000 Gleichungen) die günstigsten Resultate gewonnen.

Da bei den numerisch zu behandelnden Systemen von DAE's die Verteilung der NNE in der Jacobi-Matrix sich nicht ändert, bei den Faktorisierungen fast immer mit derselben Pivotreihenfolge gearbeitet wird und viele Systeme mit gleicher Jacobi-Matrix aber verschiedenen rechten Seiten zu lösen sind, wird mit einem Pseudo-Code gearbeitet. Dieser beschreibt die Operationen, die für die Faktorisierung von A bzw. für die Vor- und Rückwärtsrechnung notwendig sind. Er kann betriebssytemunabhängig formuliert werden und ist insbesondere auch für Vektor- und Parallelrechner geeignet[G].

Hierzu wird $LU = PAQ$ eine Matrix $M = (m_{i,j})$ zugeordnet. Die Elemente von M, sie beschreiben das Niveau der Unabhängigkeit der Elemente von A, werden mit dem Algorithmus von Yamamoto und Takahashi [YT] bestimmt. Alle Matrixelemente von A mit gleichem Niveau der Unabhängigkeit in der Matrix M können unabhängig voneinander faktorisiert werden.

Der Pseudo-Code wird auf Vektorrechner und auf Parallelrechner mit shared bzw. distributed Memory angepaßt.

Bei einem Vektorrechner müssen Vektoranweisungen in jedem Niveau der Unabhängigkeit bestimmt werden. Es haben sich die folgenden Vektoroperationen mit indirekt adressierten Elementen bewährt:

Skalarprodukt
$$A(K) = 1/A(K)$$
$$A(K) = A(K) * A(L)$$
$$A(K) = (A(I) * A(J) + A(L) * A(M)) * A(K).$$

Für verschiedene Matrizen, die während der dynamischen Prozeßsimulation von großen Anlagen der Bayer AG mit SPEEDUP auftraten, wurde unser Algorithmus GSPAR mit FRONTAL, einem linearen Solver in SPEEDUP, der die Frontal-Methode benutzt, verglichen. Die Tabelle 2 zeigt die Ergebnisse für die Faktorisierung mit gegebener Pivot-Reihenfolge.

Tabelle 2. Rechenzeit in CPU-Sek., CRAY Y-MP

Beispiel	Gleichungen	NNE	Fill-in	Faktorisierung	
				FRONTAL	GSPAR
SPA	3 083	21 216	22 437	0.162	0.079
MPC	6 747	56 196	79 395	0.403	0.271
CSA	13 935	63 679	147 023	0.679	0.463
DEST	13 436	94 926	214 919	1.290	0.738
NIT	20 545	159 082	275 553	2.209	0.983

Bei den Parallelrechnern mit distributed Memory (z.B. CRAY T3D) wird der Pseudo-Code in jedem Niveau annähernd gleichmäßig auf den Speicher der Prozessoren verteilt und dann immer wieder ausgeführt, während bei Parallelrechnern mit shared Memory (z.B. CRAY J90) die Arbeit so organisiert wird, daß jeder Prozessor in etwa dieselbe Arbeit auf jedem Niveau leisten muß.

Für das Beispiel CSA wurden mit einer CRAY T3D die Ergebnisse in Tabelle 3 erzielt. Die Rechenzeit mit 4 Prozessoren wurde als Vergleichsgrundlage mit dem Speedup–Faktor 1.0 belegt.

Tabelle 3. Beispiel CSA: Rechenzeit in CPU-Sek., CRAY T3D

Prozessoren	Faktorisierung	Speedup–Faktor
4	1.57	1.00
8	0.99	1.58
16	0.60	2.61

Der Solver GSPAR wurde an großen Simulationsbeispielen der Bayer AG im Simulator SPEEDUP erprobt. Die Resultate für die Gesamtsimulation einer Destillationskolonne (DEST) mit 13 436 Gleichungen und eines Reaktormodells (REAK) mit 3 268 Gleichungen sind in Tabelle 4 dargestellt.

Tabelle 4. Gesamtsimulation, Rechenzeit in CPU-Sek., CRAY C90

Anlage	Zeitintervall in h	SPEEDUP mit FRONTAL	GSPAR	in %
DEST	(0,2)	380.89	254.75	67
REAK	(0,10)	451.71	283.73	63

Die beachtliche Verringerung der gesamten Simulationszeit ist wie folgt zu erklären. GSPAR ist bei der Faktorisierung mit gegebener Pivotreihenfolge schneller als FRONTAL. Der Zeitanteil des linearen Solvers an der gesamten Simulationszeit wird mit etwa 50 % geschätzt, wodurch mit Tabelle 2 die starke Verringerung der Rechenzeit nicht ausreichend zu erklären ist. Es kommt hinzu, daß GSPAR numerisch stabiler ist, weshalb weniger Faktorisierungen und Vor- und Rückwärtsrechnungen und damit weniger Newton-Schritte erforderlich sind.

Literatur

[A]   Aspen Technology, SPEEDUP, User Manual, Library Manual, Aspen Technology, Inc., Cambridge, Massachusetts, USA, 1995

[B]   I. Bremer, Kurveniteration auf diskreten Zeitskalen, IWR Universität Heidelberg, Preprint 93 – 06, 1993

[BB]   J. Borchardt, I. Bremer, Zur Analyse großer strukturierter chemischer Reaktionssysteme mit Waveform–Iterationsverfahren, IAAS Berlin, Preprint Nr. 65, 1993

[BCP]   K.E. Brenan, S.L. Campbell, L.R. Petzold, Numerical Solution of Initial–Value Problem in Differential–Algebraic Equations, North–Holland, New York, 1989

[BG]   J. Borchardt , F. Grund, Parallelisierung numerischer Methoden zur Lösung großer Systeme von Algebro–Differentialgleichungen, Studie, WIAS, 1994

[BGHM] J. Borchardt , F. Grund , D. Horn , T. Michael, H. Sandmann, Beschreibung der Schnittstelle eines Solvers für strukturierte DAE–Systeme auf MPP–Rechnern, WIAS, 1994

[BGHU] J. Borchardt , F. Grund , D. Horn , M. Uhle, MAGNUS–Mehrstufige Analyse großer Netzwerke und Systeme, WIAS, Report No. 9, 1994

[BP]   L. Brüll, U. Pallaske, On differential algebraic equations with discontinuities, Z. Angew. Math. Phys. (ZAMP) **43**, 1992, 319–327

[BS]   H. G. Bock, J. P. Schlöder, V. H. Schulz, Numerik großer Differentiell–Algebraischer Gleichungen – Simulation und Optimierung, in: Prozeßsimulation, herausg. von H. Schuler, VCH Verlagsgesellschaft, Weinheim, 1995, 35–80

[D]   P. Deuflhard, Global Inexact Newton Methods for Very Large Scale Nonlinear Problems, Konrad–Zuse–Zentrum für Informationstechnik Berlin, Preprint SC 90–2, 1990

[EP]   G. Elst, G. Pönisch, On two–level Newton methods for the analysis of large–scale nonlinear networks, Proc. ECCTD'85 Prag, 1985, 165–169

[G]   F. Grund, Numerische Lösung von hierarchisch strukturierten Systemen von Algebro–Differentialgleichungen, in Intern. Ser. of Num. Math., Vol. **117**, Birkhäuser Verlag Basel, 1994, 17–31

[HS]   W. Hoyer, J. W. Schmidt, Newton–Type Decomposition Methods for Equations Arising in Network Analysis, ZAMM 64 (1984) 9, S. 397–405

[K]   F. J. Keil, Application of Numerical Methods in Chemical Process Engineering, Proceedings Workshop Scientific Computing in der Verfahrenstechnik, Hamburg, Juni 1995

[MG]   R. März, E. Griepentrog, Differential–Algebraic Equations and Their Numerical Treatment, Teubner Leipzig, 1986

[N]   St. Näher, LEDA Manual 3.0, Max–Planck–Institut für Informatik, MPI–I–93–109, Saarbrücken, 1993

[SMB]   A. R. Secchi, M. Morari, E. C. Biscaia Jr., The Waveform Relaxation Method in the Concurrent Dynamic Process Simulation, Computers and Chemical Engineering, Vol. 17, No. 7, 1993, 683–704

[W]   G. Wozny, Simulation und Energetische Analyse thermischer Trennprozesse in Bodenkolonnen, Habilitationsschrift, Universität–Gesamthochschule Siegen, 1983

[YT]   F. Yamamoto, S. Takahashi, Vectorized LU decomposition algorithms for large–scale circuit simulation, IEEE Trans. on Comp. Aided Des. **CAD–4**, 1985, 232–239

Hochauflösende Modellierung von SOFC–Brennstoffzellen

F. Hoßfeld[1], *Ch. Schelthoff*[1], *B. Steffen*[1], *P. Weidner*[1],
J. Divisek[2] *und R. Jung*[2]

[1] Zentralinstitut für Angewandte Mathematik, Forschungszentrum Jülich GmbH,
52425 Jülich, e-mail: f.hossfeld@kfa-juelich.de,
URL: http://www.kfa-juelich.de/zam/zam_d.html
[2] Institut für Energieverfahrenstechnik, Forschungszentrum Jülich GmbH

Abstract. The construction of cheap and efficient solid oxide fuel cells (SOFC) requires a detailed knowledge of currents, temperatures and mass flows. We analyze the behaviour of an SOFC modelling these quantities and varying the mechanical design and the adjustments at operation. The discretization approximates the conservation laws for energy, mass and charge and the nonlinear coupling of these quantities. The discrete equations are solved by a multigrid method, the coupling is handled by different exterior iterations.

1 Einleitung

Eine der wichtigsten Herausforderungen an das nächste Jahrtausend ist die Deckung des Energiebedarfs. Neben der Erforschung der regenerativen Energiequellen ist insbesondere ein verbesserter Wirkungsgrad – bei konventionellen Verbrennungsprozessen liegt er zwischen 30 und 40 Prozent – Ziel der Forschung. Bei den Brennstoffzellen wird derzeit ein Wirkungsgrad von bis zu 70 Prozent projektiert. Neben der geringen Geräuschbelastung und der einfachen Prozeßführung ist eine der entscheidenden Stärken der Brennstoffzelle, daß der gesamte stromerzeugende Prozeß frei von Schadstoffemissionen abläuft.

Trotz der hohen Motivation und des schon seit Mitte des 19. Jahrhunderts bekannten und erforschten Prinzips der elektrochemischen Stromerzeugung ist das experimentelle Stadium kaum überwunden. Dies gilt insbesondere bei dem für den Kraftwerksbau aussichtsreichsten Typ, der oxidkeramischen Hochtemperaturbrennstoffzelle (SOFC, engl. solid oxide fuel cell). Aufgrund der hohen Betriebstemperatur von über 1100 K entstehen hohe Materialanforderungen, welche wiederum zu derzeit unrentablen Fertigungskosten führen. Zur kostengünstigen wirtschaftlichen Nutzung ist deshalb ein genaues Studium der physikalisch-chemischen Prozesse notwendig.

In diesem vom BMBF geförderten Projekt sollen deshalb durch die Modellierung Aussagen über den quantitativen Zusammenhang von Brennstoffzusammensetzung, Temperaturen, elektrische Potentiale, sowie den dazu gehörigen Flußgrößen gemacht werden.

2 Arbeitsprinzip der Brennstoffzelle

Die konventionelle Umwandlung beruht auf dem Prinzip, zunächst Wärme
zu erzeugen, die dann in mechanische und schließlich in elektrische Energie umgewandelt wird. Die indirekte Stromerzeugung durchläuft dabei die
stark verlustbehaftete Kette Wärme – Dampf – Turbine – Generator. Die
Brennstoffzelle hingegen wandelt chemische Energie direkt in elektrische um.
Wirkungsgrade über 100% sind hier prinzipiell möglich [AF], da das System
auch der Umgebung entnommene Wärme in elektrische Energie umsetzen
kann. Realistisch erscheinen derzeit, wie bereits erwähnt, Wirkungsgrade von
bis zu 70%.

Grundlage der Stromerzeugung ist die hohe elektrochemische Aktivität
von Brenngas und Sauerstoff. Die Gase, und damit die ablaufenden Reaktionen, werden durch einen ionenleitenden Elektrolyten und Elektroden räumlich getrennt. Ionen werden von diesen Materialien geleitet, Elektronen nicht.
Die Elektronen werden an den Elektroden aufgefangen und die Spannung
über eine angeschlossene Last, z.B. einen Motor, abgegriffen.

Die Anodenreaktion hängt vom Brenngas ab und ist für die gebräuchli-
chen Brenngase in Tabelle 1 dargestellt.

Brenngas	Chem. Reaktion
Wasserstoff	$H_2 + O^{2-} \longrightarrow H_2O + 2e^-$
Kohlegas	$CO + O^{2-} \longrightarrow CO_2 + 2e^-$
Methan	$CH_4 + 4O^{2-} \longrightarrow 2H_2O + CO_2 + 8e^-$

Tabelle 1. Anodenreaktion für verschiedene Brenngase

Die Kathodenreaktion ist in allen Fällen $\frac{1}{2}O_2 + 2e^- \longrightarrow O^{2-}$.

Dabei erzeugt die Brennstoffzelle ähnlich wie die Batterie Gleichstrom
niedriger Spannung. Während bei der Batterie der energieerzeugende chemische Stoff enthalten ist – und somit auch irgendwann verbraucht ist – werden
bei der Brennstoffzelle die Brennstoffe kontinuierlich zugeführt.

Beim Design der Zelle unterscheidet man prinzipiell Röhren– und Platten-
bauweisen mit zahlreichen Detailvariationen. Nach dem gegenwärtigen Stand
des Wissens erlauben Zellen in Plattenbauweise, wie in Abb. 1 dargestellt,
einen höheren Wirkungsgrad, und deshalb werden diese zur Zeit im Forschungszentrum Jülich untersucht. Ziel des Projektes ist es jedoch, insbesondere das Verhalten auf allgemeineren Geometrien, wie z. B. wellblechförmige
Elektroden, simulieren zu können.

Der Zellstapel besteht real aus 10 bis 50 solcher Zellen übereinander, wobei
in jeder Zelle ungefähr 20 Kanäle für Luft und Brennstoff vorhanden sind.
Die bipolare Platte muß mechanisch stabil, gasdicht und elektronenleitend

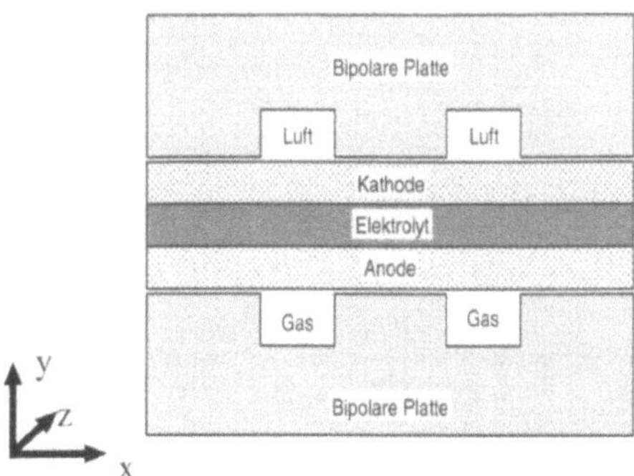

Abb. 1. Die Brennstoffzelle in Plattenbauweise

sowie bei Betriebstemperaturen von bis ca. 1300 K beständig sein. Geeignet
sind Keramiken oder Chromlegierungen. Für die Kathode sind diese Materialien ebenfalls gut geeignet, nur in poröser Struktur. Die Anode wird derzeit
aus einer Metall–Keramik–Mischung hergestellt. Der Elektrolyt muß gasdicht
und durchlässig für Sauerstoffionen sein. Derzeit wird Yttrium-stabilisiertes
Zirkoniumoxid (ZrO_2) verwendet.

3 Die Modellbildung

In diesem Kapitel sollen die partiellen Differentialgleichungen des Problems
hergeleitet werden. Während die Diskretisierung von den Erhaltungssätzen
ausgeht, wählen wir hier der Kürze halber die differentielle Form.

Physikalische Beschreibung. Den konvektiven Transport von Masse und
Wärme in den Kanälen behandeln wir mit einem einfachen Modell (vollständige Mischung quer zur Strömungsrichtung, Pfropfenströmung längs), auf das
wir hier nicht weiter eingehen.

Bezeichne ρ den spezifischen elektrischen Widerstand, dann haben wir für
das elektrische Potential U

$$(1) \qquad \nabla(\frac{1}{\rho(T,\mathbf{x})}\nabla U(\mathbf{x})) = 0$$

mit den Randbedingungen $U = 0$ an der Anodenseite, $U = U_0$ an der
Kathodenseite, und $\partial/\partial n\, U = 0$ an Stirn- und Seitenflächen.

An der Grenzfläche Anode–Elektrolyt gelten Übergangsbedingungen für
das Potential und seine Normalableitung, die von den Konzentrationen C der
beteiligten Gase und dem Stromfluß in Normalenrichtung I_n abhängen

$$(2) \qquad U_E - U_A = \Delta_{U_A}(T, C_{H_2}, C_{H_2O}, C_O, \dots, I_n),$$

$$I_{n,A} = \frac{1}{\rho_A} \frac{\partial U_A}{\partial n} = \frac{1}{\rho_E} \frac{\partial U_E}{\partial n} = I_{n,E}.$$

(3)

Analog gilt an der Grenzfläche Kathode–Elektrolyt:

(4)
$$U_K - U_E = \Delta_{U_K}(T, C_{O_2}, I_n),$$

$$I_{n,E} = \frac{1}{\rho_E} \frac{\partial U_E}{\partial n} = \frac{1}{\rho_K} \frac{\partial U_K}{\partial n} = I_{n,K}.$$

Für die Temperatur haben wir Wärmequellen

(5)
$$\nabla \left(\frac{\sigma(\mathbf{x})}{\varepsilon(\mathbf{x})} \nabla T(\mathbf{x}) \right) = Q(I, \mathbf{x}),$$

mit ε als spezifischer Wärme und σ Wärmeleitfähigkeit.

Hierbei hat Q an den Grenzen Elektrode–Elektrolyt eine Singularität vom Dirac–Typ. Randbedingungen sind Dirichletbedingungen am Gaskanal und gemischte an der Zelloberfläche (Kombination von Wärmeleitung und –Strahlung).

Für die Konzentrationen der Gase gilt in den Elektroden [CH]:

(6)
$$\nabla(\, \kappa_i(T, C_1, \ldots, C_n)\nabla C_i(\mathbf{x})\,) = 0 \qquad i = 1, \ldots, n,$$

wobei die Diffusionskonstante κ_i jedes Gases von den Konzentrationen aller weiteren in der Elektrode vorhandenen Gase abhängt, da die Bewegung eines Gases immer eine gegenläufige Bewegung der anderen erfordert. Randbedingungen sind Dirichletbedingungen am Gaskanal, $\partial/\partial n\, C = 0$ an den Seiten der Elektrode und

(7)
$$\kappa \frac{\partial C}{\partial n} = F \cdot n_e \cdot I_n.$$

Dabei ist F die Faraday-Konstante und n_e die Anzahl der ausgetauschten Elektronen.

Behandlung der Kopplung zwischen den relevanten Größen. Dies ist ein nichtlineares Mehrfeldproblem mit Rand– und Volumenkopplungen, und die Behandlung der Kopplungen erlaubt (und erfordert) verschiedene Ansätze [We]. Dabei ist die analytische Klassifizierung (Quasi–, schwach, stark nichtlinear) nicht von entscheidender Bedeutung für die numerischen Verfahren. Wichtiger ist die "numerische Stärke" der Nichtlinearität, d.h. die Güte von linearen Approximationen.

Die einfachste solche Approximation ist von nullter Ordnung. Es wird eine äußere Iteration vorgesehen, in der die Feldprobleme reihum mit den jeweils letztberechneten Werten der anderen Felder aufgestellt werden und dann mit einem PDE-Programm gelöst werden (s.u.). Dabei ist es sinnvoll, (2,4) nach I_n zu linearisieren:

(8)
$$\Delta_{U_K} = \alpha_K(T, C_{O_2}, I_{n,alt}) + \beta_K(T, C_{O_2}, I_{n,alt}) \cdot (I_n - I_{n,alt})$$

und Δ_{U_A} entsprechend. Dies ergibt gegenüber der einfacheren Version $\Delta_{U_K} = \Delta_{U_K,alt}$ schnellere Konvergenz und ein stabileres Verhalten.

Die äußere Iteration ist sinnvoll, wenn die Kopplungen numerisch schwach sind, d.h. die Rückkopplung eines Feldes auf sich selber ist deutlich kleiner als 1 (in einer passenden Norm). Dieses ist bei der SOFC meist der Fall. Es gibt davon aber Ausnahmen.

Bei der Zelle mit interner Methanreformierung ($CH_4 + H_2O \rightarrow CO + 3 \cdot H_2$) kann die kritische Temperatur bei einem Iterationsschritt unterschritten werden, so daß die von der H_2–Oxydation gelieferte Wärmemenge den Bedarf der Methanreformierung nicht mehr deckt. Die Rechnung konvergiert dann gegen die falsche Lösung der nicht gezündeten Zelle. Dieses Problem läßt sich erfahrungsgemäß durch a-priori Schranken für T beseitigen. Nur wenn die Schranken in der Lösung noch aktiv sind, bestände Bedarf für weitere Überlegungen. Dies wäre aber ein instabiler Betriebszustand, also uninteressant.

Das wesentlich wichtigere Problem kommt aus der Kopplung Spannung–Konzentrationen. Die Funktionen Δ_{U_K} und Δ_{U_A} bestimmen die Kinetik der Elektrochemie. Sie haben (für festes T) annähernd die Form :

$$(9) \qquad \Delta_{U_A}(C_{H_2}, C_{H_2O}, I_n) = \alpha_0 + \alpha_1 \ln\left(\frac{C_{H_2}}{C_{H_2O}}\right) - \alpha_2 \cdot C_{H_2}^{-1/4} \cdot I_n,$$

$$(10) \qquad \Delta_{U_K}(C_{O_2}, I_n) = \beta_0 + \beta_1 \ln(C_{O_2}) - \beta_2 \cdot C_{O_2}^{-1/2} \cdot I_n,$$

mit $\alpha_i, \beta_i \in \mathbb{R}^+$. Offensichtlich ist

$$(11) \qquad \lim_{C_{H_2} \to 0} \frac{\partial \Delta_{U_A}}{\partial C_{H_2}} = \infty, \quad \lim_{C_{O_2} \to 0} \frac{\partial \Delta_{U_K}}{\partial C_{O_2}} = \infty$$

Für geringe Konzentrationen – den Fall der transportbeschränkten Reaktion – ist damit die Rückkopplung von U auf sich selber über C_{O_2} groß, und Konvergenz der direkten Iteration ist nicht gegeben. Nach den vorliegenden Erfahrungen wird das Verfahren divergent, wenn C_{O_2} in Teilen der Kathode unter 0.1 fällt. C_{H_2} ist – wegen der höheren Diffusivität von H_2 und der größeren Dicke der Anode – weniger kritisch. Eine Dämpfung kann – auf Kosten von Rechenzeit – die Berechnung noch zu niedrigeren Konzentrationen hin ermöglichen, gibt aber kein sinnvolles Vorgehen.

Als Abhilfe wurden zwei verschiedene Vorgehensweisen an einem zweidimensionalen Testbeispiel ausprobiert. Die aufwendigere Weise besteht in der gleichzeitigen Berechnung von U und C_{O_2}, wobei die Kopplung nach Taylor linearisiert und berücksichtigt wird. Für einen Punkt (i, j) in der Kathode mit $(i, j - 1)$ in dem Elektrolyten führt dies mit der hier verwendeten FIT-Diskretisierung auf Gleichungen der Form

$$a_1 U_{i,j-1} + a_2 U_{i-1,j} - (a_1 + a_2 + a_3 + a_4) U_{i,j} + a_3 U_{i+1,j} + a_4 U_{i,j+1}$$
$$(12) \qquad = -a_2 \Delta_{U_K;alt} + b_1 (C_{i,j} - C_{i,j;alt}) + b_2 (I_{n;i,j} - I_{n;i,j;alt})$$
$$c_1 C_{i,j-1} - (c_1 + c_3 + c_4) C_{i,j} + c_3 C_{i+1,j} + c_4 C_{i,j+1}$$
$$(13) \qquad = d_1 (C_{i,j} - C_{i,j;alt}) + d_2 I_{n;i,j}$$

Dabei ergeben sich die a_i, c_i direkt aus den Leitfähigkeiten und der Geometrie, und mit der Grenzfläche A zur Nachbarzelle, die den Punkt (i, j) enthält, ist

$$A \cdot I_{n;i,j} = a_2 \left(U_{i,j-1} - U_{i,j} - \Delta_{U_K} \right)$$

$$b_1 = -a_2 \cdot \frac{\partial \Delta_{U_K}}{\partial C_{O_2}}; \quad d_2 = A \cdot F \cdot n_e; \quad d_1 = -F \cdot n_e \cdot b_1$$

Dieses Verfahren konvergierte in allen Tests, wobei es bei sehr kleinen Konzentrationen langsam war.

Die einfachere Weise basiert auf einer Umstellung der Feldgleichungen. Ausgangspunkt dieser Umstellung ist die Tatsache, daß im Fall der transportbeschränkten Reaktion diese nicht mehr von der angelegten Spannung abhängt, d.h. Δ_{U_K} stellt sich passend ein und ist keine geeignete Steuerungsgröße mehr. Der Stromfluß dagegen ist sehr stabil gegen Variationen in C und U. In der oben angegebenen Formulierung hat C_{O_2} an der Grenzfläche Kathode–Elektrolyt Neumann-Randwerte gegeben, und für U ist ein Sprung vorgegeben. Das Problem läßt sich ebensogut so formulieren, daß für U zwei unabhängige Gleichungen gelöst werden. Die eine gilt in der oberen bipolaren Platte, der Anode und dem Elektrolyten. Die zweite Gleichung gilt in der Kathode und der unteren bipolaren Platte. Statt der Übergangsbedingungen (2,4) wird nun $I_{n,K}$ vorgegeben (für beide Seiten gleich). Der Sprung Δ_{U_K} ist dann ein Ergebnis der Rechnung und ergibt mit der Kopplungsgleichung (10) Dirichlet-Randwerte für C_{O_2}. Die Berechnung von C_{O_2} wiederum ergibt mit $I_{n,K}$ die Neumann-Randwerte für U an der Grenzfläche Kathode–Elektrolyt. Diese direkte Iteration, die in Programmier– und Rechenaufwand dem ersten Verfahren entspricht, konvergiert für nicht zu große Werte von C_{O_2} an der Grenzfläche, wobei noch nicht klar ist, ob die Konvergenz nicht sogar für alle realistischen Betriebsdaten gegeben ist.

Unter Umständen lassen sich die beiden Ansätze der direkten Iteration sogar mischen, d.h. für U werden jeweils auf einem Teil der Grenzfläche Kathode–Elektrolyt Neumann– bzw. Dirichletrandwerte vorgegeben und für C_{O_2} andersherum. Treten die Konvergenzprobleme auch für die Kopplung von U und C_{H_2} auf, so muß eventuell U in drei Gebieten unabhängig berechnet werden.

Lösungsverfahren. Die hier vorgestellten Ergebnisse wurden mit der Kopplung nullter Ordnung erzielt. Es werden sukzessive die Gleichungen mit den letztberechneten Werten der anderen Feldgrößen linearisiert und diskretisiert. Die Gleichungen werden dann mit einem adaptiven Full–Multigrid–Verfahren gelöst [S1].

Die verschiedenen Mehrgitterkomponenten müssen hierbei an das Problem angepasst werden. So wird für die Glättung von Spannung und Konzentrationen ein Schachbrett Gauß–Seidel–Verfahren verwendet, für die Temperatur ein modifizierter Glätter, der in horizontaler Richtung voranschreitet. Restringierung und Extrapolation werden nur innerhalb der Materialgrenzen durchgeführt. Die Restringierung ist dabei Durschnittsbildung für Dichten und Aufsummierung für die additiven Größen, wie den Volumenströmen.

Untersuchungen an diesen Glättern an 2d–Teilproblemen haben gezeigt, daß Linien– bzw. Blockrelaxationen deutlicher besser sind. Die Implementierung dieser Glätter bedarf jedoch einigen Aufwandes, da die optimale Blockgröße entscheidend von der zu berechnenden Variablen abhängt.

4 Ergebnisse

Bisher wurden die Teile Geometriebeschreibung, Gittergenerierung und ein Rechenprogramm für kartesische Gitter mit einer einfachen äußeren Kopplung der Größen durchgeführt.

Während die Geometriebeschreibung zwar programmieraufwendig ist, so ist sie andererseits mathematisch nicht zu anspruchsvoll. Deshalb soll hier nicht darauf eingegangen werden.

Netzgenerierung. Kartesische Gitter bzw. Volumina machen hier keine Probleme.

Als besonderes Problem stellte sich jedoch die Netzgenerierung für sehr unstrukturierte Geometrien heraus. Die Problematik liegt in der Diskretisierung der Geometrie derart, daß die so erzeugten, zweidimensionalen polyedrischen Gebiete einen Umkreis besitzen, dessen Mittelpunkt innerhalb dieses Volumens liegt. Diese Voraussetzung ist durch die Physik des Problems gegeben, da Flüsse durch Volumina bilanziert werden und die zu den Flüssen analogen skalaren Größen auf einem Punkt innerhalb des Volumens definiert werden.

Im Rahmen des Projektes wurde neben diversen Triangulierungsverfahren ein Zerleger für diese Geometrien implementiert. Am Beispiel eines Eichhörnchens ist das Resultat in Abb. 2 zu sehen.

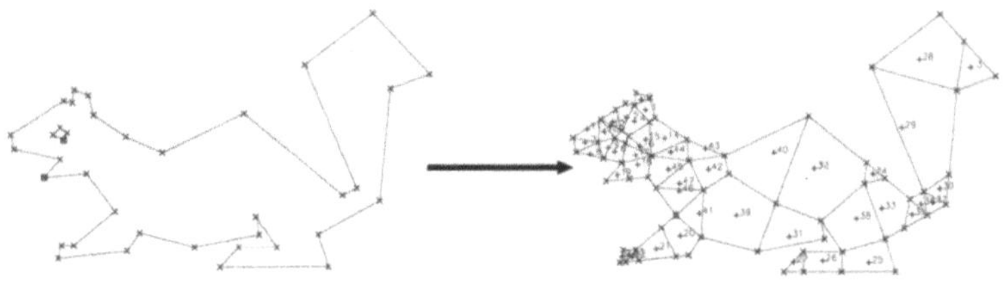

Abb. 2. Zerlegung eines Eichhörnchens in zulässige Volumina. Ein „+" kennzeichnet den Umkreismittelpunkt

Bisherige Simulationsergebnisse. Im ersten Schritt wurden die diskreten Gleichungen auf einem kartesischen Gitter gelöst. Es wurden zu verschiedenen angelegten Spannungen, Brenngasen und Betriebstemperaturen zu den vom Hersteller gelieferten Kinetikdaten Rechnungen durchgeführt. Weiterhin wurde die Breite der Stege und die Dicke der Kathode variiert.

Variation physikalischer Größen. Berechnet wurde der Temperaturgradient, die sich einstellenden Stromflüsse, sowie die Veränderung der Brenngaszusammensetzung innerhalb der Zelle. Aus diesen Daten lassen sich Aussagen über die Belastbarkeit der Zelle und die Brennstoffausnutzung machen, sowie das Design der Zelle optimieren.

Bei einer angelegten Spannung von 0.7 V, einer Einströmtemperatur von Luft und Brenngas von 1183 K mit Kohlegas als Brenngas und einer Einströmgeschwindigkeit von 0.0006 Mol/sec für Luft, bzw. 0.00004 Mol/sec für das Kohlegas ergibt sich eine Stromverteilung gemäß Abb. 3.

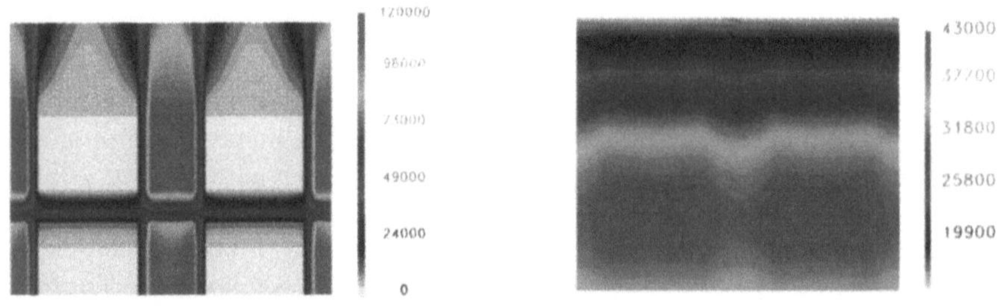

Abb. 3. Stromdichte in $10^{-5} A/cm^2$ in $x-y-$Richtung (links) und $x-z-$Richtung (rechts)

Im linken Bild ist die Stromverteilung in der $x-y-$Richtung, also analog zu Abb. 1, in der ersten z-Schicht wiedergegeben, im rechten die Verteilung im Elektrolyten entlang der Zelle. Wie erwartet, findet der Stromfluß in erster Linie an den Stegen statt und verteilt sich nachher auf die bipolare Platte. Interessanter sind die Schlüsse, die sich aus dem rechten Bild ergeben. Der Stromfluß nimmt zunächst zu, dann aber wegen der nachlassenden Menge Brennstoffes zügig ab.

Bei Ausströmung ist etwa 65% des Brennstoffes verbraucht. Die Temperaturunterschiede innerhalb der Zelle betragen ca. 100 K und dies geht an die Grenzen des derzeit technisch Möglichen. Eine verbesserte Ausnutzung des Brenngases kann durch eine langsamere Durchströmgeschwindigkeit oder eine niedrigere angelegte Spannung erreicht werden; beides führt jedoch zu einer Erhöhung des Temperaturgradienten, so daß dies mit den derzeit verwendeten

Materialien nicht praktikabel ist. Dies bedeutet, daß eine Nachverbrennung des Brenngases notwendig ist.

Zusammenfassend sind in Tabelle 2 und 3 die Auswirkung verschiedener angelegter Spannungen auf die Brennstoffausnutzung, die Temperatur, die Stromdichte und die elektrische Leistung dargestellt. Die Einströmgeschwindigkeiten sind hierbei die gleichen wie in Abb. 3. Es zeigt sich, daß bei Verwendung von Wasserstoff als Brenngas die Temperaturunterschiede noch weiter anwachsen und deshalb Zellspannungen unter 0.7 V derzeit nicht realisierbar sind.

	ΔT zwischen Ein- und Ausströmung in K			Brennstoff- ausnutzung in %		
	0.65 V	0.7 V	0.8 V	0.65 V	0.7 V	0.8 V
Kohlegas	131	91	32	84	65	28
Wasserstoff mit 40% H_2O	153	114	43	90	72	33
reiner Wasserstoff	228	179	84	88	73	40

Tabelle 2. Temperaturunterschied und Brennstoffausnutzung bei verschiedenen Brenngasen und verschiedenenen Spannungen

	mittl. Stromdichte in A			Leistung in W/cm^2		
	0.65 V	0.7 V	0.8 V	0.65 V	0.7 V	0.8 V
Kohlegas	0.378	0.293	0.126	0.246	0.205	0.101
Wasserstoff mit 40% H_2O	0.402	0.323	0.146	0.261	0.226	0.117
reiner Wasserstoff	0.591	0.493	0.272	0.384	0.345	0.217

Tabelle 3. Mittlere Stromdichte und elektrische Leistung der Zelle

Variation geometrischer Größen. Eine weitere Schwierigkeit liegt in der Bestimmung des Verhältnisses Kanalbreite zu Stegbreite. Im folgenden wird davon ausgegangen, daß die Brennstoffzelle analog zur in Abb. 1 gewählten Modellgeometrie eine feste Breite von 1.1 cm hat und darin 2 Kanäle und 3 Stege in symmetrischer Anordnung enthalten sind. Erkenntnisse zur Konstruktion einer realen Zelle ergeben sich hieraus sofort aus Symmetriegründen.

In Abb. 4 ist die Leistung bei Verwendung von Kohlegas bzw. Wasserstoff bei verschiedenen Kanalbreiten und Kathodendicken aufgezeigt.

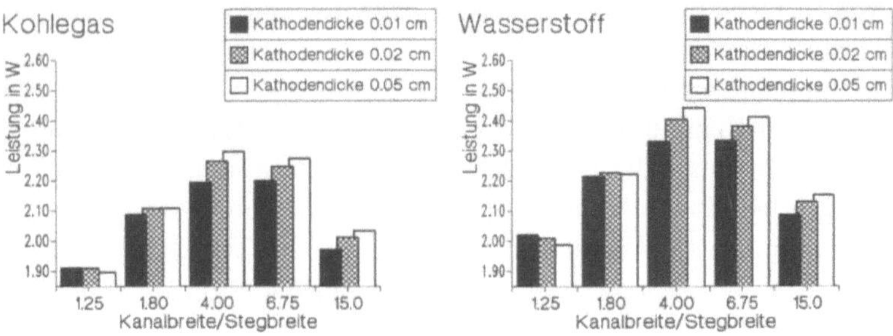

Abb. 4. Leistung bei unterschiedlichen Verhältnissen Kanal- zu Stegbreite für Kohlegas und reinen Wasserstoff

Zum einen ist hier eine wesentliche Erkenntnis, daß bei breiten Kanälen dünnere Kathoden geeigneter sind als bei schmaleren Kanälen. Die höchste Leistung wird mit einem Kanal-/Stegverhältnis von etwa vier zu eins und einer Kathodendicke von 0.5 mm erreicht.

Zusammenfassung. Durch die Modellierung der SOFC können Entscheidungshilfen sowohl für die mechanische Konstruktion, als auch für die Betriebsführung selber gegeben werden. Die Temperaturschwankungen, denen die Materialien ausgesetzt werden, als auch die zu erwartende Leistung der Zelle können prognostiziert werden. Bei einer zulässigen Temperaturschwankung von etwa 120 K wird die höchste Leistung bei ca. 0.7 V erreicht. Die Kanäle sollten etwa um einen Faktor vier breiter sein als die Stege. Trotz der Optimierung dieser Parameter bleibt ein Anteil unverbrauchten Brenngases von in der Regel über 35%. Hierzu muß sich eine geeignete Lösung – Nachverbrennung oder Rückführung – überlegt werden.

5 Ausblick

Trotz der weiten Anwendungsmöglichkeiten des Programmes auf kartesischen Gittern bleiben Probleme. Derzeit lassen sich nur Zellspannungen oberhalb von 0.62 V rechnen, für niedrigere Zellspannungen müssen die oben beschriebenen neuen Ansätze für die Kopplung von Konzentration und Spannung in das dreidimensionale Programm integriert werden.

Mit dem gegenwärtigen Modell ist es auch nicht möglich, die chemischen Reaktionen bei der inneren Reformierung von Methan zu behandeln. Hierzu fehlen allerdings auch Materialparameter. Zur Zeit werden zu diesen Parametern im Institut für Energieverfahrenstechnik des Forschungszentrums Jülich Messungen durchgeführt, und eine zweidimensionale Modellierung ist in Arbeit. Später kann diese eventuell in das vorliegende Modell integriert werden.

Literatur

[AF] A. J. APPLEBY, F. R. FOULKES *Fuel Cell Handbook,* van Nostrand Reinhold, New York, 18 (1989)

[CH] C.F. CURTIS, J.O. HIRSCHFELDER J. Chem. Phys. 17, p 550-555 (1949)

[DS] J. DIVISEK, M. J. SCHWUGER *Brennstoffzellen als Wandler chemischer Energie in Elektrizität,* Jahresbericht des Forschungszentrums Jülich GmbH (1990)

[HT] W. HACKBUSCH, U. TROTTENBERG (EDS.) *Muligrid Methods,* Lecture Notes in Mathematics 960, Springer (1981)

[S1] B. STEFFEN *Mathematical Methods for High Resolution Modelling of SOFC,* Proceedings of the 5th IEA Workshop on SOFC, Forschungszentrum Jülich (1993)

[S2] B. STEFFEN *Calculation of Potential Heat Distribution in a Bipolar Electrolyser,* Proceedings of the 2nd IEA Workshop on Hydrogen Production, Forschungszentrum Jülich (1991)

[We] W.L. WENDLAND *Mehrfeldprobleme in der Kontinuumsmechanik,* GAMM–Mitteilungen 18/2 (1995)

Effiziente dreidimensionale numerische Simulation eines Reaktorkerns

R.H.W. Hoppe[1], U. Rüde[1], W. Schmid[1], F. Wagner[1] und H. Finnemann[2]

[1] Lehrstuhl für Angewandte Mathematik I, Universität Augsburg,
   Universitätstr. 14, D-86159 Augsburg, e-mail: hoppe@math.uni-augsburg.de,
   URL: http://wwwhoppe.math.uni-augsburg.de/hoppe.me.html
[2] Siemens AG, Abt. KWU BTMC, Bunsenstr. 43, D-91058 Erlangen,
   e-mail: Herbert.Finnemann@bte.kwu.siemens.de

Abstract. A central problem in the safety analysis of nuclear reactors is the determination of the neutron distribution in the reactor core. We present the neutron multigroup diffusion equations that often are used in this context and discuss the use of hybrid mixed finite elements for their numerical solution. A closely related adaptive concept is presented with numerical test examples showing the potential strength of this adaptive approach. Further, we discuss concepts for time step control in the instationary case and present numerical examples in 2D that support the need for adaptivity in space. Finally, numerical results are shown for a 3-D simulation.

1 Die Mehrgruppen-Diffusionsgleichungen der Neutronenkinetik

Ein wichtiges Hilfsmittel bei der Sicherheitsanalyse von Kernreaktoren ist die numerische Simulation des Reaktorkerns. Die relevanten physikalischen Größen sind die *Neutronendichte* n, der *Neutronenfluß* $\phi = n \cdot v$, wobei v die Neutronengeschwindigkeit darstellt, und der *Neutronenstrom* $\mathbf{j} = \phi\Theta$ mit Θ als der Richtung der Neutronenbewegung.

Zur Beschreibung der Neutronenverteilung im Reaktorkern wird oft die auf dem Fickschen Gesetz $\mathbf{j} = -D\nabla\phi$ beruhende Diffusionstheorie anstelle der genaueren, aber aufwendigeren Transporttheorie verwendet. Die Mehrgruppen-Diffusionsgleichungen ergeben sich aus der energieabhängigen Diffusionsgleichung durch Integration über eine gewisse Zahl von Energievariablen, den sogenannten *Energiegruppen*. Eine genauere Beschreibung der zugrundeliegenden Reaktorphysik findet man z.B. in Duderstadt/Hamilton [DH] und in Emendörfer/Höcker [EH1, EH2].

In der Praxis werden nur wenige Energiegruppen, oft nur zwei, benötigt, um verläßliche Resultate zu erhalten. Daher werden wir uns zur Vereinfachung der Darstellung auf zwei Gruppen beschränken. Im Falle der stationären Diffusionsgleichung ohne äußere Quellen und ohne Streuung aus der

Energiegruppe 2 (thermische Energie, *langsame Neutronen*) in die Energiegruppe 1 (hohe Energie, *schnelle Neutronen*) erhalten wir

$$-\nabla(D_1\nabla\phi_1) + (\Sigma_{a1} + \Sigma_{12})\,\phi_1 = \frac{1}{\lambda}\chi_1(\nu\Sigma_{f1}\phi_1 + \nu\Sigma_{f2}\phi_2)$$

$$-\nabla(D_2\nabla\phi_2) + \Sigma_{a2}\phi_2 - \Sigma_{12}\phi_1 = \frac{1}{\lambda}\chi_2(\nu\Sigma_{f1}\phi_1 + \nu\Sigma_{f2}\phi_2)$$

oder

$$(L - \frac{1}{\lambda}F)\cdot\Phi = 0. \tag{1}$$

Dabei bezeichnet ϕ_g den *Neutronenfluß* der Energiegruppe g, Σ_{ag} den entsprechenden *Absorptionsquerschnitt*, Σ_{12} den *Streuquerschnitt* von Energiegruppe 1 in die Energiegruppe 2 und $\nu\Sigma_{fg}$ den *Spaltquerschnitt*.

(Aus-)Diffusion und Absorption stellen Verlustterme dar, während die Spaltung als Quellterm und die Streuung als Verlustterm für die Energiegruppe 1 und als Quellterm für die Energiegruppe 2 fungieren. Die Bilanzgleichung ergibt ein verallgemeinertes Eigenwertproblem mit

  – dem dominanten Eigenwert λ (*Multiplikationskonstante* des Reaktors)
  – der zugehörigen Eigenfunktion Φ,

die zu bestimmen sind. Damit können für eine gegebene Reaktorgeometrie und -anreicherung das Langzeitverhalten, die entsprechende Leistungsverteilung und das Abbrandverhalten bestimmt werden.

Im instationären Fall haben wir

$$\frac{1}{v_1}\frac{\partial\phi_1}{\partial t} - \nabla(D_1\nabla\phi_1) + (\Sigma_{a1} + \Sigma_{12})\phi_1 = \chi_{d1}\lambda_C C + \frac{\nu}{\lambda}\chi_{p1}(1-\beta)[\Sigma_{f1}\phi_1 + \Sigma_{f2}\phi_2]$$

$$\frac{1}{v_2}\frac{\partial\phi_2}{\partial t} - \nabla(D_2\nabla\phi_2) + \Sigma_{a2}\phi_2 - \Sigma_{12}\phi_1 = \chi_{d2}\lambda_C C + \frac{\nu}{\lambda}\chi_{p2}(1-\beta)[\Sigma_{f1}\phi_1 + \Sigma_{f2}\phi_2].$$

Dabei stehen χ_{dg} und χ_{pg} für das Spaltspektrum der *verzögerten* und *prompten Neutronen*, während β den Anteil der verzögerten Neutronen und λ_C die Zerfallskonstante von C beschreiben.

Verzögerte Neutronen, ein Anteil von ungefähr einem Prozent der Neutronen, werden mit einer Verzögerung freigesetzt, weil sie zeitweilig "zwischengelagert" sind in den Mutterkernen[1], instabilen Isotopen, die in der Folge zerfallen. Da die Zeitkonstanten des Reaktors durch diese Verzögerung signifikant steigen, müssen sie sorgfältig berücksichtigt werden.

Schreibt man die instationäre Gleichung in Operatorform, erhält man

$$V\frac{\partial\Phi}{\partial t} + (L - \frac{1}{\lambda}F)\Phi = -D\frac{\partial C}{\partial t}, \tag{2}$$

wobei V die Diagonalmatrix der *inversen Neutronengeschwindigkeiten* der beiden Gruppen und F den *Spaltoperator* bezeichnen. Die *Mutterkernkonzentrationen* C werden simultan berechnet aus

$$\frac{\partial C}{\partial t} + \lambda_C C = \frac{1}{\lambda}\beta[\nu\Sigma_{f1}\phi_1 + \nu\Sigma_{f2}\phi_2]. \tag{3}$$

---

[1] Zur Vereinfachung betrachten wir nur eine von 6 möglichen Mutterkern-Arten.

2 Gemischt hybride finite Elemente

Die physikalisch interessierenden Terme der Neutrondiffusionsgleichung sind sowohl der Neutronenfluß als auch der Neutronenstrom. Daher bietet sich die Verwendung von gemischten finiten Elementen an, weil diese die gleichzeitige Berechnung von Fluß und Strom ermöglichen und außerdem die Stromerhaltung garantieren. Zur Vereinfachung beschränken wir uns auf eine einzelne Gleichung und die Raviart-Thomas-Nédélec-Elemente niedrigster Ordnung für Rechteckstriangulationen in 3D. Für den allgemeinen Fall verweisen wir auf die Monographie von Brezzi/Fortin [BF, Kapitel V].

Zunächst zur Notation : $\Omega \subset \mathbb{R}^3$ sei im folgenden ein beschränktes Polyedergebiet mit Rand Γ. Ferner sei $\mathcal{T}_h$ eine Triangulation, und es bezeichne K einen Quader aus $\mathcal{T}_h$, f die Seitenfläche von K und $\mathcal{F}_h$ die Menge aller Seitenflächen. Unsere Notation folgt teilweise der in Hoppe/Wohlmuth [HW1, HW2].

2.1 Hybridisierung

Wir betrachten eine skalare elliptische Differentialgleichung 2. Ordnung:

$$-\nabla(D\nabla\phi) + \Sigma\phi = S \text{ in } \Omega \tag{4}$$

mit Randwerten $\phi = 0$ auf Γ_0 und $D\frac{\partial\phi}{\partial n} = 0$ auf Γ_1, wobei $\Gamma = \Gamma_0 \cup \Gamma_1$ und $\Gamma_0 \cap \Gamma_1 = \emptyset$. Durch Einführung der vektorwertigen Unbekannten $\mathbf{j} := -D\nabla\phi$ kann die Gleichung zweiter Ordnung (4) formal als System erster Ordnung geschrieben werden

$$D^{-1}\mathbf{j} + \nabla\phi = 0,$$
$$\mathrm{div}(\mathbf{j}) + \Sigma\phi = S. \tag{5}$$

Die variationelle Form von (5) wird als gemischte Formulierung bezeichnet und ist gegeben durch:

$$\overbrace{\int_\Omega (D^{-1}\mathbf{j} \cdot \mathbf{q})\, dx}^{=:a(\mathbf{j},\mathbf{q})} - \overbrace{\int_\Omega \phi\, \mathrm{div}(\mathbf{q})\, dx}^{=:b(\mathbf{q},\phi)} = 0, \quad \mathbf{q} \in H_{0,\Gamma_1}(\mathrm{div};\Omega),$$

$$\underbrace{\int_\Omega v\, \mathrm{div}(\mathbf{j})\, dx}_{=:-b(\mathbf{j},v)} + \underbrace{\int_\Omega \Sigma\phi v\, dx}_{=:c(\phi,v)} = \underbrace{\int_\Omega Sv\, dx}_{=:S(v)}, \quad v \in L^2(\Omega), \tag{6}$$

wobei $H_{0,\Gamma_1}(\mathrm{div};\Omega) := \{\mathbf{q} \in H(\mathrm{div};\Omega); \mathbf{q} \cdot \mathbf{n} = 0 \text{ auf } \Gamma_1\}$ und $H(\mathrm{div};\Omega) := \{\mathbf{q}; \mathbf{q} \in (L^2(\Omega))^3, \mathrm{div}(\mathbf{q}) \in L^2(\Omega)\}$.

Die gemischte Finite-Elemente-Diskretisierung von (4) beruht auf der gemischten Formulierung (6) bei Approximation von $H_{0,\Gamma_1}(\mathrm{div};\Omega)$ durch

$$RT_{0,\Gamma_1}^{[0]}(\Omega;\mathcal{T}_h) := \{\mathbf{q} \in H_{0,\Gamma_1}(\mathrm{div};\Omega); \mathbf{q}|_K \in RT^{[0]}(K)\}$$

wobei $RT^{[0]}(K) := (Q_0)^3 + \mathbf{x} \cdot Q_0 = Q_{1,0,0} \times Q_{0,1,0} \times Q_{0,0,1}$. Dabei ist $Q_{k_1,k_2,k_3}(K) := \{p : K \to \mathbb{R} \mid p(x) := \sum_{\alpha_i \leq k_i} a_{(\alpha_1,\alpha_2,\alpha_3)} x_1^{\alpha_1} x_2^{\alpha_2} x_3^{\alpha_3}\}$, $k_i \in \mathbb{N}_0, 1 \leq i \leq 3$ sowie $Q_k(K) := Q_{k,k,k}(K), k \in \mathbb{N}_0$.

Es sei angemerkt, daß $\mathbf{q} \in RT^{[0]}(K)$ eindeutig bestimmt ist durch die sechs Freiheitsgrade

$$\int_{\partial K} \mathbf{n} \cdot \mathbf{q} p_\nu \, d\sigma, \quad p_\nu \in R_0(\partial K), \ \nu = 1,\ldots,6,$$

wobei $R_0(\partial K) := \{p \in L^2(\partial K) \mid \ p|_{f_\nu^K} \in Q_0(f_\nu^K), 1 \leq \nu \leq 6\}$ mit den Seiten $f_\nu^K, 1 \leq \nu \leq 6$ von $K \in \mathcal{T}_h$ und $\mathbf{n}$ den äußeren Normalenvektor auf ∂K bezeichnet.

Die Konformität dieser Approximation ist gesichert, da man die Basis-Vektorfelder so definiert, daß die Stetigkeit der Normalkomponenten

$$(\mathbf{n} \cdot \mathbf{q}_h)|_{f \cap K} = -(\mathbf{n}' \cdot \mathbf{q}_h)|_{f \cap K'} \quad K \cap K' = f \in \mathcal{F}_h \cap \Omega \tag{7}$$

über Interelement-Rändern gegeben ist ($\mathbf{n}$ und $\mathbf{n}'$ stehen für die äußeren Normalenvektoren auf $f \cap \partial K$ bzw. $f \cap \partial K'$). Unter Beachtung von $\mathrm{div}(\mathbf{q}_h)|_K \in Q_0(K)$, $K \in \mathcal{T}_h$ besteht die natürliche Approximation der primalen Variablen ϕ in der Verwendung stückweiser Konstanten:

$$W^{[0]}(\Omega; \mathcal{T}_h) := \{w \in L^2(\Omega); w|_K \in Q_0(K)\}.$$

Somit verlangt die gemischte Diskretisierung die Berechnung von $(\mathbf{j}_h, \phi_h) \in RT_{0,\Gamma_1}^{[0]}(\Omega; \mathcal{T}_h) \times W^{[0]}(\Omega; \mathcal{T}_h)$, so daß

$$a(\mathbf{j}_h, \mathbf{q}_h) + b(\mathbf{q}_h, \phi_h) = 0, \quad \mathbf{q}_h \in RT_{0,\Gamma_1}^{[0]}(\Omega; \mathcal{T}_h),$$
$$b(\mathbf{j}_h, v_h) - c(\phi_h, v_h) = -S(v_h), \quad v_h \in W^{[0]}(\Omega; \mathcal{T}_h).$$

Bezeichnet man die den Bilinearformen a, b und c zugehörigen Operatoren mit $A : RT_{0,\Gamma_1}^{[0]}(\Omega; \mathcal{T}_h) \to RT_{0,\Gamma_1}^{[0]}(\Omega; \mathcal{T}_h)^*$, $B : RT_{0,\Gamma_1}^{[0]}(\Omega; \mathcal{T}) \to W^{[0]}(\Omega; \mathcal{T}_h)^*$ und $C : W^{[0]}(\Omega; \mathcal{T}_h) \to W^{[0]}(\Omega; \mathcal{T}_h)^*$, so kann das System in Operatorform wie folgt geschrieben werden

$$\begin{pmatrix} A & B^T \\ B & -C \end{pmatrix} \begin{pmatrix} \mathbf{j}_h \\ \phi_h \end{pmatrix} = \begin{pmatrix} 0 \\ -S \end{pmatrix}.$$

Die Lösung dieses indefiniten linearen Gleichungssystems kann durch Hybridisierung vermieden werden. Die Idee dabei ist es, die Stetigkeitsanforderungen (7) für die Normalkomponenten auf den Interelement-Rändern aus dem Ansatzraum $RT_{0,\Gamma_1}^{[0]}(\Omega; \mathcal{T}_h)$ zu eliminieren. Dies führt zur folgenden nichtkonformen Raviart-Thomas-Nédélec-Approximation:

$$RT_{0,\Gamma_1}^{[0],-1}(\Omega; \mathcal{T}_h) := \{\mathbf{q}_h \in (L^2(\Omega))^3 \mid \ \mathbf{q}_h|_K \in RT^{[0]}(K),$$
$$\mathbf{n} \cdot \mathbf{q}_h|_{\Gamma_1} = 0; \ K \in \mathcal{T}_h\}.$$

Man beachte, daß die Dimension von $RT^{[0],-1}_{0,\Gamma_1}(\Omega;\mathcal{T}_h)$ die des konformen Gegenstücks $RT^{[0]}_{0,\Gamma_1}(\Omega;\mathcal{T}_h)$ um die Zahl der Interelement-Ränder übersteigt, weil jetzt zwei Basisfelder zu jeder inneren Seitenfläche gehören. Die Stetigkeitsanforderungen (7) werden durch Lagrangesche Multiplikatoren aus $M^{[0]}(\mathcal{F}_h) := \{\rho_h \in L^2(\mathcal{F}_h); \rho_h|_f \in Q_0(f); f \in \mathcal{F}_h \cap \Omega; \rho_h|_f = 0, f \in \mathcal{F}_h \cap \Gamma_0\}$, dem Multiplikator-Ansatzraum, berücksichtigt.

Die nichtkonforme gemischt hybride Diskretisierung erfordert dann die Berechnung von $(\mathbf{j}_h, \phi_h, \mu_h) \in RT^{[0],-1}_{0,\Gamma_1}(\Omega;\mathcal{T}_h) \times W^{[0]}(\Omega;\mathcal{T}_h) \times M^{[0]}(\mathcal{F}_h)$, so daß

$$\hat{a}(\mathbf{j}_h, \mathbf{q}_h) + \hat{b}(\mathbf{q}_h, \phi_h) + \hat{d}(\mu_h, \mathbf{q}_h) = 0 \qquad , \; \mathbf{q}_h \in RT^{[0],-1}_{0,\Gamma_1}(\Omega;\mathcal{T}_h),$$
$$\hat{b}(\mathbf{j}_h, v_h) - \hat{c}(\phi_h, v_h) \qquad\qquad = -S(v_h) \, , \; v_h \in W^{[0]}(\Omega;\mathcal{T}_h)$$
$$\hat{d}(\rho_h, \mathbf{j}_h) \qquad\qquad\qquad = 0 \qquad , \; \rho_h \in M^{[0]}(\mathcal{F}_h),$$

mit den durch

$$\hat{a} := \sum_{K \in \mathcal{T}_h} a|_K, \; \hat{b} := \sum_{K \in \mathcal{T}_h} b|_K, \; \hat{c} := c \text{ und}$$

$$\hat{d}(\mu_h, \mathbf{q}_h) := \sum_{K \in \mathcal{T}_h} \int_{\partial K} \mu_h n \cdot \mathbf{q}_h \, d\sigma, \quad \mu_h \in M^{[0]}(\mathcal{F}_h), \; \mathbf{q}_h \in RT^{[0],-1}_{0,\Gamma_1}(\Omega;\mathcal{T}_h).$$

gegebenen Bilinearformen $\hat{a}, \hat{b}, \hat{c}$ und $\hat{d}$. In Operator- (oder Matrix-) Schreibweise erhalten wir

$$\begin{bmatrix} \hat{A} & \hat{B}^T & \hat{D}^T \\ \hat{B} & -\hat{C} & 0 \\ \hat{D} & 0 & 0 \end{bmatrix} \begin{bmatrix} \mathbf{j}_h \\ \phi_h \\ \mu_h \end{bmatrix} = \begin{bmatrix} 0 \\ -S \\ 0 \end{bmatrix}.$$

Das besondere Merkmal der gemischten Hybridisierung ist die Block-Elimination des diskreten Flusses $\mathbf{j}_h$, d.h., die Verwendung statischer Kondensation. Das resultierende Schurkomplement-System

$$\begin{bmatrix} \hat{C} + \hat{B}\hat{A}^{-1}\hat{B}^T & \hat{B}\hat{A}^{-1}\hat{D}^T \\ \hat{D}\hat{A}^{-1}\hat{B}^T & \hat{D}\hat{A}^{-1}\hat{D}^T \end{bmatrix} \begin{bmatrix} \phi_h \\ \mu_h \end{bmatrix} = \begin{bmatrix} S \\ 0 \end{bmatrix} \tag{8}$$

erweist sich als äquivalent zu einer nichtkonformen primalen Approximation $\hat{\phi}_h$ in den *Nodalen Finiten Elementen* (vgl. Hennart/Del Valle [HD]). Diese äquivalente nichtkonforme Approximation $\hat{\phi}_h$ hat bezüglich $\|.\|_0$ die Ordnung $O(h^2)$ im Gegensatz zur Ordnung $O(h)$ für die stückweise konstante Approximation ϕ_h, falls die exakte Lösung $\phi \in H^2(\Omega)$ liegt und $S \in H^1(\Omega)$ erfüllt ist (vgl. Arbogast/Chen [AC] oder Hennart/Del Valle [HD]). Diese Ordnungsdifferenz wird im nächsten Kapitel zur Konstruktion eines effizienten Fehlerschätzers verwendet.

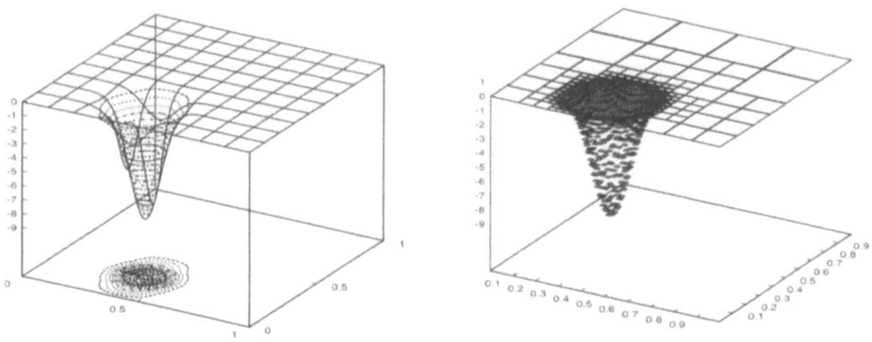

Abb. 1. L^2-Fehlerschätzer: 2D-Schnitt für Testfunktion mit Exponential-Peak

2.2 Ein L^2-Fehlerschätzer für gemischt hybride finite Elemente

Adaptivität durch lokale Verfeinerung kann mit einem effizienten und zuverlässigen a posteriori Fehlerschätzer realisiert werden. Für die L^2-Norm des Gesamtfehlers in der primalen Variablen wurde ein derartiger Fehlerschätzer für simpliziale 2D-Triangulationen von Hoppe/Wohlmuth [HW1, HW2] entwickelt.

Analog kann hier ein Fehlerschätzer konstruiert werden. Sei $NFM(\Omega; \mathcal{T}_h)$ der Ansatzraum mit Nodalen Finiten Elementen für die gegebene Triangulierung von Ω (vgl. z.B. Hennart/Del Valle [HD]). Insbesondere bezeichne $\hat{\phi}_h \in NFM(\Omega; \mathcal{T}_h)$ die nichtkonforme Interpolation von $\mu_h \in M^{[0]}(\mathcal{F}_h)$ und $\phi_h \in RT_{0,\Gamma_1}^{[0],-1}(\Omega; \mathcal{T}_h)$ in dem Sinne, daß $\Pi_h \hat{\phi}_h = \mu_h$ und $P_h \hat{\phi}_h = \phi_h$ mit Π_h und P_h als den L^2-Projektionen auf $M^{[0]}(\mathcal{F}_h)$ und $RT_{0,\Gamma_1}^{[0],-1}(\Omega; \mathcal{T}_h)$. Dann ist folgende Sättigungsannahme durch die oben erwähnte Ordnungsdifferenz gerechtfertigt: $\|\phi - \hat{\phi}_h\|_0 \leq \beta\|\phi - \phi_h\|_0, \quad 0 \leq \beta < 1$.

Sei nun $\hat{\varphi}_h \in NFM(\Omega; \mathcal{T}_h)$ die analog zu oben konstruierte nichtkonforme Interpolation für die iterativ berechnete Näherung $(\tilde{\mu}_h, \tilde{\phi}_h)$ zur exakten Lösung (μ_h, ϕ_h). Dann gilt unter Verwendung der Sättigungsannahme

$$\|\phi - \tilde{\phi}_h\|_0 \leq (1 - \beta)^{-1}\|\hat{\varphi}_h - \tilde{\phi}_h\|_0 + \tfrac{1+\beta}{1-\beta}\|\hat{\varphi}_h - \hat{\phi}_h\|_0,$$
$$\|\phi - \tilde{\phi}_h\|_0 \geq (1 + \beta)^{-1}\|\hat{\varphi}_h - \tilde{\phi}_h\|_0 - \|\hat{\varphi}_h - \hat{\varphi}_h\|_0. \tag{9}$$

Wir merken an, daß $\|\hat{\varphi}_h - \hat{\phi}_h\|_0$ in (9) den Iterationsfehler bezeichnet, der im iterativen Lösungsprozeß kontrolliert werden kann. Daher kann man die einfach zu berechnenden lokalen Beiträge $\|\hat{\varphi}_h - \tilde{\phi}_h\|_{0,K}$ als Indikatoren für die lokale Verfeinerung der Triangulation verwenden, sofern der Iterationsprozeß genau genug durchgeführt wird. Abb. 1 zeigt einen 2D-Schnitt ($x_3 = 0.3$) durch ein derart lokal verfeinertes Gitter für ein Testbeispiel, das einen exponentiellen Peak in $\mathbf{x} = (0.4, 0.2, 0.3)$ aufweist.

3 Konzepte zur Zeitschrittweitenkontrolle

Das instationäre Problem (2) wird interpretiert als *abstraktes Cauchy-Problem* im Hilbertraum $H := L^2([0,T],W)$:

$$V \frac{d}{dt} u + Au = f, \qquad u(0) = u_0,$$

wobei $u \in H$ und $u_0 \in W$. Damit kann man Konzepte zur Zeitschrittweitenkontrolle bei gewöhnlichen Differentialgleichungen auf diese parabolische Gleichung übertragen (siehe Bornemann [B]). Ferner bezeichnet W einen den entsprechenden Randbedingungen genügenden Teilraum von $[H^1(\Omega)]^3$ und

$$A := L - \frac{1}{\lambda} F, \qquad f := -D \frac{d}{dt} C.$$

Anfangs- und Eigenwert (u_0, λ) sind Lösung des stationären Problems (1).

Wir betrachten das transiente Problem im Zeitintervall $[t_0, t_1]$ mit Schrittweite $\tau := t_1 - t_0$. Eine Diskretisierung basierend auf dem *impliziten Euler-Schema* ergibt das folgende System elliptischer Gleichungen

$$[V + \tau A]u^1 = Vu^0 + \tau f(t_1), \quad u^0 = u(t_0). \tag{10}$$

Eine Approximation zweiter Ordnung u^2 erhält man über eine additive Korrektur der Form $u^2 := u^1 + \eta_1$, wobei η_1 die Lösung ist von

$$[V + \tau A]\eta_1 = \frac{1}{2}\tau \left[A(u^1 - u^0) + f(t_0) - f(t_1) \right]. \tag{11}$$

Löste man beide Systeme von elliptischen Gleichungen (10) und (11) *exakt*, so wäre der neue Zeitschritt τ_{neu} bestimmt durch $\tau_{\mathrm{neu}} := \sqrt{\mathrm{TOL}/\epsilon_1} \cdot \tau$, wobei $\epsilon_1 := \|\eta_1\|$ ein Schätzer für den Fehler in der Zeit und TOL eine vorgegebene Toleranz an diesen Fehler sind.

Die Unbekannten u^1 und η_1 können jedoch nicht exakt berechnet werden. Wir haben nur Approximationen $\hat{u}^1$ und $\hat{\eta}_1$ mit Störungen $\delta_1 := \hat{u}^1 - u^1$ bzw. $\omega_1 := \hat{\eta}_1 - \eta_1$ zur Verfügung. Mit Hilfe der Fehlerschätzung $[\delta_1]$ für die Störung $\|\delta_1\|$ des Lösers für das elliptische Problem (10) schätzt man den Fehler in $\hat{u}^2$, $\delta_2 := \hat{u}^2 - u^2$ (vgl. Bornemann [B, Kapitel 3.2]):

$$\|\delta_2\| \sim [\delta_2] := \frac{3}{2}[\delta_1].$$

Als Schätzung für den Fehler in der Zeitdiskretisierung benutzt man $\hat{\epsilon}_1 := \|\hat{\eta}_1\|$ und stellt an den Gesamtfehler in Ort und Zeit folgende Bedingung:

$$\hat{\epsilon}_1 + [\delta_2] < \mathrm{TOL}. \tag{12}$$

Gewichtet man den Zeit-Fehler mit dem Faktor $0 < \rho < 1$ und erfüllt $\hat{\epsilon}_1 < \rho\mathrm{TOL}$ durch die Wahl des neuen Zeitschrittes als

$$\tau_{\mathrm{neu}} := \sqrt{\frac{\rho\mathrm{TOL}}{\hat{\epsilon}_1}} \cdot \tau, \tag{13}$$

so wird Kriterium (12) erfüllt, falls $[\delta_2] < (1 - \rho)\mathrm{TOL}$ gilt. Dies wird erreicht durch einen adaptiven elliptischen Löser, der die Genauigkeit

$$[\delta_1] < \mathbf{eps}_1 := \frac{2}{3}(1 - \rho)\mathrm{TOL}$$

für die Lösung $\hat{u}^1$ von (10) sicherstellt.

Als numerisches Beispiel für die Zeitschrittweitensteuerung wurde eine modifizierte Form des zweidimensionalen Benchmark-Problems TWIGL, in dem das Herausfahren eines Steuerstabes aus dem Reaktorkern im Zeitintervall $[0, 0.2]$ simuliert wird, mit einem cell-centered Fünf-Punkte-Stern auf einem uniformen Gitter und einem Mehrgitterverfahren mit Block-Gauß-Seidel Glättung gerechnet. In Abb. 2 zeigen wir rechts die Entwicklung des Orts-

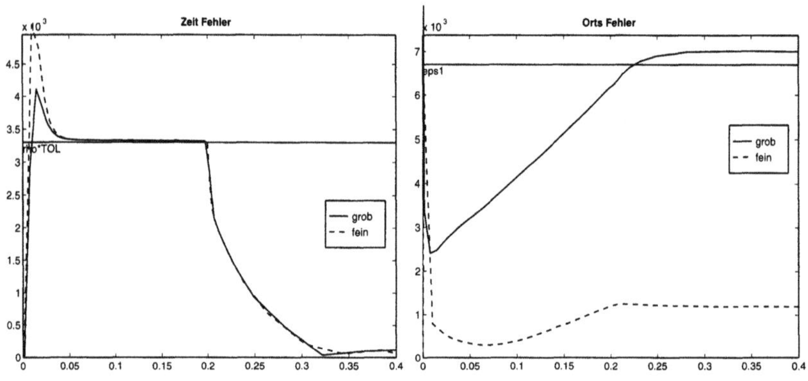

Abb. 2. Zeitschrittweitensteuerung (13) für zwei Orts-Diskretisierungen

diskretisierungsfehlers für elliptische Löser unterschiedlicher Genauigkeit, bezeichnet mit *fein* und *grob*, die sich um eine uniforme Verfeinerung in der Mehrgitter-Hierarchie unterscheiden. Wir beobachten eine identische Zeitschrittfolge für beide Löser, wobei die geforderte Toleranz für die Zeitdiskretisierung von $\rho\mathrm{TOL} = 1/3 \cdot 0.01$ genau erfüllt wird (vgl. Abb. 2, links). Es wird jedoch aus der genaueren Lösung des feineren Lösers, der die notwendige örtliche Genauigkeit $\mathbf{eps}_1$ weit unterbietet (Abb. 2, rechts), keinerlei Nutzen für die Wahl der Zeitschritte gezogen, so daß die Gesamttoleranz (12) abhängig vom elliptischen Löser mehr oder weniger weit unterschritten wird.

Die Verwendung eines effizienten adaptiven elliptischen Lösers vermeidet diesen Effizienzverlust, da die gewünschte örtliche Diskretisierungsgenauigkeit $\mathbf{eps}_1$ effizient erfüllt wird. Ohne adaptiven Löser behilft man sich mit

$$\tau_{\mathrm{neu}} := \sqrt{\frac{\mathrm{TOL} - [\delta_2]}{\hat{\epsilon}_1}} \cdot \tau, \tag{14}$$

wobei die Genauigkeit für die Zeit aus dem Rest in Kriterium (12) bestimmt wird, nachdem die Genauigkeit in der örtlichen Approximation bekannt ist.

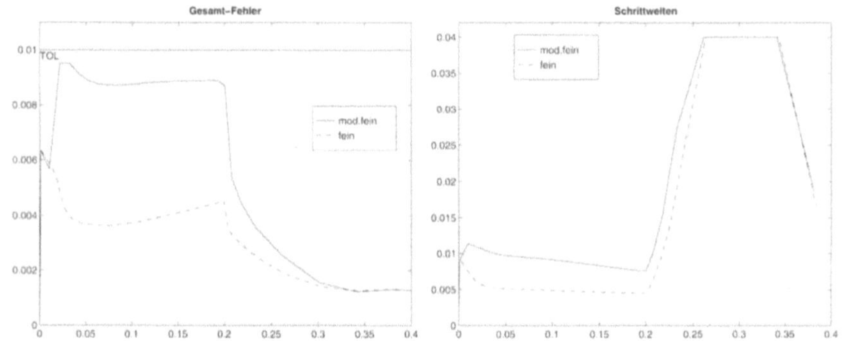

Abb. 3. Modifizierte Zeitschrittweitensteuerung (14)

In Abb. 3 sind rechts die Zeitschritte des groben bzw. feinen Lösers zu sehen, links der Gesamt-Diskretisierungsfehler der Approximationen. Hier zahlt sich die Verwendung des feineren Lösers durch größere Schrittweiten aus, wobei jedoch der Gesamtfehler nahe an der mit einem Sicherheitsfaktor von 0.8 versehenen Toleranz TOL = 0.01 bleibt.

4 Numerische Ergebnisse in 3D

Abb. 4 zeigt die 3D-Visualisierung der Neutronenflüsse $\phi_{h,1}$ und $\phi_{h,2}$ der Energiegruppen 1 und 2, berechnet mit dem gemischt hybriden Ansatz, wie er in Kapitel 2.1 beschrieben wurde. Man sieht, daß die Flußwerte im Zentrum des Reaktors ihre Maxima erreichen und fast gleichmäßig nach außen hin abfallen. Die Reflektorschicht um den Reaktor, die nicht selber aktiv ist und der Abschirmung nach außen dient, zeichnet sich deutlich ab: die Werte vor allem der Energiegruppe 1 verschwinden hier nahezu.

5 Zusammenfassung

Wir haben kurz die Herleitung der Zweigruppen-Diffusionsgleichung diskutiert. Als passende Diskretisierung haben wir die gemischt hybriden Finiten Elemente gewählt und einen dafür geeigneten Fehlerschätzer entwickelt. Adaptive Testrechnungen zeigen das Potential dieses Fehlerschätzers.

Ein Konzept für eine Zeitschrittweitensteuerung wurde erläutert und dafür auch 2D-Resultate präsentiert. Schließlich wurden noch Testrechnungen für

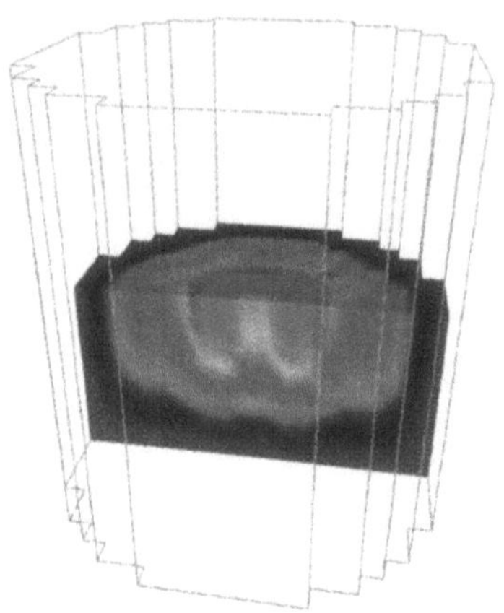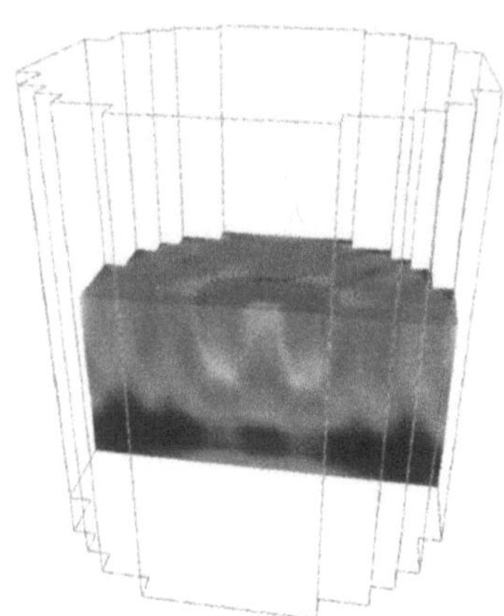

Abb. 4. Neutronenfluß der Energiegruppen 1 und 2

die Zweigruppen-Diffusionsgleichung in 3D vorgestellt. Entsprechende Testrechnungen unter Verwendung der vorgestellten adaptiven Konzepte werden derzeit bereits durchgeführt.

Literatur

[AC] T. ARBOGAST AND Z. CHEN, *On the implementation of mixed methods as nonconforming methods for second-order elliptic problems*, Math. Comput., 64 (1995), pp. 943–972.

[B] F. A. BORNEMANN, *An adaptive multilevel approach to parabolic equations in two space dimensions*, Technical Report TR 91-7, Konrad-Zuse-Zentrum für Informationstechnik, Berlin, June 1991.

[BF] F. BREZZI AND M. FORTIN, *Mixed and Hybrid Finite Element Methods*, Springer, New York Berlin Heidelberg Tokyo, 1991.

[DH] J. J. DUDERSTADT AND L. J. HAMILTON, *Nuclear Reactor Analysis*, J. Wiley & Sons, New York, 1976.

[EH1] D. EMENDÖRFER AND K. H. HÖCKER, *Theorie der Kernreaktoren, Bd. 1: Der stationäre Reaktor*, Bibliographisches Institut, Mannheim, 2. ed., 1982.

[EH2] ——, *Theorie der Kernreaktoren, Bd. 2: Der instationäre Reaktor*, Bibliographisches Institut, Mannheim, 1993.

[HD] J. P. HENNART AND E. DEL VALLE, *On the relationship between nodal schemes and mixed-hybrid finite elements*, Numer. Methods Partial Differential Equations, 9 (1993), pp. 411–430.

[HW1] R. H. W. HOPPE AND B. WOHLMUTH, *Efficient numerical solution of mixed finite element discretizations by adaptive multilevel methods*, Appl. Math., 40 (1995), pp. 227–248.

[HW2] R. H. W. HOPPE AND B. WOHLMUTH, *Adaptive multilevel techniques for mixed finite element discretizations of elliptic boundary value problems*, to appear in SIAM J. Numer. Anal.

1.3 Verhalten und Bearbeitung von Materialien

Eine Modifikation des Plastizitätsmodells von Mróz mit abklingendem Ratchetting

M. Brokate, A. Hein, K. Dreßler und V. Köttgen

Adaptive Materialien und Strukturen – Mathematische Modellierung und Simulation

K.-H. Hoffmann, H. Haller und A. Hörmann

Kopplung von Finite–Element– und Randelementmethoden für die numerische Simulation von piezokeramischen Strukturen

W. Hackbusch und R. Paul

Thermische Materialbearbeitung mit Laserstrahlung: Schmelzschneiden

V. Enß, V. Kostrykin, W. Schulz, H. Zefferer und D. Petring

Eine Modifikation des Plastizitätsmodells von Mróz mit abklingendem Ratchetting

M. Brokate[1], A. Hein[1], K. Dreßler[2] und V. Köttgen[2]

[1] Mathematisches Seminar, Universität Kiel, D-24098 Kiel,
   e-mail: mbr@numerik.uni-kiel.d400.de, URL: http://www.numerik.uni-kiel.de
[2] TecMath GmbH, Sauerwiesen 2, D-67661 Kaiserslautern

Abstract. We propose a modification of the one–parameter multisurface Mróz–model for kinematic hardening, which takes into account the phenomenon of ratchetting. We present some numerical simulations which show a certain qualitative agreement with published experimental data.

1 Schädigungsbewertung nach dem örtlichen Konzept

Bei Bauteilen, die zeitlich veränderlichen Lasten unterworfen sind, tritt eine progressive Schädigung ein, die man als *Materialermüdung* bezeichnet. Zum Betriebsfestigkeitsnachweis solcher Bauteile werden möglichst zuverlässige Prognosen für deren Lebensdauer benötigt. Hierfür werden, in Kombination mit Tests auf einem Prüfstand, auch rechnerische Verfahren eingesetzt. Bei deren Fundierung spielt das *örtliche Konzept* ([BS], [H]) eine zunehmende Rolle. Es basiert auf der Annahme, daß der lokale Spannungs–Dehnungs–Verlauf an einer oder mehreren kritischen Stellen das wesentliche Kriterium darstellt. Ist dieser näherungsweise bekannt, so erfolgt die Schädigungsbewertung durch die Definition elementarer *Schädigungsereignisse*, ihre Bewertung durch *Schädigungsparameter* und eine geeignete *Schadensakkumulationshypothese.*

Für einachsige oder proportionale lokale Spannungszustände ist es allgemein anerkannt, daß geschlossene Hystereseschleifen das elementare Schädigungsereignis darstellen. Beliebige Spannungs–Dehnungs–Verläufe können dann mit dem *Rainflowzählverfahren* (siehe z.B. [CS] oder [Mu], sowie [BDK2] für eine mathematische Analyse) in eine Folge von Hystereseschleifen zerlegt werden.

Bei allgemeinen Spannungszuständen ist die Lage wesentlich komplizierter, da es kein einfaches mehrdimensionales Konzept gibt, das den Begriff der geschlossenen Hystereseschleife verallgemeinert, und auch keine Einigkeit über die Definition eines elementaren Schädigungsereignisses besteht. Ansätze für eine Anwendung des örtlichen Konzepts auf mehrachsige Spannungszustände finden sich in [DK], [AHS]. Dabei handelt es sich um projektive Verfahren, die eine geeignete Reduktion auf den einachsigen Fall vornehmen.

In einem Programmpaket zur Schädigungsanalyse, welches möglichst allgemeine Last–Zeit–Folgen verarbeiten soll, müssen an verschiedenen Stellen Spannungsverläufe in Dehnungsverläufe (und umgekehrt) umgerechnet werden. In vielen Fällen muß dabei der sogenannte *Ratchetting–Effekt* (siehe Abschnitt 3) berücksichtigt werden. Ziel unserer Arbeit ist es, ein auf Mróz zurückgehendes elastoplastisches Spannungs–Dehnungs–Gesetz, welches in der Schädigungsanalyse häufig zugrundegelegt wird, so zu modifizieren, daß es den vielfach beobachteten abklingenden Verlauf des Ratchettings abbildet. Dies gelingt in qualitativer Hinsicht; die Bestimmung der Lastfälle, auf die das Modell anwendbar ist, und die damit zusammenhängende Parameterschätzung sind Gegenstand laufender Arbeiten.

2 Mehrdimensionale Plastizität

Zur Beschreibung mehrdimensionaler plastischer Verformungen wurde eine Vielzahl von Modellen entwickelt. Bei der uns interessierenden *ratenunabhängigen Fließtheorie* ist der elastische Bereich durch eine konvexe Menge im Raum der deviatorischen Spannungstensoren definiert. Erreicht die Spannung den Rand dieses Bereichs, die sogenannte *Fließfläche*, so tritt plastisches Fließen in Richtung der äußeren Normale auf. Ändert die Fließfläche dabei ihre Größe oder ihre Lage, so spricht man von *isotroper* bzw. *kinematischer Verfestigung*. Am häufigsten wird die *v.Mises–Fließbedingung* verwendet, bei der die Fließfläche eine Kugeloberfläche ist.

Besonders einfach ist das Prager–Modell mit linearer kinematischer Verfestigung, das einen im Eindimensionalen bilinearen Spannungs–Dehnungs–Verlauf verallgemeinert. *Nichtlineare kinematische Verfestigung* (NLKH) wurde zuerst von Armstrong und Frederick ([AF], siehe auch [LC]) untersucht und von Chaboche u.a. ([CDC]) sowie von Moosbrugger und McDowell ([MM], [McD1]) zu einer Mehrkomponentenform verallgemeinert. Diese Modelle ermöglichen die Beschreibung eines nichtlinearen Spannungs–Dehnungsverlaufs.

Eine andere Art der Verallgemeinerung stellen die *Mehrflächenmodelle* dar, die von Mróz eingeführt wurden ([Mr]). Im ursprünglichen Modell wird das Plastizitätsverhalten durch endlich viele verschachtelte Flächen vom v.Mises–Typ beschrieben. Die größte Fläche, die vom Spannungsdeviator berührt wird, bezeichnet man als *aktive Fläche*. Sie bestimmt den Betrag des plastischen Flusses. Ihre relative Lage zur nächstgrößeren Fläche definiert die kinematische Verfestigung, also die Verschiebung der aktiven und sämtlicher kleinerer Flächen. Im einachsigen Fall liefert dieses Modell eine stückweise lineare Spannungs–Dehnungs–Kurve. Von Ohno und Wang wurde der Zusammenhang der Mróz–Verfestigungsregel mit der Mehrkomponentenform der NLKH–Regel untersucht ([OW1], [OW2]).

Eine Verallgemeinerung des Mróz–Modells auf eine kontinuierliche Menge von Flächen stammt von Chu ([Chu1], [Chu2]). Dadurch wird die Anpassung an eine beliebige zyklische Spannungs–Dehnungs–Kurve aus einachsigen Experimenten möglich. Bemerkenswert an diesem Modell ist, daß das Gedächtnis, also die Lage sämtlicher Flächen, durch endlich viele Parameter beschrieben werden kann, wenn die vorgegebenen Spannungswerte stückweise linear verlaufen. Die Mittelpunkte $\Phi(r)$ der Flächen mit Radius r bilden dann eine stückweise lineare Kurve, deren Ableitung $\|\Phi'(r)\| = 1$ erfüllt. Aktiv bewegt werden dabei nur die inneren Flächen, deren Mittelpunkte auf dem ersten linearen Teilstück der Kurve liegen. Eine mathematische Analyse dieses Modells findet man in [BDK1].

Das kontinuierliche Mróz–Modell kann als mehrdimensionale Verallgemeinerung der eindimensionalen Gedächtnisregeln für das Öffnen und Schließen von Hystereseschleifen aufgefaßt werden und erscheint daher als ein geeignetes Modell für die in Abschnitt 1 beschriebenen Ziele. Das in den Abschnitten 4 und 5 dargestellte Modell basiert auf dieser kontinuierlichen Version.

3 Ratchetting

Unter Ratchetting versteht man die Akkumulation plastischer Verformung bei unsymmetrischen periodischen Spannungsverläufen. Diese Unsymmetrie kann sowohl eine von Null verschiedene Mittelspannung im Fall proportionaler Belastung (*Typ I–Ratchetting*) als auch ein konstanter Spannungswert in einer anderen als der schwingenden Komponente sein (*Typ II–Ratchetting*). Gerade auf dem Gebiet der Langzeitermüdung ist die Modellierung des Ratchettings von zentraler Bedeutung.

Experimentelle Untersuchungen und Versuche zur Modellierung wurden u.a. von Chaboche ([Cha1], [Cha2]), Bower ([B]), McDowell ([McD2]) und Ohno und Wang ([OW3]) durchgeführt. Die in diesen Arbeiten vorgestellten Modelle sind Modifikationen des Chaboche–Modells, also der Mehrkomponentenform der NLKH–Regel. Lediglich das Modell von Bower basiert auf der ursprünglichen Formulierung von Armstrong und Frederick.

Eine umfangreiche Serie von Ratchettingexperimenten wurde von Jiang und Sehitoglu durchgeführt. Bei langen periodischen Lastfolgen wurde für beide Typen eine in einer doppeltlogarithmischen Skala linear verlaufende Abnahme der Ratchetting–Rate beobachtet ([JS1]). In Mehrstufenversuchen zeigte sich darüberhinaus ein starker Memory–Effekt, der sogar Ratchetting entgegen der Richtung der Mittelspannung verursachen kann ([JS2]). In einem Überblick über die oben erwähnten Modelle zeigen Jiang und Sehitoglu, daß das Ohno–Wang–Modell die Memory–Effekte und die Abnahme des Typ II–Ratchettings am besten beschreibt, aber das Typ I–Ratchetting nicht richtig erfaßt.

Das Mróz–Modell kennt kein Typ I–Ratchetting, da unter proportionalen Spannungsverläufen stets geschlossene Hystereseschleifen erzeugt werden. Dagegen existiert ein Typ II–Ratchetting, das beim kontinuierlichen Modell konstant ([BDK1] und beim diskreten Modell asymptotisch konstant ist

([JS3]), so daß das experimentell beobachtete Ratchetting bei weitem über-
schätzt wird. Dieser Schwachpunkt soll mit der im Folgenden beschriebenen
Modifikation behoben werden.

4 Mroz–Modell mit Verschiebung aller Flächen

4.1 Grundidee

Die Grundidee der Modifikation besteht darin, zusätzlich zur üblichen Mróz–
Kinematik auch die äußeren Flächen zu verschieben. Diese Verschiebung erfolgt in Richtung des Spannungsdeviators und stimmt für die aktive Fläche
mit der Richtung des plastischen Dehnungszuwachses überein. Zumindest
bei einfachen periodischen Spannungsverläufen konvergiert das Gedächtnis
dann gegen einen Grenzzustand (genauer: Grenzzyklus), für den das Ratchetting verschwindet. In Abbildung 1 ist das anschaulich für einen T–förmigen Spannungs–Verlauf dargestellt. Die äußeren Pfeile stellen die plastischen
Dehnungszuwächse auf den beiden Teilstücken des Spannungspfades dar, die
sich nach Verschiebung der Flächen aufheben. Wie im Modell von Chu be-

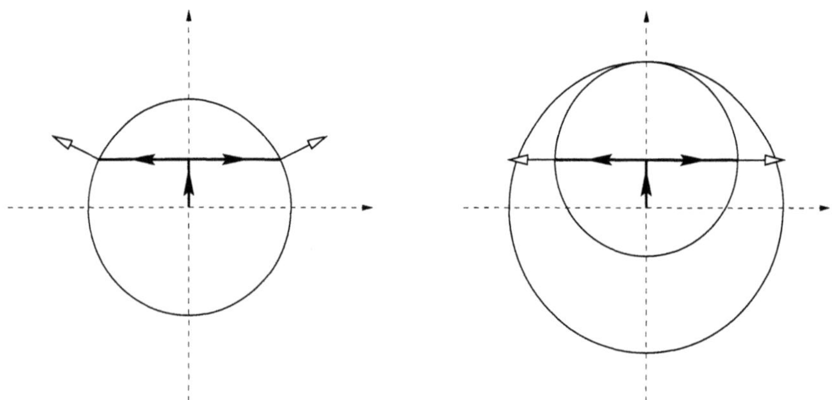

Abb. 1. Typ II–Ratchetting

steht die Gedächtniskurve aus endlich vielen linearen Abschnitten und wird
durch ihre Eckpunkte $(r_1, \Phi_1), \ldots, (r_M, \Phi_M)$ dargestellt. Statt $\|\Phi'\| = 1$ ist
jetzt auch $\|\Phi'\| \leq 1$ möglich, und für $r > r_M$ ist die Kurve durch

$$\Phi(r) = \exp\left(-a_c \frac{r - r_M}{r_F}\right) \Phi_M \tag{1}$$

gegeben, sobald eine Verschiebung der äußersten Fläche auf $\Phi_M \neq 0$ geführt
hat. $r_F \leq r_1$ ist der konstante Radius der eigentlichen Fließfläche, $\Phi_F :=$

$\Phi(r_F)$ ihr Mittelpunkt. $\tau_F = r_F/\sqrt{2}$ ist die Fließspannung bei reiner Scherung. Mit Φ_0 bezeichnen wir den Spannungsdeviator des vorausgegangenen Zeitschritts. Ein diskreter plastischer Lastschritt besteht dann aus der Berechnung einer neuen aktiven Fläche (r_1, Φ_1) der Gedächtniskurve, in dem die Verschiebung implizit enthalten ist, und der Fortsetzung der Verschiebung auf die verbleibenden größeren Flächen.

4.2 Bestimmung der aktiven Fläche

Es seien ein Gedächtniszustand mit $\|\Phi_0 - \Phi_F\| = r_F$ mit aktueller äußerer Normale $N = (\Phi_0 - \Phi_F)/r_F$ und ein rein plastisches Spannungsinkrement $\Delta := s - \Phi_0$ mit $\langle N, \Delta \rangle \geq 0$ vorausgesetzt. Weiter seien die *Verschiebungskonstante* $v_c \in (0,1]$ sowie eine Funktion $t : [0,1] \mapsto [0,1]$ gegeben. Wir definieren die potentielle Verschiebung als

$$V(r) := v_c \ t\left(\left\langle N, \frac{\Delta}{\|\Delta\|} \right\rangle\right) \|\Delta\| \ \frac{s - \Phi(r)}{r_F} \tag{2}$$

und lösen zur Berechnung der neuen aktiven Fläche die implizite Gleichung

$$F(r) := \|s - \Phi(r) - V(r)\| = r. \tag{3}$$

In der Version von Chu wäre $V = 0$. Die Untersuchung von Gleichung (3) führt auf

Theorem 1. *Sei $R := \inf\{\rho \geq 0 : \|s - \Phi(\rho)\| > \rho\}$ (also der aktive Radius ohne Verschiebung), $v_c\|\Delta\| < r_F$. Dann gelten die folgenden Aussagen:*

1. *Gleichung (3) besitzt auf $(0, R]$ eine Lösung.*
2. *Für $t(\langle N, \Delta \rangle) > 0$ ist die Lösung eindeutig.*
3. *Es sei $\|\Delta\| < r_F/K$ sowie $a := 1 + 2/K + 1/K^2$. Erfüllt die Funktion t die Bedingung $t(x) \leq x/av_c$, so gilt $F(r_F) > r_F$ und damit $r > r_F$ für die gesuchte(n) Lösung(en). Diese Eigenschaft bezeichnen wir als Separationseigenschaft.*

Bemerkungen:

1. Der Faktor $\|\Delta\|$ im Verschiebungsterm garantiert die Ratenunabhängigkeit des Modells.
2. Die Separationseigenschaft ermöglicht es, jedes Spannungsinkrement eindeutig in einen elastischen und einen plastischen Anteil zu zerlegen. Dafür muß - wenigstens im Fall tangentialer Spannungszuwächse - die Möglichkeit einer mehrdeutigen Lösung in Kauf genommen werden. Wie in [BDK1] gezeigt wurde, ist dann genau ein Intervall $[r_k, r_{k+1}]$ Lösung und wir können o.E. das Maximum wählen, da alle Lösungen auf den selben Gedächtnis–update führen.
3. Gilt $t(x) \leq Lx$, so ist $v_c < 1/(aL)$ hinreichend für die Separationseigenschaft.

4. Die praktische Lösung von Gleichung (3) geschieht außerhalb der größten Fläche durch Fixpunktiteration. Innen ist lediglich eine quadratische Gleichung auf einem der Intervalle $[r_k, r_{k+1}]$ zu lösen. Ohne diese schnelle Lösbarkeit wäre die Berechnung langer Lastfolgen in der Praxis nicht durchführbar.

4.3 Fortsetzung der Verschiebung

Die Lage der inneren Flächen (insbesondere Φ_F) ist durch die Inklusionsbedingung wie im Modell von Chu bereits eindeutig bestimmt. Die Verschiebung der äußeren Flächen erfolgt durch

$$\Phi_k^{neu} := \Phi_k^{alt} + f_k(s - \Phi_k^{alt}) \tag{4}$$

Zur Festlegung von f_k berechnen wir zunächst den Versuchswert

$$\lambda_k := \frac{\|V(r_1)\|}{\|s - \Phi_k^{alt}\|} \exp\left(-a_c \frac{r_k}{r_F}\right), \tag{5}$$

der die exponentielle Abnahme der Verschiebung im Außenbereich ausdrückt. a_c wird daher als *Abklingkonstante* bezeichnet. Dann wird $f_k \in [0, 1]$ so bestimmt, daß die Inklusion der Flächen erhalten bleibt und die Differenz zu λ_k minimal wird.

Die Anzahl der Gedächtnispunkte Φ_k ist in diesem Modell auch bei einer periodischen Spannungsfunktion im Prinzip unbegrenzt. Sehr kurze Gedächtnisabschnitte führen darüberhinaus zu numerischen Schwierigkeiten bei den angegebenen Berechnungen. Daher ist es für eine effiziente Implementierung des Modells notwendig, das Gedächtnis nach geeigneten Kriterien zu kürzen, ohne dabei wesentliche Informationen zu verlieren. Eine detaillierte Erörterung würde an dieser Stelle zu weit führen.

5 Numerische Resultate

Die verwendeten Materialdaten beziehen sich auf Stahl 1070, der für Eisenbahnräder verwendet wird, und wurden aus [JS2] übernommen. Im einzelnen sind das der Elastizitätsmodul E, die Querkontraktionszahl ν und die Fließgrenze τ_F unter reiner Scherspannung. Zur Beschreibung der zyklischen Spannungs–Dehnungs–Kurve wurde ein Ramberg–Osgood–Gesetz der Form

$$\varepsilon = \frac{\sigma}{E} + \left(\frac{\sigma - \sigma_Y}{K}\right)^M \tag{6}$$

verwendet und die Parameter an die in [JS3] dargestellte experimentell ermittelte Kurve angepaßt.

Die Verschiebungskonstante und die Abklingkonstante wurden grob überschlagsmäßig festgelegt. Für t wurde die symmetrische lineare Hutfunktion mit $t(0) = t(1) = 0$ und $t(0.5) = 1$ gewählt. Die Werte sämtlicher Parameter sind in Tabelle 1 am Ende des Artikels aufgeführt.

Abbildung 2 zeigt die totale Dehnung für einen zweiachsigen um den Nullpunkt symmetrischen rechteckigen Spannungsverlauf in einer Normalspannungs- und einer Torsionskomponente. Das Ratchetting nimmt doppeltlogarithmisch linear ab, bis die Grenze der Rechengenauigkeit erreicht ist. Abgebildet sind der 1. und der 50. Zyklus, der bereits als periodischer Grenzzustand betrachtet werden kann. Auch wenn das Rechteck nicht symmetrisch zum Nullpunkt liegt, erhält man ein ähnliches Abklingverhalten.

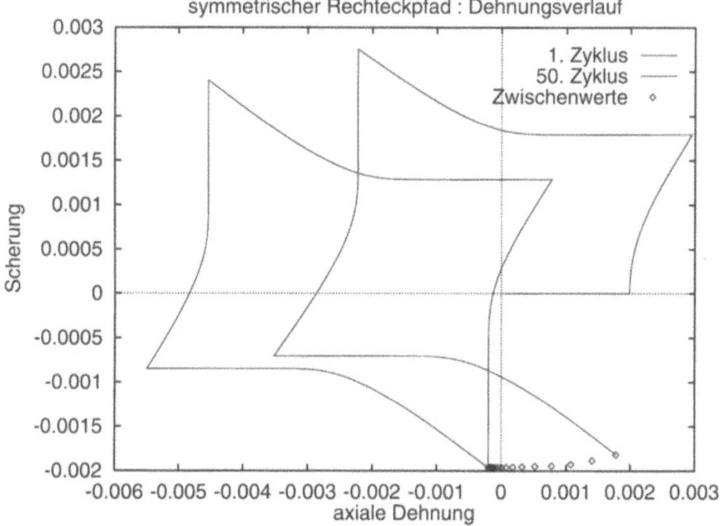

Abb. 2. Normalspannung: $\Delta\sigma/2 = 400$ MPa; Torsion: $\Delta\tau/2 = 200$ MPa

Für einen T–förmigen Pfad mit konstanter axialer Mittelspannung und einer symmetrisch schwingenden Torsion ergibt sich Ratchetting in Richtung der Mittelspannung. Experimentelle Ergebnisse zu diesem Lastfall findet man in [JS1]. Der Dehnungsverlauf ist in Abbildung 3 dargestellt, die Ratchetting–Rate in Abbildung 4. In der doppeltlogarithmischen Darstellung nimmt das Ratchetting näherungsweise linear ab und liegt in der Größenordnung der experimentellen Werte.

Ersetzt man die periodische Schwingung des T–Pfads durch ein Rechteck mit gleicher maximaler Normalspannung, so verringert sich das Ratchetting und kommt bei hinreichend großer Breite des Rechtecks zum völligen Stillstand (Abbildung 5). Zusätzlich tritt eine Abdrift in der Scherkomponente auf, deren Größe und Verlauf empfindlich von der Breite des Rechtecks

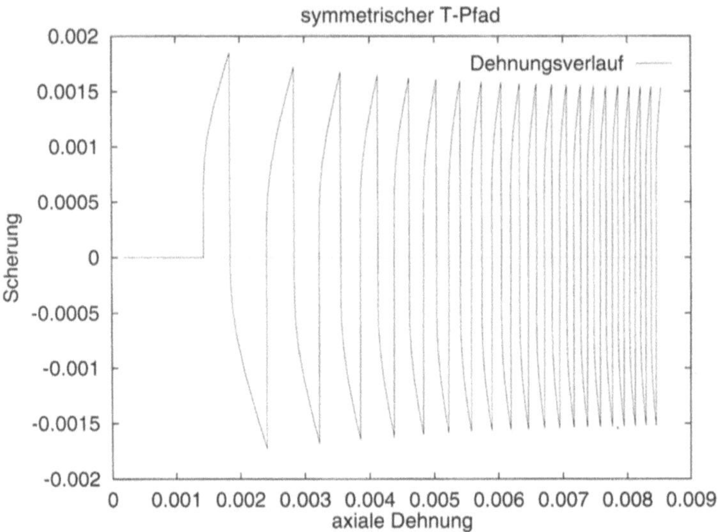

Abb. 3. Normalspannung: $\sigma = 200$ MPa; Torsion: $\Delta\tau/2 = 230$ MPa

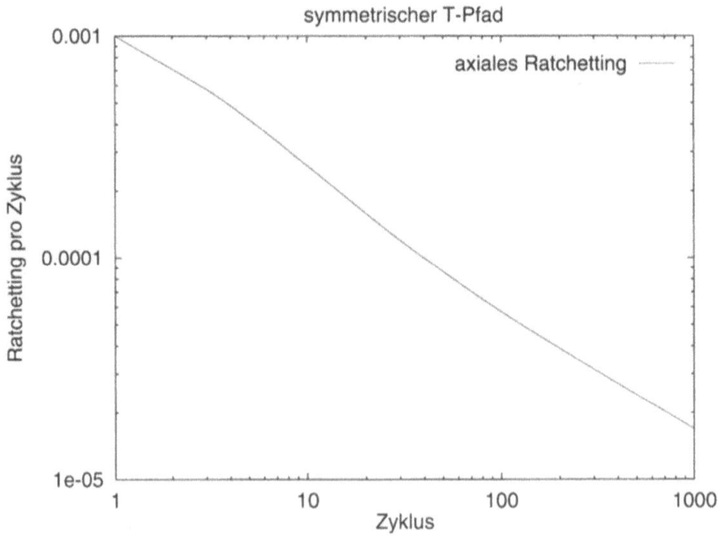

Abb. 4. Normalspannung: $\sigma = 200$ MPa; Torsion: $\Delta\tau/2 = 230$ MPa

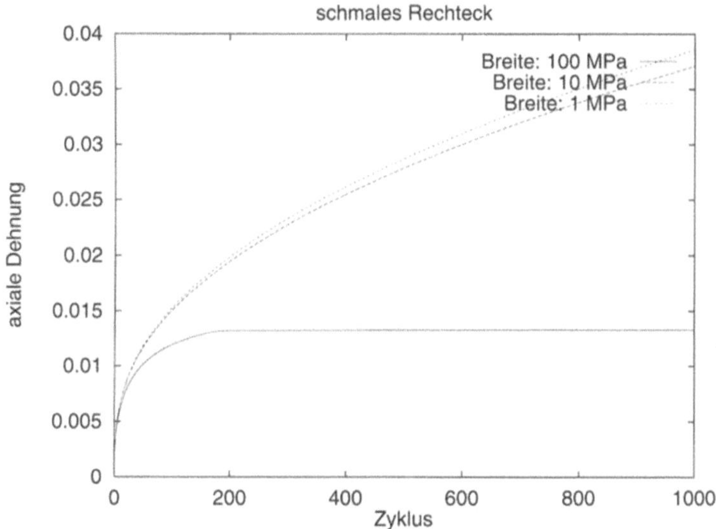

Abb. 5. Normalspannung: $\sigma_{max} = 200$ MPa; Torsion: $\Delta\tau/2 = 230$ MPa

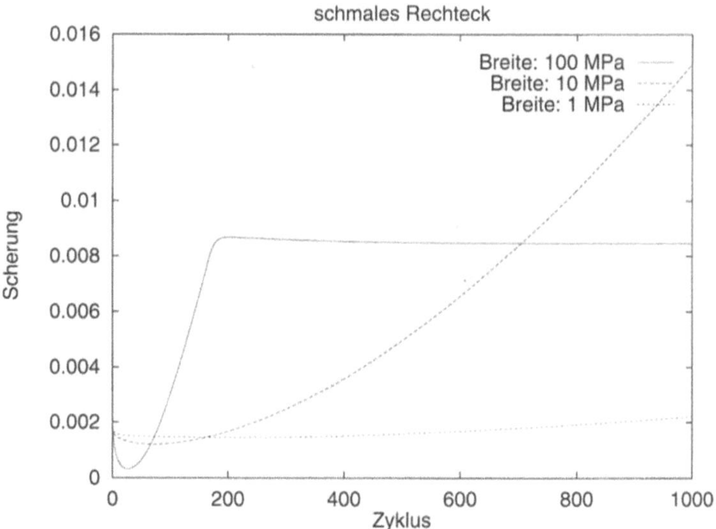

Abb. 6. Normalspannung: $\sigma_{max} = 200$ MPa; Torsion: $\Delta\tau/2 = 230$ MPa

abhängen (Abbildung 6). Damit zusammenhängend findet eine Abdrift der äußeren Flächen des Gedächtnisses in die entgegengesetzte Richtung statt. Ein solches Verhalten erscheint uns im Hinblick auf die Experimente von Jiang und Sehitoglu ([JS1]) nicht realistisch. Hier sind weitere experimentelle und theoretische Untersuchungen angebracht.

Elastizitätsmodul	E	210000 MPa
Querkontraktionszahl	ν	0.3
Scherfließspannung	τ_F	165 MPa
-	K	1200 MPa
-	M	4
Verschiebungskonstante	v_c	0.1
Abklingkonstante	a_c	0.1

Tabelle 1. Materialdaten für Stahl 1070.

Literatur

[AF]   Armstrong, P.J., Frederick, C.O.: A mathematical representation of the multiaxial Bauschinger effect. Technical report. Central Electricity generating board, Berkeley Nuclear Laboratories, Research Department. 1966.

[AHS]   Amstutz, H., Hoffmann, M., Seeger, T.: *Kerbbeanspruchungen II – Mehrachsige Kerbbeanspruchungen im nichtlinearen Bereich bei proportional und nichtproportional wechselnder Belastung.* Forschungsbericht Heft **139**, Forschungskuratorium Maschinenbau e.V., Frankfurt, 1988.

[BS]   Bergmann, J., Seeger, T.: Über neuere Verfahren der Anrißlebensdauervorhersage für schwingbelastete Bauteile auf der Grundlage örtlicher Beanspruchungen. *Z. Werkstofftech.* **8** (1977) 89–100.

[B]   Bower, A.F.: Cyclic hardening properties of hard drawn copper and rail steel. *J. Mech. Phys. Solids.* **37**(4) (1989) 455–470.

[BDK1]   Brokate, M., Dreßler, K., Krejčí, P.: On the Mróz model. *Euro. J. Appl. Math.* (to appear).

[BDK2]   Brokate, M., Dreßler, K., Krejčí, P.: Rainflow counting and energy dissipation for hysteresis models in elastoplasticity. *Euro. J. Mech. A/Solids.* (to appear).

[CDC]   Chaboche, J.L., Dang van, K., Cordier, G.: Modelization of the strain memory effect on the cyclic hardening of 316 stainless steel. *Transactions of the Fifth International Conference on Structural Mechanics in Reactor Technology.* Div. L. Berlin. **L11/3**

[Cha1]   Chaboche, J.L.: On some modifications of kinematic hardening to improve the description of ratchetting effects. *Int. J. Plasticity.* **7** (1991) 661–678.

[Cha2]   Chaboche, J.L.: Modeling of ratchetting: evaluation of various approaches. *Eur. J. Mech.* **13**(4) (1994) 501–518.

[Chu1]   Chu, C.C.: A three-dimensional model of anisotropic hardening in metals and its application to the analysis of sheet metal formability. *J. Mech. Phys. Solids.* **32** (1984) 197–212.

[Chu2]   Chu, C.C.: The analysis of multiaxial cyclic problems with an anisotropic hardening model. *Int. J. Solids Structures.* **23**(5) (1987) 569–579.

[CS]   Clormann, U.H., Seeger, T.: RAINFLOW-HCM: Ein Zählverfahren für Betriebsfestigkeitsnachweise auf werkstoffmechanischer Grundlage. *Stahlbau.* **55** (1986) 65–71.

[DK]   Dreßler, K., Köttgen, V.B.: Tools for fatigue evaluation of nonproportional loading. *Fatigue Design '95.* (1995).

[H]   Haibach, E.: *Betriebsfestigkeit - Verfahren und Daten zur Bauteilberechnung.* VDI–Verlag. Düsseldorf 1989.

[JS1]   Jiang, Y., Sehitoglu, H.: Cyclic ratchetting of 1070 steel under multiaxial stress states. *Int. J. Plasticity.* **10**(5) (1994) 579–608.

[JS2]   Jiang, Y., Sehitoglu, H.: Multiaxial cyclic ratchetting under multiple step loading. *Int. J. Plasticity.* **10**(8) (1994) 849–870.

[JS3]   Jiang, Y., Sehitoglu, H.: Comments on the Mróz multiple surface type plasticity models. *Int. J. Solids Structures.* (1996). to appear.

[LC]   Lemaitre, J., Chaboche, J.-L.: *Mechanics of solid materials.* Cambridge University Press. 1990. (French edition : Dunod 1985).

[McD1]   McDowell, D.L.: A nonlinear kinematic hardening theory for cyclic thermoplasticity and thermoviscoplasticity. *Int. J. Plasticity.* **8** (1992) 695–728.

[McD2]   McDowell, D.I.: Description of nonproportional cyclic ratchetting behavior. *Eur. J. Mech., A/Solids.* **13**(5) (1994) 593–604.

[MM]   Moosbrugger, J.C., McDowell, D.L.: On a class of kinematic hardening rules for nonproportional cyclic plasticity. *J. Eng. Mat. Tech.* **111** (1989) 87–98.

[Mr]   Mróz, Z.: On the description of anisotropic workhardening. *J. Mech. Phys. Solids.* **15** (1967) 163–175.

[Mu]   Murakami, Y. (ed.): *The rainflow method in fatigue.* Butterworth & Heinemann. Oxford 1992.

[OW1]   Ohno, N., Wang, J.-D.: Transformation of a nonlinear kinematic hardening rule to a multisurface form under isothermal and nonisothermal conditions. *Int. J. Plasticity.* **7** (1991) 879–891.

[OW2]   Ohno, N., Wang, J.-D.: Two equivalent forms of nonlinear kinematic hardening: application to nonisothermal plasticity. *Int. J. Plasticity.* **7** (1991) 637–650.

[OW3]   Ohno, N., Wang, J.-D.: Kinematic hardening rules with critical state of dynamic recovery, Part I: Formulation and basic features for ratchetting behavior. *Int. J. Plasticity.* **9** (1993) 375–390.

Adaptive Materialien und Strukturen — Mathematische Modellierung und Simulation

K.-H. Hoffmann, H. Haller und A. Hörmann[*]

Lehrstuhl für Angewandte Mathematik, Technische Universität München,
Dachauer Str. 9a, 80335 München, e-mail: hoffmann@appl-math.tu-muenchen.de,
URL: http://www.appl-math.tu-muenchen.de

Abstract. Two models are proposed to describe the vibration of an elastic plate reinforced by fibers of shape memory alloys. Both are based on the micromechanical approach of the composite and for both existence and uniqueness of the solution is proved. Although both show good results in numerical simulations, they require long computing time. Therefore one model is homogenized, where the effective coefficents are obtained by a limit process and the convergence of the solution is proved. Numerical simulations are also done for the effective equations.

1 Verbundwerkstoffe mit adaptiven Materialien und ihre Verwendungsmöglichkeiten

Die Zivilisation wird sehr stark von den Materialien beeinflußt, mit denen sie arbeitet. Nach einigen dieser Stoffe sind sogar Perioden in der Menschheitsgeschichte benannt, z.B. Steinzeit, Bronzezeit. Zur Zeit sind die wesentlichen Substanzen synthetisch. Seit neuestem gewinnen sogenannte intelligente oder adaptive Materialien mehr und mehr an Bedeutung. Darunter versteht man Substanzen, die wenigstens eine der folgenden Einsatzmöglichkeiten bieten:

- Sensor
  Der Stoff hat die Fähigkeit, äußere Einflüße (z.B. mechanische Spannungen, Verzerrungen, Temperaturen, Magnetfelder) festzustellen oder zu messen.
- Aktuator
  Sie werden durch einen äußeren Impuls, z.B. elektrischen Strom, veranlaßt, entweder ihre geometrische Gestalt, ihre Steifigkeit,... zu ändern.
- Steuerungskomponente
  Das Material kann auf einen äußeren Einfluß nach einem vorgeschriebenen Schema reagieren. Diese Eigenschaft tritt meist in Verbindung mit

---

[*] Industriepartner:
MAN-Technologie GmbH München: R. G. Cuntze,
DLR-Institut für Strukturmechanik Braunschweig: E. J. Breitbach, J. Melcher,
R. Lammering

Mikroprozessoren auf, die bestimmte Daten von dem Stoff erhalten, verarbeiten und durch gezielten Einfluß auf das Material die gewünschte Steuerung übernehmen.

Ein Beispiel für solche adaptiven Materialien sind Legierungen mit Formgedächtnis (engl.: shape memory alloys). Diese ändern in Abhängigkeit der Temperatur und der inneren mechanischen Spannungen ihre Steifigkeit sowie ihre Form. Dieses Verhalten wird durch Phasenübergänge in der Gitterstruktur des Kristalls bewirkt, die durch thermische oder mechanische Vorgänge induziert werden. Bei hoher Temperatur dominiert eine symmetrische Austenit–Phase, bei tiefen Temperaturen bis zu 24 zur Zwillingsbildung neigende Martensit–Phasen, die durch Scherung der Austenit-Konfiguration entstehen. In zwei Raumdimensionen kann man sich allerdings auf zwei Martensit – Phasen beschränken, siehe Abb.1. Die Kristallstrukturen besitzen zum Teil unterschiedliche physikalische Eigenschaften. So ist das Elastizitätsmodul bei Austenit etwa $7,5$-mal so groß wie das von Martensit. Eine ausführliche Beschreibung der Formgedächtniseffekte findet man zum Beispiel in [GT], [Wo].

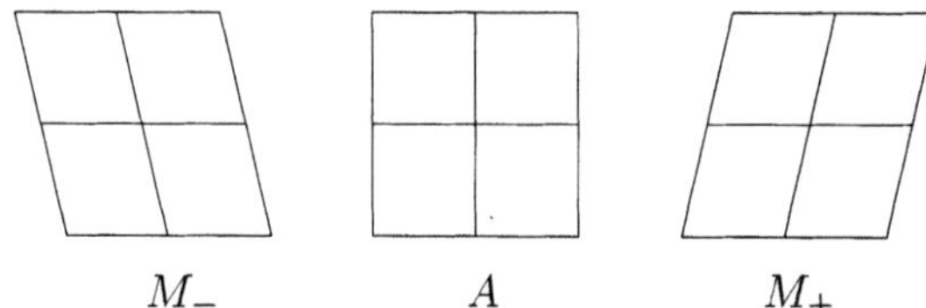

Abb. 1. Gitterstruktur der Phasen Martensit M_- und M_+, sowie Austenit A

Beispiele für solche Substanzen sind Nitinol (eine **Nickel – Titan –** Legierung des **Naval Ordnance Laboratory**), sowie diverse Legierungen aus Kupfer, Zink, Aluminium, Zinn und/oder anderen Metallen.

Formgedächtnislegierungen können z.B. zur Kontrolle oder Dämpfung angewandt werden. Dabei liegt folgende Idee zugrunde: Ein shape–memory–Draht wird von außen zum Schwingen angeregt. Durch Messung des elektrischen Widerstands kann das Maß der Auslenkung bestimmt werden (Sensor) und durch Veränderung der Temperatur (Erhitzen oder Abkühlen) die Steifigkeit des Drahtes verändert werden (Aktuator). Wird die Temperaturänderung gezielt durchgeführt, so können die Schwingungen gedämpft werden (Steuerung).

Weitere Anwendungsmöglichkeiten für diese intelligenten Materialien gibt es viele. Man findet Beispiele u.a. in [Fu], [GT], [Wo], sowie einigen Artikeln, die in den Literaturhinweisen in [GT] zu finden sind. Hier sollen nur einige Beispiele erwähnt werden:

- Medizin:
Entfernung von Blutgerinnseln mit Hilfe von SMA-Drähten: Der lang-
gebogene Draht wird am Gerinnsel vorbei in die Blutbahn eingeführt.
Durch die Körperwärme verformt sich der Draht am einen Ende spiralförmig. Zieht man jetzt den Draht wieder heraus, bleibt der Pfropfen
an der Spirale hängen

- Raumfahrt:
Dämpfung von Schwingungen bei Antennen oder Reflektoren, die an Sa-
telliten angebracht sind

- Robotertechnik:
Bewegung von Roboterarmen durch Federn aus SMA

- Mechanik:
Verbindung von Röhren ohne Schweißen

- Elektrotechnik:
Schalter, die sich je nach Temperatur öffnen oder schließen

Diese Aufzählung läßt sich fast beliebig fortsetzen.

Verwendet man als Steuerungskomponente die intelligenten Materialien
in Reinform, so kann man zwar ihre Vorteile und Fähigkeiten nutzen, man
muß aber auch mit ihren Nachteilen kämpfen. Diese sind in der Regel eine
große Dichte und hohe Herstellungskosten. Um die Nachteile zu umgehen
oder zu verringern, bettet man das adaptive Material als Fasern in eine andere Substanz ein. Diese Verbundwerkstoffe besitzen dann mechanische und
ökonomische Eigenschaften, die denen der reinen Substanzen überlegen sind.
Häufig ist die Kombination, daß man ein steifes, die Last tragendes Material
als Fasern in ein schützendes weiches und leichtes Material einbettet, etwa
um das Gewicht zu reduzieren. Hierfür gibt es zahlreiche Beispiele. So werden im Automobil- und im Flugzeugbau Verbundwerkstoffe (zum Beispiel
mit Graphit oder Glasfasern) eingesetzt, um die Masse zu verringern, ohne
daß dabei die Stabilität verloren geht.

Auch zur Kontolle von Schwingungen kann man Verbundwerkstoffe be-
nützen. Rogers und Robertshaw schlagen in [RR] vor, in einer elastischen
Platte lange Nitinol-Fasern einzubetten. Durch Heizen und Kühlen kann
man die Phasen in den Drähten ändern. Da das Elastizitätsmodul für Austenit viel höher als das von Martensit ist, etwa Faktor 7,5, kann man das
mechanische Verhalten des Körpers beeinflußen. So ist z.B. die Frequenz der
Schwingungen bei hohen Temperaturen größer als bei niedrigen. Durch die
Steuerung der Härte des Marterials während den Schwingungen, kann man
auch Schwingungen anregen oder dämpfen. Diese Effekte konnten bereits in
Experimenten nachgewiesen werden, siehe [Ro] und in diesem Artikel werden
die mathematische Modellierung sowie erste Ergebnisse numerischer Simulationen dargestellt.

2 Problemstellung von MAN: Modellierung einer Zentrifuge

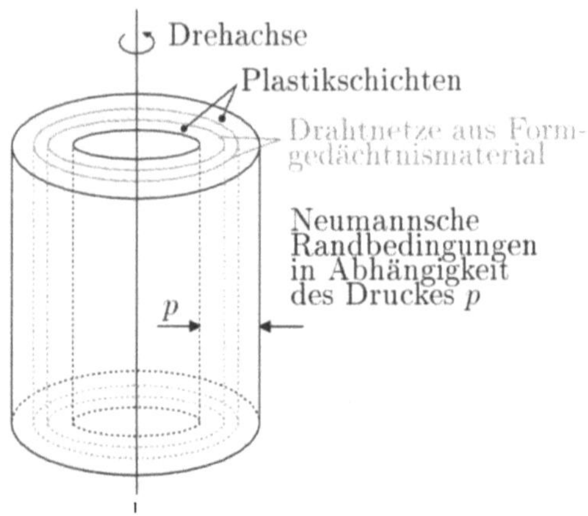

Abb. 2. Zentrifuge mit Formgedächtnislegierung

Als weitere Anwendung wurde auf Wunsch unserer Industriepartner eine
mit Formgedächtnismaterialien verstärkte Zentrifuge in das Projekt aufgenommen. Um ihre Dynamik zu erfassen, betrachtet man die Zentrifuge als
aus mehreren ineinandergefügten Zylindern zusammengesetzt, zwischen denen mit Netzen aus Formgedächtnismaterialien durchzogene Flächen liegen.

Auf die Zentrifuge wirken während des Betriebs enorme Kräfte, die zu
Rissen im Material führen können. Das eingelagerte Formgedächtnismaterial
dient sowohl als Sensor, indem es sich anbahnende Schädigungen anzeigt,
wie auch als Aktuator durch Verstärkung der Zentrifugenwand. Für diese
Anordnung sollen mathematischen Modelle aufgestellt und Proberechnungen
durchgeführt werden.

3 Modellbildung für ein ebenes Problem

In einem ersten Schritt wurde eine ebenes Problem untersucht. Betrachtet
wird eine elastische Platte, die sogenannte Matrix, in die Drähte aus Form-
gedächtnismaterialien} als Verstärkungen eingebracht werden, vgl. Abb.3.
Dabei sind die Drähte parallel zueinander in zwei Ebenen eingebettet, die
jeweils parallel zur Mittenebene der Platte sind und einen festen Abstand
$\pm\delta_z$ besitzen. Hierfür wurden zwei mathematische Modelle entwickelt.

Zur Modellierung wird ein mikromechanischer Zugang gewählt. Ausgangspunkt hierfür sind die Gleichungen für Impuls–, Drehimpuls– und Energieerhaltung. Anschließend wird die Platte in identische Balken mit je zwei Fasern

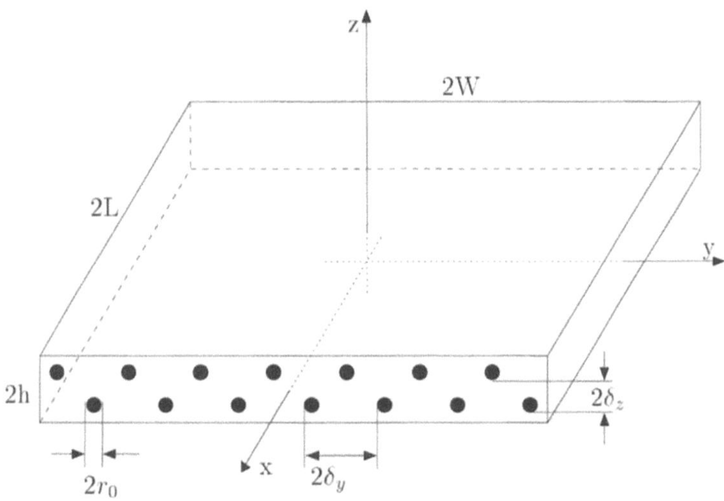

Abb. 3. Mit Drähten aus Formgedächtnislegierungen verstärkte Platte

zerlegt und die Gleichungen über $y \in [y_0 - \delta_y, y_0 + \delta_y]$ und $z \in [-h, h]$ gemittelt, wobei y_0 den Mittelpunkt eines solche Balkens in y–Richtung beschreibt. Diese Mittelwertbildung erfolgt dabei separat über die Matrix sowie des oberen und unteren Drahtes. Man erhält so für jeden Balken sowohl für die Matrix als auch für die beiden Fasern aus Formgedächtnismaterial folgende Gleichungen:

– Elastizitätsgleichungen für die Auslenkungen in x und y–Richtung,
– Balkengleichung für die Auslenkung in z–Richtung,
– Wärmeleitungsgleichung.

Dabei sind die Gleichungen für die Matrix und die Fasern über Interaktionsterme miteinander gekoppelt. In einem ersten Schritt werden diese Wechselwirkungen als proportional zu den Differenzen der Verschiebungen bzw. der Temperaturen benachbarter Körper angenommen. Zusätzlich treten noch Interaktionen zwischen der Matrix benachbarter Balken auf, die sich unmittelbar aus den Erhaltungssätzen ergeben. Hinzukommen nun noch die entsprechenden Anfangs– und Randbedingungen, sowie die Gleichungen für die Beschreibung der Formgedächtnislegierungen. Zur Modellierung wurde das Achenbach–Modell, siehe [Ac], verwendet. Dort werden die Phasenanteile in den Drähten, also der Anteil an Austenit und den Martensit–Strukturen, durch nichtlineare gewöhnliche Differentialgleichungen beschrieben.

Ein Nachteil dieses Modells liegt jedoch darin, daß die Zahl der Gleichungen und damit der Rechenaufwand proportional zu der Zahl der Fasern steigt. Man hat bei k eingebetteten Drähten etwa $7k$ gekoppelte partielle und

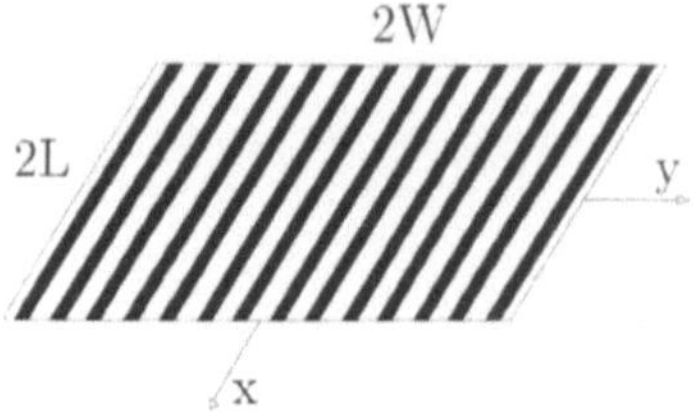
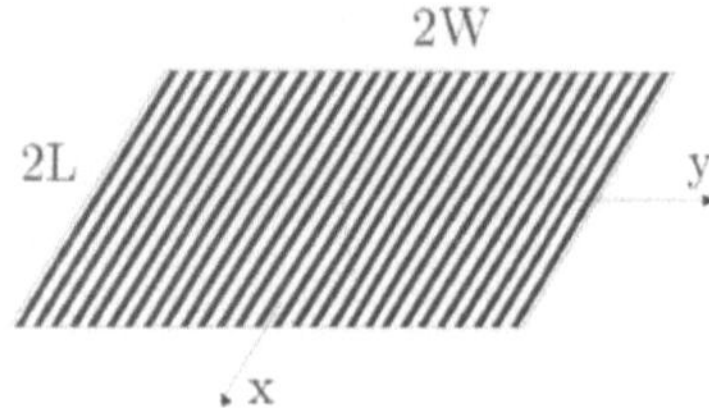

Abb. 4. Verdopplung der Zahl der Fasern

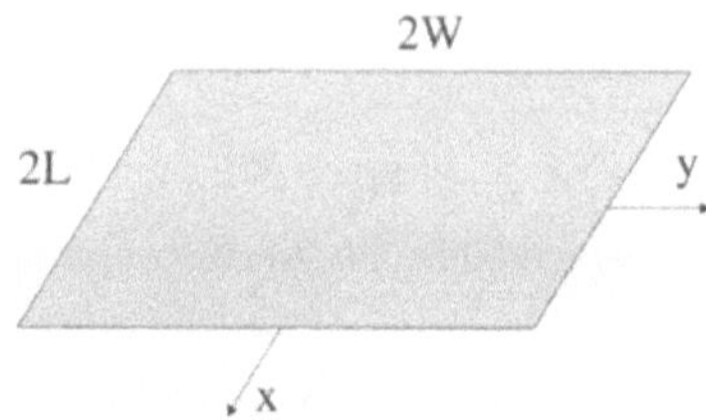

Abb. 5. Homogenisierte Platte

gewöhnliche Differentialgleichungen zu lösen. In der Praxis ist davon auszugehen, daß die Zahl k groß werden kann.

Um dieses Problem zu umgehen, wurde ein weiteres Modell entwickelt. Der Ausgangspunkt war derselbe wie bei obigen Modell, nur wurde auf die Diskretisierung in y–Richtung verzichtet. Dies führt zu sechs gekoppelten Differentialgleichungen, nämlich drei für die Auslenkungen in die drei Raumrichtungen, eine Wärmeleitungsgleichung und zwei Gleichungen für die Phasenanteile.

Da aber die Koeffizienten der Gleichungen stark oszillieren, erfordert auch dieses Modell einen großen Rechenaufwand, der wiederum mit der Zahl der Fasern zunimmt. Daher wurde dieses Modell homogenisiert. Dabei wurden die effektiven Gleichungen durch einen Grenzübergang bestimmt. Dazu nimmt man an, daß die Platte aus periodischen Zellen mit fester Zahl von Fasern pro Zelle besteht. Diese Einheiten verkleinert man, wobei man die Zahl der Fasern pro Zelle und auch die Gesamtgröße der Platte konstant läßt, siehe Abb. 4. Läßt man die Zahl der Einheiten gegen unendlich gehen, so erhält man Gleichungen für eine homogenen Platte, wie in Abb. 5, deren Anzahl wie auch die Oszillation der Koeffizienten unabhängig von der Zahl der Fasern mit Formgedächtnismaterial ist. Damit hält sich auch der Rechenaufwand bei der numerischen Lösung in Grenzen, wenn auch die Zahl der Drähte vergrößert wird.

4 Analytische Aussagen

Für die im letzten Abschnitt beschriebenen Modell konnten zahlreiche theoretische Aussagen bewiesen werden, die hier zusammengefaßt werden sollen. Aussagen für das erste Modell (mit Diskretisierung in y–Richtung)

- Existenz einer Lösung
- Eindeutigkeit der Lösung
- Positivität der Temperatur, das heißt diese bleibt über dem absolutem Nullpunkt
- Stetige Abhängigkeit von den Anfangsbedingungen

Auch für das zweite Modell, sowie für das homogenisierte existiert eine eindeutige Lösung. Außerdem hängt diese stetig von den Anfangsbedingungen ab.

Um statt des zweiten Modells das homogenisierte verwenden zu dürfen, ist folgende Aussage von großer Bedeutung: Die Lösungen des heterogen Modells konvergieren in geeigneten Normen gegen die Lösung der effektiven Gleichung, falls man die Zahl der Drähte gegen unendlich gehen läßt.

Die Beweise dieser Aussagen sind jeweils sehr umfangreich und daher wird auf eine Darstellung in diesem Artikel verzichtet.

5 Numerische Simulation

Für beide Modelle wurden einfache Simulationen durchgeführt. Es zeigt sich, daß das erste in der Regel nur für eine kleine Anzahl von Drähten anwendbar ist, da sonst der Rechenaufwand zu groß wird. Für einfache Fälle wurden hier numerische Berechnungen durchgeführt, deren Ergebnisse in [HH] zu finden sind.

Hier sollen die Experimente beschrieben werden, die für das zweite Modell, sowohl in der ursprünglichen (heterogenen) als auch in der homogenisierten Form durchgeführt wurden. Interessant ist der Vergleich der beiden Modelle. Dazu wurde zum einen die Wärmeleitungsgleichung mit einer konstanten Heizung durch einen elektrischen Strom für beide Modelle gelöst und die Resultate in der L^2–Norm miteinander verglichen.

Zahl der Fasern	rel. Fehler für $t \to \infty$
5	$7.3 \cdot 10^{-3}$
10	$1.9 \cdot 10^{-3}$
20	$4.7 \cdot 10^{-4}$
40	$1.2 \cdot 10^{-4}$

(rel. Fehler bezogen auf die Lösung der homogenisierten Gleichung)

Wie man der Tabelle entnehmen kann, sind die Fehler, die durch Verwendung des effektiven Systems entstehen, bereits ab etwa 5 Fasern für die

Anwendung vernachlässigbar, und dieser nimmt rapide ab, falls man die Zahl der Drähte erhöht. Die Konvergenz ist fast quadratisch.

Ebenso interessant ist der Vergleich der Lösungen der Plattengleichung. Hier wurde bei reinen Austenit–Fasern die Auslenkung der Platte mit einer gegeben Anfangsgeschwindigkeit berechnet.

Zahl der Fasern	maximaler Fehler für $t \in [0, 2]$
5	$3.7 \cdot 10^{-4}$
10	$2.4 \cdot 10^{-4}$
20	$1.5 \cdot 10^{-4}$

(rel. Fehler bezogen auf die maximale Lösung in der L^2–Norm der homogenisierten Gleichung)

Auch hier zeigt sich, daß die Fehler ab etwa 5 Fasern vernachlässigbar sind. Die Konvergenzordnung beträgt hier allerdings nur etwa 2/3. Bei 40 Drähten reicht die Rechenkapazität einer IRIS INDIGO R 4000 mit einem Hauptspeicher von 128 MB nicht mehr aus, um die Gleichung mit einer hinreichend feinen Diskretisierung zu lösen. Diese Untersuchungen rechtfertigen, wie auch die in Abschnitt 4 erwähte Konvergenzaussage, die Verwendung der effektiven Gleichungen für die numerische Simulation. Dabei wurden jeweils nur die Plattengleichung untersucht. Es wurde dazu angenommen, daß sich die Platte für $t = 0$ in der Ruhelage befindet, aber eine gegebene Anfangsgeschwindigkeit besitzt. Äußere Kräfte, wie Gravitation oder Reibung, blieben unberücksichtigt. In Abb. 6 sind die Auslenkungen der Platte in der Mitte dargestellt, wenn über den gesamten Zeitraum die Fasern nur in Austenit bzw. Martensit–Form vorliegen.

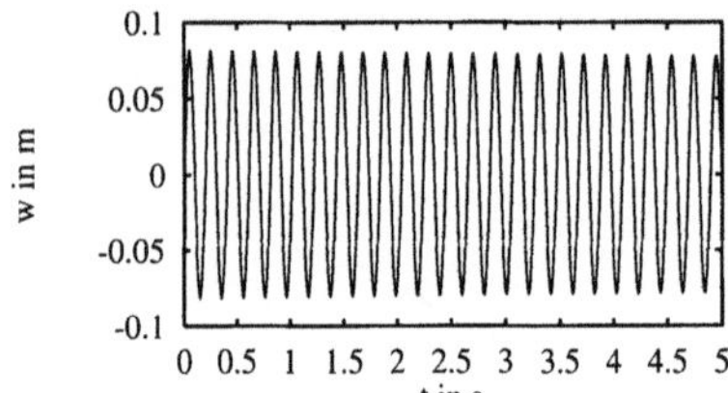
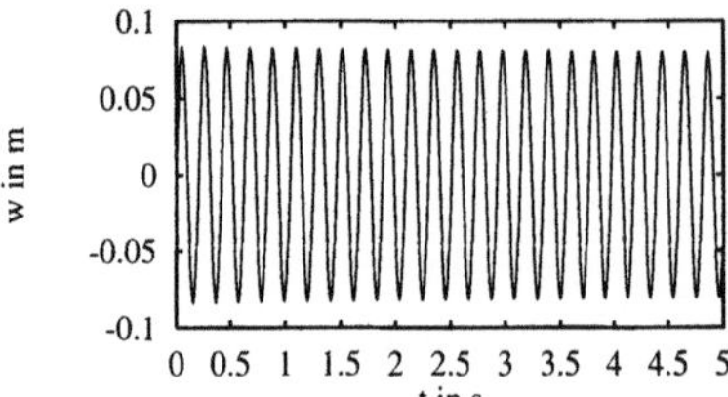

Abb. 6. Schwingung einer Platte mit einem Anteil der Formgedächtnislegierung von 15% bei reinem Austenit bzw. Martensit

Dämpfen lassen sich die Schwingungen, indem man geschickt zwischen Martensit und Austenit wechselt. In Abb. 7 sind zwei solche Experimente dargestellt. Dabei wurde angenommen, daß reine Austenit–Drähte vorliegen, falls sich die Platte aus der Gleichgewichtslage wegbewegt und sonst reine Martensit–Drähte zu finden sind. Es zeigt sich, daß die Dämpfung um so besser ist, je größer der Anteil der Formgedächtnislegierung in der Platte ist.

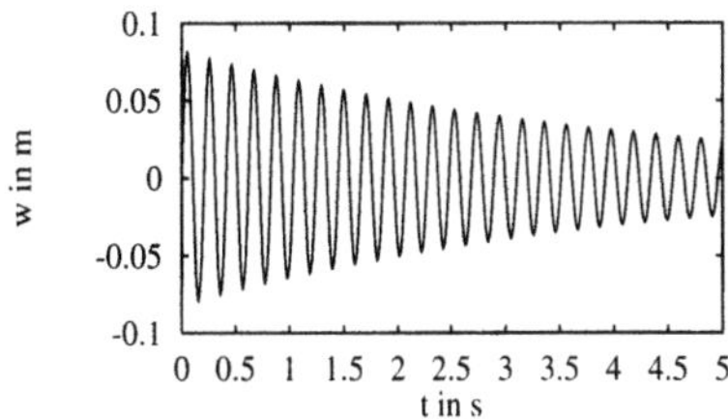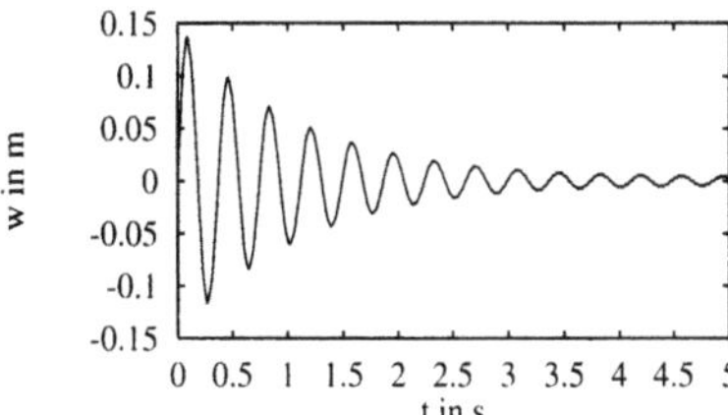

Abb. 7. Dämpfung bei einem Anteil der Formgedächtnislegierung von 15% bzw. von 60%

In der Praxis erzeugt man den "Wechsel" zwischen Austenit und Martensit wie folgt. Will man den Austenitanteil erhöhen, so legt man an die Platte bzw. an die Drähte eine elektrische Spannung an, wodurch die Platte erhitzt wird und sich daher die Hochtemperaturphase Austenit bildet. Läßt man die Platte abkühlen, so bildet sich wieder vermehrt Martensit.

Um die Schwingungen der Platte gut zu dämpfen, muß man also zum richtigen Zeitpunkt elektrischen Strom anlegen, und diesen wieder rechtzeitig abschalten. Dazu wurden sowohl praktische Experimente von Rogers, [Ro], als auch numerische Simulationen am Lehrstuhl durchgeführt. Dazu wird aber auf spätere Artikel verwiesen.

6 Ausblick

In numerischen Berechnungen stellte sich heraus, daß das homogenisierte Modell sehr gut zur Simulation von Experimenten zur Schwingungsdämpfung geeignet ist.
Eine Frage drängt sich unmittelbar auf:
Wie beheizt man die Platte, damit man eine optimale Dämpfung der Schwingungen erzielt?
Dies ist ein für weitere Arbeiten interessantes Problem.

Ein Nachteil des zweiten Modells ist, daß man Effekte, die man durch unterschiedliche Beheizung der Fasern, die in verschiedenen Ebenen parallel zur Plattenebene liegen, nicht simulieren kann. Dies kann auf zweierlei Wegen gelöst werden. Entweder man verwendet das erste Modell und benützt bei der numerischen Simulation leistungsfähige Parallelrechner oder man entwickelt ein dreidimensionales Modell, indem man die Annahme einer dünnen Platte fallen läßt und die Homogenisierung analog durchführt. Allerdings erfordert ein 3D–Modell einen höheren Rechenaufwand als das hier entwickelte System.

Um das homogenisierte Modell auf das Problem der Zentrifuge übertragen zu können, muß in das Modell die Krümmung einbezogen werden. Oberflächenkräfte auf die Drahtnetze werden wie vorher behandelt. Desweiteren gehen äußere Kraftfelder wie Zentrifugalkräfte in die Berechnungen ein. Die Übertragung der Analyse für die ebene Platte auf des Problem eines Hohlzylinders ist für weitere Arbeiten vorgesehen.

Literatur

[Ac] Achenbach, M.: A Model for an alloy with shape memory. Int. J. of Plasticity, Vol. 5, S. 371–393 1989

[Fu] Funakubo, H.: Shape Memory Alloys. Gordon and Breach Science Publishers, New York,1984

[GT] Gandhi, M.V., Thompson, B.S.: Smart Materials and Structures. Chapman & Hall, London 1992

[HH] Hoffmann, K.-H., Huo, Y.: On The Vibration of an Elastic Plate embedded with Fibers of Shape Memory Alloys – Modelling and Numerical Simulation. Manuskript 1994

[Ro] Rogers, C. A.: Active vibration and structural acoustic control of shape memory alloy hybrid composites: Experimental results. J. Acoust. Soc. Am. 88 (1990), 2803–2811

[RR] Rogers, C. A., Robertshaw, H.H.: Development of a novel smart material. ASME Paper 88-WA/DE-9, 1988

[Wo] Wörsching, G.: Numerische Simulation des Verhaltens von Materialien mit Formgedächtnis. Dissertation, TU München 1994

Kopplung von Finite–Element– und Randelementmethoden für die numerische Simulation von piezokeramischen Strukturen

W. Hackbusch und R. Paul[*]

Lehrstuhl Praktische Mathematik, Mathematisches Seminar II,
Christian-Albrechts-Universität zu Kiel, Hermann-Rodewald-Str. 3, D-24098 Kiel,
e-mail: wh@numerik.uni-kiel.de, URL: http://www.math.uni-kiel.de

Abstract. We consider the numerical simulation of a piezoceramical system operating as transmitter. The system consists of a piezoceramic, which is embedded in a coupling material and a casing, and is radiating into a liquid (sound field).

In the computation we are coupling the finite element method (FEM), used in the interior, and the boundary element method (BEM), applied on the outer domain. Due to their coupling, the merits of both methods are combined. The BEM gives three different formulations for the complete system; each with the corresponding pros and cons.

Our aim is the calculation of the resonance frequencies of the complete system and we will use for the computation the multi-grid method for eigenvalue problem (EMGM).

The first numerical example shows the suitability of the multi-grid method for solving piezoelectric equations. In the second example we calculate the resonance frequencies of a piezoceramical ring by means of the EMGM.

1 Einleitung

Piezokeramiken sind solche Materialien, bei denen der sogenannte piezoelektrische Effekt auftritt. Dieser piezoelektrische Effekt beschreibt einen Zusammenhang zwischen elektrischen und mechanischen Größen: Setzt man die Piezokeramik einem mechanischen Druck aus, so entsteht auf der Oberfläche ein elektrisches Potential, und legt man umgekehrt auf der Oberfläche ein elektrisches Potential an, so ergibt sich eine mechanische Verschiebung der Piezokeramik.

Legt man an eine Piezokeramik eine Wechselspannung an, so schwingt die Piezokeramik und diese Schwingungen werden in die Umgebung abgestrahlt (beispielsweise in Form von Schallwellen). In diesem Fall arbeitet die Piezokeramik als Sender. Die Piezokeramik kann aber ebenfalls als Empfänger arbeiten, wobei dann die einfallenden Schallwellen bzw. mechanischen Schwingungen in entsprechende Spannungswerte umgewandelt werden. Dadurch ist

---

[*] Verbundpartner: NUTECH GmbH, Ilsahl 5, 24536 Neumünster

ein Sender-Empfänger-Betrieb möglich, wie er z.B. bei der Abstandsmessung oder der Durchflußmessung benötigt wird. Neben dem Sender-Empfänger-Betrieb gibt es noch weitere Einsatzmöglichkeiten für Piezoelemente. Diese ergeben sich aus anderen Eigenschaften der Piezoelement, wie der schnellen Umsetzung von Signalen oder den großen Beschleunigungen und hohen Kräften, die erreicht werden können.

Betrachtet werden soll im folgenden eine Piezokeramik als Sender. Ziel ist es natürlich, diesen Sender möglichst optimal zu konstruieren und einzusetzen. Benötigt werden dafür die Resonanzfrequenzen der Piezokeramik bzw. des Gesamtsystems und die dazugehörigen Schwingungsformen bzw. die Schallfeld-Charakteristik. Diese Größen sind abhängig von den verwendeten Materialien und deren Geometrie. Sie lassen sich bei einem gegebenen System zwar experimentell ermitteln, bei der Konstruktion kann aber durch die Änderungen an verwendeten Materialien oder deren Geometrie ein hoher Kosten- und Zeitaufwand entstehen. Hier kann die numerische Simulation helfen, die Konstruktion zeit- und kostengünstiger zu realisieren und auch eine größere Flexibilität bei der Konstruktion zu erreichen.

Betrachtet werden soll hier folgende konkrete Problemstellung: Eine Piezokeramik ist in ein Koppelmedium und ein Gehäuse eingebettet und wird dann in eine Flüssigkeit (Wasser) eingetaucht. Die Geometrie des Objektes ist ebenso wie die Anregungen rotationssymmetrisch. Ein Schnittbild ist in Abb. 1 zu sehen.

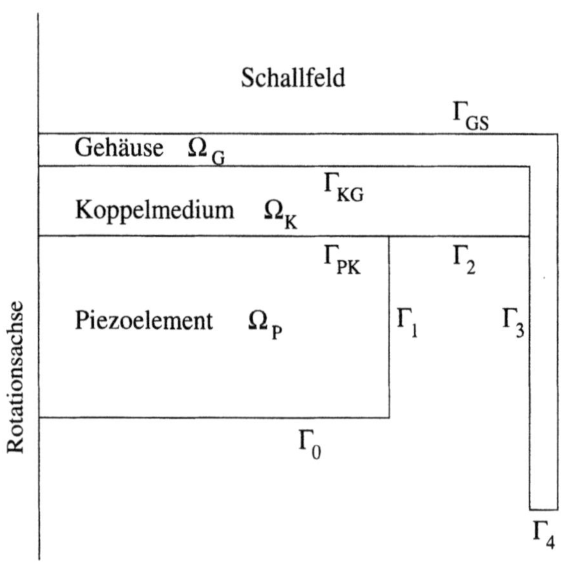

Abb. 1. Rotationsfläche des Modellproblems

Für die Berechnungen wird das Gebiet einerseits in den Innenraum, bestehend aus Piezoelement, Koppelmedium und Gehäuse, und andererseits den Außenraum (Schallfeld) unterteilt. Im Innenraum soll auf Grund der beschreibenden Gleichungen die Finite-Element-Methode (FEM) angewendet werden. Im Außenraum soll dagegen die Randelementmethode (BEM) angewendet werden, da dort eine homogene Differentialgleichung (Helmholtz-Gleichung) zu lösen ist. Ferner führt das unendliche Gebiet bei der BEM im Gegensatz zur FEM zu keinen Komplikationen und die Ausstrahlungsbedingung im unendlichen wird exakt eingehalten.

Berechnet werden sollen die Resonanzfrequenzen des Piezoelementes bzw. des Gesamtsystems. Diese ergeben sich aus einem Eigenwertproblem, das mit dem Eigenwert-Mehrgitterverfahren gelöst werden soll.

2 Problemstellung

Beschrieben wird das Verhalten des Gesamtsystems durch das Verhalten der einzelnen Materialien, entsprechenden Koppelbedingungen an den Grenzflächen zwischen den verschiedenen Materialien und zusätzlichen Randbedingungen.

Das Verhalten des Piezoelementes wird durch die piezoelektrischen Zustandsgleichungen

$$T = C^E S - e^t E, \tag{1}$$

$$D = \varepsilon^S E + eS \tag{2}$$

beschrieben. Dabei ist T der Spannungstensor, C der Elastizitätstensor, S der Deformationstensor und E die elektrische Feldstärke, D die dielektrischen Verschiebung, ε der Dielektrizitätstensor und e der Piezotensor.

Gl. (1) ist das um die elektrische Feldstärke erweiterte Hooksche Gesetz, und Gl. (2) erweitert die Verknüpfung der elektrischen Feldstärke und der dielektrischen Verschiebung um einen mechanischen Anteil.

Im linearisierten Fall ist der Verzerrungstensor die symmetrische Ableitung der Verschiebung, $S = \hat{\nabla} u$ bzw. $S_{ij} = \frac{1}{2}\left(\frac{\delta u_i}{\delta x_j} + \frac{\delta u_j}{\delta x_i}\right)$, und für die elektrische Feldstärke gilt $E = -\mathrm{grad}\varphi$ mit einem skalaren, aber zeitveränderlichem Potential φ. Ferner gilt für die dielektrische Verschiebung $\mathrm{div}\, D = 0$ und mit der Materialdichte ϱ ist $\mathrm{div}\, T = \varrho\frac{\delta^2}{\delta t^2} u$. Außerdem wird der zeitharmonische Fall $u(x,t) = u(x)e^{-i\omega t}$ betrachtet. Somit ergeben sich als beschreibende Gleichungen für das Piezoelement

$$T = C^E \cdot \hat{\nabla} u + e^t \cdot \nabla\varphi, \quad \mathrm{div}\, T = -\varrho\omega^2 u, \tag{3}$$

$$D = -\varepsilon \cdot \nabla\varphi + e \cdot \hat{\nabla} u, \quad \mathrm{div}\, D = 0 \; . \tag{4}$$

Sowohl das Koppelmedium als auch das Gehäuse werden durch das Hooksche Gesetz $T = C \cdot S = C \cdot \hat{\nabla} u$ charakterisiert. Zusammen mit der Gleichung

$\operatorname{div} T = \varrho \frac{\delta^2}{\delta t^2} u$ aus dem dritten Newtonschen Axiom erhält man dann die Lamé–Gleichung

$$\Delta^* u = \varrho \frac{\delta^2}{\delta t^2} u \quad \text{mit} \quad \Delta^* u := \mu \Delta u + (\lambda + \mu)\operatorname{grad} \operatorname{div} u \, , \qquad (5)$$

die das Koppelmedium und das Gehäuse beschreibt. Dabei sind λ und μ die Lamé–Konstanten. Man erhält also für das Koppelmedium und das Gehäuse die beiden Gleichungen

$$\mu_2 \Delta u_2 + (\lambda_2 + \mu_2)\operatorname{grad} \operatorname{div} u_2 = -\rho_K \omega^2 u_2 \quad \text{in } \Omega_K \, , \qquad (6)$$

$$\mu_3 \Delta u_3 + (\lambda_3 + \mu_3)\operatorname{grad} \operatorname{div} u_3 = -\rho_G \omega^2 u_3 \quad \text{in } \Omega_G \, . \qquad (7)$$

Im Außenraum ist die gesuchte Größe der Schalldruck p. Bestimmt wird er durch die Helmholtz-Gleichung

$$L_k p := \Delta p + k^2 p = 0 \quad \text{in } \Omega^+ \, , \qquad (8)$$

wobei $k := \frac{\omega}{c_0}$ die Wellenzahl ist. Da die Lösung im Außenraum gesucht wird, ist zusätzlich noch die Ausstrahlungsbedingung

$$p(x) = \mathcal{O}\left(r^{-1}\right), \; \lim_{r \to \infty} r \left(\frac{\delta p}{\delta r} - ikp \right) = 0, \; r = |x|, \qquad (9)$$

zu erfüllen. Gl. (9) wird auch als „outgoing Sommerfeld condition" bezeichnet.

Für die Integralgleichungsdarstellung lautet die Singularitätenfunktion der Helmholtz-Gleichung in 3D mit der Ausstrahlungsbedingung (9)

$$s(x, y) := \frac{1}{4\pi} \frac{e^{ik\|x-y\|}}{\|x - y\|} \, . \qquad (10)$$

An der Grenzfläche Γ_{PK} zwischen Piezoelement und Koppelmedium und an der Grenzfläche Γ_{KG} zwischen Koppelmedium und Gehäuse wird als Koppelbedingung die Stetigkeit der Verschiebungen und das Kräftegleichgewicht gefordert:

$$u_{1|\Gamma_{PK}} = u_{2|\Gamma_{PK}}; \quad u_{2|\Gamma_{KG}} = u_{3|\Gamma_{KG}}, \qquad (11)$$

$$T \cdot n = -T_2(u_2) \text{ auf } \Gamma_{PK}; \quad T_2(u_2) = -T_2(u_3) \text{ auf } \Gamma_{KG} \, . \qquad (12)$$

Auf der Grenzfläche Γ_{GS} zwischen Gehäuse und Schallfeld erhält man als Koppelbedingung, daß der Schalldruck der Normalenspannung entspricht: $T_2(u_3) \cdot n = -p$. Ferner erhält man für die Partikelgeschwindigkeit v aus der linearisierten Euler-Gleichung $\nabla p = -\rho \frac{\delta}{\delta t} v = -\rho \frac{\delta^2}{\delta t^2} u$ und im zeitharmonische Fall $\frac{\delta p}{\delta n} = \omega^2 \rho u \cdot n$.

Zusätzlich sind noch entsprechende Randbedingungen – Dirichlet- und Neumann-Randbedingungen – auf den äußeren Rändern Γ_i, $i = 0, \ldots, 4$, vorzugeben.

3 Lösungsansatz

Zur Lösung dieses gekoppelten Systems sollen die Teilprobleme einzeln behandelt werden.

Bei den drei Teilproblemen im Innenraum erhält man durch Multiplikation mit entsprechenden Testfunktionen und Integration jeweils Variationsformulierungen der Form „*Suche u mit* $A_Q(u,v) = f_Q(v)$ *für alle v*", wobei Q das Gebiet bezeichnet. Diese Variationsformulierungen kann man mit Hilfe der Koppelbedingungen (11,12) in natürlicher Weise in eine Variationsformulierung der Form „*Suche u mit* $A(u,v) = f(v)$ *für alle v*" für den kompletten Innenraum zusammenfassen.

Da für den Außenraum die BEM benutzt werden soll, ist es zuerst notwendig, die Problemstellung in eine entsprechende Randintegralgleichung umzuformen. Dabei gibt es mehrere Möglichkeiten: indirekte Ansätze mit dem Einfachschichtoperator $(\mathcal{V}f)(x) := \int_\Gamma s(x,y)f(y)\,d\Gamma_y$, $x \in \Omega^+$, oder dem Doppelschichtoperator $(\mathcal{K}f)(x) := \int_\Gamma f(y)\frac{\delta}{\delta n_y}s(x,y)\,d\Gamma_y$, $x \in \Omega^+$, jeweils mit einer unbekannten Belegung f, oder einen direkten Ansatz über die Greensche Darstellungsformel $p(x) = (\mathcal{K}p^+)(x) - \left(\mathcal{V}\frac{\delta p+}{\delta n}\right)(x)$, $x \in \Omega^+$. Weitere Möglichkeiten ergeben sich aus Kombinationen obiger Ansätze.

Setzt man $\mathcal{V}f$ und $\mathcal{K}f$ und deren Ableitungen auf den Rand $\Gamma := \Delta\Omega^+$ fort, so erhält man (siehe [H2])

$$\mathcal{V}f^+ = Vf \quad \text{mit } (Vf)(x) = \int_\Gamma s(x,y)f(y)\,d\Gamma_y, x \in \Gamma, \tag{13}$$

$$\mathcal{K}f^+ = \frac{1}{2}f + Kf \quad \text{mit } (Kf)(x) = \int_\Gamma f(y)\frac{\delta}{\delta n_y}s(x,y)\,d\Gamma_y, x \in \Gamma, \tag{14}$$

$$\frac{\delta}{\delta n}\mathcal{V}f^+ = -\frac{1}{2}f + K^*f \quad \text{mit } (K^*f)(x) = \int_\Gamma f(y)\frac{\delta}{\delta n_x}s(x,y)\,d\Gamma_y, x \in \Gamma, \tag{15}$$

$$\frac{\delta}{\delta n}\mathcal{K}f^+ = Mf \quad \text{mit } (Mf)(x) = \frac{\delta}{\delta n_x}\int_\Gamma f(y)\frac{\delta}{\delta n_y}s(x,y)\,d\Gamma_y, x \in \Gamma. \tag{16}$$

Üblicherweise setzt man dann die gegebenen Randwerte ein und erhält so die Randintegralgleichung. Hier werden allerdings die Randbedingungen durch die entsprechenden Koppelbedingungen ersetzt.

Bei der Umformung der Helmholtz-Gleichung in die entsprechende Randintegralgleichung ergibt sich aber das Problem, daß die Integralgleichung nicht mehr für alle Frequenzen ω lösbar ist. Dieses Problem ergibt sich daraus, daß der Einfachschicht- und Doppelschichtoperator sowohl die Innen- als auch die Außenraumaufgabe der Helmholtz-Gleichung simultan lösen. Für die Helmholtz-Gleichung wurden in [BW] oder [BM] Ansätze vorgeschlagen, so daß die Integralgleichung für alle Frequenzen ω lösbar ist.

Im folgenden sollen drei Varianten vorgestellt werden, die das Gesamtsystem lösen. Da die Unterschiede nur in der Behandlung des Außenraums auftreten, soll hier folgendes Teilproblem behandelt werden: Suche (u, p) mit

$$\Delta^* u = \mu \Delta u + (\lambda + \mu)\mathrm{grad}\ \mathrm{div}\ u = -\rho\omega^2 u \quad \text{in } \Omega\ , \tag{17}$$

$$\Delta p + k^2 p = 0 \quad \text{in } \Omega^+ := \mathbb{R}^3 \setminus \Omega\ , \tag{18}$$

$$T_2(u) = -pn \quad \text{auf } \Gamma := \Delta\Omega^+, \tag{19}$$

$$\rho_f \omega^2 u \cdot n = \frac{\delta p}{\delta n} \quad \text{auf } \Gamma \tag{20}$$

zusammen mit der Ausstrahlungsbedingung (9).

Bei der 1. Methode wird der Schalldruck p im Außenraum mit Hilfe der Greenschen Darstellungsformel $p(x) = (\mathcal{K}p^+)(x) - \left(\mathcal{V}\frac{\delta p+}{\delta n}\right)(x), x \in \Omega^+$, bestimmt. Mit (13–16) erhält man dann das Problem, (u, p) zu finden mit

$$\rho\omega^2 u + \Delta^* u = 0 \quad \text{in } \Omega\ , \tag{21}$$

$$T_2(u) = \left(\rho_f\omega^2 \mathcal{V}u \cdot n - \left(K + \frac{1}{2}I\right)p\right)n \quad \text{auf } \Gamma\ , \tag{22}$$

$$\frac{1}{\rho_f\omega^2}Mp - \left(K^* + \frac{1}{2}I\right)u \cdot n = 0 \quad \text{auf } \Gamma\ . \tag{23}$$

Gl. (21) überführt man dann in die Variationsformulierung und setzt dort (22) ein. Die Integralgleichung (23) soll mit Hilfe des Galerkin-Ansatzes gelöst werden, so daß man (23) skalar mit der Testfunktion q bzgl. des L_2–Skalarproduktes multipliziert. Damit erhält man die folgende Variationsformulierung:
Suche $(u, p) \in \mathcal{H} := H^1(\Omega)^3 \times H^{\frac{1}{2}}(\Gamma)$, so daß für alle $(v, q) \in \mathcal{H}$ gilt:

$$-\rho\omega^2(u, v) + \mathcal{A}(u, v) = \rho_f\omega^2 <Vu \cdot n, v \cdot n> - <\left(K + \frac{1}{2}I\right)p, v \cdot n>, \tag{24}$$

$$\frac{1}{\rho_f\omega^2} <Mp, q> - <\left(K^* + \frac{1}{2}I\right)u \cdot n, q> = 0\ . \tag{25}$$

Dieser Ansatz ist ein direkter Ansatz, d.h. es wird mit der gesuchten Größe p gearbeitet und nicht mit einer Belegung f. Der Vorteil dieses Ansatzes ist es, daß ein symmetrisches Problem entsteht: Man kann (24, 25) auch in der Form $\mathcal{A}((u, p), (v, q)) = l(v, q)$ schreiben, wobei die Bilinearform $\mathcal{A}$ symmetrisch ist. Der Nachteil ist, daß das Problem nicht für alle Frequenzen ω lösbar ist.

Die 2. Methode greift auf die Ideen von [BM] oder [BW] auf, um sie in das gekoppelte System zu integrieren. Dabei wird der Schalldruck p im Außenraum durch eine Kombination des ESP-Ansatzes und des DSP-Ansatzes bestimmt: $p(x) = (\mathcal{V}f)(x) + \alpha(\mathcal{K}f)(x)$, $x \in \Omega^+$, wobei $\alpha \in \mathbb{C}, \mathrm{Im}\,\alpha \neq 0$ und

f eine unbekannte Belegung ist. Analog zur 1. Methode erhält man dann die Problemstellung, (u, f) zu finden mit

$$\rho\omega^2 u + \Delta^* u = 0 \quad \text{in} \quad \Omega, \tag{26}$$

$$T_2(u) = -\left(Vf + \alpha\left(K + \frac{1}{2}I\right)f\right)n \quad \text{auf } \Gamma, \tag{27}$$

$$\rho_f\omega^2 u \cdot n = \left(K^* - \frac{1}{2}I\right)f + \alpha M f \quad \text{auf } \Gamma. \tag{28}$$

Die entsprechende Variationsformulierung lautet dann:
Suche $(u, f) \in \mathcal{H}$, so daß für alle $(v, g) \in \mathcal{H}$ gilt:

$$-\rho\omega^2(u, v) + \mathcal{A}(u, v) = - <Vf, v \cdot n> -\alpha < \left(K + \frac{1}{2}I\right)f, v \cdot n>, \tag{29}$$

$$<u \cdot n, g> = \frac{1}{\rho_f\omega^2} < \left(K^* - \frac{1}{2}I\right)f, g> + \frac{\alpha}{\rho_f\omega^2} <Mf, g>. \tag{30}$$

Im Gegensatz zur 1. Methode ist dieser Ansatz indirekt, so daß zur Bestimmung des Schalldrucks p die Lösung einer weiteren Integralgleichung notwendig ist. Bei diesem Ansatz ist das Problem für alle Frequenzen ω lösbar. Allerdings ist dabei die zu (29,30) gehörende Bilinearform nicht mehr symmetrisch, was insbesondere bei der Eigenwert-Berechnung nachteilig ist.

Die nächste Methode kombiniert die beiden Vorteile der ersten und zweiten Methode miteinander und beruht auf einer Idee von Bielak, MacCamy und Zeng [BMZ]: Das entsprechende Problem ist symmetrisch und für alle Frequenzen ω lösbar.

Dabei wird eine Hilfsvariable $\lambda := T_2(u) \cdot n = -p$ eingeführt. Für diese entwickelt man auch eine Integralgleichung und kombiniert diese dann mit der 2. Methode. Man erhält das Problem, (u, f, λ) zu finden mit

$$\rho\omega^2 u + \Delta^* u = 0 \quad \text{in} \quad \Omega,$$

$$T_2(u) = \frac{1}{2}\left(\lambda - Vf - \alpha\left(K + \frac{1}{2}I\right)f\right)n \quad \text{auf } \Gamma,$$

$$-\frac{1}{2}u \cdot n + \frac{1}{2\rho_f\omega^2}\left(K^* - \frac{1}{2}I\right)f + \frac{\alpha}{2\rho_f\omega^2}Mf = 0 \quad \text{auf } \Gamma,$$

$$\frac{1}{2}Vu \cdot n + \frac{1}{2\rho_f\omega^2}\left(K - \frac{1}{2}I\right)\lambda + \frac{\alpha}{2}\left(K^* + \frac{1}{2}I\right)(u \cdot n) + \frac{\alpha}{2\rho_f\omega^2}M\lambda = 0.$$

Die entsprechende Variationsformulierung lautet dann: Suche
$(u, f, \lambda) \in \mathcal{H}_2 := H^1(\Omega)^3 \times H^{\frac{1}{2}}(\Gamma) \times H^{\frac{1}{2}}(\Gamma)$, so daß für alle $(v, g, \mu) \in \mathcal{H}_2$ gilt:

$$-\rho\omega^2(u, v) + \mathcal{A}(u, v) - \frac{1}{2}\overline{<v \cdot n, \lambda>} + \frac{1}{2}<Vf, v \cdot n> +$$

$$+\frac{\alpha}{2} < \left(K + \frac{1}{2}I\right)f, v \cdot n> = 0, \tag{31}$$

$$-\frac{1}{2} < u \cdot n, \mu > + \frac{1}{2\rho_f\omega^2}\left(< \left(K^* - \frac{1}{2}I\right)f, \mu > +\alpha < Mf, \mu > \right) = 0, \quad (32)$$

$$\frac{1}{2}\overline{Vg, u \cdot n >} + \frac{\alpha}{2} < g, \left(K^* + \frac{1}{2}I\right)u \cdot n > +$$

$$\frac{1}{2\rho_f\omega^2}\left(\overline{< g, \left(K - \frac{1}{2}I\right)\lambda >} + \overline{\alpha < Mg, \lambda >}\right) = 0 \ . \quad (33)$$

Nachteilig bei dieser Methode ist der erhöhte Aufwand, den die zusätzliche Variable λ erzeugt.

4 Eigenwertberechnung

Zur Berechnung eines verallgemeinerten Eigenwertproblems von der Form $Au = \lambda Mu$ soll das Eigenwert-Mehrgitterverfahren (EMGV) (siehe [H1]) eingesetzt werden. Voraussetzung ist, daß das Problem symmetrisch ist. Wie das normale Mehrgitterverfahren auch, ist das EMGV aus einer Glättung und einer Grobgitterkorrektur zusammengesetzt. Im Gegensatz zur Glättung, wo die üblichen Verfahren zur Anwendung kommen, ist die Grobgitterkorrektur anders aufgebaut: Gegeben seien die Näherungen $\tilde{u} = u + v$ und $\tilde{\lambda} = \lambda + \delta\lambda$. Für den Defekt gilt dann $d := (A - \tilde{\lambda}M)\tilde{u} = (A - \lambda M)v + \delta\lambda M\tilde{u}$ und wegen $|\delta\lambda| = \mathcal{O}(|v|^2)$ ist $d \approx (A - \lambda M)v$. Führt man die Projektion $Q : X \to N^\perp$, $x \mapsto x- < x, e > Me$ mit $N := \mathrm{Kern}(A - \lambda M)$ ein, so ist $d^\perp := Qd = (A - \lambda M)v$; diese Gleichung ist eindeutig lösbar unter der Nebenbedingung $v \in (MN)^\perp$, so daß die exakte Korrektur $\tilde{u} \mapsto \tilde{u} - v$ ist.

Transferiert man den Korrekturprozeß auf das grobe Gitter und führt zusätzlich noch die Projektion $Q' : X \to (MN)^\perp, x \mapsto x- < x, Me > e$ ein, um den Wertebereich der Lösung zu gewährleisten, so erhält man für die Grobgitterkorrektur

$$\tilde{u} \mapsto \tilde{u} - pQ'_{l-1}(A_{l-1} - \tilde{\lambda}M_{l-1})^{-1}Q_{l-1}r(A_l - \tilde{\lambda}M_l)\tilde{u}_l \ . \quad (34)$$

Ein Übergang zum echten Mehrgitterverfahren ist aber nicht in der üblichen Weise möglich, da die Grobgittergleichung

$$\left(A_{l-1} - \tilde{\lambda}_{l-1}M_{l-1}\right)v_{l-1} = d^\perp_{l-1} \quad (35)$$

i.allg. keine Eigenwertgleichung mehr ist, sondern eine singuläre Gleichung. Somit entsteht das EMGV aus dem Eigenwert-Zweigitterverfahren, indem für die Lösung der Grobgittergleichung das singuläre Mehrgitterverfahren benutzt wird. Dieses entsteht aus dem normalen Mehrgitterverfahren durch Hinzunahme der beide Projektionen Q und Q'.

Für die beiden Projektionen Q und Q' benötigt man den Eigenvektor oder zumindest Approximationen davon. Diese erhält man, indem man die geschachtelte Iteration benutzt.

5 Numerische Beispiele

Zuerst wurde untersucht, ob sich das Mehrgitterverfahren überhaupt eignet, um als Löser bei den hier betrachteten Systemen eingesetzt zu werden. Dazu wurde zuerst das Piezoelement als rein mechanisches Gebilde aufgefaßt – also ohne die elektrische Kopplung; es gilt also nur das normale Hooksche Gesetz. Im zweiten Schritt wurde dann das Piezoelement mit mechanischem und elektrischem Anteil berechnet und schließlich noch das Piezoelement zusammen mit dem Gehäuse. Berechnet wurde die Konvergenzrate in Abhängigkeit von der Anzahl der Glättungsschritte und den verschiedenen Glättungsiterationen. Für die drei betrachteten Fälle ergaben sich dabei nur minimale Unterschiede bzgl. der Konvergenzrate. Abb. 2 zeigt die entsprechenden Konvergenzraten für das Piezoelement.

In Abb. 3 sind die Konvergenzraten aufgezeichnet, die man beim Piezoelement und Benutzung des symmetrischen Gauß-Seidel-Verfahrens erhält. Dabei sind die Glättungsschritte einmal nur in der Vorglättung eingesetzt worden und das andere mal wurden sie auf Vor- und Nachglättung verteilt. Es ist deutlich zu erkennen, daß die Aufteilung der Glättungsschritte auf Vor- und Nachglättung günstigere Ergebnisse liefert.

Außerdem wurde festgestellt, daß die Konvergenzrate unabhängig von der Stufenzahl ist, wie es für Mehrgitterverfahren typisch ist.

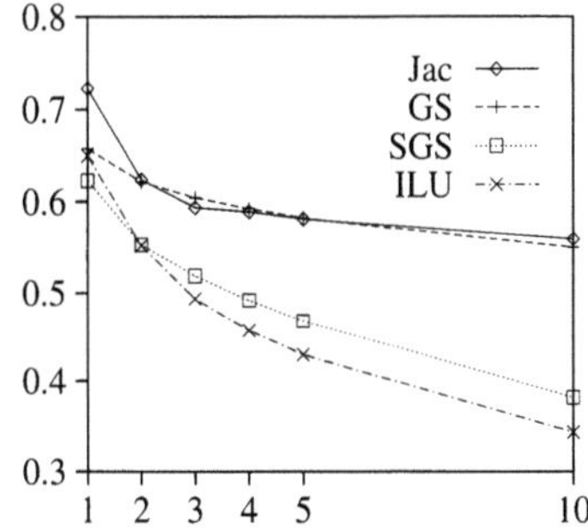

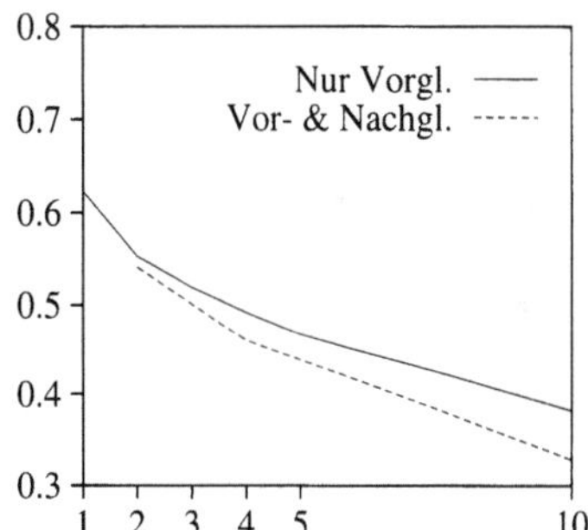

Abb. 2. Konvergenzraten bzgl. der Iterationsschritte und verschiedener Glätter beim Piezoelement

Abb. 3. Aufteilung der Glättungsiterationen bei symmetrischer Gauß-Seidel-Glättung beim Piezoelement

Als zweites Beispiel wurden die Resonanzfrequenzen eines Piezoringes berechnet. Im Gegensatz zum Vollzylinder aus Abb. 1 wurde ein Piezoring genommen, da für diesen auch experimentelle Daten vorlagen. Berechnet wurde ein Zylinderring aus dem Material PIK155 mit einem Außendurchmesser von 25mm, einem Innendurchmesser von 16mm und einer Höhe von 2mm. Experimentell wurde beim fünften Eigenmode eine Resonanzfrequenz von 320 kHz gemessen. In der numerischen Simulation ergab sich ein Wert von 319,7 kHz. Der dazugehörige Eigenmode ist in Abb. 4 als Schnittbild einer Halbebene dargestellt.

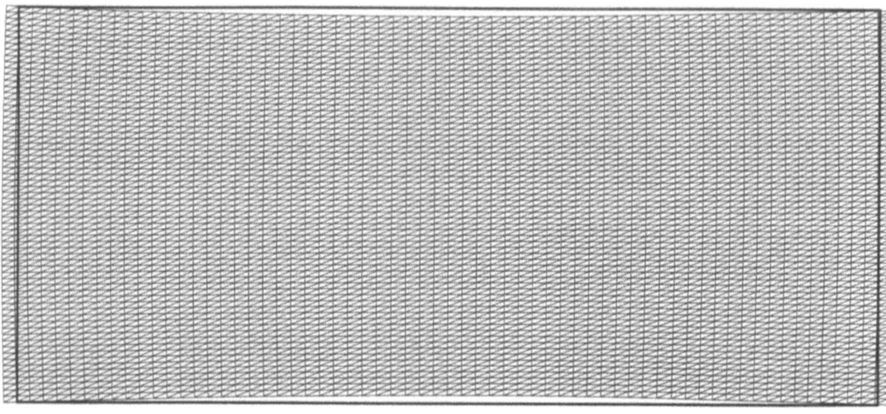

Abb. 4. 5. Eigenmode

Literatur

[BM] Burton, A. J., Miller, G. F.: The application of integral equation methods for the numerical solution of boundary value problems. *Proc. Roy. Soc. Lond.* **A232** (1971) 201–210.

[BMZ] Bielak, J., MacCamy, R., Zeng, X.: Stable Coupling Method for Interface Scattering Problems by Combined Integral Equations and Finite Elements. *Journal of Computational Physics.* **119** (1995) 374–384.

[BW] Brakhage, H., Werner, P.: Über das Dirichletsche Außenraumproblem für die Helmholtzsche Schwingungsgleichung. *Archiv. der Math.* **16** (1965) 325–329.

[H1] Hackbusch, W.: *Multi-Grid Methods and Applications.* SCM, Springer, Berlin, 1985.

[H2] Hackbusch, W.: *Integralgleichungen, Theorie und Numerik.* Teubner Studienbücher Mathematik, Teubner, Stuttgart, 1989.

Thermische Materialbearbeitung mit Laserstrahlung: Schmelzschneiden

V. Enß[1], V. Kostrykin[1], W. Schulz[2], H. Zefferer[3] und D. Petring[3]

[1] Institut für Reine und Angewandte Mathematik, Rheinisch-Westfälische
Technische Hochschule Aachen, D-52056 Aachen, Germany;
e-mail: enss@rwth-aachen.de, kostrykin@ilt.fhg.de
URL: http://www.iram.rwth-aachen.de/~enss/
[2] Lehrstuhl für Lasertechnik, Rheinisch-Westfälische Technische Hochschule
Aachen, Steinbachstr. 15, D-52074 Aachen, e-mail: schulz@ilt.fhg.de
[3] Fraunhofer-Institut für Lasertechnik, Steinbachstr. 15, D-52074 Aachen
e-mail: zefferer@ilt.fhg.de, petring@ilt.fhg.de

Abstract. Cutting materials with laser beams is a widely used technology. We
develop a mathematical model in order to give a sufficiently accurate description of
the main physical processes and their mutual interaction. This should contribute
eventually to a reliable control of the technical process and enhancements of the
quality of laser cuts. The full problem – a system of partial differential equations
with free boundaries – is reduced in a first step to a system of ordinary differential
equations. This simplified model reproduces already some experimentally observed
phenomena.

1 Das technische Problem

Für vielfältige Schneidaufgaben in der Fertigungstechnik wird der Laserstrahl
als Schneidwerkzeug eingesetzt. Die flexible Programmierbarkeit und Steu-
erbarkeit von Laserschneidanlagen sowie die Möglichkeit, hohe Strahlungs-
leistungen auf kleine Strahlquerschnittsflächen zu fokussieren, ermöglichen
präzise Schnitte längs komplizierter Konturen. Um die Begrenzungen der
Schnittqualität wie Riefen (Abb. 1) oder Bartanhaftung, die eine Nachbearbeitung erforderlich machen können, zu verringern, und um den effizienten
Einsatz der teuren Anlagen zu verbessern, ist ein besseres Verständnis der
Steuerungs- und Regelungsmöglichkeiten des Verfahrens sowie eine verläßliche Qualitätskontrolle erwünscht.

Auf dieses Ziel hin wird in dem Projekt in interdisziplinärer Zusammenarbeit ein mathematisches Modell entwickelt, mit dem das Verständnis des
Schneidprozesses sowie dessen Beschreibung verbessert werden soll (z.B. Identifikation kritischer Verfahrensparameter und leicht beobachtbarer Größen,
die zur Interpretation und Steuerung des Prozesses benutzt werden können).

Diese Kenntnisse werden auch zur Entwicklung von Bearbeitungsverfah-
ren für neue Werkstoffe oder mit neuartigen Laserstrahlquellen benötigt.
Weiterhin unterstützen sie die präventive und korrigierende Fehleranalyse

in Qualitätssicherungssystemen. Der Schneidvorgang kann durch Messung der vom Prozeß emittierten Wärmestrahlung überwacht werden. Durch eine verläßliche Interpretation der Wärmestrahlungssignale kann die Steuerung oder Regelung des technischen Prozesses so verbessert werden, daß die qualitätsmindernden Vorgänge (Riefenbildung, Bartanhaftung, etc.) beherrscht und die Produktivität der Anlage erhöht werden können.

Das Schneiden mit Laserstrahlung ist bereits seit etwa Mitte der 60er Jahre Gegenstand der Forschung. Eine umfassende Bibliographie wird in [P] angegeben. Das Laserstrahlschneiden wird als instationärer Prozeß verstanden, denn die Verfahrensparameter können nicht ideal konstant gehalten werden und z.B. beim Konturenschneiden müssen sie gesteuert werden. In jüngster Zeit werden Untersuchungen durchgeführt, die auf ein Verständnis der Wechselwirkungen der physikalischen Teilprozesse und der Erkennung der dominanten Prozesse zielen [P, Schu, O, ZSWP].

 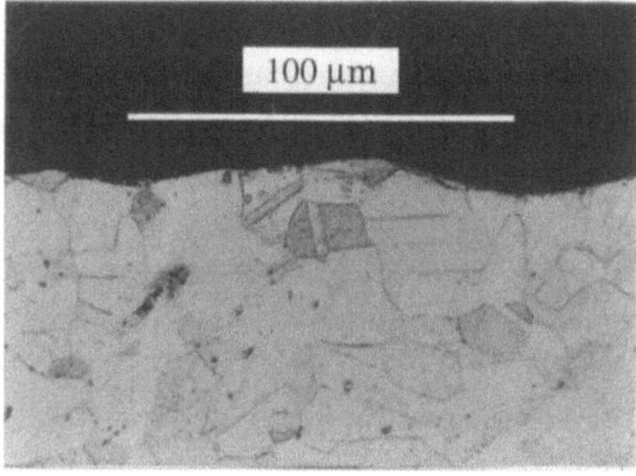

a   b

Abb. 1. (a) REM-Aufnahme der Schnittkante: Blechdicke 10 mm, Cr-Ni-Stahl, Vorschubgeschwindigkeit 1 m/min, Laserleistung 4600 W. Die Riefen verlaufen etwa senkrecht zur Blechoberkante. Um eine spiegelnde Reflexion an der Schnittkante zu erreichen, ist das Werkstück während der Aufnahme geneigt. (b) Querschliff in einer Schnittiefe von 250 μm: Blechdicke 2 mm, Cr-Ni-Stahl, Vorschubgeschwindigkeit 2 m/min, Laserleistung 1200 W.

Beim *Schmelzschneiden* wird ein Werkstück der Dicke d mit der Vorschubgeschwindigkeit v_0 unter dem Laserstrahl und dem Gasstrahl hinwegbewegt. Die Laserstrahlung erwärmt das Material auf Schmelztemperatur T_m. Der Gasstrahl treibt einen Teil des aufgeschmolzenen Materials aus. Der zurückbleibende Teil der Schmelze rekristallisiert an den Schnittkanten. Die Schnittkanten weisen eine für das Schmelzschneiden charakteristische Riefenstruktur auf (s. Abb. 1). Sauerstoff im Gasstrahl führt bei exotherm reagierenden Werkstoffen zum *Brennschneiden*, dominante Verdampfung des Materials zum *Sublimationsschneiden*. Die grundsätzlichen Probleme bei diesen Verfahren sind ähnlich.

Typischerweise treten die folgenden Größenordnungen auf: die Blechdicke
d liegt im Millimeterbereich (etwa 1 bis 15 mm), die Fugenbreite beträgt ca.
$0.2-0.6$ mm, die Strahlleistung ist $1-3$ kW und die Vorschubgeschwindigkeit
v_0 liegt typischerweise im Bereich von 1 bis 10 cm/s. Die typischen Werte der
experimentell ermittelten Größen z.B. für Stahl der Dicke 2 mm sind $80-120$
μm für die Riefenwellenlänge und $10-20$ μm für die Riefenamplitude.

In Kapitel 2 diskutieren wir die Argumente, die unsere Modellierung
des Schmelzschneidvorganges begründen, bei der zunächst der Einfluß der
Schmelzströmung unberücksichtigt bleibt. Das entsprechende freie Randwertproblem mit einer Phasengrenze wird in Kapitel 3 mathematisch formuliert.
In Kapitel 4 wird der räumlich eindimensionale Fall betrachtet. Eine approximative Beschreibung durch ein System gewöhnlicher Differentialgleichungen
wird mit analytischen Eigenschaften und numerischen Simulationen des in
Kapitel 3 angegebenen Problems sowie mit Experimenten verglichen.

2 Physikalische Modellierung

Der Prozeß wird durch die Kontinuums- und Thermodynamik beschrieben.
Die Grenze zwischen dem aufgeschmolzenen und festen Material wird als
Schmelzfront und der vom Laserstrahl beleuchtete Teil des Werkstücks wird
als *Absorptionsfront* bezeichnet. Die Absorptionsfront enthält den bereits aufgeschmolzenen Teil der Materialoberfläche. Sind die Absorptionsfront und die
dort eingestrahlte Intensität bekannt, so bestimmt die Wärmeleitung die Bewegung der Schmelzfront (Abb. 2). Umgekehrt legt letztere die "Einströmbe-
dingung" des aufgeschmolzenen Materials in den Schmelzfilm fest. Zusammen
mit den antreibenden Kräften des Gasstrahls ist die Absorptionsfront festgelegt.

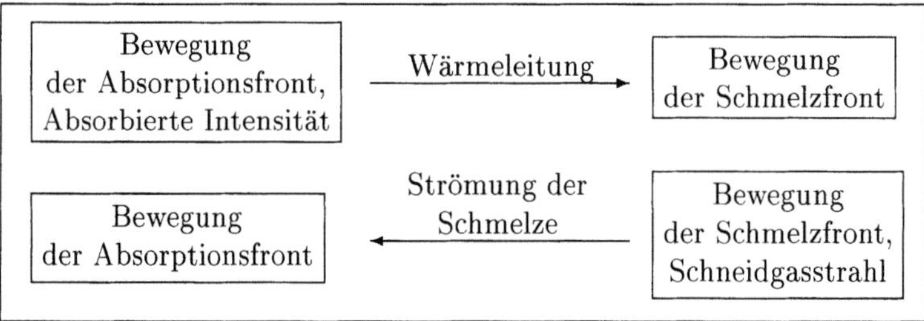

Abb. 2. Die Kopplung der physikalischen Teilprozesse beim Schmelzschneiden an
den Rändern.

Vicanek *et al.* [VSUD] und Makashev *et al.* [M] argumentieren, daß die
Strömung der Schmelze der wesentliche Teilprozeß ist, der die dynamischen
Eigenschaften des Gesamtprozesses bestimmt und für die Riefenbildung ver-

antwortlich ist. Hydrodynamische Effekte, die zur Erklärung der Riefenbildung vorgeschlagen wurden, sind durch den Schneidgasstrahl erzeugte axial propagierende Kapillarwellen [VSUD] und eine Tropfenbildung [M]. Die experimentellen Befunde von Zefferer *et al.* [ZSWP] zeigen, daß auf der Schnittkante im oberen Bereich des Schnittes praktisch keine rekristallisierte Schmelze nachweisbar ist (s. Abb. 1b) und trotzdem Riefen vorhanden sind.

Der Wärmestrom an der Schmelzfront kann dann gut durch den Wärmestrom an der Absorptionsfront approximiert werden, wenn die Schmelzfilmdicke d_m klein im Vergleich zur typische Skala der Temperaturänderung $\delta = \kappa/v_0$ ist: $d_m \ll \delta$ (κ ist die Temperaturleitfähigkeit und v_0 ist die Vorschubgeschwindigkeit). Für typische Werte ist die Länge $\delta \simeq 0.1mm$ viel größer als die Schmelzfilmdicke $d_m \leq 10\mu m$ nahe der Blechoberkante. Daher erwarten wir für diesen Fall, daß der dominante Effekt der Schmelzströmung durch die Zeitabhängigkeit von Position und Form der Schmelzfilmoberfläche gegeben ist. Der Einfluß der inneren Dynamik des Schmelzfilmes kann dann vernachlässigt werden.

Als ein Ausgangssignal zur experimentellen Beobachtung steht das Wärmestrahlungssignal der emittierenden Oberflächen zur Verfügung. Als weitere Meßgröße liefern die Schnittkanten ein Abbild der zeitlichen Schwankungen der Fugenbreite an der Flanke (Abb. 1a). Bei konstant eingestellten Verfahrensparametern weisen sie eine approximativ periodische Struktur auf. Die Riefen verlaufen etwa senkrecht zur Blechoberkante. Nach experimentellen Beobachtungen von Zefferer *et al.* [ZSWP] weist die Riefenmorphologie in Abhängigkeit von der Vorschubgeschwindigkeit und der Schnittiefe charakteristische Merkmale auf, anhand derer eine Klassifizierung in vorerst drei Riefenarten erfolgte. Riefen "1. Art" treten insbesondere für kleine Vorschubgeschwindigkeit (bis 3-4 m/min) und nahe der Blechoberkante auf. Unter diesen Bedingungen sind die Schmelzfilmdicken besonders gering. Im weiteren sollen nur die bereits in diesem Grenzfall auftretenden Riefen "1. Art" diskutiert werden.

An der Blechoberkante haben die Riefen eine U-Form mit spitz zulaufenden Bergen und im Vergleich dazu länger ausgedehnten Vertiefungen (s. Abb. 1b). Anhand des Querschliffes, der im wesentlichen die ursprüngliche grob-kristalline Struktur des Grundwerkstoffes zeigt, wird deutlich, daß diese Oberfläche nahe der Blechoberkante nicht durch wiedererstarrte Schmelze gebildet wird, sondern durch Variation der Lage der Schmelzgrenze.

Die Riefenbildung ist ein typisches Merkmal des dynamischen Prozeßablaufes. Die Modellierung des Schneidprozesses ist durch kritischen Vergleich mit der Riefenstruktur verbessert worden. Eine wesentliche Verfeinerung besteht darin, daß die Randbedingungen auf der Absorptionsfront räumlich und zeitlich zwischen einer *Heizphase* ohne Abtrag und einer *Schmelzphase*, während der ein Abtrag stattfindet, wechseln. Als Konsequenz der wechselnden Randbedingungen ergibt sich die typische U-Form der Riefen (s. Abb. 1b) auf den Schnittkanten. Nach Erreichen einer akzeptablen Qualität des Modells soll dieses auf die technischen Fragestellungen der Steuerung bzw.

Regelung von Verfahrens- bzw. Prozeßparametern, wie sie z.B. beim Schneiden von Konturen auftreten, angewandt werden.

3 Mathematische Modellierung

Die obige physikalische Diskussion legt nahe, zunächst das *freie Randwertproblem mit einer Phasengrenze* zu untersuchen und dabei den Einfluß der Hydrodynamik des Schmelzaustriebes nicht zu berücksichtigen. Mathematisch wird das Problem wie folgt formuliert (Abb. 3). Das Materialvolumen

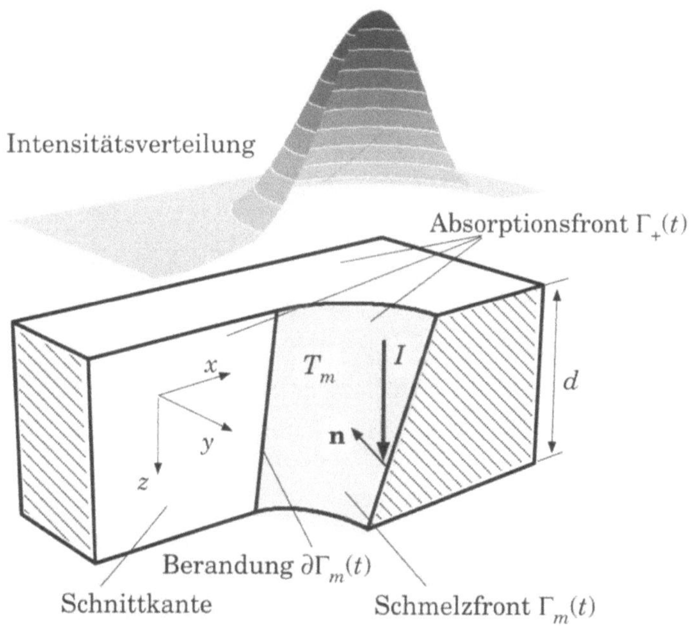

Abb. 3. Skizze zur Formulierung des Problems

$\Omega(t) \subseteq \mathrm{I\!R}^2 \times (0, d)$ ist durch die Absorptionsfront $\Gamma_+(t) = \partial\Omega(t) \cap \{z < d\}$, und die Unterseite des festen Materiales $\Gamma_-(t) = \partial\Omega \cap \{z = d\}$ begrenzt. Die Intensitätsverteilung $I = I_0(t)f([\mathbf{x} - \mathbf{v}_0 t]/w_0)$ des Strahles ist durch ihren Maximalwert $I_0(t)$, die Verteilung f $(0 \leq f \leq 1)$ und den Strahlradius w_0 charakterisiert. Der Laserstrahl ist nach unten gerichtet und bewegt sich mit der Geschwindigkeit v_0 in positiver x-Richtung, $\mathbf{v}_0 = v_0\mathbf{e}_x$. Der absorbierte Wärmestrom $q_a = -A_p I \mathbf{n} \cdot \mathbf{e}_z$ hängt vom Absorptionsgrad A_p ab, wobei $\mathbf{n} = \mathbf{n}(\mathbf{x}, t)$ die Normale auf der Absorptionsfront $\Gamma_+(t)$ ist. Deshalb beeinflussen die Polarisation p des Laserstrahles und der Einfallswinkel, von dem auch A_p abhängt, die Frontgeschwindigkeit $-v_b\mathbf{n}$. Die Normalkomponente $v_b \geq 0$ der Geschwindigkeit ist auf nicht-negative Werte eingeschränkt, da keine Erstarrung zugelassen wird. Die Absorptionsfront $\Gamma_+(t)$ kann in die Schmelzfront $\Gamma_m(t)$, auf der die Schmelztemperatur $T = T_m$ vorliegt und der Abtrag stattfindet ($v_b \geq 0$), und den Rest ($T < T_m$ und $v_b = 0$) aufgeteilt werden. Die Schmelzfront $\Gamma_m(t)$ ist ein *freier Rand*. Die resultierende Geometrie der Schnittkante wird durch die Bewegung der Berandung $\partial\Gamma_m(t)$ bestimmt.

Mit diesen Definitionen hat das Problem folgende allgemeine Form: Finde die Lösung der Wärmeleitungsgleichung

$$\frac{\partial T}{\partial t} = \kappa\Delta T, \ T = T(\mathbf{x}, t), \ \mathbf{x} \in \Omega(t), \tag{1}$$

mit den freien Randbedingungen

$$\begin{aligned}
q_a - \lambda\nabla T \cdot \mathbf{n} = \rho H_m v_b, &\quad \mathbf{x} \in \Gamma_m(t), \\
T = T_m, &\quad \mathbf{x} \in \Gamma_m(t), \\
q_a - \lambda\nabla T \cdot \mathbf{n} = 0, &\quad \mathbf{x} \in \Gamma_+(t) \setminus \Gamma_m(t), \\
\nabla T \cdot \mathbf{n} = 0, &\quad \mathbf{x} \in \Gamma_-(t), \\
T|_{|\mathbf{x}|\to\infty} = T_a, &\quad \mathbf{x} \in \Omega(t).
\end{aligned} \tag{2}$$

Hier sind T_a und T_m die Umgebungs- und die Schmelztemperatur. H_m ist die Schmelzenthalpie, λ die Wärmeleitfähigkeit, ρ die Dichte, $\kappa = \lambda/(\rho c)$ die Temperaturleitfähigkeit und c die spezifische Wärmekapazität.

Im Gegensatz zum üblichen Stefan-Problem [EO]

- erfolgt der Energieübertrag direkt am freien Rand,
- hängt der absorbierte Wärmestrom vom Einfallswinkel (durch den Absorptionsgrad) und der Position (durch die Intensitätsverteilung $f(\mathbf{x}, t)$) ab und
- wechseln die Randbedingungen am Rand der Schmelzfront sprunghaft.

Ein freies Randwertproblem dieser Art wurde nach unserem Wissen bisher nur in Form von numerischen Simulationen [MA, BM, RM] diskutiert.

Wir behandeln das Problem vor allem mit zwei Methoden. Einerseits werden die partiellen Differentialgleichungen mit Hilfe eines approximativen Systems von gewöhnlichen Differentialgleichungen untersucht. Dieses System hat den Vorteil, leichter lösbar zu sein, und seine Lösungen weisen auf Eigenschaften hin, die dann für die partiellen Differentialgleichungen verifiziert werden können. Das System gewöhnlicher Differentialgleichungen beschreibt die Zeitabhängigkeit charakteristischer Variablen, die eine transparente physikalische Interpretation haben. Sie lassen den Anwender die Konsequenzen der inneren Prozeßeigenschaften leichter erkennen. Andererseits wird das räumlich mehrdimensionale Problem analytisch und numerisch [Z] untersucht.

4 Das Modell in einer Raumdimension

Der räumlich eindimensionale Fall ist für die Untersuchung des Schneidvorganges von besonderer Bedeutung. Zunächst ist zu nennen, daß die Energieabsorption dominant auf der Schmelzfront stattfindet und die Wärmeströme in Bewegungsrichtung der Laserstrahlachse dominieren. Darüber hinaus wurde von Zimmermann [Z] für den Fall großer Blechdicken im Vergleich zum Laserstrahlradius gezeigt, daß numerische Lösungen in zwei Raumdimensionen die typischen Eigenschaften der räumlich eindimensionalen Frontbewegung reproduzieren. Für den räumlich eindimensionalen Fall wird in [KS] eine Lösung des freien Randwertproblems angegeben, so daß die Qualität approximativer Methoden beurteilt werden kann. Obwohl das eindimensionale Modell die Koexistenz der verschiedenen Randbedingungen am freien Rand nicht beschreiben kann, läßt sich ein zeitlicher Wechsel der Randbedingungen durch Modulation der Intensität erzeugen.

Zur Formulierung des räumlich eindimensionalen Problems im materialfesten Bezugssystem führen wir die dimensionslose Zeit τ, Ortsvariable ξ und Temperatur θ ein:

$$\tau = \frac{\kappa}{w_0^2}t, \; \xi = \frac{x}{w_0}, \; \theta = \frac{T - T_a}{T_m - T_a},$$

(w_0 Laserstrahlradius). Die drei unabhängigen Parameter des Problems sind die Péclet-Zahl Pe, die inverse Stefan-Zahl h_m und die zeitabhängige maximale absorbierte Intensität $\gamma(\tau)$ mit der räumlichen Verteilung $f(\xi)$:

$$\text{Pe} = \frac{w_0 v_0}{\kappa}, \; h_m = \frac{H_m}{c(T_m - T_a)}, \; \gamma(\tau) = \frac{A_p I_0 w_0}{\lambda(T_m - T_a)}, \; I_0 = I_0\left(\frac{w_0^2 \tau}{\kappa}\right).$$

Der Laserstrahl bewegt sich relativ zum Material und erwärmt es auf die Oberflächentemperatur $\theta_s(\tau) = \theta(A(\tau), \tau)$. Erreicht die Oberfläche $\xi = A(\tau)$ den Schmelzpunkt, so setzt der Abtrag ein. Das Problem lautet nun: Finde die Lösung der Wärmeleitungsgleichung

$$\frac{\partial \theta}{\partial \tau} = \frac{\partial^2 \theta}{\partial \xi^2}, \; \xi \in (A(\tau), \infty), \tag{3}$$

mit den Randbedingungen

$$\left[\gamma(\tau)f(\xi - \text{Pe}\tau) + \frac{\partial \theta}{\partial \xi}\right]_{\xi = A(\tau)} = h_m \dot{A}, \; \text{für } \theta(A(\tau), \tau) = 1, \; \dot{A} \geq 0,$$

$$\left[\gamma(\tau)f(\xi - \text{Pe}\tau) + \frac{\partial \theta}{\partial \xi}\right]_{\xi = A(\tau)} = 0, \quad \text{für } \theta(A(\tau), \tau) < 1, \; \dot{A} = 0, \tag{4}$$

$$\theta|_{\xi \to \infty} = 0.$$

Eindimensionale freie Randwertprobleme mit einer auf dem freien Rand wirkenden Energiequelle wurden bisher in [V, Scha, R, FK, Fr, FP, FJ] betrachtet.

In der *Schmelzphase* ($\theta(A(\tau), \tau) = 1$ und $\dot{A} \geq 0$) und in der *Heizphase* ($A(\tau) = \text{const}$, $\theta(A(\tau), \tau) < 1$) sind die Randwertprobleme (3), (4) äquivalent zu verschiedenen Integralgleichungen, die in [KS] diskutiert werden. Für $\gamma(\tau) = \gamma = \text{const} \geq \text{Pe}(1 + h_m)$ hat das Problem eine stationäre Lösung

$$A(\tau) = A_0 + \text{Pe}\tau, \quad \theta(\xi, \tau) = \exp\{-\text{Pe}(\xi - A(\tau))\}, \quad \xi \geq A(\tau), \qquad (5)$$

wobei A_0 die Gleichung $\gamma f(A_0) = \text{Pe}(1 + h_m)$ erfüllt. Sei $f'(A_0) < 0$, dann ist die stationäre Lösung stabil. Die Ungleichung $\gamma/\text{Pe} > (1 + h_m)$ bedeutet: Die stabile stationäre Lösung existiert nur dann, wenn das Verhältnis aus der maximalen Intensität I_0 und der Vorschubgeschwindigkeit v_0 größer als eine Konstante ist. Diese Konstante hängt nur von Materialeigenschaften ab.

Die Untersuchung der allgemeinen instationären Lösung zeigt, daß die Frontgeschwindigkeit $\dot{A}$ eine stetige Funktion der Zeit ist. Der Übergang zwischen Schmelz- und Heizphase geschieht wie folgt:

- Übergang von der Schmelz- zur Heizphase: Die Frontgeschwingigkeit $\dot{A}(\tau)$ sei monoton fallend, $\ddot{A} < 0$, und $\dot{A}(\tau_0) = 0$, dann ist die Oberflächentemperatur $\theta_s(\tau) < 1$ für $\tau_0 < \tau < \tau_0 + \epsilon$, $\epsilon > 0$. Für $\tau \sim \tau_0$ gilt die asymptotische Beziehung

$$\theta_s(\tau) \sim 1 - \frac{4h_m}{3\sqrt{\pi}}(-\ddot{A}(\tau_0 - 0))(\tau - \tau_0)^{3/2}.$$

- Übergang von der Heiz- zur Schmelzphase: Die Oberflächentemperatur sei monoton steigend und $\theta_s(\tau_1) = 1$, dann ist die Frontgeschwindigkeit $\dot{A}(\tau) > 0$ für $\tau_1 < \tau < \tau_1 + \epsilon$, $\epsilon > 0$. Für $\tau \sim \tau_1$ gilt die asymptotische Beziehung

$$\dot{A}(\tau) \sim \frac{4}{3\sqrt{\pi}h_m}\dot{\theta}_s(\tau_1 - 0)(\tau - \tau_1)^{1/2}.$$

4.1 Näherung durch gewöhnliche Differentialgleichungen

Nach der Variationsmethode von Biot [B] läßt sich eine zu dem partiellen Differentialgleichungsproblem äquivalente Variationsgleichung angeben. Mit einem Ansatz für die Temperaturverteilung, der durch drei zeitabhängige Variable charakterisiert ist, folgt eine Approximation der Variationsgleichung in Form eines gewöhnlichen Differentialgleichungssystems. Die Form der stationären Lösung (5) motiviert den folgenden Ansatz:

$$\theta(\xi, \tau) = \theta_s(\tau) \exp\left\{-\frac{\xi - A(\tau)}{Q(\tau)}\right\}. \qquad (6)$$

In der Schmelzphase ist die Oberflächentemperatur $\theta_s(\tau) = 1$ gleich der Schmelztemperatur. Für $Q(\tau) = 1/\text{Pe}$ reproduziert (6) die stationäre Lösung (5). In der Heizphase ist $A(\tau) = \text{const}$ und die Oberflächentemperatur $\theta_s(\tau)$

ist eine Funktion der Zeit. Mit diesem Ansatz erhalten wir folgendes System gewöhnlicher Differentialgleichungen [SKZP]:

$$
\begin{array}{ll}
\text{Heizphase:} & \text{Schmelzphase:} \\[4pt]
\dot{\theta}_s = \frac{b_2}{Q}\left(\gamma f - \theta_s \frac{b_1}{Q}\right), & \dot{\theta}_s = 0, \\[6pt]
\dot{A} = 0, & \dot{A} = \frac{1}{1+h_m-b_1}(\gamma f - b_1/Q), \\[6pt]
\dot{Q} = (\gamma f - Q\dot{\theta}_s)/\theta_s, & \dot{Q} = \gamma f - (1+h_m)\dot{A},
\end{array}
\tag{7}
$$

wobei $\gamma f = \gamma(\tau)f(A(\tau) - \mathrm{Pe}\tau)$ bezeichnet. Hier sind $b_1 = 3/5$ und $b_2 = 5/2$. Das System (7) ist ein Beispiel für gewöhnliche Differentialgleichungen mit unstetiger rechter Seite [Fi]. Die Unstetigkeit spiegelt die sprunghafte Änderung der Randbedingungen (4) wieder. Die Gleichungen in den ersten zwei Zeilen beschreiben Materialeigenschaften durch das Fouriersche Gesetz. Die Gleichungen in der letzten Zeile sind eine Folge der Energieerhaltung. Der Vorteil dieser Approximation liegt unter anderem in der transparenten physikalischen Bedeutung der darin auftretenden Terme. Zum Beispiel zeigt die Energieerhaltung während der Schmelzphase, daß die absorbierte Intensität $\gamma f = (1 + h_m)\dot{A} + \dot{Q}$ in zwei Anteile zerlegt wird: der eine bewegt die Front und der andere hält die Oberfläche auf Schmelztemperatur. Das Fouriersche Gesetz bestimmt den Anteil, der zur Bewegung der Front beiträgt.

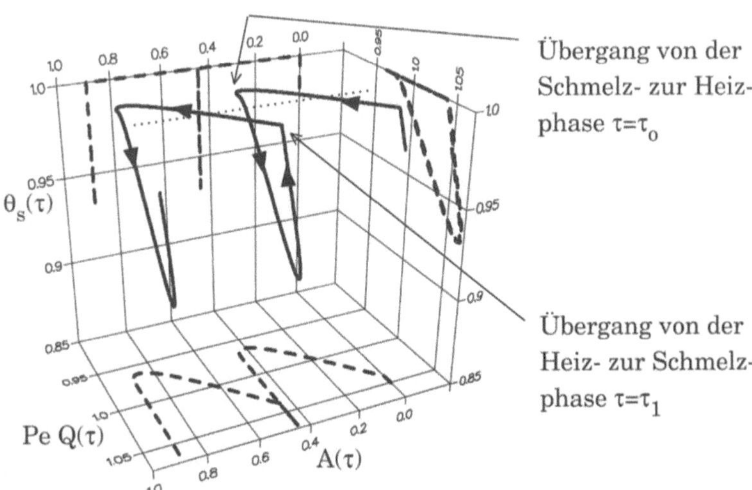

Abb. 4. Phasenraumtrajektorien des dynamischen Systems (7). Die gestrichelten Kurven sind die Projektionen auf die Koordinatenebenen.

Eine spezielle technische Aufgabenstellung stellt sich beim Schneiden von Konturen oder beim Einschneiden. Die Aufgabe besteht darin, durch Steuerung der Laserstrahlleistung die Frontposition $\xi = A(\tau)$ relativ zum Strahl

konstant zu halten, wenn die Vorschubgeschwindigkeit variiert wird, um eine
Kurve oder Ecke zu schneiden. Bisher bestand der technische Lösungsvorschlag darin, das Verhältnis von Laserstrahlleistung und Vorschubgeschwindigkeit konstant zu halten. Nach (7) führt dieses Vorgehen nur dann zum
Erfolg, wenn die Änderung $\dot{Q}$ des Energieinhaltes klein bleibt im Vergleich
zur momentan notwendigen Schneidleistung $(1 + h_m)\dot{A}$.

Die Simulation der Dynamik bei modulierter Intensität zeigt, daß der
Wechsel der Randbedingungen auftreten kann (Abb. 4). Die Trajektorien liegen in zweidimensionalen Hyperebenen des Phasenraumes A, Q, θ_s, da entweder die Oberflächentemperatur gleich der Schmelztemperatur ist (Schmelzphase), oder die Frontposition konstant bleibt (Heizphase). Die dynamischen
Variablen A, Q, θ_s sind stetige Funktionen der Zeit. Die ersten Ableitungen
sind stetig zur Zeit τ_0, wenn der Übergang von der Schmelzphase zur Heizphase stattfindet, aber unstetig zur Zeit τ_1, wenn die Heizphase in die Schmelzphase wechselt.

4.2 Zeitskalentrennung

Die Zeitskalen $t_\kappa = \kappa/v_0^2$ und $t_{v_0} = w_0/v_0$ sind charakteristisch für die
Wärmeleitung bzw. die Frontbewegung. Das Verhältnis dieser Zeitskalen,
$t_{v_0}/t_\kappa = $ Pe, ist die Péclet-Zahl. Sie ist mit einer Größe A_0 zu vergleichen,
die aus der Intensitätsverteilung berechnet wird. Im Falle einer Gaußverteilung ist A_0 von der Größenordnung Eins.

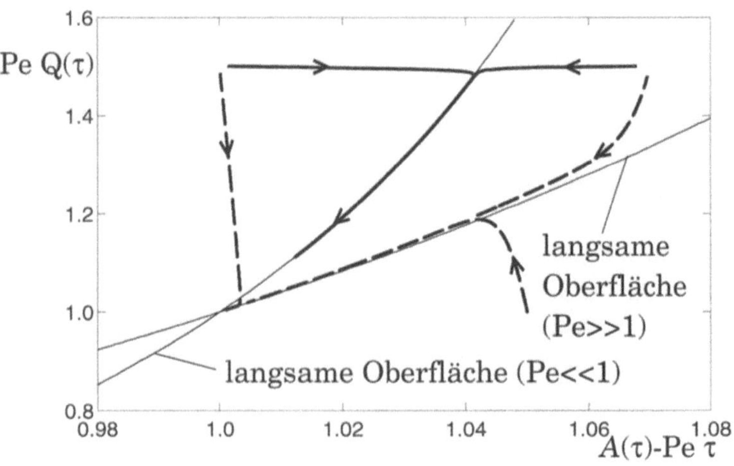

Abb. 5. Zeitskalentrennung. Die durchgezogenen Kurven gehören zu dem Wert
Pe $= 1.5 \cdot 10^{-2}$; die gestrichelten Kurven gehören zu Pe $= 15$.

Die Analyse nach dem Satz von Vasil'eva, Gradshtejn und Tichonov [AAIS]
liefert die folgenden Ergebnisse (s. Abb. 5):

– Für Pe $\gg$ 1 relaxiert erst der Energieinhalt Q schnell zu dem quasistationären Wert, der zum aktuellen Wert der Position $A(\tau) - \mathrm{Pe}\tau$ gehört. Die weitere Entwicklung des Systems geschieht entlang der langsamen Oberfläche

$$(1 + h_m)\dot{A} = \gamma f(A(\tau) - \mathrm{Pe}\tau), \quad Q = \frac{1 + h_m}{\gamma f(A(\tau) - \mathrm{Pe}\tau)}.$$

– Für Pe $\ll$ 1 relaxiert erst der Position A schnell zu dem quasistationären Wert, der zum aktuellen Wert des Energieinhaltes Q gehört. Die weitere Entwicklung des Systems geschieht entlang der langsamen Oberfläche

$$\dot{Q} = b_1\left(\frac{1}{Q} - \mathrm{Pe}\right), \quad \gamma f(A(\tau) - \mathrm{Pe}\tau) = (1 + h_m - b_1)\mathrm{Pe} + \frac{b_1}{Q}.$$

Die langsamen Oberflächen schneiden sich im stabilen stationären Punkt $(A(\tau) - \mathrm{Pe}\tau, \mathrm{Pe}Q(\tau), \theta_s(\tau)) = (1, 1, 1)$. Sei der Anfangswert $Q(\tau = 0) > Q_{stat} = 1/\mathrm{Pe}$ für den Energieinhalt größer als der stationäre Wert. Dann ändert sich die Position $A(\tau) - \mathrm{Pe}\tau$ der Front relativ zur Laserstrahlachse nur geringfügig, wenn Pe $\gg$ 1 ist. Für kleine Werte Pe $\ll$ 1 läuft die Front zunächst auf der kurzen Zeitskala aus dem Laserstrahl heraus, um dann zusammen mit dem Energieinhalt auf der langen Zeitskala gegen den stationären Punkt zu relaxieren. Für kleine Werte von Pe reagiert die Position der Front empfindlicher auf Störungen der Verfahrensparameter als für große Werte.

In Abb. 6 ist die Simulation der Antwort der Frontposition auf eine harmonische Modulation der Intensität, $\gamma(\tau) = \gamma_0 + \Delta\gamma \, \sin(\omega\tau)$, dargestellt. Der Modulationsgrad $\Delta\gamma/\gamma_0$ und die Modulationsfrequenz ω sind so gewählt, daß das räumlich eindimensionale Modell den Übergang zwischen Heiz- und Schmelzphase aufweist. Die numerischen Lösungen der partiellen Differentialgleichung (durchgezogene Kurve) und der gewöhnlichen Differentialgleichungen (gepunktete Kurve) zeigen gute Übereinstimmung. Während der Heizphase ($\dot{A} = 0$) bewegt sich die Laserstrahlachse gleichförmig mit der Vorschubgeschwindigkeit auf die Front zu. Der Vergleich mit dem Fall, für den eine Erstarrung möglich ist (gestrichelte Kurve), und daher die Front sich auf den Strahl zubewegen kann, zeigt die Bedeutung des Wechsels der Randbedingungen. Der zeitliche Verlauf der Frontposition $A(\tau) - \mathrm{Pe}\tau$ weist beim Übergang in die Schmelzphase Eckpunkte auf. Die resultierende Form der Schneidfront erinnert an das U-förmige Riefenprofil an den Schnittkanten (s. Abb. 1b).

5 Zusammenfassung und Ausblick

Das eindimensionale Modell besitzt bei exakt konstanten Verfahrensparametern eine stabile stationäre Lösung, jedoch hängt z.B. bei (technisch unvermeidbarer) modulierter Intensität die Frontbewegung stark nichtlinear von

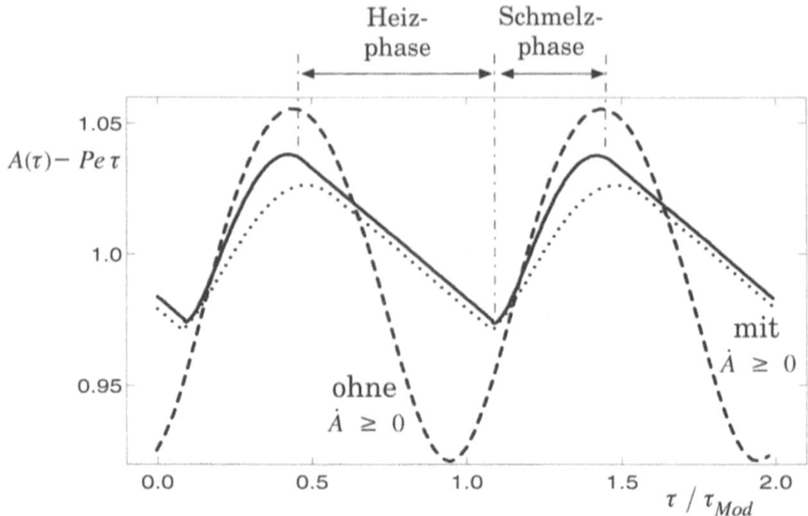

Abb. 6. Die durchgezogene Kurve gehört zur numerischen Lösung des Problems (3), (4), die punktierte Kurve gehört zur numerischen Lösung des Problems (7). Die gestrichelte Kurve stellt die Lösung der Gleichungen (7) *ohne* die Bedingung $\dot{A} \geq 0$ dar.

den Parametern ab. Vor allem der Wechsel der Randbedingungen ist dafür verantwortlich. Bei harmonischen Intensitätsschwankungen zeigt die Frontposition den für Riefen typischen U-förmigen zeitlichen Verlauf. Bereits das eindimensionale Modell weist zwei typische Zeitskalen auf, die ebenfalls in dem Zeitverlauf der experimentell ermittelten Wärmestrahlungssignale beobachtet wurden.

Im räumlich mehrdimensionalen Fall sind die dynamischen Eigenschaften des eindimensionalen Modells als gemittelte Werte enthalten, jedoch ist noch eine detaillierte Analyse der zusätzlichen Effekte notwendig. Mehrdimensionale realistischere Modelle sollen als nächster Schritt untersucht werden.

Danksagung. Wir danken Herrn Dr. A. Gebhardt und Herrn P. Guntermann vom LBBZ-NRW, Herrn M. Beck von der Daimler-Benz AG und Herrn W.-D. Scharfe von der Rofin Sinar Laser GmbH für anregende Diskussionen. Insbesondere möchten wir Herrn Prof. Dr. P. Knabner für die instruktiven Gespräche über freie Randwertprobleme danken.

Literatur

[AAIS]   V.I. Arnold, V.S. Afraimovich, Yu. S. Il'yashenko, L.P. Shilnikov: Bifurcation theory, in *Dynamical Systems V*, V.I. Arnold (Ed.), Springer, Berlin 1994.

[BM]   S.Y. Bang, M.F. Modest: Evaporative scribing with a moving cw laser: Effects of multiple reflections and beam polarization, In *ICALEO*, 1991, 288-304.

[B]   M. Biot: *Varational Principles in Heat Transfer*, Oxford University Press, Oxford 1970.

[EO]   C.M. Elliot, J.R. Ockendon: *Weak and variational methods for moving boundary problems*, Pitman, Boston 1982.

[FP]   A. Fasano, M. Primicerio: General free-boundary problems for the heat equation. I, II, III, *J. Math. Anal. Appl.* **57**, 694-723 (1977); **58**, 202-231 (1977); **59**, 1-14 (1977).

[Fi]   A.F. Filippov: *Differential Equations with Discontinuous Righthand Sides*, Kluwer, Dordrecht 1988.

[Fr]   A. Friedman: A class of parabolic quasivariational inequalities, II, *J. Diff. Eq.* **22**, 379-401 (1976).

[FJ]   A. Friedman, L. Jiang: A Stefan-Signorini problem. J. Diff. Eq. **51**, 213-231 (1984).

[FK]   A. Friedman, D. Kinderlehrer: A class of parabolic quasivariational inequalities, *J. Diff. Eq.* **21**, 395-416 (1976).

[KS]   V. Kostrykin, W. Schulz: A free boundary problem related to laser cutting, in Vorbereitung.

[M]   N.K. Makashev et al.: Gas hydrodynamics of metal cutting by cw laser radiation in a rare gas, *Sov. J. Quant. Electron.* **22**, 847-852 (1992).

[MA]   M.F. Modest, H. Abakians: Evaporative cutting of a semiinfinite body with a moving cw laser, *Journal of Heat Transfer*, **108**, 602-607 (1986).

[O]   F.O. Olsen: Fundamental mechanisms of cutting front formation in laser cutting, in *Laser Materials Processing: Industrial and Microelectronics Applications* , Proc. SPIE 2207, pp. 402-413 (1994).

[P]   D. Petring: *Anwendungsorientierte Modellierung des Laserstrahlschneidens zur rechnergestützten Propzeßoptimierung*, Dissertation RWTH Aachen, Verlag Shaker, Aachen 1995.

[RM]   S. Roy, M.F. Modest: CW laser machining of hard ceramics - I. Effects of three-dimensional conduction, variable properties and various laser parameters, *Int. J. Heat Mass Transfer*, **36**, 3515-3528 (1993).

[R]   L.I. Rubinstein: *Stefan Problem*, AMS, Providence, R.I., 1971.

[Scha] A. Schatz: Free boundary problems of Stefan type with prescr. flux, *J. Math. Anal. Appl.* **28**, 569-580 (1969).

[Schu] W. Schulz: *Schmelzschneiden mit Laserstrahlung: Hydrodynamik und Stabilität des physikalischen Prozesses*, Dissertation RWTH Aachen, Verlag Shaker, Aachen 1992.

[SKZP] W. Schulz, V. Kostrykin, H. Zefferer, D. Petring: A free boundary problem related to laser beam fusion cutting: ODE approximation, in Vorbereitung.

[V]   F.P. Vasil'ev: A difference method of solving problems of Stefan type for a quasi-linear parabolic equation with discontinuous coefficients, *Sov. Math. Dokl.* **5**, 1109-1113 (1964).

[VSUD] M. Vicanek, G. Simon, H.M. Urbassek, I. Decker: Hydrodynamical instability of melt flow in laser cutting, *J. Phys. D: Appl. Phys.* **20**, 140–145 (1987).

[ZSWP] H. Zefferer, F. Schneider, P. Wischnewski, D. Petring, V. Kostrykin, W. Schulz: Dynamics and ripple formation in laser beam fusion cutting: Experimental approach, in Vorbereitung.

[Z]   C. Zimmermann: *Die Dynamik der Absorptionsfront beim Schmelzschneiden mit Laserstrahlung*, Diplomarbeit, RWTH Aachen, 1996.

1.4 Elastisches Verhalten von Maschinenteilen

Deformation einer elastischen Flexlippe

D. Kröner, A. Koop, B. Schupp, S. Müller, S. Schmitz und B. Schroeter

Entwicklung vorkonditionierter Iterationsverfahren für Randelementmethoden der Thermoelastizität auf Parallelrechnern

W.L. Wendland, R. Quatember und O. Steinbach

Deformation einer elastischen Flexlippe

D. Kröner[1], A. Koop[1], B. Schupp[1], S. Müller[2],
S. Schmitz[3] und B. Schroeter[3]

[1] Institut für Angewandte Mathematik, Hermann–Herder–Str. 10, 79104 Freiburg,
e-mail: dietmar@mathematik.uni-freiburg.de, URL: http://www.mathematik.uni-freiburg.de
[2] Departement Mathematik, ETH-Zentrum, Rämistr. 101, Ch-8092 Zürich
[3] Reifenhäuser GmbH & Co Maschinenfabrik, Spicher Straße 46–48, 53839 Troisdorf

Abstract. The aim of the project *deformation of an elastic cylinder under pointwise radial loads* in collaboration with the machine factory *Reifenhäuser* is to determine the deformation of a cylindrical tube clamped radially with a given number of feeding mechanisms. Furthermore a hydrostatic pressure from inside is caused by a flow through the tube. Besides the geometry of the undeformed tube and the pressure only the positions of the control elements are given. The forces at the contact points are unknown and have to be determined as well. The problem arises in the production of tube–shaped plastic foils with a profile extruding machine, the pressure is caused by the flow of the plastic mass.

The mathematical formulation of the problem using a linear Kirchhoff–type shell model leads to a minimization problem with one constraint for each control element. The Lagrange multipliers are the constraining forces. Numerically we solve the problem by a conforming finite element method. For the Euler–Lagrange equation of the constrained problem we use an Uzawa–algorithm, the active constraints are determined with a primal active–set–method. The problem has already been treated in [KO] with an 1-D model.

1 Problemstellung

Zur Herstellung von Schlauchfolien verwendet man eine Düse in Form eines dünnen ringförmigen Spalts, durch den heiße Kunststoffmasse (Schmelze) gepreßt wird. Die Gestalt der Düse kann durch m Stellmotoren, die an der äußeren Schale (Flexlippe) äquidistant angebracht sind, reguliert werden, um so eine möglichst gleichmäßige Stärke der Folie zu garantieren (siehe Abb.1, Abb.2). Eine solche Regelung ist aufgrund von Temperaturschwankungen und daraus resultierenden Inhomogenitäten der Schmelze erforderlich und wird bei der Produktion von ebenen Folien bereits erfolgreich angewendet.

Von innen wirkt ein hydrostatischer Druck p (ca. 40 bar) auf die Flexlippe, der durch die austretende Schmelze verursacht wird. In Abhängigkeit von der Stellung der Motoren und dem hydrostatischen Druck sollen die Gestalt der Flexlippe sowie die auf die Köpfe der Stellmotoren wirkenden Kräfte berechnet werden. Dabei gilt es zu berücksichtigen, daß der Kopf eines Stellmotors unter bestimmten Voraussetzungen von der Flexlippe abheben kann.

Abb.1: Schlauchfolienwerkzeug REIcoflex mit Automatikdüse

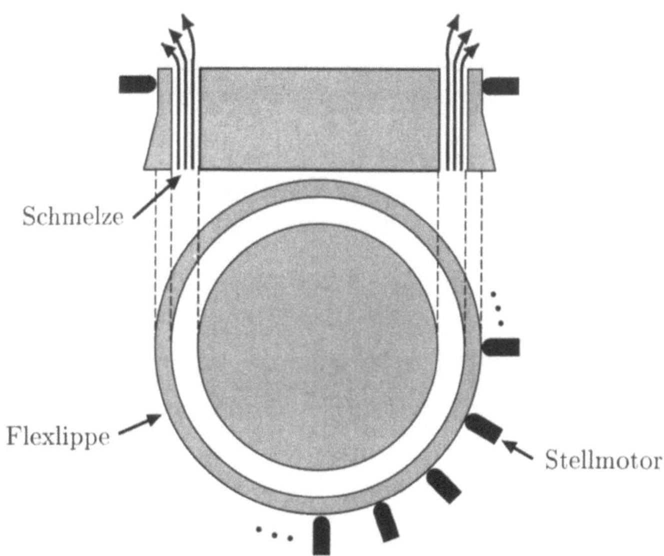

Abb.2: Schlauchfolienwerkzeug, schematisch dargestellt

Ziel der Arbeit ist es, ein mathematisches Modell für das Problem zu entwickeln, welches die effiziente numerische Berechnung der Konfiguration der Flexlippe bei vorgegebener Position der Stellmotoren ermöglicht. Die Ergebnisse sollen dazu beitragen, die Auslegung des Folienextruders zu optimieren und den Materialverbrauch bei der Produktion der Folien bei gleichbleibender Qualität durch eine präzise Steuerung zu minimieren.

2 Mathematisches Modell

In [KO] wurde bereits ein eindimensionales Modell der Flexlippe entwickelt und implementiert. Um genauere Ergebnisse zu erzielen, wird hier ein zweidimensionales Schalenmodell betrachtet.

2.1 Ein lineares Schalenmodell

Die Mittelfläche der Schale wird durch eine Funktion φ über ein geeignetes Gebiet $\Omega \subset I\!\!R^2$ parametrisiert, die Dicke t der Schale nehmen wir zunächst als konstant an. Die folgenden Eigenschaften rechtfertigen die Verwendung eines zweidimensionalen, linearen Modells vom Kirchhoff–Typ (siehe [K2]).

a) Die Schale ist dünn, d.h. $t/R \ll 1$ (R sei der kleinste Krümmungsradius der undeformierten Schale).

b) Die Deformationen und Verzerrungen sind überall klein, der Zusammenhang zwischen Spannungen und Verzerrungen ist linear (Hookesches Gesetz).

c) Der Spannungszustand ist nahezu eben, d.h. die Effekte der Scherspannungen und der Spannungen senkrecht zur Mittelfläche können vernachlässigt werden.

Wir benutzen für unser Schalenmodell die in [NO] verwendete Schreibweise. Eine Einführung in die allgemeinere Tensor–Notation findet man z.B. in [FLU].

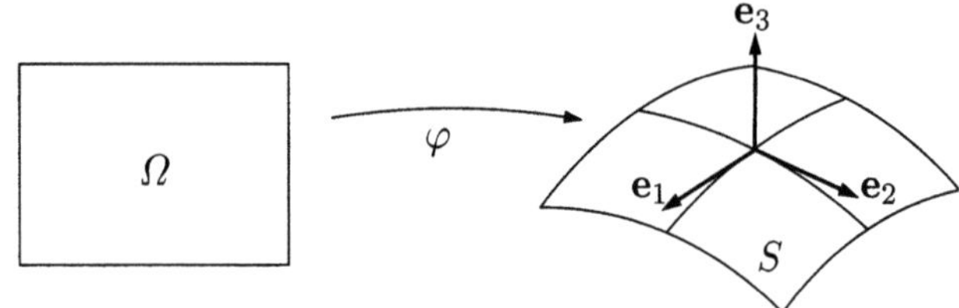

Abb.3: Parametrisierung der Mittelfläche der Schale

Wir verwenden für die Mittelfläche $S = \varphi(\Omega)$ der Schale die Lagrangeschen Koordinaten $(\alpha, \beta) \in \Omega$ und definieren die *Lamé–Parameter* durch

$$A = \left|\frac{\partial \varphi}{\partial \alpha}\right|, \qquad B = \left|\frac{\partial \varphi}{\partial \beta}\right|.$$

Auf der Mittelfläche erklären wir für jeden Punkt ein System von orthogonalen Einheitsvektoren (vgl. Abb.3):

$$\mathbf{e}_1 = \frac{1}{A}\frac{\partial \varphi}{\partial \alpha}, \quad \mathbf{e}_2 = \frac{1}{B}\frac{\partial \varphi}{\partial \beta}, \quad \mathbf{e}_3 = \mathbf{e}_1 \times \mathbf{e}_2.$$

Wir können annehmen, daß die Parameterlinien $\alpha =$ const bzw. $\beta =$ const orthogonal verlaufen, d.h. $\mathbf{e}_1 \cdot \mathbf{e}_2 = 0$. Die Deformation der Mittelfläche schreiben wir dann als

$$\mathbf{u}(\alpha, \beta) = \sum_{i=1}^{3} u_i(\alpha, \beta)\mathbf{e}_i(\alpha, \beta).$$

Die Hauptkrümmungen und die Torsion der undeformierten Mittelfläche sind gegeben durch

$$\frac{1}{R_1} = -\frac{1}{A}\frac{\partial \mathbf{e}_3}{\partial \alpha}\cdot\mathbf{e}_1, \quad \frac{1}{R_2} = -\frac{1}{B}\frac{\partial \mathbf{e}_3}{\partial \beta}\cdot\mathbf{e}_2, \quad \frac{1}{T} = -\frac{1}{A}\frac{\partial \mathbf{e}_3}{\partial \alpha}\cdot\mathbf{e}_2 = -\frac{1}{B}\frac{\partial \mathbf{e}_3}{\partial \beta}\cdot\mathbf{e}_1.$$

Wir erhalten die folgenden Parameter ε_1, ε_2 und ψ für die Verzerrung der Mittelfläche:

$$\varepsilon_1 = \frac{1}{A}\frac{\partial u_1}{\partial \alpha} + \frac{u_2}{AB}\frac{\partial A}{\partial \beta} - \frac{u_3}{R_1},$$

$$\varepsilon_2 = \frac{1}{B}\frac{\partial u_2}{\partial \beta} + \frac{u_1}{AB}\frac{\partial B}{\partial \alpha} - \frac{u_3}{R_2}, \tag{1}$$

$$2\psi = \frac{1}{B}\frac{\partial u_1}{\partial \beta} + \frac{1}{A}\frac{\partial u_2}{\partial \alpha} - \frac{u_1}{AB}\frac{\partial A}{\partial \beta} - \frac{u_2}{AB}\frac{\partial B}{\partial \alpha} - \frac{2u_3}{T}.$$

Gemäß der Annahme c) liegen alle Punkte auf einer Normalen zur undeformierten Mittelfläche nach Deformation auf ein und derselben Normalen zur deformierten Mittelfläche. Die Komponenten θ_1, θ_2 der Rotation der Normalen sind demnach gegeben durch

$$\theta_1 = \frac{1}{A}\frac{\partial u_3}{\partial \alpha} + \frac{u_1}{R_1} + \frac{u_2}{T}, \qquad \theta_2 = \frac{1}{B}\frac{\partial u_3}{\partial \beta} + \frac{u_2}{R_2} + \frac{u_1}{T}. \tag{2}$$

Die Rotation der Mittelfläche um die Normale ist

$$2\omega = \frac{1}{A}\frac{\partial u_2}{\partial \alpha} - \frac{1}{B}\frac{\partial u_1}{\partial \beta} - \frac{u_1}{AB}\frac{\partial A}{\partial \beta} + \frac{u_2}{AB}\frac{\partial B}{\partial \alpha}. \tag{3}$$

Für die Komponenten der Krümmungsänderung findet man in der Literatur verschiedene Ausdrücke, die jedoch im Sinne einer ersten Approximation zu äquivalenten Schalenmodellen führen (vgl [K1, K2]). Sie unterscheiden sich nur um Terme der Größenordnung ε/R, wobei ε irgendeine Komponente der Verzerrung der Mittelfläche ist (ε_1, ε_2 oder ψ). In [K2] werden

$$\kappa_1 = \frac{1}{A}\frac{\partial \theta_1}{\partial \alpha} + \frac{\theta_2}{AB}\frac{\partial A}{\partial \beta} + \frac{\omega}{T},$$

$$\kappa_2 = \frac{1}{B}\frac{\partial \theta_2}{\partial \beta} + \frac{\theta_1}{AB}\frac{\partial B}{\partial \alpha} - \frac{\omega}{T}, \tag{4}$$

$$2\tau = \frac{1}{A}\frac{\partial \theta_2}{\partial \alpha} + \frac{1}{B}\frac{\partial \theta_1}{\partial \beta} - \frac{\theta_1}{AB}\frac{\partial A}{\partial \beta} - \frac{\theta_2}{AB}\frac{\partial B}{\partial \alpha} - \left(\frac{1}{R_1} - \frac{1}{R_2}\right)\omega$$

verwendet. Wir benutzen hier einen modifizierten Ausdruck $\bar{\tau}$ für die Änderung der Torsion, wie er z.B. in [NO] zu finden ist. Er führt für unsere Zylinderschale zu einer vereinfachten Formel für die elastische Energie. Es ist

$$\bar{\tau} = \tau + \frac{1}{2}\psi\left(\frac{1}{R_1} + \frac{1}{R_2}\right). \tag{5}$$

Die *Dehnsteifigkeit* C und die *Biegesteifigkeit* D werden mit Hilfe des Elastizitätsmoduls E und der Querkontraktionszahl ν ausgedrückt durch

$$C = \frac{Et}{1-\nu^2}, \qquad D = \frac{Et^3}{12(1-\nu^2)}.$$

Die potentielle Energie W der Deformation ist die Summe aus der *Membranenergie* und der *Biegeenergie*. Sie ist gegeben durch das folgende quadratische Funktional:

$$W(\mathbf{u}) = \frac{C}{2} \int_{\Omega} \left\{ (\varepsilon_1 + \varepsilon_2)^2 - 2(1 - \nu)(\varepsilon_1 \varepsilon_2 - \psi^2) \right\} AB \, d\alpha \, d\beta$$
$$+ \frac{D}{2} \int_{\Omega} \left\{ (\kappa_1 + \kappa_2)^2 - 2(1 - \nu)(\kappa_1 \kappa_2 - \bar{\tau}^2) \right\} AB \, d\alpha \, d\beta. \tag{6}$$

Wie üblich assoziieren wir mit W eine symmetrische Bilinearform a durch

$$a(\mathbf{u}, \mathbf{v}) = W(\mathbf{u}) + W(\mathbf{v}) - W(\mathbf{u} - \mathbf{v}). \tag{7}$$

Die auf die Schale wirkende Last ist durch einen Vektor $\mathbf{p}$ gegeben, die potentielle Energie der äußeren Kräfte ist somit

$$f(\mathbf{u}) = \sum_{i=1}^{3} \int_{\Omega} p_i u_i \, AB \, d\alpha \, d\beta. \tag{8}$$

Als Funktional für die gesamte elastische Energie verwenden schließlich das Funktional

$$J(\mathbf{u}) = \frac{1}{2} a(\mathbf{u}, \mathbf{u}) - f(\mathbf{u}). \tag{9}$$

Die Schale sei an einem Randstück $\Gamma_0 \subset \partial\Omega$ eingespannt. Wir legen unseren Betrachtungen also den Hilbertraum

$$\mathbf{V} = \{ \mathbf{u} \in H^1(\Omega) \times H^1(\Omega) \times H^2(\Omega) \; : \; \mathbf{u} = 0, \; \partial_n u_3 = 0 \text{ auf } \Gamma_0 \} \tag{10}$$

zugrunde, den wir mit der Norm

$$\|\mathbf{u}\|_{\mathbf{V}}^2 = \|u_1\|_{H^1(\Omega)}^2 + \|u_2\|_{H^1(\Omega)}^2 + \|u_3\|_{H^2(\Omega)}^2 \tag{11}$$

versehen. Es gilt das folgende Theorem, dessen Beweis man in [CIM] findet.

Theorem 1 (Ciarlet 1992). *Sei $\Omega \subset \mathrm{I\!R}^2$ offen, beschränkt und zusammenhängend mit Lipschitzrand $\partial\Omega$. Die Parametrisierung φ sei von der Klasse C^3 und es gelte $AB \neq 0$ für alle $(\alpha, \beta) \in \Omega$. Das Randstück $\Gamma_0 \subset \partial\Omega$ habe positives Maß. Dann ist die Bilinearform a auf $\mathbf{V}$ stetig und elliptisch.*

Für alle $\mathbf{p} \in (L^2(\Omega))^3$ ist also das Variationsproblem

$$\mathbf{u} \in \mathbf{V}, \qquad a(\mathbf{u}, \mathbf{v}) = f(\mathbf{v}) \qquad \forall \mathbf{v} \in \mathbf{V} \tag{12}$$

eindeutig lösbar.

2.2 Das Flexlippenproblem

Zur Vereinfachung sei zunächst der Radius R der Flexlippe konstant. Die Höhe der Flexlippe sei L, die Dicke t. Bei den für die Anwendung relevanten Werten ist $t/R \approx 0.01$, die Verwendung eines zweidimensionalen Modells ist hier also angebracht. Wir wählen eine Parametrisierung φ der Mittelfläche über das Gebiet $\Omega = (0, 2\pi R) \times (0, L)$,

$$\varphi(\alpha, \beta) = (R\cos(\alpha/R), R\sin(\alpha/R), \beta). \tag{13}$$

Diese Parametrisierung ist wegen $A = B = 1$ besonders günstig. Rechter und linker Rand von Ω seien periodisch, es ist $\Gamma_0 = (0, 2\pi R) \times \{0\}$. Aus (4) und (5) erhalten wir

$$\varepsilon_1 = \frac{\partial u_1}{\partial \alpha} + \frac{1}{R}u_3, \quad \varepsilon_2 = \frac{\partial u_2}{\partial \beta}, \quad \psi = \frac{1}{2}\left(\frac{\partial u_1}{\partial \beta} + \frac{\partial u_2}{\partial \alpha}\right),$$
$$\kappa_1 = \frac{\partial^2 u_3}{\partial \alpha^2} - \frac{1}{R}\frac{\partial u_1}{\partial \alpha}, \kappa_2 = \frac{\partial^2 u_3}{\partial \beta^2}, \bar{\tau} = \frac{\partial^2 u_3}{\partial \alpha \partial \beta} - \frac{1}{R}\frac{\partial u_1}{\partial \beta}. \tag{14}$$

Der durch die Schmelze verursachte Druck beträgt im Mittel $p = 40\,\mathrm{bar}$, wir haben ihn zunächst als konstant angenommen. In (8) haben wir also $p_1 = p_2 = 0$ und $p_3 = p$. Der zum Problem der Zylinderschale gehörende Differentialoperator wird häufig in der folgenden Form geschrieben (vgl. [AX]):

$$\mathbf{L} = C \begin{bmatrix} -\dfrac{\partial^2}{\partial \alpha^2} - \dfrac{1-\nu}{2}\dfrac{\partial^2}{\partial \beta^2} - \dfrac{k}{R^2}\delta & -\dfrac{1+\nu}{2}\dfrac{\partial^2}{\partial \alpha \partial \beta} & -\dfrac{1}{R}\dfrac{\partial}{\partial \alpha} + \dfrac{k}{R}\dfrac{\partial}{\partial \alpha}d \\[2ex] -\dfrac{1+\nu}{2}\dfrac{\partial^2}{\partial \alpha \partial \beta} & -\dfrac{1-\nu}{2}\dfrac{\partial^2}{\partial \alpha^2} - \dfrac{\partial^2}{\partial \beta^2} & -\dfrac{1}{R}\nu\dfrac{\partial}{\partial \beta} \\[2ex] \dfrac{1}{R}\dfrac{\partial}{\partial \alpha} - \dfrac{k}{R}\dfrac{\partial}{\partial \alpha}d & \dfrac{1}{R}\nu\dfrac{\partial}{\partial \beta} & \dfrac{1}{R^2} + k\Delta^2 \end{bmatrix},$$

mit $k = t^2/12$ und

$$\Delta = \frac{\partial^2}{\partial \alpha^2} + \frac{\partial^2}{\partial \beta^2}, \quad d = (2-\nu)\frac{\partial^2}{\partial \beta^2} + \frac{\partial^2}{\partial \alpha^2}, \quad \delta = d - \nu\frac{\partial^2}{\partial \beta^2}.$$

Die zugehörige Differentialgleichung $\mathbf{L}\mathbf{u} = \mathbf{p}$ geht im Fall $p^1 = p^2 = 0$ und $1/R = 0$ formal in die übliche Gleichung für die Kirchhoff–Platte über.

Die Stellungen der m Vorschubmotoren werden in dem Modell durch Nebenbedingungen wiedergegeben. Ist $\varphi(\alpha_k, \beta_k)$ der Angriffspunkt des k–ten Stellmotors und b_k der Vorschub des Motors gemessen von der Mittelfläche der Schale, so führt dies zu Nebenbedingungen

$$u_3(\alpha_j, \beta_j) \le b_j, \quad j = 1 \ldots m. \tag{15}$$

Wir haben dabei zunächst angenommen, daß der Angriffspunkt jedes Motors bekannt sei. Wir vermuten, daß dies im Rahmen der linearen Theorie eine sinnvolle Näherung ist. Die Menge der zulässigen Verschiebungen

$$\mathbf{M} = \{\mathbf{u} \in \mathbf{V} : \ (15) \text{ ist erfüllt}\} \tag{16}$$

ist wohldefiniert, abgeschlossen und konvex. Das Flexlippenproblem können wir also in folgender Weise als Variationsungleichung schreiben:

$$\mathbf{u} \in \mathbf{M}, \qquad a(\mathbf{u}, \mathbf{v} - \mathbf{u}) \geq f(\mathbf{v} - \mathbf{u}) \qquad \forall \mathbf{v} \in \mathbf{M}. \tag{17}$$

Aus der Elliptizität von a und dem Projektionssatz folgt, daß (17) eine eindeutige Lösung besitzt. Die Lösung ist gleichzeitig das Minimum von J über der Menge $\mathbf{M}$ (vgl. z.B. [CI2]). Die auf die Vorschubmotoren wirkenden Kräfte sind dann durch die Lagrange–Multiplikatoren gegeben, die für die aktiven Nebenbedingungen stets positiv sind (Kuhn–Tucker–Bedingung).

Theorem 2. *Zu gegebenen $b_j \in I\!\!R$, $j = 1\dots m$, und zu einer gegebenen Druckverteilung $p \in L^2(\Omega)$ hat das Flexlippenproblem (17) eine eindeutig bestimmte Lösung $\mathbf{u} \in \mathbf{M}$. Die Kräfte an den Stellmotoren sind durch die zu den Nebenbedingungen gehörenden Lagrange–Multiplikatoren gegeben.*

3 Numerisches Verfahren

Erstes Ziel war es, ein numerisches Verfahren zu entwickeln, welches zu einer gegeben Druckverteilung p die Konfiguration der Flexlippe berechnet. Wir wählen einen konformen Finite–Element–Ansatz, was im Hinblick auf die punktweise Krafteinleitung günstig ist und die genauere Analyse der Spannungen ermöglicht.

3.1 Konforme Finite–Elemente

Gegeben sei eine Folge von Zerlegungen $\mathcal{T}_h$ von Ω in Dreiecke oder Vierecke mit maximalem Durchmesser h. Die verwendeten Diskretisierungen seien *regulär* (vgl. [CI2]). Wir approximieren nun $\mathbf{V}$ durch einen Raum $\mathbf{V}_h \subset \mathbf{V}$. Wir beschränken uns hier auf den Fall, daß die Ansatzfunktionen Polynome auf jedem Element sind. Aus (12) erhalten wir dann das diskrete Variationsproblem

$$\mathbf{u}_h \in \mathbf{V}_h, \qquad a(\mathbf{u}_h, \mathbf{v}_h) = f(\mathbf{v}_h) \qquad \forall \mathbf{v}_h \in \mathbf{V}_h. \tag{18}$$

Es gilt der folgende Konvergenzsatz (vgl. [CI1]), bei dem die Effekte der numerischen Integration und einer etwaigen Randapproximation nicht berücksichtigt werden. Für eine genaue Analyse siehe [BE].

Theorem 3 (Ciarlet 1976). *Sei* $\mathbf{V}_h = V_h \times V_h \times W_h \subset \mathbf{V}$ *eine Familie von konformen Ansatzräumen. Für alle* $T \in \mathcal{T}_h$ *gelte* $P_k(T) \subset V_h|_T$, $P_l(T) \subset W_h|_T$. *Sei* $\mathbf{u}$ *die Lösung von (12),* $\mathbf{u}_h$ *die Lösung von (18). Ist dann* $\mathbf{u} \in H^{k+1}(\Omega) \times H^{k+1}(\Omega) \times H^{l+1}(\Omega)$, *so gilt mit einer von* h *unabhängigen Konstante* K

$$\|\mathbf{u} - \mathbf{u}_h\|_{\mathbf{V}} \leq K h^{\min(k,l-1)}.$$

Für allgemeine Schalen ist auch noch die Funktion φ zu approximieren, man erhält dann eine etwas schlechtere Konvergenzaussage (vgl. [CI1]).

Wir haben zwei Elemente getestet, das Bogner-Fox-Schmit-Element (BFS-Element) mit 48 Freiheitsgraden ($k = l = 3$) und das SHEBA 6–Element (Argyris–Dreieck) mit 63 Freiheitsgraden ($k = l = 5$). Beide Elemente verwenden jeweils die gleichen Ansatzfunktionen für alle drei Komponenten der Deformation, was im Hinblick auf das Locking–Phänomen sinnvoll ist. Für das BFS–Element erhält man eine Konvergenzordnung von $O(h^2)$, für das SHEBA 6–Element $O(h^4)$.

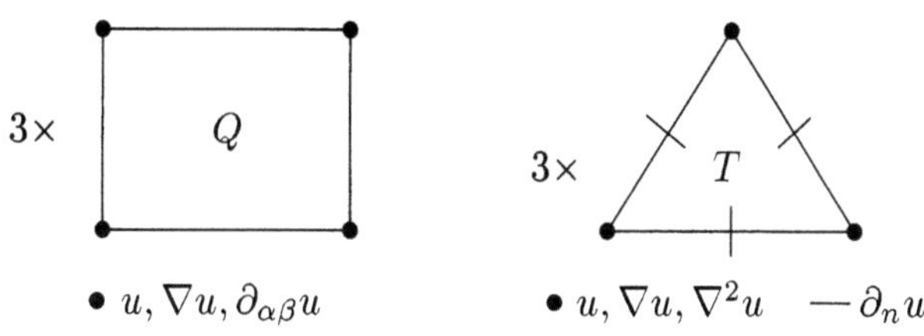

Abb.4: BFS-Element und das SHEBA 6-Element

3.2 Locking

Bei der numerischen Behandlung von Schalen spielt die Locking–Problematik (vgl. [CH, LP, Z]) eine wichtige Rolle. Ziel ist es, Verfahren zu entwickeln, welche auch für sehr dünne Schalen noch gute Ergebnisse liefern. Das bei Reissner–Mindlin–Platten bekannte Scher–Locking tritt hier wegen der Normalenhypothese (2) nicht auf, es bleibt jedoch das sogenannte Membran–Locking. In [CH] wird Membran–Locking für ein eindimensionales Problem und für den reinen Verschiebungs–Ansatz untersucht. Es stellt sich heraus, daß eine gute Approximation der tangentialen Deformation durch Polynome hohen Grades Locking verhindern kann. Für zweidimensionale Schalen steht die genaue Analyse des reinen Membran–Lockings im Verschiebungsansatz unseres Wissens noch aus.

3.3 Das Optimierungsproblem mit Nebenbedingungen

Mit einer symmetrischen, positiv definiten Matrix $G \in I\!\!R^{n \times n}$, einer Matrix $A \in I\!\!R^{n \times m}$ und Vektoren $\mathbf{p}_h \in I\!\!R^n$, $b \in I\!\!R^m$ schreiben wir das diskrete

Variationsproblem zu (17) in der Form:

$$J(\mathbf{u}_h) = \frac{1}{2}\mathbf{u}_h^T G \mathbf{u}_h - \mathbf{p}_h^T \mathbf{u}_h \to \text{Min!}, \quad A\mathbf{u}_h \le b. \tag{19}$$

Der Vektor $\mathbf{u}_h \in I\!\!R^n$ enthält dabei die Koeffizienten der Funktionen u_1, u_2 und u_3. Die Euler–Lagrange–Gleichung (vgl. [CI3]) für das dazugehörige Problem mit Gleichheits–Nebenbedingungen lautet dann mit dem Vektor $\lambda_h \in I\!\!R^m$ der Lagrange–Multiplikatoren:

$$\begin{bmatrix} G & A^T \\ A & 0 \end{bmatrix} \begin{bmatrix} \mathbf{u}_h \\ \lambda_h \end{bmatrix} = \begin{bmatrix} \mathbf{p}_h \\ b \end{bmatrix}. \tag{20}$$

Zur Lösung von (20) verwenden wir einen Uzawa–Algorithmus, d.h. wir lösen das duale Gleichungssystem

$$AG^{-1}A^T \lambda_h = A(G^{-1}\mathbf{p}_h - \mathbf{u}_h)$$

mit einem Gradientenverfahren (vgl. [CI3, GL]). Wir wählen dazu einen Startwert λ_h^0, lösen $G\mathbf{u}_h^0 = \mathbf{p}_h - A^T\lambda_h^0$ und bestimmen die erste Abstiegsrichtung $r^0 = A\mathbf{u}_h - b$. Die Iteration lautet dann für $i \ge 0$:

$$\begin{aligned}
\mathbf{z}^i &= G^{-1}A^T r^i, \quad \alpha = \frac{|r^i|^2}{(r^i)^T A\mathbf{z}^i}, \\
\lambda_h^{i+1} &= \lambda_h^i + \alpha r^i, \\
\mathbf{u}_h^{i+1} &= \mathbf{u}_h^i - \alpha \mathbf{z}^i, \quad r^{i+1} = r^i - \alpha A\mathbf{z}^i.
\end{aligned} \tag{21}$$

In jedem Iterationsschritt muß dabei ein Gleichungssystem mit G gelöst werden, wozu wir ein vorkonditioniertes cg-Verfahren verwenden. Wir brechen das Verfahren ab, falls $|\lambda_h^{i+1} - \lambda_h^i| < \delta$ für eine gegeben Schranke $\delta > 0$.

Eine Active–Set–Methode (vgl. [FLE]) führt das Problem (19) schrittweise auf Probleme mit Gleichheits–Nebenbedingungen der Form (20) zurück. Alternativ können wir auch in (21) nach jedem Iterationsschritt den Multiplikator λ_h^i auf die Menge $I\!\!R_+^m = \{x \in I\!\!R^m : x_k \ge 0\}$ projizieren.

Die Lösung von (19) konvergiert für $h \to 0$ in $\mathbf{V}$ gegen die Lösung von (17), für einen Beweis dazu sei auf das Buch von Glowinski ([G], S. 9 ff.) verwiesen.

4 Numerische Ergebnisse

4.1 Vergleich der Elemente

Bei den Experimenten stellte sich heraus, daß das SHEBA 6–Element sehr steif ist. Das Iterationsverfahren benötigt bei gleichem Abbruchkriterium und gleicher Anzahl von Unbekannten wesentlich mehr Iterationen. Tabelle 1 zeigt einen Vergleich der Elemente für das Testproblem einer Zylinderschale mit konstantem Innendruck. Vorkonditioniert wurde hier jeweils mit dem Diagonalanteil der Matrix. Bei beiden Rechnungen wird das cg–Verfahren abgebrochen, falls die Norm relativen Residuums den Wert 10^{-10} unterschreitet. Die Kompilation der Steifigkeitsmatrix ist für das SHEBA 6–Element bei gleicher Anzahl von Elementen etwa um den Faktor 4.5 langsamer, was auf den Aufwand bei der Berechnung der Elementbeiträge zurückzuführen ist. Der weiteren Arbeit werden wir daher das BFS–Element zugrunde legen.

Elemente	128	128
Unbekannte	1998	1836
Bandbreite	87–210	108
Speicherbedarf	1.11 MB	0.76 MB
cg-Iterationen	171	38

Tab. 1: Vergleich von SHEBA 6 und BFS–Element

4.2 Beispiele

Die ersten numerischen Experimente sollten Aufschluß über das qualitative Verhalten der Flexlippe bei konzentrierter Krafteinwirkung geben. Abb. 5 zeigt die Deformation einer Flexlippe, bei der ein Stellmotor vorgeschoben wurde. Das Experiment ergibt, daß die Flexlippe sich bei konzentrierter Krafteinleitung wellenförmig deformiert.

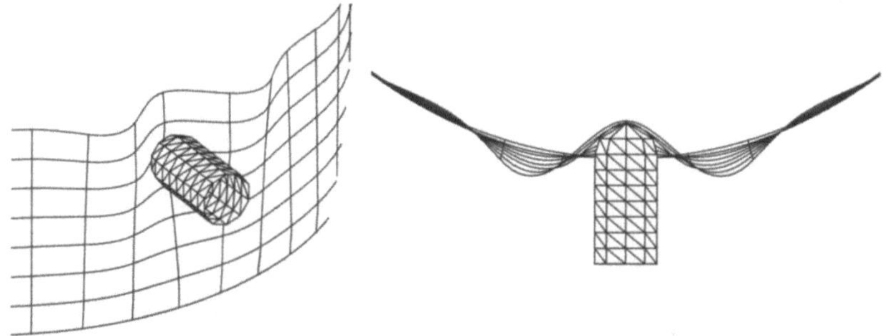

Abb.5: Zylinderschale mit konzentrierter Krafteinwirkung

Ein zweites Experiment (Abb. 6) zeigt eine Flexlippe mit 11 Stellmotoren, bei der ein Stellglied (Nr. 5) weiter vorgeschoben wurde als die anderen. Die Deformationen sind in Wirklichkeit sehr klein und hier stark verzerrt dargestellt. Die Abbildung zeigt die typische Verteilung der Kräfte, wie sie auch in der Praxis beobachtet werden konnte.

Für die Visualisierung benutzen wir das an den Universitäten Bonn und Freiburg entwickelte Paket GRAPE, das mit dem *Mesh2d*-Konzept auch die Darstellung gekrümmter Elemente erlaubt (vgl. [RSS, RW]).

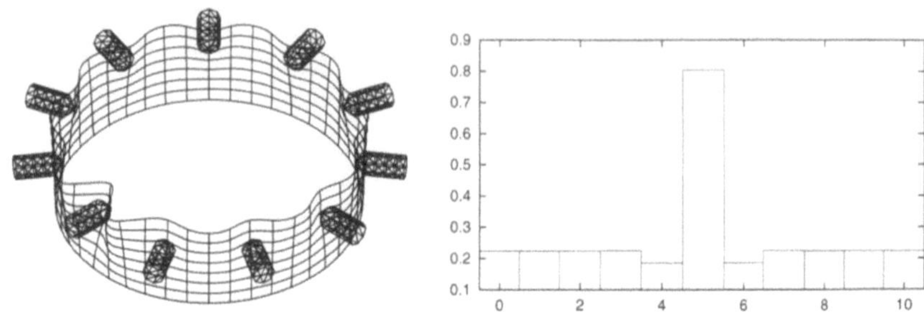

Abb.6: Wellenförmig deformierte Flexlippe und Kräfte in kN

Literatur

[AX]   Axelrad, E. (1983): Schalentheorie, B.G. Teubner, Stuttgart

[BB]   Bernadou, M., Boisserie, J.M. (1982): The Finite Element Method in Thin Shell Theory: Application to Arch Dam Simulations, Birkhäuser

[BE]   Bernadou, M. (1993): C^1–curved finite elements with numerical integration for thin plate and thin shell problems I/II, Comp. Meth. in Appl. Mech. and Eng. 102, 255-289, 389–421

[CH]   Chenais, D., Paumier, J.-C. (1994): On the locking phenomenon for a class of elliptic problems, Numer. Math. 67, 427–440

[CI1]   Ciarlet, P.G. (1976): Conforming Finite Element Methods for the Shell Problem, Proc. MAFELAP 1975, Academic Press

[CI2]   Ciarlet, P.G. (1978): The Finite Element Method for Elliptic Problems, North–Holland

[CI3]   Ciarlet, P.G. (1989): Introcuction to numerical linear algebra and optimisation, Cambridge University Press

[CIM]   Ciarlet, P.G., Miara, B. (1992): On the ellipticity of linear shell models, Z. angew. Math. Phys. 43, 243–253

[FLE]   Fletcher, R. (1987): Practical Methods of Optimization, 2nd. ed., John Wiley & Sons

[FLU]   Flügge, W. (1972): Tensor Analysis and Continuum Mechanics, Springer

[G]   Glowinski, R. (1984): Numerical Methods for Nonlinear Variational Problems, Springer

[GL]   Glowinski, R., Le Tallec, P. (1989): Augmented Lagrangian and Operator–Splitting Methods in Nonlinear Mechanics, SIAM, Philadelphia

[K1]   Koiter, W.T. (1959): A consistent first approximation in the general theory of thin elastic shells, Part 1, Foundations and linear theory, Report of Laboratory of Applied Mechanics, Delft

[K2]   Koiter, W.T. (1960): A consistent first approximation in the general theory of thin elastic shells, Proc. IUTAM Symposium on the Theory of Thin Elastic Shells, North–Holland, 12–33

[KO]   Koop, A. (1993): Deformation einer elastischen Flexlippe, Diplomarbeit, Bonn

[LP]   Leino, Y., Pitkäranta, J. (1994): On the membrane locking of h-p finite elements in a cylindrical shell problem, Int. J. for Num. Meth. in Eng. 37, 1053–1070

[NO]   Novozhilov, V.V. (1959): The Theory of Thin Shells, P. Noordhoff, Groningen

[RSS]   Rumpf, M., Schmidt, A., Siebert, K. (1994): Functions Describing Arbitrary Meshes, Report Sonderforschungsbereich 256, Bonn, to appear in Computer Graphics Forum

[RW]   Rumpf, M., Wierse, A. (1992): GRAPE, Eine Interaktive Umgebung für Visualisierung und Numerik, Informatik, Forschung und Entwicklung, Springer 7:145-151

[Z]   Zerner, M. (1994): An asymptotically optimal finite element scheme for the arch problem, Numer. Math. 69, 117–123

Entwicklung vorkonditionierter Iterationsverfahren für Randelementmethoden der Thermoelastizität auf Parallelrechnern

*W. L. Wendland, R. Quatember und O. Steinbach**

Mathematisches Institut A, 6. Lehrstuhl, Universität Stuttgart, Pfaffenwaldring 57,
70 569 Stuttgart, e-mail: wendland@mathematik.uni-stuttgart.de,
URL: http://www.mathematik.uni-stuttgart.de/mathA/lst6/lehrsta6.html

Abstract. Boundary element methods are well suited for complicated industrial applications due to the reduction to the boundary. For geometric substructering we formulate a related domain decomposition method and a hierarchical preconditioned iterative solver.

For the presentation of the problem and the control of the boundary conditions as well as for the computational results we developed a suitable visualization-tool.

For a crank-shaft computation, the domain decomposition method is compared with a sequential and a parallel version of the standard boundary element method.

1 Einleitung

Bei thermoelastischen und thermoelasto-plastischen Belastungen von Motorteilen werden u. a. bei der Mercedes-Benz AG zur Beanspruchungsberechnung Randelementmethoden eingesetzt. Diesen wurde gegenüber FE-Methoden der Vorzug gegeben, da hier die Netzmodellierung erheblich weniger Aufwand erfordert (momentan 3 statt 12 Monate). Außerdem kann die Zerlegung in Teilgebiete, wie sie aus der Geometrie und unterschiedlichen Materialvorgaben resultiert, effizient auf Parallelrechnern realisiert werden. In diesem Fall müssen im Innern des Gebietes Koppelränder eingeführt werden.

Bei Berechnung komplexer Strukturen sind serielle Höchstleistungs-Rechner, wie beispielsweise die Cray C 94, nicht mehr in der Lage, die großen Gleichungssysteme und Datenmengen mit vertretbarem Aufwand zu bewältigen. Man kann deshalb bislang nur einfachere Maschinenteile simulieren.

In dieser Arbeit soll ein Gebietszerlegungs-Algorithmus vorgestellt werden, mit dem auch komplexere Probleme gelöst werden können. Ein numerischer Vergleich eines sequentiellen, eines parallelen und ein Gebietszerlegungs-Randelementprogramms wird durchgeführt.

Bei der praktischen Arbeit ist es jedoch mit einem „einfachen Rechenprogramm" nicht getan. Da es sich bei unseren Problemen um drei-dimensionale Gebiete handelt, ist auch die Visualisierung der Vorgabe- und Ergebnisdaten

---

* in Zusammenarbeit mit der Mercedes-Benz AG Stuttgart, Dr. W. Möhrmann

ein wesentlicher Bestandteil unserer Arbeit. Ebenso ist die Netzgenerierung von „einfachen" Testnetzen unabdingbar.

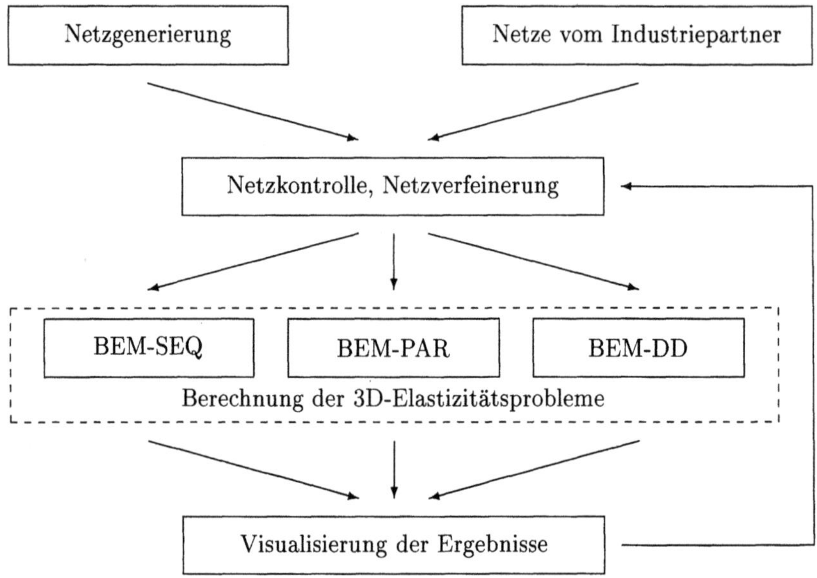

Abb. 1. Ablauf eines BEM-Projektes

Abbildung 1 zeigt den typischen Arbeitsablauf in unserem Projekt; er gliedert sich in folgende Schritte:

1. Erzeugung der Netz- und Vorgabedaten (Spannungen und Verschiebungen) bzw. Vorgabe der Netzdaten vom Industriepartner für realistische Berechnungen.
2. Kontrolle der Netzdaten, eventuell Netzverfeinerung.
3. Berechnen des 3D-Elastizitätsproblems. Dazu stehen uns 3 Programme zur Verfügung:
   (a) BEM-SEQ: sequentielles BEM-Programm,
   (b) BEM-PAR: paralleles BEM-Programm, d. h. das Gleichungssystem wird verteilt auf mehreren Prozessoren aufgestellt und gelöst, und
   (c) BEM-DD: BEM-Programm, das mit Hilfe der Gebietszerlegungsmethode das Problem auf mehreren Prozessoren löst.
4. Darstellung der Ergebnisse.

In Abschnitt 2 gehen wir auf die Netzgenerierung und Visualisierung ein, in Abschnitt 3 beschreiben wir das Verfahren zur Lösung unseres Randwertproblems. In Abschnitt 4 zeigen wir einige numerische Ergebnisse.

2 Netzgenerierung und Visualisierung

Grundlegende Vor- und Nachbereitungsaufgaben für die Durchführung der Berechnungen im $I\!\!R^3$ sind die Generierung der Oberflächennetze, die Erzeugung der Eingabedaten (Vorgabe von Verschiebungen in bestimmten Punkten und/oder Spannungen auf bestimmten Elementen) sowie die Visualisierung der Ergebnisse. Für die automatische Erzeugung von Oberflächennetzen gibt es verschiedene Ansätze wie in [AG, CJ, G, LCM, Q1, Q2]; für die praktische Arbeit ist es jedoch vorteilhaft, wenn die Erzeugung und Bearbeitung der Netze und Eingabedaten direkt am Bildschirm interaktiv erfolgen kann. Hierbei ist zu bedenken, daß es sich um sehr umfangreiche Datenmengen und noch dazu um Oberflächennetze im $I\!\!R^3$ handelt. Zusätzlich müssen Verschiebungen und/oder Randspannungen bzw. Spannungstensoren dargestellt werden. Daraus folgt, daß bei der Programmierung besonders auf die Effizienz zu achten ist. Weitere wesentliche Ziele sind die Rechnerunabhängigkeit, wobei wir für unser Programm nur ein Unix-Betriebssystem, einen C-Compiler und X11 Release 5 voraussetzen, und die Möglichkeit, die Daten als Postscript-file auszugeben. Die Ausgabe erfolgt als Color-Postscriptfile, wobei „echte" Postscript-Zeichenbefehle verwendet werden. Dadurch ist das Weiterverarbeiten der Bilder problemlos möglich und der Speicherplatzbedarf deutlich geringer als bei der sonst üblichen „Bitmap-Ausgabe". Dafür wurde ein Programm Vis3D entwickelt, das sich in drei Teilprogramme gliedert:

- NetVis — Zur Netzgenerierung
- InpVis — Zur Erzeugung der Randvorgaben
- BemVis — Zur Visualisierung der Ergebnisse

In allen drei Programmen werden die Oberflächenelemente automatisch erkannt, so daß auch gemischte Netze verarbeitet werden können. Momentan werden Netze aus Dreiecks- und Viereckselementen, die sowohl durch lineare als auch durch quadratische Formfunktionen dargestellt sein können, unterstützt.

Die Netze können beliebig skaliert, verschoben und rotiert werden; ausserdem kann ausgewählt werden, ob verdeckte Elemente gezeichnet werden sollen oder nicht. Ebenso können alle Einstellungen, wie Liniendicke, Punktgröße, Anzeige der Knoten- bzw. Elementnummern verändert werden.

Bei der Ausgabe als Postscriptfile können linker und oberer Blattrand sowie die Breite und Höhe der Darstellung angegeben werden, die Ausgabe wird dann entsprechend skaliert. Da die Ausgabe mit Postscript-Zeichenbefehlen erfolgt, ist nachträgliches Ändern der Skalierung problemlos und ohne Qualitätsverlust möglich.

Bei der Netzgenerierung wurde darauf Wert gelegt, daß direkt am Bildschirm in möglichst kurzer Zeit Netze aus wenigen Grundelementen erzeugt werden können. Dazu stehen Funktionen wie das Verknüpfen, Löschen und Hinzufügen von Elementen zur Verfügung. Außerdem können Viereckselemente automatisch in Dreieckselemente; sowie Elemente, die durch quadratische Formfunktionen dargestellt sind, in Elemente mit linearer Formfunktion umgewandelt werden. Ebenso ist das Verfeinern der Netze automatisch möglich.

Zur Kontrolle der erzeugten Netze sind Funktionen vorhanden, die den Umlaufsinn der Elemente, das Vorhandensein von doppelt definierten Punkten oder Elementen sowie von hängenden Punkten und freien Kanten prüfen.

Die Erzeugung der Randvorgaben ist der zweite wichtige Schritt, dazu können mit Hilfe des Programms durch „Anklicken" der entsprechenden Punkte bzw. Elemente am Bildschirm beliebige Verschiebungen und Randspannungen vorgegeben werden.

Mit Hilfe des Programmteils BemVis können die Ergebnisse visualisiert werden, folgende Darstellungen sind damit möglich:

- die Verschiebungen oder deren Betrag in die einzelnen Raumrichtungen,
- der Betrag des Verschiebungsvektors,
- die Randspannungen oder deren Betrag,
- die einzelnen Komponenten des Spannungstensors oder deren Betrag und
- die v. Mises-Vergleichspannung.

Die Darstellung erfolgt durch entsprechendes Einfärben des Netzes. Zur Erklärung wird am oberen Bildschirmrand eine Legende mit der Zuordnung der einzelnen Farben angezeigt. Damit die in der Regel sehr kleinen Verschiebungen gut sichtbar werden, können die Verschiebungen beliebig skaliert werden.

3 Ein Randelement-Gebietszerlegungsalgorithmus

Betrachtet wird ein thermoelastisches Randwertproblem in einem beschränkten dreidimensionalen Gebiet $\Omega \subset I\!\!R^3$ mit gegebenen Verschiebungen g auf Γ_D und gegebenen Randspannungen h auf dem verbleibenden Rand Γ_N.

Wir setzen die Temperaturverteilung $\theta(x)$ im Innern des Gebietes als bekannt voraus und somit spalten sich die Volumenkräfte $\tilde{f}$ in einen thermoelastischen (Duhamel-Neumann-Materialgesetz [K]) und einen elastischen Anteil f auf:

$$\tilde{f}_i = f_i - \frac{\partial}{\partial x_i}\left[\left(2\mu(x) + 3\lambda(x)\right)\alpha(x)\,\theta(x)\right] \quad \text{für} \quad i = 1,\ldots,3, \qquad (1)$$

wobei α den linearen Wärmedehnungskoeffizienten bezeichnet.

Mit den Volumenkräften $\tilde{f}$ lauten die statischen Gleichgewichtsbedingungen der Mechanik

$$\sigma_{ij,j}(u,x) + \tilde{f}_i(x) = 0 \quad \text{für} \quad i = 1,\ldots,3 \text{ und } x \in \Omega, \qquad (2)$$

wobei der Spannungstensor σ_{ij} aus dem Verzerrungstensor e_{ij} durch das Hookesche Gesetz

$$\sigma_{ij}(u,x) = \delta_{ij}\lambda(x)\sum_{k=1}^{3} e_{kk}(u,x) + 2\mu(x)\,e_{ij}(u,x) \qquad (3)$$

folgt. λ und μ sind die bekannten Lamé-Konstanten. Die linearen Verzerrungs-Verschiebungsbedingungen sind durch

$$e_{ij}(x) = \frac{1}{2}\Big(u_{i,j}(x) + u_{j,i}(x)\Big) \tag{4}$$

gegeben, dabei bezeichnet $u_{.,j}$ die partiellen Ableitungen in Bezug auf x_j.

Für eine gegebene nicht-überlappende Gebietszerlegung

$$\overline{\Omega} = \bigcup_{i=1}^{p} \overline{\Omega}_i \ \ \text{mit} \ \ \Omega_i \cap \Omega_j = \emptyset \ \ \text{für} \ \ i \neq j, \quad \Gamma_i = \partial\Omega_i, \quad \Gamma_{ij} = \Gamma_i \cap \Gamma_j \tag{5}$$

bezeichnen wir mit $\Gamma_S = \bigcup_{i=1}^{p} \Gamma_i$ das Skelett dieser Zerlegung, wobei die Lamé-Konstanten in (3) auch stückweise konstant vorausgesetzt werden können:

$$\mu(x) = \mu_i, \qquad \lambda(x) = \lambda_i \ \ \text{für} \ \ x \in \Omega_i, \qquad i = 1, \ldots, p \ . \tag{6}$$

Dann ist für jedes Teilgebiet Ω_i die Kelvinsche Fundamentallösung durch

$$U_{kl}^i(x,y) = \frac{\lambda_i + \mu_i}{8\pi\mu_i(\lambda_i + 2\mu_i)}\left[\frac{\lambda_i + 3\mu_i}{\lambda_i + \mu_i}\frac{1}{|x-y|}\delta_{kl} + \frac{(x_k - y_k)(x_l - y_l)}{|x-y|^3}\right] \tag{7}$$

gegeben. Bezeichnet $\big((T_{kl}^i(\cdot,\cdot))\big)$ den zugehörigen Spannungstensor, so erfüllt die Lösung der Differentialgleichung (2) die Darstellungsformel für $x \in \Omega_i$:

$$\left.\begin{aligned}
c_{kl}u_k^i(x) &= \int_{\Gamma_i} U_{kl}^*(x,y)\,t_k^i(y)\,\mathrm{d}s_y - \int_{\Gamma_i} T_{kl}^*(x,y)\,u_k^i(y)\,\mathrm{d}s_y \\
&\quad + \int_{\Omega_i} U_{kl}^*(x,y)\,\tilde{f}_k^i(y)\,\mathrm{d}s_y\,,
\end{aligned}\right\} \tag{8}$$

wobei außer den Randbedingungen

$$u^i(x) = g \ \ \text{für} \ \ x \in \Gamma_D \ \ \text{und} \ \ t^i(x) = h \ \ \text{für} \ \ x \in \Gamma_N \tag{9}$$

auch die Kopplungsbedingungen

$$t^i(x) + t^j(x) = 0 \ \ \text{und} \ \ u^i(x) - u^j(x) = 0 \ \ \text{für alle} \ \ x \in \Gamma_{ij} \tag{10}$$

zu erfüllen sind. Zur Bestimmung der unbekannten Cauchy-Daten (u_i, t_i) betrachten wir die aus (8) resultierende Integralgleichung

$$\left(V_i t^i\right)(x) = \left(\frac{1}{2}I + K_i\right)u^i(x) + \left(N_i \tilde{f}^i\right)(x) \ \ \text{für} \ \ x \in \Gamma_i \tag{11}$$

mit dem Einfachschichtpotential V_i, dem Doppelschichtpotential K_i sowie dem Newtonpotential N_i. Mit dem Steklov-Poincaré-Operator zu Ω_i und den Lamé-Gleichungen,

$$S_i := V_i^{-1} \left(\frac{1}{2} I + K_i \right) \tag{12}$$

ergibt sich aus (11) die Dirichlet-Neumann-Abbildung

$$t^i = S_i u^i + V_i^{-1} N_i \tilde{f} = S_i u^i + f^i. \tag{13}$$

Damit ist die Lösung des gemischten Randwertproblems (2) der folgenden Variationsformulierung äquivalent:

Bestimme $u \in H^{1/2}(\Gamma_S)$ mit $u|_{\Gamma_D} = g$ und $u^i = u|_{\Gamma_i}$, so daß

$$\sum_{i=1}^{p} \int_{\Gamma_i} S_i u^i(x) v^i(x) ds_x = \int_{\Gamma_N} h(x) v(x) ds_x - \sum_{i=1}^{p} \int_{\Gamma_i} f^i v^i(x) ds_x \tag{14}$$

für alle $v \in H^{-1/2}(\Gamma_s)$ mit $v|_{\Gamma_D} = 0$ gilt.

Sei Γ_H eine Dreieckszerlegung des Randes $\Gamma = \partial\Omega$ mit maximaler Gitterweite H und

$$u_H(x) = \sum_{k=1}^{N_u} u_k \varphi_k^{\nu_u}(x) \in V_H \subset H^{1/2}(\Gamma_S) , \tag{15}$$

ein endlicher Verschiebungsansatz in einer B-Spline-Basis vom Grad ν_u. Damit geht das Variationsproblem (14) über in

$$\sum_{i=1}^{p} \int_{\Gamma_i} S_i^h u_H^i(x) v^i(x) ds_x = f(v_H) , \tag{16}$$

wobei S_i^h Approximationen der lokalen Steklov-Poincaré-Operatoren S^i

$$S_i^h v_H := t_h^i \in W_h^i \subset H^{-1/2}(\Gamma_i) \tag{17}$$

sind, die das lokale endlich-dimensionale Variationsproblem

$$\langle V_i t_h^i, \tau_h \rangle_{L^2(\Gamma_i)} = \left\langle \left(\frac{1}{2} I + K_i \right) u_H^i(x), \tau_h \right\rangle_{L^2(\Gamma_i)} \tag{18}$$

für alle $\tau_h \in \tilde{W}_h$ erfüllen. Dieser Ansatz schließt sowohl Galerkin- als auch Kollokationsverfahren zur Berechnung der Näherungen der lokalen Steklov-Poincaré-Operatoren S_i^h ein.

Aus der Elliptizität und Beschränktheit der lokalen Steklov-Poincaré-Operatoren S_i^h [HWE] folgt die eindeutige Lösbarkeit des Variationsproblems (14). Für eine hinreichende Verfeinerung h mit $h < c\,H$ folgt für das Galerkin-Verfahren die positive Definitheit der approximierenden Operatoren S_i^h und damit aus dem Lemma von Strang mit $H \to 0$ die Konvergenz der Näherungslösungen von (16) gegen die Lösung von (14) bzw. (2) [HSW].

Die Lösung von (16) und (18) entspricht dem folgenden Algorithmus:

1. Wähle eine Startlösung $u^0_{|\Gamma_S}$ mit $u_{|\Gamma_D} = g$ für die Dirichlet-Daten entlang der Koppel- und Neumannränder als stetige Fortsetzung der gegebenen Dirichlet-Daten auf dem Rand Γ_D.
2. Löse reine Dirichlet-Probleme zur Realisierung der lokalen Steklov-Poincaré-Operatoren und berechne damit die zugehörigen lokalen Neumann-Daten t^k_i.
3. Prüfe die Kompatibilitätsbedingungen entlang der Koppel- und Neumannränder; falls eine vorgegebene Genauigkeit erreicht ist, dann beende den Algorithmus.
4. Ansonsten korrigiere die Dirichlet-Daten $u^{k+1}_{|\Gamma_C}$ mit Hilfe einer vorkonditionierten iterativen Methode und gehe zu Schritt 2.

(16) mit (18) führt auf ein lineares Gleichungssystem

$$M_h^T V_h^{-1} \left(\frac{1}{2} \tilde{M}_h + K_h \right) \underline{u} = \underline{f} \tag{19}$$

mit einer positiv definiten Steifigkeitsmatrix, die mit einer nicht-symmetrischen Störung behaftet ist. Zur Lösung kann man neben der Gradientenmethode des minimalen Defekts [QSW, SN] auch verallgemeinerte Verfahren konjugierter Richtungen, wie beispielsweise BiCGStab [V] oder GMRES [SS], verwenden.

Zur Vorkonditionierung dieser Verfahren wird eine hierarchische Aufspaltung der gesuchten Funktion $u \in H^{1/2}(\Gamma_S)$ benutzt. Bezeichnet ω die q-dimensionale Menge aller Grobgitterknoten der Gebietszerlegung (5), dann existiert die eindeutige Zerlegung

$$u(x) = \sum_{i=1}^{q} u_j \varphi_j^q(x) + \tilde{u}(x) \qquad \text{mit} \tag{20}$$

$$u_j = u(x_j), \qquad \tilde{u}(x_j) = 0 \ \text{ für } \ x_j \in \omega \tag{21}$$

und den harmonischen Basisfunktionen $\varphi_j^q(\cdot)$, die die Differentialgleichung (2) in den Teilgebieten Ω_i erfüllen. Mit diesem Ansatz folgt das gekoppelte Variationsproblem:

Suche das Paar $(u_H, \tilde{u})$, das die gegebenen Dirichlet-Bedingungen auf dem Rand Γ_D erfüllt, so daß das Grobgitter-System

$$\int_{\Omega} \sigma_{ij}(u_H)\, e_{ij}(v_H) dx + \sum_{i=1}^{p} \left\langle S_i \tilde{u}_{|\Gamma_i}, v^H_{|\Gamma_i} \right\rangle_{\Gamma_i} = f_1(v^H) \tag{22}$$

und die Kompatibilitätsbedingungen

$$\sum_{i=1}^{p} \left\langle S_i (u^H + \tilde{u})_{|\Gamma_i}, \tilde{v}_{|\Gamma_i} \right\rangle_{\Gamma_i} = f_2(\tilde{v}) \tag{23}$$

für alle auf Γ_D verschwindenden Testfunktionen $(v^H, \tilde{v})$ erfüllt sind.

Das Grobgitter-System ist nichts anderes als eine Finite-Elemente-Formulierung in Bezug auf die gegebene Gebietszerlegung mit harmonischen Basisfunktionen. Übereinstimmend mit dieser Eigenschaft kann die globale Steifigkeitsmatrix mit Hilfe der lokalen Steklov-Poincaré-Operatoren berechnet werden. Außerdem kann die Lösung des Grobgitter-Systems als eine Abbildung $u^H = R\tilde{u}$ der Feingitter-Funktion $\tilde{u}$ aufgefaßt werden.

Fügen wir diese Abbildung in die Kompatibilitätsbedingungen ein, so müssen wir nur eine Feingitterlösung bestimmen, welche die modifizierten Kompatibilitätsbedingungen

$$\sum_{i=1}^{p} \left\langle S_i(\tilde{u} + R\tilde{u})_{|\Gamma_i}, \tilde{v}_{|\Gamma_i} \right\rangle_{\Gamma_i} = f(\tilde{v}) \tag{24}$$

für alle Testfunktionen $\tilde{v}$ erfüllt.

Der Lösungsalgorithmus enthält somit nur einen zusätzlichen zur Lösung des Grobgitter-Systems. Man muß deshalb in der Beschreibung des Algorithmus zu Beginn dieses Abschnitts die Funktion $u_{|\Gamma_C}$ durch $\tilde{u}_{|\Gamma_C}$ ersetzen und zwischen Schritt 1 und Schritt 2 den zusätzlichen Schritt

2.0 Löse für die aktuelle Feingitter-Lösung $\tilde{u}^k_{|\Gamma_C}$ das Grobgitter-System und berechne die aktuelle vollständige Iterierte $u^k_{|\Gamma_C}$.

einfügen.

Zur Lösung des Variationsproblem (24) über den Koppelrändern Γ_{ij} benötigt man eine Vorkonditionierung, gut geeignet und effizient ist der Neumann-Neumann-Vorkonditionierer (siehe [LT])

$$M^{-1} = \sum_{i=1}^{p} S_i^{-1}, \tag{25}$$

der die inversen Steklov-Poincaré-Operatoren S_i^{-1} benutzt, die wiederum durch Lösen lokaler gemischter Dirichlet-Neumann- oder reiner Neumann-Probleme bestimmt werden können. Die Lösung reiner Neumann-Probleme benötigt etwas Aufmerksamkeit, da die Gleichgewichtsbedingungen berücksichtigt werden müssen. Dazu verwenden wir modifizierte Neumann-Reihen [HW] innerhalb eines erweiterten Algorithmus einschließlich eines Grobgitter-Lösers.

4 Numerische Ergebnisse

Als praktisches Testbeispiel berechnen wir eine dreidimensionale Kurbelwelle unseres Industriepartners Mercedes-Benz, die mit 872 Elementen und 438 Punkten diskretisiert wurde. Berechnet wurde die Lösung zum einen mit unseren sequentiellen und parallelen BEM-Programmen und zum anderen mit dem oben vorgestellten Gebietszerlegungs-Algorithmus. Dazu wurde das Gebiet zunächst in zwei Teilgebiete zerlegt. An einem Programm, das auch die

Unterteilung in mehr Teilgebiete zuläßt, wird momentan gearbeitet, ebenso an der Verbesserung der Speicherverwaltung, damit auch mit feineren Diskretisierungen gerechnet werden kann.

Alle nachfolgenden Berechnungen wurden auf einer SUN-Sparcstation 20 mit einem 90 MHz-Hyper-Sparc-Prozessor und 128 MByte Hauptspeicher sowie einem Parsytec-Parallelrechner PowerXplorer mit 8 MPC 601-Prozessoren und je 32 MByte Hauptspeicher durchgeführt. Die angegebenen Rechenzeiten sind reine Prozessorzeiten bzw. Prozessor- plus Kommunikationszeiten. Für die Berechnung der Effizienzen wurden die Rechenzeiten (mit Kommunikationszeit) auf 2, 4 und 8 Prozessoren mit der Rechenzeit auf einem Prozessor (ohne Kommunikation) verglichen.

Abbildung 2 zeigt das Ergebnis dieser Berechnungen, wobei die Abbruchschranke im Falle der iterativen Lösung von (24) als 10^{-4} gewählt wurde. Tabelle 1 gibt eine Übersicht über die Rechenzeiten. Für feinere Diskretisierungen und Unterteilung in mehr als zwei Teilgebiete wird erwartet, daß der Vergleich noch deutlicher für die Gebietszerlegungsmethode ausfällt.

Numerische Ergebnisse für das einfachere Problem der Laplace-Gleichung im zweidimensionalen Fall und einer Gebietszerlegung in 16 Teilgebiete in [St1] belegen die Effizienz des vorgestellten Algorithmus, und ähnlich gute Resultate sind für den dreidimensionalen Fall zu erwarten.

| | PowerXplorer | | | | | SUN |
	BEM-PAR				BEM-DD	BEM-SEQ
Proc:	1	2	4	8	2	1
Zeit (sec):	249.6	143.0	76.9	44.6	139.3	198.5
Effizienz:	100%	87.3%	87.3%	70.0%	89.6%	—

Tabelle 1. Rechenzeiten für die praktische Berechnung der Kurbelwelle

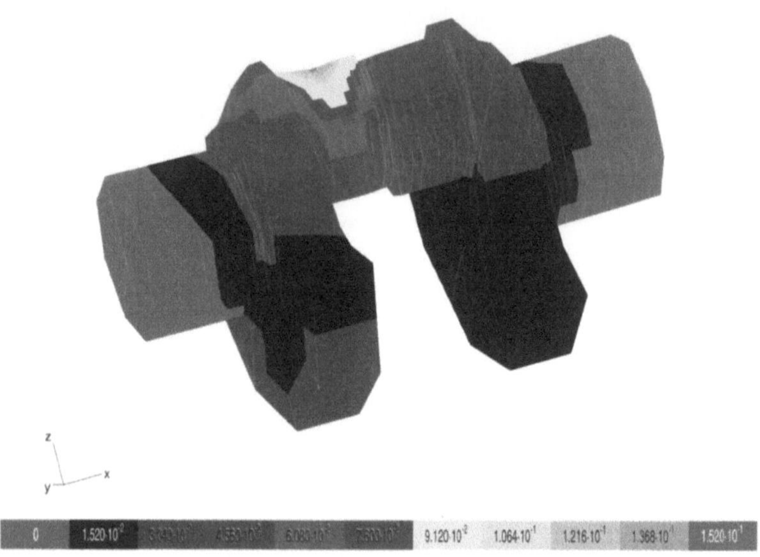

Abb. 2. Beispiel einer praktischen Berechnung: Kurbelwelle (Mercedes-Benz), diskretisiert mit 872 Elementen und 438 Punkten

Literatur

[AG]   E. L. ALLGOWER, S. GNUTZMANN. *An algorithm for piecewise linear approximation of implicitly defined 2-dimensional surfaces.* SIAM J. Numer. Anal. **24**, S. 452–469 (1987)

[BP]   J. H. BRAMBLE, J. E. PASCIAK. *A preconditioning technique for indefinite systems resulting from mixed approximations of elliptic problems.* Math. Comp. **50**, S. 1–17 (1988)

[BMB]   H. J. BUTENSCHÖN, W. MÖHRMANN, W. BAUER. *Advanced stress analysis by a commercial BEM-code.* In: Industrial application of BEM (P. K. Banerjee ed.), S. 231–261 (1989)

[CJ]   F. CHENG, J. JAROMCZYK ET AL.. *A parallel mesh generation algorithm based on the vertex label assignment scheme.* Int. J. Num. Meth. Engrg. **28**, S. 1429–1448 (1989)

[Co]   M. COSTABEL. *Symmetric methods for the coupling of finite elements and boundary elements.* In: Boundary Elements IX (C. A. Brebbia, G. Kuhn and W. L. Wendland eds.), Springer-Verlag, Berlin, S. 411–420 (1987)

[F]   A. FROMMER. *Lösung linearer Gleichungssysteme auf Parallelrechnern.* Vieweg, Braunschweig (1990)

[G]   G. GLOBISCH. *PARMESH — a parallel mesh generator.* Parallel Computing **21**, S. 509–524 (1995)

[HW]   W. HAACK, W. L. WENDLAND. *Vorlesungen über partielle und Pfaffsche Differentialgleichungen.* Birkhäuser-Verlag, Basel (1969)

[Ha] H. G. HAHN. *Elastizitätstheorie — Grundlagen der linearen Theorie und Anwendungen auf eindimensionale, ebene und räumliche Probleme.* B. G. Teubner, Stuttgart (1985)

[HKW] G. C. HSIAO, B. N. KHOROMSKIJ, W. L. WENDLAND. *Boundary integral operators and domain decomposition.* Technical Report 94-11 (1994)

[HSW] G. C. HSIAO, E. SCHNACK, W. L. WENDLAND. *A hybrid coupled finite-boundary element method.* Technical Report 95-11 (1995)

[HWE] G. C. HSIAO, W. L. WENDLAND. *Domain Decomposition via Boundary Element Methods.* In: Numerical Methods in Engineering and Applied Sciences (H. Alder et. al., eds.), CIMNE Barcelona, S. 198–207 (1992)

[K] V. D. KUPRADZE. *Three-dimensional problems of the mathematical theory of elasticity and thermoelasticity.* North-Holland, Amsterdam (1979)

[La] U. LANGER. *Parallel iterative solution of symmetric coupled fe/be-equations via domain decomposition.* Contemp. Math. 157, S. 335–344 (1994)

[LT] P. LE TALLEC. *Domain decomposition methods in computational mechanis.* Comput. Mech. Advances **1**, S. 121–220 (1994)

[LCM] R. LÖHNER, J. CAMBEROS, M. MERRIAM. *Parallel unstructured grid generation.* Comput. Methods Appl. Mech. Engrg. **95**, S. 343–357 (1992)

[Q1] R. QUATEMBER. *Numerische Integration von Flächen- und singulären Flächenintegralen,* Diplomarbeit, Universität Stuttgart (1993)

[Q2] R. QUATEMBER. *Ein paralleler Algorithmus zur Dreieckszerlegung beliebiger geschlossener Oberflächen im $I\!R^3$.* Proceedings zum DFG-Workshop „Implementierung paralleler Algorithmen auf Transputersystemen" (DFG Forschungsschwerpunkt Randelementmethoden), ed. by U. Langer, Fachbereich Mathematik, Technische Universität Chemnitz (1992)

[QSW] R. QUATEMBER, O. STEINBACH, W. L. WENDLAND. *Domain Decomposition based solvers for industrial stress analysis with boundary elements.* Proceedings of the 8th conference of the European Consortium for Mathematics in Industry, Kaiserslautern (1994), submitted.

[SS] Y. SAAD, M. H. SCHULTZ. *GMRES: A Generalized Minimal Residual Algorithm for Solving Nonsymmetric Linear Systems.* SIAM J. Sci. Stat. Comput. **7**, S. 856–869 (1986)

[SN] A. A. SAMARSKIJ, E. S. NIKOLAEV. *Numerical Methods for Grid Equations.* Birkhäuser-Verlag, Basel (1989)

[St1] O. STEINBACH. *Boundary Elements in Domain Decomposition Methods.* Contemp. Math. **180**, S. 343–348 (1994)

[St2] O. STEINBACH. *Parallel iterative Solvers for symmetric boundary element domain decomposition methods.* In: Fast solvers for flow problems (10th GAMM Seminar Kiel 1994, W. Hackbusch, G. Wittum eds.), Vieweg, Braunschweig (1995)

[V] H. A. VAN DER VORST. *BI-CGSTAB: A Fast and Smoothly Converging Variant of BI-CG for the Solution of Nonsymmetric Linear Systems.* SIAM J. Sci. Stat. Comput. **13**, S. 631–644 (1992)

[W] W. L. WENDLAND. *Bemerkungen zu Randelementmethoden und ihren mathematischen und numerischen Aspekten.* GAMM-Mitteilungen Nr. **2**, S. 3–27 (1986)

1.5 Poröse Medien

Optimierung von Anlagen zur Bodenluftabsaugung

U. Hornung, Y. Kelanemer, S. Schumacher, M. Slodička, H. Gerke und D. Stegemann

Numerische Simulation und Identifizierung reaktiver Flüssigkeiten in einer Chromatographiesäule

W. Jäger, M. Postel, M. Sepúlveda und P. Valentin

Trägerbeeinflußter und lösungsvermittelter Transport von Umweltchemikalien in porösen Medien

P. Knabner, B. Igler, H. Kappmeier, E. Schneid und R. Hempfling

Diffusions-Reaktionsprobleme in ungesättigten porösen Medien

G. Wittum, Ch. Wagner, R. Fritsche und H.-P. Haar

Optimierung von Anlagen zur Bodenluftabsaugung

*U. Hornung[1], Y. Kelanemer[1], S. Schumacher[1], M. Slodička[1],
H. Gerke[2] und D. Stegemann[3]*

[1] Fakultät für Informatik, Universität der Bundeswehr München, D-85577 Neubiberg, e-mail: ulrich@informatik.unibw-muenchen.de,
URL: http://www.informatik.unibw-muenchen.de/inst1/uhg.html
[2] Zentrum für Agrarlandschafts- und Landnutzungsforschung, (ZALF) e.V. Müncheberg, Institut für Bodenlandschaftsforschung, Dr.-Zinn-Weg, D-16225 Eberswalde
[3] GEO-data, Carl-Zeiss-Str. 2, D-30827 Garbsen

Abstract. The soil venting method is commonly used for the remediation of water-unsaturated soils containing organic contaminants which are often specified as VOC's (volatile organic compounds) or NAPL's (non aqueous phase liquid). The principle of in-situ soil venting technique is based on an induced air flow in the contaminated soil region from which gaseous contaminants can be removed and by which volatilization of liquid-phase contaminants is enhanced.

In this project, applied mathematical methods for optimal design and cost-efficient operation of soil venting facilities will be developed in close cooperation with an industrial partner, engineers and scientists from geo-hydrology using data from areal spillage as a test case.

Starting from the derivation of the basic system of multi-phase and multi-component transport and reaction equations for water, air and contaminant transport in porous media, this report describes a two-dimensional (horizontal) model for air and contaminant movement which can be used for specific polluted sites such as the test case area.

The numerical solution of the air flow equation is based on the hybrid (mixed finite element) method. The soil venting wells are simulated as idealized point sources and sinks in form of well-functions in order to simplify the numerical treatment. Permeability- and retention-functions are obtained from borehole-soil information (basically texture) by using parameter estimation techniques such as "pedotransfer"-functions and the Karman-Cozeny theory. By using geo-statistical approaches, e.g. kriging, the spatial interpolation of soil parameters in the test case area is obtained. Two different methods for the optimization of the gas flow field and the pollutant extraction rate are demonstrated for model situations with three wells. Uncertainties for all the models presented consist in the lack of knowledge of the soil properties at the remediation site.

1 Einführung

In das Erdreich gelangte organische Schadstoffe (Erdöl, Benzin, Lösungsmittel) stellen eine langfristige Bedrohung des Bodens und der Qualität von
Luft und Grundwasser dar. Zur Entfernung flüchtiger organischer Schadstoffe
(VOCs) wird oft das Verfahren der Bodenluftabsaugung angewendet. Die
Auslegung der nötigen Anlagen wurde bisher in den meisten Fällen empirisch
vorgenommen, wobei oft umfangreiche Messungen durchgeführt werden. Für
den Ingenieur stellen sich dabei folgende Probleme:

1. *Exploration und Installation:* Die Geologie, also die Bodeneigenschaften,
   und die Verteilung der Schadstoffe müssen ermittelt werden. Außerdem
   muß ein angemessenes Beseitigungsverfahren gewählt werden.
2. *Überwachung und Wartung:* Die Maschinen müssen gewartet und die
   Pumpraten gesteuert werden, evtl. muß die Anlage angepaßt werden.
3. *Sanierungsende:* Der Ingenieur muß entscheiden, wann die Sanierung (erfolgreich) beendet werden kann.

Der Wissenschaftler (Mathematiker, Bodenphysiker oder Bodenchemiker) ist
seinerseits mit folgenden Themen befaßt:

1. *Modellbildung:* Es muß ein geeignetes mathematisch-physikalisch-chemi-
   sches Modell formuliert werden.
2. *Kalibrierung:* Die speziellen Gegebenheiten eines Falles hinsichtlich Bodeneigenschaften und Verteilung der Verschmutzung müssen in das Modell eingebracht werden.
3. *Optimale Steuerung:* Die Anlage muß hinsichtlich Kosten und Dauer des
   Sanierungsverfahrens optimiert werden.

1.1 Bisherige Ansätze

Die bisherigen theoretischen Ansätze in der Literatur haben oft stark vereinfachte Formulierungen der fundamentalen Prozesse zur Grundlage. In vielen
Fällen wurden inadequate numerische Verfahren zur Lösung der Gleichungen verwendet. Die meisten Untersuchungen beschränken sich auf zweidimensionale Querschnitte (Kaluarachchi und Parker ([KP1], [KP2]), Kuppusamy, Sheng, Parker und Lenhard ([KSP])) oder vertikal integrierte Modelle
(Hochmuth und Sunada ([HS]), Kaluarachchi, Parker und Lenhard ([KPL])).
Abriola und Pinder ([AP]) haben ein Modell formuliert, das die Grundlage
vieler anderer Arbeiten geworden ist. Baehr und Corapcioglu ([BC1], [BC2])
gaben ein Mehrphasen-Transportmodell mit durch Sauerstoff beschränktem
biologischen Stoffabbau an. Die meisten Arbeiten nehmen ein lokales Pha-
sengleichgewicht beim Verdampfungsprozeß an, siehe z.B. Baehr, Hoag und
Marley ([BHM]); Rathfelder, Yeh und Mackay ([RYM]). Modelle, in denen

auch Nichtgleichgewicht zugelassen wurde, haben Sleep und Sykes ([SS]) sowie Wilkins, Abriola und Pennell [WAP] formuliert. Mayer, Miller, Poirer-McNeill ([MMP]) haben einen Vergleich zwischen Gleichgewichts- und Nichtgleichgewichtsmodellen für Wasser-Öl angestellt. Armstrong et. al. ([AFM]) haben sich mit der Frage des Schadstoffaustausches zwischen Luft, NAPL-Phase und Bodenwasser beschäftigt, einer Problematik, die nach Beseitigung des größten Teils der NAPL-Phase, also gegen Ende einer Sanierung an Bedeutung gewinnt. Eine ähnliche Untersuchung speziell für den Austausch zwischen Bodenwasser und -luft hat Fischer ([F]) durchgeführt. Ein Überblick für die Modellierung von Bodenluftabsaugungsanlagen wurde kürzlich von Wilson [W] gegeben. Eine Abschätzung optimaler Pumpzeiten und Flußraten bei log-normalverteilter zufälliger, aber räumlich konstanter Permeabilität haben Kaluarachchi und Wijedasa ([KW]) vorgenommen. In keiner der genannten Arbeiten wurden bisher numerische Lösungen der Differentialgleichungen für einen konkreten Schadensfall mit Absaugbrunnen unter Verwendung moderner numerischer Methoden vorgenommen. Außerdem wurde der Aspekt der Optimierung für solch einen Fall vernachlässigt.

2 Ein exemplarischer Schadensfall

In dem von unserem Industriepartner GEO-data betreuten, für unsere Untersuchungen herangezogenen Schadensfall in Deutschland liegt eine Verschmutzung der obersten 3-4 m Bodenschicht mit etwa 100 Tonnen VOCs vor. Das verseuchte Gebiet umfaßt ein teilweise bebautes Areal von rund 20.000 m^2. Große Teile sind mit einer Asphaltschicht von ca. $5 - 10\ cm$ mehr oder weniger gut versiegelt. Das Gebiet ist mit einer Spundwand großenteils gegen seine Umgebung abgegrenzt. In Bild 1 sind die interpolierten Konzentrationen (mg/m^3) eines typischen VOCs, nämlich Tetrachloräthan, dargestellt. Darin ist jeweils nur ein Teil des Sanierungsgeländes abgebildet, da Proben nur in diesem besonders verseuchten Teilgebiet entnommen wurden. Für die spezifische Situation unseres Schadensfalls soll nun, ausgehend von allgemeinen Erhaltungsgleichungen, ein mathematisches Modell hergeleitet werden. Die jeweils vorgenommenen Vereinfachungen werden schrittweise angegeben.

3 Das physikalische Modell

3.1 Erhaltungsgleichungen

Wir verwenden ein Mehrkomponenten- und Mehrphasenmodell ([R]) und beschränken uns auf den Stoffaustausch zwischen der NAPL-Phase und der Gasphase, also Prozesse, die typischerweise zu Beginn einer Sanierung dominant sind. Die auftretenden Phasen sind solid *(s)*, liquid (water) *(l)*, **gas** *(g)* und **contaminant** *(o)*, die (chemischen) Komponenten soil *(s)*, **air** *(a)*,

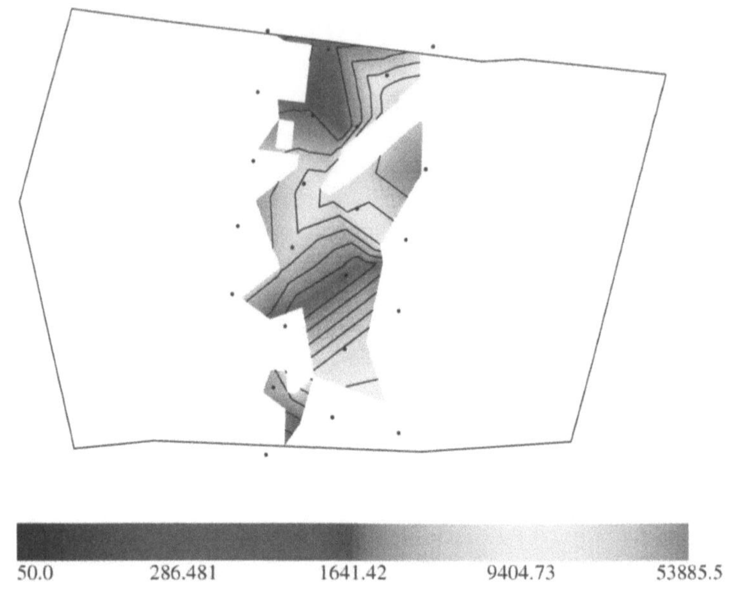

Abb. 1. Schadstoffkonzentration in $[mg/m^3]$ für Tetrachloräthan im Juni 1992

water *(w)* und **v**olatile contaminant *(v)*. Für die Komponente i in der Phase α gilt die makroskopische Massenbilanzgleichung

$$\partial_t(\rho^\alpha \varepsilon^\alpha \omega_i^\alpha) + \nabla \cdot (\rho^\alpha \mathbf{q}^\alpha \omega_i^\alpha) - \nabla \cdot \mathbf{J}_i^\alpha = \rho^\alpha \varepsilon^\alpha [f_i^\alpha + e_i^\alpha] \tag{1}$$

mit der Massendichte $\rho^\alpha \left[\frac{kg}{m^3}\right]$ der Phase α, dem Volumenanteil ε^α [1], der Darcyschen Geschwindigkeit $\mathbf{q}^\alpha \left[\frac{m}{s}\right]$, dem Massenanteil ω_i^α [1] der Komponente i jeweils der α-Phase. $\mathbf{J}_i^\alpha \left[\frac{kg}{m^2 s}\right]$ gibt den diffusiven Fluß der Komponente i in der Phase α an, $f_i^\alpha \left[\frac{1}{s}\right]$ die Quellen der Komponente i in der Phase α; $e_i^\alpha \left[\frac{1}{s}\right]$ ist der Massenzuwachs der Komponente i in der α-Phase aufgrund eines Phasenübergangs. Zusätzlich zu diesen Gleichungen sind noch folgende Summengleichungen zu berücksichtigen:

$$\sum_i \omega_i^\alpha = 1, \ \ \sum_\alpha \varepsilon^\alpha = 1, \ \ \sum_\alpha \rho^\alpha \varepsilon^\alpha e_i^\alpha = 0. \tag{2}$$

Da jede Komponente gleichzeitig in verschiedenen Phasen vorliegen kann, ergibt sich die Bilanzgleichung für die Komponente i durch Summation über alle Phasen unter Berücksichtigung der letzten Gleichung in (2)

$$\sum_\alpha [\partial_t(\rho^\alpha \varepsilon^\alpha \omega_i^\alpha) + \nabla \cdot (\rho^\alpha \mathbf{q}^\alpha \omega_i^\alpha) - \nabla \cdot \mathbf{J}_i^\alpha] = \sum_\alpha \rho^\alpha \varepsilon^\alpha f_i^\alpha. \tag{3}$$

Eine entsprechende Gleichung für die α-Phase kann analog abgeleitet werden:

$$\sum_i [\partial_t(\rho^\alpha \varepsilon^\alpha \omega_i^\alpha) + \nabla \cdot (\rho^\alpha \mathbf{q}^\alpha \omega_i^\alpha) - \nabla \cdot \mathbf{J}_i^\alpha] = \rho^\alpha \varepsilon^\alpha \sum_i [f_i^\alpha + e_i^\alpha] . \qquad (4)$$

3.2 Zusätzliche Annahmen

Zur Vereinfachung machen wir noch folgende zusätzliche Annahmen:

- Die Bodenmatrix ist starr und inkompressibel.
- Das Temperaturfeld ist bekannt, $T > 0°C$.
- Wasser kommt nur in der Flüssigphase l vor. Die Verteilung wird als unveränderlich und bekannt vorausgesetzt.
- Es finden keine Adsorptions-/Desorptionsprozesse statt.
- Luft liegt nur gasförmig vor; Quellen/Senken sind nur die Brunnen.
- Die flüchtige organische Komponente kommt in den Phasen o, g vor.
- Es gibt keine verteilten Quellen und Senken für Wasser und den organischen Stoff.
- Wir nehmen das Darcysche Gesetz in der folgenden Form an:

$$\mathbf{q}^\alpha = -\frac{kk_r^\alpha}{\mu^\alpha} \cdot (\nabla p^\alpha - \rho^\alpha \mathbf{g}) .$$

Darin ist k $[m^2]$ die Permeabilität, k_r^α [1] die relative Permeabilität der α-Phase, μ^α $\left[\frac{kg}{ms}\right]$ die dynamische Viskosität der Phase α, p^α $\left[\frac{N}{m^2}\right]$ der Druck der α-Phase.

Die organische Komponente ist im allgemeinen lokal nicht im Gleichgewicht, der Phasenübergang folgt einem linearen Gesetz:

$$e_v^g = \frac{\varepsilon^o}{\varepsilon^g} \lambda_v^{og}(\omega_{v,sat}^g - \omega_v^g) \quad \text{und} \quad e_v^o = -\frac{\rho^g}{\rho^o} \lambda_v^{og}(\omega_{v,sat}^g - \omega_v^g)$$

mit der Phasenänderungsrate λ_v^{og} $\left[\frac{1}{s}\right]$; $\omega_{v,sat}^g$ [1] ist der relative Massenanteil des flüchtigen Schadstoffs v in der Gasphase g bei Sättigung. Es gilt die Kontinuitätsgleichung

$$\rho^g \varepsilon^g e_v^g + \rho^o \varepsilon^o e_v^o = 0 .$$

3.3 Zusammenstellung der Gleichungen

Die allgemeinen Erhaltungsgleichungen und die speziellen Annahmen in Abschnitt 3.2 führen auf ein System von sechs Unbekannten in sechs Gleichungen; die Unbekannten sind die relativen Massenanteile (ω_v^g, ω_v^o), die Volumenanteile $(\varepsilon^g, \varepsilon^o)$ und Druckwerte (p^g, p^o).

1. Flüchtige Komponente in der Gasphase

$$\partial_t(\rho^g \varepsilon^g \omega_v^g) + \nabla \cdot (\rho^g \mathbf{q}^g \omega_v^g) - \nabla \cdot \mathbf{J}_v^g = \varepsilon^o \lambda_v^{og} \rho^g (\omega_{v,sat}^g - \omega_v^g)$$

2. Flüchtige Komponente in der NAPL-Phase

$$\partial_t(\rho^o \varepsilon^o \omega_v^o) + \nabla \cdot (\rho^o \mathbf{q}^o \omega_v^o) - \nabla \cdot \mathbf{J}_v^o = -\varepsilon^o \lambda_v^{og} \rho^g (\omega_{v,sat}^g - \omega_v^g)$$

3. Bilanzgleichung für Luft

$$\partial_t(\rho^g \varepsilon^g) + \nabla \cdot (\rho^g \mathbf{q}^g) - \nabla \cdot \mathbf{J}_a^g = \rho^g \varepsilon^g f_a^g$$

4. $\omega_v^g + \omega_a^g = 1$
5. $\varepsilon^s + \varepsilon^l + \varepsilon^g + \varepsilon^o = 1$
6. $p^o - p^g = p^{og}(\varepsilon^o, \varepsilon^g)$.

Grundsätzlich ist also ein System mit drei partiellen Differentialgleichungen für NAPL- und Lufttransport nebst drei algebraischen Gleichungen unter gewissen Anfangs- und Randbedingungen zu lösen. Dieses erfordert einen beträchtlichen numerischen Aufwand bereits im 2D-Fall.

4 Das Strömungsfeld der Bodenluft

In der Praxis genügt oft die Kenntnis eines stationären Luftströmungsfeldes, um bei bekannter Schadstoffverteilung näherungsweise die Auslegung der Absauganlagen und der Pumpleistungen vornehmen zu können.

4.1 Modellparameter

Anwendung sowie Entwicklung numerischer Modelle zur Optimierung von Anlagen zur Bodenluftabsaugung werden oft eingeschränkt durch den Mangel an ausreichenden Kenntnissen über die physikalischen Eigenschaften der Böden der Sanierungsgebiete. Wie auch im vorliegenden Beispiel muß häufig auf stark vereinfachte Verfahren zur Schätzung von Modellparametern, z.B. anhand von qualitativen Beschreibungen der Textur des aus Bohrungen geförderten Bodens, zurückgegriffen werden. Die Profilbeschreibungen umfassen u.a. Angaben über die Textur, die Mächtigkeit bestimmter Bodenhorizonte, eventuelle Nebenbestandteile, wie z.B. Steine, die Farbe oder den Geruch. Für die Beschreibung des zweidimensionalen Luftströmungsfeldes im Boden des Sanierungsgebietes wurden hier die Permeabilitäts- und Druck-Sättigungs-beziehung mit geohydraulischen Ansätzen [BL] und die räumliche Verteilung der Transmissivität durch geostatistische Verfahren [JH] geschätzt.

Nach DIN 4022 lassen sich prozentuale Anteile einzelner Korngrößenfraktionen aus Texturangaben ableiten. Unter Verwendung empirischer Beziehungen zum Ungleichförmigkeitsgrad U lassen sich Werte für die Porosität $n = 1 - \varepsilon^s$ und die Lagerungsdichte $\rho^s \varepsilon^s$ des Bodens aus der Korngrößen-Summenkurve schätzen. Man verwendet die Definition $U = d_{60}/d_{10}$, also das Verhältnis der Korndurchmesser bei einem Anteil von 60% und 10%, die mit

d_{60} bzw. d_{10} bezeichnet sind. Zur Schätzung der spezifischen Permeabilität k eignet sich für sandig-kiesige Substrate die Kozeny-Carman-Gleichung

$$k = \frac{d_w^2}{72C^2 t^*} \frac{(n - \varepsilon_r)^3}{(\varepsilon^s)^2} \,,$$

worin $d_w = d_w(U, d_{10})$ die (empirische) hydraulisch wirksame Korngröße, C ein Kornformfaktor, t^* ein Tortuositätsfaktor und ε_r der Restwassergehalt sind. Druck-Sättigungsbeziehungen werden mit Hilfe sogenannter "Pedotransferfunktionen" aus Substratsbeschreibungen abgeleitet. Für Sandböden ohne organische Substanz eignet sich der Ansatz von Haverkamp und Parlange [HP] :

$$h = 0.149\gamma/d \;\; ; \;\; \varepsilon^l = \varepsilon_s F(d) \,,$$

worin $h = \frac{p^l}{\rho^l g}$ die Saugspannung, γ der Packungsindex, ε_s der Wassergehalt bei Sättigung und $F(d)$ die Summenkurve der Korngrößenverteilung ist:

$$F = \left[1 + (d_g d^{-1})^n\right]^{-m}$$

mit den empirischen Koeffizienten d_g und $m = 1 - 1/n$.

Die Parameterschätzung bezieht sich zunächst nur auf den Feinboden (Korndurchmesser < 2mm). Kies- und Steingehalte werden in einem zweiten Schritt durch proportionale Abschläge bei der Porosität sowie durch Veränderung des Tortuositätskoeffizienten berücksichtigt.

Anhand der so gewonnenen Parameter können nun die $\varepsilon^l - h$ und $k_r^l - \varepsilon^l$-Beziehung aus einem einfachen van-Genuchten-Modell [Ge] abgeleitet werden:

$$\varepsilon^l(h) = \varepsilon_r + \frac{\varepsilon_s - \varepsilon_r}{(1 + (\alpha h)^n)^m} \;\; ; \;\; k k_r^l = \frac{\mu^l}{\rho^l g} \left[1 - \left(1 - \left(\frac{\varepsilon^l - \varepsilon_r}{\varepsilon_s - \varepsilon_r}\right)^{\frac{1}{m}}\right)^m\right]^2 \,.$$

Bei versiegelter Bodenoberfläche und Spundwand kann von einem zeitlich konstanten Grundwasserspiegel ausgegangen werden, so daß in diesen Gleichungen h als Ortsfunktion gegeben ist. Bei geringer Verschmutzung, also für $\varepsilon^o \ll 1$, ist damit der Luftanteil ε^g bekannt:

$$\varepsilon^g(h) = 1 - \varepsilon^l(h) - \varepsilon^s \,.$$

Die Durchlässigkeit für Bodenluft wird dann wie folgt berechnet:

$$k_r^g = \frac{\mu^l}{\mu^g} k_r^l(\varepsilon^g(h)) \,. \tag{5}$$

4.2 Ebener Fluß in 2D

Im vorliegenden Fall kann das zugrundeliegende Gebiet als im wesentlichen
zweidimensional betrachtet werden, da die Tiefe des Sanierungsgebietes klein
im Vergleich zu dessen horizontalen Abmessungen ist und die Oberfläche ab-
gedichtet ist. Man kann damit die numerischen Rechnungen durch Mittelung
entlang der vertikalen Achse vereinfachen, vgl. Gilding ([Gi]). Im dreidimensionalen Raum lautet die Bilanzgleichung 3, Abschn. 3.3

$$\nabla \cdot (\rho^g \mathbf{q}^g) = \rho^g \varepsilon^g f_a^g = f^g .$$

Gemäß dem idealen Gasgesetz und dem Darcyschen Gesetz erhält man bei
konstanter Temperatur T unter Vernachlässigung des Terms $\rho^g \mathbf{g}$

$$-\nabla \cdot (\tilde{k}^g \nabla (p^g)^2) = f^g \ \text{ mit } \ \tilde{k}^g = -\frac{Mkk_r^g}{2\mu^g RT} .$$

M, R sind die Molmasse bzw. die ideale Gaskonstante. Unter der Annahme
horizantalen Flusses kann diese Gleichung zwischen dem Grundwasserspiegel
z_1 und der Oberfläche (bzw. Kellertiefe) z_2 vertikal gemittelt werden, man
erhält

$$- \nabla \cdot (T^g \nabla y) = \overline{f^g} , \tag{6}$$

wobei y das zweidimensionale Mittel von $(p^g)^2$ und $T^g, \overline{f_a^g}$ die Transmissivität
bzw. die gemittelte Quellenstärke sind:

$$T^g(x, y) = \int_{z_1}^{z_2} \tilde{k}^g(x, y, z) dz \ , \quad \overline{f^g}(x, y) = \int_{z_1}^{z_2} f^g(x, y, z) dz.$$

Gleichung (6) muß nun in einem zweidimensionalen Gebiet Ω betrachtet werden. Dies setzt die Kenntnis von T^g in jedem Punkt $(x, y) \in \Omega$ voraus. In
praktischen Fällen wird diese jedoch nur für eine u.U. recht kleine Anzahl
von Meßstellen bekannt sein. Mit der Methode des "Kriging" (siehe Journel
und Huijbregts ([JH])) ist es in unserem Fall jedoch möglich, Schätzungen
für T^g auch in beliebigen anderen Punkten zu berechnen. Zur Kalibrierung
der geschätzten Transmissivitäten wurde die aus dem numerisch berechneten stationären Strömungsfeld resultierende Luftdruckverteilung mit einzelnen Meßwerten des Luftdrucks in verschiedenen Brunnen verglichen. Um bei
bekannter Luftabsaugung die gemessene Druckverteilung zu erreichen, war
eine Erhöhung der Werte für die Transmissivität um durchschnittlich einen
Faktor 8 erforderlich.

4.3 Ein numerisches Beispiel

Für den angegebenen Schadensfall wurden verschiedene 2D-Testrechnungen
mit unterschiedlichen Randbedingungen durchgeführt. Dazu wurde die Hybridmethode (äquivalent zu gemischten finiten Elementen) sowie die mit den
Methoden des vorherigen Abschnitts berechneten Parameter verwendet. Die
Brunnen wurden als Dirac-artige Quellen und Senken modelliert. Für eine
dieser Rechnungen mit realistischen Randdaten ist das resultierende Druck-
und Strömungsfeld in Bild 2 dargestellt.

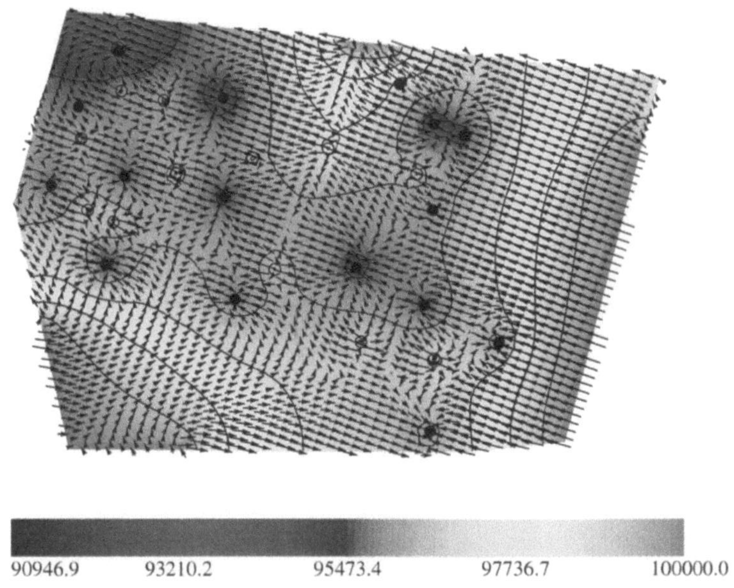

Abb. 2. Druck in [Pa] und Massenfluß im logarithmischen Maßstab (Vektorpfeile)

5 Optimale Steuerung

Der Aspekt der "optimalen Steuerung" der Bodenluftabsaugung befaßt sich
mit der Optimierung der Schadstoffbeseitigung im Hinblick auf die Effizienz. Dabei kommen verschiedene konkurrierende Ziele ins Spiel, nämlich (a)
es soll soviel VOC wie möglich entfernt werden, (b) die Sanierungsdauer
soll kurz sein, (c) die Kosten sollen niedrig sein und (d) gewisse technische Beschränkungen müssen eingehalten werden. Eine weitere grundlegende
Schwierigkeit ergibt sich aus der ungenauen Kenntnis der Schadstoffvertei-
lung und der geologischen Gegebenheiten. Im folgenden werden zwei Ansätze
zur Optimierung des Strömungsfeldes der Bodenluft beschrieben, wobei nur
die Aspekte (a) und (b) in Betracht gezogen werden.

5.1 Direkte Optimierung des Gasströmungsfeldes

Die grundlegende Idee für die nachfolgend beschriebene Optimierungsaufgabe
ist es, in Gebieten starker Verschmutzung einen möglichst großen Luftstrom
zu erzeugen. Wir betrachten dazu das folgende elliptische Problem

$$\begin{cases} \nabla \cdot \mathbf{q}^g = \sum_{j=1}^n u_j \delta_j, & x \in \Omega \\ \mathbf{q}^g = -T^g \nabla y, & x \in \Omega \\ y = y_D, & x \in \Gamma_D \\ \boldsymbol{\nu} \cdot \mathbf{q}^g = q_N, & x \in \Gamma_N , \end{cases} \tag{7}$$

wobei $T^g \in L^\infty(\Omega)$ mit $0 < \alpha_1 \leq T^g \leq \alpha_2 < \infty$ die Durchlässigkeit des
Bodens im Gebiet $\Omega \subset \mathbb{R}^2$ ist; der Rand des Gebiets ist $\Gamma = \Gamma_D \cup \Gamma_N$ mit
$\Gamma_D \cap \Gamma_N = \emptyset$. Die Funktionen y_D und y_N sind gegeben. Wir bezeichnen die
Kontrollvariablen mit $u = (u_1, ..., u_n) \in \mathbb{R}^n$. Das zu optimierende *Kosten-
funktional* wird nun in der Form

$$J(u) = \int_\Omega \Phi(x, \mathbf{q}^g(y(u))) \, d\Omega + \Psi(u)$$

angesetzt, wobei $\Phi(x, \cdot)$ und Ψ differenzierbare Funktionale auf $\mathbb{R}^2$ bzw. $\mathbb{R}^n$
sind. Wir benutzen als einfaches Beispiel

$$\Phi(x, \mathbf{q}^g) = -\frac{\mu(x)}{2} |\mathbf{q}^g|^2 \text{ und } \Psi(u) = \frac{\alpha}{\beta} \sum_j |u_j|^\beta \tag{8}$$

mit einer Gewichtsfunktion $\mu \in L^\infty(\Omega)$, die als Maß für die Schadstoffver-
dampfung aufgefaßt werden kann; $\alpha > 0$ und $\beta > 2$ sind reelle Zahlen. Eine
optimale Lösung (siehe [NT]) läßt sich mit einem Newton-Verfahren leicht
berechnen, worauf hier nicht näher eingegangen werden soll. Zwei derart berechnete optimale Lösungen sind in den Bildern 3 dargestellt. Als Gewichtsfunktion wurde jeweils die charakteristische Funktion auf den eingezeichneten
Rechtecken verwendet, in den Punkten (0.1,0.1), (0.9,0.1) und (0.5,0.64) befinden sich aktive bzw. passive Brunnen.

5.2 Optimierung des Schadstoffaustrags

Im folgenden Beispiel betrachten wir die stationäre, konvektive Strömung
des Schadstoffs in einem explizit gegebenen, von den Kontrollvariablen $u =
(u_1, ..., u_n, u_{n+1}, ..., u_N) \in \mathbb{R}^N$ abhängigen Strömungsfeld $\mathbf{q}^g$ für konstante
Transmissivität $T^g = 1$. Für die Quellen-/Senkenstärken u_j von Brunnen
in den Punkten $\mathbf{X}_j \in \mathbb{R}^2$ gelte $u_j \leq 0$ für $j \leq n$ und $u_j > 0$ sonst. Das
Strömungsfeld ist also durch

$$\mathbf{q}^g = \frac{1}{2\pi} \sum_{j=1}^N u_j \frac{\mathbf{X} - \mathbf{X}_j}{|\mathbf{X} - \mathbf{X}_j|^2} \text{ auf } \mathbb{R}^2 \setminus \{\mathbf{X}_j\}$$

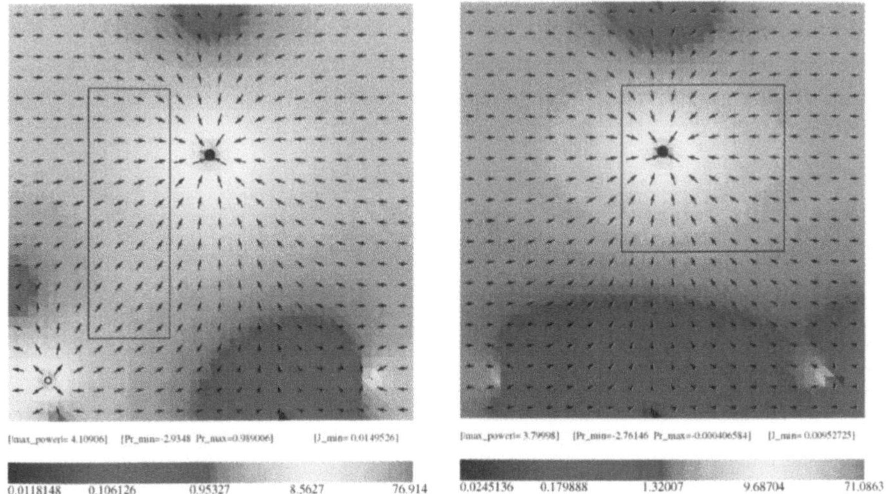

Abb. 3. Optimale Bodenluftströmungen für verschiedene Konfigurationen mit farblich skalierter Darstellung von $\text{Log} \, | \, scal \, \mathbf{q}^g \, |$

gegeben. Um die Pumpen seien Kreise $\Omega_j = \left\{ \mathbf{X} \in \mathbb{R}^2 : |\mathbf{X} - \mathbf{X}_j| < R_j \right\}; j = 1, \ldots, N$ gegeben, $\Gamma_j = \partial \Omega_j$. Der Schadstofftransport in $\Omega = \mathbb{R}^2 \setminus \{\Omega_j\}$ wird also nach Einführung von $C = \rho^g \omega_v^g$ wie folgt beschrieben:

$$\begin{cases} \mathbf{q}^g \cdot \nabla C = \lambda_v^{og} \varepsilon^o (\mathbf{X}) \, (C_{sat} - C) \text{ in } \Omega \\ C = 0 \qquad\qquad\qquad\quad \text{auf } \Gamma_j \text{ für } n < j \le N \; . \end{cases} \tag{9}$$

Der Schadstoffaustrag durch die Aktivbrunnen ergibt sich zu

$$- \sum_{j=1}^{n} \int_{\Gamma_j} C \mathbf{q}^g \cdot \boldsymbol{\nu} \, d\sigma \ge 0 \; .$$

Eine Optimierungsaufgabe ist z.B., den Schadstoffaustrag bei vorgegebener Gesamtpumpstärke zu maximieren. Als Modell-Beispiel wählen wir $n = 2$, $N = 3$, $C_{sat} = 1$ und $u_3 = 1$, $-1 \le u_1 \le 0$, $u_2 = -1 - u_1$, also nur eine unabhängige Kontrollvariable u_1 bei konstanter Gesamtpumpstärke. Die Pumpen befinden sich in $\mathbf{X}_1 = (-5, -5)$, $\mathbf{X}_2 = (5, -5)$, $\mathbf{X}_3 = (0, 0)$, der Schadstoffübergangsfaktor ist

$$\lambda_v^{og} \varepsilon^o (\mathbf{X}) = \begin{cases} 0.1 \text{ für } |\mathbf{X} - \mathbf{X}_1| \le 2 \\ 0.2 \text{ für } |\mathbf{X} - \mathbf{X}_2| \le 1 \\ 0 \quad \text{sonst} \; . \end{cases}$$

Die Aktivbrunnen sind also im Zentrum kreisförmiger Verschmutzungen plaziert. Der Schadstoffaustrag für die verschiedenen Brunnen kann leicht mit einer Flußlinienmethode berechnet werden. In Diagramm 5.2 ist der Gesamt-Schadstoffaustrag in Abhängigkeit von u_1 dargestellt. Man erkennt ein Maximum bei $u_1 \approx -0.7$. Für diesen Parameterwert sind die Stromlinien in Bild 5 dargestellt. Die angegebene Methode ist genauso für den Fall numerisch berechneter Flußfelder verwendbar.

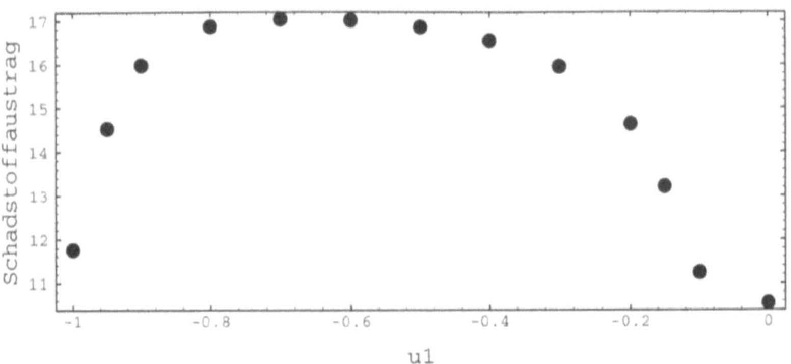

Abb. 4. Abhängigkeit des Schadstoffaustrags von der Pumpstärke u_1

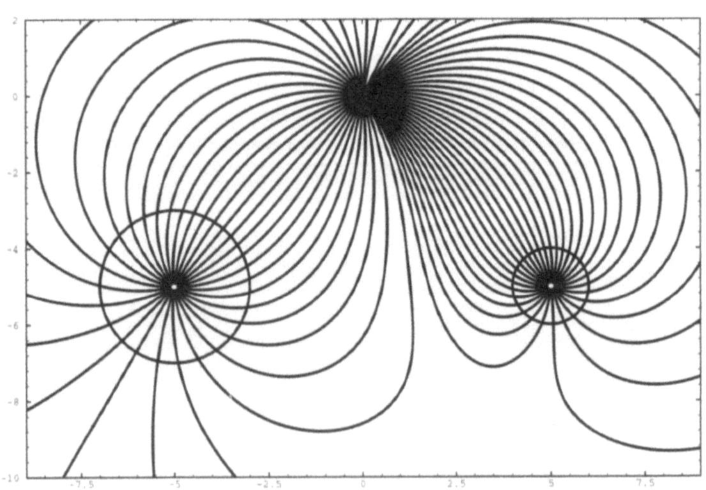

Abb. 5. Flußlinien für den optimalen Wert $u_1 = -0.7$

risch berechneter Flußfelder verwendbar. Zusammen mit einem der gängigen Optimierungsverfahren kann so auch im Falle mehrerer unabhängiger Aktiv-

brunnen das Flußfeld hinsichtlich des Schadstoffaustrags (oder Funktionen
der Einzelschadstoffausträge an den verschiedenen Pumpen) optimiert werden.

6 Schlußfolgerungen und Ausblick

Die Problematik der Bodensanierung durch Luftabsaugung beinhaltet in-
genieurtechnische, physikalische, chemische, mathematisch-numerische und
ökonomische Aspekte. Zur Senkung der Kosten derartiger Verfahren durch
gezielte Auslegung der Anlagen kann der Einsatz von Optimierungsverfahren, basierend auf numerischen Berechnungen des Luft- und Schadstofftransports, beitragen. Ein großes Hindernis bei der Entwicklung und Anwendung modellgestützter Optimierungsverfahren stellen mangelnde Kenntnisse
der bodenkundlich-geologischen Eigenschaften des jeweiligen Schadensgebiets
dar. Unsicherheiten bezüglich der räumlichen Variabilität von physikalischen
Substrateigenschaften könnten zukünftig mit Hilfe von Monte-Carlo-Simu-
lationen untersucht werden. Der Nutzen des Vorhabens besteht darin, die
Optimierung der Effizienz der Luftabsaugung auf der Basis prozeßorientier-
ter Modelle bei Flexibilität zur Berücksichigung der räumlichen Gegebenheiten des Sanierungsgebietes entsprechend dem aktuellen Stand des Wissens
vorzunehmen.

Literatur

[AP]   Abriola L. M. and Pinder G. F. (1985) A multi-phase approach to the
        modeling of porous media contamination by organic compounds 1. Equation
        development *Water Resour. Res.* **21.1**, 11-18

[AFM]   Armstrong J. E., Friend E. O. and McClellan R. D. (1994) Nonequilibrium
        mass transfer between the vapor, aqueous, and solid phases in unsaturated
        soils during vapor extraction *Water Resour. Res.* **30.2**, 355-368

[BC1]   Baehr A. L. and Corapcioglu M. Y. (1987) A compositional multi-phase
        model for groundwater contamination by petroleum products 1. Theoretical
        consideration *Water Resour. Res.* **23.1**, 191-200

[BC2]   Baehr A. L. and Corapcioglu M. Y. (1987) A compositional multi-phase
        model for groundwater contamination by petroleum products 2. Numerical
        solution *Water Resour. Res.* **23.1**, 201-213

[BHM]   Baehr A. L., Hoag G. E., and Marley M. C. (1989) Removing volatile
        contaminants from the unsaturated zone by inducing advective air-phase
        transport *Journal of Contaminant Hydrology* **4**, 1-26

[BL]   Busch, K.-F. und Luckner L., (1973) Geohydraulik *VEB Deutscher Verlag
        für Grundstoffindustrie* 2. Auflage, Leibzig

[F]   Fischer U. (1995) Experimental and Numerical Investigation of Soil Vapor
        Extraction *Swiss Federal Institute of Tecchnology Zurich* Diss. No. **11277**

[Ge]   van Genuchten M. Th. (1980) A closed-form equation predicting the hy-
        draulic conductivity of unsaturated soils *Soil Science Soc. Am. J.* **44.5**,
        892-898

[Gi]   Gilding B. H. (1988) Mathematical Modelling of Saturated and Unsaturat-
         ed Groundwater Flow *Xiao Shutie: Flow and Transport in Porous Media,
         World Scientific*

[HP]   Haverkamp R. and Parlange, J.-Y. (1986) Predicting the Water-Retention
         Curve from Particle-Size Distribution: 1. Sandy Soils without Organic Mat-
         ter *Soil Science* **142.6**, 325-329

[HS]   Hochmuth D. P. and Sunada D. K. (1985) Groundwater model of two pase
         immiscible flow in coarse material *Ground Water* **23**, 617-626

[JH]   Journel A. G. and Huijbregts Ch. J (1978) Mining Geostatistics *Academic
         Press*, London

[KP1]   Kaluarachchi J. J. and Parker J. C. (1989) An efficient finite element me-
         thod for modeling multi-phase flow *Water Resour. Res.* **25.1**, 43-54

[KP2]   Kaluarachchi J. J. and Parker J. C. (1990) Modeling multi-component or-
         ganic chemical transport in three-fluid-phase porous media *Journal of Con-
         tam. Hydrol.* **5**, 349-374

[KPL]   Kaluarachchi J. J., Parker J. C., and Lenhard R. J. (1990) A numerical
         model for water for areal migration of water and light hydrocarbon in un-
         confined aquifers *Adv. Wat. Res.* **13.1**, 29-40

[KW]   Kaluarachchi J. J. and Wijedasa A. H. (1994) Optimal soil venting using
         Bayesian decision analysis *Journal of Hydrology* **163**, 325-346

[KSP]   Kuppusamy T., Sheng J., Parker J. C., and Lenhard R. J. (1987) Finite-
         Element analysis of multi-phase immiscible flow through soils *Water Re-
         sour. Res.* **23.4**, 625-631

[MMP]   Mayer A. S., Miller C. T., and Poirer-McNeill M. M. (1990) Dissolution
         of trapped nonaqueous phase liquids: mass transfer characteristics *Water
         Resour. Res.* **26.11**, 2783-2796

[NT]   Neittanmäki P. and Tiba D. (1994) Optimal Control of Nonlinear Parabolic
         Systems. Theory, Algorithms and Applications *Dekker*, New York

[RYM]   Rathfelder K. W., Yeh W. G., and Mackay D. (1991) Mathematical simu-
         lation of soil vapor extraction systems: model development and numerical
         examples *J. Contam. Hydrol.* **8**, 263-297

[R]   Russell T. (1995) Modeling of multi-phase multi-contaminant transport,
         Rev. Geophys. **33** Supplement, to appear

[SS]   Sleep B. E. and Sykes J. F. (1989) Modeling the transport of volatile orga-
         nics in variably saturated media *Water Resour. Res.* **25.1**, 81-92

[WAP]   Wilkins M. D., Abriola L. M., and Pennell K. D. (1995) An experimental
         investigation of rate-limited nonaqueous phase liquid volatization in unsa-
         turated porous media: Steady state mass transfer, *Water Resour. Res.*, to
         appear

[W]   Wilson D. J. (1995) Modeling of In Situ Techniques for Treatment of Con-
         taminated Soils *Technomic Publishing Company, Inc.* Lancaster, Pennsyl-
         vania

Numerische Simulation und Identifizierung reaktiver Flüssigkeiten in einer Chromatographiesäule

W. Jäger[1], M. Postel[1], M. Sepúlveda[1] und P. Valentin[2]

[1] Interdisziplinäres Zentrum für Wissenschaftliches Rechnen (IWR) der Universität Heidelberg, Im Neuenheimer Feld 368, 69120 Heidelberg,
e–mail: jaeger@iwr.uni-heidelberg.de, URL: http://www.iwr.uni-heidelberg.de
[2] Centre de Recherches Elf-Solaise, B.P. 22, 69360 Saint-Symphorien d'Ozon, FRANCE

Abstract. Different reaction-diffusion macroscopic models of propagation of a polymer in a fluid in a chromatographic column are described along with numerical schemes. The link between the apparent diffusion and the microscopic-intrinsic diffusion of the fluid and the grains is recalled using the homogenization techniques for local equations. These intrinsic properties are sought after by parameter identification of the equation governing the global behavior. Numerical simulations are performed on experimental data, assuming periodic local geometry.

1 Einleitung

Die Chromatographie ist ein chemischer Trennungsprozeß bei dem Stoffe zwischen zwei unterschiedlichen Phasen. Sie wird zur Analyse komplexer Gemische im Labor und in technischen Anlagen angewandt. Die Modellierung des Trennungsprozesses und ihre Simulation ist ein wichtiges Hilfsmittel für die quantitative Analyse. In einem gemeinsamen Projekt mit der Forschungsabteilung von Elf [Va] wird ein nichtlineares Diffusions-Transport-Modell numerisch gelöst, die charakteristischen Parameter und die Nichtlinearitäten anhand gemessener Daten bestimmt. Das Modell ist einfach: Wir betrachten die Ausbreitung einer Phase eines Polymers in einem porösen Medium unter der Voraussetzung, daß die Temperatur konstant bleibt. In den Gleichungen für die Massenerhaltung wird zur Modellierung der Adsorption eine nichtlineare Funktion, die sogenannte Isotherme, benutzt. Sie repräsentiert das thermodynamische Gleichgewicht zwischen den beiden Phasen.

Bear [Be], Dagan [D], Gelhar und Axness [GA] und Battacharya *et. al.* [GBW] berücksichtigen die mikroskopische Struktur des porösen Mediums und erhalten sowohl die Verbindung zwischen der effektiven – oder makroskopischen – und der inneren – oder mikroskopischen – Diffusion als auch die Ausbreitungsgeschwindigkeit. Mit diesem Zugang kann jedoch das nichtlineare Verhalten des Adsorptionsphänomens nicht erklärt werden. Aus numerischer Sicht schlagen wir eine systematischere Untersuchung der Diffusionskoeffizienten für die homogenisierten nichtlinearen Gleichungen, die die

Chromatographie modellieren, vor. Das isotherme Gleichgewicht zwischen beiden Phasen wird durch die Gleichung $\omega_g = H(\omega_f)$ modelliert, wobei ω_f die Konzentration in der flüssigen Phase und ω_g die Konzentration in der festen Phase ist. In der Literatur werden häufig die Modelle von Langmuir [L] und Freundlich [F] benutzt. Da wir in dieser Arbeit die Interaktion zwischen den Molekülen berücksichtigen, verwenden wir hier eine Verallgemeinerung der Langmuir-Isotherme (siehe [JSV]):

$$\begin{cases} H(w) = \dfrac{Kw \sum_{j=0}^{q-1} C_{q-1}^j b_{j+1}(Kw)^j}{\sum_{j=0}^{q} C_q^j b_j(Kw)^j} \\[2mm] C_q^j = \dfrac{q!}{j!(q-j)!} \\[2mm] b_j = \exp(-E_j/(RT)) \end{cases} \tag{1}$$

K ist der Langmuir-Koeffizient und $\{E_p\}$, $p = 0, ..., q$ sind die Energiekoeffizienten ($E_0 = E_1 = 0$). R und T sind thermodynamische Konstanten. Unter der Annahme, daß die feste Struktur des porösen Mediums aus periodisch verteilten symmetrischen Körnern aufgebaut ist, können wir uns ein eindimensionales globales Verhalten vorstellen, in dem die flüssige Phase sich mit einer gegebenen Strömungsgeschwindigkeit $v > 0$ bewegt und die feste Phase eine stationäre Phase ist. Ausgangpunkt sind die Arbeiten von Sepúlveda and James [Se], [JS]. Dort wird die Ausbreitung in einer Chromatographiesäule der Länge L mit Hilfe einer nichtlinearen hyperbolischen Gleichung modelliert. Die nichtlineare Adsorption steht in der homogenisierten Gleichung auf der linken Seite:

$$\frac{\partial \omega(x,t)}{\partial t} + c\frac{\partial H(\omega(x,t))}{\partial t} = -\frac{\partial v(x)\omega(x,t)}{\partial x}, \tag{2}$$

hierbei repräsentiert $\omega(x,t)$, für $0 < x < L$ und $t > 0$, die Konzentration in der flüssigen Phase. Mit diesem Modell wird eine Parameteridentifizierung der Koeffizienten, die die Isotherme definieren – in diesem Fall die Langmuir-Koeffizienten und die Energiekoeffizienten – durchgeführt. Der Koeffizient c hängt von der molekularen Struktur und der räumlichen Konzentration der Körner in der Säule ab. Das hyperbolische Modell ist nur dann realistisch, wenn die Diffusionseffekte vernachlässigt werden können. Dies ist in Chromatographieexperimenten nicht immer der Fall, beispielsweise in den realen Messungen, die wir in einem der folgenden Abschnitte verwenden. In erster Näherung kann man die makroskopische Diffusion in den Messungen berücksichtigen, indem man sie im numerischen Verfahren als numerische Viskosität modelliert (siehe [Se]). Sie kann mehr oder weniger präzise geschätzt werden – wenigstens im linearen Fall –, aber sie hängt offensichtlich von der Wahl der Diskretisierung ab.

Ein anderer möglicher Zugang ist, die gleiche hyperbolische Gleichung mit einem künstlichen Viskositätsterm zu betrachten:

$$\begin{cases} \dfrac{\partial \omega(x,t)}{\partial t} + c\dfrac{\partial H(\omega(x,t))}{\partial t} = D\dfrac{\partial^2 \omega(x,t)}{\partial x^2} - \dfrac{\partial v(x)\omega(x,t)}{\partial x} \\ \omega(0,t) \qquad\qquad\qquad = \omega_{in}(t) \\ \omega(x,0) \qquad\qquad\qquad = \omega_0(x) = 0. \\ \dfrac{\partial v(x)\omega(L,t)}{\partial x} \qquad\quad = 0 \end{cases} \tag{3}$$

Von (2) gelangt man nach (3), indem man einen Diffusionsterm mit einem konstanten Diffusionskoeffizienten D addiert. Für den Grenzübergang $D \to 0$ gilt, daß $\omega(D)$ gegen die Lösung der hyperbolischen Gleichung (2) konvergiert (siehe [Sm] und [PS1]). Diese Konvektions-Diffusions-Gleichung stellt ein Chromatographiemodell mit unendlicher Übertragungsgeschwindigkeit dar (siehe [BN]).

In den numerischen Experimenten werden wir dieses Modell auf die Meß-werte aus [Se] anwenden und gleichzeitig die Diffusionskoeffizienten und die Isothermen-Koeffizienten identifizieren. Das numerische Verhalten von (3) wurde in [PS2] untersucht. Die Konvergenz der Lösung bei Raum- und Zeit-diskretisierung wurde für einen großen Bereich von Diffusions- und Isother-menparametern untersucht. Die Wahl der Diskretisierung ist sehr wichtig für die Identifikation der scheinbaren Diffusion und – wenn auch weniger – der Isothermen. Genauer: In [Se] ist die Diskretisierung zur Lösung der hyperboli-schen Gleichung (2) so gewählt, daß die numerische Viskosität die scheinbare Diffusion in den Messungen am besten reproduziert. Es stellt sich heraus, daß diese Diskretisierung zumindest für den zum Vergleich beider Methoden an-gelegten Datensatz zu grob zur Lösung der Konvektions- Diffusionsgleichung ist. Diese Diskretisierung führt bei der Identifikation von Diffusion und Iso-thermen zu anderen Parametern als eine feinere Diskretisierung. Wegen der numerischen Viskosität ist die identifizierte Diffusion kleiner als sie sein sollte. Noch wichtiger ist, daß die Isothermen-Koeffizienten von ihren Grenzwerten verschieden sind.

Nachdem gezeigt wurde, daß die explizite Modellierung der makroskopi-schen Diffusion notwendig ist, ist es nun von Interesse, sie zur mikroskopi-schen Struktur des porösen Mediums in Beziehung zu setzen. Vogt [Vo] erhält für eine lineare Isotherme H die folgende homogenisierte Gleichnung

$$\begin{cases} \dfrac{\partial \omega(x,t)}{\partial t} + c\dfrac{\partial \eta(x,t)}{\partial t} = D\dfrac{\partial^2 \omega(x,t)}{\partial x^2} - \dfrac{\partial v(x)\omega(x,t)}{\partial x} \\ \omega(0,t) \qquad\qquad\quad = \omega_{in}(t) \\ \omega(x,0) \qquad\qquad\quad = \omega_0(x) = 0. \\ \dfrac{\partial v(x)\omega(L,t)}{\partial x} \qquad = 0. \end{cases} \tag{4}$$

Dabei ist D ist der homogenisierte Diffusionskoeffizient und v die homo-genisierte Geschwindigkeit, die man durch die Standardhomogenisierung des

Stokes-Problems im Raum zwischen den Körnern erhält. Die Funktion $\eta(x,t)$ wirkt auf ω und beinhaltet die Wechselwirkung zwischen dem Korn und dem Fluid

$$\eta(x,t) = \int_0^t \rho(t-\tau) \frac{\partial H(\omega(x,\tau))}{\partial t} d\tau. \tag{5}$$

Im Integral ist H die Isotherme und $\rho(t)$ das räumliche Mittel der Lösung des lokalen Problems im Mikro-Korn. Hierbei hängt $\rho(t)$ von der inneren mikroskopischen Diffusion in der festen Phase D_g ab. Im wesentlichen beschreibt die Lösung von (3) das asymptotische Verhalten der Lösung von (4) für $D_g \to \infty$ (siehe [PS1]). Die makroskopische Diffusion D ist gegeben durch $D = D_f(1 - \nu)$, wobei D_f die innere Diffusion außerhalb der festen Phase ist und ν das Mittel der Lösung eines Neumann-Zellproblems, die durch die Geometrie der festen Phase charakterisiert ist (siehe [Vo] und [PS1]).

Bemerkungen. Für lineares H ist dieses Homogenisierungsresultat leicht auf ein System von $2M$ Transportgleichungen und einen Vektor von M Konzentrationen, der die chemische Mischung von M Komponenten darstellt, zu verallgemeinern. Canon und Jäger [CJ] haben das gleiche Resultat im Falle eines nichtlinearen H und eine Komponente unter Verwendung der sogenannten Zwei-Skalen-Konvergenz bewiesen. Die Homogenisierung von Systemen und nichtlinearen Isothermen ist noch offen. Nun ist eine weitere Unbekannte zu identifizieren: die Funktion ρ, abhängig von der Zeit, die als eine Art Gedächtnisterm wirkt und dadurch die innere Diffusion verstärkt. Wie wir in den Simulationen sehen werden, ergibt sich die makroskopische Diffusion in (4) teilweise von der homogenisierten Diffusion $D = D_f(1 - \nu)$ und teilweise aus diesem Konvolutions-Term. Unser Ziel ist, diese beiden Komponenten zu identifizieren. Dies ist entscheidend, da wir annehmen, daß die nichtlineare Diffusion von der klassischen Diffusion zu unterscheiden ist. Wenn ρ und D zufriedenstellend identifiziert sind, bleiben uns drei Unbekannte: Die inneren Diffusionen, in der festen Phase D_g und in der flüssigen Phase D_f und die Größe der Körner R_g. Diese müssen unter Benutzung der zwei entprechenden Zellprobleme identifiziert werden.

2 Numerische Verfahren

Die Stabilität und die Konvergenz der verschiedenen Verfahren sind in [PS2] für die beiden Probleme (3) and (4) umfassend getestet worden. Die zeitlichen Ableitungen wurden implizit behandelt und wegen der hohen Peclet-Zahl wurde eine up-wind-Diskretisierung für die Konvektionsterme (siehe [Pa]) benutzt. Im Konvektions-Diffusions-Problem (3) wurden die Zeitableitungen mit Rückwärtsdifferenzen über drei Zeitpunkte berechnet, sobald die gesamte Eingabekonzentration in die Säule eingegangen war. Während der Injektion wurden Standard-Rückwärtsdifferenzen über zwei Zeitpunkte benutzt. So gilt für das daraus resultierende zusammengesetzte Verfahren das Massenerhaltungsgesetz. Der nichtlineare Term wurde mit einem verallgemeinerten Newton-Verfahren behandelt.

Neu in der numerischen Berechnung von (4) ist die Behandlung von η. Wegen der Faltung in der Zeit in (5) wirkt η auf ω, den Gedächtnisterm. Am lokalen Problem, das ρ definiert, kann man leicht sehen [PS1], daß diese Funktion von 0 zum Zeitpunkt 0 für unendliche Zeit gegen 1 strebt. Je größer die Diffusion D_g in der festen Phase ist, desto schneller nähert sich ρ seinem asymptotischen Wert 1. Mit anderen Worten: Je größer D_g ist, desto kürzer ist das Gedächtnis. Die Funktion η ist nichtlinear wegen der Isothermen H in ihrer Definition. Wie in einem der folgenden Abschnitte genauer erklärt werden wird, erreicht ρ seinen asymptotischen Wert sehr schnell. Also ist das Gedächtnis des η-Prozeßes numerisch endlich und relativ kurz. Von nun an werden wir ρ als eine gegebene glatte Funktion gleich 0 im Ursprung und gleich 1 nach einer endlichen Zeit t_m betrachten. Diese Vereinfachung erlaubt uns, die Konvolution als eine endliche Summe von Auswertungen von H an vorangegangenen Konzentrationen zu diskretisieren.

3 Parameteridentifizierung

3.1 Delay-Funktion ρ

Im Falle kugelförmiger Körner kann das Lokalproblem exakt gelöst werden. (vgl. [Vo]). Nach Mittelung über die feste Phase ist die Funktion $\rho(t)$ durch

$$\rho(t) = 1 - \frac{2}{\pi} \sum_{n=1}^{\infty} \frac{1}{n^2} \exp(-D_g \pi^2 n^2 t), \tag{6}$$

gegeben. Um sie numerisch in der homogenisierten Gleichung zu benutzen, schneiden wir sie zu einer Zeitpunkt t_m ab, danach ist sie konstant gleich ihrem asymptotischen Wert 1. In den folgenden numerischen Experimenten ist die gewählte Genauigkeit 10^{-4}. Abb. 1 zeigt die linke Seite der Variation von t_m als Funktion der inneren Diffusion D_g.
Auf der rechten Seite ist die Funktion $\rho(t)$ für drei verschiedene Werte der inneren Diffusion in der festen Phase dargestellt. Für jede Kurve ist die Konvolutions-Zeit als vertikale Linie markiert. Um D_g zu identifizieren, wird der physikalisch sinvolle Bereich systematisch vom unendlichen Grenzwert ausgehend untersucht. Dazu wird das Konvektions-Diffusionsmodell (3) benutzt. Der Wert D_g wird dann mit wechselnden Inkrementen der Konvolutionszeit verkleinert, die zu ganzzahligen, in Zeiteinheiten ausgedrückten Inkrementen der Konvolutionszeit gehören. Für jeden Schätzwert von D_g wird die Identifikation der anderen Parameter des Modells – Diffusion und Isotherme –, wie im nächsten Abschnitt erklärt, durchgeführt. Schließlich ist der Wert D_g, der zum Minimalwert des Identifizierungskriteriums führt, die identifizierte innere Diffusion der festen Phase.

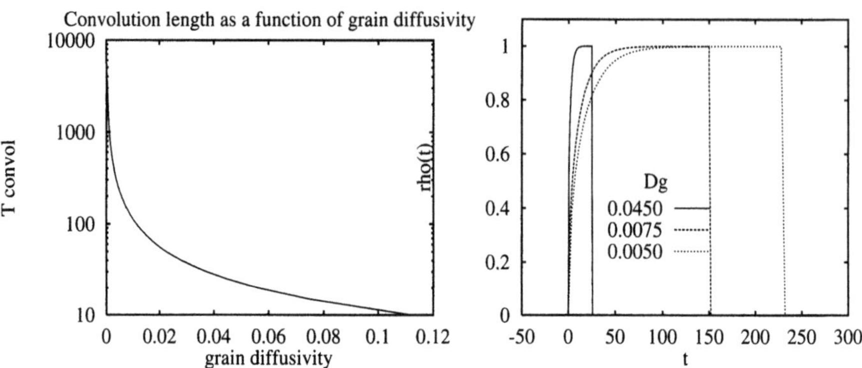

Abb. 1. Konvolutionslänge und Funktion ρ für eine kugelförmige feste Phase

3.2 Beschreibung des Identifizierungsalgorithmus

In einem Chromatographieexperiment wird die Konzentration $\tilde{\omega}(L, t_i)$ am Ausgang der Säule $x = L$ für jeden Zeitschritt t_i, $i = 1, ...N$, gemessen. Wir versuchen diese Kurve mit der Lösung $\omega(L, t_i)$ der homogenisierten Gleichung (4) oder der Konvektions-Diffusions-Gleichung in Übereinstimmung zu bringen. Das Identifikationskriterium ist die L^2-Norm der Differenz,

$$F(\{E_p\}, K, D, c) = \sum_{\text{exp.}} \left(\sum_{i=1}^{N} (\tilde{\omega}(L, t_i) - \omega(L, t_i)) \right)^2, \qquad (7)$$

wobei über Wiederholungen desselben Experiments summiert wird.

Die Minimierung dieses Funktionals kann bezüglich aller Parameter des Modells erfolgen: Bezüglich der Diffusion D, der Koeffizienten der Isothermen K, $\{E_p\}$ (in (1) definiert) und des Faktors c.

Ein großer Unterschied zu dem Identifizierungsschema, das in [Se] benutzt wird, ist, daß wir (7) nicht in ausreichender Weise minimieren können, wenn wir für den Multiplikator c den experimentell gewonnenen Wert nehmen. Der Fehler in den Schätzwerten von c verursacht Fehler in den Energiekoeffizienten. Die identifizierten Energiekoeffizienten haben mit der physikalischen Realität nichts zu tun. Das hat Auswirkungen auf die Genauigkeit der Isotherme (1). Man kann leicht beweisen (siehe [PS2]), daß H im praxisrelevanten Bereich nicht eindeutig durch die Energien definiert wird. Dieser Bereich ist in den Experimenten, die wir für numerische Anwendungen ausgewählt haben, sehr klein (0 bis 0.0006). Anderseits beeinflussen die Energien das asymptotische Verhalten der Isothermen bei hohen Konzentrationen, für die leider keine experimentelle Daten zur Verfügung stehen. So scheint es notwendig zu sein, in einer ersten Stufe die führenden Koeffizienten für kleine Konzentrationen, besonders c und K, zu identifizieren.

Eine Strategie, die in der Praxis begründet ist, ist, Langmuir-Isothermen ($q=1$ in (1)) in einer vorläufigen Stufe zu benutzen und D, K und c zu identifizieren. Als nächstes ist die Isotherme durch Erhöhung des Polynomgrades q zu verfeinern. Als Startwert für die Verfeinerung von c wird der in der vorherigen Iterationsstufe identifizierte Wert verwendet.

3.3 Numerische Simulationen

Nun wenden wir uns den realen Daten zu und wählen einen Datensatz von n-Heptan (nC_7H_{16}) aus [Se] zur Identifikation unter Benutzung des hyperbolischen Modells. Die beste Übereinstimmung erhält man hier unter Benutzung eines Polynoms vierten Grades für die verallgemeinerte Isotherme (1). Die Diskretisierung ist $\delta_x = 7.10^{-4}m$, $\delta_t = 10$ Sekunden für eine Injektionsdauer von 47 Sekunden, und die identifizierten Parameter sind $K = 1532$, $E2 = 825$, $E3 = 121$ und $E4 = 10$ mit festem $c = 2.14$.

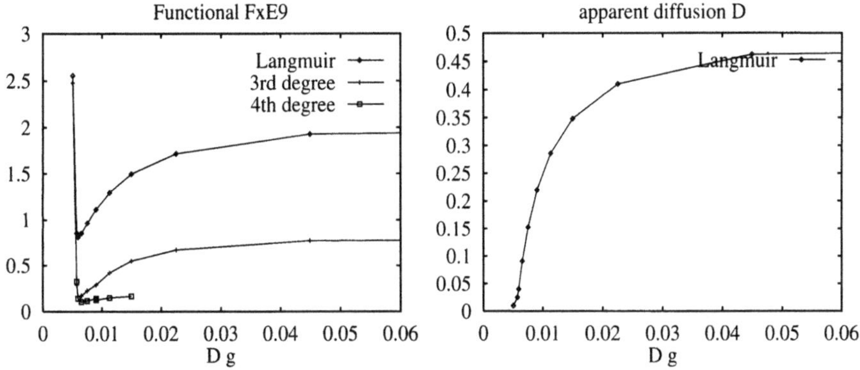

Abb. 2. Minimiertes Funktional und identifizierte makroskopische Diffusion als Funktion der inneren Diffusion in der festen Phase

Die vorläufige Identifikation, die im vorangegangenen Abschnitt beschrieben wurde, wurde unter Verwendung des Konvektions-Diffusions-Modells und des homogenisierten Modells durchgeführt. Für das letzte wurde eine diskrete Menge von Konvolutionslängen verwendet – welcher eine innere Diffusion der festen Phase zugeordnet ist – wie in Abb. 1 dargestellt. Wir benutzen $K = 1532$ und $c = 2.14$ als Anfangsschätzung für die Identifikation mit einer Zeitdiskretisierung von $\delta_t = 5$ Sekunden, einer Raumdiskretisierung von $\delta_x = 0.06$ cm und einer konstanten Injektion über 50 Sekunden. Die zweite Stufe der Identifikation wird dann durchgeführt, wobei für jeden trivialen Wert der inneren Diffusion in der festen Phase der identifizierte Wert des Koeffizienten $c = 1.037$ verwendet wird. Das Polynom, das die Isotherme definiert, könnte einen Grad größer als 4 haben.

Auf der linken Seite der Abb. 2 ist das durch (7) gegebene minimierte Funktional F dargestellt als Funktion der inneren Diffusion in der festen Phase D_g im homogenisierten Modell. Die Punkte $F(\infty) = 2.6E - 9$ im Langmuir-Fall und $F(\infty) = 0.9E - 9$ für den dritten Grad liegen außerhalb der Abbildung und wurden mit dem Konvektions-Diffusions-Modell berechnet.

Die identifizierten Parameter c, K, D sind unterschiedlich für variierende Diffusion in der festen Phase. Die stärkste Abhängigkeit ist im Falle der klassischen effektiven Diffusion gegeben. Ihre Werte, auf der rechten Seite von Abb. 2 dargestellt, wurden unter Benutzung der Langmuir-Isothermen berechnet. Sie fällt wie die innere Diffusion in der festen Phase, welches einer steigenden Konvolutionslänge entspricht. Dies ist sinnvoll, weil mehr Dissipation durch nichtlineare Adsorptionsphänomene berücksichtigt wird.

In Abb. 4 (bzw. Abb. 3) werden die experimentell gewonnen Ausgangskonzentrationen mit den Werten der Langmuir-Isothermen (bzw. der Isothermen vierten Grades) und den identifizierten Parametern verglichen, die in beiden Fällen der inneren Diffusion in der festen Phase von 0.0057 entsprechen. Die Konzentrationen, die von Sepúlveda unter Benutzung des hyperbolischen Modells und der identifizierten Isothermen berechnet wurden, sind ebenfalls dargestellt. Die identifizierten Parameter sind in der folgenden Tabelle aufgeführt:

Model	c	K	E2	E3	E4	D	D_g	F($\times 10^9$)
Hyperb. 4. Grad	2.14	1532	825	121	10			
Homogen. Langmuir	1.037	3222	-	-	-	0.04	0.0059	0.85
Homogen. 3. Grad	1.037	3152	-205	3000	-	0.0171	0.0059	0.16
Homogen. 4. Grad	1.037	3114	-309	2814	-784	0.0658	0.0065	0.10

Die identifizierten Isothermen der vorangegangenen Stufe mit einem Polynom vierten Grades sind in Abb. 5 dargestellt. Auf der linken Seite sieht man nur den Bereich der experimentell gewonnenen Konzentrationen. Auf der rechten Seite sind die Isothermen bis zu der Stelle, an denen sie ihren Grenzwert erreichen, dargestellt. Es zeigt sich, daß die Isothermen, die durch das hyperbolische Modell und das Konvektions-Diffusions-Modell identifiziert wurden, global sehr unterschiedlich, im Bereich der vorkommenden Konzentrationen aber sehr ähnlich sind.

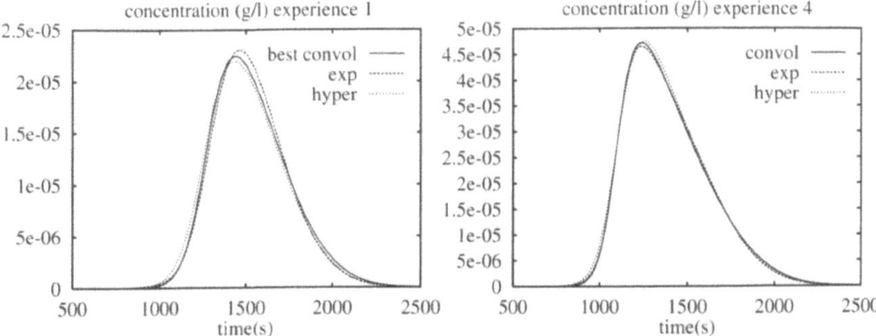

Abb. 3. Ausgangskonzentrationen: experimentell und mit identifizierten Parametern einer Isotherme vierten Grades berechnet

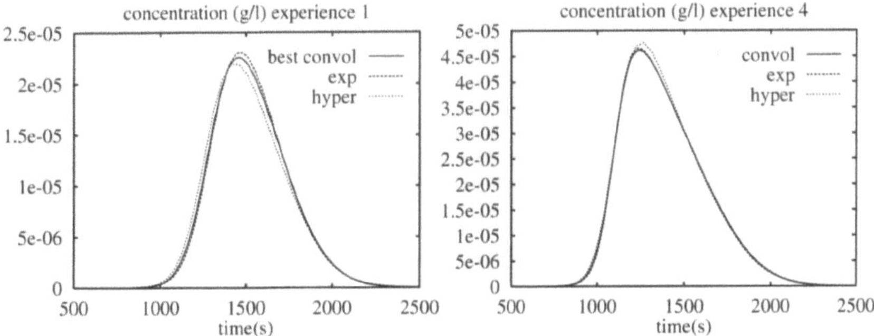

Abb. 4. Ausgangskonzentrationen: experimentell und mit identifizierten Parametern einer Langmuir-Isotherme berechnet

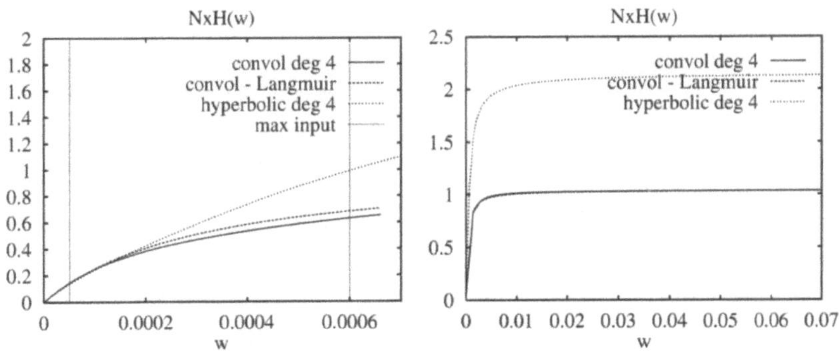

Abb. 5. Identifizierte Isothermen

4 Ergebnis

Wir haben eine numerische Methode zur Lösung nichtlinearer Reaktions-Diffusions-Gleichungen, die das globale Verhalten einer Flüssigkeit in einer Chromatographiesäule modellieren vorgestellt. Wir benutzen dieses Verfahren, um die effektiven Diffusionskoeffizienten und die Parameter der nichtlinearen Adsorptionsterme aus den experimentell am Ausgang einer Chromatographiesäule gemessenen Daten zu identifizieren. Im speziellen Fall von kugelförmigen Körner in der festen Phase ermöglicht uns der explizite Zusammenhang zwischen den Nichtlinearitäten und der inneren Diffusion in der festen Phase, diese zu identifizieren.

Für die Klasse experimenteller Daten, die wir hier benutzen, sind die Reaktions-Diffusions-Gleichungen besser angepaßt als das hyperbolische Modell der Chromatographie. Ferner haben wir festgestellt, daß die richtige Modellierung der Diffusion und die Wahl einer guten Diskretisierung wichtig für die Identifikation der richtigen Parameter sind.

Hier haben wir vorausgestzt, daß die kugelförmigen Körner periodisch verteilt sind, was uns erlaubt, das homogenisierte Problem auf eine Dimension zu reduzieren. Im allgemeinen ist bekannt, daß die poröse Struktur einer Chromatographiesäule sehr heterogen und von komplizierter Geometrie ist. Um das umzusetzen, muß die homogenisierte Gleichung in allen drei Dimensionen aufgestellt und numerisch gelöst werden. Realistischerweise müßte zur Modellierung der inneren Geometrie ein Zufallsmodell benutzt werden Dies führt zu interessanten Anwendungen sowohl auf theoretischer als auch auf numerischer Ebene.

Danksagung. Die Autoren danken der Firma Elf-Aquitaine für die zur Verfügung gestellten experimentellen Daten.

Literatur

[BN]   J. Baranger, R. Nabil. Sur quelques modèles de chromatographie en phase liquide. Rapport interne 90, Equipe d'Analyse Numérique, Lyon-Saint-Etienne, CNRS, URA 740, 1989.

[Be]   J.Bear. *Dynamics of Fluids in Porous Media*. American Elsevier, New York, 1972.

[CJ]   E. Canon, W. Jäger. Homogenization of nonlinear adsorption-diffusion process in porous media. Preprint, Sonderforschungbereich 123, Universität Heidelberg FRG, Submitted to Asymptotic Analysis.

[D]   G.Dagan. Models of groundwater flow in statistically homogeneous porous formation. *Water Resources research*, 15(1):47–63, 1979.

[F]   Freundlich. *Colloid and Capillary Chemistry*. Dutton, New York, 1926.

[GA]   L.W.Gelhar and C.L.Axness. Three-dimensional stochastic analysis of macrodispersion in aquifers. *Water Resources research*, 19(1):161–180, 1983.

[GBW]   V.K.Gupta, R.Bhattacharya, and H.F.Walkers. Asymptotics of solute dispersion in periodic porous media. *SIAM J. Appl. Math*, 49(1):86–98, 1989.

[JS]   F. James, M. Sepúlveda. Parameters identification for a model of chromatography column. *Inverse Problems*, pages 1299–1314, 1994.

[JSV]   F. James, M. Sepúlveda, P. Valentin. Statistical thermodynamics models for a multicomponent two-phases equilibrium isotherm. *Maths. Models and Methods in Applied Science*, 1(7), 1997.

[L]   Langmuir I. *Jour. Am. Chem. Soc*, 38:2221–, 1916.

[Pa]   S.V. Patankar. *Numerical heat transfer and fluid flow*. Series in Computational Methods in Mechanics and Thermal Science, Hemisphere Publishing Corporation, New-York, 1980.

[PS1]   M. Postel, M. Sepulveda. Identification of the effective diffusion for a transport equation modeling chromatography. *Submitted to Transport in Porous Media*, 1996.

[PS2]   M. Postel. M. Sepúlveda. Numerical study of fluid propagation in chromatography column. parameter identification. Internal report, Universität Heidelberg- ELf Aquitaine, 1996.

[Se]   M. Sepúlveda. Identification de paramètres pour un système hyperbolique. application à l'estimation des isothermes en chromatographie. Thèse de doctorat, Ecole Polytechnique, France, 1993.

[Sm]   J. Smoller. *Shock waves and recation diffusion equation*. Springer-Verlag, New-York, 1983.

[Va]   P.Valentin. *persönliche Mitteilung*, Elf-Solaize, France.

[Vo]   C.Vogt. A homogenization theorem leading to a volterra - integrodifferential equation for permeation chromatography. Preprint, Sonderforschungsbereich 123, Universität Heidelberg, FRG, 1982.

Trägerbeeinflußter und lösungsvermittelter Transport von Umweltchemikalien in porösen Medien

P. Knabner,[1] *B. Igler,*[1] *H. Kappmeier,*[1] *E. Schneid*[1] *und R. Hempfling*[2]

[1] Institut für Angewandte Mathematik der Universität Erlangen-Nürnberg, Martensstrasse 3, 91058 Erlangen, e–mail: knabner@am.uni-erlangen.de, URL: http://www.am.uni-erlangen.de/am1/members/Peter_Knabner.html

[2] Institut Fresenius, Erlangen-Tennenlohe

Abstract. The underlying physical processes and their specific properties are discussed, yielding a model for the spread of hydrophobic contaminants, which allows for numerical simulation. In the case of convection dominance the contaminant transport is approximated by means of a Lagrange–Galerkin approach. A numerical scheme is presented for transport with equilibrium sorption. Nonlinear sorption isotherms are identified with soil column experiments. The efficiency of the identification algorithm is mainly determined by the choice of an appropiate initial value and the numerical scheme to compute the gradient.

1 Einleitung

Die Untersuchung von Altlastverdachtsflächen in den Teilschritten Erfassung, Erkundung und Sanierung ist entscheidend durch Stoffeigenschaften und Standorteigenschaften geprägt. Eine Verknüpfung von Parametern, welche diese individuellen Charakteristika umfassen, bildet die Grundlage für die Entscheidung etwaiger Sanierungserfordernisse von Boden und/oder Grundwasser. In der Praxis hat sich insbesondere die Bearbeitung von ehemaligen Kokereien und Gaswerksstandorten sowohl in Ost- als auch in Westdeutschland als relevant erwiesen. So liegen z.B. in dem bei der Verkokung von Steinkohle anfallenden Steinkohleteer nach groben Schätzungen etwa 10.000 Verbindungen vor. Den Hauptanteil bilden die polyzyklischen aromatischen Kohlenwasserstoffe (PAK) mit sehr großer öko- und humantoxikologischer Bedeutung. Daneben treten auch Monoaromate (Benzol, Toluol, Ethylbenzol und Xylol) in erheblichem Umfang auf.

Die Notwendigkeit einer Sanierung wird hauptsächlich durch die mögliche Emission der Umweltchemikalien in das Grundwasser bestimmt. Die hierfür entscheidende Mobilität der Umweltchemikalie wird einerseits durch deren Sorption an die Bodenmatrix verringert, so daß sie für hydrophobe Stoffe wie PAK gering sein sollte, andererseits wird die Mobilität der PAK durch deren

Bindung an im Bodenwasser gelöste, d.h. mobile Träger, z.B. organischen Kohlenstoff, erhöht. Dieser Prozess kann wieder von der Sorption des Trägers selbst an die Bodenmatrix überlagert werden, was mobilitätsvermindernd wirkt. Bei vorhandenen leichtflüchtigen Monoaromaten können diese durch ihre lösungsvermittelnde Wirkung die Mobilität von PAK deutlich erhöhen.

So liegen im Grundwasser durch die lösungsvermittelnden Monoaromaten, insbesondere durch Benzol verursacht, häufig Naphtalingehalte weit über 1 g/L vor, und auch die übrigen PAK weisen Konzentrationen auf, die weit über deren Löslichkeit liegen. Je größer der Benzolgehalt im Grundwasser, desto weiter reicht die von einem Schadstoffherd ausgehende PAK-Fahne. Teerölschäden mit geringen Gehalten an Monoaromaten sind dementsprechend stabil [Ho]. Die Prognose des Mobilitätsverhaltens von PAK in der Wechselwirkung mit Monoaromaten ist deshalb von entscheidender Bedeutung für die Gefährdungsabschätzung, die Festlegung des Sanierungsbedarfes und für die Ableitung möglicher Sanierungstechniken (Machbarkeitsstudie). Da die meisten Teerbestandteile schwer abbaubar sind und zähflüssiger Teer sich im Untergrund eher ortsstabil verhält, gefährden die Teerinhaltsstoffe das Trinkwasser auch noch, wenn die Anlagen seit mehreren Jahrzehnten bereits still gelegt worden sind. Deshalb wird nachfolgend der lösungsvermittelnden Wirkung für PAK im Hinblick auf Teerrückstände im Boden Rechnung getragen.

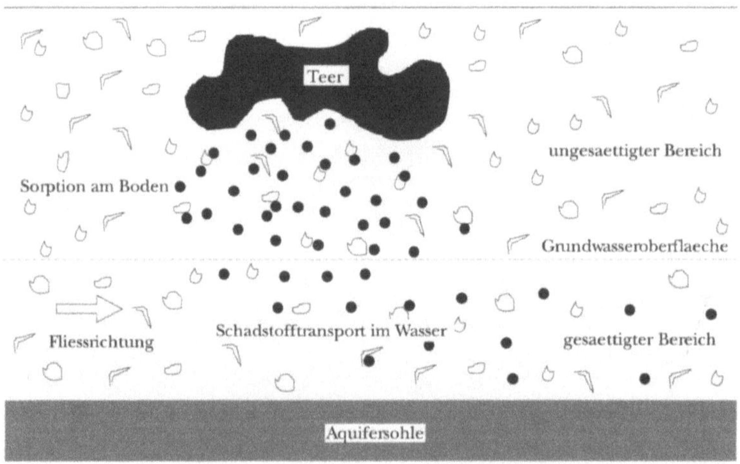

2 Modellierung

Die numerische Simulation des Schadstofftransports erfordert die Behandlung folgender gekoppelter Teilprobleme: Das gesättigt/ungesättigte Strömen von Wasser, der Transport von gelöstem organischen Kohlenstoff (DOC) oder Tensiden und der träger- bzw. lösungsvermittelte Tansport hydrophober organischer Chemikalien (HOC) im Boden. Dabei wird davon ausgegangen, daß (entsprechend der Reihenfolge der Aufzählung) die Prozesse nur in einer Richtung voneinander abhängen. Die Wasserströmung soll also nicht durch den Transport gelöster Komponenten beeinflußt werden und die HOC haben keinen Einfluß auf den Transport von DOC bzw. Tensiden. Diese Annahmen sind gerechtfertigt, solange die Konzentrationen der transportierten Komponenten klein sind. Die Advektion aus der Strömungsberechnung geht in die Transportgleichungen ein und die Konzentrationen an mobilem und immobilem DOC bzw. Tensiden geht als Co-Solvent oder Co-Sorbent in die Transportgleichung der HOC ein.

Zur Berechnung des gesättigt/ungesättigten Strömens von Wasser wird die Richardsgleichung verwendet:

$$\partial_t \Theta(\psi) + \boldsymbol{\nabla} \cdot \mathbf{q} = f \tag{1}$$
$$\mathbf{q} = -K(\psi)\boldsymbol{\nabla}(\psi + z) \ .$$

Hier steht Θ für den Wassergehalt, ψ für den Druck (in der Einheit Länge einer Wassersäule), q für die spezifische Wasserflußdichte, K für die Permeabilität und z für die Höhe entgegengesetzt zur Gravitationsrichtung. Die benötigten Parameterfunktionen, das sind die Kapillardruck-Sättigungs-Beziehung $\Theta(\psi)$ und die Sättigungs-Permeabilitäts-Beziehung $K(\Theta)$, können mit Hilfe von Säulenversuchen identifiziert und ggf. durch die Parametrisierung von Mualem bzw. van Genuchten dargestellt werden. Hier ist noch die Frage der Unabhängigkeit von Wasserströmung und Tensidtransport zu klären, da Tenside einen starken Einfluß auf die Oberflächenspannung haben und damit die Tensidkonzentration in die Kapillardruck-Sättigungs-Beziehung eingeht.

Die Gleichungen für den Transport der betrachteten Komponenten sind von der Form

$$\partial_t(\Theta c) + \rho_\varphi \partial_t \varphi(c) + \rho_\eta \partial_t s - \boldsymbol{\nabla} \cdot (\Theta D \boldsymbol{\nabla} c - \mathbf{q}c) = 0 \qquad \text{in} \qquad (0,T] \times \Omega \tag{2}$$
$$\partial_t s = k(\eta(c) - s)$$

zusammen mit den Anfangs- und Randbedingungen, wobei c und s für die gelöste und die im Nichtgleichgewicht sorbierte Konzentration stehen. Die Isotherme für die Gleichgewichtssorptionsplätze wird mit φ bezeichnet, k und η sind der Ratenparameter und die Isotherme für die Nichtgleichgewichtssorption, ρ_φ und ρ_η sind die Massendichten der Gleichgewichts- und der Nichtgleichgewichtssorptionsplätze und D ist der Diffusions/Dispersions-Tensor. Die Besonderheiten des Transports der betrachteten Stoffe liegen jeweils in der Form ihrer Isothermen und in der Größe der Sorptionsrate. Ein Sorptionsprozeß, der in einer im Vergleich zur Strömungsgeschwindigkeit sehr kurzen Zeit ins Gleichgewicht kommt, kann im Rahmen der Transportgleichung durch eine Gleichgewichtsisotherme modelliert werden. Von den betrachteten Stoffen sind nur für die PAK Sorptionsraten gefunden worden, die es erfordern, eine Nichtgleichgewichtssorption zu berücksichtigen. Gemäß dem

Henryschen Gesetz haben alle Isothermen einen linearen Verlauf bei ausreichend kleinen Konzentrationen. Das qualitative Verhalten der Isothermen für die betrachteten Stoffe wird im Rest dieses Abschnitts über die Modellierung beschrieben.

Der Transport von Tensiden im Boden und insbesondere ihre Sorption ist derzeit Gegenstand experimenteller Untersuchungen. Die Bildung von Micellen aus Monomeren ab einer bestimmten Tensidkonzentration (CMC) bedingt charakteristische Transport- und Sorptionseigenschaften. Da Tenside nur in monomerer Form auf der Oberfläche des Korngerüsts sorbieren und i.a. aus einem isomerisch nicht reinem Gemisch bestehen, kann es bei Sorptionsisothermen als Funktion der (Gesamt-)Tensidkonzentration zur Ausbildung eines Maximums kommen. Die Isotherme ist also i.a. nicht monoton. Der Verlauf der Isotherme [SSW] kann Krümmungswechsel aufweisen, ist aber bis zum Erreichen der CMC monoton. Durch die Bildung von Micellen entsteht eine nichtsorbierende Pseudophase, die ohne Sorption mit dem Wasser transportiert wird. Das hydrophobe Innere der Micellen stellt dabei ein geeignetes Lösungsmittel für HOC dar. Die Mobilität von HOC kann so durch die Entstehung von Micellen erhöht werden. Tenside können unterhalb der CMC aber auch den gegenteiligen Effekt haben, indem sie auf der Oberfläche des Bodens als Co-Sorbent wirken [Sch].

Die Sorption von DOC am Boden zeigt weniger charakteristische Eigenschaften auf und wird gut beschrieben durch eine Langmuir-Isotherme. Auf den anfänglichen linearen Bereich folgt eine Abschwächung der Sorption durch eine konkave Krümmung der Isotherme.

Das Sorptionsverhalten von PAK an natürliche Böden setzt sich aus den Wechselwirkungen mit verschiedenen Bestandteilen des Bodens zusammen. Mikroporöse und organische Anteile können PAK absorbieren. Der Schadstoff kann in einen der Advektion nicht zugänglichen Bereich des Bodens diffundieren. Diffusionslimitierte Sorptionsprozesse sind eine Erklärung für die experimentell nachgewiesenen [He] großen Zeiten für die Gleichgewichtseinstellung. Auf die Ausbildung eines Verteilungsgleichgewichts von HOC zwischen Wasser und organischen Bodenbestandteilen wurde in [HB] hingewiesen. Dazu findet auch eine Adsorption auf der Bodenoberfläche statt, die bei großen Konzentrationen in die Bildung einer eigenen Phase übergeht [He]. Um der Summe dieser Prozesse gerecht zu werden, müssen jeweils alle für einen Boden in Frage kommenden Isothermen und Ratenparameter angesetzt und durch einen Identifizierungsalgorithmus aus Säulenversuchen bestimmt werden. Die BET-Isotherme hat mit Experimenten übereinstimmend folgende Eigenschaften: Lineares Verhalten für kleine Konzentrationen, konkaves Abknicken im mittleren Konzentrationsbereich und eine vertikale Asymptote bei der maximalen Wasserlöslichkeit. Dagegen ist eine lineare Isotherme für einen großen Konzentrationsbereich ausreichend, falls die Absorption in organische Bodenbestandteile dominiert. Die Ratenparameter der Nichtgleichgewichtssorption sind für PAK oft so klein, daß die Zeit für eine Gleichgewichtseinstellung in der Größenordnung von 100 Tagen liegt.

Die Kopplung des PAK- an den DOC-Transport kann mit Hilfe einer
sogenannten effektiven Isotherme beschrieben werden. In dem in [KTK] vorgestellten Modell des trägervermittelten Transports wird der Einfluß des
Trägers (DOC) wiedergegeben durch die Abhängigkeit der HOC-Sorptions-
isotherme von der DOC-Konzentration. In der Transportgleichung (2) für
HOC ist also eine Zeit- und Ortsabhängigkeit der Isotherme zu berücksichtigen. Die Wechselwirkung zwischen PAK und DOC kann wie auch bei der
immobilen organischen Bodenfraktion durch ein Verteilungsgleichgewicht modelliert werden. Das Zusammenspiel der einzelnen elementaren Isothermen in
der effektiven Isotherme wurde beschrieben in [KS].

3 Diskretisierung

Der Schadstofftransport soll auch in konvektionsdominierten Fließregimen
berechnet werden. Dazu wird mit Hilfe einer Adaption des Lagrange-Galerkin-
Verfahrens für den Transport mit Gleichgewichtssorption eine Diskretisierung
entwickelt ([KBK], zu Nichtgleichgewichtssorption [BKK]). Ausgangspunkt
ist die Transportgleichung (2) unter folgenden Annahmen: $\rho_\eta = 0$, $\nabla \cdot q = 0$,
$\Theta = 1$, $\rho_\varphi = 1$ und $\Omega \subset \mathbb{R}^2$. Die Isotherme φ sei monoton steigend und
für den Fall einer unbeschränkten Ableitung $\varphi'(0) = \infty$, wie sie z.B. bei
Freundlich-Isothermen auftreten kann, sei eine monotone differenzierbare Approximation ϕ von φ definiert.

Bekannterweise versagen Standardverfahren bei konvektionsdominiertem
Transport. U.a. sind lineare Finite Elemente, angewendet auf das z.B. durch
das implizite Eulerverfahren zeitdiskretisierte Problem, instabil. Dieses und
die im folgenden vorgestellten Verfahren werden anhand der Ausbreitung
eines Schadstoffimpulses illustriert. Der Startzeitpunkt liegt jeweils bei $t = 0$.
(vgl. zu linearen Finiten Elementen in 1D Abb.1, verglichen wird mit der
exakten, dünn gezeichneten, Lösung des hyperbolischen Falls (D=0) [GDD]).

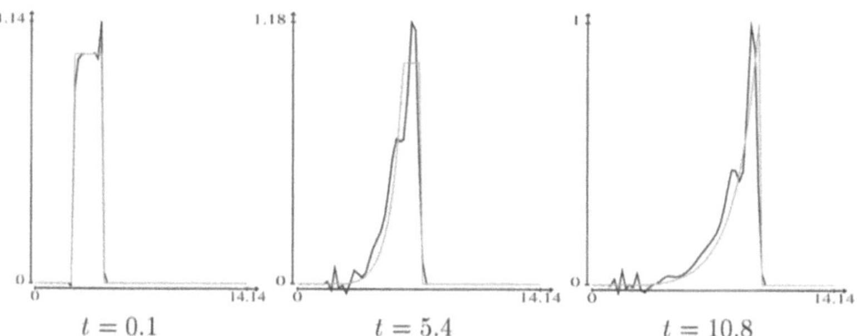

Abb. 1. Lineare Finite Elemente; $\varphi(c) = c^{0.5}$; $Pe = \frac{||q||\Delta x}{||D||} \approx 220$; $\Delta t = 0.1$;
$\Delta x \approx 0.221$

Vergleich von FIS (oben) und 'Pore–Velocity–Scheme' (unten)

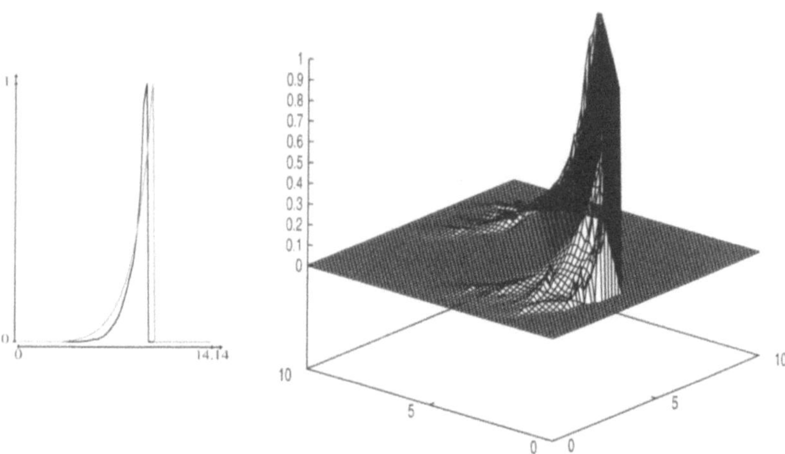

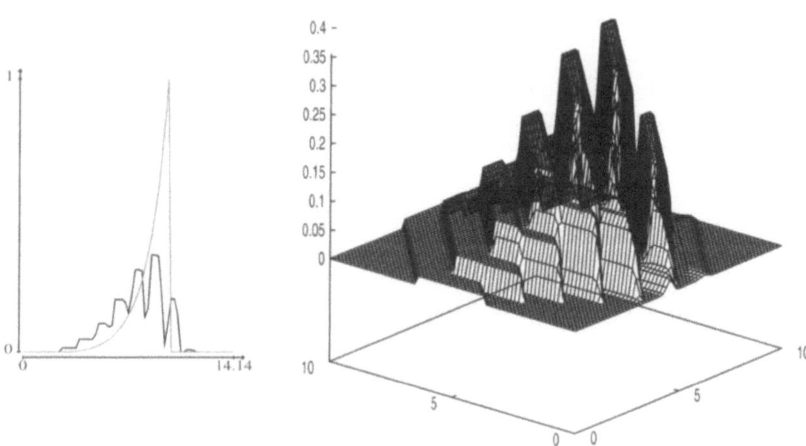

Abb. 2. hyperbolischer Gleichgewichtsfall; $\varphi(c) = c^{0.5}$; $q = (0.5^{0.5}, -0.5^{0.5})$; $\Delta t = 1.2$; $\Delta x \approx 0.15625$; Plots auf der linken Seite zeigen einen Querschnitt entlang der Geraden x+y=10 der errechneten Lösung zur Zeit $t = 10.8$; die exakte Lösung ist dünn gezeichnet.

Der Lagrange–Galerkin–Ansatz ermöglicht es dagegen auch im fast hyperbolischen Fall zu stabilen Schemata zu kommen. Dabei wird der hyperbolische Anteil zeitlich entlang der Charakteristik diskretisiert und der diffusiv-dispersive Anteil z.B. implizit in der Zeit behandelt.

Ferner ermöglicht eine Lagrange–Galerkin–Diskretisierung, zumindest im linearen Fall, große CFL–Zahlen. Bei der Anwendung dieses Ansatzes auf obiges Modell sind jedoch zwei Grundprobleme zu beachten. Im hyperbolischen Fall ($D = 0$) können unstetige Lösungen auftreten. Zum anderen haben degenerierte Isothermen, die im Ursprung nicht Lipschitz-stetig sind, Lösungen mit scharfen Fronten zur Folge (vgl. [K1]).

Aufgrund dieser beiden Probleme war die Entwicklung einer Adaption des Lagrange–Galerkin–Ansatzes an obiges Modell notwendig. Im Rahmen der Herleitung dieser Adaption wird, beschränkt auf einen beliebigen Zeitschritt (t^{n-1}, t^n), zunächst eine noch zu definierende Ansatzfunktion α eingeführt. D.h.:

$$\{\partial_t\varphi(c) - \alpha\partial_t c\} - \boldsymbol{\nabla} \cdot (D\boldsymbol{\nabla}c)+ \tag{3}$$

$$(1 + \alpha) \overbrace{\left[\partial_t c + \frac{\mathbf{q}}{1 + \alpha}\boldsymbol{\nabla}c\right]}^{c_{\tau^\alpha}} = 0 \qquad \text{in } (t_{n-1}, t_n)$$

$$c(t^{n-1}, x) = C^{n-1}(x),$$

wobei $\tau^\alpha = (1, \frac{\mathbf{q}}{1+\alpha})$.

c_{τ^α} wird nun gemäß der Lagrangeschen Betrachtungsweise, d.h. entlang der durch τ^α definierten Charakteristiken (abgek. durch $\overline{x}(\cdot, t^n, x_0)$) durch Standarddifferenzen in der Zeit diskretisiert. Der Teil in geschweiften Klammern wird zeitlich durch denselben Ansatz approximiert, aber in der üblichen Eulerschen Betrachtungsweise, und der diffusiv–dispersive Anteil implizit in der Zeit behandelt. Das entstandene semidiskrete Schema wird dann durch lineare Finite Elemente unter Verwendung der Dreipunktquadratur im Ort diskretisiert.

Entscheidend für die Güte des Verfahrens ist die Wahl von α, wobei $\alpha = 0$ den Wasserfluß zugrunde legt und zu einem stark verschmierenden Schema (abgek. 'Pore–Velocity–Scheme') führt. Bei $\alpha = \phi'(c)$ ($\phi \leftrightarrow \varphi$), dem 'Retarded–Velocity–Scheme', versagt das Verfahren bei größeren Zeitschrittweiten im Fall von Schocks. Im Gegensatz zu den beiden obigen, bekannten, Vorgaben für α wird als neuer Ansatz α auf dem diskreten Level definiert. Dazu sei zunächst Ω in ein Dreiecksgitter mit Elementen $\{\tau_h \in T_h\}$ und Knoten $(P_j)_{j=0}^{N_x}$ zerlegt. Dann wird α so gewählt, daß das volldiskretisierte Schema im hyperbolischen Fall ($D = 0$), nämlich

$$C_j^n + \phi(C_j^n) = (1 + \alpha_j)C^{n-1}(\overline{x}_j) - \alpha_j C_j^{n-1} + \phi(C_j^{n-1}) \tag{4}$$

äquivalent wird zu

$$C_j^n = C^{n-1}(\overline{x}_j). \tag{5}$$

$\overline{x}_j$ bezeichnet eine Approximation von $\overline{x}(t^{n-1}, t^n, x_j)$. Äquivalenz im hyperbolischen Grenzfall wird bei folgender Wahl von α_j erreicht: α_j sei das Infimum aller Lösungen $\beta \geq 0$ von

$$\beta = \begin{cases} \dfrac{\phi(C^{n-1}(\overline{x}_j)) - \phi(C_j^{n-1})}{C^{n-1}(\overline{x}_j) - C_j^{n-1}} \,, & \text{falls} \quad C_j^{n-1} \neq C^{n-1}(\overline{x}_j) \\ \phi'(C_j^{n-1}) \,, & \text{sonst,} \end{cases} \tag{6}$$

wobei zu beachten ist, daß $\overline{x}_j$ abhängig vom Fluß $\tilde{b}$ definiert wird, wobei

$$\tilde{b}_i = \frac{\mathbf{q}}{1 + \alpha_i} \quad i \neq j, \tag{7}$$

$$\tilde{b}_j = \frac{\mathbf{q}}{1 + \beta}. \tag{8}$$

Es liegt also mindestens eine nichtlineare Kopplung von α_j und $\overline{x}_j$ vor, die iterativ aufgelöst werden muß.

Das hier vorgestellte neue Schema (abgek. FIS) neigt zu weniger Verschmierung als die Wahl $\alpha = 0$ (vgl. Abb.2). Weiter erlaubt es, im Gegensatz zu $\alpha = \phi'(c)$, auch große CFL–Zahlen bei der Berechnung von Schocklösungen, wobei jedoch starke Verfeinerung im Ort nötig werden kann.

4 Identifizierung nichtlinearer Sorptionsisothermen

Modellgleichung. Die nichtlinearen Isothermen φ, die den Schadstofftransport bei Gleichgewichtssorption bestimmen, werden aufgrund von Messungen, die aus Säulendurchbruchsexperimenten gewonnen werden, identifiziert. Dabei wird das Modell (2) in einer Raumdimension für stationären Wasserfluß (θ, q, D konstant) und Gleichgewichtssorption ($\rho_\eta = 0$, ρ_φ konstant) betrachtet.

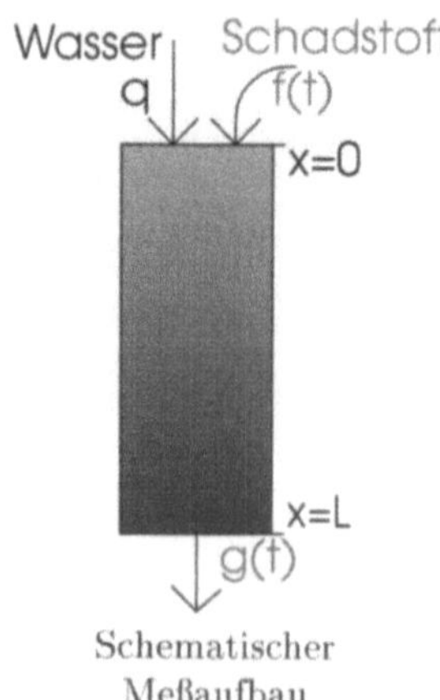

Schematischer
Meßaufbau

Zum Zeitpunkt $t = 0$ befindet sich kein Schadstoff in der Bodensäule. Danach läßt man am oberen Rand Schadstoff der Konzentration $f(t)$, ($f \geq 0$) einfließen und erhält so eine Flußrandbedingung. Das Ausflußverhalten am unteren Rand wird durch eine homogene Neumann-Randbedingung modelliert. Die Durchbruchskurve $g(t)$ wird am unteren Rand gemessen:

$$g(t) = c(L, t).$$

Die Lösung des *direkten Problems* besteht darin, einer vorgegeben Isotherme die Lösung des Modellproblems und damit auch die Werte der Durchbruchskurve zuzuordnen (DP: $\varphi \mapsto g$). Die Identifizierung der Isotherme aufgrund einer vorgegebenen Durchbruchskurve ist das zugehörige *inverse Problem* (IP: $g \mapsto \varphi$).

Identifizierbarkeit. Für monoton wachsende Zuflüsse f und stückweise glatte Isothermen mit endlich vielen Krümmungswechseln ist die Abbildung DP injektiv. Da alle bisher im Rahmen der Modellierung verwendeten Isothermen diese Eigenschaften erfüllen, ist es sinnvoll, davon auszugehen, daß das inverse Problem für eine vorgegebene (zu einer zulässigen Isotherme gehörigen) Messung höchstens eine Lösung besitzt. Somit sind Isothermen aufgrund von Säulendurchbruchsexperimenten identifizierbar. Dabei ist zu beachten, daß der Wert der Diffusion bereits bekannt sein muß. Analoge Überlegungen in [Ch] zeigen, daß es mit einer Messung am Ausflußrand im allgemeinen nicht möglich ist, sowohl die Isotherme als auch den Wert der Diffusion zu bestimmen. Man erhält vielmehr eine ganze Mannigfaltigkeit von Lösungen.

Stabilität. Durch Parametrisierung der gesuchten Isotherme wird das inverse Problem stabilisiert. Bisher fanden in der Praxis vor allem phänomenologisch motivierte und idealisierte Isothermen (z.B. Freundlich: $\varphi(c) = Ac^p$, $A, p > 0$, Langmuir: $\varphi(c) = \frac{akc}{a+kc}$, $a, k > 0$) Verwendung. Für einen allgemeineren Zugang erweist es sich jedoch als günstig, zunächst von keiner starren Form der Isotherme auszugehen und z.B. stückweise lineare Ansatzfunktionen zu verwenden. Wurde eine solche Isotherme identifiziert, ist es im nachhinein möglich, die geeignete Parametrisierung (Freundlich, Langmuir, BET) zu ermitteln und dann diese an die identifizierte, stückweise lineare Kurve zu fitten. Im folgenden sei die gesuchte Isotherme durch einen Parametervektor p der Dimension r bestimmt und o.B.d.A. gelte $\varphi(0) = 0$. Abhängig vom Diskretisierungsfehler beim numerischen Lösen des direkten Problems, dem Meßfehler und der Art der Parametrisierung existiert aufgrund der Schlechtgestelltheit des Identifizierungsproblems eine Schranke r_{max}, ab der eine weitere Verfeinerung zu Instabilitäten führt. Eine genaue Charakterisierung dieser Schlechtgestelltheit ist in Bearbeitung.

Methode der kleinsten Quadrate. Bei dieser Methode wird das inverse Problem durch Minimieren des Fehlerfunktionals

$$\frac{1}{2} \sum_{k=1}^{K} \alpha_k \left(g(\hat{t}^k) - \hat{g}^k \right)^2$$

mit positiven Wichtungsfaktoren α_k und Meßwerten $\hat{g}^k$ zu den Zeitpunkten $\hat{t}^k$ gelöst. Bei der Anwendung von Quasi-Newton-Verfahren (z.B.: CG- oder BFGS-Verfahren) genügt es, in jedem Optimierungsschritt den Wert des Funktionals und seinen Gradienten zu berechnen. Die Berechung der Hesse-Matrix ist nicht erforderlich.

Bestimmung des Gradienten des Fehlerfunktionals. Der Gradient des Fehlerfunktionals kann durch zwei verschiedene Verfahren bestimmt werden:

1. Numerische Differentiation mit Differenzenquotienten: Bei dieser Methode ist es nötig, das direkte Problem für jede Komponente des Gradienten ein- (Vorwärtsdifferenz) bzw. zweimal (zentraler Differenzenquotient) also insgesamt r bzw. $2r$-mal zu lösen.

2. Lösen des adjungierten Problems: Das Differenzieren eines Lösungsalgorithmus des direkten Problems, der z.B. durch das in [K2] beschriebene Verfahren (Einschrittverfahren in der Zeit, FEM im Ort) gegeben ist, führt auf ein diskretes adjungiertes Gleichungssytem. Wird der Gradient mit dieser Methode berechnet, so ergibt sich im Vergleich zu (1.) ein weitaus geringerer Rechenaufwand. Er entspricht etwa dem zweifachen des Aufwands für das Lösen des direkten Problems.

Wahl des Startwertes für stückweise lineare Ansatzfunktionen. Eine geeignete Wahl des Startwertes beschleunigt das numerische Verfahren zur Minimierung des Fehlerfunktionals und vermeidet im allgemeinen, daß die Optimierung frühzeitig in einem (scheinbaren) Nebenminimum abbricht. Bei stückweise linearen Ansatzfunktionen wird für eine gesuchte Isotherme φ_m mit r_m Stützstellen ein geeigneter Startwert durch das Auswerten einer stückweise linearen Isotherme φ_{m-1}, die das Fehlerfunktional für r_{m-1} Stützstellen ($r_{m-1} < r_m$) minimiert, vorgegeben. Es empfiehlt sich, diese Iterationsfolge mit der linearen Isotherme $\varphi_0 = p_0 c$ ($r_0 = 1$) zu beginnen. Bei Vorgabe einer konstanten Einflußrandbedingung $f = c^\star$ läßt sich der Wert der tatsächlichen Isotherme an der Stelle $c^\star$ für hinreichend große T durch

$$\varphi^\star = \frac{q}{L\rho_\varphi} \int_0^T (c^\star - g)\, dt - \frac{u^\star}{\rho_\varphi}$$

approximieren, und somit ist für $r_0 = 1$ ein geeigneter Startwert durch $p_0 := \varphi^\star$ gegeben.

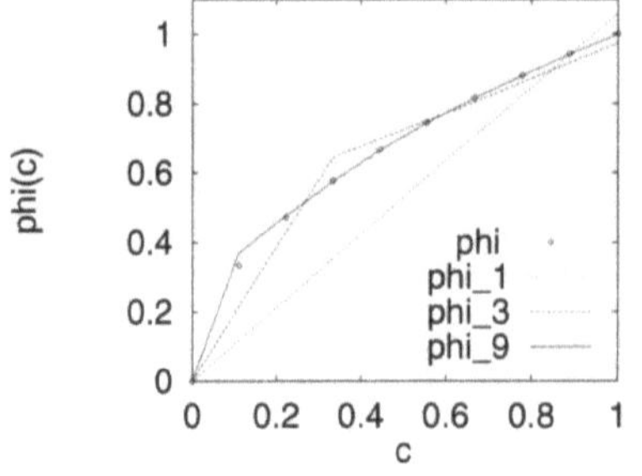

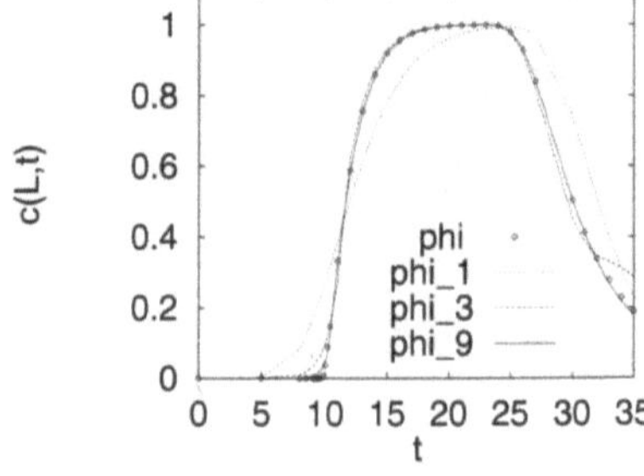

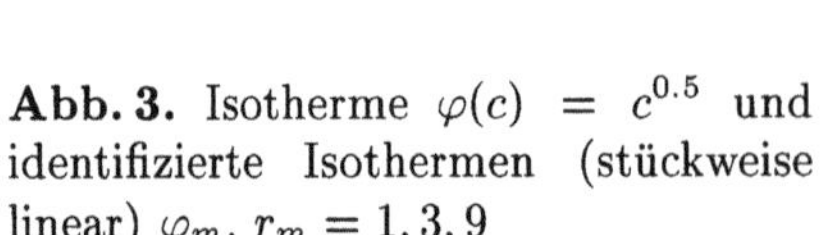

Abb. 3. Isotherme $\varphi(c) = c^{0.5}$ und identifizierte Isothermen (stückweise linear) φ_m, $r_m = 1, 3, 9$

Abb. 4. Durchbruchskurven für φ, φ_m

Literatur

[BKK] Barrett, J.W., Kappmeier, H., Knabner, P. : Lagrange–Galerkin Approximation For Advection–Dominated Contaminant Transport With Nonlinear Equilibrium Or Non–equilibrium Adsorption. Erscheint in den Proceedings des 1st GAMM–Seminar on 'Modelling and Computation in Environmental Sciences' Stuttgart, Vieweg-Verlag (1996)

[Ch] DuChateau, P. : Monotonicity and Invertibility of Coefficient-to-Data Mappings for Parabolic Inverse Problems. SIAM J. Math. Anal. **26** 6 (1995) 1473–1487

[GDD] Grundy, R.E., van Duijn, C.J., Dawson, C.N. : Asymptotic profiles with finite mass in one–dimensional contaminant transport through porous media: the fast reaction case. J. Mech. Appl. Math. 47 (1994) 69–106

[HB] Hassett, J.J., Banwart, W.L. : The Sorption of Nonpolar Organics by Soils and Sediments. in 'Reactions and Movement of Organic Chemicals in Soils' SSSA Special Publication 22 (1989) 31–44

[He] Herbert, M. : Sorptions- und Desorptionsverhalten von ausgewählten polyzyklischen aromatischen Kohlenwasserstoffen (PAK) im Grundwasserbereich. Tübinger Geowissenschaftliche Arbeiten C12 (1992)

[Ho] Hoffmann, K. : Gefährdungsabschätzung und Sanierungskonzeptionen für PAK-kontaminierte Böden. Altlasten-Spektrum 2 (1993)

[K1] Knabner, P. : Mathematische Modelle für den Transport gelöster Stoffe in sorbierenden porösen Medien. Verlag Peter Lang Frankfurt/M. (1991)

[K2] Knabner, P.: Finite-Element Approximation of Solute Transport in Porous Media with General Adsorption Processes. In Xiao, S. T. (ed.) Flow and Transport in Porous Media, World Scientific (1992)

[KBK] Knabner, P., Barrett, J.W., Kappmeier, H. : Lagrange-Galerkin Approximation For Advection-Dominated Nonlinear Contaminant Transport In Porous Media. Computational Methods in Water Resources X. Volume 1 (1994) 299–307

[KTK] Knabner, P., Totsche, K.U., Koegel-Knabner, I. : The modelling of reactive solute transport with sorption to mobile and immobile sorbents: Part I/II. Erscheint in Water Resources Research

[KS] Knabner, P., Schneid, E. : Qualitative Properties of a Model for Carrier Facilitated Groundwater Contaminant Transport. erscheint in den Proceedings des SCCV-Workshops Hamburg 1995, Springer-Verlag (1996)

[SSW] Scamehorn, J. F., Schechter, R. S., Wade, W. H. : Adsorption of Surfactants on Mineral Oxide Surfaces from Aqueous Solutions. J. Colloid Interface Sci. 85 (1982) 463, 479, 494

[Sch] Schueth, Ch. : Sorptionskinetik und Transportverhalten von polyzyklischen aromatischen Kohlenwasserstoffen (PAK) im Grundwasser. Tübinger Geowissenschaftliche Arbeiten C19 (1994)

Diffusions-Reaktionsprobleme in ungesättigten porösen Medien

G. Wittum[1], Ch. Wagner[1], R. Fritsche[2] und H.-P. Haar[2]

[1] Institut für Computeranwendungen, Universität Stuttgart, Pfaffenwaldring 27, 70569 Stuttgart, e–mail: wittum@ica3.uni-stuttgart.de,
URL: http://www.ica3.uni-stuttgart.de

[2] Entwicklung Instrumentation Diagnostica, Boehringer Mannheim GmbH, Friedrich-Ebert-Straße 100, 68167 Mannheim.

Abstract. The numerical simulation of the flow in unsaturated porous media is the focus of this paper. We summarise briefly some results concerning the modelling of the flow in porous media. Different schemes for the approximation of the time-derivative are compared. An adaptive grid refinement and coarsening strategy, which is based on a nested iteration, is introduced. Due to the heterogeneity of the considered porous media, the efficiency of the standard multi-grid algorithms deteriorates for the linear systems which arise from the discretisation and linearisation of the model equations. In order to overcome these difficulties, the Schur-complement multi-grid method has been developed. In the end of the paper, a few simulation results are presented.

1 Einleitung

Die Bedeutung der numerischen Simulation von Diffusions-Reaktions-Transportprozessen in porösen Medien hat in den letzten Jahren stark zugenommen. Von der Seite der Industrie besteht z.B. der Wunsch, bei der Auslegung von Sanierungsmaßnahmen für kontaminierte Böden oder bei der Entwicklung von diagnostischen Teststreifen auf Computerberechnungen zurückzugreifen. Die Modellierung von Diffusions-Reaktionsvorgängen in porösen Medien führt auf nichtlineare partielle Differentialgleichungen

$$\frac{\partial c(x,t)}{\partial t} - \nabla \cdot (a(c,x)\,\nabla c + b(c,x)\,c) = f(c,x) \tag{1}$$

mit stark variierenden Koeffizienten $a(c,x)$ und $b(c,x)$.

Um durch die Stabilität bedingte Beschränkungen des Zeitschritts zu vermeiden, müssen implizite oder semi-implizite Methoden zur Approximation der Zeitableitung eingesetzt werden. Da die untersuchten Prozesse in porösen Medien sehr stark durch lokale Phänomene wie wandernde Fronten dominiert werden, müssen zur Ortsdiskretisierung adaptive Gitter verwendet werden, um den Genauigkeitsansprüchen bei vertretbarem Rechenaufwand zu genügen.

Die oben erwähnten Phänomene erschweren die Lösung der nach der Diskretisierung und der Linearisierung entstandenen Gleichungssysteme. Da aufgrund der benötigten Gitterfeinheit und der großen Anzahl zu analysierender Spezies die Gleichungssysteme mehrere 100.000 Unbekannte umfassen können, müssen Verfahren mit optimaler Komplexität, d.h. die Anzahl der benötigten Rechenoperationen ist proportional zur Anzahl der Unbekannten, eingesetzt werden. Die bekanntesten Verfahren mit optimaler Komplexität sind die Mehrgitterverfahren. Allerdings zerstört die starke Variation der Koeffizienten $a(c,x)$ und $b(c,x)$ in (1) die Effektivität der einfachen Mehrgitterverfahren. Um diese Art von Problemen zu lösen, wurden spezielle Mehrgitterverfahren entwickelt (z. B. [ABD], [RS]), die jedoch weitgehend auf den akademischen Bereich beschränkt blieben. Mit dem Schurkomplement-Mehrgitterverfahren stellen wir eine sehr robuste Methode vor, die ihre Effektivität bei einer großen Zahl realistischer Probleme (siehe [WKW]) unter Beweis gestellt hat.

Zunächst werden wir auf die Modellierung der von uns analysierten Prozesse eingehen. Kapitel 3 und Kapitel 4 behandeln Aspekte der zeitlichen bzw. räumlichen Diskretisierung. Danach werden wir das Schurkomplement-Mehrgitterverfahren erläutern. In Kapitel 6 präsentieren wir einige Simulationsergebnisse.

2 Modellierung

2.1 Richardsgleichung

Die zeitliche Änderung der Sättigung θ einer benetzenden Flüssigkeit der Dichte ρ in einem ungesättigten porösen Medium wird durch die Kontinuitätsgleichung

$$\frac{\partial(\rho\,\theta)}{\partial t} + \nabla \cdot (\rho\,q) - r = 0 \tag{2}$$

beschrieben. Die Sättigung θ ist als der Flüssigkeitsanteil in einem Referenzeinheitsvolumen REV definiert,

$$\theta = \frac{\text{Flüssigkeitsvolumen im REV}}{\text{Volumen des REV}}, \quad 0 \leq \theta \leq n_e$$

mit der Porosität n_e. Der spezifische Durchfluß q wird durch das Buckingham-Darcy Gesetz

$$q = -K(\theta)\nabla\phi \tag{3}$$

gegeben. Die hydrodynamische Durchlässigkeit $K(\theta)$ ensteht aus der Kombination der Größen Permeabilität $\tilde{K}(\theta)$, dynamische Viskosität μ, Dichte ρ und der Gravitationskonstanten g

$$K(\theta) = \frac{\tilde{K}(\theta)g\rho}{\mu}.$$

Die piezometrische Höhe ϕ ist die Summe der Kapillardruckhöhe ψ und der vertikalen Höhe z.

$$\phi = -\psi + z.$$

Die z-Koordinate ist dabei aufwärts, d.h entgegen der Gravitation, gerichtet. Die Kapillardruckhöhe ψ hängt mit dem Kapillardruck p_c

$$p_c = p_a - p_w$$

über

$$\psi = \frac{p_c}{g\rho}$$

zusammen. p_a und p_w beschreiben die hydrostatischen Drücke der nichtbenetzenden Phase (Luft) und der benetzenden Phase (Wasser).

Die Kombination der Kontinuitätsgleichung (2) mit dem Buckingham-Darcy Gesetz (3) führt auf

$$\frac{\partial(\rho\,\theta)}{\partial t} - \nabla \cdot (\rho\,K(\theta)\nabla\phi) - r = 0. \tag{4}$$

Sieht man von dem Quellterm r ab, enthält diese Gleichung bei bekannter Dichte drei unbekannte Größen: $K(\theta)$, θ und ϕ. Es müssen daher funktionale Zusammenhänge dieser Größen vorgegeben werden. Damit wird sich der nächste Abschnitt beschäftigen. Wir nehmen, an es seien Abhängigkeiten

$$\psi = \psi(\theta), \quad \theta = \theta(\psi), \quad K = K(\theta) = K(\psi)$$

bekannt. Dann kann aus Gleichung (4) entweder θ oder ϕ eliminiert werden.

Die Ersetzung von ψ bzw. ϕ führt auf die Richardsgleichung

$$\frac{\partial(\rho\,\theta)}{\partial t} - \nabla \cdot (\rho\,D(\theta)\nabla\theta + K(\theta)\nabla z) - r = 0 \tag{5}$$

mit der Feuchtigkeitsdiffusivität $D(\theta)$

$$D(\theta) = -K(\theta)\frac{\partial\psi}{\partial\theta}.$$

Die Elimination der Sättigung θ liefert die Fokker-Planck Gleichung

$$C(\phi)\frac{\partial(\rho\phi)}{\partial t} - \nabla \cdot (\rho K(\phi)\nabla\phi) - r = 0 \tag{6}$$

mit der Wasserkapazität $C(\phi)$.

2.2 Kapillardruck-Sättigung- und Durchlässigkeit-Sättigung-Beziehung

Der am häufigsten in der Literatur verwendete Zusammenhang zwischen der Sättigung θ und der Kapillardruckhöhe ψ wurde von van Genuchten 1980 [G] vorgeschlagen. Experimentelle Daten über den Zusammenhang zwischen der reduzierten Sättigung S

$$S = \frac{\theta - \theta_\mathrm{r}}{\theta_\mathrm{s} - \theta_\mathrm{r}},$$

dabei bezeichnet θ_s den Feuchtigkeitsgehalt bei vollständiger Sättigung und θ_r den nach einer Trocknung verbleibenden Feuchtigkeitsgehalt, werden dort durch die Beziehung

$$S = \left(\frac{1}{1 + (\alpha\psi)^n} \right)^m \tag{7}$$

mit den Parametern α, n und m approximiert. Mit Hilfe einer von Mualem [Mu] unter sehr stark vereinfachenden Annahmen entwickelten Theorie kann unter der Voraussetzung

$$m - 1 + \frac{1}{n} = l \in \mathbb{N}$$

aus der Kapillardruck-Sättigung-Beziehung eine Formel für die Abhängigkeit der Durchlässigkeit von der Sättigung abgeleitet werden. Für $l = 0$ folgt

$$K = K_\mathrm{s}\, S^{\frac{1}{2}} \left[1 - (1 - S^{\frac{1}{m}})^m \right]^2. \tag{8}$$

Dabei bezeichnet K_s die Durchlässigkeit bei vollständiger Sättigung des Mediums. Die räumliche Variation der Durchlässigkeit K_s wird für unsere Simulationen durch einen Zufallsgenerator vorgegeben [RGS]. Die vom Zufallsgenerator erzeugte Log-Normalverteilung der Durchlässigkeitswerte entspricht der Durchlässigkeitsverteilung vieler real auftretender poröser Medien (z. B. Boden, diagnostische Teststreifen). Durch die Vorgabe der Korrelationslänge Λ und der Standardabweichung $\sigma_{\log K_\mathrm{s}}$ kann die Heterogenität der Verteilung den zu untersuchenden Medien angepaßt werden.

Aus den Gleichungen (7) und (8) kann die Feuchtigkeitsdiffusivität $D(S)$ bestimmt werden.

$$\begin{aligned}
D(S) &= -K(S)\frac{\partial \psi}{\partial S} \\
&= \frac{(1-m)K_\mathrm{s}}{\alpha m(\theta_\mathrm{s} - \theta_\mathrm{r})} S^{\frac{1}{2}-\frac{1}{m}} \left[(1 - S^{\frac{1}{m}})^{-m} + (1 - S^{\frac{1}{m}})^m - 2 \right].
\end{aligned} \tag{9}$$

3 Zeitdiskretisierung

Da wir Situationen analysieren wollen, bei denen in Teilen des porösen Mediums $S = 0$ gilt, ist die Fokker-Planck Formulierung (6) wegen $\psi \to \infty$ für $S \to 0$ ungeeignet. Allerdings besitzt die Feuchtigkeitsdiffusivität $D(S)$ eine Singularität bei $S = 1$. Diese Singularität kann entweder durch eine Regularisierung

$$D_\mathrm{r}(S) = \begin{cases} D(S) & : \quad 0 \leq S < 1 - \delta, \\ D(1 - \delta) & : \quad S \geq 1 - \delta, \\ 0 & : \quad S < 0, \end{cases} \qquad \delta > 0, \quad \delta \ll 1,$$

die bei konstanter Dichte und fehlendem Reaktionsterm auf

$$\frac{\partial S}{\partial t} - \nabla \cdot (D_\mathrm{r}(S)\nabla S + K(S)\nabla z) = 0 \tag{10}$$

führt, oder durch die folgende Variablentransformation vermieden werden. An Stelle der Sättigung S wird die durch

$$\tau(\psi) = \left(\frac{1}{1 + \alpha\psi}\right)^k, \quad k = n \cdot m.$$

definierte Variable τ verwendet. Mit Hilfe der Kapillardruck-Sättigung-Beziehung (7) kann daraus $S(\tau)$

$$S(\tau) = \tau \left((1 - \tau^{\frac{1}{k}})^n + \tau^{\frac{n}{k}}\right)^{-m} \tag{11}$$

und

$$\tau(S) = \left((S^{-\frac{1}{m}} - 1)^{\frac{1}{n}} + 1\right)^{-k}, \quad 0 \leq \tau \leq 1 \tag{12}$$

bestimmt werden. Damit kann die Differentialgleichung (4) mit τ als unbekannter Variable für konstante Dichte unter Vernachlässigung des Reaktionsterms in

$$B(\tau)\frac{\partial \tau}{\partial t} - \nabla \cdot (A(\tau)\nabla\tau + K(\tau)\nabla z) = 0 \tag{13}$$

umgeschrieben werden. Dabei bedeuten

$$K(\tau) = K(S(\tau)),$$

$$B(\tau) = \frac{\partial S}{\partial \tau} = \left[(1 - \tau^{\frac{1}{k}})^n + \tau^{\frac{n}{k}}\right]^{-m-1}(1 - \tau^{\frac{1}{k}})^{n-1},$$

$$A(\tau) = -K(\tau)\frac{\partial \psi}{\partial \tau} = D(S(\tau))\frac{\partial S}{\partial \tau} = \frac{1}{k\alpha}K(\tau)\tau^{-\frac{1}{k}-1}.$$

Zur Zeitdiskretisierung der regularisierten Richardsgleichung (10) wurde das implizite Eulerverfahren sowie ein implizites Runge-Kutta Verfahren 2. Ordnung verwendet. Die Zeitableitung in der transformierten Gleichung (13) wurde mit dem impliziten Eulerverfahren für differential-algebraische

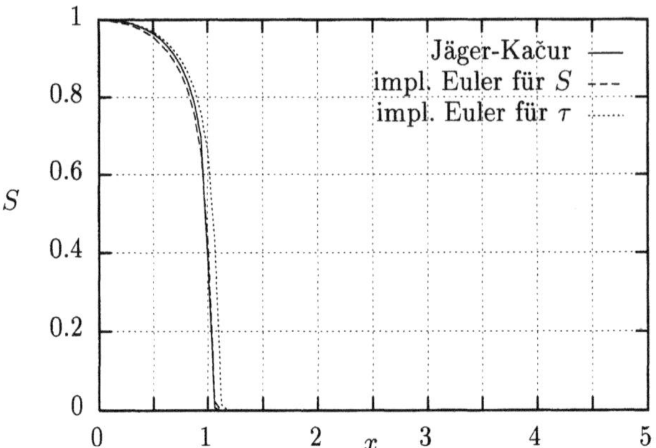

Abb. 1. Vergleich verschiedener Zeitdiskretisierungsmethoden.

Gleichungen approximiert. Für detaillierte Beschreibungen von Zeitintegrationsmethoden verweisen wir auf die Literatur zur Behandlung steifer Differentialgleichung wie z.B. [DB], [HLR] und [HWa].

Die oben beschriebene Variablentransformation ermöglicht zur Behandlung der Zeitableitung den Einsatz des Jäger-Kačur-Schemas (siehe [JK])

$$\mu_{i,k-1}\vartheta_{i,k} - \Delta t\, \nabla \cdot (g(S_{i-1})\nabla\vartheta_{i,k}) = \mu_{i,k-1}\tau(S_{i-1}) + \Delta t\, f(S_{i-1}),$$

$$\mu_{i,k} = \gamma_\kappa\left(\frac{\tau^{-1}(\alpha\vartheta_{i,k} + (1-\alpha)\tau(S_{i-1})) - S_{i-1}}{\vartheta_{i,k} - \tau(S_{i-1})}\right),$$

für festes i und $k = 1,\ldots$ mit

$$\gamma_\kappa(x) = \begin{cases} x: & 0 \le x \le \kappa, \\ \kappa: & x > \kappa, \end{cases}$$

$$f(S) = \nabla \cdot (K(S)\,\nabla z), \quad g(S) = D(S)\frac{\partial S}{\partial\tau}$$

und $0 < \alpha < 1$. Abb. 1 zeigt einen Vergleich der vom impliziten Eulerverfahren gelieferten Lösungen von (10) bzw. (13) ohne den Term $\nabla\cdot(K(S)\,\nabla z)$ mit der mit dem Jäger-Kačur Schema berechneten Lösung nach 100 Zeitschritten mit $\Delta t = 0.005$.

4 Ortsdiskretisierung

In jedem Zeitschritt muß eine im allgemeinen nichtlineare partielle Differentialgleichung gelöst werden. (Wir betrachten zur Vereinfachung in diesem Abschnitt nur einstufige Verfahren. Die vorgestellten Konzepte können problemlos auf mehrstufige Runge-Kutta Verfahren übertragen werden.) Zur räumlichen Diskretisierung wird die Finite Volumenmethode verwendet (siehe [Ha] und [SR]). Da bei Diffusionsproblemen in ungesättigten porösen Medien typischerweise sehr steile Fronten entstehen, kann durch eine adaptive Gitteranpassung bei gleicher Genauigkeit der Rechenaufwand deutlich reduziert werden. Hierzu passen wir in jedem Zeitschritt das Gitter an die aktuelle Lösung an. Die Gitterverfeinerung und Vergröberung geschieht im Rahmen einer geschachtelten Iteration, die gleichzeitig gute Startlösungen für die nichtlinearen Probleme liefert.

Algorithmus 1. *Das nichtlineare Problem $\mathcal{K}^{(i)}(u^{(i)}) = 0$ sei zur Berechnung des nächsten Zeitschritts zu lösen. Die Lösung des letzten Zeitschritts $u^{(i-1)}$ sei auf der Gitterhierarchie $\Omega_l^{(i-1)}$, $l = 0, 1, \ldots, l_{\max}$ bestimmt worden.*

Geschachtelte_Iteration$(\mathcal{K}, u)$

```
{
    for(l = 0; l ≤ l_max; l = l + 1)
    {
        Löse K_l^(i)(u_l^(i)) = 0;
        if(l < l_max)
        {
            Ω_{l+1}^(i) = Verfeinerung(Ω_l^(i)) ∪ Ω_{l+1}^(i-1);
            ũ_{l+1}^(i) = Interpolation(u_l^(i)) ;
        }
    }
    for(l = l_max; l > 0; l = l - 1)
    {
        Ω_l^(i) = Vergröberung(Ω_l^(i)) ;
    }
}
```

$\tilde{u}_{l+1}^{(i)}$ *bezeichnet die Startlösung auf dem Gitter $\Omega_{l+1}^{(i)}$.*

Die Funktionen *Verfeinerung*(Ω) und *Vergröberung*(Ω) in Algorithmus 1 werden durch einen Fehlerindikator (siehe z.B. [EJ]) gesteuert. Die Knoten des Gitters $\Omega_{l+1}^{(i-1)}$ des letzten Zeitschritts müssen zu dem aus der Verfeinerung des Gitters $\Omega_l^{(i)}$ entstandenen Gitters hinzugefügt werden, damit keine Informationen des vorhergehenden Zeitschritts verloren gehen. Erst nach der Berechnung der neuen Lösung $u_{l_{\max}}^{(i)}$ kann entschieden werden, an welchen Stellen vergröbert werden kann.

Der wesentliche Vorteil dieser Methode zur adaptiven Gitteranpassung besteht darin, daß keine zusätzlichen Annahmen über die Frontgeschwindigkeit gemacht werden müssen. Im Gegensatz zu anderen Methoden kann in jedem Zeitschritt eine andere Anzahl von Knoten oder gar Gitterebenen verwendet werden.

5 Schurkomplement-Mehrgitterverfahren

Die Lösung der nach der Ortsdiskretisierung entstandenen nichtlinearen Gleichungssysteme wird mit Hilfe eines gedämpften Newtonverfahrens [BR] auf die Lösung linearer Gleichungssysteme zurückgeführt. Da die Einträge dieser Systemmatrizen aufgrund der starken räumlichen Variation der Durchlässigkeit unterschiedliche Größenordnungen aufweisen, können Standardmehrgitterverfahren nicht zur Lösung dieser Probleme eingesetzt werden. Basierend auf einer Idee von Reusken [Re] haben wir daher ein neues algebraisches Mehrgitterverfahren entwickelt. Wir nehmen an, es sei eine Gitterhierarchie Ω_l, $l = 0, \ldots, l_{\max}$, und ein Gleichungssystem auf dem feinsten Gitter gegeben. Zunächst wird die Systemmatrix K, der Vektor der Unbekannten u und die rechte Seite f in Blöcke eingeteilt

$$K\,u = f \quad \Leftrightarrow \quad \begin{pmatrix} K_{\mathrm{ff}} & K_{\mathrm{fg}} \\ K_{\mathrm{gf}} & K_{\mathrm{gg}} \end{pmatrix} \begin{pmatrix} u_{\mathrm{f}} \\ u_{\mathrm{g}} \end{pmatrix} = \begin{pmatrix} f_{\mathrm{f}} \\ f_{\mathrm{g}} \end{pmatrix}. \tag{14}$$

Dabei werden zum Vektor u_{f} die Unbekannten der Knoten zusammengefaßt, die auf dem nächst gröberen Gitter nicht mehr auftreten. Der Block u_{g} beschreibt die Unbekannten der Knoten, die im aktuellen Gitter Ω_l und im Gitter Ω_{l-1} enthalten sind.

Das Gleichungssystem (14) wird in ein Gleichungssystem

$$K\,u = f \quad \rightarrow \quad \tilde{K}\,\tilde{u} = F\,f \tag{15}$$

transformiert, dessen Lösung $\tilde{u}$ eine gute Approximation für die tatsächliche Lösung u darstellt. Dabei müssen vor allem die langwelligen Anteile gut angenähert werden. Zudem soll der Block $\tilde{K}_{\mathrm{ff}}$ einfach zu invertieren und die zugehörige Inverse $\tilde{K}_{\mathrm{ff}}^{-1}$ dünnbesetzt sein.

Die matrixabhängige Restriktion r und die matrixabhängige Prolongation p können dann durch

$$r = \left(-\tilde{K}_{\mathrm{gf}}\tilde{K}_{\mathrm{ff}}^{-1} \;\; I \right), \quad p = \begin{pmatrix} -\tilde{K}_{\mathrm{ff}}^{-1}\tilde{K}_{\mathrm{fg}} \\ I \end{pmatrix}$$

definiert werden. Entsprechend der Galerkinapproximation werden die Grobgittermatrizen nach der Vorschrift

$$K_{l-1} = \tilde{K}_{\mathrm{gg}} - \tilde{K}_{\mathrm{gf}}\tilde{K}_{\mathrm{ff}}^{-1}\tilde{K}_{\mathrm{fg}}$$

berechnet. Zur Lösung der Grobgitterprobleme wird der oben angedeutete Algorithmus rekursiv durchgeführt.

Algorithmus 2. *Gegeben sei eine Gitterhierarchie Ω_l, $l = 0, 1, \ldots, l_{\max}$, und ein Gleichungssystem*

$$K_{l_{\max}} u_{l_{\max}} = f_{l_{\max}}$$

auf dem feinsten Gitter. Das Schurkomplement-Mehrgitterverfahren besteht aus zwei Schritten:

1. Aufstellen der Grobgittermatrizen

$$\mathbf{for}(l = l_{\max}; l > 0; l = l + 1)$$
$$\{$$
$$\qquad \textit{Konstruiere } \tilde{K}_l \textit{ aus } K_l;$$
$$\qquad K_{l-1} = \tilde{K}_{\mathrm{gg}} - \tilde{K}_{\mathrm{gf}}\tilde{K}_{\mathrm{ff}}^{-1}\tilde{K}_{\mathrm{fg}};$$
$$\}$$

2. Iterationsschritt

$$\mathbf{SchurMG}(l, u, f)$$
$$\{$$
$$\qquad \mathbf{if}(l = 0) \; u_l = K_l^{-1} f_l;$$
$$\qquad \mathbf{else}$$
$$\qquad \{$$
$$\qquad\qquad u_l = S^{\nu_1}(u_l, f_l);$$
$$\qquad\qquad d_l = F_l(f_l - K_l\, u_l);$$
$$\qquad\qquad (u_l)_{\mathrm{f}} = (u_l)_{\mathrm{f}} + K_{\mathrm{ff}}^{-1}(d_l)_{\mathrm{f}};$$
$$\qquad\qquad d_{l-1} = r\, d_l;$$
$$\qquad\qquad v_{l-1} = 0;$$
$$\qquad\qquad \mathbf{for}(j = 0; j < \gamma; j = j + 1) \; \mathbf{SchurMG}(l - 1, v, d);$$
$$\qquad\qquad u_l = u_l + p\, u_{l-1};$$
$$\qquad\qquad u_l = S^{\nu_2}(u_l, f_l);$$
$$\qquad \}$$
$$\}$$

$S(u_l, f_l)$ *bezeichnet einen Glätter (z.B. Gauß-Seidel) und F_l eine Transformation der rechten Seite, die durch die Transformation des Gleichungssystems (15) hervorgerufen wird.*

Die Unbekannten seien so sortiert, daß $u_{l,i}$, $i = 1, \ldots, m_l$, die Unbekannten der nur auf dem feinen Gitter existierenden Knoten und $u_{l,i}$, $i = m_l + 1, \ldots, n_l$, die Unbekannten der auch auf dem groben Gitter auftretenden Knoten beschreiben. Dann werden zur Transformation des Gleichungssystems (15) in jeder Gleichung für einen Feingitterknoten

$$\sum_{j \leq n_l} k_{i,j}\, u_{l,j} = f_{l,i}, \quad i \leq m_l$$

die Unbekannten $u_{l,j}$, $j \neq i$, $j \leq m_l$ der anderen Feingitterknoten durch

$$u_{l,j} \rightarrow \frac{\displaystyle\sum_{s > m_l} |k_{j,s}| u_{l,s}}{\displaystyle\sum_{s > m_l} |k_{j,s}|} + \frac{f_{l,j}}{k_{j,j}}, \quad j \neq i, \; j \leq m_l$$

ersetzt. Dabei entsteht ein Gleichungsystem $\tilde{K}\,\tilde{u} = F\,f$ der Form

$$\tilde{K}_l = \begin{pmatrix} D_{\mathrm{ff}} & \tilde{K}_{\mathrm{fg}} \\ K_{\mathrm{gf}} & K_{\mathrm{gg}} \end{pmatrix}, \quad F_l = \begin{pmatrix} 2I - K_{\mathrm{ff}}D_{\mathrm{ff}}^{-1} & 0 \\ 0 & I \end{pmatrix}$$

mit $D_{\mathrm{ff}} = \mathrm{diag}(K_{\mathrm{ff}})$. Für eine detaillierte Beschreibung des Schurkomplement-Mehrgitterverfahrens verweisen wir auf [WKW].

6 Simulationsergebnisse

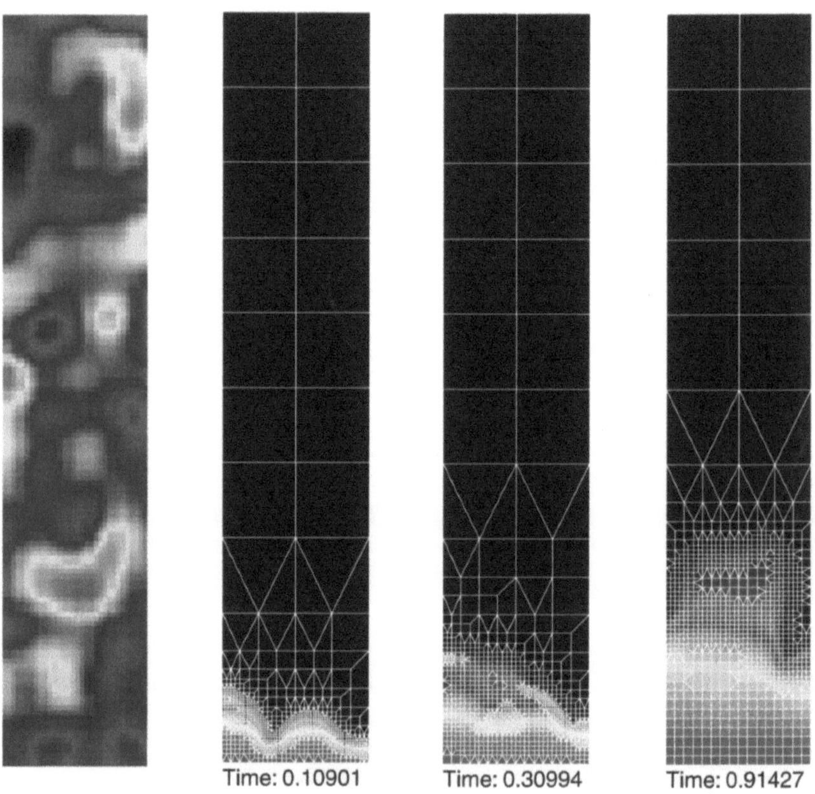

Abb. 2. Eindringen einer Flüssigkeit in ein heterogenes poröses Medium.

In Abb. 2 ist das Eindringen einer Flüssigkeit (rot) in ein poröses Medium dargestellt. Zusätzlich ist die adaptive Gitteranpassung an die Front angedeutet. Das linke Teilbild zeigt den dekadischen Logarithmus (rot = 2.0, blau = −2.0) der Durchlässigkeitsverteilung $\log K_{\mathrm{s}}$.

Literatur

[ABD]   R. E. ALCOUFFE, A. BRANDT, J. E. DENDY UND J. W. PAINTER, *The multigrid-method for the diffusion equation with strongly discontinuous co-efficients.* SIAM J. Sci. Stat. Comput. 2 (4), S. 430–454, 1981.

[BR]   R. E. BANK UND D. J. ROSE, *Global approximate Newton methods.* Numerische Mathematik 37, S. 279–295, 1981.

[DB]   P. DEUFLHARD UND F. BORNEMANN, *Numerische Mathematik II.* Walter De Gruyter Verlag, Berlin, 1994.

[EJ]   K. ERIKSSON UND C. JOHNSON, *An adaptive finite element method for linear elliptic problems.* Math. Comp. 182, S. 361–383, 1988.

[G]   M. TH. VAN GENUCHTEN, *A closed-form equation for predicting the hydraulic conductivity of unsaturated soils.* Soil Sci. Soc. Am. J. 44, S. 892–898, 1980.

[Ha]   W. HACKBUSCH, *On first and second order box schemes.* Computing 41, S. 277–296, 1989.

[HLR]   E. HAIRER, C. LUBICH UND M. ROCHE, *The numerical solution of differential-algebraic systems by Runge-Kutta methods.* Lecture Notes in Mathematics, Springer-Verlag, Berlin, 1989.

[HWa]   E. HAIRER UND G. WANNER, *Solving ordinary differential equations II. Stiff and differential-algebraic problems.* Springer-Verlag, Berlin, 1991.

[HWe]   P. W. HEMKER UND P. WESSELING, eds., *Multigrid methods. Proceedings of the fourth European Multigrid Conference.* ISNM, Birkhäuser, Basel, 1994.

[JK]   W. JÄGER UND J. KAČUR, *Solution of porous medium type systems by linear approximation schemes.* Numerische Mathematik 60, S. 407–427, 1991.

[MC]   S. F. MCCORMICK, ed., *Multigrid methods,* SIAM, Philadelphia, 1987.

[Mu]   Y. MUALEM, *A new model for predicting the hydraulic conductivity of unsaturated porous media.* Water Resour. Res. 12, S. 513–522, 1976.

[Re]   A. REUSKEN, *Multigrid with matrix-dependent transfer operators for convection-diffusion problems.* In [HWe], 1994.

[RGS]   M. J. L. ROBIN, A. L. GUTJAHR, E. A. SUDICKY UND J. L. WILSON, *Cross-correlated random field generation with the direct Fourier transform method.* Water Resources Research, Vol. 29, No. 7, S. 2385–2397, 1993.

[RS]   J. W. RUGE UND K. STÜBEN, *Algebraic mulitgrid.* In [MC], 1987.

[SR]   G. E. SCHNEIDER UND M. J. RAW, *Control volume finite element method for heat transfer and fluid flow using collocated variables.* Numer. Heat Transfer 11, S. 363–390, 1987.

[WKW]   C. WAGNER, W. KINZELBACH UND G. WITTUM, *Schur-complement multigrid — a robust method for groundwater flow and transport problems.* ICA-Preprint 95/1, Stuttgart, 1995; erscheint in Numerische Mathematik, 1996.

1.6 Mikroelektronik und Halbleiter

Optimale Systeme in der Mikroelektronik – Stabilität von Oszillatorschaltungen

R. Bulirsch, P.A. Selting, U. Feldmann und Q. Zheng

Effiziente Eigenmodenberechnung für den Entwurf integriertoptischer Chips

P. Deuflhard, T. Friese, F. Schmidt, R. März und H.-P. Nolting

Modellierung und Simulation von Quantum–Well–Halbleiterlasern

H. Gajewski, H.-Chr. Kaiser, J. Rehberg, H. Stephan und H. Wenzel

Mehrdimensionale Simulation von Hochtemperaturprozessen in der Siliziumtechnologie

K.-H. Hoffmann, H.-J. Bauer, E. Wilczok und J. Lorenz

Zu einigen Fragen der Modellierung und Simulation bei der Entwicklung von SiGe–Heterojunction–Bipolartransistoren

R. Hünlich, A. Glitzky, J. Griepentrog und W. Röpke

Optimale Systeme in der Mikroelektronik – Stabilität von Oszillatorschaltungen

R. Bulirsch[1], P. A. Selting[1], U. Feldmann[2] und Q. Zheng[2]

[1] TU München, Mathematisches Institut, D-80290 München
  e–mail: selting@mathematik.tu-muenchen.de
  URL: http://www.mathematik.tu-muenchen.de/Numerik/Persons/Selting.html
[2] Siemens AG, Zentrale Forschung und Entwicklung,
  Otto-Hahn-Ring 6, D-81739 München

Abstract. An important topic in modern circuit design is the development of mixed analogue–digital circuits. Analogue circuits usually contain oscillating elements. Self–excited oscillating circuits transfer a constant input signal into an oscillating periodic output signal. The frequency is determined by the basic electronic elements, which are affected by production tolerances. In stability analysis the effects of these production tolerances are investigated, because they can cause a loss of stability, i. e. a bifurcation behaviour. Bifurcation is one of the main reasons for the birth of an irregular behaviour of a system.

The implementation of a tool for stability analysis in a simulation package usually requires a charge–oriented approach for the investigation of local stability. For the investigation of industrial relevant circuits using a commercial simulator, it is necessary to adapt that approach to differential–algebraic equations. By means of perturbation technique, the monodromy matrix is computed. Its dominant eigenvalues help to characterize the reliability of the electronic circuit.

The presented approach can be applied to network formulations in the time domain and in the frequency domain. In perspective, this approach can open the way to complete existing nonlinear CAD packages by a tool for automatic stability analysis.

1 Einführung

Neue Technologien im Bereich der Chip–Herstellung führten zu immer komplexeren Schaltungen und kleineren Strukturen auf dem Chip. Durch diese neuen Fertigungstechniken hat sich auch die Vorgehensweise bei der Entwicklung elektrischer Schaltungen grundlegend geändert.

Schaltungssimulatoren sind beim Entwurf integrierter Schaltungen mittlerweile ein Standardwerkzeug, das ermöglicht, ohne hohen Fertigungsaufwand Information über das elektrische Verhalten bzw. die Leistungsfähigkeit eines mikroelektronischen Systems zu erhalten. Im folgenden wird auf das Simulationspaket TITAN [FWZ] (Siemens AG) Bezug genommen, das eine Weiterentwicklung des weit verbreiteten Simulators SPICE2 ist.

Unter Simulation versteht man das Experiment am Modell. Mittels der Kirchhoffschen Gesetze und der Netzwerkelementgleichungen wird automatisch ein mathematisches Modell in Form differential–algebraischer Gleichungen aufgestellt. Als numerische Lösung dieses Systems erhält man die Knotenspannungen sowie die Zweigströme durch spannungssteuernde Elemente.

TITAN verwendet für die Algorithmen und die Formulierung der Netzwerkgleichungen einen ladungsorientierten Zugang, welcher sehr nahe bei der physikalischen Modellierung liegt. Diese Gleichungen sind jedoch nicht explizit verfügbar. Die Knotenbeziehungen werden vielmehr bei Bedarf elementweise aus der Eingabebeschreibung aufgestellt. In der Praxis führt dieses Aufstellen der Netzwerkgleichungen für die Schaltungssimulation im Zeitbereich zu differential–algebraischen Gleichungen vom (differentiellen) Index eins oder zwei.

Ein spezielles Gebiet der Schaltungssimulation ist die Berechnung stabiler Grenzzyklen oszillierender elektrischer Schaltungen. Oszillatoren sind Schaltungen, die elektrische Schwingungen erzeugen. Selbsterregende Oszillatorschaltungen führen ein konstantes Eingabesignal in ein periodisch schwingendes Ausgabesignal über, dessen Frequenz durch die elektrischen Bauteile bestimmt ist. Diese Bauteile sind in der Praxis Fertigungstoleranzen oder Materialermüdung unterworfen. Bei der Stabilitätsanalyse wird die Auswirkung dieser Abweichungen auf das Schwingungsverhalten diskutiert. Ein Stabilitätsverlust kann ein irreguläres Systemverhalten d. h. ein Bifurkationsverhalten verursachen. Ferner gehört zu einer optimalen Auslegung des Mikroelektroniksystems, daß veränderte Signale von der Schaltung wieder eingefangen werden können und auf lange Sicht eine stabile Funktionsweise der Schaltung gewährleistet wird.

Oszillatoren besitzen in der Elektrotechnik praktische Bedeutung zur Erzeugung von:

- Trägersignalen für die Nachrichtentechnik,
- Taktsignalen für Mikroprozessoren, Uhren und digitale Filter,
- Ablenksignalen bei Bildschirmdarstellung,
- Referenzsignalen in der Meßtechnik,
- Signalumwandlung (analog–digital),
- internen Spannungen mit Hilfe von Ladungspumpen.

Im folgenden werden Ansätze zur Stabilitätsanalyse für differential–algebraische Netzwerkgleichungen in ladungsorientierter Formulierung für ein kommerzielles Simulationspaket vorgestellt. Dabei wird das bestehende Simulationspaket dahingehend modifiziert, daß eine lokale Stabilitätsanalyse unter optimaler Ausnutzung von Zwischenresultaten aus der Transienten– bzw. nichtlinearen Frequenzanalyse durchgeführt werden kann.

Die automatische Generierung konsistenter Anfangswerte für die die Schaltung beschreibenden (differential–algebraischen) Gleichungen stellt hier neben der Berechnung der Grenzzyklen ein zentrales Problem dar.

Aufbauend auf der lokalen Stabilitätsanalyse kann eine Studie über das Bifurkationsverhalten der Grenzzyklen durchgeführt werden und die Parameteroptimierung stattfinden. Die richtige Wahl der Parameter ermöglicht es, die Fehleranfälligkeit von Schaltungen zu reduzieren, sowie deren Lebensdauer trotz Materialermüdung zu optimieren.

2 Grundlagen rückgekoppelter Oszillatoren

Das Entstehen selbsterregter Schwingungen läßt sich durch folgendes schematisierte Signalflußbild (Abb. 1) erläutern.

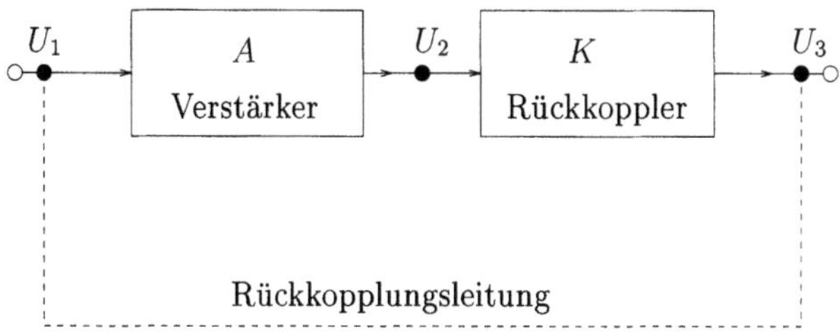

Abb. 1. Signalflußbild

Die Variablen sind komplexwertige Größen, bei denen sowohl Betrag als auch Phasenbeziehungen wichtig sind. Die Eingangsspannung U_1 wird in dem Verstärker mit der Verstärkung A auf den Wert U_2 angehoben:

$$U_2 = AU_1 \, .$$

Dabei tritt eine parasitäre Phasenverschiebung α_1 zwischen den Spannungen U_1 und U_2 auf.

Im Rückkopplungsnetzwerk wird die Teilspannung U_3 gebildet und an den Eingang zurückgeführt:

$$U_3 = KU_2 \, .$$

α_2 bezeichnet die Phasenverschiebung zwischen U_2 und U_3.

Stimmen die Signale U_1 und U_3 sowohl in Betrag als auch in Phase überein, so ist der Oszillator schwingungsfähig. Die rückgeführte Spannung U_3 kann somit die Eingangsspannung U_1 ersetzen. Nach dem Anstoßen des Oszillators ist dadurch die Eingangsspannung U_1 nicht mehr notwendig.

Es ergeben sich somit folgende notwendige Schwingungsbedingungen:

$$U_1 = U_3 = KAU_1 \, .$$

Die Schleifenverstärkung muß also

$$KA = 1 \tag{1}$$

betragen. Da die Schleifenverstärkung eine komplexe Größe ist, ergeben sich aus (1) zwei Bedingungen:

1. *Amplitudenbedingung:* Der Betrag der Schleifenverstärkung ist gleich eins:
$$|K| \cdot |A| = 1.$$

   Die Dämpfung, die durch das Rückkopplungsnetzwerk hervorgerufen wird, muß vom Verstärker kompensiert werden.

2. *Phasenbedingung:* Eingangs– und rückgekoppelte Spannung sind in Phase:
$$\alpha_1 + \alpha_2 = 2n\pi, \quad n \in \{0,1,2,\ldots\}.$$

Insgesamt läßt sich ein Oszillator durch drei Merkmale charakterisieren: Er besitzt

— einen Verstärker, der sich selbst durch das Rückkopplungsnetzwerk aussteuert,

— mindestens ein aktives Element (Leistungsverstärkung > 1),

— ein i. a. nichtlineares Glied, das eine konstante Schwingungsamplitude bewirkt.

Eine spezielle Klasse, nämlich die LC–Oszillatoren, bei denen ein LC–Schwingkreis mit Hilfe eines Verstärkers entdämpft wird, liefert ein später verwendetes Simulationsbeispiel für die (lokalen) Stabilitätsbetrachtungen.

Die Oszillatorschaltungen werden beispielsweise in [Se], [TS] und [KM] beschrieben.

3 Stabilitätsanalyse bei Grenzzyklen im Zeit– und Frequenzbereich

Die Kirchhoffschen Gesetze und die Modelle der Netzwerkelemente (die Elementgleichungen) bilden die Grundlage, um eine reale Schaltung für die Computersimulation in Form von Differentialgleichungssystemen beschreiben zu können. Damit läßt sich das zeitabhängige Verhalten einer elektrischen Schaltung mit konstantem Eingangssignal durch ein Modell in Form eines autonomen Systems impliziter Differentialgleichungen

$$f(y(t), \dot{y}(t)) = 0, \quad y(0) = y_0, \qquad y_0 \in \mathbb{R}^n, \quad f : \mathbb{R}^{2n} \to \mathbb{R}^n, \qquad (2)$$

charakterisieren. In [BSS], [Sey1] und [Z] wird erörtert, wie sich für das System (2) ein Grenzzyklus $\varphi(t, y_0)$ der Periodenlänge T im Zeit– bzw. im Frequenzbereich entweder als Lösung eines erweiterten Randwertproblems mit freier Endzeit oder als Hopfpunkt oder mittels nichtlinearer Frequenzanalyse berechnen läßt. Diese periodische Lösung wird auf Sensitivität bezüglich

Störung des Vektors der Anfangswerte $y_0 \longrightarrow y_0 + \varepsilon$ untersucht, wobei zunächst $f_{\dot{y}}$ in einer Umgebung der Lösung φ als regulär angenommen wird. Um ein Stabilitätskriterium abzuleiten, betrachtet man die Differenz zwischen exakter und gestörter Lösung

$$d(t) := \varphi(t, y_0 + \varepsilon) - \varphi(t, y_0)\,.$$

Nach einer Periode T liefert Taylorentwicklung:

$$d(T) = \varphi(T, y_0 + \varepsilon) - \varphi(T, y_0) = \frac{\partial \varphi(T, y_0)}{\partial y_0} \varepsilon + \mathcal{O}(\varepsilon^2)\,,$$

wobei

$$M := \frac{\partial \varphi(T, y_0)}{\partial y_0}$$

Monodromiematrix heißt.

Bricht man die Reihenentwicklung nach dem ersten Term ab, so läßt sich eine linearisierte Stabilitätsanalyse mittels der *Floquet-Theorie* durchführen. Ableitungen höherer Ordnung stehen im Simulator TITAN nicht zur Verfügung. Die Eigenwerte der Monodromiematrix, die *Floquet-Multiplikatoren*, charakterisieren lokal die Stabilität der periodischen Lösung: Ist $\varphi(t, y_0)$ eine periodische Lösung von (2) und M die zugehörige Monodromiematrix mit den n Eigenwerten $\mu_1, \ldots, \mu_n$, wobei $\mu_n = 1.0$, so heißt φ *(lokal) stabil* (bezüglich Störungen des Anfangswertes y_0), falls $|\mu_j| < 1$ für $j = 1, \ldots, n-1$, sonst *instabil*.

Die Monodromiematrix kann man z. B. als Lösung eines Anfangswertproblems [BSS], [Sey2] berechnen.

Bei der Simulation industrierelevanter Beispiele mit Hilfe kommerzieller Schaltungssimulatoren treten zusätzliche Probleme auf: Durch die ladungsorientierte Formulierung der Gleichungen ergibt sich ein (differential-algebraisches) System der Form

$$A\frac{d}{dt}q(y(t)) + f(y(t)) = 0, \qquad y(0) = y_0\,,$$

wobei $y \in \mathbb{R}^n$ den Vektor der Knotenpotentiale und Ströme durch spannungsdefinierende Elemente bezeichnet und $q \in \mathbb{R}^m$ der Ladungsvektor ist. Im Falle gewöhnlicher Differentialgleichungen (*Index-0-Fall*) ergibt sich zur Berechnung der Monodromiematrix folgendes Anfangswertproblem:

$$A\frac{d}{dt}\underbrace{(q_y \underbrace{\frac{\partial \varphi}{\partial y_0}}_{:= \Phi})}_{:= \Psi} + f_y \underbrace{\frac{\partial \varphi}{\partial y_0}}_{:= \Phi} = 0, \qquad \frac{\partial \varphi(0, y_0)}{\partial y_0} = I\,. \tag{3}$$

Zur Integration im Zeitbereich (*Transientenanalyse*) verwendet das Simulationspaket TITAN entweder die Trapezregel oder BDF-Verfahren der Ordnung

ϱ ($\varrho = 1, \ldots, 3$). Hier kann die Integration des Matrixanfangswertproblems (3) simultan zur Transientenanalyse durchgeführt werden wie anhand der BDF–Verfahren der Ordnung ϱ aufgezeigt wird. Im l–ten Integrationsschritt ergibt sich:

$$A\{\alpha_0 \Psi_l + \sum_{i=1}^{\varrho} \alpha_i \Psi_{l-i}\} + f_y^{(l)} \Phi_l = 0\,,$$

$$q_y^{(j)} \Phi_j = \Psi_j \qquad j = l - \varrho, \ldots, l\,.$$

$$\Rightarrow \quad \underbrace{\{\alpha_0\, A\, q_y^{(l)} + f_y^{(l)}\}}_{\text{Iterationsmatrix}} \Phi_l = - \sum_{i=1}^{\varrho} \alpha_i\, A\, q_y^{(l-i)}\, \Phi_{l-i}\,.$$

Die Iterationsmatrix steht in jedem Integrationsschritt bereits in LR–Zerlegung zur Verfügung, so daß zur Lösung des linearen Gleichungssystems in jedem Schritt lediglich eine neue rechte Seite berechnet, sowie eine Vor– und Rückwärtssubstitution durchgeführt werden muß. Das System zur Berechnung der Monodromiematrix wird in die Schrittweitensteuerung miteinbezogen. Bei der Trapezregel kann analog verfahren werden.

Eine ähnliche Vorgehensweise ist bei der Simulation im Frequenzbereich möglich. Bei der *nichtlinearen Frequenzanalyse* wird in TITAN die Methode der *harmonischen Balance* [Z] verwendet. Die Einträge für die Matrizen $A\, q_y$ bzw. f_y werden für die nichtlineare Frequenzanalyse generiert. Damit läßt sich die Lösung des Matrixanfangswertproblems (3) an die harmonische Balance koppeln. Die Integration wird in ähnlicher Weise wie bei der Transientenanalyse durchgeführt.

Modifizierte Knotenanalyse und ladungsorientierte Formulierung führen in der Regel auf *Index–1–Systeme* [FWZ]. Die Inzidenzmatrix A besitzt dann nicht vollen Rang. Daher ist die Behandlung von Index–1–Problemen in der Schaltungssimulation von großer Bedeutung. Um bei differential–algebraischen Gleichungen vom Index–1 die Monodromiematrix zu berechnen, ist zunächst der bisher für gewöhnliche Differentialgleichungen eingeführte Stabilitätsbegriff auf differential–algebraische Gleichungen zu erweitern. Dazu werden die Stabilitätskonzepte für gewöhnliche Differentialgleichungen auf Differentialgleichungen auf Mannigfaltigkeiten $\mathcal{M}$ angewendet, wobei nun darauf zu achten ist, daß lediglich Störungen auf der Mannigfaltigkeit $\mathcal{M}$ zulässig sind. In Anlehnung an die oben dargelegte Vorgehensweise bei gewöhnlichen Differentialgleichungen läßt sich für Index–1–Probleme folgendes Anfangswertproblem für die Monodromiematrix formulieren:

$$\tilde{A}(t)\dot{\Phi}(t) + B(t)\Phi(t) = 0, \qquad \Phi(0) = \Phi_0, \qquad \Phi_0 \in \mathbb{R}^{n,k} \qquad (4)$$

mit $B(t) := A\,\dot{q}_y + f_y$ und $\tilde{A}(t) := AC(t)$, $Rang(\tilde{A}) =: k$, wobei A die Inzidenzmatrix, und $C(t) = q_y$ die Kapazitätsmatrix bezeichnet.

Die Index–1 differential–algebraische Gleichung (4) läßt sich in einen differentiellen und einen algebraischen Anteil auftrennen. Dabei müssen konsistente Anfangswerte $\Phi_0 \in \mathbb{R}^{n,k}$ mit $k < n$ gewählt werden, wobei für den differentiellen Anteil von (4) – analog zum Index–0–Fall – die Einheitsmatrix vorzuschreiben ist.

Zur Lösung des Matrixanfangswertproblems wird in der Praxis folgender Weg beschritten: Im Index–1–Fall ist durch Multiplikation mit einer nichtsingulären Matrix $E \in \mathbb{R}^{n,n}$ folgende Transformation möglich:

$$E \, \tilde{A}(t) = \begin{pmatrix} A_1(t) \\ 0 \end{pmatrix}, \qquad E \, B(t) = \begin{pmatrix} B_1(t) \\ B_2(t) \end{pmatrix},$$

wobei $Rang(\tilde{A}) = Rang(A_1(t)) = k$. Die Matrix $\begin{pmatrix} A_1(t) \\ B_2(t) \end{pmatrix} \in \mathbb{R}^{n,n}$ ist dann nichtsingulär [GM]. Aufgrund der Linearität des Matrixanfangswertproblems ist es möglich, mit beliebigen konsistenten, orthonormalen Anfangswerten Φ_0 zu starten. Es ist also ein Anfangswert Φ_0 zu bestimmen, mit

$$- \ \Phi_0^T \, \Phi_0 = I_k, \quad \text{mit} \quad I_k \in \mathbb{R}^{k,k}, \quad I_k : \ \text{Einheitsmatrix},$$
$$- \ B_2(0) \, \Phi_0 = 0, \quad \text{d. h.} \quad B(0) \, \Phi_0 \in Im(\tilde{A}(t)),$$

wobei die zweite Bedingung die Konsistenz des Anfangswerts und die erste Bedingung eine kanonische Rücktransformation garantiert. Ist die Integration nach einer Periode T beendet, so erhält man durch eine Transformation die Monodromiematrix

$$M = \Phi_0^T \, \Phi(T), \qquad M \in \mathbb{R}^{k,k},$$

deren Eigenwerte, die Floquet–Multiplikatoren, ein Stabilitätskriterium liefern. Die Floquet–Multiplikatoren sind unabhängig von der speziellen Wahl von Φ_0.

4 Beispiele aus dem Bereich der Chip–Herstellung

Zur Untersuchung der lokalen Stabilität, welche Aufschluß über das Einschwingverhalten einer Schaltung gibt, wurden zwei Oszillatoren, nämlich ein Ringoszillator (Abb. 2) und ein 16 MHz Quarzoszillator (Abb. 3), als Testbeispiele verwendet. Die Monodromiematrix wurde für die hier aufgeführten Beispiele mit BDF–Verfahren als Anfangswertproblem berechnet. Die Eigenwerte wurden mit Hilfe eines Standard–QR–Verfahrens ermittelt.

Das mathematische Modell für den Ringoszillator findet sich ausführlich in [Sch] dargestellt. Abb. 2 zeigt das Netzwerk dieses autonomen Oszillators, bestehend aus $N - 1$ gekoppelten MOS–FET Transistoren $T_1, T_3, T_4, T_5,$ $\ldots, T_N$. Das Ausganssignal am Knoten $N - 1$ wird über einen zusätzlichen Transistor T_2 rückgeführt. Alle Inverter werden als identisch angenommen.

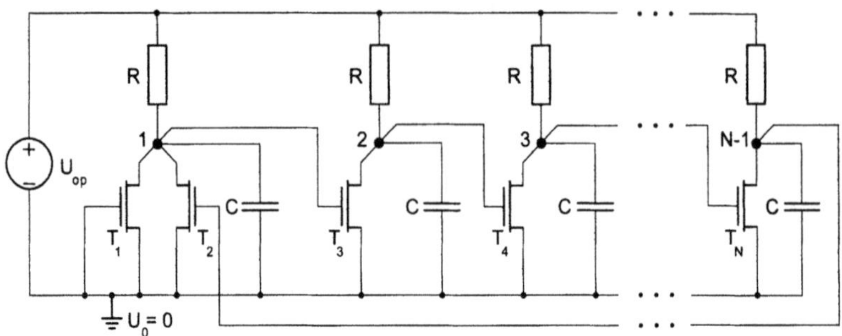

Abb. 2. Ringoszillator

Die Schaltung erwies sich auch global als stabil. Als Reproduktion des Eigenwertes 1.0 ergab sich $\mu_5 = 1.0002549$. Die übrigen Eigenwerte lagen im Inneren des Einheitskreises. Wegen $|\mu_1|, \ldots, |\mu_4| \leq 10^{-3}$ ist der Ringoszillator eine Schaltung, die selbst bei stark gestörten Anfangsdaten rasch einschwingt.

Wenn Oszillatoren mit sehr starker Frequenzkonstanz eingesetzt werden sollen, wird ein Schwingquarz (piezoelektrischer Kristall mit zwei Elektroden) als frequenzbestimmendes Element verwendet. Schwingquarze lassen sich durch elektrische Felder zu mechanischen Schwingungen anregen. Der Quarz mit angeschlossenen Elektroden verhält sich hinsichtlich seiner elektrischen Eigenschaften wie ein Schwingkreis hoher Güte.

Das zweite Testbeispiel ist ein 16 MHz Quarzoszillator. Sein Einschwingverhalten findet sich in [SM] diskutiert. Abb. 3, linkes Bild, zeigt das Schaltbild des 16 MHz Quarzoszillators.

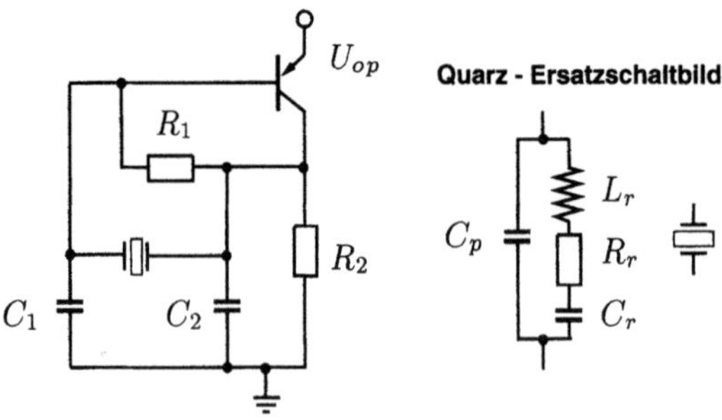

Abb. 3. Quarzoszillator

Rechts daneben sieht man das Ersatzschaltbild, mit dem der Schwingquarz näherungsweise modelliert werden kann [Se]: Dabei symbolisiert im Serienzweig die Induktivität L_r die schwingende Masse des Schwingquarz, die Kapazität C_r die Elastizität des schwingenden Körpers und der Widerstand R_r diverse Reibungsverluste. C_p ist die statische Parallelkapazität der Ersatzschaltung.

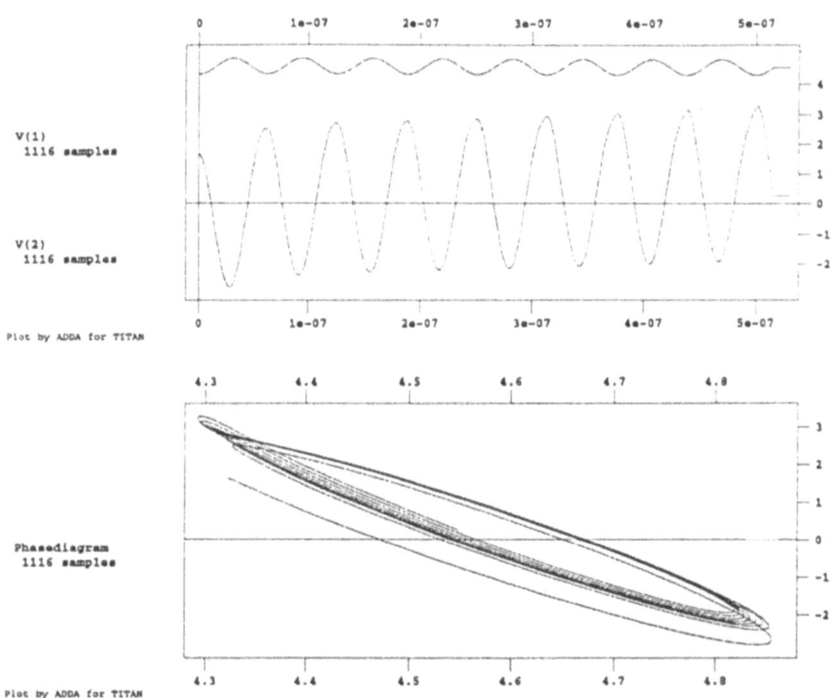

Abb. 4. Einschwingverhalten des Quarzoszillators im Zeitbereich bzw. im Phasenraum

Die stabile Schaltung besitzt neben der Reproduktion des Eigenwertes 1.0 mit $\mu_4 = 1.0009458$ ein komplexes Eigenwertpaar in der Nähe des Einheitskreises : $0.99978762 \pm 3.3271033 \cdot 10^{-3}\, i$.

Dieses ist für das langsame Einschwingverhalten des Quarzes (Abb. 4) verantwortlich. In [SM] werden für die Dauer der Einschwingphase annähernd 160 000 Perioden genannt, was in etwa 3 Millionen Integrationsschritten entspricht.

Bei einer Häufung von Eigenwerten um den reellen Wert 1.0 ist das Ergebnis der lokalen Stabilitätsanalyse im allgemeinen kritisch zu betrachten.

Leichte Störungen in der Monodromiematrix wirken sich hier gewaltig auf die numerisch berechneten Floquet–Multiplikatoren aus. Das Simulationsergebnis ist daher mit starken Unsicherheiten behaftet. Eine rein lokale Stabilitätsanalyse, d. h. eine Analyse des linearisierten Systems, reicht in diesem Fall nicht aus. Es empfiehlt sich, hier eine Variation der Systemparameter durchzuführen und zu beobachten, welche Eigenwerte aus dem Inneren auf den Rand des Einheitskreises zuwandern.

Literatur

[BBG]   R. E. Bank, R. Bulirsch, H. Gajewski, K. Merten, *Mathematical modelling and simulation of electrical circuits and semiconductor devices* International Series of Numerical Mathematics, Vol. 117, Birkhäuser–Verlag, Basel, 1994.

[BSS]   H.–J. Bauer, W. Schmidt, P. A. Selting, *A Glance at the Stability of Integrated Circuits with Oscillating Behaviour*, in: Efficient numerical methods in electronic circuit simulation, Bericht TUM–M9413, Mathematisches Institut, Technische Universität München, S. 21–28, 1994.

[FWZ]   U. Feldmann, U. A. Wever, Q. Zheng, R. Schultz, H. Wriedt, *Algorithms for modern circuit simulation*. Archiv für Elektronik und Übertragungstechnik, Vol. 46, S. 274–285, 1992.

[GM]   E. Griepentrog, R. März, *Differential–Algebraic Equations and Their Numerical Treatment*. BSB Teubner Verlagsgesellschaft, Leipzig, 1986.

[KM]   G. Kurz, W. Mathis, *Oszillatoren*. Hüthig Buch Verlag, Heidelberg, 1994.

[L]   R. Lamour, *A well–posed shooting method for transferable DAE's*. Numer. Math., Vol. 59, S. 815–829, 1991.

[Sch]   W. Schmidt, *Limit Cycle Computation of Oscillating Electric Circuits*, in: International Series of Numerical Mathematics, Vol. 117, Birkhäuser Verlag Basel, S. 91–101, 1994.

[SM]   Chr. Schmidt–Kreusel, W. Mathis, *New results in transient analysis of crystal oscillators*, Second International Workshop on Discrete Time Domain Modelling of Electromagnetic Fields and Networks, Berlin, 1993.

[Se]   M. Seifert, *Analoge Schaltungen*, 2. Auflage, Dr. Alfred Hüthig Verlag Heidelberg, 1988.

[Sey1] R. Seydel, *Numerical computation of periodic orbits that bifurcate from stationary solutions of ODEs*, Appl. Math. Comp. 9, S. 257–271, 1981.

[Sey2] R. Seydel, *From equilibrium to chaos*, Elsevier Science Publishing Co., Inc., 1988.

[TS]   U. Tietze, Ch. Schenk, *Halbleiter–Schaltungstechnik*, zweiter aktualisierter Nachdruck, Springer–Verlag, 1991.

[Z]   Q. Zheng, *Ein Algorithmus zur Berechnung nichtlinearer Schwingungen bei Algebro–Differentialgleichungen*. Hamburger Beiträge zur Angewandten Mathematik, Institut für Angewandte Mathematik der Universität Hamburg, Reihe D, Elektrische Netzwerke und Bauelemente, 3, 1988.

Effiziente Eigenmodenberechnung für den Entwurf integriert-optischer Chips

P. Deuflhard[1], T. Friese[1], F. Schmidt[1], R. März[2] und H.-P. Nolting[3]

[1] Konrad-Zuse-Zentrum für Informationstechnik Berlin, Heilbronner Str. 10, 10711 Berlin, e-mail: deuflhard@zib-berlin.de, URL: http://www.zib-berlin.de

[2] Siemens AG München, ZFE ST KM 45, Otto-Hahn-Ring 6, 81739 München, e-mail: reinhard.maerz@zfe.siemens.de

[3] Heinrich-Hertz-Institut für Nachrichtentechnik Berlin GmbH, Einsteinufer 37, 10587 Berlin, e-mail: nolting@hhi.de

Abstract. The paper deals with adaptive multigrid methods for 2D Helmholtz eigenvalue problems arising in the design of integrated optical chips. Typical features of the technological problem are its geometric complexity, its multiscale structure, the possible occurrence of eigenvalue clusters, and the necessity of quite stringent required relative error tolerances. For reasons of sheer computational complexity, multigrid methods must be used to solve the discretized eigenvalue problems and adaptive grids must be automatically constructed to avoid an undesirable blow-up of the required number of nodes for these accuracies. In view of the problem specifications, an adaptive multigrid method based on Rayleigh quotient minimization, simultaneous eigenspace iteration, and conjugate gradient method as smoother is carefully selected. Its performance in the numerical simulation of a component of a rather recent optical chip (heterodyne receiver of HHI) is documented.

1 Einleitung

Die bekannteste und wichtigste Komponente der modernen optischen Nachrichtentechnik ist die Glasfaser. Heutzutage werden nahezu alle globalen Nachrichtennetze und sogar viele lokale Netze auf Glasfaser-Basis aufgebaut. Diese bieten gegenüber dem konventionellen Kupferkabel viele technische Vorteile, vor allem die kleineren Dämpfungsverluste (kleiner als 0.5 dB/km) und die höhere Übertragungsbandbreite, von deren physikalischer Grenze im 1000 GBit/s–Bereich in heutigen Netzen etwa 2.5–10 GBit/s genutzt werden.

Anfang der 70er Jahre entstand die Idee, die Vorteile der optischen Signal*übertragung* mit dem großen Potential einer rein optischen Signal*verarbeitung* zu verbinden. Dem Vorbild elektronischer Halbleiterbauelemente folgend, sollten sowohl aktive als auch passive optische Komponenten gemeinsam auf einem Chip integriert werden.

Bis heute jedoch sind solche weitgehenden Konzeptionen nicht realisiert worden. Dafür gibt es im wesentlichen zwei Ursachen. Zum einen sind die rein elektrischen Realisierungen immer besser geworden, so daß sie den steigenden Ansprüchen der Anwender durchaus genügen konnten, zum anderen

taten sich erhebliche, vorher unterschätzte Schwierigkeiten in der planaren
Herstellungstechnologie auf. Diese basiert nicht auf dem bekannten Silizium,
sondern auf dem weniger erforschten Materialsystem $In_xGa_{1-x}As_yP_{1-y}/InP$.
Nachdem aber im letzten Jahrzehnt wesentliche technische Probleme gelöst
werden konnten, erhält die Idee des integriert-optischen Chips neue Bedeutung und einige Experten erwarten einen Durchbruch in naher Zukunft ('Fi-
ber to the Home').

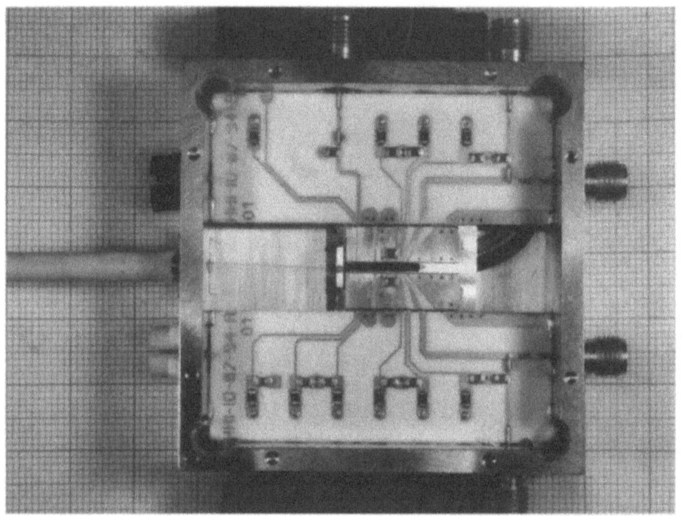

Abb. 1. Montierter optischer Chip des HHI (Frühjahr 1995)

Neben der Lösung der technologischen Probleme stehen die Entwicklung geeigneter physikalischer Modelle und deren numerische Simulation als
Hauptaufgaben der aktuellen Forschung im Vordergrund. Prinzipiell wäre
es wünschenswert, das gesamte Design mit einem einzigen Simulationswerkzeug durchzuführen, aufgrund der extremen Komplexität des Problems ist
man davon allerdings heute noch weit entfernt. Eine entscheidende Voraussetzung für den Entwurf von Kopplern, Schaltern, Modulatoren usw. ist die
Kenntnis der niedrigsten Eigenlösungen der in der Komponente verwendeten
Wellenleiter. Innerhalb der Vielfalt der optischen Komponenten gibt es solche mit sehr einfacher Geometrie, wie z. B. die Stufenindex-Faser, und solche
mit sehr komplexer Geometrie, wie z. B. manche Arten von Multi-Quantum-
Well-Schaltern. Es ist das Ziel dieser Arbeit, Prinzipien und Anwendung von
adaptiven Mehrgittermethoden auf die entstehenden Multiskalen-Probleme
zu demonstrieren. Die entwickelten Algorithmen sind erste Bausteine für ein
zu schaffendes universelles Simulationswerkzeug für die integrierte Optik.

2 Problemstellung

2.1 Technologische Grundlagen

Das typische Vorgehen beim Entwurf eines integriert-optischen Chips soll
am Überlagerungsempfänger des HHI dargestellt werden, der gegenwärtig
die Komponente mit der weltweit höchsten technologischen und funktionellen
Komplexität darstellt. Abb. 1 zeigt ein Foto des fertig im Gehäuse montier-
ten Schaltkreises. Auf der linken Seite führt eine Glasfaser die vom Sender
stammenden optischen Signale zum Chip. Diese Faser kann aufgrund ihrer
sehr großen Bandbreite viele, spektral dicht benachbarte Kanäle gleichzeitig
übertragen. Die Aufgabe des Überlagerungsempfängers besteht nun darin,
einen gewünschten Kanal herauszufiltern und in ein elektrisches Signal umzu-
wandeln, das dann direkt z. B. in Fernsehempfängern verwendet werden kann.
In Abb. 1 ist dieser elektrische Ausgang auf der rechten Seite des Chips zu
sehen. Das Neue am Konzept des integriert-optischen Überlagerungsempfängers ist nun, daß der gesamte Prozeß des Herausfilterns und Nutzbarma-
chens eines Signals auf rein optischer Basis beruht. In Abb. 2 ist der Auf-

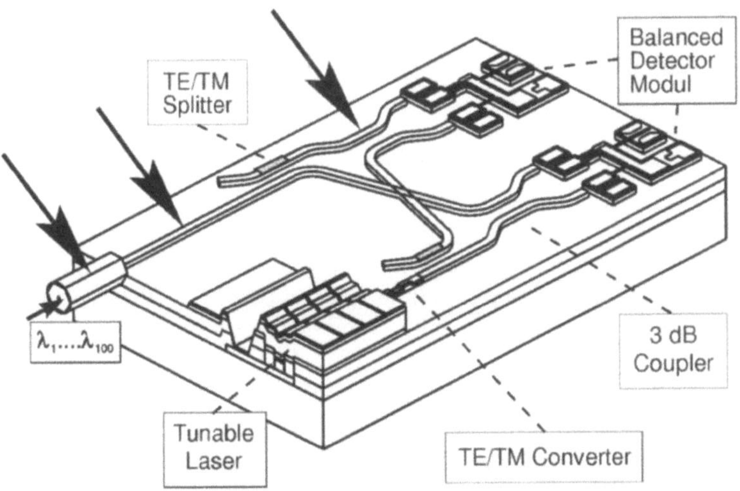

Abb. 2. Schematische Darstellung des Chips in Abb. 1

bau des Überlagerungsempfängers schematisch dargestellt. Der Chip besitzt
einen aktiven Baustein (lokaler Laser) und passive Komponenten (Wellenleiter, Koppler, Polarisationsfilter). Beim Entwurf muß jeder einzelne Baustein
zunächst für sich und dann im Zusammenhang mit den übrigen Komponenten optimiert werden. Es werden Schnittstellen zwischen den Komponenten
festgelegt und die einzelnen Bauelemente bezüglich dieser Schnittstellen optimiert. Die Pfeile in Abb. 2 markieren Stellen, an denen eine festgelegte Inten-

sitätsverteilung des Lichtes herrschen muß. Zu deren Berechnung wird eine
2D-Eigenmodenanalyse der an der Schnittstelle gegebenen Wellenleiterstruk-
tur benötigt. Dieses Vorgehen ist immer dann gerechtfertigt, wenn sich die
Brechzahl-Geometrie in Ausbreitungsrichtung bezogen auf die Wellenlänge
des Lichtes wenig ändert. Ein darüber hinausgehender Zugang, der auch zur
Analyse z. B. der Wellenleiter-Kreuzung genutzt werden kann, besteht in
der Anwendung von Propagationsmethoden. Entsprechende Algorithmen für
den eindimensionalen Fall wurden in einer früheren Kooperation mit dem
HHI entwickelt [Sm1], [SD].

Ein wesentlicher Aspekt bei der Eigenmodenanalyse ist, daß abhängig
vom Funktionsprinzip der zu untersuchenden Strukturen sehr verschiedene
Genauigkeitsanforderungen an die Eigenwerte bzw. Eigenvektoren gestellt
werden. So müssen auch Strukturen mit dicht benachbarten Moden (z. B.
Richtungskoppler, rechter Pfeil in Abb. 2) ausreichend genau analysiert werden können, was praktischen Forderungen von 10^{-6} bis 10^{-8} bezüglich des
relativen Fehlers im Eigenwert entspricht.

2.2 Mathematisches Modell

Die Ausbreitung von Licht in den oben dargestellten optischen Komponenten
wird durch die Maxwellschen Gleichungen für nichtmagnetische und ladungs-
freie Medien beschrieben:

$$\mathrm{rot}\,\mathbf{H} = i\epsilon\omega\mathbf{E}$$
$$\mathrm{rot}\,\mathbf{E} = -i\mu_0\omega\mathbf{H}$$
$$\mathrm{div}\,\mathbf{H} = 0$$
$$\mathrm{div}\,\epsilon\mathbf{E} = 0 \ .$$

Dabei wurde für die magnetische Feldstärke $\mathbf{H}$ und für die elektrische Feldstärke $\mathbf{E}$ jeweils eine harmonische Zeitabhängigkeit $\exp(i\omega t)$ vorausgesetzt.
Die Dielektrizitätszahl ϵ hängt vom Ort ab und kann für verlustbehaftete
Medien komplex werden. In der ersten Phase des Projektes beschränken wir
uns jedoch auf verlustfreie, reine Dielektrika. Die Permeabilität μ ist reell
und im gesamten Raum konstant.

Eliminiert man aus den ersten beiden Maxwellschen Gleichungen die elektrische Feldstärke, erhält man die stationäre vektorielle Wellengleichung für
die magnetische Feldstärke $\mathbf{H}$

$$\nabla \times \frac{1}{\epsilon} \nabla \times \mathbf{H} = \mu_0\omega^2\mathbf{H} \ .$$

Dazu äquivalent ist die Gleichung

$$\epsilon\nabla\frac{1}{\epsilon} \times \nabla \times \mathbf{H} + \nabla(\nabla \cdot \mathbf{H}) - \Delta\mathbf{H} = \mu\epsilon\omega^2\mathbf{H} \ .$$

Streng genommen, erfordert die Lösung dieser vektoriellen Gleichung als Nebenbedingung, die Divergenzfreiheit von $\mathbf{H}$ zu sichern. In der Regel sind

aber für die Untersuchung der interessierenden optischen Strukturen vereinfachte Modelle ausreichend. Da die Dielektrizitätszahl im allgemeinen nur sehr schwach ortsabhängig ist, ist $\nabla\epsilon$ sehr klein. Daher kann der erste Term in obiger Gleichung vernachlässigt werden. Man erhält so die vektorielle Helmholtzgleichung

$$-\Delta\mathbf{H} - \mu\epsilon\omega^2\mathbf{H} = 0 \ .$$

Diese Gleichung wird von jeder Vektorkomponente von $\mathbf{H}$ einzeln erfüllt. Damit braucht zwischen den einzelnen Komponenten nicht mehr unterschieden zu werden und es genügt, die skalare Gleichung

$$-\Delta H - \mu\epsilon\omega^2 H = 0$$

mit H stellvertretend für eine beliebige Vektorkomponente zu lösen. Wegen der Translationsinvarianz der optischen Strukturen in z-Richtung werden Lösungen der Form

$$H(x,y,z) = u(x,y)e^{-i\tilde{\lambda}z}$$

gesucht. Einsetzen dieses Separationsansatzes in die skalare Wellengleichung, Normierung und Einführung der Bezeichnung $\lambda = -\tilde{\lambda}^2$ führen schließlich auf das *Eigenwertproblem der skalaren Helmholtzgleichung*

$$-\Delta u(x,y) - \epsilon_D(x,y)\, u(x,y) = \lambda\, u(x,y), \quad (x,y) \in \Omega \subset \mathbb{R}^2 \ . \qquad (1)$$

Dabei entsprechen Eigenfunktionen mit $\mathrm{Re}(\lambda) < 0$ geführten Moden, Eigenfunktionen mit $\mathrm{Re}(\lambda) \geq 0$ evaneszenten (exponentiell gedämpften) Moden.

Im Kontext von Finite-Elemente-Approximationsmethoden ist es üblich, das Eigenwertproblem (1) mit zugehöriger Randbedingung in Variationsformulierung zu betrachten [BO]. Dabei soll Ω eine offene, beschränkte und zusammenhängende Teilmenge des $\mathbb{R}^2$ mit Lipschitz-stetigem Rand sowie ϵ_D eine reellwertige, stückweise stetige, positive und beschränkte Funktion auf $\bar{\Omega}$ sein. In der Variationsformulierung lautet die Problemstellung dann: gesucht sind eine Funktion $u \in \mathbb{H}\backslash\{0\}$ und eine Zahl λ, welche der Beziehung

$$a(u,v) = \lambda\,(u,v), \quad \forall v \in \mathbb{H}, \qquad (2)$$

mit $a(u,v) = (\nabla u, \nabla v) - (\epsilon_D u, v)$ genügen, wobei $\mathbb{H}$ bei Dirichlet-Randbedingung der reelle Sobolevraum $\mathbb{H}_0^1(\Omega)$, bei Neumann-Randbedingung der reelle Sobolevraum $\mathbb{H}^1(\Omega)$ ist. Das innere Produkt $(\cdot,\cdot)$ ist das gewöhnliche L^2-Skalarprodukt, die Bilinearform $a(\cdot,\cdot)$ ist symmetrisch, da ϵ_D nur reelle Werte annimmt. Daher sind alle Eigenwerte reell und verschiedene Eigenfunktionen orthogonal zueinander. Wegen der Beschränktheit des Gebietes Ω und der Funktion ϵ_D bilden die Eigenwerte eine Folge

$$-\max_{(x,y)\in\bar{\Omega}} \epsilon_D(x,y) < \lambda_1 \leq \lambda_2 \leq \ldots \rightarrow \infty \ .$$

Die Eigenwerte λ_j und die korrespondierenden Eigenfunktionen u_j sind durch das COURANTsche Minimumprinzip [CH]

$$\lambda_j = \min_{\substack{u \in \mathbb{H} \setminus \{0\} \\ (u, u_k) = 0 \\ k = 1, \ldots, j-1}} R(u) = R(u_j), \quad j \in \mathbb{N}, \tag{3}$$

mit dem Rayleigh-Quotienten $R(u) = a(u, u)/(u, u)$ charakterisiert.

3 Diskussion adaptiver Mehrgittermethoden

Um den in der Einleitung erwähnten komplexen Geometrien und dem Multiskalencharakter der betrachteten optischen Strukturen gerecht zu werden, ist es erforderlich, die näherungsweise Berechnung von Lösungen der Eigenwertaufgabe (2) mit *adaptiven* Gittern durchzuführen. Damit erhält man auch die gewünschte Flexibilität bezüglich der Genauigkeit der approximativ bestimmten Eigenwerte und Eigenvektoren. Die Anzahl der Freiheitsgrade erreicht trotz eines dem Problem angepaßten Gitters immer noch eine Größenordnung von 10^3 bis 10^5, so daß eine Lösung der entstehenden diskreten Probleme in realistischen Rechenzeiten die Anwendung von *Mehrgittermethoden* erforderlich macht. Obwohl Mehrgittermethoden für Eigenwertprobleme seit längerem bekannt sind, stellt Adaptivität, Multiskalencharakter und das Auftreten dicht benachbarter Eigenwerte zusätzliche Anforderungen an Robustheit und Effizienz der Algorithmen.

Simultane Iteration. Das mögliche Auftreten dicht benachbarter Eigenwerte erfordert eine *simultane* Iteration der zugehörigen Eigenvektoren (Unterraum-Iteration). Diese sichert eine verbesserte Kondition des Problems und vernünftige Konvergenzraten der verwendeten iterativen Lösungsverfahren [GL], [W].

Finite-Elemente-Approximation. Eine erste Möglichkeit zur approximativen Berechnung der p kleinsten Eigenwerte und korrespondierenden Eigenfunktionen ist die direkte Diskretisierung von Gleichung (2), d. h. man löst diese in einem endlichdimensionalen Unterraum $V_h \subset \mathbb{H}$, sucht also $u_h \in V_h \setminus \{0\}$ und λ_h, so daß

$$a(u_h, v_h) = \lambda_h (u_h, v_h), \quad \forall v_h \in V_h .$$

Unter Verwendung von Finite-Elemente-Ansatzfunktionen geht dies über in die algebraische Eigenwertaufgabe

$$(A_h - \lambda_h M_h)x_h = 0 \tag{4}$$

mit der Systemmatrix A_h und der Massenmatrix M_h. Die Komponenten von x_h sind dabei die Koeffizienten in der Basisdarstellung bezüglich der gewählten Ansatzfunktionen.

Lineares Mehrgitterverfahren. Dem Verfahren von HACKBUSCH [H] liegt die Idee zugrunde, die Relation (4) als lineares Gleichungssystem mit dem Parameter λ_h zu betrachten und dieses mit einem Mehrgitterverfahren für lineare Probleme zu lösen. Im üblichen Zweigittermodell treten dabei lineare Korrekturprobleme der Form

$$(A_H - \lambda_H M_H)y_H = d_H \tag{5}$$

auf, wobei λ_H einen Eigenwert $\lambda_{j,H}$ zum Matrixpaar (A_H, M_H) approximiert. Um die eindeutige Lösbarkeit des linearen Systems (5) auch im Fall $\lambda_H = \lambda_{j,H}$ sichern zu können, sind Projektionen von d_H und y_H bezüglich des Eigenvektors $x_{j,H}$ zu $\lambda_{j,H}$ erforderlich, d. h.

$$d_H \mapsto d_H^\perp = Q_H^T d_H = d_H - \langle d_H, x_{j,H} \rangle\, M_H x_{j,H}$$
$$y_H \mapsto y_H^\perp = Q_H y_H = y_H - \langle y_H, M_H x_{j,H} \rangle\, x_{j,H}$$

mit dem Euklidischen Skalarprodukt $\langle \cdot, \cdot \rangle$. Bei simultaner Iteration werden die Projektionen bezüglich des durch die Vektoren $x_{1,H}, \ldots, x_{p,H}$ aufgespannten Unterraumes durchgeführt. Eine Beschleunigung der Konvergenz gegen die gesuchten Eigenvektoren wird durch eine Ritz-Projektion [R] nach jedem Zyklus erreicht.

Rayleigh-Quotienten-Minimierung. Ein zweiter Ansatz zur Lösung der Eigenwertaufgabe (2) ergibt sich aus dem Minimumprinzip (3). Die näherungsweise Berechnung der p kleinsten Eigenwerte und Eigenfunktionen wird dabei durch Minimierung des Rayleigh-Quotienten in einem endlichdimensionalen Unterraum $V_h \subset \mathbb{H}$ durchgeführt: anstelle von (3) hat man jetzt

$$\lambda_{j,h} = \min_{\substack{u_h \in V_h \setminus \{0\} \\ (u_h, u_{k,h})=0 \\ k=1,\ldots,j-1}} R(u_h) = R(u_{j,h}), \quad j = 1, \ldots, p \; . \tag{6}$$

Unter Benutzung entsprechender Ansatzfunktionen ergibt sich hierbei für den Rayleigh-Quotienten $R(u_h) = \langle x_h, A_h x_h \rangle / \langle x_h, M_h x_h \rangle$. Die Lösung der diskreten Minimierungsaufgabe (6) im Feingitterraum kann mit dem simultanen Rayleigh-Quotienten-cg-Verfahren [LM], [SPG] oder dem Gauß-Seidel-Verfahren [Sw] erfolgen. Dabei werden jeweils Feingitterkorrekturen $v_{j,h} \in V_h$ in Richtung globaler bzw. lokaler Ansatzfunktionen $w_{j,h} \in V_h$ so bestimmt, daß

$$R(u_{j,h}) = R(\tilde{u}_{j,h} + v_{j,h}) = \min_{\substack{v_h \in \mathrm{span}\{w_{j,h}\} \\ (\tilde{u}_{j,h}+v_h, u_{k,h})=0 \\ k=1,\ldots,j-1}} R(\tilde{u}_{j,h} + v_h) \tag{7}$$

gilt, wobei $\tilde{u}_{j,h}$ die aktuellen Iterierten bezeichnen. Der Ritz-Schritt erfolgt gemäß

$$R(u_{j,h}) = R\left(\sum_{l=1}^{p} \phi_{jl}\tilde{u}_{l,h}\right) = \min_{\substack{(\phi_1,\ldots,\phi_p)\neq 0 \\ (\sum \phi_l \tilde{u}_{l,h}, u_{k,h})=0 \\ k=1,\ldots,j-1}} R\left(\sum_{l=1}^{p} \phi_l \tilde{u}_{l,h}\right) \; . \tag{8}$$

Rayleigh-Quotienten-Mehrgitter-Minimierung. Die dem Mehrgitterverfahren von MCCORMICK [MC] zugrundeliegende Idee besteht in der Bestimmung von zusätzlichen Grobgitterkorrekturen $v_{j,H} \in V_H \subset V_h$ derart, daß

$$R(u_{j,h}) = R(\tilde{u}_{j,h} + v_{j,H}) = \min_{\substack{v_H \in V_H \\ (\tilde{u}_{j,h}+v_H, u_{k,h})=0 \\ k=1,\ldots,j-1}} R(\tilde{u}_{j,h} + v_H) \qquad (9)$$

gilt. Unter der (nicht einschränkenden) Voraussetzung, daß die Feingittervektoren nicht im Grobgitterraum liegen, können die Schritte (8) und (9) verknüpft werden. Dadurch erhält man als zu minimierende Funktionale wiederum Rayleigh-Quotienten. Das entstehende Mehrgitterverfahren realisiert so eine Rekursion in Form von Rayleigh-Quotienten (oder äquivalent von Eigenwertproblemen), im Fall der getrennten Behandlung der Gleichungen (8) und (9) eine Rekursion in Form von allgemeineren gebrochenen Funktionalen mit quadratischem Zähler und Nenner [Sm2].

Durch die konsequente Anwendung des Minimumprinzips bei sukzessiver Erweiterung des Ansatzraumes ergibt sich eine monoton fallende Folge von Rayleigh-Quotienten. Diese Eigenschaft verleiht dem Algorithmus hohe Robustheit.

Wahl des Glätters. Zur Minimierung der Rayleigh-Quotienten bzw. rational gebrochenen Funktionale in jedem Level des oben beschriebenen Mehrgitterverfahrens können prinzipiell lokale Verfahren (Gauß-Seidel-Minimierung [FF]) oder globale Verfahren (cg-Minimierung [FR]) angewandt werden. Bei dicht zusammenliegenden Eigenwerten und Iteration mit nur einem Vektor ergaben Experimente eine geringere Sensitivität des cg-Verfahrens verglichen mit dem Gauß-Seidel-Verfahren. Bei simultaner Iteration ermöglicht die Verwendung globaler Suchrichtungen im cg-Verfahren zudem in natürlicher Weise die strikte Einhaltung der geforderten Orthogonalitätsbedingung.

Fehlerschätzer. Während der Rechnung ist durch lokale Verfeinerung ein dem Problem angepaßtes Gitter automatisch zu erzeugen. Dazu ist eine lokale Fehlerschätzung durchzuführen. Der verwendete Fehlerindikator sollte dabei passend zur numerischen Lösungsmethode sein. Im Zusammenhang mit Eigenwertproblemen bietet sich im Kontext der vorherigen Abschnitte eine Fehlerschätzung mit Hilfe des Rayleigh-Quotienten an. Darauf aufbauend führt man die Gitterverfeinerung bezogen auf den gesamten iterierten Unterraum, nicht auf die einzelnen Vektoren durch. Im folgenden sollen nur Triangulierungen betrachtet werden, da diese im $\mathbb{R}^2$ durch eine einfache Strategie adaptiv erzeugt werden können.

Hat man auf einem Gitter mit einem der besprochenen Lösungsverfahren eine Näherung der kleinsten Eigenwerte und Eigenfunktionen bestimmt, so nimmt man analog zu dem in [DLY] beschriebenen Konzept für lineare Systeme eine kantenorientierte hierarchische Basiserweiterung des Finite-

Elemente-Raumes vor. Die so entstehenden hierarchisch erweiterten Rayleigh-Quotienten werden nun durch einen Iterationsschritt mit dem cg- oder Gauß-Seidel-Verfahren approximativ minimiert. Als Fehlerindikator kann sowohl die Änderung der Rayleigh-Quotienten durch die Hinzunahme jeder einzelnen hierarchischen Basisfunktion als auch die Änderung in den erweiterten Komponenten der Eigenvektoren benutzt werden. Überschreitet der so geschätzte lokale Diskretisierungsfehler einen vorgegebenen Wert, wird der entsprechende Kantenmittelpunkt markiert. Die anschließende Verfeinerung des Gitters erfolgt gemäß den Verfeinerungsregeln aus [B], [DLY].

Illustrationsbeispiel. Der Einfachheit halber wählen wir ein simples 1D-Problem, das leicht nachzurechnen ist. Zu lösen ist die Eigenwertaufgabe

$$-u''(x) - \epsilon_D(x)\, u(x) = \lambda\, u(x), \quad x \in (-3, 3)$$
$$u'(-3) = u'(3) = 0,$$

wobei

$$\epsilon_D(x) = \begin{cases} (3.2\, k_0)^2 & , \quad x \in (-3, -1) \cup (1, 3) \\ (3.4\, k_0)^2 & , \quad x \in (-1, 1) \end{cases}$$

mit der Wellenzahl $k_0 = 2\pi/1.55$ von Licht der Wellenlänge 1.55 μm im Vakuum. Die Rechnungen wurden jeweils mit der nested-iteration-Methode

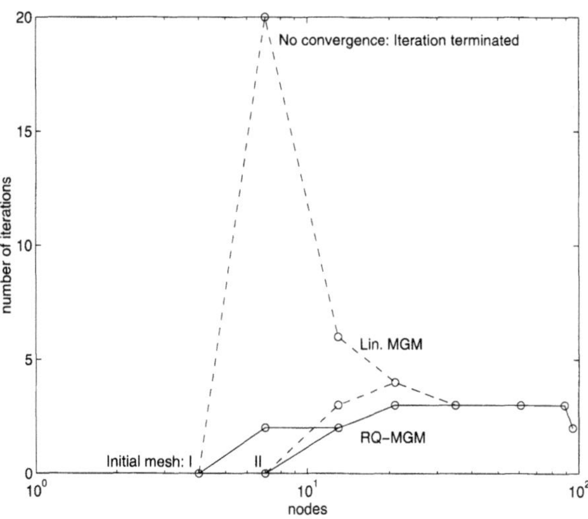

Abb. 3. Anzahl der Iterationen der Rayleigh-Quotienten-Mehrgitter-Minimierung und des linearen Mehrgitterverfahrens über Anzahl der Knoten pro Level

zu dem Startgitter I
$$\{-3, -1, 1, 3\}$$

welches das Problem bereits eindeutig beschreibt, und zusätzlich zu dem ver-
feinerten Startgitter II

$$\{-3, -2, -1, 0, 1, 2, 3\}$$

durchgeführt. Als Glätter kommt bei beiden Algorithmen eine entsprechende Variante des ungedämpften Gauß-Seidel-Verfahrens zur Anwendung, als
Fehlerindikator wird die relative Änderung des Rayleigh-Quotienten durch
hierarchische Basiserweiterung über jedem Teilintervall benutzt. Bei relativer Änderung größer als die vorgegebene Toleranz 10^{-7} wird das Intervall
halbiert. In Abb. 3 ist die Anzahl der Iterationen für beide Verfahren über
der Knotenanzahl pro Level jeweils für beide Grundgitter aufgetragen. Bei
Verwendung des gröberen Startgitters I stellt sich beim linearen Mehrgitterverfahren zunächst keine Konvergenz ein. Die Iteration wurde daher nach
20 Schritten willkürlich abgebrochen und mit dem aktuellen Vektor weiter-
gerechnet. Das Endgitter zu der vorgegebenen relativen Genauigkeit besteht
aus 95 Knoten. Der gesuchte Eigenwert ergibt sich dabei zu $\lambda_1 \doteq -188.2913$,
die zugehörige (harmlose) Eigenfunktion u_1 ist in Abb. 4 dargestellt.

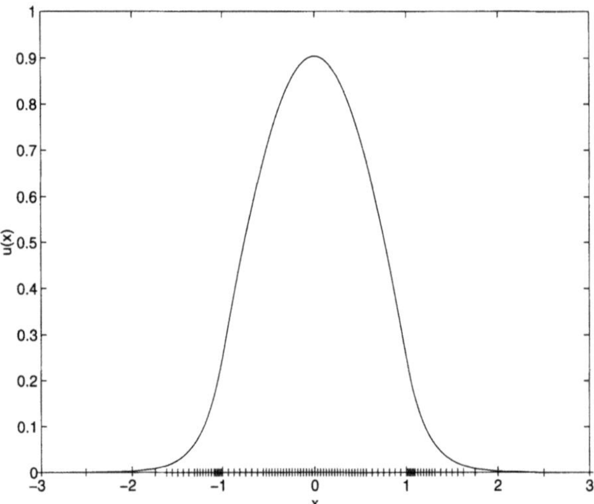

Abb. 4. Eigenfunktion zum kleinsten Eigenwert mit adaptivem Gitter

An diesem simplen Testbeispiel zeigt sich bereits die größere Robustheit
der Rayleigh-Quotienten-Mehrgitter-Minimierung im Vergleich zum linearen
Mehrgitterverfahren. Bei Verwendung von adaptiven Gittern im zweidimensionalen Fall und wegen dem Multiskalencharakter der betrachteten Probleme
ist diese Eigenschaft von entscheidender Bedeutung. Deshalb wurde bei der
Simulation optischer Bauteile die simultane Rayleigh-Quotienten-Mehrgitter-
Minimierung mit dem bei simultaner Iteration vorteilhafteren cg-Verfahren
als Glätter ausgewählt.

4 Simulation einer Kopplerstruktur

Als eines von mehreren tatsächlich behandelten Anwendungsbeispielen soll
hier die Kopplerstruktur aus Abb. 2 (rechter Pfeil) betrachtet werden. Ihr
Querschnitt ist in Abb. 5 aufgetragen ist. Diese Komponente besteht aus ei-

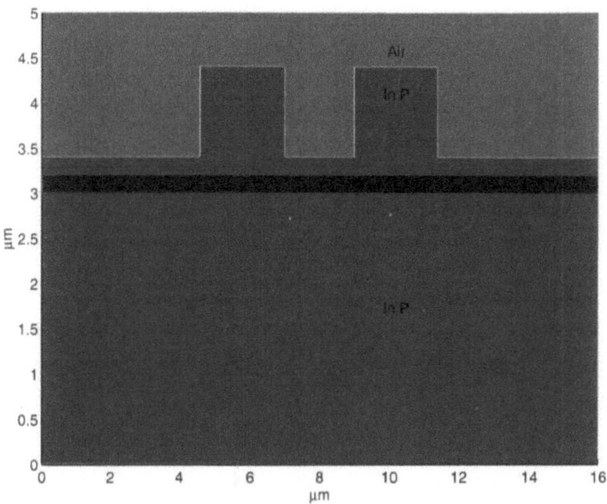

Abb. 5. Schnitt durch den Überlagerungsempfänger: Kopplerstruktur

nem III-V-Mischhalbleitersystem (InP, GaInAsP). Die Werte für die Dielek-
trizitätszahlen ϵ_D mit der Wellenzahl k_0 von Licht wie im vorigen Abschnitt
sind [A] entnommen:

$$\epsilon_D = \begin{cases} k_0^2 & , \quad \text{Luft: blau} \\ (3.17\,k_0)^2 & , \quad \text{InP: gelb grün} \\ (3.38\,k_0)^2 & , \quad \text{GaInAsP: rot} \end{cases}$$

Wie die Symmetrie der Struktur erwarten läßt, sind die beiden niedrigsten Eigenwerte dicht benachbart (gerade und ungerade Eigenfunktion). Daher wurde eine Unterraum-Iteration mit $p = 2$ durchgeführt. Ausgehend von einem
mit dem Gittergenerator TRIGEN [B] erzeugten Startgitter mit 60 Knoten
kam die nested-iteration-Methode zur Anwendung, als Fehlerindikator wurde
die relative Änderung der Rayleigh-Quotienten durch eine kantenorientierte
hierarchische Basiserweiterung benutzt. Als relative Genauigkeit war 10^{-7}
gewünscht. Das nach 11 Leveln erreichte Endgitter ist in Abb. 6 dargestellt
und besteht aus 4550 Knoten (bei uniformer Verfeinerung hätte man ca.
$2 \cdot 10^8(!)$ Knoten zu erwarten). Pro Level und Eigenvektor waren asymptotisch 5–8 Iterationen durchzuführen. Die CPU-Zeit für die gesamte Simulation betrug 8 Minuten auf einer Workstation SUN SPARC 20. Die niedrigsten

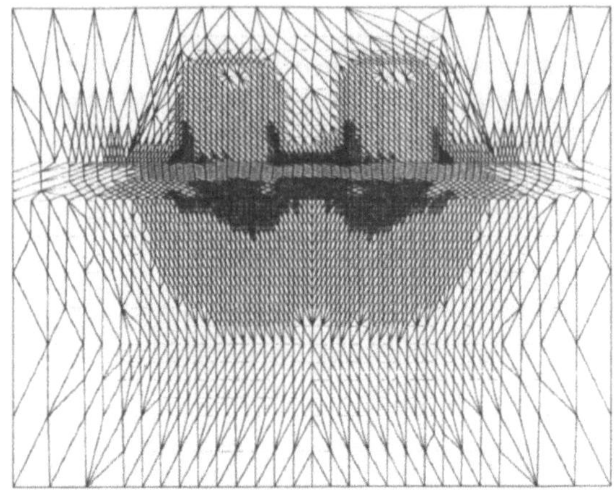

Abb. 6. Adaptives Gitter für die Kopplerstruktur

Eigenwerte ergaben sich zu $\lambda_1 \doteq -168.1938$ und $\lambda_2 \doteq -168.1491$, dies entspricht effektiven Brechungsindizes von $n_1 \doteq 3.1993$ und $n_2 \doteq 3.1989$. Der Betrag der geraden Eigenfunktion u_1 ist in Abb. 7 dargestellt.

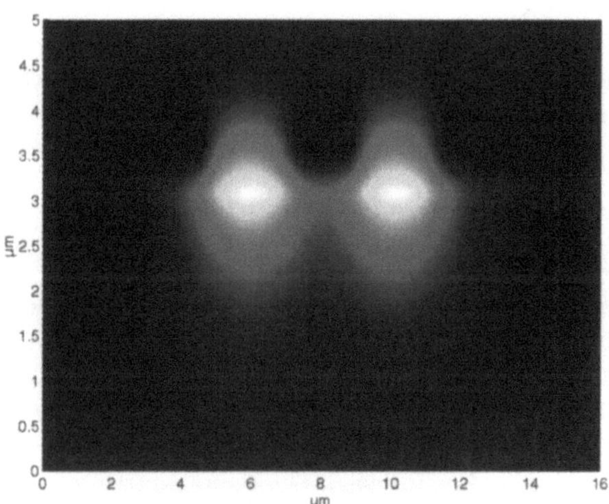

Abb. 7. Fundamentalmode der Kopplerstruktur

Literatur

[A]   Accornero, R. et al: Finite Difference Methods for the Analysis of Integrated Optical Waveguides. Electronics Letters **26**, No. 3 (1990) 1959–1960

[B]   Bank, R. E.: PLTMG User's Guide, Edition 5.0. Technical Report, Department of Mathematics, University of California at San Diego (1988)

[BO]   Babuška, I., Osborn, J.: Eigenvalue Problems. in:
Ciarlet, P. G., Lions, J. L.: Handbook of Numerical Analysis, Volume II. Finite Element Methods (Part 1). Elsevier Science Publishers B. V. (North-Holland) Amsterdam, New York, Oxford, Tokyo (1991)

[CH]   Courant, R., Hilbert, D.: Methoden der mathematischen Physik. Springer-Verlag Berlin (1937)

[DLY]   Deuflhard, P., Leinen, P., Yserentant, H.: Concepts of an Adaptive Hierarchical Finite Element Code. IMPACT Comp. Sci. Eng. **1** (1989) 3–35

[FF]   Faddejew, D. K., Faddejewa, W. N.: Computational Methods of Linear Algebra. Freeman & Co. San Francisco (1963)

[FR]   Fletcher, R., Reeves, C. M.: Function Minimization by Conjugate Gradients. Comp. J. **7** (1964) 149–153

[GL]   Golub, G. H., Van Loan, C. F.: Matrix Computations (Second Edition). The Johns Hopkins University Press Baltimore, London (1989)

[H]   Hackbusch, W.: Multi-Grid Methods and Applications. Springer-Verlag Berlin, Heidelberg, New York (1985)

[LM]   Longsine, D. E., McCormick, S. F.: Simultaneous Rayleigh-Quotient Minimization Methods for $Ax = \lambda Bx$. Lin. Alg. Appl. **34** (1980) 195–234

[MC]   McCormick, S. F.: Multilevel Projection Methods for Partial Differential Equations. CBMS-NSF **62**, SIAM Philadelphia, Pennsylvania (1992)

[R]   Ruge, J. W.: Multigrid Methods for Differential Eigenvalue and Variational Problems and Multigrid Simulation. Doctoral thesis, Colorado State University Fort Collins (1981)

[SD]   Schmidt, F., Deuflhard, P.: Discrete Transparent Boundary Conditions for the Numerical Solution of Fresnel's Equation. Computers Math. Applic. **29**, No. 9 (1995) 53–76

[Sm1]   Schmidt, F.: An Adaptive Approach to the Numerical Solution of Fresnel's Wave Equation. IEEE J. Lightwave Technol. **11**, No. 9 (1993) 1425–1435

[Sm2]   Schmidt, F.: Simultaneous Computation of the Lowest Eigenvalues and Eigenvectors of the Helmholtz Equation. Technical Report TR **95-13**, Konrad-Zuse-Zentrum für Informationstechnik Berlin (1995)

[SPG]   Sartoretto, F., Pini, G., Gambolati, G.: Accelerated Simultaneous Iterations for Large Finite Element Eigenproblems. J. Comput. Physics **81** (1989) 53–69

[Sw]   Schwarz, H. R.: Simultaneous Rayleigh-Quotient Iteration Methods for Large Sparse Generalized Eigenvalue Problems. in:
Hinze, J. (ed.): Lecture Notes in Mathematics, Volume **968**. Springer-Verlag Berlin, Heidelberg, New York (1982) 384–398

[W]   Wilkinson, J. H.: The Algebraic Eigenvalue Problem. Oxford University Press Oxford (1965)

Modellierung und Simulation von Quantum–Well–Halbleiterlasern

H. Gajewski[1], *H.-Chr. Kaiser*[1], *J. Rehberg*[1], *H. Stephan*[1] *und H. Wenzel*[2]

[1] Weierstraß Institut für Angewandte Analysis und Stochastik (WIAS)
Mohrenstraße 39, D – 10117 Berlin,
e–mail: gajewski@wias-berlin.de, URL: http://hyperg.wias-berlin.de/Cwias
[2] Ferdinand–Braun–Institut für Höchstfrequenztechnik (FBH)
Rudower Chaussee 5, D – 12489 Berlin

Abstract. The development of modern quantum–well semiconductor lasers requires effective numerical tools for their simulation. In cooperation of physicists from the FBH and mathematicians from the WIAS design and optimization of high–power semiconductor lasers could be achieved using the WIAS based semiconductor device simulator ToSCA. The main theoretical problem is the connection and interaction of microscopic (Schroedinger's equation) and macroscopic (drift–diffusion equations) models in the same domain. Modelling, analysis, numerics and simulation of quantum–well semiconductor lasers are shown. As examples, ToSCA–simulations of aluminum-free RISAS and ARROW type lasers operating at 800 nm and 940 nm, respectively, are presented.

1 Einführung

Halbleiterlaser (Synonyme sind Diodenlaser und Laserdioden) sind wegen ihrer Kompaktheit und Effizienz als Quelle kohärenter Strahlung weit verbreitet. Sie sind z.B. in jedem CD-Spieler als Abtastlaser (Emissionswellenlänge 780 nm) zu finden und spielen bei der Langstrecken-Nachrichtenübertragung über Glasfaserkabel als Sendelaser (Wellenlängen 1300 und 1550 nm) eine entscheidende Rolle.

Gegenwärtig wird weltweit intensiv an der Verbesserung bestehender und der Entwicklung neuer Laserstrukturen gearbeitet. So versucht man, mit Halbleiterlasern immer kürzere Wellenlängen bis in den blauen Spektralbereich hinein und immer höhere Ausgangsleistungen von mehr als einem Watt zu erzeugen. Vollkommen neue Strukturen stellen vertikal emittierende Laserdioden dar.

Ein Schwerpunkt der Tätigkeit des FBH ist die Entwicklung neuartiger Laserdioden, die Strahlung von bis zu einem Watt im Grundmodebetrieb emittieren. Solche Laser besitzen in Abhängigkeit von der Emissionswellenlänge vielfältige Einsatzmöglichkeiten. Halbleiterlaser mit der Wellenlänge 808 nm und entsprechenden Strahleigenschaften könnten z.B. die bisher verwendeten und mit einem sehr geringen Wirkungsgrad arbeitenden Blitzlampen als Pumpquelle von Nd:YAG-Festkörperlasern ablösen.

Halbleiterlaser sind sehr komplexe Halbleiterstrukturen. Sie bestehen aus mehreren Schichten verschiedener Halbleitermischkristalle (InGaAsP, GaAs, AlGaAs, InGaP, ...) mit unterschiedlicher Dicke (von einigen Mikrometern bis wenigen Nanometern). Bei Halbleiterschichten, deren Dicken im Nanometerbereich liegen und damit klein sind im Vergleich zur Elektronenwellenlänge, spielen Quanteneffekte eine entscheidende Rolle. Das ist in modernen Halbleiterlasern (sogenannten „Quantum–Well–Lasern"), wie sie auch am FBH entwickelt und hergestellt werden, der Fall.

Für das bessere Verständnis der im Halbleiterlaser ablaufenden Vorgänge und für den Entwurf und die Optimierung neuartiger Strukturen sind Simulationsrechnungen unumgänglich. Dabei wird der im WIAS entwickelte Bauelementesimulator ToSCA verwendet [GHN], der bereits bei der Simulation der elektrischen Vorgänge in Silizium–Bauelementen sehr erfolgreich ist.

Gegenüber der Simulation von reinen Silizium–Bauelementen treten bei der Simulation moderner Halbleiterlaser neue Probleme auf:

- Während man sich bei der Simulation von rein elektronischen Bauelementen nur für die Ladungsträgerdichten und –ströme sowie das elektrische Feld interessiert, ist bei Halbleiterlasern zusätzlich das optische Feld von Bedeutung, was die selbstkonsistente Berücksichtigung der Ladungsträger–Licht–Kopplung erfordert.
- Es sind grundsätzlich Heterostrukturen, bestehend aus verschiedenen, meistens nicht routinemäßig beherrschten, Materialien zu betrachten.
- Die explizite Berücksichtigung von lokalen Quanteneffekten erfordert das simultane Lösen mikroskopischer (Schrödinger–) und makroskopischer (Drift–Diffusions–) Gleichungen. Die Kopplung derartiger Gleichungen ist auch in den einfachsten Fällen nur in Ansätzen untersucht und verstanden.

Die erfolgreiche Simulation der genannten praktischen Probleme erfordert folgende Schritte:

- **Modellierung:** Auswahl der zu berücksichtigenden Effekte, Herleitung der beschreibenden Gleichungen mit den erforderlichen Randbedingungen.
- **Analysis:** Untersuchungen der Gleichungen in Bezug auf Fragen wie Existenz und Eindeutigkeit von Lösungen (Korrektheit und Verträglichkeit der Gleichungen), Eigenschaften der Lösungen (Regularitätsaussagen, asymptotisches Verhalten).
- **Numerik:** Entwicklung, Erprobung und Implementation effektiver Verfahren zur approximativen Lösung der Gleichungen auf der Grundlage von Ergebnissen der Analysis, Erstellung von Software.
- **Simulation:** Anpassung der entwickelten Software an konkrete Probleme und deren Lösung.

In diesem Artikel werden Ergebnisse zu diesen vier Punkten vorgestellt.

2 Modellierung

Im einfachsten Fall besteht ein Halbleiterlaser aus einer nominell undotierten aktiven Schicht, die in entsprechend kontaktiertes p- und n-dotiertes Halbleitermaterial mit einer größeren Energielücke und einem kleineren Brechungsindex eingebettet ist. Legt man an die elektrischen Kontakte eine Spannung an, werden Elektronen aus dem n-Gebiet und Löcher aus dem p-Gebiet in die aktive Zone injiziert. Durch (stimulierte) Rekombination dieser Überschußelektronen und –löcher entsteht Licht, dessen Wellenlänge durch die Energielücke des aktiven Materials bestimmt wird. Durch die höhere Brechzahl der aktiven Zone wird das erzeugte Licht an der Grenzfläche zum umgebenden Halbleitermaterial totalreflektiert, so daß es auf das Gebiet der aktiven Zone beschränkt bleibt. Gleichzeitig wird ein Teil des Lichtes in longitudinaler Richtung zurückgekoppelt, im einfachsten Fall durch die Wirkung der Grenzfläche Halbleiter/Luft. Damit sind alle Bedingungen für das Ingangkommen eines Laserprozesses erfüllt.

Schematisch ist ein Quantum–Well–Laser ein elektronisches Bauelement, das das Raumgebiet Ω_0 einnimmt (siehe folgendes Bild) und eine aktive Zone Ω besitzt. In Ω_0 interessiert man sich für die Dichten und Ströme der Ladungsträger, das elektrische und das optische Feld.

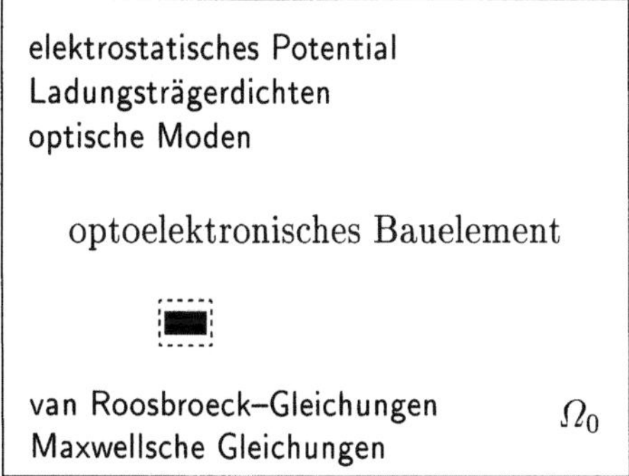

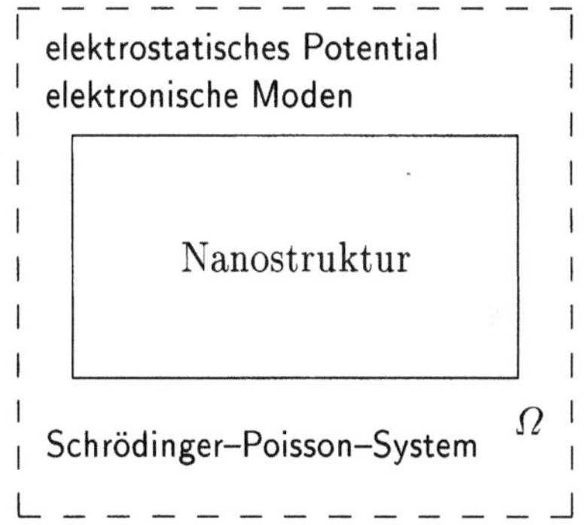

Im Gebiet Ω_0 beschreiben die bewährten van Roosbroeck–Gleichungen (1) – (3) Drift und Diffusion der Ladungsträger (Gleichungen (1) und (2)) und das Potential des elektrischen Feldes (Poissongleichung (3)). Die Intensität des optischen Feldes (Laserlicht) gewinnt man aus den Eigenlösungen der Helmholtzgleichung (4).

$$-\nabla \cdot J_n(n, \nabla\varphi_n) = q(R + R_{stim}) \tag{1}$$

$$\nabla \cdot J_p(p, \nabla\varphi_p) = q(R + R_{stim}) \tag{2}$$

$$-\nabla \cdot (\varepsilon\nabla\varphi) = q(D + p - n) \tag{3}$$

$$-\Delta\Phi_j + \varepsilon_{opt}(n, p)\Phi_j = \sigma_j\Phi_j \tag{4}$$

Hierbei sind:

φ	– elektrostatisches Potential
v_n, v_p	– chemische Potentiale der Elektronen und Löcher
$n = N_n f(v_n),\ p = N_p f(v_p)$	– Elektronen– und Löcherdichten
$f(t) = 2/\sqrt{\pi} \int_0^\infty \frac{\sqrt{t'}}{e^{t'-t}} dt'$	– Fermiintegral der Ordnung 1/2
N_n, N_p	– Zustandsdichten
$J_n = -\mu_n n \nabla \varphi_n,\ J_p = -\mu_p p \nabla \varphi_p$	– Stromdichten
μ_n, μ_p	– Beweglichkeiten
$\varphi_n = \varphi - q v_n,\ \varphi_p = \varphi + q v_p$	– elektrochemische Potentiale
$q > 0$	– Elementarladung
ε	– Dielektrizitätsfunktion
D	– Dotandenverteilung
$R = R(\varphi, n, p)$	– Generation/Rekombination
$R_{stim} = \sum_j f_{opt}(\sigma_j, n, p, \varphi_n, \varphi_p) \frac{|\Phi_j|^2}{\|\Phi_j\|^2}$	– stimulierte Rekombination
$|\Phi_j|^2$	– elektrische Feldintensität des Lichts der j–ten Mode
$\varepsilon_{opt}(n, p)$	– optische Dielektrizitätsfunktion
σ_j	– Energie der j–ten Mode

Die Gleichungen (1) – (4) sind unter anderem durch folgende Effekte nicht-linear miteinander gekoppelt:

Die Triebkräfte der Ströme in den Kontinuitätsgleichungen (1) und (2) sind die Gradienten der elektrochemischen Potentiale. In die rechten Seiten geht die durch das Laserlicht stimulierte Rekombination ein. Das elektrostatische Potential hängt über Gleichung (3) von der Ladungsverteilung ab. Die Intensität des Laserlichts hängt über Gleichung (4) von der optischen Dielektrizitätsfunktion und diese wiederum von der Ladungsverteilung ab.

Ist die aktive Zone Ω in bestimmten Raumrichtungen klein, treten Quanteneffekte auf, die bewirken, daß ein Teil der Ladungsträger (im weiteren werden der Einfachheit halber nur die Elektronen betrachtet) in dieser Richtung gebunden ist. Die Elektronen können sich dann nicht mehr wie quasifreie Teilchen bewegen. Ist die aktive Zone in ein, zwei oder drei Dimensionen klein, erhält man ein dimensionsreduziertes Elektronengas (zwei–, ein– bzw. null-dimensional). Die Elektronendichte kann dann in diesen Richtungen nicht mehr durch die Zustandsgleichung

$$n = N_n f(v_n)$$

beschrieben werden. Statt dessen wird in der aktiven Zone Ω eine Einteilchen–Schrödingergleichung in Effektivmassennäherung

$$\left[-\frac{\hbar^2}{2} \nabla \cdot \frac{\nabla}{m^*} + V \right] \psi_k = \mathcal{E}_k \psi_k \tag{5}$$

für die normierten Wellenfunktionen betrachtet und die Dichte der (gebundenen) Elektronen (im thermodynamischen Gleichgewicht) durch

$$n_q = \sum_{k=0}^{\infty} N_k \left| \psi_k \right|^2 , \qquad (6)$$

definiert. Hierbei sind:

$\mathcal{E}_k$	– mögliche Energiewerte
$\left\| \psi_k \right\|^2$	– entsprechende Aufenthaltswahrscheinlickeit
$V = V_0 + V_{xc} - q\varphi$	– Gesamtpotential
$V_{xc}(n_q)$	– Austauschkorrelationspotential
V_0	– äußeres Potential
n_q	– quantenmechanische Elektronendichte
$N_k = f_{eq}(\mathcal{E}_k - \mathcal{E}_F)$	– Besetzungsfaktor des k–ten Energieniveaus
f_{eq}	– Gleichgewichtsverteilungsfunktion
$\mathcal{E}_F$	– Ferminiveau der gebundenen Elektronen

Die Ladung im Gebiet Ω wird durch n_q und die aus der Sicht des Quantensystems vorgegeben Ladungen n_D gebildet, so daß Gleichung (3) in der Form

$$-\nabla \cdot (\varepsilon \nabla \varphi) = q(n_D - n_q) \qquad (7)$$

erscheint. Die Gleichungen (7), (5) und (6) bilden zusammen mit einer Gleichgewichtsbedingung das sogenannte Schrödinger–Poisson–System, welches n_q und φ nichtlinear miteinander koppelt.

Gleichung (5) beschreibt die möglichen Energiewerte und Zustände, die ein Elektron annehmen kann. Durch Gleichung (6) wird festgelegt, daß sich die Elektronen im thermodynamischen Gleichgewicht befinden, die Belegung der möglichen Zustände also durch die Fermiverteilung beschrieben wird. Der Tatsache, daß es sich um ein Mehrteilchensystem handelt, wird einerseits dadurch Rechnung getragen, daß die Einteilchen–Schrödingergleichung (5) mit einem von allen Teilchen erzeugten Feld betrachtet wird, andererseits durch Berücksichtigung des Austauschkorrelationspotentials .

Das makroskopische Problem in Ω_0 und das mikroskopische Problem in Ω sind, für sich genommen, vielfältig untersucht worden (siehe [G] und die dort zitierte Literatur). Für die Simulation des Gesamtproblems ist eine physikalisch sinnvolle und selbstkonsistente Einbettung der mikroskopischen Quantenschicht in das makroskopische Bauelement erforderlich. Das Problem der Kopplung mikroskopischer und makroskopischer Modelle ist von allgemeiner Natur und wurde bisher wenig untersucht, obwohl es durch die Betrachtung immer kleinerer, aber makroskopisch dennoch relevanter Strukturen in vielen Bereichen der angewandten Mathematik in zunehmendem Maße auftritt. Wir gehen von folgendenden Annahmen aus:

– In der Quantenschicht wird das Schrödinger–Poisson–System betrachtet.
  Dabei werden nur die Ladungsträger berücksichtigt, die in der Quantenschicht lokalisiert sind (gebundene Zustände). Für diese Zusände kann
  angenommen werden, daß die Wellenfunktionen am Rande der Quantenschicht verschwinden. Physikalisch bedeutet das, daß die gebundenen
  Ladungsträger nur den unteren Teil des Potentialgrabens spüren.
– Die Nanostruktur Ω und das Halbleitergebiet Ω_0 sind über
  • das elektrostatische Potential,
  • die Ladungsträgerdichten und
  • den Austausch der Ladungsträger zwischen gebundenen und unge-
    bundenen Zuständen
  miteinander gekoppelt.

Eine Schwierigkeit des Problems liegt in der Festlegung des Quantengebie-
tes. Dieses Gebiet muß so festgelegt werden, daß die Annahmen gerechtfertigt
sind; das heißt, es muß einerseits aus makroskopischer Sicht klein genug und
aus mikroskopischer Sicht groß genug (damit die gebundenen Ladungträger
die Umgebung nicht spüren) sein.

3 Analysis

In diesem Abschnitt wird auf analytische Untersuchungen des Schrödinger–
Poisson–Systems eingegangen, die am WIAS durchgeführt wurden. Ergebnisse zu den phänomenologischen van Roosbroeck–Gleichungen, die seit Anfang
der Siebziger Jahre mathematisch untersucht werden, findet man unter anderem in [G] und [GG].

Das Schrödinger–Poisson–System beschreibt ein Elektronenensemble im
thermodynamischen Gleichgewicht. Dem entspricht mathematisch, daß die
Gleichungen (5) bis (7) durch ein konstant vorgegebenes Ferminiveau $\mathcal{E}_F$
oder die folgende Bedingung der Ladungserhaltung

$$N = \int_\Omega n_q(V)(x)dx = \sum_{k=1}^{\infty} f_{eq}(\mathcal{E}_k(V) - \mathcal{E}_F(V)), \qquad (8)$$

kompletiert werden müssen, wobei N die Anzahl der in Ω gebundenen Elektronen ist.

Unter Vernachlässigung des Austauschkorrelationspotentials V_{xc} kann das
Schrödinger–Poisson System als nichtlineare Operatorgleichung

$$A(\varphi) := -\nabla \cdot (\varepsilon\nabla\varphi) + qn_q(V_0 - q\varphi) = qn_D, \qquad \varphi \in H_0^1(\Omega; \mathbb{R}) \qquad (9)$$

im Sobolevraum $H^{-1}(\Omega; \mathbb{R})$ geschrieben werden. Für diesen Fall konnte Nier
[N] zeigen, daß $A \in \left(H_0^1 \to H^{-1}\right)$ ein stark monotoner Potentialoperator ist.
Damit ist die eindeutige Lösbarkeit des Systems (5), (6), (8), (7) sicher-
gestellt. Darüber hinaus konnte von uns gezeigt werden, daß die negative

Elektronendichte $-n_q$ ein monotoner, beschränkt Lipschitz–stetiger Operator $-n_q \in \left(L^2(\Omega; \mathbb{R}) \to L^2(\Omega; \mathbb{R})\right)$ ist (siehe [KR3], [KR1], [AKR]).

Unter Berücksichtigung des (physikalisch relevanten) Austauschkorrelationspotentials konnte gezeigt werden [KR2], daß in dem Fall, wo die dem Austauschkorrelations-Term der Schrödinger-Gleichung entsprechende Abbildung $V_{xc} : L^1 \longmapsto L^2$ die Menge $\{n|0 \leq n, \int n(x)dx = N\}$ in eine L^2-beschränkte Menge abbildet, das Schrödinger-Poisson-System ebenfalls eine Lösung besitzt. Bildet überdies V_{xc} die Menge $H^1 \cap \{n \mid n|_\Gamma = 0, 0 \leq n \leq M\}$ für ein hinreichend großes, von den Daten des Problems abhängiges M, Lipschitz–stetig in H^1 ab und ist die Lipschitz–Konstante dieser Abbildung hinlänglich klein (z.B. im Fall kleiner Kopplungskonstanten), so ist die Lösung des Schrödinger- Poisson-Systems sogar eindeutig bestimmt.

4 Numerik

Das Programmsystem ToSCA dient der numerischen Lösung der Gleichungen für den Ladungsträgertransport in Halbleitern. Es ist geeignet, die Gleichungen in praktisch beliebig strukturierten räumlich zweidimensionalen Gebieten sowohl stationär als auch instationär zu lösen. Dabei wird die Methode der finiten Elemente (mit Dreieckselementen) angewendet. Der Diskretisierung der Kontinuitätsgleichungen liegt die auf Scharfetter und Gummel zurückgehende Annahme konstanter Stromdichten entlang der Dreieckskanten zugrunde. Nichtlinearitäten werden mit dem Newtonverfahren behandelt und die entstehenden linearen Gleichungssysteme iterativ gelöst. Die Grundlagen hierzu sind unter anderem in [GHN] und [G] beschrieben.

Das Schrödinger–Poisson System läßt sich im Fall $V_{xc} = 0$ iterativ lösen. Es gilt nämlich folgendes: Für jedes $n_D \in L^2(\Omega)$ ist der Schrödinger–Poisson Operator $A \in \left(H^1_0 \to H^{-1}\right)$ ein stark monotoner, beschränkt Lipschitz–stetiger Potentialoperator. Daher ist sein inverser $A^{-1} \in \left(H^{-1} \to H^1_0\right)$ ein strikt monotoner Lipschitz–stetiger Potentialoperator und für jedes $\varphi_1 \in H^1_0$ existiert ein Intervall I derart, daß für alle $t \in I$ das Gradientenverfahren

$$\varphi_{l+1} = (1-t)\varphi_l + tq \left(-\nabla \cdot (\varepsilon\nabla)\right)^{-1} (n_D - n(V_0 - q\varphi_l)), \quad l = 1, 2, \ldots$$

in L^∞ gegen die Lösung φ der Schrödinger–Poisson Gleichung (9) konvergiert. Aus dem Intervall I läßt sich ein t_0 mit optimaler Konvergenzrate bestimmen (siehe [KR3],[KR1], [AKR]).

5 Simulation

Es werden im weiteren zwei am FBH entwickelte konkrete Strukturen vorgestellt (siehe [WE]): Ein ARROW Laser (anti-resonant reflecting optical waveguide), der Laserlicht der Wellenlänge 940nm aussendet und ein RISAS Laser (real-index guided self-aligned structure), dessen Lichtwellenlänge 800nm beträgt. Beide wurden mit ToSCA optimiert. Anstelle der selbstkonsistenten Einbindung des Schrödinger–Poisson–System wurde hier die aktiven Zone näherungsweise durch eine makroskopische Schicht mit effektiven Materialparametern, die durch separate Lösung einer Schrödingergleichung erhalten wurden, modelliert.

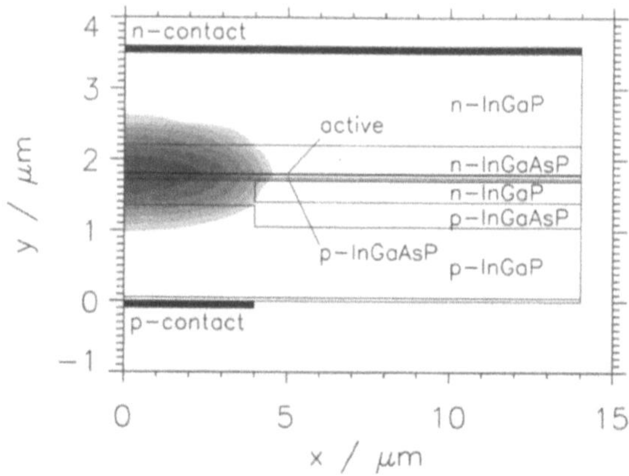

Abb. 1. Schnitt durch einen RISAS Laser mit Intensität der Grundmode des optischen Feldes.

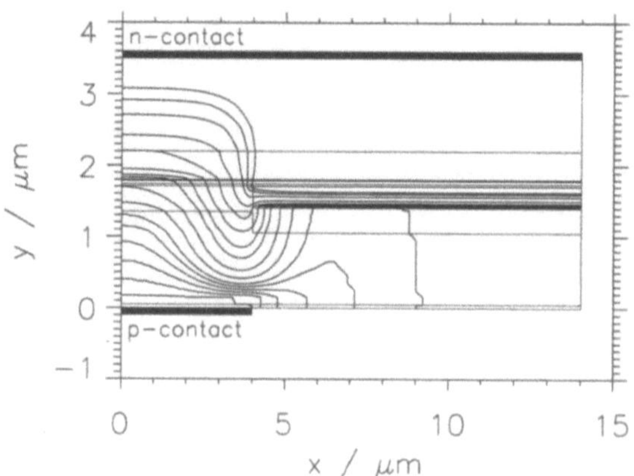

Abb. 2. Schnitt durch einen RISAS Laser mit Quasi–Fermi Energie der Löcher.

5.1 RISAS Laser

Bei der relativ kleinen Wellenlänge von 800 nm ist eine relativ große effektive
Energielücke (diese setzt sich aus Leitungs– und Valenzbanddiskontinuität
zusammen) von etwa 1.55 eV der aktiven Zone notwendig. Nur wenige Ma-
trialsysteme erreichen derartige Energielücken. Eins davon ist das hier zur
Anwendung gekommene System InGaAsP/InGaP auf einem GaAs-Substrat
(vgl. Abbildung 1); die maximal erreichbare Energielücke ist hier 1.9 eV. Allerdings ist die Leitungsbanddiskontinuität in diesem Materialsystem viel
kleiner als die des Valenzbandes. Das führt zu einem erhöhten Strom der
Elektronen in das p-dotierte Gebiet über die Heterobarrieren hinweg, wo sie
dann mit Löchern rekombinieren. Dies ist ein Verluststrom, da die Elektronen
eigentlich in der aktiven Zone unter Lichtaussendung rekombinieren sollen.
Dieser Verluststrom führt dazu, daß der Leistungszuwachs mit zunehmendem Strom immer geringer wird. Das kann man verhindern, indem man den
Laser verlängert und die internen Verluste klein hält, oder die p-Dotierung
erhöht. Bezüglich dieser Größen läßt sich das Bauelement optimieren. Abbildung 1 zeigt die optimierte Struktur (es ist nur die rechte Hälfte des bezüglich
der Geraden $x = 0$ symmetrischen Bauelementes dargestellt) und die Intensität des optischen Feldes (Laserlicht) im Grundzustand. Abbildung 2 zeigt
die Isolinien der quasi–Fermienergie der positiven Ladungsträger (Löcher) an
der Laserschwelle und läßt den senkrecht zu den Isolinien fließenden Löcher-
strom erkennen. Ziel ist es, den Strom dorthin fließen zu lassen, wo auch
die Lichtintensität groß ist. Dort wird nämlich durch das Licht selbst die Rekombination der Ladungsträger unter Lichtaussendung stimuliert (stimulierte
Rekombination). Das wird hier durch in Sperrichtung gepolte pn-Übergänge
erreicht.

5.2 ARROW Laser

Eine alternative Struktur stellen ARROW Laser dar, die möglicherweise eine
höhere Ausgangsleistung erreichen. Bei einer Wellenlänge von 940 nm stellt
der Verluststrom nicht das Hauptproblem dar. Bei dieser Struktur beruht die
Wellenführung in x-Richtung auf einem Resonanzeffekt. Wichtig sind hier
die unterhalb der aktiven Schicht liegenden vier Bereiche mit unterschiedlichen Brechungsindizes. Es kommt darauf an, die Größe dieser Teilbereiche derart zu wählen, daß die Lichtintensität ein ausgeprägtes Maximum bei
$x = 0$ und nur geringe Nebenmaxima aufweist. Abbildungen 3 und 4 zeigen die
empfindliche Abhängigkeit der Lichtintensität von der Struktur. Abbildung 3
zeigt einen Querschnitt durch den optimierten Laser. Die dunklen Bereiche
markieren hohe Intensitäten des optischen Feldes. Neben dem ausgeprägten
Hauptmaximum treten nur unbedeutende Nebenmaxima auf. Abbildung 4
zeigt einen Querschnitt durch die ursprüngliche Laserstruktur. Die dunklen
Bereiche bezeichnen wieder hohe Intesitäten des optischen Feldes. Neben dem
Hauptmaximum treten auch bedeutende Nebenmaxima auf, weil die Weite

des zweiten Bereiches (etwa von $x = 3$ bis $x = 6.4$) zu groß gewählt wurde. Abbildung 5 zeigt die Isolinien der quasi–Fermienergie der positiven Ladungsträger (Löcher) an der Laserschwelle. Das Fließen des Stromes in das Gebiet mit hoher Lichtintensität wurde hier durch eine zusätzliche He–Implantation in das grau unterlegte Gebiet unterstützt, die die Leitfähigkeit verringert. Man sieht den Erfolg an den „herausgedrückten" Isolinien.

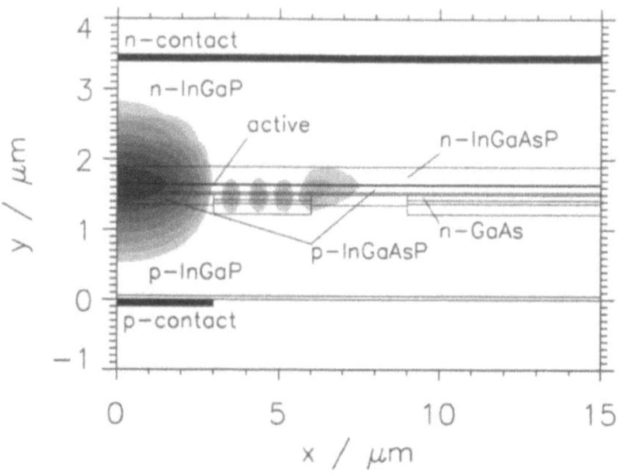

Abb. 3. Schnitt durch einen ARROW Laser (optimierte Struktur) mit Intensität der Grundmode des optischen Feldes.

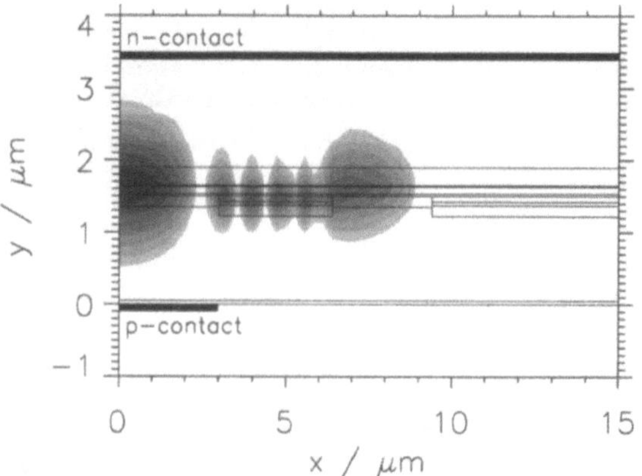

Abb. 4. Intensität der Grundmode (nicht optimierter ARROW Laser).

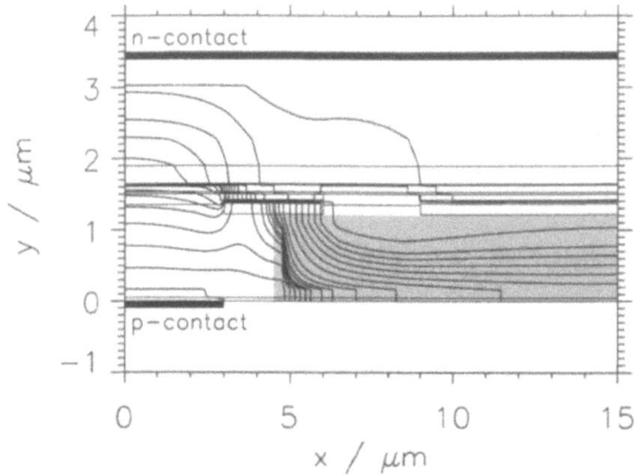

Abb. 5. Schnitt durch einen ARROW Laser (optimierte Struktur) mit Quasi–Fermi Energie der Löcher.

Literatur

[AKR] Albinus, G., Kaiser, H.–Chr., Rehberg, J.: On stationary Schrödinger–Poisson equations. Preprint 66, WIAS, Berlin, 1993

[G] Gajewski, H.: Analysis und Numerik des Ladungstransports in Halbleitern. GAMM Mitteilungen **16** (1993) 35–57

[GG] Gajewski, H., Gröger, K.: Semiconducter Equations for variable Mobilities Based on BOLTZMANN Statistics or FERMI–DIRAC Statistics. Math. Nachr. **140** (1989) 7–36

[GHN] Gajewski, H., Heinemann, B., Nürnberg, R., Langmach, H., Telschow, G., Zacharias, K.: Der 2D–Bauelementesimulator ToSCA. Handbuch. Karl-Weierstraß-Institut für Mathematik, Berlin, 1986, 1991

[KR1] Kaiser, H.–Chr., Rehberg, J.: On stationary Schrödinger–Poisson equations modelling an electron gas with reduced dimension. (erscheint)

[KR2] Kaiser, H.–Chr., Rehberg, J.: On the stationary Schrödinger–Poisson system with exchange–correlation potential and mixed boundary conditions. ZAMM (erscheint)

[KR3] Kaiser, H.–Chr., Rehberg, J.: On stationary Schrödinger–Poisson equations. ZAMM **75** (1995) 467–468

[N] Nier, F.: A variational Formulation of Schrödinger–Poisson systems in dimensions $d \leq 3$. Commun. in Partial Differential Equations **18** (1993) 1125–1147

[WE] Wenzel, H., Erbert, G.: Simulation of single–mode high–power semiconductor lasers. Physics and Simulation of optoelectronic devices IV. SPIE **2693** (1996)

Mehrdimensionale Simulation von Hochtemperaturprozessen in der Siliziumtechnologie

K.-H. Hoffmann[1], H.-J. Bauer[1], E. Wilczok[1] und J. Lorenz[2] ⋆

[1] Lehrstuhl für Angewandte Mathematik, Technische Universität München,
   Dachauer Str. 9a, 80335 München, e-mail: hoffmann@appl-math.tu-muenchen.de,
   URL: http://www.appl-math.tu-muenchen.de
[2] Fraunhofer-Institut für Integrierte Schaltungen, Bereich Bauelementetechnologie,
   IIS-B, Schottkystraße 10, 91058 Erlangen

Abstract. We briefly review various models for the diffusion of impurity atoms in silicon and subject some of them to further numerical and analytical investigations. Similar work is done with respect to the thermal oxidation of silicon. We study the interplay between both processes, leading to segregation at a moving interface in a system with volume change. Special attention is paid to the importance of spatial dimension in that context. Concluding remarks sketch problems appearing with the simulation of dopant diffusion in polycrystalline silicon.

1 Einleitung

Steigende Produktionskosten und der Zwang zu immer kürzeren Entwicklungszeiten haben in den letzten Jahren in vielen Branchen zu einer Ersetzung von Laborexperimenten durch Computersimulationen geführt, zumal leistungsfähige Rechner immer billiger werden. In der Halbleitertechnologie sprechen neben diesen aber auch noch andere Gründe für den Einsatz von Simulationsprogrammen: die zunehmende Miniaturisierung mikroelektronischer Bauelemente macht die Berücksichtigung zwei- und dreidimensionaler Effekte in den einzelnen Fertigungsschritten erforderlich. Solche entziehen sich normalerweise jeder meßtechnischen Analyse. Hier ist dann Computersimulation, basierend auf physikalisch konsistenten Modellen, die einzige Möglichkeit, Informationen über die gesuchten Größen zu bekommen. Dies verdeutlicht, daß gerade bei der Entwicklung *höherdimensionaler* Modelle für Halbleiterprozesse und bei deren numerischer Auswertung mit besonders viel Sorgfalt gearbeitet werden muß.

Im vorliegenden Artikel beschränken wir uns auf die analytische und numerische Untersuchung mehrdimensionaler Modelle für *Hochtemperaturprozesse* der Siliziumtechnologie, genauer gesagt betrachten wir die Diffusion von Dotierungsatomen in Silizium und die thermische Oxidation von Silizium. Zur besseren Einordnung der betrachteten Teilschritte in den gesamten Produktionsvorgang seien die folgenden Bemerkungen vorangestellt:

⋆ Mitgewirkt an diesem Artikel haben auch: W. Merz[1], K. Pulverer[1]

Ein Halbleiterbauelement setzt sich aus vielen einzelnen Schichten verschiedenen Materials zusammen. Typische Materialien sind dabei neben monokristallinem Silizium Polysilizium, Siliziumnitrid und Siliziumdioxid. Die Funktionsweise des Bauelements wird bestimmt durch die räumliche Verteilung verschiedener Dotierstoffe (meist Bor, Arsen oder Phosphor) in den einzelnen Schichten. Diese Verteilung läßt sich bereits beim Einbringen der Dotierung in den Kristall steuern, beispielsweise durch Wahl geeigneter Implantationsparameter oder Aufbringen von für das Dotierungsmaterial undurchlässigen Masken. Insbesondere in Richtung senkrecht zur Bauelementoberfläche kann man das Dotierungsprofil aber auch noch durch nachträgliches Ausheizen korrigieren. Der Materialtransport erfolgt dabei durch thermisch aktivierte Diffusion der Dotierungsatome. Erfordern bestimmte Prozeßschritte, die an bereits dotiertem Material durchgeführt werden, sehr hohe Prozeßtemperaturen, wird ebenfalls Diffusion aktiviert. Hierbei kommt es zu einer ungewollten Dotierungsumverteilung, die es zu kontrollieren gilt.

Die mathematische Beschreibung des relativ komplizierten Diffusionsmechanismus von Dotierungsatomen in Silizium durch ein System nicht-linearer partieller Differentialgleichungen, mögliche Vereinfachungen, sowie die analytische bzw. numerische Behandlung des resultierenden Modells bilden den Inhalt des folgenden Abschnitts. Besondere Beachtung finden dabei die Wechselwirkung zwischen zwei verschiedenen, gleichzeitig diffundierenden Dotierungselementen und Effekte, die an Materialgrenzen auftreten.

Einer der oben erwähnten Prozesse, der bei hohen Temperaturen durchgeführt wird und daher Dotierungsatome zur Diffusion anregt, ist die thermische Oxidation von Silizium. Hierbei wird ein Siliziumkristall bei Temperaturen um $1000°C$ einem Sauerstoff- oder Wasserdampfstrom ausgesetzt. An der Kristalloberfläche entsteht durch chemische Reaktion Siliziumdioxid. Solche Oxidschichten finden in der Praxis Verwendung als Masken bei Implantation oder Eindiffusion von Dotierungsmaterial, als Passivierung fertiger integrierter Schaltungen, als Zwischenoxid, um beim Aufbringen anderer Materialien auf Silizium mechanische Spannungen abzubauen, oder aber zur Isolierung einzelner Komponenten eines integrierten Bauelements gegeneinander. Wir betrachten im dritten Abschnitt zunächst den reinen Oxidationsvorgang, ohne mögliche Auswirkungen auf das Dotierungsprofil zu berücksichtigen. Geometrie und Dicke der Oxidschicht in Abhängigkeit von den einzelnen Prozeßparametern stehen hierbei im Vordergrund. Vom mathematischen Standpunkt aus betrachtet führt dies auf ein freies Randwertproblem, das wir sowohl exakt, mit scharfem Rand, als auch in modifizierter Form, mit endlich ausgedehntem Übergangsbereich zwischen Silizium und Oxid, behandeln wollen.

In Abschnitt vier betrachten wir dann die Wechselwirkung zwischen beiden Prozessen, die Dotierungsumverteilung während Oxidation, und zeigen die numerischen Schwierigkeiten, die sich aus der Bewegung der Materialgrenze und den unterschiedlichen molaren Volumina von Silizium und Siliziumdioxid ergeben.

Ausblickend machen wir noch einige Bemerkungen zur Dotierungsdiffusion in polykristallinem Silizium, die aufgrund zusätzlicher Mechanismen in den Korngrenzen beschleunigt erfolgt.

2 Diffusion von Dotierungsatomen in Silizium

2.1 Physikalisches Modell: Paardiffusion

Das in der Literatur am weitesten verbreitete Modell für die Diffusion von Dotierungsatomen in Silizium ist das der *Paardiffusion*. Seine Kernaussage ist, daß Dotierungsatome *nur* zusammen mit Punktdefekten des Siliziumgitters diffundieren können. Solche Punktdefekte sind zum einen unbesetzte Positionen des Kristallgitters, genannt *Gitterleerstellen*, zum anderen Siliziumatome, die keine regulären Gitterplätze besetzen, die sogenannten *Eigenzwischengitteratome*. Begründen läßt sich das Paardiffusionsmodell wie folgt: Dotierungsatome in Silizium nehmen bevorzugt reguläre Gitterplätze (sog. *substitutionelle Positionen*) ein. Ein direkter Platztausch mit einem benachbarten Siliziumatom ist für ein substitutionelles Dotierungsatom aus energetischen Gründen nicht möglich. Hingegen kostet es relativ wenig Energie, ein Dotierungsatom auf die Position eines Punktdefekts zu bringen und umgekehrt. Die Dotierungsdiffusion muß also auf diesem Weg erfolgen. Eine Serie von Platzwechseln zwischen Punktdefekten und Dotierungsatomen kann auch als Fortbewegung eines Punktdefekt-Dotierungsatom-*Paares* interpretiert werden, was den Namen des Modells erklärt. Auf eine genauere Beschreibung der möglichen Platztauschmechanismen wollen wir hier verzichten, da der jeweils bevorzugte Mechanismus stark vom betrachteten Dotierungselement abhängt, für die mathematische Beschreibung jedoch irrelevant ist. Wir verweisen hierzu auf die Literatur [FGP].

Erwähnt werden muß hingegen, daß Punktdefekte und Dotierungsatome im Kristall nicht neutral, sondern in ionisierter Form vorliegen. Dies hat zur Folge, daß im Silizium – insbesondere bei *extrinsischen*, d.h. hohen Dotierungskonzentrationen – lokale elektrische Felder auftreten, die die Bewegung der Dotierungsatome beeinflussen. Experimentell macht sich dies durch eine Erhöhung der Diffusivität mit steigender Dotierungskonzentration bemerkbar.

Andere Hochkonzentrationsphänomene (z.B. die Ausbildung von Clustern und Präzipitaten), sowie prozeßspezifische Effekte (z.B. oxidations- oder implantationsbeschleunigte Diffusion), und elementspezifische Besonderheiten, wie sie beispielsweise bei der Phosphordiffusion auftreten, sollen im folgenden vernachlässigt werden.

2.2 Mathematische Beschreibung unter unterschiedlichen Annahmen

Nach Vorhergehendem muß eine *exakte* Beschreibung der Paardiffusion in Silizium folgendes berücksichtigen:

1. *Lineare Diffusion* von Punktdefekten und Punktdefekt-Dotierungsatom-Paaren in den verschiedenen möglichen Ladungszuständen;
2. *Drift* der geladenen Teilchen bzw. Paare im lokalen elektrischen Feld;
3. Ausbildung von Paaren aus Punktdefekten und Dotierungsatomen; diese wird im allgemeinen als *chemische Reaktion* erster Ordnung modelliert. Ebenfalls als chemische Reaktion zwischen einem Punktdefekt bzw. Punktdefekt-Dotierungsatom-Paar und einem freien Ladungsträger modelliert man Änderungen des Ladungszustands. Wir sprechen in diesem Zusammenhang daher auch von *Ladungsreaktionen*.

Dies führt – je nachdem, welche Paare das betrachtete Dotierungelement bevorzugt ausbildet – auf zehn bis zwölf gekoppelte Drift-Diffusions-Reaktions-Gleichungen für die Konzentrationen der beweglichen Komponenten, zuzüglich der Poisson-Gleichung für das elektrische Feld und zweier gewöhnlicher Differentialgleichungen zur Bilanzierung der substitutionellen Dotierungsatome und freien Ladungsträger. Für Phosphor findet man das entsprechende Gleichungssystem ausgeschrieben in [MR].

Die Verwendung dieses ausführlichen Modells zur Simulation von Dotierungsprofilen bedeutet nicht nur einen hohen Rechenaufwand. Schwierigkeiten bereiten auch die verschiedenen Skalen, auf denen sich die einzelnen Effekte abspielen: Ladungsreaktionen erfolgen wesentlich schneller als Paarbildung und Paardiffusion. Ungepaarte Punktdefekte diffundieren wesentlich schneller als Paare aus Punktdefekten und Dopanten. Die Poisson-Gleichung erweist sich als singulär gestört. Darüberhinaus sind zahlreiche der in den Gleichungen auftretenden Parameter mit starker experimenteller Unsicherheit behaftet, ebenso wie Anfangs- und Randbedingungen.

Die Gleichungen werden einfacher, wenn man annimmt, daß sich *Ladungsreaktionen im Gleichgewicht* befinden. Denn dann lassen sich die Konzentrationen geladener Teilchen und Teilchenpaare mit Hilfe des Massenwirkungsgesetzes durch die Konzentrationen neutraler ausdrücken. Geht man darüberhinaus von *lokaler Ladungsneutralität* aus, kann man das elektrostatische Potential direkt durch die Dotierungskonzentration beschreiben, die Poissongleichung auf diese Weise eliminieren. Letztendlich resultieren vier gekoppelte Diffusions-Reaktionsgleichungen, je eine für die Konzentration der Gitterleerstellen, der Eigenzwischengitteratome und die entsprechenden Paarkonzentrationen, sowie eine gewöhnliche Differentialgleichung zur Bilanzierung der substitutionellen Dotierungsatome (vgl. [MR]). Die Drift im elektrischen Feld wird durch einen von der Dotierungskonzentration abhängenden Diffusionskoeffizienten berücksichtigt. Auch die Reaktionsraten sind hier – im Gegensatz zum ausführlichen System von oben – Funktionen der Dotierungskonzentration. Das System ist also bei extrinsischer Dotierung stark nichtlinear.

Setzt man auch für die *Paarbildungsreaktionen zwischen Punktdefekten und Dotierungsatomen Gleichgewicht* voraus, lassen sich über das Massenwirkungsgesetz weitere Terme eliminieren [MR]. Eine einzige nicht-lineare Diffusionsgleichung für die Dotierungskonzentration C erhält man schließlich, wenn man die Schwankungen der Punktdefektkonzentrationen vollständig vernachlässigt und stattdessen ihre Gleichgewichtswerte einsetzt. Für Donatoren wie Arsen oder Phosphor lautet sie:

$$\frac{\partial C}{\partial t} = \nabla \cdot \left(1 + \frac{C}{2n_i} \left(\left(\frac{C}{2n_i} \right)^2 + 1 \right)^{-1/2} \right) \left(D^0 + D^- \left(\frac{n}{n_i} \right) + D^= \left(\frac{n}{n_i} \right)^2 \right) \nabla C, \tag{1}$$

mit $D^0, D^-, D^=$ konstante Diffusionskoeffizienten der neutralen, einfach bzw. zweifach negativ geladenen Paare, n aktuelle, von der Dotierungsstärke mitbestimmte Ladungsträgerkonzentration, n_i nur temperaturabhängige, intrinsische Konzentration freier Ladungsträger. Aus der Annahme lokaler Ladungsneutralität ergibt sich als Zusammenhang zwischen n und C:

$$n = \frac{C}{2} + \left(\left(\frac{C}{2} \right)^2 + n_i^2 \right)^{\frac{1}{2}}. \tag{2}$$

Der erste Faktor der rechten Seite von (1) beschreibt den Einfluß der Dotierungskonzentration auf das lokale elektrische Feld und wird daher häufig *Feldverstärkungsfaktor* genannt. Größenordnungsmäßig liegt er zwischen eins und zwei. Der zweite Faktor spiegelt die Abhängigkeit der Punktdefektkonzentration von der Dotierungsstärke wieder. Seine explizite Gestalt hängt davon ab, welcher Typ von Punktdefekt-Dotierungsatom-Paar bei betrachtetem Dotierungselement die wichtigste Rolle spielt. Liegen *intrinsische* Bedingungen vor, d.h. niedrige Dotierungskonzentrationen, hat man $n \approx n_i$. In dieser Situation reduziert sich (1) auf eine *lineare* Diffusionsgleichung.

2.3 Weitere Effekte bei der Dotierungsdiffusion

Gekoppelte Diffusion mehrerer Dotierungsmaterialien: In der Praxis, z.B. bei der Herstellung von p-n-Übergängen, liegt selten nur *ein* Dotierungsmaterial im Halbleiterkristall vor. Will man die gleichzeitige Diffusion verschiedener Dotierstoffe simulieren, muß man beachten, daß eine Substanz das Diffusionsverhalten der anderen durch Veränderung der Punktdefektkonzentration, des elektrischen Feldes oder gar – worüber bei der Modellierung im allgemeinen hinweggesehen wird – Ausbildung von Dotierungsatompaaren erheblich beeinträchtigen kann. Auf dem Modellniveau von Gleichung (1) muß zur korrekten Erfassung elektrischer Wechselwirkungen die Konzentration C in Gleichung (2) durch die Summe der Konzentrationen sämtlicher beteiligter Dotierstoffe ersetzt werden. Dabei gehen die Konzentrationen von Donatoren wie Arsen oder Phosphor mit positivem, die Konzentrationen von Akzeptoren wie Bor mit negativem Vorzeichen ein [FGP].

Segregation an Materialgrenzen: An Materialgrenzen, wie z.B. zwischen Silizium und Siliziumdioxid, muß man berücksichtigen, daß eigentlich nicht

der Konzentrationsgradient, sondern der Gradient des *chemischen Potentials*
der Dotierungsatome treibende Kraft für deren Diffusion ist. Innerhalb eines
Grundmaterials ist diese Unterscheidung nicht weiter von Bedeutung, sehr
wohl jedoch dort, wo zwei Materialien aneinandergrenzen. Hier machen sich
die materialspezifischen Parameter bemerkbar, über welche Konzentration
und chemisches Potential miteinander verknüpft sind, und zwar in Form eines unstetigen Konzentrationsverlaufs über die Grenzfläche. Man bezeichnet
dieses Phänomen als *Segregation*. Im allgemeinen geht man davon aus, daß
sich an der Materialgrenze ein durch folgende Randbedingungen charakteri-
sierter Gleichgewichtszustand einstellt:

$$C_{Si} = mC_{Ox}, \tag{3}$$

$$J_{Si} = J_{Ox} \tag{4}$$

mit C_{Si}, C_{Ox} Randkonzentrationen im jeweiligen Material, J_{Si}, J_{Ox} entsprechende Randflüsse. Die Größe m heißt *Segregationskoeffizient* und ergibt sich
als Verhältnis der oben erwähnten Materialparameter.

Betrachtet man die Materialgrenze nicht als scharf, sondern weist ihr eine
endliche Dicke zu, innerhalb der die Materialparameter kontinuierlich variieren, kann man, ausgehend von dem für Systeme ohne Volumenänderung
geltenden Zusammenhang zwischen chemischen Potential μ und Dotierungskonzentration C

$$\mu \propto \ln(\gamma C), \tag{5}$$

(γ materialspezifischer *Aktivitätskoeffizient*) folgende Gleichung herleiten, die
Diffusions- und Segregationseffekte gleichzeitig erfaßt:

$$\frac{\partial C}{\partial t} = \nabla \cdot D(C)\left(\nabla C + \frac{\nabla \gamma}{\gamma}\right). \tag{6}$$

Dabei bezeichnet $D(C)$ einen in geeigneter Weise (z.B. wie in (1)) konzen-
trationsabhängigen Diffusionskoeffizienten. In diesem Modell führt die starke
lokale Variation der Materialparameter zu einem beschleunigten Materialtransport nahe der Grenzfläche. Ein ähnliches Modell findet man auch in
[TGG].

2.4 Analytische und numerische Ergebnisse

Für die nicht-lineare Diffusionsgleichung (1), (2) auf einem C^2-Gebiet $\Omega \subset$
$\mathbf{R}^3$ mit homogenen Neumannschen Randbedingungen und Anfangsdotierungs-
profil $C_0 \in W_\infty^1(\Omega)$ konnte in [MPW] mit Hilfe des Schauderschen Fixpunkt-
satzes die Existenz und darüberhinaus auch die Eindeutigkeit einer positiven
Lösung

$$C \in W_2^{2,1}(\Omega \times (0,T)) \cap L^\infty(\Omega \times (0,T))$$

nachgewiesen werden. Gleichung (1), (2) bildet auch die Grundlage für unsere Simulationen der Diffusion in Silizium. In allen anderen Materialien wurde die Diffusion als linear angenommen.

Abb. 1. Gleichzeitige Diffusion von As und B nach 0, 10 und 15 min – 1D-Querschnitt durch das Konzentrationsprofil

Abbildung 1 zeigt die gleichzeitige Diffusion des Akzeptors Bor und des Donators Arsen in Silizium. Für diese zweidimensionale Rechnung wurde das am Lehrstuhl für Angewandte Mathematik der TU München entwickelte Finite-Elemente-Programm FeliCs herangezogen. Die verwendeten Ansatzfunktionen sind linear. Man sieht deutlich, wie das Borprofil durch die Anwesenheit von Arsen daran gehindert wird, wie erwartet auszuglätten.

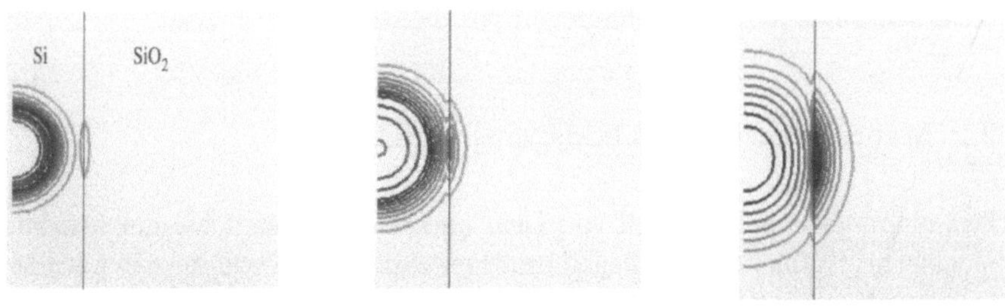

Abb. 2. Niveaulinien der Phosphorkonzentration bei Segregation an der Materialgrenze zwischen Si und SiO_2 nach 0, 20 und 60 min

Die Diffusion in einem Silizium-Siliziumdioxid-System mit Segregation an der Materialgrenze, wie durch (3),(4) beschrieben, stellt ein zeitabhängiges *Diffraktions-, Transmissions-* oder *Grenzflächenproblem* dar [LRU]. Durch einfache Umskalierung der Unbekannten läßt sich die in (3) geforderte Unstetigkeit der Lösung an der Grenzfläche eliminieren, und man hat es nur noch mit einem Diffusionsproblem für ein Material mit unstetigem Diffusionskoeffizienten zu tun. In dieser Form ist es auch für die Diskretisierung am besten geeignet. Zweidimensionale FeliCs-Simulationen zur Diffusion und Segregation von Phosphor zeigt Abbildung 2.

3 Oxidation von Silizium

3.1 Das Oxidationsmodell von Deal und Grove

Das älteste und wohl auch bekannteste Modell für die Kinetik der thermischen Oxidation von Silizium ist das von Deal und Grove [DG]. Demnach setzt sich die Oxidation aus drei Teilprozessen zusammen. Der erste besteht im Transport von Sauerstoff aus der umgebenden Gasatmosphäre an die Oxidoberfläche und der Lösung des Sauerstoffs im Oxid, der zweite in der Diffusion des Sauerstoffes durch das bereits vorhandene Oxid an die Silizium-Siliziumdioxid-Materialgrenze. Dort findet dann der entscheidende dritte Teilprozeß statt, die chemische Reaktion zwischen Silizium und Sauerstoff zu Siliziumdioxid. Es wird angenommen, daß sich die drei Teilprozesse miteinander im Gleichgewicht befinden und daß die Diffusion des Sauerstoffs durch das Oxid so schnell erfolgt, daß sie selbst durch einen Gleichgewichtszustand ersetzt werden kann. Auf diese Weise kann man eine explizite Formel für die Oxiddicke als Funktion der Zeit und der Prozeßparameter Druck, Temperatur und Zusammensetzung des einströmenden Gases herleiten. In der Anfangsphase ist die Oxidation reaktionsbeschränkt, und es ergibt sich näherungsweise eine lineare Zeitabhängigkeit. Später ist der Prozeß diffusionsbeschränkt, die Zeitabhängigkeit parabolisch.

3.2 Mehrdimensionale Oxidationsmodelle

Das eindimensionale Modell von Deal und Grove versagt bei der Oxidation maskierter Halbleiterkristalle. Bei solchen variiert die Oxiddicke je nach Maskengeometrie von Ort zu Ort. Um auch Geometrieeffekte zu erfassen, müssen Diffusion und Konvektion des Sauerstoffes im Oxid sowie mechanische Spannungen explizit mitberücksichtigt werden. Existenz und Eindeutigkeit der klassischen Lösung eines die zweidimensionalen Situation beschreibenden freien Randwertproblems wurden in [JLZ] nachgewiesen. Für numerische Zwecke erwies sich hingegen die Verwendung eines *Mischmodells* als sinnvoll. In diesem wurde die scharfe Phasengrenze zwischen Silizium und Oxid durch eine endlich ausgedehnte Übergangszone, bestehend aus einem Gemisch beider Materialien, ersetzt, in welcher sich der Sauerstoff bewegt [MS]. Auch dieses Modell konnte durch einen Existenz- und Eindeutigkeitsbeweis untermauert werden.

4 Diffusion während Oxidationsprozessen

Bei der thermischen Oxidation dotierter Siliziumkristalle kommt es aufgrund
der hohen Prozeßtemperaturen zu einer diffusiven Umverteilung des Dotie-
rungsmaterials im gesamten $Si - SiO_2$-System. Innerhalb des Oxids erfolgt
zusätzlicher Materialtransport durch Konvektion.
Experimente zeigen oft eine Dotierungsanhäufung an einer Seite der Materialgrenze (engl. *pile-up*). Handelt es sich dabei um die Seite, an die das immer
kleiner werdende Siliziumgebiet angrenzt, spricht man auch vom *Schneepflug-
Effekt*. Eine weit verbreitete Erklärung für dieses Phänomen ist die folgende:
die im Übergangsbereich zwischen Si und SiO_2 gestörte Kristallsymmetrie
und die bei der Oxidation frei werdende Reaktionswärme führen zu einer
erhöhten Beweglichkeit der Dotierungsatome nahe der Materialgrenze. Daher stellt sich entlang dieser viel schneller ein Gleichgewichtszustand ein als
im restlichen System, d.h.(3) ist auch während des Oxidationsprozesses stets
erfüllt. Mit der Erhaltung der Gesamtdotierungsmenge im System und den
unterschiedlichen molaren Volumina von Silizium und Siliziumdioxid läßt sich
dies aber nur vereinbaren, wenn man in das Flußgleichgewicht (4) auf der linken Seite einen zusätzlichen *Korrekturfluß*

$$J_{Mass} = C_{Si} v_{Rand}(1 - \frac{1}{\alpha m}) \tag{7}$$

einfügt. Hierbei bezeichnet v_{Rand} die Geschwindigkeit, mit der sich die Materialgrenze ins Siliziumgebiet hineinbewegt und α das Verhältnis der molaren Volumina von Silizium und Siliziumdioxid. Die zusätzliche Materie, die
durch diesen lokalen Massenstrom über die Materialgrenze hinweg transportiert wird, kann durch die Diffusion im Materialinneren nicht schnell genug
abtransportiert werden, was zum experimentell beobachteten Materialstau
nahe der Grenzfläche führt. Numerisch erweist sich die Erhaltung der Gesamt-
dotierungmenge als Problem. Insbesondere Diskretisierungsverfahren, die in
jedem Zeitschritt eine Neuvernetzung der zeitabhängigen Gebiete erforden,
haben im grenznahen Bereich mit erheblichen Interpolationsfehlern zu kämpfen. Man behilft sich hier mit heuristischen Korrekturen [ARD, BHV] oder
verwendet geeignete Koordinatentransformationen auf zeitunabhängige Gebiete [Pe, Pa]. Dadurch werden allerdings die Differentialgleichungen komplizierter. Neue Perspektiven ergeben sich auch hier aus der Verwendung von
Modellen mit endlicher Übergangszone statt scharfer Materialgrenze.

5 Ausblick

Ziel weiterer Untersuchungen ist – neben einer Verbesserung der numerischen Verfahren zur Behandlung der oben beschriebenen Modelle – die Entwicklung eines mathematisch fundierten Modells für die Diffusion in *polykristallinem Silizium*. Grob gesprochen, setzt sich dieses Material aus mehreren Körnern monokristallinem Siliziums verschiedener Orientierung zusam-

men. Innerhalb der einzelnen Körner diffundiert die Dotierung wie in Abschnitt 2 beschrieben. Entlang der Korngrenzen erfolgt beschleunigte Diffusion. Zwischen Korninnerem und Korngrenze tritt Segregation auf. Beim thermischen Ausheilen vereinigen sich benachbarte Körner miteinander. Die mittlere Korngröße nimmt zu, bis sie schließlich der Dicke der Polysiliziumschicht entspricht. Die Geschwindigkeit des Kornwachstums hängt von der Dotierstärke ab. Ein explizites Verfolgen der Korngrenzen ist numerisch aufwendig und praktisch auch gar nicht von Interesse. In der Anwendung bedient man sich deshalb gerne heuristisch bestimmter mittlerer ("homogenisierter") Korngrenzendichten und- orientierungen [JG], deren mathematische Konsistenz es noch zu überprüfen gilt.

Literatur

[ARD]   Antoniadis, D.A., Rodoni, M., Dutton, R.W.: Impurity Redistribution in SiO_2-Di during Oxidation: A Numerical Solution Including Interfacial Fluxes. J. Electrochem. Soc. **126**(1979) 1939-1945.

[BHV]   Borucki, L., Hansen, H.H., Varahramyan, K.: FEDSS - A 2D semiconductor fabrication process simulator. J. Res. Dev. **29** (1985)263-275.

[DG]   Deal, B.E., Grove, A.S.: General Relationship for the Thermal Oxidation of Silicon. J. Appl. Phys. **36** (1965) 3770-3778

[FGP]   Fahey, P.M., Griffin, P.B., Plummer, J.D.: Point defects and dopant diffusion in silicon. Rev. Mod. Phys. **61** (1989) 289–384

[JLZ]   Jiang, L., Liu, Z., Zhu, N., Merz, W.: A Free Boundary Problem Arising in Oxidation Process of Silicon. To appear in 'Advances in Math. Science and Applic.'

[JG]   Jones, S.K., Gerodolle, A.: 2D Process Simulation of Dopant Diffusion in Polysilicon: TITAN-POLY J.J.H. Miller (Ed.), NASECODE VI, Dublin (1991) 31-32.

[LRU]   Ladyženskaja, O.A., Rivkind, V. Ja., Ural'ceva, N.N.: The classical solvability of diffraction problems. Proc. Steklov Inst. **92** (1966) 132–166

[MPW]   Merz, W., Pulverer, K., Wilczok, E.: Single Species Dopant Diffusion in Silicon. Numerical and Analytical Treatment. To appear in 'The Mathematical Scientist'.

[MS]   Merz, W., Strecker, N.: The Oxidation Process of Silicon: Modelling and Mathematical Treatment. Math. Meth. Appl. Sc. **17** (1994) 1165-1191.

[MR]   Mulvaney, B.J., Richardson, W.B.: Physical Models for Impurity Diffusion in Silicon. J.J.H. Miller (Ed.), NASECODE VI, Dublin (1991) 15–17

[Pe]   Penumalli, B.R.: A Comprehensive Two-Dimensional VLSI Process Simulation Program, BICEPS. IEEE Trans. ED **30** (1983) 986-992.

[Pa]   Paffrath, M.: A mass conserving moving grid method for dopant silicon. In: Bank, R.E., Bulirsch, R. Gajewski, H., Merten, K. (Eds.), A mass conserving moving grid method for dopant simulation, Int. Ser. Num. Math. **117**, Birkhäuser, Basel (1994) 267-279.

[TGG]   Tan, T.Y., Gafiteanu, R., Gösele, U.M.: Diffusion-segregation equation and simulation of the diffusion-segregation phenomena. Proc. Silicon Semiconductors (1994) 920-930.

Zu einigen Fragen der Modellierung und Simulation bei der Entwicklung von SiGe–Heterojunction–Bipolartransistoren

R. Hünlich[1], A. Glitzky[1], J. Griepentrog[1] und W. Röpke[2]

[1] Weierstraß–Institut für Angewandte Analysis und Stochastik (WIAS), Mohren-str. 39, D–10117 Berlin, e-mail: huenlich@wias-berlin.de, URL: http://gauss.wias-berlin.de/wias_bmbf_tp1

[2] Institut für Halbleiterphysik Frankfurt (Oder) GmbH (IHP), Walter-Korsing-Straße 2, D–15230 Frankfurt (Oder)

Abstract. The aim of this paper is to show that the cooperation of mathematicians with physicists and engineers in the field of modelling and simulation effectively supports the design of modern nanoelectronic devices such as SiGe–HBTs. Because of their promising properties these transistors are expected to find many applications in the booming market for wireless systems. Moreover, they could be manufactured at low cost in large volume. The design of SiGe–HBTs requires among others the numerical simulation of basic fabrication steps and of the electrical behaviour of the devices theirselves. Corresponding simulation programs must be improved continuously. This again implies the necessity of mathematical investigations concerned with model equations which the simulation programs are based on. Here this will be demonstrated by typical examples.

1 Einleitung

Vielfältige Anwendungsmöglichkeiten in der Kommunikationstechnik (drahtlose Telefone und lokale Computernetze, Mobilfunk) und im Verkehrswesen (Abstandsradarsysteme, Verkehrsleitsysteme, Autopiloten) stimulieren die Entwicklung von neuartigen Bauelementen der Nanoelektronik, vor allem den Silizium–Germanium–Heterojunction–Bipolartransistoren (SiGe–HBT's; siehe [KTD]). Schaltkreise mit derartigen Bauelementen könnten kostengünstig, in großer Stückzahl und auf hohem Integrationsniveau auf der Grundlage der sicher beherrschten Silizium–Technologie hergestellt werden. Entwicklungsarbeiten zum SiGe–HBT werden weltweit stark vorangetrieben; sie bilden auch am Institut für Halbleiterphysik (IHP) einen wichtigen Schwerpunkt, und zwar im Rahmen des LOTUS–Projektes im Verbund mit der Daimler–Benz AG Ulm, mit der Ruhr-Universität Bochum, der Universität Bremen und der Technischen Universität Ilmenau. Hierbei ist es immer häufiger notwendig, die theoretischen und experimentellen Forschungsarbeiten, insbesondere auch zu einzelnen Aspekten des Fertigungsprozesses solcher Transistoren, wegen ihrer zunehmenden Komplexität durch Simulation zu unterstützen. Am IHP werden hierzu unter anderem die Technologiesimulatoren SUPREM [HHF, T] und vor allem DIOS [HKM, S] sowie der Bauelementesimulator ToSCA [Ga, GHN] benutzt. Entsprechend der technologischen Weiterentwicklung sind die Simulationsprogramme ständig sowohl bezüglich der Modelle als auch der Codes zur numerischen Lösung der entsprechenden Modellgleichungen zu verbessern, was zugleich grundlegende Arbeiten zur mathematischen Behandlung der Modellgleichungen erfordert. Der vorliegende Beitrag soll dies an Beispielen demonstrieren.

Abschnitt 2 gibt einen Überblick, wie DIOS und ToSCA bei der Entwicklung von SiGe–HBT's eingesetzt werden. Die Abschnitte 3 und 4 behandeln Teilfragen bzgl. der Erweiterung und Identifikation von Modellen für die Technologiesimulation und deren Implementierung. Mathematische Untersuchungen, die für beide Teilfragen von Bedeutung sind, werden in Abschnitt 5 erläutert. Die zitierte Literatur umfaßt vorrangig Arbeiten von Mitarbeitern des Weierstraß–Instituts (WIAS) und des IHP, die in letzter Zeit im Zusammenhang mit den hier behandelten Problemen entstanden sind.

2 SiGe–Heterojunction–Bipolartransistoren

SiGe–Heterojunction–Bipolartransistoren unterscheiden sich von konventionellen Si–Homojunction–Bipolartransistoren dadurch, daß ihre Basis aus einer etwa 30 nm dicken, verspannten und mit Bor dotierten SiGe–Schicht besteht, in der mehrere vorteilhafte Effekte zur Wirkung kommen. Die durch den Germaniumeinbau hervorgerufene Verringerung des Bandabstandes führt zu günstigen energetischen Bedingungen für die beweglichen Ladungsträger, die einen kleinen Steuerstrom des Transistors ermöglichen. Die Bordotierung kann so hoch gewählt werden, daß sich ein geringer Basiswiderstand ergibt. Und schließlich erzeugt der steile Germaniumgradient in der Basis ein zusätzliches inneres elektrisches Feld, was die Bordiffusion verringert und geringe Basisweiten, also kurze Laufzeiten der Ladungsträger, nach sich zieht. Die daraus folgenden Kenngrößen (hohe Grenzfrequenzen von etwa 50 bis 100 GHz, geringes Rauschen, niedrige Leistungsaufnahme) machen diese Transistoren für die eingangs erwähnten Anwendungsgebiete besonders attraktiv.

Wie bei allen modernen Festkörperschaltkreisen ist es auch bei der Entwicklung von SiGe–HBT's nur noch unter unzumutbar hohem und unwirtschaftlichem technischen und zeitlichen Aufwand möglich, alle sich ergebenden Probleme auf experimentelle Weise zu lösen. Deshalb werden in zunehmendem Maße Simulationsprogramme eingesetzt, um Varianten des Bauelementes selbst, aber auch seinen Fertigungsprozeß, zu simulieren und letzten Endes das Bauelement bezüglich der angestrebten Zielparameter zu optimieren. Abbildung 1 zeigt Ergebnisse einer mit DIOS durchgeführten Technologiesimulation und einer mit ToSCA erstellten Bauelementesimulation.

Mit DIOS können komplette Technologien mit ihren verschiedenen Teilprozessen (z. B. Abscheiden und Ätzen von Schichten zur Strukturbildung,

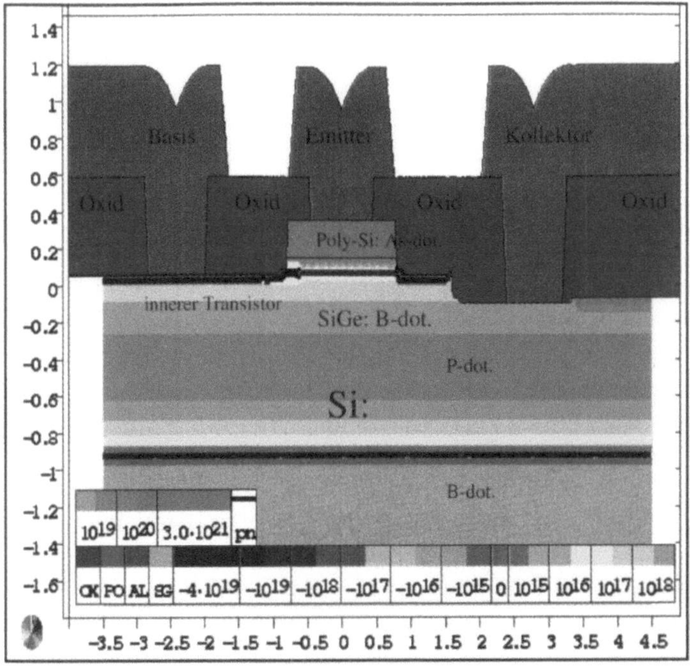

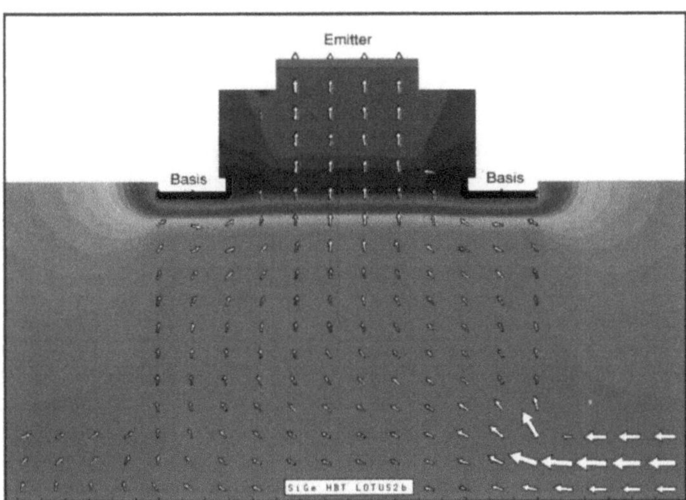

Abb. 1. Simulation eines SiGe–Heterojunction–Bipolartransistors: oben Technologiesimulation mit DIOS (gezeigt sind der Schichtaufbau, insbesondere die Lage der SiGe–Schicht und des inneren Transistors, sowie Isoflächen der Nettokonzentration im Silizium); unten Bauelementesimulation mit ToSCA (gezeigt sind die Lage des Basis– und Emitterkontaktes, der Kollektorkontakt befindet sich rechts unten außerhalb des Bildes, sowie Isoflächen der Spannung und der Verlauf der Ströme).

Einbringen von Dotanden durch Ionenimplantation, Umverteilung der Dotanden bei Temperung in inerter oder oxydierender Atmosphäre) simuliert werden. So lassen sich technologisch kritische Stellen, die oft einer experimentellen Untersuchung nicht zugänglich sind, überprüfen (z. B. Überlappungen von Schichten, Unterätzungen, vertikale und laterale Dotandenprofilverläufe). Die simulierte Struktur und Dotierung können dann als Eingabegrößen für den Bauelementesimulator ToSCA benutzt werden.

Nach Vorgabe der Struktur und der Dotierung, nach Festlegung der elektrischen Kontakte und nach Vorgabe von elektrischen Spannungen oder Strömen an den Kontakten lassen sich mit ToSCA eine Vielzahl von Strom–Spannungs–Kennlinien berechnen, die sowohl Gleichstrom– als auch Wechselstromeigenschaften des Transistors beschreiben. Wichtige Kenngrößen für die letzteren stellen die Grenzfrequenzen f_T und f_{max} dar, die als Gütekennziffern für Hochgeschwindigkeitstransistoren fungieren. Eine Hauptaufgabe der Bauelementesimulation ist die Designoptimierung bzgl. dieser Kenngrößen. Eine ausführliche Darstellung der Methodik zur Berechnung dieser Größen findet man in [HHG]. Eine Anwendung auf die Optimierung des Vertikalprofils erfolgt in [HHZ]. Eine weitere wichtige Gütekennziffer ist die Rauschzahl, die die Strom- und Spannungsfluktuationen innerhalb des Transistors beschreibt. Diese Größe läßt sich ebenfalls aus Kleinsignalanalysen mittels ToSCA ermitteln [HH]. Gerade die Realisierung von Verstärkern mit rauscharmen Eingangsstufen durch SiGe–HBT's ist von besonderer ökonomischer Bedeutung für den ständig wachsenden Markt der Mobiltelefone.

Zusammenfassend kann gesagt werden, daß die Entwicklung von modernen Bauelementen der Nanoelektronik durch den Einsatz von Simulationsprogrammen wirkungsvoll unterstützt wird. Um dabei genügend sichere Aussagen zu erhalten, muß die Simulation auf hohem Niveau erfolgen, was durch die Qualität sowohl der zu Grunde liegenden Modelle als auch der Programme zur numerischen Lösung der entsprechenden Modellgleichungen bestimmt wird. Hieraus leiten sich vielfältige Fragestellungen für mathematische Untersuchungen ab. Modellentwicklung bedeutet immer auch die Entwicklung *mathematischer* Modelle und die analytische Untersuchung ihrer Eigenschaften (Korrektheit der Aufgabenstellung, qualitative Aussagen über das Lösungsverhalten). Untersuchungen zur Numerik der Modellgleichungen bilden schließlich die Grundlage für die Codes, die in die Simulationsprogramme eingehen. Im folgenden soll an zwei Beispielen gezeigt werden, wie solche Untersuchungen in enger Zusammenarbeit mit den Anwendern in die Weiterentwicklung der Programmsysteme einfließen.

3 Diffusion von Bor in SiGe-Schichten

Eine besonders aus technologischer Sicht kritische Stelle beim Design von SiGe–HBT's besteht darin, daß aus der Basis kein Bor in benachbartes Silizium ausdiffundieren darf. Durch eine angepaßte Transistorstruktur und eine geeignete Prozeßführung wird versucht, dies weitgehend zu verhindern. Um diese Problematik simulieren zu können, wurde auf der Grundlage von in letzter Zeit erschienenen Arbeiten zur Diffusion von Bor in verspannten SiGe–Schichten ein Modell entwickelt und implementiert, mit dessen Hilfe die Modellparameter aus am IHP durchgeführten Messungen bestimmt worden sind (siehe [R]). Abbildung 2 zeigt simulierte und gemessene Ge- bzw. B–Profile. Da das Messverfahren bei Profilen mit nur einigen 10 nm Ausdehnung die (in der Abb. rechts liegenden) Flanken verfälscht, sind neue Verfahren zur Korrektur solcher Messungen [HEH] erarbeitet worden. Mit dem so

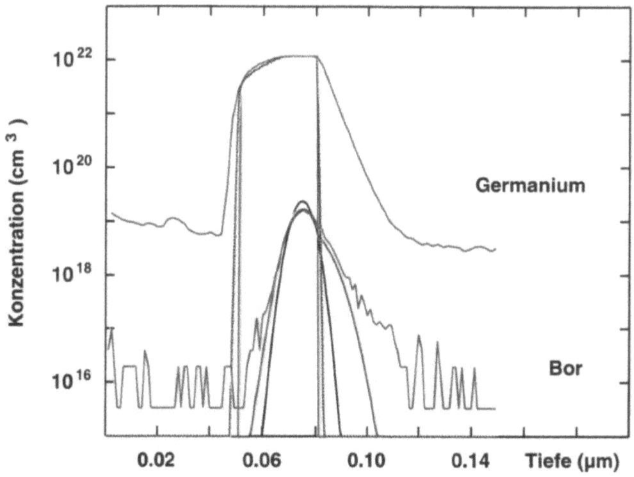

Abb. 2. Vergleich von simulierten und gemessenen Ge- bzw. B–Profilen.

identifizierten Modell gelingt es, wesentliche Effekte vorerst ausreichend zu beschreiben, so daß dieses Modell inzwischen von DIOS übernommen worden ist.

Das Modell stellt eine Modifikation der SUPREM-III-Modelle [HHF] dar. Die SiGe–Schicht wird wie verspanntes Silizium behandelt, Germanium wie ein Dotand, der Ursache der Verspannung ist. Die Spannungen werden mit einem einfachen Ansatz berechnet und gehen in die Diffusionsparameter für Bor ein. Für genauere Untersuchungen ist eine Verbesserung des bisherigen Modells notwendig. Statt die SUPREM-III-Modelle zu modifizieren, müßte man von Modellen ausgehen, die die Kinetik der Punktdefekte berücksichtigen, da die Verspannung des Kristalls das Gleichgewicht der Defekte stört. Weiterhin scheint es notwendig zu sein, die Verspannung selbst genauer zu modellieren. Dies würde bedeuten, die Diffusionsgleichungen für Germanium und Bor mit Gleichungen zur Beschreibung des mechanischen Verhaltens der Struktur zu koppeln. Erste Überlegungen zu solchen Modellgleichungen und ihren mathematischen Eigenschaften liegen vor.

4 Diffusion elektrisch geladener Teilchen bei hohen Konzentrationen

In modernen Bauelementen, z. B. auch in HBT's, kommt es vor, daß Profile elektrisch geladener Dotanden mit sehr hohen Konzentrationen sehr eng benachbart sind. Hier taucht die Frage auf, ob durch deren elektrische Wechselwirkung zusätzliche Effekte entstehen und inwieweit diese durch die vorhandenen Simulationsprogramme beschrieben werden. Die auch in DIOS benutzten SUPREM-III–Modelle sind im wesentlichen durch Versuche mit einzelnen Dotanden identifiziert worden, sagen aber für die beschriebene Situation kooperative Effekte (ähnlich einer ambipolaren Diffusion) voraus. Zur Klärung der Frage wurden am IHP Experimente durchgeführt. Erste Auswertungen mit noch relativ geringer Meßgenauigkeit haben das Auftreten dieses Phänomens qualitativ bestätigt. Für eine quantitative Analyse wurden am WIAS mit Hilfe von DIOS eine Reihe von Rechnungen durchgeführt. Eine einigermaßen zufriedenstellende Übereinstimmung mit den gemessenen und geeignet reduzierten Daten ergab sich nur dann, wenn einige der Diffusionsparameter (insbesondere für Arsen) gegenüber den Standardwerten geändert wurden. Einige Ergebnisse sind in Abb. 3 dargestellt.

Obwohl noch nicht alle Messungen ausgewertet und mit entsprechenden Simulationsrechnungen verglichen worden sind, wird bereits jetzt deutlich, daß die SUPREM-III–Modelle quantitativ diese komplizierte Wechselwirkung nicht in allen Details beschreiben. Zu berücksichtigen sind vielleicht eine genauere Modellierung der Randbedingungen und der Löslichkeitsgrenzen sowie die Kinetik der Punktdefekte zumindest in der Anfangsphase der Temperung. Außerdem wird darüber diskutiert, ob für das elektrostatische Potential die Poissongleichung (anstelle der bisherigen Annahme der Quasineutralität) und für die Elektronen und Löcher die Fermistatistik (anstelle der bisher benutzten Boltzmannstatistik) einbezogen werden sollten.

Als mathematisches Modell derartiger Modellerweiterungen erhält man allgemeine Elektro–Reaktions–Diffusionsgleichungen, deren analytische und numerische Untersuchung einen Schwerpunkt am WIAS bildet. Hier sind in letzter Zeit eine Reihe neuer Ergebnisse erzielt worden.

5 Analysis und Numerik von Elektro–Reaktions–Diffusionsgleichungen in Heterostrukturen

Wir behandeln im folgenden Gleichungen, die die Umverteilung elektrisch geladener Spezies in Heterostrukturen durch Diffusion und Reaktionen unter Berücksichtigung ihrer elektrischen Wechselwirkung beschreiben. Einen Überblick über solche Gleichungen, die für die Halbleitertechnologie relevant sind, sowie über verschiedene Grenzfälle, die vor allem aus der Sicht der Simulation interessant sind, findet man z. B. in [FGP, HS].

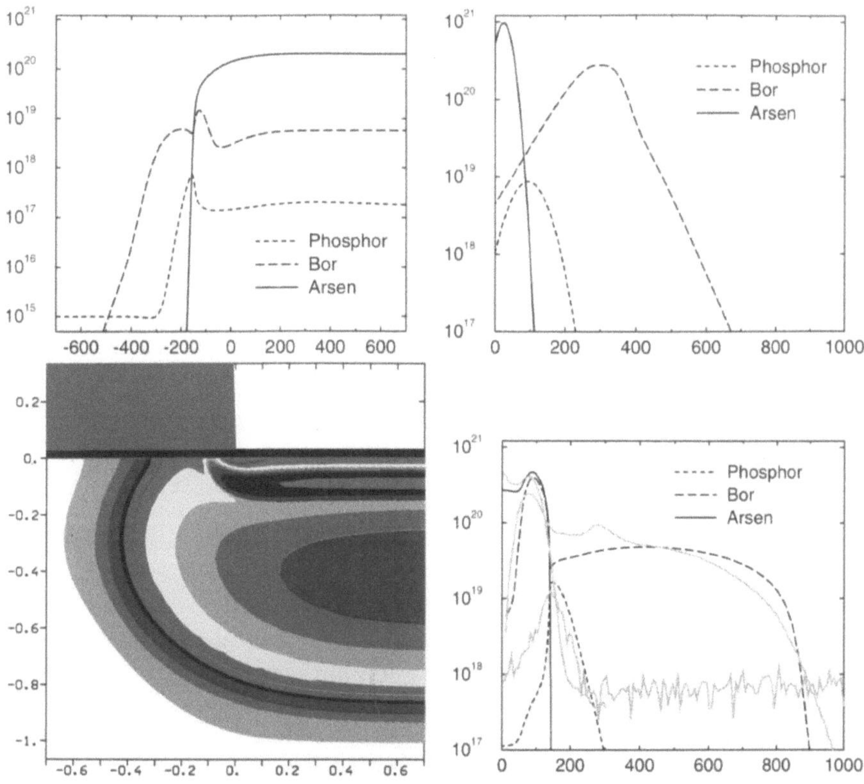

Abb. 3. P–B–As–Wechselwirkung: Simulierte vertikale Verteilung von P, B, As nach Implantation (rechts oben); simulierte und gemessene vertikale Verteilung von P, B, As nach 300 min inerter Temperung bei $900\,^{\circ}$C (rechts unten); simulierte Isoflächen für B (links unten) und simulierte laterale Verteilung von P, B, As 5 nm unterhalb der Substratobergrenze (links oben) nach genannter Temperung.

Ein in Simulationsprogrammen häufig benutzter Weg zur Modellierung elektrischer Wechselwirkungen ist die Quasineutralitäts–Näherung. Unter einer solchen Annahme haben wir in [GGH1] ein Modell mit nur einer Sorte geladener Fremdatome behandelt. Dort sind die eindeutige Lösbarkeit der Modellgleichungen, die globale Beschränktheit der Lösungen und deren exponentielles Streben zum Gleichgewicht nachgewiesen worden. Analoge Aussagen haben sich für ein implizites und ein semi–implizites Zeitdiskretisierungsschema ergeben. Die Konvergenz dieser Schemata ist gezeigt worden.

Ein anderer Weg zur Modellierung elektrischer Wechselwirkungen besteht darin, das innere elektrische Feld mit Hilfe der Poisson–Gleichung zu berechnen. Ein allgemeines Modell für beliebig viele elektrisch geladene Spezies in Heterostrukturen führt auf ein Elektro–Reaktions–Diffusionssystem mit nichtglatten Daten. Wir bezeichnen mit u_i, q_i, v_i and $\zeta_i = v_i + q_i v_0$,

$i = 1, \ldots, m$, die Konzentration, den Ladungszustand, das chemische bzw. elektrochemische Potential der i-ten Spezies, mit v_0 das elektrostatische Potential und mit $u_0 = \sum_{i=1}^{m} q_i u_i$ die Ladungsdichte der mobilen Spezies. Das zu untersuchende Differentialgleichungssystem besteht aus m Kontinuitäts-gleichungen gekoppelt mit der Poisson–Gleichung:

$$\frac{\partial u_i}{\partial t} - \nabla \cdot (D_i u_i \nabla \zeta_i) + R_i = 0 \text{ in } \mathbb{R}_+ \times \Omega,$$

$$\nu \cdot (D_i u_i \nabla \zeta_i) + R_i^{\Gamma} = 0 \text{ auf } \mathbb{R}_+ \times \Gamma, \ u_i(0) = U_i \text{ in } \Omega;$$

$$-\nabla \cdot (\varepsilon \nabla v_0) = f + u_0 \text{ in } \mathbb{R}_+ \times \Omega,$$

$$\nu \cdot (\varepsilon \nabla v_0) + \tau v_0 = f^{\Gamma} \text{ auf } \mathbb{R}_+ \times \Gamma.$$

Dabei sind R_i bzw. R_i^{Γ} die Reaktionsraten im Volumen bzw. am Rand, die ausgehend vom Massenwirkungsgesetz in der Form

$$R_i = \sum_{(\alpha, \beta)} k_{\alpha\beta} \left(\prod_{k=1}^{m} e^{\zeta_k \alpha_k} - \prod_{k=1}^{m} e^{\zeta_k \beta_k} \right)(\alpha_i - \beta_i)$$

angesetzt werden. Hierbei bezeichnen α und β die stöchiometrischen Vekto-ren der entsprechenden Reaktionen. Für den Zusammenhang zwischen Kon-zentrationen und chemischen Potentialen wird hier die Boltzmannstatistik $u_i = \bar{u}_i e^{v_i}$ angenommen. Dabei sind die Bezugskonzentrationen $\bar{u}_i$, ebenso wie D_i, ε, τ und $k_{\alpha\beta}$, wegen der Heterostruktur ortsabhängig. Die Untersu-chungen erfolgen für den räumlich zweidimensionalen Fall, da Beschränkt-heitsaussagen für die Lösungen elliptischer Gleichungen aus [Gr2] in der Form, wie sie hier benötigt werden, nur im Zweidimensionalen verfügbar sind.

Die funktionalanalytische Formulierung der Aufgabe lautet unter Benut-zung der Variablen $u = (u_0, \ldots, u_m)$ und $v = (v_0, \ldots, v_m)$

$$u'(t) + Av(t) = 0, \ u(t) = Ev(t) \text{ f.f.a. } t \in \mathbb{R}_+, \ u(0) = U,$$

$$u \in H^1_{\text{loc}}(\mathbb{R}_+, (H^1(\Omega, \mathbb{R}^{m+1}))^*), \tag{P}$$

$$v \in L^2_{\text{loc}}(\mathbb{R}_+, H^1(\Omega, \mathbb{R}^{m+1})) \cap L^{\infty}_{\text{loc}}(\mathbb{R}_+, L^{\infty}(\Omega, \mathbb{R}^{m+1})).$$

Dabei ist E ein nichtlinearer, monotoner Potentialoperator, der den Zusam-menhang zwischen den Potentialen und den Dichten beschreibt. Der nichtli-neare Operator A enthält die Diffusions–, Drift– und Reaktionsterme.

Mit Hilfsmitteln der konvexen Analysis wird in [GH1] gezeigt, daß unter der Annahme

$$\sum_{i=1}^{m} \kappa_i \int_{\Omega} U_i \mathrm{d}x > 0 \ \forall \kappa \in \mathcal{S}^{\perp}, \ \kappa \geq 0, \ \kappa \neq 0,$$

wobei $\mathcal{S}$ den von den Vektoren $\alpha - \beta$ aufgespannten stöchiometrischen Unter-raum bezeichnet, die Aufgabe (P) genau einen stationären Zustand (u^*, v^*)

innerhalb einer Kompatibilitätsklasse, die durch den Anfangswert charakterisiert wird, besitzt.

Ausgangspunkt für die Untersuchungen des instationären Problems (P) sind physikalisch motivierte Abschätzungen der freien Energie

$$F(u) = \int_\Omega \left\{ \frac{\varepsilon}{2} |\nabla v_0|^2 + \sum_{i=1}^m \left\{ u_i (\ln \frac{u_i}{\bar{u}_i} - 1) + \bar{u}_i \right\} \right\} \mathrm{d}x + \int_\Gamma \frac{\tau}{2} v_0^2 \, \mathrm{d}\Gamma.$$

Zunächst erhält man, daß die freie Energie entlang von Trajektorien des Systems beschränkt bleibt und monoton fällt. Ein wesentliches, neues Resultat ist eine Abschätzung der freien Energie durch die Energiedissipationsrate

$$D(v) = \sum_{i=1}^m \left\{ \int_\Omega \left\{ D_i \bar{u}_i \, e^{v_i} \, |\nabla \zeta_i|^2 + R_i \zeta_i \right\} \mathrm{d}x + \int_\Gamma R_i^\Gamma \zeta_i \, \mathrm{d}\Gamma \right\}.$$

Und zwar beweisen wir in [GH1] unter gewissen Voraussetzungen an das Reaktionssystem, die für relevante Probleme aus der Halbleitertechnologie erfüllt sind, die Abschätzung

$$F(Ev) - F(u^*) \leq c_R D(v)$$

für alle v, für die Ev in der Kompatibilitätsklasse liegt, die durch den Anfangswert U definiert wird, und für die $F(Ev) - F(u^*) \leq R$ gilt. Derartige Abschätzungen für Reaktions–Diffusionssysteme mit ungeladenen Spezies gehen auf [Gr1] zurück. In [GGH2] werden unsere Resultate auf allgemeinere Statistiken, Stromrelationen und Reaktionsterme sowie auf eine nichtlineare Poisson–Gleichung erweitert. Als Folgerung aus dieser Abschätzung erhält man, daß die freie Energie entlang von Trajektorien des Systems (P) exponentiell zu ihrem Gleichgewichtswert fällt.

Analoge Resultate gelten für ein implizites Zeitdiskretisierungsschema [GH1]. Es seien $n \in \mathbb{N}$, $\{t_n^0, \ldots, t_n^k, \ldots\}$ eine Diskretisierung von $\mathbb{R}_+$ und $S_n^k := (t_n^{k-1}, t_n^k]$. Unter $C_n(\mathbb{R}_+, B)$ verstehen wir den Raum der stückweise konstanten Funktionen u_n von $\mathbb{R}_+$ nach B, u_n^k bezeichne den konstanten Wert der Funktion u_n auf dem Intervall S_n^k. Das implizite Zeitdiskretisierungsschema zum Problem (P) lautet dann

$$\Delta_n u_n(t) + A v_n(t) = 0, \; u_n(t) = E v_n(t) \; \forall t \in \mathbb{R}_+,$$
$$v_n \in C_n(\mathbb{R}_+, H^1(\Omega, \mathbb{R}^{m+1})) \cap C_n(\mathbb{R}_+, L^\infty(\Omega, \mathbb{R}^{m+1})), \tag{P_n}$$

wobei Δ_n der Differenzenoperator

$$(\Delta_n u_n)^k := \frac{1}{t_n^k - t_n^{k-1}} \left(u_n^k - u_n^{k-1} \right), \; u_n^0 := U$$

ist. Auch längs Trajektorien der zeitdiskreten Aufgabe (P_n) fällt die freie Energie monoton und exponentiell zu ihrem Gleichgewichtswert. Hieraus

folgt, daß das implizite Zeitdiskretisierungsschema, ebenso wie die kontinuierliche Aufgabe selbst, Grundprinzipien der Thermodynamik genügt.

Erwähnt sei, daß wir zu den bisherigen Aussagen kommen, ohne a priori–
Schranken für Konzentrationen und Potentiale zu kennen. Im Gegenteil, wir
verwenden diese Ergebnisse, um unter zusätzlichen Annahmen über die Anfangswerte und über die Ordnung der Reaktionen solche a priori–Abschätzungen zu gewinnen. Zunächst folgert man aus der globalen Beschränktheit der
freien Energie mit Hilfe der Moser–Technik wie in [GG] globale a priori–
Abschätzungen für die Konzentrationen nach oben. Danach können wir, im
Unterschied zu [GG], aus dem exponentiellen Fallen der freien Energie schließen, daß die L^1-Norm von $\ln u_i$ global beschränkt ist. Durch Moser–Iteration
kann damit die globale Beschränktheit der Konzentrationen nach unten durch
eine positive, nur von den Daten des Problems abhängende Konstante nachgewiesen werden.

Um die Lösbarkeit der Aufgabe (P) zu zeigen, regularisieren wir das
Problem durch ein „Abschneiden" der Nichtlinearitäten in geeigneter Weise. Wir finden a priori–Abschätzungen für dieses regularisierte Problem, die
nicht von dem Abschneidelevel abhängen. Die Lösbarkeit der regularisierten Aufgabe wird über Zeitdiskretisierung und einen Auswahlsatz bewiesen.
Ausführlicher werden die Aussagen zur Existenz, Eindeutigkeit und zu globalen Abschätzungen der Lösung der Aufgabe (P) in [GH2] zusammengestellt.
Die Herleitung analoger Ergebnisse für die zeitdiskreten Aufgaben (P_n) und
die Begründung der Konvergenz des Näherungsverfahrens sind Gegenstand
aktueller Untersuchungen.

Anmerkung. An den hier vorgestellten Arbeiten, an zahlreichen Diskus-
sionen über die hier geschilderten Probleme oder an der Vorbereitung dieses
Beitrages waren folgende Kollegen beteiligt: K.–D. Bolze, B. Heinemann, F.
Herzel, D. Krüger, R. Kurps (IHP), H. Gajewski, R. Nürnberg (WIAS), K.
Gröger (WIAS, Humboldt–Universität Berlin), N. Strecker (ETH Zürich).

Literatur

[FGP] Fahey, P. M., Griffin, P. B., Plummer, J. D.: Point defects and dopant
       diffusion in silicon. Reviews of Modern Physics **61** (1989) 289–384

[Ga]   Gajewski, H.: Analysis und Numerik von Ladungstransport in Halbleitern.
       GAMM–Mitteilungen **16** (1993) 35–57

[GG]   Gajewski, H., Gröger, K.: Reaction–diffusion processes of electrically char-
       ged species. Math. Nachr. **177** (1996) 109–130

[GHN] Gajewski, H., Heinemann, B., Nürnberg, R., Langmach, H., Telschow, G.,
       Zacharias, K.: Der 2D–Bauelementesimulator ToSCA. Handbuch. Karl-
       Weierstraß-Institut für Mathematik, Berlin, 1986, 1991.

[GGH1] Glitzky, A., Gröger, K., Hünlich, R.: Discrete–time methods for equations
       modelling transport of foreign–atoms in semiconductors. Nonlinear Ana-
       lysis (erscheint)

[GGH2] Glitzky, A., Gröger, K., Hünlich, R.: Free energy and dissipation rate for reaction diffusion processes of electrically charged species. Applicable Analysis (erscheint)

[GH1]   Glitzky, A., Hünlich, R.: Energetic estimates and asymptotics for electro-reaction–diffusion systems. Preprint 168, Weierstraß-Institut für Angewandte Analysis und Stochastik, Berlin, 1995

[GH2]   Glitzky, A., Hünlich, R.: Electro–reaction–diffusion systems for heterostructures. Proc. FBP'95 (eingereicht)

[Gr1]   Gröger, K.: Free energy estimates and asymptotic behaviour of reaction-diffusion processes. Preprint 20, Institut für Angewandte Analysis und Stochastik, Berlin, 1992

[Gr2]   Gröger, K.: Boundedness and continuity of solutions to second order elliptic boundary value problems. Nonlinear Anal. **26** (1996) 539–549

[HHZ]   Heinemann, B., Herzel, F., Zillmann, U.: Influence of low doped emitter and collector regions on high–frequency performance of SiGe–base HBTs. Solid State Electr. **38** (1995) 1183–1189

[HEH]   Herzel, F., Ehwald, K.-E., Heinemann, B., Krüger, D., Kurps, R., Röpke, W., Zeindl, H.-P.: Deconvolution of narrow boron SIMS depth profiles in Si and SiGe. Surface and Interface Analysis **23** (1995) 764–770

[HH]   Herzel, F., Heinemann, B.: High–frequency noise of bipolar devices in consideration of carrier heating and low temperature effects. Solid State Electr. **38** (1995) 1905–1909

[HHG]   Herzel, F., Heinemann, B., Gajewski, H.: Small–signal analysis by means of transient excitations and its applications in bipolar transistor modelling. Int. J. of High Speed Electronics and Systems (erscheint)

[HHF]   Ho, C. P., Hansen, S. E., Fahey, P. M.: SUPREM III – A program for integrated circuit process modeling and simulation. Technical Report SEL84-001, Stanford Electronics Laboratories, Stanford University, Stanford, 1984

[HS]   Höfler, A., Strecker, N.: On the coupled diffusion of dopants and silicon point defects. Technical Report 94/11, ETH Integrated Systems Laboratory, Zürich, 1994

[HKM]   Hünlich, R., Krause, U., Model, R., Pomp, A., Schmelzer, I., Stephan, H., Strecker, N., Unger, S.: Der 2D-Technologiesimulator DIOS. VI. Symposium „Physikalische Grundlagen zu Bauelementetechnologien der Mikroelektronik" (Frankfurt(Oder), 1990) 169–182

[KTD]   Kermarrec, C., Tewksbury, T., Dawe, G., Baines, R., Meyerson, B., Harame, D., Gilbert, M.: New application opportunities for SiGe HBTs. Microwave Journal (October 1994) 23–35

[R]   Röpke, W.: Diffusion von Bor in verspannten SiGe–Schichten. Forschungsbericht, Weierstraß-Institut für Angewandte Analysis und Stochastik, Berlin, 1994

[S]   Strecker, N.: The 2D-process simulator DIOS. Version 3.5. User manual. ETH Integrated Systems Laboratory, Zürich, 1993

[T]   Technology Modeling Associates, Inc.: TSUPREM-4. Version 6.1. Palo Alto, 1994

1.7 Fahrzeugdynamik

Entwicklung Mathematischer Software für die Gesamtfahrzeugsimulation

H.G. Bock, J.P. Schlöder, R. von Schwerin und J. Lindner

Differentialgleichungen und singuläre Mannigfaltigkeiten in der dynamischen Simulation von Rad–Schiene–Systemen

K. Frischmuth, M. Arnold, M. Hänler und H. Netter

Entwicklung mathematischer Software für die Gesamtfahrzeugsimulation

H.G. Bock[1], J.P. Schlöder[1], R. von Schwerin[1] und J. Lindner[2] *

[1] Interdisziplinäres Zentrum für Wissenschaftliches Rechnen (IWR),
    Universität Heidelberg, Im Neuenheimer Feld 368, D-69120 Heidelberg,
    e-mail: Reinhold.vonSchwerin@IWR.Uni-Heidelberg.De
    URL: http://www.iwr.uni-heidelberg.de/~Reinhold.von.Schwerin/
[2] Ingenieurbüro Lindner, Margeritenstraße 10, D-91086 Münchaurach

Abstract. Current numerical methods for simulation and sensitivity analysis in vehicle system dynamics are generally not tailored to the special requirements of the models under consideration. It is thus one aim of this project to identify and classify the structures present in mechatronical vehicle systems and to develop numerical methods which dovetail with these structures. At the same time, the methods must have a user-interface that makes the methods easy to use in every day practice. Such an interface is being developed jointly by the IWR and the Ingenieurbüro Lindner according to the industrial requirements as communicated by the industrial partner BMW.

The present paper addresses two points that pertain to efficient simulation and sensitivity analysis. First, the important task of calculating *sensitivity matrices* in the presence of discontinuities, which are one characteristic of vehicle models, is studied. The technique developed here allows for an error controlled automatic computation of forward sensitivities in contrast to the current practice of cumbersome parameter variation by hand. The every day task of studying the influence of certain parameters on some desired or observed effect is thus simplified significantly.

Finally, an *inverse-dynamics* variant of an Adams-method is described, which speeds up the integration of vehicle models significantly. A numerical experiment with a practical model of a five-link wheel suspension exhibits a speedup of around 50% compared with the standard Adams method and very significant advantages over other integration methods.

1 Einleitung

Industrielle Problemstellung. Moderne PKW und LKW bestehen aus einer großen Zahl mechanischer, hydraulischer, regelungstechnischer, elektronischer und elektrischer Komponenten. Ziel beim Anwendungspartner in der Abteilung *Fahrzeugsimulation/Systemdynamik* der BMW AG in München ist es, eine Verbesserung der Produktqualität sowie eine Verkürzung von Entwicklungszeiten mit Hilfe von numerischen Simulationen und Optimierung zu erreichen. Die Haupteinsatzbereiche sind dabei die Qualitätssicherung und die Echtzeitsimulation (z.B. Hardware-in-the-loop) [FPR]. Bei den

---

* Weiterer Autor: M. Winckler[1]

zu lösenden Problemen sind je nach Fragestellung das Gesamtsystem, etwa bei der Auslegung von Bremssystemen, oder Teilsysteme, beispielsweise bei komplexen Aufgaben des Motormanagements zu betrachten. Auf diesem Gebiet ergeben sich zahlreiche Ansatzpunkte zur Verbesserung von Zuverlässigkeit und Effizienz der eingesetzten Simulationstools durch Wissenschaftliches Rechnen. So werden in allen bisher für die Fahrzeugsimulation verfügbaren Werkzeugen Standardintegrationsverfahren eingesetzt, die nicht die speziellen Strukturen der Gleichungen der Fahrzeugdynamik ausnutzen und insbesondere bei Parameterstudien eine händische Parametervariation erfordern. Ziel des Projekts ist daher, benutzerfreundliche Verfahren zu entwickeln, die die praktische Arbeit des Ingenieurs effizienter gestalten, etwa durch gleichzeitig mit einer schnellen, fehlerkontrollierten Simulation durchgeführte mathematisch korrekte Sensitivitätsanalysen. Dies erfordert die Entwicklung von Integrationsverfahren, die den speziellen Gegebenheiten und Strukturen in der Fahrzeugdynamik angepaßt sind, sowie von Modellgeneratoren, die Modelle so erzeugen, daß diese Strukturen von der Numerik ausgenutzt werden können. Um praktisch einsetzbar zu sein, sind die Verfahren schließlich in eine geeignete, einfach bedienbare Oberfläche zu integrieren.

Mathematische Modellbildung. Modelle für Gesamtfahrzeuge bestehen aus einem Mehrkörperanteil sowie mechatronischen Zusatzkomponenten wie Hydraulikbauteilen, Elektronik und Elektrik, oder auch analogen und diskreten Steuergeräten [KL]. Typischerweise treten Kopplungen durch *geschlossene Schleifen* auf, die in der mathematischen Modellierung der Dynamik auf linear–implizite Systeme differentiell–algebraischer Gleichungen (DAE) zweiter oder gemischter Ordnung vom Index 3, die sogenannte *Deskriptorform*, führen. Außerdem sind gewöhnlich auch *diskrete Strukturen* aufgrund von zeit– oder zustandsabhängigen *Unstetigkeiten* und *Nicht–Differenzierbarkeiten* (i.f. kurz Unstetigkeiten genannt) zu berücksichtigen [ABES]:

$$\dot{s} = \eta(t, s, p, \dot{p}, q; \sigma)$$
$$M(p,q)\ddot{p} = f(t, s, p, \dot{p}, q; \sigma) - G^T(p,q)\lambda \qquad (1)$$
$$g(p,q) = 0 \,.$$

Dabei bezeichnet s Variablen nicht-mechanischer Dynamiken (etwa aus Hydraulik oder Elektronik), p bezeichnet die (generalisierten) Positionen und q einen Vektor von Systemparametern wie etwa Massen, Trägheitsmomente, Dämpfungs–, Steifheits– oder Druckkoeffizienten, usw. Weiterhin sind durch $g(p,q)$ Bedingungen an die Lagekoordinaten gegeben. $G(p,q) := \frac{\partial}{\partial p}g(p,q)$ ist die Nebenbedingungsmatrix, $M(p,q)$ heißt Massenmatrix und $f(t, s, p, \dot{p}, q; \sigma)$ sind die expliziten Kräfte. Die Lagrange-Multiplikatoren λ sind die algebraischen Variablen des DAE Systems.

$\sigma := \sigma(t, s, p, \dot{p}, q)$ bezeichnet einen Vektor *zustandsabhängiger Schaltfunktionen*, deren Nullstellen eine unstetige Änderung des Modells, etwa bei Reibungsphänomenen, Stößen, Kennlinien usw., charakterisieren. Ferner kann es bei Stößen oder etwa dem Blockieren der Räder beim Bremsen zu *sprunghaften Änderungen* in den Zuständen kommen [KL]. Diese seien gegeben als:

$$\begin{pmatrix} s \\ p \\ v \end{pmatrix}^{+} = \begin{pmatrix} s \\ p \\ v \end{pmatrix}^{-} + \begin{pmatrix} d^s(t_\sigma, s^-, p^-, v^-, q) \\ d^p(t_\sigma, s^-, p^-, v^-, q) \\ d^v(t_\sigma, s^-, p^-, v^-, q) \end{pmatrix},$$

wobei die rechts– bzw. linksseitigen Grenzwerte am *Schaltpunkt* t_σ durch das hochgestellte + bzw. − bezeichnet seien.

Numerische Lösungsverfahren. Die Untersuchungen dieses Projektes greifen auf Vorarbeiten aus dem Schwerpunktprogramm *Dynamik von Mehrkörpersystemen* der DFG [ABES, BES, E] u.a. zurück. Implementiert sind die dort entwickelten Verfahren in der Integratorbibliothek MBSSIM [SW1] zur Behandlung von Anfangswertproblemen (AWP) bei Modellen vom Typ (1). Gelöst wird das für *konsistente Anfangswerte* (s.u.) analytisch äquivalente Index 1 AWP:

$$\dot{s} = \eta(t, s, p, v, q; \sigma)$$
$$\dot{p} = v \ ; \ \dot{v} = a$$

$$\underbrace{\begin{pmatrix} M(p,q)\ G(p,q)^T \\ G(p,q) \quad 0 \end{pmatrix}}_{=:A(p,q)} \begin{pmatrix} a \\ \lambda \end{pmatrix} = \underbrace{\begin{pmatrix} f(t, s, p, v, q; \sigma) \\ \gamma(p, v, q) \end{pmatrix}}_{=:\hat{f}(t,s,p,v,q;\sigma)} \qquad (2)$$

mit Anfangswerten zum Zeitpunkt t_0

$$s_0 := s(t_0) \ ; \quad p_0 := p(t_0) \ ; \quad v_0 := v(t_0) \,.$$

Hierbei ist

$$\gamma(p, v, q) := -(G_{p,\bullet}v)\, v := -\frac{\partial}{\partial p}[G(p,q)v]\, v \,. \qquad (3)$$

Dabei sind zusätzlich strikt einzuhaltende *Invarianten* zu beachten:

$$\begin{aligned} g^p(p,q) &:= g(p,q) = 0 && \text{(Lagebedingung)} \\ g^v(p, v, q) &:= \dot{g}^p(p,q) = G(p,q)v = 0 && \text{(Geschwindigkeitsbedingung)} \end{aligned} \qquad (4)$$

Liegen keine redundanten Nebenbedingungen vor, hat also $G(p,q)$ vollen Rang, und ist außerdem $M(p,q)$ positiv definit im Nullraum von $G(p,q)$, so ist das lineare System in (2) eindeutig lösbar. Diese Bedingungen sind für physikalisch sinnvolle Modelle erfüllt.

Bemerkung. 1 *Die Systemmatrix A weist die auch im Optimierungszusammenhang auftretende augmentierte Struktur auf. Die obigen Bedingungen für die eindeutige Lösbarkeit sind die aus der Optimierung bekannten hinreichenden Bedingungen 2. Ordnung. Die Effizienz der Simulation hängt entscheidend von der Ausnutzung dieser Strukturen ab [ABES].*

Da (1) und (2) nur dann dieselben Lösungen besitzen, wenn die Anfangswerte konsistent sind, d.h. die Invarianten (4) erfüllen, muß deren Einhaltung zu Beginn und während der Integration sichergestellt werden. In MBSSIM geschieht dies durch hocheffiziente *sequentielle Projektionsverfahren*, die durch Weiterverwendung von Zerlegungsinformation aus den Integrationsschritten ohne zusätzliche Matrixzerlegungen auskommen.

Die Berücksichtigung von Unstetigkeiten basiert auf dem klassischen Ansatz der mathematisch korrekten Behandlung mittels Schaltfunktionen (siehe etwa [Bu, Bo2]). Unter schwachen Regularitätsannahmen lassen sich die Schaltpunkte, also die Nullstellen der Schaltfunktionen, während der Integration lokalisieren [Bo2]. Um diese Lokalisierung *effizient* durchzuführen, wird zum einen eine natürlich interpolierende [BS] kontinuierliche Lösungsdarstellung verwendet, die Schaltpunktsuche *innerhalb* des Integrators ermöglicht. Zum anderen werden in MBSSIM erhebliche Effizienzgewinne durch die Bereitstellung von *Spezialmodulen* unter Verwendung geeigneter Datenstrukturen für häufig vorkommende Klassen von Unstetigkeiten, wie etwa tabellierte Daten oder Hysteresemodelle, erzielt [E].

Untersuchungsgegenstände. In dieser Arbeit werden zwei Aspekte untersucht, die der Verkürzung der Entwicklungszeiten und der Erhöhung der Produktivität in der Automobilindustrie dienen. Zunächst werden Verfahren zur fehlerkontrollierten Berechnung von *Vorwärtssensitivitäten* entwickelt, die eine mit hohem Aufwand verbundene manuelle Parametervariation ersetzen. Derartige Verfahren bilden außerdem einen integralen Bestandteil für Optimierungsverfahren, etwa beim Multiple-Shooting-Ansatz zur Lösung von Optimierungsrandwertproblemen, für die eine automatische, mathematisch korrekte Ableitungsgenerierung unerläßlich ist. Wie dies auch bei *unstetigen DAE Modellen der Fahrzeugdynamik* effizient und numerisch stabil erfolgen kann, wird im nächsten Abschnitt hergeleitet.

Daran anschließend wird gezeigt, wie die Implizitheit der Modellgleichungen mit Hilfe von *Monitorstrategien* in Verbindung mit speziell entwickelten *invers-dynamischen* Integrationsverfahren zur Lösung von Anfangswertproblemen ausgenutzt werden kann. Die hierdurch erreichte erhebliche Verkürzung der Rechenzeit wird an einem praktischen Beispiel vorgeführt.

2 Sensitivitätsanalysen bei unstetigen Modellen

Interne Numerische Differentiation bei Fahrzeugmodellen. Die automatische Durchführung von Parameterstudien benötigt die Berechnung der Ableitungen der Lösungen s, p, v und λ des Index 1 AWP (2) zum Zeitpunkt t nach den Anfangswerten s_0, p_0, v_0 und den Parametern q. Diese Ableitungen existieren und sind lokal eindeutig. Sie werden zusammengefaßt in der WRONSKI- oder Sensitivitätsmatrix $\mathcal{W}(t, t_0)$, welche aus den Teilmatrizen

$$\mathcal{W}_y^z(t, t_0) := \frac{\partial}{\partial y} z(t; t_0, s_0, p_0, v_0, q)$$

für $z \in \{s, p, v, \lambda\}$ und $y \in \{s_0, p_0, v_0, q\}$ besteht. $\mathcal{W}$ ist die Lösung des zu (2) gehörenden linearen Variations-DAE AWP:

$$\dot{\mathcal{W}}^s_{s_0,p_0,v_0,q} = \left[\, \eta_s \mid \eta_p \mid \eta_v \,\right] \mathcal{W}^{s,p,v}_{s_0,p_0,v_0,q} + \left[\, 0 \mid 0 \mid 0 \mid \eta_q \,\right]$$

$$\dot{\mathcal{W}}^p_{s_0,p_0,v_0,q} = \mathcal{W}^v_{s_0,p_0,v_0,q}$$

$$\mathcal{A}\begin{pmatrix} \dot{\mathcal{W}}^v_{s_0,p_0,v_0,q} \\ \mathcal{W}^\lambda_{s_0,p_0,v_0,q} \end{pmatrix} = \left[\, \hat{f}_s \;\middle|\; \hat{f}_p - \left(\mathcal{A}_{p,\bullet}\begin{pmatrix}\dot{v}\\\lambda\end{pmatrix}\right) \;\middle|\; \hat{f}_v \,\right] \mathcal{W}^{s,p,v}_{s_0,p_0,v_0,q} \tag{5}$$

$$+ \left[\, 0 \mid 0 \mid 0 \mid \hat{f}_q - \left(\mathcal{A}_{q,\bullet}\begin{pmatrix}\dot{v}\\\lambda\end{pmatrix}\right) \,\right]$$

mit den Anfangswerten

$$\mathcal{W}^{s,p,v}_{s_0,p_0,v_0}(t_0, t_0) = I \qquad \text{und} \qquad \mathcal{W}^{s,p,v}_q(t_0, t_0) = 0\,.$$

Die hier benutzte Notation für die Zusammenfassung gewisser Teile der Sensitivitätsmatrix sollte selbsterklärend sein. Man beachte, daß $\mathcal{W}^\lambda_{s_0,p_0,v_0,q}(t_0, t_0)$ durch die obigen Anfangswerte eindeutig bestimmt ist.

Bei der praktischen numerischen Berechnung der Sensitivitätsmatrizen ist zu beachten, daß die numerische Lösung eines DAE-AWP selbst das Ergebnis der Anwendung eines während der Integration adaptiv generierten rekursiven Diskretisierungsschemas ist. Das *Prinzip der Internen Numerischen Differentiation (IND)* [Bo1] besteht nun darin, nur die Ableitung dieses Diskretisierungsschemas zur Approximation des DAE Anfangswertproblems zu berechnen. Die adaptiven Komponenten des numerischen Integrationsverfahrens werden dabei, im Gegensatz zu einer einfachen Anwendung von automatischer Differentiation, nicht mit abgeleitet. Außerdem werden durch die Verwendung von gemeinsamen Zwischengrößen, Matrizen, Zerlegungen, usw. hohe Effizienzgewinne erzielt. In [Bo2] werden unterschiedliche Realisierungen für verschiedene Integrationsverfahren näher ausgeführt.

Bemerkung. 2 *a) Eine effiziente Bereitstellung der Sensitivitätsmatrizen bei Fahrzeugmodellen erfordert die Ausnutzung der Strukturen in (5), wie sie beispielsweise im Integrator MSOABM [SW2] realisiert wurde. Insbesondere ist zu beachten, daß die Systemmatrix $\mathcal{A}$ in (2) und (5) dieselbe ist [SBS, SWS].*

b) Die Variationen in (5) sind nur mit der relaxierten Formulierung *der Invarianten (4) konsistent. Die Ausnutzung dieser relaxierten Invarianten bei der Berechnung der Sensitivitätsmatrizen, insbesondere im Zusammenhang mit der Lösung von Optimierungsaufgaben unter Anwendung des Optimierungs-Randwertproblemansatzes [Bo1] wird ausführlich dargestellt in [BES, SBS].*

Updates an Schaltpunkten. Im folgenden wird die IND für den Fall zustandsabhängiger Schaltpunkte mit Sprüngen beschrieben. Hierbei ist insbesondere die Abhängigkeit der Schaltpunkte von Anfangswerten und Parametern zu bestimmen.

Angenommen, im Integrationsschritt von t_j nach t_{j+1} tritt der Schaltpunkt $t_\sigma \in (t_j, t_{j+1})$ auf. Dieser sei implizit definiert durch

$$\sigma(t_\sigma, x(t_\sigma), q) = 0 \,, \tag{6}$$

wobei im Vektor $x := (s, p, v)^T$ die dynamischen Variablen zur Vereinfachung der Notation zusammengefaßt seien. Ferner trete am Schaltpunkt möglicherweise ein Sprung auf:

$$x^+(t_\sigma) = x^-(t_\sigma) + d(t_\sigma, x^-(t_\sigma), q) \,. \tag{7}$$

Sind dann σ und d genügend oft differenzierbar und sind gewisse Regularitätsvoraussetzungen erfüllt, so läßt sich durch Übertragung von Ergebnissen aus [Bo2] für gewöhnliche Differentialgleichungen auf Fahrzeugmodelle zeigen, daß die lokalen Sensitivitätsmatrizen existieren. Zu ihrer Berechnung verwendet man die bekannten Eigenschaften der WRONSKI-Matrizen (siehe etwa [HNW]) und bestimmt die Abhängigkeit des Schaltpunkts von Anfangswerten und Parametern durch Anwendung des Satzes über implizite Funktionen auf (6). Es ergibt sich

$$\frac{\partial t_\sigma}{\partial(x_j, q)} = -\frac{\sigma_x}{(\sigma_t + \sigma_x \dot{x})} \mathcal{W}^x_{x_j,q}(t_\sigma, t_j) - \left[\, 0 \; \middle| \; \frac{\sigma_q}{(\sigma_t + \sigma_x \dot{x})} \right] = 0 \,,$$

wobei die Indizes an σ die Ableitungen bezüglich t, x und q bezeichnen mögen. Damit kann man die *Updates* an t_σ definieren:

$$\mathcal{U}_x := \mathcal{C}_x \frac{\sigma_x}{\dot{\sigma}} + I + d_x \,, \qquad \mathcal{U}_q := \mathcal{C}_x \frac{\sigma_q}{\dot{\sigma}} + d_q \,, \tag{8}$$

mit

$$\dot{\sigma} := \sigma_t^-(t_\sigma) + \sigma_x^-(t_\sigma)\dot{x} \qquad \text{und} \qquad \mathcal{C}_x := \dot{x}^+ - \dot{x}^- + d_t - d_x\dot{x}^- \,.$$

Aus (8) ergeben sich schließlich die folgenden Updateformeln für die Sensitivitätsmatrizen an Schaltpunkten:

$$\mathcal{W}^x_{x_j}(t_{j+1}, t_j) = \mathcal{W}^{x,+}_{x_\sigma}(t_{j+1}, t_\sigma)\, \mathcal{U}_x \, \mathcal{W}^{x,-}_{x_j}(t_\sigma, t_j)$$

$$\mathcal{W}^x_q(t_{j+1}, t_j) = \mathcal{W}^{x,+}_{x_\sigma}(t_{j+1}, t_\sigma)\big(\mathcal{U}_x \mathcal{W}^{x,-}_q(t_\sigma, t_j) + \mathcal{U}_q\big) + \mathcal{W}^{x,+}_q(t_{j+1}, t_\sigma) \,.$$

Ist ein Schaltpunkt lokalisiert, so kann mit den hier entwickelten Techniken die Sensitivitätsinformation aktualisiert und mit der Integration fortgefahren werden. Dadurch wird erstmals bei praktischen Fahrzeugmodellen eine fehlerkontrollierte Mehrparameter-Sensitivitätsanalyse ermöglicht. Weitere Einzelheiten sowie numerische Ergebnisse mit Weiterentwicklungen von Integratoren aus MBSSIM, welche die Leistungsfähigkeit des vorgestellten Verfahrens unter Beweis stellen, finden sich in [SWS, SW2].

Bemerkung. 3 *Der geschilderte Ansatz zur Schaltpunktbehandlung ist auch beim Auftreten nicht-klassischer Lösungen, etwa bei den Standardmodellen für Coulomb-Reibung, anwendbar. Dies erfordert jedoch eine spezielle dreiwertige Schaltlogik, die den Übergang von und zu einer DAE vom Index 2 charakterisiert (vgl. [ABES],[Bo2],[E]).*

3 Invers-Dynamische Integratoren

Eine Teilaufgabe bei der Simulation von Fahrzeugmodellen vom Typ (2), etwa bei der Verwendung eines Runge-Kutta-Schemas, ist die Lösung des Vorwärtsproblems der Mehrkörpermechanik, d.h. zu gegebenen Kräften f sind die Beschleunigungen a zu finden. Für eine derartige „Funktionsauswertung" ist das lineare Gleichungssystem in (2) zu lösen. Dies ist auch bei der direkten Übertragung des Adams-PECE-Verfahrens für die Fahrzeugdynamik der Fall. Hier ist jedoch eine erhebliche Verbesserung möglich, indem man Verfahren, die auf der Lösung des invers-dynamischen Problems (zu gegebenen Beschleunigungen a die Kräfte f zu finden) basieren, einsetzt.

Bemerkung. 4 *Zwar existieren sowohl für Vorwärts- als auch für Rückwärtsdynamik $\mathcal{O}(n)$-Algorithmen (n die Anzahl der Körper des Systems; siehe z.B. [LWP]). Die Komplexität des invers-dynamischen Algorithmus ist jedoch geringer, was nicht weiter verwundert, da hier im wesentlichen eine Matrix-Vektor-Multiplikation auszuführen ist, während die Lösung des Vorwärtsproblems eine Matrixzerlegung sowie je eine Vorwärts- und Rückwärtssubstitution erfordert [SK].*

Im folgenden wird nun gezeigt, wie durch den Einsatz implizit-iterativer Diskretisierungsverfahren in der Fahrzeugsimulation die invers-dynamischen Algorithmen genutzt und häufige Matrixzerlegungen vermieden werden können. Damit werden die Rechenzeiten immer um mehr als ein Drittel, teils sogar um mehr als die Hälfte gesenkt. Dies wird an einem numerischen Beispiel belegt.

Residuenform. Iterativ-implizite Mehrschritt-Diskretisierungsverfahren benötigen zum Zeitpunkt t_j die Lösung y_j eines nichtlinearen Gleichungssystems der Form

$$y_j - \alpha_0 h_j f_j = c_j^y := \sum_{i=1}^m (\beta_i y_{j-i} + \alpha_i h_j f_{j-i}), \qquad f_k := f(y_k), \qquad (9)$$

wobei h_j die Integrationsschrittweite bezeichne und c_j^y eine aus den aggregierten Vergangenheitswerten der Trajektorie und ihrer Ableitung gebildete Konstante. Setzt man diese Diskretisierung in die Index 1 Gleichung (2) ein, so ergibt sich

$$
\begin{aligned}
r_s &= s_j - \alpha_0 h_j\, \eta_j - c_j^s = 0 \\
r_p &= p_j - \alpha_0 h_j\, v_j - c_j^p = 0 \\
r_v &= v_j - \alpha_0 h_j\, a_j - c_j^v = 0
\end{aligned} \tag{10}
$$

$$
\begin{pmatrix} r_a \\ r_\lambda \end{pmatrix} = \begin{pmatrix} M_j & G_j^T \\ G_j & 0 \end{pmatrix} \begin{pmatrix} a_j \\ \lambda_j \end{pmatrix} - \begin{pmatrix} f_j \\ \gamma_j \end{pmatrix} = \begin{pmatrix} 0 \\ 0 \end{pmatrix} .
$$

Die Berechnung der Residuen r_a und r_λ erfordert also offenbar gerade die Lösung des invers-dynamischen Problems.

Lösung des nichtlinearen Systems. Faßt man die Variablen in dem Vektor $x = (s, p, v, a, \lambda)^T$ zusammen, so liefert das Newton-Verfahren für (10) ausgehend von einem Startwert $x^0 = (s^0, p^0, v^0, a^0, \lambda^0)^T$ (der Schrittindex j der Integration wurde weggelassen) die Iterierten $x^{l+1} = x^l + \Delta^l x$, wobei die Inkremente $\Delta^l x$ die linearisierte Gleichung (ohne den Index l) erfüllen:

$$
\begin{pmatrix}
I - \alpha_0 h\, \eta_s & -\alpha_0 h\, \eta_p & -\alpha_0 h\, \eta_v & 0 & 0 \\
0 & I & -\alpha_0 h\, I & 0 & 0 \\
0 & 0 & I & -\alpha_0 h\, I & 0 \\
-f_s & * & * & M & G^T \\
0 & * & * & G & 0
\end{pmatrix}
\begin{pmatrix} \Delta s \\ \Delta p \\ \Delta v \\ \Delta a \\ \Delta \lambda \end{pmatrix}
+
\begin{pmatrix} r_s \\ r_p \\ r_v \\ r_a \\ r_\lambda \end{pmatrix} = 0 \tag{11}
$$

Hier steht $*$ für die partiellen Ableitungen von r_a, r_λ nach p und v. Da bei geeigneter Wahl des Prädiktors für die Startwerte sichergestellt ist, daß r_p und r_v verschwinden, läßt sich sowohl Δp als auch Δv durch Δa ausdrücken:

$$
\begin{aligned}
\Delta v &= \alpha_0 h\, \Delta a \\
\Delta p &= \alpha_0^2 h^2\, \Delta a .
\end{aligned} \tag{12}
$$

Block-Elimination mit Hilfe der Einheitsmatrizen auf der Diagonalen führt auf die reduzierte Gleichung

$$
\begin{pmatrix}
I + \mathcal{O}(h) & \mathcal{O}(h) & 0 \\
-f_s & M + \mathcal{O}(h) & G^T \\
0 & G + \mathcal{O}(h) & 0
\end{pmatrix}
\begin{pmatrix} \Delta s \\ \Delta a \\ \Delta \lambda \end{pmatrix}
+
\begin{pmatrix} r_s \\ r_a \\ r_\lambda \end{pmatrix} = 0 . \tag{13}
$$

Bereits diese Reduzierung der Dimension gegenüber (11) führt bei BDF-Verfahren zu erheblichen Effizienzgewinnen, insbesondere in Verbindung mit geeigneten vereinfachten Newton Verfahren [E].

Vereinfachte Newton-Verfahren. Bei nichtsteifen Diskretisierungen wie dem Adamsverfahren kann (10) durch Weglassen der $\mathcal{O}(h)$-Terme in (13) auch mit Hilfe eines vereinfachten Newton Verfahrens gelöst werden:

$$
\Delta s = r_s ; \qquad \begin{pmatrix} M & G^T \\ G & 0 \end{pmatrix} \begin{pmatrix} \Delta a \\ \Delta \lambda \end{pmatrix} + \begin{pmatrix} r_a - f_s r_s \\ r_\lambda \end{pmatrix} = 0 . \tag{14}
$$

Zerlegt man die Iterationsmatrix in (14) in jedem Schritt neu, so erhält man für rein mechanische Systeme ein Analogon zur üblichen *Funktionaliteration* für gewöhnliche Differentialgleichungen. Allerdings basiert die Iteration nun auf der *invers-dynamischen* Formulierung (Residuenform) der dynamischen Gleichungen, was das Verfahren durch die Verminderung von Auslöschungseffekten genauer macht als das Standardverfahren, welches auf Vorwärtsdynamik basiert.

Monitorstrategie. Eine wesentliche Effizienzsteigerung gelingt aber erst durch Ausnutzung der Tatsache, daß sich die Systemmatrizen in aufeinanderfolgenden Integrationsschritten nur wenig unterscheiden. Dies erlaubt nämlich, die Iterationsmatrix über mehrere Schritte hinweg konstant zu halten. Die Eignung der verwendeten Iterationsmatrix wird dabei durch eine Monitorstrategie [An, E, SB2] überwacht. Die Notwendigkeit einer Neuzerlegung wird durch Schätzung von Kriterien gemäß einem Satz über die Konvergenz vereinfachter Newton-Verfahren [Bo2] angezeigt. Dadurch können üblicherweise über 95% der Matrixzerlegungen eingespart werden [SB2].

Numerischer Vergleich. Die Effizienz invers-dynamischer Integratoren wird verdeutlicht an zwei unterschiedlichen Modellierungen einer 5–Punkt Radaufhängung [HF, S], wie sie in modernen PKW zum Einsatz kommen. Das

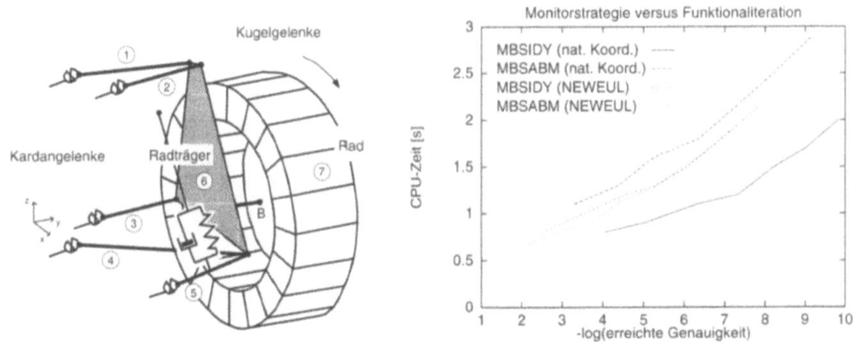

Abb. 1. Radaufhängung und Auswirkungen der Modellierung auf die Simulation

Relativkoordinatenmodell wurde mit dem Mehrkörperformalismus NEWEUL [K] generiert (siehe [S] für eine detaillierte Beschreibung). Das zweite Modell ist selbst erzeugt [SK] und verwendet *natürliche Koordinaten* [GB]. Diese Modellierung hat gegenüber dem Relativkoordinatenmodell eine Reihe von Vorteilen für die numerische Behandlung. So ergeben sich höchstens quadratische Nebenbedingungen, wodurch die Nichtlinearität des Problems drastisch reduziert wird. Ferner ist die Massenmatrix konstant und die Systemmatrizen sind dünn besetzt [AS, SK]. Besonders hervorzuheben ist im Zusammenhang mit invers-dynamischen Integratoren, daß die Lösung des Rückwärtsdynamikproblems bei der Modellierung in natürlichen Koordinaten *automatisch eine Komplexität von* $\mathcal{O}(n)$ aufweist [SB2, SK].

Zu simulieren ist die Fahrt über eine Bodenwelle, die mit $30\,m/s$ überfahren wird. Bei dieser glatten Anregung (siehe [S]) kommen die potentiellen Unstetigkeiten durch ein Abheben des Rades bzw. durch sprunghafte Änderung des Straßenprofils nicht zum Tragen. Dadurch wird auch ein Vergleich von Integratoren aus MBSSIM [SW1] mit MEXX [LNPE] und Integratoren aus MBSPACK [S] möglich, ohne daß Effekte, die aus der mit MBSSIM möglichen mathematisch korrekten Behandlung von Schaltpunkten resultieren, den Vergleich überlagern. Die geforderten Genauigkeiten liegen zwischen 10^{-8} und 10^{-2}. Alle Rechnungen wurden auf einem Intel Pentium133 durchgeführt.

Vorwärts- versus Rückwärtsdynamik. Beim Modell in natürlichen Koordinaten wird zwar gegenüber der Relativkoordinatenformulierung die Dimension fast verdoppelt (48 statt 26), die benötigte Rechenzeit wird aber dennoch um bis zu 40%(!) gesenkt (siehe Abbildung 1). Man sieht auch, daß der Vorteil der Modellierung in natürlichen Koordinaten erst durch den invers-dynamischen Integrator MBSIDY erkennbar wird, da das auf der üblichen Funktionaliteration mit Vorwärtsdynamik basierende Verfahren MBSABM bedingt durch die höhere Dimension für dieses Problem sogar länger braucht, als für das Relativkoordinatenmodell. Für MBSIDY spielt die Erhöhung der Dimension dagegen keine Rolle, da die Systemmatrix *maximal 10 mal zerlegt werden muß*! Dies wird allerdings durch mehr Auswertungen der Residuen und damit auch der Beschleunigungsnebenbedingungen kompensiert, was für das Relativkoordinatenmodell den Hauptaufwand bedeutet. Somit kann der Vorteil der geringen Anzahl an Matrixzerlegungen in dieser Formulierung nicht genutzt werden.

Vergleich verschiedener Integrationsverfahren. Verglichen werden

- aus MBSSIM: MBSABM,MBSIDY (s.o.) und MBSDP5
- aus MBSPACK: MDOP5, PMDOP5, MHERK5 und HEDOP5
- MEXX

Die Verfahren mit der Endung DOP5 bzw. DP5 basieren alle auf dem Runge-Kutta Verfahren DOPRI5 [HNW] zur Lösung gewöhnlicher Differentialgleichungen. Der Integrator PMDOP5 benötigt spezielle Krümmungsinformation, welche im Relativkoordinatenmodell nicht bereitgestellt wird, so daß er nur beim Modell in natürlichen Koordinaten in den Vergleich einbezogen wird. HEDOP5 [Ar] ist wie MEXX und MHERK5 (einer Variante von HEM5 [Br]) ein Index 2 Löser. Bei diesen entfällt die Berechnung der Beschleunigungsnebenbedingung, was insbesondere im Relativkoordinatenmodell einen wesentlichen Vorteil zu versprechen scheint. Ein numerischer Vergleich ist in Abbildung 2 zusammengefaßt.

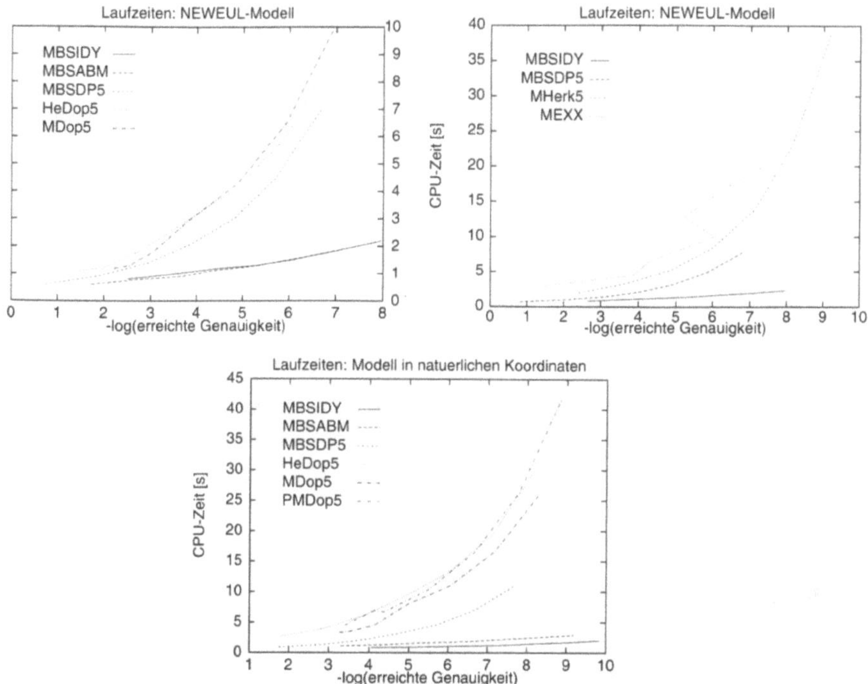

Abb. 2. Rechenzeitvergleiche für unterschiedliche Modelle der Radaufhängung

Alle Verfahren erreichen bei Verschärfung der Toleranz höhere Genauigkeiten und lösen somit die Simulationsaufgabe korrekt. Die Überlegenheit von MBSDP5 gegenüber den anderen Modifikationen von DOPRI5 ist insbesondere auf die Verwendung strukturausnutzender linearer Löser [ABES] zurückzuführen, da sie beim Modell höherer Dimension wesentlich stärker ausfällt. Besonders auffällig ist aber, daß selbst bei den in der Praxis besonders wichtigen geringen Genauigkeitsanforderungen die Mehrschrittverfahren, abhängig vom Modell, um den Faktor 2–4 schneller sind als die Runge-Kutta Integratoren. Für schärfere Toleranzanforderungen, wie sie beim Einsatz in Optimierungsverfahren benötigt werden, sind die Vorteile noch deutlicher.
Fazit. Insgesamt erweisen sich MBSABM und MBSIDY bei allen Genauigkeitsanforderungen als sehr effizient. Die Index 2 Löser HeDop5, MEXX und MHerk5 können keinen Nutzen daraus ziehen, daß die teure Auswertung der Beschleunigungsnebenbedingung beim NEWEUL-Modell entfällt. Insbesondere zeigt diese Untersuchung, daß es für eine effiziente Simulation der optimalen Verkopplung von Modellierung und numerischer Integration bedarf.

Bemerkung. 5 *Wird die Fahrt durch ein Schlagloch simuliert [SB1], so treten auch zahlreiche Unstetigkeiten auf. In diesem Fall ergeben sich durch die korrekte Behandlung der auftretenden Schaltpunkte für die Verfahren aus MBSSIM noch stärkere Vorteile gegenüber den anderen Verfahren [SK].*

4 Ausblick

Praktische Anforderungen der GFS sind die Bereitstellung zuverlässiger und effizienter Simulationswerkzeuge, die auch eine automatische, mathematisch korrekte Durchführung von Mehrparameter-Sensitivitätsanalysen gestatten. Die im Projektverlauf entwickelten und in dieser Arbeit vorgestellten Techniken der Berechnung von Sensitivitätsmatrizen bei unstetigen Dynamiken und der invers-dynamischen Integration sind hierfür wichtige Bausteine. Im weiteren Projektverlauf sollen auch adjungierte Schemata zur Berechnung von Sensitivitäten untersucht werden, um die Abhängigkeit einzelner Kenngrößen von Einflußgrößen effizient bestimmen zu können. Weitere Arbeitsschwerpunkte sind strukturausnutzende Löser für die linearen Systeme in (2) sowie Möglichkeiten zur Parallelisierung, etwa bei der Berechnung der Sensitivitäten. Einer eingehenden Untersuchung bedarf auch die gemeinsame Simulation von Systemen mit hydraulischen und mechanischen Komponenten, wo zur Zeit fast ausschließlich nicht-dynamische Ersatzmodelle für die Hydraulik verwendet werden. Durch eine detaillierte Analyse der Wechselwirkungen zwischen Hydraulik und Mechanik auf Modellebene, Identifizierung und Ausnutzung der Strukturen sowie einer numerikgerechten Modellierung sollen hier effiziente und allgemein anwendbare mathematische Werkzeuge entwickelt werden. Dabei sind wiederum geeignete Datenstrukturen und Algorithmen für typische Unstetigkeitsklassen, etwa Potentialgefälle, zu erarbeiten. Diese Verfahren werden vom IWR in Zusammenarbeit mit dem Ingenieurbüro Lindner zu dem auf Workstation- und PC-Basis einsetzbaren Simulationstool AMIGOS integriert, welches eine Weiterentwicklung des 3D-Simulationssystems SMS [ADK] darstellt. Hierzu sind noch weitere umfangreiche Implementierungsarbeiten zu leisten. Ferner besteht seitens der Firma *Mechanical Dynamics, Inc.* großes Interesse, das in diesem Projekt gewonnene Know-How auch bei der Weiterentwicklung des in der deutschen Automobilindustrie weitestverbreiteten kommerziellen Simulationstools ADAMS [O] einfließen zu lassen.

Danksagung. Unser besonderer Dank gilt unserem Ansprechpartner bei der *BMW AG*, Herrn K. Plitt, für die gute Zusammenarbeit. Ferner möchten wir den Herren Dr. D. Ammon, Dr. J. Rauh und Dr. K.-D. Hilf bei der *Daimler-Benz AG* für ihr Interesse an diesem Projekt und die anregenden Diskussionen danken. Schließlich sind wir auch den Herren Dr. W. Havranek von der Firma *Rapid Data* sowie M. Steigerwald von *Mechanical Dynamics, Inc.* für die Hinweise und Fragen und insbesondere ihr Interesse an der softwaretechnischen Umsetzung der hier entwickelten Methoden sehr dankbar. Schließlich möchten wir dem anonymen Gutachter für die wertvollen Verbesserungsvorschläge danken.

Literatur

[ABES] T. Andrzejewski, H.G. Bock, E. Eich und R. von Schwerin. Recent Advances in the Numerical Integration of Multibody Systems. In W. Schiehlen, editor, *Advanced Multibody System Dynamics – Simulation and Software Tools*, pages 127–151, Dordrecht, NL, 1993. Kluwer Academic Publishers.

[ADK] G. Angermüller, G. Drechsler, P. Kolbenschlag, J. Lindner, und K. Moritzen. *SMS Ein 3D-Simulationssystem zur Planung und Programmierung von Fertigungsanlagen.* Springer Verlag, 1990.

[An] T. Andrzejewski (Bierbach). Ein numerisches Verfahren für Anfangswertprobleme mit impliziten Systemen gewöhnlicher Differentialgleichungen zweiter Ordnung. Diplomarbeit, Universität Bonn, 1986.

[Ar] M. Arnold. Half-explicit Runge-Kutta methods with explicit stages for differential-algebraic systems of index 2. Preprint 95/19, Universität Rostock, Fachbereich Mathematik, 1995.

[AS] T. Andrzejewski und R. von Schwerin. Exploiting Sparsity in the Integration of Multibody Systems in Descriptor Form. IWR-Preprint 95–24, Universität Heidelberg, 1995.

[BES] H.G. Bock, E. Eich und J.P. Schlöder. Numerical Solution of Constrained Least Squares Boundary Value Problems in Differential–Algebraic Equations. In Strehmel, editor, *Numerical Treatment of Differential Equations*, Leipzig, 1988. B.G. Teubner.

[Bo1] H.G. Bock. Numerical treatment of inverse problems in chemical reaction kinetics. In Ebert, Deuflhard und Jäger, editors, *Modelling ofChemical Reaction Systems*, volume 18 of *Springer Series Chemical Physics*, pages 102–125, Heidelberg, 1981. Springer Verlag.

[Bo2] H.G. Bock. Randwertproblemmethoden zur Parameteridentifizierung in Systemen nichtlinearer Differentialgleichungen. Bonner Mathematische Schriften 183, Universität Bonn, Bonn, 1987.

[Br] V. Brasey. A half explicit Runge-Kutta method of order 5 for solving constrained mechanical systems. *Computing*, 48:191–201, 1992.

[BS] H.G. Bock und J.P. Schlöder. Numerical Solution of Retarded Differential Equations with State-Dependent Time Lags. *Z. Angew. Math. Mech*, 61:269–T271, 1981.

[Bu] R. Bulirsch. Die Mehrzielmethode zur numerischen Lösung von nichtlinearen Randwertproblemen bei Aufgaben der optimalen Steuerung. Manuskript, Carl-Cranz-Gesellschaft, 1971.

[E] E. Eich. *Projizierende Mehrschrittverfahren zur numerischen Lösung von Bewegungsgleichungen technischer Mehrkörpersysteme mit Zwangsbedingungen und Unstetigkeiten*, volume 109 of *Fortschrittberichte VDI (Reihe 18)*. VDI-Verlag GmbH, Düsseldorf, 1992.

[FPR] W. Foag, E. Pankiewicz, C. Röser, W. Schmid und H. Troll. Der neue BMW-Simulationsprüfstand für Antiblockiersysteme. *Automobiltechnische Zeitschrift*, 96, 1994.

[GB] J. Garcia de Jalón und E. Bayo. *Kinematic and Dynamic Simulation of Multibody Systems — The Real Time Challenge*. Springer Verlag, New York, 1993.

[HF] M. Hiller und S. Frik. Road vehicle benchmark 2: five link suspension. In Kortüm, Sharp und de Pater, editors, *Application of Multibody Computer*

Codes to Vehicle System Dynamics, Lyon, 1991. Progress Report to the 12th IAVSD Symposium.

[HNW]   E. Hairer, S. Nørsett und G. Wanner. *Solving Ordinary Differential Equations I*, volume 8 of *Springer Series in Computational Mathematics*. Springer Verlag, 2 edition, 1993.

[KL]   W. Kortüm und P. Lugner. *Systemdynamik und Regelung von Fahrzeugen*. Springer Verlag, Heidelberg, 1994.

[K]   E. Kreuzer. *Symbolische Berechnung der Bewegungsgleichungen von Mehrkörpersystemen*, volume 32 of *Fortschrittberichte, Reihe 11*. VDI, 1979.

[LNPE]   Ch. Lubich, U. Nowak, U. Pöhle und Ch. Engstler. MEXX - Numerical Software for the Integration of Constrained Mechanical Systems. Technical Report SC 92-12, Konrad-Zuse-Zentrum fuer Informationstechnik, Berlin, 1992.

[LWP]   J.Y.S. Luh, M.W. Walker und R.P.C. Paul. On-Line Computational Scheme for Mechanical Manipulators. *Journal of Dynamic Systems, Measurement and Control*, 102:69 – 76, 1980.

[O]   N. Orlandea. ADAMS (theory and applications). *Vehicle System Dynamics*, 16:121–166, 1987.

[SBS]   V.H. Schulz, H.G. Bock und M.C. Steinbach. Exploiting Invariants in the Numerical Solution of Multipoint Boundary Value Problems for DAE. *SIAM J. Sci. Comp.*, 1996. to appear.

[SB1]   R. von Schwerin und H.G. Bock. A RUNGE–KUTTA Starter for a Multistep Method for Differential–Algebraic Systems with Discontinuous Effects. *APNUM*, 18:337–350, 1995.

[SB2]   R. von Schwerin und H.G. Bock. Inverse Dynamics Integrators for Multibody Descriptor Systems. IWR-Preprint, Universität Heidelberg, 1996. in Vorbereitung.

[SK]   R. von Schwerin und C. Kraus. Modeling Aspects in Vehicle System Dynamics — A Case Study. IWR-Preprint, Universität Heidelberg, 1996. in Vorbereitung.

[SW1]   R. von Schwerin und M. Winckler. A Guide to the Integrator Library MBSSIM, Version 1.00. IWR-Preprint 94–75, Universität Heidelberg, 1994.

[SW2]   R. von Schwerin und M. Winckler. Some Aspects of Sensitivity Analysis in Vehicle System Dynamics. In ZAMM96 [Z]. (eingereicht).

[SWS]   R. von Schwerin, M. Winckler und V.H. Schulz. Parameter Estimation in Discontinuous Descriptor Models. In Bestle and Schiehlen, editors, *IUTAM Symposium on Optimization of Mechanical Systems*, pages 269–276, Dordrecht, NL, 1996. Kluwer Academic Publishers.

[S]   B. Simeon. *Numerische Integration mechanischer Mehrkörpersysteme: Projizierende Deskriptorformen, Algorithmen und Rechenprogramme*, volume 130 of *Fortschrittberichte, Reihe 20*. VDI, 1994.

[WS]   M. Winckler und R. von Schwerin. Disrete-Continuous Simulation in Vehicle System Dynamics. In ZAMM96 [Z]. (eingereicht).

[Z]   *Proceedings of ICIAM 95*, Special Issue of ZAMM, Berlin, 1996. Akademie-Verlag.

Differentialgleichungen und singuläre Mannigfaltigkeiten in der dynamischen Simulation von Rad–Schiene–Systemen

K. Frischmuth[1], M. Arnold[1], M. Hänler[1] und H. Netter[2]

[1] Universität Rostock, FB Mathematik, Postfach, D–18051 Rostock,
e-mail: kurt@sun2.math.uni-rostock.de,
URL: http://hp710.math.uni-rostock.de:8001

[2] DLR, Institut für Robotik und Systemdynamik, Postfach 1116, D–82230 Weßling

Abstract. Within the development of modern advanced railway vehicles the simulation tools require the efficient dynamical simulation of wheel-rail systems. In the present paper we concentrate on the formulation and numerical solution of geometrical conditions for wheel-rail contact in the framework of a multibody system (MBS) model. We analyse the classical rigid contact model that results in non-smooth constraints and in singularities in the solution of the MBS model equations. Motivated by the elastic deformation of wheel and rail a *quasi-elastic contact model* is developed as alternative. It regularizes the model equations and yields a smooth solution both without singularities and without high-frequency oscillations. We discuss implementations of this approach that are adapted to special needs in various applications. Finally, a short overview about the wheel-rail module of the MBS package SIMPACK is given. A case study illustrates an industrial application of the regularized contact model.

1 Einführung

Die computergestützte Auslegung der Laufdynamik von Schienenfahrzeugen stellt hohe Ansprüche an die Palette der Modellierungsmöglichkeiten der Simulationssoftware. Bisherige Modellierungen in der Rad-Schiene-Lauftechnik waren vorwiegend auf die Untersuchung des dynamischen Verhaltens von konventionellen Radsätzen beschränkt. Neuere Konstruktionsansätze verwenden andere Prinzipien wie z. B. Losräder, schlupfgeregelte Radsätze und angestellte Räder. Darüberhinaus sind in den letzten Jahren Fragen des Mehrpunktkontaktes, das Abheben eines Rades oder die Kontaktelastizität zur genauen Beschreibung der lauf- und schwingungstechnischen Vorgänge in den Vordergrund getreten. Dies erforderte insbesondere hinsichtlich numerischer Fragen ein grundsätzlich neues Herangehen an die Problematik, um leistungsfähige und robuste Algorithmen zu entwickeln.

Wir interessieren uns vorrangig für die Starrkörperkomponenten der Bewegung und modellieren das Rad–Schiene–System deshalb als mechanisches Mehrkörpersystem (MKS). Die MKS-Modellgleichungen müssen von der Simulationssoftware häufig, schnell und zuverlässig gelöst werden. Dabei ist neben der Berechnung der Reibungskräfte die geometrische Modellierung des Rad–Schiene–Kontakts entscheidend. Die denkbare elastische Modellierung des Kontaktbereichs (z. B. durch eine sehr steife nichtlineare Hertzsche Feder) führt zu hochfrequenten Oszillationen in der Lösung und damit zu Problemen in der numerischen Integration und zu sehr großen Rechenzeiten. Im Rahmen der Genauigkeit eines MKS–Modells ist es daher geboten, für die geometrische Beschreibung des Kontakts ein von den jeweils wirkenden Zwangskräften unabhängiges Modell zu verwenden. Das klassische Starrkörperkontaktmodell führt jedoch auf stetige, aber nur stückweise differenzierbare Zwangsbedingungen im MKS (vgl. Abschnitt 2).

Diese Singularitäten bewirken eine unstetige Zustandsänderung, z.B. beim Flankenanlauf eines Radsatzes, der in einen Gleisbogen einfährt. Die Bewegungsgleichungen haben hier (selbst innerhalb der klassischen Distributionentheorie) keine eindeutige Lösung, die numerische Lösung ist sehr zeitaufwendig. Wir führen daher eine quasi-elastische Deformation der starren Kontaktbedingung ein, die wir nicht mit den Zwangskräften koppeln, sondern a priori festlegen. Als Modellfall untersuchen wir im Abschnitt 3 die Regularisierung der Bewegung einer Punktmasse auf einer Zwangsmannigfaltigkeit mit Knick.

Dies motiviert die Entwicklung eines quasi-elastischen Modells für den Rad-Schiene-Kontakt, das die MKS-Bewegungsgleichungen regularisiert (Abschnitt 4). Dieses Modell wurde implementiert und an einfachen Simulationsbeispielen getestet. Für typische Anwendungsfälle kann die dynamische Simulation erheblich beschleunigt werden, indem man die Auswertung der Kontaktbedingung in das Pre-Processing verlagert. Diese und andere Aspekte der Umsetzung der hier untersuchten Methoden in einer Entwicklerversion des MKS–Programms SIMPACK unseres Verbundpartners werden schließlich an einem Beispiel der industriellen Praxis erörtert (Abschnitt 5).

2 Starrkörperkontaktmodelle für Rad–Schiene–Systeme

In diesem Abschnitt stellen wir die MKS–Modellgleichungen und das hier verwendete Starrkörperkontaktmodell vor, das — dem modularen Konzept moderner MKS–Simulationspakete folgend — für ein Einzelrad formuliert wird. Dabei wird deutlich, warum dieses Modell für Räder mit *Verschleißprofilen* i. allg. zu singulären Mannigfaltigkeiten führt.

Die MKS–Zustandsänderung wird durch die Euler–Lagrange–Gleichungen

$$M(q)\ddot{q} = f(q, \dot{q}, \lambda, t) - G^T(q, t)\lambda$$
$$0 = g(q, t) \tag{1}$$

in den Lagekoordinaten q beschrieben. Hier bezeichnet $M(q)$ die (symmetrische, positiv definite) Massematrix, $f(q, \dot{q}, \lambda, t)$ die äußeren Kräfte und Reibungskräfte sowie $g(q, t) = 0$ die holonomen Zwangsbedingungen, die durch Lagrangesche Multiplikatoren $\lambda(t)$ und Zwangskräfte $-G^T\lambda$ an die dynamischen Gleichungen gekoppelt sind ($G(q, t) := g_q(q, t)$). Die *Deskriptorform* (1) der MKS–Modellgleichungen bildet ein differential–algebraisches System vom Index 3. Verfahren zur numerischen Lösung von (1) haben sich in den vergangenen Jahren rasch entwickelt, leistungsfähige Codes zur Integration von Anfangswertproblemen für (1) und damit zur dynamischen Simulation von MKS stehen zur Verfügung (vgl. [BCP, SFR]). Die Kontaktbedingungen sind Teil der Zwangsbedingungen $g(q, t) = 0$, jedem Rad–Schiene–Kontakt entspricht dabei eine (skalare) nichtlineare Gleichung $\gamma(q_{\mathrm{rel}}, t) = 0$, die in den relativen Lagekoordinaten des Rades zur Schiene q_{rel} formuliert wird (q_{rel} ist durch die MKS–Koordinaten q bestimmt: $q_{\mathrm{rel}} = q_{\mathrm{rel}}(q, t)$).

In traditionellen Ansätzen wird die elastische Deformation von Rad und Schiene bei der geometrischen Beschreibung des Kontakts vollständig vernachlässigt. Im folgenden beschreiben wir im Detail dieses *Starrkörperkontaktmodell*, das auch Ausgangspunkt für das im Abschnitt 4 verwendete regularisierte Kontaktmodell ist. Mit den Bezeichnungen $R, W \subset \mathbb{R}^3$ für die *Referenzkonfigurationen* von Schiene und Rad (**rail/wheel**) sei $W_t \subset \mathbb{R}^3$ das Rad zum Zeitpunkt t. Eine *Positionierung* $\kappa : W \to \mathbb{R}^3$, $X \mapsto x = \kappa(X)$ des Rades definiert für jedes Partikel $X \in W$ die aktuelle Position. Es gilt also $W_t = \kappa_t(W)$, die Bewegung des Rades wird durch die Zuordnung $t \mapsto \kappa_t \in K$ beschrieben. Hier bezeichnet K den Ansatzraum, d. h. die Menge aller Positionierungen. Wir fassen die Voraussetzungen des Starrkörperkontaktmodells zu 4 Postulaten zusammen:

Annahme 1. *Die Schiene ist bewegungsfrei.*

Wir gehen also von einem ideal festen Fahrweg aus, der gleichzeitig als Inertialsystem dient. Eine zeit- und bewegungsabhängige Schiene ist durch Einführung entsprechender Scheinkräfte leicht auf diesen Fall zurückführbar. Wesentlich ist die Annahme der Undeformierbarkeit:

Annahme 2. *Das Rad ist starr.*

Damit legen wir den Ansatzraum K auf die Gruppe aller Starrkörperbewegungen fest. Die aktuelle Position eines Radpartikels X ist durch $x(X, t) = \kappa_t(X) = s(t) + Q(t)(X - X_0)$ gegeben, wobei $s(t)$ die Translation eines Partikels X_0 (z. B. des Schwerpunkts) und $Q(t)$ die Rotation des Rades bedeuten. Wir parametrisieren K mit Koordinaten $q_{\mathrm{rel}} \in \mathbb{R}^6$, die die relative Lage von Rad und Schiene bezeichnen: $\kappa_t = \kappa_{q_{\mathrm{rel}}(t)}$, $q_{\mathrm{rel}}(t) = (\xi_x, \xi_y, \xi_z, \varphi, \theta, \psi)^T$.

Die Bewegungsfreiheit des Rades ist durch die beiden folgenden Postulate eingeschränkt:

Annahme 3. $\forall t : \mathrm{int}\, W_t \cap \mathrm{int}\, R = \emptyset$, *d. h. Rad und Schiene durchdringen sich nicht.*

Annahme 3 drückt eine einseitige Bindung aus. Wir beschränken uns hier auf den Spezialfall, daß ein Abheben der Räder als „Entgleisen" unzulässig ist:

Annahme 4. *Zwischen Rad und Schiene besteht kontinuierlicher Kontakt, d. h.* $\forall t : \emptyset \neq W_t \cap R$.

In praxi werden während der Simulation Richtung und Größe der Zwangskräfte kontrolliert. Im Rahmen dieses Starrkörperkontaktmodells wird die Simulation abgebrochen, falls eine der Zwangskräfte verschwindet.

Für Räder mit Kegelprofil berühren sich Rad und Schiene als Starrkörper i. allg. in genau einem Punkt, d. h. $W_t \cap R = \{x_c(t)\}$, wobei der *Kontaktpunkt* x_c rein geometrisch bestimmt ist [SFR]. Für die bei den europäischen Bahnen eingesetzten Räder mit Verschleißprofil ist hingegen charakteristisch, daß in Abhängigkeit von der relativen Lage des Rades zur Schiene die Menge $W_t \cap R$ auch mehr als einen Kontaktpunkt enthalten kann (Abb. 1).

Die Annahmen 1 bis 4 definieren die Menge aller zulässigen Positionierungen des Rades und eine entsprechende Menge im Raum der zugehörigen Parameter $q_{\text{rel}} \in \mathbb{R}^6$.

Definition 1. Als *zulässige Mannigfaltigkeit* bezeichnen wir die Menge

$$M := \{ q_{\text{rel}} \in \mathbb{R}^6 : \emptyset \neq \kappa_{q_{\text{rel}}}(W) \cap R \subset \partial(\kappa_{q_{\text{rel}}}(W)) \cap \partial R \} .$$

Offenbar ist M eine 5-dimensionale stetige Mannigfaltigkeit, die jedoch nur stückweise differenzierbar ist. Charakteristisch für die Singularitäten von M ist eine Erhöhung der Zahl der Kontaktpunkte. Gibt es zu $q_{\text{rel}} \in M$ mehr als einen Kontaktpunkt, so existiert in q_{rel} der Tangentialraum an M i. allg. nicht. Dies motiviert folgende Definition:

Definition 2. Die Menge $S = \{ q_{\text{rel}} \in M : |\kappa_{q_{\text{rel}}}(W) \cap R| > 1 \}$ heißt *singuläre Mannigfaltigkeit* des Kontaktproblems.

Für die weitere Analysis und die numerische Lösung stellen wir M implizit in der Form $M = \{ q_{\text{rel}} \in \mathbb{R}^6 : \gamma(q_{\text{rel}}) = 0 \}$ dar. Typischerweise ist dabei $\gamma(q_{\text{rel}})$ das Minimum des Abstands zwischen Rad und Schiene. Singularitäten treten dort auf, wo zu diesem Minimum mehrere Minimalstellen gehören.

Bemerkung. Wir setzen im folgenden voraus, daß dieser Abstand durch eine hinreichend glatte *Distanzfunktion* beschrieben wird. Rad- und Schienenprofile sind als Industriestandards häufig über Tabellen definiert. Eine hinreichend glatte Distanzfunktion kann durch die Vorglättung der Profile erreicht werden, sie behebt jedoch *nicht* die Singularitäten von M.

3 Zustandsänderung an Singularitäten: Unstetigkeiten und Regularisierung

Singularitäten der Mannigfaltigkeit führen zu unstetigen Zustandsänderungen im MKS. Wir zeigen in diesem Abschnitt Auswirkungen auf die dynamische Simulation von Rad–Schiene–Systemen und untersuchen für ein einfaches Testbeispiel ein regularisierendes Kontaktmodell.

Das Starrkörperkontaktmodell ist sehr gut geeignet, wenn die Mannigfaltigkeit M für jedes der Räder hinreichend glatt ist, insbesondere für Räder mit

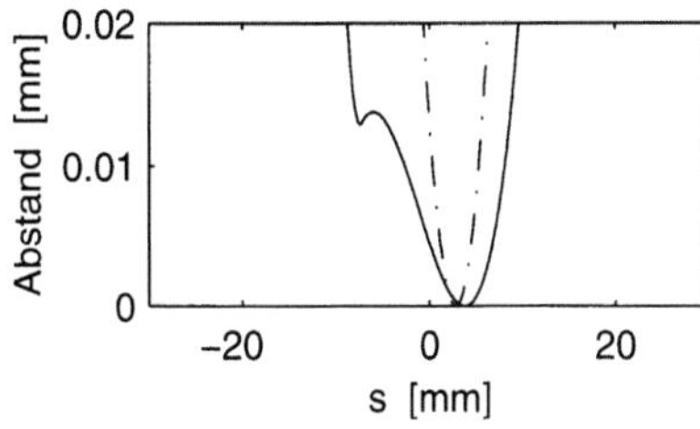
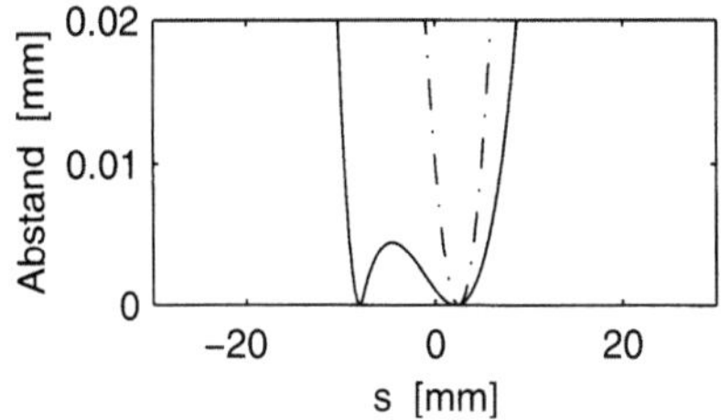

Abb. 1. Distanzfunktion $\delta(s; q_{\mathrm{rel}})$ für Schiene UIC60–ORE und Rad mit Kegelprofil „–.–" bzw. mit Verschleißrofil S1002 „—": $q_{\mathrm{rel}} = (0, \xi_y, \xi_z, 0.025, 0, 0)^T \in \mathrm{M}$, links: $\xi_y = 9.28\,\mathrm{mm}$, rechts: $\xi_y = 9.64\,\mathrm{mm}$, (vgl. (2)).

Kegelprofil. Für diesen Fall entwickeln Simeon et al. ein effizientes Verfahren zur Berechnung von $\gamma(q_{\mathrm{rel}})$ und gelangen zu einem effektiven numerischen Lösungsverfahren [SFR]. Charakteristisch für Räder mit Verschleißprofil ist jedoch, daß bei Kontakt innerhalb der Lauffläche die Oberflächen von Rad und Schiene nahezu parallel sind (vgl. Abb. 1). Die Distanzfunktion hat in der Regel mehrere lokale Minima, Trajektorien kreuzen häufig die singuläre Mannigfaltigkeit („Kontaktpunktsprünge"). Dabei ändern sich Geschwindigkeitsvektor und Zwangskräfte unstetig, im physikalischen System entspricht dieser unstetigen Zustandsänderung ein Reibstoß.

Prinzipiell kann man auch in diesem Fall die Modellgleichungen mit einem Verfahren für differential-algebraische Systeme lösen [NA], die zahlreichen Unterbrechungen der Zeitintegration für die numerische Behandlung der Reibstöße erfordern jedoch erheblichen Rechenzeitaufwand. Daneben führt das Starrkörperkontaktmodell zu künstlichen Oszillationen in der Lösung, der Modellfehler ist inakzeptabel [A].

Daher untersuchen wir alternative Kontaktmodelle. Zunächst studieren wir den Testfall eines Massepunktes auf einer nichtglatten Kurve im $\mathbb{R}^2$ (Knick):

Beispiel 1. Sei $\mathrm{M} := \{\,(q_1, q_2) : q_2 = \zeta(q_1)\,\}$ eine Kurve im $\mathbb{R}^2$, $M = I_{2\times 2}$ und $\zeta : \mathbb{R} \to \mathbb{R}$ eine stetige, auf $(-\infty, 0) \cup (0, \infty)$ glatte Funktion, deren Ableitung ζ' in $q_1 = 0$ eine Sprungstelle hat. Dann läßt sich ζ eindeutig als Summe einer glatten Funktion und eines Vielfachen der Betragsfunktion darstellen. Die Betragsfunktion definiert eine Repräsentation als Maximum zweier glatter, sich in $q_1 = 0$ schneidender Funktionen und entspricht somit unserem allgemeinen Problem (vgl. Abschnitt 4).

Nun betrachten wir eine glatte und konvexe Approximation $\mathrm{sabs}(\cdot)$ der Betragsfunktion, deren Fehler (in geeignetem Sinne) mit einem Parameter ν gegen Null konvergiere. Mit dem Knickwinkel $\alpha = \arctan(\zeta'^+) - \arctan(\zeta'^-)$ ergibt sich der Energieverlust eines Massepunktes, der den Knick unter Coulombscher Reibung $F_t = -\mu|F_N|\frac{\dot q}{|\dot q|}$ (mit Reibungskoeffizient μ) passiert, aus

$$T^+ = \exp(-2\mu\alpha)T^- .$$

Wir erhalten also eindeutige Anfangswerte für $\dot{q}$ für den neuen Zweig der Lösungskurve [F3].

Entsprechende Aussagen lassen sich für den Massepunkt im Fall Coulombscher Reibung auch im n-dimensionalen Fall formulieren. Hier hängt der Energieverlust sowohl vom Öffnungswinkel der Rinne als auch vom Einfallswinkel ab [F2, H]. Wesentlich ist in jedem Fall eine schwingungsfreie Approximation der zulässigen Mannigfaltigkeit.

4 Ein quasi-elastisches Kontaktmodell

Die qualitative Berücksichtigung der elastischen Deformation bei der geometrischen Beschreibung des Rad–Schiene–Kontakts bewirkt eine Regularisierung der Bewegungsgleichungen. In diesem Abschnitt definieren wir ein solches Kontaktmodell und skizzieren seine numerische Realisierung.

Es ist naheliegend, die Starrkörperkontaktbedingung $\gamma(q_{\mathrm{rel}}) = 0$ durch eine bez. q_{rel} hinreichend glatte Approximation $\tilde{\gamma}(q_{\mathrm{rel}}) = 0$ zu ersetzen, die in praktisch wichtigen Spezialfällen (fahrwegunabhängiges Gleisprofil) vor Beginn der Integration in einem Pre-Processing–Schritt berechnet werden kann („approximierender Starrkörperkontakt", vgl. Abb. 2). Hierfür wurde eine gewichtete polynomiale Tensorproduktspline–Approximation implementiert und getestet [A]. Für grobe Genauigkeitsforderungen sind die mit diesem Modell berechneten Ergebnisse zufriedenstellend, bei kleineren Fehlertoleranzen bereitet jedoch insbesondere die Berechnung der Reibungskräfte erhebliche Schwierigkeiten.

Die Regularisierung setzt daher im folgenden nicht an der im Abschnitt 2 definierten Mannigfaltigkeit M, sondern bereits bei der *Formulierung der Kontaktbedingung* an. Hierzu approximieren wir das Gleis lokal durch einen prismatischen Körper (d. h., wir vernachlässigen lokal Gleiskrümmung und Änderungen des Gleisprofils). Auf dem Gleis wird ein Koordinatensystem $\mathcal{G}$ mit Koordinaten (x, v, w) so definiert, daß die x-Achse längs und die v-Achse quer zur Laufrichtung des Gleises liegt. Bez. $\mathcal{G}$ sind die Oberflächen ∂R und $\partial(\kappa_{q_{\mathrm{rel}}}(W))$ gegeben durch die *Profilfunktionen* $G(v)$ und $F(s)$:

$$\left\{ (x, v, G(v))^T \ : \ x \in \mathbb{R}, \ v \in [\underline{v}, \overline{v}] \right\},$$

$$\left\{ (\xi_x, \xi_y, \xi_z)^T + A(\varphi, \psi) \cdot (F(s) \sin \tau, s, F(s) \cos \tau)^T \ : \ s \in [\underline{s}, \overline{s}], \ \tau \in [0, 2\pi) \right\}.$$

Hier bezeichnet $q_{\mathrm{rel}} = (\xi_x, \xi_y, \xi_z, \varphi, \theta, \psi)^T$ die Lage des Rades in $\mathcal{G}$, für die Drehungsmatrix $A(\varphi, \psi)$ gilt $A(0, 0) = I_{3 \times 3}$. Die rotationssymmetrische Radoberfläche wird durch den Rotationswinkel τ und die Koordinate s längs der Radachse parametrisiert.

Durch Projektion längs der w-Achse wird jedem Punkt P_{w} der Radoberfläche ein Punkt $P_{\mathrm{R}}(P_{\mathrm{w}})$ der Gleisoberfläche zugeordnet. Wird in P_{w} der vorzeichenbehaftete Abstand $e_3^T \cdot (P_R(P_W) - P_W)$ minimal, so sind die Normalenvektoren an Rad- und Schienenoberfläche parallel. Wir betrachten daher die Kurve C derjenigen Punkte $P_{\mathrm{w}} \in \partial(\kappa_{q_{\mathrm{rel}}}(W))$, für die der Normalenvektor der Radoberfläche in der Schnittebene des Gleises liegt; i. allg. ist s eine Parametrisierung von C. Längs C definieren wir die in Abb. 1 dargestellte Distanzfunktion

$$\delta(s; q_{\mathrm{rel}}) := e_3^T \cdot (P_R(P_W) - P_W) \,. \tag{2}$$

Diese Distanzfunktion läßt sich zerlegen in $\delta(s; q_{\mathrm{rel}}) = -\xi_z - \zeta(s; \xi_y, \varphi, \psi)$ mit einer geeigneten Funktion ζ. Damit können wir die Zwangsfunktion γ im Starrkörperkontaktmodell als Einhüllende einer (mit s parametrisierten) Familie von Funktionen auffassen: $\gamma(q_{\mathrm{rel}}) = \xi_z + \max_s \zeta(s; \xi_y, \varphi, \psi)$, zu gegebenen ξ_y, φ, ψ ist die Höhenauslenkung ξ_z durch das Maximum der Funktionenschar $\zeta(s; \xi_y, \varphi, \psi)$, $(s \in [\underline{s}, \overline{s}])$ bestimmt.

Wie zuvor das Starrkörperkontaktmodell verzichtet auch das quasi-elastische Modell auf die *quantitative* Berücksichtigung der elastischen Deformation, es berücksichtigt sie jedoch *qualitativ*. Berühren sich elastisch deformierte Körper von Rad und Schiene, so würden sich Starrkörper in der selben relativen Lage zueinander durchdringen. Nimmt man eine Durchdringung $\gamma(q_{\mathrm{rel}}) = \min_s \delta(s; q_{\mathrm{rel}}) = -\delta_0$ mit $\delta_0 > 0$ an (realistische Werte von δ_0 liegen im $\frac{1}{10}$ mm–Bereich), so motiviert Abb. 1, die Starrkörperkontaktbedingung $\gamma(q_{\mathrm{rel}}) = 0$ durch die Forderung zu ersetzen, daß die von der Kurve $\delta(s; q_{\mathrm{rel}})$ und der Geraden $\delta = 0$ eingeschlossene Fläche während der Simulation unverändert bleibt, d. h. $\int_C \min\{0, \delta(s; q_{\mathrm{rel}})\}\, ds = \mathrm{const.}$ Diskretisiert man das Integral bezüglich eines (festen) Gitters $\underline{s} = s_0 < s_1 < \ldots < s_N = \overline{s}$ auf C, so ist dieses Modell mit $\Phi(d) := \max\{0, d + \delta_0\}$ ein Spezialfall des *quasi-elastischen Kontaktmodells*

$$0 = \gamma_\nu(q_{\mathrm{rel}}) := \nu \Phi^{-1}\Big(\frac{1}{\overline{s} - \underline{s}} \sum_i h_i \, \Phi(-\frac{1}{\nu}\delta(s_i; q_{\mathrm{rel}}) - \delta_0)\Big) \,, \tag{3}$$

in dem $\Phi : \mathbb{R} \to \mathbb{R}$ eine beliebige konvexe, monoton wachsende Funktion und $\nu \ll 1$ einen kleinen positiven Parameter bezeichnet, $h_i := s_i - s_{i-1}$.

Die Funktion Φ wird so gewählt, daß $\gamma_\nu(q_{\mathrm{rel}})$ hinreichend glatt ist, positive praktische Erfahrungen liegen vor für $\Phi(d) = (\max\{0, d + \delta_0\})^p$ mit $\delta_0 > 0$ und einem Parameter $p > 2$ (dann ist $\gamma_\nu(q_{\mathrm{rel}})$ k-mal differenzierbar, falls $k < p$) und für $\Phi(d) = \exp(d)$ mit $\delta_0 = 0$. Im weiteren beschränken wir uns auf diese Wahl von Φ, da (3) dann wiederum die Höhenauslenkung ξ_z *explizit* als Funktion von ξ_y, φ, ψ definiert: $0 = \xi_z + \mathrm{smax}_i \zeta_i$ mit $\zeta_i := \zeta(s_i; \xi_y, \varphi, \psi)$ und

$$\mathrm{smax}_i \zeta_i := \nu \ln\Big(\frac{1}{\overline{s} - \underline{s}} \sum_i h_i \exp(\frac{1}{\nu}\zeta_i)\Big) \,. \tag{4}$$

Diese Darstellung erweist sich als besonders günstig für eine spätere Approximation der Kontaktbedingung. Für beliebiges $\nu > 0$ ist $\frac{1}{\overline{s} - \underline{s}} \sum_i h_i \zeta_i \leq$ $\leq \mathrm{smax}_i \zeta_i \leq \max_i \zeta_i$, im Grenzfall $\nu \to 0$ gilt $\mathrm{smax}_i \zeta_i \to \max_i \zeta_i$, d. h. die Zwangsbedingung (3) des quasi-elastischen Kontaktmodells konvergiert für $\nu \to 0$ punktweise gegen die Zwangsbedingung des Starrkörperkontaktmodells.

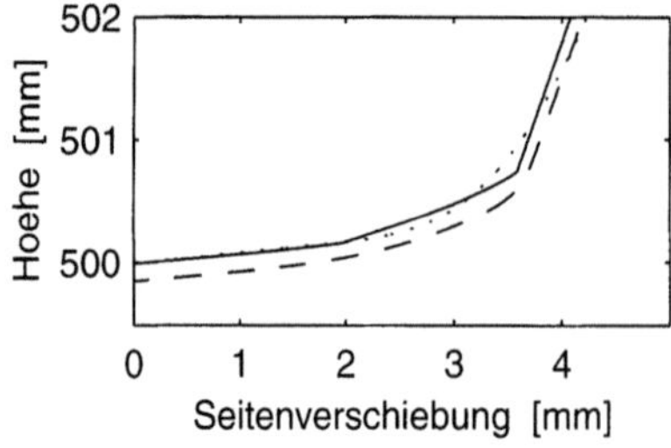
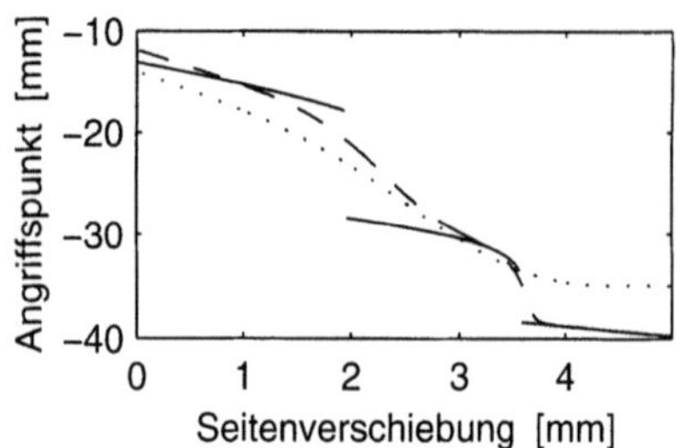

Abb. 2. Regularisierung des Starrkörperkontaktmodells (—) durch approximierendes ($\cdots$) bzw. quasi-elastisches Kontaktmodell (--). links: konsistente Lagekoordinaten q_{rel} für $\varphi = 0.025$, $\psi = 0$ (Abszisse: ξ_y, Ordinate: $-\xi_z$), rechts: Angriffspunkt der Zwangskraft auf dem Rad.

Die für die Berechnung der Reibungskräfte nach der Kalkerschen Rollreibungstheorie [K] benötigten geometrischen Eingabeparameter (z. B. Krümmung der Oberflächen von Rad und Schiene im Kontaktbereich, Angriffspunkt der Zwangskraft) werden durch das quasi-elastische Kontaktmodell in natürlicher Weise als (mit Φ) gewichtete Mittelwerte längs C definiert. Abb. 2 zeigt rechts den Angriffspunkt der Zwangskraft, der im Starrkörperkontaktmodell mit dem Kontaktpunkt zusammenfällt.

Das quasi-elastische Kontaktmodell definiert eine glatte Zwangsbedingung $g(q,t) = 0$ in den MKS–Modellgleichungen (1), die während der dynamischen Simulation on line ausgewertet werden kann. Es ist daher sowohl für die Simulation neuartiger Radsatzkonstruktionen (ohne starre Kopplung der Räder) als auch für die Simulation von Fahrmanövern geeignet, für die sich das Gleisprofil mit dem Fahrweg ändert (z. B. bei der Fahrt über eine Weiche). Der Rechenaufwand in (3) wird im wesentlichen durch die Zahl N der Gitterpunkte s_i bestimmt. Ist N klein, so können Oszillationen in $\gamma_\nu(q_{\mathrm{rel}})$ auftreten und die Durchdringung $|\min_s \delta(s; q_{\mathrm{rel}})|$ wird zu groß. Ist N sehr groß, so erfordert (3) zuviel Rechenzeit. Numerische Tests motivieren die Wahl $N \approx 100$ mit $h_i \approx 2\,\mathrm{mm}$ in der Lauffläche und $h_i \approx 0.5\,\mathrm{mm}$ auf der Flanke des Rades.

Ist das Gleisprofil vom Fahrweg unabhängig, d. h. die Profilfunktion G während der Simulation unveränderlich, so ergibt sich ein erheblicher Rechenzeitgewinn, wenn die Funktion $\mathrm{smax}_i\, \zeta(s_i; \xi_y, \varphi, \psi)$ während der Integration durch eine geeignete Approximation ersetzt wird, die man *vor* Beginn der Simulation off line in einem Pre-Processing–Schritt berechnet (zwischen 75% und 90% Rechenzeitersparnis). Für klassische starre Radsatzkonstruktionen reduziert sich der Aufwand weiter, wenn die geometrischen Daten unter Ausnutzung der starren Kopplung für beide Räder gleichzeitig approximiert werden.

Beispiel 2. Abb. 3 zeigt ein typisches Simulationsergebnis für einen aus ingenieurtechnischer Sicht einfachen Testfall: Ein Radsatz wird mit konstanter

Geschwindigkeit $V = 30\,\mathrm{m/s}$ auf einem geraden Gleis geführt. Die Bewegung ist nicht gleichförmig, der Radsatz oszilliert in lateraler Richtung mit 5.1 mm Amplitude und 3.5 Hz Frequenz. Das quasi-elastische Kontaktmodell führt zu einer glatten Lösung $q(t)$, $\lambda(t)$, bei on-line–Auswertung von $\gamma_\nu(q_{\mathrm{rel}})$ benötigt die Simulation über einen Zeitraum von 10 s auf einer SUN Sparc5 Workstation 153.0 s Rechenzeit ($N = 100$, $\nu = 2 \cdot 10^{-5}$). Approximiert man $\gamma_\nu(q_{\mathrm{rel}})$ off line durch einen polynomialen Tensorproduktspline, der während der Simulation an Stelle von $\gamma_\nu(q_{\mathrm{rel}})$ verwendet wird, so reduziert sich die Rechenzeit für die Simulation auf 37.8 s.

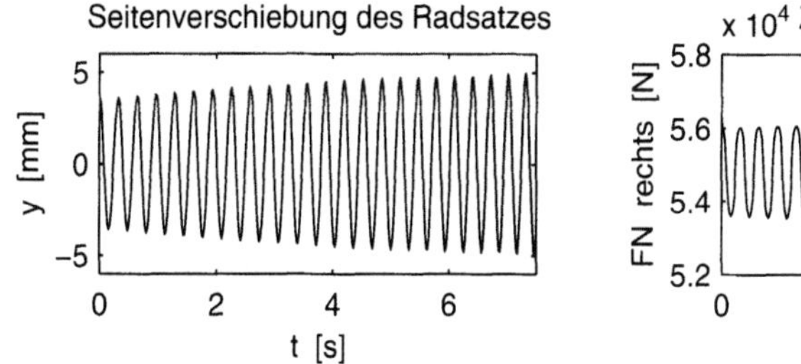
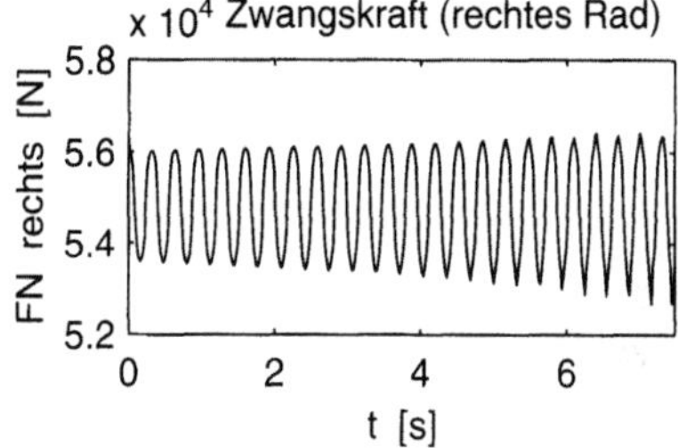

Abb. 3. Dynamische Simulation eines Radsatzes im Geradenlauf, $V = 30\,\mathrm{m/s}$.

5 Modellierung von Rad–Schiene–Systemen mit dem Simulationspaket SIMPACK

Das MKS–Programm SIMPACK deckt in seiner Grundfunktionalität bereits eine Vielzahl der Anforderungen an Simulationsprogramme für Rad–Schiene–Systeme ab. Bei der Implementierung der Rad–Schiene–Funktionalität wurde in enger Abstimmung zur industriellen Anforderung streng auf ein modulares Konzept geachtet. Abb. 5 zeigt links die Komplexität eines Rad–Schiene–Systems hinsichtlich seiner zu berücksichtigenden Teilkomponenten.

Im folgenden werden einige wesentliche Merkmale skizziert, welche das Grundkonzept von SIMPACK zur praxisgerechten Auslegung von Rad–Schiene–Fahrzeugen erkennen lassen. Derzeit ist eine spezielle Entwicklerversion von SIMPACK für Rad–Schiene–Anwendungen im Test (β–Release).

5.1 Modellaufbau und automatisierte Berechnung

Der Modellaufbau in SIMPACK erfolgt mit Hilfe einer graphisch interaktiven Oberfläche und wird durch umfangreiche Bibliotheken von Standardelementen für Körper, Gelenke, Kraftelemente, Reglerbausteine, Anregungen sehr erleichtert. Neben den Schnittstellen zu *Computer Aided Design* (CAD) (Abb. 4), *Finite–Elemente–Methode* (FEM) und *Reglerentwurf* (CACE) stellt

SIMPACK zur Modellierung von Schienenfahrzeugen verschiedene Schnittstellen zum Import von Funktionen aus Messung und Versuch zur Verfügung.

Von großer Wichtigkeit für den Anwender ist es, schon während des Modellaufbaus möglichst viele Modellkontrollen vorzusehen. D. h., alle geometrischen und funktionalen Definitionen werden in SIMPACK nach der Benutzereingabe als 2D- oder 3D-Graphik visualisiert. Für den raschen Modellaufbau von Rad–Schiene–Systemen werden in SIMPACK Dialogfenster zur Verfügung gestellt, mit denen Modellvarianten per Knopfdruck erstellt werden. Dies betrifft z. B. den Wechsel von Profilpaarungen, Gleistrassierungen, Oberbaumodellen, Anregungen durch Störungen im Gleisverlauf und von Rad–Schiene–Kontaktmodellen (Abb. 5).

Die automatisierte Berechnung dient zur Beurteilung des Einflusses von Parametern und zur Beurteilung der Güte des Rad–Schiene–Systems. Zum einen werden Aussagen zum dynamischen bzw. statischen Verhalten des Simulationsmodells bei unterschiedlichen Parameterwerten von Bauteilen oder bei einer Variation von gesamten Bauteiltypen gemacht, zum anderen werden Aussagen zur Antwort auf unterschiedliche Systemanregungen getroffen.

Eine der wichtigsten Komponenten der automatisierten Berechnung sind die sogenannten „Bewertungsfilter“. Sie erzeugen die Bewertungsgrößen aus den Ausgangsgrößen der Simulation. Zur Beschleunigung der Arbeitsabläufe einer Fahrzeugauslegung stehen in SIMPACK vorbereitete Parametervariationen zur Verfügung, bei denen die zu variierenden Parameter, die Ausgangsgrößen der Parametervariation und die Bewertungsfilter durch den Benutzer frei konfigurierbar sind.

5.2 Simulationsbeispiel: Parametervariation im Zeitbereich

Da das hier untersuchte Fahrzeugmodell eines vierachsigen ICE–Mittelwagens in seinen Parametern bereits einen gewissen Optimalstand erreicht hat, wurden anstelle von Modellparametern veränderliche Größen aus dem Fahrbetrieb der Parametervariation unterworfen. Hieraus kann die Empfindlichkeit des Entwurfs hinsichtlich dieser Größen beurteilt werden. Die Einbeziehung der Führungskräfte in die Bewertung des Fahrzeugentwurfs erfordert die Berechnung der Störgrößenreaktion. Abb. 6 zeigt links Ergebnisse einer nichtlinearen Simulation unter Einspielung gemessener Gleislagefehler. Dazu wurden vom Gleismeßtriebzug der DB AG aufgezeichnete Daten verwendet. Für die Simulation wurden acht Abschnitte der Neubaustrecke Hannover – Würzburg im Bereich km 283 bis km 293 von jeweils 500 m Länge ausgewählt. Alle erforderlichen Kontaktparameter wurden vor Beginn der Simulation off line approximiert und auf Tabellen abgelegt. Die Parametervariation hinsichtlich der Zeitsimulation erstreckt sich über die acht Streckenabschnitte und in einer zweiten Schleife über drei verschiedene Fahrgeschwindigkeiten, also über insgesamt 24 Simulationsläufe. Als Ausgabegröße wurde jeweils von den Zeitverläufen der Radsatzführungskräfte zunächst der gleitende Mittelwert über zwei Meter gebildet, anschließend erfolgte eine Datenreduktion auf den 99.85%–Wert der Summenhäufigkeit. Diese Werte sind in Abb. 6 rechts zusammen mit der Regressionsgeraden sowie dem oberen und dem unteren Erwartungswert für 99% Erwartungswahrscheinlichkeit dargestellt. Die Rechenergebnisse zeigen eine gute Übereinstimmung mit den entsprechenden Versuchsmessungen des an dieser Simulationsstudie beteiligten Industrieunternehmens [RHM].

Zusammenfassung

Das quasi-elastische Kontaktmodell ermöglicht im Rahmen von MKS–Modellen die effiziente dynamische Simulation von Rad–Schiene–Systemen. Es regularisiert die für Starrkörperkontaktmodelle typischen Singularitäten in den Bewegungsgleichungen. Mit entsprechend angepaßten Implementierungen garantiert es einerseits die von der Simulationssoftware geforderte Modularität (Einzelräder) und andererseits akzeptable Rechenzeiten (Approximation der Kontaktbedingungen). Die Umsetzung innerhalb des MKS–Programms SIMPACK unterstützt in industriellen Anwendungen die Auslegung der Laufdynamik sowohl klassischer als auch neuartiger Schienenfahrzeuge.

Literatur

[A]   M. Arnold. The geometry of wheel–rail contact. In [F1].

[BCP]   K.E. Brenan, S.L. Campbell, and L.R. Petzold. *Numerical solution of initial–value problems in differential–algebraic equations.* SIAM, Philadelphia, 2nd edition, 1996.

[F1]   K. Frischmuth, editor. *The dynamical simulation of wheel–rail systems, Proc. of the First Workshop on „Dynamics of Wheel–Rail–Systems",* Universität Rostock, FB Mathematik, Preprint 94/21, November 1994.

[F2]   K. Frischmuth. On the numerical solution of rail-wheel contact problems. *J. Theoretical and Applied Mechanics,* 34:1–15, 1996.

[F3]   K. Frischmuth. Regularization methods for non-smooth dynamical problems. In R. Bogacz and K. Popp, editors, *„Dynamical Problems in Mechanical Systems",* Polish Academy of Sciences, Warsaw, 1996.

[H]   M. Hänler. A mass point moving on a non-smooth manifold in $\mathbb{R}^n$. *J. Theoretical and Applied Mechanics,* 34:17–29, 1996.

[K]   J.J. Kalker. *Three-Dimensional Elastic Bodies in Rolling Contact.* Kluwer Academic Publishers, Dordrecht Boston London, 1990.

[NA]   H. Netter and M. Arnold. Geometrie und Dynamik eines Rad-Schiene-Modells in Deskriptorform mit unstetigen Zustandsgrößen. Technical Report IB 515–93–02, DLR, D-5000 Köln 90, 1993.

[RHM]   W. Rulka, A. Haigermoser, L. Mauer, and H. Netter. Anwendung moderner Auslegungsstrategien für Schienenfahrzeuge durch Einsatz des Simulationsprogramms SIMPACK. VDI Berichte Nr. 1219, Düsseldorf, 1995.

[SFR]   B. Simeon, C. Führer, and P. Rentrop. Differential-algebraic equations in vehicle system dynamics. *Surveys on Mathematics for Industry,* 1:1–37, 1991.

Abb. 4. ICE–Triebkopf, 3D–Modell und Reales System

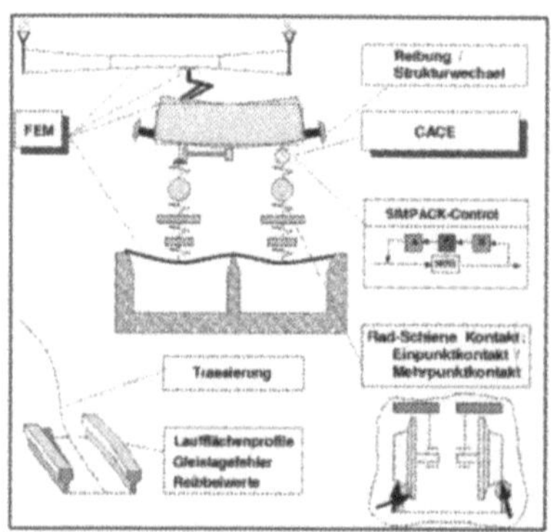
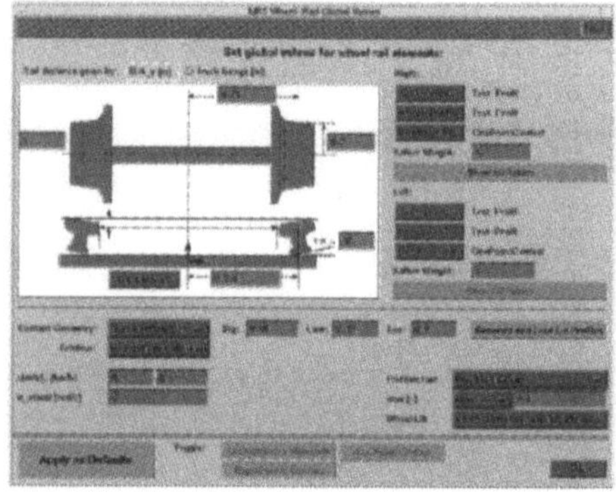

Abb. 5. links: Rad–Schiene–Systemkomponenten
rechts: Window der globalen Rad–Schiene–Größen (SIMPACK)

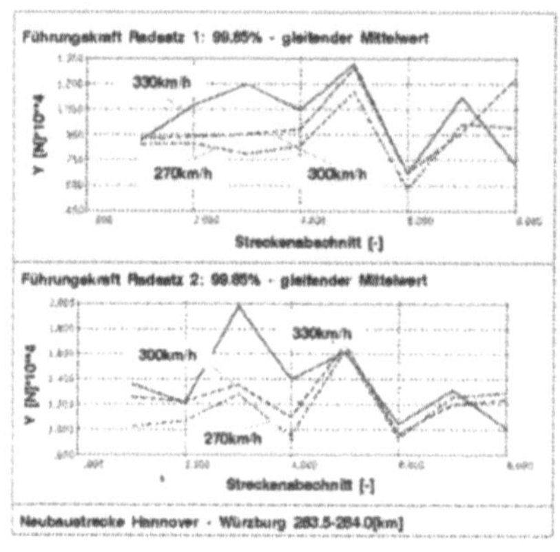
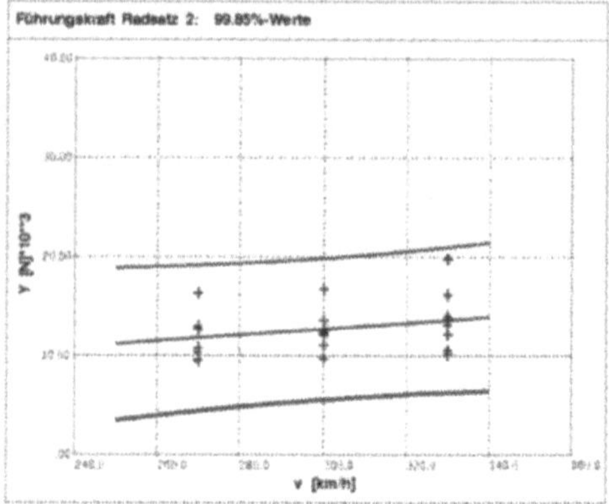

Abb. 6. links: Radsatzführungskräfte für 8 Streckenabschnitte
rechts: Regressionsanalyse der Radsatzführungskräfte

2 Geometrische Datenverarbeitung und Visualisierung

Dieses Kapitel beschäftigt sich mit Projekten, in denen die Erzeugung, Darstellung, Verarbeitung bzw. Speicherung geometrischer Strukturen und Daten im Vordergrund stehen. Die Visualisierung von Objekten, von zunächst nicht in graphischer Form gegebenen Datensätzen, wurde zu einem wichtigen Hilfsmittel in Forschung und konkreten Anwendungen. Graphische Softwarepakete mit hoher Leistungsfähigkeit gehören inzwischen zur Grundausstattung von Designern und Architekten. Relevante Informationen aus Bildern mit Hilfe von Computern schnell und effektiv zu gewinnen, ist eine der zentralen Aufgabenstellungen, deren Lösungen zu wichtigen technologischen Konsequenzen führen.

Als Diagnosewerkzeug in der Medizin aber auch in der Qualitätskontrolle ist die Tomographie längst unersetzlich. Sie beruht, mathematisch gesehen, auf Integraltransformationen. Methoden aus verschiedenen Bereichen der Mathematik gehen aber in die gesamte geometrische Datenverarbeitung und Visualisierung ein. Die in diesem Kapitel zusammengefaßten Berichte weisen an einigen Beispielen auf, wie mathematische Forschung in Visualisierung und Bildverarbeitung technologisch eingesetzt werden kann.

Im ersten Abschnitt sind Beiträge zur Erzeugung von glatten Flächen aus einer vorgegebenen Menge von Meßpunkten dargestellt. Sie werden in CAD-Systemen zur Modellierung von Oberflächen von Industrieprodukten, z.B. von Autos, eingesetzt. Dabei kommen Methoden der Variationsrechnung und der Approximation mit Splinefunktionen zum Einsatz. Mit Methoden der Kombinatorik, Algebra und Graphentheorie ist es gelungen, einen Algorithmus zur Bestimmung der möglichen Molekülstrukturen und der räumlichen Konfigurationen zu entwickeln, und diese zu visualisieren. Der Einsatz von Wavelet-Methoden in der Bilddatenkompression wird in einem weiteren Projekt untersucht. Die bisherigen Ergebnisse lassen erwarten, daß sich mit Wavelets erhebliche Vorteile ergeben, die bei der Speicherung und der Übertragung von Bilddaten genutzt werden können.

Die Projekte im zweiten Abschnitt befassen sich mit 3D–Computertomograhie und Anwendungen in der Medizin und der Qualitätsprüfung. Liegen nur sehr unvollständige und stark verrauschte Daten vor, etwa bei der Überprüfung der Qualität von Stahlröhren mit Hilfe von Röntgenstrahlung, so kann ein spezieller Rekonstruktionsalgorithmus eingesetzt werden, der hier vorgestellt wird. Er berücksichtigt besonders die Unstetigkeiten der Dichten des streuenden Objekts und bringt gegenüber bisherigen Verfahren erhebliche Verbesserungen. Für die computergestützte medizinische Diagnose und die Planung bzw. Durchführung von Operationen ist es entscheidend, gute 3D-Bilder von Knochen- und Gewebeteilen aus Dichtedaten zu erzeugen, die mit Computer-, Magnetresonanz- oder Ultraschalltomographie gewonnen werden. Leistungsfähige Algorithmen sind außerdem nötig, um die Bilder in einzelne Objekte zu segmentieren, die erzeugten Bilder zu manipulieren, Instrumente zu führen und Eingriffe, z.B. das Einpassen von Implantaten, zu simulieren. In einem der Projekte werden Methoden zur schnellen 3-D Flächen- und Volumenvisualisierung von CT-Daten mit Hilfe von Raytracing entwickelt und in der Planung von zahnmedizinischen Eingriffen, speziell zum optimalen Setzen von Implantaten, eingesetzt. Ein weiteres Projekt beschäftigt sich mit der Segmentierung der Leber und deren Anwendung in der Operationsplanung. Dazu wird ein Algorithmus entwickelt, der insbesondere Gefäßsysteme automatisch identifiziert. Schallpyrometrie, die anschließend behandelt wird, ist ein akustisches Temperaturmeßverfahren, ein Tomographieverfahren spezieller Art, das zur berührungsfreien Temperaturmessung in großen Feuerräumen eingesetzt wird. Der gelieferte Beitrag beschreibt einen effizienten Algorithmus zur Bestimmung und Visualisierung der Temperaturverteilung.

Die Qualitätskontrolle anhand von Bilddaten ist der wesentliche Gegenstand des dritten Abschnitts. Mathematische Werkzeuge in der Bildverarbeitung zur Qualitätsbeurteilung von Oberflächen werden in einem weiteren Projekt entwickelt und auf die Qualitätskontrolle von Vliesen und der Struktur von Holzoberflächen angewandt. Ein abschließender Beitrag stellt Verfahren zur statistischen Analyse von gestörten Gitterstrukturen und deren Anwendung auf die Qualitätskontrolle von gegossenen Werkstoffen anhand von Schliffbildern vor. Mit Methoden der stochastischen Geometrie gelingt es, die auftretenden räumlichen Strukturen quantitativ zu erfassen. Grundsätzlich ist die Beschreibung stochastischer Medien in vielen technologischen Anwendungen äußerst wichtig, allerdings noch nicht hinreichend beherrscht.

2.1 Visualisierung und Bilddatenkompression

Glattes Füllen n-seitiger Lücken

K. Höllig[1], U. Reif[1] und J. Hahn[2]

[1] Mathematisches Institut A, Universität Stuttgart, Pfaffenwaldring 57,
70511 Stuttgart, e-mail: hollig@mathematik.uni-stuttgart.de,
URL: http://www.mathematik.uni-stuttgart.de/mathA/lst2/lehrsta2.html
[2] Mercedes-Benz AG, DE/Design-Systeme, Sindelfingen

Abstract. An algorithm for filling smoothly n-sided holes in free form surfaces is presented. The solution is selected from a linear space of geometrically smooth splines by minimizing the thin plate energy. Compared to standard techniques, the efficiency of the boundary data approximation is improved significantly on using the recently developed orthogonality relations for cardinal B-splines in Sobolev spaces.

1 Einleitung

Flächen in CAD-Systemen werden üblicherweise als Tensorproduktflächen über rationalen oder polynomialen B-Splines beschrieben. Diese Flächen können auch getrimmt sein, das heißt mit einer auf der Fläche liegenden Kurve (Trimmkurve) werden sichtbare Teile herausgeschnitten. Ein komplexes Flächenmodell besteht aus vielen solcher getrimmter Flächen, die an gemeinsamen Rändern glatt ineinander übergehen. Die Parametrisierungen angrenzender Flächen haben in der Regel nichts miteinander zu tun, die gemeinsame Randkurve kann auf der einen Fläche eine (Iso-)Parameterlinie, auf der anderen eine Trimmkurve oder eine Parameterlinie über einem anderen Parameterintervall sein.

Beim Aufbau eines Flächenmodells tritt häufig das Problem auf, daß mehrere Flächen ein polygonales Loch umschließen. Gesucht sind dann eine oder mehrere Flächen, die diese Lücke schließen. Dabei ist entscheidend, daß die eingefüllte Fläche glatt ist und mit den umgebenden Flächen einen glatten (mindestens normalenstetigen) Übergang bildet. Im Inneren soll die Fläche glatt sein und keine Oszillationen oder Flachpunkte besitzen.

Bei Außenhautflächen wird Spiegellinien-Qualität erwartet. Das heißt, Spiegelungen von parallelen Lichtstäben auf dem Modell sollen harmonisch verlaufen, ohne Knicke beim Übergang zwischen zwei Flächen. Spiegellinien zeigen bereits kleinste Unregelmäßigkeiten, z.B. Normalenschwankungen, und sind das empfindlichste Kriterium zur Beurteilung der Flächenqualität.

Ein vollständiger Automatismus zum Generieren der Fläche wird in der Regel nicht ausreichen. Der Anwender des CAD-Systems benötigt zusätzliche Eingriffsmöglichkeiten, um die Form der Fläche zu steuern. Dazu sind intuitive Interaktionsmöglichkeiten (z.B. Kontrollpunkte, Lage eines zentralen Punktes, Normalenvektor in diesem Punkt) gewünscht, mit deren Hilfe die Fläche interaktiv und in vorhersehbarer Weise verändert werden kann.

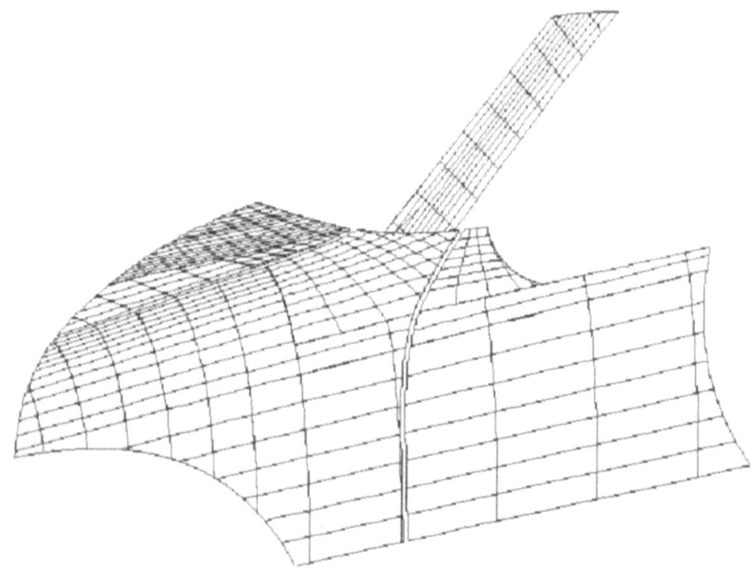

Abb. 1. Ausschnitt mit getrimmten Flächen (Mercedes-Benz C-Klasse), darunter eine 5-seitige Fläche beim Übergang von A-Säule und Kotflügel.

Bei der bisherigen Lösung wird die Lücke mit einer getrimmten Fläche gefüllt. Diese berührt die angrenzenden Flächen längs Trimmkurven. Dabei kann der Übergang zu einer angrenzenden Fläche (Randkurve, Tangentialebenen längs dieser Randkurve) nur bis auf eine Toleranz erreicht werden. Bei einer anschließenden Modifikation dieser Flächen besteht die Gefahr, daß die (zunächst innerhalb der Toleranz liegende) Lücke zwischen den Flächen längs der Trimmkurve aufreißt.

Methoden, die die Lücke mit (ungetrimmten) Tensorproduktflächen füllen, haben demgegenüber den Vorteil, daß die Randkurven sehr viel exakter eingehalten werden, und der Flächenübergang auch bei einer Modifikation kontrolliert werden kann. Solche Methoden waren bisher nur in Spezialfällen möglich, oder führten zu Flächen von zu hohem Grad.

Im Rahmen des Verbundprojekts „Modelle für Freiformflächen beliebiger Topologie" wurde eine Methode mit biquadratischen G-Splines entwickelt, die bei ersten Test sehr gute Ergebnisse geliefert hat, so daß diese nun an das CAD-System SYRKO angeschlossen werden soll.

In der vorliegenden Arbeit wird zunächst das Splinemodell sowie der Algorithmus zum Füllen n-seitiger Lücken skizziert und anschließend das Problem der Approximation der gegebenen Randdaten genauer betrachtet. Hierbei können die kürzlich gefundenen Orthogonalitätsrelationen für kardinale B-Splines vorteilhaft eingesetzt werden. Dieser neue Ansatz wird abschließend in etwas allgemeinerer Form vorgestellt.

2 Problemstellung

Das bereits in der Einleitung skizzierte Problem des Füllens n-seitiger Lücken soll zunächst präzisiert werden.

Gegeben seien $n \geq 3$ reguläre, stetig differenzierbare Kurven

$$\mathbf{c}_j : [0,1] \mapsto \mathrm{I\!R}^3 \ , \quad j = 1, \ldots, n \, . \tag{1}$$

die einen geschlossenen Kurvenzug $\mathbf{c} = \cup_j \mathbf{c}_j$ bilden, also

$$\mathbf{c}_j(1) = \mathbf{c}_{j+1}(0) \, . \tag{2}$$

Hier und im folgenden läuft der Index j stets von 1 bis n und ist modulo n zu verstehen. Dem Kurvenzug zugeordnet ist ein Feld normierter Normalenvektoren $\mathbf{n} = \cup_j \mathbf{n}_j$ mit

$$\mathbf{n}_j : [0,1] \mapsto \mathrm{S}^2 \ , \quad \langle \mathbf{n}_j, \mathbf{c}' \rangle \equiv 0 \, , \tag{3}$$

das der Stetigkeitsbedingung

$$\mathbf{n}_j(1) = \mathbf{n}_{j+1}(0) \tag{4}$$

genügt. Ferner wird angenommen, daß die Ecken des Kurvenzugs nichtdegeneriert sind in dem Sinne, daß

$$\|\mathbf{c}'_j(1) \times \mathbf{c}'_{j+1}(0)\| \neq 0 \, . \tag{5}$$

Gesucht ist nun eine Fläche $\mathbf{x} : \Omega \mapsto \mathrm{I\!R}^3$ mit zugehörigem Normalenvektorfeld $\mathbf{n_x} : \Omega \mapsto \mathrm{S}^2$, die den durch $\mathbf{c}$ und $\mathbf{n}$ spezifizierten Randdaten genügt, also

$$\mathbf{x}(\partial\Omega) = \mathbf{c} \ , \quad \mathbf{n_x}(\partial\Omega) = \mathbf{n} \, , \tag{6}$$

und dabei die Biegeenergie der dünnen Platte

$$F(\mathbf{x}) := \int_\Omega \left(\|\mathbf{x}_{uu}\|^2 + 2\|\mathbf{x}_{uv}\|^2 + \|\mathbf{x}_{vv}\|^2 \right) du\,dv \tag{7}$$

minimiert. Wünschenswert wäre letzlich die Optimierung eines parametrisierungsunabhängigen Glattheitsfunktionals, wie beispielsweise der Willmore-Energie

$$F_W(\mathbf{x}) := \int_{\mathbf{x}} H^2 \, d\mathbf{x} \, , \tag{8}$$

wobei H die mittlere Flächenkrümmung bezeichnet. Dem stehen allerdings bislang gravierende ungelöste theoretische Probleme entgegen, insbesondere die Frage der Existenz und Eindeutigkeit von Lösungen.

3 Lösungsansatz

Zur Diskretisierung des gestellten Optimierungsproblems werden biquadratische G-Splines (BGS) verwendet, siehe [R1], [R2]. Diese stellen eine natürliche Verallgemeinerung biquadratischer Tensorprodukt B-Splines dar und ermöglichen die Modellierung glatter Splineflächen über Parametergebieten allgemeiner topologischer Struktur. Im Vergleich zu allen bislang verwendeten Ansätzen zeichnen sich BGS durch ihren *optimal niedrigen Grad* sowie ihre *lineare Struktur* aus. Insbesondere die Linearität des verwendeten Funktionenraums ist aber von entscheidender Bedeutung für die einfache und effiziente Lösung des gestellten Problems.

Das *Parametergebiet* Ω eines BGS besteht aus einer indizierten Menge von Einheitsquadraten, $\Omega := \omega \times I$ mit $\omega := [0,1]^2$ und $I \subset \mathbb{N}$. Die Elemente von Ω heißen *Zellen*. Ferner ist Ω mit einer *Nachbarschaftsrelation* $\mathcal{R}$ versehen, die spezifiziert, wie die Kanten der einzelnen Zellen miteinander identifiziert werden. Abbildung 2 veranschaulicht die Struktur eines typischen Parametergebiets, wie es bei dem hier gestellten Problem verwendet wird. Man erkennt, daß es einen einzigen *Ausnahmepunkt der Ordnung n* gibt, ansonsten ist die Struktur regulär, d.h. schachbrettartig. Insbesondere stimmen auf den regulären Teilgebieten von Ω BGS mit den bekannten kardinalen biquadratischen Tensorprodukt B-Splines überein.

BGS bilden einen linearen Raum der Dimension $d(\Omega)$ und lassen sich wie B-Splines als Linearkombination räumlicher *Kontrollpunkte* $\mathbf{C}_k \in \mathbb{R}^3$ mit reellwertigen *Basisfunktionen* $B_k : \Omega \mapsto \mathbb{R}$ darstellen,

$$\mathbf{x} : \Omega \ni (u,v,i) \mapsto \sum_{k \in K} \mathbf{C}_k B_k(u,v,i) \subset \mathbb{R}^3 \, . \tag{9}$$

Dabei ist die Indexmenge $K := \{1,\ldots,d(\Omega)\}$. Sei B_k^i die Einschränkung der Basisfunktion B_k auf die Zelle (ω,i), dann besteht ein BGS $\mathbf{x}$ aus *Patches*

$$\mathbf{x}^i : (\omega,i) \ni (u,v) \mapsto \sum_{k \in K} \mathbf{C}_k B_k^i(u,v) \, . \tag{10}$$

Für die Biegeenergie eines BGS gilt nun analog zu (7)

$$F(\mathbf{x}) := \sum_{i \in I} \int_\omega \left(\|\mathbf{x}_{uu}^i\|^2 + 2\|\mathbf{x}_{uv}^i\|^2 + \|\mathbf{x}_{vv}^i\|^2 \right) dudv \, . \tag{11}$$

Definieren wir die Matrix $\mathcal{B}$ gemäß

$$\mathcal{B}_{k,\ell} := \sum_{i \in I} \int_\omega \left(B_{k,uu}^i B_{\ell,uu}^i + 2 B_{k,uv}^i B_{\ell,uv}^i + B_{k,vv}^i B_{\ell,vv}^i \right) dudv \, , \tag{12}$$

dann ist (11) equivalent zu

$$F(\mathbf{x}) = \sum_{k,\ell \in K} \mathcal{B}_{k,\ell} \langle \mathbf{C}_k, \mathbf{C}_\ell \rangle \, , \tag{13}$$

wobei $\langle \cdot, \cdot \rangle$ das euklidische Skalarprodukt in $\mathbb{R}^3$ bezeichnet.

Die Nebenbedingungen (6) lassen sich näherungsweise durch eine geeignete Wahl gewisser Kontrollpunkte beschreiben. Dabei macht man sich die Tatsache zunutze, daß die Randkurve $\mathbf{x}(\partial\Omega)$ sowie die Normalenvektoren $\mathbf{n_x}(\partial\Omega)$ genau von den beiden äußeren Reihen von Kontrollpunkten abhängen, siehe Abbildung 2. Sei K_r der Indexbereich dieser Kontrollpunkte am Rand, dann lassen sich durch geeignete Approximationsmethoden, die im folgenden detailliert beschrieben werden, die Kontrollpunkte mit Index $k \in K_r$ so bestimmen, daß (6) in guter Näherung eingehalten wird. Bezeichnen wir die so gefundenen Kontrollpunkte mit $\mathbf{C}_k^0$, dann ist folglich das quadratische Funktional (13) unter der Nebenbedingung

$$\mathbf{C}_k = \mathbf{C}_k^0 \,, \quad k \in K_r \tag{14}$$

zu minimieren. Wie sich leicht zeigen läßt, wird die Lösung dieses Problems durch das lineare Gleichungssystem

$$\sum_{\ell \in K \backslash K_r} \mathcal{B}_{k,\ell} \mathbf{C}_\ell = - \sum_{\ell \in K_r} \mathcal{B}_{k,\ell} \mathbf{C}_\ell \,, \quad k \in K \backslash K_r \tag{15}$$

beschrieben. Die Matrix des Systems ist positiv definit, gut konditioniert und dünn besetzt, so daß sich die Lösung mittels iterativer Standardmethoden effizient bestimmen läßt.

Natürlich läßt sich (13) auch unter allgemeineren linearen Nebenbedingungen minimieren. Wie bereits in der Einleitung erwähnt, können diese beispielsweise vom Anwender spezifizierte Daten für Ort und Tangentialebene eines oder mehrere Punkte im Inneren der Fläche beschreiben. Die praktische Erprobung solcher Steuermöglichkeiten befindet sich derzeit in Vorbereitung.

4 Randapproximation

Wie im vorigen Kapitel beschrieben, bestimmen die Kontrollpunkte $\mathbf{C}_k, k \in K_r$ das verhalten eines BGS $\mathbf{x}$ am Rand. Sie müssen demnach aus den gegebenen Randdaten so bestimmt werden, daß die Abweichung zu den Sollwerten möglichst gering wird.

4.1 Parametrisierung

Um das gegebene Approximationsproblem effizient mittels linearer Algorithmen lösen zu können, ist es zweckmäßig, die Randdaten geeignet zu parametrisieren. Betrachten wir zunächst einen einzelnen Abschnitt des Randes mit den vorgegeben Daten $(\mathbf{c}_j, \mathbf{n}_j)$. Dieser ist durch die Struktur des Parametergebiets Ω in m_j Segmente unterteilt. Die Kontrollpunkte, die diesen Abschnitt der Randkurve bestimmen, seien $\mathbf{V}_j^0, \mathbf{W}_j^0, \ldots, \mathbf{V}_j^{m_j+1}, \mathbf{W}_j^{m_j+1}$, siehe Abbildung 2. Die durch diese Kontrollpunkte erzeugten Randdaten seien

$(\bar{\mathbf{c}}_j, \bar{\mathbf{n}}_j)$. Da wie bereits erwähnt ein BGS abseits des Ausnahmepunkts die Struktur eines biquadratischen Tensorprodukt B-Splines hat, läßt sich $\bar{\mathbf{c}}_j$ in natürlicher Weise als univariater quadratischer B-Spline darstellen. Definieren wir

$$\mathbf{P}_j^\mu := (\mathbf{W}_j^\mu + \mathbf{V}_j^\mu)/2\,, \quad \mathbf{Q}_j^\mu := \mathbf{W}_j^\mu - \mathbf{V}_j^\mu \tag{16}$$

und bezeichnen wir den kardinalen B-Spline der Ordnung 3 mit Träger $[r, r+3]$ mit $B_{r,3}$, dann ist

$$\bar{\mathbf{c}}_j : [0, m_j] \ni t \mapsto \sum_{\mu=0}^{m_j+1} \mathbf{P}_j^\mu B_{\mu-2,3}\,. \tag{17}$$

Nachdem $\bar{\mathbf{c}}_j$ über dem Intervall $[0, m_j]$ definiert ist, ist es zweckmäßig, mittels einer linearen Umparametrisierung auch die gegebenen Daten auf dieses Intervall zu beziehen. Ohne neue Bezeichnungen einzuführen, wird also ab sofort $[0, m_j]$ als Definitionsgebiet für $\mathbf{c}_j$ und $\mathbf{n}_j$ angenommen. Die Punkte

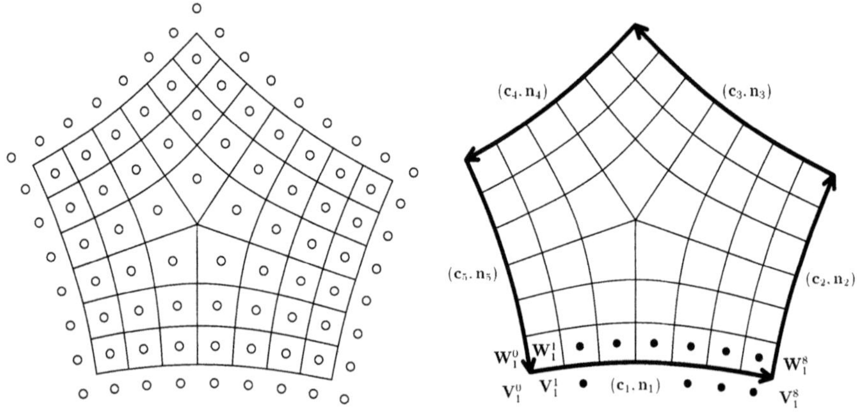

Abb. 2. Typische Struktur des Definitionsgebiets Ω für eine 5-seitige Lücke, die Zuordnung der Kontrollpunkte (o) ist ebenfalls angedeutet *(links)*. Benennung der Kontrollpunkte, die das Verhalten der BGS-Fläche am Rand beeinflussen *(rechts)*.

$\mathbf{P}_j^\mu$ sind nun so zu wählen, daß

$$\sum_{j=1}^{n} \|\mathbf{c}_j - \bar{\mathbf{c}}_j\|^2 \to \min\,. \tag{18}$$

Hierbei sind jedoch, wie im folgenden gezeigt wird, gewisse Nebenbedingungen zu beachten. Zur Bestimmung der $\mathbf{Q}_j^\mu$ läßt sich ein analoges Funktional wie folgt gewinnen: Die Splinekurve

$$\bar{\mathbf{q}}_j : [0, m_j] \ni t \mapsto \sum_{\mu=0}^{m_j+1} \mathbf{Q}_j^\mu B_{\mu-2,3} \tag{19}$$

gibt die transversale Ableitung der Splinefläche $\mathbf{x}$ am Rand an, das heißt, daß die Tangentialebene im Punkt $\bar{\mathbf{c}}_j(t)$ von den Vektoren $\bar{\mathbf{c}}_j'(t)$ und $\bar{\mathbf{q}}_j(t)$ aufgespannt wird. Die vier Kontrollpunkte, die jeweils einer Ecke der Randkurve zugeordnet sind, haben Einfluß auf das Verhalten zweier Kurvenabschnitte, denn es gilt

$$\mathbf{W}_j^0 = \mathbf{V}_{j-1}^{m_{j-1}}\,,\ \ \mathbf{W}_j^1 = \mathbf{W}_{j-1}^{m_{j-1}}\,,\ \ \mathbf{V}_j^0 = \mathbf{V}_{j-1}^{m_{j-1}+1}\,,\ \ \mathbf{V}_j^1 = \mathbf{W}_{j-1}^{m_{j-1}+1}\,. \tag{20}$$

Dies impliziert eine Kopplung der Segmente gemäß

$$\bar{\mathbf{q}}_j(0) = -\bar{\mathbf{c}}_{j-1}'(m_{j-1})\,,\quad \bar{\mathbf{c}}_j'(0) = \bar{\mathbf{q}}_{j-1}(m_{j-1})\,. \tag{21}$$

Um auch für $\bar{\mathbf{q}}_j$ eine parametrische Vergleichskurve $\mathbf{q}_j$ zu erhalten, bestimmt man zunächst das begleitende Dreibein $(\mathbf{t}_j, \mathbf{n}_j, \mathbf{b}_j)$ der Kurve $\mathbf{c}_j$ gemäß

$$\mathbf{t}_j := \mathbf{c}_j'/\|\mathbf{c}_j'\|\,,\quad \mathbf{b}_j := \mathbf{t}_j \times \mathbf{n}_j\,. \tag{22}$$

Abweichend von der sonst üblichen Form ist $\mathbf{n}_j$ hier nicht die Kurvennormale, sondern die vorgegebene Flächennormale. Die gesuchte Kurve $\mathbf{q}_j$ besitzt also die Darstellung

$$\mathbf{q}_j(t) = \alpha_j(t)\mathbf{t}_j(t) + \beta_j(t)\mathbf{b}_j(t)\,. \tag{23}$$

Die skalaren Funktionen α_j, β_j werden nun so gewählt werden, daß die aus (21) resultierende Konsistenzbedingung

$$\mathbf{q}_j(0) = -\mathbf{c}_{j-1}'(m_{j-1})\,,\ \ \mathbf{q}_j(m_j) = \mathbf{c}_{j+1}'(0) \tag{24}$$

erfüllt ist. Macht man für α_j, β_j den linearen Ansatz

$$\alpha_j(t) := \alpha_j^0 + \alpha_j^1 t\,,\quad \beta_j(t) := \beta_j^0 + \beta_j^1 t\,, \tag{25}$$

dann liefert (24) sechs Gleichungen zur Bestimmung der vier Unbekannten $\alpha_j^0, \alpha_j^1, \beta_j^0, \beta_j^1$. Der Rang dieses Systems ist aber wegen (4) und (5) genau vier, sodaß die Lösbarkeit garantiert ist. Der lineare Ansatz (25) läßt sich bei Bedarf natürlich variieren, er hat sich aber in allen bislang betrachteten Fällen bewährt. Somit ist die Kurve $\mathbf{q}_j$ definiert, und die Kontrollpunkte $\mathbf{Q}_j^\mu$ werden so gewählt, daß

$$\sum_{j=1}^n \|\mathbf{q}_j - \bar{\mathbf{q}}_j\|^2 \to \min\,. \tag{26}$$

Faßt man (18), (26) und (20) zusammen, so erhält man schließlich das Optimierungsproblem

$$\sum_{j=1}^n \left(\|\mathbf{c}_j - \bar{\mathbf{c}}_j\|^2 + \|\mathbf{q}_j - \bar{\mathbf{q}}_j\|^2\right) \to \min\,, \tag{27}$$

das unter den Nebenbedingungen

$$\mathbf{P}_j^0 - \mathbf{Q}_j^0/2 = \mathbf{P}_{j-1}^{m_j} + \mathbf{Q}_{j-1}^{m_j}/2 \tag{28}$$

$$\mathbf{P}_j^1 - \mathbf{Q}_j^1/2 = \mathbf{P}_{j-1}^{m_j} - \mathbf{Q}_{j-1}^{m_j}/2 \tag{29}$$

$$\mathbf{P}_j^0 + \mathbf{Q}_j^0/2 = \mathbf{P}_{j-1}^{m_j+1} + \mathbf{Q}_{j-1}^{m_j+1}/2 \tag{30}$$

$$\mathbf{P}_j^1 + \mathbf{Q}_j^1/2 = \mathbf{P}_{j-1}^{m_j+1} - \mathbf{Q}_{j-1}^{m_j+1}/2 \tag{31}$$

zu lösen ist. Verwendet man in (27) eine Norm, die von einem Skalarprodukt induziert ist, so erhält man die optimalen Werte für $\mathbf{P}_j^\mu$ und $\mathbf{Q}_j^\mu$ mittels Standardmethoden als Lösung eines großen linearen Gleichungssystems. Schließlich ergeben sich daraus durch Invertierung von (16) die Kontrollpunkte am Rand zu

$$\mathbf{V}_j^\mu = \mathbf{P}_j^\mu - \mathbf{Q}_j^\mu/2 \,, \quad \mathbf{W}_j^\mu = \mathbf{P}_j^\mu + \mathbf{Q}_j^\mu/2 \,. \tag{32}$$

4.2 Entkopplung des Optimierungsproblems

Die Kopplung der einzelnen Abschnitte der Randkurve läßt sich dadurch aufheben, daß man von den approximierenden Kurven $\bar{\mathbf{c}}_j$ und $\bar{\mathbf{q}}_j$ jeweils am Anfangs- und Endpunkt die Interpolation der exakten Daten fordert. Man setzt dazu

$$P_j^0 = \mathbf{c}_j(0) - \mathbf{c}_j'(0)/2 \,, \quad P_j^1 = \mathbf{c}_j(0) + \mathbf{c}_j'(0)/2$$

$$P_{j-1}^{m_j} = \mathbf{c}_j(0) + \mathbf{q}_j'(0)/2 \,, \quad P_{j-1}^{m_j+1} = \mathbf{c}_j(0) - \mathbf{q}_j'(0)/2 \tag{33}$$

$$Q_j^0 = Q_j^1 = \mathbf{q}_j'(0) \,, \quad Q_{j-1}^{m_j} = Q_{j-1}^{m_j+1} = \mathbf{c}_j'(0) \,.$$

Diese einfache und geometrisch sinnvolle Maßnahme bewirkt, daß (27) in $2n$ entkoppelte Teilprobleme zerfällt, nämlich

$$\|\mathbf{c}_j - \bar{\mathbf{c}}_j\| \to \min \,, \quad \|\mathbf{q}_j - \bar{\mathbf{q}}_j\| \to \min \,, \quad j = 1, \ldots, n \,. \tag{34}$$

Dabei sind jeweils die Kontrollpunkte $\mathbf{P}_j^2, \ldots, \mathbf{P}_j^{m_j-1}$ bzw. $\mathbf{Q}_j^2, \ldots, \mathbf{Q}_j^{m_j-1}$ variabel. Nachem auch die räumlichen Koordinaten voneinander unabhängig sind, ist die Randapproximation auf das skalare Standardproblem

$$\left\| f - \sum_{\mu=0}^{m+1} g_\mu B_{\mu-2,3} \right\| \to \min \tag{35}$$

mit Nebenbedingungen

$$g_0 = g_0^0 \,, \; g_1 = g_1^0 \,, \; g_m = g_m^0 \,, \; g_{m+1} = g_{m+1}^0 \tag{36}$$

zurückgeführt. Diesem wollen wir uns im folgenden Kapitel näher zuwenden.

5 B-Splineapproximation in Sobolevräumen

Zur Lösung von Approximationsproblemen vom Typ (35), (36) wird üblicherweise die L^2-norm verwendet, siehe beispielsweise [B]. Dies garantiert eine gute Approximation, erfordert jedoch das Lösen eines unter Umständen großen linearen Gleichungssystems.

Basierend auf den in jüngster Zeit gefundenen Orthogonalitätsrelationen für kardinale B-Splines in Sobolevräumen wird hier ein neuer Zugang zu der Problematik aufgezeigt. Das resultierende Approximationsschema ist zum einen *explizit* wie ein Quasiinterpolant, zum anderen ist die gefundene Lösung aber auch *optimal* bezüglich einer sinnvollen Funktionennorm, welche die Abweichung der Funktionswerte sowie gewisser Ableitungen mißt. Darüber hinaus lassen sich lineare Nebenbedingungen in kanonischer Weise integrieren.

Wir geben hier einen kurzen Überblick über die Resultate bezüglich der Orthogonalität uniformer B-Splines in gewichteten Sobolevräumen. Eine ausführliche Darstellung der Theorie geht über den Rahmen dieser Arbeit hinaus, insbesondere können auch die zum Teil technisch aufwendigen Beweise der vorgestellten Sätze hier nicht wiedergegeben werden. Im übrigen sei auf [R3] und [R4] verwiesen.

5.1 Orthogonalität uniformer B-Splines

Bezeichne $\langle \cdot, \cdot \rangle$ das Skalarprodukt in $L^2(\mathbb{R})$ und $H^m(\mathbb{R})$ den Sobolevraum der Funktionen mit L^2-integrierbaren Ableitungen bis zur Ordnung m. Sei $w := [w_0, \ldots, w_m]$ ein Vektor positiver Gewichte $w_\mu > 0$, dann definieren wir in $H^m(\mathbb{R})$ das Skalarprodukt

$$(f, g)_w := \sum_{\mu=0}^{m} w_\mu \langle \partial^\mu f, \partial^\mu g \rangle . \tag{37}$$

Der dadurch erzeugte Hilbertraum wird mit $H_w^m(\mathbb{R})$ bezeichnet. Sei weiterhin $B_{r,\nu}$ der kardinale B-Spline der Ordnung ν mit Träger $[r, r+\nu]$ und S_ν der zugehörige Splineraum, dann gilt der folgende Satz:

Theorem 1. *Die Basis $\{B_{r,\nu}, r \in \mathbb{Z}\}$ von S_ν ist orthonormal in $H_{w(\nu)}^{\nu-1}(\mathbb{R})$, wobei $w(\nu)$ der Vektor der ersten ν Koeffizienten der Taylorreihe der analytischen Funktion $s_\nu(y) := \left(\sqrt{|y|}/2 \sin(\sqrt{|y|}/2) \right)^{2\nu}$ im Ursprung ist. Insbesondere ist $w(\nu)$ positiv für alle $\nu \in \mathbb{N}$.*

Die Orthogonalitätsrelation für die weiter oben verwendeten quadratischen B-Splines lautet demnach

$$(B_{r,3}, B_{s,3})_{w(3)} = \langle B_{r,3}, B_{s,3} \rangle + \langle B'_{r,3}, B'_{s,3} \rangle/4 + \langle B''_{r,3}, B''_{s,3} \rangle/30 = \delta_{r,s} . \tag{38}$$

ν	$w_0(\nu)$	$w_1(\nu)$	$w_2(\nu)$	$w_3(\nu)$	$w_4(\nu)$	$w_5(\nu)$	$w_6(\nu)$
1	1						
2	1	$\frac{1}{6}$					
3	1	$\frac{1}{4}$	$\frac{1}{30}$				
4	1	$\frac{1}{3}$	$\frac{7}{120}$	$\frac{1}{140}$			
5	1	$\frac{5}{12}$	$\frac{13}{144}$	$\frac{41}{3024}$	$\frac{1}{630}$		
6	1	$\frac{1}{2}$	$\frac{31}{240}$	$\frac{139}{6048}$	$\frac{479}{151200}$	$\frac{1}{2772}$	
7	1	$\frac{7}{12}$	$\frac{7}{40}$	$\frac{311}{8640}$	$\frac{37}{6480}$	$\frac{59}{79200}$	$\frac{1}{12012}$

Tabelle 1. Gewichte $w(\nu)$ für $\nu \leq 7$.

5.2 Approximation

Approximation mit B-Splines ν-ter Ordnung ist in $H_{w(\nu)}^{\nu-1}(\mathbb{R})$ aufgrund der Orthonormalität der Basis besonders effizient.

Theorem 2. *Für $f \in H^{\nu-1}(\mathbb{R})$ sei das Approximationsproblem*

$$\|f - g\|_{w(\nu)} \to \min , \quad g \in S_\nu \tag{39}$$

gegeben. Die Kontrollpunkte der Lösung $g^* = \sum_r g_r^* B_{r,\nu}$ sind

$$g_r^* := (f, B_{r,\nu})_{w(\nu)} . \tag{40}$$

Die Lösung ergibt sich also unmittelbar durch Auswertung der Skalarprodukte $(f, B_{r,\nu})_{w(\nu)}$, das Lösen eines Gleichungssystems ist nicht erforderlich. Auch lineare Nebenbedingungen können problemlos integriert werden. Es stellt sich heraus, daß die Lösung eines solchen Problems sich einfach dadurch ergibt, daß man die Kontrollpunkte der Lösung g^* des uneingeschränkten Problems orthogonal in den Unterraum der zulässigen Lösungen projiziert. Im folgenden bezeichnet $\lfloor g \rfloor = [\ldots, g_{-1}, g_0, g_1, \ldots]^T$ den biinfiniten Spaltenvektor der Kontrollpunkte des B-Splines $g = \sum_r g_r B_{r,\nu}$.

Theorem 3. *Sei Λ eine Matrix bestehend aus k absolut summierbaren biinfiniten Zeilen mit vollem Rang und λ ein k-Spaltenvektor. Für $f \in H^{\nu-1}(\mathbb{R})$ sei das Approximationsproblem*

$$\|f - g\|_{w(\nu)} \to \min , \quad \Lambda \lfloor g \rfloor = \lambda , \quad g \in S_\nu \tag{41}$$

gegeben. Die Kontrollpunkte der Lösung $g^\Lambda = \sum_r g_r^\Lambda B_{r,\nu}$ sind

$$\lfloor g^\Lambda \rfloor := \lfloor g^* \rfloor - \Lambda^T (\Lambda \Lambda^T)^{-1} (\Lambda \lfloor g^* \rfloor - \lambda) . \tag{42}$$

Auf das oben gestellte Approximationproblem (35), (36) angewandt bedeutet dies, daß jeweils zwei Konrollpunkte am Anfang und Ende des betrachteten Intervalls fest vorgegeben sind, während sich die inneren Kontrollpunkte durch Auswertung der Skalarprodukte gemäß (40) ergeben.

Korollar 4. *Für $f \in C^2([0,m])$ ist die Lösung des Approximationproblem (35), (36) bezüglich der $\|\cdot\|_{w(3)}$-Norm für $\mu = 2\ldots, m-1$ gegeben durch*

$$
\begin{aligned}
g_\mu^* &= \int_{\mu-2}^{\mu+1} \left(f B_{\mu-2} + f' B'_{\mu-2}/4 + f'' B''_{\mu-2}/30 \right) dt \\
&= \int_{\mu-2}^{\mu+1} \left(f(B_{\mu-2} - B''_{\mu-2}/4) \right) dt + [\mu-2,\ldots,\mu+1]f'/5 , \qquad (43)
\end{aligned}
$$

wobei $[\mu-2,\ldots,\mu+1]f'$ die dritte dividierte Differenz der Funktion f' an den gegebenen Knoten bezeichnet.

Die erste Formel ist auch für Funktionen $f \in H^2([0,m])$ gültig. Die zweite Formel, die daraus für $f \in C^2([0,m])$ einfach durch partielle Integration gewonnen werden kann, bietet den Vorteil, daß in die numerische Quadratur des gegebenen Integrals lediglich die Funktionswerte von f und keine Ableitungen eingehen. Darüber hinaus entfällt die Berechnung von f'' völlig.

Die Effizienz des hier beschriebenen Approximationsschemas liegt auf der Hand, auf einen weiteren wichtigen Aspekt soll abschließend jedoch auch noch hingewiesen werden. Es ist ohne nennenswerten Mehraufwand möglich, den gemachten Approximationfehler bezüglich der verwendeten Sobolevnorm zu bestimmen oder zumindest zuverlässig zu schätzen. Hieraus läßt sich nun aufgrund der stetigen Einbettung von H_w^m in L^∞ für $m \geq 1$ eine Abschätzung für die Maximumnorm des Fehlers gewinnen, dies aber ist genau das für die Praxis maßgebliche Qualitätskriterium.

Literatur

[B]   deBoor, C.: A practical guide to splines. Springer–Verlag (1978)

[R1] Reif, U.: Neue Aspekte in der Theorie der Freiformflächen beliebiger Topologie. Dissertation, Universität Stuttgart (1993)

[R2] Reif, U.: Biquadratic G-spline surfaces. CAGD **12** (1995) 193–205

[R3] Reif, U.: Orthogonality of cardinal B-splines in weighted Sobolev spaces. Preprint 95-20, Universität Stuttgart (1995)

[R4] Reif, U.: Uniform B-spline approximation in Sobolev spaces. Preprint 95-23, Universität Stuttgart (1995)

Glätten von Flächen

J. Hoschek[1], U. Dietz[1], J. Hadenfeld[1], C.G. Porta[2] und St. Wahl[3]

[1] Fachbereich Mathematik, Technische Hochschule Darmstadt, Schloßgartenstr. 7,
64289 Darmstadt, e-mail: hoschek@mathematik.th-darmstadt.de,
URL: http://www.mathematik.th-darmstadt.de
[2] Holometric Technologies, Aalen
[3] Mercedes–Benz AG, Sindelfingen

Abstract. In CAD–systems technical objects are given by set of points or analytic surface representations. Often the faces of these objects are unfair. In this paper energy oriented algorithms are developed to approximate a set of points by fair surfaces or to smooth automatically given unfair surfaces. To get linear (and fast) algorithms in both cases quadratic models of the bending energy of surfaces are used. Minimal values of these energy models lead to smooth and fairshaped surfaces.

1 Problembeschreibung

Oberflächen von Industrieprodukten wie z.B. die Außenhaut eines Automobils sollen *glatt* und *schön* sein, d.h. ein Beobachter sollte von jedem beliebigen Standpunkt aus eine ruhige, ausgeglichene Oberfläche erblicken. Daher wird als optisches Indiz von *schön* ein ruhiger, ausgeglichener Verlauf von Reflexionslinien, Schattengrenzen, Isophoten usw. verwandt ([HL, Ka, Kl], s.a. Abb. 1–3).

Mathematisch kann eine schöne Fläche durch minimale Energien (Modelle von Biegeenergien) beschrieben werden [F, G2, H]. Daher stehen Flächenkonstruktionen mit verschiedenen Energiemodellen im Mittelpunkt der folgenden Betrachtung. Ein anderes Maß für *schön* könnte die maximale Zahl der Wendepunkte von Reflexionslinien sein – hierzu liegen aber noch keine Ergebnisse vor.

Der Prototyp eines technischen Objektes ist in der Regel ein Plastikmodell, das nach entsprechender Entscheidung des Managements mit Computerhilfe über CAD–Systeme für die Produktion vorbereitet werden muß. Dafür sind mathematische Beschreibungen der Objektoberflächen notwendig: Es werden zunächst die Oberflächen des Objektes vermessen – entweder mechanisch über berührende Meßmaschinen oder optisch über Laserscanner. Die so entstehende unstrukturierte Wolke von Meßpunkten ist Grundlage der Konstruktion der gesuchten glatten Oberfläche.

Für Flächenbeschreibungen werden in CAD–Systemen oft (parametrisierte) Spline–Flächen benutzt. Eine häufig verwandte Basis sind die B–Splines [F, HL], so daß wir im folgenden als mathematisches Modell der Parameterdarstellung der gesuchten Fläche nur Tensorprodukt–B–Spline–Flächen benutzen werden. Selbstverständlich ist die Transformation in andere Basissysteme meist leicht möglich. Da Tensorproduktflächen Rechtecke als Parameterbereich besitzen, ist es in der bisher üblichen Technik notwendig, die Punktwolke in viereckige Segmente zu zerlegen. Dies geschieht manuell - automatisch arbeitende Segmentierungsalgorithmen liegen bisher im allgemeinen nicht vor. Die Punkte innerhalb eines solchen viereckigen Segments werden nun durch Tensorproduktflächen approximiert, Interpolationsverfahren werden praktisch nicht eingesetzt, da die vorhandenen Meßfehler immer zu recht rauhen Flächen führen. Das Hauptproblem bei der Approximation einer solchen segmentierten Punktmenge ist die richtige Parametrisierung [HL]. Hier liegen in den CAD–Systemen recht einfache (und damit nicht befriedigende) Modelle zu Grunde, effektiver wirksame Energiemodelle werden bisher kaum benutzt. Es wurden daher zahlreiche Glättungsalgorithmen entwickelt, die in der Regel nicht automatisch arbeiten. Hier setzt das vorliegende Projekt ein:

- Einmal sollen für bereits in einem CAD–System erstellte Flächenstücke automatisch arbeitende Glättungsalgorithmen entwickelt werden, die auch dann noch arbeiten, wenn auf der Fläche Kurven (z.B. Trimmränder von Löchern) gegeben sind, die beim Glättungsprozeß *nicht* verändert werden dürfen;
- zum anderen kann mit dem Einsatz von Energiemodellen beim Approximieren auf die vorherige Segmentierung der Punktmenge größtenteils verzichtet werden, da jetzt mit freien Flächenrändern approximiert werden kann. Die eigentlichen Ränder der gegebenen Punktwolken werden dann durch Trimmkurven auf der Approximationsfläche beschrieben.

2 Flächendarstellungen und Energiemodelle

Werden mit $N_{ik}(t), i = 0, \ldots, n$ die B–Spline–Basisfunktionen der Ordnung k (Grad $k - 1$) über dem Trägervektor $T = (t_0, \ldots, t_{n+k})$ beschrieben, so lautet eine Parameterdarstellung der Tensorprodukt–B–Spline–Flächen der Ordnung $(k \times l)$ [F, HL]

$$X(u, v) = \sum_{i=0}^{n} \sum_{j=0}^{m} \mathbf{d}_{ij} \, N_{ik}(u) \, N_{jl}(v) \tag{1}$$

mit $u \in U$, $v \in V$ und U, V als zugehörige Trägerbereiche. Die $\mathbf{d}_{ij}$ werden Kontrollpunkte oder de Boor–Punkte genannt, sie sind affin invariant mit der Fläche verbunden. Das von den $\mathbf{d}_{ij}$ durch lineares Verbinden von Nachbarpunkten mit festem i bzw. festem j entstehende (Kontroll–)Netz beschreibt ungefähr den Verlauf der Fläche. Wird ein Kontrollpunkt verändert, so ergibt sich eine lokale Deformation der vorliegenden Fläche.

Als Energiemodelle zur Beschreibung einer glatten Oberfläche sollen quadratische Operatoren benutzt werden, da diese beim Differenzieren (für das Berechnen der Minima) auf lineare und damit schnell arbeitende Algorithmen führen. Im folgenden liegen als Energiemodelle zugrunde [G1]:

$$\mathbf{Q}_1 = \int (\text{grad } X)^2 \, du \, dv = \int (X_u^2 + X_v^2) \, du \, dv \tag{2}$$

$$\mathbf{Q}_2 = \int (X_{uu} + X_{vv})^2 - 2(1 - \mu)(X_{uu}X_{vv} - X_{uv}^2) \, du \, dv \tag{3}$$

$$\mathbf{Q}_3 = \int (\text{grad div grad } X)^2 \, du \, dv$$

$$= \int (X_{uuu} + X_{uvv})^2 + (X_{uuv} + X_{vvv})^2 \, du \, dv \tag{4}$$

Diese Ansätze haben sich bisher (unter verschiedenen anderen Gesichtspunkten) bestens bewährt.

3 Iteratives Glätten von B–Spline–Flächen

Das iterative Glätten von B–Spline–Flächen ist die Erweiterung eines Verfahrens, welches schon in [EH] erfolgreich benutzt wurde, um B–Spline–Kurven zu glätten. Dabei wird die linearisierte Biegeenergie eines dünnen elastischen Balkens minimiert, indem in jedem Iterationsschritt jeweils nur ein Kontrollpunkt verändert wird. Für Flächen wird hier die (linearisierte) Biegeenergie einer dünnen Platte gewählt (3) ($\mu = 0$). Für weitere Details sei hier auf [G2] verwiesen.

3.1 Ein Schritt des Verfahrens

Die Idee des Glättungsalgorithmus ist, ein gegebenes Funktional zu minimieren, indem in jedem Schritt nur ein Kontrollpunkt verändert wird. Für dieses iterative Verfahren werden folgende Notationen für die Kontrollpunkte der B–Spline–Fläche (1) eingeführt:

1. Die gegebene (*unglatte*) B–Spline–Fläche X mit der Ordnung (k, l) hat die Kontrollpunkte $\mathbf{d}_{ij}$.
2. Die B–Spline–Fläche $\bar{X}$ nach einigen Iterationsschritten hat die Kontrollpunkte $\bar{\mathbf{d}}_{ij}$.
3. Und die Fläche im nächsten Schritt mit dem neuen Kontrollpunkt $\tilde{\mathbf{d}}_{r_1 r_2}$ wird beschrieben durch

$$\tilde{X}(u,v) = \sum_{\substack{i=0 \\ (i,j) \neq (r_1,r_2)}}^{n} \sum_{j=0}^{m} \bar{\mathbf{d}}_{ij} \, N_{ik}(u) \, N_{jl}(v) + \tilde{\mathbf{d}}_{r_1 r_2} \, N_{r_1 k}(u) \, N_{r_2 l}(v). \tag{5}$$

Die B–Spline–Fläche ist oft ein Teil eines Flächenverbandes und es ist unerwünscht wenn die Randkurven verändert werden. Auch wenn die Fläche schon eine gegebene Übergangsstetigkeit zu ihren Nachbarflächen hat, müssen entsprechend viele Kontrollpunkte unverändert bleiben, um diese Stetigkeit zu halten. Deswegen wird der Index (r_1, r_2) durch $\alpha_1 \leq r_1 \leq n - \beta_1$ und $\alpha_2 \leq r_2 \leq m - \beta_2$ beschränkt. Es bleibt die Frage, welcher Kontrollpunkt wohin verändert werden soll. Um dieses Problem zu lösen, wird jetzt die sogenannte *Rangnummer* eingeführt.

3.2 Die Rangnummer

Wenn ein Kontrollpunkt verändert wird, so soll in diesem Iterationsschritt das beste Glättungsergebnis erzielt werden. D.h. wir suchen die größte Verbesserung der Biegeenergie. Diese Verbesserung kann durch folgende *Rangnummer* ausgedrückt werden

$$z_{r_1 r_2} = \mathbf{Q}_2(\bar{\mathbf{d}}_{r_1 r_2}) - \mathbf{Q}_2(\tilde{\mathbf{d}}_{r_1 r_2}), \qquad \begin{aligned} \alpha_1 &\leq r_1 \leq n - \beta_1, \\ \alpha_2 &\leq r_2 \leq m - \beta_2. \end{aligned} \qquad (6)$$

Diese Rangnummer beschreibt die Verbesserung der Biegeenergie, wenn der Kontrollpunkt $\bar{\mathbf{d}}_{r_1 r_2}$ nach $\tilde{\mathbf{d}}_{r_1 r_2}$ verschoben wird. Um $z_{r_1 r_2}$ zu maximieren (bezüglich $\tilde{\mathbf{d}}_{r_1 r_2}$) müssen wir $\mathbf{Q}_2(\tilde{\mathbf{d}}_{r_1 r_2})$ minimieren.

3.3 Der neue Kontrollpunkt

Der neue Kontrollpunkt $\tilde{\mathbf{d}}_{r_1 r_2}$ soll so gewählt werden, daß die neue Fläche $\tilde{\mathrm{X}}$ die Biegeenergie minimiert. Diese quadratische Darstellung hat ein eindeutiges Minimum $\tilde{\mathbf{d}}_{r_1 r_2}$, das bestimmt wird durch

$$\frac{\partial \mathbf{Q}_2(\tilde{\mathbf{d}}_{r_1 r_2})}{\partial \tilde{\mathbf{d}}_{r_1 r_2}} \stackrel{!}{=} 0. \qquad (7)$$

Die Bedingung (7) kann explizit nach dem Kontrollpunkt $\tilde{\mathbf{d}}_{r_1 r_2}$ aufgelöst werden, und wir erhalten

$$\tilde{\mathbf{d}}_{r_1 r_2} = \sum_{\substack{i=i_0 \\ (i,j) \neq (r_1, r_2)}}^{i_1} \sum_{j=j_0}^{j_1} \gamma_{ij}\, \bar{\mathbf{d}}_{ij} \qquad (8)$$

mit den Faktoren

$$\gamma_{ij} = -\frac{U_{i r_1}^{22} V_{j r_2}^{00} + 2\, U_{i r_1}^{11} V_{j r_2}^{11} + U_{i r_1}^{00} V_{j r_2}^{22}}{U_{r_1 r_1}^{22} V_{r_2 r_2}^{00} + 2\, U_{r_1 r_1}^{11} V_{r_2 r_2}^{11} + U_{r_1 r_1}^{00} V_{r_2 r_2}^{22}}$$

und den Abkürzungen

$$U_{ij}^{rs} = \int_{u_0}^{u_1} N_{ik}^{(r)}(u)\, N_{jk}^{(s)}(u)\, du$$

$$V_{ij}^{rs} = \int_{v_0}^{v_1} N_{il}^{(r)}(v)\, N_{jl}^{(s)}(v)\, dv \tag{9}$$

sowie für die Grenzen der Summen und Integrale

$$i_0 = \max\{0, r_1 - k + 1\}; \qquad i_1 = \min\{r_1 + k - 1, n\}$$
$$j_0 = \max\{0, r_2 - l + 1\}; \qquad j_1 = \min\{r_2 + l - 1, m\}$$
$$u_0 = \max\{u_{r_1}, u_{k-1}\}; \qquad u_1 = \min\{u_{r_1+k}, u_{n+1}\}$$
$$v_0 = \max\{v_{r_2}, v_{l-1}\}; \qquad v_1 = \min\{v_{r_2+l}, v_{m+1}\}$$

Es kann gezeigt werden, daß der neue Kontrollpunkt eine affine Kombination der Nachbarkontrollpunkte ist, da

$$\sum_{\substack{i=i_0 \\ (i,j)\neq(r_1,r_2)}}^{i_1} \sum_{j=j_0}^{j_1} \gamma_{ij} = 1 \tag{10}$$

gilt. Diese Eigenschaft (10) kann genutzt werden, um die Berechnung der Integrale zu kontrollieren. Diese können z.B. exakt mit Hilfe der Gauß-Quadratur berechnet werden (s.a. [VBH]).

3.4 Die Rangliste

Wir wissen bis jetzt, wie wir einen Kontrollpunkt verändern müssen, um eine glattere Fläche zu erhalten. Aber welcher soll geändert werden? In Abschnitt 3.2 haben wir die Rangnummer $z_{r_1 r_2}$ definiert. Diese kann mit den bisherigen Ergebnissen folgendermaßen dargestellt werden:

$$z_{r_1 r_2} = (\bar{\mathbf{d}}_{r_1 r_2} - \tilde{\mathbf{d}}_{r_1 r_2})^2 \cdot \left[U_{r_1 r_1}^{22} V_{r_2 r_2}^{00} + 2\, U_{r_1 r_1}^{11} V_{r_2 r_2}^{11} + U_{r_1 r_1}^{00} V_{r_2 r_2}^{22} \right] . \tag{11}$$

Die Rangnummer ist eine gewichtete Funktion der quadratischen Änderung des Kontrollpunktes $\tilde{\mathbf{d}}_{r_1 r_2}$.

Es soll der Kontrollpunkt geändert werden mit der größten Rangnummer. Um den Index (r_1, r_2) zu bekommen, müssen die Rangnummern für jeden Kontrollpunkt berechnet werden. Diese *Rangliste* muß jedoch nur einmal vollständig berechnet werden, da der Kontrollpunkt $\tilde{\mathbf{d}}_{r_1 r_2}$ nur die Rangnummern z_{ij} mit dem Index $r_1 - k + 1 \leq i \leq r_1 + k - 1$ und $r_2 - l + 1 \leq j \leq r_2 + l - 1$ beeinflußt.

3.5 Abstandstoleranz

Damit sich nicht durch die Glättung eine zu starke Abweichung der geglätteten Fläche gegenüber der ursprünglich gegebenen Fläche ergibt, sondern die Abweichung innerhalb einer bestimmten Toleranz δ liegt, muß in jedem Schritt die Bedingung

$$\max\left\{|X(u,v) - \widetilde{X}(u,v)| : (u,v) \in [u_{k-1}, u_{n+1}] \times [v_{l-1}, v_{m+1}]\right\} \leq \delta \quad (12)$$

eingehalten werden. Diese Bedingung führt jedoch zu einem nichtlinearen Problem. Stattdessen wird eine obere Schranke für (12) benutzt (s.a. [Sch])

$$|\mathbf{d}_{r_1 r_2} - \widetilde{\mathbf{d}}_{r_1 r_2}| \leq \delta. \quad (13)$$

Mit dieser Nebenbedingung wir der neue Kontrollpunkt bestimmt durch

$$\widetilde{\mathbf{d}}^*_{r_1 r_2} = \mathbf{d}_{r_1 r_2} + \delta \frac{\widetilde{\mathbf{d}}_{r_1 r_2} - \mathbf{d}_{r_1 r_2}}{|\widetilde{\mathbf{d}}_{r_1 r_2} - \mathbf{d}_{r_1 r_2}|}. \quad (14)$$

Weitere Einzelheiten sind in [EH] beschrieben.

3.6 Der Algorithmus

Mit diesen Ergebnissen können wir nun einen Algorithmus angeben, um B–Spline–Flächen zu glätten:

1. Berechne die Rangnummern $z_{ij}; \alpha_1 \leq i \leq n - \beta_1, \alpha_2 \leq j \leq m - \beta_2$.
2. Bestimme $z_{r_1 r_2} = \max\{z_{ij}; \alpha_1 \leq i \leq n - \beta_1, \alpha_2 \leq j \leq m - \beta_2\}$.
3. Berechne den neuen Kontrollpunkt $\widetilde{\mathbf{d}}_{r_1 r_2}$ (bzw. $\widetilde{\mathbf{d}}^*_{r_1 r_2}$, falls eine Toleranz vorgegeben wird).
4. Falls ein Abbruchkriterium erfüllt ist, beende den Algorithmus. Sonst fahre mit Schritt 1 fort.

Als Abbruchkriterien wurden gewählt:

- Die Rangnummern sind kleiner als ein vorgegebener Wert.
- Die vorgegebene Anzahl der Iterationen ist erreicht.

3.7 Beispiele

In den folgenden drei Beispielen soll der Glättungseffekt des beschriebenen Verfahrens demonstriert werden. Im Gegensatz zum ersten (akademischen) Beispiel kommen die beiden folgenden aus der Automobilindustrie. Die letzten beiden gezeigten Flächen wurden bei Mercedes–Benz mit dem CAD/CAM–System SYRKO erzeugt und dort mit dem vorgestellten Verfahren geglättet. Um die (Un-)Glattheit der Flächen zu visualisieren, wurden hier die Isophoten gewählt.

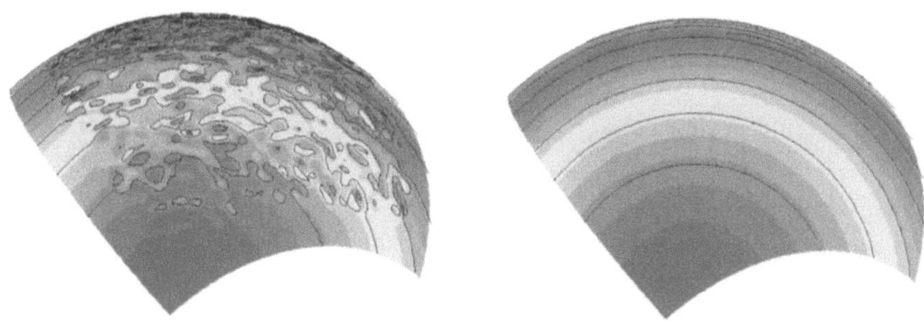

Abb. 1. Die Isophoten der gestörten (links) und der geglätteten B–Spline–Fläche
(rechts)

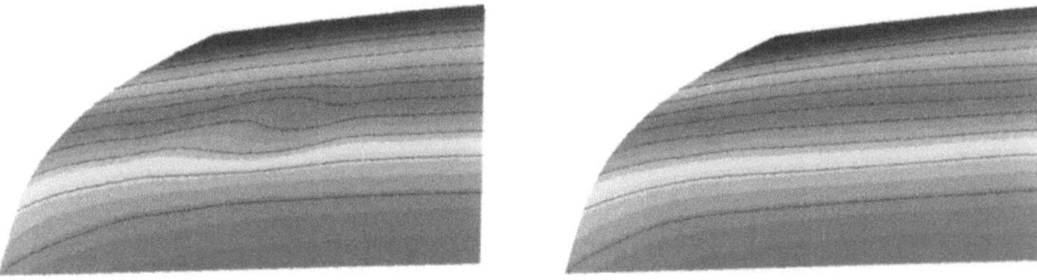

Abb. 2. Teil einer Motorhaube vor (links) und nach der Glättung (rechts)

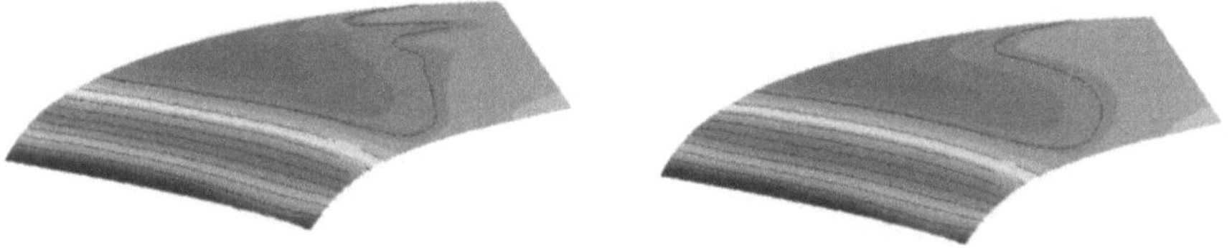

Abb. 3. Teil eines Heckdeckels vor (links) und nach der Glättung (rechts)

4 Glatte Approximation mit B–Spline–Flächen

Bei der Erzeugung von parametrisierten Flächen aus Meßpunkten werden
üblicherweise in einem ersten Schritt die Punkte parametrisiert; dann wird
ein *least squares fit* durchgeführt. Diese Vorgehensweise hat zwei Nachteile.
Es werden nicht die kürzesten Abstände der Punkte zur Fläche minimiert,
sondern durch die Parametrisierung induzierte Abstände. Die zwangsläufig
nicht optimale Parameterbelegung führt oft auf ein schlecht konditioniertes
System beim *least squares fit*. Die Folge sind unbefriedigende, wellige Flächen.
Das vorgestellte Verfahren bestimmt eine optimale Parametrisierung zusammen mit der Fläche in einem iterativen Prozeß. Beim einfachen *least squares
fit* müssen außerdem die Schoenberg-Whitney-Bedingungen erfüllt werden.
Dadurch können keine beliebig berandeten Punktmengen oder Punktmengen

mit „Löchern" behandelt werden. Durch die Einführung von Energiefunktionalen wird es möglich, auch solche Punktmengen glatt zu approximieren [Sh, WW]. Die Randkurven der Tensorproduktfläche fallen dann nicht mehr mit den Rändern der Punktwolke zusammen. In einem zweiten Schritt wird die berechnete Approximationsfläche an den Rändern der Punktwolke abgeschnitten (siehe Abb. (5)). Diese neuen Randkurven werden auch als *Trimmkurven* bezeichnet und über Splinekurven im Parameterbereich der Fläche beschrieben.

Seien nun die fehlerbehafteten Meßpunkte mit $P_i, i = 0, \ldots, N - 1$ bezeichnet. Zu diesen soll eine energieminimale Tensorprodukt-B–Spline–Fläche $X(u, v)$ berechnet werden, die eine vorgebene Fehlertoleranz ε einhält. Als Energien werden die Funktionale $\mathbf{Q}_i, i = 1, \ldots, 3$ des Abschnitts 2 verwendet.

Der Abstand der gesuchten Fläche zu den Vorgabepunkten wird über

$$\mathbf{Q} = \frac{1}{N} \sum_i \left(X(u_i, v_i) - P_i \right)^2 \tag{15}$$

erfaßt. Damit läßt sich das Approximationsproblem schreiben als

$$\sum_p \alpha_p \mathbf{Q}_p \xrightarrow{\mathbf{d}_{ij},(u_t,v_t)} \min \quad \text{unter der Nebenbedingung} \quad \mathbf{Q} < \varepsilon^2. \tag{16}$$

Fest vorgegeben sind die Ordnungen k, l und die Knotenvektoren U, V der B–Spline–Fläche sowie die Fehlertoleranz ε und die skalaren Designparameter $\alpha_p, p = 1, \ldots, 3$ mit $\sum_p \alpha_p = 1$. Die α_p legen den Einfluß der verschiedenen Energien fest und damit die Gestalt der Approximationsfläche. Eine starke Wichtung

- von $\mathbf{Q}_1$ führt zu Flächen mit kleinem Flächeninhalt,
- von $\mathbf{Q}_2$ führt zu Flächen mit geringer Durchbiegung,
- von $\mathbf{Q}_3$ führt zu Flächen mit geringen Krümmungsänderungen.

Als Unbekannte hat man die Kontrollpunkte $\mathbf{d}_{ij}, i = 0, \ldots, n; j = 0, \ldots, m$ und die Parameterwerte $(u_i, v_i), i = 0, \ldots, N - 1$ der Punkte. Der Ansatz mit Lagrange-Multiplikatoren

$$\sum_p \alpha_p \mathbf{Q}_p + \lambda^* (\mathbf{Q} - \varepsilon^2) \xrightarrow{\lambda^*,\mathbf{d}_{ij},(u_t,v_t)} \min \tag{17}$$

führt auf ein hochdimensionales, nichtlineares Problem, dessen Lösung mit Standardmethoden zu sehr hohen Rechenzeiten führt.

Durch das Festhalten der Kontrollpunkte bzw. der Punktparameterwerte zerfällt das Problem in zwei einfache Teile [Gr]:

- für feste Parameterwerte (u_t, v_t) und festes λ^* ergibt sich ein *lineares Approximationsproblem*

– für feste Kontrollpunkte $\mathbf{d}_{ij}$ und festes λ^* ergeben sich N 2-dimensionale nichtlineare Unterprobleme, die sogenannten *Parameterkorrekturen* [HSW]

Damit kann die Flächenapproximation als Iterationsverfahren formuliert werden:

1. Bestimmung einer Startparametrisierung $(u_i, v_i)^0$; $k := 0,\ \lambda = \lambda_0 \gg 1$
2. Lösen des linearen Approximationsproblems $\tilde{\mathbf{Q}}^k$; $k := k + 1,\ \lambda := \lambda/2$
3. Berechnung der $(u_i, v_i)^k$ mit Parameterkorrektur
4. Fortfahren mit (2) bis $\mathbf{Q} < \varepsilon^2$

Die Startparametrisierung kann durch Projektion der Punkte auf einfache Referenzflächen erfolgen [KM]. Die Güte der Parameterwerte spielt hier eine untergeordnete Rolle, da diese Parameterwerte nur eine erste Näherung darstellen. Eine Projektion auf die Ausgleichsebene ist in vielen Fällen ausreichend.

Mit $\lambda = 1/\lambda^*$ hat das lineare Approximationsproblem die Gestalt

$$\tilde{\mathbf{Q}} = \mathbf{Q} + \lambda \sum_p \alpha_p \mathbf{Q}_p \xrightarrow{\mathbf{d}_{ij}} \min \tag{18}$$

Die notwendigen und hinreichenden Bedingungen für ein Minimum

$$\frac{\partial \tilde{\mathbf{Q}}}{\partial \mathbf{d}_{ij}} = \frac{\partial \mathbf{Q}}{\partial \mathbf{d}_{ij}} + \lambda \sum_p \alpha_p \frac{\partial \mathbf{Q}_p}{\partial \mathbf{d}_{ij}} \overset{!}{=} 0 \tag{19}$$

führen auf das lineare Gleichungssystem

$$(A + \lambda \sum_p \alpha_p A_p)\, d = b \quad \Leftrightarrow \quad \tilde{A}\, d = b \tag{20}$$

Die quadratischen Matrizen A, A_p und $\tilde{A}$ sind alle symmetrisch, positiv semidefinit und besitzen wegen der Lokalität der B–Spline–Funktionen eine dünn besetzte Bandstruktur. $\tilde{A}$ ist darüber hinaus i. allg. regulär und die Lösung damit eindeutig bestimmt. Die Matrix A und die rechte Seite b sind dieselben wie beim *least squares fit*. Die Einträge der Matrizen A_p ergeben sich zu

$$A_1 : \quad U_{ig}^{11} V_{jh}^{00} + U_{ig}^{00} V_{jh}^{11}$$

$$A_2 : \quad U_{ig}^{22} V_{jh}^{00} + \mu U_{ig}^{20} V_{jh}^{02} + \mu U_{ig}^{02} V_{jh}^{20} + 2(1 - \mu) U_{ig}^{00} V_{jh}^{22}$$

$$A_3 : \quad U_{ig}^{33} V_{jh}^{00} + U_{ig}^{31} V_{jh}^{02} + U_{ig}^{13} V_{jh}^{20} + U_{ig}^{11} V_{jh}^{22}$$

$$+ U_{ig}^{22} V_{jh}^{11} + U_{ig}^{02} V_{jh}^{31} + U_{ig}^{20} V_{jh}^{13} + U_{ig}^{00} V_{jh}^{33}$$

mit den Abkürzungen (9) des Abschnitts 3.3, wobei der Integrationsbereich jedoch nicht eingeschränkt wird.

Die Matrizen A_p sind fest über alle Iterationen und müssen deshalb nur einmal zu Beginn berechnet werden.

Die Parameterkorrektur in Schritt 3 bestimmt für jeden Punkt die Parameterwerte des Lotfußpunktes auf der Fläche. Die Minimierung wird mit einem 2-dimensionalen Newton-Verfahren durchgeführt. Die Korrekturterme lauten

$$\begin{pmatrix} \Delta u \\ \Delta v \end{pmatrix} = \begin{pmatrix} X_u^2 + (X-P)X_{uu} & X_u X_v + (X-P)X_{uv} \\ X_u X_v + (X-P)X_{uv} & X_v^2 + (X-P)X_{vv} \end{pmatrix}^{-1} \begin{pmatrix} (X-P)X_u \\ (X-P)X_v \end{pmatrix}$$

und sind unabhängig von den verwendeten Energieintegralen.

Das Gesamtverfahren erzeugt anfangs sehr glatte, steife Flächen, die sich in jedem Iterationsschritt besser an die Vorgabepunkte anpassen. Dadurch bleibt die Parameterkorrektur nicht vorzeitig in lokalen Minima hängen; die orthogonale Lage der Fehlervektoren kann im allgemeinen bereits nach ein bis zwei Newton-Schritten erreicht werden.

Im Anschluß sind noch einige Beispielflächen teilweise zusammen mit Isophoten dargestellt. In Abb. 4 ist ein *least squares fit* zu sehen und die korrespondierende Fläche, die mit dem vorgestellten Verfahren berechnet wurde. Abb. 5 zeigt eine glatte Approximationsfläche zu einer fünfeckig berandeten Punktmenge und eine Approximationsfläche zu einer irregulären Punktmenge mit großen Löchern. Abb. 6 schließlich zeigt den *least squares fit* und die glatte Approximation zu einer komplex strukturierten Punktmenge.

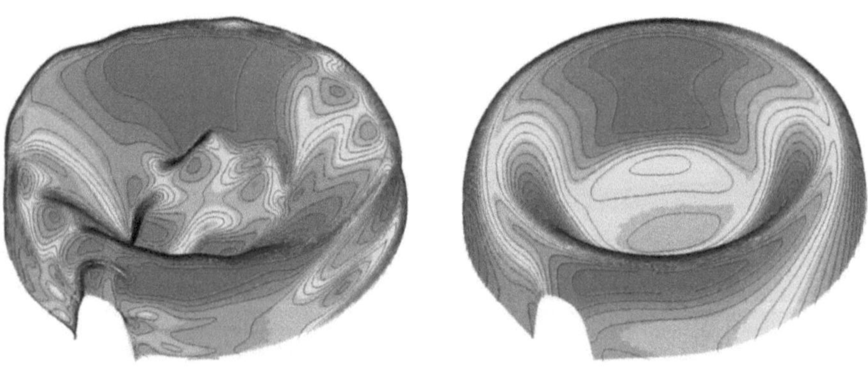

Abb. 4. *least squares fit* und glatte Approximationsfläche zu 1448 Punkten

5 Ausblick

Es wurden zwei Verfahren vorgestellt, um glatte Flächen zu erzeugen. Im ersten Verfahren wurden die Kontrollpunkte einer gegebenen B–Spline–Fläche schrittweise verändert, um so eine glattere Fläche zu erhalten. Zusätzlich kann auch eine Abstandstoleranz eingehalten werden, um keine zu große Veränderung zuzulassen. Da die Kontrollpunkte immer nur lokalen Einfluß auf die

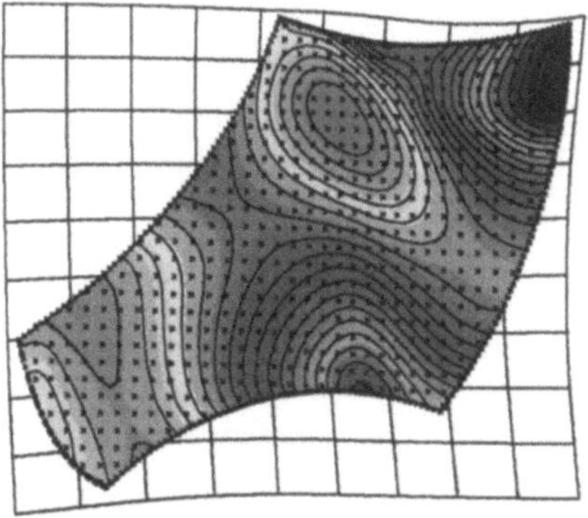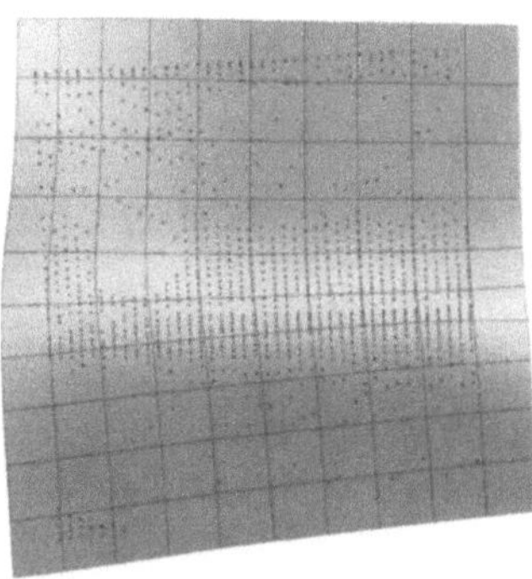

Abb. 5. Getrimmte Approximationsfläche zu „fünfeckiger" Punktwolke und Approximationsfläche zu „löchriger" Punktmenge

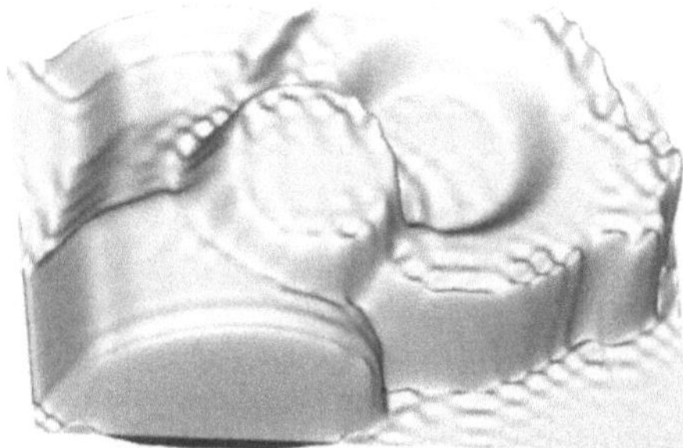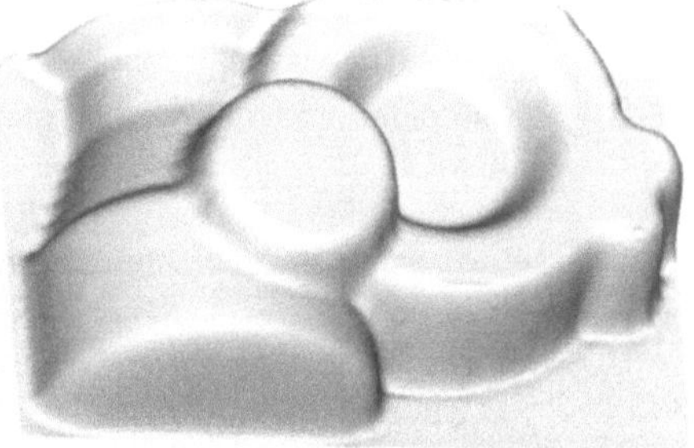

Abb. 6. *least squares* fit und glatte Approximationsfläche zu 4101 Punkten

Fläche haben, können auch getrimmte B–Spline–Flächen mit dieser Strategie geglättet werden. Hierbei sind vorab die Kontrollpunkte zu bestimmen, die Einfluß auf die Trimmkurven haben bzw. innerhalb des getrimmten Bereiches (z.B. Löcher) liegen. Diese Kontrollpunkte sind dann vor der Glättung aus der Rangliste zu streichen. Das Verfahren kann auch auf rationale B–Spline–Flächen erweitert werden. Um wieder ein lineares Problem zu erhalten, müssen hier die Gewichte unverändert bleiben. Die Integrale können aber nicht mehr mit vertretbarem Aufwand exakt berechnet werden, sondern müssen z.B. mit dem Romberg-Verfahren angenähert werden.

Beim zweiten Verfahren werden die Energiefunktionale uniform über die gesamte Fläche gewichtet. Datensatz-abhängige Funktionale lassen erwarten, daß die Approximation in Bereichen mit starken Krümmungsänderungen deutlich verbessert werden kann. Problematisch ist dabei die Beeinflussung der Energieterme durch Datenfehler.

Die Glattheit einer Fläche läßt sich auch über deren Reflexionslinien definieren. Durch Vorgabe eines definierten Lichtkäfigs und gewünschter Reflexionslinien kann die Approximation einer Fläche auf die Approximation eines

Normalenfeldes zurückgeführt werden. Diese läßt sich direkt im vorgestellten Verfahren integrieren. Damit wird es nun möglich, die Methoden, die zur Beurteilung der Flächengüte herangezogen werden, direkt zu deren Erzeugung zu verwenden.

Literatur

[EH]   Eck, M., Hadenfeld, J.: *Local Energy Fairing of B–Spline Curves*. In G. Farin, H. Hagen, and H. Noltemeier (eds.): Computing, Supplementum **10**, Springer (1995), 203–212.

[F]   Farin, G.: *Curves and Surfaces for Computer Aided Geometric Design – A Practical Guide*. 3. ed. Academic Press 1993.

[G1]   Greiner, G.: *Variational Design and Fairing of Spline Surfaces*. Computer Graphics Forum 13:3 (1994), 143–154.

[G2]   Greiner, G.: *Surface Construction Based on Variational Principles*. In P.-J. Laurent, A. Le Méhauté, and L. L. Schumaker (eds.): Wavelets, Images, and Surface Fitting, A K Peters, Wellesley (1994), 277–286.

[Gr]   Grossmann, M.: *Parametric curve fitting*. The Computer Journal **14** (1970), 169–172.

[H]   Hadenfeld, J.: *Local Energy Fairing of B–Spline Surfaces*. In M. Dæhlen, T. Lyche, and L. L. Schumaker (eds.): Mathematical Methods in CAGD III, (1995).

[HL]   Hoschek, J., Lasser, D.: *Grundlagen der geometrischen Datenverarbeitung*. 2. Auflage Teubner 1992.

[HSW]   Hoschek, J., Schneider, F.-J., Wassum, P.: *Optimal approximate conversion of spline surfaces*. Computer Aided Geometric Design **6** (1989), 293–306.

[Ka]   Kaufmann, E., Klass, R.: *Smoothing surfaces using reflection lines for families of spline*. Computer–aided design **20** (1988), 312–316.

[Kl]   Klass, R.: *Correction of local surface irregularities using reflection lines*. Computer–aided design **12** (1980), 73–77.

[KM]   Kruth, J. P., Ma, W.: *Parametrization of randomly measured points for least squares fitting of B–Spline curves and surfaces*. Computer–Aided Design **7** (1995), 663–675.

[RR]   Rando, T., Roulier, J.A.: *Designing faired parametric surfaces*. Computer–Aided Design **23** (1991), 492–497.

[Sch]   Schaback, R.: *Error estimates for approximations from control nets*. Computer Aided Geometric Design **10** (1993), 57–66.

[Sh]   Shinha, S. S., Schunk, B. G.: *A two-stage algorithm for disconuity-preserving surface reconstruction*. IEEE Transactions on Pattern Analysis and Machine Intelligence **14** (1992), 36–55.

[VBH]   Vermeulen, A.H., Bartels, R.H., Heppler, G.R.: *Integrating Products of B–Splines*. SIAM Journal of Scientific and Statistical Computing **13** (1992), 1025–1038.

[W]   Walter, H.: *Numerische Darstellung von Oberflächen unter Verwendung eines Optimalprinzips*. Diss., TU München 1971.

[WW]   Welch, W., Witkin, A.: *Variational surface modeling*. ACM Computer Graphics **26** (1992), 157–166.

Erkennung, Beschreibung und Visualisierung molekularer Strukturen

A. Kerber, R. Laue und T. Wieland

Lehrstuhl II für Mathematik, Universität Bayreuth, 95440 Bayreuth,
e–Mail: molgen@btm2x2.mat.uni-bayreuth.de,
URL: http://btm2xd.mat.uni-bayreuth.de/molgen/mgdos.html

Industriepartner:
Chemical Concepts GmbH, Boschstr. 12, 69469 Weinheim/Bergstr.

Abstract. This research project is devoted to the development of general algebraic, combinatorial and graph-theoretical algorithms for *molecular structure elucidation*. Our present knowleddege is implemented in the software product MOLGEN which is briefly introduced here; its capabilities and methods are described, and some ideas of the mathematical background are discussed. MOLGEN is available in a platform-independent version with a graphical user interface, and it is already now intensively used in education, research and industry.

We also point to the further developments which will extend MOLGEN and increase its abilities considerably – as there are an automatic classification of 3D-placements of molecules in space, a flexible data bank for discrete structures, and a redundancy-free merging of molecular fragments.

1 Einführung

Tägliche Arbeit von Chemikern in Labors der Chemischen Analytik ist die Identifizierung chemischer Substanzen anhand von zumeist spektroskopischen Daten, die sogenannte *Molekulare Strukturerkennung*. Genauer handelt es sich dabei um die Ermittlung eines *mathematischen Modells* für das Molekül der vorliegenden chemischen Substanz.

Für chemische Moleküle kennt man mehrere *approximative Modelle*. Von der mathematischen Chemie werden — entsprechend dem gegenwärtigen Stand von Theorie und Praxis — insbesondere die folgenden Approximationsstufen behandelt:

- Die erste Approximationsstufe ist die **chemische Formel**, oder auch Summen- bzw. Bruttoformel, beispielsweise C_6H_6 für das Benzol.
- Die zweite Approximationsstufe ist die **Strukturformel** oder **Konstitutionsformel**. Hiervon gibt es 217 verschiedene zu der Summenformel C_6H_6; diese nennt man auch die *Bindungsisomere* des Benzols. Von diesen sind bisher etwa 70 nachgewiesen worden. Diese Tatsache, daß es zu einer chemischen Formel mehrere (u.U. sehr viele) Strukturformeln geben kann, nennt man *chemische Isomerie*, vgl. unten.

- Die dritte Approximationsstufe heißt **Konfiguration**. Sie berücksichtigt die wesentlich verschiedenen räumlichen Anordnungen (oft als Stereoisomere bezeichnet), beschrieben durch die räumlichen Valenzwinkel und deren relativen Anordnungssinn. Hiervon gibt es zu den genannten 217 Konstitutionsformeln insgesamt 958 verschiedene.
- Die nächste Verfeinerung sind **Konformationen**. Darunter versteht man alle energetisch verschiedenen räumlichen Anordnungen eines Moleküls. Diese sind nicht notwendig diskret. Die Zahl wesentlich verschiedener Konformationen ist aber unter bestimmten Bedingungen (etwa in Ringen) endlich.

Man sieht hieran, wie diese Verfeinerungen des (mathematischen) Modells des Benzolmoleküls schnell komplizierter werden, dadurch aber gleichzeitig eine immer feinere Approximation der Realität ermöglichen. Weitere Approximationsschritte verlangen dann etwa Quantenchemie, sie werden deshalb i.w. nur noch numerisch lösbar. Schon die angegebenen ersten drei Approximationsschritte sind mit einem hohen Aufwand verbunden, wenn man sie realisieren und danach visualisieren will. Mit einer Mischung verschiedener Methoden aus Kombinatorik, Algebra und Graphentheorie ist es gelungen, leistungsstarke Computerprogramme zur vollständigen und redundanzfreien Berechnung aller Konstitutions- und aller Konfigurationsisomere und zur diskreten Klassifizierung von Konformationen zu entwickeln. Ein Ergebnis ist das Programmsystem **MOLGEN**[+], das mit dem deutsch-österreichischen Hochschulsoftwarepreis 1993 ausgezeichnet worden ist, als herausragende Lehrsoftware im Fachbereich Chemie.

2 Modelle der Isomerie

Die Existenz chemischer Isomerie ist 1797 von A. von Humboldt behauptet und ein Vierteljahrhundert später durch J. von Liebig und J.-L. Gay-Lussac bewiesen worden ([H, Ro]). Aber erst nachdem 1828 F. Wöhler bemerkte, daß aus Ammoniumcyanat Harnstoff entstehen kann, eine Substanz mit derselben Bruttoformel, aber anderen Eigenschaften, wurde das Phänomen in seiner allgemeinen Bedeutung erkannt, und Berzelius führte 1830 dafür den Begriff der **Isomerie** ein.

Zur Ermittlung der Ursache dieses Phänomens begann man, Moleküle zu skizzieren. Hier sind einige prominente Vorstellungen von Molekülen des Ethanols C_2H_5OH. Zunächst die Version von Couper (daß irrtümlich zwei Sauerstoffatome aufgeführt werden liegt daran, daß man damals das Atomgewicht des Sauerstoffs noch nicht kannte):

$$C \quad \begin{cases} O \cdots OH \\ H_2 \end{cases}$$
$$\vdots$$
$$C \qquad \cdots H_3$$

und nun die von Loschmidt und Kekulé:

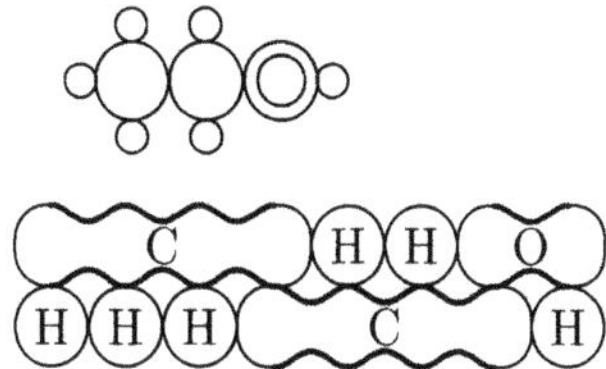

Den Durchbruch zur Lösung brachte das Modell von Loschmidt und die anschließende Variante von Alexander Crum Brown, der die Couperschen *Punkte* bzw. die Loschmidtschen und die (zum Teil irreführenden) Kekuléschen Berührungspunkte, die atomare Bindungen andeuten, durch die wesentlich deutlicheren Verbindungskanten ersetzte und damit das **graphentheoretische Modell** der Moleküle einführte.

3 MOLGEN+ 3.0, ein leistungsfähiger Strukturgenerator

Der zweite Approximationsschritt im Rahmen der molekularen Strukturerkennung besteht darin, *zu einer Summenformel alle zusammenhängenden Graphen zu konstruieren, die die entsprechende Eckengrad- (=Valenzen-) Folge haben, weitere Zusatzbedingungen erfüllen (wie etwa eine Hydroxylgruppe -OH enthalten, wenn es sich um Alkohole handeln soll), und zusätzlich noch hierzu alle Färbungen der Punkte dieser Graphen mit den richtigen Atomnamen vorzunehmen, und zwar redundanzfrei und schnell!* Daß dies kein einfaches Problem ist, zeigt schon die folgende Tabelle, die einige Anzahlen samt Rechenzeiten (auf einem PC mit 486DX2-66) angibt:

n	2	4	6	8	10	12	14
$C_{13}H_n$	30506207	148275813	334873300	453919133	418109851	281002301	143947825
	4847.9	19227.6	39335.6	53611.8	49267.9	35953.9	19821.5
$C_{12}H_nO$	81761287	381610134	822502728	1057972641	918595609	576961766	273057137
	10743.3	44611.3	92369.2	116932.9	108607.3	71904.8	38619.6
$C_8H_nN_2$	896748	3272676	5625815	5767073	3928605	1874516	637380
	92.4	335.5	596.5	649.9	479.8	247.7	93.8

MOLGEN berechnet alle (mathematisch) möglichen Bindungsisomere zu einer gegebenen Summenformel mit Nebenbedingungen, führt also diesen zweiten Approximationsschritt bei der Molekularen Strukturerkennung durch, indem es schnell und redundanzfrei die vollständige Varietät aller zu den (graphischen, aus den spektroskopischen Daten gewonnenen) Ausgangsdaten passenden Bindungsisomere bereitstellt. Dabei werden drei Listen von Substrukturen verwendet: *Makroatome, Goodlist und Badlist*. Darüber hinaus sind weitere Restriktionen wie Ringbeschränkungen, max. Bindungsgrad möglich, um die Menge der resultierenden Isomere weiter zu reduzieren.

- **Makroatome** erlauben die effektivsten Einschränkungen. Diese Substrukturen werden wie ein einzelnes Atom behandelt und können so die Anzahl der möglichen Strukturen drastisch verringern.
- **Goodliststrukturen** müssen in der Ergebnisverbindung vorkommen. Sie dürfen sich überlappen und werden daher auch erst nach der Generierung überprüft.
- **Badliststrukturen** dürfen nicht vorkommen, können sich aber ebenfalls überlappen und werden daher auch erst im Anschluß an die Erzeugung einer Verbindung getestet.

Obige Tabelle zeigt u.a., daß es zur chemischen Formel $C_{12}H_8O$ mehr als eine Milliarde mathematisch möglicher Strukturformeln, d.h. molekulare Graphen, gibt. Sofort entsteht die Frage — auch angesichts der „nur" ca. 10 Millionen bisher registrierter chemischer Substanzen —, ob diese alle existieren können. Dazu ist zu sagen, daß es graphische Nebenbedingungen gibt, die Isomere verhindern, die allgemein als instabil angesehen werden. Hat man diese Bedingungen eingeben (in einer sogenannten *permanenten Badlist*), so erhält man zu dem angegebenen Molekül deutlich weniger, aber oft immer noch sehr viele Bindungsisomere. Für C_6H_6 resultieren — bzgl. einer von Chemikern gelegentlich benutzten solchen Liste verbotener Substrukturen — statt 217 nur noch 87 Isomere, eine gute Approximation der bisher nachgewiesenen ca. 70. Bei der einen Formel $C_{12}H_8O$ bleiben von der einen Milliarde aus der obigen Tabelle immer noch mehr Isomere übrig als es bei CAS bisher registrierte chemische Substanzen mit beliebigen Formeln insgesamt gibt, was die enorm große Vielfalt der Möglichkeiten sehr anschaulich demonstriert.

Die beim Entwurf von MOLGEN verwandten mathematischen Methoden sind eine Mischung aus algebraischen (insbesondere auch gruppentheoretischen) und kombinatorischen Algorithmen (für Einzelheiten vgl. [G, K, L, WKL]). Die Farbtafel II zeigt als Beispiel die Berechnung der 22 Bindungsisomere des Dioxin, also die Bindungsisomere zur chemischen Formel $C_{12}O_2H_4Cl_4$ mit der vorgeschriebenen Substruktur „dioxin", die die folgende Form hat:

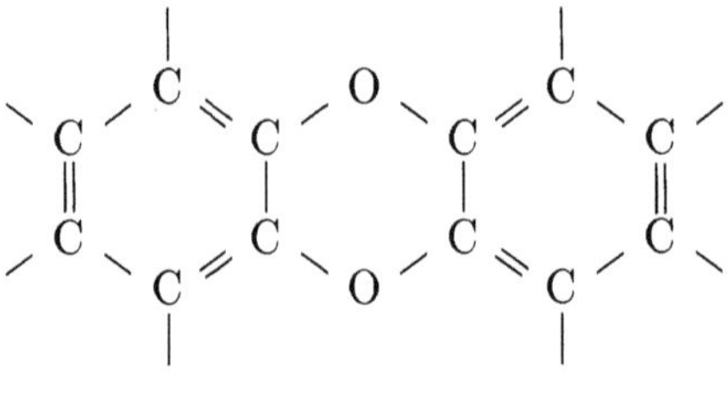

$$
\begin{array}{c}
\quad\ |\qquad\qquad\qquad\qquad\ | \\
\diagdown\ \diagup \mathrm{C}\diagup\quad\ \ \mathrm{O}\quad\ \diagup \mathrm{C}\diagdown \\
\ \mathrm{C}\qquad\qquad \Vert\qquad \diagup\ \diagdown\qquad \mathrm{C}\qquad\qquad \mathrm{C} \\
\Vert\qquad \mathrm{C}\qquad\qquad\qquad \mathrm{C}\qquad\qquad \Vert \\
\ \mathrm{C}\qquad\quad\ |\qquad\qquad\quad\ |\qquad\ \mathrm{C} \\
\diagup \diagdown \mathrm{C}\diagup\quad \mathrm{O}\quad \diagdown \mathrm{C}\diagdown \\
\qquad\ |\qquad\qquad\qquad\qquad\ |
\end{array}
$$

An diesem Beispiel können wir eine der benutzten *gruppentheoretischen Methoden* gut illustrieren und zeigen, wie diese zur wesentlichen Verminderung der Komplexität beitragen können. Es handelt sich dabei nämlich um sogenannte *Permutationsisomere*, die schon E. Ruch und Mitarbeiter in Zusammenhang mit Doppelnebenklassen gebracht haben ([Ru1, Ru2]). Wir verwenden das Dioxinskelett als Makrostruktur und lassen MOLGEN die Anzahl der zusammenhängenden Graphen berechnen, die die übrigen Atome enthalten, also aus dem Makroatom • und 4 Wasserstoff sowie 4 Chloratomen bestehen. Hierzu gibt es natürlich genau einen Graphen:

$$
\begin{array}{ccc}
 & \mathrm{H} & \\
\mathrm{Cl} & | & \mathrm{Cl} \\
\mathrm{H} & \bullet & \mathrm{H} \\
\mathrm{Cl} & | & \mathrm{Cl} \\
 & \mathrm{H} & \\
\end{array}
$$

Wenn wir jetzt den zentralen Knoten dieses Graphen zum Dioxinskelett „aufblasen", dann besteht das Problem darin, die acht freien Valenzen des Dioxinskeletts mit den acht Kanten des sternförmigen Graphen dergestalt zu identifizieren, daß nur die wesentlich verschiedenen unter diesen Identifizierungen auftreten, aber auch jede einmal vorkommt. Man kann zeigen, daß diese Identifizierungen zu einer Transversale der Menge

$$
V_4 \backslash S_8 / S_4 \times S_4
$$

(V_4 die Kleinsche Vierergruppe, auf den acht freien Valenzen, S_8 die symmetrische Gruppe hierauf, $S_4 \times S_4$ das direkte Produkt der symmetrischen Gruppen auf den H- bzw. auf den Cl-Atomen) von Doppelnebenklassen bijektiv ist. Die 22 Isomere des Dioxin mit obiger Substruktur kann man deshalb aus einer Transversale dieser Menge von Doppelnebenklassen erhalten.

Diese Methode der Verwendung der Makroatome als Knoten mit nachfolgendem Aufblasen hat sich als sehr zweckmäßig erwiesen, denn mit ihrer Hilfe läßt sich die Graphengenerierung auf wesentlich kleinere Graphen beschränken und damit stark beschleunigen. Im Falle des Dioxins werden Graphen mit 22 Punkten durch Graphen mit 5 Punkten ersetzt! Die weiteren Schritte bei der Behandlung des Dioxin zeigt die Farbtafel Abb. 1.

Zusätzliche Möglichkeiten, die MOLGEN bietet, sind das Herausfiltern aromatischer Doubletten, der Export in das weitverbreitete MolFile-Format, die Bearbeitung mit dem eingebauten Struktureditor zur interaktiven Beschränkung des Lösungsraums und die Berechnung **räumlicher Plazierungen** nach [A].

Ausgehend einzig von den Bindungsverhältnissen ist MOLGEN auch in der Lage, weitere räumliche Eigenschaften, nämliche alle **Konfigurationsisomere** zu berechnen [N, WKL, Wi1, Wi2]. Dabei werden alle wichtigen Effekte berücksichtigt: Asymmetrische vierwertige Atome (auch in Ringen),

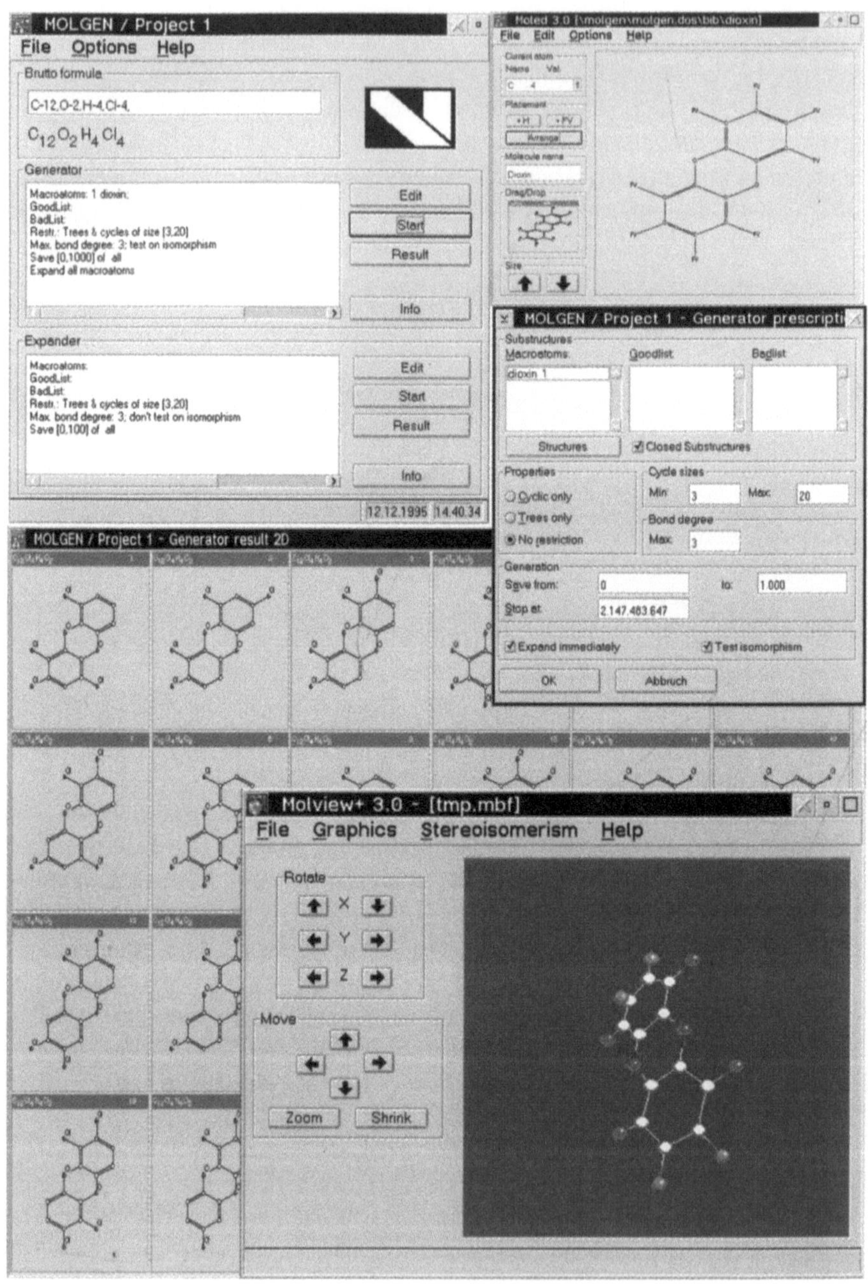

Abb. 1. Die verschiedenen approximativen Modelle des Dioxin, wie sie bei der Arbeit mit MOLGEN vorkommen

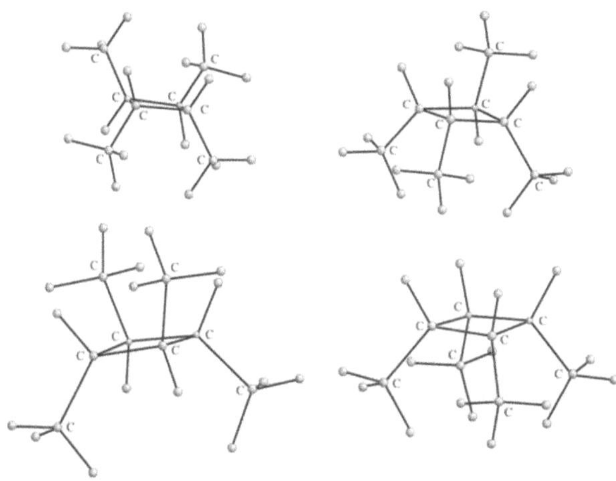

Abb. 2. Räumliche Realisationen der vier Stereoisomere des 1,2,3,4-Tetramethyl-cyclobutan

cis/trans-Isomerie an Doppelbindungen, Spirane sowie chirale und diastereo-mere Allene. Mathematisch gesehen handelt es sich dabei um die Berech-nung der Transversale einer Gruppenoperation, nämlich der sog. *Konfigura-tionssymmetriegruppe* $C(\gamma, \beta)$, welche eine Untergruppe des Kranzproduktes $S_2 \wr A(\gamma, \beta)$ mit der Automorphismengruppe $A(\gamma, \beta)$ ist, auf den Abbildun-gen $\{f \mid f : \{1, \ldots, s\} \to \{0, 1\}\}$ bei s Stereozentren. Zu allen Konfigurati-onsisomeren werden anschließend räumliche Plazierungen geometrisch durch Spiegelungen der Referenzplazierung ermittelt [Wi1] (s. Abb. 2).

4 MOLGEN im Einsatz beim Kooperationspartner

Beim Kooperationspartner **Chemical Concepts** wird **MOLGEN** auf zwei-erlei Weise eingesetzt:

1. Zum einen als eigenständiges Programm im Rahmen der hypertext-ba-sierten Spektroskopie-Lehrsoftware **SpecTool**. Hierbei kommt eine im Funktionsumfang leicht eingeschränkte Version zum Einsatz, die dem An-wender die Vielfalt der molekularen Isomerie nahebringen soll.

2. Die Hauptanwendung liegt im Spektren-Interpretations- und Datenbank-system **SpecInfo**, in dem **MOLGEN** einen wesentlichen Baustein dar-stellt:

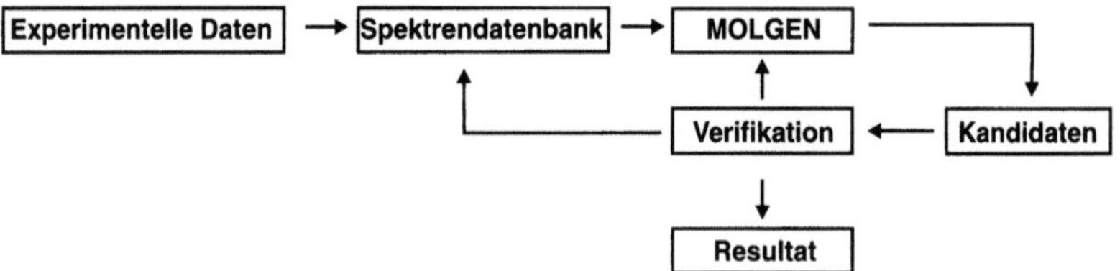

Die Vorgehensweise ist dabei folgende: Zunächst wird das Spektrum (Infrarot-, UV oder ^{13}C-NMR-Spektrum) der Verbindung, die aufzuklären ist, experimentell ermittelt. Eine anschließende Suche in der Datenbank liefert dann eine Menge von Substrukturen (und evtl. weiteren Restriktionen), die als Ausgangspunkt der Generierung mittels MOLGEN dienen. Die erzeugten Isomere werden nun durch Berechnung künstlicher Spektren bewertet, d.h. auf die Güte der Übereinstimmung mit den Meßdaten untersucht, und schließlich dem Benutzer des Systems ausgegeben. Er kann aber auch interaktiv in diesen Prozeß eingreifen und so zusätzliche, zuweilen implizite, Informationen einbringen. Erst durch die *Kombination von Datenbank und Strukturgenerator* konnte SpecInfo zu einem wirklichen **Automatischen Strukturaufklärungssystem** ausgebaut werden.

Die beiden Anwendungen, die erste PC-basiert, die zweite auf SUN Sparcstations, zeigen auch die Notwendigkeit, die entwickelten mathematischen Algorithmen als plattformunabhängige Software zu implementieren [KW].

5 Eine plattformunabhängige graphische Oberfläche

Der Kern von MOLGEN wurde in **C/C++** programmiert, einer Sprache, die sich durch einen hohen Grad an Portabilität auszeichnet. Um diese Eigenschaft auch für die Benutzeroberfläche zu gewährleisten, wurde als Entwicklungswerkzeug die Klassenbibliothek **StarView** gewählt, mit deren Hilfe sich mit einem Code Versionen für verschiedene PC- und UNIX-Plattformen erstellen lassen (s. Abb. 1 und 3).

6 Ein flexibles Datenbankmodul

Kommerziell erhältliche Datenbankverwaltungssysteme sind i.a. auf kaufmännische Anwendungen wie Kundenkarteien oder Lagerverwaltungen ausgerichtet. Die dort verwendeten Datentypen unterscheiden sich aber zumeist grundsätzlich von den bei naturwissenschaftlichen Anwendungen in Mathematik, Physik oder Chemie benötigten.

Das sich bei uns im Rahmen dieses Projekts in Entwicklung befindliche Datenbankmodul trägt diesen Anforderungen Rechnung. Insbesondere sind wir bestrebt, mehrere Zugriffswege zu den Daten bereitzustellen, um ein Höchstmaß an Flexibilität, Vielseitigkeit und Erweiterbarkeit zu erreichen:

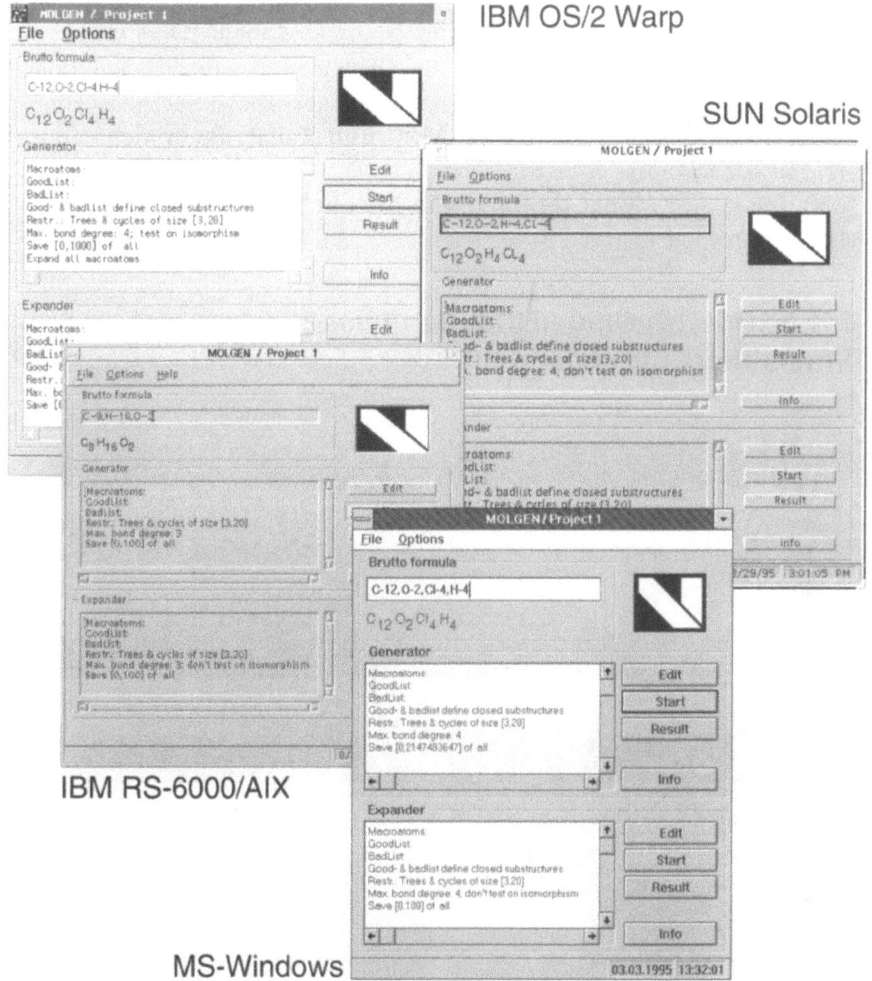

Abb. 3. Das Hauptfenster von MOLGEN auf vier verschiedenen Plattformen

- **Multiindices**, d.h. gleichzeitge Suche nach mehreren numerischen Werten oder Intervallen
- **Hash-Verfahren** zum schnellen Zugriff
- **Super-imposed Coding**, d.h. komprimierte binäre Eigenschaftsvektoren
- erweiterbar auf viele andere Methoden

Bei der Anwendung in der Chemie und natürlich in MOLGEN beinhalten die Datensätze Moleküle, zusammen mit weiteren Eigenschaften oder Informationen. So kann sich etwa der Benutzer aus verschiedenen Generierungsläufen von MOLGEN eine eigene Sammlung von Strukturen aufbauen, in der er dann suchen und einzelne Moleküle für seine Zwecke selektieren kann.

Ein wichtiges Suchkriterium in der Chemie sind natürlich funktionelle Gruppen, oder allgemeiner Substrukturen. Um nach diesen suchen zu können, haben wir allgemeine Verfahren zur **Voll- und Teilstruktursuche** erarbeitet. Mit Hilfe von iterierter Klassifizierung tiefgeschachtelter diskreter Strukturen lassen sich sowohl **topologische als auch 3D-Suchanfragen** realisieren.

7 Flexible Methoden für das Klassifizieren von Molekülen

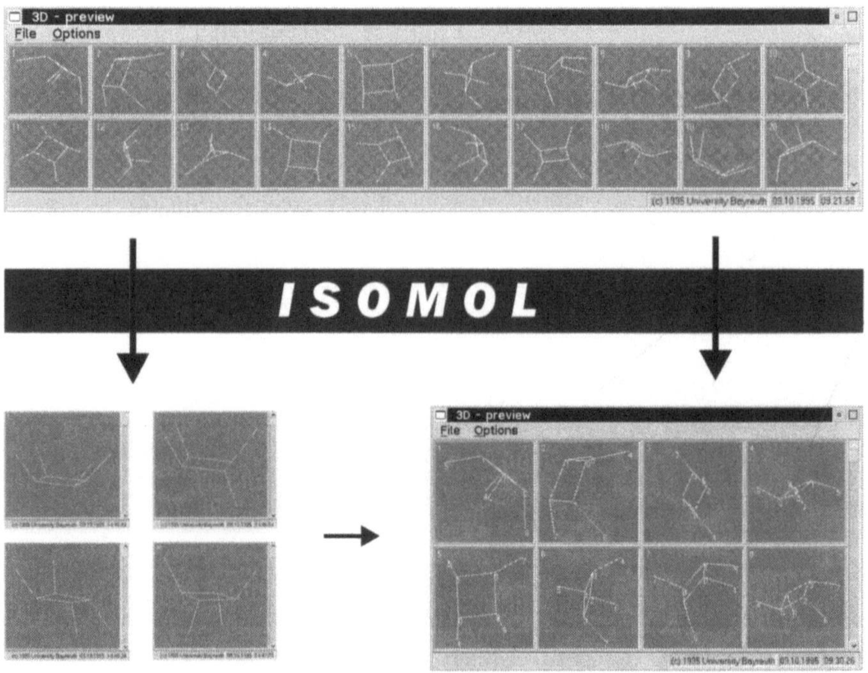

Abb. 4. Automatische Klassifikation von Konformationen mit dem Modul ISO-MOL

Ein Molekül läßt sich als **tiefgeschachtelte diskrete Struktur** auffassen, wobei dabei verschiedene Eigenschaften und Beschreibungen in Betracht gezogen werden können - Topologie, räumliche Anordnung etc. Mit unserem Verfahren läßt sich leicht die Symmetrie eines Moleküls unter Berücksichtigung der jeweiligen Beschreibung bestimmen. Damit sind **topologische**

und dreidimensionale Voll- und Teilstruktursuchen möglich. Die Algorithmen sind besonders effektiv, da ihre Komplexität nicht fest ist, sondern sich individuell dem Aufwand anpaßt, ein einzelnes Molekül zu identifizieren. Darüber hinaus ergibt sich damit auch ein neues Verfahren zur **kanonischen Numerierung räumlicher Molekülmodelle** (vorgestellt auf der 2. Elektronischen Konferenz zur Computerchemie [BKL]). Die Aufgabe, eine Menge räumlicher Anordnungen eines Moleküls in Ähnlichkeitsklassen einzuteilen, kann also vollautomatisch gelöst werden (s. Abb. 4).

8 Redundanzfreie Verklebung von Fragmenten

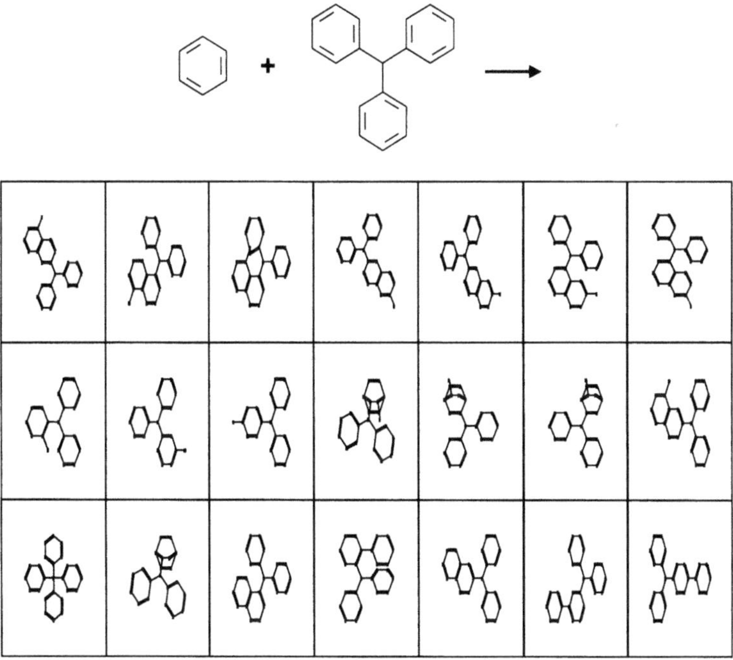

Abb. 5. Redundanzfreie Verschmelzung zweier Graphen

Bei aller Effektivität haftet MOLGEN aber ein konzeptionelles Problem an: Zur Generierung wird stets die Bruttoformel verwendet. Bei vielen Problemstellungen ist dies aber unerwünscht, da oft die Bruttoformel unbekannt bzw. nur mit hohem experimentellen Aufwand zu ermitteln ist oder auch Moleküle mit verschiedenen Summenformel gleichzeitig als Lösung zugelassen werden sollen. Daher besteht eines unserer künftigen Vorhaben darin, Moleküle iterativ aus Fragmenten zu konstruieren, und zwar wie gewohnt vollständig und redundanzfrei, bei hoher Effektivität. Dazu sollen die Fragmente zum einen über freie Valenzen verknüpft, zum anderen aber auch **über alle möglichen gemeinsamen Teilstrukturen verschmolzen** werden. Beispiele zu letzterem können bereits errechnet werden, wie Abb. 5 zeigt.

Diese Verfahren können auf eine Reihe von Aufgabenstellungen der mathematischen Chemie angewendet werden. In der **kombinatorischen Chemie**, wo die Produkte einer großen Zahl von Reaktionen auf ihre physiochemische Wirkung untersucht werden, wird dadurch ein systematischer Überblick über diese Produkte ermöglicht. Im Bereich des **drug design** könnten bestehende heuristische Verfahren verbessert und beschleunigt werden [Wi3]. Die dabei benutzten mathematischen Methoden sind u.a. *ordnungstreue Erzeugung* und *Doppelnebenklassenalgorithmen* [L] sowie *Cliquensuche* [BB].

Literatur

[A]   N.L. ALLINGER. MM2. A Hydrocarbon Force Field Utilizing V_1 and V_2 Torsional Terms. *J. Amer. Chem. Soc.*, **99**, S. 8127–8134, 1977.

[BB]   H.G. BARROW UND R.M. BURSTALL. Subgraph isomorphism, matching relational structures and maximal cliques. *Inf. Proc. Lett.*, **4**, S. 83-84, 1976.

[BKL]   C. BENECKE, A. KERBER UND R. LAUE. Canonical numbering of 3D-structures. *2nd Electronic Conference on Computational Chemistry*, `http://hackberry.chem.niu.edu/eccc2`.

[BGH]   C. BENECKE, R. GRUND, R. HOHBERGER, A. KERBER, R. LAUE, TH. WIELAND. MOLGEN$^+$, a generator of connectivity isomers and stereoisomers for molecular structure elucidation. *Anal. Chim. Acta*, **314**, S. 141-147, 1995.

[BLW]   N.L. BIGGS, K.E. LLOYD UND R.J. WILSON. *Graph theory 1736-1936*. Clarendon Press, 1977.

[G]   R. GRUND. Konstruktion molekularer Graphen mit gegebenen Hybridisierungen und überlappungsfreien Fragmenten. *Bayreuther Mathematische Schriften*, **49**, S. 1-113, 1994.

[GKL1] R. GRUND, A. KERBER UND L. LAUE. Construction of discrete structures, especially isomers. Erscheint in *Discr. Appl Math*.

[GKL2] R. GRUND, A. KERBER UND R. LAUE. MOLGEN, ein Computeralgebra-System für die Konstruktion molekularer Graphen. *MATCH*, **27**, S. 87-131, 1992.

[H]   A. VON HUMBOLDT. *Versuche über den gereizten Muskel- und Nervenfaser nebst Vermuthungen über den chemischen Prozess des Lebens.* Decker & Compagnie, Leipzig, und Heinrich August Rottmann, Posen, 1797.

[K]   A. KERBER. *Algebraic Combinatorics Via Finite Group Actions.* BI-Wissenschaftsverlag, Mannheim, Wien, Zürich, 1991.

[KW]   A. KERBER UND T. WIELAND, Hrsg. *Standardisierung anwendungsorientierter Software, Prinzipien maschinenunabängiger Programmierung und Werkzeuge für die Entwicklung plattformunabhängiger graphischer Oberflächen.* Sammlung der Vorträge beim BMBF Workshop in Thurnau, 1995.

[L]   R. LAUE. Construction of combinatorial objects – a tutorial. *Bayreuther Mathematische Schriften*, **43**, S. 53–96, 1993.

[N]   J.G. NOURSE, D.H. SMITH, R.E. CARHART UND C. DJERASSI. Exhaustive generation of stereoisomers for structure elucidation. *J. Am. Chem. Soc.*, **101**, S. 1216–1223, 1979.

[Ro]   D.H. ROUVRAY. The Origins of Chemical Graph Theory. In: *D. Bonchev/D.H. Rouvray (Hrsg.): Chemical Graph Theory, 1-39.* Mathematical Chemistry Series, vol. 1, Abacus Press, 1991.

[Ru1]   E. RUCH, W. HÄSSELBARTH UND B. RICHTER. Doppelnebenklassen als Klassenbegriff und Nomenklaturprinzip für Isomere und ihre Abzählung. *Theoretica Chimica Acta*, **19**, S. 288–300, 1970.

[Ru2]   E. RUCH, D. J. KLEIN. Double cosets in chemistry and physics. *Theoretica Chimica Acta*, **63**, S. 447–472, 1983.

[Wi1]   T. WIELAND. Erzeugung, Abzählung und Konstruktion von Stereoisomeren. *MATCH*, **31**, S. 153–203, 1994.

[Wi2]   T. WIELAND. Enumeration, Generation, and Construction of Stereoisomers of High-Valence Stereocenters. *J. Chem. Inf. Comput. Sci.*, S. 220–225, 1995.

[Wi3]   T. WIELAND. The Use of Structure Generators in Predictive Pharmacology and Toxicology. *Arzneim.-Forsch./Drug res.*, 1996. In Druck.

[WKL]   T. WIELAND, A. KERBER, R. LAUE. Principles of the Generation of Constitutional and Configurational Isomers. *J. Chem. Inf. Comput. Sci.*, 1996. In Druck.

Bilddatenkompression mit Wavelet–Methoden

P. Maass[1], *T. Boskamp*[1], *V. Dicken*[1], *R. Bischoff*[2], *H. Peters*[2] *und H.-G. Stark*[3]

[1] Universität Potsdam, Institut für Mathematik, 14415 Potsdam,
e–mail: maass@rz.uni-potsdam.de,
URL: http://schinkel.rz.uni-potsdam.de/u/mathe/
[2] PvD GmbH, Rosenheimer Str. 143, 81671 München
[3] TecMath GmbH, Sauerwiesen 2, 67661 Kaiserslautern

Abstract. The limited capacity of transmission channels poses a severe restriction to many applications of modern communication technology. In particular sequences of digital images cannot be efficiently transmitted or stored without compression. The aim of this project is to develop, analyse and implement new wavelet techniques for image compression.

1 Einleitung

Die Grenzen der Leistungsfähigkeit heutiger Kommunikationstechnik werden in entscheidendem Maße durch die eingesetzten Bildübertragungs– und Bildverarbeitungssysteme bestimmt. Durch den Einsatz und die ständige Weiterentwicklung moderner, hochauflösender Bildaufnahmetechniken sind die Anforderungen an die Kapazitäten von Übertragungswegen und den Speicherbedarf von Archivierungssystemen sprunghaft gestiegen. Die Speicherung und Übertragung von Bildfolgen sind ohne effiziente Kompressionsalgorithmen nicht wirtschaftlich durchführbar.

Ebenso wie in zahlreichen anderen Bereichen der digitalen Bildverarbeitung haben sich in den letzten Jahren Wavelet–Methoden zur Bilddatenkompression als Konkurrenten zu den herkömmlichen Verfahren etablieren können, siehe z.B. die Übersichtsartikel [CT, MS]. Zunehmend werden Wavelet–Verfahren auch von Soft- und Hardware–Herstellern (IDL, Aware, HARC) eingesetzt und kommerziell vertrieben. Der Leistungsumfang dieser kommerziellen Verfahren ist allerdings noch sehr eingeschränkt.

In diesem Projekt werden, gemeinsam mit den Kooperationspartnern Tec-Math GmbH, Kaiserslautern, und PvD GmbH, München, neue Ansätze zur Verbesserung der Wavelet–Algorithmen analysiert und implementiert. Ein wesentliches Teilziel ist die Entwicklung einer Plattform zum Testen und Optimieren von Wavelet–Algorithmen zur Bilddatenkompression. Die Optimierung soll im Hinblick auf die Anwendungen von Kompressionsalgorithmen im Bereich der Druckvorlagenherstellung geschehen. Auf der Grundlage des entstandenen Basisalgorithmus wurde außerdem in Kooperation mit LuRaTech GmbH, Berlin, eine Optimierung für die Übertragung von Satellitenbildern durchgeführt.

2 Verfahren zur Bilddatenkompression

Kompressionsverfahren lassen sich prinzipiell in zwei Klassen einteilen je nachdem ob das Ausgangsbild exakt (verlustfreie Kompression) oder lediglich näherungsweise (verlustbehaftete Kompression) aus den komprimierten Daten rekonstruierbar ist. Bei verlustfreier Kompression sind allerdings, gemessen über repräsentative Bildbibliotheken, lediglich Kompressionsraten zwischen zwei und vier erzielbar. Dies ist für viele Anwedungen, z.B. für die Übertragung digitaler Bilder über ISDN–Leitungen, zu niedrig. Der interessierte Leser an einer Einführung in die digitale Bildverarbeitung sei auf [J] verwiesen, desweiteren werden spezielle Probleme der Bilddatenkompression ausführlich in [O] beschrieben.

Aus der Reihe der unterschiedlichen Ansätze zur verlustbehafteten Bilddaten-kompression haben sich für die meisten Einsatzbereiche Verfahren, die nach dem einfachen Schema (siehe links)

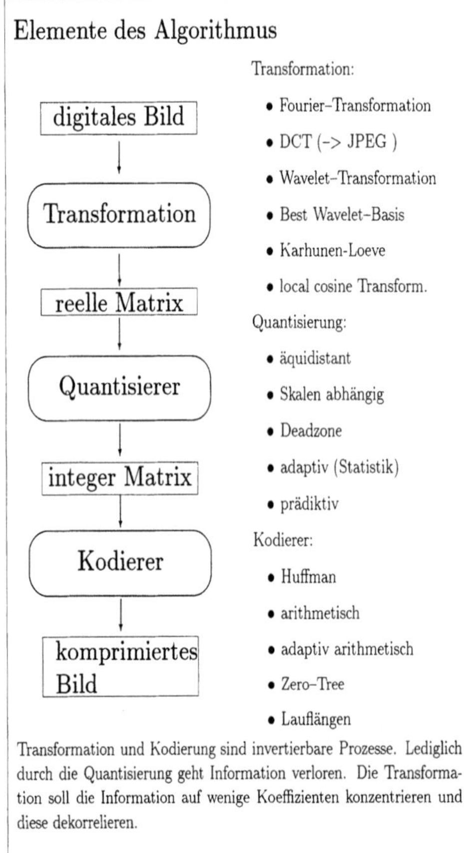

$$\text{Transformation} \to \text{Quantisierer} \to \text{Kodierer}$$

aufgebaut sind, durchgesetzt. Die Transformation hat dabei die Aufgabe, die Bildinformation auf möglichst wenige Koeffizienten zu konzentrieren. Dabei schränkt sich, wenn zusätzlich die Echt–Zeit–Fähigkeit der Verfahren gefordert wird, die Auswahlmöglichkeit nach dem heutigen Stand des Wissens auf DCT (diskrete Kosinus Transformation, JPEG–Algorithmus) und Wavelet–Transformation ein.

Während der Transformations- und Kodierungs-Schritt exakt invertierbar sind tritt durch die Quantisierung ein Informationsverlust auf. Bei der Quantisierung wird die reelle Achse mit disjunkten Intervallen I_j überdeckt und den reellwertigen Koeffizienten, die nach der Transformation entstanden sind, wird der Index des zugehörigen Intervalls zugewiesen. Eine typisches Histogramm von Koeffizienten (Wavelet–Transformation), sowie das

Histogramm der quantisierten Koeffizienten ist in Abb. 1 dargestellt. Bei der Dequantisierung wird dem Index j im einfachsten Fall der Mittelpunkt des zugehörigen Intervalls I_j zugewiesen.

3 Die Wavelet–Transformation

Die Wavelet–Transformation einer Funktion $f \in L^2(\mathbb{R})$ bezüglich eines Wavelets $\psi \in L^2\mathbb{R}$ ist durch

$$L_\psi f(a,b) \;=\; \int\limits_{\mathbb{R}} f(x)\,\psi\left(\frac{x-b}{a}\right)\,dx$$

definiert, dabei bezeichnet $b \in \mathbb{R}$ den Translations– und $a \in \mathbb{R}\backslash\{0\}$ den Skalenparameter. Die Wavelet–Transformation erzeugt eine Orts–Skalen–Zerlegung von f: geht man davon aus, daß die Funktion f aus Details unterschiedlicher Größen a_j, $j = 1,..,n$, an den Positionen b_j, $j = 1,..,n$, zusammengesetzt ist, so wird sich dies bei geeigneter Wahl von ψ in signifikanten Werten der Wavelet–Transformation an den Stellen (a_j, b_j) widerspiegeln. Umgekehrt läßt sich aus einem lokalen Maximum der Wavelet–Transformation $L_\psi f$ an der Stelle (a_0, b_0) auf ein Detail der Größe a_0 an der Stelle b_0 schließen.

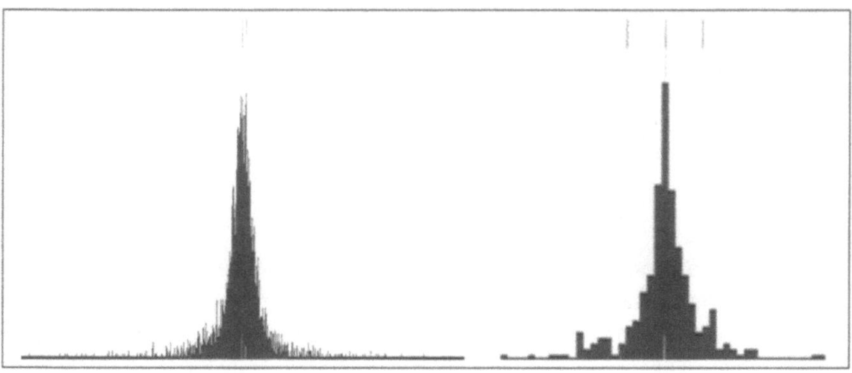

Abb. 1. Histogramm der Wavelet–Koeffizienten vor und nach der Quantisierung, $d^{1,1}$–Teilbild.

Orts–Skalen–Zerlegungen unterscheiden sich demnach von den klassischen Orts–Frequenz–Zerlegungen, die z.B. durch die gefensterte Fourier–Transformation erzeugt werden. Immer dann, wenn das zu untersuchende Objekt eher aus Details unterschiedlicher Größe denn aus Oszillationen unterschiedlicher Frequenz aufgebaut ist, wird die Wavelet–Transformation eine vielversprechende Alternative zu den bekannten Fourier–Techniken darstellen.

Im folgenden werden die wesentlichen algorithmischen Gesichtspunkte der diskreten Wavelet–Transformation zusammengefaßt, eine ausführliche Darstellung über Theorie und Anwendungen der Wavelet–Analysis findet sich in [LMR].

Die diskrete Wavelet–Transformation einer Funktion f besteht in der Berechnung von $L_\psi f$ an den dyadischen Gitterpunkten $(2^m, 2^m k)$, $m, k \in \mathbf{Z}$. Sind die Eingabedaten selbst diskret durch eine Folge

$$c^0 \;=\; \{c_k^0 | k \in \mathbf{Z}\}$$

gegeben, so wird mit c^0 zunächst eine Funktion

$$f(x) \;=\; \sum_{k \in \mathbf{Z}} c_k^0 \, \phi(x)$$

assoziiert. Im einfachsten Fall wählt man $\phi(x) \;=\; \chi_{[0,1]}(x)$, im allgemeinen ist ϕ eine Skalierungsfunktion, die eine Skalierungsgleichung

$$\phi(x) \;=\; 2 \sum_{k=0}^{L} h_k \, \phi(2x - k)$$

erfüllt, und an die ein Wavelet über

$$\psi(x) \;=\; 2 \sum g_k \, \phi(2x - k)$$

gekoppelt ist. In diesem Fall reduziert sich die Berechnung der diskreten Wavelet-Transformation auf die Durchführung diskreter Faltungen mit den Filtern $\{h_k\}$, $\{g_k\}$ endlicher Länge:

$$(Hc)_\ell \;=\; \sqrt{2} \sum_k h_k \, c_{2\ell+k},$$

$$(Gc)_\ell \;=\; \sqrt{2} \sum_k g_k \, c_{2\ell+k}.$$

Durch das "subsampling" mit dem Faktor zwei wird eine endliche Eingabefolge c in zwei Folgen Hc und Gc, die jeweils etwa halb solang sind, zerlegt. Ist ψ ein orthogonales Wavelet so liefert die rekursive Berechnung über M Stufen, siehe Abb. 2, die gesuchte Wavelet–Transformation

$$d_k^m \;=\; L_\psi f(2^m, 2^m k).$$

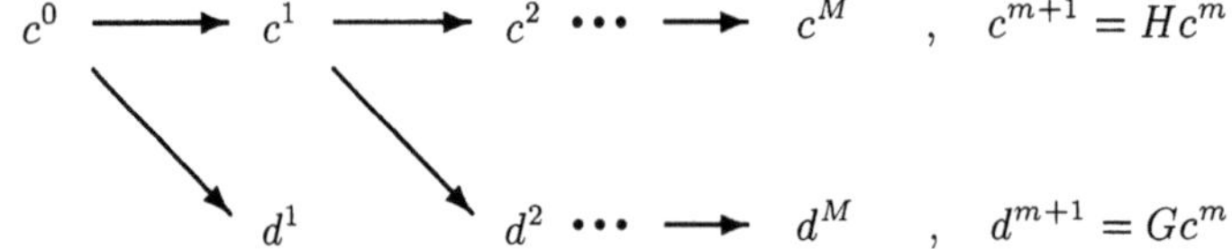

Abb. 2. Berechnung der diskreten Wavelet–Transformation von c^0 über M Stufen

Man nennt (H, G) und $(\tilde{H}, \tilde{G})$, bzw. $\{h_k\}$, $\{g_k\}$ und $\{\tilde{h}_k\}$, $\{\tilde{g}_k\}$ ein Paar biorthogonaler Wavelet–Filter falls

$$\text{Id} = \tilde{H}H + \tilde{G}G$$

gilt, d.h. mit Hilfe der Filter $\tilde{H}, \tilde{G}$ kann die Eingabefolge c^0 aus den Zerlegungsfolgen $d^1, .., d^M, c^M$ rekonstruiert werden, siehe Abb. 3.

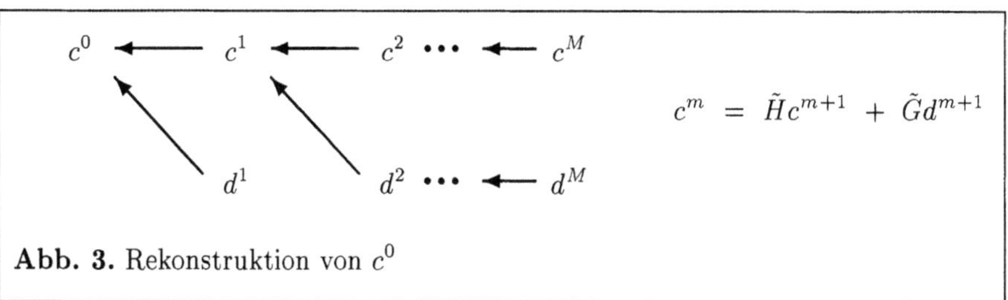

Abb. 3. Rekonstruktion von c^0

Aus der Sicht der Signalverarbeitung fällt die diskrete Wavelet–Transformation in die Klasse der Pyramiden–Algorithmen mit "quadrature mirror"–Filtern. Die erste Konstruktion derartiger Filter, die über die Skalierungsgleichungen zu orthogonalen Wavelets führte, gelang in 1988 I. Daubechies. Das berümteste Daubechies–Wavelet zu den Koeffizienten

$$h_0 = \frac{1 + \sqrt{3}}{8}, \ h_1 = \frac{3 + \sqrt{3}}{8}, \ h_2 = \frac{3 - \sqrt{3}}{8}, \ h_3 = \frac{1 - \sqrt{3}}{8},$$

ist allerdings nicht stetig differenzierbar. Dies führt zu unregelmäßigen Artefakten, wenn dieses Filter zur Bilddatenkompression eingesetzt wird. Deshalb werden meistens biorthogonale Wavelet–Filter, bei denen sich bei gleicher Filterlänge eine höhere Differenzierbarkeitsordnung der zugehörigen Wavelets erreichen läßt, eingesetzt.

Die Eingabefolgen c^0 in der Bildverarbeitung sind zweidimensional. Für die Berechnung deren Wavelet–Transformation werden die Faltungsoperatoren H_z, G_z zunächst auf die Zeilen und danach H_s, G_s, auf die Spalten von c^0 angewendet:

$$c^1 = H_s H_z \, c^0, \ d^{1,1} = H_s G_z \, c^0, \ d^{1,2} = G_s G_z \, c^0, \ d^{1,3} = G_s H_z \, c^0.$$

Danach wird die Zerlegung rekursiv fortgesetzt, siehe Abb. 4.

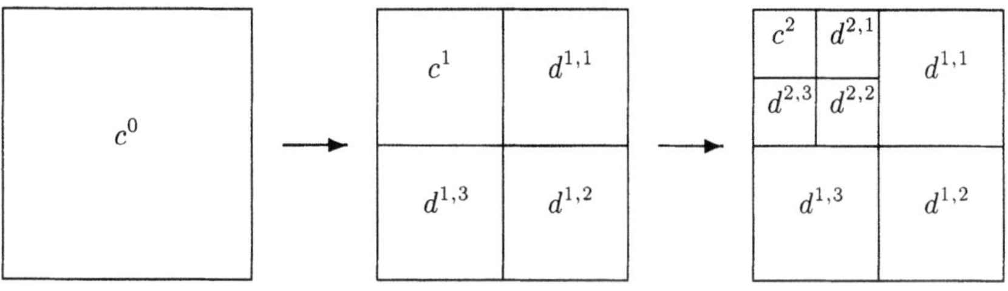

Abb. 4. Schema der diskreten Wavelet–Transformation digitaliserter Bilder

4 Wavelet–Kompressionsalgorithmen

In der ersten Generation von Wavelet–Algorithmen, die in den Jahren 1988–91 entstanden, wurden die damals verfügbaren Basis–Bausteine für Transformation, Quantisierer und Kodierer eingesetzt. Diese waren orthogonale Daubechies-Filter, äquidistante Quantisierer und Huffman–Kodierer, siehe Tabelle 1. Dieser Basis–Algorithmus war allerdings noch nicht mit dem JPEG–Standard konkurrenzfähig, siehe Abb. 5.

Der Umfang derjenigen Software–Programme, die hauptsächlich zu Demonstrationszwecken gedacht sind (z.B. das Wavelet–Kompressions–Programm von IDL), beschränkt sich meistens nach wie vor auf diesen Umfang.

In der nächsten Generation von Wavelet–Algorithmen wurden in jedem Schritt Verbesserungen vorgenommen.

- Filter: symmetrische, biorthogonale Wavelet–Filter, deren zugehörige Wavelets im Vergleich mit den Daubechies–Wavelets bei gleicher Filterlänge eine höhere Differenzierbarkeitsordnung erreichen, erzielen bessere Kompressionsraten.
- Quantisierer: nach der Transformation ist die Verteilung der Wavelet–Koeffizienten um die Null konzentriert. Das Quantisierungsintervall, das die Null enthält ("Deadzone") wird auf das etwa 1,5–fache der übrigen Intervalle vergößert. Da die Verteilung der Wavelet–Koeffizienten schnell abfällt, ist die Wahl des Mittelpunktes des Intervalls I_j bei der Dequantisierung nicht sinnvoll. Deshalb wird eine fixe Verschiebung (etwa 6% der Intervallänge) des Dequantisierungswertes vorgenommen.
- Kodierer: weitverbrietet sind arithmetische Kodierer und die eigens für die Bilddatenkompression mit Wavelets entwickelte Zero–Tree–Methode. Beide Kodierungsverfahren sind patentiert.

Diese Kombination aus biorthogonalen Wavelets, Quantisierer mit Deadzone und arithmetischem Kodierer ist dem JPEG–Algorithmus bereits leicht überlegen. Dieser Leistungsumfang ist mittlerweile in mehreren, meist an Hochschulen entwickelten, Software–Paketen realisiert worden, siehe z.B. [PFH]. Im folgenden wollen wir kurz darstellen, welche über den erweiterten Wavelet–Standard hinausgehenden Weiterentwicklungen wir in unserem Programm bereits eingebaut habe, bzw. in der nächsten Entwicklungsstufen einbauen werden.

Dabei verfolgen wir zwei Zielrichtungen: Beschleunigung der Algorithmen und weitere Qualitätsverbesserung. Die Beschleunigung hat zum Ziel, die Echt–Zeit–Kompression von Bildfolgen mit Software ohne zusätzliche Hardware–Ausstattung zu ermöglichen (Bildformat 260×340, 20 Bilder/sec., Pentium PC). Da die Berechnung der Wavelet–Transformation der rechenaufwendigste Schritt des Algorithmus ist, soll eine Reduktion an Rechenaufwand erreicht werden durch

- inexakte Wavelet–Filter: Bei der Berechnung der diskreten Wavelet–Transformation werden Faltungen mit i.a. reellen Filter–Koeffizienten durch-

Wavelet–Algorithmen	Standard (1988 – 91)	erweiterter Standard (1991 – 95)	zukünftige Entwicklungen
Wavelet–Filter	Daubechies–Filter	biorthogonale Filter	inexakte Filter
Quantisierer	äqudistant, exponentiell zwischen den Skalen	Deadzone α, β Korrektur	optimierte statistische Korrekturen
Kodierer	gzip, Huffman	Zero–Tree arithmetische Kodierer	adaptiv kontext–abhängig
kommerzielle Anbieter	AWARE Inc., Boston IDL	Numer. Rec., HARC, (teilweise realisiert)	

Tabelle 1. Entwicklung der Wavelet–Kompressionsalgorithmen

geführt. Benutzt man stattdessen Filter, deren Koeffizienten weitgehend aus Integern oder Potenzen von zwei bestehen, so können die Multiplikationen durch Binärshifts ausgeführt werden. Bestimmte Spline–Wavelets besitzen zwar die gewünschte Struktur der Koeffizienten, allerdings wird dies durch einen deutlichen Qualitätsverlust erkauft.

Deshalb untersuchen wir, ausgehend von der folgenden Überlegung, inexakte Wavelet–Filter: die rekonstruierten Bilder weichen – wegen der nicht invertierbaren Quantisierung – zwangsläufig von dem Originalbild ab. Die Forderung nach der Invertierbarkeit der Transformation kann deshalb ebenfalls abgeschwächt werden. Wir lassen einen systematischen, durch die gewünschte Qualitätsanforderung kontrollierten Fehler

$$\tilde{H}H + \tilde{G}G \; = \; \mathrm{Id} + \epsilon$$

zu. Z.B. kann das oben angegeben Daubechies–Filter durch die Filter–Folge

$$h \; = \; (1/6)\{\, 16, 25, 4, -2\}$$

ersetzt werden, ohne daß bei hohen Kompressionsraten der zusätzlich hinzukommende systematische Fehler über dem Dequantisierungungsfehlers liegt.

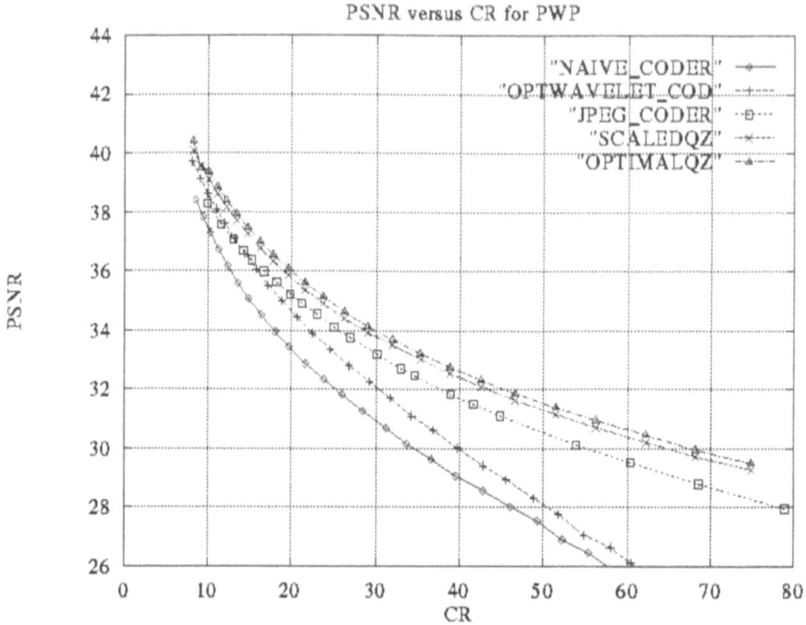

Abb. 5. Leistungsvergleich zwischen den verschiedenen Optimierungsstufen des Wavelet–Algorithmus und dem JPEG–Algorithmus.

Im Hinblick auf weitere Qualitätsverbesserungen haben wir in unser Programmpaket die folgenden Weiterentwicklungen eingebaut.

– Quantisierer mit statistischer Korrektur: Dabei wird die Verteilung der Wavelet-Koeffizienten durch eine parametrisierte Verteilung $h(t)$, siehe Abb. 6, approximiert. Beim Dequantisieren wird dem Index j der bedingte Erwartungswert

$$j \longrightarrow \int_{I_j} t\, h(t)\, dt$$

zugeordnet. Welche Familie von Verteilungen zur Beschreibung der Wavelet-Koeffizienten am besten geeignet ist, wird zur Zeit noch untersucht. Allerdings bewirkt selbst das einfache Modell der (α, β)-Verteilungen sichtbare Verbesserungen.

– kontextabhängiger Kodierer: Ziel des Transformations–Schrittes ist es, dekorrelierte Transformations-Koeffizienten zu erhalten. Eine Untersuchung der Abhängigkeiten zwischen benachbarten Wavelet-Koeffizienten oder zwischen zusammengehörigen Koeffizienten auf unterschiedlichen

Skalen zeigen, daß die Nachbarschaftsbeziehung, siehe Abb. 7, signifikant zur Erhöhung der Kompressionsrate ausgenutzt werden kann. Wir entwickeln deshalb einen kontextabhängigen, arithmetischen Kodierer.

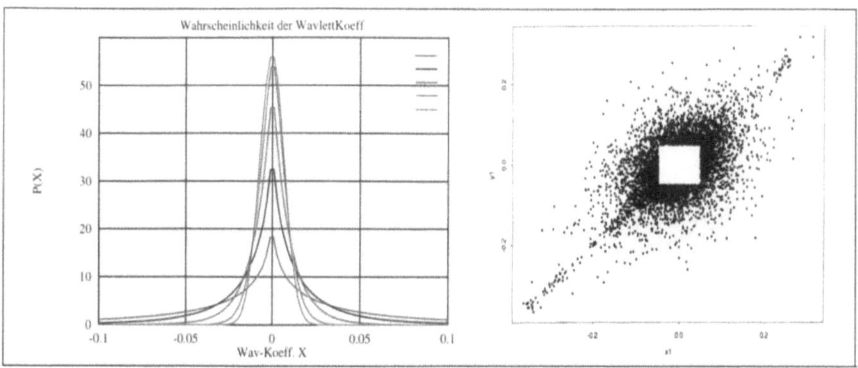

Abb. 6. (α, β)–Verteilungen

Abb. 7. Korrelation benachbarter Wavelet–Koeffizienten

Die obere Leistungskurve in Abb. 5 gibt die Ergebnisse mit biorthogonalen Wavelets (Bi7_9–Filter), statistisch korrigiertem Quantisierer und adaptivem, arithmetischen Kodierer wieder. Bei gleicher Qualität des rekonstruierten Bildes, gemessen mit PSNR, läßt sich damit eine deutlich höhere Kompressionsrate im Vergleich mit dem JPEG–Algorithmus erzielen.

5 Beispiel

Das Bild "Mühle" ist wegen seinem Detailreichtum und der scharfen Kontraste ein hartes Testbeispiel für den Vergleich von Kompressionsalgorithmen. Das Originalbild hat eine Auflösung von 900×900 Pixeln, deshalb ist bei der gewählten Größe der Darstellung kein Unterschied zwischen komprimiertem Bild und Original feststellbar. Der Verlust an Bildqualität wird jedoch bei der Vergrößerung eines Ausschnitts deutlich. Die sichtbare Rasterung der JPEG–Rekonstruktion ist typisch für diesen Kompressionsalgorithmus, die Kompressionsrate liegt bei 15.5. Eingesetzt wurde Version 3.1a des JPEG–Algorithmus aus dem XV–Software–Paket. Die bei gleicher Kompression erzielte Wavelet–Rekonstruktion zeigt zwar ebenfalls Artefakte, diese sind jedoch auf eine kleine Umgebung der Kanten konzentriert.

Abb. 8. Alle Rekonstruktionen wurden mit der gleichen Kompressionsrate erzielt.
Links oben: Wavelet–Rekonstruktion des Gesamtbildes, rechts oben: Detailaus-
schnitt des Originals, links unten: JPEG–Rekonstruktion des Details, rechts unten:
Wavelet–Rekonstruktion des Details.

Literatur

[J]   Jähne, B., Digitale Bildverarbeitung, Springer Verlag, Berlin, 1991
[LMR] Louis, A.K., Maass, P., Rieder, A.: Wavelets: Eine Einführung in Theorie
         und Anwendungen, Teubner Verlag, Studienbücher Mathematik, 1994
[MS]   Maass, P., Stark, H.-G.: Wavelets and Digital Image Processing, Surv.
         Math. Ind. 4, S.195–235 (1994)
[O]   Ohm, J.R., Digitale Bildcodierung, Springer Verlag, 1995
[PFH] Pnueli,Y.,Friese, N., Holschneider, M., Seiler,R., Wavelet Bandwise Enco-
         ding of Images, TU Berlin, Preprint, (1996)
[CT]   c't, Magazin für Computertechnik, Wavelet–Artikel in den Ausgaben 11/94,
         11/95,12/95.

2.2 Tomographie und Anwendungen

Algorithmen für die 3D - Computer - Tomographie bei zerstörungsfreien Prüfverfahren

A. K. Louis und R. Dietz

3D-Visualisierung von Tomogrammdaten zur Operationsplanung, Operationssimulation und optimalen Positionierung dentaler Implantate

W. Jäger, N. Quien, J. Simon und J. Wirth

Segmenteinteilung der Leber: Operationsplanung, Therapieüberwachung und Anatomie

H.-O. Peitgen, C.J.G. Evertsz, H. Jürgens und D. Selle

Schallpyrometrie

F. Natterer, H. Sielschott und W. Derichs

Algorithmen für die 3D–Computer-Tomographie bei zerstörungsfreien Prüfverfahren

A.K. Louis und R. Dietz

Universität des Saarlandes, Fachbereich Mathematik, Postfach 15 11 50,
D-66041 Saarbrücken, Germany, e–mail: louis@num.uni-sb.de,
URL: http://www.num.uni-sb.de

Abstract. 2D X–Ray computerized tomography is a standard technique both in medical imaging and in nondestructive testing. One of the drawbacks in a series of 2D measurements is that the resolution perpendicular to the image planes is much inferior to the resolution in the image planes. Especially for finding flaws in welded joints this is not acceptable. In this paper a 3D scanning scheme is described, a reconstruction algorithm enhancing discontinouities is presented and resolution and stability problems are addressed. Reconstructions from real data, especially from a laser welded steal tube and a piece of a lamb bone, are included.

1 Einleitung

Bei der zerstörungsfreien Prüfung von Stahl, Kunststoff, metallarmiertem Gummi usw. wird häufig die Röntgencomputertomographie eingesetzt. Es können so kostengünstig gesicherte Informationen über den Zustand von Produkten, selbst während der Produktion, gewonnen werden. Ein Vorteil gegenüber der Ultraschallmessung ist die bessere Durchdringung bei stark absorbierenden Medien wie Stahl mit hohen Dichtesprüngen. In dem vorliegenden Projekt werden Röhren, insbesondere vor Ort in Kraftwerken, auf Fehler in den Schweißnähten untersucht. Dazu werden Röntgenstrahlen durch das Rohr geschickt, und die Intensität der Strahlen wird auf der gegenüberliegneden Seite in Detekoren gemessen.

Standardmäßig wird dieses Verfahren in der Medizin angewandt, wo Serien von Schnittbildern durch den Patienten erzeugt werden. Die Auflösung in den Bildern ist sehr gut. Senkrecht zu diesen Ebenen wird die Auflösung durch die räumliche Verschiebung des Patienten in dem Röntgenscanner bestimmt. Dieses Verfahren ist konzeptionell auch bei der Materialprüfung anwendbar. Bei der Suche nach feinen Rissen in den Schweißnähten besteht allerdings die Gefahr, daß durch die Bewegung der Röntgenröhre die Auflösung in dieser Richtung zu gering ist, um die Schwachstellen zu finden.

Deshalb wird in diesem gemeinsam mit Siemens Energiewirtschaft (KWU), Erlangen, und dem Fraunhofer Institut für zerstörungsfreie Prüfverfahren in

Saarbrücken durchgeführten Projekt von dreidimensionalen Messungen ausgegangen : von jeder Position der Röntgenquelle wird ein Kegel von Röntgenstrahlen ausgesandt, der den zu untersuchenden Bereich vollständig überdeckt. An die Meßapparatur werden folgende Anforderungen gestellt :

- hohe Fehlernachweiswahrscheinlichkeit (insbesondere für Risse)
- Mobilität (geringes Gewicht, einfache Handhabung)
- vertretbarer Meßzeitaufwand (maximal eine Nachtschicht pro Naht)
- geringe Störeffekte der Hintergrundstrahlung
- zuverlässige Kalibrierung und Justierung

Dem hier aufgeführte Lastenheft liegen die Anforderungen einer solchen Meßeinrichtung im betrieblichen Alltag zugrunde. Die Forderung nach geringem Gewicht und die nicht angeschnittene Kostenfrage schränken die Leistungsfähigkeit der Röntgenröhre ein. Das beeinflußt negativ das Signal–Rausch–Verhältnis. Wegen der relativ langen Strahlenwege schräg durch den Röhrenmantel kommen kaum Photonen an den entsprechenden Detektorpositionen an, es liegt de facto das Problem unvollständiger Daten bezüglich des Röntgenkegels vor. Bei schlecht zugänglichen Röhren ist es nicht immer möglich, eine volle Umrundung des Rohres vorzunehmen. Schließlich ist bestenfalls eine Spiralbahn, meistenfalls aber eine Kreisbahn um das Objekt möglich. All dies entfernt uns weit vom Idealfall ' vollständiger ' Daten.

Im zweiten Abschnitt wird das mathematische Modell der Röntgencomputertomographie hergeleitet, und es werden einige grundlegende mathematische Resultate zusammengestellt. Ein allgemeines Prinzip zur Herleitung von Lösungsverfahren bei endlich vielen Daten unter Vermeidung von künstlichen Diskretisierungen, die approximative Inverse, wird dann vorgestellt. Eine Diskussion über mögliche Rekonstruktionsalgorithmen schließt sich an. Es stellt sich dabei heraus, daß wegen der oben genannten unvollständigen und stark verrauschten Daten das von Maaß und dem Autor entwickelte Rekonstruktionsverfahren besondere Vorteile hat. Es folgt eine Diskussion über Fragen der Implementierung an. Im letzten Abschnitt werden Rekonstruktionen aus realen Daten, die im Fraunhofer Institut für zerstörungsfreie Prüfverfahren in Saarbrücken gemessen wurden, präsentiert. Insbesondere im Falle eines lasergeschweißten Stahlrohrs zeigt sich die Überlegenheit des hier entwickelten Verfahrens gegenüber den (wenigen bisher zur Verfügung stehenden) Algorithmen.

2 Herleitung und Analyse des mathematischen Modells

Röntgenstrahlen laufen geradlinig durch das zu untersuchende Objekt, die Intensitätsminderung ΔI ist proportional der Weglänge Δt und der Intensität I selbst. Gleichheit erhält man durch Einführung eines Porportionalitätsfaktors f, dem Röntgenabminderungsfaktor, welcher der Dichte entspricht:

$$\Delta I = -I \, \Delta t \, f.$$

Um ein positives f zu erhalten, wird das Minuszeichen bei der Intensitätsänderung gewählt. Division durch Δt und Grenzübergang $\Delta t \to 0$ liefert bei dem betrachteten Strahlenweg die gewöhnliche Differentialgleichung

$$I'/I = (\ln I)' = -f,$$

wobei die Intensität des Strahlens beim Verlassen der Röntgenröhre, I_0, und beim Auftreffen auf den Detektor über den Weg L, I_L, bekannt sind. Integriert man die Differentialgleichung mit diesen Randbedingungen, so ergibt sich

$$\int_L f \, dt = -\ln(I_0/I_L) = g_L.$$

Diese Integralgleichung für f, die sogenannte Röntgentransformation, ist zu invertieren, wobei die Daten g_L für alle Wege von Röntgenquelle zu Detektorpositionen gegeben sind.

Es sind nun mehrere Parametrisierungen dieser Wege üblich. Für die mathematische Analyse besonders einfach ist die folgende Vorgehensweise. Es sei $\theta \in S^2$ eine Richtung und $\theta^\perp$ die zu θ senkrechte Ebene durch 0. Dann ist

$$Pf(\theta, y) = \int_{\mathrm{IR}} f(y + t\theta)dt \, , \, y \in \theta^\perp$$

die Röntgentransformation in der sogenannten parallelen Geometrie. Eine Inversionsformel ist bekannt, wenn $g(\theta, y)$ für alle $y \in \theta^\perp$ und für alle $\theta \in S^2$ gegeben ist, siehe zum Beispiel [N]. Ebenso kennt man die Singulärwertzerlegung und den Nullraum für endlich viele Richtungen, siehe [M]. Diese Resultate basieren auf dem Zusammenhang zwischen Röntgen– und Radontransformation, wo entsprechende Ergebnisse zunächst angegeben wurden, siehe [L1, L2].

Praktisch wird folgendermaßen gemessen : die Quelle wird auf einer Bahn Γ um das Objekt geführt, und von jeder Position $a \in \Gamma$ wird ein Kegel von Strahlen in den Richtungen $\theta \in S^2$ emittiert, die auf einem flächigen Detektor empfangen werden :

$$Df(a, \theta) = \int_0^\infty f(a + t\theta)dt \tag{1}$$

sind die Daten in der sogenannten Kegelstrahlgeometrie. In den hier interessierenden Anwendungen ist Γ meistens eine Kreisbahn oder manchmal auch eine Spiralbahn um das Objekt. Nach einem Ergebnis von Tuy, [T], und Kirillov, [K], ist das Objekt nur in den Punkten eindeutig bestimmt, bei denen alle Ebene durch den Punkt die Meßkurve Γ schneiden (und nicht nur berühren). Bei der Kreisbahn ist dieser Bereich natürlich sehr klein.

3 Approximative Inverse

In diesem Abschnitt wird ein konstruktives Verfahren zur Lösung von Integralgleichungen erster Art angegeben. Sei $A : X \to Y$ ein linearer, kompakter Operator zwischen Hilberträumen X und Y. Da bei praktischen Problemen nur endlich viele Daten zur Verfügung stehen, beschränken wir uns hier auf $Y = \mathbb{R}^N$ oder $Y = \mathbb{C}^N$. Weiter sei $X = L_2(\Omega)$, wobei Ω der Definitionsbereich der gesuchten Funktion f ist, welche die Gleichung

$$Af = g \tag{2}$$

löst. Es sei

$$(Af)_n = \langle f, p_n \rangle = \int_\Omega f(x)\overline{p_n(x)}\, dx \ , \ n = 1, \ldots, N.$$

Für die Näherungslösung machen wir den Ansatz

$$f_\gamma(x) = \langle f, e_\gamma(x, \cdot) \rangle = \int_\Omega f(y)\overline{e_\gamma(x, y)}\, dy$$

mit einer geeignet zu wählenden Funktion $e_\gamma(x, y)$, wobei γ die Rolle des Regularisierungsparameters spielt. Ist $e_\gamma(x, \cdot)$ eine Approximation an die Deltadistribution δ_x, so erhalten wir Näherungen von f. Wählt man $e_\gamma(x, \cdot)$ als Wavelet, so können Approximationen von Ableitungen von f berechnet werden, siehe [LMR]. Dies ist insbesondere dann von Vorteil, wenn Konturen von Objekten und nicht die Objekte selbst interessieren.

Zur Berechnung von $f_\gamma(x)$ approximieren wir für festes x nun $e_\gamma(x, \cdot)$ im Range des adjungierten Operators A^*, wobei

$$A^* g(y) = \sum_{n=1}^{N} g_n \, p_n(y).$$

Falls lösbar, berechnen wir $\psi_\gamma(x) \in \mathbb{C}^N$ mit

$$A^* \psi_\gamma(x) = e_\gamma(x, \cdot) \ \text{für } x \in \Omega. \tag{3}$$

Dann ist

$$f_\gamma(x) = \langle f, e_\gamma(x, \cdot) \rangle_{L_2(\Omega)} = \langle f, A^* \psi_\gamma(x) \rangle_{L_2(\Omega)} = \langle Af, \psi_\gamma(x) \rangle_{\mathbb{C}^N}$$
$$= \langle g, \psi_\gamma(x) \rangle_{\mathbb{C}^N}$$

berechenbar durch Bildung von Skalarprodukten in $\mathbb{C}^N$.

Ist Gl.(3) nicht lösbar, so minimieren wir für hinreichend glattes $e_\gamma(x, \cdot)$ den Defekt

$$\|A^* \psi_\gamma(x) - e_\gamma(x, \cdot)\|_{L_2(\Omega)} \to \min,$$

das heißt, wir berechnen

$$AA^* \psi_\gamma(x) = Ae_\gamma(x, \cdot)$$

in $\mathcal{N}(A^*)^\perp = \mathcal{R}(A)$. Dabei ist die Matrix AA^* gegeben als

$$(AA^*)_{mn} = \langle p_n, p_m \rangle_{L_2(\Omega)} = \int_\Omega p_n(y)\overline{p_m(y)}\, dy.$$

Definition 1. Die Abbildung $S_\gamma : Y \to X$ mit

$$S_\gamma g(x) = \langle g, \psi_\gamma(x) \rangle_{\mathbb{C}^N} \tag{4}$$

heißt *approximative Inverse von A*. Der Vektor $\psi_\gamma(x) \in \mathbb{C}^N$ heißt *Rekonstruktionskern für den Punkt x*.

Theorem 2. *Es gilt*

$$S_\gamma g(x) = \langle f_m, e_\gamma(x, \cdot) \rangle_X, \tag{5}$$

das heißt, die approximative Inverse liefert die gefilterte Version der Minimum – Norm – Lösung.

Für einen Beweis sei auf [L5] verwiesen. Der Rekonstruktionskern kann für beliebige Stellen x unabhängig von den Daten vorberechnet werden, die Auswertung der approximativen Inversen besteht dann nur noch in der Berechnung von Skalarprodukten, was leicht parallel implementiert werden kann. Bei dieser Vorgehensweise wird die Einführung künstlicher Diskretisierungen vermieden. Die meisten Regularisierungsverfahren, wie Tikhonov – Phillips Regularisierung, abgeschnittene Singulärwertzerlegung oder Landweberverfahren treten als Spezialfälle auf.

Invarianzeigenschaften des Operators A lassen sich ausnutzen, um Speicher- und Rechenaufwand drastisch zu reduzieren, siehe [L5].

Theorem 3. *Seien $A : X \to Y$, $T_1^x : X \to X$ und $T_2^x, T_3^x : Y \to Y$ lineare stetige Operatoren mit*

$$AT_1 = T_2 A \quad und \quad T_2 AA^* = AA^* T_3.$$

Sei ϕ_γ die Minimum–Norm–Lösung von

$$AA^* \phi_\gamma = AE_\gamma$$

für einen festen Mollifier E_γ. Dann ist die Minimum–Norm–Lösung von

$$AA^* \psi_\gamma(x) = AT_1^x E_\gamma$$

gegeben als

$$\psi_\gamma(x) = T_3^x \phi_\gamma.$$

Verwendet man zum Beispiel Mollifier, die sich durch Translation eines festen Mollifiers ergeben, und ist der Operator A invariant gegenüber Translationen, so errechnet sich der Rekonstruktionskern $\psi_\gamma(x)$ einfach als Translation eines festen Kernes ϕ_γ. Es braucht also nur noch ϕ_γ gespeichert zu werden. Eine Anwendung auf die 2D – CT mit einer geeigneten Approximation an AA^* ist in [LSu] enthalten; es zeigt sich dabei, daß ein Verfahren vom Typ der gefilterten Rückprojektion entsteht, was eine effiziente Implementierung ermöglicht.

4 Rekonstruktionsformeln

Im zweidimensionalen Fall stimmen Radon– und Röntgentransformation für
die parallele Geometrie überein. Sehr einfach ist es, eine Inversionsformel für
die Radontransformation herzuleiten, siehe z.B. [N], [L4]. Für die praktisch
verwendete Fächergeometrie ergeben sich Inversionsformeln durch Transformation der Variablen. Im dreidimensionalen Fall ist der Zusammenhang zwischen den beiden Transformationen wesentlich schwieriger. Wie oben erwähnt
wurde er von Maaß in [M] genutzt, um Singulärwertzerlegungen zu finden.
Die Verfahren von Grangeat, [G], und Lewitt et al, [LMK], nutzen ebenfalls
diesen Zusammenhang.

Bei der parallelen Geometrie erhält man eine Inversionsformel durch Anwendung des adjungierten Operators P^* und des Riesz – Potentials I^α. Der
adjungierte Operator zwischen den L_2 Räumen ist definiert als

$$P^* g(x) = \int_{S^2} g(\theta, E_\theta x) d\theta,$$

wobei E_θ die orthogonale Projektion auf $\theta^\perp$ ist. Es handelt sich hier um
eine lokale Operation, da nur über alle Linienintegrale durch den Punkt x
gemittelt wird. Hierzu müssen aber die Daten für alle Richtungen $\theta \in S^2$
vorliegen. Das Riesz – Potential im $\mathbb{R}^n$ ist definiert als

$$I^\alpha f(x) = (2\pi)^{-n/2} \int_{\mathbb{R}^n} e^{ix\xi} |\xi|^{-\alpha} \hat{f}(\xi) \, d\xi$$

wobei $\hat{f}$ die Fourier – Transformierte von f ist. Insgesamt ergibt sich die
Inversionsformel, siehe z.B. [N]

$$I^\alpha f = \frac{1}{8\pi} P^* I^{\alpha-1} P f \tag{6}$$

für $\alpha < 3$. Für $\alpha = 0$ erhält man f selbst. Allerdings ist dann die Inversionsformel nicht mehr lokal, denn zur Berechnung von $I^{-1} P f$ muß $P f$ für alle
$x \in \mathbb{R}^3$ bekannt sein. Interessant ist noch der Fall $\alpha = -1$. Es ergibt sich I^{-2}
direkt durch die zweite Ableitung von $P f$ nach der zweiten Variablen, und
so ist auch diese Operation lokal: zur Berechnung an einer Stelle müssen nur
die Linienintegrale durch eine kleine Umgebung des entsprechenden Punktes
bekannt sein. Wegen

$$(\widehat{I^{-1} f})(\xi) = |\xi| \hat{f}(\xi) = ((-\Delta)^{-1/2} f)^\wedge(\xi)$$

rekonstruiert man in diesem Falle die Anwendung des Pseudodifferentialope-
rators $\Lambda = (-\Delta)^{1/2}$ auf die gesuchte Dichte. Dies wurde schon im zweidimensionalen Fall in [K] ausgenutzt, da $(-\Delta)^{1/2} f$ überall dort Unstetigkeiten
hat, wo auch f unstetig ist. Ebenfalls im zweidimensionalen Fall ist das zur
Rekonstruktion von Konturen von f verwandt worden, siehe [FRS].

Bei der praktischen Durchführung müssen die Daten gefiltert werden. Verwendet man einen Tiefpaß, so rekonstruiert man

$$\hat{f}_\gamma(\xi) = \hat{f}(\xi)\chi_{V(0,\gamma)}(\xi)$$
$$= \hat{f}(\xi)\hat{e}_\gamma(\xi)$$

mit $\chi_{V(0,\gamma)}$ der charakteristischen Funktion der Kugel um 0 mit Radius γ, oder

$$f_\gamma(x) = \int f(y)e_\gamma(x - y)\, dy,$$

wobei e_γ ein Wavelet ist. Dies war der Ausgangspunkt des in [LM] entwickelten Verfahrens. Ziel ist es dabei, ein geeignetes Wavelet im Range von D^*, dem adjungierten Operators bei der Kegelstrahlgeometrie zu approximieren, also ein Rekonstruktionsverfahren zu entwickeln, das eine Verstärkung der Konturen liefert.

Es ergibt sich folgendes Ergebnis für die Rekonstruktion aus Daten, bei denen die Röntgenquelle auf einem Kreis um das Objekt geführt wird.

Theorem 4. *Es sei*

$$\Xi f = d_x D^* d_\theta D f$$

für die Kombinationen

$$d_x = \Delta \quad und \quad d_\theta = Identität \tag{7}$$

beziehungsweise

$$d_x = Identität \quad und \quad d_\theta = \Delta, \tag{8}$$

wobei im letzteren Fall bei ebenen Detekoren der Laplace– und bei gekrümmten Detektoren der Laplace – Beltrami – Operator verwendet wird. Dann gilt

$$(\widehat{\Xi f})(\xi) = \|\xi\| \int_{\mathrm{IR}} \hat{f}(\rho\xi)|\rho| C_\xi(\rho)d\rho, \tag{9}$$

wobei

$$C_\xi(\rho) = -2\pi R J_0\left(R(1 - \rho)\sqrt{\xi_1^2 + \xi_2^2}\right)$$

mit der Besselfunktion J_0 und dem Radius R des Kreises der Bewegung der Röntgenquelle ist.

Zusätzlich wurde in [LM] gezeigt, daß die Funktion C_ξ eine Approximation an $\delta(\rho - 1)$ ist, insgesamt ergibt sich also eine Approximation an Λf.

5 Implementierung und Auswertung

Bei der Implementierung von (7) muß der Laplace–Operator im $\mathbb{R}^3$ diskretisiert werden, der gegenüber (8) höhere Aufwand, wo nur im Zweidimensionalen differenziert wird, rechtfertigt sich bei stark gestörten Daten, weil dann durch die Rückprojektion D^* die Daten erst geglättet werden. Insbesondere bei der hier gewünschten Rekonstruktion aus Meßdaten von Stahlröhren hat diese Variante ihre Vorteile.

Die Werte $Df(a, (x-a)/\|x-a\|)$ liegen nicht direkt vor, es muß auf der Detektorfläche interpoliert werden. Es haben sich bei guten Daten, insbesondere auch bei den Simulationsrechnungen Unterschiede zwischen Nearest – Neighbour Interpolation und linearer Interpolation zugunsten letzterer gezeigt. Bei den Daten von den Stahlröhren war der Qualitätsunterschied so gering, daß zugunsten einer höheren Rechengeschwindigkeit die einfachere Variante implementiert wurde.

Die Rückprojektion, also die Anwendung des Operators D^*, ist durch die Trapezregel auf dem Kreis approximiert worden.

Im folgenden sind Rekonstruktionen aus 3D – Aufnahmen eines lasergeschweißten Stahlrohres mit Durchmesser 7cm gezeigt. Aus 600 Positionen verteilt auf einem Kreis um das Rohr ist die Röntgenröhre gefeuert worden, an 768×60 Detektoren ist die Intensität der angekommenen Strahlen gemessen worden, es handelt sich also um $27,648$ Millionen Daten. Verglichen werden in Abbildung 1 und 2 die Rekonstruktionen mit dem Feldkamp – Algorithmus aus [B] und dem hier vorgestellten Algorithmus. Es zeigt sich, daß die Rekonstruktion mit unserem Verfahren eine wesentlich präzisere Ortung und Beschreibung der Poren in den Schweißnähten ermöglicht.

Die Abbildung 3 zeigt die dreidimensionale Darstellung einer Rekonstruktion eines Teils eines Lammknochens. Dabei wurde die Röntgenquelle an 400 Positionen auf einem Kreis gefeuert, die Zahl der Detektoren war 512×512, also insgesamt 105 Millionen Daten. Das Objekt wurde in 100 Schnitten mit 512×512 Pixel rekonstruiert und dann zu dieser Darstellung zusammengesetzt. Das Verfahren ist parallel auf einer Challenge von Silicon Graphics mit vier Prozessoren implementiert worden. Die Rekonstruktion zeigt die poröse Struktur dieses Knochens sehr deutlich.

Alle Daten wurden vom Fraunhofer–Institut für zerstörungsfreie Prüfverfahren in Saarbrücken zur Verfügung gestellt.

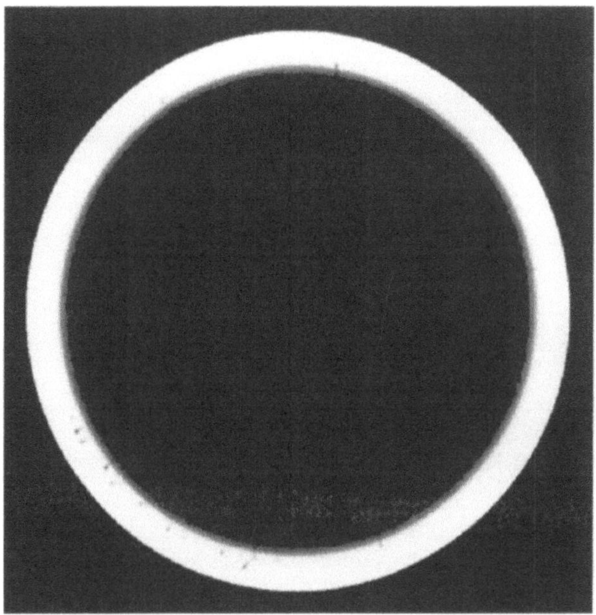

Abb. 1. Rekonstruktion eines Schnittes durch ein lasergeschweißtes Rohr aus 3D – Daten mit dem Verfahren von Feldkamp, aus [B].

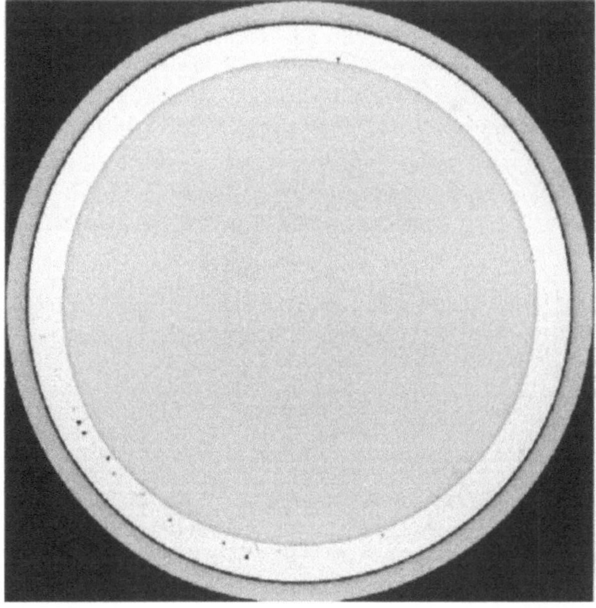

Abb. 2. Rekonstruktion eines Schnittes durch ein lasergeschweißtes Rohr aus 3D – Daten mit dem hier vorgestellten Verfahren.

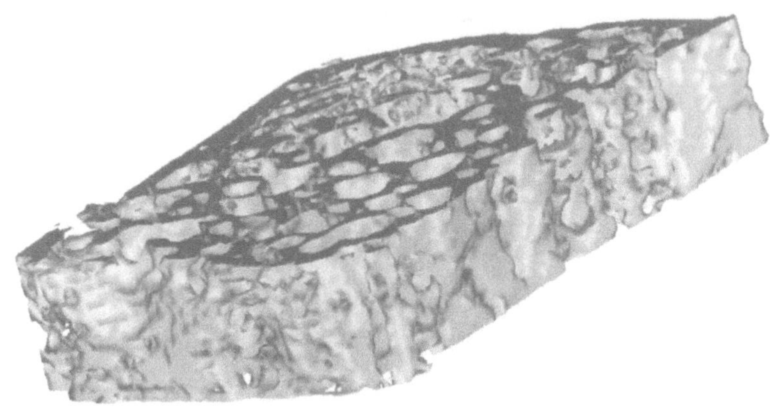

Abb. 3. Rekonstruktion eines Lammknochens und dreidimensionale Darstellung.

Danksagung Für die Förderung dieses Projektes danken wir Herrn Dr. Buck und Herrn Dr. Maisl vom Institut für zerstörungsfreie Prüfverfahren der Fraunhofer Gesellschaft in Saarbrücken und den Herren Reininger und Dr. Mattis von Siemens Energiewirtschaft (KWU) in Erlangen.

Literatur

[B]   Buck, J.: Interner Bericht des FHG IzfP, Saarbrücken, 1996

[FRS]   Faridani, A:, Ritman, E.L., Smith, K.T.: Local Tomography. SIAM J. Appl. Math. **52** (1992), 459–484

[FDS]   Feldkamp, L.A., Davis, L.C., Smith, J.W.: Practical cone beam algorithm. J. Opt. Soc. Am. **1** (1984) 612–619

[G]   Grangeat, P.: Mathematical framework of cone beam 3–D reconstruction via the first derivative of the Radon transform in Herman, G.T., Louis, A.K., Natterer, F.(eds.): Mathematical Methods in Tomography, Springer LNM 1497 (1991) 66—97

[K]   Kirillov, A.A.: On a problem of I.M. Gel'fand. Soviet Math. Dokl. **2** (1961) 268–269

[LMK]   Lewitt, R.M., Muehllehner, G., Karp, J.S.: Three–dimensional image reconstruction for PET by multi-slice rebinning and axial image filtering. Phys. Med. Biol. **39** (1994) 321–339

[L1]   Louis, A.K.: Orthogonal functions series expansions and the null space of the Radon transform. SIAM J. Math. Anal. **15** (1984) 621–633

[L2]   Louis, A:K.: Nonuiniqueness in inverse Radon problems : the frequency distribution of the ghosts. Math. Z. **185** (1984) 429–440

[L3]   Louis, A.K.: Medical imaging : state of the art and future development. Inverse Problems **8** (1992) 709–738

[L4]   Louis A.K.: Inverse und schlecht gestellte Probleme. Stuttgart: Teubner, 1989

[L5]   Louis, A.K.: Approximate inverse for linear and some nonlinear problems. Inverse Problems **12** (1996) 175–190

[LM]   Louis, A.K., Maaß, P.: Contour reconstruction in 3–D X–ray CT. IEEE Trans. Med. Imag. **TMI 12** (1993) 764–769

[LMR]   Louis, A.K., Maaß, P., Rieder, A.: Wavelets. Stuttgart: Teubner, 1994

[LSu]   Louis, A.K., Schuster, Th.: A novel filter design technique in 2D x–ray CT. Inverse Problems (to appear)

[LSw]   Louis, A.K., Schwierz, G.: Rekonstruktionsverfahren in der medizinischen Bildgebung. ZAMM **70** (1990) T533-T539

[M]   Maaß, P.: The x–ray transform :singular value decomposition and resolution. Inverse Problems **3** (1987) 729–741

[N]   Natterer, F.: The mathematics of computerized tomography. Stuttgart-New York: Teubner-Wiley 1986

[S]   Smith, B.: Cone–beam tomography: recent advances and a tutorial review. Opt. Eng. J. **29** (1990) 524–534

[T]   Tuy H.K.: An inversion formula for cone–beam reconstruction. SIAM J. Appl. Math. **43** (1984) 546–552

3D-Visualisierung von Tomogrammdaten zur Operationsplanung, Operationssimulation und optimalen Positionierung dentaler Implantate

W. Jäger, N. Quien, J. Simon und J. Wirth

Interdisziplinäres Zentrum für Wissenschaftliches Rechnen (IWR),
Universität Heidelberg, D-69120 Heidelberg, e–mail: jaeger@iwr.uni-heidelberg.de,
URL: http://www.iwr.uni-heidelberg.de/iwr

Abstract. In surgery computer aided techniques supported by high performance computers and medical software using methods of CAS (computer aided surgery) will become most important. In the first part of this paper we present a method for better preparation of craniofacial surgeons based on 3D computer simulations as well as techniques for increasing the stability and lifetime of dental implants. This work is done in the joint project "Geometrische Datenverarbeitung und Simulation bei der Planung und Durchführung zahnmedizinischer Eingriffe" together with FRIATEC AG, Mannheim-Friedrichsfeld, (Dr. Vizethum) and the „Klinik für Mund-, Kiefer- und Gesichtschirurgie" (Prof. Mühling und Dr. Haßfeld). In the second part we introduce two methods for the visualization of computer tomograms. This is a part of the project "Computergestützte Operationsplanung und -kontrolle" supported by the "Forschungsschwerpunktprogramm Baden-Württemberg". These visualization techniques are the basis for future work in this project, e.g. the visualization of surgery tools and their simulated usage in surgery planning as well as virtual endoscopy. During our work we found out that volume ray casting is the better choice for visualization of biological structures, and surface rendering should be preferred for surgery tools and for implants. Hence in the near future we want to put together both methods into one hybrid algorithm.

1 Einleitung

In der Chirurgie beanspruchen computergestützte Operationen mit geeigneten Hochleistungsrechnern und medizinischer Software einen immer größeren Stellenwert. Damit werden CA-Methoden zu modernen Werkzeugen in der Medizin und setzen neue Maßstäbe bei der prinzipiellen Durchführbarkeit und der Qualität medizinischer Eingriffe [AST]. Insbesondere gewinnt die schnelle 3D-Visualisierung von CT- oder MR-Daten und chirurgischer Instrumente mit dem Computer zunehmend an Bedeutung [EHH] und stellt ein wichtiges Fundament zur Bearbeitung klinisch relevanter Aufgabestellungen dar. In diesem Zusammenhang stellt die dentale Implantatchirurgie die speziellen Forderungen:

– Operationsplanung durch 3D-Simulation
  (maximales Knochenangebot auswählen [KAS])
– Optimale Wahl und Position der Implantate für deren bessere Haltbarkeit
– Computergestützte Operation mittels Realtime-Navigationssystem
– Nachkontrolle des durchgeführten medizinischen Eingriffs

Die Lösung der gestellten Ziele erfolgt durch die Erweiterung konventioneller Verfahren der Bildverarbeitung [J] und der Entwicklung neuer Methoden in der geometrischen Datenverarbeitung [HL] zur geeigneten Repräsentation und Manipulation der dreidimensionalen Datenmodelle. Daraus resultieren die einzelnen Teilaufgaben des Gesamtvorhabens:

– Konvertierung und Segmentierung von Voxeln in B-Rep-Oberflächen
– 3D-Visualisierung von ausgewählten Knochenstrukturen oder Weichteilen
– Interaktive 3D-Positionierung von Implantaten
– Rechnergestützte Kollisionsvermeidung zwischen Implantaten
– Feinpositionierung der Implantate durch einen Optimierungsalgorithmus
– Entwicklung von schnellen Previewingalgorithmen
– Implementierung von Software auf Spezialhardware (Parallelrechner)
– Entwicklung einer intuitiven Benutzeroberfläche

Das Erreichen der gestellten Ziele führt in der Zukunft zu einheitlich präzisen Operationsdurchführungen sowie zu kurzen Operationszeiten und somit zu deutlichen Kostensenkungen im Gesundheitswesen. Abbildung 1 zeigt, in Bezug auf die klinische Praxis, eine erfolgreiche knöcherne Einheilung (Osteointegration) von drei intramobilen Zylinderimplantaten (IMZ) aus hochreinem Titan als Zahnersatz im Unterkiefer.

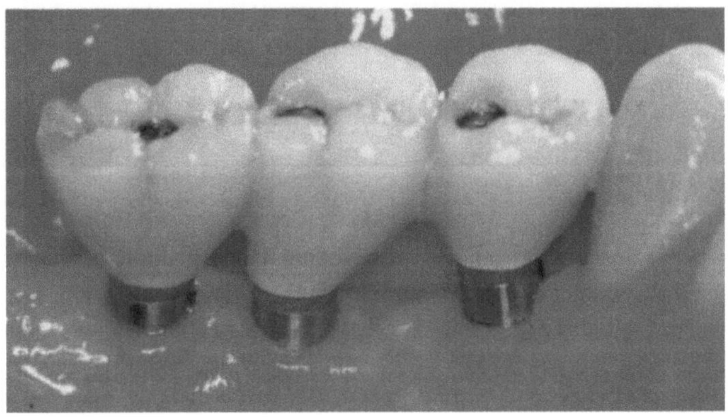

Abb. 1. Eingewachsene IMZ-Implantate (Quelle: FRIATEC AG [KAS])

2 Optimale Positionierung dentaler Implantate

Die Datenaufnahme eines Computer-Tomographen (CT) [Ch] liefert, im Gegensatz zu einem flachen Durchleuchtungsröntgenbild, nach einem mathematischen Vorverarbeitungsschritt einen geordneten Stapel von Querschnittbildern. Die einzelnen Bildpunkte (Pixel) in den übereinander gestapelten Schichten sind dadurch als räumliche Bildpunkte (Voxel) interpretierbar. Diese stellen als skalare Materialdichtewerte das Datenmodell der im Meßvolumen vorhandenen Gewebestrukturen dar, und bilden die Ausgangsdaten für die weitere Verarbeitungskette.

2.1 Modellbildung

Die in den Dichtedaten verlaufende Grenze eines Objekts (z.B. Kieferknochen) wird durch eine Konvertierung der diskreten Voxeldaten in eine glatte Oberflächendarstellung, der Boundary-Representation (B-Rep) [EHR, NB], ermittelt. Dazu muß anhand des zur Objektdichte passenden Schwellwerts c die Isosurface (Äquidichtefläche) [HMN] des Objekts, welche dieses als Konturfläche approximiert, mit Subvoxelgenauigkeit berechnet werden. Eine Isosurface im Ortsdefinitionsbereich $\mathbf{r} = (x, y, z)$ (Meßvolumen) der räumlichen Dichtepotentialfunktion g kann durch die Bedingung $g(\mathbf{r}) = c$ oder durch das totale Differential $dg(\mathbf{r}) = \nabla g(\mathbf{r})\, d\mathbf{r} = 0$ beschrieben werden. Durch den negativen Dichtegradienten $-\nabla g(\mathbf{r})$ und dem Normierungsfaktor k ist gleichzeitig die Oberflächennormale $\mathbf{n}(\mathbf{r}) = -k\, \nabla g(\mathbf{r})$ definiert, die nach Konvention an einem Ort von einem Gebiet hoher Dichte (Inneres) in ein Gebiet niedriger Dichte (Äußeres) zeigt und die Isosurface entsprechend orientiert. Daher teilt eine geschlossene Isosurface gemäß dem Jordan-Brouwer'schen Zerlegungssatz den Raum in zwei getrennte Gebiete ein und beschreibt die geometrischen und topologischen Eigenschaften des Objekts. Dadurch werden neben geometrischen Maßzahlen [A] wie Oberfläche und Volumen auch topologische Invarianten [GW] wie die Euler-Poincaré-Charakteristik χ [Ca] oder das Geschlecht der Fläche bei gegebener Datenauflösung berechenbar, was zur Erkennung komplexer biologischer Strukturen verwendet werden kann. Das Modell stellt durch seine rigorose mathematische Formulierung einen dynamikunabhängigen Kantendetektor dar, in dem der Dichtegradient die Quasihärte einer Kontur charakterisiert, d.h. wie stark senkrecht zu einem Punkt der Isosurface die Dichteänderung erfolgt.

2.2 Datenkonvertierung

Die Erzeugung einer Isosurface erfolgt durch die Einteilung des kompletten CT-Datensatzes in ein dreidimensionales Gitter, bei dem an jedem Kreuzungspunkt ein Voxel liegt. Acht benachbarte Dichtewerte bilden dabei die Eckpunkte eines Quaders. Benachbarte Quader (Abb. 2) werden in allen Achsrichtungen alternierend in zwei verschiedene Konfigurationen [HMN] aus fünf kompakten Tetraedern (simplices) unterteilt (cell decomposition). Die

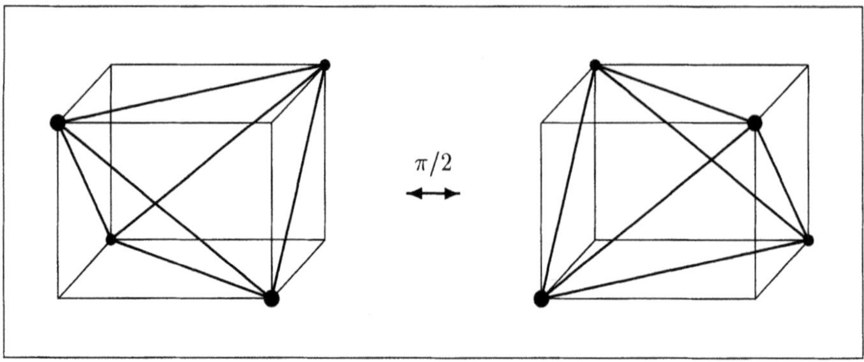

Abb. 2. Zerlegung des Voxelgitters durch zwei symmetrische Zellen

Wahl der beiden Quadertypen ist aus Stetigkeitsgründen (piecewise linear approximation) der Isosurface notwendig und erzielt zugleich möglichst homogene und isotrope Schnittfiguren (Polygone) bei einer zunächst hohen Informationsausbeute aus den CT-Daten. Je nachdem wieviele Eckpunkte eines Tetraeders mit ihren Dichtewerten über oder unter dem gesetzten Schwellenwert c liegen, ergeben sich bei nicht ganzzahligen Schwellwerten $2^4 - 2 = 14$ (entartungsfreie) Schnittfälle. Diese lassen sich aus Symmetriegründen auf sieben Fälle reduzieren und liefern entweder ein oder zwei Schnittdreiecke, deren (interpolierte) Eckpunkte auf den Kanten des Tetraeders liegen. Im Falle zweier Schnittdreiecke werden diese aus den vier Schnittpunkten so gebildet, daß die kürzere der beiden möglichen Diagonalen (Präferenz der kurzen Kante) realisiert wird, was eine glattere Approximation der Oberfläche bedeutet. Die Schnittpunktberechnung auf einer Quaderkante erfordert eine lineare Interpolation, auf einer Quaderseitendiagonale ist eine bilineare Interpolation [HMN] zwischen den Dichtewerten der beiden Endpunkte notwendig. Bei entsprechender Indizierung der Seiteneckpunkte mit den Kantenparametern $s, t \in [0, 1]$ gilt

$$g(s,t) = (1 - t, \, t) \begin{pmatrix} g_0 & g_1 \\ g_2 & g_3 \end{pmatrix} \begin{pmatrix} 1 - s \\ s \end{pmatrix} = c.$$

Die Interpolationsfläche entspricht in diesem Fall einem hyperbolischen Paraboloid und die beiden Isodichtelinienzweige entsprechen Hyperbeln in dieser Fläche, wobei die vorgegebene Konfiguration eine Mehrdeutigkeit im Interpolationsbereich (Sattelpunktproblem [HL]) von vornherein ausschließt. Da nur einer der beiden Hyperbelzweige im gültigen Parameterbereich verläuft, werden topologisch konsistente Flächen (topological consistency [GW]) konstruiert. Bei der konkreten Schnittberechnung treten durch die Richtungen der Diagonalkanten zwei Fälle auf, in denen die Bilinearform durch zwei quadratische Formen mit stets nur einer Nullstelle im gültigen Parameterintervall ersetzt wird:

$$g(t = s) = (g_3 - g_2 - g_1 + g_0)\, s^2 + (g_2 - 2g_0 + g_1)\, s + g_0 = c$$

$$g\left(t = 1 - s\right) = \left(g_1 - g_0 - g_3 + g_2\right)s^2 + \left(g_0 - 2g_2 + g_3\right)s + g_2 = c$$

Zur Verfolgung der Oberflächenkontur wird ein Surfacetracer benutzt, der an einem aufgefundenen Schnittdreieck startet und durch die logischen Nachbarschaftsrelationen und Markierungen wie eine Wellenfront über die gesamte Isosurface läuft, bis eine vollständige Zusammenhangskomponente erfasst ist (chain of simplices) [DLT]. Alle berechneten Schnittpunkte und Dreiecke werden mittels einer Hashtable verwaltet und redundanzfrei beim Aufbau der B-Rep-Datenstruktur gespeichert, was erheblichen Speicherplatz einspart. Eine sofortige Analyse von Kantennachbarschaften der Dreiecke ermöglicht eine spätere Weiterverarbeitung der Daten mit bool'schen Operationen. Numerisch kritische Situationen werden bei der Berechnung von sehr kleinen oder spitzwinkligen Dreiecken (Entartungen) vermieden, indem keine ganzzahligen Dichteschwellen benutzt werden, eine Transformation der Dichtewerte auf ein kleineres Wertebereichsintervall erfolgt und die vorherige Normierung der Vektoren bei der Berechnung von Dreiecknormalen durchgeführt wird.

2.3 Optimierung der Implantatpositionen

Nach der interaktiven Grobpositionierung der Implantate (Abb. 3) durch den Kieferchirurgen ergibt sich oft eine fast global optimale Lösung von guter Qualität. Die visuellen Probleme des Anwenders beginnen erst bei der quantitativen Abschätzung wichtiger Maßzahlen und der räumlichen Interpretation der Lage und Orientierung von Implantaten und Knochen in dreidimensionalen Bildern. Bei diesen wichtigen Detailfragen beginnt sinnvollerweise der rechnergestützte Einsatz mit den für einen Computer geeigneten Methoden zur Feinoptimierung. Dazu zählen die Kollisionsprüfung zwischen Implantaten und sensiblen biologischen Strukturen (Nerven) [KAS] sowie die Feinpositionierung der Implantate durch die Analyse des lokal vorhandenen Knochenangebots. Die Kollisionsprüfung (harte Bedingung) zwischen Implantaten vermindert die zeitraubende Prüfung der Szene aus vielen unterschiedlichen Richtungen, die Feinpositionierung (weiche Bedingung) soll zusätzlich die bessere Haltbarkeit und verlängerte Lebensdauer von Implantaten erreichen.

Kollisionsprüfung. Die Modelle der Implantate setzen sich aus Halbkugeln und Zylindern zur Form von Kapseln zusammen. Zur Kollisionsprüfung [SKS] erfolgt die Skelettierung eines Implantates zu einer Linie und das Anwachsen des zweiten Implantates um den entsprechenden Radius. Damit erfolgt eine Kollision im statischen Fall genau dann, wenn die Linie das zweite Implantat schneidet. Beispielsweise ergibt sich nach einer Hauptachsentransformation der Schnittpunkt zwischen einer beliebigen Linie $\mathbf{r} = \mathbf{p} + \lambda\mathbf{q}$ und dem jetzt isoorientierten Zylinder der Länge a mit Radius R aus den Nullstellen der quadratischen Gleichung:

$$(\mathbf{q}^2 - q_z^2)\lambda^2 + 2(\mathbf{pq} - p_z q_z)\lambda + \mathbf{p}^2 - p_z^2 - R^2 = 0$$

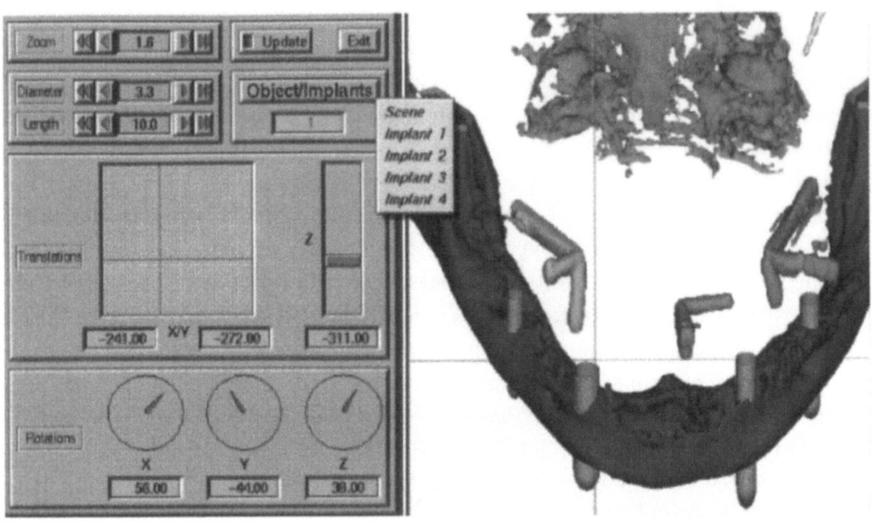

Abb. 3. 3D-Interaktion und Visualisierung zur Implantatpositionierung
Das Bild zeigt vier Implantate in einem zahnlosen Unterkiefer sowie drei Marker
als Referenzkoordinatensysteme für ein Realtime-Navigationssystem.

Die Schnittpunkt(e) entlang $\mathbf{r}$ sind zwecks Längenbegrenzung des Zylinders
und der Linie nur gültig für $\mathbf{re}_z = r_z \in [0, a]$ und $\lambda \in [0, 1]$, deren Normalen
sind $(r_x, r_y, 0)/\sqrt{(r_x^2 + r_y^2)}$. Allgemein ist hier die Berechnung der Kollisionen
und von minimalen (orthogonalen) Abständen zwischen N räumlich ausgedehnten Objekten mit einem Aufwand von maximal $N(N-1)/2$ möglich.

Feinpositionierung. Anhand der gewichteten Dichtewerte entlang einer
kurzen Strecke in Richtung der Normalen (Dichtekraftvektor) werden Verschiebungen und Drehungen der Implantate berechnet, die eine (Unter-)
Äqualisation (Homogenisierung) [2] der lokalen Knochendichte im Mittel
über alle Richtungen erzielen soll. Die Motivation dazu basiert auf der Er-
fahrungsgrundlage, daß die Haltbarkeit eines Implantats unter Kaubelastung
durch die Richtung der schwächsten Verwachsung (bzw. kleinsten Dichte-
kraftvektors) mit dem Knochen begrenzt wird. Im Idealzustand verschwinden die Gesamtdichtekraft und das resultierende Drehmoment senkrecht zur
Implantatachse und dessen translatorische und rotatorische Bewegung durch
den Optimierungsalgorithmus wird beendet. Die mit zunehmendem $x \in [0, 1]$
von Eins auf Null (Normierung) abfallende Gewichtsfunktion $f(x)$ zur Wir-
kungseinschränkung auf lokale Dichtewerte wird modelliert durch

$$f(x) = \begin{cases} g(x) = (1 - f_s)(1 - (2x)^\alpha) + f_s, & 0 \le x < \frac{1}{2} \\ h(x) = f_s \left(2\left(1 - x\right)\right)^\beta, & \frac{1}{2} \le x \le 1 \end{cases}$$

Die Exponenten berechnen sich bei einer gewählten Steigung $m = -6.283$ mit dem Funktionswert $f_s = f(x_s = 0.5) = 0.707$ als Wendepunkt aus der geforderten Stetigkeitsbedingung zu $\alpha = -m/2(1 - f_s)$ und $\beta = -m/2f_s$. Die Gewichtsfunktion muß auf einen für die praktische Anwendug sinnvollen Distanzbereich von etwa $2.5mm$ skaliert werden.

3 Visualisierung von Tomogrammdaten

3.1 Computertomogramme

Ein Computertomogramm (CT) ist ein Stapel parallel liegender Röntgenaufnahmen (Abb. 4). Jede dieser Aufnahmen entspricht dabei der Darstellung eines Schnittes durch den Körper des Patienten. Die einzelnen Schichten des Tomogrammes liegen diskretisiert in Form einzelner Pixel (von engl. picture element) vor. Die Pixel in den einzelnen übereinanderliegenden Schichten kann man sich als Würfel oder Quader vorstellen, in die der aufgenommene Raum im Körper des Patienten zerlegt ist. Man nennt diese Quader auch Voxel (von engl. volume element). Jedem dieser Voxel ist eine bestimmte Dichte zugeordnet, entsprechend der Dichte im Körper des Patienten an der jeweiligen Position. Typischerweise besteht ein Tomogramm aus ca. 30 bis 150 Schichten von jeweils 512 x 512 Bildpunkten. Die Dichtewerte sind Zwölf-Bit-Zahlen, von denen aber, wie Experimente gezeigt haben, nur die höherwertigen acht Bit benötigt werden. Die Datenmenge eines Tomogrammes entspricht einer Kapazität von etwa 15 bis 75 Megabyte.

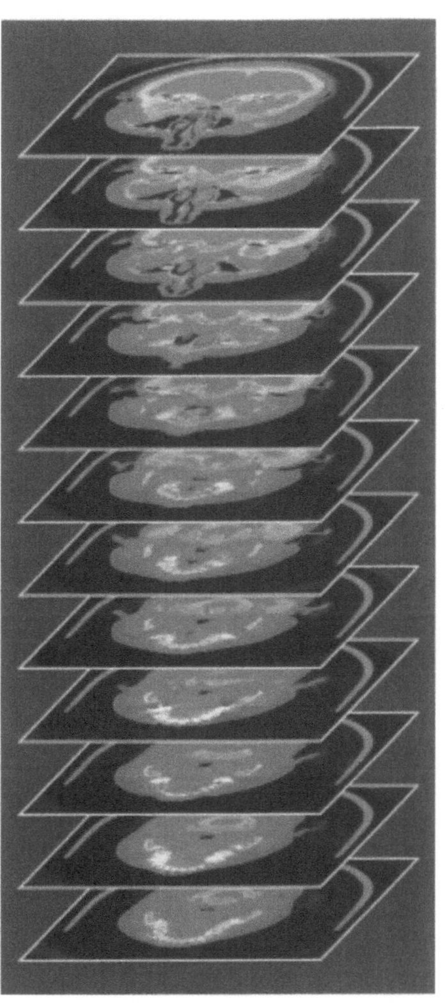

Abb. 4. CT eines Patienten

Mathematisch läßt sich ein Tomogramm als Dichtefunktion auffassen:

$$\delta : \{0..511\}^2 \times \{0..s\} \longrightarrow \{0..255\}.$$

Hierbei ist s die Anzahl der Schichten. Die diskrete Dichtefunktion δ ist die Einschränkung einer geeigneten stetig differenzierbaren Funktion

$$\Delta : (-1, 512)^2 \times (-1, s+1) \longrightarrow (-1, 256).$$

Unter geeigneten Voraussetzungen gibt es zu Δ sogenannte Isosurfaces bezüglich eines Schwellwertes c, d.h. Flächen

$$\{(\xi, \eta, \zeta) \mid \Delta(\xi, \eta, \zeta) - c = 0\}.$$

Durch Variation von c erhält man verschiedene Flächen, z.B. für $c = 40$ die Haut und für $c = 72$ die Oberfläche der Knochen. Prinzipiell kann man zu einem vorgegebenen Schwellwert eine Isosurface berechnen. Dies ist jedoch für interaktive Anwendungen zu langsam.

3.2 Schneller Previewing-Algorithmus

Um einen schnelleren Bildaufbau zu erreichen, kann man folgendes Verfahren anwenden: Durch Vorgabe eines Schwellwertes läßt sich die Menge aller Voxel in zwei disjunkte Teilmengen zerlegen. In einer dieser Mengen liegen die Voxel, deren Dichtewert größer gleich dem vorgegebenen Schwellwert ist, die andere Menge besteht aus den restlichen Voxeln:

$$M_0 = \{(x, y, z) \mid \delta(x, y, z) = 0..c - 1\}$$
$$M_1 = \{(x, y, z) \mid \delta(x, y, z) = c..255\}$$

Die graphische Darstellung besteht nun aus den Seitenflächen, die die Voxel aus M_0 mit den Voxeln aus M_1 gemeinsam haben. Mittels eines Hardware-z-Buffers werden die verdeckten Seitenflächen unterdrückt. Abbildung 5 zeigt das künstlich erzeugte Tomogramm einer Kugel in dieser Darstellung. Durch die Reduktion der Daten auf die o.g. gemeinsamen Seitenflächen ist es möglich, den Algorithmus auf einer Graphik-Workstation in angemessener Zeit auszuführen.

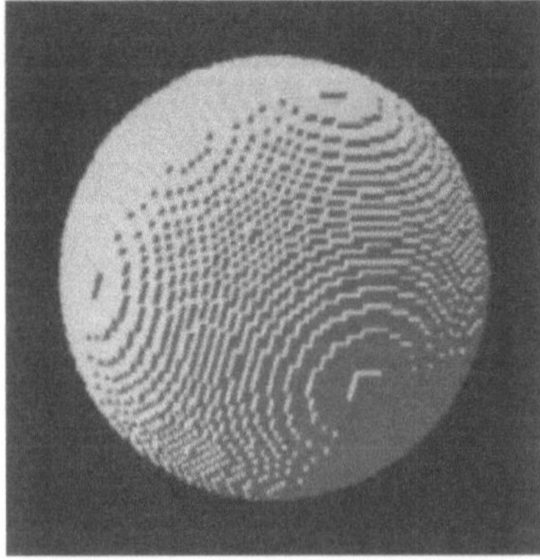

Abb. 5. Tomogramm einer Kugel
Darstellung der einzelnen Voxel

Abb. 6. Tomogramm einer Kugel
Geglättete Darstellung

An dieser Darstellung stört jedoch, daß die einzelnen Voxel sichtbar sind. Man muß also eine geeignete Glättung vornehmen. Die Idee hierbei ist, zur Schattierung der einzelnen Facetten nicht deren Flächennormale zu benutzen, sondern als Normale den Gradienten der Dichtefunktion zu verwenden. Der Farbwert der Facette ist dann das Skalarprodukt aus normierter Flächennormale und Einheitsvektor der Beleuchtungsrichtung. Man zeichnet also gewissermaßen nur eine Approximation der exakten Isosurface unter Verwendung der „falschen" Normalen.

Weil das Tomogramm die Diskretisierung der Dichtefunktion Δ darstellt, benutzt man zur Berechnung des Gradienten einen geeigneten Operator. Wiederum zeigen Experimente, daß der Frei-Chen-Operator [R] dafür besonders geeignet ist. Zur Berechnung der Richtungsableitungen in einer Schicht senkrecht zur Ableitungsrichtung glättet man zunächst die vorhergehende Schicht und die nachfolgende Schicht mit folgender Maske:

$$\begin{pmatrix} \frac{\sqrt{3}}{3} & \frac{\sqrt{2}}{2} & \frac{\sqrt{3}}{3} \\ \frac{\sqrt{2}}{2} & 1 & \frac{\sqrt{2}}{2} \\ \frac{\sqrt{3}}{3} & \frac{\sqrt{2}}{2} & \frac{\sqrt{3}}{3} \end{pmatrix}$$

Aus den geglätten Werten berechnet man in üblicher Weise numerisch die Ableitung mit der Formel der Ordnung 2.

Abbildung 6 zeigt das Tomogramm der Kugel in dieser geglätteten Darstellung, die Anwendung des Algorithmus auf das Tomogramm eines Patienten liefert Abbildung 7. In dieser Form benötigt eine Reality Engine etwa eine bis drei Sekunden zum Aufbau eines Bildes.

3.3 Volume Ray Casting

Bei dem oben skizzierten Verfahren wird aus den Tomogrammdaten eine Oberfläche berechnet und dargestellt. Eine ganz andere Methode zur Visualisierung von Tomogrammdaten ist das sogenannte Volume Ray Casting. Bei diesem Verfahren wird der Weg von Lichtstrahlen durch das darzustellende Volumen, also durch die einzelnen Voxel, verfolgt. Beim *Kajiya*-Modell werden in jedem Voxel bestimmte Anteile des einfallenden Lichts absorbiert bzw. diffus oder spiegelnd reflektiert. Die Intensitäten des von hintereinanderliegenden Voxeln reflektierten Lichts werden aufsummiert und ergeben die Helligkeit eines Punktes auf dem Bildschirm. Im Gegensatz zur Oberflächenvisualisierung können beim Volume Ray Casting Schattenwurf und Transparenz dargestellt werden. Dieses Modell ist die Grundlage des *Heidelberger Raytracingmodells* von *Dr. H. P. Meinzer* [MMS]. Das Verfahren ist extrem rechenaufwendig. Schränkt man jedoch die Wahl der Lichtquellen auf frontal einfallendes und 45 Grad versetzt einfallendes paralleles Licht ein, verläßt ein einfallender Lichtstrahl die jeweilige Tomogrammschicht nicht, und der Algorithmus wird massiv parallelisierbar. Er wurde von der Arbeitsgruppe

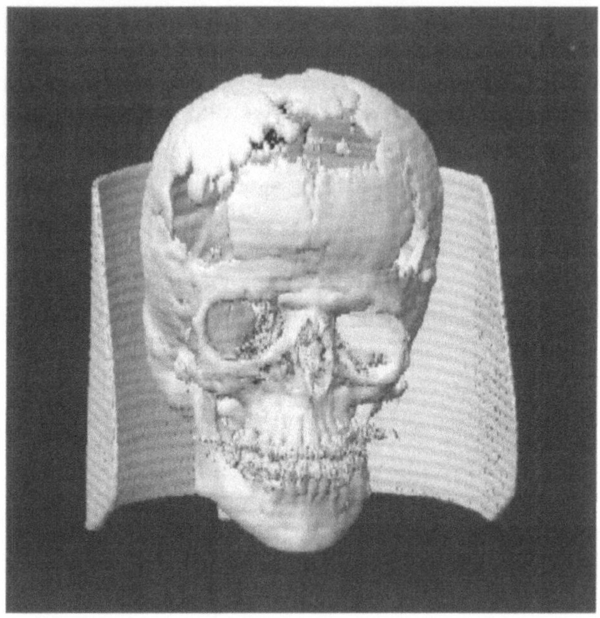

Abb. 7. Previewing-Algorithmus

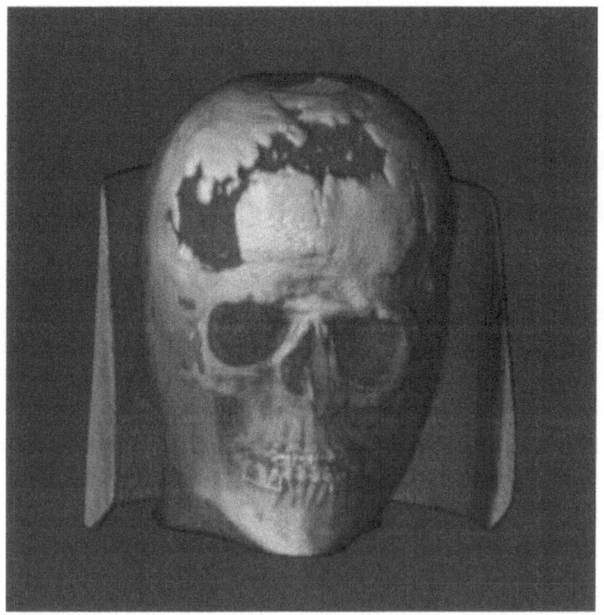

Abb. 8. Volume Ray Casting

von *Prof. Dr. R. Männer* an der Universität Mannheim auf eine eigens entwickelte Spezialhardware mit Signalprozessoren portiert [HPG]. Am IWR wurde das Verfahren auf dem dort vorhandenen Parsytec GC mit 192 Prozessoren in *C++* unter *PARIX* neu implementiert und verbessert. Abbildung 8 zeigt unseren Datensatz mit Volume Ray Casting visualisiert. Weil der Parallelrechner des IWR leichter zu programmieren ist als die Spezialhardware der Mannheimer Arbeitsgruppe, ist geplant, künftige Änderungen und Erweiterungen der Mannheimer Programme zunächst auf dem Heidelberger Parallelrechner zu testen. So kann man sich bei einem eventuellen Redesign der Spezialhardware auf die aussichtsreichen Fälle beschränken.

3.4 Zukünftige Arbeiten

In der nächsten Projektphase sollen chirurgische Instrumente wie Sägen, Zangen und insbesondere Endoskope in die graphische Darstellung einbezogen werden. Langfristig soll die Visualisierung des Zustandes nach Operationen im Kopf- und Gesichtsbereich realisiert werden. Dazu ist im Computer zu simulieren, wie an einzelnen Stellen Knochenstücke entfernt oder eingesetzt werden. Zur realistischen Simulation sind Modelle für die über den Knochen liegenden Weichteile und für die Haut zu entwerfen und in das bestehende System zu integrieren.

Durch Volume Ray Casting ist es möglich, das Bild, das der Arzt durch ein Endoskop sieht, vor der Operation zu berechnen. Dies kann gezielt zur Operationsvorbereitung verwendet werden. Mittelfristig sollte es möglich sein, während der Operation durch das Endoskop sichtbare Bilder mit vorher berechneten Bildern zu vergleichen und dem Arzt dadurch eine zusätzliche Orientierungshilfe zur Verfügung zu stellen.

Unsere bisherigen Untersuchungen haben gezeigt, daß die Oberflächenvisualisierung sehr gut zur Darstellung von chirurgischen Instrumenten und Implantaten und weniger zur Darstellung biologischer Strukturen geeignet ist. Knochen und Weichteile visualisiert man besser mittels Volume Ray Casting. Daher sollen in Zukunft die Vorteile beider Verfahren in einem hybriden Algorithmus verbunden werden.

Literatur

[AST]   Applications in Surgery and Therapy. IEEE Computer Graphics and Applications, January 1996, Vol 16, No. 1.

[A]   J. Arvo (Ed.).: Graphics Gems II. Academic Press, Boston 1991.

[Ca]   M. P. do Carmo.: Differentialgeometrie von Kurven und Flächen. Vieweg, Braunschweig 1993.

[Ch]   Z. H. Cho.: Encyclopedia of Physical Science and Technology: Computerized Tomography. Academic Press, San Diego 1992.

[DLT]   D. P. Dobkin, S. V. F. Levy, W. P. Thurston, A. R. Wilks.: Contour Tracing by Piecewise Linear Approximations. ACM Transactions on Graphics, Vol. 9, No. 4, October 1990, Pages 389-423.

[EHH]   K.-H. Englmeier, M. Haubner, R. Herpers, U. Fink, B. Fink.: Medizinische Bildverarbeitung. it+ti 6, S. 8–16, Oldenburg Verlag, München 1994.

[EHR]   Encarnação, Hoschek, Rix (Hrsg.).: Geometrische Verfahren der Graphischen Datenverarbeitung: Beiträge zur Graphischen Datenverarbeitung. Springer Verlag, Berlin 1990.

[GW]   A. van Gelder, J. Wilhelms.: Topological Considerations in Isosurface Generation. ACM Transactions on Graphics, Vol. 13, No. 4, October 1994, Pages 337–375.

[HMN]   H. Hagen, H. Müller, G. M. Nielson (Eds.).: Focus on Scientific Visualization. Springer Verlag, Berlin 1993.

[HPG]   J. Hesser, C. Poliwoda, T. Günther, C. Reinhart, R. Männer, H.-P. Meinzer, A. Mayer.: Real-Time Volume Visualization of CT and NMR Images. Minimal Invasive Therapy, Vol. 3, Suppl. 1, 1994.

[HL]   J. Hoschek, D. Lasser.: Grundlagen der geometrischen Datenverarbeitung. Teubner Verlag, Stuttgart 1992.

[J]   B. Jähne.: Digitale Bildverarbeitung. Springer Verlag, Berlin 1993.

[KAS]   A. Kirsch, K.-L. Ackermann, S. Schmidinger, F. Vizethum, J. Neugebauer.: Implantat-Prothetik IMZ, Handbuch Klinik. FRIATEC AG, Mannheim-Friedrichsfeld, 1994.

[Kr]   W. Krüger .: Visualisierung 3-dimensionaler skalarer Datenfelder: Ein „physikalisches Modell". it 33, S. 72–76, Oldenburg Verlag, München 1991.

[MMS]   H. P. Meinzer, K. Meetz, D. Scheppelmann, U. Engelmann, H. J. Baur.: The Heidelberg Ray Tracing Model. IEEE Computer Graphics and Applications, Vol. 11 No. 6.

[NB]   X. Ni, M. S. Bloor.: Performance Evaluation of Boundary Data Structures. IEEE Computer Graphics & Applications, November 1994, S. 66–77.

[R]   J. C. Russ.: The Image Processing Handbook. CRC Press, Boca Raton 1994.

[SH]   S. K. Semwal, J. J. Hallauer.: Biomechanical Modelling: Implementing Line-of-Action Algorithm for Human Muscles and Bones Using Generalized Cylinders . Computers & Graphics, Vol. 18, No. 1, January/February 1994, p. 105–112.

[SKS]   Y. Shinagawa, T. L. Kunii, H. Sato, M. Ibusuki.: Modeling contact of two complex objects, with an application to characterizing dental articulations. Computers & Graphics, Vol. 19, No. 1, pp. 21–28, 1995.

[Z]   P. Zamperoni.: Methoden der digitalen Bildsignalverarbeitung. Vieweg, Braunschweig, 1991.

Segmenteinteilung der Leber: Operationsplanung, Therapieüberwachung und Anatomie*

H.-O. Peitgen[1], *C.J.G. Evertsz*[1], *H. Jürgens*[1] *und D. Selle*[1]**

[1] Centrum für Complexe Systeme und Visualisierung (CeVis), Universität Bremen, Kitzbühler Str. 2, D-28359 Bremen, e-mail: peitgen@mathematik.uni-bremen.de, URL: http://www.cevis.uni-bremen.de/GERMAN/Cevis/

[2] Medizinisches Zentrum für Radiologie, Universitätsklinikum Marburg, Baldingerstr., D-35043 Marburg

Abstract. This paper discusses a new diagnostic tool to support individual liver segmentation which is a prerequisite for several clinical applications, as for example in the planning of segment-oriented liver surgery.

1 Einleitung

Dieses Projekt ist Teil einer Projektfamilie, deren Zielsetzung es ist, in enger Kooperation mit radiologischen Partnern einen Beitrag für die sich rasch entwickelnde computerunterstützte Radiologie zu liefern. Im Mittelpunkt steht die Absicht, den radiologischen Diagnoseprozeß unter Einbeziehung der Anforderungen der medizinischen Routine und von Kostengesichtspunkten zu unterstützten, seine Effizienz und Effektivität zu verbessern und neue Diagnosewerkzeuge zu entwickeln.

1.1 Segmentorientierte Leberchirurgie

Die Problematik der Segmenteinteilung der Leber ist aus verschiedenen Anwendungen motiviert. Bei weitem die wichtigsten Anwendungen kommen aus der Chirurgie (Tumorresektion, TIPS= Transjugular Intrahepatic Portosystemic Shunts bei Zirrhose). Die segmentorientierte Leberchirurgie zur Resektion von Metastasen oder primären Leberkarzinomen ist prinzipiell an der funktionellen Gliederung der Leber und nicht nur an der vermuteten Ausdehnung des Tumors orientiert. Aus funktioneller Sicht gliedert sich die Leber in mehrere Segmente, von denen jedes eine separate Versorgung durch Pfortader und Leberarterien sowie eine Entsorgung durch Gallenwege besitzt. Diese drei Gefäßsysteme verlaufen zueinander eng benachbart und sind baumartig

---

* Die Planung des Projekts entstand unter Mitwirkung von Professor W.A. Kalender, Siemens Medizintechnik Erlangen, jetzt Universität Erlangen.
** Weitere Autoren: K.-J. Klose[2], R. Leppek[2], W. Spindler[1] und C. Zahlten[1]

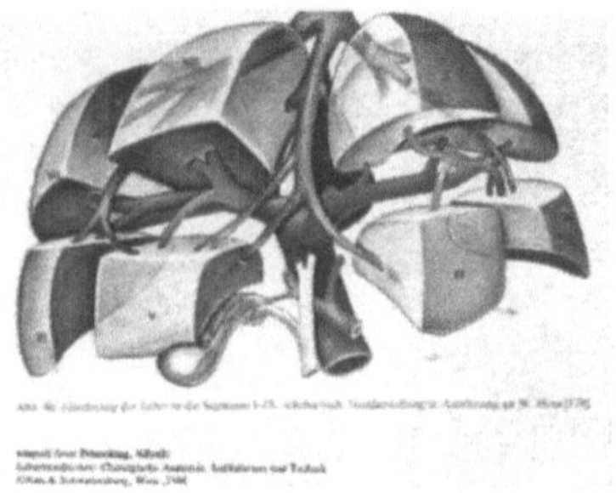

Abb. 1. Funktionelle Lebersegmentierung nach Couinaud und Bismuth.

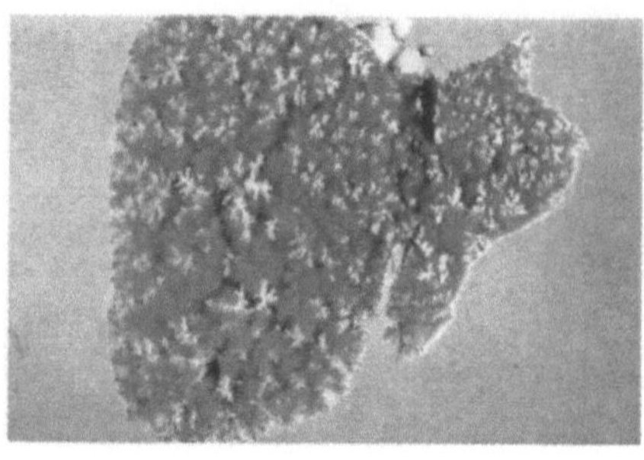

Abb. 2. Ausguß der Pfortader (rot) und des Venensystems (hellblau) (©H.J. Klotter, Marburg)

aufgebaut, wobei die hierachische Gliederung der Gefäßsysteme die verschiedenen Segmente definiert.

Die Segmentgliederung kann daher im wesentlichen aus der Verzweigung der Pfortader als Leitstruktur gewonnen werden. Ein Segment stellt also das Versorgungsgebiet eines Pfortaderastes dar, das daneben einen separaten Ast des Arterien- und Gallensystems enthält. Die Hauptäste des vierten Gefäßsystems der Leber, der entsorgenden Lebervene, liegen über weite Strecken zwischen den Segmentgrenzen und werden aus Seitenästen der angrenzenden Segmente gespeist. In Abb. 1 und 2 stellen wir die prinzipielle Segmenteinteilung nach Couinaud und Bismuth [C] einem Ausguß des Pfortadersystems einer Schafsleber gegenüber. Man erkennt deutlich, wie die Gefäßsysteme immer feiner verzweigen und ineinandergreifen.

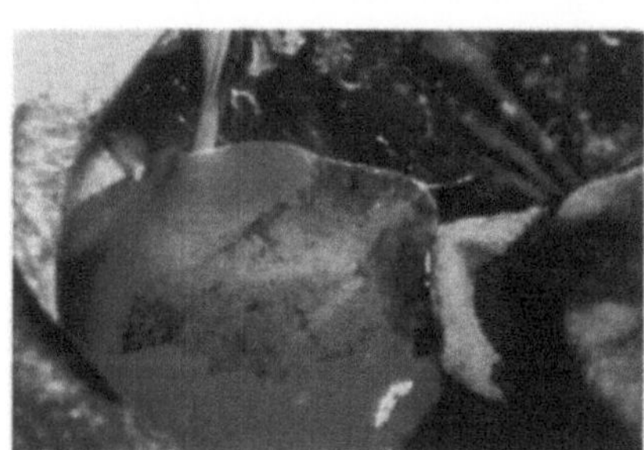

Abb. 3. Intraoperative farbliche Markierung eines Schafslebersegments (©H.J. Klotter, Marburg)

Für den Zweck der segmentorientierten Chirurgie kann man bei Kenntnis des zu entfernenden Segments unter Zuhilfenahme einer Ultraschallsonde den zugehörigen Hauptast des Pfortadersystems lokalisieren, punktieren und Farbstoff injizieren. Der Farbstoff strömt in das vom punktierten Hauptast versorgte Leberparenchym ein und markiert so das gesuchte Segment (siehe Abb. 3). Bei der auf diese Weise möglichen anatomiegerechten Segmentektomie wird eine vollständige Resektion des vom Hauptast versorgten Parenchymgebietes erreicht. Diese Vorgehensweise ist funktionserhaltend und schonend, da bei der Entfernung eines kompletten Segments einerseits keine größeren Parenchymreste ohne Verbindung zum Gefäßbaum unversorgt zurückbleiben und andererseits Nachbarsegmente als funktionelle Einheiten vollständig erhalten bleiben.

Voraussetzung hierfür ist allerdings die genaue Kenntnis des Zielsegments. Zur Diagnostik von Lebertumoren und zur Planung eines eventuellen Eingriffs werden routinemäßig CT- und MR-Aufnahmen erstellt. Im Fall der Tumorresektion bedeutet dies für den Radiologen die Aufgabe, eine Zuordnung detektierter Tumoren zu Segmenten vorzulegen, auf die sich der Chirurg verlassen und stützen kann. Die heute verfügbaren zweidimensionalen Schnittbilder vermitteln jedoch nur einen unvollständigen Eindruck der tatsächlichen 3D-Verzweigungsstruktur. Darüber hinaus ist die Aufgabe auch deshalb äußerst schwierig, weil die Gefäßsysteme einen hohen Grad von Individualität besitzen und oft pathologisch verändert sind (z.B. bei einhergehender Zirrhose). Ziel der Analyse und 3D-Visualisierung ist es deshalb, dem Chirurgen bereits präoperativ ein Optimum an Information über die intrahepatischen Gefäße, ihre Versorgungsgebiete und die Zuordnung der Tumoren zu diesen Gebieten vorzulegen. Damit können wir die Ziele des Projektes genauer formulieren:

1. individuelle, funktionale Lebersegmentanalyse;
2. Segmentzuordnung von Läsionen;
3. Computersimulation der intraoperativen Punktion und Färbung von Segmenten;
4. Segmentvolumetrie zur Abschätzung des Operationsrisikos[1];
5. Tumorvolumetrie für Therapieplanung und Überwachung;
6. Übertragung auf andere Organe (Lunge, Niere).

Der vorliegende Bericht erstreckt sich auf die Probleme (1-2) und referiert die dazu publizierten Ergebnisse [2] [J] [Z] [P] [ZJE] [LK]. Die Probleme (3-4) - wir referieren die Methoden und Ergebnisse in Abschnitt 3 - sind auf der Grundlage von (1-2) derzeit in Arbeit und noch nicht veröffentlicht, da sie noch einer nachhaltigen anatomischen und klinischen Validierung bedürfen, die allerdings eine eigenständige medizinische Forschungsanstrengung erfordert. Hierzu ist inzwischen eine Kooperation mit der Fakultät für Medizin an der Universität Genf begonnen worden. Die Probleme (5-6) sind erst im Anfangsstadium bearbeitet. Eine Prototyp-Workstation mit den Werkzeugen aus (1-3) ist am Marburger Universitätsklinikum bei Professor Klose im Einsatz. Eine weitere Installation wird in Kürze am Nordwest-Krankenhaus in Frankfurt bei Professor Meves vorgenommen.

1.2 CT-Volumendaten

Ausgangspunkt unserer Arbeit waren Spiral-CT-Portographien von Patienten am Marburger Klinikum, bei denen Verdacht auf Lebermetastasen bestand.

---

[1] Eine Resektion ist nur dann vertretbar, wenn ca. 30% des gesunden Leberparenchyms erhalten bleibt.

[2] Über diese Ergebnisse wurde auf mehreren nationalen und internationalen radiologischen Fachkongressen sowie Fachtagungen über Bildverarbeitung, wissenschaftliche Visualisierung und Computergraphik berichtet.

Die von uns verwendeten Volumendatensätze wurden mit einem Siemens Somatom Plus-S CT-Scanner aufgenommen. Um einen hohen Gefäß/Gewebe-Kontrast ausschließlich in der Pfortader zu erreichen, wurde den Patienten ein Kontrastmittel (100cc Iopamidol, 60 ml/min) gleichzeitig durch zwei Katheter in die Arteria mesenterica superior und die Arteria lienalis appliziert Abb. 4.

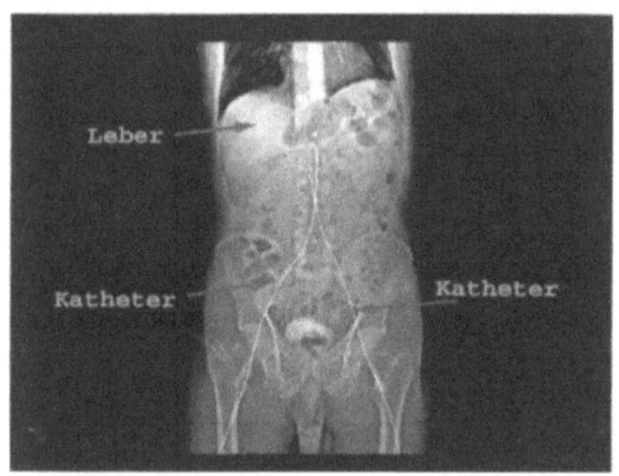

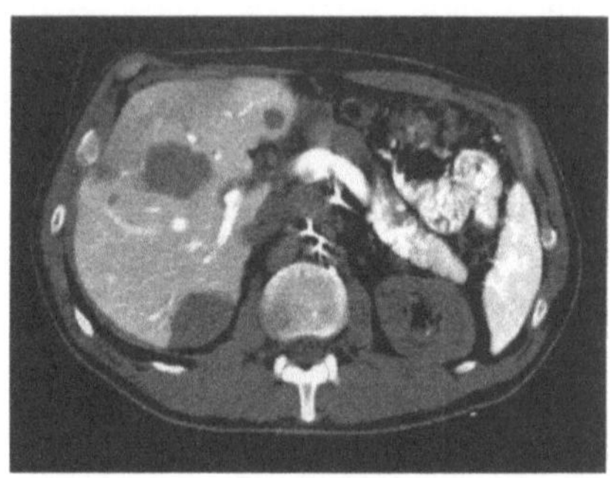

Abb. 4. Kontrastmittelapplikation bei einer CT-Portographie

Abb. 5. 2D-Schnittbild einer Spiral-CT-Portographie. Deutlich sind dunkle Metastasen und helle Pfortaderäste in der Leber (links) zu erkennen

Die Spiralaufnahme erfolgte bei 6 mm Tischvorschub, 4 mm Fächerstrahlbreite und einer Umdrehung des Fächerstrahl pro Sekunde. Aus den gewonnen Spiral-Daten wurden von der Scanner-Software circa 40 Schichtbilder mit 512×512 Bildpunkten und 4 mm Schichtabstand berechnet.

Abb. 5 zeigt eine Original-Schichtaufnahme mit kontrastierter Pfortader und dunklen Lebermetastasen. Die Bildpunktausdehnung innerhalb der einzelnen 2D-Schichtbilder entspricht etwa 1 mm. Damit ist das Ergebnis ein diskretes, anisotropes Volumen mit gleicher Sampling-Dichte in x- und y-Richtung und abweichender Dichte entlang der z-Achse. Formal ist ein Volumen durch die diskrete Abbildung $I : V \subset \mathbb{N}^3 \to \mathbb{N}$ definiert, wobei $V = [0, x_{max}] \times [0, y_{max}] \times [0, z_{max}] \subset \mathbb{N}^3$ das diskrete Gitter bezeichnet, auf dem die Daten vorliegen. Jedem Gitterpunkt v wird der durch den Datensatz (die Helligkeit repräsentierende) Intensitätswert $I(v)$ zugeordnet.

2 Pfortaderextraktion und Verzweigungsdetektion

Ein Blick auf Abb. 5 macht deutlich, daß die Daten erheblich verrauscht sind und ihre mäßige Auflösung bestenfalls für die Hauptäste eine sichere 3D-Extraktion des Pfortadergefäßsystems erlaubt. Inhalt dieses Abschnitts ist es, Methoden vorzustellen, die es möglich machen, diese "Gefäßstümpfe" aus den Volumendaten zu extrahieren, und zwar so, daß eine Markierung der einzelnen Äste unterstützt wird.

Das Verfahren [J] [Z] [ZJE] [ZJP] zur Extraktion hierarchischer Gefäßsysteme ist an numerische Kontinuitätsmethoden angelehnt und nach Art einer Welle organisiert, die sich, ausgehend von einem Startpunkt im Volumendatensatz, durch das Gefäßsystem ausbreitet. Das Verfahren arbeitet speichereffizient, da es ausreicht nur die "Wellenfront" im Hauptspeicher zu halten, um jeden Teil des Gefäßes genau einmal abzutasten und um korrekt zu terminieren. Bifurkationen werden am "Aufreißen" der Welle in mehrere Zusammenhangskomponenten erkannt. Während des Abtastens wird eine baumartige Datenstruktur angelegt, die die Topologie des individuellen Gefäßes modelliert und die eine Analyse der Verzweigungsstruktur und einzelner Teilbäume ermöglicht.

Aus CT-Daten der klinischen Routine extrahiert der Algorithmus das Gefäß bis zur dritten oder vierten Hierarchiestufe sicher. Die bei der Gefäßverfolgung gespeicherten Daten erlauben eine interaktive farbliche Differenzierung der einzeln Pfortaderäste. Die Einbettung der rekonstruierten Gefäße und farbliche Markierung von Läsionen in transparent dargestelltem Leberparenchym unterstützt die Zuordnung der zu resezierenden Läsionen zu funktionellen Segmenten und damit das Verständnis der individuellen Gefäßanatomie - insbesondere in Stereo-Ansicht - recht gut.

2.1 Objekt-Definition

Aus einem gegebenen Volumen $I : V \to \mathbb{N}$ soll eine Gefäßstruktur extrahiert werden. Dabei gehen wir davon aus, daß das betrachtete Gefäß einer Zusammenhangskomponente von einer Menge $Q \subset V$ von Voxeln entspricht, die durch eine Eigenschaft f gegeben ist (z.B. Schwellwert der Intensität in Hounsfieldeinheiten), die entscheidet, ob ein Voxel zu Q gehört oder nicht:

$$f : V \to \{0,1\}, \quad f(v) = \begin{cases} 1, \text{falls} & v \in Q \\ 0, \text{falls} & v \notin Q \end{cases}$$

Zur Definition eines geeigneten Begriffes für Zusammenhang verwenden wir die Begriffsbildung: zwei Voxel heißen $k - benachbart$, wenn sie sich in höchstens k Koordinaten (in $\mathbb{N}^3$) unterscheiden und der Unterschied in jeder der Koordinaten höchstens 1 beträgt. Eine Menge Q von Voxeln heißt dann $k - wegzusammenhängend$, wenn es für jedes Voxelpaar u, v einen Pfad $k - benachbarter$ Voxel von u nach v gibt, der vollständig in Q liegt. Zur Gefäßrekonstruktion wählen wir $k = 3$, d.h. jedes Voxel besitzt 26 Voxel, die $3 - benachbart$ sind. Die Wahl $k = 3$ ist sowohl für die Wellenausbreitung wie auch für die Verzweigungsdetektion entscheidend und reduziert zudem auftretende Verzweigungsartefakte. Damit ist ein Objekt durch einen Startpunkt $q_0 \in Q$ und seine 3-Wegzusammenhangskomponente $S \subset Q$ gegeben.

2.2 Rekonstruktionsverfahren

Das Verfahren generiert eine voxelbasierte Rekonstruktion des zusammenhängenden Objektes S (im Gegensatz zu einer polygonalen Approximation der Oberfläche). Deshalb läßt sich ein extrahiertes (Teil-) Gefäß leicht in dem Originaldatensatz markieren und damit in das Lebergewebe eingebettet visualisieren. Außerdem soll die Wellenausbreitung entlang des zu extrahierenden Gefäßes das gesamte Gefäßvolumen ausschöpfen und ist so gesteuert [ZJP], daß sie senkrecht zur lokalen Gefäßverlaufsrichtung erfolgen. Damit wird es möglich, Gefäßparameter (wie z.B. Durchmesser oder Abstände zwischen Verzweigungen) korrekt zu berechnen.

Ausgehend von einem Startvoxel, das vom Benutzer interaktiv durch Blättern in den CT-Schichten zu wählen ist (Pfortadereingang), wird in jedem Schritt des Verfahrens eine aktuelle "Frontwelle" bestimmt, die anschliessend auf ihren 3-Wegzusammenhang überprüft wird. Zerfällt sie in mehrere Komponenten, so hat sie eine Verzweigung durchlaufen. Der genaue Abtastvorgang, der Zusammenhangstest, die Verwendung lokaler Richtungsinformation für die Adaption der Welle und die verwendeten Datenstrukturen, die mitentscheidend für das Zeitverhalten sind, werden in [ZJP] ausgeführt. Um sicher zu stellen, daß jedes Voxel von S genau einmal abgetastet wird, wird vom Algorithmus eine Liste sämtlicher Voxel, die sich in der aktuellen "Wellenfront" befinden, im Speicher gehalten. D.h., die Liste enthält in jedem Schritt alle bis dahin gefundenen Voxel, deren Nachbarn noch nicht vollständig auf Objektzugehörigkeit überprüft wurden. Für jedes Voxel in der Liste wird markiert, über welche 3-benachbarten Nachbarn es während des Abtastvorgangs gefunden wurde. Die Markierungen bewirken in Analogie zu den Kontinuitätsverfahren der simplizialen Topologie [AG] ein gerichtetes Fortschreiten der Abtastwelle und verhindern, daß die Welle zu Voxeln, die bereits abgetastet wurden, zurückkehrt.

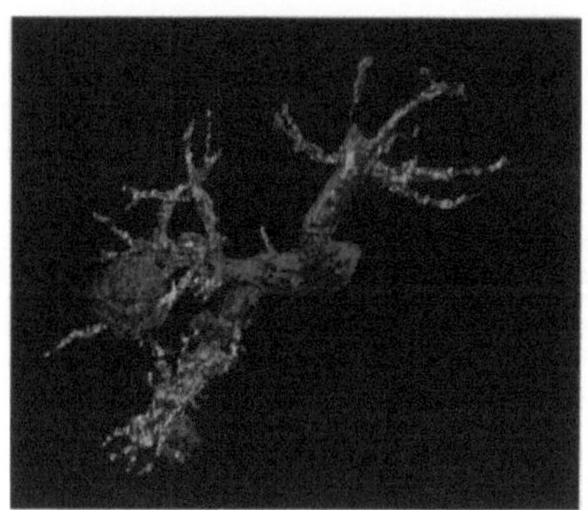 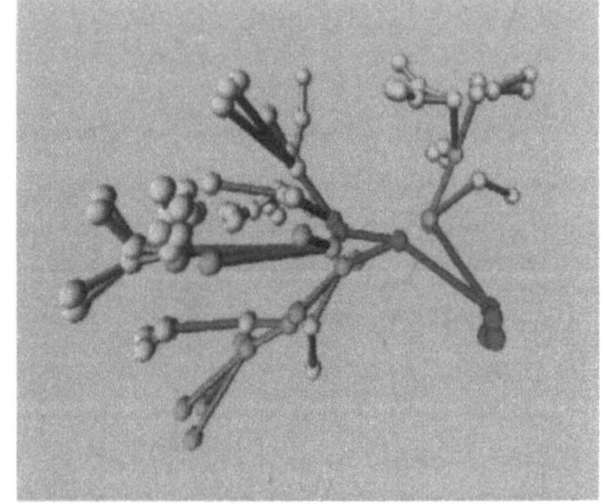

Abb. 6. Extrahiertes Pfortadergefäßsystem bis zur dritten/vierten Hierarchiestufe mit gefärbten Hauptästen

Abb. 7. Symbolischer Baum des extrahierten Systems.

Da das Verfahren Zusammenhangskomponenten erkennt, können die Voxel entsprechend der Verzweigungsstruktur hierarchisch markiert und entsprechend gefärbt werden (Abb. 6). Das Verfahren erlaubt gleichzeitig den Aufbau einer baumartigen Datenstruktur, die Informationen über die Koordinaten der Verzweigungspunkte, den lokalen Gefäßdurchmesser, die lokale Richtung der Welle sowie weitere technischen Details des Algorithmus enthält. Mit dieser Datenstruktur läßt sich beispielsweise ein symbolischer 3D-Baum generieren (Abb. 7), der die Topologie des Gefäßes repräsentiert.

2.3 Ergebnisse

In der gewählten Anwendung der Pfortaderextraktion aus CT-Daten genügt zunächst ein einfaches Schwellwertkriterium zur Trennung der kontrastmittelangereicherten Pfortader vom umgebenden, dunkleren Leberparenchym. Für alle bisher durchgeführten Rekonstruktionen hat sich eine Schwelle von etwa 200 Hounsfieldeinheiten bewährt. In Erprobung sind speziellere Objektkriterien, wie etwa lokale Filter zur Hervorhebung von Linienstrukturen.

Zum Ausgleich des hohen Schichtabstandes wurden in die anisotropen Volumendaten zusätzliche Zwischenschichten linear interpoliert und in jedem Volumenfenster von $3 \times 3 \times 3$ Voxeln wurde für den zentralen Voxelwert zur Rauschunterdrückung eine Medianfilterung verwendet.

Interaktives Rotieren der Ansichten läßt erkennen, welche Pfortaderäste in der Nähe der einzelnen Metastasen verlaufen oder sie berühren. Tumore stimulieren gewöhnlich eine Vaskularisierung, d.h. schaffen sich ihr eigenes Versorgungssystem, das hier an das arterielle System angebunden ist. Deshalb reichern die Metastasen über das Pfortadersystem zunächst kein Kontrastmittel an. Da das arterielle System praktisch parallel zum Pfortadersystem verläuft, ist durch die Nachbarschaftsbeziehung der Metastasen zu Pfortaderästen eine Segmentzuordnung möglich.

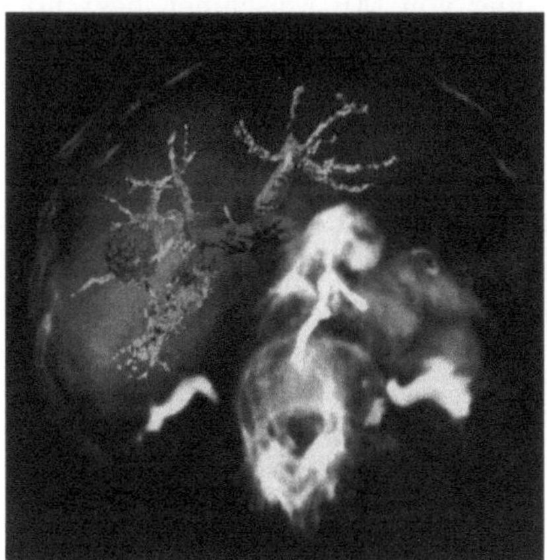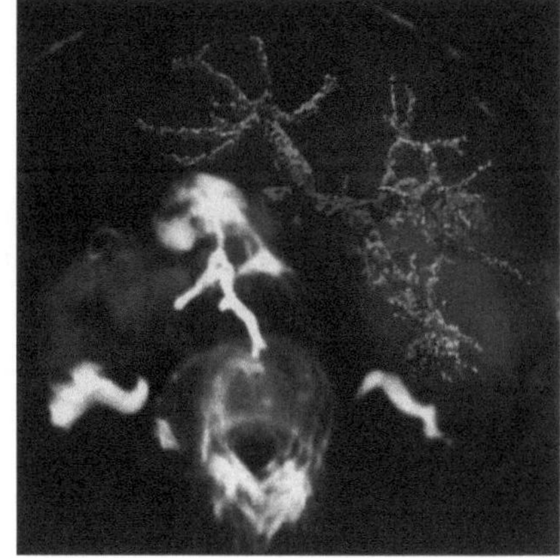

Abb. 8. Zwei Ansichten des extrahierten Gefäßes eingebettet in transparentes Leberparenchym zusammen mit markierten Metastasen

Eine vollkommene Darstellung der Versorgungsgebiete der Hauptäste zum Zweck der sicheren Zuordnung von Läsionen durch weitergehende Verfolgung der Gefäße auf der Grundlage der Volumendaten ist leider nicht möglich (zu großer Schichtabstand 4 mm). Deshalb betrachten wir im nächsten Abschnitt Modelle, die auf der Grundlage der sicher extrahierten ”Gefäßstümpfe” die zugeordneten Parenchymsegmente modellieren und eine Darstellung erlauben, die einer Computersimulation der intraoperativen Färbung von Segmenten (siehe Abb. 3) entspricht.

Für die klinische Routine ist das Zeitverhalten der unterstützenden Werkzeuge ein nicht zu vernachlässigender Gesichtspunkt, der deshalb besondere Aufmerksamkeit erforderte. Auf einer Silicon Graphics Indigo II Workstation benötigt die Pfortaderrekonstruktion aus einem CT-Datensatz mit 40 Schichten zu je 512×512 Pixeln und 2 Byte Datenumfang pro Pixel etwa 16 Sekunden. Danach kann man das Gefäß interaktiv einfärben und analysieren. In einer Klinikumgebung, wie sie zur Zeit bei den Projektpartnern installiert ist, liegen die mittleren Rekonstruktionszeiten in einem für die Routine akzeptablen Bereich.

3 Segmenteinteilung des Parenchyms

Für die Leberchirurgie ist eine Methode, die der eingangs geschilderten intraoperativen Färbung von Segmenten entspricht, sehr erwünscht. Die naheliegende Idee, eine Computerunterstützung dieser Methode dadurch zu erreichen, daß man die Gefäße der Pfortader soweit zu extrahieren versucht, bis sie ein Segment vollständig darstellen, ist nicht erfolgversprechend. Dazu müßten die CT-Datensätze eine derzeit völlig unrealistische Ortsauflösung bieten (insbesondere einen geringeren Schichtabstand, der ungefähr eine Größenordnung unter dem derzeit üblichen liegt; Probleme: erheblich erhöhte Strahlenbelastung, Bewegungsartefakte). Die Auflösung von MR-Maschinen liegt noch weit unter der von CT-Maschinen. Außerdem fließt das applizierte Kontrastmittel nach relativ kurzer Zeit in die Lebervenen über, so daß Artefakte unvermeidlich sind.[3]

Für das Ziel, eine präoperative *individuelle* Segmentmarkierung des Leberparenchyms (siehe Abb. 3) zu erreichen, haben wir bisher zwei alternative Wege beschritten. Den Methoden ist gemeinsam, daß sie auf den extrahierten individuellen Gefäßstümpfen (Pfortader bis zur dritten oder vierten Verzweigung) aufsetzen, die mit den obigen Methoden sicher in der klinischen Routine

---

[3] Dies ist eben ein typischer Unterschied zwischen in-vitro- und in-vivo-Methoden. An Präparaten läßt sich unter wissenschaftlich ausgefeilten Laborbedingungen vieles möglich machen, was für die Anatomie und die Entwicklung von Methoden sehr wichtig ist (siehe z.B. den Anatomieatlas Voxelman [HS]). Für die medizinische Praxis liegt die Betonung aber auf Methoden, die unter Routinebedingungen patientenschonend eingesetzt werden können. Diese Diskrepanz zwischen lebenden Organen und Präparaten ist der Anlaß für manche methodische Fehleinschätzung und unerfüllbare Hoffnungen.

erreicht werden können. Voraussetzung für beide Methoden ist die Tatsache, daß unsere Rekonstruktionsmethoden aus Abschnitt 2 nicht nur die Gefäße extrahieren, sondern auch automatisch die Hierarchie der Äste markieren.

Da es bislang keinerlei Kenntnisse über den Strukturbildungsprozeß gibt, der dem Wachstum von Gefäßbäumen zugrunde liegt, müssen unsere nachfolgenden Modelle noch als spekulativ angesehen werden. Ihre Brauchbarkeit im Sinne der Problemstellung kann deshalb zur Zeit alleine daran gemessen werden, ob sie zu anatomisch korrekten Resultaten führen.

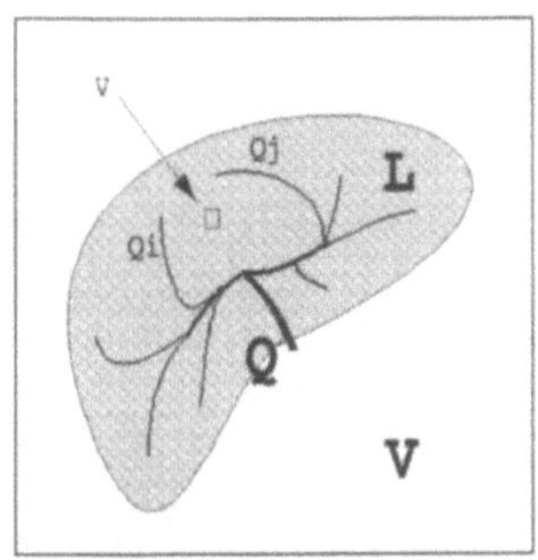

Abb. 9. Prinzipskizze

Die Problemstellung, die beiden Segmenteinteilungsmodellen zugrunde liegt, kann man wie folgt formulieren: Nehmen wir an, daß in dem Volumendatensatz V die individuelle Voxelmenge L, die das gesamte Lebervolumen darstellt, gefunden ist. Derzeit wird die Bestimmung von L in unserem Labor noch von Hand durchgeführt. Methoden für eine automatische Findung sind in Entwicklung (z.B. Snakes: auf Potentialtheorie beruhende Konturmodelle, welche ausgehend von einer manuell einzugebenden Grobkontur die echte Objektkontur automatisch finden).

Weiterhin sei Q die Voxelmenge, die den individuellen Gefäßstumpf der Pfortader darstellt. Der Gefäßstumpf Q enthält die Couinaud-Äste $Q_i \subset Q$, die mit dem Verfahren aus Abschnitt 2 extrahiert und markiert werden können (vgl. Abb. 9). Gesucht ist eine Methode, die jedem Lebervoxel $v \in L$ eine Segmentnummer $i \in \{I, ..., VIII\}$ patientenindividuell und anatomisch richtig zuordnet, also eine Abbildung $g : L \rightarrow \{I, ..., VIII\}$, die das Versorgungsgebiet von Q_i determiniert. Diese Information kann aus Gründen mangelnder Auflösung mit Sicherheit nicht direkt aus den Daten gezogen werden. Deshalb schlagen wir vor, die Abbildung auf der Grundlage von Modellen zu wählen, in die als Patientenindividualität allerdings L und Q eingehen.

3.1 Potential-Modell: Laplace Approximation der Segment Anatomie (LASA)

Unser erstes Modell ist durch die Strukturbildung im Zusammenhang mit Laplaceschen Fraktalen [EPV] [AF] [BH] inspiriert. D.h. wir schätzen die Lebersegmente auf der Grundlage individuell extrahierter Gefäßstümpfe durch ein Modell, das für die Verteilung der Gefäßfeinstruktur auf der Basis eines Stumpfes ein Potential annimt. Diese Annahme ist zu diesem Zeitpunkt rein spekulativ und selbst die Tatsache, daß sie zu bemerkenswert anatomisch korrekten Segmentschätzungen führt, bedeutet nicht, daß die Ausbildung der Gefäßstrukturen einem Potential folgt.

In diesem Modell schätzen wir die Segmente dadurch, daß ein Lebervoxel v von demjenigen Ast Q_i des individuellen Gefäßstumpfes versorgt wird, dessen Feldlinie von v zu Q_i führt. D.h. wir bestimmen $g = g_{Q,pot} : L \rightarrow \{I, ..., VIII\}$ wie folgt:

Wir lösen in V die Laplace-Gleichung

$$\begin{cases} \Delta\phi = 0 \\ \text{mit den Randbedingungen} \\ \phi(v) = 1 \text{ für } v \in Q_i \text{ und } \phi(v) = 0 \text{ für } v \notin L. \end{cases}$$

Die Abbildung $g_{Q,pot}$ wird dann wie folgt bestimmt:

Das Potential $\phi(v)$ definiert eine Raumkurve $s(t)$ in L mit $\dot{s}(t) = \nabla\phi(s(t))$, d.h. $s(t)$ verläuft in Richtung des Gradientenfeldes $\nabla\phi(v)$. Wir folgen $s(t)$ mit Startvoxel $s(t_0) = v$ bis $s(t)$ auf Q_i landet. Da die Voxel in Q_i markiert vorliegen, können wir dann $g_{Q,pot}(v) = i$ setzen.

Natürlich wirft dieser Ansatz eine Reihe delikater numerischer Probleme auf, auf deren Überwindung wir hier nicht eingehen.

3.2 Nächste-Nachbarn-Modell

Ein weiteres Modell für g, das konkurrierend betrachtet wurde, stützt sich auf die ebenfalls spekulative Hypothese, daß v von demjenigen individuellen Ast Q_i versorgt wird, der v räumlich am nächsten liegt. D.h. wir bestimmen $g = g_{Q,nN}$ (nN = nächster Nachbar) wie folgt:

$$g_{Q,nN}(v) = i,$$
falls $w^* \in Q_i$ und w^* löst $\min\{\| v - w \| \mid w \in Q_j, j \in \{I, ..., VIII\}\}$.

Für die Implemetierung wurde um jedes $v \in L$ eine Kugel gelegt und diese solange "aufgeblasen", bis Q erreicht wurde. Da die Äste von Q, wie in Abschnitt 2 beschrieben, markiert vorliegen, ist damit $i \in I, ..., VIII$ bestimmt.

3.3 Ergebnisse und Vergleich der Modelle

Beide Modelle wurden für die Parenchymsegmentierung an Patientendaten verwendet, um zu prüfen, ob damit im Prinzip eine präoperative Segmentmarkierung möglich ist, auf die dann weitere präoperative Risikoabschätzungen (z.B. relative Volumenbestimmung des zu resezierenden Segments; individuelle Operationsstrategie) sowie neue Methoden der Evaluation bei nichtinvasiver Tumortherapie aufgesetzt werden können. Abb. 10 zeigt einen Fall nach der Potentialmethode.

Um die Methoden zu evaluieren, stehen allerdings umfangreiche anatomische Arbeiten an, die es z.B. erfordern, eine Reihe von Präparaten (Ausgüsse von Pfortadern) herzustellen und mit einem CT so aufzunehmen, daß die Methoden und Modelle getestet und verglichen werden können. Außerdem

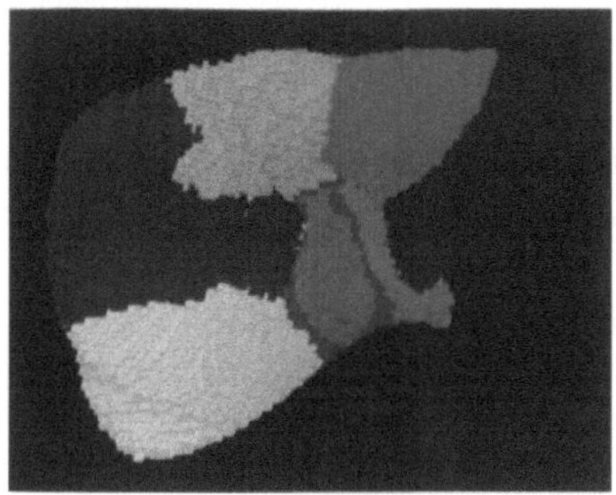 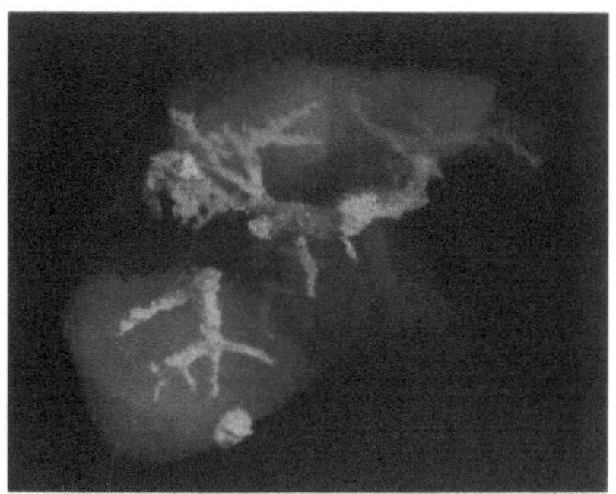

Abb. 10. Links: Segmentmarkierung nach der Potentialmethode; rechts: Segmentierte Leber mit eingebetteter Pfortader und Metastasen. Die Segmentzugehörigkeit der Metastasen ist deutlich erkennbar.

müssen die Methoden noch erheblich numerisch beschleunigt werden. Darüber hinaus muß für die Nutzung in der Routine eine Lösung für das Problem einer sicheren, automatischen Segmentierung des gesamten Lebervolumens aus dem Volumendatensatz gefunden werden.

Es ist klar, daß die Modellrekonstruktionen umso genauer die wirklichen Segmente approximieren, je tiefer die Gefäßstümpfe in ihrer Verzweigungshierarchie extrahiert werden können. Unsere Experimente geben Anlaß zu der Hoffnung, daß tatsächlich eine Verzweigungstiefe von individuell rekonstruierten Gefäßstümpfen bis zur dritten oder vierten Hierachie für eine Modell-basierte Parenchymsegmentieung nach der Potential-Methode ausreichend sein könnte. Sollte diese Beobachtung bestätigt werden, bedeutet dies, daß die Gefäßarchitektur gut durch ein Potentialmodell approximiert werden kann. Dies hätte zweifellos weitreichende Konsequenzen für das anatomische Grundlagenverständnis von Gefäßstrukturen und Vaskularisierungsprozessen.

Im Augenblick steht uns in Bremen für die Bewertung der Methoden nur ein geeignetes Präparat zur Verfügung, das von dem GSF-Institut für Inhalationsbiologie [SST] hergestellt wurde[4] und am Klinikum der Universität Marburg mit einem CT aufgenommen wurde. Es handelt sich um den Ausguß des Bronchialgefäßsystems einer Hundelunge. Da es sich um ein Präparat handelt, konnte die CT-Aufnahme mit entsprechend hoher Auflösung hergestellt werden, so daß eine sehr feine Rekonstruktion im Sinne der Gefäßextraktion (Gefäßverfolgung) nach Abschnitt 2 möglich war. Damit können Segmente bzw. Lappen sicher rekonstruiert werden und geben so eine verläßliche Referenz für die Güte der Segmentrekonstruktion auf Grundlage des Potential- oder des Nächste-Nachbarn-Modells. Die Brauchbarkeit der Modellhypothesen wird nun wie folgt vorgestellt:

---

[4] Notiz nach Fertigstellung der Arbeit: Dazu haben wir die Modelle an 12 Leberpräparaten in einer neuen Kooperation mit PD Dr. med. Fasel von der Fakultät für Medizin an der Universität Genf überprüft.

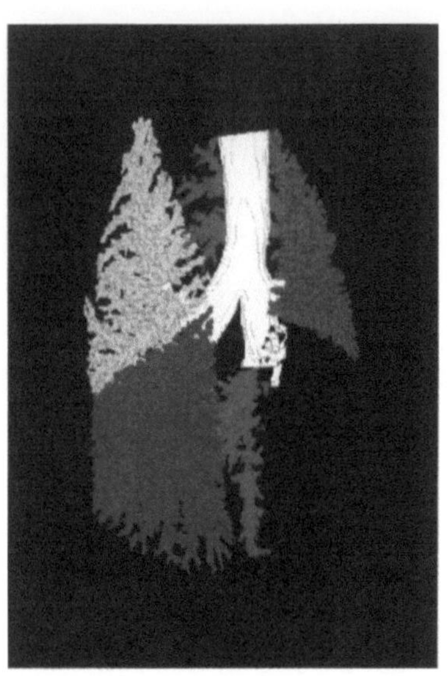

Abb. 11. Bronchialsystem einer Hundelunge rekonstruiert aus CT-Volumendaten basierend auf einem Präparat von dem GSF-Institut für Inhalationsbiologie [SST].

Abb. 11 zeigt die Atemwege rekonstruiert mit dem Gefäßverfolgungsalgorithmus aus Abschnitt 2. Bei geeigneter Setzung des Schwellwertes (ca. -880 Hounsfield-Einheiten) erhält man ein relativ tief verzweigtes System, an dem die Segmente bzw. Lappen leicht erkannt werden. Abb. 12 zeigt zwei Experimente zum Potential-Modell. In Abb. 12(a) sehen wir die mit dem Gefäßverfolgungsverfahren zum Schwellwert von ca. -520 extrahierten Atemwege. Hier ist die Verzweigungstiefe wesentlich geringer als in Abb. 11. In Abb. 12(b) zeigen wir die Segmentbestimmung nach der Potentialmethode, die auf die Atemwegsstümpfe aus (a) gestützt ist. Der Vergleich mit den Referenzsegmenten in Abb. 11 zeigt eine sehr befriedigende Übereinstimmung. In Abb. 12(d) zeigen wir die mit dem Gefäßverfolgungsverfahren zum Schwellwert von ca. -20 extrahierten Atemwege.

Jetzt ist die Verzweigungstiefe sehr herabgesetzt und entspricht in etwa der Verzweigungstiefe von Gefäßstümpfen von sicher extrahierten Pfortadern in Lebern in vivo. Abb. 12(e) zeigt die auf solchen Stümpfen basierende Segmenteinteilung der Lunge nach der Potential-Methode. Immer noch ist eine sehr vielversprechende Übereinstimmung mit den Lappen aus Abb. 11 erkennbar, wenn auch der nach unten weisende dünne Lappen (E) deutlich schlechter getroffen ist. In den Abb. 12(c) und 12(f) zeigen wir die entsprechenden Experimente zur Nächste-Nachbarn-Methode.

Während die Abb. 12 einen visuellen Eindruck von der Korrektheit der rekonstruierten Segmentarchitektur vermittelt, wird abschließend in Tabelle 1 eine quantitative Bewertung vorgestellt, die sich auf die Volumenverteilung relativ zu den Referenzvolumina bezieht.

---

[5] Um die Signifikanz der Zahlen abzuschätzen, betrachten wir z.B. den Referenzlappen A in Abb. 11. Dieser Lappen ist etwa $10cm$ hoch, $5cm$ breit und $8cm$ tief. Sehen wir diesen Lappen als Quader an, so ergibt sich ein Volumen von $400cm^3$. Nehmen wir an, daß bei der Approximation Fehler auftreten, die die Lappenoberfläche um eine Voxelschicht aufblähen bzw. schrumpfen lassen, dann ergibt sich bei einer Voxelgröße von $1mm \times 1mm \times 2mm$ ein Volumenfehler von ungefähr ± 10%.

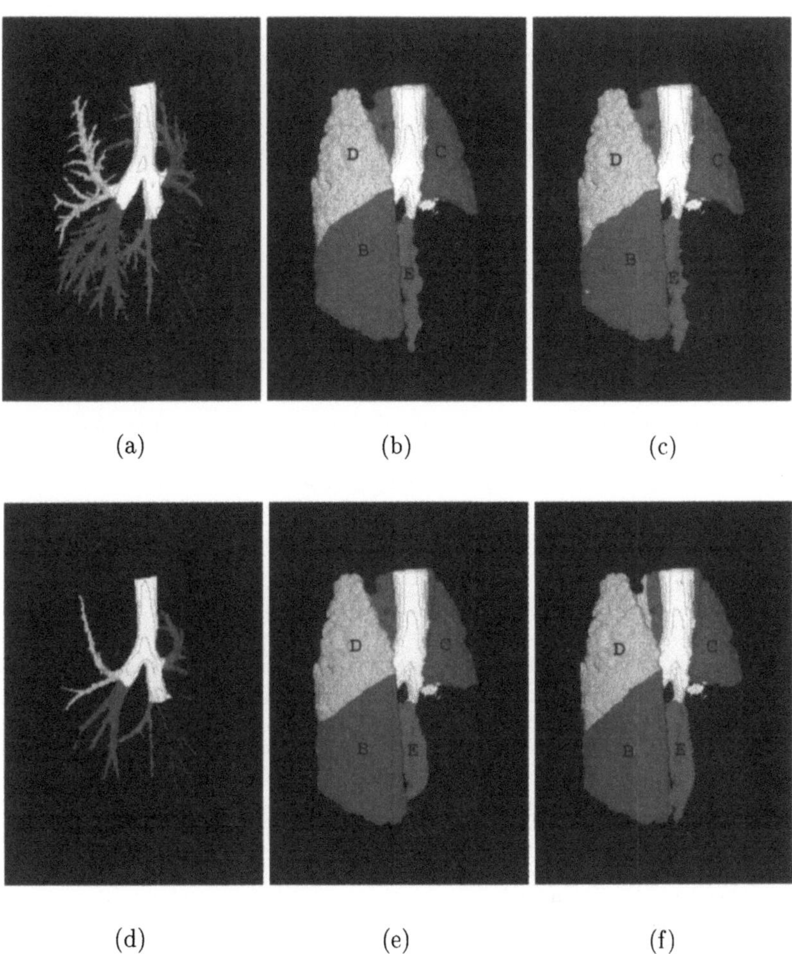

(a)   (b)   (c)

(d)   (e)   (f)

Abb. 12. (a) Gefäße nach Gefäßverfolgung extrahiert, Schwellwert -520; (b) Segmentbestimmung nach Potentialmethode gestützt auf Gefäßstumpf in (a); (c) entsprechende Segmentbestimmung nach Nächste-Nachbarn-Methode; (d) Gefäße nach Gefäßverfolgung extrahiert, Schwellwert -20; (e) Segmentbestimmung nach Potentialmethode gestützt auf Gefäßstumpf in (d), (f) entsprechende Segmentbestimmung nach Nächste-Nachbarn-Methode.

Literatur

[AF]   Aharony, A., Feder, J. (eds.): *Fractals in Physics*. Physica D 38 (1989).

[AG]   Allgower, E.L., Georg, K.: *Numerical Continuation Methods. An Introduction*. Springer-Verlag, Berlin 1990.

[BH]   Bunde, A., Havlin, S. (eds.): *Fractals and Disordered Systems*. Springer-Verlag, Berlin, 1991.

[C]   Couinaud, L.: *Le Foie - Etudes anatomiques et chirurgicales*. Masson, Paris, 1957.

Lappen in Abb. 11	Volumenübereinstimmung der Lappen relativ zum Gesamtvolumen der Lappen in Abb. 11									
	Lappen in Abb. 12(b)					Lappen in Abb. 12(c)				
	A	B	C	D	E	A	B	C	D	E
A	95%	0%	1%	0%	4%	95%	0%	1%	1%	4%
B	0%	94%	0%	3%	3%	0%	92%	0%	3%	4%
C	1%	0%	99%	0%	0%	1%	0%	99%	0%	0%
D	0%	1%	0%	99%	0%	0%	0%	0%	100%	0%
E	12%	5%	0%	0%	84%	12%	2%	0%	0%	86%
	Lappen in Abb. 12(e)					Lappen in Abb. 12(f)				
	A	B	C	D	E	A	B	C	D	E
A	91%	0%	2%	0%	7%	90%	0%	2%	0%	8%
B	0%	97%	0%	3%	1%	0%	92%	0%	4%	3%
C	3%	0%	97%	0%	0%	4%	0%	89%	7%	0%
D	0%	1%	0%	99%	0%	0%	1%	0%	99%	0%
E	10%	10%	0%	0%	81%	5%	6%	0%	0%	90%

Tabelle 1. Quantitativer Vergleich der Volumenübereinstimmungen. Die Zahlen geben an, zu wieviel Prozent sich die Referenzlappen in Abb. 11 mit approximierten Lappen in Abb. 12 decken. Der relative Fehler beträgt etwa 10%[5].

[EPV] Evertsz, C.J.G., Peitgen, H.-O., Voss, R.F. (eds.): *Fractal Geometry and Analysis*. The Mandelbrot Festschrift, Curaçao 1995, World Scientific (1996)

[HS] Höhne,K.-H. und Springer-Verlag: *VOXEL-MAN, Part1: Brain and Skull, Version 1.0*. Springer-Verlag Electronic Media, Heidelberg 1995.

[J] Jürgens, H.: *Optimierte Oberflächenabtastung mit orientierten Kubusketten*. In: Jürgens, H., Saupe, D. (eds.): *Visualisierung in Mathematik und Naturwissenschaften*. Springer-Verlag, Berlin 1989 (pp. 53-66).

[LK] Leppek, R., Klose K.J.: *3D-Darstellung der Leber*. Radiologe 35, 769-777, 1995.

[P] Peitgen, H.O.: *Rekonstruktion von Gefäßsystemen aus CT-Daten*. Therapie-Woche 45, 144-148, 1995.

[SST] Schulz., A., Schulz, H., Takenaka, S., Heyder, J.: GSF-Forschungszentrum für Umwelt und Gesundheit, Institut für Inhalationsbiologie, Oberschleißheim

[Z] Zahlten, C.: *Piecewise Linear Approximation of Isovalued Surfaces*. In: Post, F.H., Hin, A. (eds.): *Advances in Scientific Visualization*. Springer-Verlag, Berlin 1992.

[ZJE] Zahlten, C., Jürgens, H., Evertsz, C.J.G., Leppek, R., Peitgen, H.-O., Klose, K.J.: *Portal Vein Reconstruction Based on Topology*. European Journal of Radiology 19, 96-100, 1995.

[ZJP] Zahlten, C., Jürgens, H., Peitgen, H.-O.: *Reconstruction of Branching Blood Vessels From CT-Data*. In Göbel, M., Müller, H., Urban, B. (Hrsg.): Visualization in Scientific Computing, Springer-Verlag, Wien, 41-52, 1995.

Schallpyrometrie

F. Natterer[1], H. Sielschott[1] und W. Derichs[2]

[1] Institut für Numerische und instrumentelle Mathematik, Einsteinstr. 62,
48149 Münster, e–mail: frank.natterer@math.uni-muenster.de
URL: http://wwwmath.uni-muenster.de/math/inst/num/inst/natterer
[2] RWE Energie AG, Abt. KF-F, KW Niederaußem, Postfach 1461, 50104 Bergheim

Abstract. Acoustic pyrometry is a temperature measuring technique, suitable for obtaining temperatures in large furnaces. Its measurements can be used to calculate temperature distributions in the measuring plane by mathematical reconstruction. This paper describes the conditions in the combustion chamber of a brown coal utility boiler and the measuring techniques used thus far. Exemplary results of temperature measurments by acoustic pyrometry at different operation modes are presented.

Using acoustic pyrometry 24 measuring paths are obtained. Along each path the mean temperature in the flue gas can be determined by measuring the propagating time of a sound signal. The reconstruction of a continuous temperature distribution from 24 mean temperatures is a tomographic problem with extremly few data. The tomographic problem was satisfactorily solved with Collocation-Algorithms. Nevertheless, due to the dearth of data only distributions with coarse details could be reconstructed.

Attaining additional data by increasing the number of measuring devices is not feasible for both financial and technical reasons. However, the complete time resolved sound signal can be used to compute a more detailed reconstruction by solving an inverse problem for the wave equation. Finally, reconstructions calculated by collocation algorithms and the solutions of the inverse problem of the wave equation are compared.

Einleitung

Die Schallpyrometrie ist ein berührungsloses Temperaturmeßverfahren, das für die Temperaturbestimmung in großen Feuerräumen geeignet ist und dessen Meßdaten mit Hilfe von mathematischen Rekonstruktionsverfahren zur Berechnung von Temperaturverteilungen in einer Feuerraumebene genutzt werden können.

Im Aufsatz werden die Bedingungen im Feuerraum eines Braunkohlekraftwerkskessels und bisher unter diesen Bedingungen eingesetzte Temperaturmeßverfahren sowie das akustische Temperaturmeßverfahren beschrieben und beispielhaft Ergebnisse aus Temperaturmessungen mit der Schallpyrometrie bei unterschiedlichen Betriebseinstellungen des Kraftwerkskessels vorgestellt.

Beim Einsatz der Schallpyrometrie erhält man in der Meßebene 24 Meßpfade entlang derer durch Laufzeitmessung von Schallsignalen die Durchschnittstemperatur des durchschallten Rauchgases bestimmt wird. Die Rekonstruktion einer steten Temperaturverteilung aus den 24 Meßdaten führt zu einem *Tomographieproblem* mit extrem wenigen Daten. Dieses konnte zufriedenstellend mit Kollokationsverfahren gelöst werden. Allerdings können mit diesen Werten wegen der extrem wenigen Daten nur sehr detailarme Bilder erzeugt werden.

Da eine größere Anzahl von Meßgeräten aus finanziellen und baulichen Gründen nicht realisierbar ist, kann die Auflösung nur durch eine bessere Nutzung der gesamten zeitaufgelösten Eingangssignale erhöht werden. Hierfür muß ein *inverses Problem zur Wellengleichung* gelöst werden.

Abschließend werden Bildrekonstruktionen aus den Lösungen des Tomographieproblems und des inversen Problems der Wellengleichung verglichen.

1 Temperaturmessung in Feuerräumen

Die Temperatur ist einer der wichtigsten Parameter zur Charakterisierung des Verbrennungsprozesses. Deshalb erfordern die Ansprüche, die bezüglich Wirkungsgrad, Verfügbarkeit, Betriebsverhalten und umweltrelevanter Emissionen an den Verbrennungsprozeß in Feuerungen moderner Kraftwerkskessel gestellt werden, eine möglichst umfassende Kenntnis der Feuerraumtemperatur.

Die Ansprüche an die Temperatur im Feuerraum sind widersprüchlich. Einerseits gewährleisten hohe Temperaturen eine sichere Zündung und ein vollständiges Ausbrennen des Brennstoffes. Andererseits dürfen Grenztemperaturen bezüglich der Werkstoffbelastbarkeit und der Ascheschmelzpunkt nicht überschritten werden. Der Verlauf der Temperatur muß im gesamten Feuerraum so eingestellt werden, daß umweltrelevante Emissionen möglichst gering sind.

Temperaturverteilungen mit örtlich zu hohen oder zu niedrigen Temperaturen, die Ursache für ein ungünstiges Betriebsverhalten des Kraftwerkskessels sein können, müssen schnell erkannt werden, um mit den technischen Möglichkeiten zur Steuerung des Verbrennungsprozesses Gegenmaßnahmen einzuleiten.

Die Wirkung der eingeleiteten Maßnahmen muß mit geringer Verzögerung beurteilt werden können, um – falls erforderlich – weitere Korrekturen in der Feuerungsführung vornehmen zu können.

Die schwierigen Bedingungen im Feuerraum schränken den Einsatz herkömmlicher Techniken zur Temperaturmessung erheblich ein. Der Feuerraum eines 600 MW-Braunkohlekraftwerkskessels hat einen Querschnitt von 20 m × 20 m und ist ca. 60 m hoch, siehe Abb. 1. Im Feuerraum herrschen Temperaturen bis 1 300 °C in einer mit Brennstoff- und Aschepartikeln beladenen Rauchgasatmosphäre.

Bisher werden für Temperaturmessungen in großen Feuerräumen Absaugepyrometer und Strahlungspyrometer eingesetzt.

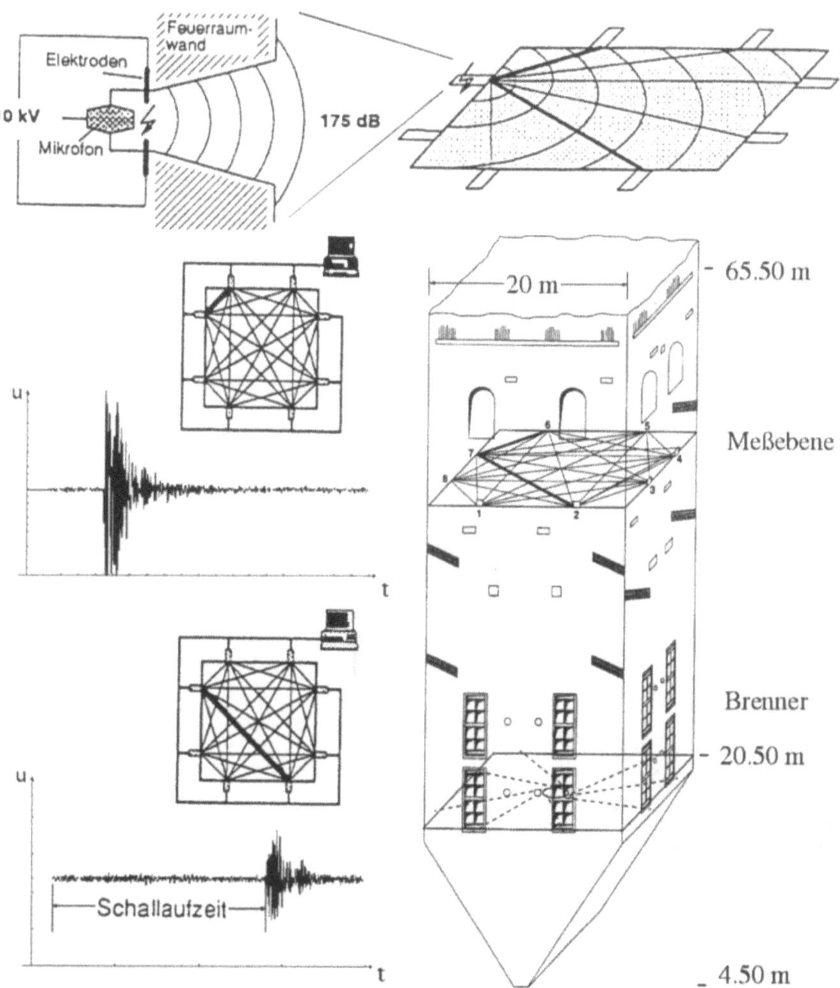

Abb. 1. Akustische Temperaturmeßtechnik im Feuerraum eines 600 MW Braunkohlekraftwerkskessels mit typischen Eingangssignalen für den Schalldruck u bei kurzen und langen Meßstrecken.

Strahlungspyrometrie. Das Strahlungspyrometer wird, meist in Form eines Handgerätes, an Feuerraumluken eingesetzt, um aus der Intensität der Strahlung aus dem Feuerraum bei verschiedenen Wellenlängen qualitativ die Feuerraumtemperatur zu bestimmen. Obwohl das Strahlungspyrometer streng genommen nur zur Bestimmung der Oberflächentemperatur von Festkörpern geeignet ist, kann es dennoch bei Einhalten identischer Meßbedingungen zur qualitativen Beurteilung des Temperaturverhaltens im partikelbeladenen Rauchgas eines Feuerraumes genutzt werden.

Absaugepyrometrie. Die bisher zuverlässigste Methode, Temperaturen im Feuerraum zu messen, ist die Absaugepyrometrie. An der Spitze einer wassergekühlten Lanze ist ein Thermoelement angebracht, das durch zwei Keramikhülsen doppelt gegen Strahlung abgeschirmt ist. Mit einem Injektor wird heißes Rauchgas abgesaugt und über das Thermoelement geführt. Obwohl die Messung durch Strahlung, Lanzenkühlung und die schwierige Lanzenhandhabung beeinflußt werden kann, läßt sich die lokale Rauchgastemperatur bei präziser Anwendung mit einer Meßwertabweichung von $\pm 20\,^\circ\mathrm{C}$ bestimmen.

Die Absaugepyrometrie ist aber, obwohl in zahlreichen Meßkampagnen erfolgreich eingesetzt, in ihrer Anwendung begrenzt. Die zur Bestimmung von Temperaturverteilungen erforderliche Zeitgleichheit für Messungen an mehreren Positionen, die vergleichsweise lange (5 Minuten) für eine Einzelmessung dauern, und die ggf. notwendigen Reinigungen verschmutzter Lanzen zwischen den Einzelmessungen erfordern einen hohen Personal- und Zeitaufwand. Aufgrund der eingeschränkten Zugänglichkeit des Kessels – fehlende Meßöffnungen, Behinderung der Lanzenhandhabung aufgrund der baulichen Gegebenheiten – und der begrenzten Eintauchtiefe (ca. 5 m) lassen sich nicht alle gewünschten Positionen vermessen. Beim Einsatz in staubhaltiger Feuerraumatmosphäre besteht zudem die Gefahr einer Verfälschung der Meßergebnisse durch Verstopfen der Öffnung in den Keramikhülsen und der Absaugeleitungen mit anbackendem Flugstaub und unverbrannten Kohlepartikeln.

2 Schallpyrometrie

Bisher eingesetzte Temperaturmeßtechniken können wegen der geringen örtlichen und zeitlichen Auflösung der gemessenen Temperaturwerte nicht direkt zur Steuerung des Verbrennungsprozesses genutzt werden. Eine bessere örtliche und zeitliche Auflösung der gemessenen Temperaturwerte kann mit Hilfe der Schallpyrometrie erreicht werden.

Die Schallpyrometrie beruht auf der Abhängigkeit der Schallgeschwindigkeit (c) von der Temperatur (T) eines durchschallten Gases gemäß der Gleichung von Laplace:

$$c = \left(\kappa \frac{\mathrm{R}T}{M} \right)^{\frac{1}{2}} . \tag{1}$$

In dieser Gleichung sind bei Kenntnis der Zusammensetzung des durchschallten Gases das Molekulargewicht (M) und das Verhältnis der spezifischen Wärmekapazitäten ($\kappa = c_\mathrm{p}/c_\mathrm{v}$) gegeben.

Die Schallgeschwindigkeit wird durch Messen der Laufzeit eines Schallsignals entlang einer Meßstrecke bekannter Länge bestimmt. Nach Auflösen der Gleichung (1) läßt sich somit die integrale Temperatur entlang der Meßstrecke mit der allgemeinen Gaskonstante (R), dem Verhältnis der spezifischen Wärmekapazitäten (κ) und dem Molekulargewicht (M) errechnen.

Bei Anordnung mehrerer Sender und Empfänger – beide Funktionen sind in einer Geräteeinheit vereint – über den Umfang der Ebene im Feuerraum erhält man ein Netz von Meßstrecken. Entlang dieser Meßstrecken lassen sich die integralen Temperaturen verzögerungsfrei und unbeeinflußt von Strahlung ermitteln. Aus den integralen Temperaturen läßt sich mit Hilfe mathematischer Rekonstruktionsverfahren – ähnlich wie in der Computertomographie – die Temperaturverteilung in der Meßebene berechnen.

Zu einem Meßsystem gehören mehrere Geräteeinheiten, die aus einer 10 kV-Funkenüberschlagstrecke als Sender und einem robusten Industriemikrofon als Empfänger bestehen, siehe Abb. 1.

Im praktischen Einsatz ist eine der Geräteeinheiten auf Senden geschaltet, während die anderen Einheiten empfangen. Für mehrere Meßstrecken werden somit gleichzeitig die zugehörigen Temperaturen ermittelt. Die Schallsignale werden reihum erzeugt, so daß nach einem Umlauf bei der in Abb. 1 gezeigten Anordnung die integralen Temperaturen entlang von 28 Meßstrecken in beiden Richtungen vorliegen.

Eine ausführliche Diskussion der auftretenden Meßungenauigkeiten findet sich in [DK].

Die Schallpyrometrie wurden unter anderem an einem Braunkohlekraftwerkskessel mit einer Dampfleistung von 1800 t/h (600 MW el, siehe Abb. 1) durchgeführt. In den Seitenwänden des Feuerraums befinden sich acht Registerbrenner, von denen für den Vollastbetrieb nur sieben benötigt werden. Die Brenner sind tangential auf einen imaginären Brennkreis im Feuerraum ausgerichtet, so daß sich eine drehende spiralförmig aufsteigende Flammensäule ausbildet.

Die horizontale Temperaturverteilung ist dabei schon durch den unsymmetrischen Einsatz der Brenner bei Vollast nicht symmetrisch. Durch eine unterschiedliche Beaufschlagung der einzelnen Brenner mit Kohle wird jedoch eine symmetrische Temperaturverteilung mit rechteckigem Verlauf angestrebt. Für jede Brennerkombination im Vollastbetrieb stellt sich eine charakteristische Temperaturverteilung ein, die nur geringfügig variiert, z.B. abhängig vom Heizwert der Kohle, aber als typisch für die jeweilige Brennerkombination erkennbar bleibt.

Die Abbildung 2 zeigt die Temperaturen auf den Meßstrecken bei Vollast in der Kombination Brenner 7 bzw. Brenner 2 außer Betrieb. In der Kombination Brenner 7 a.B. ist im Feuerraum eine Zone mit niedrigen Temperaturen gegenüber dem nicht betriebenen Brenner auszumachen. In der Kombination Brenner 2 a.B. liegt gegenüber dem nicht betriebenen Brenner eine eng begrenzte Zone mit hohen Temperaturen neben dem Bereich mit niedrigen Temperaturen.

Die Temperaturverteilungen waren auch in großen zeitlichen Abständen und bei unterschiedlicher Kohlequalität als typisch für die Brennerkombinationen wiederzuerkennen.

Die Temperaturmeßdaten können zur Rekonstrukton einer stetigen Temperaturverteilung genutzt werden.

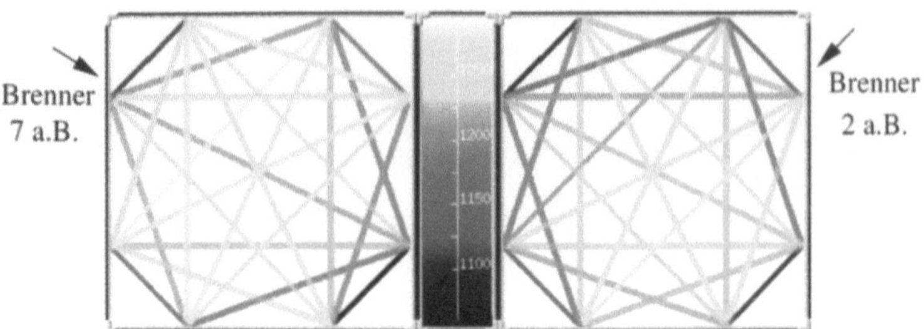

Abb. 2. Darstellung der Pfadtemperaturen in der Meßebene (54 m) bei verschiedenen Betriebszuständen des Kessels. Die Pfeile zeigen die Position des jeweils außer Betrieb befindlichen Brenners.

3 Bildrekonstruktion aus Laufzeitmessungen

Wir bezeichnen das Rekonstruktionsgebiet als $\Omega \subset \mathbb{R}^2$, m sei die Anzahl der Meßpfade.

3.1 Kollokationsverfahren

Es sei $f(x)$ die zu bestimmende Temperaturverteilung in Ω. Als Daten liegen bei Laufzeitmessungen die Durchschnittstemperaturen entlang der Meßpfade vor, es ist also das Linienintegral von f über die Linien $L_l, l = 1, ..., m$ gegeben:

$$g_l = \int_{L_l} f(x(s))\, ds, \qquad l = 1, \dots, m\,, \tag{2}$$

Bei Kollokationsverfahren, die in [N, V.5] als direkte algebraische Verfahren bezeichnet werden, wird die gesuchte Größe als Linearkombination von vorgegebenen Funktionen entwickelt:

$$f(x) = \sum_{k=1}^{n} \xi_k\, \varphi_k(x), \quad \xi_1, ..., \xi_n \in \mathbb{R}, \quad n \in \mathbb{N}. \tag{3}$$

Durch Einsetzen von (3) in (2) erhält man ein lineares Gleichungssystem für die gesuchten Koeffizienten ξ_k. Die Elemente der Systemmatrix sind Linienintegrale der Ansatzfunktionen über die Meßpfade:

$$A \in \mathbb{R}^{m \times n}, \quad \xi := (\xi_1, ..., \xi_n)^t \in \mathbb{R}^n, \quad g := (g_1, ..., g_m)^t \in \mathbb{R}^m,$$

$$A\xi = g. \tag{4}$$

Da die Matrix A schlecht konditioniert ist, wird die Methode von Tikhonov-Phillips (vgl. [N, IV.1], [SD1]) verwendet, um eine regularisierte Lösung von (4) zu erhalten.

Als Ansatzfunktionen werden z.B. $\varphi_k = e^{-\lambda\|x-x_k\|^2}, \lambda > 0, x_k \in \Omega$ mit geeigneten Werten für λ und x_k verwendet. Die Anzahl n der Ansatzfunktionen wird deutlich höher als m gewählt (z.B. $n = 4m$), so daß die Details der einzelnen Ansatzfunktionen in den Rekonstruktionen nicht mehr zu erkennen sind.

Effektive Methoden zur Einbringung von a priori Wissen sind in [SD2] dargestellt.

Die Berechnung der Durchschnittstemperatur auf einem Meßpfad aus der durchschnittlichen Schallgeschwindigkeit birgt einen kleinen Fehler, da die Gleichung von Laplace (Seite 438) nicht linear ist. Dieser Fehler wird vermieden, indem mit dem Kollokationsverfahren der Brechungsindex $\eta(x) = 1/c(x)$ aus den Schallaufzeiten $\tilde{g}_l = \int_{L_l} \eta(x(s))ds$ rekonstruiert wird. Anschließend wird die Gleichung von Laplace genutzt, um aus $\eta(x)$ die Temperatur $f(x)$ zu bestimmen.

3.2 Berücksichtigung der tatsächlichen Schallaufwege

Laufzeitmessungen liefern die Ankunftszeit des *schnellsten* Teiles des Schallsignals. Nach dem Fermatschen Prinzip ist dies bei nicht konstanter Temperaturverteilung im allgemeinen nicht das Signal, das auf dem geraden Weg zwischen Sender und Empfänger gelaufen ist. Dieser Effekt soll hier berükksichtigt werden.

Berechnung des Laufweges bei gegebenem Brechungsindex. Gegeben sei die Verteilung des Brechungsindexes $\eta(x) = 1/c(x)$ in Ω. Es soll der schnellste Laufweg $\gamma(s)$ eines Schallsignals von einer gegebenen Position des Lautsprechers γ_L zum Mikrofon γ_M gefunden werden. γ ist Lösung des Zweipunkt-Randwertproblems (vgl. [Sch])

$$\gamma''(s) = 4\eta\nabla\eta|_{\gamma(s)},$$
$$\gamma(0) = \gamma_L,$$
$$\gamma(s^*) = \gamma_M \quad \text{für ein } s^* > 0,$$

wobei γ_L und γ_M die Positionen von Lautsprecher bzw. Mikrofon bezeichnen. Dieses Randwertproblem wird mit einem Schießverfahren gelöst, für das zugehörige Anfangswertproblem wird ein Standardalgorithmus (Kutta-Merson) angewendet.

Rekonstruktion von Brechungsindex *und* Laufwegen. Die geringe Anzahl von Daten führt zu detailarmen Rekonstruktionen ohne große Gradienten. Die Berechnung sowohl des Brechungsindexes als auch der Schallaufwege kann daher nach einem einfachen iterativen Schema erfolgen.

Es wird zunächst eine Rekonstruktion f unter der Annahme von gradlinigen Laufwegen berechnet. Nun können zu f die Schallaufwege berechnet werden und anschließend wird das Kollokationsverfahren wiederholt, wobei die auftretenden Integrale entlang der gebogenen Meßpfade auszuwerten sind. Diese Vorgehensweise kann iteriert werden, jedoch zeigen Wiederholungen bei detailarmen Rekonstruktionen mit nur 8 Meßgeräten kaum noch Auswirkungen auf die berechnete Temperaturverteilung.

Effiziente Verfahren für eine größere Anzahl von Daten sind in [A] für die Ultraschall-Tomographie entwickelt worden. Inzwischen ist jedoch klar, daß so große Datenmengen bei der Schallpyrometrie nicht vorkommen werden. Der Einsatz dieser Verfahren lohnt sich daher in der Praxis nicht. Die Untersuchung der Schallaufwege bei realistischen Phantomen liefert jedoch wertvolle Informationen und zeigt prinzipielle Grenzen in der Anwendbarkeit von Laufzeitmessungen auf.

In Abbildung 3 sind einige berechnete Pfade eingezeichnet. Das zugrundeliegende Phantom zeigt die zu erwartende Temperaturverteilung in einem Kessel mit Deckenfeuerung wenige Meter unterhalb der Brenner. In dieser Situation gibt es unterhalb jedes Brenners eine kalte Stelle, da in der Mitte des Brenners Kohle herabfällt, die erst später zünden kann. Es zeigt sich, daß diese kalten Stellen vom jeweils schnellsten Teil des Schallsignals umlaufen werden, so daß Laufzeitmessungen prinzipiell keine Informationen über diese Regionen liefern können (vgl. hierzu Abschnitt 5). Bei Messungen in dieser Situation wäre jedoch gerade der Zündzeitpunkt unterhalb des Brenners, also die Größe der kalten Stelle, von Interesse.

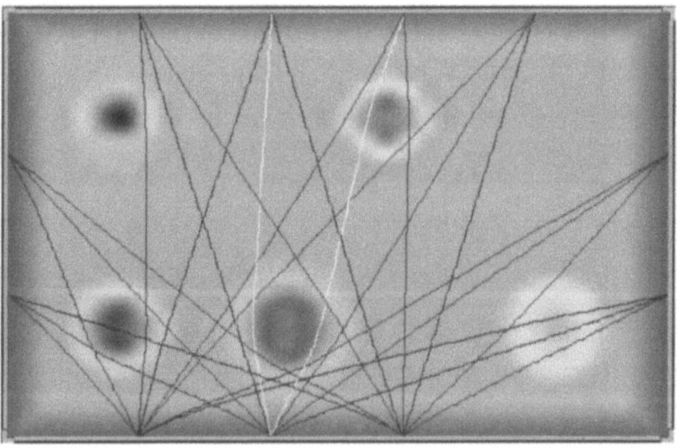

Abb. 3. Laufwege des jeweils *schnellsten* Schallsignals von drei Lautsprechern zu den Mikrofonen an den anderen Wänden. An den weiß eingezeichneten Pfaden ist besonders gut zu sehen, daß die Laufwege die kalten Stellen im Kessel *umgehen.* Diese Stellen sind daher für Laufzeitmessungen unsichtbar!

4 Bildrekonstruktion aus zeitaufgelösten Messungen

Das Vorgehen beim Auswerten zeitaufgelöster Meßdaten unterscheidet sich grundsätzlich von der Auswertung von Laufzeitdaten, da nun kein Tomographieproblem mehr vorliegt, sondern ein inverses Problem zur Wellengleichung. Im einfachsten Fall (konstante Gasdichte, keine Rauchgasbewegung, keine Dämpfung, ideale Reflektion an den Wänden) gehorcht der Schall der Wellengleichung in der Form

$$u_{tt} = c^2(x)\,\Delta u + q(x - s_j)\delta(t) \quad \text{in } \Omega \times [0, T] \tag{5}$$

mit homogenen Von-Neumann Randbedingungen an den Wänden und Null–Anfangsbedingungen in Ω. Der betrachtete Zeitraum ist $[0, T]$. Die Inhomogenität in (5) beschreibt die Schallquelle, s_j ist ihre Position und $q(x)$ beschreibt ihr Aussehen. Zur Zeit wird das Problem zweidimensional behandelt.

Als Informationen liegen durch die Messungen Werte für u an diskreten Positionen am Rand von Ω vor. Gesucht ist die Geschwindigkeitsverteilung $c(x)$.

Zur Lösung des direkten Problems (numerische Lösung der Gleichung (5)) wird ein explizites Differenzenverfahren zweiter Ordnung benutzt, der Algorithmus für das inverse Problem ist an das in [NW] dargestellte Verfahren für ein inverses Problem der Helmholtz-Gleichung angelehnt und ist in der Implementation ähnlich zu einem Verfahren, das in der Geophysik bereits mit Erfolg angewendet wird (vgl. [GVT], [ZCL]). Ein wesentlicher Unterschied zur dort beschriebenen Methode besteht hier jedoch darin, daß ähnlich wie bei ART pro Einzelschritt nur die Daten aus *einer* Messung, d.h. einem Lautsprechersignal, genutzt werden.

Die Herleitung des Algorithmus soll hier nur skizziert werden. Es sei $u_j(c)$ eine Lösung von (5) für eine gegebene Funktion $c(x)$ und $g_j(x, t)$ beschreibe die gemessenen Werte an den Mikrofonpositionen. In dieser Herleitung wird vereinfachend angenommen, daß auf dem gesamten Rand Meßdaten zur Verfügung stehen. Weiterhin sei $R_j : L_2(\Omega) \longrightarrow L_2(\partial\Omega \times [0, T])$ definiert durch

$$R_j(c) := u_j(c)|_{\partial\Omega \times [0,T]} - g_j.$$

Ist eine Näherung für c gegeben, so wird eine Funktion h_j gesucht, für die $R_j(c + h_j) \approx 0$ gilt. Es sei $R_j'(c)$ die Fréchet-Ableitung von R_j. Dann ist die Lösung von

$$R_j'(c)h_j = -R_j(c) \tag{6}$$

eine gute Näherung an das gesuchte h_j. Die Moore-Penrose Lösung von Gleichung (6) ist gegeben durch

$$h_j = -R_j'(c)^* \left(R_j'(c)R_j'(c)^*\right)^{-1} R_j(c).$$

Vom Rechenaufwand her ist das Hauptproblem bei der Berechnung von h_j die Invertierung von $R_j'(c)R_j'(c)^*$. Sie läßt sich durch die sehr grobe Approximation $R_j'(c)R_j'(c)^* = I$ umgehen. Nach unseren Erfahrungen reduziert dies die Konvergenzgeschwindigkeit kaum.

Ein Schritt des (iterativen) Verfahrens sieht nun so aus: (c_0 sei gegeben)

$$\text{Für } j = 1, ..., p \quad \{$$
$$h_j = -R_j'(c_{j-1})^* R_j(c_{j-1})$$
$$c_j = c_{j-1} + \omega h_j$$
$$\}$$

Die Zahl ω dient als Relaxationsparameter. Auf die Angabe von R_j' und $R_j'^*$ muß hier verzichtet werden. Obwohl die Herleitung wesentlich kürzer ist, erhält man jedoch im wesentlichen das in [GVT] beschriebene Verfahren.

5　Vergleich der numerischen Ergebnisse

Auswertungen der Rekonstruktionen aus Laufzeitmessungen sind in [D] und [SD2] zu finden.

Abbildung 4 zeigt die deutliche Verbesserung der Rekonstruktionen mit der neuen Methode. Zwei Phantome (oben) wurden jeweils aus Laufzeitdaten (Mitte) bzw. aus zeitaufgelösten Daten (unten) rekonstruiert. Für die Rekonstruktionen bei quadratischem Querschnitt wurden 8 Meßgeräte angenommen, im anderen Fall 12.

In beiden Fällen sind die Rekonstruktionen aus Laufzeitdaten deutlich zu detailarm. Beim rechten Phantom wurden die Laufzeiten auf den gekrümmten Pfaden berechnet. Da die dunklen Stellen umlaufen werden (vgl. Abb. 3), können sie in den Rekonstruktionen nicht erscheinen.

Dies ist bei der Rekonstruktion aus zeitaufgelösten Daten anders, da nun auch die später ankommenden Signale, die durch den kalten Bereich gelaufen sind, berücksichtigt werden. Bei beiden Phantomen zeigen die Rekonstruktionen aus zeitaufgelösten Daten deutlich mehr Details als bei den Tomographiebildern, wenn auch die kalten Stellen im linken Phantom zwar in der korrekten Position, nicht jedoch mit dem richtigen Funktionswert erscheinen.

Die bisherigen Ergebnisse lassen den Schluß zu, daß durch die Verwendung der zeitaufgelösten Daten eine Verbesserung der Auflösung bei der Schallpyrometrie zu erreichen ist, ohne beim Betrieb des Meßsystems zusätzliche Kosten zu verursachen. Ein Nachteil wird jedoch die höhere Rechenzeit für eine einzelne Rekonstruktion sein. Bevor dieses Verfahren auf Meßdaten angewendet werden kann, müssen jedoch noch vereinfachende Annahmen wie z.B. eine konstante Dichte des Gases fallen gelassen werden.

Literatur

[A]　　　Andersen, A.H.: A ray tracing approach to restoration and resolution enhancement in experimental ultrasound tomography. Ultrasonic Imaging **12** (1990) 268–291

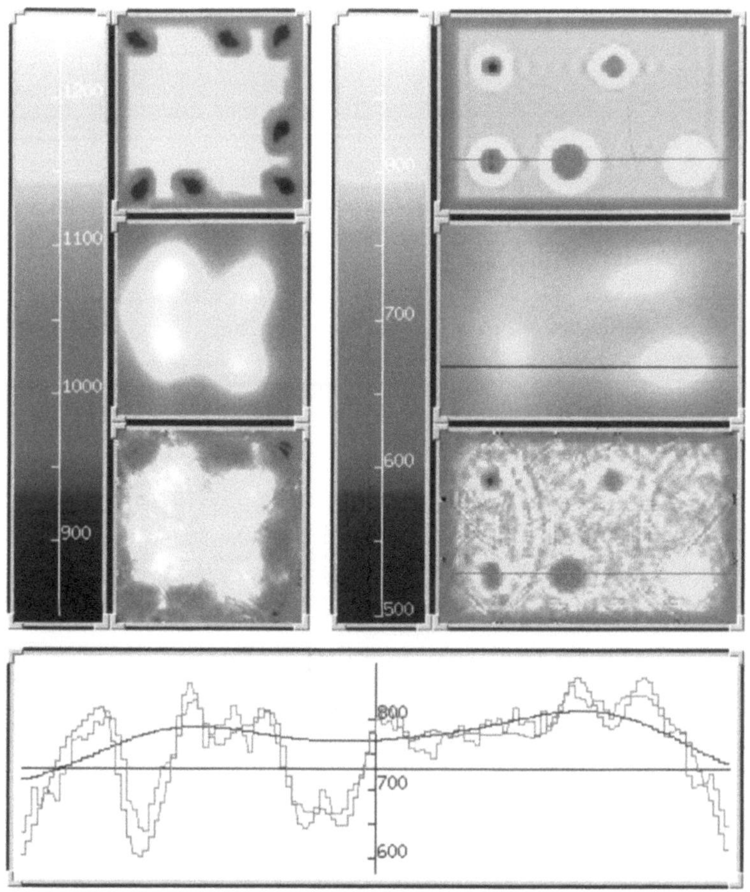

Abb. 4. Vergleich von Rekonstruktionen der beiden Phantome oben in der Abbildung. In der Mitte sind jeweils Rekonstruktionen aus Laufzeitdaten dargestellt, unten solche aus zeitaufgelösten Daten. Die Querschnitte zeigen einen Schnitt jeweils durch das Phantom bei Deckenfeuerung (rot), die Rekonstruktion aus Laufzeitdaten (blau) und aus zeitaufgelösten Daten (grün). Der Vorteil der letzteren Rekonstruktion ist offensichtlich.

[DK]   Derichs, W., König, J.: Die Schallpyrometrie – ein Meßverfahren zur Bestimmung der Temperaturverteilung in Kesselfeuerungen. DVV-Kolloquium, 1990

[D]   Derichs, W.: Einsatz der Schallpyrometrie zur Temperaturmessung in großen Feuerräumen. Promotion, Aachen, 1994

[GVT] Gauthier, O., Virieux, J., Tarantola, A.: Two-dimensional nonlinear inversion of seismic waveforms: Numerical results. Geophysics **51** (1986) 1387–1403

[N]   Natterer, F.: The Mathematics of Computerized Tomography. B. G. Teubner, 1986.

[NW]   Natterer, F., Wübbeling, F.: A Propagation-Backpropagation Method for Ultrasound Tomography. Inverse Problems **11** (1995) 1225–1232

[Sch] Schomberg, H.: Nonlinear Image Reconstruction from Projections of Ultrasonic Travel Times and Electric Current Densities. Lecture Notes in Medical Informatics **8** (1981) 270–291

[SD1] Sielschott, H., Derichs, W.: Tomography with few data: Use of collocation methods in acoustic pyrometry. ECMI '94: Student Proceedings, Kaiserslautern 1996

[SD2] Sielschott, H., Derichs, W.: Use of collocation methods under inclusion of a priori information in acoustic pyrometry. Proc. European Concerted Action on Process Tomography, Bergen, Norwegen, (1995) 110–117

[ZCL] Zhou, C., Cai, W., Luo, Y., Schuster, G.T., Hassanzadeh, S.: Acoustic wave-equation travel time and waveform inversion of crosshole seismic data. Geophysics **60** (1995) 765–773

2.3 Bildverarbeitung und Qualitätskontrolle

Mathematische Werkzeuge in der Bildverarbeitung zur Qualitätsbeurteilung von Oberflächen
H. Neunzert, B. Claus, K. Rjasanowa, R. Rösch, J. Weickert

Verfahren zur statistischen Analyse von gestörten Gitterstrukturen
D. Stoyan und S. Berndt

Mathematische Werkzeuge in der Bildverarbeitung zur Qualitätsbeurteilung von Oberflächen

H. Neunzert[1], B. Claus[1], K. Rjasanowa[2], R. Rösch[1] und J. Weickert[2]

[1] Institut für Techno- und Wirtschaftsmathematik (ITWM) e.V., Erwin-Schrödin-ger-Straße, D-67663 Kaiserslautern, e–mail: claus@mathematik.uni-kl.de, URL: http://www.mathematik.uni-kl.de/

[2] Arbeitsgruppe Technomathematik, Universität Kaiserslautern, Postfach 3049, D-67653 Kaiserslautern

Abstract. In this paper we present mathematical tools which are extremely useful for automatically assessing the quality of surfaces using image processing methods. First we present anisotropic diffusion filters which are used for enhancing and analyzing the structure of non-woven fabrics. Second, we introduce a mathematical model of a tree trunk which serves as a tool for analyzing and classifying the aesthetical aspect of the grain pattern in wooden surfaces.

1 Einleitung

Qualitätskontrolle und -sicherung spielen in modernen Produktionsbetrieben eine nicht zu unterschätzende Rolle. Bei der Beurteilung visueller Kriterien werden hierbei oftmals Stichproben durch einen Experten einer Sichtprüfung unterzogen. Dieser "manuelle" Bewertungsschritt läßt sich in vielen Fällen durch den Einsatz von Kameras und Bildverarbeitungssystemen vollständig automatisieren. Man kann so erreichen, daß

- objektive Kriterien zur Beurteilung herangezogen werden, und daß
- die Produktqualität lückenlos —d.h. nicht nur stichprobenweise— geprüft wird.

Mit Hilfe von Methoden der Bildverarbeitung lassen sich selbst sehr komplexe Kriterien überprüfen.

In diesem Beitrag präsentieren wir einerseits Verfahren zur automatischen Bewertung von Spinnvliesstoffen, wo Inhomogenitäten wie Wolken oder Strähnen die Qualität des Vlieses wesentlich beeinflussen; andererseits präsentieren wir ein Baumstammodell, das einen wichtigen Schritt zur automatischen Beurteilung der "ästhetischen Qualität" von Holzoberflächen, d.h. von Maserungsbildern darstellt.

2 Multiskalenanalyse zur Bewertung von Spinnvliesstoffen

2.1 Das industrielle Problem

Spinnvlies kommt in einer großen Zahl industrieller Produkte zum Einsatz. In all diesen Produkten kommt der Vliesqualität eine zentrale Bedeutung zu. Diese Qualität wird verschlechtert durch Inhomogenitäten wie z.B. Wolken und Strähnen.

Wolken entstehen durch isotrope Faseragglomerationen und besitzen daher keine Vorzugsrichtung. Da Wolken das optische Erscheinungsbild des Vlieses unvorteilhaft beeinflussen und die Stellen mit der geringsten Faserdichte den mechanisch schwächsten Ort im Vlies charakterisieren, sind sie ein wichtiges Qualitätskriterium.

Strähnen bestehen aus Faserzusammenballungen mit einer bestimmten Vorzugsrichtung. Die Strähnenorientierung beschreibt daher die Anisotropie eines Vlieses und hat somit großen Einfluß auf die Belastbarkeit in eine bestimmte Richtung.

In der Vergangenheit war die visuelle Begutachtung durch einen Experten der übliche Weg, diese Qualitätskriterien zu ermitteln. Um zu einer objektiveren und effizienteren Beurteilung zu gelangen, ist es wünschenswert, diesen Vorgang zu automatisieren. Dabei sollen zur Ermittlung der Wolkigkeit Vliesbilder mit einer Auflösung verwendet werden, wie sie bei der Online-Überwachung des Produktionsprozesses anfallen. Es werden daher sehr schnelle Methoden benötigt. Zur Evaluierung der Strähnigkeit wird das Spinnvlies außerhalb des Produktionsprozesses mit einer höheren Auflösung aufgenommen. Hier dürfen aufwendigere und rechenzeitintensivere Methoden zum Einsatz kommen.

In beiden Fällen besteht eine automatische Qualitätsbeurteilung aus zwei Stufen: einem Vorverarbeitungsschritt, in dem mit Hilfe von Bildaufbereitungsmethoden qualitätsrelevante Merkmale herausgearbeitet werden, und einem mathematischen Modell, das diese Charakteristika bewertet und so zu einem Qualitätsindex gelangt.

Was die Wolkigkeit anbelangt, so wurden in der Vergangenheit innerhalb der Arbeitsgruppe Technomathematik zahlreiche Ansätze erprobt, welche auf Diskrepanzmethoden [NW, Ha], Waveletzerlegungen [St] oder Diffusionsfiltern [W1, W5] beruhen. Besonders gute Ergebnisse wurden mit einer linearen Diffusionsfilterung erzielt, die durch einen effizienten Mehrgitteransatz mittels einer modifizierten Laplace-Pyramiden-Dekomposition realisiert wurde [W5]. Diese Bandpaßzerlegung trägt dem Skalencharakter der Wolkigkeit Rechnung. Als Qualitätsfunktional für die gesamte Wolkigkeit hat sich ein gewichtetes Mittel über die Varianzen der einzelne Skalen bewährt. Dieses Verfahren liefert Ergebnisse, die denen eines menschlichen Experten entsprechen, und wird schon —in Kombination mit entsprechender Hardware— bei einem Spinnvlies-Produzenten zur lückenlosen Online-Überwachung der gesamten Produktion eingesetzt.

Im folgenden wird beschrieben, wie Vliesbilder aufbereitet werden können, um die Strähnigkeit auf unterschiedlichen Skalen zu visualisieren. Dabei ist das Schließen von unterbrochenen Strähnen eines der zentralen Probleme. Hier genügte es nicht mehr, lineare Diffusionsfilter einzusetzen, es mußten vielmehr nichtlineare anisotrope Diffusionsprozesse entwickelt werden. Es handelt sich hierbei um Regularisierungen bzw. Verallgemeinerungen der nichtlinearen Filter aus [PM, CLM]. Der folgende Abschnitt skizziert die Grundideen der anisotropen Diffusionsfilterung, ihre theoretischen Eigenschaften und illustriert ihren praktischen Nutzen. Eine ausführlichere Diskussion findet sich in den entsprechenden Originalarbeiten [W1]–[W5].

2.2 Anisotroper Diffusionsfilter

Wir legen einen rechteckigen Bildbereich $\Omega \subset \mathbb{R}^2$ zugrunde und fassen ein (monochromatisches) Bild als Abbildung $f \in L^\infty(\Omega)$ auf. Ein anisotroper Diffusionfilter berechnet eine gefilterte Version $u(x,t)$ von $f(x)$ als Lösung von

$$\partial_t u = \operatorname{div}(D \, \nabla u) \quad \text{auf} \quad \Omega \times (0,\infty), \tag{1}$$

$$u(x,0) = f(x) \quad \text{auf} \quad \Omega, \tag{2}$$

$$\langle D\nabla u, n \rangle = 0 \quad \text{auf} \quad \partial\Omega \times (0,\infty), \tag{3}$$

wobei n den Normalenvektor bezeichnet und $\langle .,. \rangle$ das euklidische Skalarprodukt darstellt.

Häufig ist es wünschenswert, den symmetrischen Diffusionstensor D an die lokale Bildstruktur anzupassen. Dies kann dadurch erreicht werden, daß man ihn als Funktion des Strukturtensors $J_\rho(\nabla u_\sigma) := K_\rho * (\nabla u_\sigma \, \nabla u_\sigma^T)$ wählt, wobei $\nabla u_\sigma := \nabla K_\sigma * u$ ist, K_σ eine Gaußfunktion mit Standardabweichung σ bezeichnet, und $*$ das Faltungsprodukt darstellt. Matrizen dieser Art spielen eine große Rolle in der lokalen Strukturanalyse, der Detektion von Ecken und T-Übergängen und der Bildfolgenanalyse [RS, NS, J, L]. Der lokale Skalenparameter $\sigma > 0$ macht den Strukturtensor unempfindlich gegenüber Rauschen der Skala σ, während die Integrationsskala ρ die Fenstergröße angibt, über die die Orientierungsinformation gemittelt wird. Man sollte daher ρ an die charakteristische Texturskala anpassen.

Da J_ρ eine symmetrische, positiv semidefinite Matrix darstellt, existiert eine Orthonormalbasis von Eigenvektoren v_1 und v_2 mit den zugehörigen Eigenwerten $\mu_1 \geq \mu_2 \geq 0$. Die Eigenwerte messen den durchschnittlichen Kontrast (Grauwertvariation) in den Eigenrichtungen zur Integrationsskala ρ. Daher gibt v_1 die Orientierung mit den höchsten Grauwertfluktuationen an, und v_2 bezeichnet die Vorzugsorientierung der lokalen Struktur, die sogenannte Kohärenzrichtung. Darüberhinaus können μ_1 und μ_2 zur lokalen Strukturanalyse eingesetzt werden: Konstante Bereiche sind charakterisiert durch $\mu_1 = \mu_2 = 0$, gerade Kanten ergeben $\mu_1 \gg \mu_2 = 0$, Ecken sind durch $\mu_1 \geq \mu_2 \gg 0$ zu identifizieren, und der Ausdruck $(\mu_1 - \mu_2)^2$ ist ein Maß für die lokale Kohärenz.

2.3 Theoretische Eigenschaften

Die obige Filterklasse erfüllt folgenden Satz [W3], welcher Resultate aus [CLM, W4] verallgemeinert und erweitert.

Satz 1 *Der Diffusionstensor D genüge den folgenden Voraussetzungen:*

- *$D(J_\rho(\nabla u_\sigma))$ liegt komponentenweise in $C^\infty(\Omega)$ für alle ∇u_σ, welche komponentenweise in $C^\infty(\Omega)$ liegen.*
- *Falls $\|\nabla u_\sigma\|_{L^\infty(\Omega)} \le K$, so existiert eine positive untere Schranke $c(K)$ für die Eigenwerte von $D(J_\rho(\nabla u_\sigma))$.*

Dann gelten für das Anfangsrandwertproblem (1)–(3) die folgenden Resultate:

(a) Für jedes $T > 0$ existiert eine eindeutige Lösung $u(x,t)$ im distributionellen Sinn mit $u \in C([0,T]; L^2(\Omega)) \cap L^2(0,T; H^1(\Omega))$ und $\partial_t u \in L^2(0,T; (H^1(\Omega))')$.
Darüberhinaus ist $u \in C^\infty(\bar\Omega \times (0,T])$, und u hängt bezüglich der $L^2(\Omega)$-Norm stetig von f ab.

(b) Sei $a := \operatorname*{ess\,inf}_{x\in\Omega} f(x)$ und $b := \operatorname*{ess\,sup}_{x\in\Omega} f(x)$. Dann ist $a \le u(x,t) \le b$ auf $\Omega \times [0,\infty)$.

(c) $V(t) := \Phi(u(t)) := \int_\Omega r(u(x,t))\,dx$ ist eine Ljapunowfunktion für alle $r \in C^2[a,b]$ mit $r'' \ge 0$ auf $[a,b]$: $V(t)$ ist monoton fallend und von unten beschränkt durch $\Phi(Mf)$, wobei $(Mf)(y) := \frac{1}{|\Omega|}\int_\Omega f(x)\,dx$ für alle $y \in \Omega$.

(d) $\lim_{t\to\infty} \|u(t) - Mf\|_{L^p(\Omega)} = 0$ für $1 \le p < \infty$.

Die Resultate in (a) zeigen, daß es sich um ein gut gestelltes Problem handelt. Dies ist von praktischer Bedeutung, da Stabilität hinsichtlich Störungen des Ausgangsbildes garantiert wird. Besonders wichtig ist diese Eigenschaft bei der Filterung von Stereo-Bildern, Bildfolgen oder Schichtbildern aus medizinischen CT- und NMR-Aufnahmen, da hierbei ähnliche Bilder auch nach der Filterung noch ähnlich bleiben.

Das Maximum–Minimum–Prinzip (b) ist äquivalent zu der Evolutionseigenschaft, daß keine neuen Niveauübergänge entstehen, welche nicht schon auf feineren Skalen vorhanden sind (vgl. [Hu]).

Die Ljapunowfunktionale aus (c) zeigen, daß die betrachtete Evolutionsgleichung in mehrfacher Hinsicht als vereinfachende, informationsreduzierende Bildtransformation verstanden werden kann: Durch spezielle Wahl von r folgt sofort, daß alle L^p-Normen mit $2 \le p \le \infty$ abnehmen, (z.B. die Energie $\|u(t)\|^2_{L^2(\Omega)}$), alle geraden zentralen Momente kleiner werden (z.B. die Varianz) und die Entropie $S[u(t)] := -\int_\Omega u(x,t)\ln(u(x,t))\,dx$ kontinuierlich bezüglich t wächst.

Das Resultat (d) besagt, daß diese vereinfachende Skalenraumtransformation für $t \to \infty$ gegen ein konstantes Bild mit demselben mittleren Grauwert wie f konvergiert.

Vergleichbare Resultate wie im obigen Satz treffen auch für die praktisch bedeutsamen semidiskreten und diskreten Fälle zu [W3].

2.4 Beispiele

Es sollen nun Beispiele vorgestellt werden, wie man den Diffusionstensor $D(J_\rho)$ an den Strukturtensor J_ρ adaptieren kann [W3]. Da die Eigenvektoren von D die lokale Bildstruktur widerspiegeln sollen, ist es sinnvoll, hierfür die Orthonormalbasis der Eigenvektoren von J_ρ zu übernehmen. Die Wahl der zugehörigen Eigenwerte hängt von der beabsichtigten Filterwirkung ab. Wir wollen hierzu zwei Beispiele diskutieren.

Falls man bevorzugt innerhalb von Regionen glätten möchte und gleichzeitig Kanten erhalten will, sollte man die Diffusivität λ_1, welche senkrecht zur Kante wirkt, umso stärker reduzieren, je höher der Kontrast μ_1 ist. Dies kann durch die folgende Wahl erreicht werden ($C > 0$, $m \in \mathbb{N}$):

$$\lambda_1 := \begin{cases} 1, & \text{falls } \mu_1 = 0, \\ 1 - \exp\left(\frac{-C}{\mu_1^m}\right), & \text{sonst,} \end{cases}$$

$$\lambda_2 := 1.$$

Abbildung 1 zeigt, daß derartige Filter in der Lage sind, gleichzeitig Wolken und signifikante Strähnen in einem Vliesbild herauszuarbeiten [W1, W3]. Im Wolkenbereich weist der Filter eine ausgeprägte isotrope Diffusion auf, während er anisotrop entlang der Strähne glättet.

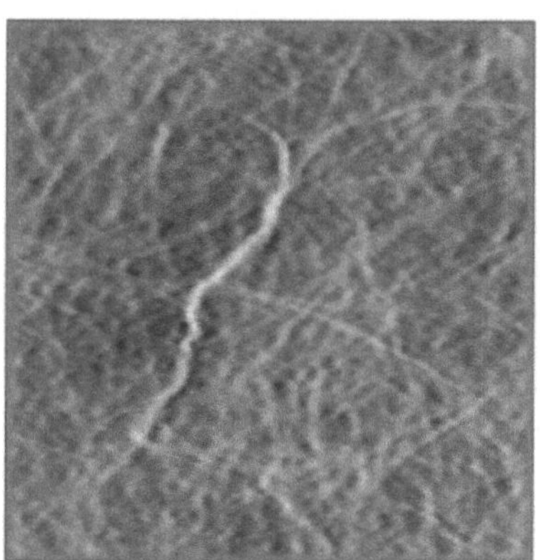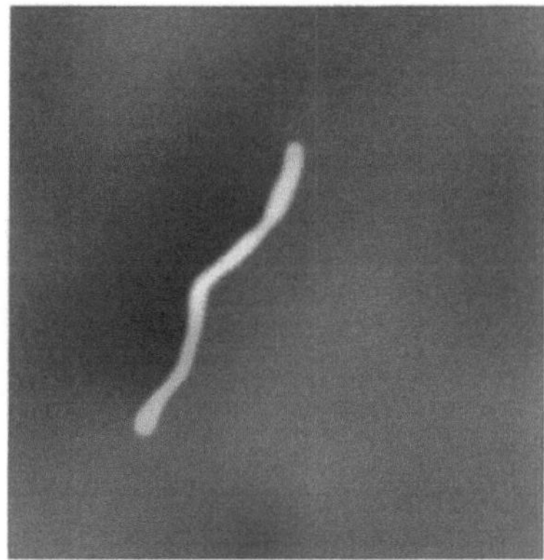

Abb. 1. Gleichzeitige Visualisierung von Strähnen und Wolken mittels kantenerhaltender anisotroper Diffusionsfilterung. LINKS: Original, $\Omega = (0, 257)^2$. RECHTS: Gefiltert, $C = 480$, $\sigma = 2$, $m = 4$, $t = 240$.

Falls man kohärente Strukturen verstärken möchte, sollte man bevorzugt entlang der Kohärenzrichtung v_2 glätten, indem man die Diffusivität λ_2 so wählt, daß sie mit der Kohärenz $(\mu_1 - \mu_2)^2$ ansteigt. Dies wird durch die folgende Wahl der Eigenwerte von $D(J_\rho)$ erreicht:

$$\lambda_1 := \alpha,$$

$$\lambda_2 := \begin{cases} \alpha, & \text{falls } \mu_1 = \mu_2, \\ \alpha + (1-\alpha)\exp\left(\frac{-C}{(\mu_1-\mu_2)^{2m}}\right), & \text{sonst,} \end{cases}$$

wobei der kleine positive Parameter $\alpha \in (0,1)$ eingeführt wurde, um den Diffusionstensor gleichmäßig positiv definit zu halten.

Abbildung 2 zeigt die zeitliche Evolution eines Vliesbildes unter diesem Prozeß. Wir erkennen, daß immer mehr Strukturen entfernt werden, während es zu einem Schließen unterbrochener Faserlinien kommt. Durch geeignete Wahl von t kann man somit die Strähnigkeit auf jeder beliebigen Skala visualisieren.

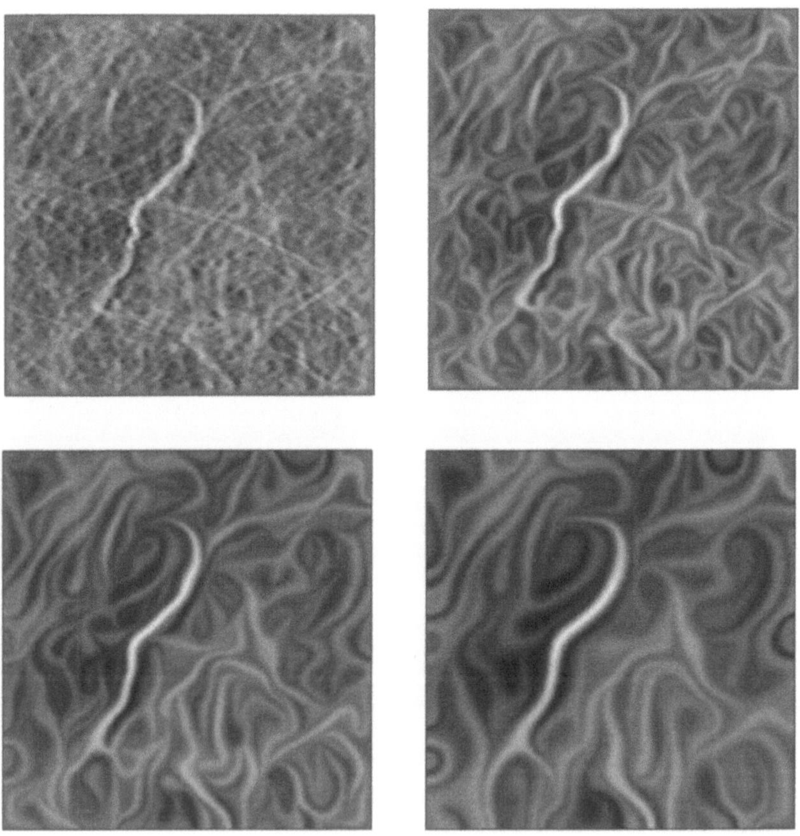

Abb. 2. Visualisierung der Strähnigkeit eines Vlieses auf unterschiedlichen Skalen mittels kohärenzverstärkender anisotroper Diffusion ($\sigma = 0.5$, $\rho = 2$, $C = 1$, $m = 1$, $\alpha = 0.001$). LINKS OBEN: Vliesbild, $\Omega = (0, 257)^2$. RECHTS OBEN: $t = 20$. LINKS UNTEN: $t = 120$. RECHTS UNTEN: $t = 640$.

Die hier skizzierten Verfahren zur Aufbereitung von Vliesbildern im Hinblick auf eine Auswertung der Strähnigkeit befinden sich gegenwärtig bei einem Vliesproduzenten in der Testphase.

In [W2, W3] wird demonstriert, daß kohärenzverstärkende anisotrope Diffusionsfilterung auch zur Aufbereitung z.B. von Fingerabdrücken geeignet ist.

3 Modellierung von Holzmaserungen

3.1 Das Problem

In der holzverarbeitenden Industrie ist die Bewertung des zu verwendenden Holzes nach visuellen Kriterien eine wichtige Aufgabe. Zum einen geht es hierbei um die Erkennung von Fehlern, wie z.B. von Astlöchern, Rissen, Rindeneinschlüssen, Verfärbungen u.a. (siehe z.B. [Pl]), zum anderen werden Holzoberflächen auch nach ihrem Maserungsbild sortiert. Die Bewertung der "ästhetischen Qualität", die mit dem Maserungsbild einhergeht, ist z.B. in der Produktion von Möbeln, Türen u.ä. von besonderem Interesse, und wird bisher vorwiegend manuell durchgeführt.

Ziel unserer Arbeit ist die Entwicklung von Verfahren für Furnierproduzenten und Möbelhersteller, mit denen diese Bewertung automatisch durchgeführt werden kann. Hierbei geht es insbesondere um Methoden zur Berechnung objektiver Bewertungsgrößen, die das Maserungsbild vollständig charakterisieren und die mit Hilfe der Bildverarbeitung automatisch gewonnen werden. Bei einer anschließenden Klassifikation des Musters können natürlich beliebige (evtl. subjektive) Kriterien berücksichtigt werden.

Ein wichtiger Schritt, den wir hier vorstellen wollen, ist dabei die Modellierung eines Baumstammes [RR]. Die Parameter dieses Baumstammodells, zusammen mit den Parametern der Schnittebene, können aus einem Maserungsbild berechnet und anschliessend für die Klassifikation genutzt werden.

Im folgenden präsentieren wir zwei Modelle, die durch das natürliche Wachstum eines Baumstammes motiviert sind: Das Jahrringmodell, bei dem ein Maserungsbild durch eine Kurvenschar approximiert wird, und das Maserungsmodell, das ein vollständiges Grauwertbild der Maserung liefert.

3.2 Das Jahrringmodell

Das Dickenwachstum eines Baumstammes findet im sogenannten *Kambium* statt, dem Teil des Baumes, der zwischen dem Rinden- bzw. Bastbereich (Phloem) und dem eigentlichen Holzbereich (Xylem) liegt. Hierbei wird im Verlauf einer Vegetationsperiode (üblicherweise der Zeitraum zwischen zwei aufeinanderfolgenden Wintern bzw. Ruheperioden) eine zusätzliche Holzschicht gebildet, ein sogenannter Jahrring, der das bereits zuvor vorhandene Holz umschließt. Die Kambialschicht wandert während dieses Vorgangs entsprechend nach außen.

Betrachtet man einen Stammquerschnitt, so sieht man folglich die Jahrringgrenzen als *"[...] konzentrisch [...] verlaufende Ringe [...], die den Holzzuwachs jeweils einer Vegetationszeit einschließen"*[B].

Als mathematisches Modell eines Baumstammes (unter Vernachlässigung von Ästen, der Baumkrone, der Wurzeln etc.) eignet sich ganz offensichtlich ein verallgemeinerter Zylinder. Um nun weiterhin die Jahrringstruktur in Form der Jahrringgrenzen in dieses Modell zu integrieren, betrachtet man eine Schar von verallgemeinerten Zylindern Z_i, wobei Z_i den bis zum Ende der i-ten Vegetationsperiode gebildeten Teil des Baumstammes bezeichnet, und ∂Z_i (wir bezeichnen mit ∂Z_i die Oberfläche von Z_i unter Vernachlässigung der Stirnflächen) die zugehörige äußere Jahrringgrenze darstellt.

Als direkte Folge des oben beschriebenen Wachstumsprozesses sieht man, daß die Z_i "ineinander geschachtelt" sind, d.h. man hat die Bedingung

$$Z_{i-1} \subset Z_i \setminus \partial Z_i,$$

wobei man hier voraussetzt, daß in einer Wachstumsperiode an jeder Stelle des Baumstammes tatsächlich ein Zuwachs zu verzeichnen ist.

Als gemeinsame Achse der Schar von verallgemeinerten Zylindern Z_i, $1 \le i \le N$, führt man nun weiterhin die Leitlinie l ein. Nimmt man hierbei an, daß der verallgemeinerte Zylinder Z_1 überall eine positive Dicke hat, so kann die Leitlinie o.B.d.A. so gewählt werden, daß für eine geeignete Parametrisierung $l(s) = (l_1(s), l_2(s), l_3(s))^T$ (mit $s \in I = [0,1]$) die Funktionen $l_j(s)$ differenzierbar sind, wobei insbesondere

$$\left\| \frac{d}{ds} l(s) \right\| > 0$$

gelten soll.

Wir bezeichnen mit $\Sigma_N(s)$ die Normalebene zur Kurve l im Punkt $l(s)$. Dann sind die verallgemeinerten Zylinder Z_i vollständig bestimmt, wenn einerseits die Leitlinie $l(s)$ und andererseits (für alle $s \in I$) die Schnittkurven v_i der Normalebene $\Sigma_N(s)$ mit den Zylinderoberflächen ∂Z_i gegeben sind.

Jahrringmodell. Die Jahrringgrenzen eines Baumstammes sind vollständig beschrieben durch

- die Leitlinie $l(s) = (l_1(s), l_2(s), l_3(s))^T$, s.d. $l_j(s)$ differenzierbar und $\|\frac{d}{ds} l(s)\| > 0$;
- für alle $s \in I$ und für alle $1 \le i \le N$ eine ebene Kurve $v_i(r, s)$,

die allerdings zusätzliche Konsistenzbedingungen erfüllen müssen.

In dieser Darstellung können die Jahrringgrenzen eines Baumstammes sehr leicht beschrieben werden. Im einfachsten Fall sind die Jahrringgrenzen die Oberflächen von ineinandergeschachtelten Zylindern mit einer gemeinsamen Achse, d.h. die "Baumachse" l ist ein Geradenstück, und die Kurven

$v_i(.,s)$ sind konzentrische Kreise mit Mittelpunkt $l(s)$, deren Radius nicht von s abhängt; in komplizierteren Fällen ist l eine Kurve in $\mathbb{R}^3$, und $v_i(.,s)$ sind beispielsweise Ellipsen oder noch kompliziertere Kurven, die zusätzlich von s abhängen können. Das Jahrringmodell ist in Abbildung 3 illustriert.

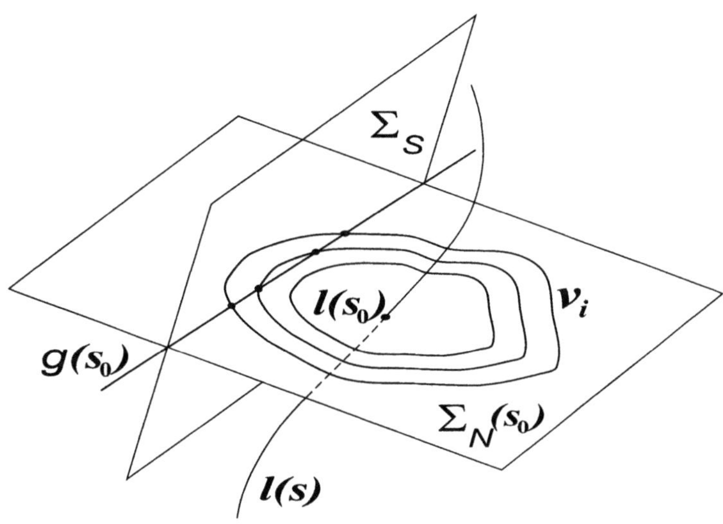

Abb. 3. Wir illustrieren hier das Jahrringmodell. Die Baumachse ist durch die Kurve $l(s)$ gegeben; $\Sigma_N(s_0)$ bezeichnet die Normalebene an l im Punkt $l(s_0)$; die Kurven v_i sind die Schnittkurven von $\Sigma_N(s_0)$ mit den Oberflächen der verallgemeinerten Zylinder Z_i. Die Gerade $g(s_0)$ ist die Schnittgerade der Normalebene $\Sigma_N(s_0)$ mit der Schnittebene Σ_S. Zur Konstruktion des Jahrringmusters in der Schnittebene Σ_S verfolgt man (für $s \in I$) die Kurven die die Schnittpunkte von $g(s)$ mit den Kurven v_i in der Ebene Σ_S durchlaufen.

Die Notwendigkeit von Konsistenzbedingungen im Jahrringmodell ergibt sich aus der Tatsache, daß die Rekonstruktion der Jahrringgrenzen ∂Z_i aus dem Baumstammodell wohldefiniert und eindeutig sein muß. Insbesondere haben wir folgende (notwendige, jedoch nicht hinreichende) Bedingungen:

- Die Kurven $v_i(s,.)$ sind ebene geschlossene Jordankurven (in $\Sigma_N(s)$);
- Für $i \neq j$ haben $v_i(s,.)$ und $v_j(s,.)$ keine gemeinsamen Punkte; darüberhinaus liegt für $i < j$ die Kurve $v_i(s,.)$ ganz im von $v_j(s,.)$ begrenzten, einfach zusammenhängenden Gebiet von $\Sigma_N(s)$.
- $v_i(s,r)$ hängt stetig von s und r ab;

Das eingeführte Jahrringmodell ist allgemein genug, um auch solche Phänomene wie z.B. Drehwuchs oder eine Verjüngung des Baumstammes darzustellen. Versieht man die Ebene $\Sigma_N(s)$ mit einem Polarkoordinatensystem, dessen Ursprung in $l(s)$ liegt, dann lassen sich i.A. die Kurven in der Form $v_i(s,\varphi)$ mit $\varphi \in [0, 2\pi)$ darstellen. Dann kann z.B. mit

$$v_i(s,\varphi) = \sigma(s)v_i(s_0,\varphi),$$

wobei $\sigma(s)$ monoton und stetig ist, eine (reine) Verjüngung explizit modelliert werden, und mit

$$v_i(s,\varphi) = v_i(s_0, \alpha(s) + \varphi)$$

der Drehwuchs. Es sind hierbei natürlich auch beliebige Kombinationen von Verjüngung und Drehwuchs möglich.

Bestimmung der Jahrringmuster. Die Berechnung eines Jahrringmusters für einen ebenen Schnitt durch den Baumstamm erfolgt folgendermaßen: Man legt eine Schnittebene Σ_S beliebig fest, und berechnet dann für alle $s \in I$

1. die Schnittgerade $g(s) = \Sigma_S \cap \Sigma_N(s)$,
2. die Schnittpunkte der Geraden $g(s)$ mit den Kurven $v_i(s,\varphi)$.

Die Punkte $g(s) \cap v_i(s,\varphi)$ bilden (in Abhängigkeit von s) Kurven in Σ_S, deren Gesamtheit das Jahrringmuster für die betrachtete Schnittebene Σ_S bildet.

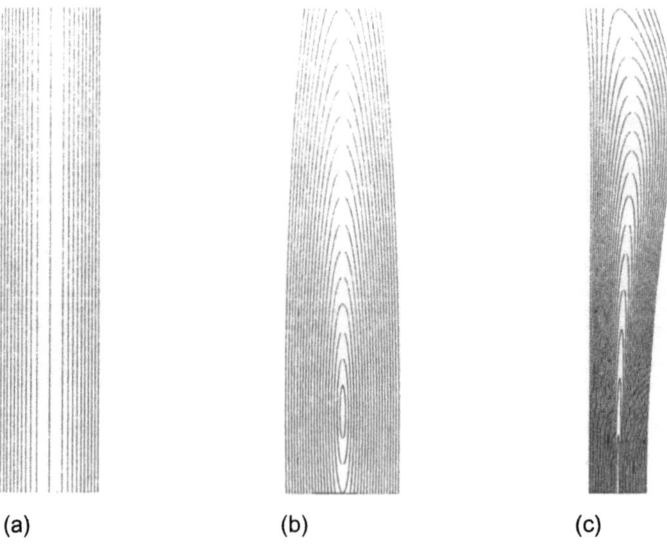

(a)   (b)   (c)

Abb. 4. Beispiele einiger Jahrringmuster, wobei die Baumachse l als Geradenstück angenommen wird. In (a),(b) sind die Kurven v_i konzentrische Kreise (d.h. die Z_i sind ineinander geschachtelte Zylinder mit einer gemeinsamen Achse), wobei Σ_S in (a) parallel, in (b) schräg zur Baumachse verläuft. In (c) ist Σ_S wieder parallel zur Baumachse, jedoch wurde hier Drehwuchs mit ellipsenförmigen Kurven v_i simuliert.

In Abbildung 3 ist das Jahrringmodell und die Konstruktion des Jahrringmusters illustriert. In Abbildung 4 sieht man Jahrringmuster, die entstehen, wenn l ein Geradenstück ist, und unterschiedliche Schnittebenen bzw. Drehwuchs angenommen wird. Noch weitaus komplizertere Bilder können entstehen, wenn der Schnitt von ∂Z_i mit Σ_S aus mehreren Kurvenstücken besteht: Dieser Fall kann z.B. auftreten, wenn Drehwuchs oder eine gekrümmte Baummachse vorliegen.

3.3 Das Maserungsmodell

Wiederum motiviert durch das natürliche Dickenwachstum eines Baumstammes kann unser bisheriges Baumstammodell, welches nur Jahrringgrenzen berücksichtigt, weiter verbessert werden. Insbesondere sieht man (wiederum nach [B]), daß am Anfang einer Vegetationsperiode locker strukturiertes Gewebe entsteht, das sogenannte Frühholz, während später das dichtere Spätholz gebildet wird. Diese Unterschiede werden insbesondere auch in der Färbung der entsprechenden Teile des Stammes sichtbar: Das Frühholz ist typischerweise hell gefärbt, das Spätholz dunkel.

Wir betrachten jetzt eine Schar von verallgemeinerten Zylindern, die durch ein Intervall der reellen Achse indiziert werden,

$$Z_t\,,\quad t \in [0, T],$$

wobei die Oberflächen ∂Z_t für $t \in \mathbb{N}$ mit den bisher betrachteten Jahrringgrenzen übereinstimmen. Analog zu unserem bisherigen Modell soll hier die Bedingung $Z_{t_i} \subset Z_{t_j}$ gelten, falls $t_i < t_j$. Weiterhin fordert man, daß es für alle $z \in Z_{t_j}$ ein $t_i < t_j$ gibt, so daß $z \in \partial Z_{t_i}$. Dies stellt eine Stetigkeitsbedingung an die Schar von verallgemeinerten Zylindern dar.

Im Gegensatz zum Jahrringmodell, das als dreidimensionales Schwarzweißbild interpretiert werden kann (schwarz, wo ein Punkt einer Zylinderoberfläche ∂Z_i, d.h. ein Punkt einer Jahrringgrenze, vorhanden ist, weiß überall sonst), versehen wir jetzt jede Zylinderoberfläche ∂Z_t mit einem Grauwert (oder auch Farbwert) $c(t)$, wobei

$$c(t) = c(t + 1) \text{ und } c(t)|_{[0,1)} \text{ monoton fallend ist}$$

(d.h. $c(t)$ wird –interpretiert als Grauwert– für steigendes t immer dunkler).

Mit dieser zusätzlichen Funktion $c(t)$, die den Farbverlauf der Maserung über die verschiedenen Vegetationsperioden hinweg modelliert, hat man jetzt ein dreidimensionales Maserungsmodell, das jedem Punkt des Baumstammes einen Farb- bzw. Grauwert zuordnet. In Analogie zum vorhin eingeführten Jahrringmodell kann jetzt das Maserungsmodell eines Baumstammes festgelegt werden.

Maserungsmodell. Das Maserungsmodell eines Baumstammes ist vollständig beschrieben durch

- die Leitlinie $l(s) = (l_1(s), l_2(s), l_3(s))^T$, s.d. $l_j(s)$ differenzierbar und $\|\frac{d}{ds}l(s)\| > 0$,
- für alle $s \in I$ ein Grauwertbild $Q(.,.,s)$, welches die Einschränkung des dreidimensionalen Maserungsmodells auf die Normalebene $\Sigma_N(s)$ darstellt.

Dabei müssen wie im Jahrringmodell gewisse Konsistenzbedingungen erfüllt sein.

Berechnung von Maserungsbildern. Die Berechnung von Maserungsbildern für ebene Schnitte durch den Baumstamm erfolgt ebenfalls in Analogie zum vorher entwickelten Jahrringmodell, indem man für alle $s \in I$ zunächst die Schnittgerade $g(s) = \Sigma_S \cap \Sigma_N(s)$ und das "Grauwertprofil" entlang dieser Geraden bestimmt, und anschließend diese "Grauwertprofile" zu einem neuen Grauwertbild, dem Maserungsbild in der Schnittebene, zusammensetzt.

In Abbildung 5 sieht man eine Serie von einfachen Simulationen; unser Modell ist aber allgemein genug, um auch kompliziertere Maserungsbilder wie in Abbildung 6 zu konstruieren.

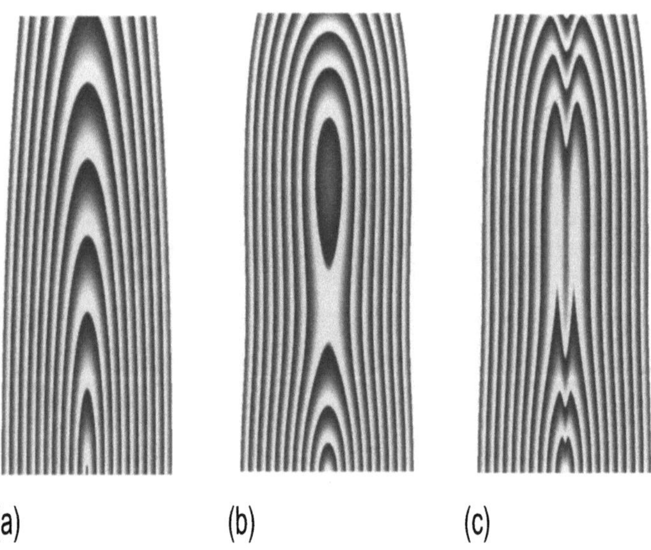

Abb. 5. Einfache Simulationen mit dem Maserungsmodell. In (a),(b) sind die Schnittkurven von Σ_N mit Z_t konzentrische Kreise, in (a) ist l ein Geradenstück, während in (b) l eine leicht gekrümmte Kurve darstellt. In (c) wurde, zusätzlich zur Krümmung von l noch eine nichtkonvexe Störung der (ansonsten kreisförmigen) Schnittkurven von Σ_N mit Z_t eingeführt.

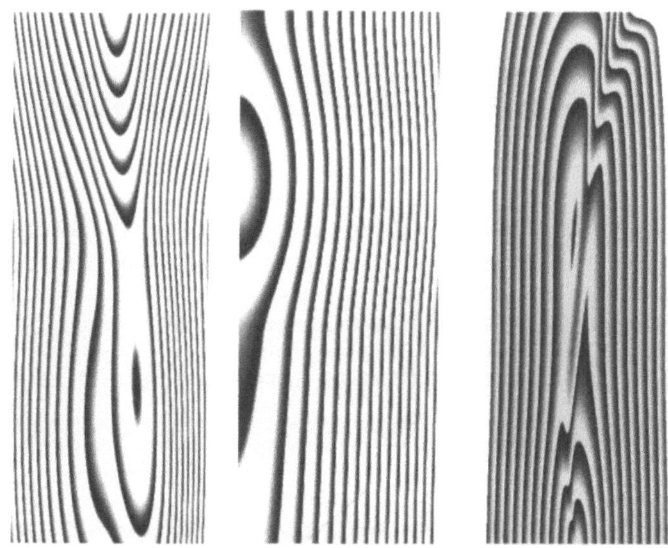

Abb. 6. Hier werden einige kompliziertere Simulationen mit dem Maserungsmodell vorgestellt, die insbesondere durch Drehwuchs entstanden sind.

3.4 Klassifikation von Maserungsbildern

Um die vorgestellten Modelle für eine Klassifizierung von Maserungsbildern nutzbar zu machen, muß nun der umgekehrte Weg beschritten werden. Ausgehend vom Maserungsbild einer Holzoberfläche müssen zuerst die Parameter des Baumstammes und der Schnittebene identifiziert werden. Anschließend kann eine Klassifizierung der "ästhetischen Qualität" des Maserungsbildes aufgrund dieser Parameter vorgenommen werden.

Die Parameteridentifikation ist ein sehr komplexes Problem, da zuerst eine Segmentierung des Maserungsbildes erfolgen muß, gefolgt von einer Skelettierung der berechneten Regionen. Falls diese Vorverarbeitungsschritte fehlerfrei durchgeführt wurden, dann entsprechen die so gewonnenen Kurven einem Jahrringmuster, wie es auch durch das Jahrringmodell entstanden sein könnte. Anschließend kann dann die eigentliche Parameteridentifikation erfolgen. Erste Teilergebnisse dieses inversen Problems liegen derzeit bereits vor.

Literatur

[B]   Bosshard, H.H.: Holzkunde, Band 1-3, Birkhäuser Verlag 1984.
[CLM] Catté, F., Lions, P.-L., Morel, J.-M., Coll, T.: Image selective smoothing and edge detection by nonlinear diffusion. SIAM J. Numer. Anal. **29** (1992) 182–193.

[Ha]   Hackh, P.: Quality control of artificial fabrics. Bericht Nr. 45, Arbeitsgruppe Technomathematik, Universität Kaiserslautern, Postfach 3049, 67653 Kaiserslautern, 1990.

[Hu]   Hummel, R.A.: Representations based on zero-crossings in scale space. Proc. IEEE Computer Society Conf. on Comp. Vision and Pattern Recognition, 204–209, 1986.

[J]   Jähne, B.: Spatio-temporal image processing. Lecture Notes in Comp. Science, Vol. 751, Springer, Berlin, 1993.

[L]   Lindeberg, T.: Scale-space theory in computer vision. Kluwer, Boston, 1994.

[NW]   Neunzert, H., Wetton, B.: Pattern recognition using measure space metrics. Bericht Nr. 28, Arbeitsgruppe Technomathematik, Universität Kaiserslautern, Postfach 3049, 67653 Kaiserslautern, 1987.

[NS]   Nitzberg, M., Shiota, T.: Nonlinear image filtering with edge and corner enhancement. IEEE Trans. Pattern Anal. Mach. Intell. **14** (1992) 826–833.

[PM]   Perona, P., Malik, J.: Scale space and edge detection using anisotropic diffusion. IEEE Trans. Pattern Anal. Mach. Intell. **12** (1990) 629–639.

[Pl]   Plinke, B.: Automatische Erkennung von Oberflächenfehlern. Holz- und Möbelindustrie, 24.Jahrgang, No.2, 165–169, 1989.

[RS]   Rao, A.R., Schunck, B.G.: Computing oriented texture fields. CVGIP: Graphical Models and Image Processing, **53** (1991) 157–185.

[RR]   Rjanasowa, K., Rösch, R.: Baumstammodelle zur Simulation von Holzmaserungen. Holz als Roh- und Werkstoff 53(1995), 221-224, Springer Verlag 1995.

[St]   Stark, H.-G.: Multiscale analysis, wavelets and texture quality. Bericht Nr. 41, Arbeitsgruppe Technomathematik, Universität Kaiserslautern, Postfach 3049, 67653 Kaiserslautern, 1990.

[W1]   Weickert, J.: Anisotropic diffusion filters for image processing based quality control. Fasano, A., Primicerio, M. (Eds.): Proc. Seventh European Conf. on Mathematics in Industry. Teubner, Stuttgart, 355–362, 1994.

[W2]   Weickert, J.: Multiscale texture enhancement. Hlaváč, V., Šára, S. (Eds.): Computer analysis of images and patterns. Lecture Notes in Comp. Science, Vol. 970, Springer, Berlin, 230–237, 1995.

[W3]   Weickert, J.: Anisotropic diffusion in image processing. Dissertation, Fachbereich Mathematik, Universität Kaiserslautern (eingereicht Nov. 1995).

[W4]   Weickert, J.: Theoretical foundations of anisotropic diffusion in image processing. Kropatsch, W., Klette, R., Solina, F. (Eds.): Theoretical foundations of computer vision. Computing Suppl. 11, Springer, Wien, 221–236, 1996.

[W5]   Weickert, J.: A model for the cloudiness of fabrics. Bericht Nr. 131, Arbeitsgruppe Technomathematik, Universität Kaiserslautern, Postfach 3049, 67653 Kaiserslautern, 1995 (Neunzert, H. (Ed.): Proc. Eighth European Conf. on Mathematics in Industry. Teubner, Stuttgart, 1996, in Druck).

Verfahren zur statistischen Analyse von gestörten Gitterstrukturen

D. Stoyan und S. Berndt

TU Bergakademie Freiberg, Institut für Stochastik, 09596 Freiberg,
Deutschland, e–mail: stoyan@mathe.tu-freiberg.de,
URL: http://www.mathe.tu-freiberg.de/Stoch/

Abstract. This paper introduces a method for solving some special problems of determining the quality of directionally solidified matters. The method is developed for the quantitative characterization of the degree of regularity of planar quasi-lattice structures. It is particularly suitable for systems of objects distributed according to a disturbed lattice. The statistical analysis leads to a regularity plot and some regularity parameters. The application of the method to some metallic and nonmetallic examples is demonstrated. Finally, a simple model for such structures is discussed.

1 Einleitung

Es ist wohlbekannt, daß bei vielen metallischen und nichtmetallischen Werkstoffen ein enger Zusammenhang zwischen dem Aufbau des Gefüges, d.h. der Geometrie und Anordnung der einzelnen Stoffkomponenten, und den Materialeigenschaften besteht, siehe z.B. [Sa] oder [Sw]. Da alle Gefüge in einem bestimmten Grad zufällig sind, wurden spezielle statistische Verfahren entwickelt, die diese geometrischen Strukturen beschreiben und somit Rückschlüsse auf die Eigenschaften von Werkstoffen zulassen. Die theoretischen Grundlagen hierfür liefern die stochastische Geometrie und räumliche Statistik.

Besonders komplizierte statistische Probleme treten bei der Analyse von Werkstoffen mit Dendriten auf. Abb. 1 zeigt den Querschnitt einer Turbinenschaufel, wie sie im Thyssen Feingusswerk Bochum hergestellt werden. Solche Bauteile werden sowohl in feststehenden Turbinen, wie zum Beispiel in Kraftwerken, als auch in beweglichen Aggregaten, wie Antrieben in der Luft- und Raumfahrt, eingesetzt. Dabei sind die Turbinenschaufeln über einen langen Zeitraum hohen mechanischen und thermischen Belastungen ausgesetzt. Aus Gründen der Haltbarkeit ist es deshalb günstig, die gesamte Turbinenschaufel als Einkristall herzustellen. Die Herstellung dieser einkristallinen Gußteile erfolgt in einem gerichteten Erstarrungsprozeß. Dieser Prozeß stellt ein sehr kompliziertes gießereitechnisches Verfahren dar, welches von vielen Einflußfaktoren abhängt. Die Qualität des Werkstoffes und damit des Gießprozesses hängt eng mit der Anordnung der Dendritenstämme zusammen, die in Abb. 1 als schwarze, einander überlagernde Kreuze sichtbar sind.

Die Aufgabe des Statistikers besteht darin, die Anzahl der Dendriten je
Flächeneinheit (den sogenannten *DAS*, „**dendrite arm spacing**") zu bestimmen und den Grad der Regelmäßigkeit des Dendritengitters zu charakterisieren. Hierfür werden genaue und schnelle Verfahren benötigt, die für die
computergestützte Qualitätskontrolle (CAQ) geeignet sind.

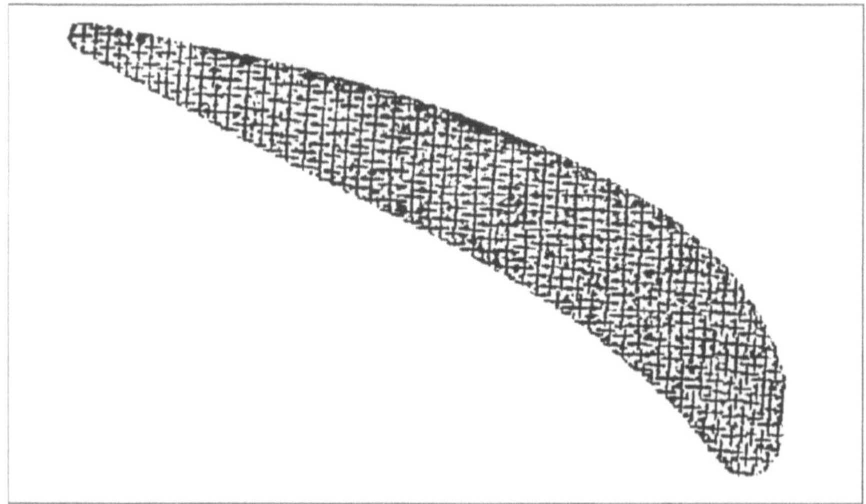

Abb. 1. Geätztes Schliffbild einer Turbinenschaufel.

2 Dendriten und Dendritensysteme

Dendritisches Wachstum tritt bei der gerichteten Erstarrung auf [Sa]. Innerhalb der Schmelze besteht ein Temperaturgefälle, ab einer bestimmten
Unterkühlung erstarrt der Stoff. Somit wandert eine Erstarrungsfront durch
die Schmelze. Wäre die Front ganz eben, dann würden sich die in der Schmelze vorhandenen Verunreinigungen auf Grund der Diffusion in zylindrischen
Säulen sammeln, die gitterförmig angeordnet sind. Tatsächlich aber ist die Erstarrungsfront nicht eben, während der Erstarrung kommt es nämlich zu Ent-
mischungsvorgängen. Die somit erhöhte Konzentration an Verunreinigungen
entlang der Erstarrungsfront führt zu einer Absenkung der dortigen Schmelztemperatur und damit zur Verminderung der Unterkühlung. Dies geschieht
auf der Grundlage des Raoultschen Gesetzes [Su]. Da tatsächlich Schwankungen in der Konzentration der Verunreinigungen auftreten, erfolgt auch die
Erstarrung ungleichmäßig. An der Erstarrungsfront entstandene Vorsprünge
können bevorzugt werden und schneller erstarren, da dort das Temperaturgefälle größer ist. Dadurch entsteht die bekannte Bäumchenstruktur der Dendriten, vgl. [JS] und [Lu].

Wegen der grundlegenden Bedeutung für die Steuerung der gerichteten
Erstarrung von Schmelzen sind die Vorgänge beim Wachstum von Einzel-
dendriten gut erforscht.

Anders ist die Situation aber beim Verständnis des *Systems* der Dendriten.
Zwischen den einzelnen Dendriten bestehen sicherlich Wechselwirkungen, die,
bedingt durch Inhomogenitäten in der Schmelze, zu Abweichungen von der
idealen Gitteranordnung führen. Diese Abweichungen sind statistisch für gegebene Gußkörper zu beschreiben.

Die Anordnung der Dendritenzentren auf der als Ebene gedachten Erstarrungsfront ist durch zwei gegenläufige Prozesse gekennzeichnet. Einerseits
werden unter den zunächst zufällig angeordneten Dendritenkeimen diejenigen bevorzugt, die entsprechend dem Metallgitter (kubisch-flächenzentriert)
angeordnet sind. Dieser Prozeß würde zu einem quadratischen Gitter führen.
Andererseits wachsen diejenigen Dendriten besonders schnell, die eine große
Einflußzone haben, deren Nachbarn also relativ weit entfernt liegen. Dieser
Prozeß würde zu einem hexagonalen Gitter führen. Durch die Wechselwirkung
dieser beiden Prozesse bildet sich das zufällig verzerrte Gitter der Dendritenstämme heraus.

3 Statistische Probleme

Wie bereits erwähnt, sind dem Statistiker bei der Analyse von Dendritensystemen zwei Aufgaben gestellt:

- Bestimmung des *DAS* und
- Charakterisierung des Grades der Regularität des Dendritensystems.

Hinzu kommt der Wunsch, stochastische Modelle zu entwickeln, die eine Simulation von Dendritensystemen ermöglichen.

Die Reduzierung des Dendritensystems auf die Dendritenzentren führt zu
einem Punktsystem. Deshalb sind Methoden der Punktprozeßstatistik anzuwenden, vgl. [LO, St]. Allerdings liegen mit den Dendritenzentren Punktsy-
steme vor, wie sie in der Punktprozeßstatistik nur selten untersucht werden.
Besonders gilt es, die Tatsache zu berücksichtigen, daß ein (gestörtes) Gitter
vorliegt.

Obwohl die Dendritenzentren nur in einem begrenzten Gebiet vorliegen
(im Querschnitt der Schaufel), wird im folgenden angenommen, daß ein Aus-
schitt eines stationären Punktprozesses analysiert wird. Offensichtlich liegen
ja keine weiträumigen Inhomogenitäten vor, und die statistischen Methoden
für den stationären Fall sind besonders bequem und elegant.

Der wichtigste Parameter eines stationären Punktprozesses ist seine Intensität λ, die mittlere Anzahl der Punkte je Flächenanteil. Im Falle von
Dendritensystemen wird der Parameter DAS benutzt, der mit λ gemäß

$$DAS = \lambda^{-\frac{1}{2}} \tag{1}$$

zusammenhängt.

Die manuelle Bestimmung von λ ist mit Hilfe eines Digitalisiertabletts
leicht möglich. Damit erhält man auch die für weitere statistische Analysen

benötigten Koordinaten der Dendritenzentren. Der Zeitbedarf für die Ermittlung aller Dendritenzentren für eine Turbinenschaufel ist aber beträchtlich; er ist mit ca. 30 min anzusetzen. Somit ist die manuelle Methode zwar für Forschungszwecke sinnvoll, nicht aber für die laufende CAQ.

Automatische Verfahren, die Ideen der Bildanalyse verwenden, sind dringend erforderlich. Durch Abb. 1 werden aber die großen Probleme, die hierbei auftreten verdeutlicht: die Dendriten haben vielfach Kontakt miteinander und die Armdicken schwanken beträchtlich.

Ein grobes Verfahren könnte darin bestehen, den Flächeninhalt der schwarzen Dendritenphase auf dem Schaufelquerschnitt zu ermitteln und dann λ unter Verwendung eines geschätzten Wertes für die Fläche eines Dendriten zu berechnen. Gedanklich aufwendiger ist eine Methode, bei der ein Skelett des Dendritensystem, vgl. Abb. 2, erstellt wird, zu dem dann Tripelpunkte (= schwarzes Pixel mit mehr als 2 schwarzen Nachbarpixeln) bestimmt werden. Die Tripelpunkte könnten dann die Rolle der Dendritenzentren spielen.

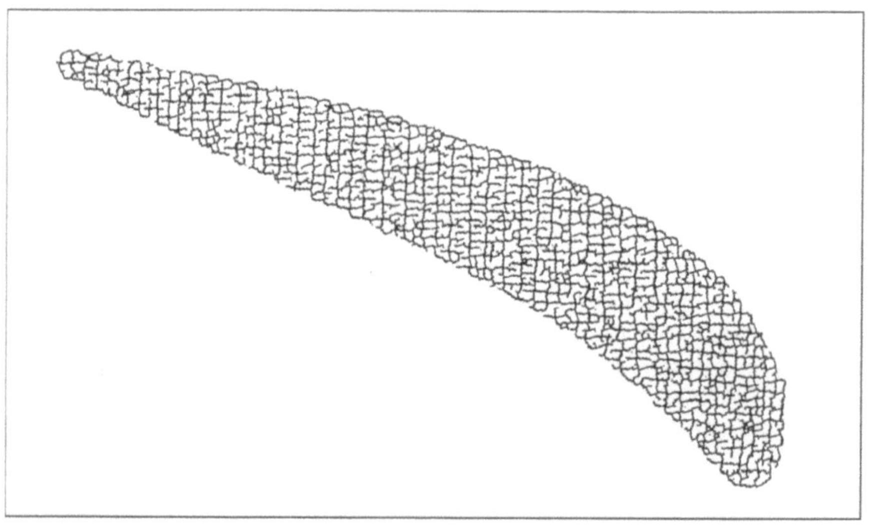

Abb. 2. Skelett des Schaufelquerschnittes von Abb. 1.

Übrigens haben schon 1969 J. Serra und Mitarbeiter [AST] ein bildanalytisches Verfahren zur Schätzung von λ vorgeschlagen. Es ist allerdings nur halbautomatisch und erfordert manuelle Zwischenschritte.

Zur Charakterisierung des Grades der Regelmäßigkeit des Dendritensystems sind vermutlich die Koordinaten der Zentren unbedingt erforderlich. Im folgenden wird angenommen, daß sie vorhanden sind. Das entspricht auch der Vorgehensweise in der ausgewerteten Literatur, in der ebenfalls versucht worden ist, Dendritensysteme (aber auch andere Strukturen) hinsichtlich ihrer Regularität zu charakterisieren. In der Arbeit [Sx] werden verschiedene Methoden hierfür systematisch dargestellt. Danach kann man Funktionen benutzen, die in der Punktprozeßtheorie verwendet werden, um die Eigenschaften 2. Ordnung zu erfassen, wie die K-Funktion oder die Paarkorrelationsfunktion. Eine andere Methode benutzt Abstände von Testpunkten zu den Dendritenzentren. Beiden Verfahren ist gemeinsam, daß Euklidische Abstände benutzt werden, die nicht auf die Gitterstruktur Rücksicht nehmen und zu unerwünschten Glättungen führen. Eine dritte Methode besteht darin, das Voronoi-Mosaik zu den Punkten zu konstruieren und die Variabilität der Mosaikzellen zur Charakterisierung der Regularität zu verwenden. Auch hier wird auf die Gitterstruktur keine Rücksicht genommen; es gibt nicht-gittrige Punktmuster, die somit als regelmäßiger eingestuft werden als gestörte quadratische Gitter. Schließlich ist auch versucht worden, den minimum-spanning-tree als Hilfsmittel einzusetzen. Da alle diese Methoden nicht dem speziellen Problem der Analyse gestörter Gitter entsprechen, ist in Freiberg ein neues Verfahren entwickelt worden, welches der lokalen Gitterstruktur, die in vielen gerichtet erstarrten Dendritensystemen zu beobachten ist, Rechnung trägt, vgl. [BBH]. Dieses Verfahren wird im folgenden kurz beschrieben.

Das Analyseverfahren zur Bestimmung der Regularität des Punktfeldes besteht aus zwei Schritten. Zuerst wird mit Hilfe der Methode von Ohser und Stoyan [St] die Richtungsverteilung des Punktfeldes ermittelt. Im Ergebnis dieses ersten Schrittes werden zwei Maxima dieser Richtungsverteilung, die *Hauptrichtungen*, erhalten.

Anhand dieser Hauptrichtungen wird ein lokales Gitter festgelegt, das im zweiten Schritt an jeden Punkt des Punktfeldes angepaßt wird. Dieses Gitter besteht aus neun (drei mal drei) Punkten. Das Zentrum liegt dabei im betrachteten Punkt und die Abstände zwischen den Gitterpunkten sind gleich dem *DAS*. Den einzelnen Gitterpunkten werden die jeweils nächsten Punkte des Punktfeldes zugeordnet und das Ausgangsgitter, in beiden Hauptrichtungen unabhängig, den zugeordneten Punkten angepaßt.

Außer in regulären Punktfeldern verbleibt nach dieser Anpassung ein Restabstand zwischen den zugeordneten Punkten des Punktfeldes und den Gitterpunkten des angepaßten Gitters. Da das Zentrum des Gitters im betrachteten Punkt liegt, werden im allgemeinen acht von Null verschiedene Abstandswerte erhalten. Der Mittelwert der Quadrate dieser acht Werte wird dem betrachteten Punkt i als lokale Gitterabweichung δ_i^2 zugeordnet. (Durch ein einfaches Verfahren der Randkorrektur werden auch den Punkten, die am Rand des Schliffquerschnittes liegen, Werte zugeordnet.)

Die δ_i^2 werden im *Regularitätsplot* als Kreisflächen mit Zentrum in den Punkten des Punktfeldes veranschaulicht. Ein solcher Regularitätsplot ist in Abb. 3 dargestellt. Definitionsgemäß erscheinen Punkte, deren Nachbarn stark vom Gitter abweichen, als große Kreisflächen und sind somit leicht auszumachen. Mit dem Mittelwert $\bar{\delta}^2$ und der Streuung s^2 dieser lokalen Abweichungen werden Zahlenwerte erhalten, die den Grad der Regularität des gesamten Punktfeldes gut beschreiben.

Dieses Verfahren wird im Thyssen Feingusswerk Bochum angewendet. Das zugehörige Programm ist auf einem üblichen PC unter Windows lauffähig und liefert innerhalb weniger Sekunden eine Analyse des gesamten Turbinenschaufelquerschnitts. Als angenehm wird von den Nutzern die visuelle Darstellung der lokalen Abweichungen mittels des Regularitätsplots empfunden. Hier können eventuelle Problembereiche des Werkstückes leicht erfaßt werden, was es ermöglicht, reale Strukturen gezielt zu untersuchen. Die berechneten Werte für Mittelwert und Streuung der lokalen Abweichungen helfen, Serien von Werkstücken untereinander zu vergleichen und zu klassifizieren.

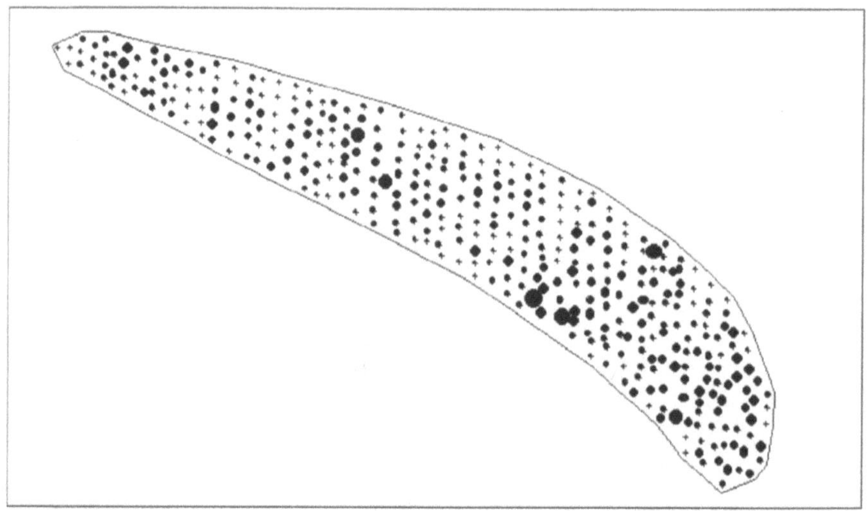

Abb. 3. Regularitätsplot für den Querschnitt der Turbinenschaufel aus Abb. 1. Man beachte, daß hier nur die Dendriten*zentren* benutzt worden sind. Die Dendriten*kreuze* in Abb. 1 lassen die Struktur regelmäßiger erscheinen. Die Hauptrichtungen des Zentrenmusters stimmen nicht mit denen des Dendritenmusters überein.

4 Ein einfaches stochastisches Modell

Die Modellkonstruktion beruht auf einem idealen Gitter mit der Maschenweite DAS in beiden Hauptrichtungen.

Die Punkte des gestörten Gitters ergeben sich durch unabhängige zufällige Verschiebungen in kleinen rhombischen Bereichen mit der Kantenlänge v_{max} um die Gitterpunkte. Dem entspricht die Vorstellung, daß die Spitzen der Dendriten während des Wachstums unabhängige zufällige Irrfahrten ausführen. Abb. 4 zeigt ein Punktmuster in einem turbinenschaufelförmigen Gebiet, das nach dem Modell erhalten wurde.

Ein Vergleich mit Abb. 3 macht gewisse Unterschiede deutlich. Offensichtlich bestehen in Abb. 3 weiterreichende räumliche Korrelationen. Dennoch kann der für ein Dendritenmuster geschätzte Modellparameter v_{max} ein wertvoller zusätzlicher (oder alternativer) Parameter zu $\bar{\delta}^2$ und σ^2 sein.

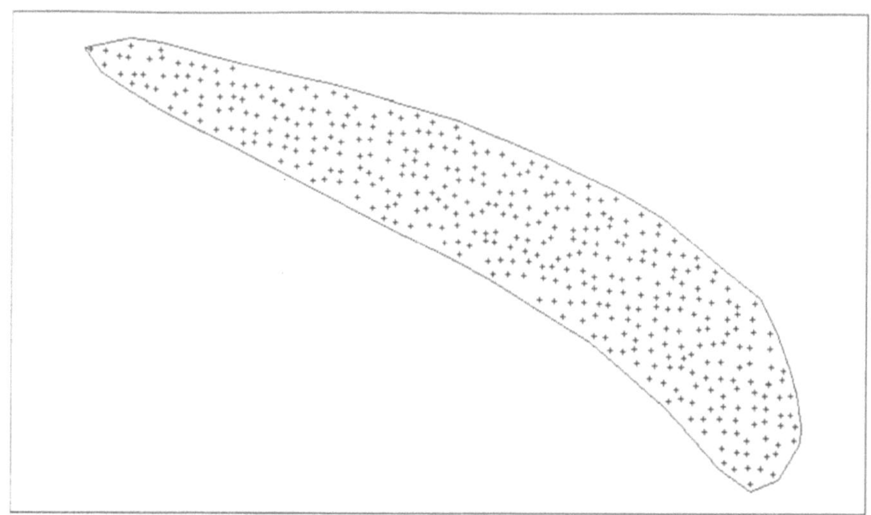

Abb. 4. Simuliertes Punktmuster in turbinenschaufelförmigem Gebiet.

Zur Charakterisierung der Güte der Anpassung des Modells an die Realstruktur genügt natürlich ein visueller Vergleich nicht. Wie in der Punktprozeßstatistik üblich, wird zum Modelltest die L-Funktion benutzt. Diese Funkton wird ausgehend von der K-Funktion definiert [St]. In dem hier betrachteten Fall ist es zweckmäßig, von der Euklidischen Metrik zu einer der Gitterstruktur angepaßten Metrik überzugehen. Die Kugel ist dann eine Gitterzelle. Wird die K-Funktion wie bisher definiert (natürlich mit der neuen Kugel), dann lautet die L-Funktion jetzt

$$L(r) = \sqrt{\frac{K(r)}{4}}. \tag{2}$$

Für das obige „Verwacklungsmodell" kann die theoretische L-Funktion berechnet werden. Sie lautet

$$L(r_Q) = \sqrt{\sum_{i=0}^{int(r_Q)} ((8i + 4 + 4P_K(r_Q - i))P_K(r_Q - i)}, \tag{3}$$

wobei $int(x)$ den ganze Anteil von x und r_Q den Radius des „Kreises" in Gittereinheiten bezeichnen. Weiterhin gilt

$$P_K(r) = \begin{cases} 0 & \text{für } r < 1 - v_{max} \\ P_1(r) & 1 - v_{max} \leq r_Q < 1 \\ P_2(r) & 1 \leq r_Q < 1 + v_{max} \\ 1 & 1 + v_{max} \leq r_Q \end{cases}$$

mit $P_1(r) = \frac{(v_{max} + r - 1)^2}{2v_{max}^2}$ \qquad und \qquad $P_2(r) = 1 - P_1(r).$

In Abb. 5 ist die empirische L-Funktion für die Dendritenzentren auf Abb. 1 dargestellt. Die Metrik entspricht hier dem angepaßten Gitter mit der Maschenweite DAS und den statistisch ermittelten Hauptrichtungen. Zum Vergleich ist die nach (3) berechnete theoretische L-Funktion angegeben worden. Sie beruht auf geschätzten Parametern für den DAS und für v_{max}.

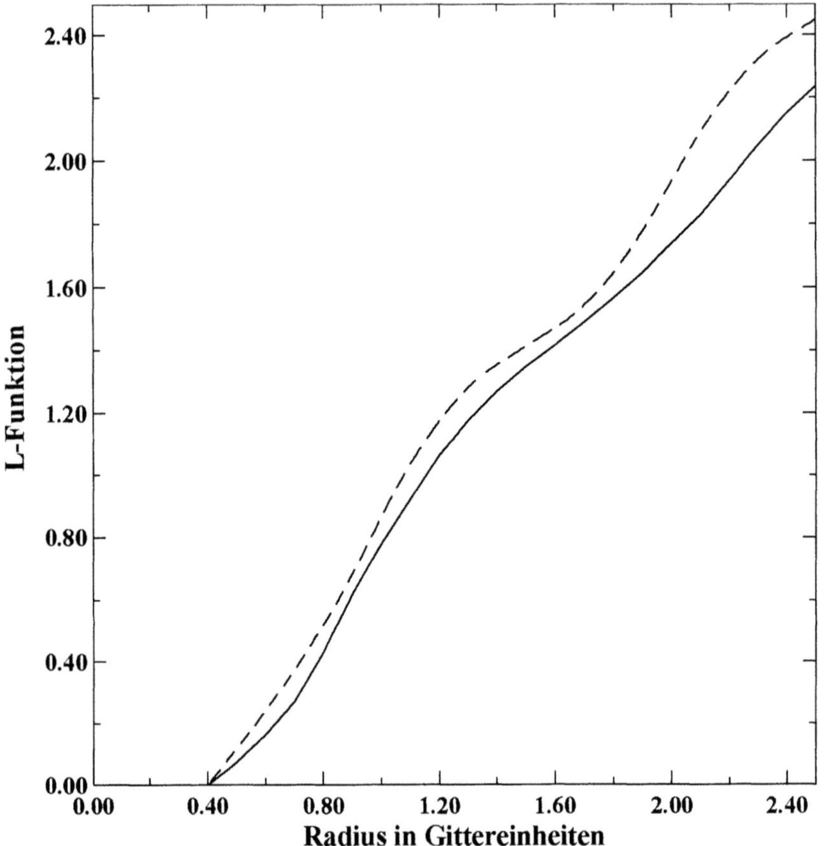

Abb. 5. Berechnete (- - -) und empirische (——) L-Funktion.

Die Übereinstimmung ist nicht schlecht, was für das Verwacklungsmodell spricht. Eine weitere Verbesserung der Übereinstimmung der berechneten bzw. simulierten L-Funktion mit der aus den realen Dendritenstrukturen erhaltenen Schätzung läßt sich erreichen, indem die Gleichverteilung bei den Gitterstörungen durch kompliziertere Verteilungen ersetzt wird.

Literatur

[AST] Alberny, R., Serra, J. & Turpin M. Use of covariograms for dendrite arm spacing measurements *Trans. TMS-AIME* 245:55-59 (1969).

[BBH] Berndt, S., Bretschneider J., Helm, H. & Stoyan D. Characterization of the degree of regularity of 2d-random quasi-lattice structures. Submitted to *Mat. Ch.* (1995).

[JS] Jacobi, H. & Schwerdtfeger, K. Dendrite morphology of steady state unidirectional solidified steel. *Metall. Trans.* 7A:811-820 (1976).

[LO] Lorz, U. & Ohser, J. *Quantitative Gefügeanalyse—Theoretische Grundlagen und Anwendung.* Freiberger Forschungshefte, Deutscher Verlag für Grundstoffindustrie, Leipzig (1994).

[Lu] Lux, B. Konstitutionelle Unterkühlung und Bildung eutektischer Subkörner in Fe-C-Si-Legierungen mit Lamellengraphit. *Giesserei, techn.-wiss. Beihefte* 18:219-229 (1966).

[Sa] Sahm, P.R. *Erstarrung metallischer Schmelzen*, Vortragstexte eines Symposiums der Deutschen Gesellschaft für Metallkunde, Informationsgesellschaft Verlag, Oberursel (1988).

[Sx] Saxl, I. Models and characteristics of spatial arrangement and their applications in fractography. *Proceedings of the International Conference on Fractography* 10-13 October 1994, Stará Lesná, Slovakia Inst. Mat. Research SAV, Košice pp. 37-46 (1994).

[Sw] Schwerdtfeger, K. *Metallurgie des Stranggießens-Gießen und Erstarren von Stahl.* Stahleisen mbH, Düsseldorf (1992).

[Su] Schumann, H. *Metallographie.* Deutscher Verlag für Grundstoffindustrie, Leipzig (1989).

[St] Stoyan, D. & Stoyan, H. *Fractals, Random Shapes and Point Fields.* Wiley & Sons, Chichester (1994).

3 Optimierung und Steuerung

In vielen Problemstellungen aus Industrie und Wirtschaft sollen vorgegebene
Ziel- oder Kostenfunktionen maximiert bzw. minimiert werden. Die Optimierung und Steuerung von Prozessen ist daher ein Schwerpunkt des Transfers
von Mathematik in die Anwendungen. Sie erfordert zum einen die mathematische Modellierung und Simulation der Prozesse und zum anderen die Optimierung des vorgegebenen Zielfunktionals. Die Kopplung dieser Aufgaben
steigert die Komplexität der numerischen Verfahren. Dabei kann die Dimension der in der Praxis entstehenden Systeme sehr groß werden. Zusätzlich
erfordern praktische Anwendungen häufig die Lösung in realer Zeit.

Im ersten Abschnitt werden zunächst Methoden der Regelungstechnik,
die in einem eigenen Projekt entwickelt wurden, auf Destillationskolonnen
angewendet. Der in diesem Buch enthaltene Bericht beschreibt den Entwurf
eines nichtlinearen H_∞-Reglers für eine Bodenkolonne zur Zweistofftrennung
und dessen Test anhand von Simulationen. Ein weiteres Beispiel zur Online-
Regelung gibt die Untersuchung zu Torsionsschwingungen in Turbogenera-
toren, die in Stromkraftwerken eingesetzt werden. Es wird ein Beobachter
entworfen, der die mechanischen Belastungen der Wellenkupplungen im Betrieb bestimmt, welche die Lebensdauer stark beeinflussen. Die weiteren Beiträge befassen sich mit der Steuerung technischer Prozesse, der Steuerung
von Industrieöfen, in denen zu verarbeitendes Material auf die vorgeschriebene Temperatur gebracht wird, und mit der Steuerung von Kühlsegmenten
in Walzstraßen.

Beim Entwurf optimaler geometrischer Formen von Bauteilen, Gerüstkonstruktionen, Gebäuden oder Maschinen werden zunehmend Optimierungsalgorithmen eingesetzt, wie sie in einem zweiten Abschnitt dargestellt werden.
Das Projekt "Automatisiertes Design von Stabwerken, Bauteilen und Mate-
rialen" liefert effiziente Algorithmen, die eine automatisierte Optimierung von
diskreten und kontinuierlichen mechanischen Strukturen ermöglichen. Sie beruhen auf einer für die Berechenbarkeit entscheidenden Umformulierung der
Optimierungsaufgabe und dem Einsatz moderner Innere-Punkte-Verfahren
und Methoden der nichtglatten Optimierung.

Der Einsatz von Robotern hat die industrielle Fertigung in vielen Bereichen, wie etwa der Automobilherstellung, entscheidend verändert. Zwei Ein-
zelprojekte bringen im Rahmen des dritten Abschnitts moderne Methoden
der mathematischen Optimierung zur Planung und Steuerung von industriellen Robotern. Dabei wird mit der entwickelten Software ein leistungsfähiges

Werkzeug entwickelt, das zu optimalen Entwürfen für automatische Fertigungsanlagen in kurzer Zeit entscheidend beitragen kann.

Der vierte Abschnitt befaßt sich mit Problemstellungen bei der Einsatzplanung von technischen Anlagen und Personal. Die optimale Blockauswahl bei der Einsatzplanung eines Kraftwerksystems führt auf ein gemischt–ganzzahliges Optimierungsproblem mit linearen Nebenbedingungen, zu dessen Lösung in einem weiteren Projekt wichtige Beiträge geliefert werden. Die Planung des optimalen Mitarbeitereinsatzes am Arbeitsplatz ist eine typische Aufgabenstellung, bei der die Berücksichtigung aller relevanten Nebenbedingungen (Auftragsbestand, Auslastung der Maschinen, Qualifikation und Verfügbarkeit der Arbeitsplätze und der Mitarbeiter, soziale und arbeitsrechtliche Nebenbedingungen usw.) auf ein komplexes kombinatorisches Optimierungsproblem führt. Am Beispiel einer Druckerei wird belegt, daß mit neuen mathematischen Methoden die Personaldispositionszeit, die Maschinenauslastung und die Schichtplanung zum Vorteil der Produktion und der Mitarbeiter wesentlich verbessert werden können.

Beiträge zur verbesserten Verkehrsführung sind im letzten Abschnitt zusammengefaßt. Die erzielten Forschungsergebnisse bieten sich insbesondere den für den öffentlichen Verkehr Verantwortlichen zum Einsatz an. Bei den Problemstellung handelt es sich nicht nur um umfangreiche Aufgaben der diskreten Optimierung sondern auch um Modellierungsprobleme, in die Komponenten und Nebenbedingungen eingehen, die sich, wie beispielsweise das Verhalten von Verkehrsteilnehmern, nur schwer modellieren lassen. Konkret wurden die optimale Linienführung insbesondere im Bahnverkehr, die Optimierung des Fahrzeugumlaufs im öffentlichen Nahverkehr und die optimale Routenplanung, hier am Beispiel des Fuhrparks eines Glasproduzenten, untersucht. Die Modellierungen führen auf große Optimierungsprobleme mit einer riesigen Anzahl von Nebenbedingungen. Deren Lösung erscheint wegen ihrer Größe zunächst nicht bewältigbar und zählt zu den sogenannten NP–schweren Aufgaben. Unter Einsatz von Branch–and–Cut Algorithmen und an das Problem angepaßten Heuristiken gelingt es, in den Bereich realer Rechenmöglichkeiten vorzustoßen. Die anhand der Problemstellungen der Kooperationspartner entwickelten Verfahren und die inzwischen verfügbaren Softwarepakete sind allgemeiner einsetzbar und nach den bisherigen Erfahrungen an Testbeispielen sehr erfolgreich.

An den Projekten der Optimierung kann besonders einfach der enorme Nutzen gesehen werden, den der direkte Transfer der mathematischen Grundlagenforschung in die konkreten industriellen und wirtschaftlichen Anwendungen bewirken kann.

3.1 Regelungstheorie und Prozeßsteuerung

Nichtlineare reduzierte Modellbildung und nichtlineare H_∞-Regelung einer Zweistoffdestillationskolonne

E.D. Gilles, A. Rehm und F. Allgöwer

Modellreduktion und dynamische Beobachter für Torsionsschwingungen in Turbosätzen

D. Prätzel-Wolters, P. Lang und S. Kulig

Prozeßoptimierung bei Industrieöfen

E.W. Sachs, H. Jäger, H. Heidemüller, H. Klammer, F. Maschler und G. Woelk

Mathematische Behandlung der optimalen Steuerung von Abkühlungsprozessen bei Profilstählen

F. Tröltzsch, R. Lezius, R. Krengel und H. Wehage

Nichtlineare reduzierte Modellbildung und nichtlineare H_∞-Regelung einer Zweistoffdestillationskolonne

*E. D. Gilles[1], A. Rehm[1] und F. Allgöwer[1,2] **

[1] Institut für Systemdynamik und Regelungstechnik, Universität Stuttgart,
Pfaffenwaldring 9, D-70550 Stuttgart, e-mail: seifert@isr.uni-stuttgart.de,
URL: http://www.isr.uni-stuttgart.de/
[2] DuPont Company, Experimental Station E1/214B, Wilmington, DE 19880-0101,
USA.

Abstract. In this paper a nonlinear control scheme for a class of industrially important processes, namely high-purity distillation columns, is proposed. The controller design is based on nonlinear H_∞ control theory, that has been developed recently as an extension of well-known linear H_∞ theory. Computation of a nonlinear H_∞ controller requires the underlying design model to be of rather low complexity. However even simple models for high-purity distillation columns consist of a large number of differential, and possibly algebraic, equations. A main focus of this paper is therefore on the development of simple distillation models that adequately describe the control-relevant dynamics of this process. A general approach based on nonlinear wave propagation is proposed in this paper. This modelling approach is exemplary applied to the high-purity separation of methanol and propanol in a 40 tray column. It is demonstrated that a nonlinear H_∞ controller designed on the basis of this model yields excellent control loop performance.

1 Einleitung

Destillation ist eines der verbreitetsten Stofftrennverfahren in der chemischen Industrie. Da dieses Verfahren gleichzeitig eines der energieaufwendigsten ist, steht es schon seit langem im Blickpunkt der Prozeßregelung. Die meisten Ansätze für die Regelung von Destillationskolonnen basieren dabei auf linearen Modellen (z.B. [SMD, AR]). Dies führt zu zufriedenstellenden Ergebnissen, wenn keine zu hohen Ansprüche an die Reinheit der Produkte gestellt werden. Bei der hochreinen Destillation, bei der selbst kleinste Schwankungen in den Produktkonzentrationen unerwünscht sind, verspricht der Entwurf von nichtlinearen Regelgesetzen, die auf einem nichtlinearen Modell des Prozesses beruhen, jedoch weitaus bessere Resultate, als ein Regler, der mit linearen Methoden entworfen wurde. Ein nichtlineares Entwurfsverfahren, das in den

---

* Weiterer Kooperationspartner: Arbeitsgruppe Prof. Dr. H.W. Knobloch, Mathematisches Institut, Universität Würzburg, Am Hubland, 97074 Würzburg

letzten Jahren entwickelt wurde und in das große Erwartungen gesetzt werden ist die nichtlineare H_∞-Regelung. Dieses Verfahren ist eine Weiterentwicklung der linearen H_∞-Regelung, die bereits in vielen Fällen erfolgreich eingesetzt wurde.

Die rigorosen nichtlinearen Modelle von Destillationskolonnen sind jedoch meist zu komplex, um direkt für den Reglerentwurf herangezogen werden zu können. Dies gilt speziell auch für den nichtlinearen H_∞-Reglerentwurf. Außerdem haben diese Modelle den Nachteil, daß die Zustandsgrößen, die für die Reglerberechnung erforderlich sind, meist nicht direkt gemessen werden können. Diese Größen müssen dann durch aufwendige Schätzverfahren rekonstruiert werden. Dies führt zu einer deutlichen Verkomplizierung des Reglers und damit zu Implementationsproblemen.

Aus diesem Grund wird im ersten Teil dieser Arbeit auf der Basis von [M, K] ein reduziertes nichtlineares Modell entwickelt, das sich auf die Beschreibung der regelungsrelevanten Dynamik des Prozesses beschränkt. Der Reduktionsmechanismus ist physikalisch motiviert, so daß die Regelungsanforderungen direkt in Form von Bedingungen an die resultierenden Modellzustände formuliert werden können. Die Modellentwicklung erfolgt für eine Bodenkolonne im Technikumsmaßstab, die am Institut für Systemdynamik und Regelungstechnik für Experimente zur Verfügung steht. Sie stellt eine wesentliche Voraussetzung dar, um das Instrumentarium [KIF], das von dem Würzburger Kooperationspartner entwickelt wird, auf ein realistisches Problem anzuwenden.

Eine weitere Voraussetzung für den Einsatz von nichtlinearen H_∞ optimalen Reglern ist die Kenntnis des Zustands des reduzierten Modells. Ein entsprechender Beobachterentwurf zur Zustandsschätzung wird im zweiten Teil dieses Beitrags vorgestellt. Anschließend erfolgt dann der Entwurf eines nichtlinearen H_∞-Reglers auf Basis dieses Modells um die eingeschlagene Vorgehensweise anhand von Simulationsstudien testen zu können.

2 Entwicklung des Prozeßmodells

2.1 Die Anlage

Betrachtet wird eine Bodenkolonne zur Zweistofftrennung, die in Abb. 2.1 (a) schematisch dargestellt ist. Als Beispiel für spätere Simulationsstudien wird die Trennung eines Gemisches zweier Alkohole (Methanol, Propanol) herangezogen. Das Gemisch wird der Kolonne mit dem Zulaufmengenstrom F zugeführt. Zulaufmengenstrom und Zusammensetzung (x_F in Molenbrüchen) sind durch vorgeschaltete Prozeßeinheiten bestimmt und unterliegen Schwankungen um einen stationären Wert. Sie werden deshalb als Störgrößen interpretiert. Der Zulauf trennt die Kolonne in Verstärkungssäule (oberer Teil) und Abtriebssäule (unterer Teil). Die Stofftrennung in der Kolonne erfolgt durch intensiven Wärme- und Stoffaustausch zwischen Flüssigstrom und dem im Gegenstrom aufsteigenden Dampf (V), der am Boden der Kolonne im

Verdampfer aus einem Teil des Flüssigstroms erzeugt wird. Der andere Teil (*Sumpfabzugsstrom B*) wird mit dem hochgradig angereicherten schwerersiedenden Produkt seitlich aus der Kolonne abgezogen. Am Kopf der Kolonne wird der Dampfstrom, in dem die leichtersiedende Komponente angereichert ist, im Kondensator vollständig kondensiert. Ein Teil (*Destillatstrom D*) des Kondensats wird als Produkt abgezogen, während der Rest der Kolonne als Rücklaufstrom L wieder zugeführt wird. Wir betrachten die Kolonne in der "LV"-Konfiguration, das heißt der Rücklaufstrom und der Dampfstrom werden als Steuergrößen betrachtet. Gemessen werden die Konzentrationen auf den Böden 14 und 28.

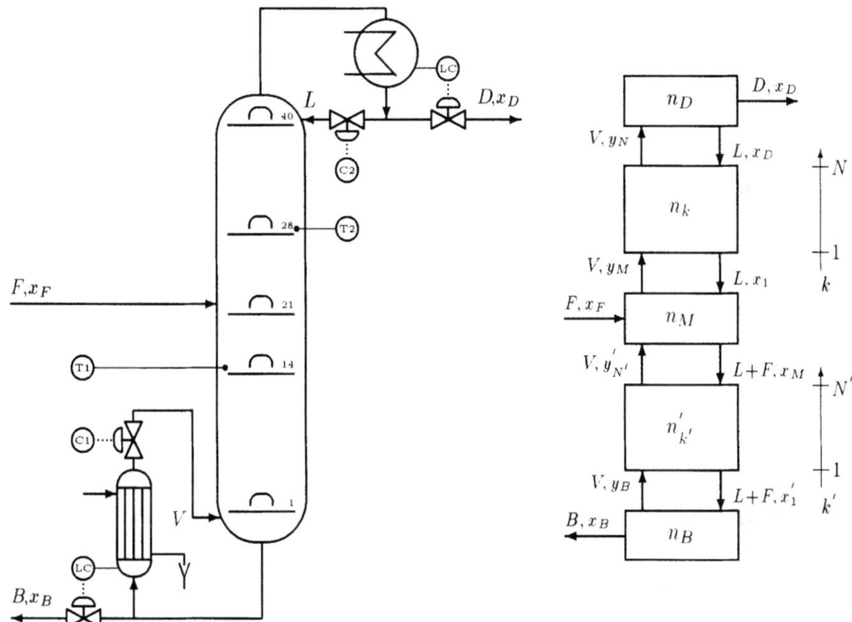

Abb. 1.

(a) Schematische Darstellung einer Bodenkolonne

(b) Bilanzierungsräume der Kolonne

2.2 Das nichtlineare Modell

Das angestrebte reduzierte Modell wird auf der Basis eines relativ detaillierten nichtlinearen Modells (CMO-Modell ohne Druckverlust, Energiebilanz und Hydrodynamik [D]) der Kolonne entwickelt, welches das Verhalten der Kolonne auch im Vergleich mit noch wesentlich komplexeren Modellen gut beschreibt. Dieses Modell wird im folgenden als Vergleichsmodell herangezogen.

Die Modellgleichungen beschreiben die Flüssigkonzentrationen des Leichtersieders und ergeben sich aus den Massenbilanzen für die einzelnen Böden sowie für den Kondensator und Verdampfer (Abb. 2.1 (b)):

Kondensator ('D'):
$$n_D \frac{dx_D}{dt} = V(y_N - x_D)\,, \qquad D = V - L$$

Verstärkersäule:
$$n_k \frac{dx_k}{dt} = L(x'_{k+1} - x'_k) + V(y'_{k-1} - y'_k)$$

Zulaufboden ('M'):
$$n_M \frac{dx_M}{dt} = L(x_1 - x_M) + V(y'_{N'} - y_M) + F(x_F - x_M) \qquad (1)$$

Abtriebssäule ('):
$$n'_{k'} \frac{dx'_{k'}}{dt} = (L + F)(x_{k+1} - x_k) + V(y_{k-1} - y_k)$$

Verdampfer ('B'):
$$n_B \frac{dx_B}{dt} = (L + F)x'_1 - Bx_B - Vy_B\,, \qquad B = L + F - V$$

$$y_i = \frac{\alpha x_i}{1 + (\alpha - 1)x_i} \quad \alpha = const.,\quad i \in \{1, 2, \dots, \max(N, N'), B, M, D\} \quad (2)$$

x_i ... Flüssigkonzentration des Leichtersieders auf dem i-ten Boden
y_i ... Dampfkonzentration des Leichtersieders auf dem i-ten Boden
n_i ... Moleninhalt des i-ten Boden
$(\cdot)_{B,M,D}$ ... Entspr. Größen von Verdampfer, Zulaufboden u. Kondensator

Die wesentlichen nichtlinearen Elemente des Modells sind die Bestimmungsgleichungen der Dampfkonzentrationen (Gl. 2), die sich aus dem verwendeten Gleichgewichtsmodell (konstante relative Flüchtigkeiten α) ergeben. Das resultierende Modell besteht aus einem System von 42 Differentialgleichungen erster Ordnung. Das nichtlineare Verhalten der betrachteten Beispielkolonne wird in Abb. 2 exemplarisch anhand von Sprungantworten auf Änderungen des Zulaufmengenstroms F dargestellt.

2.3 Der Reduktionsansatz

Ausgangspunkt für die Entwicklung eines nichtlinearen, reduzierten Modells für die Destillationskolonne ist die Feststellung, daß sich das qualitative Verhalten der Kolonne bezüglich Änderungen in den Eingangsgrößen (V, L, F, x_F) als Verschiebung und Verformung des stationären Konzentrationsprofils (Verlauf der Konzentrationen über den Böden) deuten läßt [R]. Abb. 3 zeigt, daß diese Annahme voraussetzt, daß die beiden Kolonnenabschnitte, nämlich die Abtriebs- und Verstärkersäule, getrennt betrachtet werden. In [MWHG] wird für beide Abschnitte jeweils eine Ansatzfunktion für die Profilform gewählt und mit Hilfe einer globalen Massenbilanz eine Gleichung für die

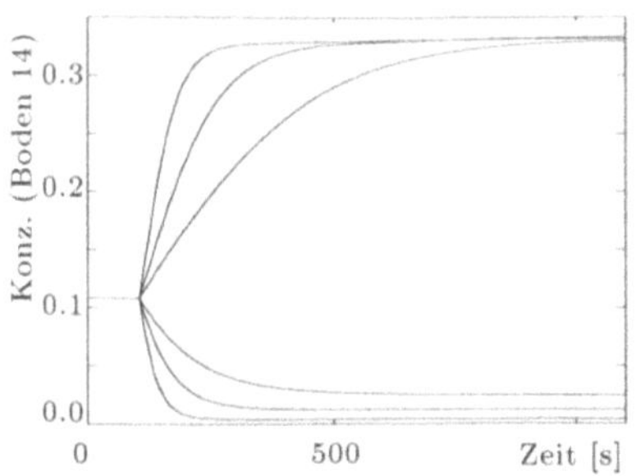
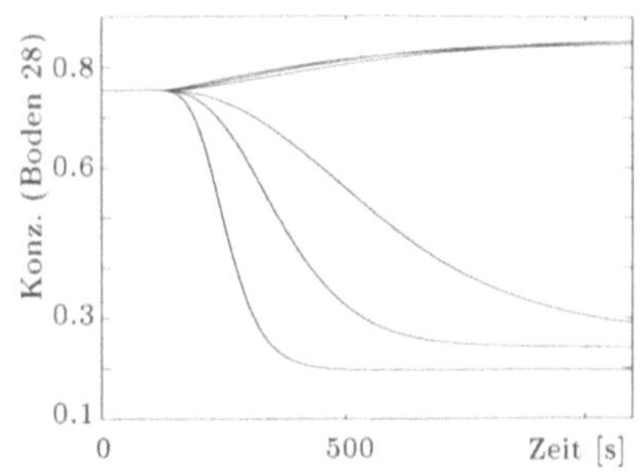

Abb. 2. Zeitverläufe der Konzentrationen auf dem 14. und 28. Boden bei sprungförmiger Änderung des Zulaufmengenstroms um ±5, ±10 und ±20 %

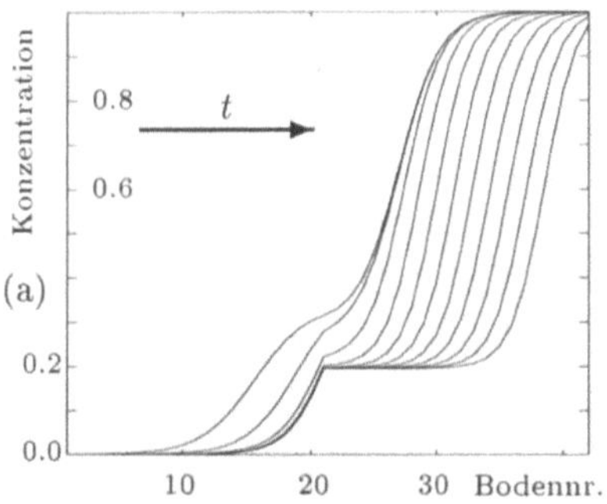
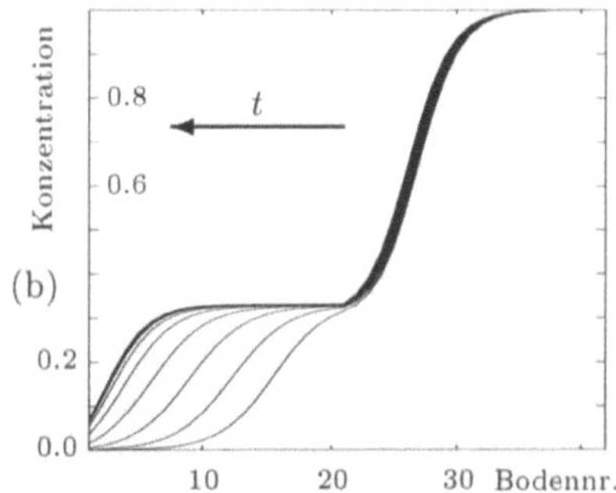

Abb. 3. Konzentrationsprofile bei sprungförmiger Änderung des Zulaufmengenstroms um -20 % (a) und +20% (b)

Ausbreitungsgeschwindigkeit der beiden Profile abgeleitet. Die Bestimmungsgleichungen der dynamischen Formparameter der Ansatzfunktionen führen dazu, daß das resultierende reduzierte Modell als nichtlineares Differential-Algebra-System vorliegt. Diese Formulierung ist jedoch für die Anwendung der meisten modernen Regelungsverfahren nicht praktikabel, da diese eine Modellbeschreibung durch gewöhnliche Differentialgleichungen voraussetzen. In [MA, AAM, K] werden deshalb für die Entwicklung *linearer* reduzierter Modelle vereinfachte Beschreibungen der Profilform verwendet. Im folgenden wird gezeigt, wie darauf aufbauend ein *nichtlineares* Modell abgeleitet werden kann, das für den Reglerentwurf geeignet ist.

Die nachfolgende Diskussion beschränkt sich auf die Darstellung der Vorgehensweise für einen Kolonnenabschnitt. Die Böden in diesem Abschnitt werden mit $z = 1, \ldots, N$ indiziert. Für den anderen Abschnitt erfolgt die Ableitung der Modellgleichung vollständig analog. Ausgangspunkt ist die (kontinuierliche) Ansatzfunktion $x(z)$ (Gl. (3)), die für lange Packungskolonnen das stationäre Profil ($s = 0$) hinreichend genau beschreibt [M]. Mit der Methode der kleinsten Fehlerquadrate werden die Parameter ϕ_-, ϕ_+, ϱ und ξ so angepaßt (s.a. Abb. 4), daß $x(z)$ für die diskreten Werte $z = 1, \ldots, N$

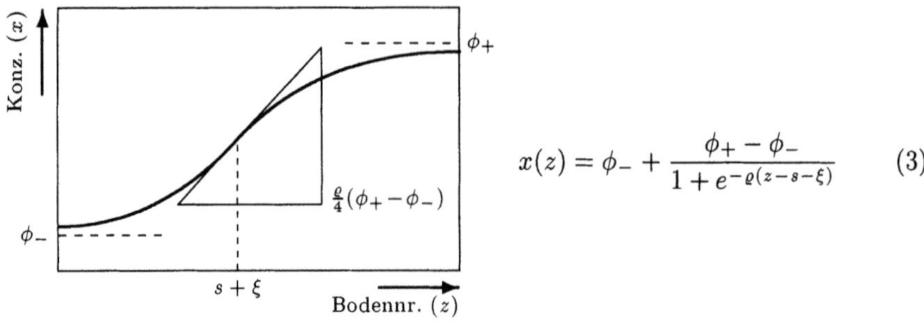

$$x(z) = \phi_- + \frac{\phi_+ - \phi_-}{1 + e^{-\varrho(z-s-\xi)}} \qquad (3)$$

Abb. 4. Ansatzfunktion für das Konzentrationsprofil

bestmöglich mit dem bekannten stationären Konzentrationsprofil der Bodenkolonne übereinstimmt.

Um das *dynamische* Verhalten des Profils zu beschreiben, wird die Profilverschiebung s eingeführt. Ziel ist es, für diese Verschiebung eine Differentialgleichung abzuleiten, die dann die Dynamik in der Kolonne bei fester Profilform beschreibt. Um auch die Profilverformung zu berücksichtigen, werden die Parameter ϕ_- und ϕ_+, die den Wert von $x(z)$ im Unendlichen beschreiben, variabel angesetzt. Aus der Forderung, daß die Gleichung (3) auch für die den Kolonnenabschnitt berandenden Systeme (d.h. Verdampfer/Zulaufboden im Fall der Abtriebssäule, bzw. Zulaufboden/Verdampfer für die Verstärkungssäule) gelten sollen, ergeben sich die folgenden funktionalen Abhängigkeiten

$$\phi_- = \phi_-(s, x_0, x_{N+1}) \quad \phi_+ = \phi_+(s, x_0, x_{N+1}), \qquad (4)$$

die wir der kompakteren Darstellung wegen nicht ausschreiben. Darin stellen x_0 und x_{N+1} die Flüssigkonzentrationen der Randsysteme da. Die Konzentrationen auf den einzelnen Böden des Kolonnenabschnitts können dann ebenfalls in Abhängigkeit von x_0, x_{N+1} und s ausgedrückt werden:

$$x(z) = f(z, s, x_0, x_{N+1}), \quad z \in \{1, \dots, N\} \qquad (5)$$

Die gesuchte Differentialgleichung für die Profilverschiebung s ergibt sich nun aus einer globalen Massenbilanz über den gesamten Kolonnenabschnitt. Dabei sind zwei verschiedene Ansätze denkbar: Die Summation über alle Böden des Abschnitts führt (gleichen Moleninhalt n vorausgesetzt) direkt auf

$$n \sum_{z=1}^{N} \frac{dx(z)}{dt} = L(x_{N+1} - x_1) - V(y_N - y_0). \qquad (6)$$

Die Auswertung der zeitlichen Ableitungen mit Hilfe von Gl. (5) und der Differentialgleichungen der Randsysteme liefert dann die gesuchte Differentialgleichung für die Profilverschiebung. Der Nachteil dieser Vorgehensweise liegt in der Komplexität des resultierenden Ausdrucks: es treten zunächst $3 \cdot N$ partielle Ableitungen ($\frac{\partial f}{\partial s}$, $\frac{\partial f}{\partial x_0}$, $\frac{\partial f}{\partial x_{N+1}}$) auf, in die dann wiederum die Differentialgleichungen für x_0 und x_{N+1} zu substituieren sind.

Die Alternative, durch die suggestive Schreibweise "$x(z)$" bereits nahegelegt, ist die Approximation des Kolonnenabschnitts der Bodenkolonne durch ein verteiltes System, d.h. es wird eine homogene Massenverteilung für den Kolonnenabschnitt angenommen, wobei $x(z)$ dann die Konzentration für $1 \leq z \leq N, z \in \mathbb{R}$ beschreibt. Diese Näherung ist typischerweise dann gerechtfertigt, wenn die Anzahl der Böden in dem Kolonnenabschnitt relativ groß ist ($N \geq 15$). Als Massenbilanz ergibt sich dann

$$n\,\frac{d}{dt} \int\limits_{z=1}^{N} x(z)\,dz = L(x_{N+1} - x_1) - V(y_N - y_0). \tag{7}$$

Die Integration von $x(z)$ ist in geschlossener Form möglich. Die anschließende Differentiation und die Substitution von $\dot{x}_0$ und $\dot{x}_{N+1}$ führt auf die gesuchte Differentialgleichung für die Profilverschiebung s. Im Gegensatz zum ersten Ansatz kann die resultierende Gleichung ohne Probleme mit einem Computer-Algebra-System weiterverarbeitet werden. Sie ist jedoch bereits so komplex, daß sich eine formelmäßige Darstellung an dieser Stelle verbietet.

2.4 Das reduzierte Modell

Mit der, im letzten Unterkapitel beschriebenen Vorgehensweise, erhält man eine Differentialgleichung

$$\dot{s} = g(s, x_0, x_{N+1}, \dot{x}_0, \dot{x}_{N+1}, x_1, y_N) \tag{8}$$

für die Profilverschiebung s in dem betrachteten Kolonnenabschnitt. Die Ankopplung dieser Gleichung an die Randsysteme erfordert zusätzlich die Konzentrationen (x_1 und y_N) in den Stoffströmen, die den betrachteten Kolonnenabschnitt verlassen. Diese ergeben sich aus dem Formansatz (Gl. (5)) und Gl. (2). Das reduzierte Modell für die Kolonne besteht dann aus nur fünf Differentialgleichungen (mit den dynamischen Zuständen: s_a, s_v, x_B, x_M, x_D und den Eingangsgrößen: L, V, x_F, F), nämlich den Differentialgleichungen für Abtriebs- und Verstärkungssäule

$$\begin{aligned}
\dot{s}_a &= g_a(s_a, s_v, x_B, x_M, x_D, L, V, x_F, F) \\
\dot{s}_v &= g_v(s_a, s_v, x_B, x_M, x_D, L, V, x_F, F)
\end{aligned} \tag{9}$$

sowie aus den Differentialgleichungen für die Randsysteme Verdampfer, Zulaufboden und Kondensator (Gl. (1)). Die rechten Seiten in Gl. (9) sind dabei relativ aufwendig. In Abb. 5

sind Sprungantworten für das reduzierte Modell und das Modell 42. Ordnung (Gl. 1) dargestellt. Es zeigt sich zunächst, daß das reduzierte Modell qualitativ gut mit dem wesentlich komplexeren Modell übereinstimmt. Für den

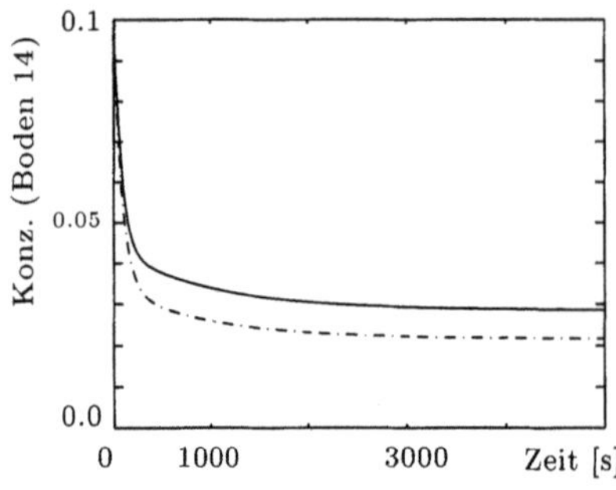
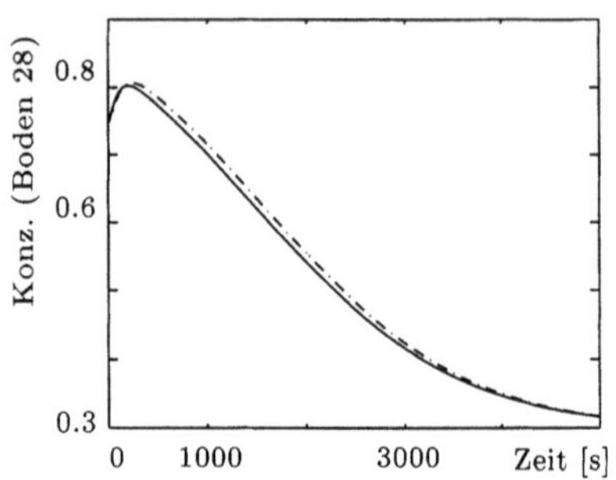

Abb. 5. Zeitverläufe der Konzentrationen auf dem 14. und 28. Boden für das reduzierte Modell (durchgezogene Linie) und das Modell 42. Ordnung (strichpunktierte Linie) bei sprungförmiger Änderung des Zulaufmengenstroms um $-10\,\%$ und der Zulaufkonzentration um $+10\,\%$.

Konzentrationsverlauf im Abtriebsteil (Boden 14) ergibt sich allerdings ein relativ großer relativer Fehler. Für die Verstärkungssäule (Boden 28) hingegen sind die beiden Konzentrationsverläufe kaum zu unterscheiden. Im folgenden wird sich zeigen, daß das reduzierte Modell aufgrund der guten qualitativen Wiedergabe des Prozeßverhaltens dennoch gut für den Reglerentwurf geeignet ist.

3 Reglerentwurf

Ziel des Reglerentwurfs für hochreine Destillation ist es, die Produktkonzentrationen im Kopf und Sumpf der Kolonne trotz auftretender Schwankungen des Zulaufmengenstroms und der Zulaufzusammensetzung konstant zu halten. Beide Produktkonzentrationen können mit dem reduzierten Modell explizit beschrieben werden. Außerdem hat offensichtlich die Profilverschiebung einen direkten Einfluß auf die Produktkonzentrationen. Dies ist deutlich in Abb. 3 (b) an der Verschlechterung der Reinheit des Sumpfprodukts zu sehen. Ein großer Vorteil der im folgenden betrachteten Regelung ist, daß eine klare Trennung zwischen den eigentlich interessierenen Regelgrößen x_B und x_D und den Meßgrößen x_{14} und x_{28} möglich ist.

3.1 Prinzip der nichtlinearen H_∞-Regelung

Der Erfolg der linearen H_∞-Regelung basiert auf der Tatsache, daß viele praktische Regelungsprobleme als sogenanntes Standardproblem (im wesentlichen die Differentialgleichungen der Regelstrecke, sowie dynamische Gewichte, die Regelungsanforderungen wie Robustheit und Störgrößenunterdrückung widerspiegeln) formuliert werden können. Die Lösung des Standardproblems liefert einen Regler, der die H_∞-Norm der Übertragungsfunktion von bestimmten externen Eingängen (z.B. Störungen) auf bestimmte externe Ausgänge auf einen Wert kleiner einer vorgegebenen Schranke γ beschränkt [MZ].

In den letzten Jahren wurde die lineare Theorie auf die entsprechende nichtlineare Problemformulierung erweitert [H, IA, S1]. Die nichtlineare H_∞-Regelung mit Zustandsrückführung betrachtet das Problem für das System

$$\dot{x} = f(x) + g_1(x)w + g_2(x)u$$
$$z = h(x) + k(x)u \tag{10}$$

mit Zustand x, externem Eingang w, Steuereingang u, und externem Ausgang z, ein Regelgesetz $u(x)$ zu bestimmen. Dabei soll der geschlossene Kreis mit dem Regler $u = u(x)$ die Ungleichung

$$\int\limits_0^T \|z(t)\|^2 dt \leq \gamma^2 \int\limits_0^T \|w(t)\|^2 dt \quad \forall\, T, w(\cdot) \in L_2 \tag{11}$$

erfüllen. Diese Forderung ist äquivalent zur Forderung, daß der geschlossene Kreis eine L_2-Verstärkung kleiner gleich γ besitzt. Die Lösung dieses Problems erfordert die Bestimmung einer positiv definiten Funktion $V(x)$, die eine nichtlineare partielle Differentialgleichung, die sogenannte Hamilton-Jacobi-Isaacs Ungleichung erfüllen muß:

$$V_{\boldsymbol{x}}(x)f(x) + h^T(x)h(x) + \frac{1}{4\gamma^2}V_{\boldsymbol{x}}(x)\left(g_1(x)g_1^T(x) - \gamma^2 g_2(x)g_2^T(x)\right)V_{\boldsymbol{x}}^T(x) \leq 0. \tag{12}$$

Das vorgeschlagene Verfahren [I2, S2] in der Literatur zur näherungsweisen Bestimmung der Funktion $V(x)$, basiert auf der Methode von Lukes [L]. Dabei wird sukzessive die Reihenentwicklung von $V(x)$ über die Lösung einer algebraischen Riccatigleichung und die Lösung einer Folge von linearen Gleichungssystemen bestimmt. Bedingungen für die lokale Konvergenz sind in [I2] angegeben. Diese Vorgehensweise kann nur für Modelle relativ kleiner Ordnung (≤ 8) angewandt werden. Das relativ detaillierte Modell aus Gl. (1) ist zum Beispiel nicht dafür geeignet.

Obwohl Ansätze zur Erweiterung der beschriebenen Zustandsregelung vorhanden sind [I1, Kr, S3], muß der Ausgangsrückführungsfall nach wie vor als weitgehend offen betrachtet werden. In folgenden wird deshalb der Entwurf eines Beobachters zur Schätzung der nicht meßbaren Zustände vorgestellt, der dann in Kapitel 3.2 auf der Basis des certainty equivalence Prinzips mit dem H_∞-Zustandsregler verknüpft wird.

Neben den Zuständen werden auch die Störgrößen geschätzt. Dazu wird vorausgesetzt, daß die Störgrößen sprungförmig auftreten. Als Störgrößenmodell ergibt sich dann

$$\dot{F} = 0 \qquad \dot{x}_F = 0. \tag{13}$$

Mit der Differentialgleichung des reduzierten Modells

$$\dot{x} = f(x, w, u), \quad x = (x_B, s_a, x_M, s_v, x_D)^T, \quad w = (F, x_F)^T, \quad u = (L, V)^T$$
$$y = h(x), \qquad\quad y = (x_{14}, x_{28})^T \tag{14}$$

wird der Beobachter (Gl. (15)) als Summe von Simulator und Korrekturterm
angesetzt.

$$\begin{pmatrix} \dot{\hat{x}} \\ \dot{\hat{w}} \end{pmatrix} = \begin{pmatrix} f(\hat{x}, \hat{w}, u) \\ 0 \end{pmatrix} + K(y - h(\hat{x})) \tag{15}$$

Die Korrekturmatrix K ergibt sich durch Polvorgabe für die linearisierte
Fehlerdynamik des Beobachters. Um den Beobachter zu testen werden ihm
als Meßsignal die Ausgangsgrößen x_{14} und x_{28} des Modells 42. Ordnung zur
Verfügung gestellt. Abb. 6 zeigt, daß dieser pragmatische nichtlineare Stör-
größenbeobachteransatz eine befriedigende Zustandsschätzung liefert.

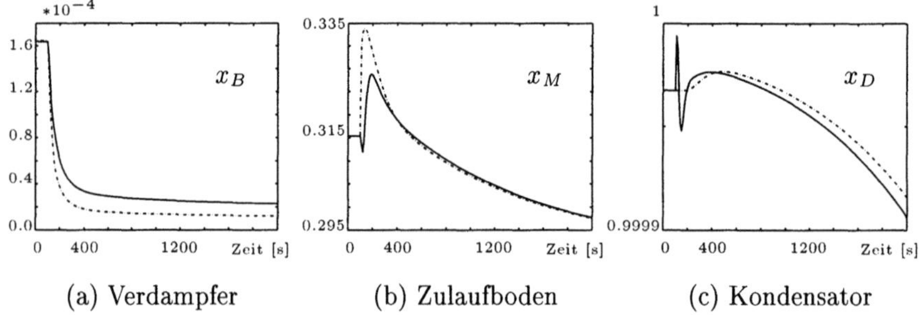

(a) Verdampfer   (b) Zulaufboden   (c) Kondensator

Abb. 6. Vergleich der geschätzten Zustände (durchgezogene Linie) mit den
Zuständen des Modells 42. Ordnung (strichpunktierte Linie) für eine sprungförmige
Änderung des Zulaufmengenstroms um -10% und der Zulaufkonzentration um
+10%

3.2 Nichtlineare H_∞-Regelung der Destillationskolonne

Um Schwankungen in den Produktkonzentrationen zu unterdrücken, wird
als ein erster Ansatz versucht den Einfluß der Störungen im Zulauf (Abweichungen ΔF und Δx_F von den stationären Werten) auf die Profilstellung zu
unterdrücken. Speziell sollen sprungförmige Störungen keine bleibende Regel-
abweichungen zur Folge haben. Als nichtlineares Standardproblem (Gl. (10))
wird deshalb die Zusammenschaltung von reduziertem Modell und zwei linearen PT_1 Gliedern, die als Eingang die beiden Profilstellungen besitzen,
verwendet. Externe Eingangsgößen sind die Störungen im Zulauf, externe
Ausgangsgrößen die Ausgänge der PT_1 Glieder sowie die Steuergrößen.

Die näherungsweise Berechnung des nichtlinearen H_∞-Reglers erfolgt bis
zu Termen, die 3. Ordnung in den Zustandsvariablen sind. Für die Simulation
der geregelten Kolonne wird das Modell 42. Ordnung herangezogen. Der in
Kapitel 3.1 beschriebene Beobachter wird zur Schätzung der Reglereingänge
herangezogen. In Abb. 7 sind die Verläufe der vom Regler berechneten Steuergrößen bei einer sehr großen Zulaufstörung dargestellt. Auf die Darstellung
des Konzentrationsprofils wurde verzichtet, weil praktisch keine Abweichung

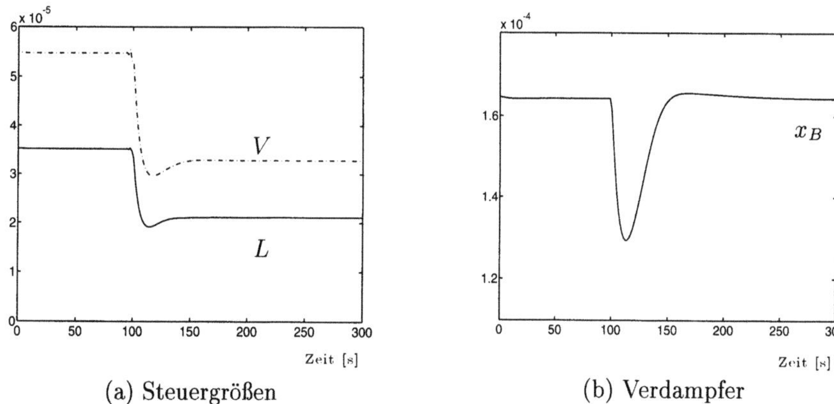

(a) Steuergrößen (b) Verdampfer

Abb. 7. Simulation (Modell 42. Ordnung) des Verhaltens der geregelten Kolonne für eine sprungförmige Änderung des Zulaufmengenstroms um -40%

vom stationären Profil festzustellen ist. Dies gilt entsprechend für die Produktkonzentration im Kondensator. Die Verunreinigung des Produkts im Verdampfer (Abb. 7 (b)) ist, durch die Richtung der Eingangsstörung bedingt, kurzzeitig sogar noch kleiner geworden, bevor der stationäre Wert vom Regler wieder eingestellt werden kann.

Die gezeigten Simulationsergebnisse sind auch für andere Störungen typisch. Sie zeigen, daß der verwendete nichtlineare Regelungsansatz selbst für extreme Störungen zu guten Ergebnissen führt. Die potentiell größere Leistungsfähigkeit nichtlinearer Entwurfskonzepte im Vergleich mit rein linearen Verfahren, kann also für eine wichtige Klasse verfahrenstechnischer Anlagen erfolgreich ausgenutzt werden.

4 Zusammenfassung und Ausblick

In dieser Arbeit wurde ein reduziertes Modell einer Destillationskolonne als Basis für den Reglerentwurf für eine komplexe verfahrenstechnische Anlage im Rahmen des BMBF Projekts "Entwurf nichtlinearer H_∞-optimaler Regler zur verfahrenstechnischen Prozeßführung" entwickelt. Dieses Modell liefert im Vergleich zu einem wesentlich komplexeren Modell eine sehr gute qualitative Beschreibung des Prozeßverhaltens und hat zudem den Vorteil, daß die Ziele der Prozeßregelung (hohe Produktreinheiten) direkt mit den modellierten Größen beschrieben werden können. Um das reduzierte Modell als Basis für einen erfolgreichen nichtlinearen Reglerentwurf heranziehen zu können, erwies sich ein einfacher nichtlinearer Beobachter als ausreichend. Simulationsergebnisse zeigen eine sehr gute Regelgüte für die betrachtete Beispielkolonne zur hochreinen Trennung von Methanol und Propanol.

In weiteren Arbeiten gilt es in Zusammenarbeit mit dem Würzburger Projektpartner die Nachteile des seither verwendeten Näherungsverfahrens zur

Berechnung des nichtlinearen H_∞-Reglers (lokaler Gültigkeitsbereich, starke
Einschränkungen bei der Zahl der Zustandsvariablen) zu überwinden. Außerdem bleibt die Frage zu klären, inwieweit mit Hilfe von geeigneten nichtlinearen Gewichten bessere Ergebnisse beim Reglerentwurf zu erzielen sind.

Literatur

[AAM]　M. Amrhein, F. Allgöwer, and W. Marquardt. Validation and analysis of linear distillation models for controller design. In *Proc. 2nd European Control Conference ECC'93*, pages 655–660, Groningen, 1993.

[AR]　F. Allgöwer and J. Raisch. Multivariable controller design for an industrial distillation column. In N.K Nichols and D.H. Owens, editors, *The Mathematics of Control Theory*. Clarendon Press, Oxford, 1992.

[D]　P.B. Deshpande. *Distillation Dynamics and Control*. Instrument Society of America, Research Triangle Park, NC, 1985.

[H]　J.W. Helton. Worst case analysis in the frequency domain: The H_∞ approach to control. *IEEE Trans. Automat. Contr.*, AC-30:1154–1170, 1985.

[IA]　A. Isidori and A. Astolfi. Disturbance attenuation and H_∞-control via measurement feedback in nonlinear systems. *IEEE Trans. Automat. Contr.*, AC-37(9):1283–1293, 1992.

[I1]　A. Isidori. A necessary condition for nonlinear H_∞ control via measurement feedback. *Syst. Contr. Lett.*, 23:169–177, September 1994.

[I2]　A. Isidori. H_∞ control via measurement feedback for general nonlinear systems. *IEEE Trans. Automat. Contr.*, AC-40(3), March 1995.

[KIF]　H.-W. Knobloch, A. Isidori, and D. Flockerzi. *Topics in Control Theory*. Birkhäuser, Basel, 1993.

[Kr]　A.J. Krener. Necessary and sufficient conditions for nonlinear worstcase H_∞ control and estimation. *Journal of Mathematical Systems, Estimation, and Control*, 4(4):485–488, 1994.

[K]　C. Kuhlmann. Reduced wave based models for distillation columns. Diploma Thesis, Institut for Kemiteknik, Danmarks Tekniske Universitet Lyngby, 1994.

[L]　D.L. Lukes. Optimal regulation of nonlinear dynamical systems. *SIAM J. Contr.*, 7(1):75–100, 1969.

[MA]　W. Marquardt and M. Amrhein. Development of a linear distillation model from design data for process control. In *European Symposium on Computer Aided Process Engineering, ESCAPE'93*, Graz, Austria, 1993.

[M]　W. Marquardt. *Nichtlineare Wellenausbreitung – Ein Weg zu reduzierten dynamischen Modellen von Stofftrennprozessen*. VDI Verlag, Düsseldorf, 1988.

[MWHG]　W. Marquardt, M. Wurst, P. Holl, and E.D. Gilles. Tools for dynamic process simulation and their application. In H.-J. Forst, editor, *Moderne Computertechniken und ihre Auswirkung auf die chemische Technik*, pages 119–141. DECHEMA, Frankfurt, 1988.

[MZ]　M. Morari and E. Zafiriou. *Robust Process Control*. Prentice-Hall, Englewood Cliffs, NJ, 1989.

[R]   B. Retzbach. Control of an extractive distillation plant. In *IFAC Symposium Dynamics and Control of Chemical Reactors and Distillation Columns*, pages 225–230, Bournemouth, 1986.

[S1]   A.J. van der Schaft. On a state space approach to nonlinear H_∞ control. *Syst. Contr. Lett.*, 16:1–8, 1991.

[S2]   A.J. van der Schaft. L_2-gain analysis of nonlinear systems and nonlinear state feedback H_∞ control. *IEEE Trans. Automat. Contr.*, AC-37(6):770–784, 1992.

[S3]   A.J. van der Schaft. Nonlinear state space H_∞ control theory. In H.J. Trentelman and J.C. Willems, editors, *Essays on Control: Perspectives in the Theory and its Applications*, pages 153–190. Birkhäuser, 1993.

[SMD]   S. Skogestad, M. Morari, and J.C. Doyle. Robust control of ill-conditioned plants: High-purity distillation. *IEEE Trans. Automat. Contr.*, AC-33(12):1092–1105, 1988.

Modellreduktion und dynamische Beobachter für Torsionsschwingungen in Turbosätzen

D. Prätzel-Wolters[1], P. Lang[1] und S. Kulig[2]

[1] Arbeitsgruppe Technomathematik, Universität Kaiserslautern, Postfach 3049, 67653 Kaiserslautern, e-mail: prwolt@mathematik.uni-kl.de, URL: http://www.mathematik.uni-kl.de/~wwwtecm

[2] Siemens AG, Dampfturbinen- und Generatorenwerk Mülheim, 45466 Mülheim an der Ruhr

Abstract. Turbo generators, which generally consist of different turbines, an excitator and a generator, are used for electrical power production. Online–monitoring of those machines is an important task, since torsional moments that arise in the shaft couplings during malfunction situations reduce their life–time expectancy. The shaft model is obtained by FE–discretization of an undamped wave equation; damping is introduced in terms of modal damping coefficients. Since the dimension of this model is too high to allow online–simulations, frequency-weighted model reduction techniques are applied. The reduced shaft model, which is augmented by noise form filters, is the basis for the subsequent observer design.

1 Einleitung

Große Turbosätze neuerer Bauart liefern elektrische Leistung in Größenordungen bis zu $1400 MW$. Um unnötige Ausfälle zu vermeiden, sollen die Turbosätze nach kleineren Störfällen im elektrischen Netzwerk möglichst weiter am Netz betrieben werden. Ist jedoch eine Netztrennung unvermeidbar, so wird angestrebt, die Resynchronisierung mit dem Netz so schnell wie möglich durchzuführen.

Im Falle eines elektrischen Kurzschlusses fließen kurzzeitig sehr große Ströme im Generator, die entsprechend große elektrische Momente verursachen. Hierdurch wird der Wellenstrang zu Torsionsschwingungen angeregt, die insbesondere im Bereich des Wellenschenkels und in den Kupplungen der Teilwellen zu stark erhöhten Materialbeanspruchungen führen. Dies führte in der Vergangenheit zu einigen schweren Wellenbrüchen und war daher Anlaß intensiver Untersuchungen von Störfallauswirkungen auf Turbosätze. Die dabei gewonnenen Erkenntnisse führten zu Modifikationen einiger Konstruktionsvorschriften und Bewertungskriterien. Die wichtigsten Erkenntnisse sind:

- Die gegenseitige Beeinflussung von Netz und Turbosatz führt in einigen Fällen zu höheren Belastungen als dies beim Standard–3–Phasen–Klemmenkurzschluß der Fall ist. Diese Belastungen entstehen insbesondere bei Fehlsynchronisation, automatischer Fehlerklärung und asynchronem Lauf.

– Es ist weder möglich noch sinnvoll die Wellen so zu dimensionieren, daß beliebig viele dieser Störfälle ohne Auswirkung auf den Wellenstrang bleiben.

Nahezu alle schweren Störfälle führen daher durch mechanische Beanspruchung zur Reduktion der noch verbleibenden Lebenszeit der Welle. Besonders betroffen sind hiervon ältere Anlagen, die noch nach alten Standards gebaut wurden.

Um nun eine quantitative Abschätzung des Lebensdauerverbrauchs im Laufe der Betriebszeit der Anlage zu ermöglichen, soll ein Beobachter entworfen werden, der in der Lage ist anhand der Messung des Torsionsmoments an einer Wellenkupplung sowie der Messung des anregenden elektrischen Generatormoments im Luftspalt der Maschine die Torsionsmoment–Verläufe in allen Kupplungen zu bestimmen.

Die Aufgabe des Beobachterentwurfs untergliedert sich hierbei in die Teilprobleme Modellbildung, Modellreduktion, sowie dem eigentlichen Beobachterentwurf für das resultierende Turbosatzmodell.

2 Turbosatzmodell

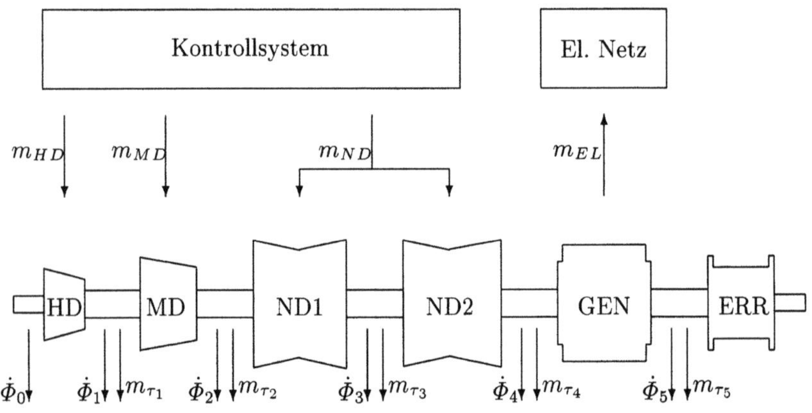

Abb. 1. Turbosatz mit Kontrollsystem

Der Wellenstrang eines typischen Turbosatzes mittlerer und großer Leistung besteht aus einer Hochdruck **HD**–, einer Mitteldruck **MD**–, einer oder mehreren Niederdruckturbinen **ND1, ND2** , sowie aus einem Generator **GEN** und einem Erregersatz **ERR**. Der Aufbau eines solchen Wellenstrangs ist in Abbildung 1 dargestellt. Den antreibenden Dampfmomenten m_{HD}, m_{MD} und m_{ND} wirken das Generatormoment m_{EL} und die Torsionsmomente m_{τ_i}, die proportional zu den Verdrehwinkeln Φ_i sind, entgegen.

2.1 Partielle Differentialgleichung

Da nur reine Torsionsschwingungen des Turbosatzes betrachtet werden sollen, reicht für die Modellierung ein eindimensionales Wellenmodell aus. Unter der zunächst vorgenommenen Vernachlässigung der Dämpfung führt dies auf folgende partielle Differentialgleichung:

$$(\rho J)(x)\frac{\partial^2}{\partial t^2}\phi(x,t) = \frac{\partial}{\partial x}\tau(x,t) + M(x,t)$$
$$= \frac{\partial}{\partial x}\left((GK)(x)\frac{\partial}{\partial x}\phi(x,t)\right) + M(x,t) \qquad (1)$$

mit den freien Randbedingungen:

$$\frac{\partial}{\partial x}\phi(0,t) = \frac{\partial}{\partial x}\phi(L,t) = 0$$

und Anfangsbedingungen:

$$\phi(x,0) = f_1(x) \quad \text{und} \quad \frac{\partial}{\partial t}\phi(x,0) = f_2(x).$$

Hierbei sind $\phi(x,t)$ die Winkelverdrehung und $\tau(x,t) = (GK)(x)\frac{\partial}{\partial x}\phi(x,t)$ das Torsionsmoment der Welle. Weiter bezeichnen $\rho J(x)$ das Trägheitsmoment je Einheitslänge, $GK(x)$ die Steifigkeit und $M(x,t)$ das externe auf die Welle wirkende Moment je Einheitslänge. Da das Erregermoment vernachlässigbar klein ist, resultiert das externe Drehmoment $M(x,t)$ aus den Dampfmomenten der Turbinen und aus dem elektrischen Moment des Generators. Die Annahme, daß die externen Momente jeweils gleichförmig verteilt über die Länge der entsprechenden Maschine auf die Welle wirken, führt auf folgenden Ansatz für $M(x,t)$:

$$M(x,t) = [b_1(x), b_2(x), \ldots, b_5(x)] \begin{pmatrix} m_1(t) \\ m_2(t) \\ \vdots \\ m_5(t) \end{pmatrix} =: B(x)m(t).$$

Hierbei bezeichnen die $m_i(t)$ die zeitlichen Verläufe der entsprechenden Momente, während die Verteilungsfunktionen $b_i(x)$ gegeben sind durch

$$b_i(x) = \begin{cases} \frac{1}{x_i^+ - x_i^-} & \text{falls } x \in [x_i^-, x_i^+] \\ 0 & \text{sonst.} \end{cases}$$

2.2 Finite–Element–Modell

Die partielle Differentialgleichung (1) wird mittels eines Finite–Element–Ansatzes in eine n–dimensionale gewöhnliche Differentialgleichung zweiter Ordnung transformiert. Die FEM–Unterteilung der Welle ist hierbei konstruktionsbedingt vorgegeben und kann leider nicht nach numerisch günstigen Gesichtspunkten vorgenommen werden. Hinzufügen einer Meßgleichung führt auf folgendes System:

$$J\ddot{\phi} + K\phi = Bu; \quad y = C\phi. \tag{2}$$

Hierbei ist $B \in \mathbb{R}^{n \times m}$ die Eingangsmatrix und $C \in \mathbb{R}^{p \times n}$ die Meßmatrix zur Berechnung der Torsionsmomente. Die Massenmatrix $J \in \mathbb{R}^{n \times n}$ ist tridiagonal, symmetrisch und positiv definit, die Steifigkeitsmatrix $K \in \mathbb{R}^{n \times n}$ ist tridiagonal, symmetrisch und positiv semidefinit. Die Matrizen K und J können simultan diagonalisiert werden:

$$V^T K V = \Lambda; \quad V^T J V = I_n.$$

Hierbei enthält die Diagonalmatrix $\Lambda \in \mathbb{R}^{n \times n}$ die positiven verallgemeinerten Eigenwerte und I_n bezeichnet die $n \times n$–Einheitsmatrix. Die Substitution $\phi = V x$ in Gleichung (2), führt nun auf folgendes entkoppelte Differentialgleichungssystem und die Meßgleichung:

$$\ddot{x} + \Lambda x = V^T B u; \quad y = C V x. \tag{3}$$

Die in der partiellen Differentialgleichung (1) vernachlässigte Dämpfung wird nun durch die Einführung modaler Dämpfungen approximiert. Mit positiv definiter diagonaler Dämpfungsmatrix $\Delta \in \mathbb{R}^{n \times n}$ ergibt sich somit aus (3):

$$\ddot{x} + \Delta \dot{x} + \Lambda x = V^T B u; \quad y = C V x. \tag{4}$$

Durch die Substitution $z = (x\ \dot{x})^{\mathbf{T}}$ wird die Gleichung (4) in ein Differentialgleichungssystem erster Ordnung überführt:

$$\dot{z} = A z + B u; \quad y = C z + D u. \tag{5}$$

mit den Matrizen:

$$A = \begin{pmatrix} 0 & I_n \\ -\Lambda & -\Delta \end{pmatrix} \in \mathbb{R}^{2n \times 2n}; \quad B = \begin{pmatrix} 0 \\ V^T B \end{pmatrix} \in \mathbb{R}^{2n \times m}; \tag{6}$$

$$C = \begin{pmatrix} CV & 0 \end{pmatrix} \in \mathbb{R}^{p \times 2n}; \quad D = \begin{pmatrix} 0 \end{pmatrix} \in \mathbb{R}^{p \times m}. \tag{7}$$

Nachfolgend werden die folgenden Funktionenräume betrachtet:

$$L_\infty = \{F : i\mathbb{R} \to \mathbb{C}^{p \times q}, \sup_{\omega \in \mathbb{R}} \|F(i\omega)\|_2 < \infty\},$$

$$H_\infty = \{F : \mathbb{C}^+ \to \mathbb{C}^{p \times q}, F \text{ analytisch}, \sup_{s \in \mathbb{C}^+} \|F(i\omega)\|_2 < \infty\}.$$

Der Teilraum aller echtrationalen Funktionen aus H_∞ wird mit RH_∞ bezeichnet. Insbesondere gilt für $F \in RH_\infty$

$$\|F\|_\infty = \sup_{\omega \in \mathbb{R}} \bar{\sigma}(F(i\omega)),$$

wobei $\bar{\sigma}$ der maximale Singulärwert einer Matrix ist.

Wegen der Stabilität der Systemmatrix A gilt insbesondere für die Übertragungsfunktion des Turbosatzmodells (5):

$$G(s) = \left(\begin{array}{c|c} A & B \\ \hline C & D \end{array}\right) = C\,(sI_{2n} - A)^{-1}\,B \in RH_\infty.$$

3 Modellreduktion

Das Zustandsraummodell (5) ist im allgemeinen zu groß (typische Dimension: $n = 250$), um damit Online–Rechnungen durchzuführen. Die notwendige Modellreduktion wird in zwei Schritten durchgeführt.

3.1 Modale Modellreduktion

Man betrachtet das System zunächst als einen Oszillator und entfernt alle Eigenschwingungen über einer vorgegebenen Grenzfrequenz, bzw. ersetzt diese Schwingungen durch solche mit unendlich großer Frequenz. Zur Illustration dieses Vorgehens betrachten wir folgende stabile Übertragungsfunktion mit spezieller Realisierung:

$$G(s) = \left[\begin{array}{cc|c} A_1 & 0 & B_1 \\ 0 & A_2 & B_2 \\ \hline C_1 & C_2 & D \end{array}\right] = D + C_1(sI - A_1)^{-1}B_1 + C_2(sI - A_2)^{-1}B_2.$$

Dabei sei angenommen, daß alle Eigenwerte der Matrix A_2 sehr groß im Vergleich zur Bandbreite der zu erwartenden Eingangssignale u sind, so daß im relevanten Frequenzbereich gilt: $sI - A_2 \approx -A_2$. Wir betrachten nun folgende Approximation für G:

$$G(s) \approx \hat{G}(s) = \left[\begin{array}{c|c} A_1 & B_1 \\ \hline C_1 & D - C_2 A_2^{-1} B_2 \end{array}\right].$$

Die Übertragungsfunktion $\hat{G}$ ist offensichtlich stabil und für die Übertragungsfunktion $\tilde{G}$ des Fehlersystem ergibt sich

$$\tilde{G} := G - \hat{G} = \left[\begin{array}{c|c} A_2 & B_2 \\ \hline C_2 & C_2 A_2^{-1} B_2 \end{array}\right].$$

Nachteilig bei diesem Verfahren ist, daß keine obere Schranke für die H_∞–Norm des Fehlersystems in Abhängigkeit vom Mc Millan–Grad der approximierenden Übertragungsfunktion existiert.

Für das Turbosatzmodell läßt sich die modale Modellreduktion einfach durch das Ordnen der Diagonaleinträge von Λ und entsprechendes Partitionieren der Matrizen in (6), (7) realisieren, vergleiche hierzu [T].

3.2 Frequenzgewichtete balanzierte Modellreduktion

Die Methode der balanzierten Modellreduktion reduziert das Ausgangsmodell um solche Eigenformen, die nur schwach beobachtbar und steuerbar sind, also für das Verhalten der Übertragungsfunktion nur eine geringe Rolle spielen. Ein großer Vorteil der balanzierten gegenüber der modalen Modellreduktion besteht darin, daß eine a priori–Abschätzung des Approximationsfehlers in Abhängigkeit der Hankelsingulärwerte der Übertragungsfunktion existiert [G]. Die balanzierte Modellreduktion läßt sich überdies numerisch stabil durchführen [SC].

Die frequenzgewichtete Version dieser Methode erlaubt eine zusätzliche Gewichtung im Frequenzspektrum der Eingangs– und Ausgangssignale und bietet dem Anwender damit die Möglichkeit, Informationen über den Arbeitsbereich des Systems mit in die Modellreduktion einzubringen.

Sei $W(s)$ eine strikt echtrationale Ausgangsgewichtsfunktion und M_r die Klasse der reellrationalen Übertragungsfunktionen vom Mc Millan–Grad r. Wir betrachten das folgende frequenzgewichtete Modellreduktionsproblem:

$$\min_{G_r} \|W(G - G_r)\|_\infty, \quad G_r \in M_r. \tag{8}$$

Dieses frequenzgewichtete Problem wird nun in ein entsprechendes ungewichtetes Modellreduktionsproblem transformiert und letzteres durch balanzierte Modellreduktion gelöst. Rücktransformation dieser Lösung und der zugehörigen Fehlerabschätzung liefert dann eine Lösung für (8) einschließlich einer entsprechender L_∞–Fehlerschranke. Wir betrachten hierzu

$$W(s) = \left[\begin{array}{c|c} A_\omega & B_\omega \\ \hline C_\omega & 0 \end{array}\right] \quad \text{und} \quad G(s) = \left[\begin{array}{c|c} A & B \\ \hline C & D \end{array}\right].$$

Die Spektren von A und A_ω seien disjunkt, B_ω sei regulär, C_ω besitze vollen Zeilenrang und die Matrix P sei die Lösung der Lyapunov–Gleichung

$$A_\omega P - P A + B_\omega C = 0.$$

Die Matrix P induziert eine Übertragungsfunktion $G_1(s)$, zu der eine balanzierte Approximation r–ter Ordnung $\hat{G}_1(s)$ berechnet wird

$$G_1(s) := \left[\begin{array}{c|c} A & B \\ \hline C_\omega P & 0 \end{array}\right], \quad \hat{G}_1(s) = \left[\begin{array}{c|c} \hat{A}_1 & \hat{B}_1 \\ \hline \hat{C}_1 & \hat{D}_1 \end{array}\right].$$

Für das System

$$G_r := \left[\begin{array}{c|c} \hat{A}_1 & \hat{B}_1 \\ \hline B_\omega^{-1}(X\hat{A}_1 - A_\omega X) & B_\omega^{-1}(-PB + X\hat{B}_1) + D \end{array}\right],$$

wobei $X := C_\omega^*(C_\omega C_\omega^*)^{-1}\hat{C}_1$, gilt dann die Fehlerabschätzung [Z]:

$$\|W(G - G_r)\|_\infty \leq 2\,\|G_1 - \hat{G}_1\|_\infty.$$

Für das Turbosatzmodell werden keine Ausgangs– sondern Eingangsgewichte verwendet, was aber durch Betrachten des adjungierten Systems auf die oben beschriebene Vorgehensweise zurückgeführt werden kann.

3.3 Simulationen zur Modellreduktion

Zur Veranschaulichung der in den vorangehenden Abschnitten beschriebenen Verfahren wird zunächst ein 436–dimensionales Turbosatzmodell durch modales Abschneiden auf die 40 kleinsten Eigenschwingungen reduziert. Als Frequenzgewichte zur Modellierung der Dampf– und Generatormomente in (8) werden antistabile Tiefpaßfilter 1. Ordnung verwendet.

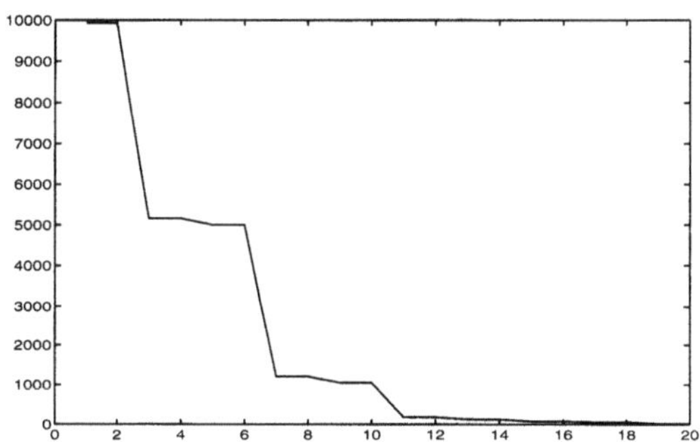

Abb. 2. Frequenzgewichtete Hankelsingulärwerte

Dem Verlauf der 20 größten Hankelsingulärwerte dieses reduzierten Modells zufolge sollten 14 Zustände ausreichen, um das ursprüngliche Turbosatzmodell im interessierenden Frequenzbereich ausreichend gut zu approximieren. Dies wird durch die Simulation in der nachfolgenden Abbildung bestätigt. Konkret werden die aus einer typischen Störfallsimulation resultierenden Torsionsmomentverläufe einmal für das komplette Modell G, sowie zwei reduzierte Modelle G_{14} und G_6 berechnet und gegeneinander aufgetragen. Während das Modell $\hat{G}_{14}$ sehr gut mit dem Ursprungsmodell übereinstimmt, zeigt sich, daß das Modell G_6 eindeutig zu klein ist, um der Dynamik in allen Wellenkupplungen vernünftig zu folgen.

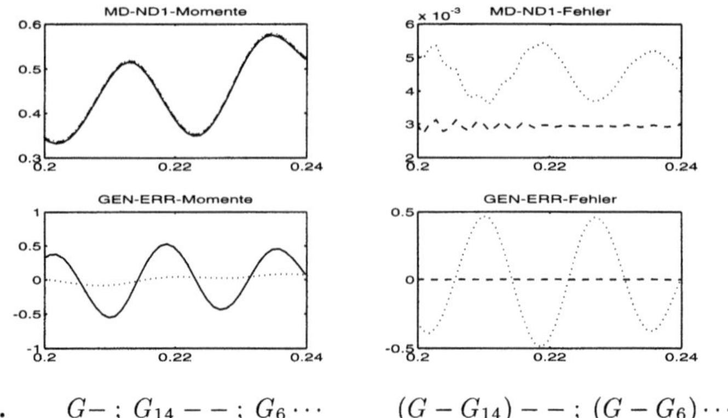

Abb. 3. $G-$; $G_{14} --$; $G_6 \cdots$ $\qquad$ $(G - G_{14}) --$; $(G - G_6) \cdots$

4 Beobachterentwurf

Soll das mit obigen Methoden konstruierte Turbosatzmodell direkt zum Beobachterentwurf benutzt werden, so benötigt man als Eingangsgrößen auch die Dampfmomente, die als Meßgrößen jedoch nicht zur Verfügung stehen. Daher ist für die Beobachterrealisierung auch eine Dampfmomenteschätzung erforderlich, die an dieser Stelle jedoch aus Platzgründen nicht näher beschrieben wird. Nachfolgend werden die Dampfmomente als bekannt vorausgesetzt.

4.1 Beobachterarchitektur

Im folgenden wird das reduzierte Turbosatzmodell, welches um eine skalare Gleichung für die Meßgröße y erweitert wurde, betrachtet:

$$\dot{x} = A_r\, x + (B_r^G\ B_r^D)\, u; \quad z = C_r\, x + (D_r^G\ D_r^D)\, u;$$
$$y = C_y\, x + (D_y^G\ D_y^D)\, u.$$

Die Unterteilung der Matrizen B_r, D_r und D_y entspricht dabei der Partitionierung der Systemeingänge in Generator- und Dampfmomente $u = (u^G\ u^D)^{\mathbf{T}}$. In [T] wird eine Beobachterarchitektur vorgeschlagen, bei der der Beobachter lediglich den Generatoranteil an den Torsionsmomenten schätzt. Basis für den nachfolgenden Beobachterentwurf ist daher das folgende System:

$$G_G(s) = \left[\begin{array}{c|c} A_r & B_r^G \\ \hline C_r & D_r^G \\ C_y & D_y^G \end{array}\right] =: \left[\begin{array}{c|c} A & B \\ \hline C & D \\ C_y & D_y \end{array}\right].$$

Zur Modellierung von Rauschen und periodischen Störungen in den Eingangsgrößen des Beobachters wird das System $G_G(s)$ um einen Ein- und einen

Ausgangsformfilter ergänzt. Der Beobachter wird dann iterativ durch wiederholtes Lösen geeigneter Riccati–Gleichungen so bestimmt, daß die H_∞–Norm J des Fehlersystems, gegeben als Differenz des erweiterten Turbosatzmodells und des Beobachters, unter einer vorgegebenen Fehlerschranke liegt. Die Grundlage für dieses Verfahren ist das folgende Theorem [ZDG], dessen Voraussetzungen für $G_G(s)$ realisierbar sind.

Theorem 1. *Sei (C_y, A) entdeckbar und $W(\omega)$ besitze vollen Zeilenrang für alle $\omega \in \mathbb{R}$. Die Matrix D_y sei normalisiert und D sei entsprechend unterteilt:*

$$W(\omega) := \begin{pmatrix} A - i\omega I_r & B \\ C_y & D_y \end{pmatrix}; \quad \begin{pmatrix} D \\ D_y \end{pmatrix} = \begin{pmatrix} D_1 & D_2 \\ 0 & I_s \end{pmatrix}.$$

Dann existiert ein kausales Filter $F(s) \in RH_\infty$, so daß $J < \gamma^2$ genau dann, wenn $\bar{\sigma}(D_1) < \gamma$ und die zur Hamilton–Matrix J_∞ zugehörige Riccati–Gleichung eine eindeutige Lösung $Y_\infty \geq 0$ besitzt.

$$\tilde{R} := \begin{pmatrix} D \\ D_y \end{pmatrix} \begin{pmatrix} D \\ D_y \end{pmatrix}^* - \begin{pmatrix} \gamma^2 I_r & 0 \\ 0 & 0 \end{pmatrix}$$

$$J_\infty := \begin{pmatrix} A^* & 0 \\ -BB^* & -A \end{pmatrix} - \begin{pmatrix} C^* & C_y^* \\ -BD^* & -BD_y^* \end{pmatrix} \tilde{R}^{-1} \begin{pmatrix} DB^* & C \\ D_yB^* & C_y \end{pmatrix}$$

Sind obige Bedingungen erfüllt, so ist ein Filter $F(s)$ gegeben durch

$$F(s) = \left[\begin{array}{c|c} A + L_2 C_y + L_1 D_2 C_y & -L_2 - L_1 D_2 \\ \hline C - D_2 C_y & D_2 \end{array} \right],$$

wobei

$$(L_1 \quad L_2) := -\left(BD^* + Y_\infty C^* \quad BD_y^* + Y_\infty C_y^* \right) \tilde{R}^{-1}.$$

4.2 Simulationen zum Beobachterentwurf

Für das reduzierte Turbosatzmodell aus Abschnitt 3.3 wurde mit dem oben beschriebenen Verfahren ein H_∞–Beobachter bestimmt. Die nachfolgende Abbildung zeigt den Verlauf der von diesem Beobachter prognostizierten Torsionsmomente gegenüber den mit dem Turbosatzmodell berechneten Werten. Die Eingangsgrößen des Beobachters waren das mit weißem Rauschen und periodischen Störungen beaufschlagte ND1–ND2–Moment sowie das Generatormoment aus der Störfallsimulation eines 3–Phasen–Klemmenkurzschlusses.

5 Zusammenfassung und Ausblick

Wie durch die vorangehenden Simulationen und in [T] gezeigt wird, liefern die beschriebenen Verfahren zur Modellreduktion und zum Beobachterentwurf für die vorgegebenen Störfallsituationen vernünftige Ergebnisse. Ein generelles Problem des Beobachterentwurfs besteht in der geeigneten Wahl

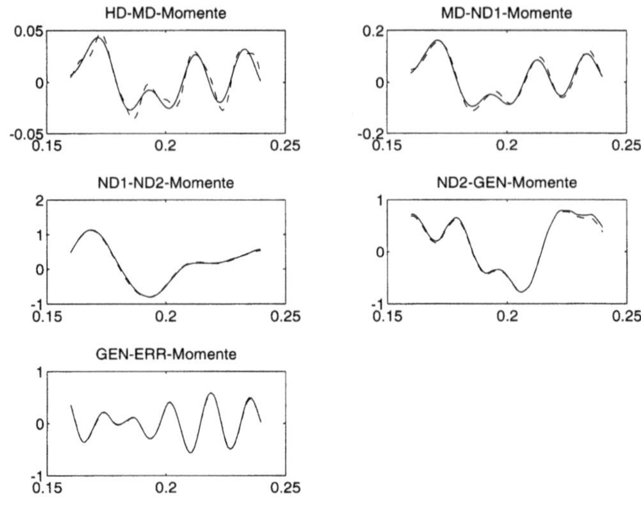

Abb. 4.   Torsionsmomente - -   Schätzwerte ——

der Formfilter, die ganz entscheidend das Verhalten des resultierenden Beobachters bestimmen. Dies ist insbesondere dann problematisch, wenn praktisch keine Informationen über das zu erwartende Rauschen vorliegen. Da das
FE–Modell des Turbosatzes sicherlich fehlerbehaftet ist, muß der Beobachter
nicht nur möglichst robust gegen Rauschen und periodische Störungen in den
Eingangsgrößen, sondern außerdem auch robust gegen Modellunsicherheiten
sein. Die Modellierung der Modellunsicherheiten und deren Auswirkungen
auf den Beobachterentwurf stehen gegenwärtig im Mittelpunkt der Untersuchungen.

Literatur

[G]   Glover, K.: All optimal Hankel-norm approximations of linear multivariable
         systems and their $\mathcal{L}_\infty$ error bounds. Int. J. Control, **39(6)** (1984) 1115-1193

[SC]   Safonov, M.G., Chiang, R.Y.: A Schur Method for Balanced Model Reduc-
         tion. Proceedings of Am. Ctrl. Conf. (1988) 1036-1040

[T]   Thygesen, U.H.: Observers for a generator shaft. Master thesis, University
         of Kaiserslautern & Technical University of Denmark at Lyngby (1994)

[W]   Wilharm, H.: Ein praktisch orientiertes Verfahren der Beobachterausle-
         gung bei schwachgedämpften Mehrmassensystemen mit deterministischen
         Meßstörungen. Verein Deutscher Ingenieure/VDI–Verlag GmbH (1983)

[Z]   Zhou, K.: Frequency weighted model reduction with $\mathcal{L}_\infty$ error bounds. Sy-
         stem & Control Letters, **21(2)** (1993) 115-125

[ZDG]   Zhou, K., Doyle, J.C., Glover K.: Robust & Optimal Control. (1995) 464-466

Prozeßoptimierung bei Industrieöfen

*E.W. Sachs[1], H. Jäger[1], H. Heidemüller[2], H. Klammer[2],
F. Maschler[2] und G. Woelk[3]*

[1] Universität Trier, FB IV – Mathematik, D-54286 Trier, e-mail: sachs@uni-trier.de,
URL: http://www.mathematik.uni-trier.de:8080/abteilung/agnum2.html
[2] GIWEP, Gesellschaft für industrielle Wärme-, Energie- und Prozeßtechnik mbH,
Tristanstr. 12, D-45473 Mülheim (Ruhr)
[3] Rheinisch-Westfälische Technische Hochschule Aachen, Lehrgebiet Industrieofenbau,
Kopernikusstr. 16, D-52056 Aachen

Abstract. This paper deals with modelling aspects and the numerical solution of
heating processes in industrial furnaces. The goal is to obtain a certain uniform temperature for the ingots when leaving the furnace for further processing. The energy
demand for such processes is immense and can be reduced by newly developed numerical methods of mathematical optimization. In the implementation this leads to large
scale problems. They are solved with inexact reduced SQP methods and inexact SQP
interior point methods. The main advantage of these methods is their fast convergence
and reduction in computing time. Since the structure of the problem is used in the
algorithm this also leads to a reduced amount of memory.

1 Einleitung

Der Einsatz von Ofenprozeßsteuerungen an Industrieöfen ist heute sowohl in
der Eisen- und Stahl- als auch in der Buntmetallindustrie weit verbreitet. Die
in beiden Industriezweigen eingesetzten Industrieöfen, die dem Zwecke der Gut-
erwärmung und der Wärmebehandlung dienen, sind vom technischen Aufbau
her gleich. Von ihrem Einsatz her betrachtet unterscheiden sie sich nur in der
unterschiedlichen Höhe ihrer Temperatur–Arbeitsbereiche.

In allen Fällen gilt, als wichtigste Bedingung für den Industrieofen, die geforderte und gleichmäßige Erwärmung des Einsatzgutes sicherzustellen, um die
qualitäts– und walztechnischen Bedingungen zu erfüllen. Beides bildet eine der
wesentlichen Voraussetzungen für die nachfolgende Weiterverarbeitung.

Nicht selten befindet sich auch eine große Anzahl von Gutstücken in einem
Wärmofen, die zudem noch von unterschiedlicher Abmessung und Qualität sein
können. Hier ist es für die Ausnutzung des Ofens und seinen optimalen Energieverbrauch sehr wichtig, in welcher Weise die Erwärmung gesteuert wird.

Da während des Erwärmungsvorgangs die Guttemperatur nicht gemessen
werden kann, muß sie berechnet werden. Dies erfolgt auf der Basis der jeweiligen
Temperatur, die an den hierfür vorgesehenen Stellen im Ofenraum gemessen
wird.

Für die Effizienz der Prozeßsteuerung spielt die Berechnung der Wärmgut-
temperatur eine wesentliche Rolle, um hierüber die benötigte Wärmezufuhr zu
steuern.

Weiterhin müssen diese Berechnungen in Echtzeit erfolgen, d.h. in Intervallen von 10 – 30 Sekunden.

Der Wärmetransport mittels Strahlung und Konvektion wird modelliert und erlaubt somit die Berechnung von Gastemperaturen im Innern des Ofens und die Ermittlung des dazu minimal benötigten Gasmengenstroms.

Die optimale Steuerung eines Industrieofens ist ein sehr komplexes System und wurde besonders von der Ingenieurseite her bearbeitet, siehe z.B. [RUW, K, C] ebenso werden unterschiedliche Anforderungen an die Mathematik gestellt. In der Literatur sind bereits die Produktion von Keramikprodukten, vgl. [WB] und [B] und die Erwärmung von Metallen in der Stahlindustrie [Y], betrachtet worden.

Die beim Industriepartner benutzte Software führte in besonderen Situationen zu der Berechnung von zonenweise negativen Gasmengen. Diese Problematik kann durch die Modellierung des Prozesses als Optimierungsproblem vermieden werden. Dabei entstehen durch die Diskretisierung der partiellen Differentialgleichungen große Systeme, die durch die Einbindung in das Optimierungsproblem die Entwicklung neuer Optimierungssoftware erfordern. Insbesondere führt die Verwendung von iterativen linearen Gleichungssystemlösern zu inexakten reduzierten SQP-Verfahren. Die Problematik, welche Abbruchkriterien zu verwenden sind, konnte durch die Entwicklung einer neuen Konvergenztheorie numerisch und theoretisch gelöst werden.

Im nächsten Kapitel wird die Modellierung des Prozesses beschrieben, die sich zusammensetzt aus einer Modellierung des Gasmengenstroms im Erwärmungsofen und einer Modellierung der Brammenerwärmung. Die numerischen Ergebnisse werden in graphischer Form dargestellt. Im 3. Kapitel werden die Optimierungsverfahren vorgestellt, mit denen das Steuerungsproblem gelöst werden soll.

2 Modellierung

Der Ofen wird in Z Zonen und S Segmente diskretisiert. In jeder Zone sei eine Gasmengenzuleitung, in der wir von einer konstanten Gasmengenzufuhr $\dot{V}$ ausgehen wollen. Jede Zone sei weiter in eine gewisse Anzahl von Segmenten unterteilt. Um die Menge der Indizes zu verringern, werden die Segmente durchgehend über alle Zonen numeriert. Tabelle 1 beschreibt die benötigten Größen.

$$
\begin{array}{ll}
S & : \text{Anzahl der Segmente} \\
Z & : \text{Anzahl der Zonen} \\
T_i & : \text{Gastemperatur in Segment } i \text{ in K} \\
u_i & : \text{Guttemperatur in Segment } i \text{ in K} \\
\dot{V}_k & : \text{Gasmengenstrom in Zone } k \text{ in } \frac{\text{m}^3}{\text{s}}
\end{array}
$$

Tabelle 1: Größen und Einheiten

Jede Bramme benötigt eine gewisse Mindesttemperatur pro Segment, damit die Zielbedingung erreicht werden kann. Die Gastemperatur T im Ofen, die konstant pro Segment sei, wird zonenweise durch die Gasmengenzufuhr gesteuert.

2.1 Modellierung des Gasmengenstroms

Zur Veranschaulichung des Erwärmungsprozeß betrachte man einen Ofen, in den
die Brammen links eingestoßen werden, sich durch den Ofen z.B. mittels eines
Hubbalkensystems bewegen und rechts gezogen werden (vgl. Abbildung 1). Der
Ofen soll im Gegenstromprinzip arbeiten, d.h. es bewegt sich innerhalb des Ofens
ein Gasmassenstrom, der entgegengesetzt zum Gutmassenstrom fließt.

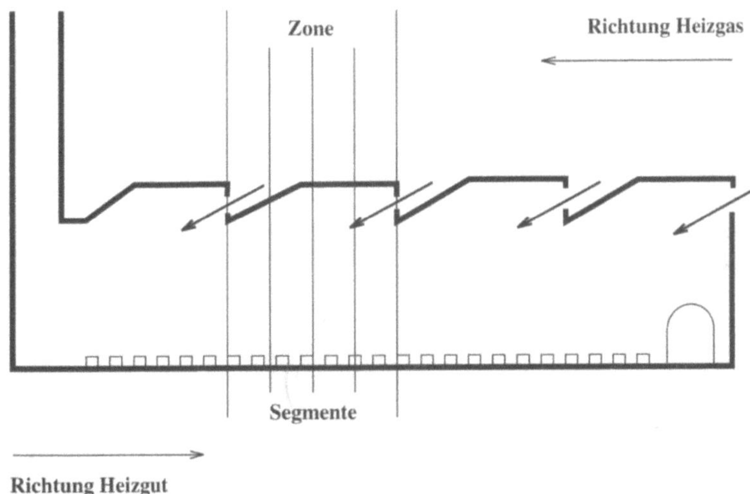

Abbildung 1: Schematische Darstellung eines Erwärmungsofens

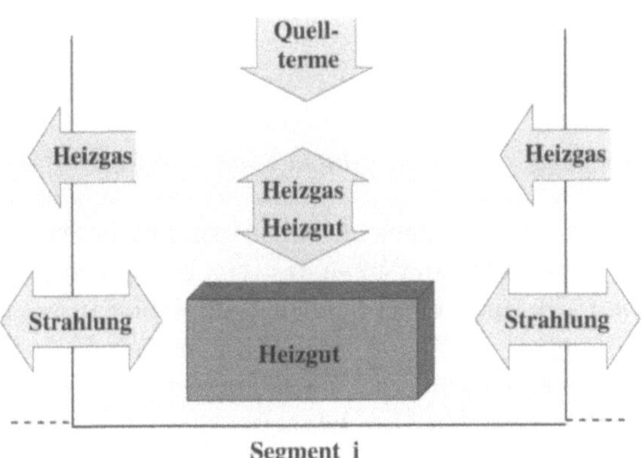

Abbildung 2: Bilanzierung der Wärmeströme in Segment i

In einem Segment des Ofens muß eine ausgeglichene Bilanz der Wärmeströme herrschen (vgl. Abbildung 2). Damit ergibt sich eine nichtlineare Gleichung $f_i(T, \dot{V}, u) = 0$ für jedes Segment $i = 1, \ldots, S$, die erfüllt sein muß:

$$
\begin{aligned}
f_i(T, \dot{V}, u) = {} & \text{Quellströme}(\dot{V}) \\
& + \text{ Eintretender Heizgasstrom}(\dot{V}, T) \\
& - \text{ Austretender Heizgasstrom}(\dot{V}, T) \\
& - \text{ Wärmestrom zum Heizgut}(T, u) \\
& \pm \text{ Strahlungsterme}(T) \\
& - \text{ Wärmeverlust} \\
= {} & 0, \qquad i = 1, \ldots, S.
\end{aligned}
$$

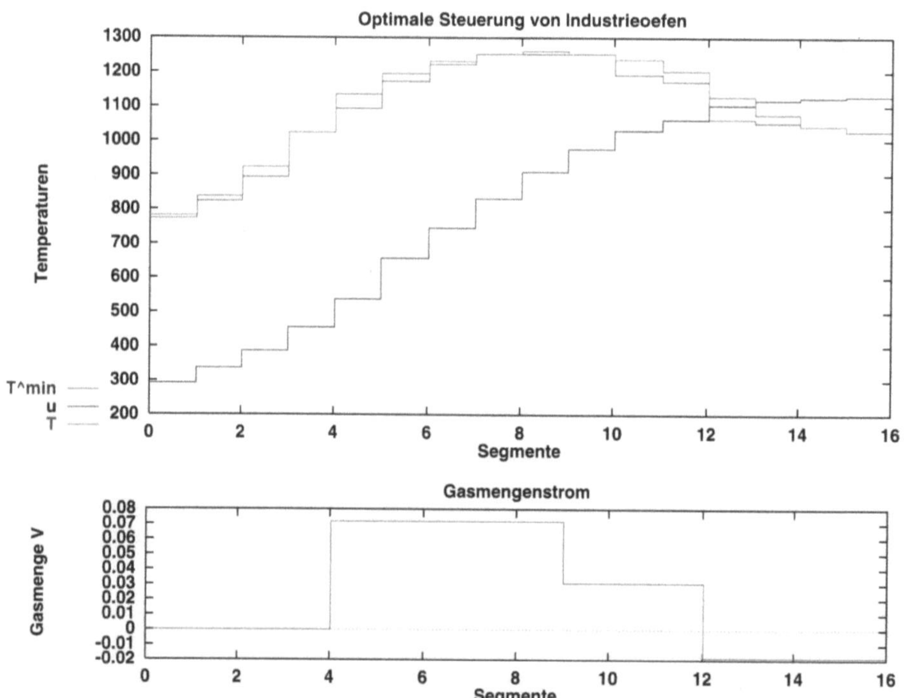

Abbildung 3: Steuerung durch Lösen nichtlinearer Gleichungen

Angenommen, es seien zu einem festen Zeitpunkt bereits alle Gutoberflächentemperaturen berechnet, dann ist es das Ziel, den Gasmengenstrom $\dot{V}$ zu ermitteln, so daß die sich dazu einstellenden Gastemperaturen gewisse vorgegebene Mindestanforderungen T^{min} erfüllen. Diese Aufgabe wird bisher in der Praxis durch das Lösen nichtlinearer Gleichungen beschrieben. Ein Problem, das dabei bisher unter gewissen Gegebenheiten in der Praxis auftreten kann, sind negative Gasmengen. Diese negativen Gasmengen führen zu Schwierigkeiten, da zum einen negative Gasmengen den implementierten Algorithmus zum Abbruch zwingen, zum anderen diese Situation verdeutlicht, daß an dieser Stelle unnötig

Energie verbraucht wird. Ein Beispiel wird in Abbildung 3 visualisiert, wobei hier die Gastemperatur T, die Mindestanforderungen T^{min} an die Gastemperatur, die Guttemperatur u und die Gasmengenzufuhr $\dot{V}$ aufgetragen sind. Resultierend aus dem verwendeten Verfahren und der Anforderung, den Gasmengeneinsatz möglichst gering zu halten, wird insbesondere in der letzten Zone der Gasmengenstrom $\dot{V}$ so gesteuert, daß die Gastemperatur T in mindestens einem Segment, dem letzten, gleich der Mindestanforderung T^{min} ist. Eine solche Anforderung führt aber bei der gegebenen Konstellation der Mindestanforderungen in Abbildung 3 zu einem negativen Gasmengenstrom in der letzten Zone.

Formuliert man die Aufgabe als Optimierungsproblem

$$\min \sum_{k=0}^{Z} \dot{V}_k$$

$$\text{s.t.} \quad f_i(T, \dot{V}, u) = 0, \quad (i = 1, ..., S)$$

$$T_i \geq T_i^{min}, \quad (i = 1, ..., S)$$

$$\dot{V}_k \geq 0, \quad (k = 1, ..., Z)$$

und löst diese mit einer SQP Methode mit aktiver Mengenstrategie, so treten keine negativen Gasmengen mehr auf, und zusätzlich kann in diesem speziellen Beispiel ein um **4.82% reduzierter Gasmengeneinsatz** ermittelt werden (vergleiche dazu Abbildung 4).

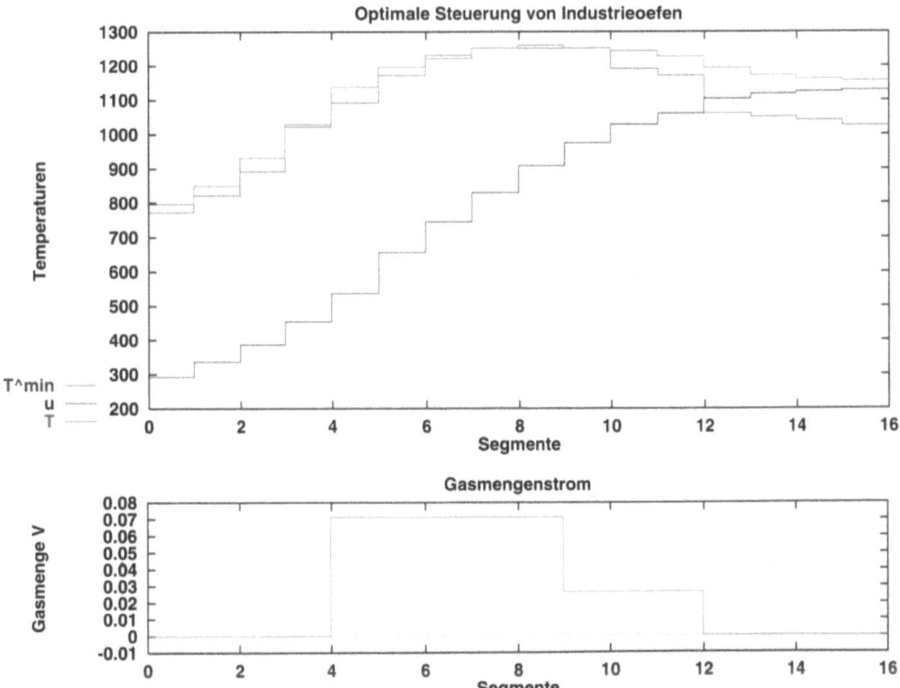

Abbildung 4: Steuerung mit Optimierungsalgorithmus

2.2 Modellierung der Brammenerwärmung

Die Erwärmung aller sich im Ofen befindlichen Brammen wird durch eine parabolische Differentialgleichung beschrieben, deren Anfangsbedingung die Lösung des letzten Zeittakts ist.

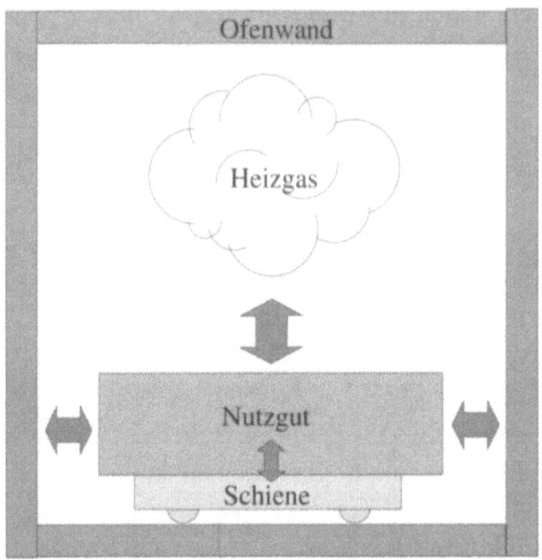

Abbildung 5: Modellierung der Brammenerwärmung

Die Wärmeleitungsgleichung lautet

$$\tfrac{\partial}{\partial t}\left(C(u(t,x))u(t,x)\right) \;=\; \mathrm{div}\left(\lambda(u(t,x))\nabla u(t,x)\right), \quad (t,x) \in (0,T) \times \Omega$$

wobei Randbedingungen bezüglich der folgenden Effekte auftreten:

- Bramme – Heizgas
  Konvektion und Strahlung zum Heizgas und zur Nachbarbramme
- Bramme – Ofenwand
  Konvektion und Strahlung
- Bramme – Förderschiene
  Konvektion und Strahlung
- Anfangsbedingung ist Lösung des letzten Zeittakts

Die numerische Berechnung der Brammenerwärmung erfolgt durch Diskretisierung mit finiten Elementen in Ortsrichtung und Zeitdiskretisierung mit einem Crank Nicolson Verfahren. Die dabei auftretenden nichtlinearen Gleichungen werden mit dem Newtonverfahren gelöst, wobei der Startvektor die Lösung der letzten Zeitschicht ist. Das lineare Gleichungssystem im Newtonverfahren wird mit GMRES gelöst und einer ILU-Zerlegung als Präkonditionierer.

In Abbildung 6 wird dargestellt, wie sich im zeitlichen Verlauf des normalen Aufheizprozeßes die Temperatur in der Bramme verändert, wenn zu Beginn unterschiedliche Temperaturen an den Rändern herrschen.

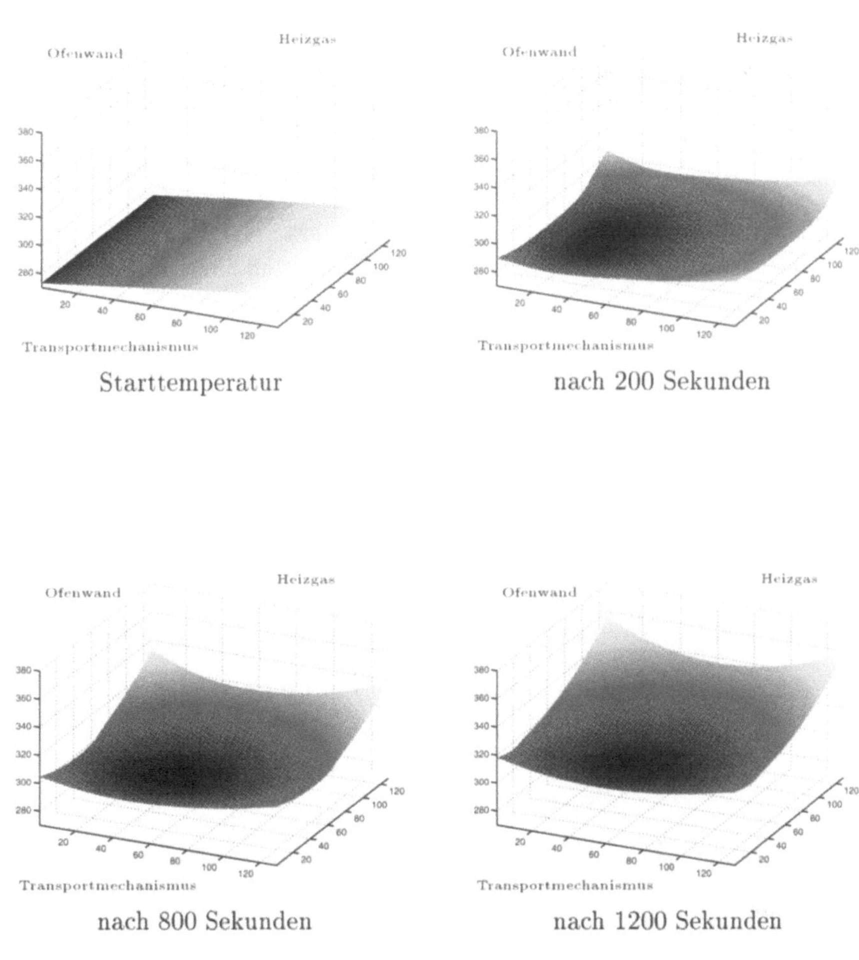

Abbildung 6: Modell der Brammenerwärmung: Simulierter Störfall

3 Numerische Verfahren

Die Anforderungen an den Algorithmus, die sich in diesem Problem stellen sind

- hohe Dimension der Variablen und Gleichungen (Speicherplatzbelegung)
- Ausnutzung der Dünnbesetztheit der erforderlichen Matrizen
- schnelle lokale Konvergenz (Startnäherung oft vorhanden)

3.1 Inexakte reduzierte SQP Verfahren

Eine Analyse von inexakten reduzierten SQP Verfahren findet man in [JS1]. Es sei folgendes Ausgangsproblem gegeben.

$$\begin{aligned} \min \ & f(x) \\ \text{s.t.} \ & e(x) = 0 \end{aligned} \tag{1}$$

wobei $f : X \to I\!\!R$ und $e : X \to Y$, Y, X Banachräume.
Zur Formulierung der reduzierten SQP Verfahren sind folgende Operatoren nötig

- Nullraumdarstellung: $\{s \in X : e'(x)(s) = 0\} = \{T(x)w : w \in W\}$,
  wobei W ein Hilbertraum sei.
- Rechtsinverse: $e'(x)R(x) = I$ auf Y.

Im Fall des betrachteten Kontrollproblems ist es möglich, R und T in Abhängigkeit dieses Problems zu wählen und die dabei auftretende Struktur zu nutzen. Sei $x = (v, u) \in V \times U = X$, $u \in U$ Kontrolle, $v \in V$ Zustand. Für eine bijektive Abbildung $e'_v(v, u)$ gilt

$$(\xi, \nu) \in \mathcal{N}(e'(v, u)) \iff (\xi, \nu) = (-e'_v(v, u)^{-1} e'_u(v, u)\nu, \nu).$$

Es ergeben sich somit die Definitionen der Operatoren T und R:

$$\begin{aligned} T(v, u) &= (-e'_v(v, u)^{-1} e'_u(v, u), I) \text{ und} \\ R(v, u) &= (e'_v(v, u)^{-1}, 0). \end{aligned}$$

Das Iterationsschema des reduzierten SQP Verfahrens ist gegeben durch

(a) Löse $\quad\quad Bw = -T(x)^* f'(x) + \varepsilon$.
(b) Löse $e'_v(v, u)\Delta v = -e'_u(v, u)w - e(v, u) + \tilde{\varepsilon}$.
(c) Setze $\quad (v_+, u_+) = (v, u) + (\Delta v, w)$.

B ist eine Approximation an die reduzierte Hessematrix der Lagrangefunktion.

In diesem Schema werden Gleichungssysteme (a) und (b) mit folgender Strategie gelöst: Befindet man sich noch weit entfernt vom Optimum, werden diese Systeme grob gelöst. In der Nähe des Optimalpunktes wird eine genaue Lösung berechnet. Weiterhin ist es in bestimmten Klassen von Problemen möglich, daß die Ableitungen nicht bekannt sind und z.B. durch finite Differenzen approximiert werden müssen.

Es ergibt sich somit ein inexakter reduzierter SQP Schritt

$$d = T(x)B^{-1}(T(x)^* f'(x) + \varepsilon) - R(x)(e(x) + \tilde{\varepsilon}). \tag{2}$$

Zur Globalisierung des Verfahrens wird eine Schrittweite μ eingeführt. Diese wird bestimmt mit der Hilfe einer Meritfunktion $\Phi(x; r)$ mit positivem Parameter r

$$\Phi(x; r) = f(x) + r\|e(x)\|.$$

Der Parameter werde gemäß folgender Anpassungsregel gewählt:

$$r_0 > 0 \text{ gegeben und erfülle } r_k$$

$$r_k \geq \frac{-f'(x_k)(R(x_k)e(x_k)) - f'(x_k)(R(x_k)\tilde{\varepsilon}_k)}{\displaystyle\min_{l \in \partial\|e(x_k)\|} l(e(x_k) + \tilde{\varepsilon}_k)} + r_0 \tag{3}$$

Unter Standardvoraussetzungen können Genauigkeitsforderungen beim Lösen der Gleichungssysteme ((a), (b)) hergeleitet werden:

$$\begin{aligned}
\|\varepsilon_k\| &\leq c(\|T(x_k)^* f'(x_k)\| + \|e(x_k)\|), \\
\|\tilde{\varepsilon}_k\| &\leq \tilde{c}\|e(x_k)\|,
\end{aligned} \tag{4}$$

wobei c und $\tilde{c}$ positive Konstanten sind.

Wählt man r_k gemäß (3) und d_k nach (2) so ist mit den Anforderungen an die Residuen in (4) gesichert, daß es eine Schrittweite μ_k gibt, welche die Armijoregel erfüllt und zudem von unten durch eine positive Zahl beschränkt ist. Beweise hierzu findet man in [JS1].

Um eine globale Aussage zu erhalten, muß man zwischen beschränktem und unbeschränktem Penaltyparameter unterscheiden:

Theorem 1. *Es gelten Standardvoraussetzungen, $f(x_k) \geq \underline{f}$, und die Schrittweite sei nach der Armijoregel bestimmt.*

Dann gilt entweder

$\{r_k\}$ *ist unbeschränkt und* $\{x_k | \ r_k \neq r_{k-1}\}$ *ist unbeschränkt.*

oder

$\{r_k\}$ *ist beschränkt und*

$$\|T(x_k)^* f'(x_k)\| + \|e(x_k)\| \to 0. \tag{5}$$

Bedingung (5) drückt das Verschwinden des reduzierten Gradienten und der Nebenbedingungen aus. Diese Bedingung erhält man durch Projektion der Optimalitätsbedingungen erster Ordnung vom Ausgangsproblem (1) auf den Nullraum $\mathcal{N}(e'(x))$.

Das bedeutet für beschränkten Penaltyparameter r_k, daß jeder Häufungspunkt des inexakten reduzierten SQP Verfahrens ein stationärer Punkt des betrachteten Problems ist.

Die Vorteile der inexakten reduzierten SQP Verfahren sind

- lokal schnelle Konvergenz, da Newton-ähnliche Methode
- Verwendung der reduzierten Hessematrix der Lagrangefunktion, kleinere Dimension des zu lösenden Gleichungssystems
- inexakte Lösung der linearen Gleichungen
  - grobe Lösung, weit entfernt vom Optimum
  - genaue Lösung, nahe am Optimum

3.2 Inexakte SQP – Innere – Punkt Verfahren

Im Fall einer zusätzlichen oberen Temperaturschranke, die eine Überhitzung des Heizvorgangs verhindern soll und somit eine Restriktion an den Zustand darstellt, verändert sich das Ausgangsproblem zu

$$
\begin{aligned}
\min\ & f(x) \\
\text{s.t.}\ & e(x) = 0 \\
& g(x) \le 0
\end{aligned}
\tag{6}
$$

Eine genauere Analyse dieses Verfahrens ist in [LS2] zu finden.

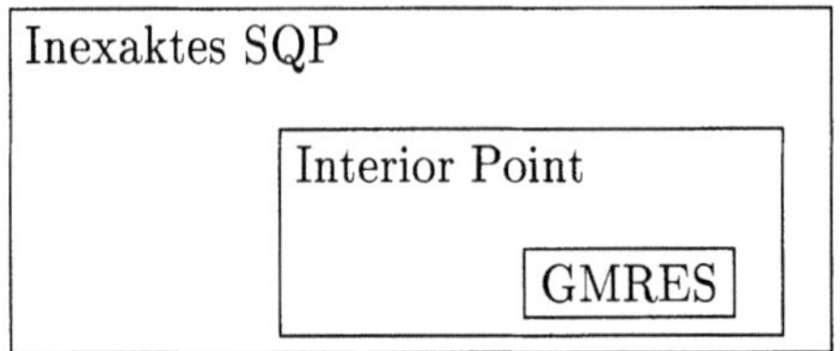

Abbildung 7: Inexakte SQP – Innere – Punkt Verfahren

Die Vorteile dieser Verfahren sind

- Ausnutzung der Blockbandstruktur zur Speicherplatzreduktion durch Einsatz von Innere–Punkt Verfahren und GMRES
- Inexakte Lösung des restringierten Problems reduziert die benötigte Berechnungszeit erheblich
- Lokal werden dieselben schnellen Konvergenzraten wie bei exakten Verfahren erreicht, z.B. superlineare oder quadratische Konvergenzraten.

4 Zusammenfassung

Die Prozeßsteuerung von Industrieöfen wird als ein komplexes Problem der mathematischen Optimierung formuliert. Speziell hierfür entwickelte numerische Verfahren ermöglichen ein effizientes Lösen dieser Probleme. Dies führt zu einer erhöhten Robustheit der Prozeßsteuerung und zu signifikanten Einsparungen beim Energieverbrauch des Erwärmungsvorganges.

Literatur

[B]   D. Barreteau, M. Hemati, J. P. Babary, and E. Weiland. On modelling and control of intermittent kilns in the ceramic industry. In *12th I.M.A.C.S World Congress on Scientific Computation*, pages 339–341, 1988.

[C]   J. Cüppers, H. Heidemüller, H. Klammer, E. Neuhäusler, and G. Woelk. Betriebserfahrungen mit verschiedenen prozeßrechnerunterstützten Erwärmungsstrategien an Hubbalkenöfen in der Buntmetall-Industrie. *Blech Rohre Profile*, 11:1 –11, 1991.

[JS1]   H. Jäger and E. W. Sachs. Global convergence of inexact reduced SQP-methods. Technical Report 95–20, Universität Trier, Germany, 1995.

[JS2]   H. Jäger, E. W. Sachs, H. Heidemüller, H. Klammer, F. Maschler, and G. Woelk. Optimization methods in the process control of industrial furnaces. In M. Gunzburger J. Borggaard, J. Burkardt and J. Peterson, editors, *Optimal Design and Control*, volume 19 of *Progress in Systems and Control Theory*, pages 215–228. Birkhäuser, 1995.

[K]   H. Klammer, G. Woelk, W. Brüsecke, and H. J. Heidemüller. Dynamisch-adaptive Prozeßführung eines 35-t/h-Drehherdofens mit Rechnervernetzung auf PC-Basis. *Stahl und Eisen*, 110:103–109, 1990.

[LS1]   F. Leibfritz and E. Sachs. SQP interior point methods for parabolic control problems. In E. Casas and J. Yvon, editors, *Control of Partial Differential Equations and Applications: Proceedings of the IFIP WG 7.2 International Conference, Laredo*, pages 181–192. Marcel Dekker, 1995.

[LS2]   F. Leibfritz and E. W. Sachs. Inexact SQP interior point methods and large scale optimal control problems. Zur Publikation eingereicht.

[RUW]   W. Radermacher, G. Uetz, and G. Woelk. Prozeßrechnereinsatz an Erwärmungsöfen. *Technische Mitteilungen AEG-Telefunken*, 70:10 – 15, 1980.

[WB]   E. Weiland and J. P. Babary. A solution to the IHCP applied to ceramic product firing. In *Proc. 5th Int. Conf. on Numerical Methods in Thermal Problems, Montreal, 1987, 5*, pages 1358–1367. Chichester, 1988.

[Y]   J. P. Yvon. Contrôle optimal d'un four industriel. Technical Report 22, INRIA, 1973.

Mathematische Behandlung der optimalen Steuerung von Abkühlungsprozessen bei Profilstählen

F. Tröltzsch[1], R. Lezius[1], R. Krengel[2] und H. Wehage[2]

[1] TU Chemnitz-Zwickau, Fakultät für Mathematik, 09107 Chemnitz,
   e–mail: troeltz@mathematik.tu-chemnitz.de,
   URL: http://www.tu-chemnitz.de/mathematik,
[2] Mannesmann Demag Sack GmbH, PF 2050, 40843 Ratingen

Abstract. In this paper we report on the numerical treatment of the controlled cooling of steel profiles in cooling lines. The cooling process is described by a nonlinear heat equation with boundary conditions of the third kind. A (linear) objective functional is given, which is minimized by means of a method of feasible directions. Both the nonlinear and the linearized heat equations are solved by a finite element multigrid method. Some numerical results are presented.

1 Problemstellung

Das selektive Kühlen von Profilen zwischen den Stichen einer Walzstraße bewirkt einen Temperaturausgleich zwischen den einzelnen Profilquerschnittsbereichen bei gleichzeitiger Absenkung des Wärmegehaltes insgesamt. Dies ist die Voraussetzung für die Umsetzung moderner Walztechnologien, wie dem normalisierenden und thermomechanischen Walzen und der Stabilisierung der Gefügestruktur nach dem Walzprozeß. Eine beschleunigte Abkühlung der Profile von Walz- auf Richttemperatur kann außerdem aufwendige Kühlbetten hinter der Walzstraße ersetzen, wodurch die Invest- und Betriebskosten sinken.

Wir betrachten Kühlstrecken, in denen das heiße Stahlprofil eine Reihe von Kühlsegmenten durchläuft, welche seine Oberfläche aus einer Vielzahl von Spraydüsen mit Wasser besprühen. Diese Kühlsegmente wechseln mit Luftausgleichsstrecken ab, die einen Temperaturausgleich schaffen. Unser Ziel ist nun, den Wasserstrom so zu steuern, daß die Endtemperatur des Profils bei Einhaltung gewisser Bedingungen an den Temperaturgradienten minimal wird. Die Steuerung des Wasservolumenstroms der einzelnen Düsen ist intuitiv nicht mehr beherrschbar. Hier kann die Theorie der optimalen Steuerung bei partiellen Differentialgleichungen unterstützend eingreifen.

In heutigen Walzwerken werden noch traditionelle Kühlsegmente verwendet, in denen der Kühlwasserstrom nicht fein regelbar ist. Anlagen der oben beschriebenen Art existieren also noch nicht, werden aber in mehreren

Ländern vorbereitet. Damit leistet dieses Projekt einen Beitrag zur angewandten Grundlagenforschung.

Die Arbeiten werden in Kooperation mit der Mannesmann Demag Sack
GmbH Ratingen durchgeführt.

2 Mathematisches Modell

Wir nehmen an, daß das Stahlprofil sehr lang ist (man denke etwa an Eisen-
bahnschienen) und der Wärmefluß in Längsrichtung vernachlässigt werden
kann. Damit können wir uns auf ein örtlich zweidimensionales Modell beschränken. Wir betrachten jetzt einen fixierten Querschnitt Ω, der die Kühlstrecke durchläuft. Aus den Abmessungen der Kühlstrecke und der Durch-
laufgeschwindigkeit werden Zeiten $0 = t_0 < t_1 < ... < t_N = T$ bestimmt, zu
denen dieser Querschnitt in die einzelnen Kühlrohre eintritt bzw. diese verläßt
(siehe Abb.1). Der Rand Γ des Gebietes wird in eine Anzahl Kühlzonen Γ_k
unterteilt, welche den einzelnen Düsen entsprechen, die rund um das Profil
angeordnet sind. In jedem Kühlrohr sind mehrere Düsensätze hintereinander
angebracht. Dementsprechend unterteilen wir die Rohre nochmals. Der Was-
servolumenstrom wird dann als zeitlich und räumlich stückweise konstant
angesetzt.

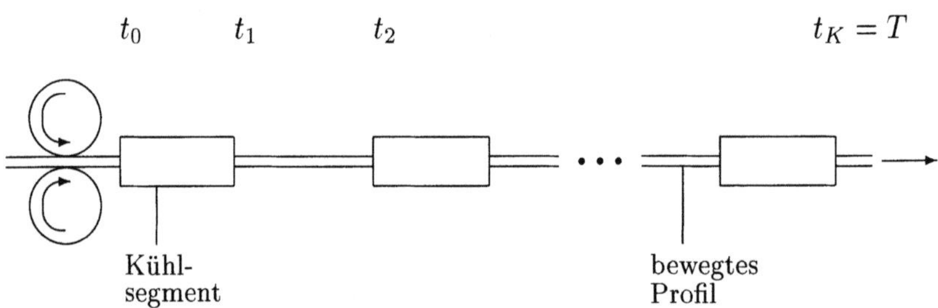

Abb. 1: Schema einer Kühlstrecke

Im gesamten Zeit-Orts-Raum $(0, T] \times \Omega$ wird der Abkühlprozess durch
die quasilineare Wärmeleitgleichung

$$\rho(\vartheta(t, x))\, c(\vartheta(t, x))\frac{\partial \vartheta(t, x)}{\partial t} = div(\lambda(\vartheta(t, x))\, grad\ \vartheta(t, x)) \qquad (1)$$

beschrieben, bei Vorgabe der Anfangsbedingung

$$\vartheta(0, x) = \vartheta_0(x), \qquad x \in \Omega. \qquad (2)$$

Hierbei bezeichnet $\vartheta(t, x)$ die Temperatur des Profils, $\rho(\vartheta)$ die Dichte, $c(\vartheta)$
die spezifische Wärme und $\lambda(\vartheta)$ die Wärmeleitzahl des Stahls. Diese Größen
sind stark temperaturabhängig, insbesondere durch den bei der Abkühlung

stattfindenden Phasenübergang von Austenit zu Perlit bzw. Martensit. Die Frage der Modellierung dieser Übergänge, besonders bei einem Wechsel von Abkühlung und Aufheizung (der Randzone in den Luftausgleichsstrecken), wie er hier gegeben ist, ist bis heute nicht vollständig geklärt. Deshalb verwenden wir ein einfaches Modell von Zurdel und Brennecke [ZB], in welchem die beim Phasenübergang freiwerdende Wärme durch eine erhöhte Wärmekapazität c modelliert wird, bzw. Meßwerte für konkrete Stahlsorten, die uns von unserem Industriepartner zur Verfügung gestellt wurden. Genauere Untersuchungen zur Modellierung von Phasenübergängen bei einmaliger Abkühlung bestimmter Stahlsorten findet man bei Hömberg [Ho].

Der Wärmeaustausch mit der Kühlflüssigkeit wird zur Zeit modelliert durch die nichtlineare Randbedingung

$$\lambda(\vartheta)\,\frac{\partial\vartheta}{\partial n} \;=\; u\,\alpha(\vartheta)\,[\vartheta_{fl} - \vartheta] \tag{3}$$

auf Γ (ϑ_{fl} bezeichnet die Temperatur der Kühlflüssigkeit). Dabei stellt die Steuerung u ein Maß für die Aktivität der Düsen dar: $u = 0$ bedeutet keine Kühlung auf dem betreffenden Oberflächenabschnitt, $u = 1$ volle Ausschöpfung der Kapazität. Damit erhalten wir die Steuerbeschränkung

$$0 \leq u(t,x) \leq 1. \tag{4}$$

In den Luftausgleichsstrecken setzen wir $u = 0$, so daß hier keine abweichende Modellierung notwendig ist. Dies geschieht am einfachsten durch eine Modifikation der oberen Schranke in (4). $\alpha(\vartheta)$ bezeichnet hierbei die vorgegebene, von der Oberflächentemperatur abhängige Wärmeübergangszahl. Im untersuchten Temperaturbereich ist diese monoton fallend, da sich beim Besprühen an der Oberfläche ein isolierender Dampffilm bildet, der umso dicker wird, je heißer die Oberfläche ist. Da genaue Meßergebnisse an Kühlstrecken gegenwärtig nicht vorliegen, erscheint eine Identifikation der Wärmeübergangszahl zur Zeit praktisch nicht sinnvoll. Gerechnet wird daher mit der empirischen Formel

$$\alpha(\vartheta) \;=\; \frac{c_1}{c_2 + \vartheta}. \tag{5}$$

Im übrigen kann auch die Verwendung der Randbedingung zweiter Art

$$\lambda(\vartheta)\frac{\partial\vartheta}{\partial n} \;=\; q \tag{3'}$$

wertvolle Informationen liefern. Hier dient der Wärmefluß q über den Rand Γ als Steuerung. Die Steuerbeschränkung lautet in diesem Fall

$$0 \;\leq\; q(t,x) \;\leq\; q_{max}. \tag{4'}$$

Das **Optimierungsziel** besteht im Erreichen einer möglichst niedrigen
Endtemperatur in den Punkten $P_1, P_2, ..., P_{N_p} \in \Omega$ bei einer gewissen Wichtung α_i der Temperaturen,

$$\sum_{j=1}^{N_p} \alpha_j \, \vartheta(T, P_j) \; = \; min! \tag{6}$$

Dabei, und dies ist eine wesentliche Einschränkung, sind gewisse Beschränkungen an die Differenzenquotienten der Temperaturen vorgegeben

$$\frac{\vartheta(t, P_i) - \vartheta(t, Q_j)}{dist(P_i, Q_j)} \leq \theta_{ij}, \quad i = 1, ..., N_p, \quad j = 1, ..., N_q. \tag{7}$$

Wir verwenden zur Zeit ein lineares Zielfunktional; die vorgelegte Aufgabenstellung kann jedoch gleichermaßen mit quadratischem Funktional behandelt werden (tracking-problem). Eine Kombination von Punkt- und Integral-
funktionalen (auch in den Nebenbedingungen) stellt ebenfalls keine größere
Schwierigkeit dar.

Erste Ergebnisse dieser Arbeit sind bereits in [LT] enthalten. Dort wurde aber noch mit einem stark vereinfachten Modell gerechnet, insbesondere
mit einer linearen Wärmeleitgleichung bei konstanten Koeffizienten. Im linearen Fall ist der Rechenaufwand um Größenordnungen geringer, da er die
Anwendung des Superpositionsprinzips bezüglich der Steuerfunktion erlaubt.
Außerdem wurde mit der einfacheren Neumann-Randbedingung (3′) gearbeitet.

3 Beschreibung der mathematischen Methode

Aus Sicht der mathematischen Grundlagenforschung wirft diese Aufgabenstellung eine Reihe schwieriger Fragen auf, welche teilweise noch offen sind.
Bereits der Nachweis der Existenz einer Lösung der quasilinearen Anfangs-
randwertaufgabe (1) – (3) ist (bei fest gewählter Steuerung) nur unter Zusatz-
annahmen möglich. Auch der Beweis von deren Eindeutigkeit gestaltet sich
schwierig. Wir verweisen auf [LSU] sowie auf die Arbeit [DB] von Di Benedetto, in welcher Stetigkeit bzw. Hölderstetigkeit von Lösungen unter Annahme
ihrer Beschränktheit gezeigt wird. Mit solchen Methoden kann auch der Exi-
stenzbeweis optimaler Steuerungen angetreten werden. Wir wollen jedoch auf
diese theoretischen Fragen hier nicht eingehen.

Auf das System Zielfunktional/ Wärmeleitsystem/ Nebenbedingungen in
Ungleichungsform wird aufgrund der komplizierten Systemstruktur und der
großen Anzahl von Variablen eine bekanntermaßen relativ robuste Standard-
methode angewandt: die Methode der zulässigen Richtungen (wir verweisen
auf Zoutendijk [Zo]). In unserem Fall sieht diese Methode folgendermaßen
aus: Gegeben ist die Aufgabe

$$\sum_{j=1}^{N_p} \alpha_j \, \vartheta(T, P_j) \; = \; min!$$

bei

$$\rho(\vartheta)\, c(\vartheta)\frac{\partial \vartheta}{\partial t} = div(\lambda(\vartheta)\, grad\, \vartheta)$$

$$\vartheta(0,x) = \vartheta_0(x)$$

$$\lambda(\vartheta)\,\frac{\partial \vartheta}{\partial n} = u\,\alpha(\vartheta)\,[\vartheta_{fl} - \vartheta]$$

$$0 \le u(t,x) \le 1$$

$$\frac{\vartheta(t,P_i) - \vartheta(t,Q_j)}{dist(P_i,Q_j)} \le \theta_{ij}, \quad i = 1,...,N_p, \quad j = 1,...,N_q.$$

Es seien u_n, ϑ_n die aktuellen Näherungen für u und ϑ. Die Steuerung $u(t,x)$ war als stückweise konstant angenommen worden, wir haben es also eigentlich mit einem Vektor $\underline{u} = \{u_k\}_{k=1}^M$ zu tun. Wir bestimmen nun für ein gegebenes ε die Mengen I_1^+, I_1^-, I_2 der ε-aktiven Indizes aus

$$k \in I_1^+ \iff 1 - \varepsilon \le u_k$$

$$k \in I_1^- \iff u_k \le \varepsilon$$

$$(ij) \in I_2 \iff \frac{\vartheta(t,P_i) - \vartheta(t,Q_j)}{dist(P_i,Q_j)} \ge \theta_{ij}(1 - \varepsilon).$$

Durch Lösung des linearisierten Systems

$$\sum_{j=1}^{N_p} \alpha_j\, \Theta(T,P_i) = min!$$

$$(c\,\rho)'\,\frac{\partial \vartheta_n}{\partial t}\,\Theta + c\,\rho\,\frac{\partial \Theta}{\partial t} = div(\lambda'\,(grad\,\vartheta_n)\,\Theta) + div(\lambda\, grad\,\Theta)$$

$$\Theta(0,x) = 0$$

$$\lambda'\,\frac{\partial \vartheta_n}{\partial n}\,\Theta + \lambda\,\frac{\partial \Theta}{\partial n} = U \cdot \alpha\,[\vartheta_{fl} - \vartheta_n] + u_n \cdot \alpha'\,[\vartheta_{fl} - \vartheta_n]\,\Theta -$$
$$- u_n \cdot \alpha \cdot \Theta$$

$$-1 \le U_k \le -\varepsilon, \quad k \in I_1^+$$

$$\varepsilon \le U_k \le 1, \quad k \in I_1^-$$

$$-1 \le U_k \le 1, \quad k \notin I_1^+ \cup I_1^-$$

$$\frac{\Theta(t,P_i) - \Theta(t,Q_j)}{dist(P_i,Q_j)} \le -\varepsilon * \theta_{ij}, \quad (ij) \in I_2$$

(wobei die Koeffizienten c, ρ, λ und α sowie ihre Ableitungen an der Stelle $\vartheta = \vartheta_n$ zu berechnen sind) finden wir eine Abstiegsrichtung U für die Steuerung und den zugehörigen Zustand Θ. Die entsprechende diskretisierte Variante dieses linearen Optimierungsproblems wird mit Hilfe der Simplex-Methode gelöst. Die zugehörige Schrittweite finden wir als größtes s der Form $s =$

$2^{-k}, k = 1, 2, \ldots$, für das $u_n + s * U$ eine zulässige Steuerung darstellt. Die neuen Näherungen sind dann

$$u_{n+1} = u_n + s * U,$$
$$\vartheta_{n+1} = \vartheta(u_{n+1}),$$

d.h. die neue Näherung für den Zustand ϑ wird durch Lösung der nichtlinearen Wärmeleitgleichung (1) ermittelt. Damit wird gesichert, daß die Iterierten für Steuerung und Zustand immer zusammengehören, was bei der ebenfalls denkbaren Vorschrift

$$\vartheta_{n+1} = \vartheta_n + s * \Theta$$

nicht der Fall wäre. Ist der Minimalwert des linearisierten Zielfunktionals nichtnegativ, so wird der Parameter ε halbiert, die Menge der aktiven Indizes neu bestimmt, und die linearisierte Gleichung erneut gelöst. Die Berechnung bricht ab, wenn ε kleiner als eine vorgegebene Abbruchschranke ist.

4 Numerische Behandlung der Wärmeleitgleichung

Die Lösung der nichtlinearen wie auch der linearisierten Wärmeleitgleichung geschieht mit einem Finite-Elemente-Multigrid-Verfahren. Dabei wird das (zeitlich invariante) gröbste Gitter mit Hilfe des Programmes PREMESH erzeugt, die feineren Gitter entstehen durch fortgesetzte Viertelung aller Dreiecke. Abb.2 zeigt das gröbste Gitter mit 221 Knoten und 358 Elementen sowie das dritte Gitter, welches 5728 Elemente enthält.

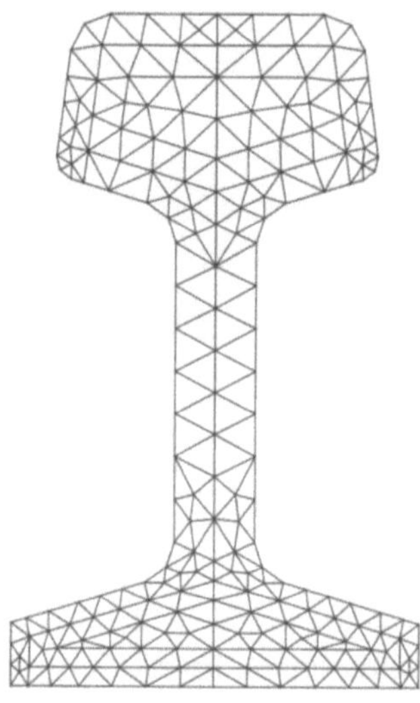

Abb. 2: Das gröbste und das feinste Gitter

Das Berechnungsprogramm selbst entstand durch Anpassung und Erweiterung des Programmpaketes FEMGP (siehe [Q]). Beide Programme wurden an der TU Chemnitz-Zwickau entwickelt. Als finite Elemente finden lineare Dreieckselemente Anwendung, das entstehende gewöhnliche Differentialgleichungssystem wird mit Hilfe des Crank-Nicholson-Schemas gelöst. Bei der Berechnung der Massematrix wurde auf die Methode des Mass-Lumping zurückgegriffen, was die Eigenschaften dieser Matrix verbessert und die Konvergenz des Multigridverfahrens beschleunigt.

5 Numerische Ergebnisse

Als Beispiel betrachten wir die Abkühlung einer Schiene in einer Kühlstrecke mit freier Geometrie, d.h. in einer Kühlstrecke, bei der die Lage der Kühlrohre und Luftausgleichstrecken noch nicht festgelegt ist (diese Aufgabe ist analog der Optimierung eines einzelnen Kühlrohres). Als Abkühldauer wurden 50 s gewählt, die Anfangstemperatur als stückweise konstant angenommen ($1000^{\circ}C$ in einem Randbereich und $1100^{\circ}C$ im sogenannten Kernbereich der Schiene).

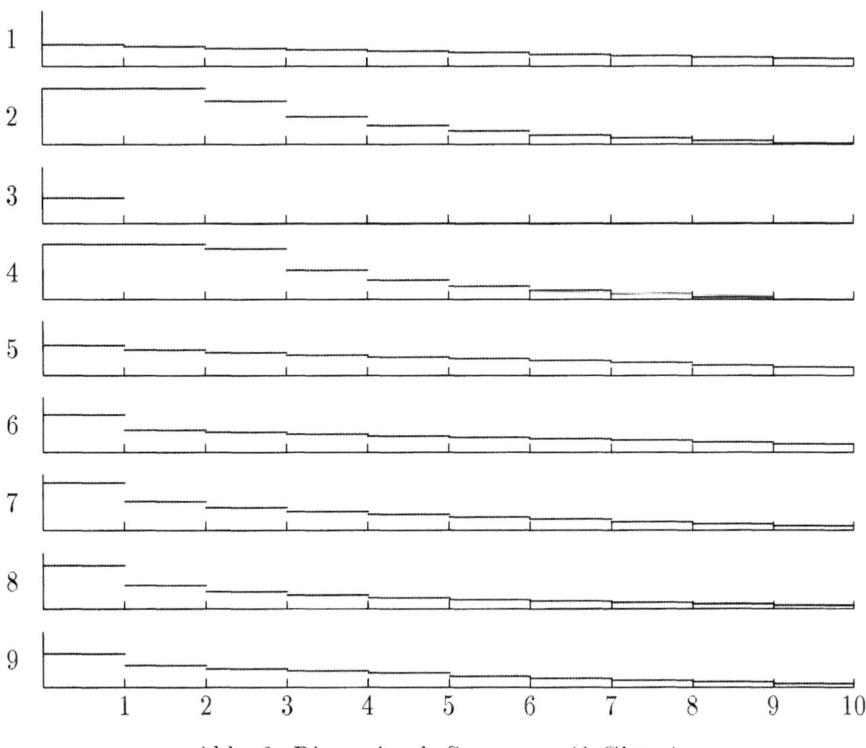

Abb. 3: Die optimale Steuerung (1 Gitter)

Der Rand des Gebietes war dabei in 9 Kühlbereiche unterteilt, die Kühlstrecke in 10 Sektoren. In diesem Beispiel lag die Neumann-Randbedingung (3') zugrunde, wobei die Steuerung q durch

$$0 \; W/m^2 \leq q \leq 10^6 \; W/m^2$$

beschränkt war. Als Minimierungspunkte P_i dienten die Mittelpunkte von Kopf, Steg und Fuß der Schiene, als Vergleichspunkte Q_j neun Punkte auf dem Rand des Gebietes. Die Schranken θ_{ij} für den Differenzenquotienten der Temperatur in den Nebenbedingungen (7) wurden unabhängig von i und j linear von 7500 grd/m zu Beginn des Abkühlprozesses auf 3000 grd/m am Ende gesenkt, da eine möglichst gleichmäßige Abkühlung erreicht werden soll.

Die errechneten optimalen Steuerungen für ein bzw. drei Gitter sind in den Abbildungen 3 und 4 dargestellt. Auf den hinteren Sektoren ist eine recht gute Übereinstimmung beider Rechnungen zu beobachten, während zu Beginn der Abkühlung noch größere Abweichungen vorhanden sind. Es ist aber auf alle Fälle sinnvoll, eine Grobgitterrechnung durchzuführen und das Ergebnis als Startnäherung für genauere Rechnungen zu benutzen, da eine Erhöhung der Gitteranzahl um eins die Rechenzeit pro Iterationsschritt auf das 4 bis 5-fache steigert. Eine Rechnung mit 4 Gittern brachte keine wesentliche Änderung der Steuerung mehr.

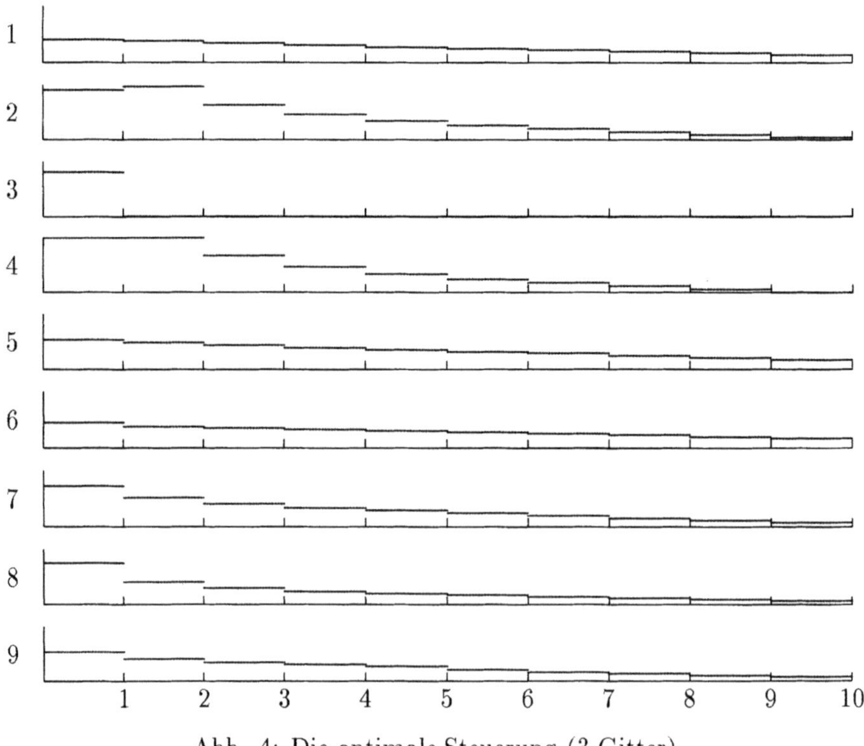

Abb. 4: Die optimale Steuerung (3 Gitter)

Abb. 5 zeigt einige Temperaturfelder, die für dieses Beispiel berechnet wurden. Dargestellt sind das Anfangs- und das Endtemperaturprofil sowie die Temperaturfelder nach dem dritten und siebenten Sektor.

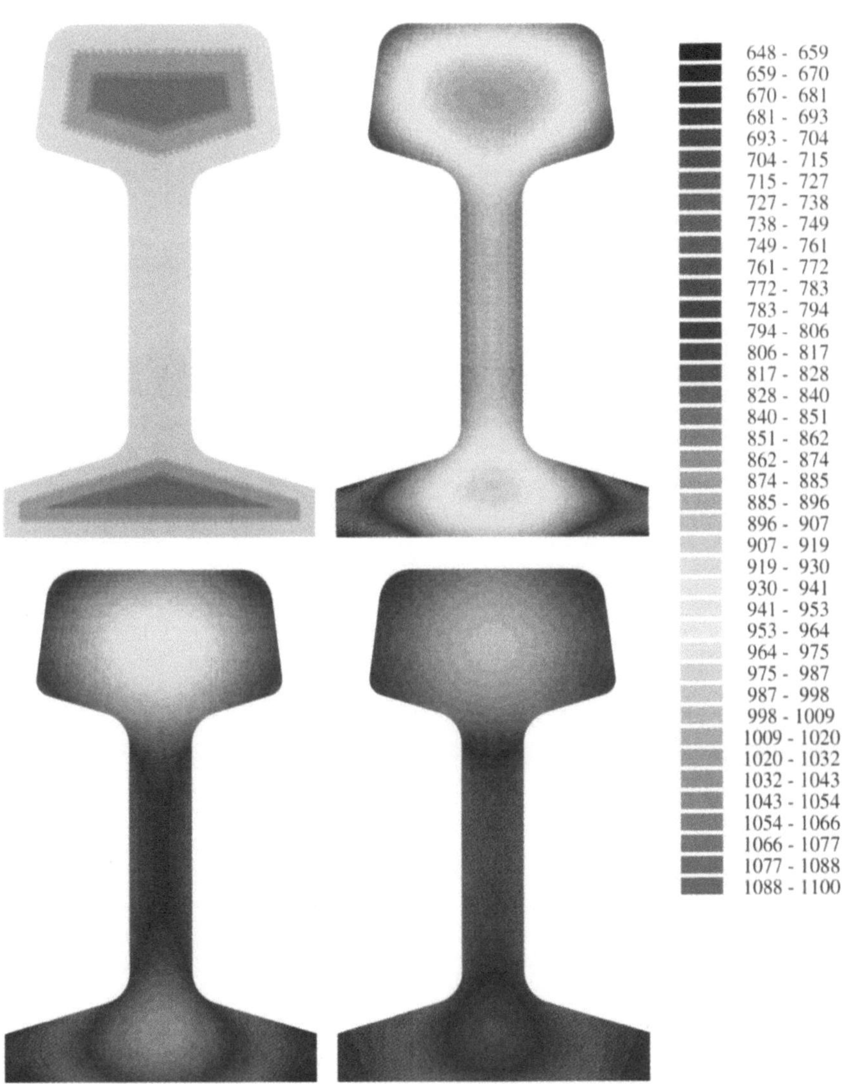

Abb.5: Ausgewählte Temperaturfelder

Zum Verhalten des Verfahrens ist zu bemerken, daß die Methode der zulässigen Richtungen das für Gradientenverfahren typische langsame Konvergenzverhalten aufweist. Dabei erhält man schon nach relativ wenigen Iterationen gute Näherungen für die Steuerung auf den hinteren Sektoren. Auf den ersten Sektoren ergibt sich ein genaueres Bild erst nach sehr vielen Iterationen. Dieses Verhalten kann damit erklärt werden, daß eine Kühlung auf den letzen Sektoren zum Endzeitpunkt noch gut lokalisierbar ist, während der Effekt einer Kühlung zu Beginn der Kühlstrecke am Ende schon fast ausgeglichen ist. Damit ist nur schwer zu entscheiden, auf welchem Randstück zu Beginn gekühlt werden muß, um einen optimalen Kühlprozeß zu erzielen.

Literatur

[DB] Di Benedetto, E.: On the local behaviour of solutions of degenerate parabolic equations with measurable coefficients, Annali della Scuola Normale Superiore di Pisa, Ser. I, **13** (1986) 3, 487–535

[ELW] Eppler, K.; Lezius, R.; Wehage, H.; Werners R.: Temperaturfeldberechnungen für das selektive Kühlen von Profilen in Walzstraßen. DFG-Schwerpunktprogramm "Anwendungsbezogene Optimierung und Steuerung", Rep. 538 (1994)

[HT] Hensel, A.; Tröltzsch, F.: Mathematische Untersuchungen zur Auslegung und Steuerung von Kühlstrecken für Stabstahl- und Drahtwalzwerke, Neue Hütte, **25** (1980) 384–386

[Ho] Hömberg, D.: A mathematical model for the phase transitions in eutectoid carbon steel. IMA J. Appl. Math., **54** (1995) 31–57

[LSU] Ladyzhenskaya, O.A.; Solonnikov, V.A; Uralceva, N.N.: Linear and quasilinear equations of parabolic type. AMS Publication. Izd. Mir, Moscow 1967 (AMS Translations of Math. Monographs, Providence 1968)

[LT] Lezius, R., Tröltzsch, F.: Theoretical and Numerical Aspects of Controlled Cooling of Steel Profiles. Proceedings of the 8-th ECMI-Conference, Kaiserslautern, 1994 (to appear)

[Q] Queck, W. u.a.: Das Programmpaket FEMGP - Programmdokumentation und Nutzerinformation. TU Chemnitz-Zwickau, Fachbereich Mathematik, Chemnitz, 1993

[Zo] Zoutendijk, G.: Methods of feasible dtrections. Elsevier, Amsterdam, 1960

[ZB] Zurdel, K., Brennecke, N.: Untersuchungen zum Wärmeübergang bei der Wasserkühlung von Feinstahl und Walzdraht. Diss. A, TH Magdeburg, 1974

3.2 Automatisches Entwerfen

Automatisiertes Design von Stabwerken, Bauteilen und Materialien
J. Zowe, W. Achtziger, M. Kočvara, H. Hörnlein und J. Oberndorfer

Automatisiertes Design von Stabwerken, Bauteilen und Materialien

J. Zowe[1], *W. Achtziger*[1], *M. Kočvara*[1], *H. Hörnlein*[2] *und J. Oberndorfer*[3]

[1] Institut für Angewandte Mathematik, Universität Erlangen-Nürnberg, Martensstraße 3, 91058 Erlangen, e-mail: zowe@am.uni-erlangen.de,
URL: http://www.am.uni-erlangen.de
[2] Daimler-Benz Aerospace AG (DASA), Postfach 801160, 81663 München
[3] Scientific Software Consulting, Schäftlarnstraße 81, 81371 München

Abstract. The paper deals with automated design of engineering structures. A mathematical model for maximum stiffness truss designs is briefly outlined. This model is first treated by an approach leading to a non-convex large-scaled optimization problem. It is shown how this can be rewritten as a convex problem. The second approach is based on non-smooth optimization techniques. We close with a brief introduction to the optimization of continuum structures. In this case the question of optimal material dominates the design problem. Discretizing the model we end up with optimization problems similar to the truss situation considered first. Several numerical examples support our claim of effectivity of the approaches presented.

1 Automatisiertes Design

Seit den fünfziger Jahren werden von Ingenieuren zusehends Optimierungsverfahren beim Entwurf (Design) von Bauteilen, Gerüstkonstruktionen, Gebäuden, Maschinen, etc. eingesetzt. In jüngster Zeit gelang Mathematikern und Ingenieuren auf diesem Gebiet durch verfeinerte mathematisch-mechanische Modellierung und Entwicklung angepaßter Optimierungsalgorithmen ein großer Schritt in Richtung automatisierten Entwurfs.

Modelle zur Beschreibung von Designproblemen arbeiten mit Materialgesetzen, Einschränkungen der Geometrie, mehreren Lastfällen, etc. Die gleichzeitige Berücksichtigung aller realistischen Umstände ist heute noch nicht möglich. Besonders die komplizierten Materialgesetze verlangen Vereinfachungen, um die Lösbarkeit der Probleme zu ermöglichen. Trotzdem lassen sich heute schon komplexe Modelle analytisch und numerisch behandeln und führen zu guten Startdesigns für weitere Optimierungsschritte. Dazu wird der Ingenieur nach wie vor gebraucht. Es deutet sich jedoch an, daß in manchen Bereichen der klassische Designprozeß vor einer revolutionären Umgestaltung durch automatisierten Entwurf steht.

Im folgenden soll die Lösung von speziellen Design-Problemen mittels moderner Innere-Punkte-Verfahren und Methoden der nichtglatten Optimierung skizziert werden. Der Leser wird schnell erkennen, welche kreative Faszination der Problemstellung und dem Zusammenspiel von Mechanik, Variationsrechnung und Numerik innewohnt.

2 Optimierung diskreter Strukturen: Ein Modell zur Steifigkeitsmaximierung von Stabwerken

Ein einfaches Modell zur Darstellung von Gerüsten ist ein *Stabwerk* aus geraden Stäben, die in den sogenannten *Knoten* verbunden sind. Diese Knoten stellen reibungsfreie Gelenke dar, wodurch keine Biege- oder Torsionsmomente auftreten können. Zusätzlich greifen Kräfte nur in Knotenpunkten an. Im folgenden wird zunächst ein einfaches Modellproblem zur Behandlung der Designfrage eines Stabwerks für eine einzelne, vorgegebene Last dargestellt.

Geht man von maximal N Knoten im Raum aus (räumliches Stabwerk; Dimension $d = 3$) bzw. in der Ebene (planares Stabwerk; $d = 2$) und maximal m Stäben, die manche der Knoten verbinden, so wird das Design des Stabwerks durch den Vektor $y \in \mathbb{R}^{N \cdot d}$ der *Knotenpositionen*, sowie durch den Vektor $t \in \mathbb{R}^m$, $t \geq 0$, der *Stabvolumina* bestimmt. Zur Modellierung des Materialverhaltens wird das (vereinfachte) Materialgesetz der *linearen Elastizität* (Hookesches Gesetz) herangezogen. Dann wird das *elastische Gleichgewicht*, d.h. Gleichgewicht der am Stabwerk angreifenden Kräfte $f \in \mathbb{R}^{N \cdot d}$ mit den inneren Stabkräften, sowie der geometrische Zusammenhalt des Stabwerks unter Belastung, durch die Gleichung

$$A(t, y)x = f \tag{1}$$

ausgedrückt. Dabei ergibt sich die *globale Steifigkeitsmatrix*

$$A(t, y) := \sum_{i=1}^{m} t_i A_i(y) \in \mathbb{R}^{(N \cdot d) \times (N \cdot d)} \tag{2}$$

als Summe der *Element-Steifigkeitsmatrizen*

$$t_i A_i(y) := \frac{t_i E_i}{l_i(y)^2} \gamma_i(y) \gamma_i(y)^T \in \mathbb{R}^{(N \cdot d) \times (N \cdot d)} \quad \text{für } i = 1, \dots, m \ . \tag{3}$$

Für Stab i bezeichnet E_i den Youngschen Modulus des Materials, aus dem der Stab bestehen soll, $l_i(y)$ seine Länge, und $\gamma_i(y) \in \mathbb{R}^{N \cdot d}$ den Vektor von (Co)Sinus-Werten, der die geometrische Lage des Stabes im Gesamtstabwerk in Abhängigkeit von den Knotenpositionen y wiedergibt. Da $E_i > 0$, ist $A_i(y)$ stets positiv semi-definit. Das elastische Gleichgewicht (1) wird durch den *Zustandsvektor* $x \in \mathbb{R}^{N \cdot d}$ der Knotenverschiebungen beschrieben, die sich bei der Belastung des Stabwerks (t, y) durch die Kraft f einstellen. Um im Rahmen linearer Elastizität zu bleiben, werden die Komponenten von x als "klein" angenommen.

Zur Vereinfachung arbeiten wir die Auflagerbedingungen (d.h. Knoten, die gelagert sind) in $A(t, y)$, f und x ein, indem zugehörige Komponenten bzw. Zeilen und Spalten gestrichen werden. Die verbleibende Dimension n wird *Freiheitsgrad der Struktur* genannt. Weiter werden nur wenige, etwa k, Komponenten von y in einem kleinen Bereich $Y \subset \mathbb{R}^k$ variiert, um ein physikalisch sinnvolles Stabwerk zu erhalten.

Als zu minimierende Größe wählen wir die (engl.) *Compliance* ("Nachgiebigkeit") $\frac{1}{2} f^T x$. Sie ist ein gängiges Ingenieurkriterium, stellt die Verformungsenergie des Stabwerks (t, y) unter den Verschiebungen x dar und ist ein umgekehrtes Maß für die Steifigkeit der Struktur. Als natürliche "Kostenreduktion" betrachten wir nur Stabwerke mit maximalem Gesamtvolumen $V > 0$.

Das resultierende mathematische Optimierungsproblem zur automatisierten Berechnung guter Stabwerk-Designs ist demnach durch

$$\min_{t \in \mathbb{R}^m,\, y \in \mathbb{R}^k,\, x \in \mathbb{R}^n} \frac{1}{2} f^T x$$
$$\text{N.B. } A(t, y)x = f, \tag{4}$$
$$\sum t_i \leq V,$$
$$t \geq 0,\ y \in Y \ .$$

gegeben. Erwähnt werden sollte, daß kompliziertere Materialeigenschaften wie elasto-plastisches Verhalten, Stabknicken, Schlankheitsbedingungen etc. prinzipiell einbeziehbar sind, dabei jedoch der im folgenden aufgezeigte Lösungsweg verloren geht. Hingegen können zusätzliche Bedingungen wie Grenzen an die Stabvolumina [ABBZ], Eigengewicht [BBZ], mehrere Lastfälle (s.u.), einseitiger Kontakt [KZZ], unterschiedliches Materialverhalten unter Zug und Druck [A2], u.a. berücksichtigt werden.

3 Optimierung von Stabwerken: Der Grundstruktur-Ansatz

3.1 Philosophie und Problem-Reformulierung

Ein Blick auf (3) zeigt, daß y aus (4) numerisch eine "harte Nuß" macht. Der *Grundstruktur-Ansatz* [DO] versucht deswegen y aus (4) zu "eliminieren", indem man mit einem dichten Gitter von N (festen) potentiellen Knoten startet und so die Variation der Knoten simuliert. Natürlich muß dann analog die Zahl m der potentiellen Stäbe sehr groß gewählt werden

Beispiel 1 (Brücke). Abb. 1 zeigt eine resultierende Grundstruktur, die das Designproblem eines Brücken-Seitenteils modelliert. Sie besteht aus $N = 7 \times 5 = 35$ potentiellen Knoten und $m = 386$ potentiellen Stäben.

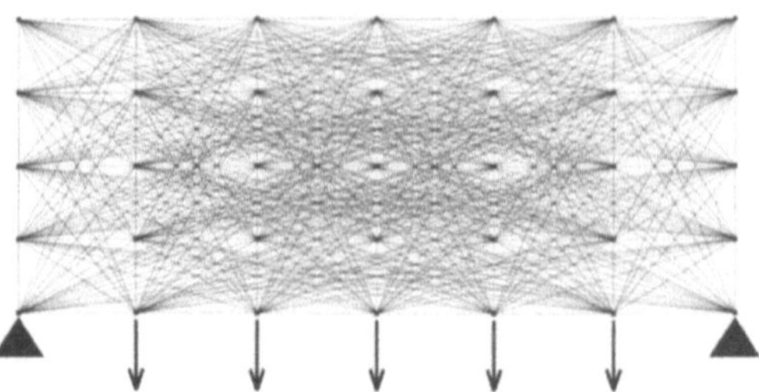

Abb. 1. Grundstruktur (Seitenteil einer Brücke) mit $N = 35$ potentiellen Knoten und $m = 386$ potentiellen Stäben

Wird das Gitter der Knoten mit den (fixierten, vielen) Positionen y_0 der potentiellen Knoten dicht genug gewählt, so wird die Frage nach den optimalen Knotenpositionen näherungsweise durch die Auswahl derjenigen Knoten mitbeantwortet werden, die im optimierten Stabwerk tatsächlich vorkommen. Problem (4) reduziert sich zu

$$\min_{t\in\mathbb{R}^m,\, x\in\mathbb{R}^n} \tfrac{1}{2} f^T x$$
$$\text{N.B. } A(t,y_0)x = f,$$
$$\sum t_i \leq V,$$
$$t \geq 0. \tag{5}$$

Der gravierende Nachteil des Grundstruktur-Ansatzes liegt in der fast astronomisch hohen Zahl m potentieller Stäbe. Für realistische Problemstellungen muß oft $m \geq 10^4$ gewählt werden, um Knotenbewegungen hinreichend gut simulieren zu können.

3.2 Optimierung

Auch ohne die hohe Dimension vermittelt (5) einen unbequemen Eindruck: Die Gleichgewichtsbedingung (und damit das ganze Problem) ist nicht-konvex in (t,x). Standard-Routinen der nichtlinearen Optimierung (z.B. SQP-Verfahren) stehen (4), selbst bei kleiner Dimension, machtlos gegenüber.

Unter massiver Ausnutzung der Problem-Struktur kann (5) jedoch in ein konvexes Problem transformiert werden, aus dem zusätzlich der hochdimensionale Vektor t eliminiert(!!) ist. Dieses überraschende Resultat soll im folgenden bewiesen werden. Wir schreiben kurz A_i für $A_i(y_0)$ und bezeichnen mit F die Funktion

$$F : \mathbb{R}^n \mapsto \mathbb{R}, \quad F(x) := \min_{1 \leq i \leq m} \{ f^T x - \tfrac{V}{2} x^T A_i x \} . \tag{6}$$

Theorem 1 [BB]. *Problem (5) ist äquivalent zur Maximierung von F, d.h.*

$$\inf_{t\in\mathbb{R}^m,\, x\in\mathbb{R}^n} \{ \tfrac{1}{2} f^T x \mid \sum t_i A_i x = f,\, t \geq 0,\, \sum t_i \leq V \} = \sup_{x\in\mathbb{R}^n} F(x) . \tag{7}$$

Beweis. Für jedes feste $\bar{t} \geq 0$ ist die Matrix $\sum \bar{t}_i A_i$ positiv semi-definit. Daher gilt (notwendige und hinreichende Optimalitätsbedingungen)

$$\sup_{x \in \mathbb{R}^n} \{ f^T x - \tfrac{1}{2} x^T \sum \bar{t}_i A_i x \} = \begin{cases} \tfrac{1}{2} f^T x^* & \text{für alle } x^* \text{ mit } \sum \bar{t}_i A_i x^* = f, \\ +\infty, & \text{falls } \{ \tilde{x} \mid \sum \bar{t}_i A_i \tilde{x} = f \} = \emptyset . \end{cases} \tag{8}$$

Daher ist mit $T_V := \{ t \in \mathbb{R}^m \mid t \geq 0, \ \sum t_i \leq V \}$

$$\inf \{ \tfrac{1}{2} f^T x \mid t \in \mathbb{R}^m, \ x \in \mathbb{R}^n, \ \sum t_i A_i x = f, \ t \geq 0, \ \sum t_i \leq V \} \tag{9}$$

$$= \inf_{t \in T_V} \inf \{ \tfrac{1}{2} f^T x \mid x \in \mathbb{R}^n, \ \sum t_i A_i x = f \} \tag{10}$$

$$= \inf_{t \in T_V} \sup_{x \in \mathbb{R}^n} \{ f^T x - \tfrac{1}{2} x^T \sum t_i A_i x \} \tag{11}$$

(benutze Standard-Minimax-Theorem)

$$= \sup_{x \in \mathbb{R}^n} \inf_{t \in T_V} \{ f^T x - \tfrac{1}{2} x^T \sum t_i A_i x \} \tag{12}$$

(löse inneres lineare Problem in t explizit)

$$= \sup_{x \in \mathbb{R}^n} \min_{1 \leq i \leq m} \{ f^T x - \tfrac{V}{2} x^T A_i x \} \tag{13}$$

$$= \sup_{x \in \mathbb{R}^n} F(x) . \qquad \square \tag{14}$$

Dieses Resultat fußt auf Gleichung (8), dem *Principle of Potential Energy*, sowie auf der *linearen* Abhängigkeit der globalen Steifigkeitsmatrix von t (lineare Elastizität; (12) $\to$ (13)). Man bemerke, daß sich (5) äquivalent als *konvexes Problem* in x schreiben läßt,

$$- \min_{x \in \mathbb{R}^n} (-F(x)), \tag{15}$$

da $(-F)$ das Maximum von konvexen, quadratischen Funktionen ist. Allerdings ist F nichtglatt!! Durch den Standardtrick der Einführung einer weiteren Variablen $\alpha \in \mathbb{R}$ kann (15) in ein glattes konvexes Problem mit quadratischen Nebenbedingungen umgeschrieben werden:

$$- \min_{x \in \mathbb{R}^n, \, \alpha \in \mathbb{R}} \alpha - f^T x$$
$$\text{N.B. } \tfrac{V}{2} x^T A_i x \leq \alpha \quad \text{für alle } i = 1, \ldots, m . \tag{16}$$

Dabei sind die Lagrange-Multiplikatoren λ^* der Restriktionen im Optimum x^* gerade die (skalierten) optimalen Stabvolumina t^*,

$$t^* = V \lambda^* , \tag{17}$$

und $(t^*, \tfrac{1}{V} x^*)$ ist eine *globale* Lösung des *nicht-konvexen*(!) Problems (5) [ABBZ]. Moderne Innere-Punkte-Methoden zur Lösung von (16) liefern, selbst für Stabzahlen $m \geq 10^6$, schnell einen optimalen Designvektor t^* [JKZ].

Unter Ausnutzung der dyadischen Struktur der Elementsteifigkeitsmatrizen (siehe (3)) läßt sich beweisen [ABBZ], daß in (5) optimale Stabwerke gleichzeitig gewichtsminimal unter allen Designs sind, die Kräftegleichgewicht und Spannungsrestriktionen genügen. Dies bringt klassische Formulierungen mit Problem (4) in Zusammenhang.

Beispiel 1 (Brücke; Fortsetzung). Abb. 2 zeigt die berechnete Lösung von (16) zur Ausgangssituation analog zu Abb. 1, wobei gegenüber Abb. 1 mit einer Grundstruktur aus $N = 11 \times 64 = 704$ potentiellen Knoten und $m = 150031$ potentiellen Stäben gerechnet wurde. Stäbe unter Druck sind blau, Stäbe unter Zug rot gezeichnet. Man bemerke, daß keinerlei a-priori-Information für den Design-Prozeß verwendet wurde. Der Doppelbogen in Abb. 2 wird allein durch die Optimierung gewählt.

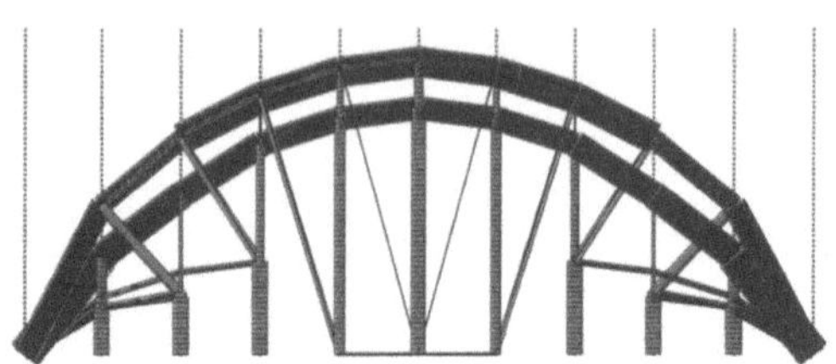

Abb. 2. Optimiertes Stabwerk (Seitenteil einer Brücke) auf $N = 704$ Knoten und $m = 150031$ potentiellen Stäben

An zwei Beispielen soll angedeutet werden, welche weiteren realistischen Forderungen in Modell (4) eingebaut werden können, ohne die in Theorem 1 bewiesene Eliminationstechnik für die Designvariablen zu verlieren. Zum Teil sind jedoch erhebliche mathematische Klimmzüge erforderlich. Weitere Anwendungen siehe z.B. in [A2], [ABBZ], [BBZ], [KZZ].

3.3 Mehrere Lastfälle.

In der Praxis sind statt eines Lastfalls f häufig mehrere verschiedene Last-Szenarien $f_1, \ldots, f_p \in \mathbb{R}^n$ zu betrachten, die zu *verschiedenen Zeitpunkten* am Stabwerk angreifen. Mit den korrespondierenden Zustandsvektoren $x_1, \ldots, x_p \in \mathbb{R}^n$ soll dasjenige Design t gesucht werden, das seinen schlechtesten Lastfall noch am besten trägt ("worst case design"). Die Problem (5) verallgemeinernde Formulierung lautet

$$\min_{t \in \mathbb{R}^m,\, x_1,\ldots,x_p \in \mathbb{R}^n} \max_{1 \le k \le p} \tfrac{1}{2} f_k^T x_k$$
$$\text{N.B. } A(t, y_0) x_k = f, \tag{18}$$
$$\sum t_i \le V,$$
$$t \ge 0.$$

Parallel zu Theorem 1 und Problem (15) erhält man (mit wesentlich mehr mathematischem Aufwand [A1]) die zu (18) äquivalente Formulierung

$$\max_{\lambda \in \mathbb{R}^p} \{\, \phi(\lambda) \mid \lambda \ge 0,\ \sum \lambda_k = 1 \,\}, \tag{19}$$

wobei

$$\phi(\lambda) := \sup_{x_1,\dots,x_p \in \mathbb{R}^n} \min_{1 \le i \le m} \left\{ \sum_{k=1}^{p} \lambda_k (f_k^T x_k - \tfrac{V}{2} x^T A_i x) \right\} . \tag{20}$$

Der Einsatz nicht-glatter Optimierungssoftware zur Maximierung von ϕ ist hier unumgänglich. Glücklicherweise ist ϕ konkav, und die über $x_1,\dots,x_p$ zu maximierende Funktion in (20) ebenfalls konkav in x, so daß die *globale* Lösung λ^* von (19) durch ein zweistufiges, nichtglattes Problem gefunden werden kann [A1]. In diesem Zusammenhang erweist sich das BT("Bundle-Trust")-Verfahren [SZ] als sehr erfolgreich. Letztendlich gewinnt man auf diese Weise ein in (18) wieder *global* optimales Design t^*.

Beispiel 2 (Kuppel). Abb. 3 (a) zeigt die Grundstruktur einer Kuppel, die mit einer ($p = 1$) senkrecht nach unten wirkenden Kraft f im Top-Knoten belastet wird. In Abb. 3 (b) ist die über Formulierung (16) berechnete Lösung zu sehen (blau = Druck, rot = Zug), die jedoch bei leichter Störung der Last (Drehbewegung!) zusammenbrechen würde. Stört man nun die vertikale Last auf z.B. $p = 256$ Arten, so erhält man die Lastfälle $f_1,\dots,f_{256}$. Die mit BT errechnete Lösung von (19) in Abb. 3 (c) (ohne Druck-Zug-Darstellung) ist dann stabil!

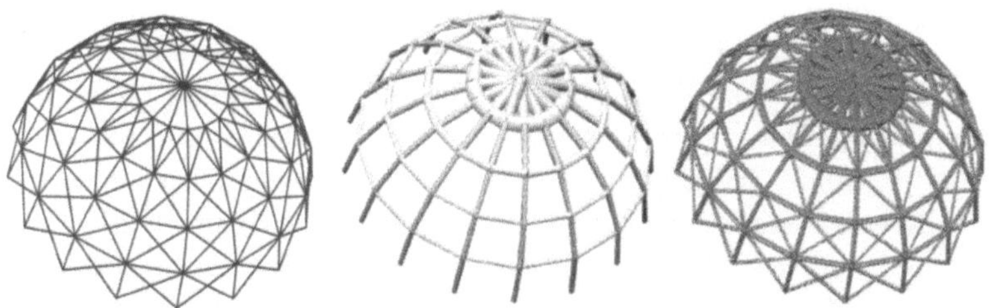

Abb. 3. Grundstruktur (a), Lösung als Einzel-Lastfall (b) und Lösung als Mehrfach-Lastfall (c) einer Kuppel-Konstruktion

3.4 Beispiel für die Einsatzmöglichkeit bei der Design-Optimierung von Membranelementen.

Eine ungewöhnliche Anwendung der Stabwerksoptimierung stellt das folgende Beispiel dar (siehe auch [OAH]):

Beispiel 3 (Flugzeug-Spant). Beim Design eines hochmanövrierbaren Flugzeugs spielen Versteifungsteile, die sogenannten Spanten, welche quer zur Längsachse das Flugzeug durchlaufen, die entscheidende Rolle. Diese Spanten stehen bei extremen Flugmanövern unter Höchstbelastung, da sehr große

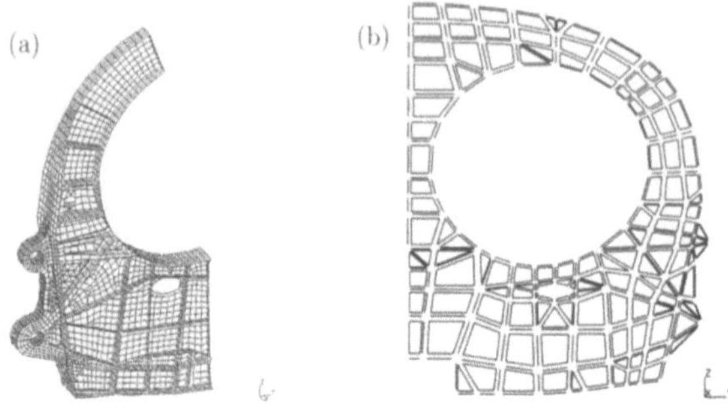

Abb. 4. Original-Layout des Spantes (a) und zugehöriges FE-Modell (b)

Kräfte von den Flügelmomenten her wirken. Abb. 4 (a) zeigt ein Halbmodell des Spantes (mit leicht schrägem Blickwinkel) und Abb. 4 (b) eine FE-Diskretisierung.

Klassisch wird der aus Membranelementen aufgebaute "optimale" Spant mit Hilfe von aufwendigen FE-Analysen berechnet. Das Design des Spantes ist, neben den geometrischen Nebenbedingungen, im wesentlichen durch die Positionierung der aufsitzenden "Versteifungsrippen", den sogenannten (engl.) *Stiffeners*, bestimmt. Diese Stiffeners sollen die Spannungen so durch den Spant leiten, daß etwa kein Beulen der Membranelemente auftritt. Es liegt daher nahe die Hauptspannungslinien durch den Grundstruktur-Ansatz zu ermitteln, um dann die Situation vom Stabwerk auf den Membran-Spant zu übertragen. Diese Vorgehensweise ist jedoch unüblich und nur heuristisch begründet. Abb. 5 (a) zeigt die Stabwerk-Lösung, welche sich für zwei Lastfälle (positives und negatives Flügelmoment) auf einer Grundstruktur mit $N = 87$ Knoten und $m = 1876$ potentiellen Stäben ergibt. Die Übertragung auf ein so "optimiertes" FE-Gitter zeigt Abb. 5 (b), welches das Pendant zu Abb. 4 (b) darstellt. Eine neuerliche Analyse des resultierenden Spantes als Membran-Element ergibt auf Anhieb eine signifikante Reduzierung des Gesamtgewichts bei Erfüllung der geforderten Festigkeitsrestriktionen.

Diese ungewöhnliche Anwendung läßt darauf hoffen, daß Techniken des Stabwerksentwurfs auch bei völlig andersartigen Konstruktionsfragen hilfreich sein können.

4 Stabwerke: Direkte Lösung durch Dekomposition der Variablen

Aus dem letzten Abschnitt wissen wir, wie Problem (5) (d.h. (4) für festes $y = y_0$) schnell und robust gelöst werden kann. Dies legt als Alternative zum Grundstrukturansatz ein *zweistufiges* Vorgehen zur Lösung von (4) nahe. Für moderate Knoten- und Stabanzahl minimieren wir auf einer oberen Ebene die

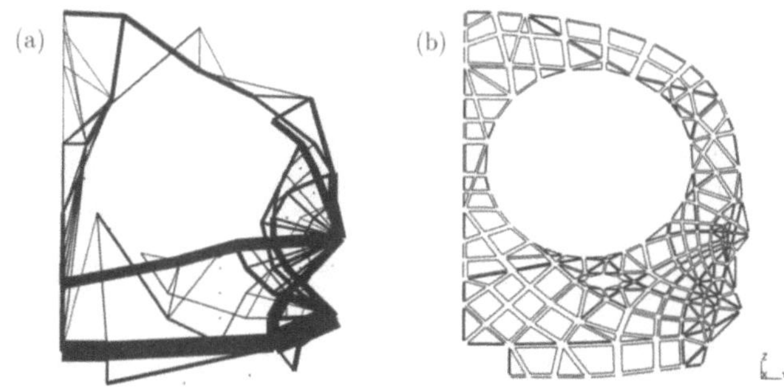

Abb. 5. Optimiertes Stabwerk (a) und neues FE-Design (b) des Spantes

Masterfunktion h nach der Knotenposition y:

$$\min_{y \in Y} h(y) \quad \text{mit} \quad h(y) := \min\{\tfrac{1}{2} f^T x \mid t \in T_V, \; A(t,y)x = f\} \qquad (21)$$

(wobei, wie oben, $T_V := \{t \in \mathbb{R}^m \mid t \geq 0, \; \sum t_i \leq V\}$). Auf einer unteren Ebene ist dazu in jedem Iterationsschritt eines Abstiegsverfahrens für jeweils festes $y \in Y$ der Funktionswert $h(y)$ (und ein zugehöriger Subgradient) zu bestimmen, d.h. ein Problem vom Typ (5) zu lösen [KZ].

Allerdings ist h nicht konvex, und somit sichert dieses Vorgehen nur die Berechnung lokaler Lösungen. Da h weiter nichtglatt ist, muß auf nicht-konvexe nichtglatte Problemlöser wie z.B. BT [SZ] zurückgegriffen werden. Trotzdem erweist sich dieses Vorgehen als dem Grundstrukturansatz z.T. stark überlegen. Wir bemerken außerdem, daß bei diesem Zugang (anders als bei der Grundstrukturidee) auch die Positionen von Knoten variiert werden können, an denen Kräfte angreifen oder die Auflager darstellen (siehe folgendes Beispiel).

Beispiel 4 (Damm-Verstärkung). Abb. 6 (a) zeigt die Ausgangssituation für ein Gerüst im $\mathbb{R}^2$, das einen Damm abstützen soll. Die Pfeile deuten den Druck des Wassers an. Die ohne Variation der Knotenpositionen (Problem (5)) auf dieser Grundstruktur berechnete Lösung zeigt Abb. 6 (b) (blau = Druck, rot = Zug). Läßt man jetzt in Zugang (21) die Position sämtlicher Knoten außer den beiden unteren "Eckknoten" variieren, so ergibt sich nach 10 Iterationsschritten in der oberen Ebene (d.h. mit 10 Auswertungen von h) das in Abb. 6 (c) gezeigte Resultat. Da sich auch die Knoten, in denen Kräfte wirken, verschieben dürfen, entsteht das Bild eines schrägen Gerüsts. Man bemerke die (optimale) senkrechte Abstützung des Zugpfeilers im unteren Bereich der Struktur.

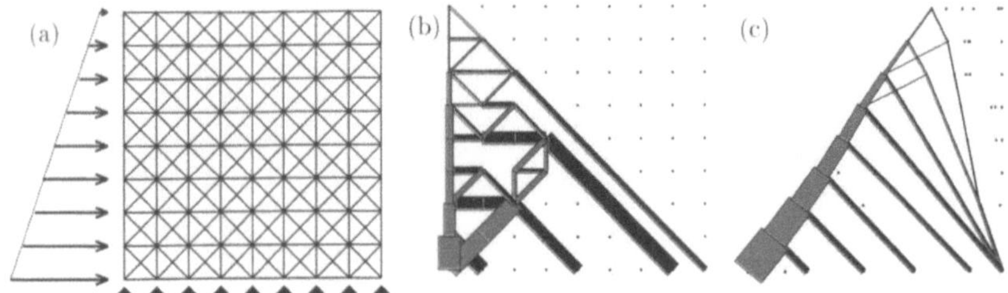

Abb. 6. Stützgerüst für einen Damm: Grundstruktur (a), Lösung ohne (b) und mit (c) Variation der Knotenpositionen

5 Optimierung kontinuierlicher Strukturen: Design und Material

Aufgrund der Erfolge bei diskreten Strukturen liegt es nahe, auch kontinuierliche Strukturen automatisch zu entwerfen. Sind die maximalen Abmessungen eines Bauteils, seine Lagerung, sowie angreifende Kräfte gegeben, so fragen wir, analog zum diskreten Problem, wie das zur Verfügung stehende Material verteilt werden soll. Dies umfaßt die Frage nach der äußeren Form der Struktur, sowie nach der Anzahl, Lage, Form und Größe etwaiger Aussparungen.

Verschiedene mathematische Ansätze zeigen, daß die Lösung dieser direkt gestellten Designfrage zu Strukturen führt, die "beliebig viele, beliebig kleine" Löcher besitzen [B]. Die Frage nach der Mikrostruktur des Materials, und sogar nach dem Material selbst, ist daher sehr eng mit der Designfrage verbunden. Man sucht daher zusätzlich nach dem optimalen Material in Abhängigkeit vom Ort. Zum Teil ist eine Umsetzung in einen realen Fabrikationsprozeß bereits möglich. Das übergeordnete Ziel ist wieder, das Bauteil bezüglich der anliegenden Last möglichst steif auszulegen.

Für die numerische Behandlung wird das Problem diskretisiert, d.h. das Bauteil in "Zellen" aufgeteilt, innerhalb derer man von konstantem Material ausgeht. Die Materialeigenschaften in jeder einzelnen Zelle werden (unter gewissen Annahmen wie linear elastisches Materialverhalten) durch einen *Elastizitätstensor* charakterisiert. Zustandsvariablen sind analog zum diskreten Fall die Auslenkungen der Zellen unter der anliegenden Last [B, KZZ].

Man beachte, daß dieser Modellansatz alle angepeilten Ziele abdeckt: Zellen mit Material sehr geringer Dichte werden als Luft interpretiert und geben so Auskunft über die Gestalt des Teils bzw. seiner Aussparungen. In Zellen mit Material höherer Dichte gibt der optimierte Elastizitätstensor Auskunft über dasjenige Material, das die in dieser Zelle wirkende Belastung am besten aufnimmt.

Eine nähere Analyse erweist, daß der optimale Elastizitätstensor ein dyadisches Produkt ist und in unserem Zusammenhang vollständig durch seine Spur bestimmt wird. Diese ist ein Maß für die Steifigkeit des Materials unter vertikalem und horizontalem Zug und Druck bzw. gegenüber von Scherung.

Mit der Dichte des Materials in einer Zelle (modelliert durch die Spur des Elastizitätstensors) als Designvariable läßt sich das Problem so massieren, daß man eine Formulierung analog zum diskreten Fall erhält [B, KZZ]. Somit lassen sich auch im kontinuierlichen Fall die oben erwähnten, für das diskrete Problem entwickelten effektiven Algorithmen einsetzen. Während jetzt die Zahl der Zellen (Dimension m des Designvektors) moderat ist, taucht die hohe Dimension im Zustandsvektor auf (Auslenkung der Zellen unter Last). Im 2D-Fall führt ein Finite-Elemente-Ansatz mit acht Ansatzfunktionen pro Zelle zu einem Zustandsvektor, dessen Dimension n das Sechsfache der Zahl der Zellen m beträgt. Räumliche Aufgaben führen zu einer weiteren Aufblähung der Dimension, jedoch stellen Probleme mit einigen Tausend Zellen für die Numerik kein Problem dar.

Beispiel 5 (2D-Platte). Abb. 7 (a) zeigt das berechnete Design einer quadratischen Platte (im $\mathbb{R}^2$, d.h. ohne Dicke), die an ihrer Unterseite arretiert ist, und auf die von links eine gestaffelte Kraft analog zum Damm in Bsp. 4 wirkt (siehe Abb. 6 (a)). Der Grauwert jeder Zelle (siehe Skala in Abb. 7 (a)) symbolisiert die Spur des optimierten Elastizitätstensors und gibt damit Aufschluß über die Dichte des optimierten Materials in dieser Zelle (Schwarz = festes Material, Weiß = Nullmaterial, Grau = Zwischenwert). Abb. 7 (b) zeigt für jede Zelle die aus dem optimierten Elastizitätstensor ablesbaren (senkrecht aufeinander stehenden) Hauptdehnungsrichtungen des jeweiligen Materials. Die Richtungen und ihre Größe sind durch kleine Linien veranschaulicht. Wie zu erwarten erhält man *orthotropes* Material.

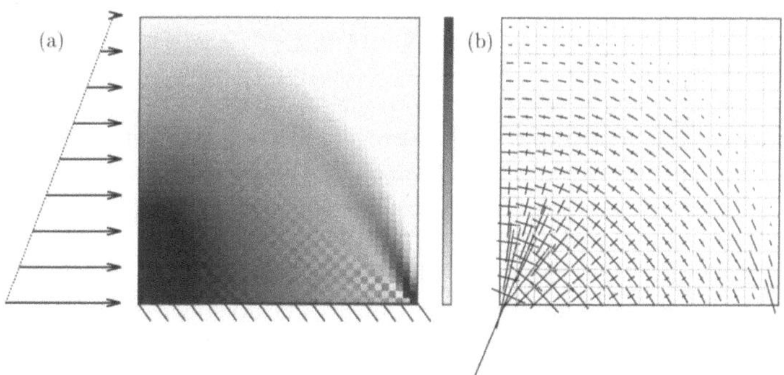

Abb. 7. Dichte (a) und Hauptdehnungsrichtungen (b) des optimalen (Material- und Design-)Entwurfs einer Platte

6 Zusammenfassung und Ausblick

Automatisierte Entwurfstechniken finden mehr und mehr Zugang in der Industrie. Selbst die Materialoptimierung hat ihre ersten industriellen Anwendungen (in der Autoindustrie) bereits hinter sich. Die weltweit erzielten jüngsten wissenschaftlichen Ergebnisse belegen, daß zumindest in Teilbereichen der Entwurfstechniken eine Wachablösung bevorsteht. Eine breite Anwendung mathematisch fundierter Design-Methoden in zukünftigen Fabrikationsprozessen ist daher bereits vorgezeichnet.

Danksagungen. Die Autoren danken M. P. Bendsøe, DTU Lyngby, Dänemark, für wertvolle Anregungen und Hilfestellungen.

Literatur

[A1]   Achtziger, W.: Minimax Compliance Truss Topology Subject to Multiple Loadings. In Bendsøe, M.P., Mota Soares, C.A. (eds.): Topology Optimization of Structures. Kluwer Ac. Publ., Dordrecht (1993) 43–54

[A2]   Achtziger, W.: Truss topology optimization including bar properties different for tension and compression. Struct. Opt. to appear

[ABBZ]   Achtziger, W., Bendsøe, M., Ben–Tal, A., Zowe, J.: Equivalent Displacement Based Formulations for Maximum Strength Truss Topology Design. Impact Comp. Sc. Eng. **4** (1992) 315–345

[B]   Bendsøe, M.P.: Methods for Optimization of Structural Topology, Shape and Material. Springer, Berlin (1995)

[BB]   Bendsøe, M.P., Ben–Tal, A.: A new iterative method for optimal truss topology design. SIAM J. Opt. **3** (1993) 322–358

[BBZ]   Bendsøe, M.P., Ben–Tal, A., Zowe, J.: Optimization methods for truss geometry and topology design. Struct. Opt. **7** (1994) 141–159

[DO]   Dorn, W., Gomory, R., Greenberg, M.: Automatic Design of Optimal Structures. J. de Mechanique **3** (1964) 25–52

[JKZ]   Jarre, F., Kočvara, M., Zowe, J.: Interior Point Methods for Mechanical Design Problems. submitted to SIAM J. Opt.

[KZ]   Ben–Tal; A., Kočvara, M., Zowe, J.: Two Nonsmooth Approaches to Simultaneous Geometry and Topology Design of Trusses. In Bendsøe, M.P., Mota Soares, C.A. (eds.): Topology Optimization of Structures. Kluwer Ac. Publ., Dordrecht (1993) 31–42

[KZZ]   Kočvara, M., Zibulevsky, M., Zowe, J.: Mechanical design problems with unilateral contact. Preprint, Universität Erlangen-Nürnberg

[OAH]   Oberndorfer, J.M., Achtziger, W., Hörnlein, H.R.E.M.: Two Approaches for Truss Topology Optimization: A Comparison for practical Use. Struct. Opt. to appear

[SZ]   Schramm, H., Zowe, J.: A Version of the Bundle Idea for Minimizing a Nonsmooth Function: Conceptual Idea, Convergence Analysis, Numerical Results. SIAM J. Opt., Vol. 2, No. 1, (1992) 121–152

3.3 Roboter in der industriellen Praxis

Schnelle Roboter am Fließband: Mathematische Bahnoptimierung in der Praxis

H.G. Bock, J.P. Schlöder, M.C. Steinbach und H. Wörn

Parameteridentifikation, Bahnoptimierung und Echtzeitsteuerung von Robotern in der industriellen Anwendung

H.J. Pesch, A. Heim, O. von Stryk, H. Schäffler und K. Scheuer

Schnelle Roboter am Fließband: Mathematische Bahnoptimierung in der Praxis

*H. G. Bock[1], J. P. Schlöder[1], M. C. Steinbach[1] und H. Wörn[2]**

[1] Interdisziplinäres Zentrum für Wissenschaftliches Rechnen (IWR),
 Universität Heidelberg, D-69120 Heidelberg, e-mail: steinbach@na-net.ornl.gov,
 URL: http://www.iwr.uni-heidelberg.de/~Marc.Steinbach/
[2] KUKA Schweißanlagen + Roboter GmbH, Abt. STK-E,
 Blücherstr. 144, D-86165 Augsburg

Abstract. The present paper reports on a joint project of the IWR, the robot manufacturing company KUKA GmbH, Augsburg, and the CAD system developer Tecnomatix GmbH, Dietzenbach. The work aims at developing mathematical tools for off-line programming and trajectory optimization based on dynamic robot models in order to improve both the accuracy of off-line programming and the resulting cycle times of production lines. We address the issues of dynamic robot modeling, calibration and, in more detail, trajectory optimization. Optimization results for an industrial robot KUKA IR 761 performing a real-life transport maneuver show that substantial reductions of the cycle time can be achieved.

1 Einleitung

In Deutschland werden Industrieroboter heutzutage in vielen Bereichen der automatisierten Fertigung eingesetzt, vornehmlich in der Automobilindustrie. Zu ihren Aufgaben gehören außer Schweißen, Spritzen und Kleben z. B. auch Bearbeitung, Montage oder Transport von Werkstücken. Der internationale Wettbewerb stellt dabei sehr hohe Anforderungen an Präzision, Zuverlässigkeit, Wirtschaftlichkeit und vor allem Schnelligkeit moderner Roboter. Dennoch wird in der industriellen Praxis noch nicht das volle Potential der Industrieroboter ausgeschöpft, was gerade bei zeitkritischen Anwendungen sehr nachteilig ist. Für die CAD-gestützte Bahnplanung verwendet man nämlich meist *kinematische* Robotermodelle, die nur über die Geometriedaten des Roboters sowie worst-case-Restriktionen für die Geschwindigkeiten der einzelnen Achsen und des TCP (Tool Center Point) verfügen. Die komplexe Dynamik des realen Bewegungsablaufs bei *sehr schnellen* Manövern kann damit nicht erfaßt werden. Bei der Einrichtung neuer Fertigungsprozesse führt dies zu „Schleppfehlern" und damit zu zeitaufwendigen manuellen Korrekturen; zudem werden die erwarteten niedrigen Taktzeiten meist nicht erreicht.

Projektziel ist es, auf der Basis *dynamischer Robotermodelle*, die beispielsweise Zentrifugal- und Coriolis-Kräfte, Gelenkelastizität, Reibung, oder die Motordynamik berücksichtigen, eine zuverlässigere Off-Line-Programmierung zu ermöglichen und mit *Bahnoptimierungsmethoden* zugleich die Taktzeiten zu verringern. Dabei liegt der Arbeitsschwerpunkt darauf, die am IWR entwickelten direkten SQP-Methoden durch bessere Ausnutzung typischer Problemstrukturen weiterzuentwickeln, so daß sie schwierige Bahnoptimierungsprobleme mit zahlreichen Beschränkungen effizient und robust behandeln können. Zur Überprüfung der Projektergebnisse wird ein konkretes Transportmanöver untersucht und optimiert, und zwar die „Pressenverkettung" mit dem Roboter KUKA IR761 (siehe Abschnitt 4.2). Schließlich sollen die numerischen Algorithmen mit benutzerfreundlichen Oberflächen versehen und in das CAD-System ROBCAD des Projektpartners Tecnomatix integriert werden, so daß sie der Ingenieur in seiner gewohnten Arbeitsumgebung routinemäßig zur Off-Line-Programmierung und -bahnoptimierung der Roboter einsetzen kann.

Bei der Bahnplanung für Roboter entstehen Optimalsteuerungsprobleme der folgenden Form. Gesucht sind Zustands- und Steuerungsfunktionen $x = (x_1, x_2)$ und u auf $[0, T]$, die eine Zielfunktion ϕ minimieren (typischerweise die Manöverdauer T) und dabei differentiell-algebraische Gleichungen (DAE) zur Beschreibung der Roboter-Dynamik sowie Zustands- und Steuerungsbeschränkungen g und Mehrpunktrandbedingungen r erfüllen:

$$\phi(T, x(T)) = \min \tag{1}$$
$$\dot{x}_1(t) - f_1(x(t), u(t)) = 0 \tag{2}$$
$$f_2(x(t), u(t)) = 0 \tag{3}$$
$$g(x(t), u(t)) \geq 0 \tag{4}$$
$$r(x(t_1), \ldots, x(t_k)) = 0 \quad \text{oder} \geq 0 \tag{5}$$

Algebraische Gleichungen f_2 können sowohl aus dem konkreten Problem resultieren, z. B. wenn die Bahn des tool center point vorgegeben ist, als auch aus der Modellierung des Roboters in Deskriptorform. DAE von höherem Index werden gegebenenfalls auf Index-1-Form reduziert und numerisch mit Invarianten-Projektion behandelt [SBS]; in diesem Fall enthält f_2 auch die Invarianten. Weiter können (z. B. bei Haftreibung) zustandsabhängige Unstetigkeiten und Typwechsel im Modell auftreten.

Wesentlich bei der Formulierung des Steuerungsproblems (1–5) sind die Ungleichungsbedingungen. So sind in der Praxis neben den unerläßlichen geometrischen Restriktionen zur Kollisionsvermeidung z. B. auch Bedingungen zur Verschleißbegrenzung aufzunehmen. Diese lassen sich als Integrale von Funktionen der Gelenkmomente formulieren, was in herkömmlichen kinematischen Modellen unmöglich ist, da die Gelenkmomente darin gar nicht auftreten. Im Sinne der Optimierung ist es weiterhin wichtig, worst-case-Restriktionen weitestgehend durch die tatsächlichen physikalischen Beschränkungen (wie z. B. Bruchmomente der Getriebe) zu ersetzen.

Das Projekt stützt sich auf frühere Arbeiten, in denen Basismanöver für vereinfachte Modelle verschiedener Robotertypen mit zwei und drei Achsen untersucht werden [St1, K, KBL1, KBL2, SBL1, SBL2, SBL3].

2 Robotermodellierung

Ein realitätsnahes dynamisches Robotermodell besteht aus mehreren Komponenten. Es sollte modular aufgebaut sein. So können je nach Anwendung und gewünschter Genauigkeit unnötige Elemente eingespart werden, um die Modellkomplexität bei der Optimierung auf das notwendige Maß zu begrenzen. Wir stellen zunächst ein idealisiertes mechanisches Basismodell auf, das dann schrittweise um weitere Komponenten erweitert wird.

Industrieroboter können in guter Näherung als Mehrkörpersysteme aus starren Teilen angesehen werden, die in Form einer offenen kinematischen Kette angeordnet sind. Benutzen wir als Minimalkoordinaten die Gelenkwinkel q^i, so lauten die Bewegungsgleichungen der klassischen Mechanik

$$M(q)\ddot{q} = C(q)(\dot{q},\dot{q}) + \gamma(q) + Du. \tag{6}$$

Hier bezeichnen $M(q)$ die symmetrische, positiv definite Trägheitsmatrix, $C(q)(\dot{q},\dot{q})$ die Zentrifugal- und Coriolismomente, $\gamma(q)$ die Gravitationsterme und Du bzw. u die Gelenk- und Motordrehmomente. Letztere treten hier als *Steuerungen* auf; q und $\dot{q}$ sind die Zustandsvariablen.

Zusätzlich sind gegebenenfalls weitere mechanische Elemente zu modellieren. So besitzt z. B. der sechsachsige KUKA IR761 in Abb. 1 einen (am ovalen Druckbehälter erkennbaren) passiven pneumatischen Gewichtsausgleich auf Achse 2, der den Motor beim Halten des schweren Roboterarms im gekippten Zustand unterstützt. Für das Kompensationsmoment $k(q^2)$ wurde eine explizite Formel hergeleitet und in das Basismodell (6) integriert.

Reibungsverluste sind im derzeitigen Modell des KUKA IR761 durch ein empirisches Ersatzmodell in Form reduzierter Maximaldrehmomente berücksichtigt. Untersuchungen mit physikalischen Gleit- und Haftreibungsmodellen werden in [W] durchgeführt; entsprechende Optimierungsrechnungen zu Robotermodellen mit Gelenkelastizität findet man z. B. in [MB].

Die beschriebenen Komponenten sind in einem hierarchischen und modularen Modell zusammengefaßt, wobei nur die Mehrkörpergleichungen eine globale Kopplung bewirken; alle übrigen Modellkomponenten sind an jeweils nur ein Gelenk gekoppelt. Die Modellstruktur ermöglicht es, bei Bedarf besonders einfach weitere physikalische Effekte, wie z. B. Gelenkelastizitäten oder die Dynamik der Servomotoren, in das Gesamtmodell zu integrieren.

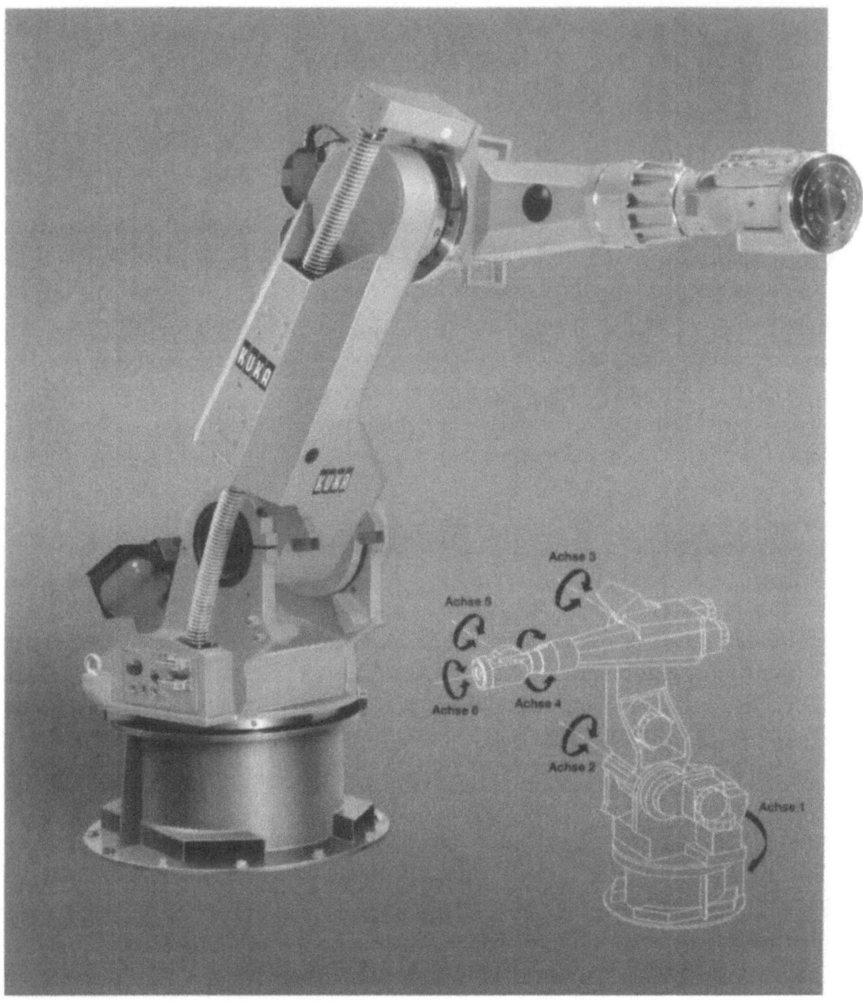

Abb. 1. Gelenkroboter KUKA IR761/125/150.0

3 Modellkalibrierung

Um quantitativ korrekte Modelle zu erhalten, müssen die Werte der kinematischen und dynamischen Parameter p mittels Parameteridentifizierung kalibriert werden; erst auf diese Weise validierte Modelle sind für die Off-Line-Programmierung und -Optimierung geeignet. Einen guten Überblick zum Problemkreis Roboterkalibrierung findet man in [BA].

Zur Parameteridentifizierung werden Meßdaten y_{ij} eines gegebenen realen Bewegungsablaufs mit den durch Lösen der Modellgleichungen erhaltenen Werten $y_i(x(t_j), p)$ abgeglichen. Die y_i sind dabei geeignete Funktionen der Gelenkvariablen (z. B. Inertialkoordinaten von Referenzpunkten auf dem Roboter), die in den Meßzeitpunkten t_j ausgewertet werden. Die Meßfehler $\varepsilon_{ij} = y_i(x(t_j), p) - y_{ij}$ seien als unabhängig und normalverteilt mit Erwartungswert Null und Standardabweichung σ_{ij} angenommen. Die Parameteridentifizierung führt dann auf das Problem der Minimierung des Maximum-Likelihood-Zielfunktionals

$$\|\mu(x(t_1), \ldots, x(t_k), p)\|_2^2 := \sum_{i,j} \sigma_{ij}^{-2} [y_i(x(t_j), p) - y_{ij}]^2 \tag{7}$$

unter Nebenbedingungen der Form

$$\dot{x}_1(t) - f_1(x(t), p) = 0 \tag{8}$$
$$f_2(x(t), p) = 0 \tag{9}$$
$$r(x(t_1), \ldots, x(t_k), p) = 0 \quad \text{oder} \geq 0 \tag{10}$$

Zur Vereinfachung der Notation treffen wir hier keine Unterscheideung zwischen Meßzeitpunkten und solchen, an denen Randbedingungen r ausgewertet werden. Letztere umfassen typischerweise (parameterabhängige) Anfangsbedingungen und eventuell Parameterrestriktionen. Außer den zu schätzenden Roboterparametern wie geometrischen Daten, Trägheitsdaten, Elastizitäts- und Reibungskoeffizienten enthält p häufig auch experimentspezifische Daten wie z. B. den Startpunkt der Bahn oder die Motordrehmomente, falls diese während der Messung konstant gehalten werden. Im Mehrfachexperimentfall lassen sich globale und lokale Parameter unterscheiden; die daraus resultierende Sparse-Struktur der Jacobi-Matrix erlaubt eine besonders effiziente numerische Behandlung [Slo]. Zur numerischen Lösung der (häufig schlecht konditionierten) Parameteridentifizierungsprobleme stehen geeignete Algorithmen zur Verfügung [B1, B2, Slo, Schu1], die als Mehrzielcodes PARFIT, MULTEX bzw. Kollokationscode COLFIT implementiert sind. Ergänzend wurden in [Hils, Sle] Verfahren zur dynamischen Meßdatenerhebung untersucht und in [Hilf] Methoden zur optimalen Versuchsplanung entwickelt.

4 Dynamische Simulation und Bahnoptimierung

Als Beispielmanöver betrachten wir hier die sogenannte Pressenverkettung. Eine Produktionslinie aus mehreren Pressen wird mit Rohblechen beschickt, die in jeder Presse verformt und gestanzt werden (siehe Skizze in Abb. 2). Den Transport der Bleche zwischen den Pressen übernehmen Roboter. Auf einer solchen Pressenstraße fertigt Mercedes-Benz beispielsweise diverse Karosserieteile. Dabei werden seit einigen Jahren große Anstrengungen unternommen, die Produktivität der Anlage zu steigern. Mercedes-Benz hat deshalb ein besonders großes Interesse daran, die Taktzeit durch mathematische Optimierung auf ein Minimum zu reduzieren.

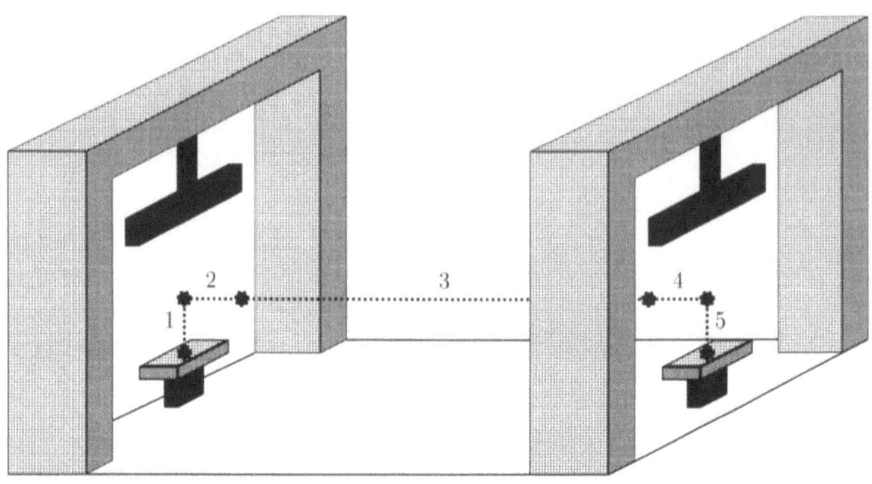

Abb. 2. Schematische Darstellung der Pressenverkettung mit fünf Bahnsegmenten

Neben der Begrenzung der Motordrehmomente und Gelenkwinkel sind bei der Pressenverkettung komplizierte geometrische Restriktionen zur Kollisionsvermeidung zu beachten. Darüberhinaus ist es notwendig, die Dauerbelastung durch geeignet modellierte Restriktionen zu begrenzen. Andernfalls besteht die Gefahr, daß Motoren überhitzen oder bestimmte Gelenke brechen, was kostspielige Reparaturen mit Produktionsstillstand zur Folge hätte. Für die Optimierung des Gesamtmanövers können der Transportvorgang und die (unbeladene) Rückfahrt getrennt behandelt werden; der Preßvorgang selbst und die Summe der Fahrzeiten des langsamsten Roboters bestimmen die Taktzeit der Produktionslinie.

4.1 Numerische Behandlung

Die Bahnoptimierungsprobleme werden numerisch mit direkten SQP-Randwertproblemmethoden gelöst (SQP = Sequential Quadratic Programming). Solche Methoden parametrisieren die Steuerungen mit lokalen Ansatzfunktionen, diskretisieren die Zustandsdifferentialgleichung, z. B. durch multiple shooting oder Kollokation, und behandeln das diskretisierte Randwertproblem als Gleichungsbeschränkung in einem großen, nichtlinearen, beschränkten Optimierungsproblem. Erstmals wurde ein direktes SQP-Verfahren in [P, BP] beschrieben und im code MUSCOD implementiert; neuere Entwicklungen am IWR behandeln insbesondere effiziente Algorithmen für große Probleme. So induziert bei höchstens linear verkoppelten Mehrpunktrandbedingungen die Diskretisierung eine spezifische Blockstruktur, die durch spezielle *rekursive SQP-Verfahren* ausgenutzt werden kann [St2, St3, St4]. Im Fall der Kollokation bieten sich alternativ *partiell reduzierte SQP-Verfahren* an [Schu2] oder eine Kombination beider Ansätze.

Im folgenden beschreiben wir einen allgemeinen SQP-Ansatz und die spezifische Problemstruktur für den hier gegebenen Fall *entkoppelter* Randbedingungen. Zur Vereinfachung der Darstellung beschränken wir uns ferner auf den autonomen ODE-Fall:

$$\phi(x(T)) = \min \tag{11}$$
$$\dot{x}(t) - f(x(t), u(t)) = 0 \tag{12}$$
$$g(x(t), u(t)) \geq 0 \tag{13}$$
$$r_1(x(t_1)) + \cdots + r_k(x(t_k)) = 0 \quad \text{oder} \geq 0 \tag{14}$$

Zur Diskretisierung wählen wir ein Gitter $0 = \tau_1 < \cdots < \tau_m = T$. Darauf wird eine endlich-dimensionale, stückweise Parametrisierung der Steuerung definiert durch freie Steuerungsparameter u_j und fest gewählte Basisfunktionen v_j mit lokalem Träger: $u(t) = v_j(t, u_j)$ auf $I_j = [\tau_j, \tau_{j+1})$. An den Knoten τ_j sind Sprünge ausdrücklich erlaubt.

Die Zustandsdiskretisierung durch *Kollokation* benutzt Polynome p_j vom Grad κ_j zur lokalen Darstellung der Trajektorie x auf I_j. Als eindeutige Parametrisierung des Polynoms $p_j(t, x_j, z_j)$ wählen wir die Darstellung durch den Anfangswert $x_j \equiv p_j(\tau_j, x_j, z_j)$ und die Ableitungen $z_j^i \equiv \dot{p}_j(\tau_j^i, x_j, z_j)$ an den *Kollokationspunkten* $\tau_j^i = \tau_j + \rho_j^i(\tau_{j+1} - \tau_j), 0 \leq \rho_j^1 < \cdots < \rho_j^{\kappa_j} \leq 1$. Von den Polynomen p_j verlangen wir, daß sie die Differentialgleichung in den Kollokationspunkten erfüllen, also die *Kollokationsbedingungen*

$$c_j^i(x_j, z_j, u_j) := z_j^i - f(p_j(\tau_j^i, x_j, z_j), v_j(\tau_j^i, u_j)) = 0. \tag{15}$$

Die globale Stetigkeit der stückweise definierten Trajektorie wird erreicht durch *Anschlußbedingungen*

$$h_j(x_j, z_j, x_{j+1}) := p_j(\tau_{j+1}, x_j, z_j) - x_{j+1} = 0. \tag{16}$$

Diese Form der Stetigkeitsbedingungen ist wesentlich für die strukturierten SQP-Verfahren nach [St3]. Man beachte jedoch, daß dadurch *nicht* die Klasse der zulässigen Kollokationsschemata eingeschränkt wird, sondern nur die Formulierung des Problems. Beim Multiple Shooting entfallen die Kollokationsvariablen und -bedingungen z_j, c_j. Die Stetigkeitsbedingungen liegen dann automatisch in der Form (16) vor, wobei $p_j(t, x_j)$ eine durch geeignete Integrationsverfahren gewonnene numerische Lösung des lokalen Anfangswertproblems auf I_j bezeichnet. Für den Fall, daß die Mehrkörpergleichungen in Deskriptorform behandelt werden, stehen spezielle strukturausnutzende DAE-Integratoren zur Verfügung [SW].

Zur Formulierung des diskretisierten Steuerungsproblems definieren wir $y_j := (x_j, z_j, u_j)$, $y := (y_1, \ldots, y_m)$, $c_j := (c_j^1, \ldots, c_j^{\kappa_j})$, und die Zielfunktion

$F_1(y) := \phi(x_m)$. Die Restriktionen werden zusammengefaßt zu

$$F_2(y) := \begin{pmatrix} \{c_j(y_j)\}_{j=1}^{m-1} \\ \{h_j(y_j, x_{j+1})\}_{j=1}^{m-1} \\ \{r_j^=(x_j)\}_{j=1}^m \end{pmatrix}, \quad F_3(y) := \begin{pmatrix} \{g_j(y_j)\}_{j=1}^m \\ \{r_j^\geq(x_j)\}_{j=1}^m \end{pmatrix}, \qquad (17)$$

wobei Zustandsbeschränkungen $g_j(y_j) := g(x_j, v_j(\tau_j, u_j))$ nur an den Knoten verlangt sind. Als diskretisiertes Steuerungsproblem erhalten wir damit ein hochdimensionales nichtlineares Optimierungsproblem (NLP) der allgemeinen Form

$$F_1(y) = \min, \qquad F_2(y) = 0, \quad F_3(y) \geq 0. \qquad (18)$$

Numerisch wird (18) durch eine SQP-Iteration gelöst, $y^{k+1} = y^k + \alpha^k \Delta y^k$, $\alpha^k \in (0, 1]$, wobei die Suchrichtungen Δy^k als Lösungen linear-quadratischer Subprobleme (QP) gewonnen werden, die das NLP lokal approximieren:

$$\frac{1}{2} \Delta y^\top H^k \Delta y + J_1^k \Delta y = \min, \qquad \left\{ \begin{array}{l} J_2^k \Delta y + F_2^k = 0 \\ J_3^k \Delta y + F_3^k \geq 0 \end{array} \right\}. \qquad (19)$$

Dabei sind $F_i^k := F_i(y^k)$, $J_i^k := F_i'(y^k)$ Funktionswerte und Jacobimatrizen; $H^k \approx L_{yy}(y^k, w_2^k, w_3^k)$ approximiert die Hessematrix der Lagrangefunktion $L(y, w_2, w_3) := F_1(y) - w_2^\top F_2(y) - w_3^\top F_3(y)$.

Aufgrund der weitgehenden stufenweisen Entkopplung der Problemfunktionen ϕ, c_j, h_j, r, g_j besitzt das QP eine spezielle m-stufige Blockstruktur. Bei geeigneter Anordnung der Komponentenfunktionen sind die Hesse- und Jacobi-Matrizen H^k, J_2^k, J_3^k block-diagonal bis auf Blöcke $-I$ oberhalb der Diagonalen von J_2^k, die von den Anschlußbedingungen h_j erzeugt werden.

Die Kollokationsvariablen Δz_j im QP werden (sofern vorhanden) durch lokale Projektion auf den Kern der Kollokationsbedingungen eliminiert. Dabei entsteht ein kondensiertes QP mit derselben m-stufigen Blockstruktur, dessen Variablen und Matrizen genau denen entsprechen, die auch beim Multiple Shooting auftreten. Das gleichungs- und ungleichungsbeschränkte kondensierte QP wird mittels Active-Set-Strategie (ASS) oder Innere-Punkt-Methode (IPM) *iterativ* gelöst, wobei in jeder Iteration ein linear indefinites Gleichungssystem (KKT-System) zu lösen ist, das die Optimalitätsbedingungen für ein rein gleichungsbeschränktes QP darstellt.

Zur effizienten Behandlung der diskretisierten nichtlinearen Steuerungsprobleme bieten sich zwei alternative SQP-Ansätze an.

Die strukturierten SQP-Methoden nach [St3, St4] basieren auf dem rekursiven KKT-Löser MSKKT, der die KKT-Systeme durch Ausnutzen der m-stufigen Blockstruktur in optimaler Komplexität $O(m)$ löst. Dabei werden in jedem Rekursionsschritt alle durch lokale Gleichungen festgelegte Variablen durch eine hierarchische Projektion eliminiert, bevor über die verbleibenden Variablen optimiert wird. MSKKT ist dadurch nicht nur höchst effizient, sondern kann auch eventuell auftretende Singularitäten exakt lokalisieren. Wegen der linearen Komplexität ist der rekursive Ansatz besonders gut geeignet für sehr feine Diskretisierungen. Um entsprechend große Anzahlen von Ungleichungen effizient behandeln zu können, wurde MSKKT mit einer Innere-Punkt-Methode zum QP-Löser MSIPM kombiniert.

Der partiell reduzierte SQP-Ansatz zeichnet sich dadurch aus, daß ein Teil der Hessematrix in der Iteration nicht verwendet (und auch gar nicht berechnet) wird, wodurch erhebliche Rechenzeit- und Speicherplatzersparnisse erzielt werden können [Schu2]. Im Gegensatz zu bisherigen reduzierten SQP-Methoden können darüberhinaus bei partieller Reduktion allgemeine Ungleichungs- und Zustandsbeschränkungen zuverlässig und effizient behandelt werden. Der Ansatz nutzt die m-stufige Blockstruktur nur begrenzt aus, ist aber allgemeiner und insbesondere auch für die Optimierung bei partiellen Differentialgleichungen geeignet.

4.2 Numerische Ergebnisse

Zum Transport der Bleche zwischen den Pressen ist der Roboter mit einer Armverlängerung ausgestattet, an der ein pneumatischer Greifer mit vier Saugnäpfen befestigt ist. Eine in ROBCAD programmierte Bahn steht zum Vergleich zur Verfügung. Diese besteht aus fünf Segmenten (siehe Abb. 2): (1) Anheben des Blechs in der linken Presse, (2) Herausfahren aus der Presse, (3) Transport zur rechten Presse, (4) Hineinfahren, (5) Absenken des Blechs. Zur Optimierung greifen wir nur die horizontale Bewegung heraus (Segmente 2–4), die in der ROBCAD-Simulation 2,06 Sekunden benötigt; eine Optimierung der vertikalen Segmente 1 und 5 mit zusammen 1.1 Sekunden ist aufgrund mangelnder Bewegungsfreiheit nicht ergfolgversprechend.

Das Blech würde sowohl beim Heraus- und Hineinfahren mit der jeweiligen Presse kollidieren als auch beim Transport mit dem Roboter selbst, wenn dies nicht durch geeignete Beschränkungen verhindert würde. Wir geben daher innerhalb der Pressen einen zulässigen horizontalen und vertikalen Bereich für den Mittelpunkt des Greifers vor und fordern außerdem, daß er außerhalb eines parabolischen Zylinders um die vertikale Basisachse des Roboters bleibt. So ist stets ein Sicherheitsabstand von etwa 10 cm gewahrt. Darüberhinaus werden Minimal- und Maximalwerte für Motordrehmomente und Gelenkwinkel sowie die industrieüblichen Restriktionen an die Gelenkgeschwindigkeiten berücksichtigt.

Das verwendete Robotermodell beinhaltet die volle Mehrkörperdynamik für alle sechs Gelenke sowie den pneumatischen Gewichtsausgleich auf Achse 2. Die Daten für die Last wurden in Absprache mit KUKA spezifiziert.

Numerische Optimierungsrechnungen wurden nach dem partiell reduzierten Ansatz mit dem Kollokationscode OCPRSQP [Schu2] durchgeführt. Zur Projektion werden die Kollokations- und Anschlußbedingungen verwendet, das reduzierte QP ist dicht und wird hier mit einem Active-Set solver gelöst. Die parametrisierten Motordrehmomente sind stückweise konstant auf einem äquidistanten Gitter mit $m = 20$ Intervallen; dasselbe Gitter liegt auch der Kollokationsdiskretisierung zugrunde. Dies ergibt ein Optimierungsproblem mit 1173 Variablen und 1323 Gleichungs- und Ungleichungsbedingungen; im projizierten Problem verbleiben 133 Variablen und 283 Bedingungen. Zur Lösung mit einer Abbruchgenauigkeit von 10^{-4} werden 41 SQP-Iterationen mit insgesamt 1021 Basiswechseln in der Active-Set Strategie benötigt; die Rechenzeit beträgt 7 Minuten auf einer Iris Indigo Workstation.

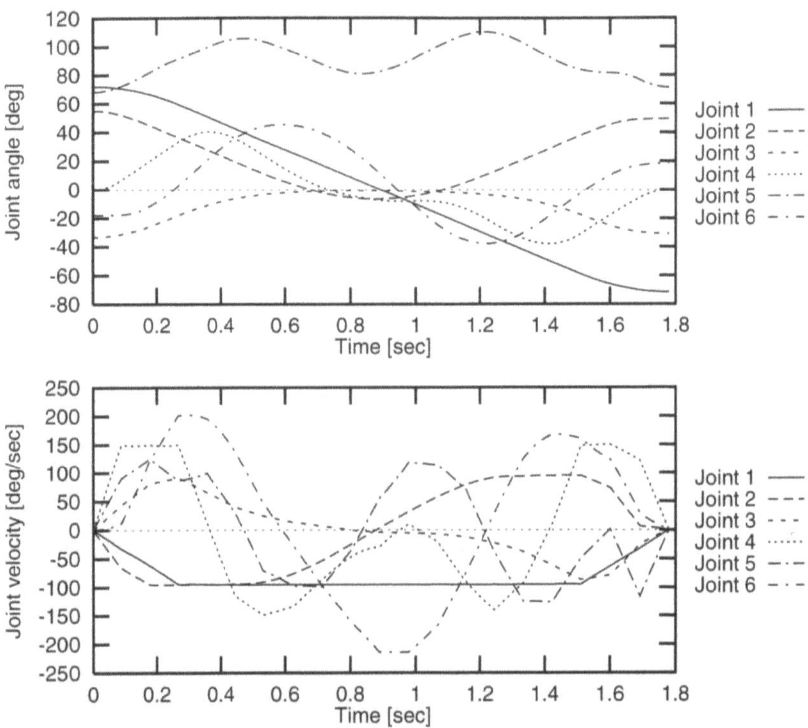

Abb. 3. Optimale Gelenkwinkel (oben) und Gelenkgeschwindigkeiten (unten)

In Abb. 3 sind die optimierten zeitlichen Verläufe der Gelenkwinkel und -geschwindigkeiten dargestellt. Man erkennt deutlich, daß über weite Bereiche Geschwindigkeitsbeschränkungen aktiv sind. Insbesondere fährt das Basisgelenk (Joint 1), das mit 143,6 Grad bei weitem den größten Winkelbereich zu überwinden hat, während 70 % der Manöverdauer mit Maximalgeschwindigkeit und legt dabei mit 125,4 Grad 87,3 % des Gesamtwinkels zurück. Dies zeigt einerseits, daß unter den gegebenen Bedingungen keine weiteren substantiellen Zeiteinsparungen möglich sind. Andererseits ließe sich die Taktzeit weiter reduzieren, wenn man die Geschwindigkeitsbeschränkung durch eine weniger restriktive physikalische Beschränkung ersetzen könnte, beispielsweise eine Aufheizbeschränkung für den Motor. So wird im behandelten Fall die Dauer der horizontalen Bewegung um 0,28 Sekunden oder 14 % auf 1,78 Sekunden reduziert; die Zeit für das gesamte Transportmanöver sinkt von 3,16 Sekunden auf 2,88 Sekunden um immerhin 9 %. Erhöht man die Maximalgeschwindigkeit des Basisgelenks um 5 % bzw. 10 %, so ergeben sich weitere Einsparungen von 0,055 bzw. 0,104 Sekunden. In jedem Falle wird durch die Optimierung eine deutliche Einsparung erzielt, und damit eine erhebliche Produktivitätssteigerung in der Praxis .

Danksagung

Die Autoren danken den Herren Dr. R. Heimberg und Dipl.-Ing. K.-G. Mehlhorn, Tecnomatix GmbH, für zahlreiche Diskussionen zur Problematik der Roboteroptimierung sowie für die freundliche Überlassung des CAD-Systems ROBCAD, und Herrn Dr. P. Schäfer, Mercedes-Benz AG, für die hilfreiche Unterstützung bei der Formulierung des Benchmarkproblems.

Literatur

[AIA]   American Institute of Aeronautics and Astronautics. *Proceedings of the 1989 AIAA Guidance, Navigation and Control Conference*, Boston, MA, 1989.

[BA]   R. Bernhardt and S. L. Albright, editors. *Robot Calibration*. Chapman & Hall, 1993.

[B1]   H. G. Bock. Recent advances in parameteridentification techniques for O.D.E. In P. Deuflhard and E. Hairer, editors, *Numerical Treatment of Inverse Problems in Differential and Integral Equations*, volume 2 of *Progress in Scientific Computing*. Birkhäuser, Boston, 1983.

[B2]   H. G. Bock. *Randwertproblemmethoden zur Parameteridentifizierung in Systemen nichtlinearer Differentialgleichungen*. Dissertation, Bonner Mathematische Schriften 183, Universität Bonn, 1987.

[BP]   H. G. Bock and K. J. Plitt. A multiple shooting algorithm for direct solution of constrained optimal control problems. In *Proceedings of the 9th IFAC World Congress*, pages 242–247, Budapest, Hungary, 1984. Pergamon Press.

[Hils]   J. Hilsebecher. Vermessung von räumlichen Trajektorien zur kinematischen Kalibration von Robotern. Diplomarbeit, Universität Heidelberg, 1995.

[Hilf]   K.-D. Hilf. *Optimale Versuchsplanung zur dynamischen Roboterkalibrierung*. Dissertation, Universität Heidelberg, 1996.

[K]   J. Konzelmann. Numerische Berechnung zeitoptimaler Steuerungen von Industrierobotern mit direkt optimierenden RWP-Methoden. Diplomarbeit, Universität Bonn, 1988.

[KBL1]   J. Konzelmann, H. G. Bock, and R. W. Longman. Time optimal trajectories of elbow robots by direct methods. In AIAA [AIA], pages 883–894.

[KBL2]   J. Konzelmann, H. G. Bock, and R. W. Longman. Time optimal trajectories of polar robot manipulators by direct methods. *Modeling and Simulation*, 20(5):1933–1939, 1989.

[MB]   M. Mössner-Beigel.   Optimale Steuerung für Industrieroboter unter Berücksichtigung der getriebebedingten Elastizität. Diplomarbeit, Universität Heidelberg, 1995.

[P]   K.-J. Plitt. Ein superlinear konvergentes Mehrzielverfahren zur direkten Berechnung beschränkter optimaler Steuerungen. Diplomarbeit, Universität Bonn, 1981.

[Sle]   B. Schletz. Hochgenaue bildverarbeitende Meßverfahren in der dynamischen Roboterkalibrierung. Diplomarbeit, Universität Heidelberg, 1995.

[Slo]   J. P. Schlöder. *Numerische Methoden zur Behandlung hochdimensionaler Aufgaben der Parameteridentifizierung*. Dissertation, Bonner Mathematische Schriften 187, Universität Bonn, 1988.

[Schu1] V. H. Schulz. Ein effizientes Kollokationsverfahren zur numerischen Behandlung von Mehrpunktrandwertaufgaben in der Parameteridentifizierung und Optimalen Steuerung. Diplomarbeit, Universität Augsburg, 1990.

[Schu2] V. H. Schulz. *Reduced SQP Methods for Large-Scale Optimal Control Problems in DAE with Application to Path Planning Problems for Satellite Mounted Robots*. Dissertation, Universität Heidelberg, 1996.

[SBS]   V. H. Schulz, H. G. Bock, and M. C. Steinbach. Exploiting invariants in the numerical solution of multipoint boundary value problems for DAE. *SIAM Journal on Scientific Computing*. To appear.

[SW]   R. von Schwerin and M. Winckler. MBSSIM—a guide to an integrator library for multibody systems simulation, version 1.00. Technical Report 94-75, IWR, Universität Heidelberg, December 1994.

[St1]   M. C. Steinbach. Numerische Berechnung optimaler Steuerungen für Industrieroboter. Diplomarbeit, Universität Bonn, 1987.

[St2]   M. C. Steinbach. A structured interior point SQP method for nonlinear optimal control problems. In R. Bulirsch and D. Kraft, editors, *Computational Optimal Control*, volume 115 of *International Series of Numerical Mathematics*, pages 213–222. Birkhäuser, Basel, 1994.

[St3]   M. C. Steinbach. *Fast Recursive SQP Methods for Large-Scale Optimal Control Problems*. Dissertation, Universität Heidelberg, 1995.

[St4]   M. C. Steinbach. Structured interior point SQP methods in optimal control. Submitted to Zeitschrift für Angewandte Mathematik und Mechanik, Special Issue Part 1: Applied Stochastics and Optimization. (Proceedings of ICIAM 95, Hamburg, Germany), 1995.

[SBL1]   M. C. Steinbach, H. G. Bock, and R. W. Longman. Time-optimal extension or retraction in polar coordinate robots: A numerical analysis of the switching structure. In AIAA [AIA], pages 895–910.

[SBL2]   M. C. Steinbach, H. G. Bock, and R. W. Longman. Time optimal control of SCARA robots. In *Proceedings of the 1990 AIAA Guidance, Navigation and Control Conference*, pages 707–716, Portland, OR, 1990. American Institute of Aeronautics and Astronautics.

[SBL3]   M. C. Steinbach, H. G. Bock, and R. W. Longman. Time-optimal extension and retraction of robots: Numerical analysis of the switching structure. *Journal of Optimization Theory and Applications*, 84(3):589–616, 1995.

[W]   B. Wolf. Numerische Bahnoptimierung von Robotern unter Berücksichtigung der Gelenkreibung. Diplomarbeit, Universität Heidelberg, 1995.

Parameteridentifikation, Bahnoptimierung und Echtzeitsteuerung von Robotern in der industriellen Anwendung

H. J. Pesch[1], A. Heim[2], O. von Stryk[2], H. Schäffler[3] und K. Scheuer[4]

[1] Institut für Mathematik, Technische Universität Clausthal, Erzstr. 1, D-38678 Clausthal-Zellerfeld
[2] Mathematisches Institut, Technische Universität München, e–mail: stryk@mathematik.tu-muenchen.de, URL: http://www.mathematik.tu-muenchen.de/~heim/Roboter
[3] BMW AG, München
[4] BMW AG, Dingolfing

Abstract. A way for the improvement of roboter based production lines of cars using mathematical optimization methods is outlined. The complete task is subdivided into several related mathematical subproblems, namely the *modeling* of the dynamical system and of the constraints, the *identification* of unknown parameters, the *robot trajectory optimization* by methods of optimal control, and the aspects of real-time control implementation, visualization, and computer simulation.

1 Projektbeschreibung und Ziele

1.1 Problembeschreibung

Bei der Fertigung von Kraftfahrzeugen durchlaufen die Karosserie bzw. Teile davon Produktionsstraßen, die aus mehreren von Robotern bedienten Stationen bestehen (siehe Abb. 1). Hierbei sind beispielsweise pro Auto circa 5000 Schweißpunkte zu setzen. Die Optimierung der Produktionsstraße hinsichtlich der benötigten Taktzeit pro Auto erfolgt derzeit im wesentlichen durch Eingriffe der Programmierer vor Ort während Nacht- oder Wochenendzeiten.

Ein wichtiger Aspekt zur Reduktion der Taktzeit pro Auto ist die Robotersteuerung, beispielsweise beim Anfahren aufeinanderfolgender Schweißpunkte oder bei Handlingsaufgaben. Die Programmierung der Roboter zur Erledigung dieser Aufgaben erfolgt derzeit im wesentlichen durch manuelle Bahnvorgabe (teaching) im Hinblick auf eine möglichst optimale Bewegung der Roboterarme.

1.2 Mathematisierung der Problemstellung

Der Verlauf der Bewegung der Roboterarme hängt von den während der Bewegung angelegten Spannungen in den Gelenkmotoren ab. Die mathematische Beschreibung des dynamischen Systems, das das Bewegungsverhalten

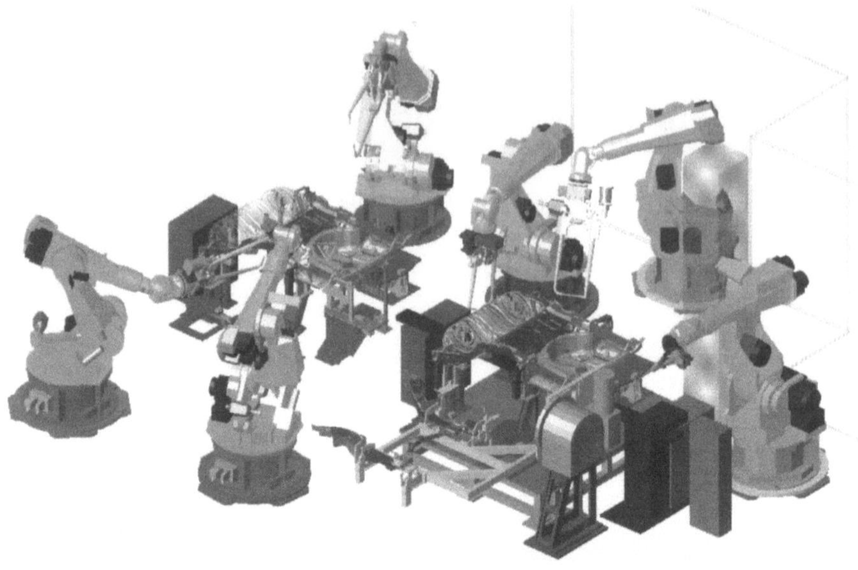

Abb. 1. Ausschnitt einer Fertigungslinie beim Industriepartner.

eines Industrieroboters beschreibt, geschieht durch sehr komplexe Formeln, nichtlineare gewöhnliche Differentialgleichungen. Diese Formeln können mit Hilfe von Computern und speziellen Verfahren der Mechanik (Mehrkörperalgorithmen) aufgestellt werden. Die resultierenden Beziehungen sind in einer Computersprache geschrieben und können ausgedruckt Hunderte von Schreibmaschinenseiten füllen.

Die schnellste Bewegung eines Roboterarmes zwischen zwei vorgegebenen Punkten A und B verläuft selten entlang einer Geraden. Diese zeitoptimale Bewegung kann mit Hilfe der Mathematik, der Theorie der optimalen Steuerung, gefunden werden. Trotz der umfangreichen Formelmengen können die Verläufe der Motorspannungen und Gelenkwinkel mit neuen effizienten numerischen Verfahren berechnet werden, so daß die Zeit für die Bewegung zwischen zwei vorgegebenen Punkten minimal wird. Außerdem können zusätzliche, für die Praxis besonders wichtige Beschränkungen an die optimale Bahn berücksichtigt werden: Es dürfen die Kräfte in den Gelenken gewisse Maximalwerte nicht überschreiten, oder es gibt Hindernisse im Raum, die mit dem Arm umfahren werden müssen.

Richtet man sich nur nach dem Kriterium Zeit, so gibt es zwei gravierende Nachteile. Die zeitoptimalen Bahnen belasten die Gelenke außerordentlich hoch und die beim realen Roboter auftretenden kleinen Abweichungen von den Soll-Werten führen zu Instabilitäten in der zeitoptimalen Bewegung, weil keine Reserven für deren Ausgleich mehr übrig sind. Ist jedoch die schnellstmögliche Zeit für eine Bewegung bekannt, so kann man eine nur 10 (oder 20) % langsamere Zeit als Schranke zur Berechnung einer energieminimalen Bewegung verwenden. Diese übt erheblich weniger Belastungen auf die Gelenke aus, verringert deutlich den Verschleiß des Roboters und ist in der Praxis robuster.

Für einen sechsachsigen Industrieroboter wurde ein exemplarischer Vergleich zwischen dem Bahnplanungsalgorithmus (RCM) eines Steuerungsherstellers und dem im Abschnitt 2.3 beschriebenen mathematischen Bahnoptimierungsverfahren anhand fünf verschiedener Punkt-zu-Punkt Bahnen durchgeführt [Str]. Bei der Berechnung der zeitminimalen Bewegungen wurden als zulässige Maximalwerte für die Steuerungen die im Dauerbetrieb aufbringbaren Antriebsnennmomente verwendet und nicht die circa doppelt so großen, nur kurzzeitig aufbringbaren Spitzenantriebsmomente. Für die aus allen fünf Teilbewegungen zusammengesetzte Gesamtbewegung konnte mit Hilfe der mathematischen Bahnoptimierungsverfahren eine Zeiteinsparung von mehr als 47 % gegenüber der RCM-Steuerung erzielt werden [Str].

Mit Hilfe der Bahnoptimierungsverfahren ist es denkbar, die Auslegung von Armen und Motoren eines Roboters mit Hilfe einer Vorabsimulation und -optimierung des Bewegungsverhaltens am Computer noch vor dem Bau des ersten Prototypen zu überprüfen und einen besseren Entwurf vorzulegen.

2 Beschreibung der zu lösenden Teilaufgaben

Das gesamte Roboterbahnoptimierungsproblem beim Industriepartner wird zur Lösung in mehrere Teilaufgaben zerlegt.

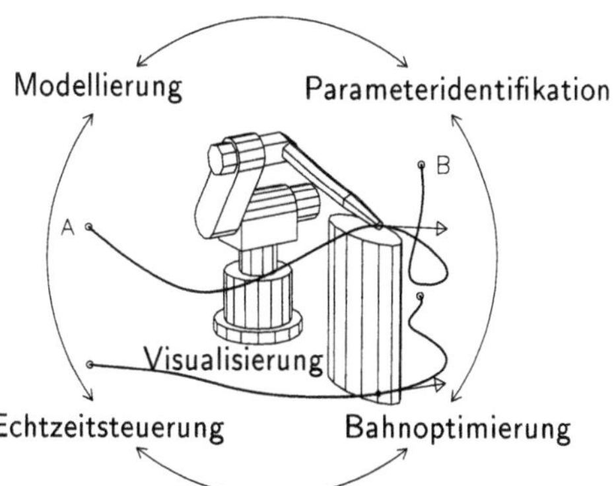

Abb. 2. Mathematische Teilprobleme der Bahnoptimierung von Industrierobotern.

2.1 Modellierung

Die mathematische Beschreibung (Modellierung) erfordert zunächst die geometrische Beschreibung des konkreten Roboters in seiner Arbeitszelle. Das *kinematische* Robotermodell beschreibt die Robotergeometrie in einer parametrischen Form, die zur Positionierung des Endeffektors verwendet wird. Da die Roboterbewegungen sehr schnell sind, müssen bei der Bahnoptimierung auch Massenverteilungen, Trägheitsmomente, sowie Zentrifugal-, Coriolis-, Gravitations- und Reibungskräfte berücksichtigt werden. Als Mehrkörpersystem in Minimalkoordinaten wird das *dynamische* Verhalten durch ein System von n Differentialgleichungen in den Gelenkkoordinaten beschrieben (n ist die Anzahl der rotatorischen und translatorischen Robotergelenke):

$$M(q(t))\,\ddot{q}(t) = u(t) + h(q(t), \dot{q}(t), t)\,, \qquad t \in [0, t_f] \tag{1}$$

bzw. für $n = 3$

$$\begin{pmatrix} M_{1\,1}(q(t)) & M_{1\,2}(q(t)) & M_{1\,3}(q(t)) \\ M_{2\,1}(q(t)) & M_{2\,2}(q(t)) & M_{2\,3}(q(t)) \\ M_{3\,1}(q(t)) & M_{3\,2}(q(t)) & M_{3\,3}(q(t)) \end{pmatrix} \begin{pmatrix} \ddot{q}_1(t) \\ \ddot{q}_2(t) \\ \ddot{q}_3(t) \end{pmatrix} = \begin{pmatrix} u_1(t) \\ u_2(t) \\ u_3(t) \end{pmatrix} + \begin{pmatrix} h_1(q(t), \dot{q}(t), t) \\ h_2(q(t), \dot{q}(t), t) \\ h_3(q(t), \dot{q}(t), t) \end{pmatrix}. \tag{2}$$

Die Gelenkkoordinaten $q = (q_1(t), q_2(t), q_3(t))^T$ sind die Zustandsvariablen, und die normalisierten Momentensteuerungen $u = (u_1(t), u_2(t), u_3(t))^T$ sind die Steuervariablen. Die Matrix $M(q)$ von Trägheitsmomenten ist positiv definit und symmetrisch. Die durch Coriolis-, Zentrifugal-, Gravitations- und Reibungskräfte bedingten Momente sind in $h(\dot{q}(t), q(t), t)$ enthalten. Zur rechnergestützten Formulierung der Differentialgleichungen stehen effiziente Mehrkörperalgorithmen zur Verfügung [Schi].

Außer technischen Beschränkungen, wie den maximalen Motorspannungen, maximalen Gelenkwinkelgeschwindigkeiten und maximalen Koordinatenverläufen, sind geometrische Beschränkungen zur Kollisionsvermeidung mit der Arbeitszelle oder anderen Objekten im Arbeitsbereich des Roboters bei der Berechnung optimaler Bewegungen unbedingt zu berücksichtigen. Im Rahmen des Projektes wurde hierzu eine besonders effiziente Methode zur Modellierung der Kollisionsvermeidung entwickelt [Sta].

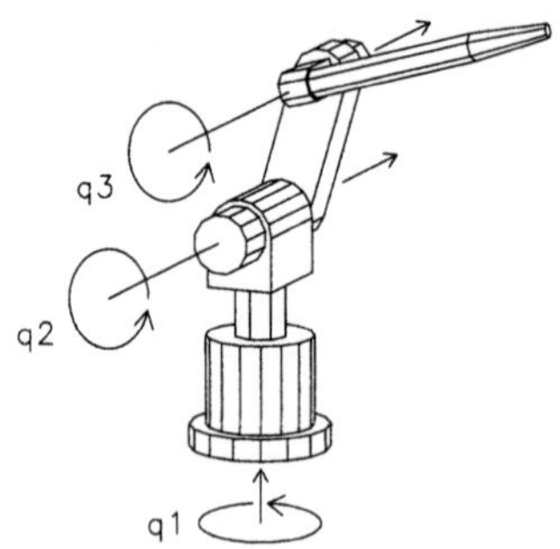

Abb. 3. Robotermodell mit $n = 3$ Freiheitsgraden (rotatorische Gelenke).

2.2 Parameteridentifikation

Um das reale kinematische oder dynamische Verhalten eines konkreten Roboters hinreichend genau beschreiben zu können, müssen Parameter wie geometrische und kinematische Grössen, Massen der Teilkörper, Trägheitsparameter, Reibungskoeffizienten u. a. bekannt sein. Unterschiedliche Methoden zur

Roboterkalibrierung durch *direkte* oder *indirekte Vermessung* sind verfügbar, um die Genauigkeit kinematischer Modelle zu verbessern [BA]. Bei der indirekten Vermessung werden die kinematischen Parameter durch Vergleich von Soll- und Ist-Bahnen berechnet (Identifikation, inverses Problem). Auf geeigneter Modellierung und numerischer nichtlinearer Ausgleichsrechnung beruhende Verfahren zur indirekten Vermessung kinematischer Parameter sind mit dem Industriepartner in den Vorarbeiten zum laufenden Projekt bereits entwickelt und implementiert worden [M].

Die Bestimmung dynamischer Parameter ist jedoch problematischer. Zur direkten Vermessung dynamischer Parameter, wie den Massenmittelpunkten und den Trägheitstensoren, ist die Zerlegung des Roboters und experimentelle Vermessung jedes einzelnen Teilkörpers mit relativ aufwendigen Meßapparaturen notwendig [T]. Für einen industriellen Einsatz ist es jedoch wünschenswert, die fehlenden (oder nicht ausreichend genau bekannten) Daten des Roboters möglichst am Arbeitsplatz und ohne die Notwendigkeit einer Zerlegung des gesamten Roboters bestimmen zu können.

Zur Identifikation dynamischer Parameter durch indirekte Vermessung werden geeignete Testbahnen mit dem Roboter gefahren. Die unbekannten Modellparameter werden dann so angepaßt, daß die computersimulierten Bahnen möglichst gut mit den gemessenen Bahnverläufen übereinstimmen.

Ein erster Ansatz hierzu nützt aus, daß die zu bestimmenden Trägheitsparameter linear in den Elementen der Massenmatrix M in Gleichung (1) auftreten. Wenn man nun annimmt, daß die Steuergröße $u(t)$ (input) sowie alle Zustandsgrößen $q(t)$, $\dot{q}(t)$, $\ddot{q}(t)$ (output) für eine Anzahl von Meßzeitpunkten $t = t_1, \ldots, t_m$ gemessen werden können, so erhält man damit aus Gleichung (1) ein überbestimmtes lineares Gleichungssystem für die unbekannten Trägheitsparameter [Hö]. Mit akzeptablem Aufwand können in der Praxis jedoch weder die zweiten noch die ersten Ableitungen von $q(t)$ gemessen werden. Daher müssen als Ersatz „künstliche" Meßwerte für die Ableitungen von einer Reihe von Meßwerten $\tilde{q}(t_i)$, $i = 1, \ldots, m$ bestimmt werden, beispielsweise durch Differenzenapproximationen erster und zweiter Ordnung. Zusätzliche Schwierigkeiten werden dadurch verursacht, daß die Messungen $\tilde{q}(t_i)$ mit Meßfehlern behaftet sind [Hö].

Andererseits können konsistente Werte für $\dot{q}(t)$ und $\ddot{q}(t)$ auch allein aus Messungen von $q(t)$ und mit Hilfe numerischer Integration der Differentialgleichungen (1) berechnet werden. Die Trägheitsparameter erhält man dann als Lösung eines nichtlinearen beschränkten Ausgleichsproblems der Form:
Man minimiere ℓ_2 hinsichtlich der unbekannten Parameter c und den (unbekannten) Anfangswerten $q(0)$, $\dot{q}(0)$

$$\ell_2(c, q(0), \dot{q}(0)) = \sum_{j=1}^{m} \sum_{i=1}^{n} (\tilde{q}_i(t_j) - q_i(t_j))^2 / \omega_{i,j}^2 \quad (\omega_{i,j} = \text{const}), \tag{3}$$

$$\text{wobei} \quad M(q(t), c)\,\ddot{q}(t) = u(t) + h(q(t), \dot{q}(t), t, c), \ t \in [0, t_f] \tag{4}$$

$$\text{und} \quad 0 = r(q(0), q(t_f), c)\,. \tag{5}$$

D. h. in Gleichung (3) ist $q(t)$ die (numerische) Lösung der von den unbekannten Parametern c abhängenden Differentialgleichungen, die das dynamische Verhalten des Roboters beschreiben, mit optional vorgegebenen Anfangs- oder Endwerten (Gleichung (5)). Die numerische Lösung der resultierenden gleichungsbeschränkten nichtlinearen Ausgleichsprobleme erfolgt mit verallgemeinerten Gauß-Newton Verfahren oder angepaßten Verfahren der Sequentiellen Quadratischen Programmierung (SQP) [BES], [GMS], [He]. Dazu ist eine effiziente und zuverlässige Berechnung der Gradienten $(\partial q/\partial c)(t)$, $(\partial q/\partial q(0))(t)$ erforderlich. Mehrere Ansätze zur Gradientenberechnung wurden entwickelt, implementiert und verglichen [BHK], [He].

Bemerkungen. Es kann Trägheitsparameter geben, die konstruktionsbedingt durch indirekte Vermessung nicht bestimmt werden können (z. B. die Trägheitsmomente bzgl. der horizontalen Rotationsachsen im Basisgelenk 1 von Abb. 3). Andere Parameter wiederum sind möglicherweise nur bis auf einen gemeinsamen homogenisierenden Faktor eindeutig bestimmbar.

Beispiel. In Abb. 4 ist ein Vergleich zwischen Computersimulation und Experiment für die im nächsten Abschnitt beschriebene verbrauchsminimale Bahn aus Abb. 6 für einen Roboter vom Typ Manutec r3 wiedergegeben. Beim Basisgelenk gibt es keinen sichtbaren Unterschied zwischen dem berechneten und experimentellen Verlauf des Gelenkwinkels $q_1(t)$. Die Unterschiede zwischen der berechneten und tatsächlich benötigten Steuerung $u_1(t)$ sind im Mittelteil der Bewegung auf die im Simulationsmodell [OT] nicht berücksichtigte Gleitreibung und am Anfang und am Ende der Bewegung zusätzlich auf Elastizitäten in den Getrieben zurückzuführen. Zur Verbesserung des Modells werden die drei Koeffizienten $c_{F,i}$, $i = 1, 2, 3$ eines Coulomb-Reibungsansatzes

$$R_i \;=\; c_{F,i}\,\arctan(100\,\dot{q}_i(t))/(\pi/2), \quad i = 1, 2, 3, \tag{6}$$

durch Parameteridentifikation aus 400 Messungen berechnet.

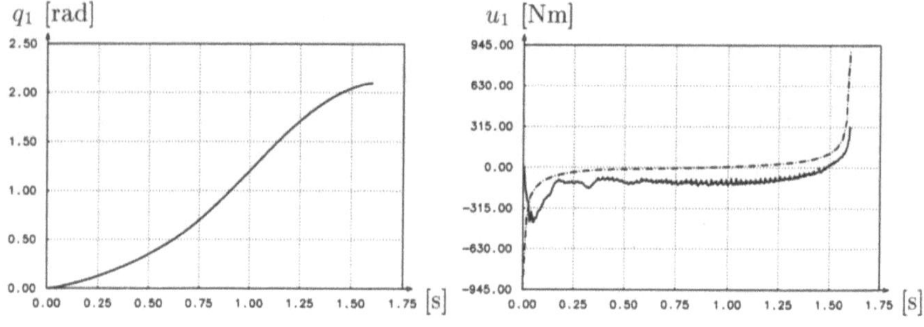

Abb. 4. Verlauf von Winkel q_1 und Steuerung u_1 des Basisgelenks für die verbrauchsminimale Steuerung (Abb. 6) in Simulation (– · –) und Experiment (——).

2.3 Bahnoptimierung

Nachdem die dynamischen Gleichungen in geeigneter Weise bestimmt wurden, kann die Optimierung der Bewegungen untersucht werden. Zur Berechnung der optimalen Steuerung $u(t)$ und des zugehörigen optimalen Zustands- und Geschwindigkeitsverlaufes $q(t)$, $\dot{q}(t)$ ist ein geeignetes Funktional $J[u, t_f]$ hinsichtlich der Steuervariablen u und der ggf. freien Verfahrzeit t_f zu minimieren (optimale Steuerung). Dabei sind die dynamischen Gleichungen (1), evtl. vorgeschriebene Anfangs- und Endbedingungen ($q(0) = q_0$, $q(t_f) = q_f$, etc.) sowie weitere Beschränkungen der Form $g(q(t), \dot{q}(t)) \geq 0$ einzuhalten.

Unterschiedliche Aufgaben erfordern unterschiedliche Gütekriterien J für optimale Bahnen. Wenn, wie bei Punktschweiß- oder Handlingsaufgaben, nur Anfangs- und Endstellung der Bewegung vorgegeben sind, sind typischerweise zeitoptimale Punkt-zu-Punkt Bahnen gesucht

$$J_1[u, t_f] = t_f \; \rightarrow \; \min. \tag{7}$$

Bei Klebevorgängen ist es andererseits erforderlich, während der gesamten Bewegung eine vorgeschriebene Bahn optimal abzufahren.

Selbst für komplizierteste Robotermodelle kann leicht mit den Mitteln der Optimalsteuerungstheorie nachgewiesen werden, daß bei zeitminimaler Steuerung immer mindestens ein Motor an seinem Limit operieren muß. Andererseits zeigen die numerischen Ergebnisse, daß zeitminimale Punkt-zu-Punkt Bewegungen meist eine unerwartete Schaltstruktur mit vielen Umschaltungen zwischen maximalen Antriebs- und Bremsmomenten besitzen (sogenannte bang-bang Steuerungen) und dabei enorme Belastungen auf die Gelenke ausüben. Hier bieten schnelle, energieminimierende Bewegungskriterien wie

$$J_2[u] = \int_0^{t_f} \left(\sum_{i=1}^{n} u_i^2(t) \mathrm{d}t \right) \; \rightarrow \; \min, \tag{8}$$

die bei geeignet vorgeschriebener Endzeit t_f nur wenig langsamere Bewegungen als die zeitminimale liefern, einen guten Kompromiß zwischen Verfahrzeit und Verschleiß [Str], [SS]. Die vorab berechnete theoretisch schnellstmögliche Verfahrzeit dient dabei als Schranke in der Berechnung einer z. B. 20 % langsameren, energieminimalen Bewegung.

Das Bahnoptimierungsverfahren muß eine problemlose Optimierung für komplexe Roboterdynamiken, sowie sehr unterschiedliche Gütekriterien und Beschränkungen ermöglichen. Hierzu wurde ein sogenanntes direktes Kollokationsverfahren entwickelt und implementiert [Str]. Die Methode beruht auf einer Diskretisierung der Zustandsvariablen durch stückweise kubische Splinefunktionen, die die Differentialgleichungen an den Gitterpunkten der Diskretisierung und den dazwischen liegenden Mittelpunkten erfüllen (Kollokation). Die Steuerungen werden durch stückweise lineare Funktionen approximiert. Durch diese Diskretisierung wird das optimale Steuerungsproblem in ein endlich-dimensionales nichtlineares beschränktes Optimierungsproblem übergeführt, welches mit SQP-Verfahren gelöst werden kann [GMS]. Durch diesen direkten Lösungsansatz kann eine optimale Steuerung näherungsweise berechnet werden, ohne mit den oft schwierigen notwendigen Bedingungen der Optimalsteuerungstheorie (adjungierte Differentialgleichungen etc.) umgehen zu müssen (indirekter Ansatz).

Verglichen mit anderen numerischen Methoden der optimalen Steuerung ist dieses direkte Kollokationsverfahren relativ einfach zu verwenden (da Kenntnisse der Theorie optimaler Steuerungen nicht notwendigerweise zur Bedienung erforderlich sind), robust (da sehr wenig Information über die Lösung a priori benötigt wird) und zuverlässig (da die erreichbaren Genauigkeiten für die Roboterbahnoptimierung völlig ausreichend sind) [Str].

Während die beschriebene Kollokationsmethode allgemein zur numerischen Lösung optimaler Steuerungsprobleme eingesetzt werden kann, wurde im Projekt eine weitere Diskretisierung entwickelt und implementiert, die zusätzlich die spezielle Struktur der Roboterdynamik (1) (Mehrkörpersystem in Minimalkoordinaten) ausnützt. Dabei wird die Transformation des semi-impliziten Systems von n Differentialgleichungen zweiter Ordnung (1) auf die Standardform eines Systems erster Ordnung mit $2n$ Differentialgleichungen ($\dot{q}(t) = v(t)$, $\dot{v}(t) = M^{-1}(q(t))(u(t) + h(q(t), v(t), t))$ vermieden. Im Vergleich zu Standardverfahren führt die neue Diskretisierung zu sehr viel kleineren nichtlinearen Optimierungsproblemen. In zusätzlicher Kombination mit Sparse-Optimierungsmethoden können die Berechnungszeiten so um einen Faktor im Bereich von 10 bis 20 verkürzt werden [OS]. Die optimale Bahnplanung ist damit im Bereich von etwa einer Minute auf Standardrechnern (PCs oder Workstations) durchführbar geworden.

Beispiel. Schnelle Punkt-zu-Punkt Bahnen von A nach B werden für einen Roboter vom Typ Manutec r3 [OT] in drei Freiheitsgraden ($n = 3$) und bei einer Last von 0 kg untersucht:

$$A:\ q(0) = \begin{pmatrix} 0.0 \\ 1.3 \\ 0.0 \end{pmatrix}, \quad B:\ q(t_f) = \begin{pmatrix} 2.1 \\ -0.6 \\ 0.0 \end{pmatrix}, \quad \dot{q}(0) = 0, \quad \dot{q}(t_f) = 0. \quad (9)$$

Achtzehn technische Beschränkungen

$$|q_i(t)| \leq q_{i,\max}, \quad |\dot{q}_i(t)| \leq \dot{q}_{i,\max}, \quad |u_i(t)| \leq u_{i,\max}, \quad i = 1, 2, 3 \quad (10)$$

müssen bei der Planung optimaler Bahnen berücksichtigt werden [OT], [Str], [SS]. Die berechnete zeitoptimale Bahn mit $t_{f,\min} = 1.321\,$s ist in Abb. 5 dargestellt. Danach wird die verbrauchsminimale Bahn (vgl. [PR])

$$J_3[u] = \int_0^{t_f} \sum_{i=1}^{3} (\dot{q}_i(t) u_i(t))^2 \, dt \rightarrow \min \quad (11)$$

für eine feste, vorgeschriebene Endzeit von 1.600 s berechnet, welche 21 % langsamer ist (Abb. 6). Das minimale Integralkriterium ist $J_{3,\min} = 6.136$. Der entsprechende Wert für die zeitminimale Bewegung liegt bei 306.4.

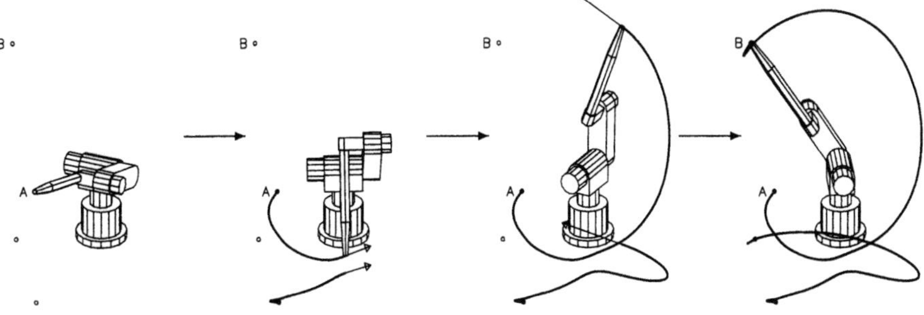

Abb. 5. Zeitminimale Bewegung von A nach B in $t_f = 1.321\,\text{s}$.

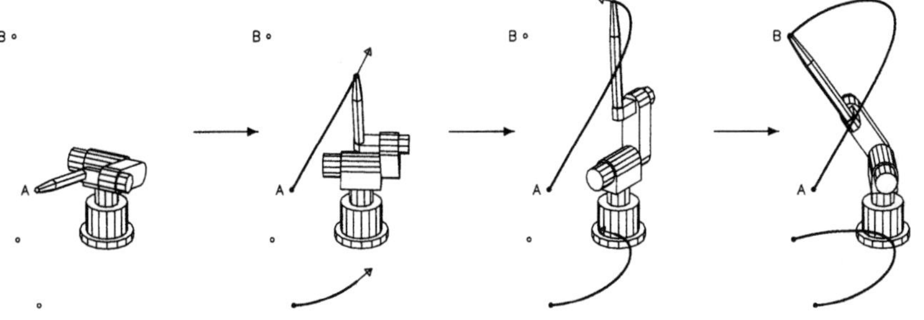

Abb. 6. Verbrauchsminimale Bewegung von A nach B in $t_f = 1.600\,\text{s}$.

2.4 Echtzeitsteuerung

Die berechneten Bahnen müssen unter den Echtzeitbedingungen des realen Systems umsetzbar sein. D. h. die Einflüsse von Schleppfehlern, eine beschränkte maximale Stellgliedgeschwindigkeit (d. h. $|\dot{u}_i(t)| \le \dot{u}_{i,\mathrm{max}} = \mathrm{const}$) und Überschießen des Armes am Ende der (zeitminimalen) Bewegung müssen bereits in der Simulation geeignet berücksichtigt werden. Dies kann durch zusätzliche Nebenbedingungen in der Bahnoptimierung erfolgen.

Zur numerischen Approximation von optimalen Echtzeitsteuerungen wurden zwei, im Prinzip auch auf die Roboterbahnoptimierung übertragbare Methoden entwickelt [Br], [PGM]. Bei beiden Methoden wird zunächst ein Büschel von optimalen Lösungen berechnet, so daß der z. B. für eine spezielle Roboterbewegung relevante Teil des Zustandsraumes durch optimale Trajektorien hinreichend dicht ausgefüllt ist. Längs dieser Trajektorien sind dann die optimalen Steuerungen als sogenannte Open-Loop-Steuerungen bekannt. Aus den Informationen der Open-Loop-Lösungen (Steuerungen, Zustände, adjungierte Variablen etc.) werden dann die Rückkopplungssteuerungen synthetisiert. Zur Interpolation oder Approximation der Rückkopplungssteuerungen aus den Daten der Open-Loop-Steuerungen längs der Trajektorien des Büschels bieten sich verschiedene Möglichkeiten an, z. B. mit Hilfe der linearen oder nichtlinearen Ausgleichsrechnung, mit global geglätteten Taylorreihen oder mit Hilfe neuronaler Netze. Das Training dieser parametrisierten Ansätze, d. h. die Optimierung der Parameter in den Ansätzen, erfolgt dabei aus den Daten längs der vorab berechneten Open-Loop-Trajektorien. Dadurch gelingt es, den Rechenaufwand für die Online-Berechnungen zu minimieren. Zusätzlich kann man Schwankungen von Modellparametern, sofern deren Schwankungsbreite bekannt ist, als Steuerungen eines antagonistischen Gegenspielers in einem Null-Summen-Differentialspiel modellieren. Die im Sinne der Differentialspieltheorie optimalen Lösungen stellen den schlechtest möglichen Fall im Sinne der zu optimierenden Zielgröße dar, der bei Schwankungen der Parameter eintreten kann. Eine Bereitstellung hinreichend vieler Open-Loop-Lösungen ermöglicht dann wieder die Synthese der Rückkopplungssteuerungen aus den Daten über die Open-Loop-Steuerungen. In der Arbeit [PGM] werden die Rückkopplungssteuerungen mit Hilfe neuronaler Netze synthetisiert und anhand eines einfachen Differentialspiels exemplarisch angewendet. In der Arbeit [Br] werden Luftdichteschwankungen während des atmosphärischen Wiedereintritts eines Space-Shuttles als Steuerungen eines Gegenspielers in einem Differentialspiel aufgefaßt und die fastoptimalen Rückkopplungssteuerungen mit Hilfe global geglätteter Taylorreihen approximiert. Die erforderlichen Rechenzeiten für die Online-Rechnungen sind sehr gering. Der Nachweis, daß diese Methoden auch für die Roboterbahnoptimierung geeignet sind, muß aber noch geführt werden.

2.5 Visualisierung und Computersimulation

Um die komplexen Arbeitsvorgänge bei Industrierobotern besser planen und die Ergebnisse der Bahnoptimierung verifizieren und validieren zu können, sowie zur Erhöhung der Akzeptanz der Ergebnisse bei den Anwendern ist die Visualisierung der berechneten optimalen Bahnen unbedingt erforderlich.

In den letzten Jahren wurden allgemein durch die Entwicklung preiswerter und leistungsfähiger Rechner die Voraussetzungen für realitätsnahe Animationen in der Computergrafik geschaffen. Mittlerweile können sogar auf gängigen PCs Computerbilder mit aufwendigen Beleuchtungsmodellen erstellt werden, wo noch vor kurzem mit einfachen Drahtgittermodellen, ohne Beleuchtungseffekte und ohne Berechnung verdeckter Flächen gearbeitet wurde. Dabei ist es sogar ohne Einsatz zusätzlicher Grafikhardware möglich, mehrere Bilder pro Sekunde darzustellen und damit fließende Animationen zu ermöglichen. Mit zusätzlicher Hardware lassen sich bei Modellen von mittlerem Komplexitätsgrad, wie sie für Roboter verwendet werden, sogar Animationen mit zwanzig bis fünfzig Bildern pro Sekunde erreichen.

Diese Leistungssteigerung der Rechner hat sich in gleichem Maße auch auf das Gebiet der Computersimulation ausgewirkt. In der Simulation von Roboterbewegungen muß man für die Vorausberechnung des Bewegungsverhaltens die zugehörigen Differentialgleichungen (1) numerisch integrieren. Obwohl diese Gleichungen ausgesprochen kompliziert sind, ist mit heutigen Rechnern der Zeitaufwand für die Simulation vergleichsweise gering. Innerhalb von Sekunden ist es möglich, das Bewegungsverhalten des Roboters über den Zeitraum von mehreren Stunden vorherzusagen (ohne Optimierung oder Parameteridentifizierung). Im Vergleich dazu ist der Zeitaufwand, eine vorhergesagte Stellung des Roboters mit Computergrafik zu visualisieren, sehr viel größer. Computersimulation und Visualisierung liefern zusammen ein unersetzliches Werkzeug für die Bahnplanung beim Einsatz von Industrierobotern. So können vor dem tatsächlichen Einsatz der Roboter in der Fertigung die Bewegungsabläufe im Detail studiert und überprüft werden. Durch die grafische Darstellung ist es dann leicht möglich, Kollisionen von Robotern untereinander oder mit Werkstücken zu erkennen und diese wiederum in der Bahnplanung zu berücksichtigen und abzuwenden.

In Abb. 7 ist eine im Rahmen des Projektes entwickelte grafische Benutzeroberfläche dargestellt, bei der Simulation von Roboterbewegung und dreidimensionale Visualisierung in einem interaktiven Programm verbunden sind. Im Fenster links oben sieht man den Verlauf einer zeitminimalen Roboterbewegung, rechts unten das Kontrollfenster zur interaktiven Motorsteuerung und im Fenster rechts oben den zeitlichen Verlauf der Gelenkwinkel. Die gleichzeitige Berechnung der Roboterbewegung und der animierten Grafik erfolgt in Echtzeit und kann auf mehreren Rechnern verteilt ablaufen.

2.6 Software-Engineering

Die numerischen Verfahren zur Bahnoptimierung und Parameteridentifizierung werden an der Hochschule entwickelt. Sie sind ursprünglich als eigenständige, an der mathematischen Problembeschreibung orientierte Algorithmen angelegt, die unabhängig von anderer Software eingesetzt werden können. Als durchschnittlicher Benutzer der Programme wird in der Regel ein Fachexperte vorausgesetzt. Vom industriellen Anwender kann jedoch weder das Fachexpertenwissen in Mathematik noch die an der abstrakten mathematischen Problemformulierung orientierte Bedienung der Verfahren verlangt werden. Die mathematischen Optimierungsverfahren werden daher über eine gemeinsam definierte Schnittstelle, die mathematische Details vor dem Anwender verbirgt, mit den beim Industriepartner eingesetzten Roboter-CAD-Systemen verbunden. Dabei stellt sich die Frage, wie eine sinnvolle Anbindung der Optimierungs- und Parameteridentifizierungsalgorithmen an die Roboter-Software erfolgen kann.

Einer direkten Implementierung der mathematischen Verfahren *innerhalb* der derzeit beim Industriepartner eingesetzten Roboter-CAD-Systeme ist eine Verbindung über eine wohldefinierte *Schnittstelle* vorzuziehen. Zum einen kann das Roboter-CAD-System so bei Bedarf durch ein anderes Produkt ersetzt werden, ohne daß die Optimierungsprogramme mitersetzt werden müssen. Zum anderen ist die Pflege und Erneuerung der Optimierungsverfahren, wenn beispielsweise neue Diskretisierungen oder Sparse-Optimierungsverfahren entwickelt worden sind, nur dann bei vernünftigem Aufwand unter

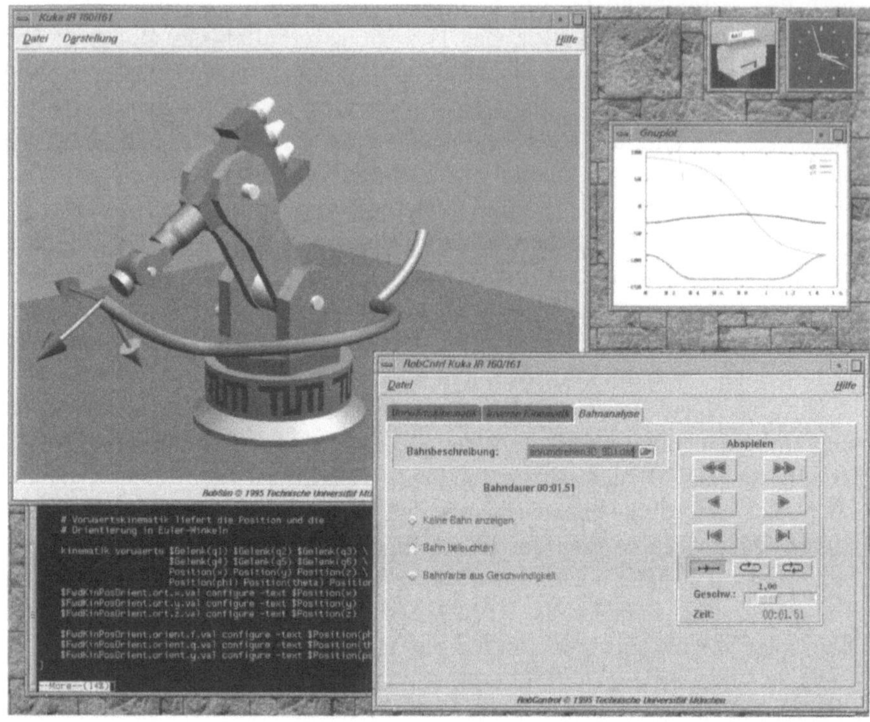

Abb. 7. Benutzeroberfläche der Testumgebung für dynamische Robotermodelle.

den Möglichkeiten der Hochschule durchführbar, wenn die beim Industriepartner eingesetzte Implementierung im wesentlichen mit der universitären übereinstimmt.

Daher wird ein modulares Konzept realisiert, bei dem die Software beider Projektpartner weitgehend ihre Eigenständigkeit beibehalten kann. Zur Steuerung der einzelnen Programmteile wird das Programmiersystem Tcl/Tk [Ou] eingesetzt. Dieses hat sich in den letzten Jahren auf UNIX-Systemen unter X-Windows sowohl im universitären als auch im industriellen Bereich als mächtiges Werkzeug zur Erstellung grafischer Benutzeroberflächen etabliert. Tcl (Tool command language) ist eine Skriptsprache, ähnlich zu Shell-Skripten, die vom Benutzer beliebig um eigene Funktionen erweitert werden kann. Man koppelt diese eigenen Funktionen als Unterprogramme in der Programmiersprache C an das System an. Durch Tk (Toolkit) wird die Skriptsprache um eine Sammlung von Elementen für grafische Benutzeroberflächen, wie Knöpfe, Texteingabefelder etc. erweitert. Die Funktionalität von auf diesem System beruhenden Programmen ist in mehrere Module getrennt, welche als Funktionen der Skriptsprache zur Verfügung stehen. Das Zusammenspiel der einzelnen Programmteile untereinander und die Interaktion mit dem Benutzer, der über die grafische Oberfläche eingreift, wird dann durch Tcl-Skripten geregelt. In diesen Skripten wird der Ablauf des Programms ereignisorientiert beschrieben. Etwa so: „Drückt der Anwender auf diesen Knopf, dann führe einen Iterationsschritt aus und teile das Ergebnis der Anzeige mit". Diese abstrahierte Beschreibung der Interaktion einzelner Programmteile und des Benutzers bildet eine ideale Plattform zum Ankoppeln unterschiedlicher Softwarekomponenten. Die gemeinsame Schnittstelle ist dabei die Anbindung an die Skriptsprache Tcl.

3 Fazit und Ausblick

Numerische Methoden der optimalen Steuerung und Parameteridentifizierung in gewöhnlichen Differentialgleichungen werden zur Bahnoptimierung bei Industrierobotern eingesetzt. Dieses Vorgehen hat gegenüber den herkömmlichen Bahnplanungsmethoden den Vorteil, daß die resultierenden Roboterbewegungen am besten im Sinne der verwendeten Gütekriterien sind. Bessere Bahnen gibt es nicht. Ein Nachteil ist die Notwendigkeit einer geeigneten Modellierung der Roboterdynamik und Nebenbedingungen. Zur Bestimmung dynamischer Roboterparameter, die der direkten Messung kaum zugänglich sind, wurden Verfahren zur indirekten Vermessung durch modellgestützte Parameteridentifizierung in Differentialgleichungen entwickelt. Zur robusten und effizienten Berechnung der optimalen Roboterbahnen wurden spezielle numerische Verfahren der optimalen Steuerung entwickelt und implementiert. Die numerischen Verfahren werden über Schnittstellen mit den entsprechenden Planungssystemen beim Industriepartner verbunden. Die bisher an exemplarischen Problemstellungen erzielten Ergebnisse werden im weiteren Verlauf des Projektes an den Einsatzorten erprobt werden.

Danksagung: Die Autoren danken Prof. R. Bulirsch, Technische Universität München, für die wertvolle Unterstützung in diesem Projekt.

Literatur

[BA]   Bernhardt, R., Albright, S. L. (Hrsg.): Robot Calibration. (London: Chapmann & Hall, 1994).

[BES]   Bock, H. G., Eich, E., Schlöder, J. P.: Numerical solution of constrained least squares boundary value problems in differential-algebraic equations. In: K. Strehmel (Hrsg.): Numerical Treatment of Differential Equations, Proc. of the NUMDIFF-4 Conference, Halle-Wittenberg, 1987, Teubner Texte zur Mathematik **104** (1988) 269-280

[Br]   Breitner, M. H.: Robust optimale Rückkopplungssteuerungen gegen unvorhersehbare Einflüße: Differentialspielansatz, numerische Berechnung und Echtzeitapproximation. Dissertation, Technische Universität Clausthal (1995)

[BHK]   Buchauer, O., Hiltmann, P., Kiehl, M.: Sensitivity analysis of initial-value problems with application to shooting techniques. Numerische Mathematik **67** (1994) 151-159

[BK]   Bulirsch, R., Kraft, D. (Hrsg.): Computational Optimal Control. International Series of Numerical Mathematics **115** (Birkhäuser, 1994)

[GMS]   Gill, P. E., Murray, W., Saunders, M. A., Wright, M. H.: User's guide for NPSOL (Version 4.0). Report SOL 86-2, Dep. of Operations Research, Stanford University, California, USA (1986)

[He]   Heim, A.: Parameteridentifizierung in differential-algebraischen Gleichungssystemen. Diplomarbeit, Mathematisches Institut, Technische Universität München (1992)

[Hö]   Hölzl, J.: Modellierung, Identifikation und Simulation der Dynamik von Industrierobotern. Fortschritt-Berichte VDI, Reihe 8, Nr. 372 (Düsseldorf: VDI-Verlag, 1994)

[M]   Münch, A.: Parameteridentifikation bei Robotern: Modellierung und Numerik der indirekten Vermessung. Diplomarbeit, Mathematisches Institut, Technische Universität München (1992)

[OS]   Olbrich, M., von Stryk, O.: A direct transcription method for robot trajectory optimization utilizing dynamical structure. In Vorbereitung.

[OT]   Otter, M., Türk, S.: The DFVLR Models 1 and 2 of the Manutec r3 Robot. DFVLR-Mitt. 88-13, Institut f. Dynamik der Flugsysteme, DLR, Oberpfaffenhofen (1988)

[Ou]   Ousterhout, J. K.: Tcl and the Tk Toolkit. Addison-Wesley Professional Computing Series (1994)

[P]   Pesch, H.J.: Solving optimal control and pursuit-evasion game problems of high complexity. In: [BK] (1994) 43-61

[PGM]   Pesch, H. J., Gabler, I., Miesbach, S., Breitner, M. H.: Synthesis of optimal strategies for differential games by neural networks. In: G. J. Olsder (Hrsg.): New Trends in Dynamic Games and Applications, Annals of the International Society of Dynamic Games **3** (Boston: Birkhäuser, 1995) 111-141

[PR]   Pfeiffer, F., Reithmeier, E.: Roboterdynamik. (Teubner Verlag, 1987)

[Schi]   Schiehlen, W. O. (Hrsg.): Multibody system handbook. (Berlin, Heidelberg, New York, Tokyo: Springer-Verlag, 1990)

[Sta]   Stahlhut, A.: Effiziente Modellierung der Kollisionsvermeidung in der Roboterbahnoptimierung. Diplomarbeit, Mathematisches Institut, Technische Universität München (1994)

[SB]   Stoer, J., Bulirsch, R.: Introduction to Numerical Analysis. 2nd ed. (Springer-Verlag, 1993)

[Str]   von Stryk, O.: Numerische Lösung optimaler Steuerungsprobleme: Diskretisierung, Parameteroptimierung und Berechnung der adjungierten Variablen. Fortschritt-Berichte VDI, Reihe 8, Nr. 441 (Düsseldorf: VDI-Verlag, 1995)

[SS]   von Stryk, O., Schlemmer, M.: Optimal control of the industrial robot Manutec r3. In: [BK] (1994) 367-382

[SZ]   Süddeutsche Zeitung: Wie Roboter die Kurve kratzen – Mathematiker suchen nach optimaler Bewegung von Maschinen. Von Karlhorst Klotz (10.02.1994)

[T]   Türk, S.: Zur Modellierung der Dynamik von Robotern mit rotatorischen Gelenken. Fortschritt-Berichte VDI, Reihe 8, Nr. 211 (Düsseldorf: VDI-Verlag, 1990)

3.4 Einsatzplanung

Optimale Blockauswahl bei der Kraftwerkseinsatzplanung

W. Römisch, R. Schultz, D. Dentcheva, R. Gollmer, A. Möller, P. Reeh, G. Schwarzbach und J. Thomas

Optimaler Mitarbeitereinsatz am Arbeitsplatz

P. Kleinschmidt, L.-O. Götze, A. Hefner, U. Schnieders und G. Mederer

Optimale Blockauswahl bei der Kraftwerkseinsatzplanung

W. Römisch[1], R. Schultz[2], D. Dentcheva[1], R. Gollmer[1], A. Möller[1], P. Reeh[3], G. Schwarzbach[3] und J. Thomas[3]

[1] Humboldt–Universität zu Berlin, Institut für Mathematik, 10099 Berlin,
   e–mail: romisch@mathematik.hu-berlin.de,
   URL: http://www.mathematik.hu-berlin.de
[2] Konrad–Zuse–Zentrum für Informationstechnik Berlin,
   Heilbronner Straße 10, 10711 Berlin
[3] VEAG Vereinigte Energiewerke Aktiengesellschaft,
   Allee der Kosmonauten 29, 12681 Berlin

Abstract. The paper addresses the unit commitment problem in power plant operation planning. For a real power system comprising coal and gas fired thermal as well as pumped storage hydro plants a large-scale mixed integer optimization model for unit commitment is developed. Then primal and dual approaches to solving the optimization problem are presented and results of test runs are reported.

1 Aufgabenstellung

Das Problem der optimalen Blockauswahl (unit commitment) besteht in der kostenoptimalen Auswahl von Erzeugereinheiten eines Kraftwerkssystems, so daß die auftretende Last in einem gewissen Planungszeitraum (kurz- bis mittelfristig) gedeckt wird und weitere wirtschaftliche und technologische Nebenbedingungen eingehalten werden. Für Elektroenergieversorger ist die optimale Blockauswahl eine wichtige Routineaufgabe bei der Kraftwerkseinsatzplanung. Resultat der optimalen Blockauswahl sind kostenminimale Einsatzpläne für die einzelnen Erzeugereinheiten.

Das Kraftwerkssystem der VEAG Vereinigte Energiewerke AG Berlin besteht aus thermischen Einheiten (konventionellen Kraftwerksblöcken und Gasturbinen) sowie Pumpspeicherwerken. Die zu optimierenden Kosten setzen sich aus Brennstoffkosten für das Anfahren und den Betrieb der Kraftwerksblöcke sowie Strombezugskosten zusammen. Einsatzpläne basieren auf einem Zeitraster (viertelstündlich, stündlich oder gröber) und beinhalten Schaltzustände und Leistungswerte für die Kraftwerksblöcke sowie Leistungswerte für den Turbinen- bzw. Pumpbetrieb in den Pumpspeicherwerken und Bezüge. Zu den Nebenbedingungen zählen die Lastdeckung, das Vorhalten einer schnell wirkenden Reserveleistung, Leistungsbeschränkungen der Erzeugereinheiten, Mindeststillstandzeiten der thermischen Blöcke nach Trennung vom Netz und Bilanzen in den Pumpspeicherwerken. Typische Zeithorizonte für die Optimierung reichen von wenigen Tagen bis zu mehreren Monaten.

Aus der umfangreichen Literatur zur optimalen Blockauswahl seien hier die Arbeiten [AIS], [BLS], [DEK], [HHL], [LPR], [MR], [SF] und [TBL] genannt. Eine vollständigere Literaturübersicht findet sich in [SF]. In [LPR] und [TBL] wird das aktuelle Interesse an der Entwicklung effizienter Algorithmen mit Hilfe moderner mathematischer Methoden deutlich. In einigen Arbeiten (z.B. [AIS], [TBL]) werden auch Lösungsvorschläge für Erzeugerstrukturen, die der der VEAG ähnlich sind, entwickelt. In den im folgenden beschriebenen Modellierungsansätzen und Lösungsstrategien verfolgen wir jedoch neue Wege.

2 Mathematische Modellierung

Das folgende mathematische Modell der optimalen Blockauswahl ist ein gemischt-ganzzahliges Optimierungsproblem mit linearen Nebenbedingungen. Im Modell bezeichnen

T – die Anzahl der Unterteilungsintervalle des Optimierungszeitraums,

I, J – die Anzahl der thermischen Kraftwerksblöcke bzw. der Pumpspeicherwerke (PSW).

Folgende Variablen werden benutzt

$u_i^t \in \{0,1\}$ – Schaltzustand des thermischen Blockes i im Zeitintervall t,

p_i^t – Leistungswert des thermischen Blockes i im Zeitintervall t,

s_j^t, w_j^t – Turbinen- bzw. Pumpleistung des Pumpspeicherwerkes j im Zeitintervall t.

Die Zielfunktion des Optimierungsproblems lautet

$$\sum_{t=1}^{T} \sum_{i=1}^{I} B_i(p_i^t, u_i^t) + \sum_{t=1}^{T} \sum_{i=1}^{I} A_i(u_i(t)).$$

Dabei bezeichnet B_i die Brennstoffkostenfunktion für den Betrieb des i−ten Blockes. Sie ist bezüglich p_i^t monoton wachsend, wird oft als konvex (linear, stückweise linear, quadratisch) angesetzt. Bei genauer Betrachtung ist die Brennstoffkostenfunktion im unteren Leistungsbereich des Blockes konvex und dann konkav ([Mu]). Allerdings sind dabei die Abweichungen von einem durchgängig linearen Verlauf relativ klein. Die Anfahrkosten $A_i(u_i(t)) = A_i(u_i^t, \ldots, u_i^{t-t_{Si}})$ des i−ten Blockes werden durch die vorausgegangene Stillstandszeit $t - t_{Si}$ des Blockes bestimmt, hängen also sowohl vom aktuellen als auch von vorausgegangenen Schaltzuständen des Blockes ab.

Die Nebenbedingungen des Optimierungsproblems werden als lineare Gleichungen und Ungleichungen formuliert. Derselbe zulässige Bereich ist auch mittels nichtlinearer Funktionen beschreibbar. Wir haben uns für die lineare Modellierung entschieden, um - bei linearer Zielfunktion - auch Methodiken der gemischt-ganzzahligen linearen Optimierung anwenden zu können.

Die Nebenbedingungen umfassen zunächst Leistungsgrenzen für die thermischen Blöcke sowie die Turbinen und Pumpen in den PSW. Bezugsverträge werden analog zu thermischen Blöcken behandelt.

$$p_{it}^{min} \cdot u_i^t \leq p_i^t \leq p_{it}^{max} \cdot u_i^t \ , \quad i = 1, \ldots, I; \ t = 1, \ldots, T,$$
$$0 \leq s_j^t \leq s_{jt}^{max} \ , \quad j = 1, \ldots, J; \ t = 1, \ldots, T,$$
$$0 \leq w_j^t \leq w_{jt}^{max} \ , \quad j = 1, \ldots, J; \ t = 1, \ldots, T.$$

Die Größen $p_{it}^{min}, p_{it}^{max}, s_{jt}^{max}, w_{jt}^{max}$ bezeichnen dabei die minimalen bzw. maximalen Leistungswerte.

Die Lastdeckung in jedem Teilintervall t des Optimierungszeitraumes führt zu den Gleichungen

$$\sum_{i=1}^{I} p_i^t + \sum_{j=1}^{J} (s_j^t - w_j^t) = D^t \ , \quad t = 1, \ldots, T,$$

wobei D^t den Lastwert im t−ten Zeitintervall bezeichnet.

Bei der Festlegung des Schaltregimes für die thermischen Blöcke ist in jedem Zeitintervall eine ausreichende Reserve R_t vorzusehen, damit unerwartete Lastanstiege durch einfaches Nachregeln der Blöcke bzw. der PSW abgefangen werden können:

$$\sum_{i=1}^{I} (u_i^t p_{it}^{max} - p_i^t) \ \geq \ R^t \ , \ t = 1, \ldots, T.$$

Über den gesamten Optimierungshorizont müssen für die Pumpspeicherwerke gewisse Bilanzen gelten, d.h. das Arbeitsvermögen der Turbinen und Pumpen ist durch die Energiemengen bestimmt, welche den Füllständen in Ober- und Unterbecken entsprechen:

$$S_j^{in} - S_j^{max} \ \leq \ \sum_{t=1}^{\tau} (s_j^t - \eta_j w_j^t) \ \leq \ S_j^{in} \ , \ j = 1, \ldots, J; \ \tau = 1, \ldots, T.$$

Hier bezeichnen S_j^{in}, S_j^{max} die Anfangs- bzw. maximale Energiemenge im Oberbecken und η_j den Wirkungsgrad des j−ten PSW. Durch die Nebenbedingungen

$$\sum_{t=1}^{T} (s_j^t - \eta_j w_j^t) = S_j^{lev} \ , \ j = 1, \ldots, J$$

können Zustände S_j^{lev} in den Oberbecken der PSW am Ende des Optimierungszeitraumes vorgegeben werden. Eine Nebenbedingung, die gleichzeitigen Pump− und Turbinenbetrieb in den PSW ausschließt, ist nicht notwendig, da man zeigen kann [GRS], daß dieser Effekt im optimalen Einsatzplan nicht auftritt.

Nach einer Abschaltung vom Netz muß jeder thermische Block eine Mindeststillstandszeit von τ_i Zeitintervallen einhalten, was zu folgenden Ungleichungen führt

$$u_i^{t-1} - u_i^t \leq 1 - u_i^l, \quad l = t+1,\ldots,t+\tau_i-1;\ i = 1,\ldots,I;$$
$$t = 2,\ldots,T-\tau_i+1.$$

Für die dabei nicht aufgeführten Intervalle $t > T - \tau_i + 1$ am Ende des Zeithorizontes sind die Ungleichungen entsprechend zu modifizieren.

3 Primale Lösungsverfahren

In diesem Abschnitt berichten wir über erste Testrechnungen mit dem obigen Blockauswahlmodell, die auf primalen Lösungszugängen beruhen.

Das für diese Rechnungen genutzte Datenmaterial spiegelt zukünftig mögliche Erzeugerstrukturen und Lastszenarien im Verbund der VEAG wider. Die Daten werden zunächst in eine dem Lösungsverfahren entsprechende Datenbank eingelesen und dabei auf syntaktische Richtigkeit überprüft.

Zweck der ersten Testrechnungen ist die Validierung des Blockauswahlmodells aus Abschnitt 2 mit realen Daten. Dazu wurde auf einen robusten Löser für gemischt-ganzzahlige lineare Programme aus der CPLEX Callable Library (Version Mach) [C] zurückgegriffen. Dabei handelt es sich um eine Implementierung der klassischen Branch-and-Bound Methode: Es wird ein Baum aufgebaut, dessen Knoten Unterproblemen entsprechen, in denen Entscheidungsvariablen für Schaltzustände der thermischen Blöcke entweder auf 0 oder auf 1 fixiert sind. Jedes Unterproblem ist ein lineares Programm. Besitzt dessen Lösung gebrochen-rationale Komponenten u_i^t ($i \in \{1,\ldots,I\}$, $t \in \{1,\ldots,T\}$), so wird eine dieser Komponenten ausgewählt und der Baum weiter verzweigt, indem die Komponente einmal auf 0 und einmal auf 1 gesetzt wird. Lösungen mit ausschließlich ganzzahligen Komponenten u_i^t sind zulässige Punkte für das Blockauswahlproblem und liefern obere Schranken für dessen Optimalwert. Das Minimum der Optimalwerte aller Unterprobleme an noch nicht weiter verzweigten Knoten im jeweils aktuellen Verzweigungsbaum ist eine untere Schranke für den Optimalwert des Blockauswahlproblems. Ist an einem Knoten der Optimalwert größer als der Zielfunktionswert der besten bekannten zulässigen Lösung des Blockauswahlproblems, so können Verzweigungen an diesem Knoten nicht mehr zu besseren zulässigen Punkten führen, und der Knoten wird nicht weiter betrachtet ("abgeschnitten"). Gleiches gilt für Knoten, an denen der Restriktionsbereich des Unterproblems leer ist. Knoten, an denen die Lösung des zugehörigen Unterproblems ausschließlich ganzzahlige Komponenten u_i^t aufweist, brauchen ebenfalls nicht weiter verzweigt werden. Das Verfahren bricht ab, falls obere und untere Schranke des Optimalwertes des Blockauswahlproblems zusammenbzw. unter eine vorgegebene Toleranz fallen oder falls keine weiteren Verzweigungen mehr möglich sind.

Die Testrechnungen zeigten, daß das Blockauswahlmodell aus Abschnitt 2 prinzipiell mit primalen Lösungstechniken erfolgreich behandelbar ist. Ausgehend vom Datenmaterial der VEAG zielen gegenwärtige Untersuchungen auf die Entwicklung angepaßter Verzweigungsstrategien und die Erweiterung der Methodik in Richtung eines Branch-and-Cut Verfahrens [JRT]. Dabei werden interaktiv weitere Ungleichungen in das Modell aufgenommen, die aus der Geometrie des Restriktionsbereiches abgeleitet sind (Halbräume, welche die konvexe Hülle des zulässigen Bereiches enthalten) [RW]. Aus Anwendersicht sollen diese Aktivitäten zu Punkten mit verbesserter Gütegarantie und zur Senkung der Rechenzeit führen.

Die obigen Modellrechnungen wurden mit linearen Approximationen der Brennstoffkostenfunktion durchgeführt. Stückweise lineare Funktionen liefern genauere Näherungen für die Brennstoffkosten. Auch dann läßt sich das Blockauswahlproblem als gemischt-ganzzahliges lineares Programm modellieren und mit der verwendeten Software prinzipiell behandeln. Solche Untersuchungen finden sich in [Mu], wo auch über erste Testrechnungen für Lastverteilungsprobleme im Tagesbereich bei nichtkonvexer stückweise linearer Brennstoffkostenfunktion berichtet wird.

Details der Testrechnungen zur Blockauswahl sind in den Tabellen 1-3 und in Abbildung 1 dargestellt. Es wurden drei Kraftwerksparks zugrundegelegt: Park 1 mit 16 kohlebefeuerten Kraftwerksblöcken, 7 Gasturbinen und 6 Pumpspeicherwerken; Park 2 mit einem zusätzlichen Pumpspeicherwerk sowie Park 3 mit weiteren zwei Kohleblöcken. Die Lastszenarien entsprechen einer Schwachlastwoche im August, einer Normallastwoche im Oktober, einer Höchstlastwoche im Dezember und einer Feiertagswoche im Mai mit Feiertag am Donnerstag. Als Optimierungszeiträume wurden 2, 4, 6 bzw. 8 aufeinanderfolgende Tage mit einer Diskretisierung in Stundenintervalle betrachtet.

Die Gütegarantie errechnet sich aus der Differenz von oberer und unterer Schranke für den Optimalwert des Blockauswahlproblems im Verhältnis zur unteren Schranke des Optimalwertes. Es sei herausgestellt, daß, abgesehen von Park 2 in der Höchstlastwoche, Gütegarantien im Promillebereich erzielt werden konnten.

Die zugrundegelegten Kraftwerksparks enthielten 8 (Park 1 und 2) bzw. 10 (Park 3) kohlebefeuerte Neubaublöcke. In allen Lastszenarien waren diese Blöcke im besten ermittelten Punkt jeweils durchweg am Netz ($u_i^t = 1$ für alle t). Daher wurden zwei Modellvarianten gerechnet, einmal mit freien (Modell 1) und einmal mit für diese Blöcke auf 1 fixierten Schaltzuständen (Modell 2). Das Symbol $\emptyset$ soll verdeutlichen, daß in der Höchstlastwoche für den Park 1 kein zulässiger Einsatzplan existiert.

Die CPU-Zeiten beziehen sich auf eine SUN SPARCstation 20,501.

Variante		Güte		CPU-Zeit	
		Modell 1	Modell 2	Modell 1	Modell 2
Schwachlast	Park 1	1.6	5.4	44:18	24:48
	Park 2	1.6	2.0	50:36	35:32
	Park 3	2.1	0.7	61:02	36:59
Normallast	Park 1	0.5	0.8	34:50	19:58
	Park 2	0.4	0.5	35:01	22:10
	Park 3	5.3	1.7	109:02	43:23
Höchstlast	Park 1	$\emptyset$	$\emptyset$	7:05	4:35
	Park 2	32.5	54.4	24:47	14:59
	Park 3	2.7	1.2	107:05	34:06
Feiertag	Park 1	2.6	4.0	47:04	33:34
	Park 2	3.3	5.2	61:17	40:58
	Park 3	2.4	2.4	78:53	42:43

Tabelle 1. Gütegarantie der Lösung in Promille und CPU-Zeit in Minuten

Variante	Modell	2 Tage	4 Tage	6 Tage	8 Tage
Park 1	1	2:25	10:04	32:03	47:04
	2	1:35	8:50	18:02	33:34
Park 2	1	2:09	20:12	28:14	61:17
	2	1:16	10:36	16:44	40:58
Park 3	1	2:16	14:58	41:38	78:53
	2	1:06	8:12	20:04	42:43

Tabelle 2. CPU-Zeit in Minuten für verschiedene Zeithorizonte

Park	Horizont	# Zeitintervalle	# Variablen	# binäre Var.	# Nebenbed.
Park 1	2 Tage	48	3865	1104	3673
	4 Tage	96	7753	2208	7369
	6 Tage	144	11641	3312	11065
	8 Tage	192	15529	4508	14761
Park 2	2 Tage	48	3961	1104	3625
	4 Tage	96	7945	2208	7273
	6 Tage	144	11929	3312	10921
	8 Tage	192	15913	4508	14569
Park 3	2 Tage	48	4247	1200	4007
	4 Tage	96	8519	2400	8039
	6 Tage	144	12793	3600	12071
	8 Tage	192	17065	4800	16103

Tabelle 3. Größe der Modelle

Abbildung 1 zeigt die Anteile von thermischer Erzeugung sowie Turbinen- und Pumpbetrieb in den PSW für das Testergebnis bezüglich des Kraftwerksparkes 2 in der Schwachlastwoche (Gütegarantie 1.6 Promille). Die durchgezogene Linie entspricht der thermischen Erzeugung, die unterbrochene Linie der zu deckenden Last. Liegt die zu deckende Last über der thermischen Erzeugung, so wird die Differenz durch Turbinenbetrieb in den PSW ausgeglichen. Ist die zu deckende Last kleiner als die thermische Erzeugung, so wird der Überschuß zum Pumpen in den PSW benutzt.

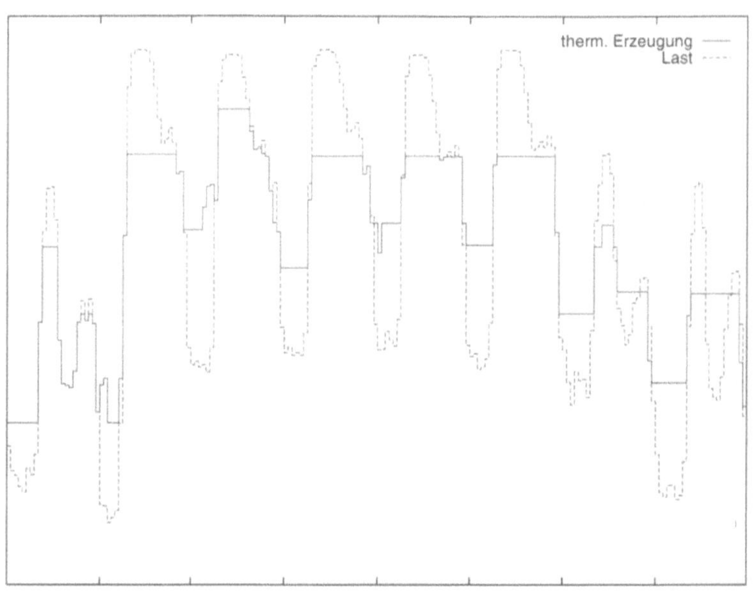

Abb. 1. Einsatzplan für Park 2 in Schwachlastwoche

4 Duale Lösungsverfahren

Seit etwa 15 Jahren wird in der Literatur ein dualer Lösungszugang für das Problem der optimalen Blockauswahl mittels Lagrange-Relaxation der Lastdeckungs- und Reserverestriktionen vorgeschlagen (vgl. [SF]). Dieser Zugang wird insbesondere für große Kraftwerkssysteme und lange Optimierungszeiträume favorisiert, da dann die (relative) Dualitätslücke aus theoretischen Gründen klein ist [BLS], was auch experimentell bestätigt wurde. Im folgenden wird eine neue Variante dieses dualen Zugangs beschrieben, die insbesondere neuere Implementierungen von Bündelverfahren (im Unterschied zu den häufig in der Literatur eingesetzten Subgradienten-Verfahren) zur iterativen Maximierung der dualen nichtglatten konkaven Funktion verwendet. Um diesen Zugang genauer zu beschreiben, führen wir Multiplikatoren $\lambda, \mu \in \mathbb{R}^T$ für die beiden oben genannten Restriktionen (die Erzeugereinheiten verbinden) ein und betrachten die Lagrange-Funktion

$$L(\boldsymbol{p}, \boldsymbol{u}, \boldsymbol{s}, \boldsymbol{w}; \boldsymbol{\lambda}, \boldsymbol{\mu}) := \sum_{t=1}^{T} \sum_{i=1}^{I} [B_i(\boldsymbol{p}_i^t, \boldsymbol{u}_i^t) + A_i(\boldsymbol{u}_i(t))]$$

$$+ \sum_{t=1}^{T} \boldsymbol{\lambda}^t \Big[D^t - \sum_{i=1}^{I} \boldsymbol{p}_i^t - \sum_{j=1}^{J} (\boldsymbol{s}_j^t - \boldsymbol{w}_j^t) \Big]$$

$$+ \sum_{t=1}^{T} \boldsymbol{\mu}^t \Big[R^t + D^t - \sum_{i=1}^{I} \boldsymbol{u}_i^t p_{it}^{max} - \sum_{j=1}^{J} (\boldsymbol{s}_j^t - \boldsymbol{w}_j^t) \Big]$$

sowie die duale Funktion d, die aus der Lagrange-Funktion durch Minimierung bzgl. der Variablen $(\boldsymbol{p}, \boldsymbol{u}, \boldsymbol{s}, \boldsymbol{w})$ unter Einhaltung aller anderen Restriktionen (Leistungsgrenzen, Wasserbilanzen, Füllstande) entsteht,

$$d(\boldsymbol{\lambda}, \boldsymbol{\mu}) := \min\{L(\boldsymbol{p}, \boldsymbol{u}, \boldsymbol{s}, \boldsymbol{w}; \boldsymbol{\lambda}, \boldsymbol{\mu})|$$

$$(\boldsymbol{p}, \boldsymbol{u}, \boldsymbol{s}, \boldsymbol{w}) \text{ erfüllt die eben genannten Restriktionen}\}.$$

Da diese Restriktionen nur die einzelnen Einheiten betreffen, entsteht eine Separabilitätsstruktur für d bzgl. der Erzeugereinheiten:

$$d(\boldsymbol{\lambda}, \boldsymbol{\mu}) = \sum_{i=1}^{I} d_i(\boldsymbol{\lambda}, \boldsymbol{\mu}) + \sum_{j=1}^{J} \hat{d}_j(\boldsymbol{\lambda}, \boldsymbol{\mu}) + \sum_{t=1}^{T} [\boldsymbol{\lambda}^t D^t + \boldsymbol{\mu}^t (R^t + D^t)]$$

wobei

$$d_i(\boldsymbol{\lambda}, \boldsymbol{\mu}) := \min_{\boldsymbol{u}_i} \Big\{ \sum_{t=1}^{T} [\min_{\boldsymbol{p}_i^t} \{B_i(\boldsymbol{p}_i^t, \boldsymbol{u}_i^t) - \boldsymbol{\lambda}^t \boldsymbol{p}_i^t\} + A_i(\boldsymbol{u}_i(t)) - \boldsymbol{\mu}^t \boldsymbol{u}_i^t p_{it}^{max}] \Big\}$$

$$\hat{d}_j(\boldsymbol{\lambda}, \boldsymbol{\mu}) := \min \Big\{ \sum_{t=1}^{T} (\boldsymbol{\lambda}^t + \boldsymbol{\mu}^t)(\boldsymbol{w}_j^t - \boldsymbol{s}_j^t) \Big|$$

$$(\boldsymbol{s}_j, \boldsymbol{w}_j) \text{ erfüllt die Wasserbilanzen und Füllstände der PSW } j \Big\}.$$

Zur Berechnung der d_i (bei gegebenen $\boldsymbol{\lambda}, \boldsymbol{\mu}$) kann dabei die "innere" Minimierung bzgl. $\boldsymbol{p}_i^t$ in den meisten Fällen explizit (bzw. mit dem geringen Aufwand einer eindimensionalen Optimierung) erfolgen und die "äußere" Minimierung bzgl. $\boldsymbol{u}_i$ wird mittels dynamischer Optimierung realisiert. Die Berechnung der $\hat{d}_j$ erfordert die Lösung linearer Optimierungsprobleme der Dimension $2T$. Auf Grund der speziellen Struktur von d ist auch die Berechnung von Subgradienten in einfacher Weise möglich.

Zur numerischen Lösung des dualen nichtglatten Optimierungsproblems

$$\max\{d(\boldsymbol{\lambda}, \boldsymbol{\mu})|(\boldsymbol{\lambda}, \boldsymbol{\mu}) \in \mathbb{R}^T \times \mathbb{R}_+^T\}$$

wird in der gegenwärtigen Implementierung ein BT-Verfahren (bundle trust methods) nach [SZ] eingesetzt. In diesem Verfahren wird eine Aufstiegsrichtung als Lösung eines quadratischen Optimierungsproblems auf der Grundlage eines "Bündels" von Subgradienten- und Funktionswert- Informationen an Iterations- und Hilfspunkten berechnet. Die zugehörige Theorie liefert geeignete Abbruchkriterien und auch eine endliche Konvergenzaussage für den Fall stückweise linearer Zielfunktionen (die insbesondere für lineare bzw. stückweise lineare konvexe Brennstoffkosten B_i relevant ist).

Der Gesamtalgorithmus [Mo, MR] beginnt mit der Berechnung einer Startlösung für die Multiplikatoren (λ, μ). Hierzu wird zunächst unter Vernachlässigung von Restriktionen, die sich auf mehrere Zeitintervalle beziehen, eine Fahrweise für die thermischen Einheiten mit einem Prioritäten- listenzugang festgelegt. Anschließend wird geprüft, ob durch den Einsatz von Pumpspeicherwerken eine kostengünstigere Fahrweise erreicht werden kann. Schließlich nutzt man die Interpretation der Lagrangemultiplikatoren als Schattenkosten, um diese zu initialisieren. Dann beginnt die iterative Lösung des dualen Problems mittels BT-Verfahren. Für jede Funktionswert- und Subgradientenberechnung werden die aus der Dekomposition erhaltenen I Teilprobleme für die thermischen Kraftwerke mittels dynamischer Optimie- rung und die J Teilprobleme für die Pumpspeicherwerke mit einem Trans- portalgorithmus [N] gelöst. Nach erfolgtem Abbruch schließt sich zunächst die Suche nach einer zulässigen Lösung (p, u, s, w) an, die neben den indi- viduellen Restriktionen für jeden Erzeuger auch die Reserve-Restriktionen erfüllt. Das Verfahren hierfür geht im wesentlichen auf [ZG] zurück und wur- de in Hinblick auf die Einbeziehung von Pumpspeicherwerken erweitert. Die Idee besteht darin, für das jeweilige Intervall t, in dem die Reservebedingung am meisten verletzt ist, den Zuwachs für den Multiplikator μ^t zu bestimmen, der gerade erforderlich ist, um eine weitere thermische Einheit zuzuschal- ten. Anschließend prüft man, ob die Reservebedingung für den geänderten Multiplikator bereits durch die Pumpspeicherwerke erfüllt werden kann. Ist dies der Fall, so wird untersucht, ob ein kleinerer Zuwachs ausreicht, um die Reservebedingung mit den Pumpspeicherwerken zu erfüllen, um zu vermei- den, daß die betreffende thermische Einheit während des Iterationsprozesses zusätzlich zugeschaltet wird. Anderenfalls bestimmt man den Zuwachs, der erforderlich ist, um noch eine weitere Einheit zuzuschalten und fährt so lan- ge fort, bis die Reservebedingung in allen Intervallen erfüllt ist. Abschließend werden die Variablen (p, s, w) bei fixierten Schaltzuständen u so bestimmt, daß das System kostenoptimal arbeitet und alle Restriktionen eingehalten werden (economic dispatch).

Ein Programm für den Algorithmus befindet sich in Entwicklung. Eine frühere Version für rein thermische Systeme und quadratische Brennstoffko- sten ist bisher an zufällig erzeugten Problemen verschiedener Größe getestet worden. Die Tabelle zeigt Resultate für thermische Systeme mit 50 bzw. 100 Einheiten, bei denen auch der Warmhaltezustand (neben der on/off - Ent- scheidung) in die diskreten Entscheidungen einbezogen wurde.

T	I	# binäre Variablen	# stetige Variablen	relativer BT-Abbruch-parameter	# BT-Iterationen	relative Dualitäts lücke	CPU-Zeit*
168	50	12600	8400	1D-3	3	0.08 %	1:20 min
168	50	12600	8400	1D-4	25	0.04 %	17:07 min
168	50	12600	8400	1D-5	50	0.05 %	34:12 min
168	100	25200	16800	1D-3	3	0.09 %	2:48 min
168	100	25200	16800	1D-4	13	0.01 %	9:13 min
168	100	25200	16800	1D-5	53	0.01 %	38:57 min

* auf HP apollo 715/50

Tabelle 4. Modellgröße, Gütegarantie und CPU–Zeit
für zufällig erzeugte thermische Kraftwerkssysteme

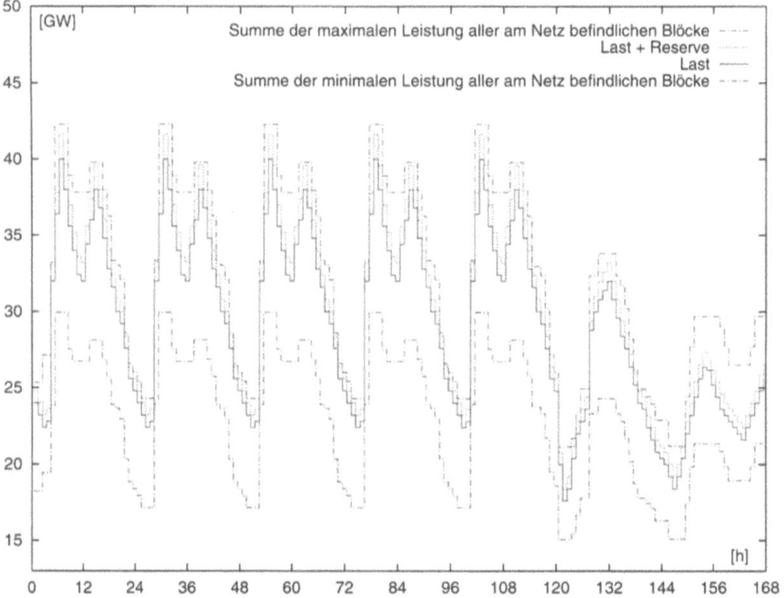

Abb. 2. Ergebnisse eines zufällig erzeugtes Blockauswahlproblems
für eine Woche und 100 thermische Einheiten

Die Resultate zeigen, daß das Verfahren in der Lage ist, thermische Kraftwerkssysteme, die zu den größten in der Literatur behandelten gehören, zuverlässig und in angemessener Zeit zu optimieren.

Literatur

[AIS]   Aoki, K.; Itoh, M.; Satoh, T.; Nara, K.; Kanezashi, M.: Optimal Long–Term Unit Commitment in Large Scale Systems Including Fuel Constrained Thermal and Pumped–Storage Hydro. IEEE Transactions on Power Systems 4 (1989), 1065 – 1073.

[BLS] Bertsekas, D.P.; Lauer, G.S.; Sandell, N.R.; Posbergh, T.A.: Optimal Short–Term Scheduling of Large–Scale Power Systems. IEEE Transactions on Automatic Control, AC–28(1983), 1–11.

[C] Using the CPLEX Callable Library, CPLEX Optimization, Inc. 1994.

[DEK] Dillon, T.S.; Edwin, K.W.; Kochs, H.-D.; Taud, R.J.: Integer Programming Approach to the Problem of Optimal Unit Commitment with Probabilistic Reserve Determination. IEEE Transactions on Power Apparatus and Systems 97 (1978), 2154 – 2166.

[GRS] Guddat, J.; Römisch, W.; Schultz, R.: Some Applications of Mathematical Programming Techniques in Optimal Power Dispatch. Computing 49(1992), 193–200.

[HHL] Handke, J.; Handschin, E.; Linke, K.; Sanders, H.-H.: Coordination of Long- and Short-Term Generation Planning in Thermal Power Systems. IEEE Transactions on Power Systems 10 (1995), 803 – 809.

[JRT] Jünger, M.; Reinelt, G.: Thienel, S.: Practical Problem Solving with Cutting Plane Algorithms in Combinatorial Optimization, in: Cook, W.; Lovasz, L.; Seymour, P. (Hrsg.) DIMACS Series in Discrete Mathematics and Theoretical Computer Science, Vol. 20, 1995, 111-152.

[LPR] Lemaréchal, C.; Pellegrino, F.; Renaud, A.; Sagastizábal, C.: Bundle Methods Applied to the Unit Commitment Problem. Proceedings of the 17th IFIP–Conference on System Modelling and Optimization, Prague, July 10 – 14, 1995. (erscheint)

[Mo] Möller, A.: Über die Lösung des Blockauswahlproblems mittels Lagrangescher Relaxation. Diplomarbeit, Humboldt–Universität Berlin, Institut für Mathematik, 1994.

[MR] Möller, A.; Römisch, W.: A Dual Method for the Unit Commitment Problem, Humboldt–Universität Berlin, Institut für Mathematik, Preprint Nr. 95-1, 1995.

[Mu] Müller, D.: Minimierung stückweise linearer Zielfunktionen mit Anwendung in der elektrischen Lastverteilung, Diplomarbeit, Humboldt-Universität Berlin, Institut für Mathematik, 1995.

[N] Nowak, M.: Ein Lösungsverfahren für mehrstufige lineare Optimierungsprobleme mit beschränkten Variablen, Gleichungsnebenbedingungen und einer stochastischen Zielfunktion. Diplomarbeit, Humboldt–Univerität Berlin, Institut für Mathematik, 1996.

[RW] van Roy, T.; Wolsey, L.A.: Valid Inequalities for Mixed 0-1 Programs, Discrete Applied Mathematics 14 (1986), 199-213.

[SZ] Schramm, H.; Zowe, J.: A Version of the Bundle Idea for Minimizing a Nonsmooth Function: Conceptual Idea, Convergence Analysis, Numerical Results. SIAM Journal on Optimization 2(1992), 121–152.

[SF] Sheble, G.B.; Fahd, G.N.: Unit Commitment Literature Synopsis. IEEE Transactions on Power Systems 9(1994), 128-135.

[TBL] Takriti, S.; Birge, J.R.; Long, E.: A Stochastic Model for the Unit Commitment Problem. IEEE Transactions on Power Systems. (erscheint)

[ZG] Zhuang, F.; Galiana, F.D.: Towards a More Rigorous and Practical Unit Commitment by Lagrangian Relaxation. IEEE Transactions on Power Systems 3(1988), 763–773.

Optimaler Mitarbeitereinsatz am Arbeitsplatz

P. Kleinschmidt[1], *L.-O. Götze*[1], *A. Hefner*[1], *U. Schnieders*[1]
und G. Mederer[2] *

[1] Universität Passau, Lehrstuhl für Wirtschaftsinformatik,
Innstraße 29, D–94032 Passau,
E–Mail pessy@winf.uni-passau.de,
URL http://www.fmi.uni-passau.de/wiwi/lehrstuehle/kleinsch/index.html
[2] Druckerei Paul Kieser GmbH & Co. KG,
Oskar–von–Miller–Straße 1, D–86356 Neusäss/Augsburg

Abstract. We describe models and algorithms from combinatorial optimization
which we have developed for a manpower scheduling system. This system has been
extensively tested in a printing company. Among other goals we have achieved
higher productivity and more satisfaction of the workers with their individual sche-
dules.

1 Aufgaben der Personaleinsatzsteuerung

Die Personaleinsatzsteuerung als betriebliche Dispositionsaufgabe hat das
Ziel, die vorhandenen Mitarbeiter gemäß ihrer Qualifikation den Arbeitsplätzen so zuzuweisen, daß die innerhalb eines mittelfristigen Zeithorizonts ein-
treffenden Fertigungs- oder Dienstleistungsaufträge möglichst effizient erle-
digt werden können. Hohe Auslastung der Maschinen und Zufriedenheit der
Mitarbeiter mit den ihnen zugewiesenen Aufgaben sind neben vielen anderen
Zielen, auf die wir hier aus Platzgründen nicht eingehen können, zu optimierende Parameter.

Die Personaleinsatzsteuerung kann in zwei Teilaufgaben zerlegt werden:
die Schichtplanung und die Feinsteuerung. In der Schichtplanung wird für
einen noch überschaubaren Planungshorizont für jeden Mitarbeiter festgelegt, an welchem Tag er in welcher Schicht arbeitet. Ist diese zeitliche Festlegung getroffen, so wird in der Feinsteuerung die Entscheidung getroffen, an
welchem Arbeitsplatz der Mitarbeiter in jeder einzelnen Schicht eingesetzt
wird. Es ist sinnvoll, diese Probleme getrennt zu behandeln, da die Schichtplanung noch von recht unscharfen prognostischen Annahmen bezüglich des
auftragsspezifischen Personalbedarfs ausgehen muß, die Mitarbeiter jedoch
zumindest über ihren zeitlichen Einsatz Vorabinformationen haben wollen.
Die Feinsteuerung erfolgt nachgelagert und hat aufgrund ihrer größeren Ter-
minnähe wesentlich genauere Daten.

---

* Mitgewirkt an diesem Artikel hat auch: H. Achatz (Universität Passau).

Diese Arbeit ist eine kurze Übersicht über die mathematischen Methoden, die wir in der Druckerei Kieser bei Augsburg eingesetzt haben, um den Personaleinsatz mit Hilfe von Rechnerunterstützung zu verbessern. Umfangreiche Befragungen von Mitarbeitern aller Organisationsstufen haben ergeben, daß mit unserem Programm bereits u. a. folgende Ziele erreicht wurden:

- Verkürzung der Personaldispositionszeit um 5–8 Stunden pro Woche
- Höhere Maschinenauslastung
- Höhere Zufriedenheit der Mitarbeiter aufgrund stabilerer Schichtpläne
- Genauere Informationen über die Mitarbeiterverfügbarkeit.

Die allgemeine Zufriedenheit hat dazu geführt, daß der Betriebsrat vorschlug, das Programm auch in einem Bereich einzusetzen, der bisher noch konventionell gesteuert wird. Ein Grund für die Akzeptanz des Systems liegt sicher auch darin, daß wir auf der Datenseite von der Modellierung des "gläsernen Menschen" abgesehen haben. Dies ist der Hauptkritikpunkt an den in der Literatur vorgeschlagenen, außerdem sehr schwer zu pflegenden Qualifikationsprofilen. Unsere Qualifikationsdaten bestehen für jeden Mitarbeiter lediglich aus einer gewichteten Liste von Funktionen, die er ausüben kann.

Unsere mathematischen Methoden kommen im wesentlichen aus der Kombinatorischen Optimierung. Für hier nicht näher erklärte Begriffe verweisen wir auf den Übersichtsartikel [GL].

Das im Rahmen des Projektes entstandene System besteht aus einem unter ORACLE entwickelten großen Informationssystem, das alle benötigten Daten bereithält. Um den ohnehin erheblichen Softwareengineering–Aufwand zu minimieren, wurden die Oberflächen komplett mit ORACLE–Werkzeugen entwickelt. Die zahlreichen mathematischen Algorithmen wurden in C++ implementiert und vom Informationssystem abgekoppelt. Dies ermöglicht einen asynchronen Ablauf von Optimierungsverfahren und Zugriffen auf das Informationssystem.

Im zweiten Abschnitt dieser Arbeit behandeln wir unsere Verfahren zur Feinsteuerung. Diese basieren auf Matching–Modellen mit Zusatzbedingungen. Der dritte Abschnitt über die Schichtplanung stellt die Grundideen für eine Lösung mit ganzzahliger linearer Optimierung dar. Die publizierten Modelle zur Schichtplanung ignorieren meist entweder den vorhandenen Mitarbeiterbestand oder den auftragsbedingten Personalbedarf. Wir haben versucht, beide Aspekte zu integrieren.

2 Matching–Probleme in der Feinsteuerung

Das Matching–Problem beschäftigt sich mit der Frage, wie eine gegebene Menge von Objekten in Paare zerlegt werden soll. Dabei ist der Nutzen eines jeden möglichen Paares im voraus bekannt und das Ziel ist es, den Gesamtnutzen zu maximieren.

Als Paradigma für Anwendungen von Matching–Problemen findet in der Literatur sehr häufig die Personaleinsatzsteuerung — speziell die Feinsteuerung — Erwähnung. Die Objekte sind hier Mitarbeiter und Arbeitsplätze. Jeder Mitarbeiter hat für jeden Arbeitsplatz einen Eignungswert. Ziel ist es, eine Zuordnung der Mitarbeiter zu Arbeitsplätzen zu finden, die die Summe der Eignungswerte des Einsatzplanes maximiert.

Das reine Matching–Modell ist für die Situation in der betrieblichen Praxis meist nicht hinreichend, da zahlreiche zusätzliche Nebenbedingungen zu beachten sind. Ohne solche Bedingungen haben wir nur ein bipartites Matching–Problem, im wesentlichen das Zuordnungsproblem, zu lösen. Für diesen Fall verwenden wir den Code, der auf unseren Algorithmen in [AKP] beruht.

Im Rahmen unserer Kooperation mit der Firma Kieser und mit anderen Firmen haben wir versucht, das Matching–Problem um solche Zusatzbedingungen zu erweitern und mit Methoden der polyedrischen Kombinatorik zu lösen. Dadurch konnte eine für viele Anwendungsbereiche befriedigende Lösung der Personaleinsatzsteuerung gefunden werden.

Die um Zusatzbedingungen erweiterten Matching–Probleme sind fast alle NP–vollständig. Deshalb haben wir nicht in allen Versionen unseres Systems Algorithmen verwendet, die garantiert das Optimum liefern. Vielmehr kommen zahlreiche Heuristiken zum Einsatz. Jedoch konnten wir stets mit dem von uns entwickelten exakten Verfahren die Qualität der Heuristiken testen.

Im betrieblichen Einsatz treten meist ad hoc weitere Zusatzbedingungen auf, die nicht oder nur mit unvertretbarem Aufwand algorithmisch zu berücksichtigen sind. Das Programm gibt dem Disponenten jedoch die Möglichkeit, bei nicht formulierten Nebenbedingungen Einsatzpläne nachzubessern. Diese interaktive Eingriffsmöglichkeit wird in der Regel sogar gefordert.

In den folgenden Abschnitten behandeln wir einige der speziellen Zusatzbedingungen, die uns im Rahmen des Projekts begegnet sind.

2.1 Das MS–Matching–Problem

In der Firma Kieser werden auf Druckerpressen unterschiedlichen Typs Aufträge gefertigt. Ein Produktionsplan legt fest, in welcher Reihenfolge und auf welchen Maschinen die Aufträge zu bearbeiten sind. Ein Mitarbeiter, der die Qualifikation besitzt, eine bestimmte Druckerpresse selbständig zu bedienen, wird als *Maschinenführer* für diese Presse bezeichnet. Für einige Maschinen kann die Durchlaufzeit eines Auftrags dadurch gesenkt werden, daß dem Maschinenführer ein sogenannter *Maschinenhelfer* zur Seite gestellt wird. Der Maschinenhelfer entlastet den Maschinenführer von einfachen Aufgaben, wie dem Einlegen von neuem Papier in die Druckerpresse. Er kann aber die Presse nicht selbständig bedienen. Im allgemeinen hat ein Mitarbeiter die Qualifikation, für einige Pressen als Maschinenführer und für einige Pressen als Maschinenhelfer zu fungieren. Die Druckerpressen werden nach Anzahl und Art der Mitarbeiter, die sie bedienen, in drei Klassen eingeteilt: Eine Maschine vom Typ 1 kann von einem einzelnen Maschinenführer bedient werden. Eine Maschine vom Typ 2 wird von einem Maschinenführer bedient, der von einem Maschinenhelfer unterstützt werden kann. Eine Maschine vom Typ 3 muß gleichzeitig von zwei Maschinenführern bedient werden. Das Problem besteht nun darin, für eine Planungsperiode (meist eine Woche) einen Einsatzplan zu erstellen, der die unterschiedlichen Mitarbeiterfähigkeiten berücksichtigt und der gewährleistet, daß auf jeder Maschine, zu der Personal zugeordnet wird, auch gefertigt werden kann.

Dieses Problem formulieren wir etwas allgemeiner als ein *Master/Slave-Matching-Problem* (kurz *MS-Matching*):

Es sei $G = (V, E)$ ein ungerichteter Graph mit Knotenmenge V und Kantenmenge E. Durch $c : E \longrightarrow \mathbb{Z}^+$ sei eine Gewichtsfunktion gegeben. Weiterhin sei $D = (V, A)$ ein Digraph, der auf derselben Knotenmenge wie G definiert ist. Wir bezeichnen D als *Abhängigkeitsgraph*. Ist $(u, v) \in A$, so bezeichnen wir u als *Slave* von v und v als *Master* von u.

Eine Teilmenge M von E heißt ein *Matching* von G, wenn jeder Knoten von V in höchstens einer Kante aus M liegt. Ein Matching M von G heißt ein *MS-Matching* von G (bezüglich D), wenn für alle $(u, v) \in A$ gilt: Ist u in einer Matching-Kante aus M enthalten (u ist *gepaart*), so ist auch v gepaart. Das MS-Matching-Problem besteht darin, ein MS-Matching M von G bezüglich D zu finden, für das $\sum_{e \in M} c(e)$ maximal ist.

Abbildung 1 zeigt ein Beispiel für ein MS-Matching in einem bipartiten Graphen. Die Kanten aus M sind fett dargestellt.

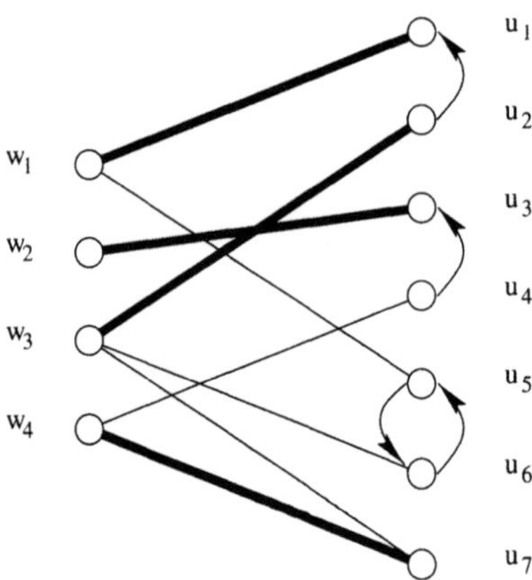

Abb. 1. Ein MS-Matching

Anhand von Abbildung 1 kann die Bedeutung von MS-Matching für die Personaleinsatzsteuerung erläutert werden. Die Knoten w_i entsprechen Arbeitern, die Knoten u_i Arbeitsplätzen. Die Existenz einer Kante $[w_i, u_j]$ besagt, daß der Arbeiter w_i auf dem Arbeitsplatz u_j einsetzbar ist. Durch die

Gewichtsfunktion c kann die Qualifikation bewertet werden. Die Bögen zwischen den Knoten u_i stellen die Arbeitsplatzabhängigkeiten dar. Gemäß der oben erwähnten Klassifizierung der Arbeitsplätze entspräche u_7 einer Maschine vom Typ 1, u_1 und u_2 bzw. u_3 und u_4 gehören jeweils zu einer Maschine vom Typ 2. Die Knoten u_5 und u_6 gehören zu Typ 3. Das Vorhandensein vieler Abhängigkeiten macht das Einsatzproblem für einen Disponenten schon sehr komplex, wenn keine Rechnerunterstützung vorhanden ist.

Abhängigkeiten zwischen Arbeitsplätzen können auch aus anderen Gründen entstehen, die ebenfalls über MS–Matching behandelbar sind. So kann es beispielsweise produktionsbedingt vorkommen, daß die Teile, die Arbeitsplatz A produziert, an einem Arbeitsplatz B weiterverarbeitet werden. Ist B zu einem Zeitpunkt nicht besetzt, so würden die von A produzierten Teile evtl. hohe Zwischenlagerkosten verursachen. A ist also nur dann zu besetzen, wenn auch B besetzt ist.

In die uns bisher in der Praxis begegneten Abhängigkeiten waren jeweils nur Paare von Arbeitsplätzen involviert. Es ist jedoch auch denkbar, daß Abhängigkeiten zwischen mehreren Arbeitsplätzen bestehen. Im MS–Matching–Modell entspricht dies einem Digraphen D, der schwach zusammenhängende Komponenten mit mehr als 2 Knoten besitzt. Mit $k(D)$ sei die maximale Knotenzahl einer schwach zusammenhängenden Komponente von D bezeichnet.

Wir haben gezeigt ([He], [HK]), daß MS–Matching ein "schwieriges" Problem ist, genauer gilt, daß MS–Matching NP–vollständig ist und dies sogar bei Beschränkung auf bipartite Graphen G, für deren Abhängigkeitsgraphen $k(D) \leq 3$ gilt.

Glücklicherweise ist die Komplexität des MS–Matching–Problems einfacher, wenn man sich auf Digraphen mit $k(D) \leq 2$ beschränkt. Dieses Problem kam genau bei unserem Praxisfall vor. Wir bezeichnen es als *2–MS–Matching–Problem*.

Wir haben in [He] und [HK] gezeigt, daß dieses Problem auf das gewichtete Matching–Problem transformiert und daher mit Algorithmen für dieses Problem effizient gelöst werden kann. Diese Algorithmen sind allerdings nicht geeignet, zusätzliche Bedingungen, die in unserer Anwendung auftreten, zu berücksichtigen. Deshalb haben wir eine vollständige polyedrische Charakterisierung des 2–MS–Matching–Polytops, d. h. des 0–1–Polytops, dessen Ecken genau die Inzidenzvektoren von 2–MS–Matchings sind, bewiesen. Diese Charakterisierung ermöglicht die Formulierung von 2–MS–Matching als LP und damit die zusätzliche Aufnahme von Bedingungen und die Behandlung praxisnäherer Probleme mit Branch & Cut–Verfahren.

Hierzu haben wir in [He] einen Typ von linearen Ungleichungen identifiziert, die eine Verallgemeinerung der Blütenungleichungen von Edmonds [Ed] darstellen. Wir nennen sie *MS–Blütenungleichungen*. Da wir mit Hilfe eines Algorithmus aus [PR] effizient testen können, ob eine solche Ungleichung verletzt ist, können wir sie in Branch & Cut–Verfahren für 2–MS–Matching–Probleme als Schnittebenen einsetzen.

Diese Schnittebenen sind natürlich auch nützlich, um MS–Matching–Probleme mit $k(D) > 2$ oder 2–MS–Matching–Probleme mit Zusatzbedingungen über Branch & Cut–Verfahren zu lösen.

In den folgenden zwei Abschnitten werden solche aus unserer Anwendung kommenden Bedingungen behandelt.

2.2 Das auslastungsbeschränkte 2–MS–Matching–Problem

Die Firma Kieser arbeitet im Dreischichtbetrieb. Am Ende jeder Woche findet ein Schichtwechsel statt. Um für eine Woche einen Einsatzplan zu erstellen, der die Schichten der einzelnen Mitarbeiter berücksichtigt, müssen wir unser 2–MS–Matching–Modell modifizieren. Wir konstruieren einen bipartiten Graphen $G = (V, E)$ mit Bipartition $V = W \cup U$, wobei die Knoten in W den Mitarbeitern entsprechen, und einen Abhängigkeitsgraphen $D = (U, A)$. Für jeden Arbeitsplatz erzeugen wir drei Knoten in U, die den Arbeitsplatz während der Früh-, Spät- und Nachtschicht repräsentieren. Der Graph G besitzt nur dann eine Kante $[w, u]$, wenn der Arbeiter w die Qualifikation für den Arbeitsplatz u hat und die Schicht von w mit der Schicht von u übereinstimmt. Die konstruierte Instanz ist wieder eine 2–MS–Matching–Instanz.

Aufgrund aktueller Daten aus der Zeit- und Kapazitätsplanung will das Unternehmen einige Arbeitsplätze nur ein- oder zweischichtig auslasten. Dabei läßt das Unternehmen offen, während welcher Schichten diese Arbeitsplätze unbesetzt bleiben sollen. Würde man die Schichten explizit vorschreiben, würde dies zu stärkeren Restriktionen und damit zu i. a. schlechteren Einsatzplänen führen. Allerdings könnte diese Situation einfach dadurch modelliert werden, daß die zugehörigen Knoten und die mit ihnen inzidenten Kanten aus G entfernt werden. So aber führen die Auslastungsbeschränkungen zu zusätzlichen Bedingungen.

Sei $U_i = \{u_{i_1}, u_{i_2}, u_{i_3}\}$ eine Teilmenge von U, wobei u_{i_j} dem Arbeitsplatz i zur Schicht j entspricht und $r_i(\leq 3)$ die maximale Anzahl der Schichten, zu denen der Arbeitsplatz i besetzt werden soll.

Wir haben also das 2–MS–Matching–Problem zu lösen, für das zusätzlich gilt, daß für alle U_i höchstens r_i Knoten aus U_i gepaart sind. Dieses Problem nennen wir *auslastungsbeschränktes* 2–MS–Matching–Problem. In [He] haben wir bewiesen, daß dieses Problem "schwierig", d. h. NP–hart, ist. Allerdings ist das Problem einfach auf das polynomiale Min–Cost–Flow–Problem transformierbar, wenn keine Abhängigkeiten bestehen ($A = \emptyset$).

Fügt man zu unseren Ungleichungen für das 2–MS–Matching–Problem für jeden Arbeitsplatz i eine Ungleichung hinzu, die gewährleistet, daß er höchstens zu r_i Schichten besetzt ist, so erhält man eine LP–Relaxation des auslastungsbeschränkten 2–MS–Matching–Problems.

Wir haben ein Branch & Cut–Verfahren realisiert, bei dem wir diese Ungleichungen in einer LP–Relaxation verwenden und sukzessive MS–Blütenungleichungen mit dem erwähnten exakten Separationsalgorithmus bestimmen und als Schnittebenen hinzufügen. Im Vergleich zu einer vorher von uns implementierten Heuristik konnten mit diesem Verfahren auf Realdaten der Fa. Kieser ca. 4% mehr Arbeitsplätze ausgelastet werden. Schon mit der Heuristik war eine Verbesserung der Auslastung gegenüber der Disposition ohne Rechnerunterstützung erreicht worden. Aufgrund fehlender Daten aus der Vergangenheit kann diese Verbesserung hier nicht quantifiziert werden. Angesichts der hohen Kosten für Arbeitskraft und Maschinen ist allerdings selbst eine Verbesserung von 4% durchaus nennenswert. Die Rechenzeiten liegen für das Branch & Cut-Verfahren alle im Bereich von unter einer Sekunde, so daß die Interaktivität des Systems nie beeinträchtigt wird.

2.3 Polyedrische Methoden bei Teamrestriktionen

Das folgende ganzzahlige Optimierungsproblem wurde in [AN] studiert. Es heißt "Couple Constrained Assignment Problem" (CCAP).

$$\max \sum_{i=1}^{n} \sum_{j=1}^{n} c_{ij} x_{ij}$$

$$\sum_{j=1}^{n} x_{ij} = 1, \qquad i = 1, \ldots, n \tag{1}$$

$$\sum_{i=1}^{n} x_{ij} = 1, \qquad j = 1, \ldots, n \tag{2}$$

$$x_{2i-1,2i-1} - x_{2i,2i} = 0, \qquad 1 \leq i \leq m \ (m \leq \lfloor n/2 \rfloor \text{ fest}) \tag{3}$$

$$x_{ij} \geq 0, \qquad 1 \leq i,j \leq n \tag{4}$$

$$x_{ij} \text{ ganzzahlig.} \tag{5}$$

Ohne die Gleichungen (3) ist dies eine Formulierung des klassischen bipartiten Matching–Problems (Zuordnungsproblem), bei dem die Indizes i den Arbeitern und die Indizes j den Arbeitsplätzen entsprechen. Eine Variable x_{ij} hat bei diesem Problem genau dann den Wert eins, wenn Arbeiter i dem Arbeitsplatz j zugeordnet wird. Andernfalls ist sie null. Die Zahlen c_{ij} bewerten die Qualifikation von Arbeiter i für Arbeitsplatz j. Die Gleichungen (1) und (2) bedeuten, daß jedem Arbeiter genau ein Arbeitsplatz bzw. jedem Arbeitsplatz genau ein Arbeiter zugeordnet wird. Falls die Arbeiter i und k bzgl. der Arbeitsplätze j und l ein Team bilden, so bedeutet dies, daß der Arbeiter i dem Arbeitsplatz j genau dann zugeordnet wird, wenn Arbeiter k dem Arbeitsplatz l zugeordnet wird. Durch geeignete Umsortierung der Indizes kann man bei unabhängigen Zweierteams immer erreichen, daß nur die Hauptdiagonale betroffen ist (Gleichung (3)). Wir haben gezeigt [He], daß sich auch wesentlich komplexere Anforderungen bezüglich des Einsatzes von Teams effizient auf CCAP zurückführen lassen. Aus Platzgründen verzichten wir hier auf eine genauere Darstellung.

Uns ist die Teambedingung des CCAP u. a. bei dem Problem von Fahrgemeinschaften in einem Bauunternehmen begegnet. Bezüglich Baustellen, die weit entfernt vom Wohnort der Bauarbeiter liegen, bilden diese häufig eine Fahrgemeinschaft. Zu nahe gelegenen Baustellen fahren sie lieber unabhängig voneinander. Sind die Arbeitsplätze $2i - 1$ bzw. $2i$ auf einer solchen entfernten Baustelle gelegen, und sind dies dort die geeigneten Arbeitsplätze für die Arbeiter $2i - 1$ bzw. $2i$, die gern eine Fahrgemeinschaft bilden, so ist es unter Umständen nicht sinnvoll, diese Fahrgemeinschaft aufzubrechen. Eine Verletzung von (3) würde das Aufbrechen der Fahrgemeinschaft implizieren.

Da CCAP schon NP–vollständig ist [AN], haben wir in [He] zahlreiche facettendefinierende Ungleichungen für das 0–1–Polytop, dessen Ecken die Lösungen von CCAP sind, bestimmt. Damit haben wir einen großen Satz von Schnittebenen, die CCAP ebenfalls für Branch & Cut–Verfahren zugänglich machen. Für alle Ungleichungen haben wir entweder exakte Separationsalgorithmen oder Separationsheuristiken entwickelt. Die Facettenbeweise nutzen aus, daß CCAP ein spezielles Set–Partitioning–Problem ist. Man sieht dies sofort, indem man über (3) die Variablen mit geradem Index eliminiert und in den anderen Restriktionen substituiert. Bekannte Facettenresultate über das Set–Packing–Polytop, von dem das Set–Partitioning–Polytop eine Seitenfläche ist, haben wir verwendet, um über Liftingmethoden Facetten des CCAP–Polytops zu gewinnen. Unsere Facetten dominieren die in [AN] gefundenen Ungleichungen, so daß zu erwarten ist, daß eine Implementierung von Branch & Cut–Verfahren kürzere Rechenzeiten als in [AN] angegeben liefert. Wir haben eine solche Implementierung noch nicht durchgeführt. Dies ist jedoch geplant.

Die theoretischen Resultate dieses Abschnitts sind durch Praxisanforderungen initiiert worden. Es war eine sehr positive Erfahrung für uns, die Ergebnisse auch zum großen Teil wieder in die Praxis zurückfließen zu lassen.

3 Schichtplanung

3.1 Einführung in das Problem

Eine rechnerunterstützte Schichtplanung soll dazu dienen, für eine Menge von Mitarbeitern über einen längeren Zeitraum (z. B. 20 Wochen) eine Schichteinteilung zu berechnen. Dieser Berechnung liegen folgende Planungsparameter zugrunde:

1. Ein Bedarf $b_{t,s,j} \in \mathbb{N}$: dies ist die Anzahl der benötigten Mitarbeiter mit der Fähigkeit j in einem bestimmten Zeitraum t und einer Schicht s. Dabei entspricht t hier dem kleinsten Zeitraum, über den die Schichteinteilung eines Werkers konstant bleibt. Bei unseren Planungen ist dies ein Tag oder eine Woche.

2. Arbeitsmedizinische und tarifrechtliche Regeln über die mögliche Abfolge verschiedener Schichten.

3. Auf Mitarbeiterebene, Gruppenebene oder Abteilungsebene geführte Zeitkonten, die auf der Grundlage des Tarifrechts oder individueller Arbeitsverträge auszugleichen sind (z. B. Zeitkonten bei Teilzeitarbeit, Jahresarbeitszeit).

4. Fixierungen von Schichteinteilungen durch den Disponenten.

5. Wünsche der Mitarbeiter über zukünftige Schichteinteilungen und Freizeitgestaltung.

6. *Gruppenäquivalenz*, d. h. es wird bei einer Planung auf Gruppenebene verlangt, daß alle Gruppen den gleichen Schichtrhythmus erhalten, jedoch jeweils um einen festgelegten Zeitraum (z. B. eine Woche) verschoben.

3.2 Formulierung des ILP

Wir haben diese Parameter in einem ganzzahligen LP (ILP) berücksichtigt. Die einzelnen Planungsparameter werden im folgenden bei der Gesamtformulierung des Problems erläutert, wobei wir auf eine umfassende Darstellung des gesamten ILP aus Platzgründen verzichten müssen.

Idealerweise würde man versuchen, die Mitarbeiter bereits in ihren Schichten den jeweiligen Arbeitsplätzen zuzuweisen. Dies würde dazu führen, daß man Probleme zu lösen hätte, deren Entscheidungsvariablen $x_{t,s,i,j}$ vierfach indiziert wären: im Zeitraum t in der Schicht s wird Mitarbeiter i dem Arbeitsplatz j zugeordnet. Aufgrund der Unschärfe des prognostizierten Bedarfs an bestimmten Mitarbeiterfähigkeiten und in Unkenntnis von zukünftigen kurzfristigen Ausfällen von Mitarbeitern, erscheint es praxisnäher, lediglich die Mitarbeiter in die vorgesehenen Schichten einzuteilen, ohne bereits eine Arbeitsplatzzuweisung vorzunehmen. Gleichzeitig wird dadurch die Komplexität des Problems verringert.

Ziel der Schichtplanung ist es demnach, für jeden Mitarbeiter i für jeden Zeitraum t eine Schichteinteilung s zu berechnen. Dies wird durch die binäre Variable $x_{t,s,i}$ ausgedrückt, wobei $x_{t,s,i} = 1$ bedeutet, daß Mitarbeiter i im Zeitraum t auf die Schicht s eingeteilt wird. Wir nehmen an, daß jeder Mitarbeiter in einem Zeitraum t nur eine Schicht belegen kann. Somit ist $\sum_s x_{t,s,i} = 1 \ \forall t,i$ die erste Restriktion unseres ILP. Die weiteren Restriktionen ergeben sich aus der obigen Aufzählung wie folgt:

1. Für jeden Zeitraum t wird eine Analyse der nachgefragten Fähigkeiten $b_{t,s,j}$ und der verfügbaren Mitarbeiter mit ihren Fähigkeiten vorgenommen. Um die Mehrfachqualifikationen der Mitarbeiter geeignet zu berücksichtigen, ohne eine Zuordnung $x_{t,s,i,j}$ zu berechnen, werden "Deckungsbeiträge" $a_{t,s,i,j} \in [0,1]$ als gebrochene Variante zu den $x_{t,s,i,j}$ eingeführt. Diese $a_{t,s,i,j}$ geben an, mit welchem Anteil ein Werker i im Zeitraum t in der Schicht s zur Deckung der Fähigkeit j beiträgt. Die $a_{t,s,i,j}$ können

auch als "Wahrscheinlichkeiten" interpretiert werden und sollen folgenden Bedingungen genügen:

$$\sum_j \sum_s a_{t,s,i,j} = 1 \quad \forall t, i \qquad (6)$$

$$\sum_i a_{t,s,i,j} \geq b_{j,t,s} \quad \forall t, s, j \qquad (7)$$

Ungleichung (7) fordert, daß die Summe der "Deckungsbeiträge" aller Arbeiter die Gesamtnachfrage $b_{t,s,j}$ deckt. Mit Hilfe von (6) und (7) können die $a_{t,s,i,j}$ in einem LP berechnet werden, da sie nicht ganzzahlig sind. Wir berechnen dann in (8) aus den $a_{t,s,i,j}$, die "Wahrscheinlichkeiten" $a_{t,s,i}$, daß ein Werker i im Zeitraum t die Schicht s belegt.

$$a_{t,s,i} := \sum_j a_{t,s,i,j} \quad \forall t, s, i \qquad (8)$$

$$a_j^{t,s,i} := \frac{a_{t,s,i,j}}{a_{t,s,i}} \quad \forall t, s, i, j \qquad (9)$$

Daraufhin lassen sich in (9) "bedingte Wahrscheinlichkeiten" $a_j^{t,s,i} \in [0, 1]$ errechnen, mit der ein Mitarbeiter i die Tätigkeit j ausführen wird, falls er im Zeitraum t in die Schicht s eingeteilt wird. Es gilt $\sum_j a_j^{t,s,i} = 1 \, \forall t, s, i$. Mit Hilfe dieser "bedingten Wahrscheinlichkeiten" versuchen wir dann, eine Partitionierung der Mitarbeiter auf die Schichten gemäß der Nebenbedingung $\sum_i x_{t,s,i} a_j^{t,s,i} \geq b_{t,s,j} \, \forall t, s, j$ zu finden. Eine Belegung $x_{t,s,i} = 1$ bedeutet, daß der Arbeiter i in der Schicht s mit seinem "Deckungsbeitrag" $a_j^{t,s,i}$ zur Befriedigung des Bedarfs in dieser Schicht beiträgt. Kann eine solche Partitionierung berechnet werden, so läßt sich zeigen, daß es für jeden Zeitraum t und jede Schicht s immer eine Zuordnung der Mitarbeiter auf die nachgefragten Fähigkeiten gibt.

2. Um arbeitsmedizinische und tarifrechtliche Regeln über die Abfolge von Schichten formulieren zu können, werden Übergangsgraphen (V, A) definiert, wobei V die Menge aller Schichten ist. Abbildung 2 zeigt einen solchen Übergangsgraphen mit den Schichteinteilungen (F)rühschicht, (S)pätschicht und (N)achtschicht. Zu jeder Schichteinteilung ist die minimale (min) und die maximale (max) Anzahl von direkt aufeinanderfolgenden Wiederholungen einer Schicht angegeben. Die Kanten des Übergangsgraphen werden als zulässige Übergänge von Schichten interpretiert, d. h. für eine Kante $(s_1, s_2) \in A$ gilt: auf eine Schichteinteilung s_1 zum Zeitraum t darf eine Einteilung s_2 zum Zeitraum $t+1$ folgen. Eine gültige Schichtfolge wäre hier FNNSSS. Dahingegen sind Reihenfolgen wie FNSS (verletzt die minimale Wiederholungsanzahl der Nachtschicht), FNNSSSS (verletzt die maximale Wiederholungsanzahl der Spätschicht) oder FSS

(keine Kante von Frühschicht zur Spätschicht vorhanden) nicht zugelassen. Je nach Tarifvertrag können verschiedene solcher Übergangsgraphen auftreten, deren Regeln sich als lineare Nebenbedingungen des ILP formulieren lassen.

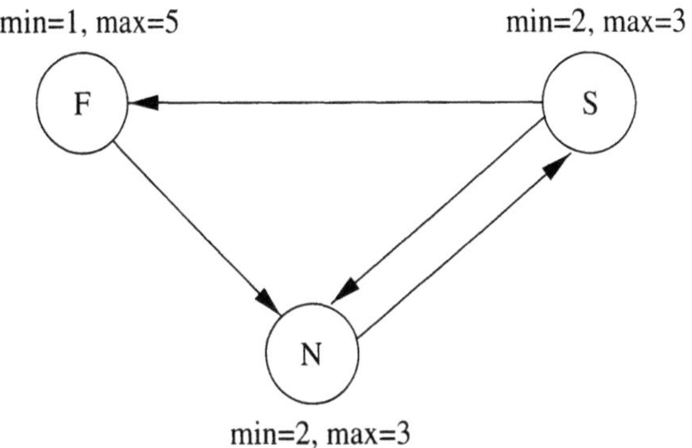

Abb. 2. Beispiel für einen Übergangsgraphen

3. Durch die Auswertung von Zeitkonten läßt sich für den aktuellen Planungszeitraum ein eventueller Nachholbedarf $k_{i,s} \in \mathbb{N}$ für jeden Mitarbeiter i und jede Schichteinteilung s berechnen. Dieser Nachholbedarf fließt über die Ungleichungen $\sum_t x_{t,s,i} \geq k_{i,s}\ \forall s,i$ in die Problemformulierung ein.

4. Fixierungen des Personaldisponenten werden als Fixierungen von Variablen mit in das System übernommen. Dieses Vorgehen vereinfacht in den meisten Fällen die Lösung des Problems, da sich durch die Fixierungen weitere Variablen eliminieren lassen.

5. Wünsche der Mitarbeiter zu bestimmten Schichteinteilungen können in unser Modell über die Zielfunktion einfließen. Je nach Höhe der Kosten können diese verschieden stark berücksichtigt werden, der Zulässigkeitsbereich des Problems ändert sich dadurch nicht.

6. Bei einer Planung auf Gruppenebene werden die einzelnen Werker nicht berücksichtigt. Die Variable i entspricht also in diesem Fall einer Gruppe. *Gruppenäquivalenz* wird erreicht, indem Gleichungen der Form $x_{t,s,i} = x_{t+t_z,s,i+1}\ \forall t,s,i$ in das ILP aufgenommen werden, wobei t_z den Verschiebungszeitraum beschreibt. In einer Planung auf Tagesebene entspricht $t_z = 7$ der Verschiebung um eine Woche. Hierdurch vereinfacht sich das Problem wesentlich, da viele Variablen substituiert werden können.

Bei der Berücksichtigung aller Nebenbedingungen erhält man in der Praxis meist ein Problem ohne zulässige Lösung, da viele Nebenbedingungen miteinander konkurrieren. Um dieses Dilemma zu beseitigen und dem Be-

nutzer die Kontrolle über verletzte Ungleichungen zu geben, wurden fast
alle Nebenbedingungen über Schlupfvariablen relaxiert. Über die Kosten der
Schlupfvariablen kann der Benutzer Prioritäten für die einzelnen Nebenbedingungen vergeben. Alle Nebenbedingungen, deren Schlupfvariablen in der
Lösung > 0 sind, werden dem Benutzer als verletzt angezeigt. In der Praxis
geht es nun darum, die Gesamtkosten der verletzten Nebenbedingungen zu
minimieren. Durch die Einführung der Schlupfvariablen wird das Problem zu
einem gemischt–ganzzahligen LP (MILP).

3.3 Lösung des MILP

Das von uns verwendete Lösungsverfahren gliedert sich in mehrere Teilpha-
sen: Preprocessing, Diving–Heuristik und Branch & Bound–Verfahren. Die
in der Praxis auftretenden Problemtypen gliedern sich in Probleme, bei denen die *Gruppenäquivalenz* zu berücksichtigen ist (Typ $\mathcal{A}$) und die ohne diese
Restriktion (Typ $\mathcal{B}$). Typische Vertreter der Klasse $\mathcal{A}$ liegen bei uns in der
Größenordnung von ca. 2200 Variablen (davon 560 binär), 2500 Nebenbe-
dingungen und 10000 Matrixeinträgen für ein Problem mit 4 Mitarbeiter-
gruppen, 28 Planungsintervallen und einem Übergangsgraphen mit 5 Knoten. Probleme des Typs $\mathcal{B}$ enthalten ca. 17000 Variablen (davon 4200 binär),
14000 Nebenbedingungen und 60000 Matrixeinträge bei 60 Mitarbeitern, 30
Planungsintervallen und einem Übergangsgraphen mit 4 Knoten.

Preprocessing. In der ersten Phase unseres Algorithmus wird ein problem-
angepaßtes Preprocessing gestartet, das neben den Standardverfahren auch
die besondere Struktur des Problems, insbesondere die vielen Schlupfvariablen berücksichtigt. Durch Elimination von Nebenbedingungen und Fixierung
von Variablen können Probleme des Typs $\mathcal{A}$ auf 20% ihrer Variablen (davon
25% binär), 15% ihrer Nebenbedingungen und 20% ihrer Matrixeinträgen
reduziert werden. Probleme solcher Größenordnung werden von einem ILP–
Solver ohne Schwierigkeiten gelöst. Bei Problemen des Typs $\mathcal{B}$ erhält man
reduzierte Probleme mit ca. 60% ihrer Variablen (davon 25% binär), 65%
ihrer Nebenbedingungen und 80% ihrer Matrixeinträge.

Diving–Heuristik. Problemgrößen des Typs $\mathcal{B}$ können auch durch ILP–
Solver wie z. B. *CPLEXMIP* oder *Minto* zu keiner Lösung in vertretbarer
Zeit geführt werden. Darum haben wir eine Heuristik entwickelt, die uns
möglichst schnell eine zulässige Lösung liefert. Die Heuristik löst die LP–
Relaxation des MILP, fixiert binäre Variablen, die nahe bei 1 liegen, und
beginnt dann erneut mit dem Lösen des reduzierten Problems. Da fast alle
Nebenbedingungen durch Schlupfvariablen relaxiert werden, kann mit der
Heuristik immer eine zulässige Lösung gefunden werden.

Branch & Bound. Mit der zuvor berechneten zulässigen Lösung kann nun ein Branch & Bound–Algorithmus gestartet werden, der dem Benutzer jederzeit Auskunft über die Abweichung zwischen oberer und untere Schranke gibt. In der Praxis konnte hier fast nie das Optimum gefunden, jedoch die Abweichung meist auf < 5% reduziert werden. Dies ist hinreichend gut, da für einen größeren Zeitraum der jeweilige Personalbedarf und die genannten Wahrscheinlichkeiten ohnehin nur Schätzwerte sind.

Bewertung der Ergebnisse. Bei den kleineren Problemen des Typs $\mathcal{A}$, die bei unseren Verbundpartnern meist als Simulation für mögliche Szenarien wie Arbeitszeitverkürzung oder Flexibilisierung der Arbeitszeit zu berechnen waren, konnten durchweg überzeugende Lösungen präsentiert werden. Bei großen Problemen (Typ $\mathcal{B}$), wie sie in der Schichtplanung mit einzelnen Mitarbeitern auftreten, lieferten unsere Verfahren bessere Schichtpläne als die von den Disponenten manuell erstellten, so daß auch hier die Akzeptanz der Lösungen hoch ist.

Literatur

[AN]   R. Aboudi, G. L. Nemhauser: *An assignment problem with side constraints: strong cutting planes and separation*, in: J. J. Gabszewicz, J. F. Richard und L. A. Wolsey (eds.), Economic Decision making: Games, Econometrics and Optimisation, Elsevier, Amsterdam, 1990, 457-471.

[AKP] H. Achatz, P. Kleinschmidt, K. Paparrizos: *A dual forest algorithm for the assignment problem*, Applied Geometry and Discrete Mathematics, DIMACS Series on Discrete Mathematics and Computer Science 4 (1991), 1-10.

[Ed]   J. Edmonds: *Paths, Trees and Flowers*, Canadian Journal of Mathematics 17 (1965), 449-467.

[GL]   M. Grötschel, L. Lovász: *Combinatorial Optimization*, in: R. L. Graham, M. Grötschel und L. Lovász (eds.), Handbook of Combinatorics 2, Elsevier, Amsterdam, 1995, 1541-1597.

[He]   A. Hefner: *Polyedrische Methoden zur Lösung von Matching–Problemen mit Zusatzbedingungen*, Dissertation, Universität Passau, 1996.

[HK]   A. Hefner, P. Kleinschmidt: *A constrained matching problem*, Annals of Operations Research 57 (1995), 135-145.

[PR]   M. W. Padberg, M. R. Rao: *Odd minimum cut–sets and b–matchings*, Mathematics of Operations Research 7 (1982), 67-80.

3.5 Verkehrsplanung

Linienoptimierung — Modellierung und praktischer Einsatz
U.T. Zimmermann, M.R. Bussieck, M. Krista und K.-D. Wiegand

Optimierung des Fahrzeugumlaufs im Öffentlichen Nahverkehr
M. Grötschel, A. Löbel und M. Völker

Optimale Linienführung und Routenplanung in Verkehrssystemen
A. Bachem, A. Hamacher, Ch. Moll und G. Raspel

Linienoptimierung —
Modellierung und praktischer Einsatz

U.T. Zimmermann,[1] *M.R. Bussieck,*[1] *M. Krista*[2] *und K.-D. Wiegand*[2]

[1] TU Braunschweig, Abteilung für Mathematische Optimierung, Pockelsstraße 14,
D-38106 Braunschweig, e-mail: u.zimmermann@tu-bs.de,
URL http://www.math.tu-bs.de/mo
[2] IVV Ingenieurgesellschaft für Verkehrsplanung und Verkehrssicherung GmbH,
Postfach 2646, D-38016 Braunschweig

Abstract. In this paper we give an insight into the nature of the *line optimization problem.* Line optimization is one of the first steps in the *hierarchical process of traffic planning* and plays a basic role for further planning tasks. Hence there is a great interest in a detailed study of this problem.

Besides the problem formulation and the basic terms of modeling we in particular address the practical aspects of the line optimization problem. This overview demonstrates the power of mathematical optimization in solving problems like the line optimization problem. In order to present the topic to nonspecialists, too, we omit mathematical details whenever possible.

1 Einführung und historischer Überblick

Die Planung der Transportleistungen im schienengeführten öffentlichen Verkehr basiert auf der vorausschauenden Festlegung der einzelnen Fahrtbewegungen zwischen je einem Start- und Zielort im Hin- und Rücklauf sowie der Zuweisung der Betriebsmittel und -personale zu diesen Zugpaaren. Die Festlegung dieser Zugpaare geschah nach strenger Hierarchie, es wurden zuerst Verbindungen über die weitesten Entfernungen und höchsten Reisegeschwindigkeiten festgelegt. Beispielhaft für derartige Fernzüge können berühmt gewordene Züge wie der *Orientexpreß* von Paris nach Istanbul, die *Transsibirische Eisenbahn* zwischen dem Ural und dem Pazifischen Ozean, der *Golden Arrow* von London nach Paris und der *Train Bleu* im Anschluß an den *Golden Arrow* von Paris an die Côte d'Azur dienen. Die Zwischen- und Endstationen dieser Fernzüge dienten jeder für sich wieder als Fixpunkte für niederrangige Zuggattungen, die als Zubringer für die Fernzüge fungierten. An derartige Regionalzüge waren nach dem selben Prinzip meist noch Nahverkehrszüge angeglichen. So entstand eine Netzinfrastruktur mit ausgesprochenem Individualcharakter. Eine systematische und umfassende Netzplanung fand nicht statt.

Charakteristisch für das individuelle Transportangebot ist, daß es im gesamten Netz kaum zwei Zugfahrten gleichen Fahrweges gibt. Dieses inhomogene Transportangebot bietet weder für den Verkehrsbetrieb noch für den Verkehrskunden signifikante Vorteile. Abhilfe schafft hier der Linienbetrieb in Form zahlreicher Fahrten entlang des gleichen (Linien-) Weges. Liegen die Abfahrzeiten der einzelnen Fahrten einer Linie zeitlich äquidistant zueinander, so entsteht ein taktbetriebenes Liniennetz. Taktbetriebene Liniennetze bilden praktisch seit Beginn des öffentlichen Personennahverkehrs Ende des letzten Jahrhunderts die Betriebsgrundlage der städtischer Verkehrsunternehmen.

Bei den Fernbahnen war eine linienbezogene Angebotsgestaltung über viele Jahrzehnte unbekannt. Bei der Deutschen Bahn AG wurde erstmals 1971 mit der Einführung des InterCity-Systems ein linienbezogenes Verkehrsangebot aufgebaut. Die Linien verkehrten im 2-Stunden-Takt. Die Züge führten nur die erste Wagenklasse. 1979 wurde das InterCity-Linienkonzept grundsätzlich überarbeitet. Der Linientakt wurde verdoppelt, die Züge erhielten zusätzlich die zweite Wagenklasse. Die Werbung, die seinerzeit das Produkt IC- System mit Aussagen wie *"Jede Stunde, jede Klasse"* und *"Nur die Straßenbahn fährt öfter"* offerierte, zeigt die Vorteile taktbetriebener Liniensysteme. Dieses Liniensystem wurde bis heute mehrfach modifiziert und durch die Einführung des InterRegio-Systems auch auf Städte mittlerer Größe ausgedehnt.

Die Konzeption eines für den Kunden attraktiven und für den Verkehrsbetrieb wirtschaftlichen Liniennetzes erfordert neben umfangreichen Kenntnissen über die Reisewünsche der Kunden (Verkehrsaufkommen) und die betriebliche Infrastruktur eine Methodik und mathematische Modellbildung.

2 Die Linienoptimierung als Teil der Verkehrsplanung

Führt man sich die Problemdimension z.B. anhand der Deutschen Bahn AG, bei der im Jahre 1994 ca. 360.000 Angestellte auf 78.000 Gleiskilometern 1.5 Mrd. Personen insgesamt 60 Mrd. Kilometer weit beförderten [DB], vor Augen, so läßt sich leicht erkennen, daß eine Planung eines derart komplexen Systems nicht in einem Schritt durchgeführt werden kann.

Die Abb. 1 zeigt den grundsätzlichen Ablauf des Planungsprozesses, wie er sich typischerweise für Fernbahnen ergibt. Die Basis jeder Verkehrsplanung ist die Verkehrsnachfrage, welche üblicherweise als Quelle/Ziel-Matrix vorliegt. Die Angebotsdefinition beschäftigt sich mit konzeptionellen Überlegungen zum Betrieb des Verkehrssystems, etwa der Einführung eines InterRegio-Systems als Ergänzung zum InterCity-System.

Ist ein Angebot definiert, so werden durch die Netzstrukturuntersuchung die Haltebahnhöfe der jeweiligen Angebotssysteme ermittelt. Weiterhin werden die Strecken festgelegt, über die die Haltebahnhöfe eines jeden Angebotssystems miteinander verknüpft werden. Nach Festlegung der Strecken und Haltebahnhöfe wird durch die Linienplanung unter Berücksichtigung der Quelle-Ziel-Matrix das Liniennetz festgelegt. Bei der Fahrlagenplanung erfolgt die Festlegung der Abfahrtzeit in einem Knoten. Die Hauptaufgabe liegt darin, die Fahrlagen der Linien so festzulegen, daß in Verknüpfungsbahnhöfen zwischen den Linien kurze Umsteigezeiten entstehen.

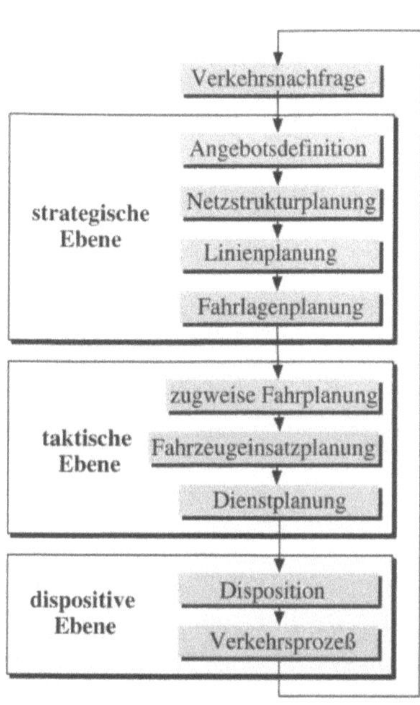

Abb. 1. Hierarchische Verkehrsplanung

Bei der zugbezogenen Fahrplanung werden die einzelnen Fahrten einer Linie lokalen und tageszeitlichen Erfordernissen sowie betrieblichen Zwängen ggf. auf abschnittsweise abweichenden Linienwegen angepaßt. Die Fahrzeugeinsatzplanung beschäftigt sich mit der Zuordnung von Fahrzeugen zu den einzelnen Fahrten, die Aufgabe der Dienstplanung besteht in der Besetzung der Fahrzeuge mit Personal. Die dispositive Ebene schließlich ist für die möglichst reibungslose Durchführung des geplanten Betriebes zuständig.

Die einzelnen Prozesse dieses an vielen Stellen stark vereinfachten Planungsablaufs müssen effizient durchgeführt werden. Zur Erstellung einer für den Verkehrsbetreiber praktikablen Lösung bedarf es eines iterativen Durchlaufs durch Teile der Planungsphasen. Daher erklärt sich das Interesse an einer effizienten Methode zur Lösung der einzelnen angesprochen Probleme. In dieser Arbeit wollen wir ein Modell zur Linienoptimierung und dessen Lösungsansätze diskutieren.

3 Modellierung

In einem Verkehrssystem, welches auf einem Taktfahrplan beruht, ist es notwendig, eine Menge von Linien inklusive ihrer Takte zu bestimmen. Dabei ist zu beachten, daß das anfallende Verkehrsaufkommen bewältigt wird und der entstehende Linienplan eine gewisse *Zielfunktion* optimiert. Eine Untersuchung der Kosten eines Linienplans [CDZ] ist bei Einhaltung der hierarchischen Verkehrsplanung nur bedingt möglich, da auftretende Kosten erst nach einer Einsatzplanung abgeschätzt werden können. Gleichermaßen bereitet es Schwierigkeiten, die Fahrzeit aller Reisenden zu minimieren, da wegen der Unkenntnis des Fahrplans die Wartezeit beim Umsteigen nicht bekannt ist. Da aber das Umsteigen, auch bei unmittelbarem Anschluß, die größte Unbequemlichkeit darstellt, liegt es nahe, die Anzahl aller Umsteigeaktionen zu minimieren, oder einfacher, die Anzahl der Reisenden ohne Umsteigen (*Direktfahrer*) zu maximieren.

Bei Nahverkehrsnetzen erzwingen die unterschiedlichen Verkehrsmittel (S-Bahn, Straßenbahn, Bus) eine separate Linienplanung. Aber auch beim Fernverkehr, wie der Eisenbahn, findet eine Aufteilung in Angebotssysteme statt. Zum Beispiel findet man bei der Deutschen Bahn AG und der Nederlandse Spoorwegen eine Aufteilung in InterCity(Express)-, InterRegio- und Eilzugnetze. So ist auch hier eine Linienplanung für jedes einzelne Angebotsnetz nötig. Soll ein Linienplan unter dem Ziel der Direktfahrermaximierung bestimmt werden, so sind Daten über das Verkehrsaufkommen nötig. Diese liegen den Verkehrsbetreibern häufig nur für das gesamten Netz vor. Eine Aufteilung auf die verschiedenen Angebotsnetze, ohne Kenntnis eines Linienplans, läßt sich aber mit der Methode des *System-Split* [BKZ, O] durchführen. Somit erhalten wir für jedes Angebotsnetz das Verkehrsaufkommen, welches als Menge von Quelle-Ziel-Beziehungen vorliegt, und das Streckennetz, bei dem ein Streckenabschnitt aus eventuell mehreren Strecken eines untergeordneten Netzes bestehen kann.

Da die Haupt- als auch die Gegenrichtung einer Linie in gleicher Weise bedient wird, kann in dem Modell auf die Richtung der Linien und somit auch der Strecken verzichtet werden. Daher wird das Streckennetz als ungerichteter Graph $G = (V, E)$ mit endlicher Knotenmenge $V \neq \emptyset$ (Haltestellen) und einer Kantenmenge E (Streckenabschnitte) von zweielementigen Teilmengen von V modelliert. Die Charakteristika der Haltestellen aus V setzen sich aus der durchschnittlichen Haltezeit und der Information über eine Möglichkeit eines Linienanfangs bzw. -endes zusammen. Insbesondere entscheidet bei schienengeführten Verkehrsmitteln das Vorhandensein von Wendeschleifen bzw. Rangieranlagen über eine derartige Eigenschaft. Besitzt eine Haltstelle diese Möglichkeit, so werden wir sie als *Zugbildungsbahnhof (ZBB)* bezeichnen. Für die Kanten stehen Informationen über Entfernung in Metern $d(e) \in \mathbf{Z}_+$ bzw. Reisezeit zur Verfügung.

Um ein Modell zur Direktfahrermaximierung anzugeben, verbleibt die genauere Untersuchung des Reisendenverhaltens. Selbst bei Kenntnis des Linien- und Fahrplans ist eine realistische Berechnung der Reiseströme alles andere als trivial [CMP]. Gehen wir vereinfacht davon aus, daß ein Reisender von $a \in V$ nach $b \in V$ wieder zu a zurückkehrt, so können wir mit einer symmetrischen Quelle-Ziel-Matrix $T \in \mathbf{Z}_+^{|V| \times |V|}$ arbeiten, deren Einträge $T[a, b] \in \mathbf{Z}_+$ die Anzahl der Reisenden zwischen a und b in einem festen Zeitintervall (z.B. eine Stunde) angeben. Für jedes Paar $\{a, b\} \subset V$, $a \neq b$ gibt es eine Menge von Wegen $\mathcal{P}[a, b] \subset 2^E$, die zunächst unabhängig von der Linienwahl als mögliche Reisewege akzeptiert werden. Die Wahl von $\mathcal{P}[a, b]$ bestimmt neben weiteren Faktoren die Komplexität des Modells und hängt sowohl von dem betrachteten Verkehrssystem als auch vom Paar $\{a, b\} \subset V$ selbst ab. So ist z.B. eine Reiseroute, die im Vergleich zur kürzesten Route eine doppelte Reiselänge aufweist, in einem Nahverkehrsnetz eventuell noch akzeptabel. Dieses gilt aber sicher nicht für eine Route zwischen weit entfernten Zielen im Fernverkehrsnetz. Schließlich gilt es die Menge der möglichen Linien festzulegen. Wie oben erläutert eignen sich nur die Zugbildungsbahnhöfe als Start bzw. Ende einer Linie. $\mathcal{L} \subset 2^E$ enthält daher alle einfachen Wege in G, die zwischen zwei Zugbildungsbahnhöfen verlaufen. Kreise werden also nicht als mögliche Linien zugelassen.

Da den Reisenden i.a. mehrere Reisewege zur Verfügung stehen, ist ein Umlegen des Verkehrsaufkommens auf die Kanten des Netzes nicht möglich. Bestehen die $\mathcal{P}[a, b]$ aber aus relativ wenigen Reisewegen, so können sinnvoll untere und obere Schranken für die Verkehrsdichte $tl(e) \in \mathbf{Z}_+$ auf den einzelnen Kanten e angegeben werden.

$$\underline{tl}(e) = \sum_{\substack{\{a,b\}\subset V:\\ \forall\ P\in\mathcal{P}[a,b]:e\in P}} T[a,b]$$

$$\overline{tl}(e) = \sum_{\substack{\{a,b\}\subset V:\\ \exists\ P\in\mathcal{P}[a,b]:e\in P}} T[a,b]$$

Die Tatsache, daß wir auf angebotsorientierten Netzen arbeiten, berechtigt zu der Annahme einer festen Zugkapazität C (Anzahl der Plätze in einem Fahrzeug). Es lassen sich Schranken für den Linienfrequenzbedarf einer Kante $lb(e)$ (die Anzahl von Zügen, die in einem festen Zeitintervall zur Bewältigung des Verkehrsaufkommens entlang einer Kante fahren muß) angeben.

$$\underline{lb}(e) = \left\lceil \frac{\underline{tl}(e)}{C} \right\rceil \le lb(e) \le \left\lceil \frac{\overline{tl}(e)}{C} \right\rceil = \overline{lb}(e).$$

Gesucht wird ein Linienplan, der eine maximale Anzahl von Direktfahrern erlaubt und dessen Frequenzen für jede Kante innerhalb der Schranken des Linienbedarfs liegen. Diese Schranken können natürlich in Zusammenarbeit mit einem Verkehrsplaner verschärft bzw. relaxiert werden.

Die Frequenzen eines Linienplans mit maximaler Anzahl von Direktfahrern werden stets an der oberen Schranke $\overline{lb}(e)$ liegen. Dieses ist aber wegen betrieblicher Einschränkungen (Flottengröße, Mindestzugabstand, ...) meist nicht möglich. Daher muß die Gesamtlinienlänge aller Linien, die sich aus dem Produkt der Linienlänge im Kilometern $c(l)$ und der Frequenz zusammensetzt, durch eine Größe $\Lambda_{\max}$ beschränkt werden.

In Abbildung 2 finden wir einen Ausschnitt aus dem IC/ICE Netz der DBAG. Basierend auf dem Streckennetz und dem Verkehrsaufkommen (A) lassen sich die Schranken des Linienfrequenzbedarfs berechnen (B). Im vorliegenden Fall wurden die möglichen Reisewege so eingeschränkt, daß es nur auf den Strecken Braunschweig–Hildesheim, Hildesheim–Göttingen und Göttingen–Kassel-Wilhelmshöhe zu Unterschieden bei oberen und unteren Schranken des Linienfrequenzbedarfs kam. Der dritte Teil der Abbildung zeigt einen Linienplan, der innerhalb dieser Schranken liegt (C).

Nachdem die notwendigen Begriffe eingeführt und die Grundidee des Modells erläutert ist, kann eine mathematische Formulierung des Problems erfolgen. Dazu führen wir für jede mögliche Linie $L \in \mathcal{L}$ eine Variable f_L ein, die die Frequenz der Linie im Linienplan angibt. Weiterhin bezeichne D_P die Anzahl der Direktfahrer zwischen a und b auf der Route $P \in \mathcal{P}[a,b]$. Es ergibt sich das folgende lineare gemischt-ganzzahlige Modell **lop$_{\mathrm{CG}}$**.

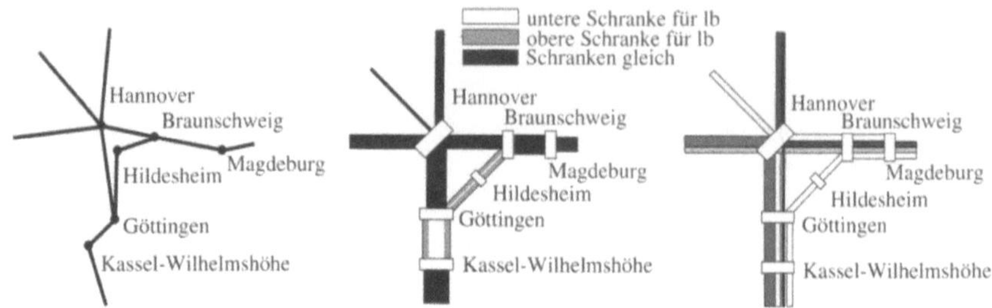

(A) Das IC/ICE Streckennetz   (B) Obere und untere Schranken   (C) Ein zulässiger Linienplan
  im Raum Braunschweig   für den Linienfrequenzbedarf

Abb. 2. Ausschnitt aus dem IC/ICE Netz (Region Braunschweig)

$$\max \sum_{\{a,b\}\subset V} \sum_{P\in\mathcal{P}[a,b]} D_P$$

$$\text{s.t.} \quad \sum_{\substack{L\in\mathcal{L}:\\ e\in L}} f_L \geq \underline{lb}(e) \qquad \forall e \in E \tag{1}$$

$$\sum_{\substack{L\in\mathcal{L}:\\ e\in L}} f_L \leq \overline{lb}(e) \qquad \forall e \in E \tag{2}$$

$$D_P \leq C \sum_{P\subset L} f_L \ \forall P \in \mathcal{P}[a,b] \ \forall\{a,b\} \subset V \tag{3}$$

$$\sum_{P\in\mathcal{P}[a,b]} D_P \leq T[a,b] \qquad \forall\{a,b\} \subset V \tag{4}$$

$$\sum_{L\in\mathcal{L}} c(L)f_L \leq \Lambda_{\max} \tag{5}$$

$$f_L \in \mathbf{Z}_+ \ \forall L \in \mathcal{L} \qquad D_P \geq 0 \ \forall P \in \mathcal{P}[a,b] \ \forall\{a,b\} \subset V$$

Die Zielfunktion summiert die Anzahl der Direktfahrer entlang aller möglichen Reiserouten auf. Als Erweiterung des Modells kann die Direktfahrerzahl einer Reiseroute z.B. mit der Reisedistanz in Kilometern gewichtet werden. Die Ungleichungen in (1) und (2) sorgen dafür, daß der erzeugte Linienplan in den vorab berechneten Schranken bleibt. Die Ungleichungen (3) garantieren, daß nur dort Direktfahrten stattfinden können, wo eine Linie mit ausreichender Kapazität vorliegt. Mit den Ungleichungen (4) wird die Zahl der Direktfahrer zwischen a und b durch die Gesamtanzahl der Reisenden zwischen a und b beschränkt. (5) spiegelt die Kapazitätsbeschränkungen bezüglich der Gesamtlinienlänge des Verkehrsbetriebes wieder. Bei der Direktfahreranzahl wird allein schon wegen der unscharfen Größe der Zugkapazität auf die Ganzzahligkeit verzichtet. Die Ganzzahligkeit bei den Frequenzen ist dagegen von größter Bedeutung, will man doch ganzzahlige Takte erhalten, deren Vielfaches f_L genau das feste Zeitintervall (üblicherweise eine Stunde) ergibt. Eine Lösung von **lop**$_{\mathrm{CG}}$ definiert einen Linienplan mit zugehörigen Frequenzen und eine Verteilung der Direktreisenden auf die möglichen Routen. Dabei wird die Kapazitätsrestriktion des Zuges (3) nur für die Reisenden entlang einer Route überprüft. Das Belastung der Kante mit Reisenden auf verschiedenen Routen wird nicht beschränkt. Solch eine Beschränkung wurde in einem weiteren Modell **LOP** (s. [BKZ] berücksichtigt. Dort konnte auch gezeigt werden, daß ein mit $\mathbf{lop_{CG}}$ verwandtes Modell **lop** eine gute Approximation für das rechentechnisch noch nicht zu bewältigende **LOP** darstellt.

Die aufwendige Formulierung als gemischt-ganzzahliges lineares Programm mit $|\mathcal{L}| + \sum_{\{a,b\} \subset V} |\mathcal{P}[a,b]|$ Variablen und maximal $2|E| + \sum_{\{a,b\} \subset V} \mathcal{P}[a,b]| + |V|(|V|-1)+1$ Ungleichungen ist gerechtfertigt, da das Linienoptimierungsproblem zu den NP-schweren Problemen [BKZ, GJ] gehört. Das wegeorientierte Modell eignet sich insbesondere für den schienengebundenen Verkehr, da nicht realisierbare Linien, z.B. aufgrund der Weichenführung, leicht a priori aus $\mathcal{L}$ entfernt werden können. Ebenso kann man mit Linien verfahren, die eine maximale Linienlänge überschreiten. Neben der Einschränkung der Variablenmenge lassen sich viele betrieblich Restriktionen aus der Praxis in das Modell einbetten. Dieses soll an einem Beispiel erläutert werden.

Der optimale Linienplan kann aus einer großen Anzahl von Linien mit relativ kleiner Frequenz bestehen. Möchte der Verkehrsbetreiber auf einem längeren Streckenabschnitt (e_1, e_2, e_3), $e_i \in E$, z.B. in der Innenstadt, eine Verdichtung des Takts (z.B. Frequenz ≥ 4) durch Überlagerung von Linien, die dieses Streckenkernstück enthalten, erreichen, so sichert das Hinzufügen der Ungleichung $\sum_{\substack{L \in \mathcal{L}: \\ e_1 \cdot e_2 \cdot e_3 \in L}} f_L \geq 4$ diese Forderung.

4 Verfahren

Bei fester Wahl weniger potentieller Reiserouten wächst die Zahl der Variablen D_P im Modell $\mathbf{lop_{CG}}$ polynomial mit der Größe des Graphen G. Diese Variablen können explizit in die Formulierung des gemischt-ganzzahligen linearen Programms aufgenommen werden. Anders sieht es bei den Linienvariablen f_l aus. Die Menge der möglichen Linien wächst exponentiell mit der Größe von G. In solchen Fällen ist es üblich, auf die Methode der *Spaltengenerierung* [Ch, AMO] zurückzugreifen.

Zunächst löst man das relaxierte $\mathbf{lop_{CG}}$ mit einer kleinen Menge von Linien $\widehat{\mathcal{L}}$ mit der revidierten Simplexmethode. Ist $ZBB = V$, so bietet sich $\widehat{\mathcal{L}} = E$ an. Ist das lineare Programm optimal gelöst, so kann mit Hilfe der Dualvariablen $\underline{\epsilon}(e)$, $\bar{\epsilon}(e)$ (Ungleichungen (1) und (2)), $\tau(P)$ (3) und λ (5) das sogenannte Pricing durchgeführt werden. Hier muß eine Linienvariable mit positiven reduzierten Kosten (bei Maximierung) gefunden werden, oder entschieden werden, daß keine solche existiert. Dieses wird durch die Lösung des folgenden Problems erreicht.

$$L^* := \operatorname{argmax} \left\{ \underbrace{\sum_{e \in L} (\underline{\epsilon}(e) - \bar{\epsilon}(e)) + C \left(\sum_{\{a,b\} \subset V} \sum_{\substack{P \in \mathcal{P}[a,b]: \\ P \subset L}} \tau(P) \right) - c(L)\lambda}_{=: w(L)} \,\middle|\, L \in \mathcal{L} \right\}$$

$$(6)$$

Ist $w(L^*) > 0$, so ist eine geeignete Variable gefunden, ansonsten terminiert das Simplexverfahren. Es stellt sich heraus, daß das Problem (6) NP-schwer ist. Eine Reduktion auf das longest-path-Problem [GJ] läßt sich mühelos zeigen. Neben diversen Heuristiken, s.Abschnitt 5, kann (6) mit Hilfe einen binären linearen Programms exakt gelöst werden, falls die Linienlänge $c(L)$ als Summe der in L enthaltenen Kantenlängen $d(e)$ ausgedrückt werden kann. Dazu führen wir das Problem auf ein Flußproblem mit Nebenbedingungen zurück. Wir erzeugen eine gerichtete Kopie $\mathbf{G}$ von G, bei der jeder Kante $e \in E$ ein Paar antiparalleler Kanten $e_{\leftarrow}$, $e_{\rightarrow}$ entspricht. Weiterhin fügen wir eine Quelle s, eine Senke t und Kanten $s \rightarrow v$ sowie $v \rightarrow t$ mit $v \in ZBB$ zu $\mathbf{G}$ hinzu. Die Kantenmenge des resultierenden Graphen sei $\mathbf{E}$. Für jede Kante $e \in \mathbf{E}$ führen wir eine Variable x_e ein. Für jeden Reiseweg $P \subset \mathbf{E}$ aus dem Modell $\mathbf{lop_{CG}}$ definieren wir eine Variable y_P. Mit diesen Variablen läßt sich das Problem (6) wie folgt formulieren.

$$\max \sum_{e \in E} (\underline{\varepsilon}(e) - \overline{\varepsilon}(e) + d(e)\lambda)(\, x_{e_{\leftarrow}} + x_{e_{\rightarrow}}) + \sum_{\{a,b\} \subset V} \sum_{P \in \mathcal{P}[a,b]} C\tau(P) y_P$$

$$\text{s.t.} \qquad \sum_{\substack{v \in V: \\ sv \in \mathbf{E}}} x_{sv} = 1$$

$$\sum_{\substack{v \in V: \\ vt \in \mathbf{E}}} x_{vt} = 1$$

$$\sum_{\substack{v \in V: \\ vu \in \mathbf{E}}} x_{vu} - \sum_{\substack{v \in V: \\ uv \in \mathbf{E}}} x_{uv} = 0 \qquad \forall\, u \in V$$

$$y_P - x_{e_{\leftarrow}} - x_{e_{\rightarrow}} \leq 0 \qquad \forall P\, \forall e \in P$$

$$\sum_{e \in \mathcal{C}} x_e \leq |\mathcal{C}| - 1 \qquad \forall\, \text{Kreise } \mathcal{C} \text{ in } \mathbf{G} \qquad (7)$$

$$x_e, y_P \in \{0,1\}$$

Die Lösung des binären lineare Programms liefert uns eine Linie L^* mit maximalen reduzierten Kosten $w(L^*)$. Das binäre Programm kann mit einem Branch-and-Cut Verfahren, bei dem die Ungleichungen (7) bei Bedarf generiert werden, gelöst werden. Das Vermeiden von Kreisen läßt sich durch weitere Ungleichungen noch forcieren. So werden mit

$$\sum_{\substack{v \in V \\ vu \in \mathbf{E}}} x_{vu} + \sum_{\substack{v \in V \\ uv \in \mathbf{E}}} x_{uv} \leq 2 \quad \forall\, u \in V$$

Schlingen im Weg von s nach t vermieden. Das ganze Problem vereinfacht sich sehr, wenn man von der Forderung der *Kreisfreiheit* der möglichen Linien abweicht. Das dies keineswegs unrealistisch ist, sieht man an der *Circle line* der Londoner U-Bahn.

Bis jetzt haben wir die Ganzzahligkeit der Linienvariablen f_L nicht berücksichtigt. Da bei der Lösung von $\textbf{lop}_{CG}$ sich nicht automatisch die Ganzzahligkeit der f_L einstellt, geben wir zunächst zusätzliche Ungleichungen für $\textbf{lop}_{CG}$ an, die einige nicht ganzzahlige Lösungen von $\textbf{lop}_{CG}$ verbieten.

Lemma 1 [BKZ]. *1. Sei $V' \subset V$, $E' \subseteq \{\{u,v\} \in E \mid |\{u,v\} \cap V'| = 1\}$ und $\sum_{e \in E'} \overline{lb}(e)$ ungerade. Weiterhin sei $\alpha_L := |E' \cap L|$ für alle $L \in \mathcal{L}$. Die folgende Ungleichung ist eine gültige Ungleichung für $\textbf{lop}_{CG}$.*

$$\sum_{\substack{L \in \mathcal{L}: \\ \alpha_L \text{ gerade}}} \alpha_L f_L \leq \sum_{e \in E'} \overline{lb}(e) - 1. \tag{8}$$

2. Sei $P \in \mathcal{P}[a,b]$ für $\{a,b\} \subset V$, dann ist

$$D_P \leq \left\lfloor \frac{T[a,b]}{C} \right\rfloor (C - \Delta) + \Delta \sum_{\substack{L \in \mathcal{L}: \\ P \subseteq L}} f_L \tag{9}$$

mit $\Delta := T[a,b] - \left\lfloor \frac{T[a,b]}{C} \right\rfloor C$ eine gültige Ungleichung für $\textbf{lop}_{CG}$.

Beschränken wir uns bei (8) auf die einelementigen Mengen $V' = \{v\}$, so lassen sich die zusätzlichen Dualvariablen bei der Lösung von $\textbf{lop}_{CG}$ ohne Probleme in das 0/1 Programm zur Lösung von (6) einarbeiten. Leider reicht in einigen Fällen die Hinzunahme der Ungleichungen (8) und (9) nicht aus, um die Ganzzahligkeit der f_L in $\textbf{lop}_{CG}$ zu erzwingen. Es wird ein Branch-and-Bound Verfahren, bei dem die untere Schranke mit Hilfe des relaxierten $\textbf{lop}_{CG}$ berechnet wird, nachgeschaltet. Will man Spaltengenerierung und Branch-and-Bound in einem Branch-and-Price Verfahren kombinieren, so muß die Branching-Strategie mit der Spaltengenerierung kompatibel sein. Dazu ist zu gewährleisten, daß eine auf 0 fixierte Linienvariable f_L der Linie $L = \{e_1, \dots, e_k\}$ zwischen den Zugbildungsbahnhöfen $a, b \in ZBB$, obwohl sie vielleicht positive reduzierte Kosten hat, nicht in (6) generiert wird. Dieses ist durch Hinzunahme der Ungleichungen

$$x_{sa} + \sum_{i=1}^{k} x_{e_i.\rightarrow} + x_{bt} \leq k + 1$$

$$x_{sb} + \sum_{i=1}^{k} x_{e_i.\leftarrow} + x_{at} \leq k + 1$$

zum binären Programm zur Lösung von (6) gegeben.

5 Implementation, Daten und Ergebnisse

Die Effizienz des hier vorgestellten Verfahrens hängt insbesondere von der Startmenge $\widehat{\mathcal{L}}$ der Linienvariablen f_L ab. Da bei der Generierung von Variablen jeweils ein NP-schweres Problem gelöst werden muß, bietet es sich an, eine Menge von *aussichtsreichen* Linien zu $\widehat{\mathcal{L}}$ hinzuzufügen und im Modell zu belassen, auch wenn der Wert der Variablen auf 0 sinkt. Bei Festlegung auf wenige potentielle Reiserouten hat sich die Menge der kürzesten Wege zwischen Zugbildungsbahnhöfen für $\widehat{\mathcal{L}}$ als praktikabel erwiesen.

Die Datensätze, die uns von der IVV und SMA (Zürich) zur Verfügung gestellt wurden, beinhalten Netze der Deutschen (DBIC, DBIR), Niederländischen (NSIC, NSIR, NSCT) und Schweizer (SBM, SBR) Eisenbahngesellschaften.

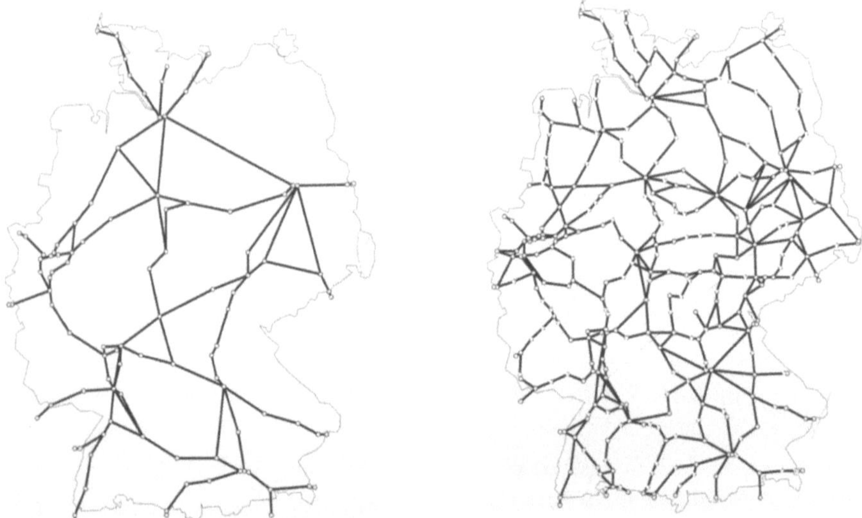

Abb. 3. Das IC/ICE und IR Netz der Deutschen Bahn AG

Die vorläufige Implementation mit Hilfe der Callable Library des *Mixed-Integer-Programming-Lösers* von CPLEX [Cp] wurde auf die uns zur Verfügung stehenden Datensätze erfolgreich angewendet. Dabei wird die Spaltengenerierung nur im Wurzelknoten des B&B-Baumes durchgeführt. Der in Abschnitt 4 skizzierte Algorithmus erlaubt zwar auch die Generierung von Variablen in den übrigen B&B-Knoten, doch belegen die Ergebnisse über die Optimalitätslücke im Wurzelknoten, die durch Einsatz der Ungleichungen (8) und (9) erreicht wurde (s. Tabelle 1), daß dieser drastische Mehraufwand nur in Ausnahmefällen sinnvoll ist. Die Lösung des relaxierten $\mathbf{lop_{CG}}$ im Wurzelknoten liefert eine globale obere Schranke für die Lösung von $\mathbf{lop_{CG}}$, falls das Problem (6) exakt gelöst wird und somit festgestellt wird, daß keine Linienvariable mit positiven reduzierten Kosten mehr existiert. Da der Aufwand zur Lösung von (6) mittels des binären Programms (7) relativ groß ist, wurde zunächst versucht, mit einfachen Verkettungsheuristiken und mit einer komplizierten lokalen Suche [BT] Linienvariablen mit positiven reduzierten Kosten zu finden. Nur wenn diese Heuristiken versagten, wurde versucht das binäre Programm zu lösen. Die Heuristiken erwiesen sich als derart gut, daß das binäre Programm keine neuen Linien mehr generierte. Für Netze mittlerer Größe konnte damit der Beweis geführt werden, daß keine Linie mit $w(L) > 0$ existieren. Für die Netze DBIC, DBIR und NSCT war eine Lösung des binären linearen Programms in akzeptabler Zeit nicht möglich, so daß keine nicht trivialen oberen Schranken vorliegen, die beliebige Linien zwischen allen Zugbildungsbahnhöfen zulassen. In Bezug auf die Linien auf kürzesten Wege und die zusätzlich generierten Linien sind obere Schranken in allen Fällen bekannt. Für den Einsatz in der Praxis wird man sich im wesentlichen auf die mit Heuristiken erzeugten Linien beschränken. Eine eingehende Untersuchung des binären linearen Programms, bei der die Verwandtschaft des Problems zum TSP [LLR] von Nutzen sein wird, soll die fehlenden Schranken für die verbleibenden Probleme erbringen. Die Lösungszeiten, die sich dann ergeben, sind der Tabelle 1 zu entnehmen.

	Zielfunktionswert			Optimalitäts-	Zeit LP	Zeit MIP
	LP	LP mit (8) und (9)	MIP	lücke		
NSIC	9.168.554	8.203.412	8.203.412	0.00%	1	1
NSIR	28.909.033	27.175.593	27.172.411	0.01%	26	30
NSCT	38.922.436	37.118.270	37.118.270	*0.00%	113	127
DBIC	10.071.448	7.625.326	7.625.326	*0.00%	39	44
DBIR	8.106.707	6.116.916	6.114.448	*0.04%	244	319
SBM	51.019	45.586	45.586	0.00%	11	35
SBR	61.670	59.992	59.988	0.01%	3	4

Zeiten in Sekunden inklusive der Spaltengenerierung mittels Heuristik auf einer HP 9000/715-64 mit 256 Mb Hauptspeicher

*) hier konnte nicht bewiesen werden, daß der Wert aus Spalte zwei und drei eine obere Schranke darstellt, wenn man beliebige Linien zuläßt.

Tabelle 1. Ergebnisse der Branch-and-Price Implementation

6 Einsatz in der Praxis

Die Anwendung des Verfahrens erfolgt in enger Zusammenarbeit mit der IVV. Die IVV Ingenieurgesellschaft für Verkehrsplanung und Verkehrssicherung GmbH wurde 1980 gegründet. Sie ist auf dem Gesamtgebiet der Verkehrssystemtechnik in folgenden Bereichen tätig: Systemplanung, Betriebsplanung, Anlagenplanung und Betriebssteuerung.

Die IVV verfügt im Bereich der Betriebsplanung u.a. über das Programmsystem *PROLOP* zur Netzstrukturuntersuchung, Linien- und Fahrlagenplanung sowie zur Belastungssimulation. Hier werden die Reisendenströme ermittelt, die sich beim Betrieb des geplanten Liniennetzes einstellen werden.

Das Verfahren basiert auf einem Wegewahlalgorithmus, der alle sinnvollen
Quelle/Ziel Verbindungen eines Paares für einen beliebigen Zeitraum bestimmt. Jede Verbindung erhält eine multiparametrische Bewertung (Qual-
titätsindex) aus verschiedenen Kriterien (Reisezeit, Umsteigehäufigkeit, Kom-
fort, Zuschlag,...). Auf die n besten Verbindungen eines Paares wird dann das
Aufkommen unter Verwendung eines Logit-Ansatzes verteilt. Von elementarer Bedeutung ist dabei die Betrachtung des Einflusses der Akkumulations-
zeiträume, d.h. der Zeitspanne vor und nach Abfahrt des Zuges, die für die
Zuordnung von Reisenden zu einer Fahrt signifikant ist. Zu den typischen
Ergebnissen der Belastungssimulation zählen die Linien- und Streckenbela-
stungen, die Größe aller Umsteigeströme sowie die zahlreiche Angaben zur
Wirtschaftlichkeit (Zugkilometer und Personenkilometer je Linie, Gesamt-
wartezeit im Netz, ...).

Im Programmteil Linienplanung existiert z.Z. eine interaktive Bearbei-
tungsfunktionen zur Veränderung vorgegebener Liniennetze. Die technischen
Voraussetzungen für eine funktionale Integration einer Optimierungskompo-
nente sind im PROLOP Programmsystem gegeben und die Einbettung geeigneter Teile des hier vorgestellten Verfahrens soll vorgenommen werden. Zu
den Anwendungen des Verfahrens zählen u.a. Liniennetzoptimierungen für
das jeweilige nationale InterCity- und InterRegio-Netz der Deutschen Bahn
AG und der Nederlande Spoorwegen. Auch in den komplexen Belastungssi-
mulationen unter Wegfall der vereinfachenden Modellvoraussetzungen erwies
sich die Qualität der erzeugten Linienpläne.

7 Zusammenfassung und Ausblick

In dieser Arbeit haben wir die Grundzüge der Verkehrsplanung für die Linienoptimierung beschrieben. Das iterative Durchlaufen des hierarchischen
Planungsprozesses macht eine effiziente Lösung der einzelnen Planungsauf-
gaben nötig. Wir haben ein flexibles Modell zur Linienoptimierung angegeben. Dieses gemischt-ganzzahlige lineare Modell konnte mit Hilfe eines
Branch-and-Price Verfahrens unter Zuhilfenahme effektiver Schnittebenen
und dem kommerziellen *MIP-Löser* von CPLEX getestet werden. Alle zur
Verfügung stehenden Datensätze konnten innerhalb weniger Minuten auf einer HP 715/64 Workstation gelöst werden. Eine weitere Beschleunigung des
Verfahrens ist möglich und wünschenswert, um auch bei Verfeinerung des Algorithmus, zusätzlichen Restriktionen und größerer Anzahl von Reiserouten
vernünftige Rechenzeiten zu erhalten. Eine weitere Aufgabe besteht darin,
die Methodik, die prinzipiell für alle linienbasierten Verkehrsnetze gültig ist,
auf Nahverkehrsnetze anzuwenden. Dazu stehen uns Datensätze der Braun-
schweiger und Züricher Nahverkehrsbetriebe zur Verfügung.

Die relativ schnelle Lösungszeit erlaubt schon jetzt ein interaktives Bearbeiten des Problems. Genau hier liegt der wesentliche Vorteil gegenüber bisher eingesetzten Methoden. So können bei Änderung der Daten mehrere Szenarien in Zusammenarbeit mit einem Verkehrsplaner getestet werden. Dazu

ist eine graphische Bedienoberfläche, wie sie im Programmsystem PROLOP enthalten ist, zur komfortablen Bearbeitung der Daten notwendig.

Ein guter Linienplan kann eine schlechte Ausgangsbasis für den zu erstellenden Fahrplan sein. Wie es auch bei der Einsatzplanung ein Bestreben nach der Zusammenlegung von Fahrzeugdisposition und Personaleinsatz gibt, so sollte auch die Linien- und Fahrplanung in einem Schritt zusammengefaßt werden. Erste Ansätze werden in einer Diplomarbeit an der Abteilung für Mathematische Optimierung untersucht.

Literatur

[AMO]   Ravindra K. Ahuja, Thomas L. Magnanti und James B. Orlin. *Network Flows*. Prentice Hall, Inc., Englewood Cliffs, New Jersey, 1993.

[BKZ]   Michael R. Bussieck, Peter Kreuzer und Uwe T. Zimmermann. Optimal lines for railway systems. Technical Report TR-95-01, Abteilung Mathematische Optimierung, TU Braunschweig, 1995. appears in European J. Oper. Res.

[BT]   R. Battiti and G. Tecchiolli. The reactive tabu search. *ORSA J. Comput.*, 6(2):126–140, 1994.

[CDZ]   M. T. Claessens, N. M. van Dijk und P.J. Zwaneveld. Cost optimal allocation of passenger lines. Technical Report 231, Erasmus Universiteit Rotterdam, 1995.

[CMP]   Paolo Carraresi, Federico Malucelli und Stefano Pallottino. On the regional mass transit assignment problem. In Anna Sciomachen, Editor, *Optimization in Industry 3: mathematical programming and modeling techniques in practice*, pages 19–34. John Wiley & Sons, 1995.

[Ch]   V. Chvátal. *Linear Programming*. W.H.Freeman and Company, New York, 1983.

[Cp]   CPLEX Optimization, Inc. Using the CPLEX callable library. Manual, 1994.

[DB]   Deutsche Bahn AG. Daten und Fakten 1994/95.
URL: http://www.bahn.de/Bilanz/dfindex.htm, 1995.

[GJ]   M.R. Garey und D.S. Johnson. *Computers and Intractability (A Guide to Theory of NP-Completeness)*. Freeman, New York, 1979.

[LLR]   E.L. Lawler, J.K. Lenstra, A.H.G. Rinnooy Kan und D.B. Shmoys. *The Traveling Salesman Problem*. John Wiley & Sons, 1985.

[NW]   George L. Nemhauser und Laurence A. Wolsey. *Integer and Combinatorial Optimization*. John Wiley & Sons, New York, 1988.

[O]   Christine Oltrogge. *Linienplanung für mehrstufige Bedienungssyteme im öffentlichen Personenverkehr*. Schriftenreihe des Instituts für Verkehr, Eisenbahn und Verkehrssicherung, TU Braunschweig, Heft 50, 1994.

Optimierung des Fahrzeugumlaufs im Öffentlichen Nahverkehr

M. Grötschel[1], A. Löbel[1] und M. Völker[2]

[1] Konrad-Zuse-Zentrum für Informationstechnik Berlin (ZIB), Heilbronner Str. 10, 10711 Berlin, e–mail: [name]@zib.de, URL: http://www.zib.de/
[2] HanseCom GmbH, Spohrstraße 6, 22083 Hamburg

Abstract. This paper addresses the problem of scheduling vehicles in a public mass transportation system. We show how this problem can be modelled as a special multicommodity flow problem and outline the solution methodology we have developed. Based on polyhedral investigations, we have designed and implemented a branch&cut algorithm and various heuristics with which real vehicle scheduling problems of truely large scale can be solved to optimality. We describe some implementation issues and report computational results.

1 Einleitung

Der Betrieb eines öffentlichen Nahverkehrssystems kann – aus der abstrakten Sicht eines Mathematikers – als ein gigantisches Optimierungsproblem mit komplexen Nebenbedingungen aufgefaßt werden. Wir diskutieren in diesem Aufsatz eine wichtige Komponente, die Fahrzeugumlaufplanung, und stellen das Problem anhand der Busumlaufplanung dar.

Wir gehen davon aus, daß ein Fahrplan erstellt wurde. Zur Durchführung aller Fahrten des Fahrplanes müssen Busse bereitgestellt werden, wobei berücksichtigt werden muß, daß gewisse Busse (Doppeldecker, Gelenkbusse) nicht alle Linien bedienen können. Das Ziel ist, so wenige Fahrzeuge wie möglich einzusetzen und die Kosten für "Leerfahrten" so gering wie möglich zu halten. (Dabei wird eine Dienst- und Dienstreihenfolgeplanung noch nicht berücksichtigt. Sie geschieht in einem nachgeordneten Optimierungsschritt.)

Zur Lösung derartiger Umlaufplanungsprobleme werden vielfach noch manuelle, z. T. computergestützte Planungsmethoden verwendet. Fortgeschrittene Verkehrsbetriebe benutzen heuristische Algorithmen, die auf mathematischen Modellen basieren. Durch enorme Fortschritte in der mathematischen Methodik und der Computertechnik ist es heute möglich geworden, die riesigen Optimierungsprobleme, die in diesem Bereich entstehen, exakt zu lösen.

Löbel und Strubbe [LS] berichten, wie unser Lösungsansatz bei den Berliner Verkehrsbetrieben (BVG) für die praktische Nutzung umgesetzt wird. Bereits im Einsatz befindliche, auf Heuristiken basierende Systeme (wie z. B.

HOT II) werden von Petzold und Schütze [PS] und Schütze und Völker [SV] beschrieben. HOT II ist ein Softwarepaket der HanseCom GmbH, die eine Tochter der Hamburger Hochbahn AG und von SNI ist.

2 Das Fahrzeugumlaufplanungsproblem

Wir wollen nun einige Begriffe definieren, die uns eine korrekte mathematische Formulierung des Umlaufplanungsproblems erlauben, aber auch gleichzeitig die Behandlung von Sonderfällen und Nebenbedingungen ermöglichen.

Ein *Depot* ist eine Menge von Fahrzeugen, die im Rahmen der vorzunehmenden Planung als gleichwertig angesehen werden. Zu jedem Depot gehört ein Startpunkt und ein Endpunkt, wo jedes eingesetzte Fahrzeug seinen Einsatz beginnt bzw. beendet. Es ist Aufgabe des betrieblichen Planers, eine für seinen Verkehrsbetrieb angemessene Einteilung des Fahrzeugbestandes in Depots vorzunehmen. In Extremfällen können alle Fahrzeuge zu einem Depot zusammengefaßt oder jedes Fahrzeug für sich allein als Depot aufgefaßt werden. In der Regel wird ein Depot aus allen Fahrzeugen eines Typs (oder aus Fahrzeugen, die für die vorliegende Planung als homogen angesehen werden) bestehen, die einem Betriebshof zugehören. In diesem Fall sind Start- und Endpunkt ein und derselbe Betriebshof.

Aus dem Fahrplan (und dem zugrundeliegenden Linienplan) werden die *Fahrgastfahrten* (inkl. Sonderfahrten) mit ihren Anfangs- und Endhaltepunkten und Start- und Endzeiten bestimmt. Jeder Fahrgastfahrt wird eine *Depotgruppe* zugeordnet, die aus allen Depots besteht, die diese Fahrgastfahrt durchführen können. Depotspezifische Kosten zur Durchführung dieser Fahrt können ebenfalls angegeben werden. Die *Hauptaufgabe der Umlaufplanung* besteht nun darin, für jede Fahrgastfahrt des Fahrplans ein Fahrzeug bereitzustellen, das zu ihrer Depotgruppe gehört. Die dazu benötigte Fahrzeugflotte muß alle Nebenbedingungen erfüllen, und die operativen Kosten sollen "so gering wie möglich" sein. Hierbei können mehrere Zielsetzungen verfolgt werden. Manche Verkehrsbetriebe wollen den vorhandenen Fahrzeugpark so einsetzen, daß die operativen Kosten minimiert werden, andere bestimmen zunächst die minimale Zahl von Fahrzeugen, mit denen der Fahrplan bedient werden kann, und danach einen kostenminimalen Umlaufplan mit der geringsten Fahrzeuganzahl.

Um diese Zielsetzungen mathematisch definieren zu können, führen wir weitere Begriffe ein. Neben den zu bedienenden Fahrgastfahrten betrachten wir weitere Typen von Fahrten: *Einsetzfahrten* führen vom Startpunkt eines Depots zum Anfangshaltepunkt einer Fahrgastfahrt, *Aussetzfahrten* führen vom Endhaltepunkt einer Fahrgastfahrt zum Endpunkt eines Depots, *Kopplungen* führen vom Endhaltepunkt einer Fahrgastfahrt zum Anfangshaltepunkt einer anderen Fahrgastfahrt. Zur Bezeichnungsvereinfachung nennen wir eine Fahrt, die keine Fahrgastfahrt ist, *Leerfahrt*.

In unserem mathematischen Modell ist es möglich, für jede Fahrgast- und Leerfahrt depotspezifische *Gewichte* anzugeben, z. B. die strecken- und/oder zeitabhängigen Kosten zur Bedienung der Fahrt mit einem bestimmten Fahrzeugtyp. In die Gewichtung einer Leerfahrt können die Kosten für die Standzeit mit oder ohne Fahrer und die Kosten für eine erforderliche Verbindungsfahrt eingehen. Genaue Kostendefinitionen müssen betriebsspezifisch erfolgen, wobei die Zielsetzungen des Betriebes quantitativ umzusetzen sind.

Ein *Umlauf* ist eine Kette von Fahrten beginnend mit einer Einsetzfahrt, auf die alternierend Fahrgastfahrten und Kopplungen folgen und die mit einer Aussetzfahrt endet. Ein Umlauf führt also immer vom Anfangspunkt eines Depots zum Endpunkt desselben Depots und wird von genau einem Fahrzeug durchgeführt. Das *Gewicht eines Umlaufs* ist die Summe der Gewichte der Fahrgast- und Leerfahrten des Umlaufs.

Hauptziel der gängigen Methoden zur Umlaufoptimierung ist die Minimierung der Anzahl der Umläufe. In allen uns bekannten Veröffentlichungen zu diesem Thema, welche über Anwendungen im Echteinsatz berichten (siehe z. B. [DM] oder [DMS]), werden allerdings nur Kopplungen betrachtet, die eine vorgegebene maximale Wendezeit nicht überschreiten. Gleichzeitig wird behauptet, daß durch die Bestimmung der minimalen Anzahl von Umläufen auch die minimale Anzahl der benötigten Fahrzeuge bestimmt ist. Dies ist jedoch i. a. falsch, siehe [Lo1].

Um den minimalen Fahrzeugbedarf bestimmen zu können, führen wir immer dann zusätzliche Kopplungen ein, wenn es möglich ist, zwei Fahrgastfahrten über eine Aussetzfahrt gefolgt von einer Einsetzfahrt mit ein und demselben Fahrzeug zu bedienen und wenn eine Mindeststandzeit im Depot (oder auf einem Abstellplatz) eingehalten wird. Diese zusätzlichen Kopplungen nennen wir *Betriebshof-Fahrten*. Einer Betriebshof-Fahrt wird eine den betrieblichen Zwecken entsprechende "Gewichtung" zugewiesen. Die Einbeziehung der Betriebshof-Fahrten führt zu einer enormen Erhöhung der Problemgrößen. Uns ist jedoch keine andere (einigermaßen vernünftige) Möglichkeit bekannt, die Minimierung der Fahrzeuganzahl mathematisch exakt zu modellieren.

Wir könnten jetzt den oben geprägten Begriff Umlauf durch Einbeziehung der Betriebshof-Fahrten erweitern. Dies ist jedoch bei Verkehrsbetrieben nicht üblich. Daher führen wir einen neuen Begriff ein. Eine Folge von nacheinander durchgeführten Umläufen nennen wir eine *Umlaufkette*. Damit ist die Minimierung der Fahrzeuganzahl äquivalent zur Minimierung der Anzahl der Umlaufketten. Das *Gewicht einer Umlaufkette* ist die Summe der Gewichte seiner Fahrgast- und Leerfahrten.

Mit der oben vorgenommenen Begriffsbildung können wir das zunächst nur verbal formulierte *Ziel der Umlaufplanung* quantifizieren: *Es ist eine gewichtsminimale Menge von Umlaufketten zu bestimmen, so daß jede Fahrgastfahrt in genau einer Umlaufkette enthalten ist.*

Auch wenn die Problemstellung der Umlaufplanung bereits recht kompliziert erscheint, so sind doch noch eine Reihe von Sonderfällen zu beachten, die bei manchen Verkehrsbetrieben auftreten bzw. deren Berücksichtigung gewünscht wird. Wir listen hier nur Stichworte auf, ohne die zugehörigen (umfangreichen) Details zu erläutern:

Vermeidung von **Linienwechsel** (für Fahrzeuge, bei denen ein Linienwechsel aufwendige Umrüstungen erfordert); Vermeidung von **Fahrtartenwechsel** (Stamm- und Ergänzungsfahrten wie Schulbusfahrten sollen nicht gemischt werden); Berücksichtigung einer **maximale Wendezeit**; Festlegung von **Erst- und Letztfahrten**; Berücksichtigung von **Bereitschaften** und **vordefinierten (Teil-)Umläufen**; geplante **Depotwechsel**.

Alle diese Anwenderanforderungen können in unserem Modell durch Streichung bestimmter Kopplungen, geeignete Einführung neuer Kopplungen bzw. Modifikation von Gewichten berücksichtigt werden.

Folgende Anforderungen können wir in unserem Modell nicht berücksichtigen: **Maximale Umlaufdauer** und/oder **Umlauflänge** für bestimmte Fahrzeugtypen und **maximale Anzahl von Linienwechseln pro Umlauf**. Wir können jedoch durch heuristische (siehe z. B. [FP]) oder manuelle Nachbearbeitung (wie das i. a. üblich ist) weiche oder harte Nebenbedingungen dieser Art einbeziehen.

3 Das Mathematische Modell

Mit der in Abschnitt 2 eingeführten Begriffsbildung formulieren wir nun das mathematische Modell des Umlaufplanungsproblems. Wir beginnen mit einer graphentheoretischen Beschreibung. Hierzu führen wir einen Digraphen $D := (V, A)$ ein, dessen Knoten V und Bögen A wie folgt definiert sind:

Mit $\mathcal{D}$ bezeichnen wir die Menge der Depots. Für jedes Depot $d \in \mathcal{D}$ bezeichnen wir mit d^+ seinen Startpunkt und mit d^- seinen Endpunkt; wir setzten $\mathcal{D}^- := \{d^- \,|\, d \in \mathcal{D}\}$ und $\mathcal{D}^+ := \{d^+ \,|\, d \in \mathcal{D}\}$. Die Menge der Fahrgastfahrten bezeichnen wir mit $\mathcal{T}$. Für jede Fahrgastfahrt $t \in \mathcal{T}$ führen wir für den Anfangshaltepunkt einen Knoten t^- und für den Endhaltepunkt einen Knoten t^+ ein und definieren $\mathcal{T}^- := \{t^- \,|\, t \in \mathcal{T}\}$ und $\mathcal{T}^+ := \{t^+ \,|\, t \in \mathcal{T}\}$. Die Knotenmenge V des Digraphen D besteht aus den Start- und Endpunkten der Depots und allen Anfangs- und Endhaltepunkten der Fahrgastfahrten, d. h.

$$V := \mathcal{D}^+ \cup \mathcal{D}^- \cup \mathcal{T}^+ \cup \mathcal{T}^-.$$

Für jede Fahrgastfahrt $t \in \mathcal{T}$ bezeichnen wir mit $G(t) \subseteq \mathcal{D}$ die *Depotgruppe* von t, d. h. die (nichtleere) Menge aller Depots, deren Fahrzeuge die Fahrt t durchführen können. Die Menge aller Fahrgastfahrten, die vom Depot $d \in \mathcal{D}$

bedient werden können, bezeichnen wir mit $\mathcal{T}_d$, d. h. $\mathcal{T}_d := \{t \in \mathcal{T} \mid d \in G(t)\}$; analog definieren wir $\mathcal{T}_d^- := \{t^- \mid t \in \mathcal{T}_d\}$, $\mathcal{T}_d^+ := \{t^- \mid t \in \mathcal{T}_d\}$ und $V_d := \{d^+, d^-\} \cup \mathcal{T}_d^- \cup \mathcal{T}_d^+$.

Wir kommen zu den Bögen. Für jedes Depot $d \in \mathcal{D}$ führen wir einen *Rückführungsbogen* (d^-, d^+) ein, mit dessen Hilfe wir Depotkapazitäten kontrollieren können. Pro Depot $d \in \mathcal{D}$ führen wir für jede Fahrgastfahrt, Einsetzfahrt, Aussetzfahrt und Kopplung jeweils einen Bogen ein, was wie folgt geschieht:

$$A_d^{\text{gast}} := \{(t^-, t^+) \mid t \in \mathcal{T}_d\} \text{ (Fahrgastfahrten)},$$

$$A_d^{\text{ein}} := \{(d^+, t^-) \mid t^- \in \mathcal{T}_d^-\} \text{ (Einsetzfahrten)},$$

$$A_d^{\text{aus}} := \{(t^+, d^-) \mid t^+ \in \mathcal{T}_d^+\} \text{ (Aussetzfahrten)},$$

$$A_d^{\text{kopp}} := \dot{\bigcup}_{\text{Kopplungen } (p,q) \text{ für } d} \{(p^+, q^-)\},$$

$$A_d^{\text{leer}} := A_d^{\text{ein}} \,\dot{\cup}\, A_d^{\text{aus}} \,\dot{\cup}\, A_d^{\text{kopp}} \text{ (Leerfahrten)}.$$

Wir erläutern den Gebrauch der Bezeichnungen. Wenn wir von einem Bogen (t^-, t^+) sprechen, so müßten wir eigentlich noch vermerken, bezüglich welchen Depots d der Depotgruppe $G(t)$ der Bogen benutzt wird. Dies sollte i. a. implizit klar sein, zusätzliche Indizes würden die Notation noch häßlicher machen. Wenn wir zwei Bogenmengen A_d^{gast} und $A_{d'}^{\text{gast}}$ vereinigen, so entstehen dabei für jede Fahrgastfahrt $t \in \mathcal{T}_d \cap \mathcal{T}_{d'}$ zwei parallele Bögen. Wir operieren hier also mit "disjunkten Vereinigungen". Analoges gilt für die Kopplungen. Vom Endhaltepunkt p^+ einer Fahrgastfahrt p kann es zum Anfangshaltepunkt q^- einer anderen Fahrgastfahrt q auch mehrere Kopplungen geben. Dies kann auch bereits bezüglich eines Depots der Fall sein, jedoch werden sich dann i. a. die Gewichte der parallelen Kopplungen unterscheiden. Auch hier ersetzen wir nicht zwei parallele Bögen durch einen Bogen, wir vereinigen die Bogenmengen disjunkt.

Für jedes Depot $d \in \mathcal{D}$ erhalten wir damit die folgende Menge von Bögen: $A_d := A_d^{\text{gast}} \,\dot{\cup}\, A_d^{\text{leer}} \,\dot{\cup}\, \{(d^-, d^+)\}$. Die Bogenmenge A des Digraphen für das Umlaufproblem ist dann die disjunkte Vereinigung all dieser Bogenmengen:

$$A := \dot{\bigcup}_{d \in \mathcal{D}} A_d.$$

Für jeden Bogen aus A führen wir nun noch Bezeichnungen für seine Kosten und Kapazitätsschranken ein. Für den Bogen $a \in A_d$ bezeichnen wir mit $c_a^d \in \mathbb{Q}$ seine Kosten und mit l_a^d bzw. u_a^d seine untere bzw. obere Kapazitätsschranke. Für einen Rückführungsbogen $a = (d^-, d^+)$ ist l_a^d in der Regel die untere Kapazitätsschranke des Depots d und u_a^d die maximale Kapazität von d. Für die übrigen Bögen hat l_a^d den Wert null und u_a^d den Wert eins.

Analog führen wir für jedes Depot d und jeden Bogen $a \in A_d$ eine ganzzahlige Variable x_a^d ein; x_a^d muß die vorgegebenen Kapazitätsschranken erfüllen:

$$l_a^d \quad \leqslant \quad x_a^d \quad \leqslant \quad u_a^d. \tag{1}$$

Aufgrund unserer Annahmen ist eine Variable x_a^d eine Entscheidungsvariable, die angibt, ob ein Fahrzeug des Depots d die Fahrt a durchführt, außer a ist der Rückführungsbogen des Depots d; in diesem Fall zählt x_a^d die eingesetzten Fahrzeuge des Depots d.

Damit ein ganzzahliger Vektor $x := \left((x_a^d)_{a \in A}\right)_{d \in \mathcal{D}} \in \mathbb{R}^A$ eine zulässige Lösung des Umlaufplanungsproblems darstellt, muß er neben den Kapazitätsschranken (1) offensichtlich noch die folgenden Bedingungen erfüllen:

$$\sum_{a \in \delta^-(v) \cap A_d} x_a^d \quad - \sum_{a \in \delta^+(v) \cap A_d} x_a^d \quad = \quad 0 \quad \forall\, v \in V \ \forall\, d \in \mathcal{D}, \tag{2}$$

$$\sum_{d \in G(t)} x_{(t^-, t^+)}^d \quad = \quad 1 \quad \forall\, t \in \mathcal{T}, \tag{3}$$

wobei $\delta^-(v) := \{(i,j) \in A|\ j = v\}$ und $\delta^+(v) := \{(i,j) \in A|\ i = v\}$. Die Gleichungen (2) besagen (in der Sprache der Fahrzeugeinsatzplanung), daß alle Fahrzeuge eines Depots d, die einen Knoten $v \in V$ erreichen, diesen Knoten auch wieder verlassen müssen. Die Gleichungen (3) erzwingen, daß jede Fahrgastfahrt t genau einmal durchgeführt wird, wobei natürlich nur Fahrzeuge der zugehörigen Depotgruppe zugelassen sind.

Damit können wir nun das Umlaufplanungsproblem als das folgende lineare ganzzahlige Optimierungsproblem darstellen:

$$\min_{\substack{x\, \in\, \mathbb{Z}^A:\\ x\ \text{erfüllt}\ (1\text{--}3)}} \quad \sum_{d \in \mathcal{D}} \sum_{a \in A_d} c_a^d\, x_a^d. \tag{4}$$

Dieses ganzzahlige Programm (4) ist ein spezielles Mehrgüterflußproblem. Betrachten wir jedes Depot d für sich, so beschreibt ein Lösungsvektor x^d wie sich Fahrzeuge vom Startpunkt d^+ durch den Digraphen (V_d, A_d) verteilen, dann im Endpunkt d^- zusammenströmen und über den Rückführungsbogen (d^-, d^+) wieder dem Startpunkt zugeführt werden. In der Sprache der Netzwerkflußtheorie wird x^d ein *Fluß* oder genauer eine *Zirkulation* (des "Gutes d") im Digraphen (V_d, A_d) genannt. Die Schwierigkeit besteht darin, daß die Zirkulationen x^d, $d \in \mathcal{D}$, durch die Gleichungen (3) voneinander abhängen. Der Digraph $D = (V, A)$ wird also von $|\mathcal{D}|$ verschiedenen Gütern durchströmt, wobei die Nebenbedingung besteht, daß für jede Fahrgastfahrt t genau einer der $|G(t)|$ parallelen Bögen (t^-, t^+) durchströmt werden muß.

Die Abbildung 1 zeigt ein Zwei-Depot-Problem mit fünf Fahrgastfahrten im Ort-Zeit-Diagramm und eine zulässige Lösung. Abbildung 2 zeigt die dazu gehörenden Digraphen (V, A) und (V_d, A_d).

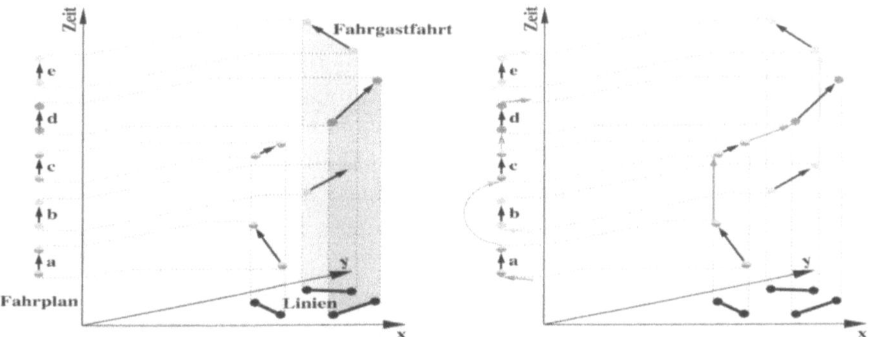

Abb. 1. Ort-Zeit-Diagramm und zulässige Lösung.

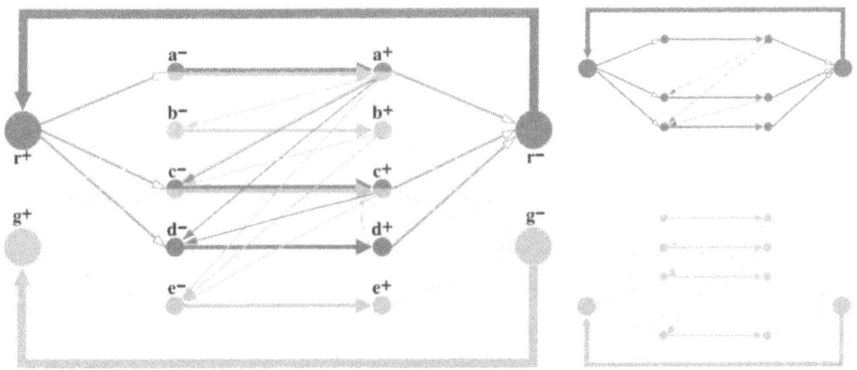

Abb. 2. Digraphen (V, A) und (V_d, A_d) zu $\mathcal{D} = \{r,g\}$, $\mathcal{T} = \{a,b,c,d,e\}$.

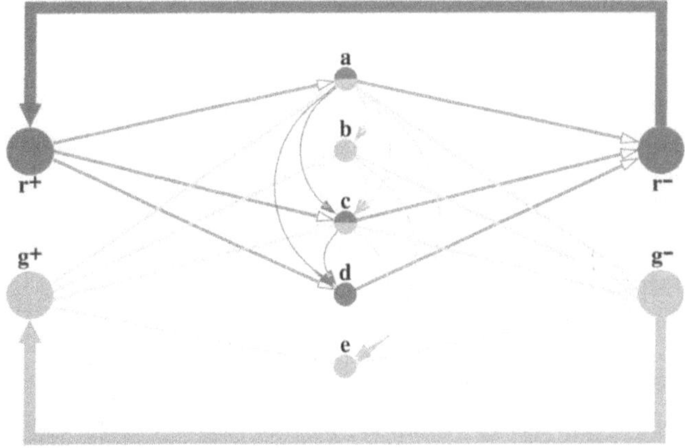

Abb. 3. "Geschrumpfter" Digraph (V', A').

Es ist offensichtlich, daß man die parallelen Bögen (t^-, t^+) zwischen dem Anfangs- und dem Endhaltepunkt einer Fahrgastfahrt t nicht benötigt und man daher die zugehörigen Variablen eliminieren kann (Grund: "Was in t^- hineinfließt, fließt wegen (2) aus t^+ wieder hinaus"). Graphentheoretisch ersetzt man für jede Fahrgastfahrt t die Knoten t^- und t^+ durch einen neuen Knoten t und entfernt alle Bögen zwischen t^- und t^+. Jeder Bogen mit Endknoten t^- erhält als neuen Endknoten den Knoten t, und analog beginnt jeder Bogen mit Anfangsnknoten t^+ nunmehr in t. Der so definierte neue Digraph $D' := (V', A')$ (mit $V' := \mathcal{D}^+ \cup \mathcal{D}^- \cup \mathcal{T}$, $A'_d := A_d^{\mathrm{leer}} \cup \{(d^-, d^+)\}$ und $A' := \bigcup_{d \in \mathcal{D}} A'_d$) entsteht also durch Schrumpfen der Knotenmengen $\{t^-, t^+\}$, $t \in \mathcal{T}$, und Entfernen der dabei auftretenden Schlingen. Abbildung 3 zeigt den geschrumpften Digraphen (V', A') zu dem Beispiel der Abb. 1 und Abb. 2.

Durch geeignete Kombination der Gleichungen (2) und (3) kann man beweisen, daß die Gleichungen (3) nach Elimination aller Variablen der Form $x^d_{(t^-, t^+)}$ äquivalent zu den folgenden Gleichungen sind:

$$\sum_{a \in \delta^-(t)} x^d_a = 1 \quad \forall\, t \in \mathcal{T}. \tag{5}$$

Jede zulässige (optimale) Lösung des linearen ganzzahligen Programms

$$\min \sum_{d \in \mathcal{D}} \sum_{a \in A'_d} c^d_a x^d_a \tag{6}$$

$$\sum_{a \in \delta^-(t)} x^d_a = 1 \quad \forall\, t \in \mathcal{T}, \tag{7}$$

$$\sum_{a \in \delta^-(v) \cap A'_d} x^d_a - \sum_{a \in \delta^+(v) \cap A'_d} x^d_a = 0 \quad \forall\, v \in V' \;\; \forall\, d \in \mathcal{D}, \tag{8}$$

$$l^d_a \leqslant x^d_a \leqslant u^d_a \quad \forall\, a \in A' \;\; \forall\, d \in \mathcal{D}, \tag{9}$$

$$x \text{ ganzzahlig} \tag{10}$$

definiert somit eine zulässige (optimale) Lösung des Umlaufplanungsproblems und umgekehrt. Man kann auch noch die zu den Rückführungsbögen gehörenden Variablen und die redundanten Kapazitätsschranken $x^d_a \leqslant 1$, für alle $a \in A_d^{\mathrm{leer}}$ und $d \in \mathcal{D}$, eliminieren, aber darauf gehen wir nicht ein. In [FHW] und [BCP] werden ähnliche Modelle zu (6-10) vorgeschlagen; diese verwenden ebenfalls Depotgruppen.

4 Heuristiken

Viele Verkehrsbetriebe haben manuelle und/oder computerunterstützte Verfahren zur Bestimmung brauchbarer Umlaufpläne entwickelt. Wir kennen keinen Verkehrsbetrieb, der das von uns in den Abschnitten 2 und 3 dargestellte mathematische Modell (oder ein dazu äquivalentes) benutzt und somit in der Lage wäre, Umlaufpläne mit minimaler Fahrzeugzahl oder mit minimalen Kosten zu berechnen. Einige Software-Firmen und Software-Abteilungen von Verkehrsbetrieben vertreiben Programme zur Berechnung günstiger Umlaufpläne. Die dabei benutzten Methoden beruhen auf relativ ähnlichen heuristischen Prinzipien.

Betrachtet man das von uns vorgestellte Modell, so bietet sich eine heuristische Vorgehensweise direkt an. Es ist bekannt, daß das Mehrgüterflußproblem *NP*-schwer ist, aber Probleme mit einem Gut, d. h. mit einem Depot, in polynomialer Zeit lösbar sind. Was liegt näher, als alle Depots zu einem Depot zusammenzufassen und das so vereinfachte Problem zu lösen. Bei diesem Vorgehen entstehen einige Umläufe bzw. Umlaufketten, die nicht "depot-rein" gefahren werden. Man schließt daher eine heuristische Nachbearbeitung der Lösung an, bei der Umläufe in depot-reine Stücke zerlegt und diese anschließend depot-rein verheftet werden. Dadurch erhält man für jedes Depot eine Menge von Umläufen, die von diesem Depot bedient werden, und somit implizit eine Zuweisung von Fahrgastfahrten zu Depots. Man kann dann anschließend die einem Depot zugeordneten Fahrgastfahrten als ein Ein-Depot-Umlaufplanungsproblem auffassen und mit einem Minimal-Kosten-Fluß-Algorithmus optimal lösen. Diese Vorgehensweise kann man kurz mit dem Schlagwort *Schedule – Cluster – Schedule* beschreiben. Wir zeigen in Abschnitt 7, daß derartige Heuristiken Umlaufpläne liefern, die sowohl bez. der Fahrzeuganzahl als auch der Kosten recht nahe am Optimum liegen können.

Die derzeit in der Praxis benutzten Heuristiken unterscheiden sich in der Art, wie die einzelnen der hier skizzierten Schritte ausgeführt werden. Vielfach wird der letzte Schedule-Schritt weggelassen; man zeigt sich mit der heuristischen Verknüpfung zufrieden. Bei anderen Ansätzen werden die Cluster auf eine andere Weise bestimmt. Es werden z. B. rein heuristische Zuweisungen zu Depots vorgenommen, oder es werden Assignment- oder Transportalgorithmen benutzt um eine Clusterung zu erhalten (einen Überblick dazu geben z. B. [DaP] oder [DDSS]). Die letztere Methodik wird bei HOT II verwendet, siehe [M], [DM] und [DMS].

Weitere Heuristiken des Schedule–Cluster–Schedule Typs sind in [BCP], [La], [BCG] und [MP] beschrieben. Die numerischen Testrechnungen dieser Publikationen beschränken sich jedoch auf Beispiele mit maximal 600 Fahrgastfahrten, meistens sind es noch deutlich weniger.

5 Ein exakter Lösungsansatz

In Abschnitt 3 haben wir gezeigt, daß das Umlaufplanungsproblem durch das ganzzahlige Programm (6-10) gelöst werden kann. Umlaufplanungsprobleme von großen Verkehrsbetrieben führen zu derartigen ganzzahligen Programmen mit mehreren Millionen Variablen. Aufgrund dieser enormen Größenordnungen sind nur wenige Versuche unternommen wurden, reale Problembeispiele exakt zu lösen. Forbes et al. [FHW] berichten von praktischen Problemen mit drei Depots und 6.500 Fahrgastfahrten. Mit ihrem Algorithmus und den ihnen zur Verfügung stehenden Rechnern konnten jedoch nur Teilprobleme mit höchstens 600 Fahrgastfahrten und rund 90.000 Leerfahrten gelöst werden. Ribeiro und Soumis [RS] lösen mit Column-Generation-Technik (Dantzig-Wolfe-Dekomposition) zufällig erzeugte Umlaufplanungsprobleme mit bis zu 10 Depots und bis zu 300 Fahrgastfahrten.

Unsere Idee war, LP-Techniken, die sich in letzter Zeit gerade bei der Lösung sehr großer kombinatorischer Optimierungsprobleme bewährt haben, in Verbindung mit polyedertheoretischen Überlegungen einzusetzen. Wir hatten die Hoffnung, daß reale Umlaufplanungsprobleme vielleicht doch nicht ganz so schwierig sind, wie es komplexitätstheoretische Überlegungen erwarten lassen. Diese Hoffnung hat sich bestätigt.

Die Idee des "polyedrischen Ansatzes" ist es, die konvexe Hülle $\mathrm{MDVS}(D')$ der zulässigen Punkte von (6-10) zu betrachten. $\mathrm{MDVS}(D')$ ist ein Polytop, dessen Ecken den Lösungen des durch den Digraphen D' definierten Umlaufplanungsproblem entsprechen. Aus der Polyedertheorie ist bekannt, daß es ein System von (i. a. sehr vielen) Ungleichungen $Bx \leqslant b$ und Gleichungen $Ex = e$ gibt, so daß gilt: $\mathrm{MDVS}(D') = \left\{ x \in \mathrm{I\!R}^A \mid Bx \leqslant b, \ Ex = e \right\}$.

Diese (theoretische) Konstruktion erlaubt es, das Umlaufplanungsproblem als lineares Programm der Form $\min\{c^\mathrm{T}x \mid Ex = e, Bx \leqslant b\}$ zu lösen. In der Praxis kennt man nur einen winzigen Bruchteil aller notwendigen Ungleichungen. Aber selbst dieser Bruchteil besteht schon aus einer Zahl von Ungleichungen, die exponentiell in der Knotenzahl von D' ist. Man geht daher wie folgt vor: Zunächst bestimmt man eine "vernünftige" Teilmenge der Ungleichungen, sagen wir das Teilsystem $B'x \leqslant b'$ von $Bx \leqslant b$, und löst das lineare Programm $\min\{c^\mathrm{T} x \mid Ex = e, B'x \leqslant b'\}$. Entspricht die Optimallösung einem Umlaufplan, so ist man fertig. Andernfalls wird versucht, aus der Menge der bisher nicht berücksichtigten Ungleichungen einige zu finden, die die gegenwärtige gebrochene Optimallösung abschneiden. Diese Ungleichungen werden *Schnittebenen* genannt. Die Schnittebenen werden dann zum gegenwärtigen linearen Programm hinzugefügt, und es wird iteriert, bis entweder ein optimaler Umlaufplan gefunden ist oder die gegenwärtige optimale Lösung eines linearen Teil-Programms nicht mehr abgeschnitten werden kann. In diesem Fall wird ein Branch-and-Bound Verfahren angeschlossen.

Wir haben das Polytop $\mathrm{MDVS}(D')$ untersucht und verschiedene Klassen von Facetten gefunden. Die Darstellung dieser Ergebnisse ist technisch aufwendig, weswegen wir hier nicht darauf eingehen.

Unsere Rechenexperimente haben gezeigt, daß die Lösung der LP-Relaxierung von (6-10), die durch Weglassen der Ganzahligkeitsbedingung (10) entsteht, für reale Probleme einen Optimalwert ergibt, der nahe am Optimalwert des Umlaufplanungsproblems liegt. In der Regel lieferte die LP-Relaxierung die minimale Fahrzeuganzahl, und die optimalen Kosten liegen nie mehr als 1% über den Kosten der optimalen LP-Lösung. Die Schnittebenen wurden benötigt, um diese kleine Lücke zu schließen und aus den gebrochenen optimalen LP-Lösungen ganzzahlige Optimallösungen zu erzeugen.

Wirklich schwierig war es jedoch, die LP-Relaxierungen selbst zu lösen. Immerhin handelt es sich hier um lineare Programme, die bei realen Datensätzen bis zu 50 Millionen Variablen und 60.000 Gleichungen umfaßen. Hierfür haben wir spezielle Techniken entwickelt, die wir in Abschnitt 6 beschreiben.

6 Implementierungsdetails

Bei LP-Problemen mit mehreren Millionen Variablen ist allein aus Speicherplatzgründen von vornherein klar, daß die LP's nicht vollständig erzeugt und einem Löser übergeben werden können. In unserem Fall bot es sich an, alle Gleichungen und Ungleichungen von (6-10) zu berücksichtigen und Variablen sukzessive durch "column generation" einzubeziehen. Nach verschiedenen Experimenten hat sich der folgende Weg als erfolgreich erwiesen.

Im ersten Schritt wird eine heuristische Lösung (siehe Abschnitt 4) des vorliegenden Problems bestimmt. Danach werden für das erste lineare Programm all diejenigen Spalten von Variablen generiert, deren Leerfahrten in der heuristisch gefundenen Lösung benutzt werden. Das so erzeugte LP wird dann mit CPLEXMACH, einer Beta-Version von CPLEX4.0 [C] gelöst. Anschließend beginnt die Phase A des Lösungsprozeßes.

Phase A: Wir überprüfen die reduzierten Kosten aller Nichtbasis-Variablen und löschen diejenigen Variablen aus dem gegenwärtigen LP, deren reduzierte Kosten eine gewisse (parametergesteuerte) Schranke überschreiten (heuristische Reduktion der LP-Größe). Nacheinander werden die folgenden drei Spaltengenerierungsalgorithmen aufgerufen:
SG1: Die Gleichungen (7) werden aus dem LP gestrichen und über einen Lagrange-Relaxierungsansatz zur Zielfunktion hinzugefügt. Die Lagrange-Multiplikatoren erhalten die Werte der Dualvariablen zu (7) des zuletzt gelösten LP's. Das verbleibende LP dekomponiert in $|\mathcal{D}|$ unabhängige Minimal-Kosten-Fluß-Probleme. Wir lösen diese mit dem Netzwerk-Simplex-Code MCF ([Lo2]). Alle Variablen, die in der optimalen Lösung eines der Minimal-Kosten-Fluß-Probleme einen positiven Flußwert aufweisen, werden zum gegenwärtigen LP hinzugefügt, falls sie dort nicht schon vorhanden sind.
SG2: Durch geeignete Kombination der Gleichungen (7) und (8) erzeugen wir ein (redundantes) Gleichungssystem der Form

$$- \sum_{a \in \delta^+(t)} x_a^d = -1 \quad \forall\, t \in \mathcal{T}. \tag{11}$$

Die Gleichungen (8) und die Schranken für die Depotkapazität von (9) werden aus dem LP gestrichen und über einen Lagrange-Ansatz zur Zielfunktion hinzugefügt. Die Lagrange-Multiplikatoren erhalten auch hier die Werte der zugehörigen Dualvariablen zu den Gleichungen (8) und Ungleichungen (9) des zuletzt gelösten LP's. Die verbleibenden Gleichungen (6), (7) und (11), die Ungleichungen $x \geqslant 0$ und die neue (Lagrange-) Zielfunktion bilden ein (riesiges) Minimal-Kosten-Fluß-Problem, welches wiederum mit dem Netzwerk-Simplex-Code MCF gelöst wird. Analog zu SG2 werden dann alle Variablen, die in der optimalen Lösung des Minimal-Kosten-Fluß-Problems einen positiven Flußwert besitzen und sich nicht bereits im aktuellen LP befinden, zum LP hinzugefügt.

SG3: Die reduzierten Kosten aller nicht im gegenwärtigen LP vorhanden Variablen werden bestimmt. Die Variablen mit den geringsten reduzierten Kosten werden (parametergesteuert) zum LP hinzugefügt.

Nach der Spaltenerzeugung wird das veränderte LP mit dem dualen Simplexverfahren und einem vorgeschalteten Preprocessing gelöst. Ist der Minimalwert des neuen LP's "deutlich niedriger" als der des vorhergehenden LP's, so wird die Phase A wiederholt, andernfalls wird zur Phase B gesprungen.

Phase B: Wie in Phase A werden zuerst Variablen aus dem gegenwärtigen LP entfernt. Anschließend wird lediglich SG3 aufgerufen. Das so veränderte LP wird in dieser Phase mit dem primalen Simplexalgorithmus gelöst, wobei die optimale Basis des letzten LP's als Startbasis verwendet wird. Die Phase B wird solange wiederholt, bis in SG3 die globale Optimalität der Optimallösung des gegenwärtigen LP's nachgewiesen ist.

Die Spaltengenerierungstechnik SG3 is notwendig, um am Ende die globale Optimalität einer LP-Lösung mit reduziertem Variablensatz nachzuweisen. Allerdings haben praktische Experimente gezeigt, daß diese Methode allein LP's des vorliegenden Typs nicht löst. Es wird praktisch kein Fortschritt im Zielfunktionswert erreicht ("stalling"), außerdem lassen sich kaum Variablen aufgrund ihrer reduzierten Kosten aus dem LP entfernen.

Die beiden Spaltengenerierungstechniken SG1 und SG2 bringen eine globalere Sichtweise als SG3: Es wird nicht nur eine einzelne Variable für sich allein aufgrund ihrer reduzierten Kosten beurteilt, sie wird vielmehr im Zusammenspiel mit den übrigen Variablen bewertet. Auf diese Weise werden ganze Umläufe, die natürlich in SG2 nicht notwendig depot-rein sind, generiert. Hierbei können durchaus auch Variablen zum LP hinzugefügt werden, deren reduzierte Kosten positiv sind, also lokal gesehen keine Verbesserung des Zielfunktionswerts versprechen, jedoch zur Komplettierung ansonsten günstiger Umläufe benötigt werden.

Es ist aus Platzgründen unmöglich, alle Details der gesamten Lösungsmethode zu beschreiben. Wir wollen jedoch noch erwähnen, daß wir heuristisch versuchen, aus jeder LP-Lösung eine zulässige Lösung zu generieren.

Dies führt bei unseren Problemen zu deutlichen Verbesserungen der oberen Schranke, was das anschließende Branch&Cut-Verfahren erheblich beschleunigt.

7 Rechenergebnisse

Die oben beschriebenen Methoden wurden insbesondere auf den in Tab. 1 skizzierten realen Datensätzen der Hamburger Hochbahn AG, der Berliner Verkehrsbetriebe und der Verkehrsbetriebe Hamburg-Holstein AG getestet:

Tabelle 1. Mehr-Depot-Probleme.

Verkehrsbetrieb	Depots	Fahrgastfahrten	Leerfahrten
Hamburg	40	16.239	15.100.000
Hamburg 1	12	8.563	11.400.000
Hamburg 2	9	1.834	1.100.000
Hamburg 3	2	791	200.000
Hamburg 4	2	238	24.000
Hamburg 5	2	1.461	620.000
Hamburg 6	2	2.283	1.700.000
Hamburg 7	2	341	36.000
Berlin	49	21.003	50.000.000
Hamburg-Holstein	4	3.413	3.700.000

Hamburger Hochbahn AG. In Hamburg werden zur Zeit 14 Betriebshöfe (z. T. Fremdunternehmen) mit insgesamt 9 verschiedenen Fahrzeugtypen geplant. Werden die einzelnen Fahrzeugtypen, die jeweils in einem Betriebshof stationiert sind, als ein Depot definiert, so sind in Hamburg 40 Depots zu unterscheiden. Der Datensatz umfaßt 16.239 Fahrgastfahrten, die für alle Depots zusammen durch rund 15,1 Millionen Leerfahrten verknüpft werden können. Das Gesamtproblem dekomponiert in ein 12-Depot-Problem, ein 9-Depot-Problem, fünf 2-Depot-Probleme und neun kleinen Ein-Depot-Probleme mit insgesamt 728 Fahrgastfahrten.

Berliner Verkehrsbetriebe. Die BVG unterhält zur Zeit 9 Betriebshöfe mit 10 verschiedenen Fahrzeugtypen. Insgesamt ergeben sich für die BVG 49 Depots. In Berlin sind an einem normalen Wochentag rund 28.000 Fahrgastfahrten zu erledigen. Durch Vergabe von Fahrgastfahrten bzw. ganzer Linien an Fremdunternehmen reduziert sich das Problem auf 21.003 Fahrgastfahrten und rund 50 Millionen Leerfahrten.

Verkehrsbetriebe Hamburg-Holstein AG. Hier werden 18 Betriebshöfe (z. T. Fremdunternehmen) geplant. Eine Unterteilung in Fahrzeugtypen wurde in unseren Testdaten nicht vorgenommen, jeder Betriebshof definiert deshalb ein Depot. Die 5.603 Fahrgastfahrten können mit rund 4,2 Millionen Leerfahrten verknüpft werden. Auch dieses Problem dekomponiert in ein 4-Depot-Problem mit 3.413 Fahrgast- und 3,7 Millionen Leerfahrten und in 14 kleinere Ein-Depot-Probleme mit bis zu 613 Fahrgast- und ca. 150.000 Leerfahrten.

Wir gehen auf die Ein-Depot-Probleme nicht weiter ein, da diese wie bereits erwähnt polynomial lösbar sind. Tabelle 2 enthält die Zielfunktionswerte der von uns mit dem Branch&Cut-Verfahren berechneten Optimallösungen sowie die besten Werte der heuristisch bestimmten Lösungen. Die benötigten Rechenzeiten finden sich in Tab. 3.

Tabelle 2. Fahrzeugbedarfe mit Gewichtungen.

Verkehrsbetrieb	Optimalwerte		Heuristische Lösung	
	Fahrzeuge	Gewichtung	Fahrzeuge	Gewichtung
Hamburg (alle Depots)	812	117540	833	113272
Hamburg 1	432	63074	449	60918
Hamburg 2	103	14702	104	15032
Hamburg 3	39	5085	40	4937
Hamburg 4	6	1205	6	1205
Hamburg 5	62	10920	63	11167
Hamburg 6	111	14330	111	14444
Hamburg 7	15	2655	16	2530
Berlin	1157	194202	1166	197849
Hamburg-Holstein	201	26405	202	28052

Tabelle 3. Rechenzeiten in Stunden:Minuten auf SUN SPARCStation 20-71.

Verkehrsbetrieb	optimal	fahrzeug-minimal	heuristisch
Hamburg 1	56:47	50:10	0:10
Hamburg 2	4:07	2:52	0:05
Hamburg 3	0:04	0:03	0:01
Hamburg 4	0:01	0:01	0:01
Hamburg 5	0:08	0:05	0:03
Hamburg 6	0:06	0:01	0:01
Hamburg 7	0:01	0:01	0:01
Berlin	41:00	5:00	0:27
Hamburg-Holstein	1:55	0:33	0:03

Das von uns entwickelte Branch&Cut-Verfahren ist in der Lage, in akzeptablen Rechenzeiten Optimallösungen dieser wirklich riesigen Umlaufplanungsprobleme zu bestimmen. Die Heuristiken liefern in wenigen Minuten sehr gute Lösungen, deren Güte durch das Schnittebenenverfahren in kurzer Zeit abgeschätzt werden kann. Diese und andere Vergleichsrechnungen haben gezeigt, daß das erzielbare Einsparungspotential von den im Einsatz befindlichen Planungsmethoden abhängt. Bei computergestützter manueller Planung können z. T. rund 10 % der Fahrzeuge eingespart werden. Die besten Heuristiken der Praxis (hierzu gehört HOT II) liefern sehr gute Lösungen. Die von uns berechneten Einsparungspotentiale lagen für die Fahrzeugzahl im Bereich von 3 % und bei den Kosten im Bereich von bis zu 10 %.

Literatur

[BCG]   A. A. Bertossi, P. Carraresi und G. Gallo. On some matching problems arising in vehicle scheduling models. *Networks*, 17:271–181, 1987.

[BCP]   I. Branco, A. Costa und J. M. P. Paixão. Vehicle scheduling problem with multiple type of vehicles and a single depot. In Daduna et al. [DBP].

[BMMN] M. O. Ball, T. L. Magnanti, C. L. Monma und G. L. Nemhauser, editors. *Network Routing*, volume 8 of *Handbooks in Operations Research and Management Science*. Elsevier Science B.V., Amsterdam, 1995.

[C]   CPLEX Optimization, Inc., Suite 279, 930 Tahoe Blvd., Bldg 802, Incline Village, NV 89451, USA. *Using the CPLEX Callable Library*, 1995. URL: http://www.cplex.com/.

[DBP]   J. R. Daduna, I. Branco und J. M. P. Paixão, editors. *Computer-Aided Transit Scheduling*, Lecture Notes in Economics and Mathematical Systems. Springer Verlag, 1995.

[DM]   J. R. Daduna und M. Mojsilovic. Computer-aided vehicle and duty scheduling using the HOT programme system. In Daduna und Wren [DW].

[DMS]   J. R. Daduna, M. Mojsilovic und P. Schütze. Practical experiences using an interactive optimization procedure for vehicle scheduling. In Du und Pardalos [DuP], Seiten 37–52.

[DaP]   J. R. Daduna und J. M. P. Paixão. Vehicle scheduling for public mass transit – an overview. In Daduna et al. [DBP].

[DW]   J. R. Daduna und A. Wren, editors. *Computer-Aided Transit Scheduling*, Lecture Notes in Economics and Mathematical Systems. Springer Verlag, 1988.

[DDSS] J. Desrosiers, Y. Dumas, M. M. Solomon und F. Soumis. *Time Constrained Routing and Scheduling*. In Ball et al. [BMMN], Kapitel 2.

[DR]   M. Desrochers und J.-M. Rousseau, editors. *Computer-Aided Transit Scheduling*, Lecture Notes in Economics and Mathematical Systems. Springer Verlag, 1992.

[DuP]   D.-Z. Du und P. M. Pardalos, editors. *Network Optimization Problems: Algorithms, Applications and Complexity*, volume 2 of *Series on Applied Mathematics*, Singapore, New York, London, 1993. World Scientific Publishing Co. Pte. Ltd.

[FHW]   M. A. Forbes, J. N. Holt und A. M. Watts. An exact algorithm for multiple depot bus scheduling. *European Journal of Operational Research*, 72(1):115–124, 1994.

[FP]   R. Freling und J. M. P. Paixão. Vehicle scheduling with time constraint. In Daduna et al. [DBP].

[La]   A. Lamatsch. *Wagenumlaufplanung bei begrenzten Betriebshofkapazitäten.* Dissertation, Universität Fridericiana zu Karlsruhe (TH), 1988.

[Lo1]   A. Löbel. *Optimal Vehicle Scheduling in Public Transit.* Dissertation, Technische Universität Berlin, erscheint 1996.

[Lo2]   A. Löbel. Solving large-scale real-world minimum-cost flow problems by a network simplex method. Preprint SC 96-7, Konrad-Zuse-Zentrum für Informationstechnik Berlin, 1996. URL:
          `ftp://ftp.zib.de/pub/zib-publications/reports/SC-96-07.ps.Z`.

[LS]   A. Löbel und U. Strubbe. Wagenumlaufoptimierung – Methodischer Ansatz und praktische Anwendung. In *Heureka '96: Optimierung in Verkehr und Transport*, Seiten 341–355. Forschungsgesellschaft für Straßen- und Verkehrswesen, Köln, 1996. URL:
          `ftp://ftp.zib.de/pub/zib-publications/reports/SC-95-38.ps.Z`.

[M]   M. Mojsilovic. Verfahren für die Bildung von Fahrzeugumläufen, Dienstplänen und Dienstreihenfolgeplänen. In *Heureka 83 – Optimierung in Transport und Verkehr*, Seiten 178–191. Forschungsgesellschaft für Straßen- und Verkehrswesen, Köln, 1983.

[MP]   M. Mesquita und J. M. P. Paixão. Multiple depot vehicle scheduling problem: A new heuristic based on quasi-assignment algorithms. In Desrochers und Rousseau [DR].

[PS]   P. Petzold und P. Schütze. Integrated data processing for public transport in Hamburg. In Daduna et al. [DBP].

[RS]   C. C. Ribeiro und F. Soumis. A column generation approach to the multiple-depot vehicle scheduling problem. *Operations Research*, 42(2):41–52, 1994.

[SV]   P. Schütze und M. Völker. Recent developments of HOT II. In Daduna et al. [DBP].

Optimale Linienführung und Routenplanung in Verkehrssystemen

A. Bachem[1], A. Hamacher[1], Ch. Moll[1] und G. Raspel[2]

[1] Zentrum für Paralleles Rechnen, Universität zu Köln, Weyertal 80, D-50931 Köln, e–mail: zpr@zpr.uni-koeln.de, URL: http://www.zpr.uni-koeln.de/
[2] FGT Logistik, Heyestraße 187, D-40625 Düsseldorf

Abstract. This paper decribes Vehicle Routing Problems appearing at a specific company, the Gerresheimer Glas AG. There are two different kind of problems: a full load routing problem and a multi-depot partial load delivery problem. We introduce algorithms that solve these problems and discuss modifications and alternatives for our specific practical constraints. Another approach to minimize the overall distance covered by empty trucks is the idea of introducing reload stations. This leads to the mathematical formulation of Steiner problems. For all these problems a good calculation of the driving times is necessary to employ the algorithms on practical problems. In this context a short overview over traffic simulation systems is given. At last the software engineering problems of dispositions systems are discussed.

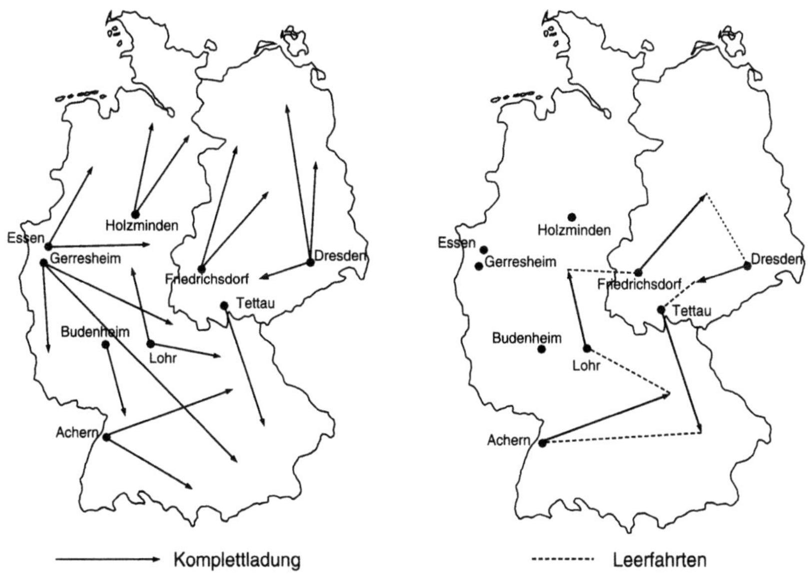

Abb. 1. Mehrdepotplanung bei der Gerresheimer Glas AG

Abb. 2. Darstellung einer Tour

1 Problembeschreibung

Ziel des Projektes *Optimale Linienführung und Routenplanung in Verkehrs-systemen* (OptiLRV) ist die Entwicklung und Implementierung von kombi-natorischen Verfahren zur zentralen Disposition der Transportaufträge aus den neun deutschen Niederlassungen der Gerresheimer Glas AG. In Gerres-heim werden z.Zt. die Transportaufträge aus drei Niederlassungen gemein-sam disponiert. Bei den Aufträgen handelt es sich zu einem Großteil um Komplettladungen, die vom Werk bzw. Lager direkt zum Kunden gebracht werden müssen. Die Tourenplanung geschieht im Laufe eines Tages für den nächsten Tag bzw. für die Verladung am selben Abend. In dem zu erstellen-den System sollen Algorithmen implementiert werden, die dem Disponenten als Planungsinstrument für eine automatische und manuelle Planung an die Hand gegeben werden.

Folgende Restriktionen des Vehicle–Routing–Problems sind problemspezi-fisch für die gegebenen Optimierungsprobleme bei der Gerresheimer Glas AG:

- Zeitfenster, Distanzmatrix

  Bei den Kunden existieren für die Anlieferung sehr enge Zeitfenster. Es handelt sich bei den Abnehmern z.B. um Abfüller, die täglich bis zu 10 Ladungen Flaschen im 1/2–1 Stunden–Takt ordern. In diesen Fällen spielt eine genaue Kalkulation der Fahrzeit eine große Rolle. Verspätun-gen können bei einer Just–In–Time–Produktion nicht in Kauf genommen werden, da in kritischen Fällen die Produktion gestoppt werden muß.

- Fuhrpark

  Da bei der Gerresheimer Glas AG zu einem großen Teil Komplettla-dungen transportiert werden, ist der eigene Fuhrpark sehr homogen. Er besteht für die drei Niederlassungen aus 8 Lastzügen (Motorwagen + Hänger), die bei der Planung mit möglichst günstigen Touren belegt wer-den. Die restlichen Aufträge werden so weit wie möglich als komplet-te Touren an Stammspeditionen vergeben. Erst die dann verbleibenden Aufträge werden auf dem „freien" Markt verkauft. Hier spielt der Fremd-/Eigenregievergleich von Aufträgen eine große Rolle.

- Fahrer–Wochenenden

  Es wird eine Wochenplanung durchgeführt. Hierbei ist zu beachten, daß die Fahrer möglichst am Wochenende (evtl. auch 1-2 mal in der Woche) zu Hause sein können. Vor allem für die Tage Donnerstag und Freitag sind also bei der Routenplanung die Heimatstandorte der Fahrzeuge stark zu beachten.

2 Komplettladungen

Da es sich bei den Aufträgen der Gerresheimer Glas AG in erster Linie um Komplettladungen handelt, wurden Verfahren zur Optimierung der Auslieferrouten für diese Aufträge entwickelt. Exemplarisch sind solche Komplettladungsaufträge für die neun Niederlassungen in Abb. 1 dargestellt. Ziel ist die Minimierung von gefahrenen Leerkilometern. Zur besseren Übersicht wurde in Abb. 2 nur eine Tour skizziert. Die Lastfahrten, bei denen der LKW komplett beladen ist, sind mit durchgezogenen Linien gekennzeichnet; die gestrichelten Linien repräsentieren die Leerfahrten.

Das Problem der Leerfahrtenminimierung kann formuliert werden als Suche nach einem kostenminimalen Matching in einem bipartiten Graphen. Als Knotenmengen des zugrundeliegenden Graphen werden die Auf- und Abladestellen der Aufträge angenommen, wobei für jeden Auftrag genau ein Auf- und ein Ablade–Knoten angelegt wird. Kanten zwischen einer Ab- und einer Aufladestelle werden eingefügt, wenn der zur Aufladestelle gehörende Auftrag zeitlich nach dem Auftrag durchgeführt werden kann, der an der Abladestelle endet. Ein solcher Graph ist in Abb. 3 dargestellt. Hier ist an den Knoten die Anliefer- bzw. Abfahrtzeit vermerkt. Die Abfahrtzeit wird „rückwärts" aus der durch den Auftraggeber vorgegebenen Anlieferzeit berechnet durch Subtraktion der Fahrtzeit. Die realitätsnahe Berechnung der Fahrtzeiten ist hierbei von großer Wichtigkeit. Um diese korrekt berechnen zu können, muß eine zeitabhängige Distanzmatrix zugrundegelegt werden. Auf die Problematik der Bestimmung dieser Kantengewichte wird in Abschnitt 5 tiefer eingegangen. Die Kanten werden mit Kosten bewertet, die die gefahrenen Leerkilometer berücksichtigen. Außerdem müssen in die Kosten evtl. Wartezeiten einkalkuliert werden.

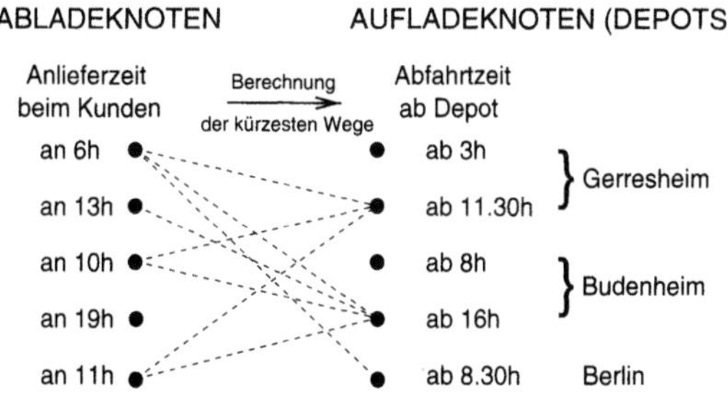

Abb. 3. Graph aller möglichen Leerfahrten zwischen Kunden und Depots

Die Bestimmung eines minimal gewichteten Matchings ist bei festen Anlieferzeiten und einheitlichen Fahrzeugtypen in polynomieller Zeit optimal durchzuführen. Hierfür existieren schon effiziente Algorithmen. Ein verbreiteter Algorithmus basiert auf der Ungarischen Methode [AMO, PS]. Für unser Beispiel sieht die exakte Lösung folgendermaßen aus:

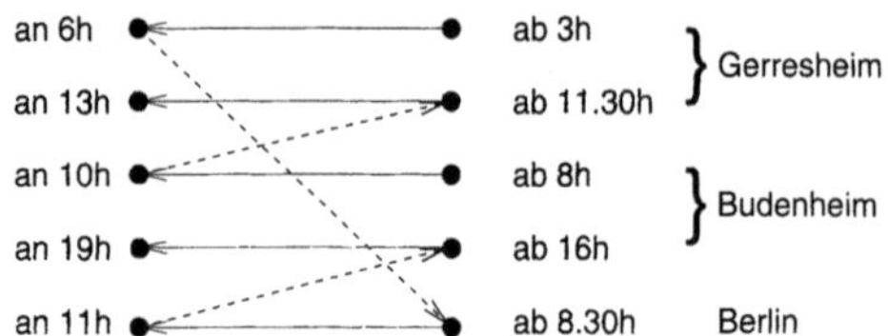

Abb. 4. Minimales Matching der Leerfahrten (- - ->), zusätzlich sind die Komplettladungsfahrten (——>) eingetragen

In der Praxis treten häufig zusätzliche Nebenbedingungen wie Fahrzeugeinsatzzeiten, Zeitfenster (statt Anlieferzeitpunkten), Lenkzeitverordnungen oder Wochenendrückfahrten auf. Um in diesen Fällen zu einem exakten Ergebnis zu gelangen, wird ein Branch&Bound–Verfahren eingesetzt. Im Verzweigungsschritt („Branching") werden Verbindungen erzwungen bzw. verboten. Es entstehen so Ketten von Teilrouten, für die früheste und späteste Startzeiten berechnet werden anhand der vorgegebenen Zeitrestriktionen. Teilstücke, die nacheinander ohne Verletzung einer der Nebenbedingungen befahren werden können, werden durch Kanten miteinander verbunden. Auf dem so entstandenen Graphen der möglichen Anschlüsse wird die untere Schranke („Bounding") wird mit Hilfe des oben beschriebenen Matchingansatzes bestimmt.

Für den Einsatz beim Disponenten ist dieser Ansatz dann geeignet, wenn die Aufträge komplett bekannt sind. Werden noch Aufträge storniert oder durch Aquise neuer Aufträge die bisher bestehenden Leerfahrten aufgefüllt, so ist aufgrund der Antwortzeiten des Systems eine heuristische Lösung der exakten Lösung für die aktuell vorliegenden Aufträge vorzuziehen. Die Heuristik beruht auf einem Greedy-Ansatz, in dem die Aufträge sukzessive auf die Fahrzeuge verteilt werden. Grundlage ist eine Präferenzregel, die Leerkilometer, Wartezeiten sowie gegen Ende der Woche den Abstand zum Heimatstandort berücksichtigt und nach guten Zuordnungen sucht.

Der Disponent kann sich mit Hilfe des „Manuellen Planungsmoduls" die Touren graphisch anzeigen lassen, Teilrouten festlegen und die Routen für die noch verbleibenden Aufträge durch die Heuristik bzw. den exakten Ansatz neu berechnen lassen oder die bestehenden Touren von Hand nacharbeiten, um sie eventuell nicht erfaßten Nebenbedingungen anzupassen.

3 Teilladungen

Bei der Gerresheimer Glas AG stehen zu einem geringeren Prozentsatz auch Teilladungsaufträge zur Disposition. Die spezielle Struktur der Aufträge, hier insbesondere das häufige Auftreten sehr enger Zeitfenster, machen das Problem schwer, da Lösungen, die alle Zeitrestriktionen beachten, zu viele schlecht ausgelastete Touren beinhalten. Der Einsatz von Strafkosten zur Bewertung der Zeitfensterüberschreitungen führt nicht zum Ziel, da Kunden ihre „Wertigkeit" ändern können und damit der Aufwand, alle Kunden vor jeder Planung in verschiedene Stufen zu ordnen, zu hoch ist. Deshalb wird der Ansatz verfolgt, möglichst viele Kunden „in time" einzuplanen. Die nicht zulässig zu routenden Kunden werden vom Disponenten manuell eingeplant. Es besteht die Möglichkeit, das Zeitfenster dieses Kunden oder das der nachfolgenden Kunden zu verletzen. Hier fließt das Wissen des Disponenten ein, welche Kunden an diesem Tag auch außerhalb ihrer angegebenen Öffnungszeiten beliefert werden können. Die Entscheidung trifft der Disponent durch telefonische Nachfrage bei den betroffenen Kunden.

Clustern mit Hilfe des Minimal Spannenden Baumes

Um die Gebietskenntnis der Fahrer ausnutzen zu können, sollen regional beschränkte Touren erzeugt werden. Deshalb wurde ein spezielles Verfahren entwickelt, das eine Clusterung der zu verplanenden Aufträge vornimmt. In *jedem* so entstandenen Cluster werden dann die Kunden mit Hilfe eines Insert–Verfahrens zu *einer* zulässigen Tour zusammengestellt (Cluster first–Route second).

Clustern: Zunächst wird ein *Minimal Spannender Baum* auf allen zu verplanenden Kunden berechnet. Die Kantengewichte sind durch die Distanzen im Straßennetz gegeben. Durch Entfernen einer Kante wird der Baum in zwei Teile geteilt. Für die beiden dadurch entstehenden Kundenmengen (Cluster) wird die Einhaltung der folgenden Restriktionen überprüft:

- max. Kundenanzahl pro Tour,
- Tourlänge (Summe der Kantengewichte im Baum mal Umwegfaktor),
- max. Kapazität,
- max. Anzahl von Kunden mit kritischen Zeitfenstern.

Die Anzahl von Kunden mit kritischen Zeitfenstern, wie z.B. die Kunden mit Zeitfenstern unter drei Stunden oder bis 12.00 h, werden begrenzt, um ein zulässiges Routing nicht unmöglich zu machen. Es wird dann der den obigen Restriktionen genügende Teilbaum mit den meisten Kunden abgetrennt und für den Restbaum die Iteration erneut durchgeführt. Eine mögliche Clusterung ist in Abb. 5 dargestellt.

Routen: Innerhalb jedes Clusters wird nun eine zulässige Tour gesucht. Hier kommt eine Insertheuristik zum Einsatz, die während des Touraufbaus durch lokale Umsortierung eine möglichst „runde" Tour generiert. Dazu werden die Kunden nach Länge und Start der Zeitfenster sortiert. Man sucht nun eine Menge von Kunden mit disjunkten Zeitfenstern, für die ihre Bedienreihenfolge somit vorgegeben ist. Die übrigen Kunden werden in der sortierten

Abb. 5. Clusterung auf Basis des Minimal Spannenden Baumes

Reihenfolge nacheinander an die günstigste gültige Einfügeposition eingefügt.
Um dies effizient durchführen zu können, wird bei jedem Auftrag in der Tour
die spätestmögliche Ankunftzeit und die frühestmögliche Abfahrtzeit berechnet, zu der die Tour noch gültig gefahren werden kann. Dadurch lassen sich
schnell die Positionen feststellen, an denen der zu verplanende Auftrag eingefügt werden kann. Ist keine gültige Position zu finden, so wird in einem
Austauschschritt versucht, eine kürzere Tour zu generieren durch Herausneh-
men eines schon verplanten Auftrages und Einfügen des aktuellen Auftrages.
Auf die entstehenden Touren wird jeweils eine lokale Verbesserungsheuri-
stik angewandt, in der Teilstücke der aktuellen Tour an anderen Stellen der
Tour eingesetzt werden. Damit sollen Überschneidungen, die sich während
des Aufbauverfahrens durch eine ungeschickte Einfügereihenfolge der Knoten
ergeben, frühestmöglich ausgeschaltet werden. Aufträge, die aufgrund ihrer
Zeitfensterrestriktionen nicht zu verplanen sind, werden vom Disponenten
manuell eingeplant. Die entstandenen Touren können dann mit Hilfe des im
folgenden beschriebenen Simulated–Trading Verfahrens verbessert werden.

Das Simulated–Trading–Verfahren

Das Simulated–Trading–Verfahren ist als Verbesserungsverfahren konzipiert. Die einzelnen Touren werden als *Händler* angesehen, die ihre Aufträge an einer *Börse* verkaufen (zu den Kosten, die sie durch Nichtausführung des Auftrages einsparen) und dort angebotene Aufträge kaufen (zu den Kosten, die sie für die Ausführung des Auftrages benötigen). Im Börsenmodul wird dann ein sogenannter *Trading–Graph* erstellt, in dem der optimale zulässige Austausch von Aufträgen zwischen den Touren bestimmt wird. Der Trading–Graph ist ein bipartiter Graph, dessen Knoten die Kauf- bzw. Verkaufsaktionen repräsentieren. In Abb. 6 bezeichnen die Buchstaben die verschiedenen Aufträge, mit Komma abgetrennt sind die Einsparkosten (Verkauf) bzw. Einfügekosten (Kauf) angegeben. Anbieten und Nachfragen geschieht in mehreren Entscheidungsleveln. In jedem Level können die Touren Aufträge anbieten oder Gebote für die in den vorherigen Leveln angebotenen Aufträge nennen. Die gerichteten Kanten verlaufen zwischen Verkaufsknoten (= Startknoten) und Kaufknoten (= Endknoten), die sich auf den gleichen Auftrag beziehen. Die Gewichte dieser Kanten errechnen sich aus der Differenz der Einsparkosten des „Verkäufers" und den Einfügekosten des „Käufers". Gesucht wird nun nach dem minimal gewichteten Trading–Matching. Ein *Trading–Matching* ist ein Matching im Tradinggraphen, das einem gültigen Austausch entspricht, d.h. zu einem gematchten Knoten müssen auch alle Knoten gematcht sein, die diesem Kauf vorhergehenden Kauf- und Verkaufsaktionen der Tour entsprechen, also in den vorigen Leveln im Trading–Graphen liegen. Die Bestimmung eines solchen bipartiten Matchings mit Nebenbedingungen ist NP–schwer [BHM].

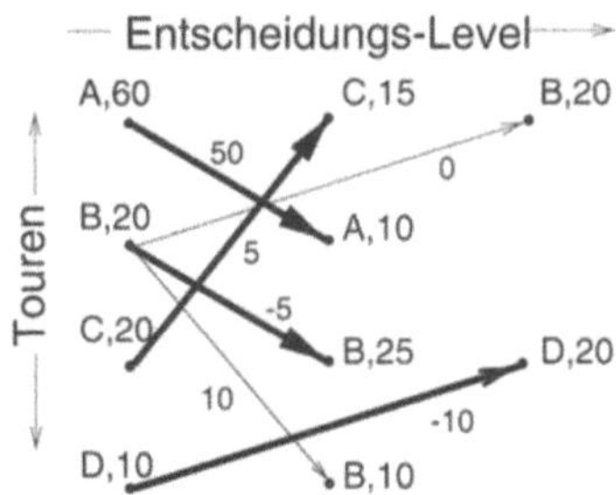

Abb. 6. Beispiel für einen Trading–Graphen mit Matching (fett)

In den Touren werden den zum Tausch in Frage kommenden Aufträgen entsprechend ihrer Güte Wahrscheinlichkeiten zugeordnet und die Auswahl der Aufträge damit randomisiert durchgeführt. Dadurch werden erfolgversprechende Aktionen häufiger durchgeführt, jedoch auch „gute" Aufträge zum Verkauf angeboten und somit das Festhängen in statischen Situationen verhindert.

Das Umladestellenproblem

Im Bereich Behälterglas der Gerresheimer Glas AG kommt es häufig zu dem Fall, daß ein Kunde verschiedene Glasartikel (Kleinbehälter- und Flaschenglas) in einem Auftrag bestellt. Die Artikel werden jedoch an unterschiedlichen Orten hergestellt. Für eine strategische Planung von Zwischenlagern stellt sich hier die Frage nach optimalen Umladestellen, d.h. die Teillieferungen werden zu einer Umladestelle gefahren, dort zum kompletten Auftrag für den Kunden zusammengestellt und mit einem Fahrzeug zum Kunden transportiert.

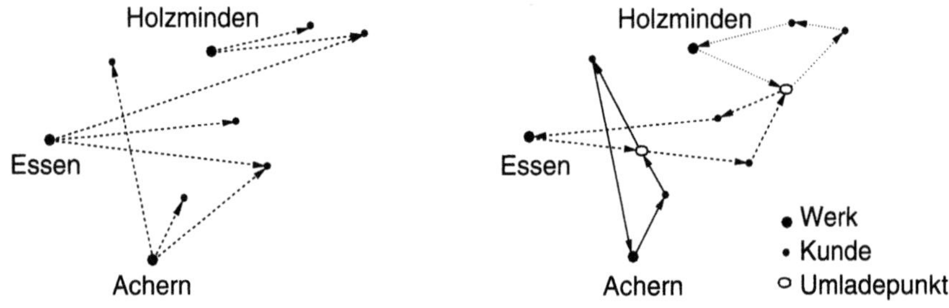

Abb. 7. vorgegebene Aufträge für Planung mit beliebigen Umladestellen   **Abb. 8.** Routenplan mit Umladestellen

Die Bestimmung der Umladestellen kann als Steinerbaumproblem aufgefaßt werden, d.h. man sucht in der Ebene nach einem minimal spannenden Baum (Steinerbaum) für eine vorgegebene Knotenmenge, hier die Menge der Auf- und Abladestellen. Dieser Baum kann je nach Vorgabe entweder beliebige andere Knoten zusätzlich enthalten oder solche, die aus einer vorgeschriebenen Menge ausgewählt werden. Die zusätzlich eingefügten Knoten geben die Standorte der möglichen Umladestellen an. Ist die Menge der potentiellen Standorte begrenzt, so handelt es sich um das Steinernetzwerk Problem. In [L] wird ein Greedyalgorithmus zur Bestimmung des minimalen Steinernetzwerkes erläutert. Auch für das allgemeine Steinerbaumproblem existieren Approximationsalgorithmen. Da das Problem als NP–vollständig bekannt ist [GGJ], werden Heuristiken zur Bestimmung von Näherungslösungen [HRW] eingesetzt. Mit Hilfe dieser in der Literatur bekannten Algorithmen kann die Frage nach möglichen Standorten für Umladestellen geklärt werden. Die endgültige Standortfrage wird nach Kostengesichtspunkten und Auslastungsmöglichkeiten geklärt. Noch offen ist in diesem Zusammenhang jedoch die Frage nach effizienten Algorithmen zur Tourenbestimmung, wenn die Aufträge umgeladen werden dürfen.

4 Bestimmung der kürzesten Wege

Zur Bestimmung der Distanzen für das Routing benötigt man Entfernungen zwischen zwei Orten, die den zu fahrenden Kilometern im Straßennetz entsprechen. Für die Fahrtroutenbestimmung reicht eine Luftlinienberechnung mit Hilfe von Koordinaten × Umwegfaktor in der Regel nicht aus. Ein Beispiel hierfür ist die Elbmündung. Zwei Orte, die auf verschiedenen Elbufern liegen, sind nur wenige Kilometer Luftlinie entfernt. Der LKW muß jedoch über Hamburg fahren, um von einem zum anderen Ort zu gelangen. Deshalb werden die Distanzen auf einem hierarchisch geordneten Straßennetz berechnet. Für die verschiedenen Hierarchien (Autobahnen, Bundesstraßen, Landstraßen ...) sind unterschiedliche Durchschnittsgeschwindigkeiten vorgegeben.

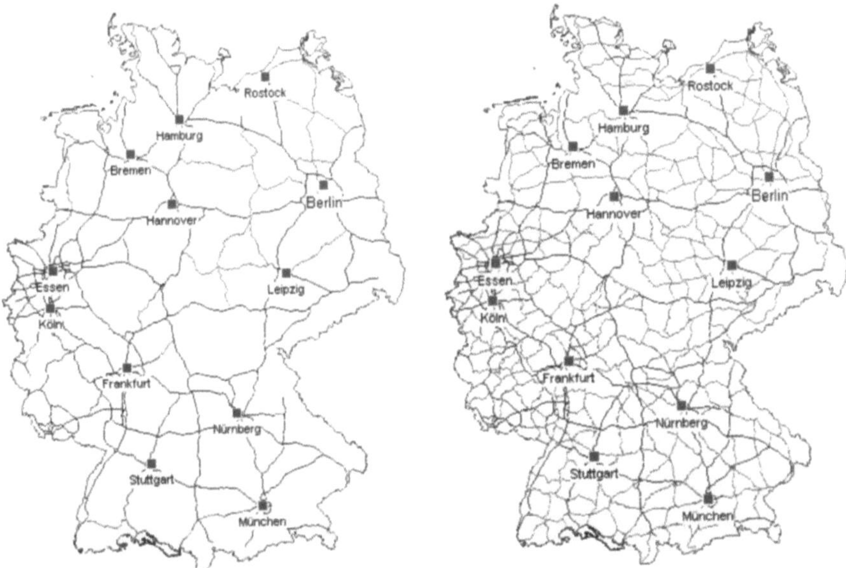

Abb. 9. Hierarchie 1: Autobahnen und größere Bundesstraßen

Abb. 10. Hierarchie 2: Autobahnen, Bundes- und große Landstraßen

Mit Hilfe eines hierarchischen Kürzeste–Wege–Algorithmus werden die Kilometerdistanzen folgendermaßen berechnet: sowohl vom Start- als auch vom Zielort aus versucht man, möglichst schnell auf eine höhere Hierarchiestufe zu gelangen. Entweder treffen sich die Wege auf dieser Hierarchie oder man iteriert die Suche von den gefundenen Aufpunkten der nächsthöheren Hierarchie. Zu beachten ist bei diesem Ansatz, daß die Hierarchien bzgl. kürzester Wege zwischen je zwei Netzknoten abgeschlossen sein müssen. Ansonsten ergibt sich folgende pathologische Situation, die auch als das „Mayen-Problem" bekannt ist:

Abb. 11. Ausschnitt aus der 1. Hierarchiestufe des Straßennetzes zwischen Köln und Trier mit „Abkürzung" über Mayen

Der kürzeste (für LKWs fahrbare) Weg von Köln nach Trier führt ein Stück über eine Landstraße bei Mayen. Dieser Weg ist wesentlich kürzer als der kürzeste Weg über die Autobahn, der den Umweg über Koblenz nimmt. Deshalb muß in einem bzgl. kürzester Wege abgeschlossenen Autobahnnetz diese Verbindung mit in die oberste Stufe aufgenommen werden.

5 Verkehrsproblematik

Zusätzlich zu den Problemen der realistischen Erfassung der Kilometerdistanzen zwischen zwei Orten sind beim Vehicle–Routing–Problem mit engen Zeitfenstern die Fahrtzeiten korrekt zu erfassen. Da je nach Tageszeit an einigen Knotenpunkten (z.B. Kölner Autobahnring) die Verkehrlage stark schwankt, kann es zeitabhängig zu unterschiedlichen Fahrzeiten auf einzelnen Streckenabschnitten kommen. Dies kann zu verschiedenen zeitminimalen Wegen zwischen zwei Orten zu unterschiedlichen Tageszeiten führen.

Mit der Voraussage der Fahrzeugdichten auf einem Straßennetz und der Simulation solcher Szenarien befaßt sich eine weitere Arbeitsgruppe am ZPR, deren Ergebnisse insbesondere im Bereich der zeitabhängigen Distanzen und des On–line–Routings in unserem Projekt von großem Interesse sind. Das Simulationsmodell basiert auf dem Ansatz von zellularen Automaten. Das zu simulierende Straßennetz wird in Abschnitte von 7,5 m Länge aufgeteilt. Ein Auto nimmt genau einen dieser Abschnitte ein. Abbildung 12 zeigt die Modellierung eines Autobahnkreuzes. Hier sind alle Abschnitte, auf denen sich Autos befinden können, als Kästchen eingezeichnet. Mit Hilfe von sehr einfachen Regeln eines zellularen Automaten wird nun das Beschleunigungs- und Bremsverhalten der Autos modelliert.

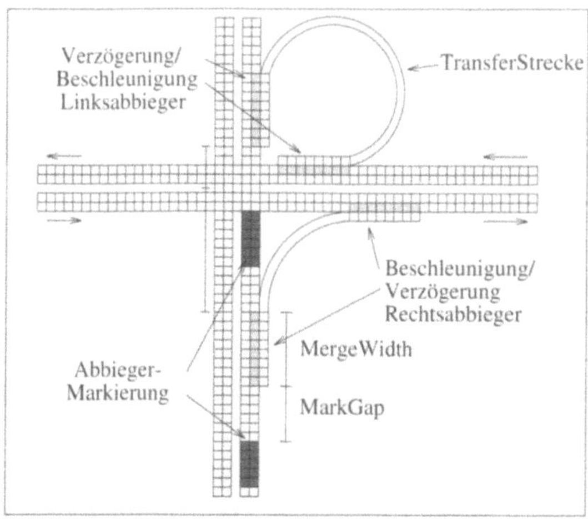

Abb. 12. Modellierung eines Autobahnkreuzes

Die Kalibrierung derartiger Modelle erfolgt durch den Vergleich der Fundamentaldiagramme, in denen der Durchfluß gegen die Fahrzeugdichte aufgetragen wird. Wie genau die Charakteristika von Verkehr simuliert werden können, zeigt der Vergleich von simulierten und aus realen Daten gewonnenen Diagrammen.

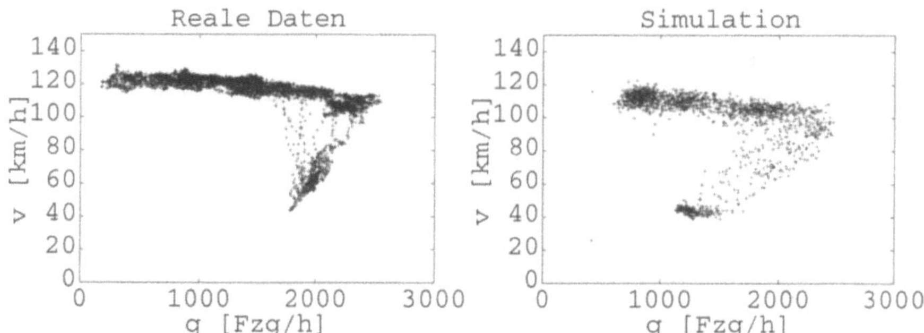

Abb. 13. Fundamentaldiagramme

Um Voraussagen über Verkehrsdichten zu verschiedenen Tageszeiten machen zu können, muß das Modell mit realen Daten von Zählschleifen kalibriert werden. Damit ist es vorstellbar, in Zukunft aus Simulationsmodellen Prognosen für die zeitabhängigen Kantengewichte zu gewinnen, die als Grundlage für die Bestimmung der zeitabhängigen kürzesten Wege im Routing–Verfahren Verwendung finden können.

6 Software–Engineering

Ein interessanter Aspekt bei der Entwicklung von Systemen, die in der Praxis Einsatz finden sollen, ist der des Software–Engineerings. Es reicht nicht, sich Gedanken um die mathematische Lösung der Probleme zu machen. Es müssen auch graphische Oberflächen geschaffen werden, um dem Benutzer die Möglichkeiten zur Dateneingabe zu geben und die berechneten Ergebnisse darstellen zu können. Im Dispositionsbereich ist die manuelle Nachbearbeitungsmöglichkeit sehr wichtig. Außerdem muß eine Datenbank integriert werden, die zum einen die nötige Performance bietet, um z.B. ca. 2000 Aufträge inkl. Adressdaten schnell laden zu können, und zum anderen den Zugriff mehrerer Disponenten gleichzeitig zuläßt.

Parallel zur Erarbeitung der mathematischen Modelle zur Lösung des Dispositionsproblemes wurden im Projekt die Grundlagen für die Realisierung des Programmes konzipiert. Der entstehende Programmcode soll plattformunabhängig sein. Das Benutzerinterface wird fensterorientiert implementiert. Deshalb wird die Programmiersprache C++ und die plattformübergreifende GUI–Klassenbibliothek XVT eingesetzt. Als Datenbank fungiert die objektorientierte Datenbank POET, die durch ihre Objektorientierung sehr gut in unser Konzept paßt und die benötigte Performance bietet.

Literatur

[AMO]   K. R. Ahuja, T. L. Magnanti, J. B. Orlin *Network Flows,* pp. 470, Prentice–Hall, 1993

[BHM]   A. Bachem, W. Hochstättler, M. Malich *The Simulated Trading Heuristic for Solving Vehicle Routing Problems,* Report No. 93-139, Angewandte Mathematik und Informatik, Universität zu Köln, 1993

[GGJ]   M.R. Garey, R.L. Graham, D.S. Johnson *The complexity of computing Steiner minimal trees,* SIAM J. Appl. Math. 32, pp. 835–859

[HRW]   F.K. Hwang, D.S. Richards, P. Winter *The Steiner Tree Problem,* North-Holland, Amsterdam (ISBN 0-444-89098-X/hbk)

[L]   E. Lawler *Combinatorial Optimization, Networks and Matroids,* pp. 290

[PS]   C.H. Papadimitriou, K. Steiglitz *Combinatorial Optimization: Algorithms and Complexity* pp. 251, Prentice Hall 1982

Springer
und
Umwelt

Als internationaler wissenschaftlicher
Verlag sind wir uns unserer besonderen
Verpflichtung der Umwelt gegenüber
bewußt und beziehen umweltorientierte
Grundsätze in Unternehmens-
entscheidungen mit ein. Von unseren
Geschäftspartnern (Druckereien,
Papierfabriken, Verpackungsherstellern
usw.) verlangen wir, daß sie sowohl
beim Herstellungsprozess selbst als
auch beim Einsatz der zur Verwendung
kommenden Materialien ökologische
Gesichtspunkte berücksichtigen.
Das für dieses Buch verwendete Papier
ist aus chlorfrei bzw. chlorarm
hergestelltem Zellstoff gefertigt und im
pH-Wert neutral.